AF670162

Nr. 51 1953
S. 9053—9372 23. Dezember

Chemisches Zentralblatt

Vollständiges Repertorium für alle Zweige der reinen und angewandten Chemie

1830 gegründet. 1897—1945 von der Deutschen Chemischen Gesellschaft fortgeführt.
Im Auftrage der Deutschen Akademie der Wissenschaften zu Berlin, der Chemischen Gesellschaft in der Deutschen Demokratischen Republik, der Akademie der Wissenschaften zu Göttingen und der Gesellschaft Deutscher Chemiker

herausgegeben von Prof. Dr. Maximilian Pflücke

124. Jahrgang

1953

Chefredakteure: Dr. Eugen Klever und Prof. Dr. Maximilian Pflücke

Akademie-Verlag GmbH., Berlin — Verlag Chemie, GmbH., Weinheim/Bergstr.

Inhalt

Geschichte. Unterricht ... 9053
A. Allgemeine und physikalische Chemie ... 9054
A_1 Kernphysik und Kernchemie ... 9054
A_2 Optisches Verhalten der Materie ... 9063
A_3 Elektrizität. Magnetism. Elektrochem. 9066
A_4 Thermodynamik. Thermochemie ... 9077
A_5 Grenzschichtforschung. Kolloidchem. 9082
A_6 Strukturforschung ... 9085
A_7 Gleichgewichte. Kinetik ... 9088
B. Anorganische Chemie ... 9093
C. Mineralogische und geologische Chemie ... 9098
D. Organische Chemie ... 9102
D_1 Allgem. u. theoretische organ. Chemie 9102
D_2 Präparat. organ. Chemie. Naturstoffe 9122
Mono- und Oligosaccharide. Glykoside 9170
Alkaloide ... —
Natürliche Farbstoffe ... 9171
Terpene. Sapogenine ... 9174
Sterine. Gallensäuren ... 9179
Hormone. Vitamine. Enzyme ... 9179
Antibiotica ... 9182
Andere Naturstoffe ... 9182
D_3 Makromolekulare Chemie ... 9183
E. Biologische Chemie. Physiologie. Medizin ... 9187
E_1 Allgemeine Biologie und Biochemie. 9187
E_2 Enzymologie. Gärung ... 9191
E_3 Mikrobiolog. Bakteriolog. Immunolog. 9200
E_4 Pflanzenchemie. Pflanzenphysiologie. Pflanzenpathologie ... 9204
E_5 Tierchemie. Tierphysiologie. Tierpathologie ... 9205
E_6 Pharmakologie. Therapie. Toxikologie. Hygiene ... 9216
F. Pharmazie. Desinfektion ... 9231
G. Analyse. Laboratorium ... 9246
H. Angewandte Chemie ... 9257
I. Allgemeine chemische Technologie .. 9257
II. Feuerschutz. Rettungswesen ... —
III. Elektrotechnik ... 9263
IV. Wasser. Abwasser ... 9269
V. Anorganische Industrie ... 9271
VI. Silicatchemie. Baustoffe ... 9273
VII. Agrikulturchemie. Schädlingsbekämpfung ... 9280
VIII. Metallurgie. Metallographie. Metallverarbeitung ... 9287
IX. Organische Industrie ... 9298
X. Färberei. Organische Farbstoffe .. 9323
XI. a) Farben. Anstriche. Lacke. Naturharze ... 9326
b) Plaste (Kunstharze, Plastische Massen) ... 9329
XII. Kautschuk. Guttapercha. Balata .. 9335
XIII. Ätherische Öle. Parfümerie. Kosmetik ... 9338
XIV. Zucker. Kohlenhydrate. Stärke ... 9339
XV. Gärungsindustrie ... 9340
XVI. Nahrungs-, Genuß- und Futtermittel 9342
XVII. Fette. Seifen. Wasch- u. Reinigungsmittel. Wachse. Bohnermassen usw. 9345
XVIII. a) Holz. Cellulose. Zellstoff. Papier. Papierdruck. Celluloid. Linoleum 9348
b) Textilfasern ... 9353
XIX. Brennstoffe. Erdöl. Mineralöle ... 9358
XX. Schieß- u. Sprengstoffe. Zündmittel —
XXI. Leder. Gerbstoffe ... 9370
XXII. Leim. Klebstoffe usw. ... —
XXIII. Tinte. Hektographenmassen u. a. Spezialpräparate ... —
XXIV. Photographie ... 9371

Bibliographien: 9187. 9231. 9245. 9263. 9280. 9298. 9326. 9338. 9348. 9370.
Buchbesprechung: 9187.

Namenregister

Aaron 9117.
Abdel-Akher 9170.
Abdullajew 9099.
Abe 9075.
Abramski 9359.
Accumulatoren-Fabrik Akt.-Ges. 9264. 9337.
Achilles 9236.
Acker 9196.
Ackermann 9098.
Adams, C. E. 9080.
Adamski 9232.
Adler, N. 9065.
Aerosol Corp. of America 9245.
Afanassjew 9153.
Ahlström 9190.
Aidinjan 9097.
Ajinomoto Kabustriki Kaisha 9317.
Akcasu 9210.
Akischin 9104.
Aktiebolaget Standard Radiofabrik 9264.
Akt.-Ges. Cilander 9357.
A/S Ardal Verk 9296.
Alcid VVB, Chemische Fabrik Dölau 9259.
Alder, B. J. 9069.
Alder, K. 9145. 9147.
Alexander, E. R. 9119.
Alexander, M. H. 9343.
Alexander, P. 9189.
Algemeene Kunstzijde Unie N. V. 9345.
Alibrandi 9213.
Alink 9103.
Alkor-Werk Karl Lissmann 9371.
Allard 9190.
Allcock 9296.
Allegheny Ludlum Steel Corp. 9296.
Allén 9214.
Allgemeine Elektricitäts-Gesellschaft 9275. 9295. 9297.
Allgén 9257.
Allied Chemical & Dye Corp. 9315.
Allis 9067.
Alloy Research Corp. 9295.
Aluminum Co. of America 9297. 9363.
Alvares Pereira 9235.
Alvino 9110.
Amacher 9059.
Amai 9328.
Ambrose 9186.
Amdur 9078.
American Cyanamid Co. 9245. 9311. 9313. 9314. 9315. 9322. 9325. 9366.
Amsler 9221.
Anan 9192.
Andersen 9191.
Anderson, A. B. 9254.
Anderson, C. E. 9059.
Anderson, J. M. 9081.
Anderson, J. S. 9072.
Andrássy 9229.
Andruschenko 9100.
Anet 9165.
Anglo-Iranian Oil Co. Ltd. 9264. 9306. 9365. 9366.
Angval 9150.
Anitschkow 9226.
Annett 9349.
Anorgana 9285.
Anson 9358.
Appel 9278.
Appleyard [9245].
Aptekar 9088.
A. P. V. Co. Ltd. 9317.
ARBED (Aciéries Réunies de Burbach-Eich-Dudelange, Soc. An.) 9276. 9277.
Archibald, J. & Co. Ltd. 9355.
Arhelger 9190.
Armco Steel Corp. 9295.
Armour & Co. 9284.
Armstrong Cork Co. 9353. 9354.
Arnfelt 9248.
Arnold 9204.
Arthur 9079.
Asanti 9097.
Aschaffenburg Zellstoffweme Akt.-Ges. 9309.
Ascrs 9210.
Ashland Oil & Refining Co. 9365.
Asstachow 9093.
Atkinson 9159.
Audas 9362.
Audette 9295.
Audrain 9198.
Aulin-Erdtman 9106.
Austin 9288.
Auwermeulen, van der 9196.
Averna 9091.
Avery 9065.
Awgusstinik 9273.
Axelrud 9089.
Ayant 9075.
Aziz 9291.
Azuma 9057.
Babcock & Wilcox Co. 9276.
Baccaredda 9184.
Backer 9126.
Baddeley 9151.
Badische Anilin- & Soda-Fabrik 9239. 9299. 9301. 9304. 9305. 9306. 9307. 9308. 9310. 9311. 9312. 9313. 9314. 9315. 9316. 9317. 9319. 9320. 9321. 9328. 9330. 9334. 9335. 9338. 9356. 9357. 9361. 9362. 9367. 9370.
Badoche 9174.
Badreau 9347.
Baer 9063.
Ballar jr. 9111.
Bair 9062.
Bakélite 9334.
Bakelite Corp. 9327.
Baker 9061.
Baker & Co., Inc. 9297.
Bakin 9216.
Balachowsky 9366.
Baldass, von 9273.
Banasik 9339.
Bancroft, Joseph, & Sons Co. 9351.
Bannister 9100.
Barbezat 9326.
Barducci 9273.
Barker, C. W. 9090.
Barker, H. A. 9198.
Barker, Moore & Mein Co. 9245.
Baribo 9201.
Barnes 9067.
Barone 9134.
Barry 9289.
Barth 9323.
Bartmann 9211.
Bashkin 9057.
Basu, P. C. 9219.
Basu, S. N. 9196.
Battersby [9187].
Baudecroux 9339.
Bauer, C. W. 9218.
Bauer, F. 9226.
Bauer, W. H. 9104.
Baur 9210.
Bayer 9356.
Bazzocchi 9225.
B. B. Chemical Co. Ltd. 9336.
Bealing 9194.
Beals 9063.
Beati 9308.
Beaumont 9086.
Beck 9073.
Becker 9212.
Beckmann 9193.
Beecher 9223.
Beeck 9091. 9092.
Behan 9236.
Beinert 9200.
Belcher 9250.
Belenki 9212.
Béné 9074.
Benedicks 9083.
Benedict 9017.
Benischke 9342.
Benmussa 9207.
Bennett jr., L. L. 9167.
Berbalk 9170.
Berdnikowa 9144.
Beresowski 9280.
Beresstnewa 9082.
Berg, ten 9222.
Berger 9201.
Berges 9261.
Berggren 9238.
Bergmann, E. 9322.
Bergmann, W. 9210.
Bergström 9170.
Bergwerksverband zur Verwertung von Schutzrechten der Kohlentechnik G. m. b. H. 9284.
Bering 9084.
Berlin 9061.
Berlincourt 9070.
Bernal Martín [9231].
Bernard 9060.
Berne 9059.
Bernfeld 9195.
Bernstein 9189.
Bessot 9238.
Bethea 9191. 9192.
Bevan 9072.
Bever 9061.
Beyer 9080. 9081.
Beyreder 9256.
Bier 9186.
Bigg 9246.
Bilbo 9132.
Bilkenroth 9358.
Bingham 9361.
Binkley 9124.
Birks 9065.
Birtwell 9168.
Bischoff 9236.
Bishop 9056.
Björling 9238.
Blacet 9120. 9121.
Black 9339.
Blackham 9109.
Blasz 9224.
Bleach 9079.
Blom-Ides 9221.
Bocklage 9206.
Bodalski 9237.
Bodó 9066.
Boegehold 9292.
Böhme 9125.
Boehringer, C. F. & Soehne G. m. b. H. 9240.
Bogoroditzki 9069.
Boiko 9280.
Boillereaux-Bouchet 9163.
Bojalil, J. 9203.
Boler 9216.
Bondeson 9232.
Bonner 9196.
Boomgaard, van den 9066.
Boote 9125.
Borgmann 9282.
Borsche 9160.
Borsoni 9222.
Bosson 9072.
Boulakia 9207.
Bowden, F. P. 9082.
Bowden, K. 9148.
Bowman 9145.
Boyer, F. 9206.
Boyer, K. 9061.
Boyer, R. A. 9080.
Boyland 9200. 9212.
Boysen 9216.
Bozel-Maletra, Soc. Industrielle de Produits Chimiques 9355.
Bożyk 9237.
Braarud 9101.
Bradshaw, G. 9253.
Bradshaw, H. H. 9206.
Bragg 9053.
Brandão Gomes 9269.
Brandes 9276.
Brandstätter 9109.
Brandt 9215.
Bras 9136.
Brasunas 9291.
Braude 9145.
Braun [9348].
Braunschweiger Gesellschaft für angewandte Elektrizität m. b. H. 9243.
Brecht 9210.
Bredt 9080.
Bremer 9213.
Bremner, J. G. M. 9108.
Bremner, W. C. G. 9108.
Bretonneau 9062.
Brewer 9252.
Bridgeport Brass Co. 9296.
Brigando 9129.
Brindley 9098.
Brinkley jr. 9089.
Bristol Aeroplane Co. Ltd. 9276.
British Cast Iron Research Association 9294.
British Celanese Ltd. 9309. 9351. 9352.
Broadbent 9203.
Brobeck 9061.
Brockman jr. 9212.
Broida 9251.
Bronzo 9081.
Brooks, F. C. 9085.
Brooks, R. E. 9336.
Brophy 9071.
Brown, B. A. 9125.
Brown, C. K. 9355.
Brown, C. L. 9165.
Brown, D. A. H. 9248.
Brown, J. J. 9161.
Brown, S. C. 9067.
Browning [9231].
Broyles 9065.
Brückner 9342. 9344.
Brumberg 9247.
Bryce 9233.
Brynhildsen 9350.
Brzozowski 9359.
Buchanan 9215.
Bucher 9188.
Buckley 9342.
Buhmann 9218.
Buist 9336.
Bukowczyk, B. 9237.
Bukowczyk, K. 9231.
Bungards 9257.
Burbach 9219.
Burke 9359.
Burney 9123.
Burrow 9289.
Burton, M. 9091.
Burton, R. B. 9208.
Burton, R. L. 9185.
Burwell jr. 9122.
Busby 9276.
Bush 9270.
Bussen 9227.
Bustinza 9235.
Butler 9186.
Butlin 9292.
Buu-Hoï 9126.
Buyske 9200.
Byrne 9216.
Cabamanian 9207.
Caird 9060.
Calico Printers' Association Ltd. 9357.
California Research Corp. 9318. 9363. 9370.
Calmon 9269.
Calvert 9120. 9121.
Camp 9081.
Camozzo 9338.
Campbell 9123.
Campillo Sáinz 9203.
Canadian Industries Ltd. 9333.
Carayon-Gentil 9129.
Carborundum Co. 9263.
Carmichael 9220.
Caro, De 9211.
Casadio 9218.
Caspani 9257.
Cassel 9085.
Caster 9248.
Castiglioni 9253. 9255.
Cauer 9356.
Caule 9251.
Cavalla 9175. 9176. 9177. 9178.
Cavanagh 9287.
C. D. Patents Ltd. 9332.
Cech 9246.
Celanese Corp. of America 9303. 9307. 9357.
Centre d'Études et de Recherches Techniques du Pétrole, des Carburants et des Lubrifiants 9328.
Centre National de la Recherche Scientifique 9347.
Cernătescu 9162.
Cerny 9057.
Chakraburtty 9089.
Chalatnikow 9079.
Champetier 9184.
Chandrasekhar 9078.
Chari 9080.
Chatain 9182.
Chaudhuri 9203.
Chaudron 9290.
Chavoix 9217.
Chedid 9206.
Cheifetz 9076.
Chemische Fabrik Stockhausen & Cie 9356.
Chemische Werke Hüls G. m. b. H. 9302. 9313. 9361.
Chemische Werke Rombach G. m. b. H. 9285.
Cherrier 9256.
Chhapgar 9070.
Chibret 9244.
„Chimiotechnic", Union Chimique du Nord et du Rhône, Soc. An. 9304. 9306.
Chou 9126.
Choussat 9228.
Christensen 9182.
Christian 9228.
Chromow 9122.
Church 9060.
Ciba Akt.-Ges. 9241. 9324. 9326.
Claessens 9219.
Claesson 9184.
Clark, A. M. 9298.
Clark, W. B. 9336.
Clark, W. M. 9187.
Clark Bros. Co., Inc. 9303. 9307.
Clauß 9143.
Cleary 9067.
Clemo 9140.
Clifford 9124.
Clifford, Charles, & Sons Ltd. 9296.
Close 9118.
Coats 9316.
Cobbs jr. 9185.
Cobine 9067.
Cochran 9059.
Cockroft 9060.
Coffin 9095. 9250. 9251.
Coggeshall 9108.
Cohen, H. 9207.
Cohen, M. 9116.
Cohen, N. 9214.
Cohn 9230.
Coleman 9358.
Colladay 9071.
Collander 9112.
Collie 9056.
Collin, F. J., Akt.-Ges. 9362.
Collings 9260.
Colombo 9247.
Colson 9339.
Colton 9093.
Comp. d'Études et de Constructions Industrielles 9259.
Comp. Française de Raffinage Soc. An. 9264.
Comp. Française Thomson-Houston 9267.
Comp. des Freins et Signaux Westinghouse 9268.
Comp. de Produits Chimiques et Électrométallurgiques Alais, Froges et Camargue 9279.

Coomes 9071.
Cooper 9072.
Coppedge 9206.
Coraducci 9273.
Corbett 9252.
Corblin 9245.
Corey 9095.
Corn Products Refining Co. 9313.
Corradini 9110.
Corson, B. B. 9155.
Couch 9232.
Coudray 9087.
Coulon 9064.
Coulter 9270.
Courant 9055.
Courty 9074.
Couvreur [9245].
Cowman 9341.
Coyne 9282.
Craig 9182.
Cran 9108.
Creditor 9257.
Crepet 9230.
Crescente 9224.
Crombie 9127.
Cronk 9222.
Cronyn 9341.
Crosnier 9222.
Cross 9361.
Crovetto 9346.
Cultrera 9091.
Curry 9140.
Curti 9247.
Cwilong 9078.
Czech 9187.
Dale 9229.
Dam 9205.
Damm 9053.
Damon 9075.
Dana 9222.
Danckwerts 9258.
Daniewski 9220.
Danner 9339.
D'Aquin 9346.
Darbon 9222.
D'Arcy 9122.
Daudel 9086.
Davidson 9188.
Davies, P. 9316.
Davies, T. H. 9060.
Davoine 9060.
Daws 9080.
Dean, C. 9104.
Dean, F. M. 9182.
Deaton jr. 9206.
Debré 9207. 9221.
Decker, Rudolf und Hellmuth Holz 9300. 9301. 9331.
Décombe 9163.
Deglutan (Beer Products) Ltd. 9341.
Dehmelt 9086.
Deininger 9208.
Delbart 9288.
Delgado Diarte 9258.
Delisle-Zaporowski 9339.
Dell 9083.
Denecke 9270.
Denis 9074.
Denning 9088.
Derbischer 9098.
Derjagin 9082.
Derrick 9217.
Derry 9101.
Desai 9280. 9281.
Deslandes 9201.
Deutsch, H. R. 9145.
Deutsch, M. 9061.
Deutsche Gold- und Silberscheideanstalt vormals Roessler 9261. 9277. 9315. 9334.
Deutsche Hydrierwerke Akt.-Ges. 9304. 9321. 9322. 9335. 9348.
Deutsche Rhodiaceta Akt.-Ges. 9357.
Deutsches Hydrierwerk Rodleben VEB 9314.
Deutsche Solvay-Werke G. m. b. H. 9294.
Devins 9250.
Dewar 9102. 9103.
Dibeler 9068.
Didier-Kogag-Hinselmann Koksofenbau und Gasverwertung Akt.-Ges. 9368.
Diding 9233.
Diemair 9196.
Diethelm 9229.
Diffusion Alloys Ltd. 9298.
Dijksman 9161.
Dijkstra 9103. 9126.
Dingle 9250.
Dings 9232.
Directie van de Staatsmijnen in Limburg 9284. 9315.
Distillers Co. Ltd. 9305. 9309. 9311. 9312. 9317.
Dixit 9160.
Dmitrenko 9280.
Dodgson 9193.
Doisy, E. A. 9206.
Doisy, jr., E. A. 9206.
Dokunichin 9137.
Dolgatschew 9216.
Domange 9231. 9249.
Dome Chemicals, Inc. 9245.
Donney 9287.
Dorier 9244.
Douty 9291.
Dow Chemical Co. 9299. 9318. 9319. 9333.
Dowling 9221.
Downing 9296.
Drabkin 9211.
Drake [9298].
Dreigen 9205.
Drewing 9084.
Dreyfus 9306. 9324.
Drickamer 9078.
Drouin 9347.
Dryselius 9349.
Dubois 9126.
Ducournau 9222.
Düker 9067.
Duffield 9078.
Duffy 9258.
Du Pont de Nemours, E. I., & Co. 9243. 9263. 9311. 9325. 9327. 9330. 9332. 9336. 9352.
Dustin jr. 9189.
Dustmann 9197.
Dutta 9189.
Duxbury 9140.
Duyff 9216.
Dynamit-Akt.-Ges. vormals Alfred Nobel & Co. 9311. 9316. 9329.
Dyne 9064.
Eaborn 9130. 9131.
East Anglia Chemical Co. Ltd. 9244.
Eastman Kodak Co. 9260. 9308.
Eaton 9216.
Eaves 9346.
Eckermann, von 9101.
Ecusta Paper Corp. 9351.
Edelman, I. S. 9086.
Edelman, J. 9194.
Edels 9064.
Effenberger 9353.
Egen 9239.
Ehrenhaft 9083.
Eichholz 9063.
Eichhorn 9111.
Eisenberg 9063.
Ekwall 9190.
Elastic Stop Nut Corp. of America 9259.
Électro-Refractaire 9276. 9278.
Elias 9278. 9324.
Elkin 9122.
El Komoss 9103.
Elliot, J. O. 9062.
Elliott, J. R. 9233.
Elliott, W. H. 9206.
Ellis-Foster Co. 9337.
El-Shamy, H. K. [Alexandria] 9096.
El-Shamy, H. K. [London] 9124.
Emeleus 9124.
Emulsol Corp. 9312.
Ender 9323.
Endo 9251.
Enfield Cables Ltd. 9333.
Engelhard 9348.
Enghag 9253.
England 9113.
Entwisle 9288.
Epstein, Ja. A. 9083.
Epstein, S. 9289.
Erlenbach 9350.
Eros 9067.
Erspamer 9210.
Erway 9179.
Essner 9344.
Ettinger 9101.
Evans, R. S. 9207.
Evans, U. R. 9291.
Evering 9122.
Extermann 9074.
Fahrenbach 9212.
Falconer 9217.
Falk 9343.
Farbenfabriken Bayer 9240. 9272. 9286. 9306. 9307. 9310. 9314. 9320. 9322. 9325. 9331.
Farbwerke Hoechst, vormals Meister Lucius & Brüning 9259. 9285. 9301. 9304. 9312. 9314. 9331. 9356.
Farly 9061.
Farquharson 9209.
Fattschischina 9281.
Fauser 9271.
Faust 9100.
Feldon 9335.
Fellinger 9209. 9217.
Fenikssowa 9194.
Fenske jr. 9232.
Fialkow 9089.
Fichtenberg 9225.
Fields 9133.
Finch 9085.
Fine 9222.
Finland 9223.
Firth, Thos., & John Brown Ltd. 9295.
Fischer, Georg, Akt.-Ges. 9295.
Fisher 9205.
Fitze 9265.
Fitzpatrick 9107.
Flachsmann [9326].
Fluor Corp. Ltd. 9365.
Förster 9209.
Foëx 9074.
Føyn 9101.
Fomjuk 9203.
Forst 9208.
Forsyth 9206.
Fortunio 9252.
Foster 9201.
Fournier 9348.
Fraenkel 9106.
Fraeys 9341.
Fram Corp. 9259.
Frame 9289.
Frank 9109.
Fredenburgh 9236.
Fredga 9151.
Frediani 9249.
Freeman 9227.
French 9111.
Fretter 9055.
Freytag 9338.
Fridenson 9182.
Fridman 9288.
Friedberg 9198.
Frieden 9366.
Frommhagen 9212.
Frush 9114.
Fry 9056.
Fulmer Research Institute 9276.
Furman 9273.
Gadgil 9209.
Gärtner, F. 9085.
Gärtner, H. 9286.
Galikejew 9201.
Gall 9360.
Galland 9220.
Gallone 9058.
Galzy 9340.
Gamboa 9095.
Gamper 9329.
Gandy 9066.
Garan 9217.
Gardner, D. M. 9106.
Gardner, I. C. [9280].
Garren 9061.
Garrigue 9058.
Gastrock 9346.
Gehrmann 9211.
Geigy, I. R., Akt.-Ges. 9286.
Geigy Co. Ltd. 9352.
Gelber 9216.
Geller 9204.
Gelman 9254.
Gemert, van 9216.
General Aniline & Film Corp. 9305.
General Electric Co. 9320.
General Electric Co. Ltd. 9266. 9268. 9276.
General Motors Corp. 9265.
Genzer 9162.
Geoffrion 9077.
Gergely, Gy. 9066.
Gergely, J. 9197.
Gero 9136.
Gersmann 9142.
Gesellschaft für chemische Spezialpräparate m. b. H. 9240.
Gesellschaft für Linde's Eismaschinen Akt.-Ges. 9259. 9260. 9261.
Gesellschaft für Teerverwertung m. b. H. 9321.
Gewerkschaft Keramchemie-Berggarten 9279.
Gewerkschaft Victor 9306.
Gheluwe, Van 9341.
Ghosh, M. 9068.
Ghosh, N. W. 9089.
Giacomello 9110.
Gialdi 9235.
Gibson 9360.
Gieseking 9223.
Giguère 9077.
Gilissen 9341.
Gilman 9141.
Gilwood 9269.
Giordani 9252.
Gipp 9142.
Giraldi 9208.
Girad, H. 9323.
Girard, P. 9238.
Girgis 9074.
Giroud 9209.
Giulini, Gebrüder, G. m. b. H. 9294.
Givin 9059.
Gizycki, von 9353.
Gladkowski 9099.
Glavind 9205.
Gleisberg 9338.
Glickman 9218.
Glidden Co. 9271.
Glock 9192.
Glover 9253.
Glück 9190.
Gobitschnig 9329.
Goercke 9080.
Golay 9248.
Goldberg, E. P. 9156.
Goldberg, L. C. 9222.
Goldenberg, H. 9140.
Goldenberg, V. 9140.
Goldsmith 9251.
Goldstein 9331.
Golossowker 9273.
Gong 9230.
González Ochoa 9203.
Goodrich, B. F., Co. 9309. 9311. 9315. 9321.
Goodspeed 9162.
Goodwin 9105.
Gorbach 9345.
Gordon 9074.
Gorini 9198.
Gorvin 9134.
Gouarné 9108.
Goutel 9087.
Gove 9061.
Graci jr. 9346.
Graham 9252.
Grampa 9189.
Gran 9125.
Granados 9205.
Granier 9185.
Granier-Mayence 9063.
Grant 9247.
Gray 9067.
Green, D. E. 9200.
Green, J. R. 9055.
Greenbaum 9198.
Greenberg 9061.
Greenblatt 9250.
Greenwood 9198.
Greiner 9125.
Greuel 9218.
Griel 9252.
Griffenhagen 9231.
Grigorjew, D. P. 9099.
Grigorjew, M. Ss. 9226.
Grigorowitsch 9288.
Gritzajenko 9097.
Grivet 9075.
Grönroos 9221.
Grönwall 9256.
Groot, De, M. S. 9126.
Groot, de, S. R. 9056.
Grossmann 9229.
Groves 9288.
Guédras 9287.
Gülzow 9220.
Günther 9182.
Guernsey 9060.
Guggenheimer 9055.
Gulf Research & Development Co. 9369.
Gump 9148.
Gundersen 9238.
Gurewitsch 9326.
Gutehoffnungshütte Oberhausen Akt.-Ges. 9307.
Gutiérrez Ballesteros 9222.
Gutmann 9072.
Gutsche 9179.
Gutter 9108.
Guy 9248.
Gycha 9223.
Gyllenberg 9201.
Haar, ter 9054.
Hadek 9188.
Hadfield 9246.
Hägglund 9349.
Haehl 9336.
Haga 9109.
Hagelstein 9236.
Hahn 9059.
Hahner [9280].
Hahn-Weinheimer 9100. 9160.
Halban 9156.
Hall, A. M. 9336.
Hall, C. C. 9360.
Hall, L. N. 9081.
Hall, W. H. 9222.
Hallimond 9246.
Hamilton 9060.
Hamlin 9055.
Hammarlund 9287.
Hammett 9117.
Hammond 9118. 9132.
Handelsbolaget under Firma A. Johnson & Co. 9278.
Handschumacher 9200.
Hanon 9226.
Happ 9371.
Harders-Steinhäuser 9349.
Hardie [9263].
Harland 9281.
Harple 9104.
Harrington 9072.
Harris, B. L. 9257.
Harris, F. E. 9069.
Harris, G. M. 9089.
Harris, R. H. 9339.
Harshaw Chemical Co. 9327.
Hart 9255.
Hartrott 9338.
Harvel Corp. 9369.
Harvey 9061.
Hass 9086.
Hasse 9193.
Haszeldine 9124.
Hatwalne 9209.
Haufe 9289. 9290.
Hauser 9125. 9148.
Hausmann 9182.
Havens 9057.
Haworth 9244.
Haxby 9072.
Hayes, F. N. 9197.
Hayes, M. A. 9215.
Haymond 9060.
Haynes 9065.
Hays 9217.
Hazera 9236.
Heagy 9188.
Heald 9200.
Heberlein & Co. Akt.-Ges. 9324.
Hecht 9236.
Heckert 9353.
Hedgran 9056.
Hedlund 9233.
Hees, van, G. m. b. H. 9345.
Heine 9125.
Heinonen 9282.
Heinrich 9100.
Heiz 9238.
Heller 9209.
Hellmann 9132.
Helm 9239.
Helwig 9234.
Hemlin 9053.
Hendren 9276.
Hene 9335.
Henkel & Cie. G. m. b. H. 9327.
Henrich 9061.
Henry-Éveno 9201.
Hercules Powder Co. 9262. 9271.
Herken 9225.
Hermans 9184.
Herrault 9207.
Heytler 9199.
Hickethier 9291.
Higgins 9200.
Hilfiger 9360.
Hill, J. B. 9360.
Hill, T. L. 9185.
Hillert 9088.
Hinko 9346.
Hinsvark 9252.
Hirs 9199.

Hirsch 9201.
Hirschmann 9179. 9181.
Hirsh 9221.
Hirshon 9106.
Hirtz 9060.
Hitchen 9252.
Hobbs 9170.
Hodge, A. J. 9086.
Hodge, E. B. 9165.
Hodgson 9253.
Hörger 9289.
Hofe, v. 9290.
Hoffmann 9235.
Hoffmann-La Roche, F., & Co., Akt.-Ges. 9239. 9243.
Hoffmann-Ostenhof 9191.
Hofmann, H. 9224.
Hofmann, W. 9290.
Hofstadter 9062.
Hofstätter 9210.
Hojman 9105.
Hol 9250.
Holloway 9290.
Holmes [9187].
Holt 9151.
Holtz 9224.
Homes 9290.
Hoover 9349.
Hopff 9053.
Hopkins jr. 9059.
Hornecker 9063.
Horrom 9149.
Horton 9069.
Hotpoint Electric Appliance Co. Ltd. 9269.
Houdry Process Corp. 9366. 9367.
Houlihan 9270.
Hove, Van 9078.
Howes 9370.
Hoy 9358.
Hoyer 9174.
Hsu 9213.
Hubley 9095.
Huddleson 9191. 9192.
Hudson Bay Mining & Smelting Co. Ltd. 9296.
Huggins 9183.
Hughes, D. M. 9128.
Hughes, E. D. 9112. 9113.
Hughes, G. K. 9165.
Huisman 9210.
Hull, D. E. 9062.
Hull, T. E. 9371.
Hulm 9073.
Hunt 9205.
Hunter, G. J. 9251.
Hunter, L. P. 9072.
Husemann 9195.
Hussemann 9342.
Husson 9287.
Huston 9122.
Hutchings 9199.
Hutchison, T. S. 9086.
Hutchison, W. C. 9188.
I. G. Farbenindustrie Akt.-Ges. 9310. 9331.
Ilford Ltd. 9372.
Imhoff 9288.
Imperial Chemical Industries Ltd. 9316. 9330. 9331. 9356. 9357.
Ingle 9207.
Ingraham, J. S. 9133.
Ingraham, T. R. 9250.
Interchemical Corp. 9320.
International General Electric Co., Inc. 9332.
International Nickel Co. of Canada Ltd. 9295.
International Standard Electric Corp. 9264. 9320. 9322.
Ippolitow 9237.
Irrgang 9197.
Irsa 9121.
Irvine jr. 9078.
Isbell 9114.
Isikow 9148.
Issekutz sen. 9226.
Itô 9249.
Ivinson 9151.
Iwanow 9282.
Izzo 9220.
Jackson, D. M. 9223
Jackson, L. C. 9074.
Jacob, M. 9054.
Jacob, St. 9222.
Jacobs, M. B. 9236.
Jacobs, T. L. 9123.
Jakobson, M. J. 9055.
Jacobson, N. L. 9214.
Jacobson, R. S. 9270.
Jäger, H. 9210.
Jäger, R. 9196.
Jaffe 9200.
Jakuschewski 9280.
Jander 9096.
Jannaccone [9370].
Janot [9187].
Jantzen 9229.
Jatul 9244.
Jayme 9349.
Jeger [9187].
Jelitzur 9093.
Jeltschenko 9346.
Jennen 9182.
Jensen, C. O. 9192.
Jensen, J. A. 9148.
Jochims 9223.
Jönsson 9206.
Joffe 9145.
Johansson, G. 9085.
Johansson, S. C. 9369.
Johns 9112.
Johnsen 9107.
Johnson, J. F. 9108.
Johnson, W. S. 9179. 9181.
Johnson, Matthey & Co. Ltd. 9275.
Johnston, H. L. 9246.
Johnston, Macct. W. 9209.
Jones A. R. 9125.
Jones, A. S. 9188. 9189.
Jones, E. R. H. 9145.
Jones, W. B. 9062.
Jonge, de 9103.
Jongh, de 9216.
Jordan 9187.
Jost 9056.
Jouslin 9254.
Juenker 9071.
Jung 9211.
Junk 9191.
Jusa 9287.
Jutziss 9058.
Kaesberg 9211.
Kaipainen 9201.
Kaleita 9199.
Kali-Chemie Akt.-Ges. 9283.
Kalle & Co. Akt.-Ges. 9329.
Kalliomäki 9202.
Kandiner 9089.
Kantor 9148.
Kapica 9203.
Kaplow 9249.
Karal jr. 9069.
Karassew 9287.
Kargin 9082.
Karmasin 9287.
Karšulin 9359.
Kartushanski 9371.
Kasarnowski 9069.
Kaserer 9285.
Kaslow 9162.
Kastner 9341.
Kaufmann 9238.
Kavanagh 9105.
Kawai 9346.
Kay 9208.
Keck 9291.
Keeble 9290.
Kegeles 9108. 9246.
Kehar 9187.
Keil 9289.
Keller 9354.
Kellogg, M. W., Co. 9307. 9309. 9347.
Kelly 9087.
Kemball 9084.
Kendall 9207.
Kent 9255.
Kenten 9192.
Kern, B. D. 9059.
Kern, E. 9226.
Kerns 9061.
Ketelaar 9142.
Kewitz 9225.
Kheynman 9371.
Kieruczenkowa 9232.
Kilbourne 9134. 9152.
Killough 9222.
Kimura 9057.
Kindjakow 9203.
King, E. J. 9229.
King, J. W. 9065.
King, L. C. 9179.
Kinsell 9207.
Kinsey 9246.
Kirchheim 9225.
Kirchhoff 9224.
Kirkpatrick 9203.
Kirrillow 9371.
Kisselew, A. W. 9084.
Kisselew, P. N. 9216.
Kistiakowsky 9199.
Klare 9217.
Klatskin 9257.
Kleijin 9345.
Kleinberg 9093.
Klempau 9225.
Kleppa 9076.
Klevstrand 9238.
Kljarowski 9099.
Klöckner-Humboldt-Deutz 9294.
Knapsack-Griesheim Akt.-Ges. 9272.
Knauer 9070.
Kniss 9238.
Knoepfler 9346.
Kobayashi 9255.
Koch 9281.
Kochi 9118. 9132.
Kocková 9340.
Koczy 9101.
Kölw 9256.
König 9053.
Kogan, F. M. 9094.
Kogan, W. Ss. 9087.
Kogotko 9344.
Kohl 9359.
Kohlmeyer 9097.
Kojo 9200.
Komarow 9349.
Koppers Co. 9362.
Koppers, Heinrich, G. m. b. H. 9362.
Korablewa 9281.
Koretzkaja 9082.
Korff, von 9200.
Kornberg 9090.
Kornilow 9087.
Korolew 9064.
Korotkow 9344.
Korschun 9254.
Kosenko 9341.
Kottisch 9290.
Kratky 9183. 9184. 9353.
Kratz 9062.
Krawetz 9341.
Krc jr. 9111.
Krebs 9226.
Kremen 9190.
Krenchel 9278.
Kress 9232.
Krewson 9232.
Krider 9107.
Kriessman 9074.
Krjukowa 9076.
Kroeger 9066.
Krøldrup 9245.
Krüerke 9096.
Kruger 9163.
Krukovsky 9214.
Krylowa 9082.
Kuby 9194.
Kucharenko 9358.
Kühl 9070.
Kuhn, H. 9064.
Kulcsar 9070.
Kuleschowa 9344.
Kumagai 9075.
Kuon 9211.
Kurahashi 9192.
Kurotschkin 9153.
Kurzel-Runtscheiner 9053.
Kusnetzow 9287.
Kutschmi 9343.
Kuyeren, van 9353.
La Berge 9071.
Lacoeuilhe 9296.
Lacombe 9290.
Lagrange 9133.
Lammers 9210.
Landgräber 9341.
Landler 9336.
Lane 9076.
Langer 9179.
La Que 9293.
Lardy 9194.
Lassen 9211.
Laubmann 9206.
Laundrie 9335.
Laurie 9275.
Lawler 9350.
Lawrence 9061.
Lawson, D. 9225.
Lawson, G. 9255.
Lawson, J. L. 9062.
Lax 9067.
Leaffer 9133.
Leavitt 9061.
Lebon 9228.
Le Bouffant 9246.
Lee 9077.
Lees 9078.
Lefebvre 9190.
Lefebvres 9209.
Leffler 9133.
Legat 9294.
Legeai 9217.
Lemesch 9344.
Lemmens 9338.
Leo 9115.
Leonard 9140. [9187].
Lepper 9221.
Lerche 9224.
Le Tourneau 9108.
Levaditi 9201.
Lever Brothers & Unilever Ltd. 9347.
Lévi 9226.
Levinson 9100.
Levy 9117.
Lew 9124.
Lewarne 9341.
Lewis 9218.
Lewis, J. P., Co. 9352.
Licentia Patent-Verwaltungs-G.m.b.H. 9297.
Liebermann 9198.
Liebson 9062.
Lieser 9354.
Lindblad 9261.
Lindenberg 9112.
Lindner 9346.
Links 9126.
Lintner 9057.
Lipkin 9057.
Lippincott 9111.
Liu 9207.
Livingston 9061.
Llacer 9341.
Lockwood 9244.
Loës 9195.
Loeschcke 9224.
Lötterle 9195.
Løvens Kemiske Fabrik ved. A. Kongsted 9243.
Lofgren 9061.
Logan 9134.
Logemann 9208.
Lonza Elektrizitätswerke und Chemische Fabriken Akt.-Ges. 9283.
Lonza Electrizitätswerke und Chemische Fabriken Akt.-Ges. (Gampel) 9283.
Loofbourow 9104.
Loosli 9214.
Loschkarew 9076.
Loumiet 9364.
Lowbury 9223.
Lowenbein 9242.
Low Temperature Carbonisation Ltd. 9317.
Lucas 9233.
Lüpke 9359.
Lüssenhop 9227.
Luft 9126.
Luhn, August, & Co. G. m. b. H. 9347.
Lundby 9062.
Lutécia 9235.
Luttinger 9056.
Lux 9228.
Lyons [9245].
McAlevy 9336.
McAllister 9068.
McBee 9134. 9152.
McCann 9335.
McCourthney 9346.
McCullagh 9217.
McDonald, D. K. C. 9073.
McDonald, S. F. 9171. 9173.
Macdonald, W. B. 9229.
McElhill 9105.
McFarland 9065.
McGhie 9175. 9176. 9177. 9178.
McGinnis 9213.
Macheboeuf 9256.
Mackay 9099.
McKenzie 9061.
McKinney 9069.
McLane 9090.
McLaren 9140.
Maclay 9220.
McMillan 9062.
McMillin 9207.
McNamara 9081.
MacNulty 9251.
Madansky 9056.
Madsen 9350.
Madson 9326.
Magee 9091.
Magill 9222.
Magoffin 9222.
Maienschein 9062.
Maillet 9220.
Majorana 9057.
Makar 9151.
Makarowa, L. G. 9142.
Makarowa, T. I. 9343.
Malamud 9206.
Malen 9107.
Malsch 9086.
Malzewa 9341.
Man 9125.
Manchester 9078.
Mandel 9165.
Mandrik 9204.
Manecke 9076.
Manfield 9329.
Manil 9190.
Mann 9192.
Manske [9187].
Manson 9212.
Mantica 9128.
Marathon Corp. 9318.
Marchal 9279.
Marchi 9237.
Marillier 9340.
Mark 9184. 9329. 9348.
Markham 9199.
Marković 9359.
Marmion 9165.
Márquez 9201.
Marrison 9248.
Marschalk 9155. 9164.
Marsden 9291.
Marshall, I. 9354.
Marshall, L. M. 9198.
Martin 9191.
Martinelli 9056.
Martraire 9340.
Martynoff 9103. 9153.
Marvel 9126.
Marx 9228.
Mashima 9251.
Mason, E. A. 9078.
Mason, W. P. 9075.
Massart 9196.
Mastacan 9162.
Mastagli 9133.
Masure 9214.
Mata Merchán 9225.
Matell 9151.
Mathias 9105.
Mathieson Chemical Corp. 9333.
Matijević 9106.
Matsumura 9360.
Matthias 9073.
Mattiat 9081.
Mattikow 9242.
Mauss 9372.
May & Baker Ltd. 9285.
Mayer, A. 9253.
Mayer, B. 9341.
Max-Planck-Gesellschaft zur Förderung der Wissenschaften e. V. 9327.
Max-Planck-Institut für Silikatforschung 9327.
Mazia 9189.
Mazingue 9336.
Meade 9339.
Mechan 9345.
Medwedew 9188.
Meehanite Metal Co. Ltd. 9294.
Méjane 9340.
Melick 9216.
Mellow 9078.
Melnikowa 9082.
Melville 9184.
Mentzer 9151.
Merck & Co., Inc. 9243. 9286.
Merkel 9360.
Merritt 9055.
Merz 9070.
Metal Hydrids, Inc. 9272.
Metlitzki 9205.
Metallgesellschaft Akt.-Ges. 9260. 9293. 9296. 9330. 9347. 9355. 9362.
Metnieks 9102.
Metropolitan-Vickers Electrical Co. 9277.
Metzger 9059.
Meyer, B. 9342.
Meyer, L. 9224.
Michael 9061.
Michel 9087.
Michelssen 9267.
Michl 9247.
Miedreich 9094.
Miescher 9063.
Miguel Sanjoaquin 9185.
Mihelich 9060.
Mikhail 9074.
Miklaschewski 9263.
Mill 9350.
Millane 9329.
Miller, F. E. 9359.

Miller, I 9343.
Miller, J. F. 9060.
Miller, W. R. 9126.
Millerd 9196.
Milner 9333.
Minc 9292.
Minesita 9224.
Minguet 9207.
Minnesota Mining & Mfg. Co. 9279. 9280. 9315. 9316.
Mint, de [9298]
Miranda, de 9338.
Mitchel, A. C. G. 9060.
Mitchell, R. J. 9258
Mitsche 9294.
Miyagawa 9009.
Modin 9289
Modrzejewski 9232.
Mödder 9230.
Möllenstedt 9067
Mohler 9068.
Mohrberg 9349.
Molaison 9346.
Molho 9151.
Mond Nickel Co. Ltd. 9294
Monsanto Chemical Co. 9263. 9309. 9310. 9313. 9315 9317. 9318. 9319. 9356. 9369
Montclair Research Corp. 9337.
Montrosa Chemical Corp. of California 9285.
Moore, B. C. 9112.
Moore, C. G. 9158
Moore, R. 9342.
Moore, St. 9199.
Mooring 9057.
Moorthy 9281.
Moreau 9062.
Morgan 9251.
Morino 9109.
Morita 9273.
Morris, J. R. 9234.
Morris, T. A. 9344.
Morrish 9371.
Moser 9057.
Mosgowa 9142.
Mosig 9236.
Moss 9065.
Mott 9060.
Mount Sinai Hospital Research Foundation, Inc. 9244.
Mozley 9055.
Mozziconacci 9207. 9221.
Mrotschkow 9235.
Mrozowski 9072.
Mudrak 9119.
Mülhens 9228.
Müller, H. 9341.
Müller, Horst 9230.
Müller, P. H. 9337.
Müller, W. 9207.
Müllner 9239.
Münker 9290.
Muggia 9230.
Mullertz 9211.
Munick 9071.
Munier 9256
Muñoz del Corral 9097.
Muñoz Hernández 9185.
Murex Co. Ltd. 9297.
Murley 9214.
Murowa 9201.
Murray 9134.
Murrie 9053.
Muschlitz jr. 9068.
Musha 9249.
Muszyński 9231.
Mycalex Co. Ltd. 9277.
Myerson 9129.
N. V. Algemeene Norit Mij. 9340.
N. V. Amsterdamsche Chininefabriek 9321.
N. V. de Bataafsche Petroleum Mij. 9286. 9298. 9299. 9306. 9307. 9316. 9318. 9319. 9365.
N. V. Philips' Gloeilampenfabrieken 9243. 9266. 9267. 9268 9334.
N. V. Veenendaalsche Sajet- en Vijfschachtfabriek voorheen Wed. D. S. van Schuppen & Zoon 9242.
N. V. W. A. Scholten's Chemische Fabrieken 9340.
N. V. Zuid-Nederlandsche Spiritusfabriek 9272.
Nace 9156.
Nagakura 9289.
Naghski 9232.
Nagy 9066.
Nahum 9207.
Nair 9218. 9219.
Nakao 9215.
Napier 9290.
Nasarenko 9229.
Nastari 9221.
Nath 9209.
National Cash Register Co. 9320.
National Research Development Corp. 9242.
Natkina 9350.
Natta 9300. 9308.
Nattrass 9370.
Naumann 9341.
Neirinckx 9126.
Nelemans 9228.
Nelemans-Stamperius 9228.
Nelson, B. K. 9060.
Nelson, W. L. 9359.
Nelson, W. O. 9343.
Nernst 9342. 9344.
Nessmejanow 9142.
Neubauer 9341.
Neudorff, W., & Co. K.-G. 9259.
Neurath 9181.
Newbold 9161.
Newby 9361.
Newman, B. 9343.
Newman, P. C. 9358.
Newsorowa 9344.
Nicholas 9206.
Nickelsen 9291.
Niedermeier 9205.
Niesper 9274.
Nijboer 9078.
Nikitine 9103.
Nikolajew 9093.
Nikonowa 9203.
Ninomiya 9204.
Nivoli 9253. 9255.
Nobis 9141.
Noer 9205.
Nomura 9072.
Norberg 9075.
Nord 9186.
Norinder 9102.
Normant [9187].
Norsk Hydro-Elektrisk Kvaelstofaktieselskab 9309.
Norwitz 9253.
Noufflard 9201.
Noury 9081.
Novak 9218.
Nowakowski 9077.
Nowikow 9122. 9144.
Nowlin 9153.
Nowotny 9053.
Noyes, R. M. 9113.
Noyes jr., W. A. 9091.
N. S. F. Nürnberger Schraubenfabrik und Elektrowerk G. m. b. H. 9269. 9329.
Numerof 9246.
Nury 9343.
Nutten 9250.
Nykopp 9201.
Nys 9109.
O'Connor 9265.
O'Daniel 9100.
Ōoka 9224.
Office National d'Études et de Recherches Aéronautiques 9275. 9350.
Ogilvie 9283.
Ogura 9193.
Oil & Gas Co. 9363.
Okada 9077.
Okamoto 9289.
Oldham, G. 9246.
Oldham, H. 9215.
Oleson 9199.
Olsson 9350.
Omnium Marocain de Brevets d'Invention (O. M. B. I.) 9352.
Openshaw [9187].
Opinsky 9292
Optische Werke C. A. Steinheil Söhne G. m. b. H. 9275.
Orecchia 9226.
Osakar Flaquer 9185.
Osborne 9260
Oseretzkowskaja 9273.
Osman 9170.
Osstrowski 9280.
Osterbrock 9063.
Ostersetzer 9372.
Ostwald 9128
Ots 9290.
Outreman 9336.
Overbeke, van 9336.
Owen 9246.
Ozaki 9255.
Pacault 9359.
Packard 9061.
Padgham 9108.
Padukone 9160.
Pagani 9300.
Pain 9135.
Paillier 9279.
Pake 9184.
Pakuła 9202.
Paleari 9128.
Palladin 9216.
Pancholy 9070.
Panofsky 9056.
Papini 9156.
Parke, Davis & Co. 9244.
Parker 9080.
Parmeggiani 9230.
Parthasarathy 9070. 9080.
Partridge 9276.
Paschke 9293.
Pastinszky 9229.
Patani 9082.
Pau 9216.
Pausacker 9117.
Pawełczyk 9232.
Pearce 9148.
Pearson, R G. 9179.
Pearson, W. P. 9073.
Peczenik 9223.
Peltzer 9343.
Perlman 9242.
Perry jr. 9115.
Persky 9222.
Peterson 9072.
Pethica 9089.
Petree 9057.
Petrocarbon Ltd. 9335.
Petrolite Corp. Ltd. 9364.
Petržela 9293.
Phillips Petroleum Co. 9262. 9271. 9285. 9308. 9368.
Phrix-Werke Akt.-Ges. 9356.
Pickering 9177.
Pierce, C 9083.
Pierce, J E. 9185.
Pierce, N. C. 9078.
Pierce, O. R. 9134. 9152.
Pihl 9350.
Pikelner 9063.
Piness 9087.
Pino 9128.
Pinson 9215
Pitts jr. 9121.
Pittsburgh Consolidation Coal Co. 9269.
Pizarro Suárez 9203.
Plant Protection Ltd. 9286.
Plate 9282
Plavšić 9360.
Pluvinage 9063.
Plywoods Plastics Corp. 9352.
Pönninger 9270.
Pohlers 9205.
Poiani 9054.
Polano 9221.
Poljakow 9287.
Pollard 9193.
Polya 9159.
Pomey 9087.
Ponci 9235.
Poni 9162.
Ponomarew 9153.
Ponomarewa 9101.
Pope 9206.
Popp 9345.
Portmann 9217.
Posdejewa 9255.
Post 9062.
Pound, G. S. 9317.
Pound, R. V. 9104.
Powell, E. F. 9336.
Powell. J. 9090.
Powell, R. 9329.
Powell, W. F. 9193.
Poynter 9288.
Pradhan 9178.
Prelog [9187].
Preston-Thomas 9074.
Prévost 9107.
Prey 9170.
Prjachina 9087.
Procter 9283.
Procter & Gamble Co. 9368.
Prosilis 9275.
Provvedi 9338.
Prumyslová Akciová Spolecnost Kaznejov-Brasy 9312.
Pure Oil Co. 9298. 9366.
Purnam 9060.
Quevauviller 9217.
Raaen 9119.
Radio Corp. of America 9268.
Raffinerie Tirlemontoise Soc. An. 9269.
Ragan 9062.
Rakienten 9343.
Ramage 9165. 9166.
Rammler 9358.
Randall 9301.
Rangier 9215.
Rasetti 9056.
Rassulowa 9122.
Rau 9054.
Rauch 9068.
Rausch 9229.
Ravery 9288.
Ray, A. P. 9218. 9219.
Rây, P. 9089. 9096. 9097.
Raychaudhuri 9281.
Read 9353.
Reaume 9193.
Reboul 9217.
Reece 9148.
Reed 9205
Reeger 9083.
Reekie 9086.
Reemtsma Cigarettenfabriken G. m. b. H. 9345.
Rees 9177
Reese 9068.
Rege 9213.
Reid 9150.
Reinhardt 9246.
Reis, von [9206.
Remmer 9211.
Renzo, De 9199.
Research Corp. 9244.
Reti 9053. [9187].
Rettenbacher — Däubner 9256.
Reuther jr 9346.
Reynolds, A. K. 9231.
Reynolds, P. W. 9316.
Rhein-Chemie G. m. b. H. 9337.
Rheinisch-Westfälische Kalkwerke 9277.
Rhodin 9084.
Ricciuti 9107.
Richards 9217.
Richardson 9191. 9192.
Richter 9224.
Richtzenhain 9349.
Rideal 9053.
Riedel 9061.
Riedel-de-Haën Akt.-Ges. 9286.
Riemschneider 9145.
Riley, J. P. 9347.
Riley, R. F. 9132.
Rindi 9211.
Rinne 9145.
Rio 9273.
Ritchie, A. W. 9092.
Ritchie, E. 9165.
Ritter, De 9214.
Roberts, E. A. 9251.
Roberts, E. R. 9089.
Roberts, J. D. 9105. 9114.
Robinson, C. V. 9086.
Robinson, F. A. 9212. 9213.
Robinson, H. R. 9263.
Robinson, R. 9155.
Robinson, R. J. 9252.
Rocchietta 9227.
Roche 9336.
Roch Ubiría 9203.
Rockland 9343.
Roeder, F. 9190.
Röder, K. 9281.
Röhm & Haas G. m. b. H. 9312. 9331.
Roger 9340.
Rogers, C. U. 9155.
Rogers, S. E. 9093.
Rogers, T. F. 9081.
Rohdewald 9197.
Rohm & Haas Co. 9333.
Rohrlich 9342. 9344.
Roiter 9287.
Rolls-Royce Ltd. 9297.
Romand 9063.
Roofing, Tilo, Co., Inc. 9265.
Ropp 9119
Rosano 9346.
Rosenauer 9274.
Rosenberg 9214.
Rosenthal 9223.
Rosenthaler 9232.
Roshdesstwenski 9341.
Ross 9078.
Rossi 9060
Rothchild 9133.
Rothschild, de 9209.
Rotinjan 9076.
Rotteglia 9231.
Rottweiler Kunstseidefabrik Akt.-Ges. 9330.
Roussel 9154.
Royal Ltd. 9298.
Roy 9206.
Rubin, L. C., [Houston] 9327.
Rubin, L. C., [Jersey City] 9107.
Rubin, S H. 9214.
Rubini 9212.
Rubinstein 9098.
Ruhrchemie Akt.-Ges. 9271. 9301. 9302. 9318. 9339. 9362.
Ruysseveit, van 9214.
Ruziczka 9201.
Ryan 9059.
Rybianka-Stopa 9204.
Sabine 9197.
Sachs 9057
Sadron 9184
Sänger 9080.
Saha 9068.
Sahai 9187.
Sahama 9100.
Sahlgren 9206.
Saito 9250.
Salchow 9353.
Salt Water Control, Inc. 9364.
Salvetti 9058.
Samuel, G. A. 9298.
Samuel, R. L. 9298.
Samuelson 9085.
Sánchez Cosido 9225.
Sanderson 9257.
Sands 9248.
Sanna 9237.
Sato 9250.
Satō 9224.
Satta 9353.
Sattizahn 9093.
Sauret 9359.
Savage 9233.
Saxton, J. A. 9076.
Saxton, J. E. 9155.
Schäfer, P. 9345.
Schäfer, Peter 9225.
Scharowa 9099.
Schelzig 9239.
Schering Akt.-Ges. 9240. 9242. 9321.
Schichljew 9123.
Schieler 9161.
Schiff 9062.
Schischkina 9273.
Schlicht 9220.
Schlossberger 9198.
Schmid 9245.
Schmidt 9228.
Schmidt-Nielsen, B. 9215.
Schmidt-Nielsen, K. 9215.
Schmitt 9230.
Schmitz 9366.
Schöttler 9233.
Schotte, L. 9129.
Schotte, W. 9258.
Schou 9355.
Schrage 9250.
Schreiber 9293.
Schreier 9216.
Schreiner 9084.
Schtscherbakowa 9084.
Schuchardt 9257.

Schümann 9224.
Schulkin 9144.
Schulte 9120.
Schultz 9233.
Schultze 9212.
Schulz, A. G. 9055.
Schulz, F. 9344.
Schulz, L. G. 9086.
Schulze 9282.
Schumacher 9147.
Schwab 9092.
Schwartz 9207.
Schwarz 9095.
Schweinburg 9222.
Schweisheimer 9230.
Schwick 9212.
Scott, E. J. 9263.
Scott, J. F. 9104.
Scott, N. W. 9086.
Seailles 9271.
Searles 9111.
Sebag 9222.
Seco Santos 9258.
Seddon 9274.
Seeliger 9066.
Seemann 9290.
Segrove 9274.
Segundo Gloria 9235.
Selden 9061.
Selke 9258.
Sell 9252.
Sen, A. 9280.
Sen, D. 9096. 9097.
Sengupta 9058.
Senior 9255.
Seraphim 9370.
Serra 9271.
Setlow 9191.
Sewell 9061.
Seymour 9201.
Shah 9281.
Sharples Chemicals, Inc. 9285.
Shaw 9199.
Sheft 9215.
Shelford 9282.
Shell Development Co. 9303. 9304. 9336. 9363.
Shepherd 9071.
Shigalow 9339.
Shimada 9075.
Shiren 9062.
Shirley 9154.
Short, J. R., Milling Co. 9242.
Shulman 9211.
Siderius 9210.
Siegbahn 9056.
Sieglitz 9350.
Siemens & Halske Akt.-Ges. 9264.
Siemens-Schuckert-werke Akt.-Ges. 9266. 9269. 9322. 9345.
Signer 9184.
Siksna 9102.
Silber 9202.
Simmons 9072.
Simon 9229.
Simons 9068.
Simpson, N. H. 9292.
Simpson, O. C. 9079.
Sims 9249.
Sinclair Refining Co. 9368. 9369.
Singh 9218. 9219.
Singruen 9341.
Sinsheimer 9104.
Sisti 9219.
Sjöblom 9190.
Skeels 9329.
Skövde Gasbetong A/B 9277.
Skow 9230.
Skraba 9125.
Slack 9135.
Slotnick 9056.
Slovenske Závody Národní Podnik 9277.
Sludskaja 9097.
Smadel 9202.
Smets 9184.
Smith jr. A. C. 9340.
Smith, C. W. 9305.
Smith, F. 9170.
Smith, G. C. 9288.
Smith, J. D. 9199.
Smith, L. 9061.
Smith, P. I. 9345.
Smith, R. R. 9057.
Smith, W. C. 9053.
Smolin 9329.
Smook 9336.
Soc. des Accumulateurs Fixes et de Traction, Soc. An. 9265.
Soc. An. André Citroën 9328.
Soc. An. des Ateliers et Chantiers de la Loire 9244. 9259.
Soc. An. Comp. Générale d'Électro-Céramique 9275.
Soc. An.: L'Équipement Ménager et Industriel „E. M. I." 9333.
Soc. An. d'Innovations Chimiques „Sinnova" ou „Sadic" 9355.
Soc. An. Isolation Thermique et Acoustique 9279.
Soc. An. Manufacture de Produits Chimiques du Nord, Établissements Kuhlmann 9283.
Soc. An. des Manufactures des Glaces et Produits de Saint-Gobain, Chauny & Cirey 9261. 9274. 9284. 9335. 9357.
Soc. An. de Matières Colorantes et Produits Chimiques Francolor 9323. 9324. 9325. 9355.
Soc. An. Unione Cementi Marchinov & Co. 9277.
Soc. le Carbone-Lorraine 9265.
Soc. Civile d'Étude des Brevets Hycar 9337.
Soc. Civile Fiorillo 9348.
Soc. des Établissements Barbet 9322.
Soc. Française de Recherches Techniques 9337.
Soc. Louguedocienne de Recherches et d'Exploitations minières 9271.
Soc. de Produits Chimiques et de Synthese 9348.
Soc. à r. l. A. Dawant 9324.
Soc. à Responsabilité Limitée: Soc. Française de Recherches et d'Expansion 9330.
Soc. des Usines Chimiques Rhône-Poulenc 9244. 9275.
Soc. de la Viscose Française 9352.
Soc. de la Viscose Suisse 9357.
Socony-Vacuum Oil Co., Inc. 9299. 9330.
Soderberg jr. 9258.
Soehring 9223.
Sörum 9110.
Soldi 9235.
Solignac 9284.
Solomon 9212.
Sommerlad 9226.
Sommers jr. 9079.
Sondermann 9350.
Sottorf 9290.
Souchay 9107.
Soulé 9246.
South Eastern Gas Board 9366.
Spadaro 9346.
Sparham 9359.
Specht 9193.
Spedden 9061.
Spence, Peter, & Sons Ltd. 9275.
Spencer, B. 9193.
Spencer, C. S. 9124.
Spencer, K. A. 9292.
Spencer, L. F. 9289.
Spetsig 9345.
Speyer 9282.
Spielman 9118.
Spies 9205.
Spink 9222.
Spinks 9219.
Sponcel Ltd. 9353.
Spray 9213.
Sprenger 9161.
Squires 9209.
Sreenivasan 9213.
Srinivasan 9080.
Srivastava 9082.
Ssagdijewa 9343.
Ssamarin 9287.
Ssamssonow 9247.
Ssarkissow 9058.
Ssautin 9340.
Ssergejewa, M. M. 9137.
Ssergejewa, T. W. 9343.
Sserpinski 9084.
Ssidorowa 9083.
Ssisow 9088.
Ssobelman 9064.
Ssobolew, A. Ss. 9344.
Ssobolew, N. D. 9288.
Ssobolew, N. K. 9235.
Ssokolow 9085.
Ssurowa 9084.
Ssuschkina 9063.
Stacey 9189.
Stähelin 9196.
Stahmann 9212.
Standard Brick & Sand Co. Ltd. 9274.
Standard Oil Co. 9364. 9367.
Standard Oil Development Co. 9260. 9261. 9262. 9285. 9300. 9302. 9303. 9319. 9361. 9363. 9364. 9366. 9367. 9368. 9369. 9370.
Staveley 9112.
Stavsborgs Aktiebolag 9328.
Stavseth 9080.
Stein 9199.
Steinmetz 9113.
Steinmüller, L. & C. G. m. b. H. 9351.
Steirische Magnesit-Industrie-Akt.-Ges. 9279.
Stelmach 9222.
Stephen 9250.
Stephenson, K. L. 9223.
Stephenson, T. E. 9254.
Stepp 9213.
Sterental 9296.
Stern 9213.
Sternglass 9070.
Stevenson 9246.
Stewens 9219.
Stitch 9247.
Stöhr 9227.
Stoll, K. 9281.
Stoll, W. 9170.
Stolnikow 9273.
Stone, F. O. 9323.
Stone, F. S. 9083.
Stormont 9361.
Strain 9336.
Stranks 9089.
Straszewska 9190.
Strehler 9302.
Stricklen 9293.
Stromberg 9179.
Strong 9200.
Struelens 9126. 9183.
Stüttgen 9220.
Stulow 9098.
Sturgeon 9274.
Subow 9282.
Süddeutsche Apparatefabrik G. m. b. H. 9268.
Süddeutsche Kalkstickstoff-Werke Akt.-Ges. 9283.
Suess 9293.
Sugawara 9053.
Sugihara 9101.
Sulphite Products Corp. 9351.
Sun Chemical Corp. 9324.
Sunkist Growers, Inc. 9242.
Sun Oil Co. 9300.
Susanka 9245.
Suter 9137. 9138.
Suttle 9120.
Suzuoki-Ziro 9204.
Swanson 9065.
Swartz 9259.
Swift & Co. 9309.
Symon 9290.
Symonds 9291.
Szacukiewicz 9292.
Taborsky 9233.
Taft jr. 9117.
Takeda 9249.
Talvenheimo 9254.
Tamelen, van 9128.
Tamres 9111.
Tanyolac 9216.
Tarassuk 9343.
Tatewski 9104.
Taurel 9065.
Taylor, A. W. C. 9316.
Taylor, E. W. 9246.
Taylor, H. F. W. 9099.
Taylor, R. W. 9298.
Taylor, T. I. 9057.
Taylor, W. I. 9218.
Teed 9288.
Teeters 9327.
Teitelbaum 9083.
Telephon- und Telegraphen-Fabriks-Akt.-Ges. Kapsch & Söhne in Wien 9265.
Temmler-Werke Vereinigte Chemische Fabriken Herman Temmler 9319.
Teran y Gallndo 9348.
Terry 9251.
Tertsch 9098.
Tetaz 9150.
Teusch 9278.
Tewes 9197. 9198.
Texaco Development Corp. 9269. 9302. 9303. 9365.
Texas Co. 9268. 9300. 9318. 9370.
Thayer 9206.
Theimer 9085.
Théron 9064.
Theurer, J. 9228.
Theurer, K. 9228.
Thieffry 9207.
Thiel, van 9278.
Thilo 9094.
Thinius 9328.
Thomis 9249.
Thompson, A. B. 9354.
Thompson, S. O. 9121.
Thomson, R. F. 9292.
Thomson, R. Y. 9188.
Thonier 9222.
Thring 9080.
Thurston 9219.
Tiers, G. V. D. 9104.
Tiers, J. H. 9104.
Tietze 9181.
Tiley 9083.
Tillson 9257.
Timasheff 9186.
Timell 9349.
Timm 9342.
Toit, du 9056.
Tolbert 9128.
Tolhoek 9056.
Tomić 9233.
Tompa 9184.
Tompkins 9053.
Topley 9223.
Tourliere 9340.
Towler 9248.
Trappe 9165. 9166.
Traverse, de 9215.
Treviño Villaseñor 9222.
Trief 9278.
Trillat 9326.
Trimborn 9145.
Trindade 9221.
Triplet 9328.
Trivedi 9082.
Trustdorf 9192.
Tsai 9074.
Tschepelewetzki 9058.
Tschuwajew 9063.
Tsumori 9057.
Tuck 9370.
Tuna 9217.
Tung 9078.
Turkevich 9121.
Turner, G. S. 9248.
Turner, R. B. [9187].
Tursky 9290.
Ubbelohde 9093.
Ukiya 9346.
Ullrich 9217.
Ulmann 9195.
Underkofler [9187].
Underwood 9343.
Union Carbide & Carbon Corp. 9332.
Union Oil Co. of California 9301. 9303.
United Glass Bottle Manufactures Ltd. 9274.
United Kingdom of Great Britain and Northern Ireland 9261.
United States of America 9286. 9300.
United States Rubber Co. 9332
United Steel Co. Ltd. 9272.
Universal Oil Products Co. 9365. 9367.
Université Libre ed Bruxelles 9297.
Unterstenhöfer 9282.
Upjohn Co. 9243.
Usines de Melle 9308.
Usspenskaja 9263.
Utter 9192.
Valkó 9066.
Vanderbilt, R. T., Co., Inc. 9351.
Varenius 9206.
Vaughan 9115.
Vavruchová 9340.
VEB-Cirine-Werk 9328.
Velu 9236.
Vereinigte Glanzstoff-Fabriken Akt.-Ges. 9301.
Vergnoux 9064.
Vernon 9292.
Vetten, de 9221.
Vida 9209.
Vigneron 9060.
Villi 9054.
Vinyltrame (Soc. à. R. L.) 9332.
Vitex Soc. An. (Ancients Établissements J. Canouet) 9334.
Vitkovické Železárny Národní Podnik 9293.
Visser 9228.
Vix 9346.
Vloeberghs 9361.
Voelkel 9209. 9217.
Völker 9227.
Voisin 9055.
Voorhies 9062.
VVB Sapotex 9328
Wache 9328.
Wacker-Chemie G. m. b. H. 9331.
Wager 9205.
Wahhab 9281.
Wahl 9059.
Wahlberg 9287.
Waight 9158.
Wakefield., C. C., & Co. Ltd. 9298.
Waldmann 9170.
Wall 9107.
Wallenius 9256.
Walsh 9258.
Walston 9170.
Walter 9353.
Walzel 9204.
Wang 9086.
Wargo 9072.
Warren 9249.
Warren, S. D., Co. 9352.
Wartenberg 9096.
Watkins 9289.
Watson 5059.
Waugh 9122.
Webb, G. B. 9107.
Webb, R. L. 9105.
Webb, R. R. 9226.
Weber, K. 9105.
Weber, L. 9293.
Weck 9126.
Weigel 9095.
Weill 9346.
Weinberg 9365.
Weinreich 9071.
Weinrotter 9360.
Weisiger 9182.
Weißenberg 9272. 9274.
Welsh 9222.
Wendel 9224.
Wenner 9133.
Wenstrem 9085.
Wenzel 9058.
Werbitzkaja 9069.
Werf, Vander 9093.
West 9223.

Chemisches Zentralblatt

1953 Nr. 51 23. Dezember

Geschichte. Unterricht.

E. Hemlin, *Bibliographie von J. Arvid Hedvall.* Verzeichnis aller Veröffentlichungen von HEDVALL in der Zeit von 1912–1949. (Abh. braunschweig. wiss. Ges. **2.** 67–74. 1950.) BLUMRICH. 1

Paul Damm, *Fritz Hofmann zum 85. Geburtstage.* Würdigung der wissenschaftlichen Verdienste u. hohen menschlichen Eigg. von F. HOFMANN (geb. 2/11. 1866 in Kölleda/Thür.), dem Erfinder des Bunakautschuks u. späteren Leiter des Breslauer Kohlenforschungsinstituts. — Bild. (Erdöl u. Kohle **4.** 609–11. Okt. 1951.) ZAUNICK. 1

Eric K. Rideal, *Prof. J. W. McBain, F. R. S.* Nachruf auf den am 12/3. 1953 verstorbenen Kolloidchemiker JAMES W. MCBAIN. (Nature [London] **171.** 674. 18/4. 1953.) KLEVER. 1

Heinrich Hopff, *In memoriam Kurt H. Meyer.* Lebensweg u. Arbeitsgebiete des am 29/9. 1883 in Dorpat geborenen u. am 14/4. 1952 in Genf verstorbenen Chemikers MEYER. Hauptarbeitsgebiete: Makromolekulare Chemie, speziell Cellulose u. Stärke. (Stärke **5.** 53–55. März 1953. Zürich.) ULMANN. 1

Ken Sugawara, *Dr. Leonor Michaelis.* Nachruf auf den bekannten physiol. Chemiker. — Bild. (Science [Japan] **20.** 426–27. 6. Juni/Sept. 1950. [Orig.: japan.]) SCHULER. 1

W. Campbell Smith, *Prof. P. Niggli.* Nachruf auf den bekannten Mineralogen u. Kristallographen PAUL NIGGLI (geb. 26/6. 1888). (Nature [London] **171.** 675. 18/4. 1953.) KLEVER. 1

Gordon Murrie, *Louis Pasteur. Das Lebenswerk eines großen Chemikers.* Aufsatz über PASTEURs (1822–1895) Leben u. Schaffen. (Australas. J. Pharmacy [N. S.] **32.** 1055–57. 29/9. 1951.) ZAUNICK. 1

Wilhelm König, *Paracelsus und seine Lehre.* Allg. Angaben. (Österr. Apotheker-Ztg. **5.** 646–47. 20/10. 1951.) ZAUNICK. 2

Wilhelm König, *Paracelsus und seine Nachfolger.* (Österr. Apotheker-Ztg. **5.** 648. 20/10. 1951.) ZAUNICK. 2

P. Nowotny, *Die Bedeutung des Paracelsus für die Gegenwart.* Allg. gehaltene Bemerkungen. (Österr. Apotheker-Ztg. **5.** 665–66. 27/10. 1951.) ZAUNICK. 2

Ladislao Reti, *Leonardo da Vinci's chemische Kunst.* Bericht über LEONARDO DA VINCIs Studien zur Verbrennung u. Destillation. Beschreibung von ihm entworfener Destillierhelme, Ventilatoren, Pumpen u. Filtrierapparate. Rezepte zur Herst. von Malerfarben u. verschied. Essenzen, sowie von Klebstoffen. Beschreibung verschied. chem. Verff., die u. a. zur Auffindung des Acetons führten. Liste der in seinen Arbeiten erwähnten Chemikalien, Drogen u. Mineralien. — 37 Zeichnungen nach seinen Manuskripten. (Chim. e Ind. [Milano] **34.** 655–67. Nov. 721–42. Dez. 1952. Buenos Aires.) STEINER. 2

F. C. Tompkins, *Die Faraday Society, 1903 bis 1953.* Bericht über die am 14/2. 1903 gegründete Gesellschaft aus Anlaß des 50jährigen Bestehens. (Nature [London] **171.** 671–74. 18/4. 1953.) KLEVER. 2

Lawrence Bragg, *Berühmte Versuche im Cavendish-Laboratorium.* Beschreibung von opt., viscosimetr., elektr. u. magnet. Verss. von MAXWELL, RAYLEIGH u. RUTHERFORD u. aufbewahrter Originalapparate. (Proc. Roy. Instn. Great Britain **34.** 626–33. 1950. Cambridge, Univ.) BLUMRICH. 2

Helmut Wilsdorf, *Bergleute und Hüttenmänner im Altertum bis zum Ausgang der römischen Republik. Ihre wirtschaftliche, soziale und juristische Lage.* (Freiberger Forschungsh., Reihe D **1952.** Heft 1. 284 Seiten.) KLEVER. 2

Erich Kurzel-Runtscheiner, *Hinweise auf die Anfänge des abendländischen Eisenwesens bei Homer und bei Hesiod.* (Montan-Ztg. **68.** 136–37. Aug. 1952. Wien.) WINIKER. 2

—, *Gebrauch von Farbstoffen in der Heilkunde. Vom ägyptischen Papyrus zur modernen Krebsbehandlung.* Geschichte natürlicher Farbstoffe (Indigo, Waid, Krapp, Safran,

Saflor) einerseits u. der modernen Anilinfarbstoffe, sowie der antisept. wirkenden synthet. Farbstoffe andererseits. (Australas. J. Pharmacy [N. S.] **32.** 1269—71. 30/11. 1951.) ZAUNICK. 2

A. Allgemeine und physikalische Chemie.

M. Jacob, *Die Maßeinheiten und ihre Zeichen.* Es wird auf die genaue Beachtung der genormten Zeichen hingewiesen, nachdem die fahrlässige Deutung von gr. als Gramm statt (troy) grain (1 gr. = 0,0648 g) ein Todesopfer gefordert hat. — Tabelle aller genormter Zeichen. (J. Pharmac. Belgique [N. S.] **5.** Nr. 7—8. 236—46. Juli/Aug. 1950. Serv. Belge de la Métrol.) PAULI. 10

A_1. Kernphysik und Kernchemie.

D. ter Haar, *Gentile's Mittelstatistik.* Vf. beweist, daß die von GENTILE (Nuovo Cimento **17.** [1940.] 493) eingeführte Statistik, die eine Mittelstellung zwischen der FERMI-DIRAC- u. der BOSE-EINSTEIN-Statistik einnimmt (die maximale Teilchenzahl in jedem nichtdegenerierten Energieniveau besitzt eine endliche, nicht vorgeschriebene Größe), prakt. mit der BOSE-EINSTEIN-Statistik ident. ist. (Physica **18.** 199—200. März 1952. St. Andrews, Dep. of Natural Phil.) SPEER. 80

Hermann Weyl, *Eine Bemerkung über die Kopplung von Gravitation und Elektron.* In EINSTEINs Theorie der Gravitation lassen sich entweder die metr. Potentiale oder sowohl die metr. Potentiale als auch die Komponenten der affinen Verbindung als unabhängige Größen betrachten. Hierdurch wird ein Unterschied in den Endgleichungen hervorgerufen, der aber durch eine kleine Änderung in der LAGRANGE-Funktion behoben werden kann. (Physic. Rev. [2] **77.** 699—701. 1/3. 1950. Princeton, N. J., Inst. for Adv. Stud.) E. REUBER. 80

Irving Zinnes, *Polarisationsbeziehung bei gemischten Multipolen.* Die Unterss. von HAMILTON über die Richtungspolarisation zweier von einem Kern emittierter Photonen werden rechner. erweitert auf den Fall, daß das eine Photon durch einen reinen 2^L-Multipol, das andere durch zwei gemischte Multipole beschrieben wird. (Physic. Rev. [2] **80.** 386—91. 1/11. 1950. New York, N. Y., Univ.) REUSSE. 80

R. Ronald Rau, *Die Natur der Weitwinkelbüschel.* 1. Mitt. Zur Unters. der Natur der Höhenstrahlteilchenbüschel von mindestens 6 Teilchen, die von ihrem Ursprungsort mit einem Öffnungswinkel von 30° u. mehr ausgehen, werden in eine Nebelkammer abwechselnd je eine 1 cm starke Pb-Platte u. 2 Pb-Folien von 0,92 mm Dicke eingebracht. Die Registrierungen in einer Höhe entsprechend 16 g/cm² Wasseräquivalent u. 55° N geomagnet. Breite unter 3,5 g/cm² festen Materials ließen die Ausmessung von 35 Büscheln mit 6—25 Teilchen zu. Die Büschelteilchen werden auf Grund ihrer Ionisationsspuren überwiegend als Elektronen identifiziert. Die Büschel sind, wie bes. aus den Winkeln zwischen den Teilchenbahnen hervorgeht, elektromagnet. Kaskaden. (Physic. Rev. [2] **80.** 914. 1/12. 1950. Princeton, N. J., Univ., Palmer Phys. Labor.) W. SCHÄFER. 85

R. Ronald Rau und **A. S. Wightman,** *Die Natur der Weitwinkelbüschel.* 2. Mitt. (1. vgl. vorst. Ref.) Die Weitwinkelbüschel der Höhenstrahlung in größeren Höhen können als elektromagnet. Kaskaden nur von γ-Strahlen oder Elektronen ausgelöst sein. Da aber in größeren Höhen die Intensität der prim. weichen Komponente geringer ist, als zur Erklärung der Büschel notwendig wäre, wird die Zerfallsstrahlung der neutralen π-Mesonen auf ihre Intensität untersucht. Es kann gezeigt werden, daß über den Wechselwirkungsmechanismus der neutralen Mesonen durch diese in genügender Menge γ-Quanten aus Zerfallsprozessen zur Verfügung stehen, um die Intensität der Weitwinkelbüschel zu erklären. (Physic. Rev. [2] **80.** 914—15. 1/12. 1950.) W. SCHÄFER. 85

G. Poiani und **C. Villi,** *Über die seitliche Zertrümmerung der Schauer mit niedriger Energie.* Die in der Längsentw. gemessene gesamte seitliche Zertrümmerung eines Schauers in Luft wird nach der Theorie der Elektrophotonenkaskade berechnet. Die erhaltenen Zahlenwerte stimmen trotz Verwendung eines höheren Wertes für β (98 MeV) mit den von ROBERG u. NORDHEIM (Physic. Rev. [2] **75.** [1949.] 444) errechneten befriedigend überein u. stellen die Zertrümmerung in dem Bereich niedriger u. mittlerer Energie dar. Bei hoher Energie entsprechen sie den Werten von BORSELLINO (Nuovo Cimento [9] **7.** [1950.] 638). (Nuovo Cimento [9] **9.** 1109—15. 1/12. 1952. Trieste, Univ., Ist. di Fis.) R. K. MÜLLER. 85

G. Poiani und **C. Villi,** *Über die seitliche Zertrümmerung der Schauer mit hoher Energie.* (Vgl. vorst. Ref.) Für die in der Längsentw. des Schauers gemessene integrale Zertrümmerung werden Ausdrücke der Elektronen- u. der Photonenkomponente abgeleitet. Bei Energiewerten von mindestens 100 β kann die Wrkg. der Ionisation vernachlässigt werden. Zahlenwerte der Energiefunktionen werden tabellar. mitgeteilt. (Nuovo Cimento [9] **10.** 179—81. 1/2. 1953.) R. K. MÜLLER. 85

André G. Voisin, *Durchdringende Höhenstrahlenschauer.* Mit einer Mehrfachkoinzidenzanordnung wurde in Abhängigkeit vom Öffnungswinkel der registrierten durchdringenden Schauer die Reichweite der Schauerteilchen gemessen. Dabei zeigte sich, daß je durchdringender die Schauer waren, diese einen desto größeren Öffnungswinkel besaßen. Dieser Befund ist in Einklang mit der Theorie zu bringen. Die Messungen beziehen sich auf vertikal einfallende Primäre, für die eine Multiplizität von wenigstens 3,7 durchdringende Teilchen im Schauer gefunden wurde. (Physic. Rev. [2] **80.** 920. 1/12. 1950. Ottawa, Can., Div. of Phys., Nat. Res. Counc.) W. SCHÄFER. 85

W. B. Fretter, *Durchdringende Schauer in Lithium.* Es werden 15 durchdringende Schauer in Li (6×5×16 in.) mit Hilfe ihrer Teilchenbahnen in einer mit dünnen Pb-Absorbern versehenen Nebelkammer analysiert. Da höchstens 7 Nucleon–Nucleon-Wechselwirkungen in einem Li-Kern stattfinden, d. h. dabei höchstens 7 Mesonen u. 5 Protonen entstehen können, sofern nur je 1 Meson bei einer Wechselwrkg. entsteht, muß eine — wenn auch geringe — Multiplizität der Mesonenerzeugung angenommen werden, um den experimentellen Befund eines Schauers mit mindestens 13 geladenen Teilchen zu erklären. (Physic. Rev. [2] **80.** 921—22. 1/12. 1950. Berkeley, Calif., Univ., Dep. of Phys.) W. SCHÄFER. 85

John R. Green, *Durchdringende Schauer in Kohlenstoff.* (Vgl. C. **1953.** 7015.) In 3,6 km Höhe wird die Bldg. durchdringender Höhenstrahlenschauer in Graphit mit einer zählrohrgesteuerten Nebelkammer untersucht, in welche 10 ca. 2,5 cm starke Graphitplatten u. darunter 4 ca. 1,25 cm starke Bleiplatten eingebracht waren. Die Winkelverteilung der Schauer, die angenähert durch die 7. Potenz des Cosinus beschrieben werden kann, sowie die Multiplizität der Teilchen (alle ionisierenden Teilchen $5{,}32 \pm 0{,}13$; durchdringende Teilchen allein $2{,}33 \pm 0{,}09$) entsprechen durchaus den Befunden für die in Pb erzeugten Schauer. Oft erzeugen in Graphit ausgelöste Schauerteilchen sek. durchdringende Schauer in späteren Graphitschichten; die mittlere freie Weglänge für diesen Prozeß wird mit maximal 237 ± 29 g/cm² Graphit abgeschätzt. Vf. nimmt an, daß die begleitende weiche Komponente durch die bei dem Kernprozeß oder beim Zerfall neutraler Mesonen entstehenden energiereichen γ-Quanten erzeugt wird. (Physic. Rev. [2] **80.** 832—41. 1/12. 1950. Berkeley, Calif., Univ., Dep. of Phys.) W. SCHÄFER. 85

E. D. Courant, *Mesonenerzeugung durch Nucleonen in Coulomb-Feldern.* (Sitzungsbericht.) Beim Durchgang eines Nucleons durch das COULOMB-Feld eines Kerns können Mesonen erzeugt werden. Der Wirkungsquerschnitt, der nach der pseudoskalaren Mesonentheorie unter der Annahme pseudovektorieller Kopplung erhalten wird, nimmt bis zu einer Energie von etwa $(\mu c R/\hbar) M c^2$ mit der vierten Potenz der Nucleonenenergie zu u. bleibt dann konstant. Für den Beschuß von Pb mit $3 \cdot 10^9$ eV-Protonen ergibt sich ein differentieller Wirkungsquerschnitt für die Erzeugung von positiven 500 MeV-Mesonen in der Vorwärtsrichtung von ca. 1 mbarn je Raumwinkel je 10^9 eV. (Physic. Rev. [2] **87.** 217. 1/7. 1952. Brookhaven Nat. Labor.) WIEDEMANN. 90

R. F. Mozley, *Erzeugung von π^+-Mesonen durch Röntgenstrahlen als eine Funktion der Kernladungszahl.* Die relativen Wirkungsquerschnitte pro Proton für *H, Li, Be, B, C, Al, Cu, Sn* u. *Pb* gegenüber einer Röntgenstrahlung bei 42 u. 76 MeV Mesonenenergie zeigen ein Absinken des Quotienten σ/A, was durch die Annahme erklärt werden kann, daß nur die Nucleonen an der Kernoberfläche wirksam werden. (Physic. Rev. [2] **80.** 493—94. 1/11. 1950. Berkeley, Calif., Univ. of California, Dep. of Phys., Radiat. Labor.) H. HAUSWALD. 90

A. G. Schulz, D. Hamlin, M. J. Jakobson und **J. Merritt,** *Die Anregungsfunktion für die Erzeugung von π^+-Mesonen bei P—P-Zusammenstößen.* (Sitzungsbericht.) Die relativen Wirkungsquerschnitte der Rk. $p + p \rightarrow d + \pi^+$ wurden gemessen. Die Protonenenergie wurde durch Zwischenschalten eines Pb-Absorbers variiert. Die π^+-Mesonen, die unter einem Winkel von 0 ± 5^0 zur Protonenrichtung erzeugt werden, wurden magnet. abgetrennt. Zum Nachw. diente der mittels Scintillationszähler beobachtete $\pi^+ \rightarrow \mu^+$-Zerfall (verzögerte Koinzidenz). Der Anteil von H am Wirkungsquerschnitt wird aus der Differenz für Polyäthylen u. C ermittelt. Die Ergebnisse stimmen mit einer $E^{3/2}$-Kurve, E = kinet. Energie der Mesonen im Schwerpunktssyst., überein. (Physic. Rev. [2] **87.** 219. 1/7. 1952. Berkeley, Calif., Univ. of California.) WIEDEMANN. 90

K. M. Guggenheimer, *Mesonenmassen.* Aus den Eigenwerten eines starren Rotors werden Mesonenmassen ermittelt. Es wird ein $P_{n,m}$-Syst. entwickelt, dabei gibt n die Zahl der Rotoren in der Kugel an u. m die Zahl der Rotoren, die einen Gyrationsradius $r_g = \frac{1}{2} \cdot r_n$ besitzen. Die Massen der Mesonen vom Typ μ, π, V_1, V_2, τ, $\varkappa_1$, $\varkappa_2$ u. $\varkappa_4$ werden

richtig wiedergegeben. Auch die Protonenmasse kann in ähnlicher Weise erhalten werden (Nature London] **170.** 158. 26/7. 1952. Glasgow, Univ., Dep. of Natural Philos.)
WIEDEMANN 90

E. A. Martinelli und **W. K. H. Panofsky,** *Die Lebensdauer des positiven π-Mesons.* (Vgl. C. **1950.** II. 1780.) Verwendet wurden ILFORD C 3-Platten von 100 μ Dicke, die leicht geneigt im Strahlengang standen. Die App. wird ausführlich beschrieben. Die Halbwertszeit von π^+ ergab sich zu $1{,}37 \pm 0{,}095 \cdot 10^{-8}$ **Sekunden.** (Physic. Rev. [2] **77.** 465—69. 15/2. 1950. Berkeley, Calif., Univ., Dep. of Phys., Radiat. Labor.)
E. REUBER. 90

W. F. Fry, *Anomale π-μ-Zerfälle in photographischen Emulsionen.* (Sitzungsbericht.) Inhaltlich im wesentlichen ident. mit der C. **1953.** 3187 referierten Arbeit. Die Bahnlängen der μ-Mesonen in den anomalen Fällen sind: 975, 828, 476, 444, 260, 258, 470. 441, 430, 416, 290 185 u. 120 μ. hiervon können die ersten sechs durch Zerfall der π-Mesonen im Flug erklärt werden. (Physic. Rev. [2] **87.** 219. 1/7. 1952. Univ. of Chicago)
WIEDEMANN 90

George R. White und **W. F. Fry,** *Reichweiteverteilung der μ-Mesonen aus Zerfällen von π-Mesonen in photographischen Emulsionen.* (Sitzungsbericht.) Die Länge der Bahnspuren von μ-Mesonen aus den Zerfällen von 530 π-Mesonen wurden in einer 200 μ dicken ILFORD C 2-Emulsion bestimmt, die in einem Spiralbahnspektrometer dem Cyclotron ausgesetzt worden war. Die Meßgenauigkeit beträgt 1%. Die mittlere Bahnlänge ergab sich zu 598 μ, die Verteilung folgt der GAUSS-Kurve mit einer Standardabweichung von 30 μ. (Physic. Rev. [2] **87.** 219. 1/7. 1952. Iowa State Coll ; Univ. of Chicago.)
WIEDEMANN 90

R. Jost, J. M. Luttinger und **M. Slotnick,** *Verteilung der Rückstoßkerne bei der Paarerzeugung durch Photonen.* Es werden mittels einer Meth., die die unitäre S-Matrix benutzt, die Winkel- u. Impulsverteilung der Rückstoßkerne bei der Paarerzeugung durch Photonen berechnet. Die Ergebnisse stimmen mit den Messungen, bes. bei kleinen Winkeln u. hohen Impulsübergängen, nicht überein. Der Wirkungsquerschnitt für die Paarerzeugung wird mitgeteilt. (Physic. Rev. [2] **80.** 189—96. 15/10. 1950. Princeton, N. J., Inst. of Adv. Stud.)
STEIL. 90

G. R. Bishop, C. H. Collie, H. Halban, A. Hedgran, K. Siegbahn, S. du Toit und **R. Wilson,** *Der Wirkungsquerschnitt für den Photozerfall des Deuterons bei kleinen Energien.* Mit γ-Strahlen von ^{72}Ga u. ^{24}Na wurden Präzisionsmessungen des Photozerfalls von Deuteronen durchgeführt. Für die γ-Energien 2,757, 2,618 u. 2,504 MeV wurde der Wirkungsquerschnitt zu $15{,}9 \pm 0{,}6 \cdot 10^{-27}$, $13{.}9 \pm 0{,}6 \cdot 10^{-27}$ bzw. $11{,}9 \pm 0{,}8 \cdot 10^{-27}$ cm² bestimmt, wobei als Mesonenmasse 277 ± 7 m_e, als Bindungsenergie des Deuterons $2{,}231 \pm 0{,}005$ MeV, als effektiver Wirkungsbereich im (n—p)-Triplettzustand $(1{,}71 \pm 0{,}04) \cdot 10^{-13}$ cm als Protonenstreuquerschnitt für Neutronen $20{.}32 \pm 0{,}01$ barn u. als Neutron-Proton-Einfangquerschnitt $0{,}310 \pm 0{,}02$ barn verwendet wurden. (Physic. Rev. [2] **80.** 211—22. 15/10. 1950. Berichtigung: [2] **81.** 644. 15/2. 1951. Stockholm, Nobel Inst. för Fys.; Oxford Clarendon Labor.)
STEIL 90

Leon Madansky und **Franco Rasetti,** *Ein Versuch, Positronen thermischer Energie nachzuweisen.* Eine Positronenquelle von 10—30 mC wurde in einer evakuierten Röhre angebracht u. auf + 150 oder — 150 V gebracht. In 1 cm Abstand befand sich ein Gitter auf dem Potential 0 u. in 80 cm Abstand eine Al-Folie auf negativem Potential als Positronenkollektor. Als Quelle dienten *Cu-* u. *Pt*-Folien, *K* oder fl. *Ga.* Zum Nachw. dienten zwei Scintillationszähler gegenüber dem Kollektor u. 180° voneinander. Zur Erhöhung der Ausbeute an langsamen Positronen wurde ein axiales Magnetfeld von 100 Gauß angewandt. Die Vernichtungsstrahlung lieferte 20—100 Impulse/Minute. Zwischen positiver u. negativer Ladung der Quelle konnte kein Unterschied festgestellt werden. Demnach werden keine therm. Positronen mit Energien von weniger als 150 V ausgesandt, während die Theorie aus der mittleren Streulänge von $6 \cdot 10^{-6}$ cm in Schwermetallen ein Verhältnis der langsamen zu den schnellen Positronen von $5 \cdot 10^{-3}$ ergibt. (Physic. Rev. [2] **79.** 397. 15/7. 1950. Baltimore, Md., Johns Hopkins Univ.)
WIEDEMANN. 90

Hendrik A. Tolhoek und **Sybren R. de Groot,** *Die Polarisation der durch orientierte Kerne emittierten β-Strahlen.* Unter der Voraussetzung einer Kernspinorientierung von β-Strahlern bei tiefen Tempp. unter der Wrkg. starker magnet. Felder ist eine bevorzugte Ausrichtung des Spins der emittierten β-Teilchen, d. h. eine Polarisation der Elektronenstrahlung zu erwarten. Vff. berechnen diesen Effekt für erlaubte β-Übergänge. Die Polarisation der β-Strahlen müßte durch asymm. Streuung der β-Teilchen an dünnen Folien beobachtbar sein. Der Effekt könnte im Prinzip auch dazu dienen, die magnet. Momente künstlicher radioakt. Kerne zu messen. (C. R. hebd. Séances Acad. Sci. **230.** 1580—82. 3/5. 1950.)
RUDOLPH. 90

Harry J. Lipkin, *Die Kernstreuung von 1 MeV-Elektronen und -Positronen.* Die Streuung wird an dünnen Folien untersucht, um die Querschnitte für elast. Kernstreuung zu vergleichen u. das Maß unelast. Elektronenstreuung mit großem Energieverlust zu bestimmen. Vor der Streuung wurde mit Hilfe eines Spulenspektrometers ein schmales Band aus dem Spektr. ausgesondert, nach der Streuung wurden die Teilchen nach Durchgang durch einen magnet. Analysator mit Hilfe eines Geiger-Zählers gemessen. Bei der Best. des Streuverhältnisses e^-/e^+ wurden verschied. Streufolien ohne apparative Änderung, nur unter Auswechslung der e^-- gegen die e^+-Quelle, verwendet. Das beobachtete Verhältnis von 2—3 stimmt angenähert mit der Theorie überein, wenn von Abschirmeffekten abgesehen wird. Bei der Unters. der unelast. Streuung wurde das Analysatorfeld variiert. Bei Folien aus Cu, Al u. Pt wurde, wie theoret. erwartet, keine unelast. Streuung gefunden. (Physic. Rev. [2] **85.** 517—23. 15/2. 1952. Princeton, N. J., Univ., Palmer Phys. Labor.) Werner Schulz 90

Toshio Azuma, Kunihiko Tsumori und **Kiichi Kimura,** *Über die Energieverteilung der Compton-Elektronen aus ^{60}Co-γ.* (Sitzungsbericht) Es werden Pb- u. Al-Targets mit ^{60}Co-γ-Strahlen beschossen u die auftretenden Sekundärelektronen untersucht. Bei beiden Strahlern treten Compton-Spitzen bei $E_\gamma = 4173$ $H\varrho$ auf, beim Pb-Strahler außerdem zwei Photoelektronenspitzen bei $E_\gamma = 5120$ u. 5787 $H\varrho$. (Bull. Inst. chem Res., Kyoto Univ. [Kagaku Kenkyusho Hokoku] **29.** Nr. 6. 68—69. Juni 1952. K. Kimura Labor. [Orig.: engl.]) Weigel 90

K. Lintner, H. Moser und **J. Cerny,** *Methodik der Kugelversuche zur Bestimmung der Wirkungsquerschnitte gegenüber schnellen Neutronen.* Vff. berichten über Verss. zur Best. der Wechselwrkg. schneller Neutronen mit Materie unter Benutzung der Kugelanordnung. Die zu untersuchende Substanz, zunächst *Pb*, wurde als gegossene Hohlkugel um die Neutronenquelle gegeben. Das Ganze wurde wasserdicht in einer Hohlkugel aus Messing von 0,5 mm Wandstärke eingeschlossen. Die Messung der therm. Neutronendichte erfolgte in einer Wasserwanne. Als Indicator für die therm. Neutronen diente eine kleine zylindr. Ionisationskammer mit B-Belag. Die Zahl der aus der Rk. ^{10}B (n, α) ^{7}Li austretenden α-Teilchen ist der Neutronendichte proportional. Als Korrektur müssen die in die zu untersuchende Substanz rückdiffundierenden therm. Neutronen berücksichtigt werden. Hierfür werden zwei Methoden angegeben. Verss. mit MnO_2 ergaben ganz allg. die Richtigkeit beider Korrekturmethoden. (S.-B. österr. Akad. Wiss., math.-naturwiss. Kl., Abt. IIa **158.** 123—34. 1950. Wien, Univ, II. Physikal. Inst.) Gottfried 90

S. Bashkin, F. P. Mooring und **B. Petree,** *Gesamtwirkungsquerschnitt von Helium für schnelle Neutronen.* Ausführliche Darst. der C. **1951.** II. 4 referierten Arbeit. (Physic. Rev. [2] **82.** 378—80. 1/5. 1951. Madison, Wis., Univ. of Wisconsin.) Kirschstein. 90

R. R. Smith, T. I. Taylor und **W. W. Havens,** *Der paramagnetische Neutronenstreuquerschnitt verschiedener Ionen der Übergangsgruppe bei langen Neutronenwellenlängen.* Mit Hilfe subtherm. Meilerneutronen wurde der paramagnet. Neutronenstreuquerschnitt bei so langen Neutronenwellenlängen bestimmt, daß die paramagnet. Streuung isotrop war. Es wurde der theoret Wert von 21 barn pro Ion für ungekoppelte paramagnet. Ionen bei FeF_3, $ZnFe_2O_4$ u. MnF_2 gefunden. Die Änderung des Querschnitts beim Mn^{2+}-Ion in MnF_2 mit der Energie stimmt mit der Theorie von Halpern u. Johnson (Physic. Rev. [2] **55.** [1939.] 898) überein. Bei Mn^{2+} in MnO tritt wegen teilweiser Spinkopplung unelast. Streuung auf. (Physic. Rev. [2] **88.** 163. 1/10. 1952. New York, Columbia Univ.; Brookhaven, Nat. Labor.) Gans 90

R. G. Sachs, *Struktur des Nucleons.* Um die bekannten Werte der magnet. Momente von Proton u. Neutron u. der Neutron—Elektron-Wechselwrkg. zu deuten, wird folgendes Modell entworfen: Das Innere des Nucleons hat den Spin ½ u. ist von einem π-Mesonenfeld umgeben; es kann den Ladungszustand 1 oder 0 haben u. wird als ruhend angesehen Es zeigt sich, daß das Pionenfeld mindestens aus 2 Teilchen bestehen muß u. daß die Wahrscheinlichkeit für einen „Nucleonenkern", mit dem π-Mesonenpaar gekoppelt zu sein, 9% ist; mit 91%ig Wahrscheinlichkeit ist es allein ohne Mesonen. (Physic Rev [2] **87.** 1100—10. 15/9. 1952 Madison Wis., Univ.) Kirschstein 95

Quirino Majorana, *Kohäsion, Kernkräfte und Newtonsches Gesetz.* Ausgehend von der noch nicht völlig geklärten Frage der Natur der Kohäsionskräfte bei festen Körpern, die dem Newtonschen Gesetz nicht unterliegen, entwickelt Vf die Hypothese daß eine Materiemasse mit ihren Gewichts- u. Trägheitseigg etwas red wird wenn sie starken Anziehungskräften unterworfen wird Es wird gezeigt daß mit dem angenommenen Massendefekt unter Aufrechterhaltung des Kausalitätsprinzips die Kohäsionsprobleme sich glaubhaft aufklären lassen. (Atti Accad. naz. Lincei, Rend, Cl. Sci. fisiche mat. natur. **9.** 3—8. Juli/Aug. 1950.) R. K. Müller. 95

A. P. Jutziss, *Die Focksche Gleichung in Mehrkonfigurationsnäherung.* Bildet man aus den Einkonfigurationswellenfunktionen (Linearkombinationen von Determinanten, die aus Einelektronenwellenfunktionen bestehen) Linearkombinationen, so werden die Wechselwirkungen der Konfigurationen mit berücksichtigt. Nach dieser Meth. erhält man für die Energiezustände der Atome etwas verbesserte Werte, wie am Beispiel von *C* gezeigt wird. (Журнал Экспериментальной и Теоретической Физики [J. exp. theoret. Physik] **23.** 129—39. Aug. 1952. Vilnius, Univ., Leningrader Abt. des Math. Inst. der Akad. der Wiss. der UdSSR.) KIRSCHSTEIN. 95

S. Gallone und **C. Salvetti,** *Ein asymmetrisches Kernmodell.* Ident. mit der C. **1952.** 7444 referierten Arbeit. (Nuovo Cimento [9] **8.** 970—76. 1/12. 1951.) R. K. MÜLLER. 95

S. Sengupta, *Systematik der α-Energie und Protonenschalen für schwerere Kerne.* Aus einem Diagramm, in dem die α-Energien als Funktion von Z mit N als Parameter dargestellt sind, wird geschlossen, daß bei Z = 82, 88 u. 92 Protonenschalen abgeschlossen sein müssen. Von Z = 83 an werden die Niveaus 2 $f_{5/2}$, 3 $p_{3/2}$, nicht aber 1 $h_{9/2}$, 2 $f_{7/2}$ aufgefüllt. (Physic. Rev. [2] **87.** 1136—37. 15/9. 1952. Calcutta, Krischnagar Coll., Phys. Labor.) KIRSCHSTEIN. 95

E. Ss. Ssarkissow, *Die Masse der Atomkerne und das Periodische Gesetz.* 2. Mitt. *Instabile Kerne.* (1. vgl. C. **1953.** 4809.) Trägt man die instabilen Kerne in dasselbe Diagramm ein wie die stabilen, so zeigen sich ähnliche period. Gruppierungen. Die α-akt. Kerne liegen auf dem Kurvenzug der stabilen Kerne, die β^+-akt. darüber u. die β^--akt. darunter. Die Tatsache, daß einige Kerne verschied. Zerfallsarten aufweisen, läßt sich bei eingehender Analyse verstehen. Die äußeren Teile der Kerne (vgl. l. c.) bestehen bei β^+-akt. Kernen aus einem einzelnen Proton, einer Protonenzelle oder aus beiden, bei β^--akt. aus einer Neutronenzelle oder aus einer Protonenzelle mit einem einzelnen Neutron, jeweils verbunden mit einer „ungesätt." Neutronenzelle (formal ein einzelnes Neutron). Die α-akt. Kerne haben keine spezif. Struktur, weil das α-Teilchen aus dem Kerninnern kommt. Nach dieser Systematik lassen sich die verschied. Größenordnungen der Halbwertszeiten verstehen. Darüber hinaus sind auch die Q-Werte zahlreicher Kern-Rkk. durch die verschied. Stabilität der einzelnen Zellen u. Konfigurationen von 3 oder 4 Nucleonen qualitativ deutbar. (Журнал Физической Химии [J. physik. Chem.] **26.** 10—26. Jan. 1952.) KIRSCHSTEIN. 100

M. L. Tschepelewetzki, *Versuch zur Konstruktion des Periodischen Systems von Atomkernen.* Nach Ansicht des Vf. lassen sich die Isotope in Perioden ordnen, an deren Ende jeweils ein Kern mit 2, 8, 20, 40, 70, 112 oder 168 Neutronen steht. Bei den Protonen lassen sich Perioden von 2, 4, 8, 12, 18, 24, 32 Protonen erkennen. Diese doppelte Periodizität soll sich in einer „Oberflächenstruktur" auswirken, die im Prinzip an das bekannte Schalenmodell erinnert. (Журнал Экспериментальной и Теоретической Физики [J. exp. theoret. Physik.] **23.** 327—35. Sept. 1952. Moskau.) KIRSCHSTEIN. 100

Hubert Garrigue, *Radioaktivitätsuntersuchungen auf dem Gipfel des Puy de Dôme.* Bei systemat. Unterss. der atmosphär. Radioaktivität auf dem Puy de Dôme (1465 m) u. mittels Flugzeug wurden akt. Körper mit 20—30 Std. (A), einige Std. (A′) u. in frisch gefallenem Schnee mit 10 Tagen (A″) Halbwertszeit gefunden. Die Körper konnten nicht identifiziert werden, A″ ist wahrscheinlich komplex. (C. R. hebd. Séances Acad. Sci. **233.** 1447—48. 3/12. 1951.) EICHHOFF. 103

Hubert Garrigue, *Über die anomale Radioaktivität der Atmosphäre.* (Vgl. vorst. Ref. u. C. **1952.** 6327.) Messungen in 1400 m Höhe zeigen starke nichtlokale Schauer u. die Ggw. von A-Teilchen mit ca. 25 Std. Halbwertszeit. In 4000 m Höhe werden A″-Teilchen mit einer Halbwertszeit von 100—400 Std. beobachtet. (C R. hebd. Séances Acad. Sci. **235.** 1498—99. 10/12. 1952.) GERHARD SCHMIDT. 103

W. A. Wenzel und **Ward Whaling,** *Wirkungsquerschnitt und Winkelverteilung der Reaktion D(d,p)T.* (Vgl. C. **1953.** 3188.) Mit Hilfe von D_2O-Eis-Targets wurden Winkelverteilung u. Wirkungsquerschnitt der Rk. D(d,p)T nach 2 verschied. Methoden untersucht. Das Impulsspektr. der bei Deuteronenenergien zwischen 206 u. 516 keV unter 90,3° zum einfallenden Strahl von einem dicken Target ausgesandten Protonen u. Tritonen wurde mit doppeltfokussierendem magnet. Spektrometer u. Scintillationszähler aufgenommen u. zur Best. des Wirkungsquerschnitts der Rk. benutzt. Die Protonenausbeute aus einem dicken Target unter 150° Laborwinkel wurde bei Deuteronenenergien von 20,6—578 keV mit Proportionalzählern gemessen u. mit Hilfe des l. c. bestimmten Bremsquerschnitts der Reaktionsquerschnitt berechnet. Die Winkelverteilung wurde an dicken u. dünnen Targets zwischen 80 u. 150° von 10 zu 10° mit Proportionalzählern im Energiebereich 35—550 keV gemessen. Die gemessene Winkelverteilung ist in Termen einer LEGENDREschen Polynomentw. ausgedrückt. Die nach den verschied. Methoden übereinstimmenden Ergebnisse sind tabellar. u. graph. wiedergegeben. Der wahrscheinliche Fehler bei der Best. des totalen Wirkungsquerschnitts beträgt $\pm 5\%$. (Physic. Rev. [2] **88.** 1149—54. 1/12. 1952. Pasadena, Calif., California Inst. of Technol., Kellog Radiat. Labor.) CONRAD. 103

L. W. Cochran, J. L. Ryan, H. H. Givin, B. D. Kern und **T. M. Hahn,** *γ-Strahlenausbeute beim Beschuß von Bor mit Protonen.* Die γ-Ausbeute in der Vorwärtsrichtung wird beim Beschuß von natürlichem B mit Protonen (0,130—1 MeV) mit einem NaJ-Scintillationszähler gemessen, um die Resonanzstellen bei 630, 850 u. 950 keV zu bestimmen. Bei einem dicken Target wurde bei 850 u. 950 keV keine Resonanz beobachtet. Durch Vgl. mit der Ausbeute bei Protonenbeschuß von Li wurde für die Resonanzausbeute ein oberer Grenzwert von $7 \cdot 10^{-10}$ γ-Strahlen je Proton bei dem dicken Target berechnet. Bei Verwendung eines dünnen Targets wurde eine breite Resonanz nahe 600 keV beobachtet. Mit Hilfe der theoret. Ausbeutekurve wurde eine Resonanzenergie von 670 ± 15 keV u. eine Breite beim halben Maximum von 390 keV berechnet. Die beobachtete γ-Emission scheint von einem angeregten ^{8}Be-Niveau herzurühren. (Physic. Rev. [2] **87.** 672—73. 15/8. 1952. Lexington, Ky., Univ., Dep. of Phys.) WERNER SCHULZ. 103

C. E. Anderson, G. W. Wheeler und **W. W. Watson,** *Strahlender K-Einfang in ^{37}Ar.* An einer gasförmigen Probe aus ^{37}Ar mit 96% angereichertem ^{36}Ar (Aktivität ca. 1 mC) wurde das bei K-Einfang auftretende kontinuierliche γ-Spektr. beobachtet. Die mit einem Scintillationsspektrometer erhaltene Impulshöhenverteilung u. die Absorptionskurve in Pb stimmt mit dem theoret. Verlauf angenähert überein. Eine bessere Übereinstimmung wird bei Berücksichtigung der Korrektur für die Änderung der Meßempfindlichkeit mit der γ-Energie erwartet. (Physic. Rev. [2] **87.** 668—69. 15/8. 1952. New Haven, Conn., Yale Univ.) WERNER SCHULZ. 103

Arthur C. Wahl, *Erzeugung von ^{59}Fe durch die ^{59}Co(n,p)-Reaktion im Reaktor von Brookhaven.* Es wird die Darst. u. Abtrennung von ^{59}Fe beschrieben. 21 g-Präpp. von Co_3O_4 wurden je 1 Std. lang, eingewickelt in Cd-Folie, mit $3 \cdot 10^{12}$ Neutronen/cm²/sec bestrahlt, in warmer konz. HCl gelöst, 10 mg Fe^{3+}-Träger zugefügt, HCl-Konz. auf 8 f eingestellt u. $FeCl_3$ mit HCl-gesätt. Isopropyläther extrahiert. Nach viermaligem Waschen der Ae-Phase mit 8 f HCl, wobei in 2 Fällen 10 mg Co^{2+}-Träger zugefügt waren, wurde das Fe^{3+} wieder in H_2O zurückextrahiert u. aliquote Anteile zur Zählung gebracht. Die mit derart dargestellten Präpp. gemessene ^{59}Fe-Aktivität unterscheidet sich um weniger als 10% von derjenigen eines noch ein weiteres Mal gereinigten Fe-Präparates. Die über 50 Tage laufende Aktivitätsmessung an aliquoten Teilen ergab $T_{1/2} = 47$ Tage. Die chem. Ausbeuten wurden spektralphotometr. mittels der durch 2.2′-Dipyridyl in Fe^{2+}-Salzen hervorgerufenen Rotfärbung zu ca. 85% bestimmt. In den abgetrennten Co-Fraktionen wurde die ^{60}Co-Aktivität bestimmt. Aus den so erhaltenen Daten läßt sich die Gesamtausbeute an ^{59}Fe bei dem angegebenen Neutronenfluß bestimmen; sie beträgt pro g Co 1,2 μC pro Tag. Ein Vgl. der ^{60}Co-Aktivität in unabgeschirmten u. mit Cd abgeschirmten bestrahlten Co-Proben deutet darauf hin, daß ^{59}Fe vorwiegend durch ^{59}Co(n,p)-Rk. entsteht u. nicht aus einer Fe-Verunreinigung der Co-Präpp. stammt. (J. chem. Physics **21.** 182. Jan. 1953. Upton, Long Island, N. Y., Brookhaven Nat. Labor., Chem. Dep.) WEIGEL. 103

H. H. Hopkins jr., *Zersplitterungsprodukte von Arsen bei 190 MeV-Deuteronen.* Zweimal sublimiertes, spektroskop. reines As wurde mit den 190 MeV-Deuteronen des 184 in.-Cyclotrons bestrahlt. Zwischen den Ordnungszahlen 24 u. 34 konnten 38 Isotope identifiziert werden. Diese sind mit Angaben über Art u. Halbwertszeit ihres Zerfalles sowie ihrer auf die Ausbeute von ^{72}As bezogenen Ausbeute aufgeführt. (Physic. Rev. [2] **77.** 717—18. 1/3. 1950. Berkeley, Calif., Univ., Dep. of Chem., Radiat. Labor.) E. REUBER. 103

Eric Berne, *Untersuchungen an radioaktivem Brom.* Inhaltlich ident. mit der C. **1953.** 6411 referierten Arbeit. (Chalmers Tekn. Högskolas Handl. **1952.** Nr. 124. 1—45. Göteborg, Chalmers Univ. of Technol., Labor. for Nucl. Chem.) WEIGEL. 103

F. R. Metzger und **H. C. Amacher,** *Innere Konversion der ^{88}Sr-γ-Strahlen.* Die innere Konversion der 0,9 u. 1,85 γ-Strahlen von ^{88}Sr wird durch spektrometr. Messung der Konversionselektronen an ^{88}Y (105 Tage) bestimmt. Die Koeffizienten der totalen inneren Konversion $(34 \pm 7) \cdot 10^{-5}$ u. $(17 \pm 4) \cdot 10^{-5}$ stimmen mit den theoret. Werten von ROSE u. Mitarbeitern (ORNL-Report 1023) zufriedenstellend überein u. charakterisieren die 0,9 u. 1,85 MeV-Übergänge als E 1- bzw. M 1- oder E 2-Übergänge. Obwohl für eine exakte Deutung genauere Messungen der Winkelkorrelation erforderlich sind, kann für den 1. angeregten Zustand von ^{88}Sr der Spin 2 u. gerade Parität in Übereinstimmung mit der GOLDHABER-SUNYAR-Regel angenommen werden. (Physic. Rev. [2] **88.** 147—48. 1/10. 1952. Urbana, Ill., Univ. of Illinois, Phys. Dep.) WERNER SCHULZ. 103

Samuel Yosim und **T. H. Davies,** *Rückstoßatome aus dem Einfang langsamer Neutronen an Gold- und Indiumoberflächen.* Vff. dampfen auf Glas- oder Cu Röhrchen im Hochvakuum metall. Au oder In auf, bestrahlen die so hergestellten Präpp. im Meiler 20 Min. lang bei einem Neutronenfluß von $4 \cdot 10^{10}$ Neutronen pro cm^2 u. messen auf konzentr. um das Präp. angebrachten Cu-Zylindern die entstandene Aktivität von ^{116}In (54 Min.) u. ^{198}Au (2,7 Tage). Nach Abklingen der Aktivität wird zwecks Best. der Verunreinigung die Bestrahlung wiederholt. Aus den Ausbeuten ergeben sich Rückstoßweglängen in den festen Trägersubstanzen, die mehrere Netzebenen des Kristallgitters nicht überschreiten. Bei In u. Au konnten Rückstoßatome mit positiver Ladung beobachtet werden, die einer inneren Konversion des Compound-Kerns während des Überganges in den Grundzustand zugeschrieben werden. (J. physic. Chem. **56.** 599—603. Mai 1952. Chicago, Ill., Argonne Nat. Labor., Inst. for Nucl. Stud.) WEIGEL. 103

J. W. Mihelich und **E. L. Church,** *γ-Übergänge geringer Energie in einigen Isotopen Seltener Erden.* Berichtigung der C. **1952.** 7926 referierten Arbeit. (Physic. Rev. [2] **87.** 1144. 15/9. 1952.) KIRSCHSTEIN. 103

B. K. Nelson, *Neutronenenergieverteilungen von mit 245 MeV-Protonen beschossenem Be, C und Pb.* Die Neutronen wurden über die in einem H_2-haltigen Bremsmaterial ausgelösten Streuprotonen mit einem Scintillationszähler nachgewiesen. Mittels des verwendeten 24 Kanal-Impulsanalysators konnten die Impulsspektren auf einmal beobachtet werden. Folgende Maxima wurden beobachtet (in Klammern Neutronenenergie u. Halbwertsbreite): In Vorwärtsrichtung Be (215 MeV, 27%), C (195 MeV, 33%) u. Pb (180 MeV, 49%); bei 15° Be (175 MeV, 40%) u. C (165 MeV, 42%). (Physic. Rev. [2] **86.** 594. 15/5.; Bull. Amer. physic. Soc. **27.** Nr. 1. 19. 31/1. 1952.) WEIGEL. 103

B. K. Nelson, G. Guernsey und **G. Mott,** *Neutronenenergieverteilungen von mit 245 MeV-Protonen beschossenem Be, C und Pb.* Ausführliche Darst. des vorst. referierten Sitzungsberichtes. (Physic. Rev. [2] **88.** 1—8. 1/10. 1952.) WEIGEL. 103

Allan C. G. Mitchell und **Robert S. Caird,** *Elektroneneinfang in ^{204}Tl.* Die Photonenstrahlung von ^{204}Tl wird durch Messung des Photoelektronenspektr. von Pb u. U mit einem Scintillationszähler bestimmt. Maxima werden bei Elektronenenergien von 51 u. 66 keV für U u. von 55 u. 69 keV für Pb beobachtet. Bei Annahme der Photoelektronenemission aus der L- u. M-Schale von Pb u. U ist die Energie der Photonen $72,0 \pm 0,9$ keV, d. h. ungefähr die Energie der K_α-Linien von Hg. Durch Vgl. mit ^{185}Os u. dem durch K-Einfang in ^{200}Hg zerfallenden ^{200}Tl wird die Annahme des Zerfalls von ^{204}Tl in ^{204}Hg durch K-Einfang bestätigt u. nachgewiesen, daß die aus ^{204}Tl emittierten Photonen die K_α-Röntgenstrahlen von Hg sind. (Physic. Rev. [2] **87.** 388—89. 15/7. 1952. Bloomington, Ind., Indiana Univ.) WERNER SCHULZ 103

J. F. Miller, J. G. Hamilton, T. M. Purnam, H. R. Haymond und **G. B. Rossi,** *Beschleunigung reiner ^{12}C- und ^{13}C-Kerne im Cyclotron.* In einem 60 in.-Cyclotron gelang die saubere Trennung der Isotope ^{12}C u. ^{13}C, wobei die Ionenquelle mit CO_2 gespeist wurde u. Ionenströme von je 10^4 Teilchen/Sek. erzielt werden konnten. Zur Erzeugung dieser Intensitäten von ^{13}C wurde CO_2 mit angereichertem schwerem Isotop verwandt. Die gemessenen Teilchenenergien betrugen bei ^{12}C $122 \pm 2,5$ u. bei ^{13}C $115 \pm 2,4$ MeV. Beim Beschuß von reinem *Au* mit ^{12}C konnte ^{205}At als Reaktionsprod. nachgewiesen werden. Bei *Al* trat ^{34}Cl auf. Uneinheitliche Resultate lieferte Al beim Beschuß mit ^{13}C, Au dagegen α-akt. Reaktionsprodd., wahrscheinlich ^{203}At u. ^{205}At. (Physic. Rev. [2] **80.** 486. 1/11. 1950. Berichtigung [2] **81.** 288. 15/1. 1951. Berkeley, Calif., Univ. of Calif., Crocker Labor., Div. of Phys., Med. Phys., u. San Francisco, Calif.) REUSSE. 103

Léopold Vigneron, *Reichweiten der beiden Spaltprodukte des Uran in der photographischen Emulsion.* Zur Festlegung des Ausgangspunktes der Spaltung wurden U-Körnchen (Durchmesser im Mittel 0,9 μ) in eine ILFORD E_1-Emulsion eingelagert, welche im Meiler exponiert wurde. Es ergaben sich die Reichweiten $10,4 \pm 1$ u. 13.4 ± 1 μ für die einzelnen Spaltprodd. u. $23,8 \pm 1,4$ μ für die Gesamtreichweite eines Paares. (C. R. hebd. Séances Acad. Sci. **231.** 1473—75. 18/12. 1950.) EICHHOFF. 103

John Cockroft, *Atomenergie.* Auszug aus einem Vortrag über techn. Reaktorprobleme, bes. über **Breeder** („Brutofen")-Reaktoren. (Atomic Scientists News [N. S.] **1.** 4—9. Sept. 1951.) GERHARD SCHMIDT. 105

René Bernard, François Davoine und **Jean Hirtz,** *Untersuchungen dünner adsorbierter Schichten mit Hilfe radioaktiver Tracerelemente.* Zur Unters. werden Glasplatten von 4,5 cm^2 Oberfläche einmal den Dämpfen von mit ^{32}P markiertem Trikresylphosphat ausgesetzt, zum andern in verd. Acetonlsgg. der gleichen Verb. eingelegt. Die Aktivität der bei verschied. Tempp. ausgebildeten Oberflächenschichten ist eine lineare Funktion der Schichtdicke. (C. R. hebd. Séances Acad. Sci. **232.** 1826—28. 16/5. 1951.) WEIGEL. 105

A. B. Michael, W. Z. Leavitt, M. B. Bever und **H. R. Spedden,** *Eine Präparationstechnik für β-Autoradiographien von Metallen und Mineralien.* Beschreibung der Hilfsmittel u. Methoden zur Herst. u. Auswertung von Autoradiographien von Dünnschliffen. (J. appl. Physics **22.** 1403–06. Dez. 1951. Cambridge, Mass., MIT.) EICHHOFF. 105

Lloyd Smith, A. A. Garren und **L. R. Henrich,** *Theoretische Diskussion der Arbeitsweise des Modellbevatrons.* (Sitzungsbericht.) Überprüfung der allg. Theorie des Protonensynchrotrons (Bevatron) an Hand von Modellversuchen. (Physic. Rev. [2] **78.** 85. 1/4. 1950. Berkeley, Univ. of California.) H. HAUSWALD 112

E. J. Lofgren, W. M. Brobeck, E. O. Lawrence und **D. C. Sewell,** *Betriebsresultate des Bevatronmodells.* (Sitzungsbericht.) Mit dem Protonensynchrotron wurden Protonen von 0,7 MeV auf 6.5 MeV beschleunigt. 0,33% der in einem Cyclotron vorbeschleunigten Ionen erreichte die Endenergie. (Physic. Rev. [2] **78.** 85. 1/4. 1950. Berkeley. Calif., Univ. of California.) H HAUSWALD 112

D. C. Sewell, W. M. Brobeck, E. O. Lawrence und **E. J. Lofgren,** *Konstruktion des Vier-Quadranten-Bevatronmodells.* (Vgl. vorst. Ref.) (Sitzungsbericht.) Mitt. der wichtigsten Konstruktions- u. Betriebsdaten des Bevatronmodells mit in 4 Quadranten eingeteiltem Magneten. (Physic. Rev. [2] **78.** 85. 1/4. 1950.) H. HAUSWALD. 112

Q. A. Kerns, W. R. Baker, G. M. Farly und **J. Riedel,** *Die Hochfrequenzeinrichtung des Bevatronmodells.* (Sitzungsbericht.) Beschreibung des Oscillators u. seiner Steuerung. (Physic. Rev. [2] **78.** 85. 1/4. 1950. Berkeley, Calif., Univ. of California.) H. HAUSWALD. 112

M. E. Packard, *Kerninduktionsapparat für die Beobachtung von Resonanzsignalen in Gasen.* (Sitzungsbericht.) Vf. entwickelt einen Kerninduktionsapp., dessen Signalgeräuschverhältnis ausreicht, die Kernresonanzen von Protonen in Gasen unter mäßigen Drucken zu beobachten. (Physic. Rev. [2] **78.** 83. 1/4. 1950. Stanford Univ.) H. HAUSWALD. 112

E. J. Lofgren, *Negative Ionen und Ladungsneutralisation im Cyclotron.* Negative H_2-Ionen wurden im Synchrocyclotron nachgewiesen. Bevor eine Energie von 3 MeV erreicht ist, verschwinden sie durch Ladungsneutralisation. In einer Reihe von Verss. wurde festgestellt, daß Protonen, die ohne Weiterbeschleunigung mit 5–22 MeV zirkulieren, eine Lebensdauer von $^1/_3$–2 Sek. aufweisen. (Rev. sci. Instruments **22.** 321–23. Mai 1951. Berkeley, Calif., Univ., Dep. of Phys., Radiat. Labor.) W. E. REICHARDT. 112

Keith Boyer, H. E. Gove, J. A. Harvey, Martin Deutsch und **M. Stanley Livingston,** *Ausrüstung des M.I.T.-Cyclotrons zur Untersuchung von Kernreaktionen.* Der Austrittsstrahl des Cyclotrons wird nach Fokussierung zum Beschuß von im Vakuum befindlichen Objekten herangezogen. Schwere geladene Teilchen dieser Objekte können gezählt u. bzgl. ihrer Ladung u. Masse ausgemessen werden. Energiespektren verschied. Strahlungswinkel werden durch eine automat Folienwechseleinrichtung ausgemessen; außerdem ist u. a. eine Ausmessung der Winkelverteilung Speicherzählung. Schnellregistrierung sowie Strahlstromintegrator vorgesehen. (Rev. sci Instruments **22.** 310–20. Mai 1951. Cambridge. Mass., MIT.) W. E REICHARDT. 112

K. R. MacKenzie, *Das Proton–Deuteron-Hochfrequenzsystem des Berkeley-Synchrocyclotrons.* Es wird ein Hochfrequenzsyst. beschrieben. das die Beschleunigung von 190 MeV-Deuteronen oder 350 MeV-Protonen im Berkeley 184 in.-Cyclotron gestattet. Die Frequenzvariation wird mittels eines rotierenden Kondensators erzeugt. Es wird eine detaillierte Beschreibung des Oscillators gegeben. (Rev. sci. Instruments **22.** 302–09. Mai 1951. Los Angeles u. Berkeley, Calif., Univ. of California. Dep of Phys. u. Radiat. Labor.) W. E REICHARDT. 112

J. Mayo Greenberg und **T. H. Berlin,** *Streuverluste im Synchrotron.* Streuverluste durch Gasreste in verschied. Elektronen- u. Protonensynchrotrons sind von einer Reihe von Bedingungen abhängig wie z. B.: Injektionsenergie der Teilchen. Verbreiterung des Injektionsstrahles, Gasrestdruck. Energieübertragung an die Strahlpartikel sowie Beschleunigerapertur. Die Streuverluste werden tabellar. wiedergegeben, u. die Gasrestdrucke berechnet, die zu verträglichen Streuverlusten Anlaß geben. Die Vielfachstreuung stellt den Hauptfaktor dar. während die Einfachstreuung nur bei geringer Gesamtstreuung an relativer Bedeutung gewinnt. (Rev. sci. Instruments **22.** 293–301. Mai 1951. Newark, Del., Univ., u. Baltimore, Md., Johns Hopkins Univ.) W. E. REICHARDT. 112

Joseph Seiden, *Über die Eliminierung von Effekten fehlerhafter Justierung bei einem Cosmotron starker Konvergenz.* Es wird gezeigt, daß eine krit. Wahl der Betriebsbedingungen eines Cosmotrons es gestattet, den durch Fehler in der Justierung der magnet. Sektoren auftretenden Teilchenverlust zu vermeiden. (C. R. hebd. Séances Acad. Sci. **236.** 1145–47. 16/3. 1953.) EICHHOFF. 112

W. B. Jones, H. R. Kratz, J. L. Lawson, G. L. Ragan und **H. G. Voorhies,** *Ein neues Verfahren für die Teilcheninjektion in Beschleunigern.* In dem nichtferromagnet. Synchrotron ist die Elektronenkanone in vertikaler Richtung verschoben angebracht. Die dadurch verursachten vertikalen Schwingungen werden durch eine azimutale Veränderung des Wertes von n gedämpft. Der Index n wird dadurch definiert, daß das axiale Magnetfeld proportional der negativen n^{ten} Potenz des Radius ist. (Physic. Rev. [2] **78.** 60—62. 1/4. 1950. Schenectady, N. Y., General Electric Res. Labor.) H. HAUSWALD. 112

Edwin M. McMillan, *Die Beziehung zwischen Phasenstabilität und Fokussierung erster Ordnung in Linearbeschleunigern.* Vf. führt den allg. theoret. Beweis, daß nur bei Anwesenheit von Gittern oder Spulen in der Teilchenbahn zugleich Phasenstabilität u. Fokussierung in einem Linearbeschleuniger mit örtlich u. zeitlich period. elektr. u. magnet. Feldern erreicht werden kann. (Physic. Rev. [2] **80.** 493. 1/11. 1950. Berkeley, Calif., Univ. of California, Dep. of Phys., Radiat. Labor.) H. HAUSWALD. 112

Pierre Bretonneau und **Jean Moreau,** *β-Spektrometer mit gleichförmigem Magnetfeld.* Vff. konstruieren ein β-Spektrometer mit gleichförmigem Magnetfeld, in dem die Teilchen schraubenförmige (helicoidale) Bahnen beschreiben. Es wird theoret. gezeigt, daß dieser Spektrometertyp gute Lichtstärke mit großer Trennschärfe vereinigt. Beschreibung des Instruments u. tabellar. Vgl. seiner wichtigsten Kennzahlen mit denen anderer bekannter Spektrometer. (J. Physique Radium **14.** 25—30. Jan. 1953. Saclay, Commiss. à l'Énergie atomique.) CONRAD. 112

D. E. Hull, *Messung der Plateauneigung von Geiger-Zählern.* Die Plateauneigung der Charakteristik von Zählrohren mit einer Füllung für unbegrenzte Lebensdauer wird je nach der geometr. Anordnung der Strahlungsquelle als Folge abnehmender Empfindlichkeit an den Enden des Zählrohres sehr verschieden gemessen. Um vergleichbare Werte zu erhalten, wird vorgeschlagen, die Messungen stets bei einem Abstand der Quelle von einer Zählrohrlänge durchzuführen. (Rev. sci. Instruments **22.** 338. Mai 1951. Richmond, Calif., California Res. Corp.) EICHHOFF. 112

Joe Keagy Bair und **Fred C. Maienschein,** *Dreikristall-Scintillationsspektrometer.* Mit Hilfe eines Dreikristallspektrometers aus NaJ-Kristallen, Photomultipliern u. einer Koinzidenzapp. wurde das Spektr. von *ThC''* ausgemessen, Es gelingt hiermit, den Anteil der Paarbldg. von dem des COMPTON-Effektes zu trennen. (Rev. sci. Instruments **22.** 343—44. Mai 1951. Oak Ridge, Tenn., NEPA Div., Fairchild Engng. and Airplane Corp.) W. E. REICHARDT. 112

Arne Lundby, *Verzögerungskoinzidenzkreis für Scintillationszähler.* Organ. Kristalle u. Fll. wurden als Scintillationsmaterialien in Verbindung mit 1 P 21-Photomultipliern in einer Verzögerungskoinzidenzschaltung verwendet. Hiermit wurden Lebensdauern in der Größenordnung von 10^{-10} bis 10^{-7} Sek. ausgemessen. Die App. wurde auch für Messungen der Scintillationsabklingung u. der Lichtgeschwindigkeit herangezogen. (Rev. sci. Instruments **22.** 324—27. Mai 1951. Chicago, Ill., Univ., Inst. for Nucl. Stud.) W. E. REICHARDT. 112

R. F. Post und **L. I. Schiff,** *Statistische Begrenzungen der Auflösungszeit eines Scintillationszählers.* Für die die Auflösungszeit begrenzende Schwankung der Zeitdauer eines Impulses wird für schnelle Scintillationszähler der Wert 10^{-10} Sek. u. für langsame der Wert 10^{-8} Sek. durch Wahrscheinlichkeitsrechnung ermittelt. (Physic. Rev. [2] **80.** 1113. 15/12. 1950. Stanford, Calif., Stanford Univ.) H. HAUSWALD. 112

R. F. Post und **N. S. Shiren,** *Die Ausführung von Photomultiplier-Scintillationszählern mit impulsförmigem Betrieb.* (Vgl. vorst. Ref.) Vff. haben versucht, die Meßmöglichkeiten des Photomultipliers für extrem kurzzeitige Prozesse wie Scintillationen dadurch zu erweitern, daß die Betriebsspannung in Form kurzzeitiger Impulse (2,5 μSek. hoher Spannung (5 kV) angewandt wird. Auf diese Weise gelingt es, die Rauschimpulse zu reduzieren, ferner die Laufzeit der Elektronen im Multiplier zu verkürzen, die Elektronenlawine gut zu fokussieren u. schließlich Raumladungseffekte zu vermeiden. Die Meßanordnung erlaubt unter diesen Bedingungen die Beobachtung von Prozessen mit einer Halbwertszeit von 10^{-9} Sekunden. (**Vgl. auch C. 1953. 7021.**) (Physic. Rev. [2] **78.** 81. 1/4. 1950.) REUSSE. 112

R. Hofstadter, S. H. Liebson und **J. O. Elliot,** *Terphenyl- und Dibenzyl-Scintillationszähler.* Für die Beschickung von Scintillationszählern empfehlen Vff. Terphenyl (*p-Diphenylbenzol*) (**I**) u. Dibenzyl (*Diphenyläthan*) (**II**). Die Kristalle von **I** gehören nach den Erfahrungen der Vff. zu den stabilsten organ. Fluorescenzstoffen. Die Abklingkonstanten (Mittelwerte) betragen für **I** $1{,}1 \cdot 10^{-8}$, für **II** $1{,}6 \cdot 10^{-8} \pm 10\%$ Sekunden. Setzt man den relativen Wirkungsgrad der Leuchtfrequenz von *Anthracen* = 1, dann erhält man für den relativen Wirkungsgrad für **I** 0,65 ± 0,10, für **II** 0,60 ± 0,10. Im Spektr. von **I** wurden die Linien 3900, 4050 u. 4300, in demjenigen von **II** die Linien

3520, 3710 u. 3950 Å gemessen. (Physic. Rev. [2] **78.** 81. 1/4. 1950. Princeton, N. Y., Princeton Univ., Palmer Phys. Labor., u. Washington, D. C., Naval Res. Labor.) REUSSE. 112

G. G. Eichholz, *Charakteristiken dünner plastischer Scintillationsphosphore.* (Sitzungsbericht.) Aus *Polystyrol*-Lsgg. von *p-Terphenyl* u. *Diphenylhexatrien* oder *Tetraphenylbutadien* optimaler Konz. werden unter Verwendung verschied. Preßtechniken dünne Leuchtstoffilme hergestellt, ihre Impulshöhenverteilungen bei α- u. β-Strahlanregung u. ihre Eignung als Großflächenscintillationsschirme untersucht. (Physic. Rev. [2] **89.** 912. 15/2. 1953. Ottawa, Dep. of Mines and Techn. Surv.) RUDOLPH. 112

A_2. Optisches Verhalten der Materie.

Je. I. Ssuschkina, *Modell des roten Riesen mit isothermem Kern.* Vf. berechnet ein Modell von Capella A für den Fall eines H-Geh. von $X_H = 0{,}40$ u. eines Massendefektes von $\sim 10^{-3}\ M_\odot$. Dabei ergibt sich ein isothermer Kern von $1{,}7 \cdot 10^{-3}$ Sterndurchmesser mit einer M. von $7{,}7 \cdot 10^{-2}$ der Sternmasse u. einer D. von 264000 g/cm³ im Zentrum. Die energet. Zone besitzt eine Dicke von $3 \cdot 10^{-3}$ des Sternradius u. eine M. von $3 \cdot 10^{-3}$ der Sternmasse. (Астрономический Журнал [Astronom. J.] **30.** 180—83. März/April 1953. Iwanowo, Pädagog. Inst.) AMBERGER. 113

C. S. Beals, *Die Atmosphäre der Frühtyp-Sterne.* Überblick über die Haupteigg. u. über die Atmosphäre der Sterne frühen Typs. Der im Sternenspektr. beobachtete STARK-Effekt von *H*- oder *He*-Linien läßt Schlüsse auf die elektr. Felder in der Sternatmosphäre ziehen. Ferner werden die Tempp. von Absorptions- u. Emissionsliniensternen besprochen. (Trans. Roy. Soc. Canada, Sect. III. [3] **44.** 1—23. Juni 1950.) D. HAHN. 113

Ss. B. Pikelner und **K. K. Tschuwajew,** *Über den wahrscheinlichen Mechanismus des Nachthimmelleuchtens im kontinuierlichen Spektrum.* Vff. diskutieren die Möglichkeit, daß das Nachthimmelleuchten in der F-Schicht entstehe u. durch eine von AMBARZUMJAN u. Mitarbeiter (Kurs für theoret. Astrophysik [russ.] 1952) angegebene Formel beschrieben werden kann. (Доклады Академии Наук СССР [Ber. Akad. Wiss. UdSSR] [N. S.] **88.** 661—63. 1/2. 1953. Krim. Astrophysikal. Observ. der Akad. der Wiss. der UdSSR.) AMBERGER. 113

Donald E. Osterbrock, *Übergangswahrscheinlichkeiten von verbotenen Linien.* Vf. berechnet nach der Meth. von SHORTLEY die Übergangswahrscheinlichkeiten einer Anzahl verbotener Linien, die in der Astrophysik von Interesse sind. Aus den Übergangswahrscheinlichkeiten werden die erwarteten äquivalenten Breiten der verbotenen Absorptionslinien von *Ca II* u. *S I* im Sonnenspektr. berechnet. (Astrophysic. J. **114.** 469—72. Nov. 1951. Yerkes Observ.) D. HAHN. 114

G. Hornecker und **P. Pluvinage,** *Theoretische Untersuchung des Überganges zwischen Zeeman- und Paschen-Back-Effekt beim Term 2^3P des Heliums.* (Sitzungsbericht.) Inhaltlich ident. mit der C. **1953.** 7022 referierten Arbeit. (J. Physique Radium **13.** 41 S. Mai 1952.) EICHHOFF. 118

P. Baer und **E. Miescher,** *Ein neues Bandensystem des NO-Moleküls.* Vff. untersuchen das kurzwellige Spektr. des NO-Mol. u. finden bei Emissionsaufnahmen im SCHUMANN-Gebiet außer den bekannten β-, γ-, ε- u. δ-Banden im kürzerwelligen Teil des Spektr. bisher unbekannte Banden großer Intensität, die nach Rot abgeschattet sind u. Dublettstruktur haben. Aus den angeführten Konstanten schließen Vff., daß das neue β'-Bandensyst. auf dem Grundzustand $X^2\Pi$ endet u. daß der angeregte Zustand, der nur wenig tiefer als der $E^2\Sigma^+$-Term liegt, eine stark gelockerte Bindung hat. Auch im Absorptionsgebiet scheinen starke Banden aufzutreten. (Helv. physica. Acta **24.** 331—33. 20/9. 1951. Basel.) STRAUSS. 118

Y. Eisenberg, *Die geraden Konfigurationen $d^3 + d^2s + ds^2$ von Th II.* Berechnung der Energieniveaus der niedrigen, geraden Konfigurationen $d^3 + d^2s + ds^2$ von Th II in mittlerer Kopplung mit Konfigurationswechselwrkg. u. Vgl. mit den experimentellen Werten. Der mittlere Fehler beträgt weniger als 1% der Konfigurationsbreite. Auch die berechneten LANDÉschen g-Faktoren stimmen gut mit den experimentellen Werten überein. (Physica **18.** 177—81. März 1952. Jerusalem, Hebrew Univ.) SPEER. 118

Janine Granier-Mayence und **Jacques Romand,** *Absorptionsspektrum des festen Stickoxyds zwischen 2400 und 1600 Å.* Bei einer Temp. von 20° K zeigt das Spektr. des festen NO nur eine sehr intensive Bande im Bereich von 2400—1600 Å mit einem Maximum bei 2100 Å u. einer Extinktion von 1 in der Nähe des Maximums für eine Schichtdicke von 0,02 μ. Das Auftreten dieser Bande läßt sich nur durch neue Energieniveaus, welche dem assoziierten N_2O_2-Mol. angehören, erklären. (C. R. hebd. Séances Acad. Sci. **236.** 1148—51. 16/3. 1953.) EICHHOFF. 118

P. J. Dyne, *Die Absorptionsspektren freier Radikale, die in einer elektrischen Entladung gebildet werden* In H_2O-, H_2S-, CS_2-, $(CN)_2$- u. NH_3-Entladungen wurden Absorptionsspektren der Radikale OH, SH CS, CN u. NH_2 beobachtet Zur Anregung wurde ein 5 kW Radiofrequenz-Oscillator benutzt; die Unterss. erstreckten sich auf den Spektralbereich von 2500—8000 Å. Eingehender wurde die α-Bande des NH_3, die dem NH_2-Radikal zugeschrieben werden muß, untersucht, wobei drei neue Banden bei λ = 7904, 8160 u. 8240 Å aufgefunden wurden. (Canad. J. Physics **31.** 453—56. März 1953. Ottawa, Nat. Res. Counc., Div. of Phys.) D. HAHN. 118

H. Edels, *Selbstabsorption in Bogenlampen im thermischen Gleichgewicht.* Hochdruckbogenlampen, für die man gewöhnlich ein therm. Gleichgewicht annimmt, haben einen Temperaturgradienten. Es wird eine Theorie entwickelt, welche zeigt, daß, wenn ein solcher Bogen als gleichmäßig angeregt angenommen wird, in die Best. der Selbstabsorption von Spektrallinien, wie sie bei Übergängen zwischen einem oberen Zustand s u. einem unteren absorbierenden Zustand t emittiert werden, ein Fehler von weniger als 5% eingeht, wenn die Übergänge der Grenzbedingung $h\nu_{sq}/kT_0 > 10$ u. $V_{st}/V_{tg} < 0{,}5$ genügen (q = Grundzustand T_0 = mittlere Temp. der Lichtquelle). Die Anwendung der Theorie auf einen Hochdruck-Hg-Lichtbogen u. auf neue Messungen der Linienbreite bei 5461 u. 4358 Å zeigt, daß der berechnete Wert der Selbstabsorption bei 5461 Å nur dann mit dem experimentellen Wert übereinstimmt, wenn die Linie ein Resonanzprofil hat. (Proc. physic. Soc., Sect. B **65.** 794—800. 1/10. 1952. Liverpool, Univ , Dep. of Electr. Engng.) D. BRÜCK. 118

R. Coulon, *Über das Infrarotspektrum der gasförmigen Fluorwasserstoffsäure zwischen 1400 cm⁻¹ und 700 cm⁻¹.* Die Messungen wurden mit dem PERKIN-ELMER Spektrometer Mod 12 C u. NaCl-Prismen durchgeführt. Gemessen wurde eine starke Bande bei 1025 cm^{-1} u. zwei schwächere bei 1170 cm^{-1} u. 750—800 cm^{-1}, von denen die stärkste mit Sicherheit, die beiden schwächeren wahrscheinlich, Assoziationsbanden sind. (J. Physique Radium **13.** 371—72. Juni 1952. Bellevue, Labor. des Hautes-Pressions.) EICHHOFF. 120

A. M. Vergnoux und **S. Théron,** *Messungen der Doppelbrechungsdispersion im Infrarot.* Angabe einer Meth. zur Messung der Doppelbrechungsdispersion im Infrarot unter Verwendung eines BRÀVAIS-Kompensators im parallelen, polarisierten, monochromat. Strahlengang eines Quarzspektrometers. (J. Physique Radium **13.** 368. Juni 1952. Montpellier, Fac. des Sci., Labor. de Phys.) EICHHOFF. 122

H. Kuhn, *Die Reflexion dünner Silberfilme und die Leistung des Fabry-Perot-Interferometers.* Direkte u. indirekte Messung der Reflexionsfaktoren dünner Ag-Schichten im Bereich von 3900—6500 Å mit einer photoelektr. Meth. bzw. einem FABRY PEROT-Interferometer (FPI). Angabe von Daten, aus welchen das erreichbare Auflösungsvermögen eines FPI für bestimmte Wellenlängen bei einem gegebenen Intensitätsverlust abzuleiten ist. (J. Physique Radium **11.** 422—24. Juli 1950. Oxford, Clarendon Labor) EICHHOFF. 122

H. Kuhn, *Die Verwendung von zwei Fabry-Perot-Interferometern in Serie zur Erkennung schwacher Satelliten.* Durch Verwendung von zwei FABRY PEROT-Interferometern mit gleichem Plattenabstand in Serie läßt sich der Kontrastfaktor erheblich erhöhen. Um schädliche Reflexionen zwischen beiden Etalons auszuschließen, muß das Verhältnis des Abstandes der Etalons zu ihrer Öffnung genügend groß gemacht werden. Der prakt. erreichte Kontrast ist beträchtlich kleiner als der berechnete (3000 : 58000). In ^{4}He, welches ^{3}He im Verhältnis 3000 : 1 enthielt, ließen sich die ^{3}He-Linien in Aufnahmen mit zwei Etalons der Dicke 3,2 mm deutlich erkennen. (J. Physique Radium **11.** 425—26 Juli 1950.) EICHHOFF. 122

F. A. Korolew, *Zur Theorie des zusammengesetzten Etalons (Multiplex).* Vf. leitet für das zusammengesetzte FABRY-PEROTsche Interferometer für das Dickenverhältnis m des dicken u. dünnen Etalons die Formel $m = 2\,N_e\sqrt{r}/(1-r)$ ab, worin N_e die effektive Zahl der interferierenden Strahlen für das dünne Etalon u. $r = I_\varphi/I_m$ das Verhältnis des gelöschten Intensitätsmaximums zu dem nicht gelöschten bedeutet. (Доклады Академии Наук СССР [Ber. Akad. Wiss. UdSSR] [N. S] **88.** 651—52. 1/2. 1953 Moskau Lomonossow Univ) AMBERGER 122

I. I. Ssobelman, *Linienbreite der Rayleigh-Streuung in einem Gas.* Vf. betrachtet quantenmechan. die Streuung eines einzelnen Mol. unter Strahlungs- u Stoßdämpfung seiner Eigenfrequenzen u die davon abhängige Linienbreite bei der RAYLEIGH-Streuung. Im 1. Fall ist die Linienverbreiterung zu vernachlässigen. im 2. ergibt sich eine Dispersionsverteilung mit der Breite $1/\tau$ Vf. erweitert seine Betrachtung auf einen beliebigen Strahlungsprozeß unter Änderung des Molekülzustandes. (Доклады Академии Наук СССР [Ber. Akad. Wiss. UdSSR] [N. S.] **88.** 653—56. 1/2. 1953. Physikal Lebedew-Inst. der Akad. der Wiss. der UdSSR.) AMBERGER. 122

Lucienne Taurel, *Prinzip einer molekularen Theorie der Rayleigh-Streuung in Kristallen.* Für den einfachen Fall der RAYLEIGH-Streuung in einem kub. Kristall, dessen Elementarzelle nur ein Atom enthält wird gezeigt, daß der Kristall bei Abwesenheit einer therm. Bewegung nicht streut, dagegen bei Vorhandensein einer ebenen elast. Welle im Volumenelement ein Moment induziert wird das die Summe von drei Termen — hervorgerufen durch Dichtefluktuationen, Polarisationsänderung u. Änderung des inneren Feldes durch die akust. Welle — ist u. die Streuung erzeugt. (C. R. hebd. Séances Acad. Sci. **236.** 682—84. 16/2. 1953.) RUDOLPH. 122

T. S. Moss, *Beziehungen zwischen den optischen Konstanten von Bleitellurid und Silicium.* Theoret. ermöglicht die Kenntnis des vollständigen Absorptionsverh. eines Stoffes die Berechnung des langwelligen Wertes des Brechungsindex n. Für PbTe u. Si, für die ausreichende experimentelle Daten vorliegen, werden diese n-Werte in Übereinstimmung mit Messungen berechnet. Daraus ergibt sich, daß keine zusätzlichen Absorptionsbanden im UV existieren können. Aus der Temperaturabhängigkeit der Absorption wird die von n abgeschätzt. Es zeigt sich, daß bei Abkühlung n für PbTe wachsen, für Si aber abnehmen sollte. (Proc. physic. Soc., Sect. B **66.** 141—44. 1/2. 1953. Great Malvern, Worcs., Telecomm. Res. Establ., Phys. Dep.) RUDOLPH 122

D. G. Avery, *Die optischen Konstanten von Bleisulfid, Bleiselenid und Bleitellurid im 0,5 bis 3 μ-Spektralbereich.* Nach der Reflexionsmeth. werden der Brechungsindex n, der Absorptionsindex k. die komplexe DK. ε mit reellem u. imaginärem Anteil u der Absorptionskoeff. K cm^{-1} für PbS. PbSe u. PbTe mit verschied. behandelten Oberflächen im Infrarot bestimmt. Die Absorptionsspektren stimmen mit früheren Messungen überein. Bei 3 μ beträgt n für PbS 4.10 ± 0 06. für PbSe 4,59 ± 0 06 u. für PbTe 5,35 ± 0,10. Es wird gezeigt, daß — zumindest für PbS — die Stärke der Absorption im langwelligen Ausläufer (die mit Photoleitfähigkeit verbunden ist) anscheinend unabhängig von Verunreinigungen ist. Die Dispersion auf der langwelligen Seite der Hauptabsorptionsbande ist relativ gering u. im Falle von PbS für n-Leiter größer als für p-Leiter. (Proc. physic. Soc., Sect. B **66.** 134—40. 1/2. 1953. Great Malvern, Worcs., Telecomm. Res. Establ., Phys. Dep.) RUDOLPH 122

Norbert Adler, *Über die Entfärbung natürlicher blauer und violetter Steinsalzkristalle.* Inhaltlich ident. mit der C. **1952.** 806 referierten Arbeit. (Acta physica austriaca **4.** 71—80. Juli 1950. Wien, Univ., II. Physik. Inst.) WEIGEL 125

Leopold Wieninger und **Norbert Adler,** *Über die Bildung von Mikrokristallen auf Kristallflächen bei deren Behandlung mit Po-α-Strahlen.* (Vorl. Mitt.) (Vgl. vorst. Ref.) Inhaltlich ident. mit der C. **1952.** 806 referierten Arbeit. (Acta physica austriaca **4.** 81—84. Juli 1950.) WEIGEL. 125

J. B. Birks und **J. W. King,** *Die Luminescenz von Luft, Glas und Quarz bei α-Teilchenbestrahlung.* Mittels Elektronenvervielfacher werden die Scintillationen einer ^{210}*Po*-α-Teilchenquelle bei verschied. Abstand vom Vervielfacher gemessen. Durch Abdecken mit verschied. dicken Al-Folien können Photonen festgestellt werden, die 1. im Po-Präp. selbst, 2. in der Luft u. 3. im Glas des Multipliergefäßes ihren Ursprung haben. Auch eine eingeschobene Quarzplatte emittierte Photonen bei der α-Teilchenbestrahlung. Eine Abschätzung der Ausbeute ergibt für Glas nur ca. 1 Photon pro anregendes α-Teilchen. (Proc. physic. Soc., Sect. B **66.** 81—84. 1/2. 1953. Grahamstown, South Africa, Rhodes Univ., Dep. of Phys.) RUDOLPH 125

Robert H. McFarland und **Robert E. Swanson,** *Untersuchungen der sensibilisierten Fluorescenz mittels der Photomultipliermethode.* (Sitzungsbericht.) In Dampfgemischen von *Hg* u. *Zn* sowie Hg u. *Tl*, wurden in früheren Arbeiten Emissionen beobachtet, die durch einen Beitrag kinet. Energie zur Anregungsenergie des Syst. über Stöße 2. Art erklärt werden. Bei Hg–Tl-Mischungen finden Vff., daß Stöße zwischen Tl- u. metastabilen Hg-Atomen nicht anzunehmen sind; es liegt keine doppelte Absorption vor. (Physic. Rev. [2] **89.** 911. 15/2. 1953. Kansas State Coll.) RUDOLPH. 125

Robert E. Swanson und **Robert H. MacFarland,** *Untersuchung der Intensitätsänderungen bei der sensibilisierten Fluorescenz.* (Sitzungsbericht.) Messungen der Intensitäten der Tl-Linien eines *Hg-Tl*-Gemisches bei Einstrahlung der Hg-Resonanzlinie 2537 Å zeigen eine Abhängigkeit der Intensität von der Temp. von Hg u. Tl. Bei konstanter Tl-Temp. erreichen die Tl-Linien 3519 u. 3529 Å ihr Intensitätsmaximum bei niedrigeren Hg-Tempp. als die Tl-Linie 3776 Å. Die 5350-Linie dagegen hat zwei Maxima unter diesen Bedingungen. (Physic. Rev. [2] **89.** 911—12. 15/2. 1953. Kansas State Coll.) RUDOLPH 125

C. D. Broyles und **S. K. Haynes,** *Übersicht über die K-Fluorescenzausbeuten.* (Sitzungsbericht.) Übersicht über den Stand der Theorie der K-Fluorescenzausbeute. — Keine Zahlenwerte! (Physic. Rev. [2] **89.** 912. 15/2. 1953. Vanderbilt Univ.) RUDOLPH. 125

F. A. Kroeger und **J. van den Boomgaard,** *Die Fluorescenz von durch Mangan aktiviertem Magnesiumgermanat.* Die Magnesiumgermanatphosphore wurden durch Glühen bei 1100° einer Mischung von xMgO, yGeO_2 u. zMn (als $MnCO_3$) hergestellt. Bei x = 4, y = 1, z = 0,01 ergaben sich, in oxydierender Atmosphäre geglüht, rosa gefärbte, bei Erregung mit 3650 Å oder 2537 Å stark rot leuchtende Präparate. In N_2 geglühte Präpp. waren weiß u. nicht leuchtend, desgleichen solche mit x = 2. Das Emissionsspektr. besteht aus 7 schmalen Banden [a) 6180, b) 6270, c) 6360, d) 6450, e) 6550, f) 6640, g) 6710 Å]. Bei Temperaturerhöhung von 83° auf 568° K bleibt das Intensitätsverhältnis b/c u. e/f konstant, während b u. c relativ zu e u. f wächst. Hieraus u. aus den gemessenen Temperaturabhängigkeiten der Fluorescenzausbeute wird auf das Termschema des Leuchtzentrums (Mn^{4+}) geschlossen. Die Abklingkonstante des exponentiellen Abklingens, die für vier Banden gleich gefunden wurde, wächst im gleichen Temperaturgebiet (T > 600° K), in dem die Ausbeute fällt. Die Gleichheit, die zunächst auf Elektronenübergänge von nur einem angeregten Term deuten würde, ist auch bei mehreren angeregten Termen möglich, wenn sie entsprechend einem BOLTZMANNschen Gleichgewicht besetzt sind. — Durch Oxydation von HCl zu Cl_2 wird nachgewiesen, daß Mn als Mn^{4+} für die beschriebenen Eigg. verantwortlich ist. Das außerdem (bei Glühen in N_2 fast ausschließlich) vorhandene Mn^{2+} ist nur durch Kathoden-, Röntgen- oder extrem kurzwellige UV-Strahlen zu roter Fluorescenz (breite Banden) anregbar. (J. electrochem. Soc. **97**. 377—82. Nov. 1950. Eindhoven, N. V. Philips Gloeilampenfabrieken, Philips Res. Labor.) BRAUER. 125

E. Nagy und **Z. Bodó,** *Luminescenz von Willemit, der Mangan und Eisen enthält.* Der die Luminescenz schädigende Einfl. von Fe in Willemitleuchtstoffen wird bestimmt a) als konkurrierende Absorption des Fe für erregendes Licht (2537 Å), b) Emissionslicht, c) als Verringerung der Temp., bei der Temperaturlöschung einsetzt u. d) als der eigentliche Killer-Effekt, der in der Störung der strahlenden Übergänge im Mn-Ion besteht. Da b) zu vernachlässigen ist, ist bei tiefen Tempp. a) u. d) vorhanden. Unter der Annahme, daß die Fe-Ionen, die Mn-Ionen benachbart sind, deren Anregungsenergie zur Dissipation bringen können, wird eine Theorie entwickelt, die mit Messungen von KRÖGER in Übereinstimmung ist. (Acta physica Acad. Sci. hung. **2**. 175—82. 1952. Budapest, Res. Labor. for Telecomm.) BRAUER. 125

Harold W. Gandy, *Kathodoluminescenzuntersuchungen an (Ba, Sr)O.* (Sitzungsbericht.) Die Kathodenluminescenz von (Ba, Sr)O auf Elektrolyt–Ni-Träger zeigt 3 Banden in mäßig aktivierten Proben. Die Intensität der Banden bei 310 u. 580 mμ nimmt mit steigender Temp. ab, die der Bande bei 400 mμ nimmt zu. Die Abklingkonstante aller 3 Banden wächst mit der Temp., die der 400 mμ-Bande jedoch weniger schnell als die der anderen Banden. Das Abklingen der 400 mμ-Bande scheint exponentiell zu sein. Die Intensität der Banden bei 400 u. 580 mμ wächst offenbar relativ zur Intensität der 310 mμ-Bande mit zunehmender Aktivierung der Oxyde. Das Abklingen wird dabei nicht geändert. (Physic. Rev. [2] **89**. 912. 15/2. 1953. Missouri, Univ.) RUDOLPH. 125

I. P. Valkó und **Gy. Gergely,** *Eine Verbesserung der Kompensationsmethode zur Messung von An- und Abklingen von Luminescenz.* Bei der Kompensationsmeth. zur Messung exponentiell an- u. abklingender Luminescenz wird der Phosphor mit Rechteckimpulsen erregt, u. der vom Luminescenzlicht erzeugte Photostrom bewirkt an einem Widerstand eine den An- u. Abklingverlauf zeigende Spannung, die durch die Lade- bzw. Entladespannung eines passenden Kondensators kompensiert wird. Bei Abklingen gemäß einer Summe von Exponentialgliedern werden die einzelnen Kondensatorspannungen — für jedes Exponentialglied ein Kondensator — mit Hilfe von Penthoden überlagert. (Acta physica Acad. Sci. hung. **2**. 261—63. 1952. Budapest, Res. Labor. Telecomm.) BRAUER. 125

A_3. Elektrizität. Magnetismus. Elektrochemie.

R. Seeliger, *Untersuchung aus dem Gebiet der Gasentladungsphysik.* Vorl. Bericht über mehrere in letzter Zeit erhaltene experimentelle u. theoret. Ergebnisse des Vf. u. Mitarbeiter. Der von SEELIGER u. WICHMANN (vgl C. **1952**. 3607) beschriebene Übergang von der T-Form zur H-Form bei Erhöhung der Stromstärke der Glimmentladung in O_2 wird näher untersucht. Die Stromstärke J, bei der der Übergang erfolgt, ist abhängig von der Oberflächenbeschaffenheit der Innenwand des Entladungsrohres. Z. B. beträgt J bei 2 Torr 150 mA, wenn das Gefäß zuvor bei 465° ausgeheizt wurde, 140 mA, wenn es mit Leitungswasser gespült u. 30 mA, wenn es mit einer 7%ig. Phosphorsäurelsg. gespült wurde. Die Erscheinung wird auf den unterschiedlichen Einfl. der verschied. vorbehandelten Oberflächen auf die Rekombination von O-Atomen in O_2 zurückgeführt (sehr reine Oberflächen begünstigen die Rekombination, zum Unterschied von z. B. mit H_3PO_4 bedeckten). — Weiter wurde die Abhängigkeit der Dicke d des Kathodendunkelraumes einer Gasentladung von der Zus. der Gasfüllung untersucht. d in *He* wird durch den Zusatz von *Ar*, *Hg* oder Cl_2 stark erniedrigt, während der Zusatz von Cl_2 zu Ar oder *Xe* d nicht verändert. — Von einer kugelförmigen Fe-Sonde (1,4 mm Radius) wurden Strom–Spannungs-Charakteristiken aufgenommen, wobei die Zus. der Gasfüllung (*Ne* + geringe Mengen H_2) u. der Gasdruck variiert wurden. Als ein wesentliches Kriterium für die in der Umgebung der Sondenoberfläche sich abspielenden Vorgänge ist die Krümmung der Charakteristik anzusehen; sie ist bedingt durch eine Elektronenemission der Sondenoberfläche. Daneben ist der Stromeffekt charakterist. (d. h. die spontane Änderung des in die Sonde einfließenden Stromes bei konstantem Sondenpotential), hervorgerufen durch eine Elektronenemission der Oberfläche beim der Wiederherst. einer auf ihr sitzenden Sauerstoffschicht. — Die von Spenke (vgl. C. **1950**. II. 140) aufgestellte Diffusionstheorie der positiven Säule unter Berücksichtigung der stufenweisen Ionisierung wird für den Fall, daß an Stelle der Stufenionisation die Volumenrekombination in Betracht gezogen wird, abgeändert. Die Vorgänge lassen sich durch einen zwischen 0 u. 1 liegenden Parameter, der das Verhältnis der in der Säulenmitte durch die Rekombination verschwindenden zu den durch Elektronenstoß gebildeten Trägern angibt, beschreiben. — Schließlich wurde die Theorie der Sonden erweitert für den Fall, daß im Plasma neben Elektronen u. positiven Ionen auch negative Ionen enthalten sind. Die aufgestellten Differentialgleichungen konnten für verschied. Sondenformen integriert werden. (Z. Naturforsch. **8a**. 74—79. Jan. 1953. Greifswald.) Fuchs. 131

G. Möllenstedt und **H. Düker**, *Das Energiespektrum hoher Auflösung von Kathodenstrahlen aus der Gasentladung.* Unter Verwendung eines Entladungsrohres wurde mittels magnet. Umlenkung die chromat. Zus. von Elektronen einer Gasentladung untersucht. In Übereinstimmung mit bereits bekannten Daten wurde gefunden, daß die Zahl der Elektronen, deren Energie zwischen 0 u. 99% der Energie liegt, die der Kathodenspannung entspricht, weniger als 1% der Gesamtintensität beträgt. Weitere Verss. wurden mit dem hochauflösenden elektrostat. Geschwindigkeitsanalysator ausgeführt. Hiernach besteht das Energiespektr. von 40 kV-Elektronen der Gasentladung im wesentlichen aus einer asymm. Linie mit einer Halbwertsbreite von 2 eV; die steile Flanke befindet sich auf der energieärmeren Seite. Daneben zeigt sich in einem Abstand von 13 eV nach der Seite der Geschwindigkeitsverluste eine schwache, aber scharfe Kante, die der ersten Anregungsmöglichkeit des Entladungsgases (*Luft*, N_2, H_2) entspricht. Daran schließt sich ein kontinuierlicher Untergrund, dessen Intensität 2—3% der Gesamtintensität beträgt. Die Energieverteilung der Hauptlinie ist unabhängig von der Natur des Gases u. des Kathodenmaterials (V 2 A, Al, Pt) sowie von der angelegten Spannung (25—45 kV); auch die Verwendung einer durchbohrten statt einer zusammenhängenden Kathode oder die Auslösung der Elektronen durch in einem gesonderten Entladungsraum erzeugten Ionen ist ohne Einfluß. Vff. nehmen an, daß die Ursache für die Asymmetrie der Hauptlinie in der uneinheitlichen Geschwindigkeit der auf die Kathode prallenden Ionen liegt. (Z. Naturforsch. **8a**. 79—90. Jan. 1953. Mosbach, Süddeutsche Laboratorien; Tübingen, Univ., Phys. Inst.) Fuchs. 131

J. D. Cobine, **E. P. Cleary** und **W. C. Gray**, *Eine Mikrowellenuntersuchung des Hochdruckbogens.* Ein Gleichstrombogen unter Atmosphärendruck bildet einen Teil des Innenleiters einer koaxialen Rohrleitung, u. zwar befindet sich der Bogen im Abstand $\lambda/2$ vom kurzgeschlossenen Ende der Leitung. Impedanz, Reaktanz u. innerer Widerstand des Bogens werden bei 1000 MHz, für Bogenströme zwischen 1 u. 4 A u. für Bogenlängen bis zu 2 cm gemessen. Luft, *Ar* u *He* werden als Füllgas benutzt. Der Bogen ist kapazitiv, der innere Widerstand u. sein Verlauf haben dieselbe Größenordnung wie der Gleichstromwiderstand. (J. appl. Physics **21**. 1264—67. Dez. 1950. Schenectady, N. Y., General Electric Res. Labor.) Pieplow. 131

Bentley T. Barnes und **Stephen Eros**, *Zur Meßtechnik bei der Aufnahme dynamischer Charakteristiken einer Niederdruckentladung.* Bei der Aufnahme dynam. Gasentladungskennlinien hat sich die Verwendung eines rechteckig modulierten Entladungsstromes als vorteilhaft erwiesen. Hält man bei Sondenmessungen den Sondenstrom konstant, so kann man den Verlauf der Spannung zwischen zwei Punkten der Entladung oder den der Elektronentemp. sehr leicht oscillographieren. Diese Meth. läßt sich auch ausbauen zur Beobachtung von Ionenströmen u. von Änderungen der Ionenkonzentration. (J. appl. Physics **21**. 1275—78. Dez. 1950. Nela Park, Cleveland, O., General Electric Comp., Lamp Developm. Labor.) Pieplow. 131

Benjamin Lax, **W. P. Allis** und **Sanborn C. Brown**, *Der Einfluß eines Magnetfelde auf den Gasdurchschlag bei Mikrowellenfrequenzen.* Zur theoret. Best. der in Ggw. eine

Magnetfeldes beim Hochfrequenzdurchschlag von Gasen auftretenden Energieresonanz u. der Diffusionsverminderung werden zwei Wege eingeschlagen: Einmal werden der Weg eines Elektrons zwischen zwei Zusammenstößen u. der Energiegewinn berechnet, bis schließlich das Elektron ein Gasatom ionisiert oder aus der Entladung herausdiffundiert; der zweite Weg geht von einer erweiterten Boltzmann-Gleichung aus u. führt auf die Verteilungsfunktion. Beide Ansätze führen zu denselben Ergebnissen u. stimmen mit Messungen gut überein. (J. appl. Physics **21.** 1297—1304. Dez. 1950. Cambridge, Mass., M. I. T., Res. Labor. of Electronics.) Pieplow. 131

A. K. Saha und **M. Ghosh,** *Der Mechanismus der niederfrequenten elektrodenlosen Entladung in Chlor und der Einfluß der Bestrahlung.* Bemerkung zu dem von Harries u. von Engel (C. **1952.** 965 u. 3122) beobachteten „negativen Lichteffekt". Es wird darauf hingewiesen, daß einer der Vff. bereits 1946 (Sci. and Cult. **12.** [1946.] 17) über den Effekt berichtet hat, daß der Strom bei einer Entladung in Cl_2 sich unter dem Einfl. einer Lichteinstrahlung verringert. (Proc. physic. Soc., Sect. B **65.** 304. 1/4. 1952. Calcutta, Univ., Inst. of Radiophys. and Electronics.) Pieplow. 131

E. E. Muschlitz jr. und **J. H. Simons,** *Die Messung des Elektronenaustausches in Gasen von niedrigem Druck.* Die Elektronenaustauschprozesse in Gasen von niedrigem Druck werden mit einer besonderen Meßapp. untersucht (vollständige Beschreibung; vgl. Simons u. Mitarbeiter, J. chem. Physics **9.** [1941.] 381). Die durch Glimmentladung in verd. H_2-Gas erzeugten Ionen werden magnet. in die H^+-, H_2^+- u. H_3^+-Ionen zerlegt u. treten nach Durchlaufen von Fokussierungs- u. Kollimatorvorrichtungen als homogenes Parallelbündel in die Meßkammer (10^{-2} **bis** 10^{-4} mm Druck) ein. Die nicht oder nur wenig gestreuten Ionen, die stärker gestreuten Ionen u. die durch Elektronenaustausch gebildeten Ionen können auf getrennten zylindr. Elektroden aufgefangen werden. Aus den Ionisationsströmen werden die Streu- u. Austauschquerschnitte in Abhängigkeit von der einfallenden Ionenenergie im Bereich von 5—150 eV berechnet. Während für H^+ u. H_3^+ kein nennenswerter Elektronenaustausch stattfindet, ist das für H_2^+ der Fall. Der Wirkungsquerschnitt ist hier groß u. scheint mit abnehmender Energie einem Grenzwert zuzustreben. Ähnlich ist das Verh. von He^+-Ionen in He u. von Ar^+-Ionen in Ar. Alle 3 Ionenarten zeigen in KW-stoffen, so in Methan u. Äthan, Elektronenaustausch. Der Wirkungsquerschnitt ist groß (für H^+ 70% des totalen Querschnittes) u. nimmt mit abnehmender prim. Ionenenergie zu. Der Wirkungsquerschnitt für H_3^+ ist dagegen bei allen KW-stoffen klein. Die Elektronenaustausch- u. Streuquerschnitte für 100 eV-Protonen werden für eine Reihe von Gasen tabellar. zusammengestellt. Der sehr hohe Austauschquerschnitt bei den höhermol. KW-stoffen entsteht möglicherweise dadurch, daß deren Moll. u. Mol.-Ionen beträchtliche Schwingungsenergie (vielleicht auch Rotationsenergie) absorbieren. Zum Schluß wird auf die Bedeutung des Elektronenaustausches für die Erzeugung schneller Atom- u. Molekülstrahlen sowie für neue Erkenntnisse auf dem Gebiet der Gasentladung, des Ionentransportes, chem. Rkk. u. der Strukturforschung hingewiesen. (J. physic. Chem. **56.** 837—41. Okt. 1952. Gainesville, Fla., Univ., Coll. of Engng.) Werner Schulz. 131

S. E. Rauch, *Mathematische Daten für den Elektronensog an positiven Ionenquellen.* Zur Verhinderung des Ansaugens von Elektronen durch die Ionenquelle eines großen Massenspektrographen, untersucht Vf. die Elektronenbahnen in gekreuzten elektr. u. magnet. Feldern. Die Komponenten der Bewegungsgleichungen werden durch mathemat. Funktionen dargestellt. (J. appl. Physics **22.** 1128—32. Sept. 1951. Univ. of California, Santa Barbara Coll., Dep. of Mathematics.) H. Hauswald. 131

Vernon H. Dibeler, Fred L. Mohler und **R. M. Reese,** *Ionisation und Dissoziation von Methylsiloxanen durch Elektronenstoß.* Es werden die Hauptlinien der mit einem Consolidated-Massenspektrometer aufgenommenen Massenspektren von *Hexamethyldisiloxan,* $(CH_3)_6Si_2O$, u. *Oktamethyltrisiloxan,* $(CH_3)_8Si_3O_2$ (I) mit relativer Intensität u. Erscheinungspotential angegeben. In beiden Spektren ist das Molekülion sehr schwach vertreten, während das häufigste das durch Abtrennung eines Methylradikals u. eines Elektrons entstandene ist. Bemerkenswert ist das Auftreten doppelt geladener Ionen bei beiden Verbb. u. von dreifach geladenen bei I. Die Tatsache, daß doppelt geladene Ionen beim Tetramethylsilicon überhaupt nicht u. dreifach geladene erst bei I auftreten, wird damit erklärt, daß bei der Ionisation jeweils ein Methylradikal u. ein Elektron von jedem Si-Atom im Mol. abdissoziieren. (J. chem. Physics **21.** 180—81. Jan. 1953. Washington, D. C., Nat. Bur. of Stand.) Conrad. 131

J. H. Simons und **S. A. McAllister,** *Elastische Streuung und Neutralisation langsamer Wasserstoffionen in Äthan und Propan.* Mit langsamen Ionen H^+, H_2^+ u. H_3^+ mit Geschwindigkeiten zwischen 5 u. 132 V wurden Verss. über die Einzelstreuung in Äthan u. Propan durchgeführt u. aus der als Funktion der Ionenenergie gemessenen Streuung die Potentialfunktion $V = -k/r^p$ ermittelt (k, p Konstanten, spezif. für die beiden Streupartner). Die dabei unter Einbeziehung früherer Unterss. über Methan u. Butan (C. **1951**. I. 1700) deutlich werdenden Gesetzmäßigkeiten über den Wirkungsquerschnitt der ersten 4 Homologen der Paraffinreihe werden diskutiert. (J. chem. Physics **20**. 1431—36. Sept. 1952. State College, Pa., School of Chem. and Phys., u. Gainesville, Fla., Univ., Coll. of Engng.) REUSSE. 131

Clayton M. Zieman, *Dielektrizitätskonstanten verschiedener Gase bei 9470 MHz.* (Vgl. C. **1953**. 4815.) (Sitzungsbericht.) Es wurden mittels der Hohlraumkomparatormethoden u. eines Mikrowellenrefraktometers die DKK. von trockener *Luft*, O_2, H_2, CO_2 u. trockener Luft, gemischt mit SO_2, für 9470 MHz u. bei Drucken von 2—740 mm Hg gemessen. Die Ergebnisse für trockene Luft, O_2 u. CO_2 sind in naher Übereinstimmung mit den Werten von BIRNBAUM, KRYDER u. LYONS (J. appl. Physics **22**. [1951.] 95), für H_2 beträgt der Standardtemperaturdruckwert für $(\varepsilon - 1)\cdot 10^4$ 3,56. Für trockene Luft vom Partialdruck 634 mm Hg, die mit verschied. Mengen von SO_2 mit Partialdrucken von 20—100 mm Hg vermischt war, stieg $(\varepsilon - 1)\cdot 10^4$ von 4,36 bis auf 5,43 an, gemessen bei 25°. (Physic. Rev. [2] **83**. 243. 1/7.; Bull. Amer. physic. Soc. **26**. Nr. 3. 52. 26/4. 1951. Wabash Coll.) v. HARLEM. 132

Frank E. Harris und **Berni J. Alder,** *Dielektrische Polarisation in polaren Substanzen.* Für Dipolmoment bzw. DK. von polaren Fll. u. Festkörpern leiten Vff. statist.-mechan. eine Formel ab, die im Gegensatz zu der KIRKWOODschen Näherung die Verschiebungspolarisation exakt berücksichtigt. Vernachlässigt wird dabei dielektr. Sättigung; Abweichungen von dem Mittelwert der Polarisation werden als energet. sehr ungünstig angenommen. Beziehungen u. Übergänge der abgeleiteten Formel zu denen von DEBYE, ONSAGER, KIRKWOOD u. FRÖHLICH werden besprochen, die nach ihr berechneten DK.-Werte von fl. *W.* u. *D_2O*, von Eis u. von den Alkoholen (*Methyl-, Äthyl-, n-Propyl-, n-Butyl-* u. *n-Amylalkohol*) stimmen gut mit den Experimenten überein. Die aus gemessenen DKK. berechneten g-Werte von *HCN* u. *Ae.* sprechen für Assoziation in diesen Fll., *Aceton, Äthylbromid, Pyridin, Chlf.* u. *Nitrobenzol* andererseits sind danach nicht assoziiert. (J. chem. Physics **21**. 1031—38. Juni 1953. Berkeley, Calif., Univ., Dep. of Chem. and Chem. Engng.) KRESZE. 132

N. P. Bogoroditzki und **T. N. Werbitzkaja,** *Besonderheiten des Verhaltens von Seignettekeramiken in der Nähe des Curie-Punktes.* Die bei 20° untersuchten Seignettekeramiken mit einem CURIE-Punkt von 120° (**I**) u. 150° (**II**) weisen prakt. keine zeitliche Änderung (Alterung) der DK. auf. Die Abnahme der DK. des Materials mit einem CURIE-Punkt bei 35° (**III**) um 30—35% erfolgt im wesentlichen innerhalb des 1. Monats. Eine Verschiebung des CURIE-Punktes tritt bei der Alterung nicht auf. Wird die Temperaturabhängigkeit der DK. für eine frisch hergestellte u. die gleiche, jedoch gealterte Probe gemessen, so erfolgt die größte Änderung der DK. in der Nähe des CURIE-Punktes. Die Erscheinung der Alterung läßt sich mit der durch die spontane Polarisation verursachten Verringerung des elektr. Momentes in Zusammenhang bringen. In Übereinstimmung mit den Ergebnissen von WUL (C. **1951**. II. **780**) an Bariumtitanat weist **I** eine Verringerung der DK. mit einer Zunahme des Verschiebungsfeldes, **III** eine noch stärkere Änderung als **I, II** dagegen keine merkliche Änderung von ε mit einer Änderung des Verschiebungsfeldes auf. (Доклады Академии Наук СССР [Ber. Akad. Wiss. UdSSR] [N. S.] **89**. 447—49. 21/3. 1953.) AMBERGER. 132

D. M. Kasarnowski, *Änderung der dielektrischen Eigenschaften von Seignettekeramik mit der Zeit.* Untersucht wurden: *$BaTiO_3$*, *$BaO\cdot TiO_2$* (verschied. Zus.) u. $BaTiO_3$ mit Zusatz von *$nSrO\cdot TiO_2$*. Die dielektr. Leitfähigkeit dieser Stoffe nimmt mit der Zeit ab u. ist zum größten Teil unter Einw. erhöhter Temp. u. Gleichspannung reversibel. Es werden die chem., dielektr. u. strukturellen Komponenten zur Erklärung des Mechanismus der Änderung neben der Änderung der Ladung infolge der Änderung der Fläche u. des Elektrodenwiderstandes herangezogen. Eine Erklärung der Vorgänge wird durch die Annahme eines fortschreitenden Formungsprozesses u. der Entw. einer Schutzschicht gesucht. (Журнал Технической Физики [J. techn. Physik] **22**. 553—58. April 1952.) A. KUNZE. 132

C. W. Horton, F. C. Karal jr. und **C. M. McKinney,** *Über die Strahlungsdiagramme dielektrischer Stäbe mit kreisförmigem Querschnitt. Die $TM_{0,1}$-Schwingung.* Da für dielektr. Rundstäbe die Feldkomponenten der transversalen magnet. Schwingungsform mit Radialsymmetrie bekannt sind, lassen sich die Strahlungsdiagramme für verschieden lange Stäbe berechnen u. mit Messungen vergleichen. Dies wird für Stäbe aus *Lucite* durchgeführt, u. es ergibt sich eine sehr gute Übereinstimmung zwischen Messung u. Rechnung, wenn man annimmt, daß sich die elektr. u. magnet. Oberflächenströme über 0,65 des tatsächlichen Stabdurchmessers verteilen. (J. appl. Physics **21**. 1279—83. Dez. 1950. Austin, Tex., Univ. of Texas, Defense Res. Labor.) PIEPLOW. 132

S. Parthasarathy, M. Pancholy und **A. F. Chhapgar,** *Piezoelektrische Schwingungen von Quarzplatten in den geradzahligen und den halb-ungeradzahligen Harmonischen.* Senkrecht zur x-Achse geschnittene Quarzplatten wurden in einer Fl. mit ihrer Grundfrequenz erregt u. das Spektr. der Oberschwingungen nach der Meth. von DEBYE-SEARS untersucht. Die Interferenzstreifen ließen erkennen, daß der Quarz nicht nur in den ungeraden Harmonischen, sondern auch den geradzahligen u. den halb-ungeraden (1/2, 3/2, 5/2) erregt wird. Die Intensität der beiden letzten Gruppen ist erheblich kleiner als die der erstgenannten. (Nature [London] **171.** 216—17. 31/1. 1953. New Delhi, Nat. Phys. Labor. of India.) REUSSE. 135

Don A. Berlincourt und **Frank Kulcsar,** *Elektromechanische Eigenschaften von $BaTiO_3$-Verbindungen, die wesentliche Verschiebungen in den Phasenumwandlungspunkten aufweisen.* Der zweite kristalline Umwandlungspunkt von $BaTiO_3$ (nahe 10°) zeichnet sich durch eine erhöhte DK. u. andere oft unerwünschte Eigg. aus. Da viele Ultraschallgeber in diesem Temperaturbereich arbeiten müssen, wurde versucht, den Umwandlungspunkt zu tieferen Tempp. hin zu verschieben durch Zusatz von $CaTiO_3$, Y_2O_3 oder $PbTiO_3$. Die Herst. von $BaTiO_3$ mit den eben aufgeführten Zusätzen in verschied. Gewichtsprozenten wird beschrieben, u. die dielektr. sowie elektromechan. Eigg. werden im Temperaturbereich zwischen —40 bis 120° untersucht. Es stellte sich heraus, daß ein Zusatz von 5% $CaTiO_3$ einen Ultraschallgeber mit guter piezoelektr. Wrkg. liefert, verbunden mit geringer Temperaturabhängigkeit der übrigen charakterist. Eigg. (DK., dielektr. Verluste, Resonanzfrequenz, elektromechan. Ankopplung). Auch der CURIE-Punkt liegt nur 1—2° tiefer als bei reinem $BaTiO_3$. (J. acoust. Soc. America **24.** 709—13. Nov. 1952. Cleveland, O., Brush Developm. Comp.) FALKENHAGEN. 135

W. J. Merz, *Die Abhängigkeit des piezoelektrischen Effektes von $BaTiO_3$-Einkristallen von der Temperatur bis zu 160°.* (Sitzungsbericht.) Unters. der elektromechan. Kopplung u. der piezoelektr. Resonanzfrequenzen von $BaTiO_3$ mittels der Resonanzmeth. zwischen 20 u. 160°. Die Einkristallbezirke ergeben in Analogie zu anderen Ferroelektrika bei niedrigen Frequenzen starke Resonanzen, die zeigen, daß der Kristall spontanen Deformationen gegenüber relativ weich ist. Die Koeffizienten d_{31} u. d_{33} wachsen zu einem ausgeprägten Maximum wenige Grad unterhalb des CURIE-Punktes, um dann plötzlich zu fallen. Oberhalb des CURIE-Punktes nimmt der (schwache) piezoelektr. Effekt mit steigender Temp. weiter ab. Am CURIE-Punkt durchläuft die Resonanzfrequenz ein scharfes Minimum. Vf. erklärt das Verh. oberhalb des CURIE-Punktes durch eine Verschiebung der Ti-Ionen unter dem Einfl. eines äußeren Feldes. Dies kann auf opt. Wege nachgewiesen werden: Der Kristall wird tetragonal. (Physic. Rev. [2] **78.** 642. 1/6.; Bull. Amer. physic. Soc. **25.** Nr. 2. 11. 16/3. 1950. Massachusetts Inst. of Technol.) SPEER. 135

Friedrich Knauer und **Walter Kühl,** *Zur Adsorption von Kalium an Wolfram.* Ein K-Molekularstrahl wurde durch ein schwingendes Syst. 20—30 mal pro Sek. unterbrochen u. auf einen W-Draht bekannter Temp. geleitet, der von einem negativ geladenen Metallzylinder umgeben war. Die auf den Draht fallenden u. dort ionisierten K-Atome wurden als Ionenstrom mit Hilfe eines synchron laufenden Oscillographen gemessen. Während sich für hohe Tempp. (2000° K) vollständige Übereinstimmung der Ionenstromschwankungen mit der Molekularstrahlunterbrechung ergibt (Rechteckkurven), treten mit fallender Temp. Abweichungen auf, die durch die Adsorption des K am W erklärt werden. Mit zunehmender Bedeckung verläßt ein mit der Bedeckung zunehmender Bruchteil des adsorbierten K den Draht nicht mehr als Ionen, sondern als Atome, der Ionenstrom nimmt also mit zunehmender Bedeckung ab u. wird null. Die Beobachtungen der Vff. deuten darauf hin, daß sich eine Adsorptionsschicht, trotz gleich starker Bedeckung, beim Aufbau in einem anderen Zustand befindet als beim Abbau. Vff. vermuten daher, daß die verschied. oberflächlichen Kristallflächen beim Auf- u. Abbau einer Schicht relativ verschieden stark mit K bedeckt sind u. daß auch die Oberflächendiffusion eine Rolle spielt. (Naturwissenschaften **38.** 432. Sept. 1951. Hamburg, Univ., Inst. für physik. Chemie.) WOELK. 135

E. J. Sternglass, *Sekundärelektronenemission und Atomschalenstruktur.* Zusammenstellung aller verläßlichen Literaturwerte des wahren Sekundäremissionskoeff. der Elemente in Abhängigkeit von ihrer Ordnungszahl. Der elast. reflektierte Anteil wurde abgezogen. Es ergibt sich ein regelmäßiges Muster, wenn man die Elemente mit benachbarter Ordnungszahl u. die Elemente mit ähnlicher äußerer Atomschalenstruktur verbindet. Es lassen sich auf diese Weise Voraussagen über bisher noch nicht gemessene Ausbeutekoeffizienten innerhalb einer Genauigkeit von 10% machen. (Physic. Rev. [2] **80.** 925—26. 1/12. 1950. White Oak, Silver Spring, Md., U. S. Naval Ordnance Labor.) SPEER. 135

James J. Brophy, *Sekundärelektronenemission bei schiefen Einfallswinkeln.* (Sitzungsbericht.) Vf. erweitert die Theorie der Sekundärelektronenemission von WOOLDRIDGE (Physic. Rev. [2] **56.** [1939.] 562) auf den schiefwinkligen Elektroneneinfall. Hierdurch verstärken sich die schon bei senkrechter Incidenz aufgetretenen Differenzen zwischen theoret. u. experimenteller Ausbeutekurve, bes. für kleine Primärenergien. Vf. nimmt daher an, daß neben dem von WOOLDRIDGE ausschließlich berücksichtigten Volumeneffekt auch ein Oberflächeneffekt der Sekundärelektronenemission existieren müsse. (Physic. Rev. [2] **78.** 643. 1/6.; Bull. Amer. physic. Soc. **25.** Nr. 2. 12. 16/3. 1950. Illinois Inst. of Technol.) SPEER. 135

R. J. Munick, W. B. LaBerge und **E. A. Coomes,** *Periodische Abweichungen des Schottky-Effekts für Tantal.* (Vgl. C. **1952.** 1127 u. 2964.) Messung period. Abweichungen vom SCHOTTKYschen Gesetz für die Glühemission von Ta-Oberflächen für Felder bis $3 \cdot 10^5$ Volt/cm bei 1200 u. 1500° K. Die Austrittsarbeit von reinem Ta wurde zu $4{,}03 \pm 0{,}04$ eV bestimmt; sie änderte sich durch eine Thorierung um ca. 0,5 eV. Phase u. Amplitude der Abweichungen sowie die Temperaturabhängigkeit stimmen gut mit der Theorie überein. Bei Ggw. von *Th* nehmen die Amplituden ab, u. die Phase verschiebt sich in Richtung kleinerer Felder. (Physic. Rev. [2] **80.** 887—91. 1/12. 1950. Notre Dame, Ind., Univ.) SPEER. 135

D. W. Juenker, G. S. Colladay und **E. A. Coomes,** *Analyse der Schottky-Abweichungen für sehr beständige Metalle.* (Sitzungsbericht.) Ein Vgl. der gemessenen period. Abweichungen der SCHOTTKY-Kurven für *W*, *Mo* u. *Ta* mit der verbesserten GUTH-MULLINschen Theorie führt zu folgenden Schlüssen: 1. Die Bildkraft ist maßgebend für die Oberflächenpotentialschwelle. 2. Die Phase der period. Abweichungen ist unabhängig vom angelegten Feld. 3. Die gemessenen Perioden weichen um $^1/_4$ Periode von den mit Hilfe des Potentialtopfmodells berechneten ab, was auf eine vom Modell etwas abweichende Potentialform an der Oberfläche hinweist. 4. Die experimentellen Werte für die Größe der Oberflächenreflexionskoeffizienten sind mit dem Topfmodell vereinbar u. deuten darauf hin, daß die Abweichung des wirklichen Potentialverlaufes von dem des Modells nicht sehr groß sein kann. (Physic. Rev. [2] **89.** 894. 15/2. 1953. Notre Dame, Ind., Univ.) RUDOLPH. 135

O. A. Weinreich, *Emissionsänderungen von thorierten Kathoden.* (Vgl. C. **1951.** I. 430.) Totale u. spektrale Emission von thorierten *W*-Fäden werden ausgemessen, wobei der Widerstand der Fäden als Maß für die Temp. benutzt wird. Der Widerstand wird aus dem Strom u. der zwischen zwei angeschweißten Meßdrähten gemessenen Spannung berechnet. Es ergeben sich beachtliche reversible u. irreversible Emissionsänderungen je nach dem Grad u. der Dauer der herrschenden Temperatur. Ein bestimmter Zusammenhang zwischen Wärmestrahlung u. Glühemission scheint zu bestehen. (J. appl. Physics **21.** 1272—75. Dez. 1950. Swarthmore, Pa., Franklin Inst., Bartol Res. Found.) PIEPLOW. 135

A. A. Shepherd, *Die Wirkung des Sauerstoffes auf die elektrischen Eigenschaften von Oxydkathoden.* Der Mechanismus der O_2-Vergiftung von Oxydkathoden sowie der Reaktivierung wird an Hand von Ionenstrommessungen mittels eines Massenspektrometers untersucht. Die Emission einer voll aktivierten *BaSrO*-Kathode (Austrittsarbeit 1,10 eV) wird durch O_2-Einw. ($3 \cdot 10^{-5}$ Torr) auf $^1/_{10}$ red. u. nach O_2-Entfernung die Reaktivierung (1200° K) durch gleichzeitige Messung der zeitlichen Emissionsstromzunahme ΔJ u. der Sauerstoffionenabgabe ΔO verfolgt. In den ersten Min. der Reaktivierung verlaufen ΔJ u. ΔO steil, später flacher. Der Verlauf wird durch zunehmendes Potential über der Oxydschicht u. zunehmende Reaktivierungstemp. beschleunigt. Die Vorgänge sind prakt. reversibel. Es werden $^{16}O^-$- u. $^{32}O^-$-Ionen (Intensitätsverhältnis 3:1) beobachtet. Wie durch rasche Aufnahme mehrerer Gegenpotentialaufnahmen während der Reaktivierungsperiode festgestellt wurde, existieren für die $^{16}O^-$-Ionen drei Quellgebiete: (1) Sauerstoffoberflächenschichten, aus denen die negativen Ionen durch Stoß positiver Teilchen abgelöst werden. Diese Ionen haben eine Überschußenergie. (2) Das Innere der Oxydschicht, wo die Ionenbldg. während der Reaktivierungsperioden durch den bei der Vergiftung eindiffundierten O_2 erfolgt, u. (3) der Raum vor der Kathode, der bes. im Anfangsstadium der Reaktivierung einen Anteil des Ionenstroms liefert. Unterss. des Einfl. des O_2 auf die Leitfähigkeit der Schicht zeigen, daß diese zum Unterschied. von der Emission bei tieferen Tempp. nur wenig verringert wird. Die Leitfähigkeitsmessungen sind im Einklang mit der VINK-LOOSJESschen Theorie eines zusätzlichen Leitungsmechanismus über Elektronen in den Poren der Schicht, obwohl der Unterschied zwischen der Austrittsarbeit (0,9—1 eV) u. der Aktivierungsenergie im Hochtemperaturgebiet (0,7 eV) noch nicht gedeutet werden kann. Die Unterss. sprechen insgesamt für eine Vergiftungswrkg. durch O_2-Adsorption an inneren u. äußeren Oberflächen. (Brit. J. appl. Physics **4.** 70—75. März 1953. North Staffordshire, Univ. Coll., Phys. Dep.) RUDOLPH. 135

B. V. Haxby und **P. Wargo,** *Einfluß der Verdampfungsprodukte einer BaO-Kathode auf die Sekundäremission dünner MgO-Filme.* (Sitzungsbericht.) Die Vergiftung einer Sekundärelektronen emittierenden MgO-Schicht (auf einer Mg–Ag-Legierung) durch die Verdampfungsprodd. einer radioakt. ^{140}Ba enthaltenden BaO-Kathode wird als Funktion der abgelagerten äquivalenten ^{140}Ba-Schichten verfolgt. Die Sekundärelektronenausbeute wächst anfangs bis zu einem Maximum bei etwa einer äquivalenten Atomschicht, nimmt dann ab bis zum Anfangswert bei ca. 3 Schichten u. erreicht einen konstanten Mindestwert, wenn nahezu 15 äquivalente Ba-Atomschichten abgelagert sind. Die Ergebnisse sind unabhängig von der Energie der Primärelektronen. (Physic. Rev. [2] **89.** 893—94. 15/2. 1953. Minnesota, Univ.) RUDOLPH. 135

K. C. Nomura, *Sekundärelektronenemission von MgO-Einkristallen mit Sauerstoffüberschuß.* (Sitzungsbericht.) Nach der Impulsmeth. ausgeführte Messungen der Sekundärelektronenausbeute von MgO mit überschüssigem O, dessen Konz. durch Absorptionsmessungen bestimmt wurde, ergeben bei Verminderung des O-Geh. von $9 \cdot 10^{17}$ cm^{-3} auf $3 \cdot 10^{17}$ cm^{-3} ein Anwachsen von δ_{max} von 5,7 auf 6,7. Für stöchiometr. MgO ist δ_{max} 8. (Physic. Rev. [2] **89.** 894. 15/2. 1953. Univ. of Minnesota.) RUDOLPH. 135

R. W. Peterson, *Die Verdampfungsgeschwindigkeit der Bestandteile der Oxydkathode als Funktion der molaren Zusammensetzung der Schicht.* (Sitzungsbericht.) Verss. mit Oxydkathoden, die radioakt. *Ba* u. *Sr* enthalten, ergeben, daß die Verdampfungsgeschwindigkeit des Ba während einer Betriebszeit von über 100 Std. bei 855° unabhängig von dem mol. Verhältnis des Ba u. Sr im Mischoxyd (20—50 Mol-% Ba) ist. (Physic. Rev. [2] **89.** 894. 15/2. 1953. Minnesota, Univ.) RUDOLPH. 135

G. Bosson, F. Gutmann und **L. M. Simmons,** *Eine Beziehung zwischen Widerstand und Temperatur bei Thermistoren.* Aus genauen Messungen wird eine empir. Abhängigkeit des Widerstandes von der Temp. abgeleitet: $\log R = A + B/(T + \Theta)$. Hierbei besitzt jeder Thermistor eine charakterist. Temp. Θ (Größenordnung 30—70° K). Die prozentualen Abweichungen werden tabellar. zusammengestellt. (J. appl. Physics **21.** 1267—68. Dez. 1950. Sidney, N. S. W., Univ. of Technol.) PIEPLOW. 135

L. P. Hunter, *Eine physikalische Deutung der A-Typ-Transistorcharakteristiken.* Ausgehend von der Strom–Spannungs-Charakteristik des Kollektors eines nadelförmigen Ge-Transistors vom A-Typ, berechnet Vf. auf Grund der Formel von SHOCKLEY die Wirksamkeit der Löcherinjektion. In allen untersuchten Fällen ergibt sich für den Ausdruck $\gamma\,(1 - b)$ ein oberer Sättigungswert von 2,5 (γ = Anteil des von Löchern getragenen Emittorstromes, b = Verhältnis von Elektronen- zu Löcherbeweglichkeit). Vf. setzt für diesen Sättigungswert $\gamma = 1$, woraus sich in Übereinstimmung mit anderen Messungen für das Beweglichkeitsverhältnis b = 1,5 ergibt. Bei Leistungen über 100 mW wird eine Temperaturkorrektur erforderlich. (Physic. Rev. [2] **77.** 558—59. 15/2. 1950. East Pittsburgh, Pa., Westinghouse Res. Labor.) SPEER. 135

R. Cooper und **J. Harrington,** *Positive Kriechströme in Selengleichrichtern.* Der Rückstrom eines Selengleichrichters ist bei konstant gehaltener Sperrspannung nicht konstant, sondern wächst mit der Zeit nach einer Sättigungskurve. Es wird gezeigt, daß dies auch bei konstant gehaltener Temp. der Fall ist u. daß diese Erscheinung nicht notwendig auf Leistungsumsätze in der Sperrschicht zurückgeführt zu werden braucht. (Proc. physic. Soc., Sect. B **65.** 303—04. 1/4. 1952. Liverpool, Univ., Dep. of Electr. Engng.) PIEPLOW. 135

S. Mrozowski, *Halbleitung von polykristallinem Graphit.* (Sitzungsbericht.) Die Temperaturabhängigkeit des elektr. Widerstandes von polykrist. Graphit kann durch eine Energielücke zwischen dem besetzten u. dem Leitfähigkeitsband erklärt werden. Graphit ist bei Zimmertemp. ein Eigenhalbleiter u. wird bei höheren Tempp. wegen der Kleinheit der Energielücke von $25 \cdot 10^{-3}$ eV metall. leitend. Die Lücke wächst jedoch mit abnehmender Kristallitgröße. Die Leitfähigkeit wird im wesentlichen durch Überschußelektronen im Leitfähigkeitsband verursacht; die äußeren Atome mit freien Valenzen spielen die Rolle von n-Zentren. (Physic. Rev. [2] **78.** 644—45. 1/6; Bull. Amer. physic. Soc. **25.** Nr. 2. 14. 16/3. 1950. Univ. of Buffalo.) SPEER. 135

D. J. M. Bevan und **J. S. Anderson,** *Elektronenleitung und Oberflächengleichgewichte beim Zinkoxyd.* Von ZnO-Proben verschied. Herkunft (Erhitzen des Oxalates an Luft auf 800°, Probe **I**; Erhitzen von Zn an Luft auf 950°, Probe **II**; Zersetzen des Carbonates bei 800°, Probe **III**) wurde die Temperaturabhängigkeit des spezif. elektr. Widerstandes ϱ zwischen 500 u. 1000° gemessen. Wird die Messung von ϱ im Vakuum vorgenommen, so ist ϱ prakt. unabhängig von T, außerdem unterscheiden sich die ϱ-Werte der drei Proben nur wenig voneinander (ϱ steigt in der Reihenfolge I—II—III etwas an). Wird die ϱ-Messung aber in Ggw von Luft ausgeführt, so fallen die ϱ-Werte im (log ϱ, 1/T)-Diagramm mit abnehmendem T stark ab, u. zwar am stärksten für III, am wenigsten für I; bei sehr großem T stimmen die ϱ-Werte von I—III etwa miteinander überein. Ferner wurde ϱ in Abhängigkeit vom O_2-Druck ($p = 10^{-5}$ bis 760 mm Hg) bei verschied. Tempp. gemessen; oberhalb p = 0.01 gilt die Beziehung $1/\varrho = A \cdot p^{-B}$ mit $B = 0.25 \pm 0{,}02$ (bezogen auf konstante Temp.). Zwischen p = 0.01 u. 0,001 fällt ϱ sehr stark mit p ab u. ist unterhalb p = 0.001 fast unabhängig von p. Die (ϱ, p)-Kurven sind oberhalb p = 0.01 reversibel, bei kleinerem p treten Hysteresiserscheinungen auf. Diskussion: Die Unterschiede im Verh. von I—III werden auf den verschied. relativen Anteil der Leitung an der Oberfläche u. im Innern des ZnO zurückgeführt. Oberhalb p = 0.01 findet die Rk. $O^{2-} = 1/2\ O_2 + 2e$ an der Oberfläche statt. Unterhalb p = 0.01 werden Diffusionsvorgänge bestimmend, wodurch die Oberfläche heterogen wird. Im Innern ist ϱ wahrscheinlich niedrig. Durch die chem. Adsorption von O_2 an der Oberfläche werden Elektronen gebunden. — Ähnliche Ergebnisse wurden an *Fe_2O_3* zwischen 500 u. 600° erhalten (ϱ unterhalb p = 0.001 unabhängig von p, oberhalb Anstieg von ϱ mit p). (Discuss. Faraday Soc. Nr. **8.** 238—46. 1950. Melbourne, Univ.) Fuchs. 135

D. K. C. MacDonald, *Das Minimum des elektrischen Widerstandes bei tiefen Temperaturen.* Nach den Messungen des elektr. Widerstandes bei tiefen Tempp. an Legierungen von sehr reinen, spektrograph. geprüften Metallen können folgende Ergebnisse als gesichert gelten: Während reines *Cu* u. *Au* das charakterist. Minimum nicht zeigen, ist das bei einer Reihe von homogenen Legierungen der Fall. Verunreinigungen verursachen die bekannte Elektronenstreuung u. bis zu einer bestimmten Konz. von ca. 0,01 bis 0.1 At.-% eine der Konz. proportionale Vergrößerung des Widerstandsminimums mit gleichzeitiger Erhöhung der Temp. des Minimums. Bei Cu-reichen Legierungen rufen *O*, *Ag* u. *Ni* kein Minimum hervor, während das bei *Sn* in fester Lsg. u. den schwachlösl. Elementen *C*, *Pb* u. *Bi* der Fall ist. Bei den Cu-reichen tern. homogenen Legierungen mit C- u. Sn-Geh. tritt in einem kleinen Konzentrationsbereich kein Minimum auf, jedoch werden hier Anomalien des Restwiderstandes beobachtet (vgl. nachst. Ref.). (Physic. Rev. [2] **88.** 148—49. 1/10. 1952. Ottawa, Can., Nat. Res. Council, Div. of Physics.) Werner Schulz. 136

D. K. C. MacDonald und **W. B. Pearson,** *Restwiderstand in verdünnten Kupferlegierungen.* Der Restwiderstand homogener, in einem Verunreinigungen ausschließenden Verf. hergestellter Legierungen von sehr reinen, durch spektrograph. u. chem. Analyse geprüften Metallen wird experimentell bestimmt. Gegenüber den Ergebnissen von Linde ergeben sich Abweichungen in Richtung kleinerer Streuquerschnitte. Für Cu ergab sich gegenüber dem Wert von Linde das erheblich kleinere Widerstandsverhältnis bei 4.2 u. 273.2° K von $(2.9 \pm 0.3) \cdot 10^{-3}$. Bei Cu–Sn-Legierungen mit Verunreinigungen durch O wird angenommen, daß die absorbierten O-Atome zusätzliche, der Zahl der bereits vorhandenen Sn-Streuzentren proportionale Streuzentren hervorrufen u. daher die Messung von zu hohen Streuquerschnitten wie bei Linde zur Folge haben können. Der spezif. Restwiderstand der Legierungen *Cu–Ni*, *Cu–Sn*, *Cu–Ag* u. *Cu–C–Sn* in Abhängigkeit von der Zus. wird graph. wiedergegeben. Bei den Legierungen mit Sn ergaben sich kleinere Werte als bei Linde. Daß hier die anfängliche, zusätzliche Streuung das Ergebnis einer Verunreinigung mit C ist, konnte durch Messung von reinem Cu mit C-Zusatz gezeigt werden. Es muß hier die Möglichkeit zusätzlicher Wechselwirkungen zwischen Elektronen u. Ionen u. vielleicht auch von resonanzartigen Wechselwirkungen (Gerritsen u. Korringa) in Betracht gezogen werden. (Physic. Rev. [2] **88.** 149. 1/10. 1952.) Werner Schulz. 136

F. Beck, *Zur Phasenumwandlung zwischen Supra- und Normalleiter im kritischen Magnetfeld.* Lösung der Maxwellschen Gleichungen für den Fall, daß sich die Grenzfläche zwischen Supra- u. Normalleiter gleichförmig verschiebt. Die üblichen Grenzbedingungen für 𝔈 u. 𝔖 sind erfüllbar, folglich auch die der Londonschen Theorie zugrunde liegende Annahme, daß der Poyntingsche Vektor an der Grenzfläche stetig ist. (Ann. Physik [6] **10.** 317—26. 1952. Berlin-Dahlem, KWI für physikal. Chemie u. Elektrochemie.) Kirschstein. 136

B. T. Matthias und **J. K. Hulm,** *Suche nach neuen supraleitenden Verbindungen.* Um die elektron. u. strukturellen Voraussetzungen für Supraleitfähigkeit zu klären, wurden an fast 90 Verbb. die Temperaturabhängigkeit der Anfangspermeabilität gemessen. Es wurden folgende neue Sprungtempp. gefunden: *Mo_2N* 5.0°, *MoN* 12.0°, *Mo_2B* 4.74°, *NbB* 8.25°, *$SrBi_3$* 5,62°, *$BaBi_3$* 5.69° absolut. Bestätigt wurde die Supraleitfähigkeit bei den Verbb. *TiN*, *ZrN*, *VN*, *Mo_2C*, *MoC*, *W_2C*. An zahlreichen Cu-, Ag- u. Sb-Verbb. wurde bis 1,28° absol. herunter keine Supraleitung entdeckt, auch nicht bei einigen Oxyden (z. B. MoO_2, UO_2, NiO, CoO u. a.), Sulfiden (MoS_2, PbS, NiS u. a.) u. weiteren Verbb., wie SiC, SiFe, NiAs. Boride wurden nicht supraleitend, wenn der B-Geh. >50% war. Allg. läßt sich sagen, daß Supraleitung nur bei Vorliegen einer metall. Bindung besonderen Typs möglich ist, der bei 6 Nitriden, 4 Carbiden u. 2 Boriden existiert. Beachtenswert ist auch, daß die 8 kub. u. tetragonalen Metalle oberhalb 1° K supraleitend werden, von den dichtestgepackten hexagonalen Metallen dagegen 8 unterhalb 1° K. Dies gilt im allg. auch von den kub. u. tetragonalen Bi-Verbindungen. Weitere Klärung wird von der Unters. von Klassen solcher Verbb. erhofft, die zu dem gleichen Gittertyp gehören. (Physic. Rev. [2] **87.** 799—806. 1/9. 1952. Chicago, Ill., Univ., Inst. for the Studies of Metals.) KIRSCHSTEIN. 136

L. C. Jackson und **H. Preston-Thomas,** *Die Supraleitfähigkeit von Niob.* Messung der krit. magnet. Feldstärken für reine Nb-Proben. Die spektroskop. nachgewiesenen geringen Verunreinigungen bestanden einmal aus Mo, Ni, Si u. Al u. bei der zweiten Probe aus Si u. Al. Für Drähte ergab sich ein höherer Sprungpunkt als für das kompakte Material. Die verschied. Verunreinigungen verursachten erhebliche Unterschiede im Kurvenverlauf u. in den n. Sprungpunkten. Die Ergebnisse können auf Grund von MENDELSSOHNs Modell eines Supraleiters vom Legierungstyp erklärt werden. (Philos. Mag. [7] **41.** 1284—87. Dez. 1950. Bristol, Univ., H. H. Wills Phys. Labor.) SPEER. 136

Clément Courty, *Über die Messungen der magnetischen Susceptibilitäten durch die Methode von Faraday.* Bei der Absolutmessung von Susceptibilitäten mit der FARADAYschen Torsionswaage besteht die Hauptschwierigkeit darin, den Ausdruck $H(\partial H/\partial x)$ über ein hinreichend großes Vol. konstant zu halten. Auch bei Nullmethoden u. bei Vergleichsmessungen mit Eichsubstanzen ist diese Schwierigkeit vorhanden. (Vgl. hierzu C. **1952.** 4410.) (C. R. hebd. Séances Acad. Sci. **232.** 2012—14. 28/5. 1951.) FAHLENBRACH. 137

V. L. Yousef, H. Mikhail und **R. K. Girgis,** *Eine für magnetische Messungen in Feldern geringer Stärke vorgeschlagene dynamische Methode.* Es wird eine Wechselstrommeth. angegeben, mit deren Hilfe die Susceptibilität von *Ni* als Funktion der Feldstärke gemessen wurde. (Rev. sci. Instruments **22.** 342—43. Mai 1951. Cairo, Fouad I Univ., Fac. of Sci.) W. E. REICHARDT. 137

Georges-J. Béné, Pierre-M. Denis und **Richard-C. Extermann,** *Anordnungen zur Messung magnetischer Felder mittels magnetischer Kernresonanz.* Es werden kleine, sehr handliche u. genau arbeitende Meßsysteme zur Ausmessung von magnet. Feldern unter Verwendung der magnet. Kernresonanz beschrieben. Die Meßsonden wurden aus Plexiglas hergestellt, als Füll-Fl. wurde sehr verd. *Eisennitrat* benutzt. (Arch. des Sci. **5.** 406—08. 1952.) v. HARLEM. 137

D. I. Gordon, *Eine experimentelle Untersuchung des Barkhausen-Rauschens in Nickel-Eisen-Legierungen.* Vf. berichtet über seine Messungen des BARKHAUSEN-Effektes an Fe-Ni-Legierungen in Abhängigkeit vom Ni-Geh. (35—99,5%) u. der Wärmebehandlung (schwach erwärmt, ausgeglüht u. abgeschreckt). Es wurde die Abhängigkeit des BARKHAUSEN-Effektes von der Größe der Anfangspermeabilität an vier tern. Mo-Ni-Fe-Legierungen untersucht. Hier ergab sich, daß mit steigender Anfangspermeabilität der BARKHAUSEN-Effekt in seiner Stärke zuerst schnell u. dann nur sehr langsam abnimmt. (Rev. mod. Physics **25.** 56—57. Jan. 1953. White Oak, Md., U. S. Naval Ordnance Labor.) v. HARLEM. 137

C. J. Kriessman, *Die magnetische Susceptibilität von V, Nb, Ta, W und Mo bei hohen Temperaturen.* Ausführliche Darst. der in C. **1953.** 2234 referierten Arbeit. (Rev. mod. Physics **25.** 122—26. Jan. 1953. White Oak, Md., U. S. Naval Ordnance Labor., u. Washington, D. C., Catholic Univ. of America.) v. HARLEM. 137

Gabriel Foëx, Belling Tsai und **Jules Wucher,** *Kopplung zwischen den magnetischen Momenten in den Molekülen mit drei Atomen Eisen.* Gemessen wird die Temperaturabhängigkeit der Susceptibilität von $[Fe_3(CH_3COO)_6(OH)_2]NO_3 + 6\,H_2O$ u. $[Fe_3(C_6H_5 \cdot COO)_6(OH)](C_6H_5COO)(ClO_4) + H_2O$ bei Tempp. zwischen 14 u. 100° K. Die bei höheren Tempp. beobachteten Geraden des CURIE-WEISSschen Gesetzes mit hohen negativen CURIE-Tempp. biegen bei ca. 20° K in beiden Fällen zu kleineren $1/\chi$-Werten im Sinne eines antiferromagnet. Verh. hin ab. Eine Erklärung ist durch die Annahme einer sehr starken antiferromagnet. Austauschkopplung der drei Eisenatome in den Moll. gegeben, ähnlich wie die Spin-Antiparallelstellung der beiden Fe-Atome im Fe_2Cl_6 im Temperaturgebiet des temperaturunabhängigen Paramagnetismus. (C. R. hebd. Séances Acad. Sci. **233.** 1432—33. 3/12. 1951. Straßburg, Univ., Inst. de Physique.) FAHLENBRACH. 137

W. P. Mason, *Rotationsrelaxation in Nickel bei hohen Frequenzen.* Die Messungen des ΔE-Effektes u. des Dekrements von BOZORTH u. **Mitarbeiter** (Bell System techn. J. Part I **30.** [1951.] Nr. 4) u. a. werden mit den Erwartungen verglichen, die aus einer Berechnung der Relaxationszeiten für die Elementarbereichswände auf Grund der Verteilung der Elementarbereichsgrößen abgeleitet wurden. Für niedrige Frequenzen ergibt sich jedoch ein zweites Relaxationsgebiet. Es wird gezeigt, daß dieses Gebiet durch eine Relaxation der Rotation der Elementarbereiche hervorgerufen wird. Wird dieser Effekt berücksichtigt, so besteht gute Übereinstimmung zwischen Experiment u. Theorie über den gesamten Frequenzbereich. (Rev. mod. Physics **25.** 136—39. Jan. 1953. Murray Hill, N. J., Bell. Telephone Labor.) V. HARLEM. 137

R. W. Damon, *Relaxationseffekte bei der ferromagnetischen Resonanz.* Unter Benutzung des ferromagnet. Resonanzeffektes (Meßfrequenz 9000 MHz) bestimmte Vf. die Spin-Gitter-Relaxationszeit T_1 eines Einkristalls aus *Nickelferrit.* Der Sättigungseffekt konnte sowohl bei der Resonanzabsorption als auch bei der Komponente der Magnetisierung in Richtung des stat. Feldes beobachtet werden. Einige der Ergebnisse sind bisher bei magnet. Resonanzverss. noch nicht beobachtet u. auch nicht von den vorliegenden Theorien vorausgesagt worden. Daher kann die Relaxationszeit auch nicht nach der klass. Theorie der magnet. Resonanz berechnet werden. Wird die absorbierte Energie gleich der gesetzt, die auf das Gitter übertragen wird, so ergibt sich für T_1 der Wert ca. $3 \cdot 10^{-6}$ sec. Diese Zeit ist größer als die direkt beobachtete Zerfallszeit, welche kleiner ist als einige Zehntel Millisekunden. (Rev. mod. Physics **25.** 239—45. Jan. 1953. Cambridge, Mass., Harvard Univ., Cruft Labor.) V. HARLEM. 137

Pierre Grivet und **Yves Ayant,** *Über die paramagnetische Verschiebung der Kernresonanzfrequenz.* Die Erniedrigung der Relaxationszeit u. die Verschiebung der Resonanzfrequenz bei der Kernrelaxation wss. Lsgg. durch Zusätze paramagnet. Salze wird durch eine Polarisation der Kerne in Resonanz in paramagnet. Umgebung zu erklären versucht. Bei Berücksichtigung dieser Tatsache durch eine Magnetfeldkorrektur $H = H_0 - (2\pi/3)\chi H_0$ wird in vielen Fällen eine Übereinstimmung mit der Erfahrung gefunden. Ausnahmen, z. B. F-Kerne in Resonanz in Ggw. von Fe^{2+}-Ionen, erfordern in dem obigen Feldausdruck noch ein weiteres Zusatzglied δH. Diese anomale Verschiebung der Resonanzfrequenz wird eingehend diskutiert u. einer ungleichmäßigen Polarisation zugeschrieben. Diese Ungleichförmigkeit kann im Abstand r zwischen F^- u. Fe^{2+} u. dem Winkel Φ dieses Abstandes mit der äußeren Feldrichtung H_0 begründet sein. (C. R. hebd. Séances Acad. Sci. **232.** 1094—96. 12/3. 1951.) FAHLENBRACH. 137

Hiroo Kumagai, Hidetarô Abe und **Junji Shimada,** *Anomale magnetische Resonanzabsorption von Cu^{2+}.* Während sonst Salze mit Cu^{2+} außer der Hyperfeinstruktur keine Struktur der magnet. Resonanzabsorption zeigen, fanden LANCASTER u. GORDY (C. **1952.** 3774) bei Kupferacetatpulver eine anomale Resonanzabsorption. Vff. untersuchten daher die magnet. Resonanzabsorption an Einkristallen aus *$Cu(CH_3COO)_2 \cdot H_2O$* bei 10000 u. 20000 MHz u. fanden ebenfalls eine Anomalie in Abhängigkeit von der Richtung der Gleichfelder zu den drei magnet. Achsen des Kristalls. Bis zu 5 Spitzen wurden beobachtet, die g-Werte verteilen sich über einen weiten Zwischenraum. Bei 10000 MHz scheint eine Spitze beim Feld Null zu liegen, was auf eine Nullfeldaufspaltung von ca. 10000 MHz schließen läßt. Eine solche anomale Absorption kann nicht durch ein einzelnes Ion im ^2D-Zustand bei einem beliebigen erlaubten Kristallfeld erklärt werden. Die erste Erklärungsmöglichkeit ist, daß das Ion sich in dem sehr starken Kristallfeld nicht im ^2D-Zustand befindet, die andere, daß die Absorption nicht durch ein einfaches Cu^{2+}-Ion, sondern von einem Mol., das Cu^{2+} u. andere Atome enthält, hervorgerufen wird, die dritte schließlich, daß eine Anzahl von Cu^{2+}-Ionen in sehr kleinem Abstand voneinander angeordnet sind, deren Elektronenspins sehr stark miteinander in Wechselwrkg. treten. Es ist bemerkenswert, daß *$Mn(CH_3COO)_2$* nur eine Spitze mit $g = 2{,}0$ zeigt. (Physic. Rev. [2] **87.** 385—87. 15/7. 1952. Meguroko, Tokyo, Univ. of Tokyo, Inst. of Sci. and Technol.) V. HARLEM. 137

R. E. Norberg, *Magnetische Kernresonanz von in Palladiumdrähten absorbiertem Wasserstoff.* In Abhängigkeit von Temp. u. H-Konz. (H/Pd zwischen 0,2 u. 0,8) wurden Linienbreite, die Relaxationszeiten T_1 u. T_2 u. die Resonanzverschiebung gemessen. Die gefundenen Werte für T_1 u. T_2 u. die Linienbreite zeigen an, daß sich die eingeschlossenen Protonen sehr rasch bewegen. Die Anwendung der auf einem einfachen Modell beruhenden Relaxationstheorie, nach der die Bewegung als Selbstdiffusion in einer Protonen-Fl. dargestellt wird, ergibt gute qualitative, aber nur angenähert quantitative Übereinstimmung mit den Ergebnissen. Die Theorie, welche gute Ergebnisse für Selbstdiffusion in metall Na ergibt, wird fehlerhaft für H-Pd, wenn die Protonen hauptsächlich durch Gitterunvollkommenheiten diffundieren. Der kleine Wert für D_0, der aus den gemessenen Werten berechnet wird, unterstützt die Hypothese einer „Kurzschluß"-Diffusion. Relaxationsmechanismen, die auf anderen Erscheinungen als auf gegenseitigen Wechselwirkungen der Protonenmomente beruhen, können auf Grund der gefundenen Werte u. der Messung der Resonanzverschiebung ausgeschlossen werden. (Physic. Rev. [2] **86**. 745—52. 1/6. 1952. Urbana, Ill., Univ. of Illinois, Dep. of Phys.) V. HARLEM. 137

J. A. Saxton und **J. A. Lane**, *Die Leitfähigkeit der konzentrierten Lösungen von Elektrolyten in Methyl- und Äthylalkohol.* In dem in () genannten Konzentrationsbereich (c in Mol/Liter) wurde von den Lsgg. von *LiCl* (0,25—3,0), *NaBr* (0,25—1,5), *KJ* (0,2—0,6), $CaBr_2$ (0,25—3,0), $SrBr_2$ (0,25—4,0), $BaBr_2$ (0,25—1,5), $CuCl_2$ (0,5—4,0), CdJ_2 (0,25—4,0) u. $Ca(NO_3)_2$ (0,25—3,0) in CH_3OH (I) bzw. von LiCl (0,25—1,5), $SrBr_2$ (0,5—2,0) u. $Ca(NO_3)_2$ (0,5—2,0) in A. zwischen 0 u. 40° die elektr. Leitfähigkeit Λ gemessen. In allen Fällen nimmt Λ mit steigendem c u. sinkender Temp. ab. Unter gleichen Bedingungen fällt Λ in der Reihenfolge der Lösungsmittel: W. (Literaturdaten), I, A. ab. Die erhaltenen Ergebnisse lassen sich mit einer Abweichung von höchstens 4% durch die empir. Gleichung $\Lambda/\Lambda' = 1/(1 + B\sqrt{c}) - kc$ darstellen, wo Λ', B u. k Konstanten bedeuten, deren Zahlenwerte für 14° angegeben sind. Die Λ'-Werte der einwertigen Metalle sind sehr genau bestimmbar, die der zweiwertigen jedoch sind etwas unsicher. (Trans. Faraday Soc. **49**. 86—92. Jan. 1953. Slough, Radio Res. Station, Dep. of Sci. and Ind. Res.) FUCHS. 138

G. Manecke, *Elektrische Leitfähigkeit von Kationaustauschermembranen.* (Vgl. C. **1952**. 5372.) In analoger Weise wie bei den Unterss. über die Leitfähigkeit von Anionenaustauschern wurden Membranen aus Kationenaustauschern mit verschied. Festionenkonz. u. verschied. Vernetzung hergestellt u. ihre spezif. elektr. Leitfähigkeit in KCl-Lsgg. (1/100 n bis n) gemessen. Die Herst. der — leicht zerspringenden — Austauschermembranen durch Kondensation von *Phenolsulfonsäure* mit *Formalin* sowie aus sulfonierten *Styrol-Divinylbenzolcopolymerisaten* wird beschrieben. Die bestimmten spezif. Leitfähigkeiten wurden mit den aus der analyt. bestimmten Konz. u. der Beweglichkeit der Ionen in der Membran berechneten Leitfähigkeiten verglichen, wozu Konz., Beweglichkeit u. Überführungszahl experimentell bestimmt wurden. Aus den Unterss. geht hervor, daß die Konvektionsleitfähigkeit der gewählten Membranen im Verhältnis zur n. Leitfähigkeit nicht sehr groß ist. Aus der Konzentrationsbest. der K-Ionen ergab sich für hohe Außenionenkonzz. der mittlere Aktivitätskoeff. der im Austauscher befindlichen beweglichen Ionen, während Messungen der Membranpotentiale den mittleren Aktivitätskoeff. für niedrige Außenionenkonzz. liefern. Mit Hilfe der letzteren wurde die Gleichgewichtskonstante für den Austausch $K^+ \rightarrow Na^+$ nach MEYER-SIEVERS berechnet, die mit der experimentell gefundenen übereinstimmt. (Z. physik. Chem. **201**. 193—210. Dez. 1952. Berlin-Dahlem, KWI für Physikal. Chemie u. Elektrochemie.) HENTSCHEL. 138

O. J. Kleppa, *Thermodynamische Untersuchungen flüssiger metallischer Lösungen. 3. Mitt. Die Systeme Wismut-Gold und Thallium-Gold.* (2. vgl. C. **1951**. II. 3561.) Nach der in C. **1950** II. 974 angegebenen Meth. wurden die EMKK. der Ketten $Bi/Bi^{3+}/(Bi + Au)$ u. $Tl/Tl^+/(Tl + Au)$ gemessen. Die Legierungen mit 80% Au wurden bei Tempp. um 400°, die stärker goldhaltigen bei 800° untersucht. In gleicher Weise wie in früheren Mitteilungen werden die Aktivitäten Q u. „Entropiefraktionen" angegeben. Entlang der Liquiduskurve fand Vf. für Au die Beziehung $\log a_{Au} = 0{,}4957 - 662{,}3/T$ (T in °K). Die Werte für **a** im Syst. Au/Bi zeigten bei 700° eine nur geringe negative Abweichung gegen das RAOULTsche Gesetz, bei höherer Temp. wurde sie größer. Das Syst. Au/Tl zeigte stark negative Abweichungen. Beide Systeme zeigen auf Grund der großen Unterschiede in den Atomgrößen große Mischungsentropien. (J. Amer. chem. Soc. **73**. 385—90. Jan. 1951. Chicago, Ill., Univ. of Chicago, Inst. for Study of Metals.) ROEDER. 140

W. L. Cheifetz und **A. L. Rotinjan**, *Gesetzmäßigkeiten der vereinigten Entladung von Ionen und die Theorie der Metallraffinierung.* Bei der Fällung von *Ni* werden experimentell der Einfl. der Stromdichte u. der Konz. der Beimischungen von Cu, Co, Zn u. Mn im $NiSO_4$-Elektrolyten auf die Zus. des Kathoden-Nd. untersucht u. in Kurvenbildern dargestellt. (Доклады Академии Наук СССР [Ber. Akad. Wiss. UdSSR] [N. S.] **82**. 423—26. 21/1. 1952. Leningrad, Shdanow Univ., Inst. der Nickel-, Kobalt- u. Zinnind.) A. KUNZE. 141

M. A. Loschkarew und **A. A. Krjukowa**, *Veränderungen der polarographischen Wellen unter dem Einfluß von Adsorptionsprozessen an Quecksilber.* Durch Bldg. einer adsorbierenden Schicht oberflächenakt. organ. Stoffe bei der Elektrolyse kann die Entstehung eines Maximums durch Oberflächenbewegung des Hg ganz unterdrückt werden. Die polarograph. Welle hat die n. Form, die den Diffusionsbedingungen bei Vorliegen nur radialer Bewegungen im aufsteigenden Tropfen entspricht. Diese Wrkg. wird bei kathod. Abscheidung von *Cu* aus einer 0,5 n $CuSO_4$-Lsg. durch Zugabe von 0,005 Mol/Liter *Gelatine* (I) ausgelöst. Bei Zugabe von 0,005 bzw. 0,01 Mol/Liter *Benzylalkohol* beginnt die Unterdrückung des Maximums erst in Nähe der Nulladung der Hg-Oberfläche, ist von da ab aber wesentlich stärker als mit I. *Campher* erniedrigt den Grenzstrom um mehr als das 400fache. Die Entstehung von chem. Polarisation bei Bldg. einer kompakten monomol. Adsorptionsschicht ist das Ergebnis einer auf der Hg-Oberfläche lokalisierten zusätzlichen Potentialbarriere. (Доклады Академии Наук СССР [Ber. Akad. Wiss. UdSSR] [N. S.] **72.** 919—22. 11/6. 1950. Dnepropetrowsk, Chem.-Technolog. Dsershinski-Inst.) FÖRSTER. 142

W. M. Nowakowski, *Über die Korrosion von Eisen in konzentrierter Schwefelsäure.* Aus der Gewichtskontrolle der Korrosion von Fe in H_2SO_4 von 70—98% ergab sich bei 60° schnell ein Maximum bei 83,5% H_2SO_4 u. bei 75% ein Minimum. Dies entspricht den Löslichkeitsisothermen von $FeSO_4$ im Syst. $FeSO_4$–H_2SO_4–H_2O nach BELOPOLSKI u. SCHPUNT (Журнал Прикладной Химии [J. angew. Chem.] **16.** [1941.] 716). Der parallele Kurvenverlauf der beiden Rkk. ist ein wichtiger Hinweis darauf, daß die „Passivität" des Eisens in H_2SO_4 im untersuchten Gebiet durch eine Schicht eines Nd. von $FeSO_4$ bedingt ist. Die Erhöhung der Eindringungsfähigkeit der H_2SO_4 in den Nd. wird mit dem Anwachsen der Löslichkeit des $FeSO_4$ erklärt, das mit einer weniger dichten Anordnung der Teilchen des Nd. u. mit einer Vergrößerung ihrer geometr. Abmessungen verbunden sein kann. (Журнал Прикладной Химии [J. angew. Chem.] **25.** 325—28. März 1952.) FÖRSTER. 143

Shinzo Okada und **Shiro Yoshizawa,** *Wasserstoffüberspannung.* 16. Mitt. *Kochsalzelektrolyse mit waagerechter rotierender Hg-Kathode.* (15. vgl. J. chem. Soc. Japan, ind. Chem. Sect. [Kōgyō Kagaku Zassi] **55.** [1952.] 6.) Durch eine halb in die fl. Hg-Kathode eingetauchte runde rotierende Fe-Scheibe (0,1% C; 6—8 cm Durchmesser) wurde bei wechselnden Umdrehungszahlen (10—100 pro Min.) u. Stromdichten die Kathodenoberfläche stets erneuert u. die Wrkg. durch Messung des entwickelten H_2 (neben Cl_2) beurteilt. Bei reiner NaCl-Lsg. (32 g/100 cm³; p_H 6,80) sind bei 6 (bzw. 8) cm Durchmesser, 15—20 A/dm² u. 90 (bzw. 60) Umdrehungen/Min. die Ergebnisse am besten. Bei Verunreinigung durch Ca^{2+} u. Mg^{2+} müssen die Umdrehungsgeschwindigkeiten auf über 100 erhöht werden. (J. chem. Soc. Japan, ind. Chem. Sect. [Kōgyō Kagaku Zassi] **55.** 55—57. Febr. 1952. [Orig.: japan.]) SCHULER. 143

A_4. Thermodynamik. Thermochemie.

Paul A. Giguère und **Pierre Geoffrion,** *Dichteänderungen von Wasserstoffperoxydlösungen beim Abkühlen und Gefrieren.* Das Dilatometer, mit dem die Volumänderungen der H_2O_2-Lsgg. bestimmt wurden, bestand aus einem 4—5 cm³ Glaskolben, der in einem eingehend beschriebenen Bad für Tempp. von 0 bis—60° mit Rührer u. Temperaturregler abgekühlt werden konnte. Wegen Zers. des H_2O_2 konnten nur ca. 30% der Unterss. ausgewertet werden. Lsgg. mit weniger als 45% H_2O_2 dehnen sich beim Einfrieren aus, während bei Lsgg. mit 65% das Gegenteil der Fall ist. Die Kurven für die Volumänderung in Abhängigkeit von der Temp. zeigen einen scharfen Knick. Die Vorgänge bei Unterkühlung werden erklärt. Die Zuss. der Lsgg. ändern sich beim Schmelzen infolge der Zers. des H_2O_2. Bei der Kristallisation treten Gasblasen auf. (Canad. J. Res., Sect. B **28.** 599—607. Okt. 1950. Québec, Laval Univ., Dep. of Chem.) MIETHING. 148

C. N. Yang und **T. D. Lee,** *Statistische Theorie der Zustandsgleichungen und Phasenübergänge.* 1. Mitt. *Theorie der Kondensation.* Während für die Gasphase die Ergebnisse von J. E. MAYER (1937/38) bestätigt werden, ergibt eine funktionentheoret. Betrachtung eine neue Zustandsgleichung auch für die kondensierte Phase. (Physic. Rev. [2] **87.** 404—09. 1/8. 1952. Princeton, N. J., Inst. for Advanced Study.) KIRSCHSTEIN. 149

T. D. Lee und **C. N. Yang,** *Statistische Theorie der Zustandsgleichungen und Phasenübergänge.* 2. Mitt. *Das Gittergas und das Ising-Modell.* (1. vgl. vorst. Ref.) Das ISING-Modell in einem Magnetfeld u. ein Gittergas sind mathemat. äquivalente Probleme. Für ein zweidimensionales Gittergas werden die Phasenübergangsbereiche im pV-Diagramm berechnet. Die l. c. benutzte Verteilungsfunktion hat unter sehr allg. Bedingungen Wurzeln, die innerhalb eines endlichen Kreises der komplexen Ebene liegen. (Physic. Rev. [2] **87.** 410—19. 1/8. 1952.) KIRSCHSTEIN. 149

B. R. A. Nijboer und **L. Van Hove,** *Radiale Verteilungsfunktion eines Gases aus harten Kugeln und die Superpositionsnäherung.* Ausführliche Darst. der C. **1953.** 178 referierten Arbeit. (Physic. Rev. [2] **85.** 777—83. 1/3. 1952. Utrecht, Univ., Inst. for theor. Phys.; Brüssel, Univ.) KIRSCHSTEIN. 149

H. G. Drickamer, E. W. Mellow und **L. H. Tung,** *Eine Modifizierung der Theorie über die Thermodiffusionssäule.* Vff. untersuchten das Verh. von *Ar–Ne*-Mischungen im Thermodiffusionsrohr im Druckbereich 4—108 at u. bei Tempp. zwischen 300 u. 330° K sowie das Verh. von CO_2–C_3H_8-Mischungen zwischen 0,3 u. 1,6 at bei Tempp. um 380° K. Mit Hilfe der therm. Leitfähigkeit wurden die aus der Säule abgezogenen Gasmischungen untersucht u. dabei festgestellt, daß die klass. Theorie von FURRY, JONES u. ONSAGER über die Thermodiffusion nicht zur Beschreibung der erhaltenen Versuchsergebnisse genügte. Vff. betrachten die Diffusion zwischen zwei senkrecht stehenden parallelen Platten verschied. Tempp. neben den bisher allg. benutzten Voraussetzungen u. erhalten Gleichungen, die den beobachteten Verhältnissen besser gerecht werden. Dabei wird abgeleitet u. durch Verss. bestätigt, daß trotz auftretender Turbulenz eine Trennung stattfinden kann u. daß die Turbulenz unter Umständen die Trennwrkg. noch verstärkt. Die gemessenen Werte für das Verhältnis der therm. Diffusion α lassen sich nicht restlos theoret. erklären. (J. chem. Physics **18.** 945—49. Juli 1950. Urbana, Ill., Univ. of Illinois, Dep. of Chem.) ROEDER. 149

N. C. Pierce, R. B. Duffield und **H. G. Drickamer,** *Die Thermodiffusion im kritischen Bereich.* 1. Mitt. Die Best. des Verhältnisses α (vgl. vorst. Arbeit) der Thermodiffusion im krit. Bereich gibt einen guten Einblick in den unterschiedlichen Mechanismus der Mol.-Bewegung im fl. u. gasförmigen Zustand. Vff. untersuchten in diesem Bereich das Verh. einer Mischung von *Äthan* mit 0,18 Mol-% *Xe*, der zum radioakt. Nachw. eine geringe Menge ^{133}Xe zugegeben war. C_2H_6 besitzt den krit. Druck 48,7 at u. die krit. Temp. 32,28°, Xe 58,2 at u. 16,6°. Die im Temperaturbereich 20—59° u. Druckbereich 4—52 at durchgeführten Verss. ergaben, daß bereits bei Drucken von 4 at u. bei 20° über der krit. Temp. die einfache kinet. Gastheorie die Thermodiffusion nicht beschreiben kann, da nach dieser α nicht vom Druck abhängen soll. Der von LENNARD-JONES prophezeite Vorzeichenwechsel für α wurde bei sehr viel niedrigeren Tempp., als zu erwarten war, gefunden. Die großen negativen Werte für α in der Nähe der krit. D., die der Anreicherung des Xe im oberen Bereich des Trennrohres entsprechen, deuten an, daß sich C_2H_6 in Trauben von großer Beständigkeit ansammelt. (J. chem. Physics **18.** 950—52. Juli 1950. Urbana, Ill., Univ. of Illinois, Dep. of Chem.) ROEDER. 149

I. Amdur, J. W. Irvine jr., E. A. Mason und **J. Ross,** *Diffusionskoeffizienten der Systeme CO_2–CO_2 und CO_2–N_2O.* Bei Tempp. zwischen —78° u. +90° wurden die Diffusionskoeffizienten der Systeme CO_2–CO_2 u. CO_2–N_2O unter Verwendung von radioakt. $^{14}CO_2$ als Indicator bestimmt. In dem auf J. LOSCHMIDT (1870) zurückgehenden App. wurde die Diffusion durch Messung der Abnahme der durch das radioakt. $^{14}CO_2$ hervorgerufenen Ionisationsströme verfolgt. Die mathemat. Analyse wurde für lange u. kurze Diffusionsdauer in allen Einzelheiten durchgeführt. Die gemessenen Werte stimmten gut mit den von verschied. Autoren nach anderen Methoden erhaltenen Ergebnissen überein. (J. chem. Physics **20.** 436—43. März 1952. Cambridge, Mass., Massachusetts Inst. of Technol., Dep. of Chem.) KLAFFKE. 149

B. S. Chandrasekhar, *Transportgeschwindigkeiten von Helium II auf Lucite- und Perspexoberflächen.* Berichtigung zu der C. **1952.** 7777 referierten Arbeit. (Physic. Rev. [2] **87.** 1144. 15/9. 1952.) KIRSCHSTEIN. 149

B. M. Cwilong, J. Lees und **F. D. Manchester,** *Kavitationseffekt in Helium II.* In einem Gefäß, das mit einem evakuierten Glasmantel umgeben u. mit Eisenammoniumalaunpulver gefüllt war, konnte sich so viel He kondensieren, daß der Flüssigkeitsspiegel etwas oberhalb des Pulvers stand. Wurde das Pulver von der Ausgangstemp. 1,2° K adiabat. entmagnetisiert, so hob sich der Flüssigkeitsspiegel um h mm (in einigen Fällen betrug h = 20), begann nach 1—2 Sek. zu fallen, stieg dann wieder u. so fort. Dieser Effekt war wesentlich geringer (h $\approx$ 1), wenn 6 cm über dem Pulver eine Glasmembran mit einer feinen Öffnung (100—300 μ) eingebaut war, u. verschwand völlig, wenn die Höhe der Membran über dem Pulver 3 cm betrug. Dann war nur eine wellenförmige Bewegung der Oberfläche des He zu beobachten. Das vom Pulver hochgedrückte He dürfte etwa der Gesamtmenge gleich sein, die sich in den Zwischenräumen zwischen den einzelnen Körnern befand. Vff. halten den beobachteten Effekt für einen Extremfall des Sprudeleffektes. Der auf den Körnern befindliche He-Film fließt bei Abkühlung des Pulvers nach oben; in kompakter Form über dem Pulver wärmt sich das He auf u. sinkt wieder herab, wo es sich abkühlt usw. Mit großen Kristallstücken wurde der Effekt nicht beobachtet. (Physic. Rev. [2] **88.** 138—39. 1/10. 1952. Vancouver, Brit. Columbia, Univ., Dep. of Phys.) KIRSCHSTEIN. 149

I. M. Chalatnikow, *Hydrodynamik der Lösungen von Fremdteilchen in Helium II.* Nach einer allg. Ableitung der hydrodynam. Gleichungen für reines He II wird der Einfl. eines gelösten Stoffes bei beliebiger Konz. auf diese Gleichungen bestimmt, der aber jedenfalls nicht an der superfluiden Strömung teilnimmt. (Журнал Экспериментальной и Теоретической Физики [J. exp. theoret. Physik] **23.** 169—81. Aug. 1952. Inst. für physikal. Probleme der Akad. der Wiss. der UdSSR.) KIRSCHSTEIN. 149

I. M. Chalatnikow, *Unstetigkeiten und Schall großer Amplitude in Helium II.* (Vgl. vorst. Ref. u. C. **1952.** 3777.) In He II breiten sich in 1. Näherung Druckunstetigkeiten (Stoßwellen) mit der Geschwindigkeit des n. Schalls, Temperaturunstetigkeiten (Sprünge) mit der des 2. Schalls aus. Zwischen 0,4 u. 0,9° K sowie oberhalb 2,0° K befindet sich die Temperaturunstetigkeit am hinteren Ende der Druckwelle. Befinden sich fremde Teilchen in He II gelöst, so sind für den ersten wie für den zweiten Schall v u. w von 0 verschieden ($v = 1/\varrho\ j$ u. $w = v_n - v_s$). (Журнал Экспериментальной и Теоретической Физики [J. exp. theoret. Physik] **23.** 253—64. Sept. 1952.) KIRSCHSTEIN. 149

I. M. Chalatnikow, *Schall in Lösungen von Fremdteilchen in Helium II und die dissipative Funktion der Lösungen.* (Vgl. vorst. Ref.) Aus den früher aufgestellten hydrodynam. Gleichungen konz. Lsgg. in He II (vgl. vorvorst. Ref.) werden die Geschwindigkeiten des 1. u. 2. Schalls abgeleitet. Es treten zwei neue kinet. Koeffizienten auf: der Diffusions- u. der Thermodiffusionskoeffizient. (Журнал Экспериментальной и Теоретической Физики [J. exp. theoret. Physik] **23.** 265—74. Sept. 1952.) KIRSCHSTEIN. 149

H. S. Sommers jr., *Dampfdrucke von ^3He–^4He-Mischungen unterhalb des λ-Punktes.* Nach eingehender Erörterung der bisher angewandten Methoden wird über Verss. an ^{3}He–^{4}He-Gemischen berichtet, in denen die ^{3}He-Konz. in der fl. Phase bis zu 13% u. in der Gasphase bis 80% betrug. Im Temperaturbereich von 1,30—2,18° K wurde der Dampfdruck als Funktion der Temp. u. der Zus. der Gas- bzw. Flüssigkeitsphase gemessen u. daraus die Verteilungsfunktion von ^{3}He u. die latente Verdampfungswärme bestimmt. Die in Tabellen u. Diagrammen wiedergegebenen Resultate wurden sorgfältig diskutiert. Keine der vorhandenen Theorien kann die beobachteten Werte hinreichend genau erklären. Vf. tendiert dazu, die klass. Theorie der Lsgg. nicht zu verwerfen. Er schließt auf ein merkliches Abstoßungspotential zwischen den beiden He-Isotopen. Daher müßte die Mischung bei konstanter Temp. mit Wärmeverbrauch u. die adiabat. Mischung mit Temperaturerniedrigung verbunden sein; eine Trennung in 2 fl. Phasen müßte bei etwa 0,7° K erfolgen. (Physic. Rev. [2] **88.** 113—27. 1/10. 1952. Los Alamos, N. Mex., Univ. of California, Los Alamos Sci. Labor.) KIRSCHSTEIN. 149

N. D. Erway und **O. C. Simpson,** *Der Dampfdruck des Americiums.* Vff. bestimmten den Dampfdruck P von Am nach der Meth. von KNUDSEN, bei der die zu untersuchende Substanz in einem mit einer kleinen Öffnung versehenen Ofen im Vakuum (10^{-6} mmHg) erhitzt wird. Die Menge des pro Zeiteinheit austretenden Dampfes ist eine Funktion der Ofentemp., der Größe der Öffnung, des Partialdruckes des Dampfes u. seines Mol.-Gewichtes. Da vom Am nur geringe Mengen zur Best. vorlagen, legierten Vff. Am mit Pu. Am enthielt zum radioakt. Nachw. das Isotop ^{241}Am, Pu das Isotop ^{238}Pu. Aus dem Ergebnis der α-Aktivitätsmessung wurde die aus der Ofenöffnung ausgeströmte Menge Am bestimmt. Aus 16 Verss., bei denen $5,53 \cdot 10^{-6}$ Mol Am aus dem Ofen entwichen, ergab sich für p die Beziehung $\log_{10} p_{mm} = 7,02 - (11300/T)$ für den Temperaturbereich 1450—1820° K. Die mol. Verdampfungswärme beträgt 51,7 kcal/Mol, Kp. 2460°; die mol. Entropie für die Verdampfung am n. Kp.: 18,9 cal/Grad·Mol. (J. chem. Physics **18.** 953—57. Juli 1950. Chicago, Ill., Argonne Nat. Labor.) ROEDER. 150

J. R. Arthur und **J. A. Bleach,** *Die Art und Weise der Energieabgabe bei der Kohleverbrennung.* Bei der Verbrennung erzeugen Brennstoffe große Mengen *CO*, die entweder nach der Rk. a) $C + \frac{1}{2}O_2 \rightarrow CO$ oder nach der Rk. b) $CO_2 + C \rightarrow 2CO$ entstehen. Über 1000° reagiert O_2 mit C hauptsächlich nach a). Sollte Rk. b) eine wichtige Rolle spielen, so muß vor b) die Rk. c) $CO + \frac{1}{2}O_2 \rightarrow CO_2$ ablaufen, wobei das nach c) entstandene CO_2 bes. akt. wegen einer ungleichmäßigen Energieverteilung auf die einzelnen Freiheitsgrade zu sein scheint; hierdurch ist auch wahrscheinlich das Auftreten eines blauen Scheines bzw. einer blauen Corona (BC) beim Verbrennungsprozeß bedingt. Vff. untersuchten die Verhältnisse näher, indem sie *Holzkohle* (I) oder *Graphit* (II) zwischen 800 u. 1000° bei Drucken von 2—76 cmHg in abgeschlossenen

Quarzgefäßen verbrannten u. mit Hilfe von CO-Gläsern das Auftreten der BC in Abhängigkeit vom jeweiligen Druck (Messung mit Hg-Manometer), Temp., (Messung mit Thermoelementen) u. Zufuhr der Verbrennungsluft feststellten. Die Reaktionsprodd. wurden analysiert. Wird die Luft schneller als mit einer bestimmten krit. Geschwindigkeit zugeführt, so tritt die BC auf, ohne daß eine Änderung im Verhältnis der Reaktionsprodd. festgestellt werden konnte. Wird zu I oder II *$CuCl_2$* oder *Na_2CO_3* zugesetzt, so verstärkt sich die BC, nicht aber bei Zusatz von NaCl oder $CuSO_4$, d. h. die Verstärkung der BC ist nicht auf Cu oder Cl allein zurückzuführen. Phosphoroxychlorid, das als Inhibitor auf die Rk. c) wirkt, unterdrückt die BC völlig. Zusatz von Wasserdampf zur Verbrennungsluft löscht die BC völlig aus, u. zwar ist für I 20—130mal mehr Wasserdampf nötig als für II. Das Verhältnis $V = CO/CO_2$ ist ohne Einfl. auf die BC. V wird größer, je kleiner der Druck wird. Da die BC mit der sek. Oxydation des CO zusammenhängt, gibt das Auftreten der BC darüber Auskunft, ob die Reaktionsenergie gleichmäßig verteilt ist. Luftgeschwindigkeit u. -druck sind für die vollständige Verbrennung des CO entscheidend. (Ind. Engng. Chem. **44**. 1028—34. Mai 1952. Leatherhead, Surrey, Brit. Coal Util. Res. Ass.) ROEDER. 157

L. F. Daws und **M. W. Thring**, *Die Wirkung der wichtigsten Variablen auf die „Pseudoemissionsfaktoren" der Flamme.* Um zu Ergebnissen bei den Strahlungsmessungen von Flammen explosibler Gemische oder prakt. brauchbarer Brennstoffe zu kommen, nahmen Vff. bestimmte Vereinfachungen vor, um nach 2 verschied. Methoden den relativen Emissionsfaktor (den Vff. den „Pseudofaktor" der Emission nennen, da er wegen der Vereinfachungen etwas zu hoch ausfällt) u. die Tempp. in bestimmten Entfernungen von Brennern pyrometr. zu messen. Bei *Teer* ist der Pseudofaktor höher als z. B. bei *Öl*. Tempp. u. Pseudofaktor werden in ihrer Abhängigkeit vom Brennstoffangebot, vom Zerstäubungsgrad fl. Brennstoffe u. von der Art des Brennstoffs gemessen. (Chaleur et Ind. **33**. 387—92. Nov. 1952. Brit. Iron and Steel Res. Ass., Phys. Dep.) ROEDER. 157

Eugen Sänger, Irene Bredt und **Paul Goercke,** *Ionisierung und Luminescenz in Flammen.* Inhaltlich ident. mit der C. **1953**. 2395 referierten Arbeit. (Z. angew. Math. Physik [Basel] **1**. 209—11. 15/5. 1950. Paris.) RUDOLPH. 157

S. Parthasarathy, S. S. Chari und **D. Srinivasan,** *Die Äquivalenz von Schall- und Wärmeenergie.* Durch genaue Messung der Schallgeschwindigkeit, Schallabsorption u. der erzeugten Wärmemenge konnte festgestellt werden, daß die gesamte Schallenergie in Wärme umgewandelt wird. Untersucht wurden folgende organ. Fll. mit einer Ultraschallfrequenz von 4 MHz: *m-Xylol, Pyridin, Isoamylalkohol, Chlorbenzol, Isopropylalkohol, Toluol, Nitrobenzol, n-Butylalkohol* u. *Cyclohexanol.* Das mechan. Wärmeäquivalent ergab den Wert $4{,}19 \cdot 10^7$ erg/cal. (J. acoust. Soc. America **25**. 335—36. März 1953. New Delhi, Nat. Physic. Labor. of India.) HAGEMANN. 159

Robert T. Beyer, *Akustische Relaxation in einem van der Waals-Gas.* Die Schallgeschwindigkeit u. der Absorptionskoeff. pro Wellenlänge sowie der maximale Absorptionskoeff. werden für ein VAN DER WAALS-Gas abgeleitet. Die Korrekturen gegenüber dem idealen Gas sind sehr gering, wie ein Vgl. der Rechnungen für *CO_2*, *SO_2*, *COS*, *CS_2* u. *N_2O* zeigt. (J. acoust. Soc. America **24**. 714—15. Nov. 1952. Providence, R. I., Brown Univ., Dep. of Phys.) FALKENHAGEN. 159

Robert A. Boyer, *Translationsdispersion in einatomigen Gasen.* Für die einatomigen Gase *Ar* u. *He* werden berechnete u. gemessene Schallgeschwindigkeiten im Druckbereich zwischen Normaldruck u. 2 mmHg bei 0° u. 970 kHz verglichen. Den berechneten Werten liegt einmal die kinet. Gastheorie u. zum anderen die Kontinuumtheorie mit den NAVIER-STOKESschen Gleichungen zugrunde. Letztere erweist sich in diesem Fall als unzulänglich. Bei 2 mmHg sind die Geschwindigkeiten in Ar um 27% u. in He um 0,6% höher als bei Normaldruck. (J. acoust. Soc. America **24**. 716—17. Nov. 1952. Allentown, Pa., Muhlenberg Coll.) FALKENHAGEN. 159

J. G. Parker, C. E. Adams und **R. M. Stavseth,** *Schallabsorption in Argon, Stickstoff und Sauerstoff bei niedrigen Drucken.* Im Bereich von 60—70 kHz wurde die Absorption von Ar, N_2 u. O_2 bei Drucken von 1—10 mmHg gemessen. Als Schallsender diente ein Rochellesalzkristall. Es werden folgende Werte angegeben $(p\alpha/f^2) \cdot 10^7$ CGS-Einheiten): Ar 1,86, N_2 1,64 u. O_2 1,92. Die Temp. betrug 20°. Der für Ar erhaltene Absorptionswert stimmte mit dem aus der Theorie abgeleiteten gut überein, während die Werte für N_2 u. O_2 um ca. 20% höher lagen als die theoretischen. Die Abweichungen können mit der Rotationsrelaxation nicht völlig erklärt werden. (J. acoust. Soc. America **25**. 263—69. März 1953. Providence, R. I., Dep. of Physics., Brown Univ.) HAGEMANN. 159

L. H. Hall, *Schallabsorption infolge Ionenrelaxation.* Vf. deutet das bei niedrigen Frequenzen in verd. *$MgSO_4$*-Lsgg. auftretende Schallabsorptionsmaximum als Relaxationseffekt der durch den Schalldruck gestörten Ionenkonfiguration. Zur Berechnung des Effektes benutzt er nicht die bekannte DEBYE-HÜCKEL- bzw. ONSAGER-Theorie, sondern eine Näherung, wobei der Druckkoeff. aus der freien Energie der Lsg. berechnet wird. Das Ergebnis der Rechnung liefert für eine 0,001 mol. $MgSO_4$-Lsg. einen maximalen Absorptionskoeff. von $20 \cdot 10^{-9}$ bei einer Frequenz von 21 MHz u. für eine 0,01 mol. Lsg. einen Absorptionskoeff. von $660 \cdot 10^{-9}$ bei 143 MHz. Da die bisher bei niedrigeren Frequenzen gemessenen maximalen Absorptionskoeffizienten wesentlich größer sind, sind sie nach Vf. nicht auf Ionenrelaxation, sondern auf Ionenassoziation oder Hydratation zurückzuführen. (J. acoust. Soc. America **24**. 704—08. Nov. 1952. Santa Barbara, Calif., Univ. of California, Santa Barbara Coll.) FALKENHAGEN. 159

Frank L. McNamara und **Robert T. Beyer**, *Eine Variation der Schalldruckmeßmethode zur Bestimmung der Schallabsorption von Flüssigkeiten.* Zur Messung der geringen Schalldruckkräfte, die von einem Ultraschallstrahl in Fll. erzeugt werden, benutzen Vff. ein sehr empfindliches Kondensatormikrophon, dessen Konstruktion beschrieben wird. Der Ultraschall wird hierbei mit Niederfrequenz 100%ig moduliert. Zur Prüfung der Eignung des Verf. u. seiner Empfindlichkeit wurde die Absorption von reinem W. gemessen. Der erhaltene Wert von $50{,}4 \cdot 10^{-17}$ cm^{-1} sec^2 für $2\alpha/\nu^2$ stimmt sehr gut mit dem bekannten Wert überein. — Die leichte Handhabung wird hervorgehoben. (J. acoust. Soc. America **25**. 259—62. März 1953. Providence, R. I., Brown Univ., Dep. of Phys.) HAGEMANN. 159

Jack Noury, *Untersuchung der Geschwindigkeit des Ultraschalls in Flüssigkeiten in Nachbarschaft des kritischen Punktes.* Mit Hilfe der Meth. der Lichtbeugung werden Schallgeschwindigkeiten von *N_2O* u. *CO_2* in der Nähe des krit. Punktes gemessen. Die verwandte Frequenz betrug ungefähr 950 kHz. Aus den aufgenommenen Kurven der Abhängigkeit der Schallgeschwindigkeit vom Druck, wobei die Temp. als Parameter verwandt ist, ergibt sich, daß sowohl für N_2O als auch für CO_2 die Schallgeschwindigkeit als Funktion des Druckes zunächst parabelförmig abnimmt, um dann jenseits des krit. Druckes viel stärker parabelförmig anzusteigen. Die Meßtempp. lagen im Intervall von 30—37° u. die Drucke zwischen 60 u. 140 at. (C. R. hebd. Séances Acad. Sci. **233**. 516—18. 13/8. 1951.) FALKENHAGEN. 159

F. L. McNamara und **T. F. Rogers**, *Sichtbarmachen eines Ultraschallstrahles in einem durchsichtigen festen Körper.* Vff. benutzen eine Platte aus geschmolzenem *Quarz* u. durchstrahlen diese mit einem Ultraschallstrahl (10 MHz). Senkrecht zum Schallstrahl wird ein polarisierter Lichtstrahl durch die gleiche Platte geworfen. Durch die in der Quarzplatte durch den Ultraschall erzeugten Druckdifferenzen tritt eine Doppelbrechung bzw. Depolarisation ein, die durch einen Analysator sichtbar gemacht werden kann. (J. acoust. Soc. America **25**. 338—39. März 1953. Cambridge, Mass., Inst. of Technol., Lincoln Labor.) HAGEMANN. 159

Oskar Mattiat, *Ultraschallsender.* Es werden kurz die Möglichkeiten u. Arten von Ultraschallerzeugern behandelt. Es werden dann bes. die verschied. elektromagnet. Sender angeführt. Eng verwandt mit den piezoelektr. Sendern sind die neuerdings gefundenen keram. Sender aus *Bariumtitanat.* Die Sender werden bei einer Temp. über 120° in einem starken elektr. Feld formiert. Der Unterschied gegenüber Quarzsendern ist ihre niedrige Impedanz. Die Verluste sind dagegen höher als bei Quarzsendern. Ein großer Vorteil der neuen Ultraschallsender besteht darin, daß man ihnen beliebige Formen geben kann; durch sphär. Formen lassen sich z. B. die Schallstrahlen fokussieren. Von besonderer Bedeutung ist die Möglichkeit, die Sender in Röhrenform zu bauen, wodurch sich Fll. im Durchlauf kontinuierlich mit Ultraschall behandeln lassen. (J. acoust. Soc. America **25**. 291—96. März 1953. Cleveland, O., Clevite-Brush Developm. Comp.) HAGEMANN. 159

Leon Camp, *Breitband-Bariumtitanat-Ultraschallsender mit Richtwirkung.* Bariumtitanatsender sind bes. geeignet für Unterwasserschallanlagen. Um von Temperatureinflüssen unabhängig zu sein, ist dabei eine Frequenzbandbreite von ca. 2% zu beiden Seiten der Resonanzfrequenz erwünscht. Als beste Ausführung hat sich eine bienenwabenartige Anordnung von 4—14 dünnwandigen, einseitig offenen Röhrchen ergeben, die jeweils in radialer Richtung zum Schwingen angeregt werden. Die Richtwirkungsdiagramme der einzelnen Anordnungen werden mitgeteilt. Jede einzelne Röhre kommt in der Wrkg. 10—15 Kristallsendern gleich. (J. acoust. Soc. America **25**. 297—301. März 1953. North Hollywood, Calif., Bendix Aviation Corp.) HAGEMANN. 159

Joseph A. Bronzo und **John Maxwell Anderson**, *Die Wirksamkeit plastischer Fokussierungslinsen mit Ultraschallstrahlung hoher Intensität.* Plankonkave *Plexiglas-*

u. *Polystyrol*-Linsen werden zur Ultraschallfokussierung bei 1 MHz u. bei Intensitäten bis zu 6,6 W/cm² untersucht. Die Plexiglaslinsen lassen bei Intensitäten über 1,9 W/cm² immer weniger Ultraschall hindurch (Beschallungsdauer jeweils 2 Min.) u. weisen immer Zerstörungen auf (Blasenbldg.), die wahrscheinlich auf große Wärmeabsorption zurückzuführen sind, während die Intensität bei Polystyrollinsen immer gleich bleibt u. keine Zerstörungen auftreten. Zur Intensitätsmessung wurde ein Thermoelement verwendet. Zwischen der Thermospannung u. der akust. Intensität besteht lineare Abhängigkeit bis zu 15 W/cm², sobald sich therm. Gleichgewicht eingestellt hat. (J. acoust. Soc. America **24**. 718—20. Nov. 1952. Providence, R. I., Brown Univ., Metals Res. Labor. u. Dep. of Biol.) FALKENHAGEN. 159

A_5. Grenzschichtforschung. Kolloidchemie.

S. Ja. Beresstnewa, T. A. Koretzkaja und **W. A. Kargin,** *Über den Bildungsmechanismus von Kolloidteilchen eines Goldsoles.* (Vgl. C. **1952.** 4414.) Mit Hilfe des Mikroskops u. des Elektronographen wurde die Kolloidbldg. in Au-Sol untersucht, das aus $AuCl_3$ durch Red. mit P oder nach dem Keimverf. gewonnen wurde. Es zeigte sich, daß das frisch hergestellte Au-Sol aus amorphen Teilchen besteht, die mit fortschreitendem Altern krist. werden. Die Kristallisationsgeschwindigkeit richtet sich nach der Geschwindigkeit, mit der die Teilchen geordnet werden, u. nach der Menge der gebildeten geordneten Bereiche. In dem nach der Keimmeth. gewonnenen Au-Sol findet neben dem Wachstum der Keimkristalle die Bldg. großer ovaler Teilchen statt, die dann in eine Vielzahl kleiner krist. Teilchen zerfallen. (Коллоидный Журнал [Kolloid-J.] **14.** 395—98. Nov./Dez. 1952. Wiss. Physik.-chem. Karpow-Forschungsinst.) LEBTAG. 161

Arvind Mohan Srivastava, *Anwendung von Ultraschallwellen zur Untersuchung der Weimarngele.* Mit Hilfe eines pulsierenden Ultraschallgenerators wurden die Elastizitätskonstanten von *$SrSO_4$, Sr-Phosphat, $SrCO_3$, $BaSO_4$* u. *$CaSO_4$* bei verschied. Frequenz u. verschied. Temp. durch Best. des Winkels der Totalreflexion der Ultraschallwelle ermittelt. Bei hoher Temp. war die Geschwindigkeitsabnahme der Ultraschallausbreitung nicht so stark wie bei tiefer Temperatur. Die aus der Formel berechneten Werte für den Modul der Volumkontraktion von $SrCO_3$ zeigten gute Übereinstimmung mit den experimentellen Werten. In den Ergebnissen wird ein Beweis für die Richtigkeit der Theorie des Vf. (C. **1951.** II. 2702) über die Elastizität der Gele gesehen. (Коллоидный Журнал [Kolloid-J.] **14.** 462—66. Nov./Dez. 1953. Allahabad, Univ., Lehrstuhl für Physik.) LEBTAG. 162

A. K. M. Trivedi und **M. J. Patani,** *Hydratation von kolloidem Arsensulfid.* Durch FREUNDLICH (Kolloidchem. Beih. **16.** [1922.] 267) u. DUMANSKI (Kolloid-Z. **13.** [1913.] 222) war bekannt, daß As_2S_3-Sole hydratisiert sind. Um quantitative Aussagen über diese Hydratation zu machen, untersuchten Vff. konz. As_2S_3-Sole, die sie nach Zusatz von verd. NaCl-Lsg. u. 1 g $Al_2(SO_4)_3$ auf 100 ml Sol einmal bei Zimmertemp. u. einmal bei 0° koagulieren ließen. Aus Cl^-- u. As-Best. in Koagulat u. überstehender Lsg. ergab sich, daß das Koagulat prakt. kein absorbiertes Cl^- enthält. Aus den analyt. Werten berechneten Vff. die D. des hydratisierten Koagulats nach der Gleichung $D = C \cdot A/1000\,(C - C_0)$ zu ca. 1,73 statt 3,1 für wasserfreies As_2S_3, woraus sich ein H_2O-Geh. von 0,8 g H_2O/1 ml As_2S_3 ergab. Trotz der Hydratation war das durch Ausfrieren erhaltene Koagulat irreversibel. Vff. schließen, daß nicht nur Hydratation, sondern auch Festhalten der stabilisierenden Ionen für ein reversibles Koagulat erforderlich ist. (J. Indian chem. Soc. **29.** 747—50. Okt. 1952. Ahmedabad, Arts Coll. and Sci. Inst., Chem. Dep.) PLUSKAL. 164

F. P. Bowden, *Reibung.* Ausführliche Darst. der C. **1952.** 6657 referierten Arbeit. (Proc. Roy. Instn. Great Britain **34.** 634—46. 1950. Cambridge.) GERHARD GÜNTHER. 166

B. W. Derjagin, M. K. Melnikowa und **W. I. Krylowa,** *Über die effektive Größe des Auffließwinkels bei der Durchtränkung von porösen Körpern und die Methode zu ihrer Beurteilung.* Durch Unters. des Benetzungsrandwinkels von *W., CCl_4, A.* u. *Petroleum* bei der capillaren Tränkung von *Quarzsand*, lehmarmem u. lehmreichem *Podsolboden* u. Tschernosem wird gezeigt, daß hierbei Abweichungen von der Theorie der capillaren Tränkung eintreten, die durch die Änderung des Randwinkels beim Einfließen gegenüber dem Wert bei stat. Zustand oder beim Auffließen auf eine glatte Oberfläche erklärbar ist. Es wird eine Formel für eine rasche Best. der spezif. Oberfläche u. des Filtrationskoeff. aus der capillaren Durchtränkungsgeschwindigkeit von porösen Körpern u. Pulvern abgeleitet. (Коллоидный Журнал [Kolloid-J.] **14.** 423—27. Nov./Dez. 1952. Leningrad, Agrophysikal. Inst.) LEBTAG. 166

Carl Benedicks, *Verfahren zur Bestimmung der Oberflächenspannung fester Stoffe.* Das vorgeschlagene Verf. zur näherungsweisen Best. der Oberflächenspannung fester Körper beruht auf dem sogenannten negativen Benetzungseffekt. Trägt man die Bruchfestigkeit eines festen Körpers bei Benetzung mit einer Fl. graph. auf, so ist diese der Oberflächenspannung proportional, u. der Schnittpunkt der Geraden mit der Abszissenachse ergibt die Oberflächenspannung γ_s des festen Stoffes. Nach diesem Verf. wird γ_s für *Rohrzucker* zu 87 dyn/cm u. für abgeschreckten *Stahl* zu 228 dyn/cm gefunden, was mit den nach anderen Verff. erhaltenen Werten für amorphe Körper größenordnungsmäßig übereinstimmt. Die Oberflächenspannung starrer Körper verläuft ferner mit ihrer Härte symbat, wobei für höhere Werte die Härte steiler als γ_s ansteigt. (C. R. hebd. Séances Acad. Sci. **233.** 409—10. 30/7. 1951.) HENTSCHEL. 166

B. Ja. Teitelbaum und **Je. Je. Ssidorowa,** *Untersuchung der Oberflächenschicht flüssiger Systeme.* 6. Mitt. *Über die Stabilität von elementarem Schaum.* (5. vgl. C. **1953.** 4980.) Für die Best. der Stabilität von elementarem Schaum in *Nitrobenzol* (**I**)–*n-Octan* (**II**) u. **I**–*Cyclohexan* (**III**) wurde ein Gerät angewandt, das den Zutritt von Außenluft sicher verhindert, die Sättigung des Raumes über der Lsg. mit deren Dämpfen sichert u. die Anwendung sehr geringer Mengen Lsg. ermöglicht. Die Stabilität des Schaumes war abhängig vom Sättigungsgrad über der Lsg., der Temp. u. dem Druck. Es zeigten sich ähnliche Gesetzmäßigkeiten wie beim Makroschaum. Die Stabilitätsisothermen von **I–II** bei 21, 25, 30, 40 u. 50° ergaben in allen Fällen ein Maximum bei 40% **II.** Im Vgl. zum Makroschaum ist das Maximum hier nach der geringeren **II**-Konz. verschoben. Die Stabilitätskurven von **I–III** besitzen ein Maximum bei ca. 50% **III.** Auch hier ist die Kurve im Vgl. zum Makroschaum nach der geringeren **III**-Konz. verschoben. Die Ergebnisse werden auf Grund der Vorstellungen erklärt, wonach die Schaumbldg. in fl. Systemen durch die Oberflächenentmischung verursacht wird. (Коллоидный Журнал [Kolloid-J.] **14.** 372—75. Sept./Okt. 1952. Kasan, Chem. Arbusow-Inst. der Zweigstelle der Akad. der Wiss. der UdSSR.) LEBTAG. 166

Félix Ehrenhaft und **Ernst Reeger,** *Über die Photophorese im Hochvakuum.* Das zur Ausführung der Photophoresverss. mit intensivem Sonnenlicht benutzte Hochvakuumgerät wird beschrieben, u. es werden einige charakterist. Mikroaufnahmen der Teilchenbahnen mitgeteilt, aus denen positive u. negative Photophores sowie eine Rotation der (*Graphit*-)Teilchen erkennbar ist. (C. R. hebd. Séances Acad. Sci. **233.** 385—87. 30/7. 1951.) HENTSCHEL. 169

Ja. A. Epstein, *Wechselseitige Beeinflussung diffundierender Ionen.* Die Diffusionsgeschwindigkeit 0,1 n Lsgg. von *HCl*, *Trichloressig-*, *Malon-*, *Citronen-* u. *Pikrinsäure* wurde in 3%ig. Agar, hergestellt mit W., *NaCl* (**I**) oder *KCl* (**II**), bei der Diffusion aus der reinen Lsg. oder in Ggw. von **I** oder **II** untersucht (Wanderung von Bromphenolblau). Durch Zusatz von **I** oder **II** wurde die H^+-Wanderung beschleunigt. Diese Wrkg. fehlt, wenn die Säure das gleichnamige Salz wie die Salzlsg. enthält. Wenn Säure u. Salz in gleicher Richtung wandern, sind die langsameren Kationen wirksamer. Diffundiert die Säure in die Salzlsg., so zeigen die rascheren Kationen eine stärkere Wirkung. Die Diffusionsgeschwindigkeit von HCl ist größer als bei organ. Säuren. Ggw. von **II** wirkt stärker beschleunigend als die von **I.** Die stärkere Wrkg. des rascheren Kations bei der Gegenstromdiffusion im Vgl. zu den langsameren Kationen wurde erstmalig festgestellt. Die verschied. beschleunigende Wrkg. der Anionen hängt mit der Verschiedenheit der Diffusionspotentiale zusammen. (Коллоидный Журнал [Kolloid-J.] **14.** 383—89. Sept./Okt. 1952. Inst. für exp. Med. der Akad. der Med. Wiss. der UdSSR.) LEBTAG. 171

Conway Pierce, *Berechnung von Porengrößen auf Grund physikalischer Adsorptionswerte.* Zur Berechnung der Porengrößenverteilung aus der Desorptionsisothermen für N_2 wird ein neues vereinfachtes Verf., das auf der Gleichung für den KELVINschen Radius beruht, angegeben. Es werden die Anwendungen für verschied. Adsorbentien (*Poröses Glas*; *Silica-Aerogel* u. einige Katalysatoren) mit einer krit. Betrachtung über den Geltungsbereich besprochen, dabei stimmen die Ergebnisse für Porenradien über 20—25 Å untereinander sowie mit anderen Auswertungsverff. gut überein, während für Poren $<$25 Å die berechneten Radien mit abnehmender Größe immer unzuverlässiger werden. Das Problem der Adsorptionshysterese wird erörtert. (J. physic. Chem. **57.** 149—52. Febr. 1953. Claremont, Calif., Pomona Coll.) HENTSCHEL. 176

R. M. Dell, F. S. Stone und **P. F. Tiley,** *Die Adsorption von Sauerstoff und anderen Gasen an Kupfer.* Mit Hilfe eines früher beschriebenen adiabat. Calorimeters werden die Adsorptionswärmen für an Cu-Pulver adsorbierten O_2 bis zur Sättigung bestimmt. Dabei konnte bestätigt werden, daß eine Oxydation schon bei 20° einsetzt, u. die auf diesem Wege erhaltenen Ergebnisse stimmen mit den von RHODIN auf gravimetr.

Wege erhaltenen überein. Die ersten Anteile O_2 werden jedoch mit einer Wärmetönung adsorbiert, die um 30 kcal höher als die Oxydationswärme von Cu zu Cu_2O ist, u. wahrscheinlich entspricht dieser Zustand nur einer teilweisen Bldg. einer monomol. Adsorptionsschicht. Auch die Zers. von *N_2O* durch Cu wurde calorimetr. untersucht, wobei nur derjenige Teil der Oberfläche N_2O zu spalten vermag, der O_2 mit der erhöhten Wärmetönung adsorbierte. Weitere Messungen der Adsorption von *CO* an Cu ergeben enge Übereinstimmung zwischen dem Anteil an gespaltenem N_2O u. dem adsorbierten Anteil an CO. Bei der Unters. des Einfl. einer Wärmevorbehandlung ergibt sich, daß man nur dann eine reproduzierbare spezif. Oberfläche erhält, wenn man eine Erwärmung des Cu über 200° vermeidet. Wird dagegen durch Sintern bei 320° die spezif. Oberfläche um 35% verkleinert, so nimmt der Anteil der für N_2O-Spaltung u. CO-Adsorption zur Verfügung stehenden akt. Stellen um 60% ab. Die Ergebnisse werden im Hinblick auf die Unterss. von RUSSELL über die Vergiftung von Cu-Katalysatoren sowie bzgl. des Nachw. der heterogenen Beschaffenheit metall. Oberflächen erörtert. (Trans. Faraday Soc. **49.** 195—201. Febr. 1953. Bristol, Univ.) HENTSCHEL. 176

T. N. Rhodin, *Physikalische Adsorption an Zinkeinkristallflächen.* Mit Hilfe einer Quarzmikrowaage mit einer Empfindlichkeit von $\pm 0{,}2 \cdot 10^{-7}$ g wird die Adsorption u. Desorption von *Ne* u. *Ar* bei 78,1°, 83,5 u. 89,2° K an Blättchen von sehr reinem Zn, bei denen prakt. nur die 1 0 1 1-Fläche für die Adsorption in Betracht kommt, untersucht. Zum Vgl. wurden auch Kristallflächen von *Cu* herangezogen, wobei besonderer Wert auf eine homogene Kristalloberfläche u. Ausschluß jeglicher Verunreinigungen vor der Berührung mit dem Prüfgas gelegt wurde. Die spezif. Oberfläche wurde nach dem Verf. von BRUNAUER, EMMETT u. TELLER, die differentiale Adsorptionswärme nach JOYNER u. EMMETT berechnet. Bei den Adsorptionsisothermen treten S-förmige Kurven, wie sie dem Typ II nach BRUNAUER, EMMETT u. TELLER, entsprechen, auf, ohne daß sich innerhalb der experimentellen Fehlerbreite Anzeichen für eine stufenweise Adsorption zeigten. Die Adsorptionswärme ändert sich eindeutig mit der Besetzungsdichte, Güte u. Art der Kristallfläche sowie der Natur des adsorbierten Gases. Obwohl Unterschiede in der Adsorptionswärme in Abhängigkeit von der Oberflächenbedeckung bei den Systemen Kristallfläche–Gas festgestellt wurden, trat ein deutliches Maximum in jedem Fall einer Einkristallfläche in der Nähe monomol. Bedeckung auf. (J. physic. Chem. **57.** 143—48. Febr. 1953. Chicago, Ill., Univ.) HENTSCHEL. 176

G. D. L. Schreiner und **C. Kemball**, *Die Adsorption von Dämpfen an Metalloxyden.* 1. Mitt. *Die spezifischen Oberflächen der Adsorbentien.* Zur Best. der spezif. Oberfläche oxyd. Adsorbentien, nämlich *NiO* (aus $NiCO_3$), *CuO* [aus $Cu(NO_3)_2$], *ZnO* u. *MgO*, werden die Adsorptionsisothermen für CCl_4, n-C_7H_{16}, $C_6H_5 \cdot CH_3$, n-C_4H_{10}, C_6H_6 u. n-C_3H_7Cl aufgenommen. Die Berechnung der Oberfläche erfolgt nach dem Verf. von BRUNAUER, EMMETT u. TELLER (B. E. T.) sowie nach HARKINS u. JURA (H.-J.) u. HÜTTIG (H). Die Berechnung nach H.-J. ist auf die Werte für MgO nicht anwendbar, während sich für die übrigen Oxyde die Konstante k als von der Natur des Adsorbens nicht unabhängig erwies. Dagegen befindet sich die Gleichung von H. über ein weites Gebiet von P/P_0-Werten mit den experimentellen Werten in besserer Übereinstimmung als die B. T. E.-Gleichung u. liefert stets höhere Werte für die spezif. Oberfläche. Besitzt die B. E. T.-Konstante c einen hohen Wert, so ist die Abweichung nach beiden Berechnungsarten gering; sie beträgt dagegen für $c < 30$ bis zu 40%. Sowohl die B. E.T.- wie die H.-Meth. sind derjenigen nach H.-J. überlegen, da sie untereinander besser übereinstimmende Werte ergeben. Als zuverlässigste scheint sich die Auswertung nach H. zu bewähren, da sie über den größten Bereich der P/P_0-Werte anwendbar ist. (Trans. Faraday Soc. **49.** 190—94. Febr. 1953. Cambridge, Univ.) HENTSCHEL. 176

B. P. Bering, W. P. Drewing, A. W. Kisselew, W. W. Sserpinski, M. D. Ssurowa und **K. D. Schtscherbakowa**, *Adsorptionseigenschaften von Montmorillonittonen.* Nach vorherigem Kationenaustausch oder ohne diesen wurde durch Best. der Benetzungswärme, der Adsorption von Säuren u. Alkoholen in CCl_4-Lsg. u. der Adsorption sowie Desorption der Dämpfe von *Methylalkohol* (I), *W.*, *Methylbutan* (II) u. *n-Octan* das Adsorptionsvermögen von *Bentonit* (III) bei verschied. Temp. untersucht. Oberhalb 250° nahm das Adsorptionsvermögen von **III** rasch ab. Die Sorptionsisothermen der KW-stoffe weisen nach dem ersten reversiblen Teil eine scharfe reproduzierbare Hysterese, verursacht durch die Capillarkondensation in den Poren von **III**, auf. Die wirksame Oberfläche von **I** beträgt 50 m^2/g. Die **I**-Struktur wird bei der Adsorption von **II** u. Octan nicht verändert. Die Sorption von **I** unterscheidet sich hiervon durch den viel größeren Wert u. den späteren Eintritt des Gleichgewichtes. Dasselbe gilt für die Sorption der Wasserdämpfe. (**Коллоидный Журнал** [Kolloid-J.] **14.** 399—407. Nov./Dez. 1952. Moskau, Lomonossow-Univ.) LEBTAG. 176

Je. K. Wenstrem, *Adsorbierende Substanzen als Härteerniedriger fester spröder Körper.* Untersucht wurde der Einfl. von $ThCl_4$, $AlCl_3$, $FeCl_3$, $NaCl$, $LiCl$, $MgCl_2$, $NaOH$, Na_2CO_3, NaF, $Ca(OH)_2$, Na_2SiO_3, *Alkoholen, Phenolen, Zucker, Naphthen-* u. *Kolophoniumseife, Netzmitteln DB, OP-10* u. *OP-25* (alkylierte Phenolderivv. von Polyäthylenoxyden) auf die Dispergierbarkeit von *Quarziten, Kalksteinen, Pyrit, Martit, Pyroxenit* u. *Orthoklas.* Für die weitaus meisten Elektrolyte zeigten die Härteerniedrigungskurven ein ausgeprägtes Maximum, das für die verschied. Elektrolyte u. Mineralien innerhalb einer Konzentrationsgrenze (bis 0,05 gÄquivalent/Liter) lag. Für die Nichtelektrolyte u. koll. Elektrolyte ergaben sich Isothermen ohne Maximum, entsprechend den Adsorptionskurven. Der maximale Effekt wurde bei Sättigung der Adsorptionsschichten erreicht. Am wirksamsten waren die Seifen, bes. bei p_H 10—11. Beim Vorliegen gemeinsamer Ionen in den Moll. des Härteminderers u. im Gitter des festen Stoffes fand eine Adsorptions-Rk. vom Typ der isomorphen Substitution u. der Austauschadsorption statt, wodurch die Härteminderung intensiviert u. die Form der Kurve Härteabnahme–Konz. verändert wurde. In der ausführlichen theoret. Deutung der Vorgänge wird die Rolle der chem. Adsorption zwischen adsorbierten Moll. des Härteminderers u. der Oberfläche des festen Körpers bes. beleuchtet. (**Коллоидный Журнал** [Kolloid-J.] **14.** 297—306. Sept./Okt. 1952. Inst. für physikal. Chem. der Akad. der Wiss. der UdSSR.) Lebtag. 176

Marthe Cassel, *Das Donnangleichgewicht und die Ionenverteilung zwischen Elektrolytlösungen und sulfonierten Harzen.* Das für geringe Konzz. gültige Donnansche Gesetz, welches besagt, daß die Aktivitäten von Elektrolyten in 2 Phasen ganz allg. die gleichen sind, wird hier beim Ionenaustausch zwischen Harzen mit akt. Sulfogruppen u. Alkalichloridlsgg. bestätigt gefunden. Für größere Konzz. tritt an Stelle des obigen Gesetzes eine modifizierte Freundlichsche Gleichung, u. zwar die von Rothmund-Kornfeld für Ionenaustauscher. (C. R. hebd. Séances Acad. Sci. **230.** 2286—88. 26/6. 1950.) Jäger. 177

Olof Samuelson, Fred Gärtner und **Georg Johansson,** *Ionenaustausch an Alkalicellulose.* Als Vorvers. wurden 3 g *Cellulose* (I) (mechan. gereinigte Baumwolle) bei Zimmertemp. mit 25%ig. KOH für 24 Std. behandelt, die Lauge abfiltriert u. die K-I sofort mit 150 ml 18%ig. NaOH gewaschen, was 2 Min. erforderte. Danach war sie bereits völlig in Na-I umgewandelt, in der kein K mehr nachgewiesen werden konnte. Dann wurde je 0,5 g native I (Baumwolle u. sulfitgereinigte Fichten-I) mit je 50 ml 18 u. 35%ig. NaOH u. $^1/_{16}$ g Na_2CO_3 mit ^{24}Na von 1 mC bei 20° eine Std. lang ständig durchgerührt, über Glasfilter filtriert, mehrmals je 10 Sek. lang mit inakt. NaOH derselben Konzz. gewaschen u. die Aktivität der Waschlsgg. bestimmt. Diese verschwindet aus der mit 18%ig. NaOH erhaltenen Na-Cellulose nach 3maligem, aus der mit 35%ig. NaOH erhaltenen Na-Cellulose nach 4maligem Waschen. Fehlende Unstetigkeit der Reaktionsgeschwindigkeit zeigt an, daß die Bindung des Alkalis an die amorphen Teile von I nicht anders ist als die an die Kristallite u. der Ionenaustausch an beiden äußerst schnell stattfindet. (Svensk kem. Tidskr. **62.** 211—14. 1950. Göteborg, Chalmers Tekn. Högskola, Dep. of chem. Engng. and Labor. for nucl. Chem.) Metzener. 177

A₆. Strukturforschung.

G. I. Finch, *Elektronenoptik.* Kurze Darst. der Grundlagen u. Anwendungsgebiete von Elektronenbeugung u. Elektronenmikroskopie. (Proc. Roy. Instn. Great Britain **34.** 599—604. 1950. London, Univ.) Lenz. 181

N. D. Ssokolow, *Quantenmechanische Behandlung der Wechselwirkung von polaren Molekülen mit Atomen.* Die Wechselwirkungsenergie wird unter der Voraussetzung berechnet, daß zwischen dem Mol. AB u. dem Atom C, dessen äußerste Elektronenschale abgeschlossen ist, ein wesentlich größerer Abstand besteht als zwischen A u. B. Das Ergebnis wird auf den Fall angewendet, daß B = H ist, d. h. auf die Wasserstoffbindung. (Журнал Экспериментальной и Теоретической Физики [J. exp. theoret. Physik] **23.** 315—26. Sept. 1952. Inst. für chem. Phys. der Akad. der Wiss. der UdSSR.) Kirschstein. 182

Otto Theimer, *Quantenmechanische Interpretation von Kohlrauschs „Natürliches System von Abschirmungskonstanten und effektiven Quantenzahlen".* (Vgl. C. **1950.** II. 1660.) Es wird eine quantenmechan. Deutung des Kohlrauschschen halbempir. Ansatzes gegeben u. gezeigt, daß dieser in seinen wesentlichsten Zügen dem Ansatz von Slater analog ist. Die Formeln von Kohlrausch werden hergeleitet. (Acta physica austriaca **4.** 1—8. Juli 1950. Graz, TH, Phys. Inst.) Weigel. 182

Franklin C. Brooks, *Konvergenz der Reihe der intermolekularen Kräfte.* Die bisher benutzte Reihenentw. des Potentials zwischen zwei Atomen nach Potenzen von 1/R divergiert in gewissen Bereichen des Konfigurationsraums. Es wird eine Meth. angegeben, um diese Divergenzen zu umgehen; sie wird an den Beispielen des H_2^+-Ions u. der Wechselwrkg. zwischen He-Atomen durchgeführt. (Physic. Rev. [2] **86**. 92—97. 1/4. 1952. New Haven, Conn., Yale Univ., Sloane Phys. Labor.) KIRSCHSTEIN. 182

Raymond Daudel, *Über die Natur der Austauschenergie: Definition der am stärksten lokalisierten Bahnen.* Theoret. Arbeit, in der gezeigt wird, daß der Austauschenergie E der klass. Wellenmechanik im Gebiet der theoret. Chemie keine klare physikal. Bedeutung zukommt. Andererseits kann E zur Beschreibung der am stärksten lokalisierten Bahnen dienen. (C. R. hebd. Séances Acad. Sci. **236**. 1036—38. 9/3. 1953.) FUCHS. 182

Jui Hsin Wang, Charles V. Robinson und **I. S. Edelman,** *Selbstdiffusion und Struktur des flüssigen Wassers.* **3. Mitt.** *Messung der Selbstdiffusion des flüssigen Wassers mit* ^2H, ^3H *und* ^{18}O *als Indicator.* (2. vgl. C. **1952.** 5216.) Vff. berichten über Messungen der Diffusionskoeffizienten von $^1H^2H^{16}O$ u. $^1H^3H^{16}O$ in gewöhnlichem W. bei Tempp. von 0—55°, wobei die durchschnittliche Anreicherung von ^2H in den Diffusionscapillaren ca. 1 Atom-% u. die von ^3H ca. 0,0001 Atom-% betrug. Zusammen mit früheren Messungen an $H_2^{18}O$ (l. c.), deren Ergebnisse, korrigiert von einem systemat. Fehler, neu wiedergegeben werden, tragen die so ermittelten Selbstdiffusionskoeffizienten dazu bei, die bisherigen Anschauungen über die Struktur des W. u. den Mechanismus der Selbstdiffusion, der Dipolorientierung u. des Viscositätsflusses im W. zu stützen u. zu erweitern, wonach bei Zimmertemp. im W. keine definierten Arten assoziierter Wasser-Moll. vorliegen, sondern das W. eine Art semikristalline Struktur aufweist. Die Ergebnisse werden eingehend diskutiert, bes. auch der Einfl. der Differenzen in den Trägheitsmomenten der verschied. Wassermoll., auf die u. a. auch die Tatsache zurückgeführt wird, daß reines D_2O bei gleichem Druck u. gleicher Temp. einen höheren Koordinationsgrad als gewöhnliches W. hat, was bisher allg. auf die Differenzen im Mol.-Gew. zurückgeführt wurde. (J. Amer. chem. Soc. **75**. 466—70. 20/1. 1953. New Haven, Conn., Yale Univ., Dep. of Chem., New England Center Hospital, Dep. of Neurosurgery and Harvard Med. School, Biophys. Labor.) NIEMITZ. 186

J. Reekie, T. S. Hutchison und **C. F. A. Beaumont,** *Die Beugung von Röntgenstrahlen an flüssigem Helium.* Es werden die vorläufigen Ergebnisse einer Strukturunters. von He im Bereich von 1,36° K bis 4,2° K mitgeteilt. Eine verbesserte Meth. erlaubt es, 2ϑ-Werte bis 155° auf dem Film zu registrieren. Es werden Belichtungszeiten von 2 Std. bei 35 kV u. 20 mA angewandt. Aufnahmen beiderseits des λ-Punktes zeigen, daß in der Struktur von He I u. He II kein wesentlicher Unterschied besteht. Es tritt das typ. Beugungsbild von Fll. auf, mit einem Maximum für $2\vartheta = 28,5°$. Ein schwächeres Maximum liegt bei ca. 55°, jedoch ist es bei den Aufnahmen oberhalb des λ-Punktes weniger gut ausgeprägt. (Proc. physic. Soc., Sect. A **66**. 409—10. 1/4. 1953. Kingston, Ont., Royal Military Coll. of Canada, Dep. of Phys.) KRÖNERT. 186

J. Malsch und **F. W. Dehmelt,** *Apparatur zum Ziehen von Einkristallen.* Zur Herst. von *Ge*-Einkristallen wird fl. Ge bei ca. $5 \cdot 10^{-4}$ mm Hg durch einen an einem Mo-Röhrchen befestigten Ge-Impfkristall mit einer Geschwindigkeit von 1 mm in 2—5 Min. aus der in einem auf ca. 970° erhitzten Kohletiegel befindlichen Ge-Schmelze gezogen. (Telefunken-Ztg. **26**. 121—27. März 1953.) OPPERMANN. 190

L. G. Schulz, *Polymorphie von Cäsium- und Thalliumhalogeniden.* Inhaltlich ident. mit der C. **1952.** 4897 referierten Arbeit. (J. chem. Physics **18**. 996. Juli 1950. Chicago, Ill., Univ. of Chicago, Inst. for the Study of Metals.) ROEDER. 190

Georg Hass und **Noel W. Scott,** *Über die Struktur und Eigenschaften einiger Metall- und Metalloxydfilme.* Aufdampfschichten aus *Ag, Al, Ge, Si* u. *SiO* wurden elektronenmkr. u. mit Elektronenbeugung untersucht. Die Al-Schichten zeigen ein viel feineres Korn u. eine viel glattere Oberfläche als die Ag-Schichten u. eignen sich darum besser für Oberflächenverspiegelungen trotz der etwas höheren Reflexionsfaktors. Außerdem werden sie weniger leicht blind, da sich an der Luft auf ihnen eine Schutzschicht aus Al_2O_3 bildet. Eine solche Schutzschicht kann man auch durch therm. Behandlung oder anod. Oxydation erhalten. Die therm. Behandlung ist nicht prakt., da die Oxydation bei Tempp. unterhalb 400° zu langsam verläuft u. bei höheren Tempp. rauhe Schichten erhalten werden. Bei anod. Oxydation einer Al-Aufdampfschicht in 3%ig. Ammoniumtartrat-Lsg. erhält man Oxydschichten von einheitlicher Dicke, die nur von der angelegten Potentialdifferenz abhängig, amorph u. porenfrei ist. Die Al_2O_3-Schichtdicke (in Å) ist gleich dem Prod. aus angelegter Spannung in V·12,5; sie zeigt eine schwache Absorption im UV, Sichtbaren u. Infrarot, u. ihr Brechungsindex variiert zwischen 3000 u. 7000 Å zwischen 1,65 u. 1,60. Ein solcher Al-Spiegel zeigt eine ausgezeichnete, mechan. Widerstandsfähigkeit. Wird eine größere Widerstandsfähigkeit gegen Korrosion u. chem. Agentien verlangt, so ist es besser, auf den aluminisierten Spiegel eine Schicht aus SiO aufzudampfen, welche gleichmäßig. amorph u. gut haftend ist u. sich an der Luft teilweise in SiO_2 umwandelt. Der Reflexionsfaktor eines mit optimaler Schutzschichtdicke (∼ 1500 Å)versehenen Al-Spiegels ist nur 1% geringer als der einer unbehandelten Al-Oberfläche. Im Infrarot zeigen diese Schichten keine nennenswerte Absorption, die Absorption im UV ist abhängig von der Aufdampfgeschwindigkeit; schneller aufgedampfte Schichten haben einen höheren Absorptionskoeffizienten. Diese Absorption kann durch Oxydation herabgesetzt werden. Die Zunahme der Transmission dünner Aufdampfschichten auf Quarzplättchen im UV diente zur Unters. der Oxydation von SiO zu SiO_2. Zur Herst. von Spiegeln auf metall. Unterlage empfiehlt sich das Aufbringen einer Unterschicht aus SiO zur Verbesserung der Haftung u. Verhinderung einer Diffusion des Metalls in die Oberflächenschicht. Auf diese Weise lassen sich auch Oberflächenverspiegelungen von plast. Material herstellen. Ge bildet zwischen 350 u. 400° krist. Schichten von hohem Brechungsindex (∼ 4) u. hoher Infrarotdurchlässigkeit. (J. Physique Radium **11.** 394—402. Juli 1950. Fort Belvoir, Va., Engineer Res. and Development Labors.) EICHHOFF. 196

Pierre Michel, *Bildung von Legierungen in dünnen Schichten durch Aufdampfen der reinen Komponenten im Vakuum.* Durch gleichzeitiges Aufdampfen zweier Metalle im Vakuum wurden dünne Schichten von Legierungen (*Ag–Mg, Ag–Sn, Au–Cu*) erzeugt u. die Gitterkonstanten der verschied. auftretenden Phasen durch Elektronenbeugung bestimmt. Dampft man die beiden Metalle zeitlich nacheinander auf, so zeigen die Elektronenbeugungsbilder bei Ag–Mg u. Au–Cu keine Legierung, sondern nur die reinen Komponenten, während Ag–Sn auch bei dieser Aufdampfweise Legierungen bildet. Dies wird auf die höhere Diffusionskonstante des Sn zurückgeführt. (C. R. hebd. Séances Acad. Sci. **235.** 377—79. 4/8. 1952.) LENZ. 196

A. Kelly, *Neumann-Linien in reinem Eisen.* Vf. untersucht mit Hilfe der Mikroprimärstrahlmeth. NEUMANN-Linien in reinem Fe. Ein Fe-Einkristall (0,3 Mn, 0,05% S u. 0,05% P) wird bei der Temp. der fl. Luft um ca. 0,1% gedehnt, u. die entstandenen NEUMANN-Linien werden durch elektrolyt. Polieren sichtbar gemacht. Durch Vgl. der LAUE-Rückstrahlaufnahmen (Primärstrahldurchmesser 150 μ) von einem Bereich des Kristalls ohne Linien u. einem Gebiet, das vier eng benachbarte Linien von je ca. 5 μ Breite enthält, kann die Orientierung des Materials in den NEUMANN-Linien hinsichtlich der Struktur des gesamten Kristalls bestimmt werden. Alle Extrareflexe, die in der Aufnahme des Gebietes mit den vier NEUMANN-Linien auftreten, lassen sich einem einzigen Gitter zuordnen, so daß in allen vier Linien ein Gitter gleicher Orientierung vorhanden ist. Es wird gezeigt, daß das Kristallgitter in den Streifen mit dem Einkristallgitter verzwillingt ist. Die Orientierung des Gitters in den NEUMANN-Linien wird durch Drehung des Ausgangsgitters um 180° um die Achse ($1\bar{1}2$) erreicht. (Proc. physic. Soc., Sect. A **66.** 403—05. 1/4. 1953. Cambridge, Cavendish Labor., Crystallogr. Labor.) KRÖNERT. 197

Jacques Pomey, Raymond Coudray und **François Goutel,** *Kinetik der austenitischen Zersetzung in Eisen–Kohlenstoff–Stickstoff-Legierungen.* Bei der isothermen Zers. von Austenit in Fe–C–N (0,9 C, 0,6 N) zeigt sich, daß N einen beträchtlich verlangsamenden Einfl. sowohl auf die Keimgeschwindigkeit von α-Fe als auch auf die Geschwindigkeit der kub. Kristallisation ausübt. Der Punkt Ar''' der martensit. Umwandlung wird durch N von 210 auf 145° erniedrigt. Die Verss. werden an dünnen Fe-Drähten (0,5 mm Durchmesser) nach Zementation bei 810° in gasförmiger Atmosphäre (CO, N_2, C_3H_8, NH_3), Homogenisierung u. Härtung ausgeführt. Die austenit. Zers. wird durch magnet. Messungen in Abhängigkeit von der Temp. festgestellt. (C. R. hebd. Séances Acad. Sci. **230.** 2298 bis 2300. 26/6. 1950.) KLEFFNER. 197

W. Ss. Kogan und **B. Ja. Piness,** *Zur Mikromethodik der Phasenanalyse von Legierungen.* Die Röntgenstrukturbest. der Phasenzus. nach der von Vff. modifizierten Meth. der Legierungen wechselnder Zus. von WEKSCHINSKI, wird nahe des F. schwierig u. beim F. unmöglich, weil die Wärmeschwingungen des Gitters die Röntgenogramme verschlechtern bzw. amorphe Phasen auftreten. In diesem Gebiet erfolgt die Phasenanalyse durch Best. des elektr. Widerstandes von 0,05 mm starken Fäden aus In-Pb-Legierung. In Übereinstimmung mit dem Vorhandensein von 3 Phasen im Syst. In–Pb zeigt das Diagramm des spezif. elektr. Widerstands bzw. dessen Temperaturkoeff. gegen die Zus. 3 Gebiete mit verschied. Veränderung der Eigg. mit der Zusammensetzung. (**Доклады Академии Наук СССР** [Ber. Akad. Wiss. UdSSR] [N. S.] **87.** 967—69. 21/12. 1952.) LEBTAG. 197

I. I. Kornilow und **L. I. Prjachina,** *Einfluß der Temperatur auf die Hitzebeständigkeit von Legierungen des Systems Aluminium–Magnesium.* Die Diagramme Zus.–Hitzebeständigkeit für Al–Mg-Legierungen bei 200, 300, 350, 375 u. 400° ergaben, daß bei 200—350° die Gebiete der maximalen Hitzebeständigkeit u. der gesätt. festen Lsgg.

fast übereinstimmen. Mit steigender Temp. (375—400°) werden die verd. festen Lsgg. hitzebeständiger als die gesätt. Lsgg., u. zwar um so mehr, je heterogener die Legierung. Bei 400° ist reines Al sogar hitzebeständiger als seine Legierungen. Dieser Kurvenverlauf wird damit erklärt, daß mit steigender Temp. die Legierungen verschied. Zus. bei den gleichen Isothermen sich ungleich dem F. nähern. Die heterogenen Legierungen u. die mit Mg angereicherten festen Lsgg. besitzen eine niedrigere Solidustemp. als die verd. festen Lsgg. u. reines Al u. werden deshalb mit steigender Temp. u. größerer Annäherung an den F. stärker entfestigt. Hieraus erklären sich die widersprechenden Ergebnisse in der Literatur, wonach das Maximum der Hitzebeständigkeit bald im Gebiet der ungesätt., bald im Gebiet der gesätt. festen Lsgg. liegt. (Доклады Академии Наук СССР [Ber. Akad. Wiss. UdSSR] [N. S.] **87.** 971—74. 21/12. 1952. Kurnakow-Inst. für allg. u. anorgan. Chem. der Akad. der Wiss. der UdSSR.) LEBTAG. 197

I. L. Aptekar, *Über die Struktur geordneter fester Lösungen Cu–Au und Cu–Pt.* Es werden kub. flächenzentrierte Gitter betrachtet, an deren Aufbau je zu 50% zwei Atomsorten beteiligt sind. Die Atomsorten sollen abwechselnd auf Ebenen (100) bzw. (111) liegen. Die Stabilität solcher Gitter gegen Schub wird untersucht. Es ergaben sich daraus Möglichkeiten, einige Eigg. von Überstrukturen in den Systemen Cu–Cu u. Cu–Pt zu beurteilen. (Журнал Экспериментальной и Теоретической Физики [J. exp. theoret. Physik] **21.** 910—16. Aug. 1951. Dnepropetrowsk, Univ.) SCHUBERT. 197

W. P. Ssisow, *Untersuchung des Δ E-Effektes und die Dämpfung von elastischen Wellen in polykristallinem Nickel nach der akustischen Methode.* Vf. mißt im Intervall 12—12,5 kHz elektroakust. über Seignettekristalle die Resonanzgrundfrequenz polykristalliner Ni-Stäbe von 199,75 mm Länge u. 5,95 mm Durchmesser als Funktion der magnet. Feldstärke I ohne, II unter den durch Walzen u. Abschrecken des auf 1150° erhitzten Stabes verursachten inneren Spannungen. Für die I-Probe nimmt der Elastizitätsmodul $E \cdot 10^{11}$ monoton von 20,75 ($dyn \cdot cm^{-2}$) zu u. erreicht seinen Endwert 22,15 bei 540 Oe. Der Δ E-Effekt von II ist hystereseabhängig u. erreicht seinen Endwert 21,8 bei ~ 675 Oe, so daß $(\Delta E/E)_{II} \approx 0,75\ (\Delta E/E)_I$. Als Funktion von $(I/I_s)^2$ nimmt $\Delta E/E \cdot 100$ für I linear von 0 auf ~ 0,8 bei $(I/I_s)^2 = 0,64$ zu u. von dort ebenfalls linear auf 6,5 bei $(I/I_s)^2 \approx 0,97$. Bei II ist der Übergang fließender. Die Dämpfung als Funktion der Feldstärke nimmt für I rasch ab u. strebt im Sättigungsgebiet einem Minimum zu. Für II nimmt das Dämpfungsdekrement bei kleinen Feldstärken etwas geringere Werte an als bei I, nimmt hierauf rasch zu, erreicht bei 30 Oe ein Maximum, fällt rasch ab u. wird bei 1250 Oe kleiner als ohne Feld. (Доклады Академии Наук СССР [Ber. Akad. Wiss. UdSSR] [N. S.] **89.** 427—30. 21/3. 1953. Moskau, Lomonossow-Univ., Wiss. Forschungsinst. für Physik.) AMBERGER. 200

Reynolds M. Denning, *Gerichtete Schleifhärte am Diamant.* Die Schleifhärteeigg. des Diamanten werden mit zwei neukonstruierten Apparaten untersucht. Der eine wird Härtekomparator genannt u. erlaubt, gleichzeitig zwei Kristalle zu schleifen, wobei der eine in definierter Richtung geschliffen u. der Schleifeffekt am anderen mit dem ersten verglichen wird. Der zweite App. dient zum Schleifen von Kristallkugeln. Es werden Härtekurven nach verschied. Richtungen auf der Würfel-, Rhombendodekaeder- u. Oktaederfläche sowie anderen Flächen dieser Zone aufgenommen. Es ergeben sich keine Anzeichen für niedrigere als hexakisoktaedr. Symmetrie. (Amer. Mineralogist **38.** 108—17. Jan./Febr. 1953. Ann Arbor, Mich., Univ.) HILLER. 200

A₇. Gleichgewichte. Kinetik.

Mats Hillert, *Anwendung isoaktiver Linien in ternären Zustandsdiagrammen.* Da 2 Punkte, die eine Konode verbindet, Phasen im Gleichgewicht miteinander darstellen, ist an diesen Punkten die chem. Aktivität bzgl. der Komponenten A, B u. C gleich. Auch in einem Einphasengebiet kann man Punkte gleicher Aktivität verbinden. Ein Schnitt durch die einer Komponente zugehörende Ecke kann nicht mehr als einmal von jeder isoakt. Linie für diese Komponente geschnitten werden. Diese Eigg. der isoakt. Linien werden zu folgenden Schlüssen benutzt: 1. Es wird gezeigt, daß das Zweiphasengebiet eines sogenannten Parazustands kleiner ist als das des entsprechenden Orthozustands; 2. Die Annahme, daß beim Aufkohlen von Ni-Stahl keine carbidhaltige Zone gebildet wird, ist thermodynam. unhaltbar; 3. Es besteht ein Zusammenhang zwischen der zementit- u. graphitstabilisierenden Wrkg. eines Legierungsbestandteils u. der Richtung der Konoden in den Zweiphasengebieten Austenit + Zementit u. Ferrit + Zementit; 4. Die „up hill"-Diffusion von C in legierten Stählen kann in manchen Fällen aus dem Zustandsdiagramm des Stahles abgeleitet werden; 5. Aus dem Aussehen des Konodendreiecks für das eutektoide Gleichgewicht Austenit ⇌ Ferrit + Zementit werden 8 mögliche Fälle abgeleitet, wovon 2 weniger wahrscheinlich, aber nicht theoret. unbegründet sind. (Jernkontorets Ann. **136.** 25—37. 1952. Metallograf. Inst.) R. K. MÜLLER. 221

Ja. A. Fialkow und **N. W. Axelrud**, *Untersuchung des Gleichgewichts in den Systemen: Metallsalz–Metalloxyde–Wasser. Berechnung der p_H-Werte und Ionenkonzentration.* Für die Berechnung von p_H u. Metallionenkonz. bei der Hydroxydfällung werden unter Berücksichtigung des Löslichkeitsprod. der Hydroxyde Formeln abgeleitet u. ihre Anwendbarkeit an $ZnSO_4$ (I)–ZnO (II)–W. u. I-$CuSO_4$ (III)-W. mit den Ergebnissen von GROMOW (Журнал Прикладной Химии [J. angew. Chem.] **21.** [1948.] 260) u. BRITTON (J. chem. Soc. [London] **127.** [1925.] 2799) verglichen. Die ermittelten p_H-Werte von I–II–W. weichen von den Werten nach GROMOW wenig, nach BRITTON stark ab. Für I–III–W. weichen die errechneten Werte von p_H u. Zn-Ionenkonz. nur sehr wenig von den Werten GROMOWs ab. In beiden Fällen erklären sich die Abweichungen von den experimentellen Werten aus dem Fehlen genauer Werte für die Löslichkeitsprodd. der schwerlösl. Hydroxyde. Die abgeleiteten Formeln liefern also die erforderlichen Zahlen für die Fällung von Metallhydroxyden im Syst. MeX_n–Me_1X_{n1}–Wasser. (Украинский Химический Журнал [Ukrain. chem. J.] **16.** Nr. 1. 75—82. 1950.) LEBTAG. 221

B. A. Pethica, E. R. Roberts und **E. R. S. Winter,** *Die Austauschreaktion zwischen Hydroxylamin und gasförmigem Stickstoff.* Wurden zwei Lsgg. von Hydroxylaminhydrochlorid, von denen die erste eine 0,1 mol. Lsg. in dest. W., die zweite eine 0,1 mol. Lsg. in einem N-freien Puffer vom p_H 7,3 war, einer N_2-Atmosphäre ausgesetzt, die 10% ^{15}N enthielt, so wurde nach 24 Std. Einw. bei Zimmertemp. in keiner Lsg. ^{15}N gefunden. Dabei enthielt Lsg. 2 auf Grund der Pufferung freies Hydroxylamin (I). Die Unters. auf ^{15}N geschah in der Weise, daß I zu NH_3 red. wurde u. die Lsgg. mit H_2 zur Verhinderung eines Rückaustausches in die Atmosphäre gesättigt wurden; NH_3 wurde mit Natriumhypobromit in gasförmiges N_2 übergeführt u. auf ^{15}N geprüft. Durch den Nachw., daß bei physiolog. p_H-Werten kein N_2-Austausch mit I stattfindet, wird die Annahme von VIRTANEN (Suomen Kemistilehti **18.** [1945.] 38) widerlegt, daß die Bindung des N_2 in Hülsenfrüchten durch Umkehr der Rk. zwischen I u. Hämoglobin zu erklären ist. (J. chem. Physics **18.** 996. Juli 1950. London, Imp. Coll., Dep. of Chem.) ROEDER. 221

D. R. Stranks und **G. M. Harris,** *Vorhergesagte Isotopenanreicherungseffekte in einigen Isotopenaustauschgleichgewichten, die unter Beteiligung von ^{14}C verlaufen.* Vff. sagen nach den Methoden der statist. Thermodynamik die Gleichgewichtskonstanten für eine Reihe von Isotopenaustausch-Rkk. zwischen ^{14}C u. ^{12}C voraus. Die Berechnung erfolgte auf Grund spektroskop. Daten unter Voraussetzung einer harmon. Oscillatorbeziehung für 2atomige Moll. u. n. Schwingungsbeziehungen für polyatomare Moleküle. Die Werte wurden für 3 Tempp. berechnet. Chem. einfache u. schnelle Rkk. zeigen danach nur einen kleinen Anreicherungseffekt. Folgende Anreicherungen des ^{14}C werden vorhergesagt: $HCO_3^-/CO_3^- = 1{,}9\%$; $CN^-/HCN = 6{,}8\%$; $CN^-/CNO^- = 9{,}2\%$; $CN^-/CNS^- = 7{,}5\%$; $CN^-/C_2N_2 = 9{,}8\%$; $CN^-/ClCN = 8{,}1\%$; $CN^-/BrCN = 6{,}8\%$; $CN^-/JCN = 5{,}5\%$. Die Ergebnisse werden mit den von UREY (C. **1948.** II. 266) für $^{13}C/^{12}C$-Systeme berechneten verglichen. (J. Amer. chem. Soc. **75.** 2015. 20/4. 1953. Melbourne, Univ., u. Madison, Wis., Univ., Dep. of Chem.) H. GOETZ. 221

Harold J. Kandiner und **Stuart R. Brinkley jr.,** *Berechnung von komplexen Gleichgewichtsbeziehungen.* Vff. geben systemat. ins einzelne gehende Anweisungen zur Berechnung von komplexen Gleichgewichten, die zwischen einer Anzahl chem. Molekülarten in einer (Gas-)Phase mit oder ohne Ggw. einer einzigen reinen festen Phase existieren. Das Prinzip der Meth. wird an einer Gasverbrennungs-Rk. bei 40 at, die zu einer Gleichgewichtsmischung von 10 gasförmigen Bestandteilen mit u. ohne Bldg. von festem C führt, umrissen. Abweichungen vom idealen Verh. bzgl. Druck, Temp. oder Konz. können durch entsprechende Arbeitsgleichungen berücksichtigt werden. Es werden mehrere Methoden zur numer. Auswertung der Gleichungen angegeben, von denen jeweils eine bes. geeignet ist für bestimmte Typen der einzelnen Arbeitsgleichungen. Die Arbeitsgleichungen können trotz der Komplexität des Problems für jedes Gleichgewichtssyst. sehr schnell aufgestellt werden — meistens als mechan. Routine-Vorgang —, sie sind in einer Form, die ausnahmslos eine numer. Auswertung durch einfache Rechnungsarten gestattet. (Ind. Engng. Chem. **42.** 850—55. Mai 1950. Pittsburgh, Pa., U.S. Bur. of Mines.) NIEMITZ. 221

Amiya Kumar Chakraburtty, Nripendra Nath Ghosh und **Priyadaranjan Rây,** *Eine Untersuchung der Komplexverbindungen von Diglycyläthylendiamin mit zweiwertigen Metallen. Diglycyläthylendiamin* (I), $(-CH_2NH-CO-CH_2NH_2)_2$, bildet mit 2wertigen Metallen, wie *Cu, Ni, Zn, Cd* u. *Mg* Komplexe, in denen I als 4zähliger Ligand fungiert. Die Cu- u. Ni-Komplexe wurden von Vff. näher untersucht. Sie sind in W. leicht lösl. u. konnten als freie Basen u. als Salze isoliert werden. Dementsprechend stellen sie keine Innerkomplexe dar. Das gelbe *Diglycyläthylendiaminnickel(II)-hydroxyd* (II) erwies sich als diamagnet., während das blau-grüne *Chlorid* paramagnet. ist. Sein magnet. Moment von 2,8 M_B ist mit dem des Ni^{2+} identisch. I besitzt demzufolge planare Struktur mit starken dsp^2-Hybrid-Bindungen, während das Salz als Ionenkomplex mit Ionen-Dipolbindungen oder als Anlagerungskomplex mit schwachen sp^2d-Hybrid-Bindungen aufzufassen ist. Gleiches gilt für das *Diglycyläthylendiamin-kupfer(II)-hydroxyd* (**III**) u. seine Salze. Die Dissoziationskonstanten k_1 u. k_2 von I wurden zu $4{,}467 \cdot 10^{-4}$ bzw. $2{,}344 \cdot 10^{-8}$ bestimmt. Wie zu erwarten, liegt die Basenstärke von I zwischen der des Äthylendiamins u. der des Glycins. Die Stabilität der Me-Komplexe entspricht der bekannten Reihenfolge Cu > Ni > Zn > Cd > Mg, entsprechend den p_K-Werten 8,13; 5,42; 4,31; 3,33; 0,54. Für **II** u. **III** wurde die stufenweise Hydrolyse untersucht u. die Hydrolysenkonstanten Cu: $K_{Hydr._1} = 2{,}63 \cdot 10^{-2}$, $K_{Hydr._2} = 3{,}72 \cdot 10^{-9}$, Ni: $K_{Hydr._1} = 0{,}912 \cdot 10^{-7}$, $K_{Hydr._2} = 4{,}17 \cdot 10^{-8}$ bestimmt. Die Dissoziationskonstanten wurden für den Cu-Komplex zu $k_1 = 4{,}17 \cdot 10^{-8}$ u. $k_2 = 3{,}02 \cdot 10^{-6}$, für den Ni-Komplex zu $k_1 = 12{,}02 \cdot 10^{-8}$ u. $k_2 = 9{,}55 \cdot 10^{-6}$ erhalten.

Versuche: *Diglycyläthylendiamin-kupfer(II)-chlorid*: Aus frisch gefälltem $Cu(OH)_2$ u. I-Dihydrochlorid auf dem Wasserbad. Aus der erhaltenen blauen Lsg. erfolgte nach Filtration, Dioxan-Zugabe u. längerem Stehen die Ausscheidung des Chlorids in blauen Plättchen, welche leicht lösl. in W., unlösl. in organ. Lösungsmitteln sind. $\chi_M = 1{,}541 \cdot 10^{-3}$, $\mu = 1{,}92\ M_B$. — **III** wurde aus dem Chlorid mit Ag_2O als rotviolette Plättchen erhalten. Diese lösen sich mit alkal. Rk. (p_H 9,0) u. mit Permanganatfarbe in Wasser. Festes **III** wird durch Lufteinw. blau. $\chi_M = 1{,}182 \cdot 10^{-3}$; $\mu = 1{,}72\ M_B$. — *Diglycyläthylendiamin-nickel(II)-chlorid.* Darst. entsprechend dem Cu-Komplex. Es fällt als grün-blaues hygroskop. Pulver an u. ist in W. leicht löslich. $\chi_M = 3{,}20 \cdot 10^{-3}$; $\mu = 2{,}8\ M_B$. Mit Ag_2O entsteht daraus **II** als gelbes hygroskop. Pulver, welches an der Luft grün wird. Die wss. Lsg. reagiert alkal. (p_H 9,3). $\chi_M = 0{,}1718 \cdot 10^{-3}$. (J. Indian chem. Soc. **30.** 185—97. März 1953. Calcutta, Univ., Coll. of Sci. and Techn., Inorg. Chem. Labor.) PLUST. 223

C. W. Barker, J. Powell und **R. S. Young,** *Die Löslichkeit von Blei in Zinksulfatlösungen.* In einem Temperaturbereich von 20—30° wird die Löslichkeit von Pb in $ZnSO_4$-Lsgg. gemessen. Dabei wird der Zn-Geh. von 75—125 g/Liter variiert u. die Säurekonz. von 0,1—75 g/Liter. Die Bleikonz. steigt mit zunehmender Temp., ist unabhängig von der Zn-Konz. u. nimmt mit steigender Säurekonz. ab. (J. Soc. chem. Ind. **69.** 362—63. Dez. 1950. Broken Hill, Rhodesia, Broken Hill Developm. Co. Ltd.) v. SCHIESZL. 224

C. K. McLane, *Wasserstoffperoxyd bei der thermischen Wasserstoff–Sauerstoff-Reaktion.* 2. Mitt. *Reaktion von Wasserstoffperoxyd mit Wasserstoff und Einleitung der Reaktionsketten bei der Wasserstoff–Sauerstoff-Reaktion.* (1. vgl. C. **1950.** I. 487.) Vf. untersuchte die Rk. zwischen H_2O_2 u. H_2 im Temperaturbereich von 470—500°. Die Abhängigkeit der Reaktionsgeschwindigkeit von den Konzz. ist für H_2 ziemlich verwickelt, für H_2O_2 zwischen 1. u. 2. Ordnung. Die Rk. erfolgt durch einen Kettenmechanismus, wobei keine direkte Rk. zwischen H_2 u. H_2O_2-Moll. stattfindet, wenigstens bei niedrigen H_2-Konzentrationen. Bei Zusatz geringer H_2O_2-Mengen am Anfang reagieren die Mischungen von H_2 u. O_2 schon wahrnehmbar bei Tempp., bei denen die Reaktionsgeschwindigkeit normalerweise sehr gering ist. (J. chem. Physics **18.** 972—78. Juli 1950. Cambridge, Mass., Harvard Univ., Lyman Labor of Phys.) J. MATTNER. 225

P. A. H. Wyatt und **H. L. Kornberg,** *Carbonatbildung während der Isomerisation von Ammoniumcyanat in ungepufferter wässeriger Lösung.* Im Gegensatz zu WARNER u. SITT (J. Amer. chem. Soc. **55.** [1933.] 4807) finden Vff., daß bei der Isomerisierung von **Ammoniumcyanat** zu *Harnstoff* (I) bei 70° in ungepufferter wss. Lsg. beträchtliche Mengen an CO_2 entstehen. Auf Grund dieses Befundes ändern sich die Geschwindigkeitskonstanten für diese Isomerisierung. Für Anfangskonzz. von 0,01, 0,02, 0,05 u. 0,10 mol. HCO_3^-, OCN^-, I u. teilweise NH_3 (manometr. bestimmt) wurde die Zus. der Lsgg. berechnet. Für die Rkk. $NH_4^+ + OCN^- \rightarrow$ I, sowie $H_3O^+ + OCN^- \rightarrow NH_2COOH$ (welches sich bei 70° sofort zu HCO_3^- u. NH_3 umbildet) wurden für unendliche Verdünnung die Geschwindigkeitskonstanten $7{,}3 \cdot 10^{-3}$ (Mol/Liter)$^{-1}$·Sek.$^{-1}$ bzw. $(2{,}3$—$4) \cdot 10^{-2}$ (Mol/Liter)$^{-1}$·Sek.$^{-1}$ gefunden; allerdings ist keiner der vorst. Mechanismen geeignet, eine Unterscheidung zwischen einem denkbaren nichtion. Reaktionsverlauf nach $NH_3 + HOCN \rightarrow$ I bzw. $H_2O + HOCN \rightarrow NH_2COOH$ zu geben. Der früher beobachtete prim. Salzeffekt wurde auch bei Berücksichtigung der Carbonatbldg. gefunden. — Ausführliche Literaturdiskussion. (Trans. Faraday Soc. **48.** 454—62. Mai 1952. Sheffield, Univ., Dep. of Chem., Med. Res. Council Cell Metabolism Res. Unit, Dep. of Biochem.) ZIMMER. 225

E. R. S. Winter, *Die Verwendung von ^{18}O zur Untersuchung der Reaktionsfähigkeit von festen Oxyden.* Beschreibung einer App. (vgl. C. **1951.** I. 17) zur kontinuierlichen massenspektrometr. Unters. der Kinetik des ^{18}O-Austausches zwischen Festkörpern u. O_2. Der Austausch verläuft bzgl. des ^{18}O-Geh. im Gas nach der 1. Ordnung, somit ist $-d\alpha/dt = k_e(\alpha-\alpha_\infty)$, wo α = Atombruch an ^{18}O im Gas zur Zeit t u. k_e = experimentell bestimmbare Geschwindigkeitskonstante. Ferner gilt im Falle, daß der Desorptionsvorgang geschwindigkeitsbestimmend ist, die Beziehung $k_3C_g^n = n_s k_e(\alpha_\infty-\beta_0)/(\alpha_0-\beta_0)$; dabei bedeutet k_3 die Geschwindigkeitskonstante der Desorptionsgeschwindigkeit $v = k_3 w C_g^n$, w = Oxydmenge in g, C_g = Konz. von gasförmigem O in der Reaktionszone, n_s = Zahl der austauschbaren O-Ionen in der Oberfläche von 1 g Oxyd, β_0 = ^{18}O-Geh. im Oxyd zu Beginn. n_s-Werte wurden für Cr_2O_3 (I) u. ThO_2 (II) für verschied. Entgasungstempp. (387—600° für I u. 590° für II) u. Reaktionstempp. (345—527° für I u. 445—535° für II) bestimmt zu 1,3—2,0 bei I u. 5,8—6,4 bei II (je in Einheiten von 10^{20}). Die Aktivierungsenergie E des O-Austausches ergibt sich bei II zu 27 ± 0,5 kcal/Mol. Bei I liegen zwei verschied. Prozesse vor, von denen E für den einen unterhalb 410° 29,5 ± 1 u. für den zweiten oberhalb 410° 1 ± 4 beträgt. Die hohen E-Werte werden darauf zurückgeführt, daß die Desorption für die Gesamt-Rk. ausschlaggebend ist. Ist dagegen der Austauschvorgang $^{18}O_{Gas} + {}^{16}O_{fest} \rightarrow {}^{16}O_{Gas} + {}^{18}O_{fest}$ mit der Geschwindigkeitskonstante k_1 bestimmend, so gilt $k_1C_g = k_e(\alpha_\infty-\beta_0)/(\alpha_0-\beta_0)$, woraus weiter der kleine E-Wert folgt. Der Einfl. des O_2-Druckes p auf k_e bzw. $k_0 = k_e(\alpha_\infty-\beta_0)/(\alpha_0-\beta_0)$ wurde für I u. MgO untersucht; k_e ist in beiden Fällen unabhängig von p, k_0 steigt bei MgO etwas mit p an, bleibt bei II aber konstant. Bei Erhöhung der Entgasungstemp. steigt k_0 von I zwischen 387 u. 455° etwas an, bleibt dann aber bis 567° konstant. (Discuss. Faraday Soc. Nr. **8.** 231—37. 1950. London. Imperial Coll., Dep. of Inorganic and Physical Chem.) FUCHS. 225

W. Albert Noyes jr., *Photochemie als ein Mittel für die Untersuchung von Reaktionsmechanismen.* Kurzer Überblick über die Möglichkeit, mit Hilfe photochem. Rkk. kinet. Messungen durchzuführen. Es wird bes. auf Rkk. von Radikalen hingewiesen. (Proc. Amer. philos. Soc. **95.** 542—43. 17/10. 1951. Rochester, Univ., Dep. of Chem.) KLAFFKE. 226

Milton Burton und **John L. Magee,** *Ladungsübertragung in der Strahlenchemie von Gasen.* Die durch Strahlung hervorgerufenen Ladungs- u. Anregungsübertragungen in Gasen werden in qualitativer Betrachtung theoret. erörtert. Die Lebensdauer der sich hier bildenden Komplexe wird mit Hilfe einer vereinfachenden Beziehung in Abhängigkeit von der Bindungsenergie, welche bei Ionenkomplexen bis zu 2 eV u. mehr betragen kann, u. der Zahl der Schwingungs-Freiheitsgrade (bis zu 9) wiedergegeben, wobei sich die Lebensdauer von der Größenordnung von 1 Sek. ergeben kann. Während dieser Zeit können Ladungsneutralisierungen, innere Umwandlungen, chem. Dissoziationen u. Rkk., wie Aggregationen u. Polymerisationen, als Begleiterscheinungen auftreten. Die Anregungsübertragungen zeigen bei grundsätzlich gleicher Berechnungsmeth. doch große quantitative Unterschiede, die Bindungsenergien sind hier im Mittel wahrscheinlich viel kleiner. Es ergibt sich, daß sowohl Ladungs- als auch Anregungsübertragungen von Bedeutung sind. Die scheinbare Ausnahme, die Polymerisation von Acetylendampf mit Zusatz von Edelgasen durch α-Teilchen, bei der theoret. nur Ladungsübertragung eintritt, wird durch die Annahme erklärt, daß angeregte Zustände bei der Polymerisation unwirksam sind, weil entweder in Ggw. von Ionen die angeregten Zustände desaktiviert werden, oder, was wahrscheinlicher ist, die Acetylen-Moll. zurückgebildet werden, ohne daß ein wirksamer Beitrag zur Gesamtzahl der polymerisierten Acetylen-Moll. geleistet wird. (J. physic. Chem. **56.** 842—45. Okt. 1952. Notre Dame, Ind., Univ., Dep. of Chem.) WERNER SCHULZ. 226

Rolando Cultrera und **Vincenzo Averna,** *Über die photochemischen Oxydoreduktions-Reaktionen der Ionen NH_4^+ und NO_3^-.* 4. Mitt. (3. vgl. Ann. Chim. applicata **37.** [1947.] 312.) Der Einfl. folgender Verbb. mit allg. katalyt. Wirksamkeit auf die Bldg. von NO_2^- durch photochem. Red. von NO_3^- oder Oxydation von NH_4^+ bei UV-Bestrahlung wird untersucht: *Mn_2O_3, $MnSO_4$, Fe_2O_3, ZnO, HgO, TiO_2*. Es wird mit $n/_{100}$-Lsgg. von NH_4Cl u. von KNO_3 (Quarzglasröhrchen mit 15 cm³ Lsg. + 0,5 g Katalysator) bei 2std. Bestrahlung mit einer Hg-Dampflampe gearbeitet. Wie aus den N_2O_3-Werten aus dem Mittel von jeweils 6 Verss. hervorgeht, wird die photochem. Oxydation von NH_4^+ zu NO_2^- durch Fe_2O_3, ZnO, TiO_2 u. Mn_2O_3 (in der Reihenfolge abnehmender Wrkg.) katalysiert. (Gazz. chim. ital. **80.** 808—11. Nov./Dez. 1950. Palermo, Univ., Ist. di Chim. agraria.) V. DECHEND. 226

O. Beeck, *Hydrierungskatalysatoren.* (Vgl. C. **1940.** II. 596; **1941.** II. 1475; **1951.** II. 18 sowie nachst. Ref.) Die früheren systemat. Unterss. des Vf. u. seiner Mitarbeiter über die Adsorptionswärmen von H_2 u. C_2H_4 als Funktion der Oberflächenbedeckung u. über die katalyt. Hydrierung von C_2H_4 u. anderen KW-stoffen an aufgedampften porösen Metallfilmen bes. der Übergangselemente (*Fe, Ni, Pt, Pd, Rh,* ferner *Ta, Cr, W*) werden zusammenfassend diskutiert. Die Hydriergeschwindigkeit hängt stark von der Adsorptionswärme des C_2H_4 ab, welche derjenigen von H_2 parallel geht, jedoch sehr viel höhere Absolutwerte aufweist. Beim Auftragen gegen den von PAULING definierten d-Charakter der metall. Einfachbindung fallen sowohl die Adsorptionswärmen von C_2H_4 u. H_2 als auch die Hydriergeschwindigkeiten auf glatte Kurven, u. zwar sind die Adsorptionswärmen um so niedriger u. die Geschwindigkeiten um so höher, je größer der d-Charakter ist. Da der d-Charakter bes. bei den Elementen der 8. Gruppe eng mit den Atomabständen im Gitter verknüpft ist, ergibt sich die Abhängigkeit der katalyt. Aktivität vom Kristallparameter weitgehend, wenn auch nicht ausschließlich, als eine Funktion der Natur der metall. Bindung. Für die Hydrierung wird der folgende Mechanismus erörtert: Die Metalloberfläche wird durch anfängliche irreversible Vergiftung durch Komplexe von Acetylencharakter (jedoch nicht C_2H_2 selbst), die sich durch Selbsthydrierung von C_2H_4 in einem von der Adsorptionswärme des C_2H_4 abhängigen Ausmaße bilden, mehr oder weniger inakt. für die Hydrierung. An der restlichen freien Oberfläche wird die Bruttoreaktionsgeschwindigkeit durch die Rk. von adsorbiertem nichtdissoziiertem C_2H_4 mit adsorbiertem H_2 bestimmt, wobei die scheinbare Aktivierungswärme für Metalle der 8. Gruppe 10,7 kcal beträgt. Es kann wahrscheinlich gemacht werden, daß noch ein 3. Typ einer schnellen Rk. mit niedriger Aktivierungswärme vorliegt, welche keine freien Gitterplätze für die gesonderte Adsorption von C_2H_4 benötigt, sondern bei der die Bldg. des aktivierten Zustandes an einer bereits mit Wasserstoff bedeckten Oberfläche möglich ist. — Verwandte Rkk., wie Cracken von C_2H_6 in Ggw. von H_2, Hydrierung von C_2H_2 u. die Rkk. von präadsorbiertem C_2H_4 u. C_2H_2 mit H_2 werden erörtert. (Discuss. Faraday Soc. Nr. **8.** 118—28. **1950.** Emeryville, Calif., Shell Dev. Co.) REITZ. 227

O. Beeck und **A. W. Ritchie,** *Der Einfluß des Kristallparameters auf Hydrierung und Dehydrierung.* Die Größe der Oberfläche orientierter u. nichtorientierter aufgedampfter poröser Ni-Filme (vgl. BEECK, SMITH u. WHEELER, C. **1941.** II. 1475) wird nach der Meth. von BRUNAUER, EMMETT u. TELLER unter Verwendung von *Ne* bei —257°, *Kr* u. CH_4 bei —196° u. *n*—C_4H_{10} bei —78° gemessen. Bei den nichtorientierten Filmen stimmen die mit den verschied. Gasen erhaltenen Werte innerhalb der Fehlergrenze der Meth. überein. Bei den orientierten Filmen, die eine größere Oberfläche u. kleinere Poren besitzen, besteht eine deutliche Abhängigkeit von der Größe der verwendeten Moll., aus der ein extrapolierter Wert für Teilchen mit der Größe von H-Atomen (Querschnitt 1 Å^2) abgeleitet wird. Im Vgl. hierzu werden Absorptionsmessungen mit H_2 bei —196° durchgeführt. Da unter diesen Bedingungen jedes H-Atom einen Gitterpunkt besetzt, liefert die Kombination beider Messungen die Größe des Oberflächenbereiches pro H-Atom; für die nichtorientierten Filme ergibt sich 6,17 Å^2 pro H-Atom, für die (110)-orientierten Filme 8,65 Å^2. Diese Zahlen liefern den direkten Beweis, daß in den orientierten Filmen, bei denen die (110)-Ebenen parallel zur Unterlage geordnet sind, auch der Gasphase bevorzugt (110)-Ebenen zugekehrt werden. — Für die Geschwindigkeit der Hydrierung von *Bzl.* an orientierten u. nichtorientierten Ni-Filmen bei 57° ergeben sich keine Geschwindigkeitsunterschiede, während früher bei der *Äthylen*-Hydrierung an (110)-orientierten Filmen eine 5mal höhere Geschwindigkeit gefunden wurde als an nichtorientierten. Es wird angenommen, daß die Hydrierung von Bzl., die, wie die Reaktionsordnung Null in bezug auf Bzl. zeigt, über den adsorbierten Zustand des Bzl. verläuft, von der Kristallgeometrie des Katalysators nicht beeinflußt wird. Die Geschwindigkeit an Ni ist 2,3mal größer als an nichtorientiertem Fe. — Zum Unterschied von der Benzolhydrierung verläuft die Dehydrierung von *Cyclohexan* an nichtorientiertem Pt (bei 324°) 10mal schneller als an teilweise (110)-orientierten Pt-Filmen. Auch an Pd-Filmen wird ein Unterschied in der gleichen Richtung gefunden, wobei aber die hohe Lösungsgeschwindigkeit für H_2 in dem Metall eine genauere Messung unmöglich macht. Bei der Dehydrierung, deren Kinetik (1. Ordnung in bezug auf den Cyclohexanteildruck) in Einklang ist mit der Annahme, daß ein Cyclohexanmol. bei der Kollision mit der Katalysatoroberfläche 6 H-Atome gleichzeitig verliert, spielt der geometr. Faktor also eine große Rolle. Die Beobachtungen sind verträglich mit der BALANDINschen Hypothese, daß die Cyclohexandehydrierung an den flächenzentrierten (111)-Ebenen des kub. Gitters stattfindet, da ja die (111)-Flächen in dem nichtorientierten Film zahlreicher der Gasphase zugekehrt sind als in (110)-orientierten Filmen. (Discuss. Faraday Soc. Nr. **8.** 159—66. **1950.** Emeryville, Calif., Shell Dev. Co.) REITZ. 227

Georg-Maria Schwab, *Legierungskatalysatoren bei der Dehydrierung.* Zusammenfassende Diskussion früherer Arbeiten des Vf. u. seiner Mitarbeiter über die *Ameisensäure*-Dehydrierung an zahlreichen bin. Legierungskatalysatoren (vgl. C. **1950.** I. 1056; **1949.** I. 1199 u. früher). Bei homogenen HUME-ROTHERY-Legierungen nimmt die

Aktivierungsenergie der genannten Rk. mit dem Quadrat der durch das mehrwertige gelöste Metall verursachten Elektronenkonz. zu. Von den intermetall. Hume-Rothery-Phasen zeigt die γ-Phase die maximale Aktivierungsenergie. Im allg. laufen Aktivierungsenergie u. elektr. Widerstand parallel. Es kann gefolgert werden, daß die katalyt. Aktivierung in dem Eintreten von Elektronen aus dem Substrat in unbesetzte Niveaus der 1. Brillouin-Zone des Metalls besteht. Es wird angenommen, daß in Legierungen, die polare oder Kovalenzbindungen enthalten, die Konz. der Leitfähigkeitselektronen erniedrigt ist, was durch die katalyt. Erfahrung bestätigt wird. Die Frequenzfaktoren der Dehydrierungs-Rk. an verschied. Katalysatoren steigen logarithm. mit steigender Aktivierungsenergie. Auch die mechan. Härte der Legierungen läuft parallel mit der Aktivierungsenergie. Hieraus wird geschlossen, daß die Härte eine Funktion des Auffüllungsgrades der Brillouin-Zone ist, wofür katalyt. Verss. an Martensit eine Bestätigung liefern. (Discuss. Faraday Soc. Nr. **8**. 166—71. 1950. Piräus, Inst. Nicolaos Canellopoulos, Dep. of Inorgan., Phys. and Catalyt. Chem.) Reitz. 227

B. Anorganische Chemie.

K. W. Asstachow, A. G. Jelitzur und **K. M. Nikolajew,** *Untersuchung der Hydrate nach der Hydridmethode.* Die angewandte Hydridmeth. von Jelitzur zur Unters. der Hydrate beruht auf der Entfernung des W. der Hydrate durch *Pyridin* (I) u. dessen Rk. mit den Erdalkalihydriden unter Abscheidung von H_2, dessen Vol. dem Wassergeh. im Hydrat entspricht. Die Wrkg. von I beruht auf der chem. Rk. mit dem W. der zu prüfenden Verb. (Substitution bei der Komplexbldg.), die des Hydrates auf der Verschiebung des Gleichgewichtes Hydrat $\rightleftarrows$ Pyridinhydrat. Die Hydroxylgruppen werden hierbei nicht bestimmt. Ein Vgl. der Ergebnisse mit den Literaturbefunden nach anderen Verff. ergab, daß in $Cu(OH)_2$, $Cd(OH)_2$ u. $Ni(OH)_2$ das W. nach dem Hydridverf. nicht bestimmt wird. 1 Mol $Au(OH)_3$ gibt 1 Mol W. ab. Demnach ist dasselbe als $HAuO_2 \cdot H_2O$ aufzufassen. 2 Mol $Al(OH)_3$ geben 1 Mol W. ab [Dehydratation bis zu $Al_2O(OH)_4$]. Die Dehydratation von $Cr(OH)_3$ erfolgt sowohl im Trockenschrank bei 105° als auch nach dem Hydridverf. bis zur Bldg. von $Cr_2O_3 \cdot 4\,H_2O$. Je Mol $Ga(OH)_3$ wird ein Mol W. entfernt. $Fe(OH)_3$ besitzt keine bestimmte Zusammensetzung. Die Differenz zwischen therm. u. nach dem Hydridverf. bestimmtem W. erklärt sich aus der Ggw. bas. Salze. H_3BO_3 wird unterhalb 16° bis zu HBO_2 dehydratisiert, bei 16—20° bis zur Bldg. von $H_2B_4O_7$. In HJO_4 werden bereits bei Zimmertemp. 2 Mol W. bestimmt. In Übereinstimmung mit der magnet. Susceptibilität ist ihm demnach die Formel $HJO_4 \cdot 2\,H_2O$ zuzuschreiben. Die Ursache für die mögliche Fünfwertigkeit von HJO_4 bleibt ungeklärt. 1 Mol *Chloralhydrat* gibt 1 Mol W. ab, dessen Bindungsart nicht ermittelt werden kann. (Журнал Общей Химии [J. allg. Chem.] **21** (**83**). 1753—63. Okt. 1951.) Lebtag. 240

Jacob Kleinberg, Ervin Colton, James Sattizahn und **Calvin A. Vander Werf,** *Das Verhalten verschiedener Jod-Species in Pyridin und Chinolin.* In Fortführung früherer Unterss. (Zingaro, Vander Werf u. Kleinberg, C. **1952**. 5542) werden spektrophotometr. Unterss. über das Verh. von elementarem J_2 von J_3^- u. von J^+ in *Pyridin* (I) u. in *Chinolin* (II) in Abwesenheit von Licht durchgeführt. Es ergibt sich, daß J_2 mit I langsam reagiert unter Bldg. von in diesem Medium relativ stabilem J_3^-, während J_2 mit II sehr schnell ebenfalls unter Bldg. von J_3^- reagiert, das dann aber, wenn auch langsamer, weiter reagiert, ohne daß Reaktionsprodd. isoliert werden können. Es scheint, als ob J substituierend in den II-Kern eintritt. Komplexverbb., die J^+ mit II koordiniert enthalten, durchlaufen eine Reihe von Rkk. mit II, die augenscheinlich zu Prodd. polymerer Natur führen. (J. Amer. chem. Soc. **75**. 442—45. 20/1. 1953. Lawrence, Kan., Univ., Dep. of Chem., u. Los Alamos, Sci. Labor.) Niemitz. 249

S. E. Rogers und **A. R. Ubbelohde,** *Schmelzen und Kristallstruktur.* 3. Mitt. *Niedrigschmelzende saure Sulfate.* (2. vgl. Quart. Rev. [chem. Soc., London] **4**. [1950.] 356.) Von $KHSO_4$, $NaHSO_4$ u. NH_4HSO_4 wurden im festen u. fl. Zustand D., Änderung des spezif. Vol. mit der Temp., Änderung der elektr. Leitfähigkeit (in festem Zustand sowie in der Schmelze von ca. 25° bis ca. 3° oberhalb des F.) mit der Temp. gemessen; im festen Zustand wurden Röntgenunterss. u. außerdem Viscositätsmessungen oberhalb u. in der Nähe des E. ausgeführt. Aus den Messungen wurden die Aktivierungsenergien berechnet. Aus den Messungen der Leitfähigkeiten ergab sich eine exponentielle Beziehung mit der Temperatur. Die Viscositätsmessungen an $KHSO_4$ wurden in der Schmelze u. bei Tempp. unmittelbar in der Nähe des E. durchgeführt. Es ergab sich hierbei ein sehr schnelles Ansteigen der Viscosität in der Gegend des E.; hieraus ergaben sich zwei Aktivierungsenergien für das viscose Fließen. Die Werte sind für den Bereich

207—210° 38,9 kcal/Mol. u. für den Bereich 210—226° 12,0 kcal/Mol. Die D. von $KHSO_4$ bei 18° wurde zu 2,374 ± 0,006 bestimmt. Von $KHSO_4$ wurden ferner die Molvoll. u. die Ausdehnungskoeffizienten in festem u. fl. Zustand gemessen. Die Röntgenaufnahmen von festem $KHSO_4$ erwiesen sich als sehr komplex; eine Strukturbest. konnte aus diesem Grunde nicht durchgeführt werden. Die therm. Analyse der drei sauren Sulfate zeigte, daß eine Verbindungsbldg. nicht auftritt. Im System $KHSO_4$–$NaHSO_4$ tritt ein Eutektikum bei 125° u. 53,5% $NaHSO_4$, im Syst. $KHSO_4$–NH_4HSO_4 bei 110,5° u. 83% NH_4HSO_4 auf. Die niedrigen FF. der drei sauren Sulfate sind wahrscheinlich auf die Leichtigkeit der Bldg. gewisser Typen von Gitterfehlern in Protonen enthaltenden Kristallen zurückzuführen. (Trans. Faraday Soc. **46**. 1051—61. Dez. 1950. Belfast, Queen's Univ., Chem. Dep.) GOTTFRIED. 253

F. M. Kogan, *Hydrolysereaktionen von Natriumpolysulfiden.* Die Hydrolyse von Na_2S_4 in einer wss. Lsg. bei Siedetemp. unter Ausschluß von Sauerstoff verläuft ohne Abscheidung von mol. Schwefel. Der frei werdende Polysulfidschwefel bildet in Oxydationsreduktionsprozessen $4\,OH' + 4\,S \rightleftharpoons 4[HOS]'$; $4[HOS]' \rightarrow 2\,HS' + S_2O_3'' + H_2O$ Sulfid u. Thiosulfat. Erhaltene Analysenergebnisse stimmen im wesentlichen mit dieser Gleichung überein. Abweichungen davon sind eine Folge der gleichzeitig laufenden Neben- u. Sekundär-Reaktionen. Die Verhältnisse von Verlust an Polysulfidschwefel u. Zunahme an Thiosulfat sind nahegelegen den berechneten Verhältnissen aus der gegenseitigen Oxydation-Reduktion der Zwischenverbindungen, welche sich aus den abgespaltenen Schwefel-Atomen bei ihrer Umgestaltung in alkal. Medium zu Sulfid u. Thiosulfat bilden. (Журнал Прикладной Химии [J. angew. Chem.] **25**. 1296—1300. Dez. 1952.) H. KASPAR. 253

Erich Thilo und **Willi Miedreich,** *Chemische Untersuchungen von Silicaten. 15. Mitt. Die Konstitution der wasserhaltigen Natriumsilicate.* (14. vgl. C. **1952**. 495.) Durch therm. Entwässerung von „$Na_2SiO_3 \cdot 9\,H_2O$"- (I) u. „$Na_6Si_2O_7 \cdot 11\,H_2O$"-(II)-Präpp. entstehen Prodd. mit nicht definiertem Wassergeh., die nach den DEBYE-Aufnahmen Gemenge von amorphen, kondensierten u. krist. Hydraten sind. Beide Ausgangspräpp. gehen schließlich in $(Na_2SiO_3)_x$ über. Auch durch Hydrolyse der Anhydride $(Na_2SiO_3)_x$ oder $Na_6Si_2O_7$ mit W. bei 180—200° im Rohr werden nicht die sauren Salze $Na_2[H_2SiO_4]$ bzw. $Na_3[HSiO_4]$ erhalten, ersteres bleibt unverändert, letzteres gibt $(Na_2SiO_3)_x$ + NaOH. Dagegen lassen sich die beiden Hydrate **I** u. **II** durch Hydrolyse mit feuchtem A. (10—15 Min. bei Zimmertemp. schütteln, Bodensatz nachbehandeln) in die Verb. $Na[H_3SiO_4]$ (**III**) überführen, die ein gut ausgebildetes, mit keinem der bisher bekannten Na-Silicate übereinstimmendes Röntgendiagramm gibt. Sie ist getrocknet ein feinkörniges Pulver, nicht hygroskop., wird von trocknem CO_2 sehr langsam, von feuchtem leicht angegriffen, löst sich leicht in W. unter Bldg. von Lsgg., die auch beim Ansäuern klar bleiben u. sich mit Molybdat in der Kälte sofort gelb färben (monomere Silicatanionen!). Bis 50° ist **III** stabil, ab 60° erfolgt Wasserabgabe u. oberhalb 300° völlige Entwässerung unter Bldg. von $(Na_2Si_2O_5)_x$. Mit Na-Alkoholat reagiert **III** von 60° an u. nimmt 1 Mol NaOH auf, wobei $Na_2[H_2SiO_4]$, daneben $(Na_2SiO_3)_x$, bes. bei höherer Temp., entsteht. — In schmelzendem Glaubersalz, das wegen der Depression seines Umwandlungspunktes durch gelöste Stoffe für kryoskop. Unterss. verwendet werden kann, werden Mol.-Gew. bzw. Teilchenzahl der Na-Silicathydrate bestimmt. Für **III** wird bei kleinen Konzz. ein kryoskop. wirksames Teilchen, $Na[H_3SiO_4]$ oder $[H_3SiO_4]^-$ pro Mol. gefunden, mit wachsender Konz. nimmt die Teilchenzahl ab (Kondensation oder wahrscheinlicher Aggregation). Da Hydrolysevorgänge, etwa eines hochmol. Anions, die die beobachtete Depression hervorrufen könnten, ausgeschlossen werden können, ist anzunehmen, daß in der Lsg. niedrigmol. Kieselsäureanionen, bei unendlicher Verdünnung streng monomol., bei höherer Konz. als Aggregate oder Kondensationsprodd. vorliegen. — Für $Na_2[H_2SiO_4] \cdot 8\,H_2O$ (= „$Na_2SiO_3 \cdot 9\,H_2O$" I) werden bei kleinen Konzz. 2 Teilchen, mit wachsender Konz. wieder Abnahme der Teilchenzahl gefunden. Die Bldg. zweier kryoskop. wirksamer Teilchen erklärt sich durch Hydrolyse nach $Na_2[H_2SiO_4]aq + H_2O \rightleftharpoons Na^+ + OH^- + Na[H_3SiO_4]$. Entsprechend werden für $Na_3[HSiO_4] \cdot 5H_2O$ (= „$Na_6Si_2O_7 \cdot 11\,H_2O$" II) bei kleinen Konzz. 3 Teilchen gefunden, die durch Hydrolyse nach $Na_3[HSiO_4] + 2\,H_2O \rightarrow Na[H_3SiO_4] + 2\,Na + 2\,OH^-$ entstehen. Durch Best. der Teilchenzahlen von $Na_3[HSiO_4]$ nach Zusatz von 1 bzw. 2 Äquivalent H_2SO_4 bzw. von jeweils einem Äquivalent NaOH wird die Richtigkeit dieser Auffassung bestätigt. Die Hydrolysebefunde entsprechen für beide Verbb. denen mit feuchtem Alkohol. — Aus den Ergebnissen der kryoskop. Unters. u. den Rkk. der Silicathydrate mit A., die sich als Hydrolyse saurer Salze der Monokieselsäure durch in den A. übergegangenes Kristallwasser einfach erklären lassen, schließen Vff., daß die wasserhaltigen Na-Silicate als saure Salze der Monokieselsäure bzw. deren Hydrate aufzufassen sind, also: $Na_3[HSiO_4] \cdot 5\,H_2O$ (nicht $Na_6Si_2O_7 \cdot 11\,H_2O$), $Na_2[H_2$·

$SiO_4]\cdot 8H_2O$, $5H_2O$, $4H_2O$ (nicht $Na_2SiO_3\cdot 9H_2O$ bzw. 6 bzw. $5H_2O$) sowie $Na[H_3SiO_4]$. (Z. anorg. allg. Chem. **267.** 76—88. Dez. 1951. Berlin, Humboldt-Univ., I. Chem. Inst.) v. DECHEND. 261

Robert Schwarz und **Fritz Weigel,** *Zur Kenntnis der Kieselsäuren.* 8. Mitt. *Über organisch substituierte Siliciumamide und deren Derivate.* (7. vgl. C. **1952.** 6184.) Die Umsetzung von Organochlorsilanen mit NH_3 führt zu entsprechenden Organosiliciumamiden, die weiter zu Disilazanen kondensiert werden. Hierbei entstehen aus Diamiden auch Cyclosilazane. Auf diese Weise werden dargestellt: *Tri-[isopropoxy]-siliciumamid,* $[iso\text{-}C_3H_7O]_3SiNH_2$, Fl., Kp. 181°, sehr feuchtigkeitsempfindlich, läßt sich unzers.dest.; beim Erhitzen am Rückfluß tritt teilweise Kondensation zu *Hexa-[isopropoxy]-disalazan,* $[iso\text{-}C_3H_7O]_3\cdot Si\cdot NH\cdot Si[iso\text{-}C_3H_7O]_3$, ein. *Triphenoxysiliciumamid,* Kristalle vom F. 47,5°, Mol.-Gew. 329 (berechnet 323), Si 8,70% (berechnet 8,86%). Beim Erhitzen auf 180° tritt nach 12 Std. quantitativ Kondensation zum entsprechenden *Disilazan,* das eine viscose Fl., $Kp._3$ 261—265° vom Mol.-Gew. 637 (berechnet 630) u. 8,93% Si (berechnet 8,91%) ist. *Di-[isopropoxy]-siliciumdiamid* kann bei der Umsetzung von Di-[isopropoxy-]siliciumdichlorid mit NH_3 nicht gefaßt werden, da es sich bei den Versuchsbedingungen sofort zu Disilazan u. Cyclotrisilazan kondensiert; weiteres Erhitzen des Gemisches u. fraktionierte Dest. ergibt *Hexa-[isopropoxy]-cyclotrisilazan* (I), eine ölige Fl., $Kp._4$ 147°, Mol.-Gew. 481 (berechnet 483), 17,40% Si (berechnet 17,40%) u. *Okta-[isopropoxy]-cyclotetrasilazan,* hochviscose gelbe Fl., $Kp._2$ 191°, Mol.-Gew. 639 (berechnet 644), 17,39% Si (berechnet 17,40%). Bei der Phenoxydiamidverb. ist die Neigung zur Kondensation geringer. Nach längerem Erhitzen auf 180° erhält man *Okta-[phenoxy]-cyclotetrasilazan,* feuchtigkeitsempfindliche Kristalle, F. 129,5°, Mol.-Gew. 940 (berechnet 917), 12,25% Si (berechnet 12,24%). Um ein Mol. mit der Atomgruppierung —Si—NH—C— aufzubauen, wird Triphenoxysiliciumchlorid mit Hexamethylendiamin zur Rk. gebracht. Aus dem Reaktionsgemisch krist. das *Triphenoxycyclohexamethylensilazin* in nicht feuchtigkeitsempfindlichen Kristallen aus, F. 54°, Mol.-Gew. 410 (berechnet 405), 6,94% Si (berechnet 6,92%). Die Rk. von Adipinsäurechlorid mit Tri-isopropoxysiliciumamid ergibt neben anderen Prodd. Kristalle von *Tri-[isopropoxy]-cyclotetramethylendiketosilazin* als Vertreter eines Stoffes mit der Atomgruppierung —Si—NH—CO—. Die Kristalle sind sehr feuchtigkeitsempfindlich, F. 65—67°, Mol.-Gew. 335 (berechnet 331), 8,49% Si (berechnet 8,47%). Ermöglicht werden derartige Ringsynthesen durch die außerordentlich starke Beweglichkeit des Iminowasserstoffes bei den Atomgruppierungen —Si—NH—C— u. —Si—NH—CO—. (Z. anorg. allg. Chem. **268.** 291—300. Juni 1952. Aachen, Rhein.-Westf. TH, Inst. für anorg. Chem. u. Elektrochem.) W. FABER. 261

```
R2·Si—NH—Si·R2
   |       |
   HN—Si—NH
      |
      R2          I
R = OC3H7
```

J. M. Gamboa, *Über die Chlor- und Stickstoffderivate der Silane.* Nach eingehender Beschreibung der in den Unterss. über organ. Si-Verbb. angewandten Hochvakuumtechnik gibt Vf. eine Darst. der Gewinnung von Si–H–Cl-Verbb. unter Verwendung von $LiAlH_4$ u. der Umsetzung von SiH_3Cl mit NH_3 zu $(SiH_3)_3N$ (I) u. von Si_2H_5Cl bzw. $Si_2H_4Cl_2$ mit NH_3 zu $(Si_2H_5)_3N$ bzw. Si_2H_4NH. I gibt mit B_2H_6 keine Rk., während mit BF_3 eine instabile Anlagerungsverb. gebildet wird, wie inzwischen auch von BURG u. KULJIAN (C. **1951.** I. 1710) festgestellt wurde. (An. Real Soc. españ. Física Quím., Ser. B **46.** 699—714. Dez. 1950. Cambridge, Univ., Chem. Labor.) R. K. MÜLLER. 261

C. C. Coffin und **C. E. Hubley,** *Untersuchungen über explosives Antimon.* 4. Mitt. *Die Explosionswärme bei 40°.* (3. vgl. C. **1936.** II. 2515.) Mit dem C. **1953.** 9251 beschriebenen Calorimeter für 40° wurde die Explosionswärme von amorphem Sb, das aus $SbCl_3$ elektr. niedergeschlagen wurde u. bei mechan. Stoß oder Kratzen explodierte, bestimmt. Sb wurde auf Messingkathoden niedergeschlagen, die in das Calorimeter eingeführt wurden u. gleichzeitig so bewegt werden konnten, daß die Explosion ausgelöst wurde. Der Quecksilberfaden des Calorimeters zeigte die entstandene Explosionswärme an. Sie war bei 40° im Mittel 21,8 cal/g. Die eigentliche Ursache der Explosion konnte nicht festgestellt werden; sie scheint nicht $SbCl_3$, sondern ein radioakt. Sb zu sein. (Canad. J. Res., Sect. B **28.** 644—47. Okt. 1950.) MIETHING. 266

Alice S. Corey, *Bemerkung über Sphalerit und Wurtzit.* Röntgenograph. wurden die Prodd. verschied. Synthesemethoden untersucht, ob es sich um Wurtzit oder Zinkblende handelt. Bei Fällungen im Bereich von 15—100° aus alkal. oder saurer Zinksulfatlsg. wurde stets Zinkblende erhalten. Ebenso entstand Zinkblende bei 250° bei Wiederholung der Verss. von ALLEN u. CRENSHAW (Amer. J. Sci. [4] **38.** [1914.] 412), selbst wenn die Bedingungen variiert wurden. Das steht im Gegensatz zu der Ansicht dieser Autoren, die Wurtzit als Resultat angaben. (Amer. Mineralogist **38.** 141—43. Jan./Febr. 1953. Ann Arbor, Mich., Univ.) J.-E. HILLER. 288

H. v. Wartenberg, *Zur Kenntnis der Tonerde.* 2. Mitt. (1. vgl. C. **1953.** 8538.) Vf. hält zwei Änderungen gegenüber l. c. für erforderlich. 1. Die Annahme der direkten Verdampfung von Al_2O_3 wird insofern geändert, als durch den großen O_2-Überschuß ein eventueller Zerfall eines Al_2O_3-Mol. rückgängig gemacht wird. Somit brauchen sich die Auffassungen Brewers u. die des Vf. nicht zu widersprechen. 2. Von der kugelförmigen Form der sich aus vergastem Al_2O_3 ausscheidenden Rauchteilchen auf prim. glasige Erstarrung zu schließen, hält Vf. für nicht erlaubt. (Z. anorg. allg. Chem. **270.** 328. Dez. 1952. Göttingen, Univ., Anorg. Chem. Inst.) Plust. 294

A. W. Wylie, *Die Seltenen Erden oder Lanthaniden.* Übersicht: Geschichte der Entdeckung der Lanthaniden. Erörterungen der Elektronenstruktur an Hand von Daten aus den Gebieten der Atom- u. Mol.-Voll., der Röntgenanalyse, der opt. Spektren, des Magnetismus u. der Absorptionsspektren von Salzen. Eigg. der Metalle, Hydroxyde, Oxyde sowie vieler Salze u. Oxysalze sowie Methoden der analyt. Trennung. — 47 Zitate. (Roy. Austr. chem. Inst. J. Proc. **17.** 377—97. Okt. 1950. Melbourne, C. S. I. R. O., Div. of Ind. Chem.) Gerhard Günther. 303

H. K. El-Shamy, *Untersuchungen an sauren Wolframatlösungen.* Vf. untersuchte die Gleichgewichtsbedingungen zwischen niedermol. WO_3 u. hochmol. aggregiertem WO_3 in sauren Lsgg. u. stellt fest, daß der Betrag an niedermol. WO_3 in sauren Lsgg. nicht nur durch den p_H, sondern auch durch die Konz. an WO_3 bestimmt wird. Die kathod. Red. verd. saurer, niedermol. WO_3 enthaltender Lsgg. führt nicht zu W^V-Lsgg., sondern zu Wolframblau der Formel W_4O_{11}, während Lsgg. in 11 mol. HCl an mit Pt-Mohr überzogenen Kathoden zu W^V u. an blanken Pt-Kathoden zu W^{III}-Lsgg. führen. Wegen der komplizierten Abhängigkeit von Säure- u. Metallkonz. ist es nicht möglich, das Standard Redox-Potential des $W^{VI/V}$-Syst. zu bestimmen, ein formales Potential von 0,3155 ergibt sich in 11,06 mol. HCl bei 30°. (J. Indian chem. Soc. **29.** 667—73. Sept. 1952. Alexandria, Farouk I Univ., Fac. of Sci.) Niemitz. 337

Gerhart Jander und **Ulrich Krüerke,** *Über Parawolframsäuren und Parawolframate.* In Fortführung eigener älterer Unterss. u. veranlaßt durch die Ergebnisse von Souchay über die Ionen in Wolframatlsgg. (C. **1945.** I. 1464—66), untersuchen Vff. erneut die Bldg. von hexameren „Parawolframsäuren" u. „-wolframaten". Bei vorsichtigem Ansäuern der wss. Lsg. eines n. *Na-Wolframats,* $Na_2WO_4 \cdot 2H_2O$, entsteht zunächst Wolframsäurehydrat u. aus diesem durch Rk. mit in der Lsg. vorhandenem Na_2WO_4 ein Polywolframat. Ein solches kann krist. als „Parawolframat" mit der annähernden Zus. $5\,Na_2O \cdot 12\,WO_3 \cdot aq$ erhalten werden; in der Lsg. liegt nach Diffusionsverss. Hexawolframat vor. Der Bldg. des Parawolframats vorst. Zus. oder $Na_5(HW_6O_{21} \cdot aq)$ entspricht auf der konduktometr. Titrationskurve ein Knick nach Verbrauch von 7 H^+-Ionen gemäß $6\,(WO_4 \cdot aq)^{2-} + 7\,H^+ \rightleftharpoons (HW_6O_{21} \cdot aq)^{5-} + 3\,H_2O$ u. auf den Kurven der Lichtabsorption eine Verschiebung des Absorptionsbeginns nach längeren Wellen hin; ein 2. Knick auf der konduktometr. Neutralisationskurve zeigt sich nach Verbrauch von 9 H^+-Ionen. — Von dem durch Ansäuern entstandenen Hexawolframat-Ion verschieden ist das durch Auflösen von krist. Parawolframat entstandene Parawolframat „A" bzw. „B"; B ist weniger reaktionsfähig, beide unterscheiden sich auch, wie Vff. nunmehr zeigen, durch ihre Lichtabsorption. Sie sollen nach Souchay miteinander im Gleichgewicht stehen. Parawolframat A reagiert augenblicklich mit 2 H^+ zu $[H_3W_6O_{21} \cdot aq]^{3-}$, nach Souchay „Pseudo-$\psi$-Metawolframat", entsprechend dem 2. Knick der konduktometr. Titrationskurve. Dieses Ion ist im Gegensatz zu $[HW_6O_{21} \cdot aq]^{5-}$ polarograph. wirksam, jedoch bildet sich die charakterist. Stufe im Polarogramm erst allmählich aus. Auch die Leitfähigkeitstitration nach einer bes. empfindlichen Meth. u. die zeitliche Veränderung der $[H^+]$ angesäuerter Na_2WO_4-Lsgg. ohne u. bes. mit Fremdelektrolytzusatz lassen einen komplizierteren Vorgang erkennen als nur die Aufnahme von 2 Protonen. Wahrscheinlich entsteht bei Steigerung der Säurekonz. zuerst momentan unter Aufnahme von 2 H^+ ein saures Parawolframat $[H_2(HW_6O_{21} \cdot aq)]^{3-}$, u. dieses Zwischenprod. „Metawolframat A" geht allmählich in das polarograph. wirksame ψ-Metawolframat $[H_3W_6O_{21} \cdot aq]^{3-}$ über mit Einbau der Protonen in den Komplex. Dieser langsame Übergang wird in den Lichtabsorptionskurven sichtbar: die Absorption ändert sich zeitlich, u. zwar nähert sie sich von längeren Wellenlängen her langsam der Kurve des ψ-Metawolframats; aus der Absorption ergibt sich auch eine Bedeutung des Konstitutionswassers, das anscheidend bei der Zeit-Rk. abgegeben wird. Metawolframat A u. ψ-Metawolframat in verdünnteren Lsgg. sind ebenfalls Hexawolframate. (Z. anorg. allg. Chem. **265.** 244—54. Juli 1951. Greifswald, Univ., Chem. Inst.) v. Dechend. 337

Debabrata Sen und **Priyadaranjan Rây,** *Untersuchungen über die Chemie des Rheniums.* 1. Mitt. *Oxalat-Komplexe vom vierwertigen Rhenium.* Re^{4+} bildet mit Oxalsäure

2 Typen von komplexen Säuren. Beim Kochen von *ReO_2* mit überschüssiger Oxalsäure erhielten Vff. die *Oxalato-trihydroxo-aquo-rhenium*(IV)-*wasserstoffsäure*, $H[(OH)_3Re\cdot(C_2O_4)H_2O]$ (I), als schwarzes krist. Pulver. Im sauren Medium ist I beständig. Durch Alkalien wird I unter ReO_2-Abscheidung zersetzt. I steht mit der zweibas. Form, der *Oxalato-tetrahydroxo-rhenium*(IV)-*wasserstoffsäure*, $H_2[(OH)_4Re(C_2O_4)]$ (II) im Gleichgewicht. Für I bzw. II bestimmten Vff. die Dissoziationskonstanten k_1 u. k_2 potentiometr. zu $7,94\cdot10^{-3}$ u. $1,02\cdot10^{-5}$. Die Einstellung des Gleichgewichts I $\rightleftharpoons$ II erfolgt in wss. Lsg. nur langsam. Vff. stellten verschied. Alkali-, Erdalkali- u. Schwermetallsalze von I u. II dar. Auf Grund von magnet. Messungen erwies sich das Dinatriumsalz (III) als diamagnet. ($\chi_M = -3,98\cdot10^{-6}$), was für vierwertiges Re mit ungerader Anzahl von Elektronen ungewöhnlich ist. Als Ursache sehen Vff. das Vorhandensein einer metall. Re—Re-Bindung an u. kommen dadurch u. aus anderen Gründen zu der Auffassung, daß III mit einem dimeren Komplexion, $Na_4[(C_2O_4)(OH)_4Re:Re(OH)_4(C_2O_4)]$, zu formulieren ist. Wie I sind auch deren Salze braun-schwarz. Nur das *Pb*-Salz ist grau. Von den nach üblichen Methoden dargestellten Salzen Me = Na^+, K^+, Tl^+, Ba^{2+} u. Pb^{2+} sind nur die der Alkalien in W. leicht lösl., während sich die anderen in verd. Säuren auflösen. Die lösl. Salze reagieren sauer u. werden durch Alkalien zersetzt. Von II stellten Vff. Salze her mit Me = Na^+, K^+, NH_4^+, Li^+, Ba^{2+}, Ca^{2+}, Sr^{2+}, Pb^{2+}, Zn^{2+}, Cd^{2+}, Ni^{2+}, Co^{2+}, Cu^{2+}, *Hexamethylentetramin* u. *Strychnin*. Nur die Erdalkalisalze u. das Pb-Salz sind in W. löslich. In organ. Lösungsmitteln lösen sich weder die Salze von I noch die von II. Das Cu^{2+}-Salz von II geht beim Erwärmen mit Alkalien in das Cu^+-Salz (schokoladenbraun) über. Ag-Salzlsgg. oxydieren I u. II zu $HReO_4$. (J. Indian chem. Soc. **30.** 171—80. März 1953. Calcutta, Univ., Coll. of Sci· and Techn., Inorg. Chem. Labor.) Plust. 352

Debabrata Sen und **Priyadaranjan Rây,** *Untersuchungen über die Chemie des Rheniums.* 2. Mitt. *Komplexverbindungen des vierwertigen Rheniums mit Gallussäure.* (1. vgl. vorst. Ref.) In Analogie zur Oxalsäure bildet auch die Gallussäure mit vierwertigem Re eine Komplexsäure der Zus. $H_2[(H_2O)Re(C_6H_2O_2\cdot OH\cdot COO)_2]6H_2O$ (I). Nach dem Trocknen bei 110—115° krist. die Säure mit 2 H_2O, die Salze dagegen ohne Wasser. I ist tiefbraun, krist., löst sich leicht in W. u. wird in Ggw. von Alkalien oxydiert. Zur Darst. wurde $K_2[ReCl_6]$ (1 Mol) u. Gallussäure (4 Mol) in wenig W. ca. 1 Std. unter dem Rückfluß gekocht. Von den dargestellten Salzen (Me = Na^+, K^+, NH_4^+, Tl^+, Ba^{2+}, Ca^{2+} u. Pb^{2+}) erwiesen sich nur die Alkalisalze als wasserlöslich. Potentiometr. Titrationen zeigten, daß I zweibas. ist. Die entsprechenden Dissoziationskonstanten k_1 u. k_2 bestimmten Vff. zu $7,1\cdot10^{-5}$ u. $4,4\cdot10^{-7}$. Magnet. Messungen des Dinatriumsalzes ergaben für dieses Diamagnetismus ($\chi_M = -4,391\cdot10^{-6}$). Dieser zeigt das Vorhandensein einer metall. Re—Re-Bindung an u. führt zur dimeren Formulierung des Komplexions. (J. Indian chem. Soc. **30.** 181—84. März 1953.) Plust. 352

Francisco Muñoz del Corral, *Über die Reduktion der Eisenoxyde mit Kohlenstoff.* Thermodynam. Grundlagen; Gleichgewicht zwischen C, O, CO u. CO_2; Syst. Fe–O; Gleichgewichte zwischen Fe, C u. ihre Phasen u. O-Verbb.; Reduktionsprozesse: Red. durch das aus der Vergasung von Kohle stammende CO; Red. durch C; gemischter Prozeß; der Hochofen; elektr. Hochofen; Fe-Schwamm. (Metalurgia y Electr. **17.** Nr. 185. 33—43. Jan.; Nr. 186. 46—53. Febr. 1953.) R. K. Müller. 354

P. Asanti und **E. J. Kohlmeyer,** *Über die thermischen Eigenschaften der Verbindungen von Kobalt mit Sauerstoff und Schwefel.* Schmelzdiagramme der Systeme Co–O_2, Co–S, CoS–FeS, CoO–FeS, FeO–CoS, CoO–SiO_2 wurden aufgenommen u. Verss. in dem Syst. CoO–SiO_2–FeS u. Rkk. von 2 CoO·SiO_2 mit CuS u. von CoS mit Cu_2O beschrieben. Co_2O_3 dissoziiert bei 500—600°, Co_3O_4 bei 900°, über 900—1000° ist nur CoO beständig. Bis 15% CoO (= 3,2% O_2) konnten in fl. Co gelöst werden. Eutektikum bei 1446°. CoS u. CoO reagieren nicht miteinander, wohl aber Co_3O_4 + CoS oberhalb 950° unter SO_2-Einw. u. Bldg. von Schmelzen aus Co + CoO + Co_3S_2. Bei 875° eutekt. E. u. eutektoide Umwandlung bei 775—800°. CoS u. FeS bilden eine lückenlose Reihe von Mischkristallen. Die Mischkristallbldg. der Systeme Fe–Co u. FeS–CoS erstreckt sich auf das ganze tern. Syst. Fe–Co–S. In den Systemen CoO–FeS u. FeO–CoS entstehen bis 1500° schmelzfl. Lsgg. von (II)-Oxyd u. (III)-Sulfid. Von 0—20 Mol.-% O in der Schmelze tritt eine Platzwechsel-Rk. nach FeS + CoO = FeO + CoS ein, die bei höherem O-Geh. rückwärtig verläuft. 2 CoO·SiO_2 schm. bei 1420°, es hat mit CoO bei 76 Gew.-% bei 1374° ein Eutektikum, mit SiO_2 bei 58% CoO bei 1368°. Eine Mischung im Molverhältnis 1 : 1 : 1 von CaO–CoO–SiO_2 schm. bei 1200—1250°. E. 1210°. Wiederschmelzen bei 1235°. (Z. anorg. allg. Chem. **265.** 90—98. Juni 1951. Berlin-Charlottenburg, Techn. Univ., Inst. für Metallhüttenkunde.) Moslé. 355

G. Ss. Gritzajenko, N. N. Sludskaja und **N. Ch. Aidinjan,** *Synthese und Untersuchung von Vaesit und Polydymit.* Die Synth. von *Vaesit* (NiS_2) (I) erfolgt in der Weise, daß die wss. Lsgg. von 1,5 u. 10%ig. *$NiSO_4$* sowie 0,75, 3,75 u. 7,5%ig. *$Fe_2(SO_4)_3$* (II) in der Kälte mit H_2S gesättigt u. dann 24—48 Std. im Schmelzrohr auf 60—80° erhitzt werden. Der bei der H_2S-Oxydation durch II frei werdende S beteiligt sich an der Disulfidbildung. Als feste Phasen entstehen hierbei *Millerit* (NiS), Fe-haltiger Vaesit (Ni, Fe)S_2 (III) u. S. Das Verhältnis Fe : Ni in III ist von deren Verhältnis in der Ausgangslsg. abhängig. Selbst bei 4fachem Fe-Überschuß gegenüber Ni ist in der festen Phase Ni vorherrschend. Nach der chem Zus. u. nach den Gitterkonstanten bleiben alle erhaltenen Disulfide oberhalb 60% *NiS_2* (IV). Bei Tempp. bis 80° besteht demnach eine Mischungslücke von IV u. FeS_2 (V) bei 60% IV u. 40% V. Im Intervall 100—60% IV werden chem. Zus., physikal. Eigg. u. Gitterkonstante kontinuierlich verändert. Die erhaltenen Disulfide gehören demnach zu einer Mineralart mit 2 Varietäten, I u. III, zwischen denen keine scharfe Trennung möglich ist. Der Polydymit entsteht im Schmelzrohr wegen der ungenügenden Redoxverhältnisse nicht. Seine Bldg. ist als Oxydation von I zu denken. Bei ungenügendem Luftzutritt bestehen die inneren Körner aus I, die äußeren aus Polydymit. (**Записки Всесоюзного Минералогического Общества** [Schr. Allunions. mineralog. Ges.] [2] **82.** 42—52. 1953.) Lebtag. 356

A. M. Rubinstein und **G. W. Derbischer,** *Über einige Substitutionsreaktionen der inneren Sphäre in Komplexverbindungen des Platins mit Diallylamin.* Untersucht wurde die Wrkg. von *NH_3*, *Thioharnstoff* sowie 5 u. 10%ig. *NaOH* auf *$HDCl_3Pt$* (I), wo D der Diallylaminrest bedeutet. I wurde durch Spaltung von *DCl_2Pt* (II) mit HCl oder durch Einw. von *Diallylamin* (III) auf die angesäuerte Lsg. von *Ammoniumchloroplatinit* (IV) erhalten. Bei der Rk. zwischen NH_3 u. I (aus II) entsteht $[D(NH_3)_3Pt]\cdot[PtCl_4]$, in welchem III einen Koordinationsplatz einnimmt. Bei der Einw. von überschüssigem Thioharnstoff auf I werden III u. Säurereste aus der inneren Sphäre völlig verdrängt. Es entsteht das in W. lösl. *$4\,SC(NH_2)_2\cdot PtCl_2$*. Bei der Einw. von 10%ig. NaOH auf I geht wahrscheinlich das zunächst gebildete II in leichtlösl. dunkelbraunes *$D(OH)_2\cdot PtCl_2$* über. Beim Erhitzen von trockenem I mit 5%ig. NaOH erhält man ein in W. unlösl. dunkelgelbes Prod., das prakt. von I nicht zu trennen ist. Vermutlich erfolgt hierbei ein III-Ringschluß unter Bldg. von II. Die Rk. des aus III gewonnenen II verläuft mit NH_3, Thioharnstoff u. NaOH ähnlich wie oben. Hieraus wird geschlossen, daß bei der II-Spaltung durch HCl u. bei der Rk. zwischen III u. IV dasselbe I entsteht. Bei der Einw. der berechneten oder überschüssigen Menge Thioharnstoff auf II entsteht ein brauner Nd. von *$D_2ThioPtCl_2$*. Es erfolgt demnach keine Ringsprengung von III, sondern die Bldg. einer gemischten Verb., wobei 2 Cl-Atome in die äußere Sphäre verdrängt werden. Die Rk. zwischen Thioharnstoff u. II wird als Beweis für die Stabilität des III-Ringes angesehen. (**Доклады Академии Наук СССР** [Ber. Akad. Wiss. UdSSR] [N. S.] **86.** 961—64. 11/10. 1952.) Lebtag. 368

C. Mineralogische und geologische Chemie.

H. Tertsch, *Zur graphischen Indicesbestimmung bei Koordinatentransformationen.* Es wird ein vereinfachtes Verf. für die Best. neuer Flächensymbole, für den Fall, daß bei der Koordinatentransformation die Grundzone erhalten bleibt (schemat., gnomon. Zonennetz), angegeben. Transformationen an *Baryt, Valentinit, Rutil, Topas* u. *Kupfervitriol* werden als Beispiele behandelt. (Neues Jb. Mineralog., Mh. **1952.** 193—201. Aug. Wien.) Hiller. 372

G. W. Brindley, *Eine Röntgenmethode zur Untersuchung der Orientierung von Glimmermineralien in Tonschiefern, Tonen und ähnlichen Materialien.* Es wird eine Meth. zur Best. der Orientierung von glimmerartigen Mineralien in Tonen beschrieben. Sie beruht auf der Messung der Röntgenintensitäten der Basisreflexe. Wichtig ist dabei bes. die Korrektur der Absorption in den Proben. Es werden als Beispiele Diagramme von Tonschiefern u. künstlich orientierten Tonen angegeben. (Mineralog. Mag. J. mineralog. Soc. **30.** 71—78. März 1953. Leeds, Univ., Physics Dep.) Hiller. 372

N. N. Stulow, *Über die Zwillingsverwachsungen von Kassiterit.* Die Unters. von Kassiterit-Zwillingen aus einer Diluvialseife ergab, daß nach den opt. Beobachtungen die makroskop. als Fünfkörperverwachsungen erscheinenden Proben in Wirklichkeit aus 5 Individuen bestehen. Es kommen auch epitax. Verwachsungen nach der Prismenfläche (1 0 0) u. Dipyramidenfläche (1 0 1) vor. Die mkr. als Zwillingsverwachsungen aus körnigem Erz erscheinenden Gebilde sind häufig epitax. Verwachsungen. (**Записки Всесоюзного Минералогического Общества** [Schr. Allunions. mineralog. Ges.] [2] **82.** 22—31. 1953.) Lebtag. 372

Ernst Ackermann, *Quickerden und Fließbewegungen bei Erdrutschen.* Die Ursache für die Bewegungen von Böden (Fließen, Rutschen u. Gleiten) liegt in fließgefährlichen

Ablagerungen, die von quicker, plast. oder thixotroper Konsistenz sein können. Ihre Auslösung erfolgt kinet. oder durch steigenden Porenwasserdruck. An zahlreichen Beispielen wird das Problem des Fließens erläutert, wobei der Rolle der Thixotropie besondere Aufmerksamkeit gewidmet wird. (Z. dtsch. geol. Ges. **100.** 427—66. 1948. Ausgeg. 25/10. 1950. Göttingen.) Zedlitz. 378

D. P. Grigorjew, *Über die Genesis der tropfsteinbildenden oder metakolloidalen kollomorphen Aggregate von Mineralien.* Aus den Literaturangaben über Entstehung, Veränderung u. Zerstörung der als metakoll. kollomorphe Aggregate bekannten Gebilde wird geschlossen, daß diese Aggregate aus wahren wss. Lsgg. entstehen, aber auch aus koll. Lsgg. entstehen können. Im letzteren Fall erfolgt ihre Bldg. nicht durch Eintrocknen der koll. Gele, sondern aus der zwischen den Kolloidteilchen immer vorhandenen wahren gesätt. Lsg., also wiederum durch direkte Kristallisation. Die metakoll. Natur dieser Aggregate ist abzulehnen u. nicht als Kriterium für die Beteiligung der Kolloide an der Mineralbldg. anzusehen. Die Bezeichnungen „metakoll." u. „kollomorph" sind unzutreffend u. nur die Bezeichnung „Tropfsteinaggregat" ist beizubehalten, bis durch neue Unterss. eine weitere Unterteilung in verschied. Arten möglich ist, für die entsprechende Begriffe zu schaffen sind. (**Записки Всесоюзного Минералогического Общества** [Schr. Allunions. mineralog. Ges.] [2] **82.** 7—21. 1953.) Lebtag. 378

Ch. M. Abdullajew, *Einfluß des Assimilationsprozesses und des Hybridismus auf die Zusammensetzung postmagmatischer Lösungen.* Es wird der Einfl. von Assimilation u. Hybridismus auf die Konz. der Metalle (vorwiegend Fe, Sn, W) in den postmagmat. Lsgg. bei der Carbonat-, Alumosilicat- u. Eisenmagnesiaassimilation am Beispiel von Mittelasien behandelt. Es wird gezeigt, daß in den meisten Fällen Assimilation u. Hybridismus nicht nur die prim. geochem. Natur, sondern auch die Zeit der Ausfällung der postmagmat. Lsgg. bestimmen. Zwischen den Intrusivgesteinen u. den postmagmat. Lagerstätten besteht eine direkte u. enge Beziehung. Die Erzbldg. ist deshalb als Teil einer komplizierten Petrogenese anzusehen. (**Известия Академии Наук СССР, Серия Геологическая** [Nachr. Akad. Wiss. UdSSR, geol. Ser.] **1950.** Nr. 3. 3—20. Mai/Juni.) Lebtag. 378

W. M. Kljarowski, *Axinit aus der Telbess-Lagerstätte.* Der *Axinit* (**I**) von Telbess enthält (in %) 41,22 SiO_2, 17,44 Al_2O_3, 19,95 FeO, 25,00 CaO, 1,24 MgO u. 1,16 MnO. Nach den opt. Eigg. unterscheidet er sich nicht von den in der Literatur beschriebenen Mn-haltigen **I**: $n_m = 1{,}685$; $n_g > 1{,}689$, $2\,V = 68—72^0$; zweiachsig; negativ; Auslöschungswinkel = 24—40°. Das relativ häufige Vork. des Mg-haltigen **I** in der Telbess-Lagerstätte beweist im Gegensatz zur bisherigen Ansicht, daß die Schichten, aus denen die Telbess-Skarne entstanden, dolomitisierte Gesteine enthielten. (**Записки Всесоюзного Минералогического Общества** [Schr. Allunions. mineralog. Ges.] [2] **82.** 62—64. 1953.) Lebtag. 380

A. K. Gladkowski und **A. K. Scharowa,** *Über die mineralogische Zusammensetzung der Bauxite der unteren Kreide der UdSSR.* Zwecks Klärung der mineralog. Zus. der Bauxite wurden diese bis auf 0,3 mm zerkleinert u. in eine magnet. u. unmagnet. Fraktion geteilt. Nach Entfärbung des Materials der Teilchengröße 0,01—0,3 mm mit chloriertem Aldehyd/A.-Gemisch wurden die Fraktionen durch Zentrifugieren in Schwere-Fl. in die monomineral. Fraktionen mit D. 3,2; 2,85—3,2; 2,6—2,85; unter 2,6 zerlegt. Der magnet. Anteil enthielt die 3 ersten Fraktionen u. nur Spuren der 4. Fraktion u. besteht aus wasserarmen *Al_2O_3-Hydraten* (**I**), *α-Magnetit* u. *Maghemit.* Den unmagnet. Anteil lieferte der rötlichbraune Zement aus wasserreichen **I** u. *Hydrohämatit.* (**Доклады Академии Наук СССР** [Ber. Akad. Wiss. UdSSR] [N. S.] **89.** 151—54. 1/3. 1953.) Lebtag. 380

—, *Cyanit von Betschuanaland.* Beschreibung eines neuen beachtlichen Cyanitvork. von Betschuanaland. Von den drei mineralog. verschied. Gesteinstypen enthält die bedeutendste 93% Cyanit. (Colonial Geol. Mineral Resourc. **2.** 246—48. 1951.) Haller. 380

A. L. Mackay und **H. F. W. Taylor,** *Gyrolith.* Gyrolith von Bombay wird chem. u. strukturell untersucht. Analyse: SiO_2 50,23; Al_2O_3 2,19; Fe_2O_3 0,20; MgO 0,13; CaO 34,04; $Na_2O + K_2O$ 0,14; CO_2 0,95; H_2O 11,98%. Optik: $n_\omega = 1{,}545$; $n_\varepsilon = 1{,}535$. Struktur: Raumgruppe 6/m–C 6_1 (C 6_5), Gitterkonstanten a = 9,72, c = 132,8 Å, Z = 48 Moll. 2 CaO·3 SiO_2·2 H_2O. In der Zelle sind wahrscheinlich 6 Schichten senkrecht zur c-Achse von der Dicke 22,13 Å angeordnet, die Art der Schichten ist unbekannt, da für glimmerähnliche Schichten a zu lang ist. Die Dehydratationskurve zeigt, daß $^3/_4$ des W. leichter verlorengehen als der Rest. Deshalb könnte die Formel auch lauten $Ca_4(Si_6O_{15})(OH)_2 \cdot 3\,H_2O$. Der Verlust der $^3/_4$ W. bei 450° verändert die Struktur wenig, aber der Verlust des letzten Viertels führt zum *α-Wollastonit,* der bei 1125° stabil wird. Beim Abkühlen bildet sich bei 1050° *β-Wollastonit*. Es wird angenommen, daß enge strukturelle Verwandtschaft zwischen Gyrolith u. α-Wollastonit besteht. (Mineralog. Mag. J. mineralog. Soc. **30.** 80—91. März 1953. London, Univ., Birkbeck Coll. Res. Labor.) HILLER. 380

George T. Faust, *Huntit, $Mg_3Ca(CO_3)_4$, ein neues Mineral.* Huntit, $Mg_3Ca(CO_3)_4$, wird als neues Mineral aus den Magnesitvorkk. von Curront Creek, Nevada, beschrieben, wo es in Höhlungen des Gesteins gebildet worden ist. Die Paragenese besteht aus *Calcit, Dolomit, Magnesit, Deweylith* u. *Montmorillonit.* Übermikroskopaufnahmen zeigen, daß es sehr feinkörnig, $\leq 1\,\mu$, ist. Nach DEBYE-SCHERRER-Aufnahmen ist es rhomb., primitive Zelle, mit a = 5,663, b = 9,020, c = 8,514 Å, Z = 2, D. 2,696. Es ist sehr weich u. krümlig, weiß, im Dünnschliff farblos, mit sehr hoher Doppelbrechung. Analyse: MgO 34,09; CaO 15,42; MnO 0,001; H_2O^- 0,47; H_2O^+ 0,86; CO_2 48,85; SiO_2 0,06%. (Amer. Mineralogist **38.** 4—24. Jan./Febr. 1953. Washington, D. C., U. S. geolog. Survey.) HILLER. 380

F. A. Bannister und **Th. G. Sahama** (unter Mitarbeit von **H. B. Wiik**), *Kalsilit in Venanzit von San Venanzo, Umbrien, Italien.* Kalsilit von San Venanzo wird untersucht, u. genaue Meßdaten werden angegeben. Analyse: SiO_2 38,47; Al_2O_3 30,81; Fe_2O_3 1,63; FeO 0,26; MgO 0,63; CaO 0,20; Na_2O 2,09; K_2O 25,65; H_2O^+ 0,20%; D. 2,625; Optik: $n_\omega = 1{,}543$, $n_\varepsilon = 1{,}537$; Gitterkonstanten: a = 5,141 Å, c = 8,657 Å. (Mineralog. Mag. J. mineralog. Soc. **30.** 46—48. März 1953. London u. Helsinki.) HILLER. 380

E. Wm. Heinrich und **Alfred A. Levinson,** *Untersuchungen in der Glimmergruppe: Mineralogie der rosa Muskovite.* Rosa Muskovit ist eines der jüngsten Minerale in Pegmatiten vom Na–Li-Typ. Zur Paragenese gehören *Cleavelandit, Lepidolith, Spodumen, Topas, Beryll* u. *Ta-Minerale.* Die Altersfolge der Glimmer ist: Muskovit, Lepidolith, rosa Muskovit. Die Brechungsindices sind niedriger als beim Muskovit: $n_\alpha = 1{,}555$, $n_\beta = 1{,}586$, $n_\gamma = 1{,}592$. Chem. ist er ausgezeichnet durch immer vorhandene kleine Gehh. an Fe_2O_3, MnO, Li_2O, Rb_2O u. F. Die Farbe hängt nicht vom Li_2O-Geh. ab, sondern hauptsächlich vom Fehlen von Fe^{2+} u. Vorherrschen von Mn über Fe^{3+}. Vorkk. aus aller Welt werden beschrieben. (Amer. Mineralogist **38.** 25—49. Jan./Febr. 1953. Univ. of Michigan, Dep. of Mineralogy.) HILLER. 380

Alfred A. Levinson, *Untersuchungen in der Glimmergruppe; Beziehungen zwischen Polymorphie und Zusammensetzung der Reihe Muskovit–Lepidolith.* (Vgl. vorst. Ref.) Röntgenograph.-strukturelle Unterss. an 50 Muskoviten u. Lepidolithen zeigen die Existenz einer vollständigen Übergangsreihe zwischen beiden. Diese ist abhängig von der chem. Zus., bes. vom Li_2O-Gehalt. Normalmuskovit hat ca. 3,3% Li_2O, Glimmer mit 3,4—4,0% sind als Übergangsglieder durch geringe Kristallentw. u. anomales opt. Verh. gekennzeichnet. Lepidolithe mit 4,0—5,1% Li_2O haben die 6schichtige monokline Form, während solche mit > 5,1% monoklin 1schichtig kristallisieren. Die beiden Lepidolithformen sind meist miteinander vergesellschaftet u. haben im wesentlichen die gleiche Zusammensetzung. Für die hexogonale Form kann Zwillingsbldg. verantwortlich sein. Eine neue Art der Muskovitstruktur wird *Lithiummuskovit* genannt. Opt. sind die einzelnen Glieder wegen der Überlappung der Brechungsindices u. des Achsenwinkels nicht zu identifizieren. (Amer. Mineralogist **38.** 88—107. Jan./Febr. 1953.) HILLER. 380

H. O'Daniel und **P. Hahn-Weinheimer,** *Zum Faserwachstum von Serpentin.* (Kurze Originalmitt.) Bei sehr weitgehender Aufbereitung von Serpentinmineralen bis zum Dispersionsgrad eines Sols bilden sich beim Verdunsten faserige Kristallisate mit Faserbündellänge von 3—5 cm. Die Fasern sind spröde u. haben eine dem *Chrysotil* entsprechende Doppelbrechung. In gleicher Weise konnten *Antigorit* u. *Glimmer* zu faseriger Ausbldg. gebracht werden. Die Faserbldg. ist von dem Zerteilungsgrad u. der Art u. Oberflächenspannung des Dispersionsmittels abhängig. Ein p_H-Wert von 7—9,5 ist günstig. (Neues Jb. Mineralog., Mh. **1952.** 213—16. Aug. Frankfurt/M. Univ., Mineralog. Inst.) HILLER. 380

P. F. Andruschenko, *Über die Fazien der Manganerze der Polunotsch-Lagerstätte im Nord-Ural.* Die im Oxydationsmedium entstandenen Erze bestehen hauptsächlich aus *Pyrolusit.* In den küstenferneren Zonen überwiegt in dem bei Sauerstoffmangel entstandenen Erzen der *Manganit* u. kommen auch *Mangancarbonate* vor. In den noch entfernteren Zonen kommen nur diese Carbonate (fast ausschließlich *Rhodochrosit* oder *Manganocalcit*) u. teilweise *Eisensulfide* vor. Es konnten keine Fe-reichen Carbonate festgestellt werden. Der früher vermutete allmähliche Übergang der Mn-Erze in FeMn- oder Fe-Ausbildungen wird nicht beobachtet. Die räumliche Trennung der Fe- u. Mn-Oxyde während der Sedimentbldg. ist durch das Auftreten des an *Hydrogoethit* angereicherten *Opal* in strenger Abgrenzung von den Mn-Erzen erwiesen. (Известия

Академии Наук СССР, Серия Геологическая [Nachr. Akad. Wiss. UdSSR, geol. Ser.] **1950.** Nr. 2. 139—45. März/April.) Lebtag. 383

D. R. Derry, *Der Lakefield-Nephelinsyenit; Beweis für einen nichtintrusiven Ursprung.* Nach Vf. ist, in Übereinstimmung mit Gummer u. Burr (J. Geologie **54.** [1946.] 137), der Lakefield-Nephelinsyenit nicht intrusiven Ursprungs, sondern durch „Nephelinisation" eines vorher vorhandenen Sedimentgesteins durch nephelin- u. auch feldspathaltige Lsgg. entstanden. (Trans. Roy. Soc. Canada, Sect. IV [3] **45.** 31—40. Juni 1951.) Oppermann. 385

Harry von Eckermann, *Die Verteilung von Barium und Strontium in den Gesteinen und Mineralien der syenitischen und Alkaligesteine der Insel Alnö.* An Gesteinen u. ihren Mineralien der Insel Alnö werden spektrograph. Bestimmungen des Sr- u. Ba-Geh. gemacht. Es werden im einzelnen untersucht u. diskutiert: Migmatite, Fenite, Alkali-Intrusivgesteine u. Ganggesteine, ferner *Amphibol, Apatit, Baryt, Biotit, Calcit, Cancrinit, Feldspäte, Melanit, Nephelin, Pyroxen, Serpentin, Titanit* u. *Wollastonit.* Der Ba- u. Sr-Geh. wurde im letzten Stadium der Genese der Alkaligesteine konzentriert. Einmal wurde in einem Carbonatgang auch *Strontianit* gefunden, **Baryt** ist dagegen häufiger anzutreffen. Der Sr-Geh. dieser Baryte ist ungefähr derselbe wie der der Feldspäte. (Ark. Mineralog. Geol. **1.** 367—75. 1952.) Hiller. 385

Takeshi Sugihara, *Geochemische Untersuchungen von kontinentalen Gewässern.* 1. Mitt. Von 27 verschied. *Quell-* u. *Flußwässern* Japans wurden vom Sept. 1949 bis Sept. 1950 Proben entnommen, darin Ca, Mg, Na, K, Fe, Zn, Cu, CO_3, Cl, SO_4, NO_3, PO_4, SiO_2, sowie p_H, $KMnO_4$-Verbrauch u. Abdampfrückstand bestimmt u. die relativen Anteile sowie deren Änderung bei ober- u. unterird. Wässern verglichen u. im einzelnen erörtert. (J. chem. Soc. Japan, pure Chem. Sect. [Nippon Kagaku Zassi] **73.** 228—31. April 1952. Hiroshima, Univ. [Orig.: japan.]) Schuler. 393

Takeshi Sugihara, *Geochemische Untersuchungen von kontinentalen Gewässern.* 2. Mitt. ***Über die chemischen Bestandteile der Wässer in den von der*** *Katayama-Krankheit* ***befallenen Gebieten.*** 3. Mitt. *Verteilung von Phosphor und Bor im Grundwasser von Mihara City, Hiroshima Prefecture.* (1. vgl. vorst. Ref.) Die in der Gegend von Hiroshima endem. Katayama-Krankheit wird in Zusammenhang gebracht mit dem Geh. an *Zn* (10—56 γ/Liter) u. *Cu* (4—17 γ/Liter) sowie $KMnO_4$-verbrauchenden Bestandteilen (9,5—30 p.p.m. $KMnO_4$), welche für das Leben einer dort heim. Muschelart Miyuiri (des Zwischenwirts für den Erreger) notwendig scheinen. — Der B-Geh. des Grund-W. an 10 verschied. Stellen der Stadt Mihara wurde zu durchschnittlich 0,2—1,9 (max. 2,8)$\cdot 10^{-6}$, der von PO_4 0—0,04 (max. 0,06)$\cdot 10^{-6}$, gefunden. (J. chem. Soc. Japan, pure Chem. Sect. [Nippon Kagaku Zassi] **73.** 358—61. Juni 1952. [Orig.: japan.]) Schuler. 393

W. W. Ponomarewa und **A. I. Ettinger,** *Über die Natur der organischen, im Newa-Wasser gelösten Substanzen.* 50 Liter Newa-W. wurden auf **1 Liter** eingedampft u. die organ. Substanz im Nd. u. im goldgelben Konzentrat nach der Elektrodialyse bestimmt. Der Nd. bestand zu 75% aus *Fulvosäuren* u. zu 25% aus *Humin-Ulminsäuren* (**I**). Insgesamt enthielt **der Nd.** des Newa-W. 89,5% *Krensäuren,* 4,4% *Apokrensäuren* u. 6,1% **I.** (Доклады Академии Наук СССР [Ber. Akad. Wiss. UdSSR] [N. S.] **88.** 105—08. 1/1. 1953. Leningrad, Shdanow Univ.) Lebtag. 393

Trygve Braarud und **Ernst Føyn,** *Nitrite in verschmutztem Meerwasser. Beobachtungen aus dem Oslo-Fjord, 1946—1948.* Das W. in der Gegend des Hafens von Oslo hat einen deutlich erhöhten Nitritgeh. gegenüber den weiter abliegenden Teilen, die im Sommer sehr wenig, im Herbst u. Winter etwas höhere Nitritmengen aufweisen. Die tieferen Schichten sind zumeist sehr arm an Nitrit; einzelne höhere Werte werden auf den Zufluß frischer O_2-reicher Tiefenwässer u. auf die Oxydation von NH_3 zurückgeführt. Die unter der Eisdecke in den Oberflächenschichten auftretenden höheren Werte sind durch Abwasserzutritt u. geringen Verbrauch durch Phytoplankton bedingt. Im Gesamtfjord scheint die biolog. Nitritbldg. durch Bakterien innerhalb eines großen Konzentrationsbereiches an O_2 zu überwiegen. Die Nitritverteilung ist als Kennzeichen der Abwasserverschmutzung während des ganzen Jahres verwendbar. (Avh. norske Vidensk.-Akad. Oslo, I. Mat.-naturvidensk. Kl. **1951.** Nr. 3. 1—24) Manz. 393

Gerta Koczy, *Weitere Uranbestimmungen an Meerwasserproben.* An Hand eines umfangreichen Materials aus verschied. Meeren u. Tiefen, das der schwed. Expedition „Albatros" 1947/48 entstammt, wurden Messungen des U-Geh. im Meerw nach der Fluorescenzmeth. durchgeführt. In Übereinstimmung mit den Unterss von Hernegger u. Karlik (Wiener Ber., Mitt. des Ra-Inst. Nr. **360** [1935.]) wurde für Oberflächenw. ein U-Geh. von $1,1\cdot 10^{-6}$ g/Liter gemessen; hiera f tritt eine geringe Zunahme mit der Tiefe bis auf ca. $1,4 \cdot 10^{-6}$ g/Liter (Maximum bei ca. 1000 m) ein, der ein Absinken um 10 bis 20% gegen den Meeresgrund zu folgt. (S.-B. österr. Akad. Wiss., math.-naturwiss. Kl., Abt. IIa **158.** 113—21. 1950. Wien, Inst. für Radiumforschung.) GOTTFRIED. 393

Harald Norinder, Arvids Metnieks und **Reinhards Siksna,** *Radongehalt der Luft im Boden bei Uppsala.* Es werden Messungen des Rn- u. *Tn*-Geh. von Bodenluft in der Weise durchgeführt, daß Röhrensonden in den Boden getrieben werden u. die Luft in eine angeschlossene Ionisationskammer gesaugt wurde. Gefunden wurde bei ca. 150 Messungen ein Rn-Geh. von $1-6 \cdot 10^{-12}$ C/cm³ bei 90 cm Tiefe. In den Kellerräumen des Instituts wurde eine Aktivität bis zu $0,5 \cdot 10^{-12}$ C/cm³ gemessen. Das Rn/Tn-Verhältnis wurde bestimmt u. die zeitlichen Schwankungen über einen Zeitraum von ca. 15 Monaten gemessen. (Ark. Geofysik **1.** 571—80. 1953. Uppsala, Univ., Inst. für Hochspannungsforsch.) WEIGEL. 396

D. Organische Chemie.

D_1. Allgemeine und theoretische organische Chemie.

M. J. S. Dewar, *Eine Molekülbahntheorie der organischen Chemie.* 1. Mitt. *Allgemeine Prinzipien.* Vf. erweitert die Arbeiten von COULSON u. LONGUET-HIGGINS (vgl. Proc. Roy. Soc. [London], Ser. A **195.** [1948.] 188; C. **1951.** I. 23. 24), indem er die Störungstheorie auf das Verf. der Linearkombination von Molekülbahnen (LCMO-Meth., vgl. DEWAR, C. **1950.** II. 2761), eine Modifikation der üblichen halbempir. MO-Meth., anwendet. Eine Reihe von Näherungsgleichungen für Resonanzenergien, Bindungsordnungen u. Ladungsverteilungen wird gegeben. Bes. wird gezeigt, daß in gewissen Fällen eine Störungsenergiedifferenz 1. Ordnung zwischen (R + S) u. RS (wobei RS ein mesomeres Syst. darstellt) auftreten kann. Die Gültigkeit der Näherungen wird diskutiert u. im Anhang eine Erläuterung der Terminologie gegeben. (J. Amer. chem. Soc. **74.** 3341—45. 5/7. 1952. Notre Dame, Ind., Univ.) G. WINKLER. D 10

M. J. S. Dewar, *Eine Molekülbahntheorie der organischen Chemie.* 2. Mitt. *Die Struktur mesomerer Systeme.* (1. vgl. vorst. Ref.) Vf. wendet die in vorst. Mitt. gewonnenen Ergebnisse an, um eine Reihe von formalen Theoremen (1—33) aufzustellen, die sich mit der Mesomerie u. dem aromat. Charakter beschäftigen. Es werden untersucht der Einfl. der Konjugation auf die Gesamtenergie eines alternierend-ungesätt. KW-stoffes (AH) u. die Beziehung zu den Bindungsordnungen, die Verknüpfung der Resonanzenergien der AH, die sich um ein C-Atom unterscheiden, die Natur des aromat. Charakters u. dessen Begrenzung auf bestimmte Typen von Ringsystemen u. das verwandte Problem der Partialbindungsordnung (es wird eine Begründung gegeben für die relative Konstanz der Bindungslänge in aromat. Verbb. im Gegensatz zu der großen Differenz zwischen „einfachen" u. „Doppel"-Bindungen in aliphat. Strukturen). Die Wichtigkeit der klass. Bindungsstruktur wird diskutiert u. die Tatsache begründet, daß es keine stabile Verb. gibt, der nicht zumindest eine solche nichtangeregte Struktur zugeschrieben werden kann. Eine vorläufige Verb. zur Resonanztheorie wird gegeben. (J. Amer. chem. Soc. **74.** 3345—50. 5/7. 1952.) G. WINKLER. D 10

M. J. S. Dewar, *Eine Molekülbahntheorie der organischen Chemie.* 3. Mitt. *Ladungsverteilungen und elektromere Substituenten.* (2. vgl. vorst. Ref.) Vf. wendet die in den vorst. Mitteilungen gewonnenen Ergebnisse an, um die Ladungsverteilung in einem AH zu untersuchen, in dem ein oder mehrere C-Atome durch Heteroatome ersetzt sind oder in den elektromere Substituenten eingeführt sind. In weiteren Theoremen (34—57) werden u. a. die Bedingungen untersucht, unter denen zwei elektromere Substituenten über ein intermediäres mesomeres Syst. in Konjugation („mutual conjugation") treten können. Die Ergebnisse sind in Übereinstimmung mit der allg. Theorie u. geben die Möglichkeit zu einer halb quantitativen Beschreibung der relativen Aktivitäten elektromerer Substituenten. (J. Amer. chem. Soc. **74.** 3350—53. 5/7. 1952.) G. WINKLER. D 10

M. J. S. Dewar, *Eine Molekülbahntheorie der organischen Chemie.* 4. Mitt. *Freie Radikale.* (3. vgl. vorst. Ref.) Vf. untersucht mit vorst. gewonnenen Ergebnissen die Reaktivität freier Radikale u. ihre Stabilisierung durch Substituenten (Theoreme 58 bis 66). (J. Amer. chem. Soc. **74.** 3353—54. 5/7. 1952.) G. WINKLER. D 10

M. J. S. Dewar, *Eine Molekülbahntheorie der organischen Chemie.* 5. Mitt. *Theorien der Reaktivität und ihre Beziehungen untereinander.* (4. vgl. vorst. Ref.) Vf. diskutiert die Zusammenhänge zwischen den Theorien über die Reaktivität mesomerer Verbb., der elektrostat. Theorie (vgl. PRICE, Chem. Reviews **29.** [1941.] 37), in der die Reaktivität auf Selbstpolarisierbarkeiten zurückgeführt wird, der Freie-Valenztheorie (vgl.

DAUDEL u. PULLMAN, J. Chim. physique Physico-Chim. biol. **43.** [1946.] 77) mit dem Freie-Valenzindex als Maß für die Reaktivität, u. der Übergangszustandstheorie (vgl. WHELAND, J. Amer. chem. Soc. **64.** [1942.] 900), für die Energiedifferenzen zwischen Ausgangszustand u. Übergangszustand maßgebend sind. Es wird eine Erklärung gegeben für den empir. Erfolg der beiden ersten Theorien u. festgestellt, daß nur die theoret. gut begründete Übergangszustandsnäherung absol. gültig ist. (J. Amer. chem. Soc. **74.** 3355—56. 5/7. 1952.) G. WINKLER. D 10

M. J. S. Dewar, *Eine Molekülbahntheorie der organischen Chemie.* 6. Mitt. *Aromatische Substitution und Addition.* (5. vgl. vorst. Ref.) Die Ergebnisse der vorst. Mitteilungen (1—5) werden von Vf. angewandt auf verschied. Rkk. aromat. Verbindungen. Es sind tabellar. angegeben die Lokalisationsenergien (für Substitutions-Rkk. in den AH) von folgenden Verbb.: *Bzl.* (**I**), *Naphthalin* (**II**), *Anthracen* (**III**), *Naphthacen* (**IV**), *Pentacen* (**V**), *Phenanthren* (**VI**), *1.2-Benzanthracen* (**VII**), *1.2-Benznaphthacen* (**VIII**), *Chrysen* (**IX**), *1.2;7.8-Dibenzanthracen* (**X**), *1.2;5.6-Dibenzanthracen* (**XI**), *Picen, Pyren* (**XII**), *Perylen, 1.2;3.4-Dibenzanthracen* (**XIII**), *1.2-Benzpyren* (**XIV**), *3.4-Benzpyren, 2.3;6.7-Dibenzphenanthren, 5.6-Benzphenanthren* u. *9.10-Benzphenanthren*; die para-Lokalisationsenergien (für DIELS-ALDER-Rk.) von **I—VIII, X, XI, XIII** u. *Pentaphen* (**XV**) u. die ortho-Lokalisationsenergien (für Oxydationen mit Osmiumtetroxyd zu Dihydrodiolen) von **I—III, VI—XV,** *3.4-Benzphenanthren* u. *Triphenylen*. Ferner werden von Vf. mit Anführung prakt. Beispiele diskutiert die Oxydation von KW-stoffen mittels CrO_3 zu Chinonen, die biochem. Oxydation zu trans-Dihydro-o-diolen, die carcinogene Aktivität der höheren KW-stoffe, Additionen bzw. Substitutionen bei höheren Acenen, Substitutionen in alternierend-ungesätt. heterocycl. Systemen, der Einfl. von elektromeren Substituenten u. die Frage des o/p-Verhältnisses bei Substitutionsreaktionen. (J. Amer. chem. Soc. **74.** 3357—63. 5/7. 1952.)
G. WINKLER. D 10

Serge Nikitine und **Sabry G. El Komoss,** *Anwendung des Metallmodells — unter Berücksichtigung der Kettenverzweigungen — zur Berechnung des Spektrums einiger wichtiger Cyanine.* Das Metallmodell zur Berechnung der Absorptionsspektren (vgl. C. **1953.** 7505) wird unter Berücksichtigung der Kettenverzweigungen für die Cyanine

I R—N<(C5H4)>=CH—(C5H4)N⁺—R II R—N<(C5H4)>=CH—CH=CH—(C5H4)N⁺—R

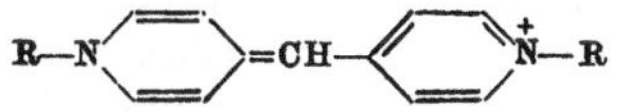

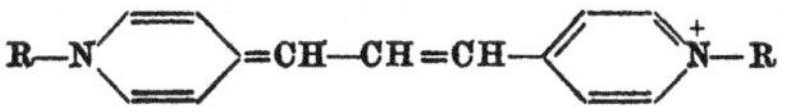

III, 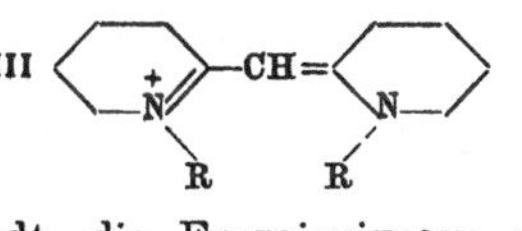 IV

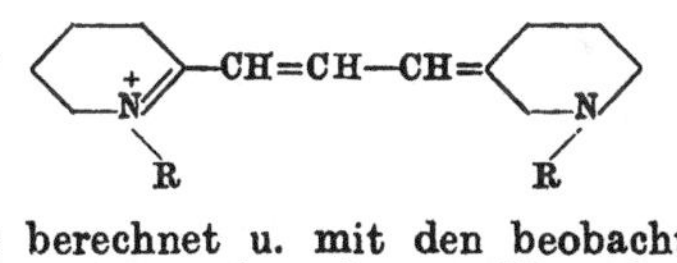

angewandt, die Energieniveaus u. Übergänge berechnet u. mit den beobachteten Wellenlängen der Banden verglichen. Die gemessenen u. berechneten Hauptbanden von **I** u. **II** stimmen gut, die von **III** u. **IV** weniger überein. (C. R. hebd. Séances Acad. Sci. **236.** 62—64. 5/1. 1953.) RUDOLPH. D 114

J. de Jonge, R. J. H. Alink und **R. Dijkstra,** *Absorptionsspektrum und Photozersetzung von o-Oxybenzoldiazoniumsulfat.* Vff. untersuchen das langwellige UV-Absorptionsspektr. von *o-Oxybenzoldiazoniumsulfat* in W. u. 50%ig. H_2SO_4, wobei in letzterem Falle eine Verschiebung nach kürzeren Wellenlängen beobachtet wird. Die Photozers. liefert in W. *Cyclopentadiencarbonsäure* (**I**, dimer, F. 209—210°), in H_2SO_4 als Hauptprod. *Brenzcatechin* (F. 103—104°; 73% Ausbeute neben 12% **I**). Für beide Zerss. wird ein Ionenmechanismus angenommen u. auf die Ähnlichkeit mit dem Mechanismus bei der therm. Umlagerung aliphat. Diazoketone hingewiesen. Der Einfl. der H_2SO_4 beruht auf einer Verminderung der Teilnahme der Grenzformen an der Resonanz, die bisher von nahezu gleicher Energie waren. Durch die Zurückdrängung der Dissoziation der OH-Gruppe erfährt die chinoide Resonanzstruktur einen Energiezuwachs. (Recueil Trav. chim. Pays-Bas **69.** 1448—54. Nov. 1950. Eindhoven, Philips Res. Labor.) G. WINKLER. D 118

Modeste Martynoff, *Absorptionsspektren und Struktur der Aminoazoverbindungen.* 2. Mitt. *Über einige Aminobenzolazonaphthaline und ihre Salze.* (1. vgl. C. **1953.** **4346.**) Die Absorption zwischen ca. 6500 u. 3000 Å wird gemessen für die Aminoazoverbb.: *α-Benzolazo-β-naphthylamin* (**I**), *-α'-naphthylamin* (**II**), *-α'-dimethylaminonaphthalin* (**III**), *1-[α-Naphthalinazo]-3-dimethylaminobenzol* (**IV**), *1-[β-Naphthalinazo]-2-aminobenzol* (**V**), *3-aminobenzol* (**VI**), *-3-* (**VII**) u. *-4-dimethylaminobenzol* (Lsgg. 0,002 n in neutralem A. u. 0,1 n in A.-HCl). In neutralem A. haben alle Aminoazostoffe die n. Azostruktur. Für **IV, VI** u. **VII** liegen die Banden sehr nahe bei denen der entsprechenden reinen

Azoverbb.; für I, V, II, III u. VIII liegen stärkere Abweichungen vor. Die Spektren der sauren Lsgg. verhalten sich je nach der Struktur der Aminoazostoffe verschieden: Die 1.3-Derivv. zeigen Azostruktur, während die 1.4- u. 1.2-Derivv. Anteile einer isomeren Form, vermutlich einer Chinonform, enthalten. (C. R. hebd. Séances Acad. Sci. **236.** 87—89. 5/1. 1953.) RUDOLPH. D 118

J. F. Scott, R. L. Sinsheimer und **J. R. Loofbourow**, *Faktoren, die das Scharfwerden des Ultraviolettabsorptionsspektrums von Guanin bei niedrigen Temperaturen bedingen.* Es wurde das UV-Absorptionsspektr. des *Guanins* bei 77° K unter den folgenden Bedingungen untersucht: 1. Sofort nach Sublimation der Substanz; 2. nach Exposition der Substanz 100%ig. Feuchtigkeit während 5 Min. bei 25°, u. 3. nach 14tägiger Exposition unter den gleichen Bedingungen. Aus den mitgeteilten Absorptionskurven ist deutlich ein Schärferwerden des Spektr. durch den Einfl. der Feuchtigkeit zu erkennen. Ein analoger Feuchtigkeitseinfl. wurde bei Zimmertemp. in dem infraroten Absorptionsspektr. beobachtet. Aus Röntgenaufnahmen an frischem Sublimat u. solchem, das 2 Tage einer Feuchtigkeit von 10% bei 25° ausgesetzt worden war, ist ersichtlich, daß der Wasserdampf eine Umwandlung von anfänglich amorphem Material in ein deutlich kristallines Material hervorgerufen hat. (J. Amer. chem. Soc. **74.** 275—77. 20/1. 1952. Cambridge, Mass., Inst. of Technol., Dep. of Biol., u. Boston, Mass., General Hosp., Huntington Memorial Labor.) GOTTFRIED. D 118

P. A. Akischin und **W. M. Tatewski**, *Die Intensität der Valenzschwingungsbande der C≡C-Bindung in den Ramanspektren von Kohlenwasserstoffen.* Wird die differentielle Intensität I_d der Linie 801 cm^{-1} von *Cyclohexan* (I) gleich 250 je Mol u. ihre Gesamtintensität I_t 250/Mol gesetzt, so finden Vff. für *Pentin-(1)* 2118 (cm^{-1}); I_d = 248; I_t = 248; analog für *Hexin-(1)* 2118; 250; *Heptin-(2)* (Dublett) 2232; 159; 302 u. 2302; 109; 118; *Octin-(3)* 2232; 185; 311 u. 2297; 81; 100; bei den folgenden Dublett- bzw. Triplettlinien sind nur die I_d-Werte angegeben, deren Summe wie vorst. nahe 250 ergibt: *Hexin-(2)* 2234; 163 u. 2303; 92; *Octin-(2)* 2232; 155 u. 2304; 95; *Hexin-(3)* 2229; 100; 2248; 80 u. 2300; 69. Beträgt die Halbwertsbreite der Linie 801 cm (I) 1,9 cm^{-1} so wird die der C≡C-Bindung für alle Alkine-(1) konstant ∼3, bei den Alkinen-(2) die der 1. u. intensiveren Linie ∼3—4, die der 2. ∼2 cm^{-1}. Die Gesamtintensitäten nehmen mit einer Verringerung des Abstandes der betreffenden Bindung zu: $I_{C=O}$ = 70; $I_{C≡N}$ = 110; $I_{C=C}$ = 130; $I_{C≡C}$ = 420. (Доклады Академии Наук СССР [Ber. Akad. Wiss. UdSSR] [N. S.] **89.** 287—89. 11/3. 1953. Moskau, Lomonossow-Univ.) AMBERGER. D 120

Warren W. Harple, Stephen E. Wiberley und **Walter H. Bauer**, *Infrarotabsorptionsspektren von Aluminiumseifen.* Wiedergabe der mit einem PERKIN-ELMER-Spektrometer Mod. 12 B aufgenommenen Absorptionsspektren von Al-Seifen der *α-Äthylcapronsäure* u. *Laurinsäure* mit einem Mol.-Verhältnis Fettsäure zu Al von 1 : 3; sowie der reinen *Capronsäure, Caprylsäure, Pelargonsäure, Caprinsäure, Laurinsäure, Myristinsäure, Palmitinsäure, Stearinsäure, α-Äthylcapronsäure* u. der Al-Di-Seifen von *Essigsäure, Önanthsäure* u. den bereits genannten Säuren. Die Spektren der Al-Seifen zeigen nur geringe Ähnlichkeit mit denen der reinen Fettsäuren, was dafür spricht, daß diese Al-Seifen definierte chem. Verbb. darstellen. Eine Fettsäurebande erscheint nur in Seifen, die mit kaltem Isooctan extrahierbare Fettsäure enthalten, u. es zeigt sich, daß Al-Tri-Seifen der höheren Fettsäuren als chem. Verbb. nicht existieren. Al-Di-Seifen zeigen eine Bande des freien Hydroxyls, diese enthalten demnach eine ungebundene Hydroxylgruppe, während die Hydroxylgruppe in den Mono-Seifen gebunden ist. (Analytic. Chem. **24.** 635—38. April 1952. Troy, N. Y., Rensselaer Polytechn. Inst.) EICHHOFF. D 120

G. V. D. Tiers und **J. H. Tiers**, *Charakteristische Infrarotabsorptionen, die dem Aryldeuterium zuzuschreiben sind.* Vff. untersuchen die Infrarotspektren einer Serie von D-substituierten Benzolderivv. in verd. Lsg. (*d-*, *1.4-d₂-*, *1.3.5-d₃-* u. *1.2.4.5-d₄-Bzl.*, *Toluol, 2d-, 3d-* u. *4d-Toluol, 2d-, 3d-* u. *4d-Benzoesäure, 4d-Anisol, 4d-Fluorbenzol* u. *2d-Mesitylen*). Die von WHIFFEN u. THOMPSON (vgl. C. **1946.** I. 1546) für disubstituierte Benzole beobachteten Banden liegen bei D als 2. Substituenten um 20 cm^{-1} höher, intensive Banden treten bei 500—650 cm^{-1} auf. (J. chem. Physics **20.** 761—62. April 1952. Chicago, Ill., Univ. of Chicago, G. H. Jones Chem. Labor.) D. HAHN. D 120

C. Dean und **R. V. Pound**, *Die Temperaturabhängigkeit der Quadrupolkopplung des Chlors in festen Benzolverbindungen.* Vff. untersuchen die Temperaturabhängigkeit der Quadrupolkopplung in krist. *o-* u. *p-Dichlorbenzol* sowie bei *o-* u. *m-Chlornitrobenzol* zwischen 25° u. —77°. Sie finden das Verhältnis zwischen der Frequenz von ^{35}Cl u. ^{37}Cl zu 1,2688 ± 0,0003 in guter Übereinstimmung mit einem Wert von 1,26878 ± 0,00015, der von LIVINGSTONE (Physic. Rev. [2] **82.** [1951.] 289) bei —197° gemessen wurde. Die gemessene Temperaturabhängigkeit der Quadrupolkopplung an vorst. Verbb.

stimmt qualitativ mit einer von BAYER (Z. Physik **130**. [1951.] 227) aufgestellten Theorie überein. (J. chem. Physics **20**. 195—96. Jan. 1952. Cambridge, Mass., Harvard Univ.) ZIMMER. D 121

Simão Mathias, *Refraktion und Molekularstruktur.* 3. Mitt. *Isomere Propyl- und Butylmercaptane.* (2. vgl. Ann. Acad. brasil. Ci. **20**. [1948.] 287.) Es wurden die Kpp., Dichten u. Brechungsindices für 11 verschied. Wellenlängen bestimmt für *Propyl* (**I**)-, *Isopropyl* (**II**)-, *n-Butyl* (**III**)-, *Isobutyl* (**IV**)-, *sek.-Butyl* (**V**)- u. *tert.-Butylmercaptan* (**VI**). Kp. u. $D.^{25}{}_4$ der sorgfältigst gereinigten Verbb. sind: **I**: 65,10° (701 mm); 0,83598; **II**: 49,90° (697 mm); 0,80895; **III**: 96,10° (701,7 mm); 0,83679; **IV**: 41,2° (142 mm); 0,82880; **V**: 37,4° (134 mm); 0,82456 u. **VI**: 61,60° (700,8 mm); 0,79426. Die bei 25° gemessenen Brechungsindices sind tabellar. zusammengestellt. Aus den gemessenen Daten wurden die Mol.-Refrr. für dieselben Wellenlängen, außerdem die Dispersionen u. die Mol.-Voll. berechnet. Es wurde der Vers. unternommen, unter Zugrundelegung der Quantentheorie der Molekularstruktur von FAYANS eine Beziehung zwischen den in dieser Arbeit u. den früher an analogen isomeren Halogeniden erhaltenen Daten u. den Dipolmomenten u. RAMAN-Frequenzen herzustellen. (J. Amer. chem. Soc. **72**. 1897—1902. Mai. 5805. Dez. 1950. São Paulo, Univ., Fac. di Filos., Cienc. e Letras, Dep. de Chim.) GOTTFRIED. D 122

Richard H. Goodwin und **Frederick Kavanagh,** *Die Fluorescenz von Cumarinderivaten als eine Funktion des* p_H. 1. Mitt. Es wird über die Farbe u. die Intensität der Fluorescenz von 98 *Cumarinderivv.* berichtet; die Messungen erstreckten sich über den p_H-Bereich von —1,6 bis 12,6. Der Einfl. von Substituenten wie OH, OCH_3, COOH, C_6H_5, CH_3 in verschied. Stellungen des Cumarinmol. auf die Fluorescenz wird diskutiert. Die von allen untersuchten p_H-Fluorescenzkurven unterschiedliche, sehr ausgeprägte Kurve des *Scopoletins* [*7-Oxy-6-methoxycumarin*] unterstützt die Annahme, daß das aus Avenawurzeln isolierte Cumarinderiv. Scopoletin darstellt. (Arch. Biochemistry **27**. 152—73. Juni 1950. New London, Conn., Coll., u. New York City, Bot. Garden.) K. F. MÜLLER. D 125

K. Weber und **J. Hojman,** *Untersuchungen über Xanthopterin.* 3. Mitt. *Fluorescenzauslöschung bei Xanthopterin.* (2. vgl. WEBER u. KARAHANJAN, Acta med. jugoslav. **2**. [1948.] 64.) Die Unters. des Einfl. von Zusätzen auf die Fluorescenz von *Xanthopterin* (**I**) ergab, daß Halogensalze, Schwermetallionen, Phenole, aromat. Amine u. Ascorbinsäure bes. starke Inhibitorwrkg. besitzen. Quantitativ gehorcht die Fluorescenzauslöschung von **I** nicht immer den allg. Gesetzen. KJ löscht wider Erwarten die Fluorescenz in saurer Lsg. stärker als in alkal., $CuSO_4$ in neutraler Lsg. stärker als im alkal. Medium. Dies erklärt sich aus dem Tautomeriegleichgewichten u. aus der Mesomerie von **I**. Die Inhibitoren wirken nicht nur auf die angeregten Moll. u. Ionen von **I**, sondern auch auf die Lage der Gleichgewichte. Barbitursäurederivv. bewirken eine nur schwache oder keine Fluorescenzauslöschung. Cyanide zeigen eine starke Wrkg., wahrscheinlich infolge chem. Rk., Nitrite u. Chromate löschen die Fluorescenz viel weniger, als theoret. zu erwarten wäre. Dies ist wahrscheinlich nicht auf anomale Absorption oder sensibilisierte Fluorescenz zurückzuführen, sondern ist durch die Tautomeriegleichgewichte von **I** bedingt. Die sensibilisierte Fluorescenz in **I**-Lsgg. wird ausführlich diskutiert. (Arhiv Kemiju [Arch. Chim.] **21**. 37—58. 1949, ausg. Sept. 1950. Zagreb, Med. Fak., Inst. für Gerichtsmed. u. Kriminalistik,; Belgrad, Pharmac. Fak., Biochem. Inst.) LEBTAG. D 125

John D. Roberts, Richard L. Webb und **Elizabeth A. McElhill,** *Der elektrische Effekt der Trifluormethylgruppe.* Dipolmoment (μ) u. relative Reaktivitätsdaten (σ-Konstanten) verschied. aromat. Trifluormethylderivv. werden von Vff. gemessen, um die Resonanzwechselwrkg. zwischen den Substituenten festzustellen. Im einzelnen ergaben sich die Werte: für *Benzotrifluorid,* Kp. 103,0—103,1°; $D.^{25}{}_4$ 1,1814; n_D^{25} 1,4114; μ [Bzl., 25°] 2,60; für *Trifluormethylcyclohexan,* Kp. 105,8°; $D.^{25}{}_4$ 1,0766; n_D^{25} 1,3739; μ 2,40; *p-Aminobenzotrifluorid* (**I**), $Kp._5$ 57,0°; $D.^{25}{}_4$ 1,2901; n_D^{25} 1,4815; μ 4,28; *p-Dimethylaminobenzotrifluorid* (**II**), F. 70,3—70,8° (Methanol-W.) [$C_9H_{10}NF_3$, aus **I** u. Methyljodid; 37% (Ausbeute)], μ 4,62. Ionisationskonstante [$k \cdot 10^6$] für *m-*, 7,75 u. *p-Trifluormethylbenzoesäure* 11,5. — *m-Dimethylaminobenzotrifluorid* (**III**), $C_9H_{10}NF_3$, $Kp._{15}$ 89, —90,4°, n_D^{25} 1,4824; 29%. Es ergibt sich, daß nebenst. Resonanzformen ein großes Gewicht zuzuschreiben ist. — Die Aciditätskonstanten (pK_A-Werte) zahlreicher Aniliniumionen $X-C_6H_4-\overset{+}{N}HR_2$ (mit R = H u. X = m- u. p-NO_2, -Cl, H, m-CF_3; mit R = CH_3 u. X = m- u. p-NO_2, sowie von **I**, **II** u. **III**) werden gemessen. (J. Amer. chem. Soc. **72**. 408—11. Jan. Erratum: 5803. Dez. 1950. Cambridge, Mass., Inst. of Technol., Dep. of Chem.) G. WINKLER. D 132

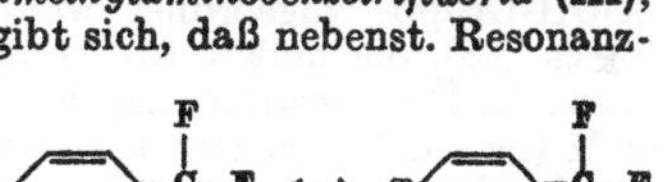

Egon Matijević, *Photogalvanische Erscheinungen in organischen Redoxsystemen.* 1. Mitt. *Photogalvanischer Becquerel-Volumeneffekt im System Thionin–Thiosinamin.* Untersucht wurde der BECQUEREL-Effekt bei der Red. von *Thionin* (I) in Ggw. von *Thiosinamin* (II). Das Licht verändert das Redoxpotential (R. P.) in der I-Lsg., wenn ein O-Acceptor (II) zugesetzt wird. Substanzen, die das p_H der Lsg. verändern oder eine starke Oxydations- bzw. Reduktionswrkg. zeigen, beeinflussen den BECQUEREL-Effekt bes. stark. Durch Zusatz von K_2CrO_4, Cu^{2+}, Fe^{3+}, Ce^{4+} wird der Effekt verstärkt, da sie sowohl thermodynam. als auch kinet. die photochem. Rk. begünstigen. Bei Zusatz von J^- oder organ. Stoffen, vor allem Phenolen (*Hydrochinon, Brenzcatechin, Resorcin*), wird der Effekt stark abgeschwächt oder ganz ausgelöscht. Der Zusatz von *Glycerin* (III) erhöht die Aktivität des Acceptors u. bewirkt eine Herabsetzung des R. P. schon bei geringer Konz. oder fehlendem Acceptor. Der Effekt ist stark abhängig von der Konz. von III u. erreicht bei ca. 60% III sein Maximum. (Arhiv Kemiju [Arch. Chim.] **21.** 1–21. 1949, ausg. Sept. 1950. Zagreb, Univ.) LEBTAG. D 135

Egon Matijević, *Photogalvanische Erscheinungen in organischen Redoxsystemen.* 2. Mitt. *Photogalvanischer Becquerel-Volumeneffekt im System Thionin–Diäthylthiosinamin.* (1. vgl. vorst. Ref.) Durch Unters. des photogalvan. BECQUEREL-Effektes im Syst. *Thionin–Diäthylthiosinamin* konnte gezeigt werden, daß die Änderung des Redoxpotentials (R.P.) u. die Reaktionsgeschwindigkeit hier größer sind als mit Thiosinamin. Die Inhibitorwrkg. von J^- u. Polyphenolen wird theoret. gedeutet. Die aufgestellte Gleichung für die quantitativen Beziehungen der Inhibitorwrkg. ist in der endgültigen Form mit der Gleichung von BAUR-OULLET identisch. Die Versuchsergebnisse bestätigen die Theorie, wonach die Inhibitorwirkungen in Redox-Rkk. bestehen, die einfache Elektronenüberführungen darstellen. In diesem Fall ist das R.P. der Komponenten von entscheidender Bedeutung. Bei den Oxydationsmitteln, wie Cu^{2+}, Fe^{3+} u. Ce^{4+}, ist anzunehmen, daß ihre Wrkg. sich nicht nur während der Belichtung zeigt, sondern auch in der Dunkelheit, nachdem die Photo-Rk. bereits eingetreten ist. Dies ist mit der therm. Oxydation des Acceptors zu erklären. (Arhiv Kemiju [Arch. Chim.] **21.** 22–36. 1949, ausg. Sept. 1950.) LEBTAG. D 135

Jack M. Hirshon, Donald M. Gardner und **George K. Fraenkel**, *Ein Beweis für die Existenz von Radikalen in Gegenwart von Lewis-Säuren.* Vff. stellen mittels paramagnet. Resonanzabsorptionsspektroskopie fest, daß in den tiefgefärbten Lsgg. von *Dianthron* (I), *Fluorenon* (II), *Anthrachinon* (III), *Triphenylmethylperoxyd* (IV), *Thiophenol, p-Thiokresol, Thio-β-naphthol, Diphenyldisulfid* u. *Diphenylendisulfid* in 96–98%ig. H_2SO_4 Radikale vorliegen (Geh. an Radikalform $<5\%$ für II, III, IV, $\geqq 10\%$ für die anderen Verbb.). Beim Erhitzen obiger Verbb. mit $AlCl_3$ (V) auf 60–180° u. Abkühlung auf Zimmertemp. werden tiefgefärbte feste Prodd. erhalten, die keine paramagnet. Absorption zeigen; dagegen sind äther. Mischlsgg. von I u. II mit V paramagnetisch. Vff. diskutieren die Ähnlichkeit des thermochromen Verh. von I mit obigem Vorgang. Es wird ein Gleichgewicht zwischen einem Anlagerungsprod. von einem oder zwei Protonen an ein Mol I u. dem Radikal angenommen. — Gewisse Ähnlichkeiten der Farbe u. paramagnet. Spektren obiger Thioverbb. deuten darauf hin, daß ähnliche Gruppen für den Paramagnetismus aller Thioverbb. verantwortlich sind. (J. Amer. chem. Soc. **75.** 4115. 20/8. 1953. New York, N. Y., Columbia Univ., Dep. of Chem.) G. WINKLER. D 137

Gunhild Aulin-Erdtman, *Untersuchungen in der Tropolonreihe.* 4. Mitt. *Stipitat-, Puberul- und Puberulonsäure.* (3. vgl. C. **1953.** 7048.) Um die in der 3. Mitt. angegebene Konst. für *Puberulonsäure* (IV) zu erhärten, werden Hydrolyse u. Dissoziation untersucht u. die UV-Absorptionsmaxima für verschied. Ionen bestimmt, wobei entsprechende vergleichende Unterss. mit der *Stipitat* (I)- u. *Puberulsäure* (III) u. mit *Tropolon* (II) durchgeführt werden. Die Absorptionskurven der Verbb. in W., absol. A., Dioxan, Phosphatpufferlsgg. mit p_H 5,7, 7,7, 7,9, 11,2 u. 12,0, Citronensäurepufferlsgg. mit p_H 3,5, 4,4 u. 4,8 u. NH_4OH–NH_4Cl-Pufferlsgg. mit p_H 8,2 werden dargestellt u. gedeutet. — I zeigt bei der potentiometr. Titration mit NaOH deutlich die 3 Äquivalenzpunkte; der dabei gefundene niedrigste p_K-Wert (ca. 3,5) muß der Dissoziation der COOH-Gruppe zugeordnet werden, die isolierte OH-Gruppe wird die saurere sein (p_K ca. 5,8), die andere (p_K ca. 9,7) infolge der Nachbarschaft des O-Atoms die weniger saure. In Übereinstimmung damit steht, daß die Dissoziation der „olon"-OH-Gruppe in II (p_K ca. 7) leichter stattfinden muß als in dem negativen I-Ion. — III enthält 4 ionisierbare Gruppen; infolge der Tautomerie ist es nicht möglich, die bei der potentiometr. Titration bestimmten p_K-Werte von ca. 5,8, 10,3 u. 12 einzelnen OH-Gruppen zuzuordnen; sicher entspricht der p_K-Wert von ca. 5,8 einer nicht der CO-Gruppe benachbarten OH-Gruppe. — Bei der über mehrere Tage sich erstreckenden potentiometr. Titration von IV werden andere Ergebnisse erhalten als von CORBETT u. Mitarbeiter (C. **1950**. II. 2198) angegeben: Nach Zugabe von 1 Mol NaOH tritt Lsg. ein, bei p_H 3,6—3,7 ist alle Säure gelöst. Während der Addition des zweiten Mols NaOH (p_H 4—6) sind die zunächst gemessenen p_H-Werte nicht stabil, die Endwerte werden vielmehr erst nach mehreren Min., schließlich sogar erst nach 1 Std. erreicht. Bei Zugabe des dritten Mols Alkali tritt kein besonderer Effekt auf, jedoch ruft auch das vierte Mol wieder eine Rk. hervor, die wesentlich langsamer verläuft als die bei dem zweiten Mol Alkali, u. bei der es sich vielleicht um eine Oxydation handelt. Die bei p_H 4—6 eintretende Rk. wird in Übereinstimmung mit der für **IV** aufgestellten Formel die Hydrolyse der Anhydridgruppe zur entsprechenden *Dicarbonsäure* sein, die bei p_H 5,6 beendet ist. Die Absorptionskurven von **IV** in neutralem Medium u. bei verschied. p_H-Werten werden in bezug auf das Gleichgewicht zwischen **IV** u. der Dicarbonsäure bzw. ihrer Ionen erläutert. — Das mit o-Phenylendiamin aus **IV** erhaltene Deriv. (vgl. Corbett, l. c. u. früher) ist demnach kein Chinoxalinderiv., sondern wird die nebenst. Konst. haben. (Acta chem. scand. **5**. 301—15. 1951. Stockholm, Kungl. TH, Cellulosaind. Centrallabor., u. Organ.-Kem. Inst.) Nitzschke. D 139

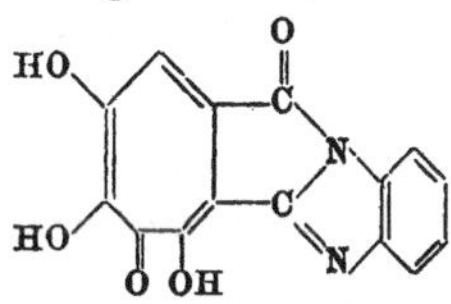

Ch. Prévost, P. Souchay und **Ch. Malen**, *Polarographie und sterische Hinderung.* Um die Frage zu klären, wie sich die ster. Hinderung durch Nachbargruppen polarograph. reduzierbarer funktioneller Gruppen auf das Halbwellenpotential auswirkt, untersuchen Vff. folgende Verbindungsreihen polarograph.: 1. *Acetophenon, Methyl-o-tolylketon, Phenyl-tert.-butylketon* u. *Methylmesitylketon,* 2. *Oxime* der gleichen Verbb., 3. *Benzophenon, Phenylmesitylketon* u. *Dimesitylketon,* 4. *p-Nitrotoluol, o-Nitrotoluol* u. *Nitromesitylen,* sowie *m-Dinitrobenzol* u. *Dinitromesitylen,* 5. *Azobenzol, Benzolazotoluol, Azotoluol, Benzolazomesitylen, Toluolazomesitylen,* 6. *Benzaldehyd* (**I**), *symm.-Trimethylbenzaldehyd* u. *symm.-Triisopropylbenzaldehyd* u. 7. *Benzil.* Die Versuchsergebnisse sowie weitere Literaturdaten hierüber werden diskutiert u. mit denen anderer physikal. Methoden, wie DK.-, UV-Absorptions- u. Raman-Spektrenmessungen verglichen. Dieser Vgl. bestätigt, daß zwischen den Halbwellenpotentialen u. den physikal. Kenngrößen des inneren Zustandes funktioneller Gruppen auch bei zunehmender ster. Hinderung ein strenger Parallelismus besteht, er beweist ferner, daß das Halbwellenpotential eines der zugänglichsten Charakteristiken für den inneren Zustand funktioneller Gruppen darstellt. (Bull. Soc. chim. France, Mém. [5] **20**. 78—86. Jan. 1953. Paris, Fac. des Sci., Labors.) Niemitz. D 142

Constantine Ricciuti, C. O. Willits, M. E. Wall und **M. M. Krider**, *Polarographisches Verhalten von 12-Ketosapogeninen.* Vff. berichten über das polarograph. Verh. folgender in einem LiCl-haltigen Methanol–Bzl.-Gemisch gelösten Sapogenine bzw. 12-Ketosapogenine: *Tigogenin* (**I**), *Hecogenin* (**II**), *Kammogenin* (**III**), *Manogenin* (**IV**) u. *9.11-Dehydromanogenin* (**V**). Das keine Ketogruppe enthaltende **I** läßt sich nicht reduzieren, ebenso die Verbb. **II** u. **IV**, die wohl Ketogruppen enthalten, aber keine ungesätt. Bindungen. Auch **III** mit einer 12-Ketogruppe u. einer Δ^5-ungesätt. Bindung läßt sich an der Hg-Tropfelektrode nicht reduzieren. Dagegen läßt sich **V**, das eine 12-Ketogruppe u. eine konjugiert-ungesätt. Bindung enthält, mit einem Halbwellenpotential von —1,72 V u. einer Diffusionsstromkonstanten von 2,33 V reduzieren. Diese Konstante ist ähnlich denen anderer konjugierter Ketone in nichtwss. Elektrolyten. Die Reduzierbarkeit der 12-Ketogruppe von **V** konnte auf Grund der konjugierten Carbonylgruppe dieser Verb. erwartet werden. Im untersuchten Konzentrationsbereich von 10 bis 40 mg/30 ml ist die Stufenhöhe von **V** direkt proportional der Konz., so daß durch Verwendung des nichtwss. LiCl-Elektrolyten die unmittelbare polarograph. Analyse dieser in W. unlösl. Verbb. möglich ist. (J. Amer. chem. Soc. **74**. 4461—62. 5/9. 1952. Philadelphia, Pa., Eastern Regional Res. Labor.) Niemitz. D 142

S. E. J. Johnsen und **J. W. Fitzpatrick**, *cis- und trans-Dichloräthen.* Nach fraktionierter Dest. von handelsüblichen 90%ig. *cis-* (**I**) u. *trans-Dichloräthylen* (**II**) wurden deren FF. nach der Meth. von Taylor u. Rossini (J. Res. nat. Bur. Standards **32**. [1944.] 197) unter Berücksichtigung des Reinheitsgrades bestimmt u. mit früheren Werten gute Übereinstimmung gefunden. **I**: gemessen F. —81,510 ± 0,003°; extrapoliert auf reine Phase F_0. —81,476 ± 0,006°, 99,90 ± 0,05 Mol.-%. **II**: F. —49,585 ± 0,004°, F_0. —49,437 ± 0,016°, 99,4 ± 1%. (Recueil Trav. chim. Pays-Bas **70**. 823—24. Sept./Okt. 1951. Texas City, Monsanto Chem. Comp., Div. Res. Labor.) L. Fischer. D 147

Manson Benedict, George B. Webb und **Louis C. Rubin**, *Eine empirische Gleichung für thermodynamische Eigenschaften leichter Kohlenwasserstoffe und ihrer Mischungen. Konstanten für zwölf Kohlenwasserstoffe.* Es wird für die Berechnung der thermodynam. Eigg. leichter KW-stoffe folgende Gleichung zugrunde gelegt: $P = RTd + (B_0RT - A_0 - C_0/T^2)d^2 + (bRT - a)d^3 + a\alpha d^6 + cd^3/T^2[(1 + \gamma d^2)e^{-\gamma d^2}]$, in der P = absol.

Druck, T = absol. Temp., d = D./Mol.-Gew. u. R = Gaskonstante bedeuten. Die übrigen Werte sind numer. Konstanten, die von den betreffenden Substanzen abhängen. Diese werden für folgende KW-stoffe: *Methan, Äthan, Äthylen, Propylen, Propan, Isobutan, n-Butan, Isobutylen, Isopentan, n-Pentan, n-Hexan* u. *n-Heptan* im metr. u. brit. Maßsyst. berechnet. Die aus der Gleichung vorausgesagten Werte werden mit beobachteten aus der Literatur verglichen. In einer weiteren Tabelle folgen für die gleichen Stoffe die Dampfdruckwerte. (Chem. Engng. Progr. **47.** 419—22. Aug. 1951. Jersey City, N. J., M. W. Kellogg Comp.) MIETHING. D 150

D. N. Padgham und **John Cran,** *Dampf–Flüssigkeits-Gleichgewicht im System Butanol–Tetralin.* Das Dampf–Fl.-Gleichgewicht des bin. Syst. Butanol-Tetralin wurde mit der OTHMER-App. bei 760 mm Hg untersucht. Es werden die Kpp. in Abhängigkeit vom Butanolanteil (von 1,00—0 mol. in Fl. u. Dampf) zwischen 117,5 u. 207° angegeben. Zur Unters. der Genauigkeit wurden mit den gemessenen Daten u. den Dampfdruckwerten von STULL (C. **1948.** I. 1085) die Aktivitätskoeffizienten der Mischungen nach der Meth. von CARLSON u. COLBURN (Ind. Engng. Chem. **34.** [1942.] 581) ermittelt. Das Abweichen des Kurvenverlaufs für Tetralin wird seinem nichtidealen Verh. auf Grund von Selbstoxydation zugeschrieben. Die Übereinstimmung für Butanol ist unerwartet, da es sich wegen Assoziation vermutlich nichtideal verhält. (Roy. Austral. chem. Inst. J. Proc. **17.** 189—96. Melbourne. Mai 1950.) LINDBERG. D 150

Frederick J. Gutter und Gerson Kegeles, *Die Diffusion von α-Alanin in Wasser bei 25°.* Vff. bestimmten den differentiellen Diffusionskoeff. von DL-α-Alanin in W. bei 25° über einen Konzentrationsbereich von 0,25—13% (unter Benutzung eines 0,5% Konzentrationsdifferentials) mittels der weiterentwickelten Interferenzmeth. von GOUY (vgl. GOSTING u. AKELEY, C. **1953.** 194.). Die Diffusionszelle wurde der Elektrophoresezelle von TISELIUS nachgebaut, nur mit dem Unterschied, daß sie mit zwei 21 mm dicken opt. planparallelen Platten als Fenstern versehen wurde. Die Durchführung der Diffusionsmessungen wird im einzelnen beschrieben. Die Ergebnisse weisen untereinander gute Übereinstimmung auf; die Abweichungen sind nicht größer als 1%. Messungen, die mit D-α-Alanin u. L-α-Alanin durchgeführt wurden, zeigen in der Diffusionsgeschwindigkeit keinen Unterschied gegenüber DL-α-Alanin. Die Werte der Refraktionsindexinkremente von DL-α-Alanin werden berechnet. (J. Amer. chem. Soc. **75.** 3893—96. 20/8. 1953. Bethesda, Md., Nat. Cancer Inst.; Worcester, Mass., Nat. Inst. of Health, Public Health Serv., Dep. of Health, Education and Welfare.) G. HEINRICH. D 171

J. F. Johnson und **R. L. Le Tourneau,** *Kinematische Viscosität von n-Heptan bei tiefen Temperaturen.* Die kinemat. Viscosität von vier verschied. Proben n-Heptan, deren Reinheitsgrad 99,8 Mol.-% oder besser war, wurde von Vff. mit Hilfe des Querarmviscosimeters von ZEITFUCHS (vgl. C. **1953.** 3285) bei mehreren Tempp. zwischen —17,78° u. —73,25° bestimmt. Die Meßergebnisse, die von den Werten des American Petroleum Institut Project 44 (Selected Properties of Hydrocarbons Table 20 c-E [Part 2]) stark abweichen, sind in einer Tabelle wiedergegeben. (J. Amer. chem. Soc. **75.** 1743—44. 5/4. 1953. Richmond, Calif., California Res. Corp.) G. HEINRICH. D 172

Norman D. Coggeshall, *Elektrostatische Wechselwirkung bei der Wasserstoffbindung.* Vf. versucht die Frequenzverschiebung, die Intensität der Absorption u. die Assoziationsenergie einer Hydroxylgruppe, die an einem H-gebundenen Komplex teilnimmt, zu berechnen. Wenn ein Ausdruck, der die Polarisationsenergie einer Hydroxylgruppe wiedergibt, zur MORSE-Funktion zugefügt wird, kann die SCHRÖDINGER-Gleichung gelöst werden. Die berechnete Wellenlänge der maximalen Absorption stimmt für *Benzylalkohol* annähernd u. für *Brenzcatechin* genau mit den experimentell erhaltenen Werten überein. Die Übereinstimmung zwischen berechneter u. beobachteter Absorptionsintensität ist befriedigend. Die Assoziationsenergie stimmt ziemlich gut mit den experimentellen Ergebnissen von MECKE (C. **1949.** II. 3) überein. (J. chem. Physics **18.** 978—83. Juli 1950. Pittsburgh, Pa., Gulf Res. and Development Comp.) J. MATTNER. D 182

René Gouarné, *Eine Schnellmethode zur Lösung einiger linearer Systeme.* Vf. berechnet Matrizen, deren Elemente gleich sind, durch Aufstellung charakterist. Polynome u. wendet die Ergebnisse auf Molekülbahnen linearer Systeme an, z. B. bei Polyenen mit n C-Atomen. (C. R. heb. Séances Acad. Sci. **230.** 844—46. 27/2. 1950.) JÄGER. D 182

J. G. M. Bremner und **W. C. G. Bremner,** *Molekülbahnbehandlung von Organosauerstoffverbindungen.* Vff. diskutieren Methoden, die im Vgl. zum C größere Elektronegativität des O-Atoms bei Molekülbahnberechnungen von Organosauerstoffverbb. zu berücksichtigen. Willkürliche Red. der Zahl der π-Elektronen des Syst. oder Berücksichtigung nur der Resonanzformen mit benachbarten formellen Ladungen führt nicht zu allg. gültigen Ergebnissen; dagegen sind die berechneten Resonanzenergien RE. mit den beobachteten in befriedigender Übereinstimmung, wenn bei den Berechnungen für den COULOMB-Term statt des n. Wertes W die Größe ($W + 4\beta$) eingesetzt wird. Für die RE. von *Vinylfuran* (0,47 β), *Äthylvinyläther* (0,20), *Furan* (1,1), *Phenol* (0,19) u. *Divinyläther* (0,48), ergeben sich die in ( ) genannten Werte, analog erhält man für die hypothet. Moll. *2-* (0,68) u. *4-Pyran* (0,48) sowie *Dioxadien* (0,75) u. des *Pyryliumkations* (1,74) Größen für RE., die die Eigg. der Moll. besser beschreiben als die unkorr. Berechnung. Empir. wichtig ist der Gang der RE. bei Ersatz von —O— durch $-CH^{\ominus}-$, —CH=CH— oder $-CH_2-$, den Vff. bei *Oxacycloheptatrien* untersuchen. — Beim Furfurylradikal, -anion u. -kation hat die Korrektur bei der Berechnung der RE. keinen Einfl. auf den Zahlenwert. (J. chem. Soc. [London] **1950.** 2335—40. Sept. Stockholm-on-Tees, Co. Durham.) KRESZE. D 182

J. Nys, *Mesomerie und Farbe.* 6. Mitt. *Gefärbte Stoffe: Standpunkt des Physikochemikers.* (5. vgl. VAN DORMAEL, C. **1951.** II. 951 u. 2437.) Übersicht über die theoret. Grundlagen von Wellenfunktionen u. Austauschenergien u. die Beziehungen zwischen der Struktur eines Mol. u. seinem Absorptionsmaximum. Die Elektronenstruktur u. die Höhe des niedrigsten Energieinhaltes von symm. u. asymm. Moll. werden erörtert. (Ind. chim. belge **16.** 272—78. 1951. Mortsel-Antwerpen, S. A. Photo-Produits Gevaert, Serv. de Rech.) WESLY. D 184

Yonezo Morino, Ichiro Miyagawa und **Toshio Haga,** *Energiedifferenz zwischen den beiden Rotationsisomeren des Propylendichlorids.* Vff. zeigen, daß das *Propylendichlorid* (I), $C_3H_6Cl_2$, in 2 rotationsisomeren Formen, trans (**Ia**)- u. gauche (**Ib**)-Form, vorliegt; ein 3. Isomeres, **Ic,** ist aus ster. Gründen nicht möglich. Aus den berechneten Dipolmomenten von **Ia** (0—0,6 D) u. **Ib** (3,19 D) u.

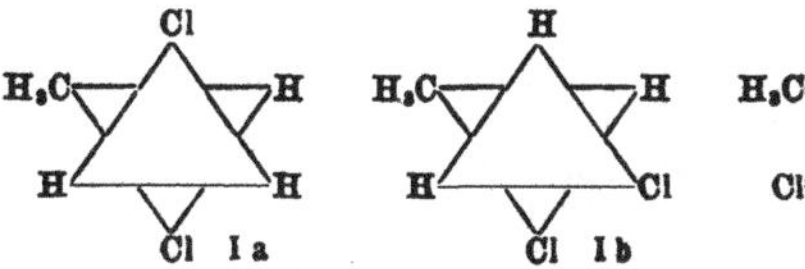

der Temperaturabhängigkeit des beobachteten Momentes errechnet sich als Energiedifferenz ΔE zwischen den beiden Formen 950—1050 cal/Mol. In der Tatsache, daß ΔE in **I** kleiner als beim Äthylendichlorid (1200 cal/Mol) ist, sehen Vff. den Beweis für eine merkliche ster. Abstoßung zwischen CH_3 u. Cl in **Ia** u. dann für die relative Instabilität dieser Form. (J. chem. Physics **19.** 791—92. Juni 1951. Tokio, Univ., Fac. of Sci., Chem. Labor.) ZIMMER. D 184

Charles E. Frank und **Angus U. Blackham,** *Durch freie Radikale eingeleitete Dimerisationen.* Eine Anzahl ungesätt. Verbb. bildet unter den Bedingungen der Polymerisation mehr Dimeres als Prodd. höheren Molekulargewichts. Vff. haben 6 Monomere auf ihre Tendenz, bevorzugt Dimere zu bilden, untersucht, u. die Dimeren isoliert. Die Rk. verläuft nach dem Schema von WIEZBACH, MAGO u. VAN METER (J. Amer. chem. Soc. **70.** [1942.] 4069). Das Verhältnis Dimeres/höhere Polymere (V) ist abhängig von der Reaktionsfähigkeit des Zwischenprod. (bei *Methallylchlorid* [I] **A**) u. der Reaktionstemp. — bei hohen Tempp. entsteht im allg. mehr Dimeres. Die trans-Isomeren reagieren schneller als die cis-Isomeren, während letztere mehr Dimeres liefern. Um den Temperatureinfl. weiter zu untersuchen, haben Vff. *Allylchlorid* (**II**) bei 130 u. 165° mit 1,2 Mol.-% *Di-tert.-butylperoxyd* 8 bzw. 24 Std. erhitzt u. erhielten bei 130° mit 17% Ausbeute ein V = 0,19, bei 165° 52%, V = 0,32.

$CH_3-C(CH_2Cl)(CH_2Cl)-CH_2-C(CH_3)=CH_2Cl$ A

V e r s u c h e: *cis-* (**III**) u. *trans-Dichloräthylen* (**IV**), durch Behandlung von Tetrachloräthylen mit Zn-Staub u. Fraktionieren des Gemischs, **III**, $Kp._{740}$ 59,7°, **IV**, $Kp._{740}$ 47,3°. — *Isocrotylchlorid* [**V**; *1-Chlorisobuten-(1)*], $Kp._{740}$ 67,1°, durch HCl-Abspaltung aus Isobutylidendi-chlorid (aus Isobutyraldehyd u. PCl_5), n_D^{20} 1,4224. — Zur Dimerisation wurden die Olefine in Ggw. von 1,2 Mol.-% *Benzoylperoxyd* 96 Std. am Rückfluß gekocht. — **I** (96 Std. bei 73—99°); 63,5% (Ausbeute), V = 4,3; (72 Std. bei 70°) 54,5%, V = 3,8; Dimeres (c): *2-Methyl-4.4-bis-[chlormethyl]-penten-(1)*, $Kp._{10}$ 82,4°, n_D^{20} 1,4773, $D.^{20}_{20}$ 1,0711. — **II** (45,6—47°); 14,9%, V = 0; (70°) 82,1%, V = 0,01; c: *5-Chlor-4-chlormethylpenten-(1)*, $Kp._{21}$ 66—67°, n_D^{20} 1,4681, $D.^{20}_{20}$ 1,1034. — **III** (61—78,4°); 57,2%, V = 2,2; (70°) 55,7%, V = 2,2; c: *1.3.4.4-Tetrachlorbuten-(1)*, $Kp._{20}$ 88,0°, n_D^{20} 1,5150, $D.^{20}_{20}$ 1,4759. — **IV** (49—64,4°) 53,5%, V ∥ 0,56; (70°) 71,0%, V = 1,1; c wie bei **III**. — **V** (68,3—69,3°) 1,7%, V = —; (70°) 2,1%, V = —; Ausbeute an c zu gering zur Angabe von Daten [Ausbeuteangaben in Dimeres + Polymeres zusammen], — *Trichloräthylen*, (87—115°) 68,3%, V = 9,0; (70°) 28,0%, V = 3,5; c *1.1.3.3.4.4-Hexachlorbuten-(1)*, $Kp._{10}$ 104,4°, n_D^{20} 1,5461, $D.^{20}_{20}$ 1,6790. (J. Amer. chem. Soc. **72.** 3283—85. Juli 1950. Cincinnati, O., Univ. Applied Sci. Res. Labor.) BIEKERT. D 184

Maria Brandstätter, *Stabilisierte Zwischenphasen in den Systemen Phenanthren–Fluoren, Phenanthren–Pyren und Resorcin–Pyrogallol.* Es wurden die 3 Systeme a) *Phenanthren* (II)–*Fluoren* (I), b) II–*Pyren* (III) u. c) *Resorcin* (IV)–*Pyrogallol* (V), untersucht, die „stabilisierte Zwischenphasen" (vgl. hierzu KOFLER, Z. Elektrochem. angew. physik. Chem. **50.** [1944.] 104) bilden u. dem Typus 2 zuzuordnen sind, der ein Eutektikum u. einen Umwandlungspunkt zeigt. Von a) sind von beiden Komponenten keine instabilen Formen bekannt. In dem erhaltenen Zustandsdiagramm tritt eine stabilisierte Zwischenphase zwischen 32 u. 63% I auf. In diesem Bereich sind bei Tempp. über 90° Kristalle stabil, die einer instabilen Mischungsreihe angehören. Mit Hilfe von Kontaktpräpp. der Gemische gelang es, diese nach dem ROOZEBOOMschen Typus 1 isomorphe Reihe über ihre Schnittpunkte hinaus zu verlängern. Eine Verlängerung der Kurve ergab für *Phenanthren II* einen ungefähren F. von 92° u. für *Fluoren II* von 105°. Die Mischbarkeit der beiden stabilen Formen beträgt ca. 15%. — Auch im Syst. b) bildet II mit III eine direkte Mischungsreihe instabiler Formen, die zwischen 27 u. 45% stabilisiert wird. Während aber in a) die beiden stabilen Formen fähig waren, mit den Partnern Mischkristalle zu bilden, läßt sich in b) zwischen den stabilen Formen keine Mischbarkeit erkennen. Während längeren Liegens wandelt sich die Zwischenphase von III ausgehend teilweise um; beim Erwärmen ist bei 50° eine Rückverwandlung zu beobachten. Der Umwandlungspunkt liegt demnach unter 50°. — Im Syst. c) ist IV polymorph u. besitzt wenigstens 5 Modifikationen, von denen die Form I (F. 110,5°) u. II (108°) zueinander im Verhältnis der Enantiotropie stehen. Von V ist nur eine stabile Form bekannt. Läßt man ein geschmolzenes Kontaktpräp. bei Zimmertemp. abkühlen, dann erstarrt zuerst V u. dann Resorcin I. An der Kristallisationsfront des V induziert sich ein neues Kristallisat, das die eutekt. Schmelze zum Erstarren bringt u. außerdem noch einen schmalen Streifen Resorcin I rückverwandelt, das über seinen Stabilitätsbereich vorgewachsen war. Beim Erhitzen schm. bei 86° das Eutektikum zwischen V u. der Zwischenphase u. erst bei 90° verschwindet diese unter Ablauf einer peritekt. Reaktion. Man kann aber auch die Kristallisation so lenken, daß Resorcin II auftritt; auch in diesem Fall tritt die Zwischenphase auf. Läßt man ein Kontaktpräp. von Resorcin II u. V mit der Zwischenphase mehrere Std. bei Zimmertemp. liegen, dann wird die Zwischenphase teilweise vom IV her umgewandelt. Grenzt dagegen Resorcin I an die Zwischenphase, dann tritt die Umwandlung seltener ein. (S.-B. österr. Akad. Wiss. math.-naturwiss. Kl., Abt. IIb **159.** 806—10. 1950; Mh. Chem. **81.** 806—10. 15/10. 1950. Innsbruck, Univ., Pharmakognost. Inst.) GOTTFRIED. D 190

Harald Sörum, *Die Kristallstruktur von Bis-[methylsulfonyl]-disulfid. Bis-[methylsulfonyl]-disulfid* krist. in Nadeln oder in einer Richtung gestreckten Plättchen. Die Elementarkörperdimensionen sind a = 5,52 ± 0,02 Å; b = 15,78 ± 0,02 Å; c = 10,05 ± 0,02 Å; β = 97,6 ± 0,05°; Raumgruppe ist C_{2h}^5 — D 2_1/c; Z = 4. Die Struktur wurde mittels PATTERSON- u. FOURIER-Analysen aufgeklärt. Hierbei ergaben sich die folgenden Parameter (in Å): S_1: (x =) 1,95; (y =) 0,31; (Z =) 2,88; S_2: 1,17; —1,53; 3,42; S_3: —0,34; —3,24; 0,56; S_4: 0,48; —3,24; 0,56; O_1: 3,34; 0,13; 3,69; O_2: 1,78; 0,48; 1,47; O_3: —0,77; —3,73; —0,34; O_4: 1,27; —4,03; 1,56; $(CH_3)_1$: 0,66; 1,36; 3,35; $(CH_3)_2$: 1,67; —2,32; —0,22. — Strukturell ist zunächst festzustellen, daß die 4 S-Atome eine unverzweigte Kette bilden. Sie liegen jedoch nicht in einer Ebene; Ebenen durch die 2 S-Atome in der Mitte der Kette u. eins oder das andere der End-S-Atome bilden einen Winkel von ca. 90°, d. h. die eine CH_3SO_2-Gruppe ist aus der Ebene durch den Rest der S-Kette um ca. 90° herausgedreht. Die Anordnung der O-Atome, der CH_3-Gruppen u. der S um die End-S-Atome ist angenähert tetraedrisch. Der S—S-Abstand der beiden Mittelatome beträgt 2,06 Å; der Abstand der End-S-Atome zu den S-Atomen in der Mitte 2,10 Å. Die S–O-Abstände sind im Mittel 1,48 Å, die S—CH_3-Abstände 1,77 Å. Die Moll. selbst liegen paarweise um die Symmetriezentren mit der Richtung ihrer größten Ausdehnung abwechselnd in der [0 1 1]- u. [0 1 $\bar{1}$]-Richtung. H-Bindungen bestehen möglicherweise zwischen verschied. Moll. angehörenden O-Atomen u. CH_3-Gruppen. (Acta chem. scand. **7.** 1—13. 1953. Trondheim, Tekn. Högskole, Fys. Inst.) GOTTFRIED. D 195

Giovanni Alvino, Paolo Corradini und **Giordano Giacomello,** *Strukturuntersuchungen an N.N.N'.N'-Tetraäthyl-α.α'-dibrombernsteinsäurediamid.* Das bei 136° schm. *N.N.N'.N'-Tetraäthyl-α.α'-dibrombernsteinsäurediamid* (vgl. STEIN u. GIACOMELLO, C. **1953.** 5483) gehört in die Raumgruppe P 2_1/a(C_{2h}^5). Die Elementarzellenkonstanten sind: a = 13,57, b = 10,19, c = 5,98 Å, β = 103° 30' ± 20'. Eine FOURIER-Analyse längs der c-Achse wurde durchgeführt. (Ricerca sci. **22.** 671—78. April 1952. Rom, Univ., Ist. di Chim. farm. e tossicol.) K. FABER. D 195

E. H. Wiebenga, *Kristallstruktur von Cyanursäure.* Auf Grund dreidimensionaler FOURIER-Synthesen wurde die Struktur von *Cyanursäure* erneut untersucht. Gegenüber den früher von WIEBENGA u. MOERMAN (Z. Kristallogr., Mineral-, Petrogr. Abt. A **99.** [1938.] 217) gefundenen Abständen ergaben sich einige Änderungen. Die Moll. im Gitter sind alle planar u. bilden nahezu parallele Schichten zu (1 0 1). Die früher beobachtete Abweichung von der trigonalen Symmetrie wurde nicht mehr festgestellt. Die C—N-Abstände im Ring sind prakt. alle gleich u. haben sich gegenüber den früheren Unterss. kaum geändert. Dagegen wurde im Gegensatz zu früher gefunden, daß die Abstände C—O prakt. gleich sind, u. zwar 1,21 bzw. 1,215 Å. Zwei Arten von H-Bindungen NH···O verbinden ein Mol. mit anderen Moll. in derselben Ebene. Der erste Typ ist parallel zur c-Achse des Kristalls gerichtet, der zweite Typ verbindet die Moll. in der [1 0 1]-Richtung. Es ist nicht möglich, mit Sicherheit zu sagen, welche von den beiden H-Bindungen die kürzere ist. (J. Amer. chem. Soc. **74.** 6156—57. 5/12. 1952. Groningen, Univ., Labor. of Inorganic and Phys. Chem.) GOTTFRIED. D 195

John Krc jr. und **Joan French,** *Dibenzylsulfid.* Zur Unters. geeignete Kristalle von *Dibenzylsulfid* wurden durch Kristallisation aus Thymol erhalten. Die rhomb. Kristalle haben das Achsenverhältnis a : b : c = 0,815 : 1 : 0,517. Die Brechungsindices bei 25° u. für Licht der Wellenlänge 5893 Å sind: α 1,615 $\pm$ 0,002; β = 1,693 $\pm$ 0,002; γ = 1,732 $\pm$ 0,005. Die opt. Achsenwinkel sind 2 H = 76,5° u. 2 V = 67. Dispersion mäßig stark r > v. Opt. Achsenebene ist 1 0 0; negative Doppelbrechung; spitze Bisektrix α = c; Auslöschung parallel u. symmetrisch. Röntgenograph. ergab sich eine Zelle mit a = 11,54 Å; b = 14,16 Å; c = 7,32 Å u. Z = 4. (Analytic. Chem. **25.** 198—99. Jan. 1953. Chicago, Ill., Inst. of Technol., Armour Res. Foundation.) GOTTFRIED. D 195

Scott Searles, Milton Tamres und **Ellis R. Lippincott,** *Die Fähigkeit zur Wasserstoffbindung und die Struktur von Äthylenoxyden.* Vff. untersuchen die Mischungswärmen von *Äthylenoxyd* (ΔH = 365 kcal/Mol), *Propylenoxyd* (470), *Epichlorhydrin* (185), *Styroloxyd* (245) u. *Cyclohexenoxyd* (666) mit $CHCl_3$ bei 3° u. schließen daraus auf die Elektronendonoreigg. der betreffenden Verbb.; ein Vgl. mit anderen cycl. Äthern (vgl. SEARLES u. TAMRES, C. **1952.** 7628) ergibt in Abhängigkeit von der Ringgröße folgende Reihenfolge für die Elektronendonoreigg.: 3- < 6- < 5- < 4-gliedriger Ring. Die gewöhnlichen elektron. Effekte der Substituenten sind auch im 3-gliedrigen Ring wirksam. Die Ergebnisse führen zu dem Schluß, daß der Sauerstoff in 3-gliedrigen Ringen stärker positiv ist als in größeren Ring- oder acycl. Äthern. Zur Erklärung wird ein Delokalisierungseffekt (vgl. CROMWELL u. GRAFF, J. org. Chemistry **17.** [1952.] 414) angenommen. Da die p-Bahnen des Sauerstoffs nominell voll besetzt sind, ist keine Überlappung mit den „gespannten Bindungen" (bent bonds) des Ringes möglich, solange nicht das freie Elektronenpaar sich an der Bindung beteiligt. Diese Delokalisierung führt zu einer formellen positiven Ladung am Sauerstoff, ausgedrückt durch die Grenzformen CH_2 CH_2^- u. CH_2^- CH_2. Vff. diskutieren die Übereinstimmung dieser Ansicht mit
O^+ O^+
den Werten von Dipolmoment u. Bindungsabstand, sowie die Anwendung auf andere 3-gliedrige Heterocyclen. (J. Amer. chem. Soc. **75.** 2775—77. 5/6. 1953. Manhattan, Kans., State Coll., Dep. of Chem.) G. WINKLER. D 223

Gunther L. Eichhorn und **John C. Bailar jr.,** *Metallionenkatalyse bei der Hydrolyse von Schiffschen Basen.* Vff. stellen die SCHIFFschen Basen aus Thiophen-(2)-aldehyd (**I**) u. o-Aminophenol (**II**) bzw. Äthylendiamin (**III**) dar u. untersuchen deren Fähigkeit zur Bldg. von Metallkomplexen. Alle Verss. zur Isolierung solcher Komplexe blieben erfolglos. Eine Anwendung der Meth. der kontinuierlichen Variation (VOSBURGH u. COOPER, J. Amer. chem. Soc. **63.** [1941.] 437) auf das Syst. $CuSO_4$/*Bis-[2-thiophenaläthylendiamin]* (**IV**) zeigte die Bldg. von 1 : 1- u. 1 : 2- (Metall : Base) Komplexen. Aus der Absorptionskurve u. den Analysenergebnissen der isolierten Verbb. ist ersichtlich, daß es sich um Komplexe von **III** handelt. Aus der Absorptions–Zeit-Kurve (gemessen mit einem Spektrophotometer in 2 Min.-Abständen) schließen Vff. auf die intermediäre Existenz eines Cu-Komplexes von **IV** (blau), der sich innerhalb weniger als 1 Std. vollständig zers. u. in obige Verbb. übergeht. Diese Zersetzungs-Rk. ist 1. Ordnung. Es wird von Vff. angenommen, daß durch die Herst. der Cu^{2+}—N-Bindung die C=N-Bindung geschwächt wird u. dadurch der hydrolyt. Spaltung leichter zugänglich ist. Auf andere Beispiele der katalyt. Wrkg. von Schwermetallionen bei Spaltungs-Rkk. wird hingewiesen.

V e r s u c h e: *2-Thiophenal-o-aminophenol*, $C_{11}H_9ONS$, F. 81°, aus **II** u. frisch dest. **I** ($Kp._{30}$ 106°) in Ggw. von Spuren Eisessig durch 10 Min. Kochen, aus A. braune Kristalle. — *Bis-[2-thiophenaläthylendiamin]* (**IV**), $C_{12}H_{12}N_2S_2$, F. 92°, aus **II** wie vorst. in A., kleine Kristalle aus W./A.; gibt mit $CuSO_4$ in 50%ig. A. im Verhältnis 2 : 1 u. 1 : 1 (Cu : **IV**) $C_2H_{12}O_6N_2SCu$ = $[Cu \cdot en(H_2O)_2]SO_4$, blaue monokline Kristalle; im Verhältnis 1 : 2 wie vorst. durch Ausfällen mit Ae., $C_4H_{16}O_4N_4SCu$ = $[Cu \cdot en_2]SO_4$, violett.

(J. Amer. chem. Soc. **75.** 2905—07. 20/6. 1953. Urbana, Ill., Univ., Noyes Chem. Labor.) G. WINKLER. D 223

L. A. K. Staveley, R. G. S. Johns und **B. C. Moore,** *Die Lösungen von Alkoholen in unpolaren Lösungsmitteln.* 1. Mitt. *Die Löslichkeit und Lösungswärme von Wasser in verdünnten Lösungen von Alkoholen in Benzol.* Zur Unters. der Wechselwrkg. zwischen Wassermoll. u. organ. Substanzen wird die Löslichkeit von W. in Bzl., dem jeweils *Methanol, A., n-Butanol, n-Pentanol* (I) oder *n-Octanol* (II) zugesetzt ist, u. ihre Abhängigkeit von der Temp. gemessen. Vff. beschreiben eine Vakuumapp., die gestattet, Verdampfungsverluste sowie Fehler durch Luftfeuchtigkeit möglichst klein zu halten. Aus den Temperaturkoeffizienten der Löslichkeit werden die Lösungswärmen bestimmt. Aus der Abhängigkeit der Lösungswärme von der Alkoholkonz. läßt sich auf verschied. Wirksamkeit der Hydroxylgruppe der Alkohole schließen: bei I u. II, die nicht in gestreckter Form vorliegen, ist diese weitgehend abgeschirmt. (J. chem. Soc. [London] **1951.** 2516—23. Okt. Oxford, Inorgan. Chem. Labor.) v. SCHIESZL. D 224

Bernard A. Lindenberg, *Über die Löslichkeit organischer amphipatischer Substanzen in neutralen und hydroxylhaltigen Glyceriden.* Die Löslichkeit in neutralen Fetten wächst parallel zu der in W. in der Reihenfolge: n. Alkohole < prim. verzweigte < sek. < tertiäre. Der Verteilungskoeff. Glycerid/W. ändert sich dagegen im entgegengesetzten Sinn, wobei der Anstieg für die Wasserlöslichkeit sehr beträchtlich ist. Die Vorstellung der Fettlöslichkeit als charakterist. physiko-chem. Antagonist zur Wasserlöslichkeit verliert so ihre allg. Bedeutung, da die Glyceride der Fettsäuren eine doppelte Anziehung für polare u. unpolare Gruppen der Lsg. ausüben. Diese „Amphipatie" tritt bes. hervor beim Ricinusöl, das ein Glycerid einer hydroxylhaltigen Fettsäure enthält. Angegeben sind Verteilungskoeffizienten im Syst. Triolein (II)–W. für die n. Alkohole von *Methanol* bis *Octanol,* für *Isopropanol, -butanol, -pentanol, sek.-Butanol, Diäthyl-* u. *Methylpropylcarbinol, tert.-Butanol* (I) u. *tert.-Amylalkohol* sowie die Löslichkeiten von I, Ae., Chlf. u. Aceton in W. u. in II. (J. Chim. physique Physico-Chim. biol. **48.** 350—55. Juli/Aug. 1951. Paris, Comm. Internat. des Ind. Agricoles, Labor. de Rech.) NIEMITZ. D 224

Runar Collander, *Die Verteilung organischer Verbindungen zwischen höheren Alkoholen und Wasser.* (Vgl. C. **1951.** II. 3000.) Die Verteilungskoeffizienten von ca. 50 organ. Verbb. in den Alkohol–W.-Systemen Isoamylalkohol–W., Octylalkohol–W. u. Oleylalkohol–W. werden angegeben. Für die Berechnung eines Verteilungskoeff. aus einem anderen wird eine Gleichung angeführt, deren Konstanten von der Zus. des Lösungsmittelsyst. u. von der Anzahl der hydrophilen Gruppen im gelösten Mol. abhängen. Im einzelnen wurden untersucht: *Methyljodid, Methanol, Ameisensäure, Methylamin, Nitromethan, A., Essigsäure, Bromessigsäure, Glykolsäure, Äthanolamin, Aceton, Methylacetat, Propionsäure, α-Brompropionsäure, Methylal, Brenztraubensäure, Milchsäure, Malonsäure, Propionitril, Isopropanolamin, Methyläthylketon, Isobutanol, Ae., Äthylacetat, Dioxan, n-Buttersäure, α-Brom-n-buttersäure, Glykol, Glykolmonoäthyläther, 2.3-Butylenglykol, α-Oxyisobuttersäure, Maleinsäure, Bernsteinsäure, Äpfelsäure, n-Butylamin, Diäthylamin, Diäthanolamin, Äthylencyanid, Piperazin, Glutarsäure, Dimethylmalonsäure, Capronsäure, Adipinsäure, Tricarballylsäure, Citronensäure, Diisopropanolamin, n-Octanol-(1)* u. *Azelainsäure.* (Acta chem. scand. **5.** 774—80. 1951. Helsingfors, Univ., Bot. Inst.) v. SCHIESZL. D 224

E. D. Hughes, *Anionotropie und die Wagner-Umlagerung.* (Vortrag.) Vf. bespricht Definition der Anionotropie u. der Mechanismen S_N1, S_N2 u. S_N2' sowie die für WAGNERsche Umlagerungen möglichen Mechanismen. Die Existenz des bimol. Mechanismus mit Umlagerung (S_N2'): $Y^- + CH_2{=}CH{-}CHR{-}X \rightleftharpoons Y{-}CH_2{-}CH{=}CHR + X^-$ hält Vf. für erwiesen auf Grund von Unterss. mit radioakt. Halogen. Erläutert wird bes. die ster. Beschleunigung monomol. Rkk., die bedeutend werden kann, wenn die Substituentengruppen im ursprünglichen Zustand des Mol. Spannungsenergien aufweisen, die durch die Ionisierung im Übergangszustand noch vergrößert werden. Beispiel sind die Relativgeschwindigkeiten der Solvolyse in 80%ig. A. bei 25° bei folgenden Chlormethanen: *Trimethyl-,* 1; *Dimethyläthyl-* 1,6; *Dimethyl-n-propyl-* 1,5; *Dimethyl-n-butyl-* 1,4; *Dimethylisopropyl-* 0,9; *Dimethyl-tert.-butyl-* 1,2; *Methyldiäthyl-* 2,4; *Triäthyl-* 2,8; *Diäthylisopropyl-* 2,0; *Methyldiisopropyl-* (?) 14; *Diäthyl-tert.-butyl-* (?) 48; *Tri-tert.-butylchlormethan* (?) 600. Die größte ster. Beschleunigung wird beobachtet, wenn drei große Substituenten am Reaktionszentrum verankert sind. Daher sind die monomol. Rkk. von Pinakolylhalogeniden ähnlich denen, die für einfache sek. Strukturen zu erwarten sind: In 80%ig. A. bei 100° ist die Solvolysegeschwindigkeit für *Di-tert.-butylchlormethan* (aus 2.2.4.4-Tetramethylpentan durch Chlorierung) 4,5mal größer als die von *Pinakolylchlorid* (I). In Rkk. von Di- u. Tri-tert.-butylcarbinol mit Halogenwasserstoffsäuren wurde teilweise Aufspaltung des C-Gerüstes beobachtet, was eine Folge ster. Spannungen zu sein scheint. — Bzgl. der

WAGNER-Umlagerung zeigt Vf., daß sie von einleitender Ionisierung abhängt: $(CH_3)_3C{-}CH_2X \rightarrow (CH_3)_3C{-}\overset{+}{C}H_2 + X^- \rightarrow (CH_3)_2\overset{+}{C}{-}CH_2{-}CH_3 + X^- \rightarrow (CH_3)_2CX{-}CH_2{-}CH_3$. Umlagerung zur tert.-Amylstruktur findet nur bei monomol. Rkk. statt, aber nicht, wenn die Neopentylgruppe während des Prozesses homöopolar gebunden bleibt. — Bei Eintritt vom Umlagerungen werden keine Prodd. mit Neopentylstruktur gefunden, das Neopentylkation muß also sehr kurzlebig sein. Diese Rkk. zeigten außerdem das charakterist. Verh. von Ionisierungsprozessen. Wäre die Wanderung der Methylgruppe nicht eine Folge der Ionisierung, dann müßten höhere Reaktionsgeschwindigkeiten als Ionisationsgeschwindigkeiten auftreten, was für Neopentylverbb. nicht, jedoch in anderen Fällen beobachtet wurde. — Bei *Triphenylchlormethylmethan* in 70%ig. A. u. in HCOOH bei 95° sind die Geschwindigkeiten der Umlagerungs-Rkk. ca. 10^4mal größer als die von Neopentylchlorid, was nicht durch allein ster. u. polare Faktoren erklärbar erscheint. Erleichternde Einflüsse wurden bes. in der Terpenreihe beobachtet. Bei *Bornylchlorid* in 80%ig. A. unterscheidet sich die Geschwindigkeit wenig von der von **I**, bei *Isobornylchlorid* ist sie aber ca. 10^5mal größer. Bei *Camphenhydrochlorid* sind die Werte um 10^{-3}- bis 10^{-4}mal größer als beim tert.-Butylchlorid. Vf. folgert, daß es zwei Arten von heterolyt. WAGNER-Umlagerungen gibt, je nachdem, ob ein erleichternder Einfl. für die Abspaltung des Halogens vorhanden ist oder nicht. Die Gruppe, die ihren Platz wechselt, behält ihre Konfiguration bei, was beweist, daß sie mit den Elektronen wandert, mit denen sie an das ursprüngliche C-Atom gebunden war. (Bull. Soc. chim. France, Mém. [5] **18.** C39—43. März/April 1951. London, Univ. Coll., Ramsay and Forster Labor.) CLEVE. D 225

Hyman Steinmetz und **Richard M. Noyes,** *Der Mechanismus der durch Halogenatom katalysierten cis–trans-Isomerisation. Untersuchungen mit Brom und Dibromäthylen.* Vff. untersuchten die Isomerisierung von *Dibromäthylen* (**I**) von der cis- (**Ia**) in die trans (**Ib**)-Form in Ggw. von Br_2 sowie die Austausch-Rk. von Br zwischen Br_2 u. **I** unter Benutzung von ^{82}Br in CCl_4 bei Zimmertemp. bis ca. 50°. Bei beiden Reaktionstypen traten nebenbei Addition von Br_2 an **I** zu *Tetrabromäthan* auf. In Ggw. von Luft wurden die Rkk. autokatalyt. beschleunigt. — Für die Isomerisierung von **Ia** in **Ib** ergab sich bei 50° die Gleichgewichtskonstante $K_1 = 0{,}78 \pm 0{,}02$ sowie $\Delta F^0 = 160 \pm 20$ cal/Mol, $\Delta H^0 = 260 \pm 200$ cal/Mol, $\Delta S^0 = 0{,}3 \pm 0{,}5$ cal/Mol·Grad. Die Geschwindigkeitskonstante k_1 in $(\mathrm{Mol/cm^3})^{-1/2}\,\mathrm{Sek}^{-1}$ berechnete sich nach $k_1 = -[2{,}303\,K_1/(1 + K_1)\,[Br_2]^{1/2}]\cdot d\log(1 - [\mathbf{Ib}]/[\mathbf{Ib}]_{Gl})/dt$, wobei $[\mathbf{Ib}]_{Gl}$ = Gleichgewichtskonz. von **Ib** bedeutet, zu $k_1 = 10^{11,71 \pm 0,37}\cdot e^{-(21,700 \pm 600)/RT}$ $(\mathrm{Mol/cm^3})^{-1/2}\cdot\mathrm{Sek.}^{-1}$ u. $k_1/K_1 = (2{,}98 \pm 0{,}15)\cdot 10^{-4}\,(\mathrm{Mol/cm^3})^{-1/2}\cdot\mathrm{Sek.}^{-1}$. — Bei halbquantitativen Unterss. der Addition von Br_2 an **I** wurde nach $-d[Br_2]/dt = k_a[Br_2]^{3/2}[\mathrm{I}]$, für k_a bei 29,93 u. 45,05° Werte gefunden, die zwischen $0{,}055 \pm 0{,}008$ u. $0{,}42 \pm 0{,}04$ $(\mathrm{Mol/cm^3})^{-3/2}\cdot\mathrm{Sek.}^{-1}$ schwankten. Der Austausch-Rk. wurden folgende Teilschritte zugrunde gelegt: $Br_2^* \rightleftharpoons 2Br^*$ (1), $Br^* + C_2H_2Br_2 \xrightarrow{k_2} C_2H_2BrBr^* + Br^*$ (2), $Br + Br_2^* \xrightarrow{k_3} Br\cdot Br^* + Br^*$ (3), $C_2H_2Br_2 + Br + Br_2^* \xrightarrow{k_4} C_2H_2Br_3Br^* + Br^*$ (4), wobei der Stern am Br^* nur zur Kennzeichnung der Verteilung der Br-Atome auf die verschied. Reaktionsprodd. dient. Unter Vernachlässigung der Isomerisierung u. bei besonderer Korrektur der Br_2-Addition sowie durch die Einführung einiger zulässiger Vereinfachungen ließ sich über mehrere Zwischenstufen aus den experimentell ermittelten Konzentrationswerten die Geschwindigkeitskonstante $k_e = k_2\cdot K_1^{1/2}\,(\mathrm{Mol/cm^3})^{-1/2}\cdot\mathrm{Sek.}^{-1}$ zu $10^{12,50 \pm 0,75}\cdot e^{-(22,300 \pm 1100)/RT}$ bestimmen. Für $k_3\cdot K_1^{1/2}$ ergab sich ebenso $10^{14,21 \pm 0,27}\cdot e^{-25,100 \pm 400/RT}$ $(\mathrm{Mol/cm^3})^{-1/2}\cdot\mathrm{Sek.}^{-1}$. Aus den Werten für k_1, k_1/K_1 u. k_e konnte auf die Existenz zweier isomerer cis–trans-Radikale $C_2H_2Br_3$ (**IIa, IIb**) geschlossen werden. Die Energieschwelle für **IIa** ⇌ **IIb** sollte von vergleichbarer Höhe mit derjenigen sein, die der Dissoziation von **II** in Br u. **I** entgegensteht. Unter Einbeziehung von 3 Übergangszuständen für **IIa** ⇌ **IIb** sowie Br + **Ia** ⇌ **IIa** u. Br + **Ib** ⇌ **IIb** wurden mittels der Wahrscheinlichkeitsrechnung mit bestimmten Voraussetzungen u. unter Benutzung der Theorie der absol. Reaktionsgeschwindigkeiten die beiden Energieschwellen abgeschätzt. Es ergab sich ein Unterschied von höchstens einigen 100 cal/Mol u. eine Höhe von mindestens 3 kcal/Mol. Aus der Aktivierungsenergie der Austausch-Rk. u. der Dissoziationsenergie von Br_2 folgte, daß die Addition von Br an **I** fast keine Aktivierungsenergie braucht. (J. Amer. chem. Soc. **74.** 4141—47. 20/8. 1952. New York, N. Y., Columbia Univ., Dep. of Chem.) L. FISCHER. D 225

B. D. England und **E. D. Hughes,** *Demonstration einer bimolekularen anionotropen Umlagerung.* Die Frage der Existenz von bimol. anionotropen Umlagerungen (S_N2') war bisher deshalb so schwierig zu lösen, weil dieser Prozeß meist durch S_N2-Rkk. (bimol. Substitution ohne Umlagerung) maskiert wurde. Die in der vorliegenden Arbeit angewandte Meth. vermeidet diese Maskierung: *1-Methylallylbromid* (**I**) läßt man unter

Bedingungen für bimol. Substitution mit isotopem, radioakt. Br^- reagieren u. analysiert die Reaktionsprodd. auf üblichem chem. Wege bei gleichzeitiger Best. der Radioaktivität. — Bei Rk. von I mit LiBr* war die S_N 2-Rk. 60mal schneller als die S_N 2'-Isomerisation, im Falle der Rk. von *Crotylbromid* (II) mit LiBr* war das Verhältnis der Reaktionsgeschwindigkeiten $S_N 2 : S_N 2' = 28000:1$. Die Aktivierungsenergien (kcal/Mol) u. Stoßzahlfaktoren (log A) bei I: S_N 2 16,5; 9,06; S_N 2' 19,4; 9,40 u. bei II S_N 2 14,7; 9,93; S_N 2' ~9; ~19. (Nature [London] **168**. 1002—03. 8/12. 1951. London, Univ. Coll.) DU MONT. D 225

Horace S. Isbell und **Harriet L. Frush,** *Mechanismen für die Mutarotation und Hydrolyse der Glykosylamine und die Mutarotation der Zucker.* Bei der Mutarotation von *L-Arabinosylamin* (I) findet gleichzeitig Hydrolyse der Aminogruppe statt. Die relativen Geschwindigkeiten der beiden Rkk. sind vom p_H abhängig. Die spezif. Drehung fällt in starker Säure sofort auf $+69^0$ u. steigt dann sehr langsam, in schwacher Säure steigt sie, nach dem Fallen auf $+70^0$, schnell auf $+105^0$, in schwach alkal. Lsg. geht sie von $+86^0$ aus langsam durch ein Minimum, während sie in 0,01 nNaOH konstant ist. Die Geschwindigkeit der Mutarotation wurde bei p_H 7,8—12, die der Hydrolyse in schwach bas. oder saurer Lsg. gemessen. Die Mutarotation von I wird durch Säuren stark, durch Basen nicht katalysiert. Der hierfür angenommene Mechanismus beginnt mit der Addition des Säurekatalysators an den Ringsauerstoff, bei der dann folgenden Ringspaltung erleichtert ein Elektronenpaar des N das Freiwerden von Elektronen für den Ringsauerstoff, $C_{(1)}$ hat dann die Gruppierung $>C=NH_2^+$, oder allg. bei Zuckern: $>C=OH^+$. Dann folgt Cyclisierung u. Abspaltung der Säure. Bei der durch Basen katalysierten Rk., die für Amine kaum in Frage kommt, wird ein Anion B^- an die Gruppe des $C_{(1)}$ addiert, der Ring unter Abgabe von HB gespalten, bei der Cyclisierung HB am $C_{(1)}$ addiert u. dann B^- abgespalten. — Die Geschwindigkeit der Hydrolyse hat ein scharfes Maximum bei p_H 5, in alkal. u. stark sauren Lsgg. ist sie sehr gering. Ein Mechanismus wird beschrieben, das vermutlich auch in dieser Rk. auftretende Immoniumion soll Neben-Rkk. verursachen, wobei z. B. die Bldg. von Diarabinosylamin vermutet wird, da die opt. Drehung bei langsamer Zugabe von Säure einen tieferen Wert erreicht als bei schneller Zugabe. Um die Struktur von I zu klären, wurde *Tetraacetyl-L-arabinosylamin* u. *N-Acetyl-L-arabinosylamin* dargestellt. Letzteres reagierte mit 2 Mol $NaJO_4$, hatte also die pyranoside Struktur.

Versuche: *L-Arabinosylamin* (I), F. 124⁰, durch Einleiten von NH_3 in eine Suspension von 20 g *L*-Arabinose in CH_3OH; $[\alpha]_D^{20}$ $+86,3^0$ (nach 5 Min.), $+83,8^0$ (60 Min.), $+78,6^0$ (7 Std.), $80,5^0$ (54 Std.) (c = 2, O_2-freies W.); 10,8 g (Ausbeute). — *Tetraacetyl-L-arabinosylamin,* $C_{13}H_{19}O_8N$, F. 177—178⁰ (A.), durch 4std. Rühren von 4 g I u. 16 cm^3 Acetanhydrid in Pyridin unter Eiskühlung; $[\alpha]_D^{20}$ $+89,6^0$ (c = 1,6, Chlf.); 3,65 g. — *N-Acetyl-L-arabinosylamin,* $C_7H_{13}O_5N$, F. 222—224⁰, aus 6 g vorst. Verb. mit 0,1 n$Ba(OCH_3)_2$ in CH_3OH; $[\alpha]_D^{20}$ $+69,1^0$ (c = 4, W.); 3,6 g. (J. Res. nat. Bur. Standards **46**. 132—44. Febr. 1951.) CLEVE. D 225

John D. Roberts und **Joel A. Yancey,** *Racemisierungsmechanismus des $^{14}C_{(8)}$-Camphens.* Die Racemisierung opt.-akt. $^{14}C_{(8)}$-*Camphen* (I) kann nach zwei Mechanismen

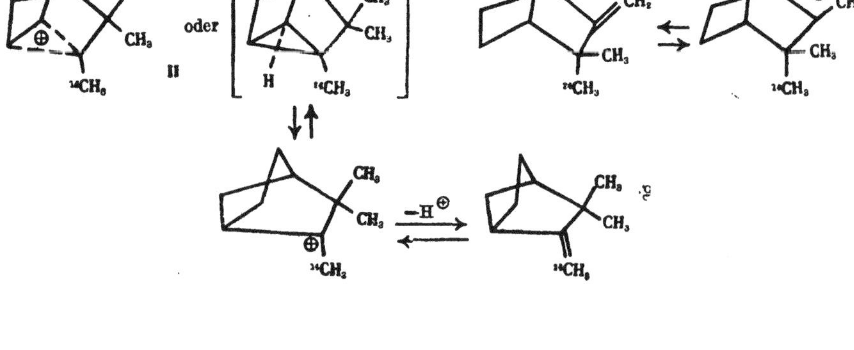

CH_3 CH_3 ⊕ $^{14}CH_3$ A B

CH_3 CH_3 ⊕ $^{14}CH_3$ oder CH_3 CH_3 H $^{14}CH_3$ ⊕ II CH_2 CH_3 $^{14}CH_3$ ⊕ CH_2 CH_3 $^{14}CH_3$

CH_3 CH_3 ⊕ $^{14}CH_3$ $-H^⊕$ CH_3 CH_3 $^{14}CH_2$

erfolgen, die beide vom Camphenoniumkation ausgehen; einerseits unter Erhaltung der Isotopenposition von **I** durch Hydridverschiebung u. WAGNERsche Umlagerung über das nichtklass. Kation **II** (Weg **A**), andererseits unter weitgehender Änderung der Isotopenstellung durch Methylengruppenverschiebung (NAMETKINsche Umlagerung) (Weg **B**). — Racemisierungsverss. an **I** mit Titandioxydhydrat (**III**), Anilinhydrochlorid/Anilin (**IV**), Brenztraubensäure/Acetamid (**V**) zeigen, daß beide Wege eingeschlagen werden, jedoch herrscht bei Verwendung von **III** oder **IV** der Weg **A** vor, bei Anwendung von **V** wird dagegen auch weitgehend der Weg **B** beschritten.

Versuche: *2-Methyl-^{14}C-camphenilol* (**VI**), F. 113,8—115,6°, aus $^{14}CH_3MgJ$ u. Camphenilon in Ae.; 99% (Ausbeute). *N-Phenylcarbamat*, F. 125,6—126,6°. *p-Nitrobenzoat*, F. 143,4—144°. — *2-Methyl-^{14}C-camphenilylbenzoat*, Kp.$_{0,7-0,9}$ 118,8—122°, Kp.$_{1,7}$ 133—138°, aus **VI**, K u. Benzoylchlorid; 84%. — *$^{14}C_{(8)}$-Camphen* (**I**), Kp. 165°, durch Pyrolyse vorst. Verb. bei 300—320°; 83%; ferner, unter weitgehender Veränderung der Isotopenstellung, aus **VI** mit Brenztraubensäure in 4 Min. bei 140—150°; 59%. — Die Stellung des ^{14}C in **I** u. in den Racemisierungsprodd. wurde durch NO_2-Oxydation zu Camphenilons, durch Ozonisierung u. Isolierung des CH_2O u. Messung des ^{14}C-Geh. der Abbauprodd. festgestellt. (J. Amer. chem. Soc. **75**. 3165—68. 5/7. 1953. Cambridge, Mass., Inst. of Technol, Dep. of Chem., u. Labor. for Nuclear Sci. and Engng.) LIEBIG. D 225

Wyman R. Vaughan und **Randolph Perry jr.**, *Racemisierung bei der Camphenhydrochlorid–Isobornylchlorid-Umlagerung.* Aus 2.2-Dimethyl-3.6-endomethanocyclohexylmethylketon entsteht durch SCHMIDT-Rk. *N-Camphenilylacetamid*, daraus durch Verseifung *Camphenilylamin*, das, nach Spaltung mit (+)-Weinsäure oder (+)-Camphersäure, mit Hexamin u. Formaldehyd (modifizierte SOMMELET-Rk.) opt.-akt. *Camphenilon* liefert. Das daraus durch GRIGNARD-Rk. erhaltene *Methylcamphenilol* wird durch Xanthogenatzers. in opt.-akt. *Camphen* verwandelt. Mit $^{14}CH_3MgJ$ gelingt analog die Darst. des *$^{14}C_{(8)}$-Camphens.* Letzteres, verd. mit opt.-akt. Camphen, liefert mit HCl bei 0° *Camphenhydrochlorid*, das sich in 10,75 Std. in o-Kresol in inakt. *Isobornylchlorid* umlagert. Aus diesem wird mit alkoh. Na-Alkoholatlsg. inakt. Camphen erhalten. Die Racemisierung kann a) durch Methylgruppenverschiebung oder b) durch Hydridverschiebung erklärt werden. Bei a) sollten 50% des ^{14}C in die Isopropylidenbrücke übergehen, während bei b) die ursprüngliche Isotopenverteilung erhalten bleiben sollte. Die Vff. unterwerfen das erhaltene inakt. Camphen der Ozonolyse, die Camphenilon u. Dimethylnorcampholid (**II**) liefert, u. bestimmen den ^{14}C-Geh. von **II** zu 66,3% des Ausgangsmaterials. Daraus ergibt sich, daß die Rk. sowohl nach a) als auch nach b) verlaufen muß. Der in 8-Stellung eingeführte ^{14}C ist nach der Rk. statist. zwischen $C_{(8)}$, $C_{(9)}$ u. $C_{(10)}$ verteilt.

Versuche: *N-Camphenilylacetamid*, $C_{11}H_{19}ON$, F. 143—143,5° (wss. A.), aus der HCl-gesätt. methanol. Lsg. von 0,045 Mol Camphenilylmethylketon durch Eintragen von 0,06 Mol Natriumazid in 6 Std., Nebenprod. 6—12% Camphenilylamin; 64% (Ausbeute). — *Camphenilylamin* (**I**), aus vorst. Verb. mit KOH in Äthylenglykol (Innentemp. 198°), Amin dest. ab; 87%. *Benzoylverb.*, F. 153—154° (korr.). *Pikrat*, $C_{15}H_{20}O_7N_4$, F. 215,5—216° (Zers.). — Opt. Spaltung von **I** über das (+)-Weinsäuresalz (Zers. 200—202°) in 90%ig. A. oder das (+)-Camphersäuresalz in Dioxan. — *Camphenilon*, Kp.$_{760}$ 188—191°, F. 41—42,8°, aus **I** unter Eiskühlung mit etwas Eisessig u. 37%ig. Formaldehyd, nach 15 Min. Hexamin, dann 1 Std. am Rückfluß; 75%. *Semicarbazon*, F. 221—223°. — *Methylcamphenilol*, F. 118—119°, bzw. *$^{14}C_{(8)}$-Methylcamphenilol*, F. 118—119°, aus vorst. Verb. mit CH_3MgJ bzw. $^{14}CH_3MgJ$; 86,6%. — *Camphen*, Kp. 150—154°, aus vorst. Verb. in Bzl., 12 Std. mit Kochen, dann Zugabe von CS_2 (2 Std. am Rückfluß), danach von CH_3J-Überschuß (12 Std.), schließlich mit alkoh. KOH 1 Std. kochen; 71,5%; ferner aus Camphenilon durch Rk. mit CH_3MgJ in n-Butyläther, CS_2-Zusatz (4—5 Std. Wasserbad) u. Zusatz von CH_3J (11 Std. Wasserbad); 33%. — *Opt.-akt. $^{14}C_{(8)}$-Camphen*, F. 49—52,8°, aus Camphenilon ($[\alpha]_L^{26}$ +62,4° [Bzl.]), wie vorst., $[\alpha]_D^{26}$ +103,5° (Bzl., c = 1,5—2,5). (J. Amer. chem. Soc. **75**. 3168 bis **3178**. 5/7. 1953. Ann Arbor, Mich., Univ., Dep. of Chem.) LIEBIG. D 225

Albert Leo und **F. H. Westheimer**, *Die Chemie des Diisopropylchromats.* Vff. verfolgten spektrophotometr. bei 6000 Å die Hydrolyse u. die konkurrierende Oxydored. von *Diisopropylchromat* (**I**) in feuchtem u. trocknem Bzl. bei 25° u. Ggw. von Pyridin (**II**) u. Isopropylalkohol (**III**), außerdem bei Ggw. von überschüssigem 2-Deutero-**III** (**IIIa**). **I** geht dabei über in **III** u. Pyridiniumhydrogenchromat bzw. in **III**, Aceton u. CrO_2. Beide Rkk. werden durch **II** beschleunigt, während **III**-Überschuß die Hydrolyse (**H.**) stärker als die Oxydored. (**O.**) verzögert. Bei Ausschluß von W. ist die O. eine Rk. 1. Ordnung bzgl. [**II**] u. [**I**] u. umgekehrt proportional [**III**]; hier betrug bei Konzz. (in Mol/

Liter) von I von 0,11—4,6·10^{-4}, von II 3,8—70·10^{-4} u. von III von 0—0,67 die beobachtete pseudomonomol. Reaktionsgeschwindigkeitskonstante k_1 1,1—28·10^{-2} Min.$^{-1}$, die berechnete bimol. Reaktionsgeschwindigkeitskonstante k_2 320—540 Liter/Mol·Minute. In Bzl. mit 45—125·10^{-4} Mol/Liter W., 3,2—4,7·10^{-4} I u. 2,8—4,0·10^{-4} II betrug der k_2'-Wert der H. 4,8—5,6 Liter/Mol·Min., wobei bei geringen [III] fast nur H. auftritt u. die Rk. 10mal schneller als die O. in trockenem Bzl. abläuft. In überschüssigem **IIIa** ist der k_1-Wert des deuterierten I (**Ia**) nur ca. $^1/_5$ des Werts der Rk. von I mit III: 0,96—1,24·10^{-2}·Min.$^{-1}$; bei Abwesenheit von III u. in feuchtem Bzl. sind die k-Werte von **Ia** u. I gleich groß. Bei Ggw. von **IIIa** jedoch wird I langsamer zers. als **Ia** bei Ggw. von III. Ausschluß von Luft zeigte keinen Einfl. auf die O. von I. Ferner oxydiert *Di-tert.-butylchromat* (IV), das sich selbst in reinem, trockenem Bzl. nur langsam zers., III mit einer der I-Zers. vergleichbaren Geschwindigkeit. Da diese mit steigender [III] — analog der O. von I — abnimmt, wird vermutet, daß diese O. keine bimol. Rk. ist. In diesen Rkk. tritt Esteraustausch auf, derjenige Ester bildet sich, dessen Alkohol im Überschuß vorhanden ist. Bei [II] = 4·10^{-4} Mol/Liter wurden folgende Esteraustausch-Rkk. verfolgt u. k_1-Werte (k_1·10^2 Min.$^{-1}$ ermittelt, a) mit 3,4—5,5·10^{-4} Mol/Liter I bei 0,11—0,12 Mol/Liter III 5,7—6,2; bei 0,12 Mol/Liter **IIIa** + 0,097 Mol/Liter tert.-Butylalkohol (V) 0,3—0,4; b) mit 3,9—4,1 Mol/Liter IV u. 0,12 Mol/Liter III 1,5 bzw. mit 0,10 Mol/Liter V unmeßbar klein. Der Esteraustausch wird als Reaktionsschema für die von Oppenauer u. Oberrauch. (An. Asoc. quím. argent. **37**. [1949.] 246) gefundene O. durch IV in Bzl. bei Ggw. von Alkoholen vorgeschlagen. Hierzu zeigten Vff., daß II die O. von Benzylalkohol zu *Benzaldehyd* (70% Ausbeute nach $^3/_4$ Std.) durch IV katalysiert. — Schließlich wurde die H. von IV bei n. Temp. in trockenem Bzl. während mehrere Tage bei 3500 Å verfolgt. Diese Rk. wird durch II bei Ggw. von Wasserspuren stark katalysiert u. durch V gehemmt. Als Prod. wurde das gelbe *Pyridiniumhydrogenchromat* identifiziert. Vff. nehmen als geschwindigkeitsbestimmenden Schritt die Abspaltung von H^+ durch eine Base B bei der Rk.$(CH_3)_2$·$CHOCrO_2R + B \rightarrow BH^+ + (CH_3)_2CO + ROH + CrO_2$ an, wobei R = H in W. u. R = Isopropyl in Bzl. ist. Das Vorherrschen der O. über H. in Ggw. von überschüssigem III wird mit einem Hydrolyse–Veresterungs-Gleichgewicht, die Verzögerung der O. durch Alkohole durch H-Brücken zwischen diesen u. II erklärt. Die Gleichgewichtskonstante K = [Komplex II–III]/[II][III] wird zu 18 Liter/Mol abgeschätzt. — *2-Deuteropropanol-(2)* (**IIIa**), $Kp._{750}$ 82,2°, durch $LiAlD_4$-Einw. auf Aceton in trockenem Ae. unter N_2 u. Zugabe von H_2SO_4; 53% Ausbeute. Möglicher H–D-Austausch mit den CH_3-Gruppen wurde durch Oxydation von **IIIa** mit Fluorenon u. Al-tert.-Butylat u. massenspektrograph. Unters. ausgeschlossen. — *Di-tert.-butylchromat* (IV), F. —5 bis 0° (Ligroin), aus V durch Schütteln mit CrO_3 in Ligroin. (J. Amer. chem. Soc. **74**. 4383—86. 5/9. 1952. Chicago, Ill., Univ., George Herbert Jones Labor.) Gnauck. D 225

Merrill Cohen und **F. H. Westheimer**, *Die Chromsäureoxydation von Isopropylalkohol in 86,5%iger Essigsäurelösung. Die Chemie des Chlorchromations.* Es wurde die Chromsäure (I)-Oxydation von *Isopropylalkohol* (II) in 86,5%ig. Essigsäure (III) bei 0,3° u. Ggw. von Perchlorsäure (IV) bzw. Na-Acetat (V) u. der Ionenstärke 0,125 spektrophotometr. bei 3500 Å, in einem Fall jodometr., verfolgt. Die Rk. ist 1. Ordnung bzgl. [I], [II] u. $[H^+]$, die Reaktionsgeschwindigkeitskonstanten k (k·10^4 Liter/Mol·Sek.) betrugen a) bei [II] = 0,0655—0,524 (Mol/Liter), [I] = 0,001000 u. [IV] = 0,023: 54,9—45,9; b) bei [II] = 0,131, [I] = 0,00750—0,00030 u. [IV] = 0,023: 42,9—54,9; c) bei [II] = 0,131 [I] = 0,00100 u. [IV] = 0,046—0 bzw. [V] = 0,114—0,452: 106—6,89 bzw. 1,91—0,54. Das Auftreten von $Cr_2O_7^{2-}$ konnte nicht nachgewiesen werden. Die Ursache der leichten Abnahme der k-Werte bei höheren [I] wird in einer geringeren Durchschnitts-$[H^+]$ während der Rk. vermutet. Da die Rk. nach $2\,HCrO_4^- + 3\,CH_3CHOHCH_3 + 8\,H^+ \rightarrow 2\,Cr^{3+} + 3\,CH_3COCH_3 + 8\,H_2O$ abläuft, u. wegen $Cr^{3+} + 3\,CH_3COOH \rightleftharpoons Cr(OCO\cdot CH_3)_3 + 3\,H^+$, ändert sich die $[H^+]$ nur dann nicht während der Rk., wenn hohe [I] oder [V] angewendet werden. Aus der Best. der Hammettschen Säurefunktion H_0 in 86,5%ig. III u. 0—0,0920 mol I (Indicator p-Nitranilin) bzw. 0—0,920 mol V (Benzolazodiphenylamin) wurde die Autoprotolysenkonstante der 86,5%ig. III zu 0,9·10^{-5} Mol/Liter abgeschätzt. Die Oxydationsgeschwindigkeiten von III durch I u. IV sowie die der Veresterung von II durch III waren zu vernachlässigen. O_2 hatte keinen Einfl. auf die Rk., jedoch vermindert die Ggw. von Cl^- stark die Oxydationsgeschwindigkeit. Vff. erklären dies durch: $H^+ + Cl^- + HCrO_4^- \rightleftharpoons ClCrO_3^- + H_2O$ u. die Annahme, daß $ClCrO_3^-$ nur schwach oxydierend wirkt. Zum Beweis führen sie Veränderungen im UV-Absorptionsspektr. von I in 86,5%ig. III bei Zugabe von Cl^- an, die bis zu einer Grenze proportional $[Cl^-]$ anwachsen u. ebenfalls bei konstanter $[Cl^-]$ bis zum gleichen maximalen Ausmaß proportional der [IV] zunehmen. Bei Ggw. von V sind die Spektren mit u. ohne Cl^- gleich. Aus diesen Beziehungen berechneten Vff. die Gleichgewichtskonstante K = $[ClCrO_3^-]/[H^+][HCrO_4^-][Cl^-]$ zu $1{,}11 \pm 0{,}11 \cdot 10^5$ Liter²/Mol². K ist variabel mit der gewählten Wellenlänge (hier: Durchschnittswert der Ergebnisse bei 3550, 3800 u. 3900 Å), konnte aber durch kinet. Messung bestätigt werden. Diese wurden durchgeführt bei obigen Bedingungen u. [I] = 0,00500 bzw. 0,00100 (Mol/Liter), [II] = 0,262, [IV] = 0,00575—0,152 u. [NaCl] = 0—0,0985. Hierbei wurden die pseudomonomol. Reaktionsgeschwindigkeitskonstanten k_1 13,3—0,206·10^{-4} Sek.$^{-1}$ erhalten, die mit den berechneten gut übereinstimmten, als k-Wert für die Oxydation des II durch $ClCrO_3^-$ wurde 0,267·10^{-4} Sek.$^{-1}$ bestimmt. Cl^- hatte keinen Einfl. auf die gemessenen H_0-Werte. Schließlich wurden die Oxydationsgeschwindigkeiten von *2-Deutero-* u. *1.1.1.3.3.3-Hexadeuteropropanol-(2)* ermittelt u. keine Abweichung von II festgestellt. Vff. schließen, daß als geschwindigkeitsbestimmender Schritt der Bruch der C–H-Bindung am sek. C-Atom in Frage kommt. Die bei gleicher $[H^+]$ 2500mal höhere Oxydationsgeschwindigkeit in III, vgl. mit W., wird entsprechend dem Veresterungsmechanismus von HOLLOWAY, COHEN u. WESTHEIMER (vgl. C. **1952.** 1146) erklärt durch (1) $HCrO_4^- + H_3O^+ \rightleftharpoons H_2CrO_4 + H_2O$ u. (2) $H_2CrO_4 + CH_3CHOHCH_3 \rightleftharpoons (CH_3)_2CHOCrO_3H + H_2O$ sowie den Zerfall von (3) $(CH_3)_2CHOCrO_3H + H_2O \rightarrow (CH_3)_2CO + HCrO_3^- + H_3O^+$. In III wird wegen dessen niedriger DK. das Gleichgewicht (1), u. daher auch (2) mehr nach rechts liegen, also die Konz. an Isopropylhydrogenchromat höher sein, wenngleich der Zerfall (3) in III etwas langsamer als in W. ablaufen wird. Entsprechendes gilt für die geringere Reaktionsfähigkeit von $ClCrO_3^-$. Die Säurestärke von $ClCrO_3H$ ist vermutlich größer als für H_2CrO_4 u. daher $[ClCrO_3H] < [H_2CrO_4]$. Obgleich durch die elektrostat. Effekte (4) $(CH_3)_2CHOCrO_2Cl + H_2O \rightarrow (CH_3)_2CO + CrO_2Cl^- + H_3O^+$ schneller ablaufen wird als (3), werden diese mehr auf die Ionisierung von $ClCrO_3H$ als auf die Zers. wirken, da der Cr–Cl-Dipol näher dem ionisierbaren H in $ClCrO_3H$ als dem H im Ester von (4) ist. Mangels Beweisen blieb die mögliche Bldg. von $CH_3CO_2CrO_3H$ in wss. III unberücksichtigt. (J. Amer. chem. Soc. **74.** 4387—91. 5/9. 1952. Chicago, Ill., Univ., Georges Herbert Jones Labor.)

GNAUCK. D 225

K. H. Pausacker, *Oxydationen mit Phenyljodosoacetat.* 2. Mitt. *Die Oxydation primärer aromatischer Amine.* (1. vgl. C. **1953. 8045.**) Um den Substituenteneinfl. auf die Art der Oxydationsprodd. prim. aromat. Amine zu ermitteln, wurde die Oxydation von ca. 5·10^{-4} Mol aromat. Amin mit ca. 15·10^{-4} Mol Phenyljodosoacetat in 25 ml trocknem Bzl. titrimetr. verfolgt u. dabei charakterist. Färbungen beobachtet. Nach vollständigem Ablauf der Rk. (in Tagen) konnten nur die entsprechenden *Azoverbb.* chromatograph. an Al_2O_3 (Ausbeute in %) isoliert werden von Anilin (2; 95%), o- (2; 42%), m- (1; 56%) u. p-Toluidin (1; 6%), o- (4; 39%), m- (1; 66%) u. p-Chloranilin (2; 55%), o- (2; 3%) u. p-Anisidin (I; 1; —), m- (2; 65%) u. p-Nitranilin (2; 53%), p-Phenetidin (II; —; 7%) sowie α-Naphthylamin (1; 3%); o-Nitranilin ergab nach 2 Tagen 81% *Benzofurazanoxyd*; entsprechend reagierten 4-Methyl- u. 4-Chlor-2-nitro- u. 2.4-Dinitranilin zu 96, 91 bzw. 94%. β-Naphthylamin (III) wurde nach 2 Tagen zu 28% zu *1.2;6.7-Dibenzophenazin* (IV) sowie zu einer metall. grünglänzenden *Verb.* $C_{25}H_{20}O_5N_2$, F. >300°, oxydiert, die in Nitrobenzol eine blaue Lsg. ergibt u. offenbar ident. ist mit dem $FeCl_3$-Oxydationsprod. des III von LIEBERMANN [1876]. Außer Azoverbb. wurden aus I u. II noch (nicht näher beschriebene) Prodd. isoliert, die aber nicht ident. waren mit denen von DANIELS u. SAUNDERS (vgl. C. **1953.** 5358). Der vom Vf. früher aufgestellte radikal. Bildungsmechanismus für Azoverbb. wird auf die Bldg. der Benzfurazanoxyde u. IV ausgedehnt. — *Azobenzol,* F. 68°. — *2.2'-Dimethyl-,* F. 52° (A.); *3.3'-Dimethyl-,* F. 50° (Methanol); *4.4'-Dimethyl-,* F. 142° (A.); *2.2'-Dichlor-,* F. 136° (Bzl.); *3.3'-Dichlor-,* F. 103° (Bzl.); *4.4'-Dichlor-,* F. 184° (Bzl.); *3.3'-Dinitro-,* F. 152° (Cyclohexan); *4.4'-Dinitro-,* F. 219° (Bzl.); *2.2'-Dimethoxy-,* F. 154° (Methanol); *4.4'-Dimethoxy-,* F. 163° (Methanol) u. *4.4'-Diäthoxyazobenzol,* F. 160° (A.). — *1.1'-Azonaphthalin,* F. 190° (PAe.). — *5-Chlor-,* F. 48° (PAe.); *5-Nitro-,* F. 67° (PAe.) u. *5-Methylbenzofurazanoxyd,* F. 96° (PAe.). — *1.2;6.7-Dibenzophenazin* (IV), $C_{20}H_{12}N_2$, F. 286° (Bzl.). (J. chem. Soc. [London] **1953.** 1989—90. Juli. Melbourne, Victoria, Univ.)

GNAUCK. D 225

Joseph B. Levy, Robert W. Taft jr., David Aaron und **Louis P. Hammett,** *Geschwindigkeiten und Temperaturkoeffizienten bei der Hydratation von gasförmigem Isobutylen durch verdünnte wässerige Salpetersäure.* Es wird eine Meth. zur Messung der Geschwindigkeit der Rk. eines gasförmigen Olefins mit einer wss. Säurelsg. entwickelt, die auf der Beobachtung der Dampfdruckabnahme des flüchtigen Olefins über der Lsg. beruht u. die Reaktionsgeschwindigkeit bei der Fugacität 1 des Olefins mit einem wahrscheinlichen Fehler von höchstens 1% zu bestimmen gestattet. Die Meth. wird auf die Rk. zwischen *Isobutylen* (I) u. HNO_3 angewandt. Die Aktivierungsenergie der Hydratation ergibt sich bei ca. 1n Säure zwischen 15 u. 35° zu 16,7 ± 0,1 kcal/Mol u. bei ca. 0,09n Säure zwischen 35 u. 55° zu 17,3 ± 0,1 kcal/Mol. Wegen der Unsicherheit des Verteilungskoeff. von I zwischen Lsg. u. Gasphase können die gefundenen Geschwindigkeiten nicht direkt mit früheren Messungen der Geschwindigkeit bei der Konz. 1 des gelösten Olefins (vgl. LUCAS u. HAMMETT (J. Amer. chem. Soc. **64.** [1942.] 1938) verglichen werden. Die Reaktionsgeschwindigkeit ist in 1n Säure 18mal rascher als in 0,09n Säure u. zeigt damit bei der Fugacität 1 einen noch stärkeren Mediumeffekt als die Geschwindigkeit bei der Konz. 1; es kann daraus sowie aus der Mediumabhängigkeit der Aktivierungsenergie u. aus einem Vers. mit KNO_3-Zusatz gefolgert werden, daß der Mediumeffekt in 1. Linie mit der starken Änderung des Verhältnisses Aktivitätskoeff. von OH_3^+: Aktivitätskoeff. des ebenfalls positiv geladenen Übergangskomplexes mit der Säure- oder Salzkonz. zusammenhängt. (J. Amer. chem. Soc. **73.** 3792—96. Aug. 1951. New York, N. Y., Columbia Univ., Dep. of Chem.) REITZ. D 225

W. J. Close und **M. A. Spielman**, *Ein vorgeschlagener Mechanismus für die Umwandlung von Alkoholen in Allophanate.* Vff. beleuchten krit. die „Carbamathypothese" von BLOHM u. BECKER (C. **1953.** 4516), derzufolge die Bldg. von Allophanaten aus Alkoholen u. Cyansäure (I) über das Carbamat führt, wobei die Rk. Carbamat → Allophanat der geschwindigkeitsbestimmende Schritt sein soll. Die vorst. Ansicht steht nicht im Einklang mit den bisher bei zahllosen Unterss. gemachten Ergebnissen. Um eine Entscheidung über den wirklichen Mechanismus treffen zu können, wird von Vff. die Rk. unter verschied. Bedingungen untersucht. Es wird festgestellt, daß Carbamat ein Intermediäres in der Rk. sein kann, daß es aber bei der üblichen Synth. keine Rolle spielt. Mit Carbamat als Ausgangsprod. verläuft die Rk. nur langsam, mit reinen Substanzen überhaupt nicht. $ZnCl_2$ verhindert die Rk., Anwesenheit von HCl führt in heftiger Rk. zur Bldg. des Carbamates, liefert jedoch kein Allophanat (es reagiert wahrscheinlich in diesem Falle nicht I, sondern Carbamylchlorid). — Als wahrscheinlichsten Mechanismus für die Haupt-Rk., der mit den Ergebnissen vereinbar ist, nehmen Vff. in Weiterführung der Vorstellungen von DAVIS u. BLANCHARD [1926] über „Dicyansäure" an, daß das Alkoholmol. gleichzeitig von zwei Moll. I unter Bldg. des Allophanates angegriffen wird („concerted attack", vgl. SWAIN u. BRAUN jr., J. Amer. chem. Soc. **74.** [1952.] 2538).

V e r s u c h e: *Äthylallophanat,* F. 192—193°, aus I (0,058 Mol) in Ae. u. A. (0,116 Mol) in Ae., nach 8 Std. 25% (Ausbeute), nach 20 Std. 40%, neben 6% Äthylcarbamat (II); aus II (0,029 Mol) wie vorst. nach 8 Std. 12%, nach 20 Std. 22%; wird aus II mit reinem Ae. wie vorst. nicht erhalten; gleichfalls nicht in Ggw. von $ZnCl_2$. — II, F. 43—49° (Rohprod.), aus I (0,028 Mol) u. A. (0,056 Mol) wie vorst. in Ggw. von HCl (0,003 Mol) unter heftiger Rk.; 64%. (J. Amer. chem. Soc. **75.** 4055—56. 20/8. 1953. North Chicago, Ill., Abbott Labor.) G. WINKLER. D 225

Jay K. Kochi und **George S. Hammond**, *Benzyltosylate.* 2. Mitt. *Die Anwendung der Hammett-Gleichung auf die Geschwindigkeit ihrer Solvolyse.* (1. vgl. C. **1953. 9132.**) Vff. untersuchen die Geschwindigkeit der Solvolyse von *Benzyltosylat* (I) u. Derivv. u. setzen sie in Beziehung zur HAMMETT-Gleichung. Die Solvolysengeschwindigkeit wurde durch potentiometr. Titration mit *Triäthylamin* unter Verwendung von Bromkresolgrün u. Methylrot als Mischindicator zu Vergleichsmessungen bestimmt. Als Lösungsm. diente ein Aceton (55,6%)-W.-Gemisch. Vff. stellten begrenzte Übereinstimmung mit der HAMMETTschen Gleichung fest u. ermittelten einen ϱ-Wert von —2,20. Die Rk. ist von 1. Ordnung. Als geschwindigkeitsbestimmender Schritt wird der Zerfall von I in ein Benzylcarboniumion u. ein Tosylation angenommen. Zugabe von $LiClO_4$ zeigte keine Wrkg. auf die Solvolysengeschwindigkeit, während bei Zugabe von LiCl u. KNO_3 ein schwacher Salzeffekt auftrat. Vff. nehmen an, daß die Inkonstanz der Aktivierungsentropie des Benzylcarboniumions bei Wechsel des Lösungsm. durch entsprechende Änderung der Resonanzenergie im Übergangszustand kompensiert wird. Untersucht wurde die Solvolyse von I, *p-Nitro-*, *m-* (III), *p-Brom-* (II), *m-Methoxy-*, *m-Methyl-*, *p-Methyl-* (V) u. *p-Methoxybenzyltosylat* (IV), der Einfl. von Elektrolyten, der Einfl. der Änderung der W-Konz. u. der Änderung der Ionenstärke. Gefunden wurden Aktivierungsenergien E für I 18,5 (kcal/Mol), für II 19,6 u. für III 17,9 u. σ-Werte für IV —2,5 u. V —0,63. (J. Amer. chem. Soc. **75.** 3445—51. 20/7. 1953. Ames, Io., Iowa State Coll., Chem. Labor.) PAULIG. D 225

Jay K. Kochi und **George S. Hammond**, *Benzyltosylate.* 3. Mitt. *Die relative Konjugationsfähigkeit der Acetylen- und Äthylenbindungen.* (2. vgl. vorst. Ref.) Vff. untersuchen den Einfl. von Substituenten mit C=C- u. C≡C-Bindung bei *Benzyltosylat* auf die Solvolysengeschwindigkeit u. berechnen mittels der HAMMETTschen Gleichung die σ-Werte. Es zeigt sich, daß im Übergangszustand das Benzylcarboniumion stabiler ist, wenn der Substituent in p-Stellung eine Äthylenbindung enthält, während der Substituent mit Acetylenbindung ein schwächerer Elektronendonor ist. Vff. nehmen an, daß das zum Teil damit zu erklären ist, daß durch den relativ geringen Abstand der C-Atome bei der Acetylenbindung Überschneidungen in den p-Bahnen eintreten. Die σ-Werte wurden ermittelt aus den Ionisationskonstanten der substituierten Benzoesäuren u. aus der Verseifungsgeschwindigkeit der entsprechenden Äthylester. Dabei zeigt sich, daß der Äthylensubstituent eine schwach säureabschwächende u. der Acetylensubstituent eine stark säureverstärkende Wrkg. haben. Vff. nehmen eine Elektronenverschiebung zwischen der C=C-Bindung u. der Carboxygruppe in p-Stellung an, während eine Änderung der Elektronegativität der C≡C-Bindung eine positive Ladung in p-Stellung verursachen soll.

V e r s u c h e: *4-Carboxystilben* (I), $C_{15}H_{12}O_2$, F. 248,1—248,4°, aus Zimtsäure mit 4-Carboxybenzoldiazoniumacetat; 12% (Ausbeute). — Analog: *3-Carboxystilben* (II), F. 197,0—197,5°; 6%. II-*Dibromid*, F. 246—248°; 87%; daraus durch Abspaltung von HBr mit KOH *3-Carboxytolan* (III), $C_{15}H_{10}O_2$, F. 160—161° (A.-W.); 78%. — Entsprechend wurde über das *Dibromid* (F. 267—269°; 91%) *4-Carboxytolan* (IV), F. 220,5 bis 221° (A.); 74%, dargestellt. — *4-Carbäthoxystilben* (XIV), $C_{17}H_{16}O_2$, F. 108,5—109°, aus Zimtsäure u. Carbäthoxybenzoldiazoniumacetat; 13,7%. — *3-Carbäthoxystilben* (XIII), F. 63° (PAe.), durch Veresterung von II, daneben niedrigschm. Isomeres. — *3-Carbäthoxytolan* (XV), $C_{17}H_{14}O_2$, durch Veresterung von III. — *4-Carbäthoxytolan* (XVI), F. 83,5—84°, analog aus IV. — *4-Oxymethylstilben* (V), $C_{15}H_{14}O$, F. 170—170,5° (Ligroin), aus II durch Red. mit $LiAlH_4$. Analog: *3-Oxymethylstilben* (VI), F. 97,8—98,5° (Ligroin). *4-Oxymethyltolan* (VII), $C_{15}H_{12}O$, F. 125,8—126,5° (Ligroin). *3-Oxymethyltolan* (VIII), F. 47,5—48,5° (Ligroin). — Durch Rk. von V—VIII mit Tosylchlorid entstanden *m-β-Styrylbenzyltosylat* (IX), F. 104—104,5°; 44%; *p-Phenyläthinylbenzyltosylat* (X), F. 115,2—115,9°; 61%; *m-Phenyläthinylbenzyltosylat* (XI), F. 79—79,5°; 57%; u. *p-β-Styrylbenzyltosylat* (XII), F. >150°; 30%. Die Verseifungsgeschwindigkeiten folgender Ester wurden gemessen: *Benzoesäureäthylester* $k \cdot 10^4 = 31{,}2$ (Liter/Mol·Sek.); *m-Brombenzoesäureäthylester* 192; XIII 35,2; XIV 27,1; XV 80,4; XVI 107,3. Die Verseifung ist 2. Ordnung. Die Verss. zur Solvolyse von IX—XII wurden, wie in der 1. Mitt. beschrieben, durchgeführt. Gefunden wurden: für die *m*-[β-Styryl]-gruppe (σ =) 0,025; für die p-[β-Styryl]-gruppe 0,190, für m-Phenyläthinyl 0,160 u. für p-Phenyläthinyl 0,050. Bei X u. XII wurde der Einfl. des Lösungsm. (Wasserzusatz) auf die Solvolysengeschwindigkeit geprüft. (J. Amer. chem. Soc. **75.** 3452—58. 20/7. 1953.)

PAULIG. D 225

Gus A. Ropp und **Vernon F. Raaen,** *Wirkung von Kernsubstituenten auf den ¹⁴C-Isotopeneffekt bei der Verseifung von carboxylmarkierten Äthylbenzoaten bei 25°.* Die Wrkg. verschied. Kernsubstituenten auf den Isotopeneffekt (k_{14}/k_{12}) für die Verseifung von substituierten Benzoesäureäthylestern, die in der Carboxylgruppe durch ^{14}C markiert waren, wurde bestimmt, indem ^{14}C-markierte u. gewöhnliche Ester verseift u. die jeweiligen Reaktionsgeschwindigkeiten bei einem 3%ig. u. einem 100%ig. Umsatz gemessen wurden. Untersucht wurden nachst. Substituenten, in ( ) ist das Verhältnis k_{14}/k_{12} angegeben: *p-Methoxy* (0,916); *p-Ch or* (0,925); *p-Methyl* (0,928); *m-Chlor* (0,933); *m-Nitro* (0,937) u. nicht substituiert (0,929). Es zeigte sich, daß der Isotopeneffekt bei den Substituenten am größten ist, die eine Resonanzstruktur nebenst. Typs am meisten begünstigen. (J. chem. Physics **20.** 1823. Nov. 1952. Oak Ridge, Tenn., Nat. Labor., Chem. Div.)

$\overset{\oplus}{R}=\langle\text{C}_6\text{H}_4\rangle={}^{14}C\langle^{O^{\ominus}}_{OC_2H_5}$

ZIMMER. D 225

Elliot R. Alexander und **Anton Mudrak,** *Untersuchungen über den Mechanismus der thermischen Zersetzung nach Tschugaeff und der Acetatzersetzung.* 2. Mitt. *cis- und trans-2-Methyltetralol-(1).* (1. vgl. C. **1953.** 3060.) Die Unters. des therm. Zerfalls von Xanthogen- u. Essigsäureestern des cis- u. trans-2-Phenylcyclohexanols (vgl. 1. Mitt.) hatte gezeigt, daß das durch cis-Abspaltung als Hauptprod. erhaltene Olefin jedesmal einige % eines isomeren Olefins enthielt. Die Frage, ob dieses Isomere einer trans-Abspaltung entstammte, die gleichzeitig, aber mit geringerer Geschwindigkeit ablief, oder aber aus dem Hauptprod. durch nachfolgende Umlagerung entstanden war, prüfen Vff. am Beispiel des *cis-* u. *trans-2-Methyltetralols-(1)*, bei dem jeweils nur ein β-ständiges H-Atom entweder in cis- oder in trans-Stellung zur OH-Gruppe vorhanden ist. Es zeigte sich, daß der Xanthogensäureester der trans-Verb. bei 100° rasch zers. wurde unter Bldg. von *2-Methyl-3.4-dihydronaphthalin* (I), während das cis-Isomere bei dieser Temp. völlig stabil war. Bei der entsprechenden Zers. der Acetate erwies sich das cis-Isomere ebenfalls als die stabilere Verbindung. Während hier die trans-Verb. (zwischen 350 u. 550°) wieder I lieferte, bildete sich aus der cis-Verb. bei 650° *2-Methylnaphthalin* (II).

Diese Dehydrierung muß während der Abspaltungs-Rk. stattgefunden haben, denn I allein ergibt bei dieser Temp. kein **II**. Dieses Ergebnis führt zu dem Schluß, daß bei der Zers. des cis-Acetats ein anderer Reaktionsmechanismus gilt als bei der Zers. des trans-Derivats. Die Unterss. stützen die bisherige Ansicht, daß bei der therm. Zers. von Xanthogen- u. Essigsäureestern die Abspaltung, wahrscheinlich über einen intermediär gebildeten Sechsring (H-Brücke), nur mit dem cis-β-ständigen H-Atom erfolgt.

Versuche: *α-Methyl-β-benzoylpropionsäure*, F. 139—140,5° (Bzl.), aus Bzl., Methylbernsteinsäureanhydrid u. $AlCl_3$; 60% (Ausbeute). — *α-Methyl-γ-phenylbuttersäure* (**III**), $Kp._{0,1-0,2}$ 125—135°, aus Vorigem in Eisessig durch Hydrierung in Ggw. von Pd-Kohle (40—50 lbs./sq.in. u. 65°), n_D^{20} 1,5115; 85%; *p-Phenylphenacylester*, F. 63 bis 65° (A.). — *2-Methyltetralon-(1)* (**IV**), $Kp._1$ 79—80°, a) aus **III** in Bzl. mit PCl_5 u. $SnCl_4$, n_D^{20} 1,5447; 92%; b) aus 2-Methyl-2-carbomethoxytetralon-(1) durch Hydrolyse; 43% [bezogen auf Tetralon-(1)]. *Semicarbazon*, F. 193—195°. — *trans-2-Methyltetralol-(1)* (**V**), $C_{11}H_{14}O$, $Kp._{0,4-0,5}$ 96—104°, aus PAe. (Kp. 42—50°), F. 74—75°, aus **IV** durch Red. in A. mit Na; *3.5 Dinitrobenzoat*, $C_{18}H_{16}O_6N_2$, F. 155—156°, aus Methanol oder PAe. (90—120°) leuchtend gelbe Nadeln. Über das schwerlösl. Dinitrobenzoat können aus den Mutterlaugen von **V** noch beträchtliche Mengen reines **V** gewonnen werden. — *cis-2-Methyltetralol-(1)* (**VI**), $C_{11}H_{14}O$, $Kp._{0,2-0,3}$ 90—94°, durch Hydrierung von **IV** in absol. A. mit RANEY-Ni (45 lbs./sq.in. u. Zimmertemp.); n_D^{20} 1,5502; Reinigung über *Phenylurethan*, $C_{18}H_{19}O_2N$, aus PAe. (96—101°), F. 122—124°, u. Verseifung mit KOH in Diäthylenglykol. Die Zuordnung der Konfiguration von **V** u. **VI** erfolgte auf Grund der SKITAschen Regel ohne direkten Beweis. — *[trans-2-Methyltetralyl-(1)]-xanthogensäuremethylester*, $C_{13}H_{16}OS_2$, F. 58—59°; 81%. — *[trans-2-Methyltetralyl-(1)]-acetat*, $C_{13}H_{16}O_2$, F. 61—62° (85%ig. A.); 96%. — *[cis-2-Methyltetralyl-(1)]-xanthogensäuremethylester*, $C_{13}H_{16}OS_2$, F. 71—72° (absol. A.), Reinigung durch Kurzwegdest. (0,06 mm, Badtemp. 160°); 17%. — *[cis-2-Methyltetralyl-(1)]-acetat*, $C_{13}H_{16}O_2$, $Kp._{0,2-0,3}$ 86—92°, n_D^{20} 1,5192; 95%. — *2-Methyl-3.4-dihydronaphthalin* (**I**), $C_{11}H_{12}$, $Kp._{0,6}$ 63 bis 65°, durch Hydrierung von **IV** mit Cu-Cr-Oxyd (100° u. 1600 lbs./sq.in.), n_D^{20} 1,5751, $D.^{20}_{20}$ 0,9837, *Pikrat*, F. 70—74°. (J. Amer. chem. Soc. **72.** 3194—98. Juli 1950. Urbana, Ill., Univ., Noyes Chem. Labor.) GRALHEER. D 225

John W. Schulte, John F. Suttle und **Richard Wilhelm,** *Durch γ-Strahlen in Chloroform hervorgerufene chemische Effekte.* Es wurde die Zers. von *$CHCl_3$* durch Bestrahlung mit γ-Strahlen bei Ggw. von O_2 untersucht, wobei der Einfl. der Temp., der Zeit der Bestrahlung u. der Einfl. wechselnder O_2-Konz. gesondert untersucht wurde. Als Strahlungsquelle dienten zwei ^{60}Co-Proben, die 4720 bzw. 18700 Röntgen pro Std. ausstrahlten. Die Zersetzungsprodd. wurden auf gesamten Geh. an Cl^- u. H^+, gesamte oxydierende Substanz, Peroxyd, Phosgen u. Hexachloräthan untersucht. Ganz allg. ergab sich bei den Unterss., daß die Zers. des $CHCl_3$ durch eine Ketten-Rk. fortschreitet. Die Typen u. Mengen an Zersetzungsprodd., die zu irgend einer Zeit auftreten, hängen von der O_2-Konz. u. der Länge der Bestrahlung ab. Wahrscheinlich treten während der Rk. mehrere Rkk. gleichzeitig auf. Die Gesamt Rk. besteht aus 2 Phasen. In der ersten Phase ist das Peroxyd, dessen Bildungsgeschwindigkeit nicht merklich von der O_2-Konz. beeinflußt wird, die Hauptkomponente der oxydierenden Substanz. Das Peroxyd besteht zum größten Teil aus *CCl_3OOH*. Unter den ersten Reaktionsprodd. sind auch — mit linear wachsend r Konz. — kleine Mengen Cl_2 u. $COCl_2$. Mit fortschreitender Rk. nimmt die Bldg. von Cl_2 bei höheren O_2- Konzz. beschleunigt zu. In der zweiten Reaktionsphase verschwinden das Peroxyd u. Cl_2 unter Bldg. von $COCl_2$, HCl u. anderen Produkten. Von besonderem Interesse in dieser Reaktionsphase ist, daß das Verhältnis von $HCl/COCl_2$ nach langer Bestrahlung **viel größer ist als berechnet nach** der Rk. $CHCl_3 + \frac{1}{2} O_2 \rightarrow COCl_2 + HCl$. Abweichungen von dieser Stöchiometrie in der beobachteten Richtung können durch die Bldg. anderer O enthaltender Prodd., wie CO oder CO_2 oder einiger C–Cl-Verbb. erklärt werden. Die Zers. des $CHCl_3$ durch O_2 schreitet hauptsächlich über Zwischenprodd. fort, die sich schließlich unter Bldg. von HCl, $COCl_2$ u. chlorierten KW-stoffen zersetzen. Die Bldg. des CCl_3OOH verläuft wahrscheinlich nach der Gleichung $CHCl_3 + O_2 \rightarrow CCl_3OOH$. Aus den Unterss. können bindende Schlußfolgerungen über den vollständigen Reaktionsmechanismus nicht gezogen werden. (J. Amer. chem. Soc. **75.** 2222—27. 5/5. 1953. Los Alamos, N. Mex., Scient. Labor.)

GOTTFRIED. D 226

F. E. Blacet und **J. G. Calvert,** *Die Photolyse von aliphatischen Aldehyden.* 14. Mitt. *Die Butyraldehyde.* (13. vgl. C. **1953.** 6651.) Die Photolyse der Butyraldehyde wurde in Dampfphase bei 25—300° studiert. Als Strahlungsquelle dient eine Hg-Lampe in Verbindung mit einem Monochromator. bei den Verss. wurde 1—2% der ursprünglichen Menge zersetzt. Die Zersetzungsprodd. wurden nach Fraktionieren massenspektrograph.

analysiert Bei der Photolyse von *n-Butyraldehyd* (I) werden im nicht kondensierbaren Anteil C_3H_8, CO, C_2H_4, ferner H_2, Propylen u. CH_4 gefunden, im kondensierbaren Anteil n-Hexan, Acetaldehyd u. Formaldehyd. Weitere Prodd. sind nicht anwesend. Die Quantenausbeuten von CO, C_3H_8 u. H_2 wachsen mit der Temp., die von C_2H_4 sind von der Temp. unabhängig. Bei der Photolyse von *Isobutyraldehyd* (II) sind im nicht kondensierbaren Anteil hauptsächlich CO, Propan u. Propylen, ferner H_2 u. CH_4; im kondensierbaren Anteil 2.3-Dimethylbutan vorhanden. In diesem Fall zeigt nur die Quantenausbeute von CH_4 eine Temperaturabhängigkeit. Die möglichen Primärprozesse u. Sekundär-Rkk. werden diskutiert. Die wahrscheinlichen Primärprozesse sind: 1. $CH_3 \cdot CH_2 \cdot CH_2 \cdot CHO + h\nu \rightarrow$ a) $CH_3 \cdot CH_2 \cdot CH_2 + CHO$; b) $C_2H_4 + CH_3 \cdot CHO$; c) $CH_3 + CH_2 \cdot CH_2 \cdot CHO$; u. 2. $(CH_3)_2CHCHO + h\nu \rightarrow$ a) $(CH_3)_2CH + CHO$; b) $CH_3 + CH_3 \cdot CH \cdot CHO$. Die Rkk. 1a), 1b) u. 2a) haben die größte Bedeutung, 2b) gewinnt an Einfl. bei kürzeren Wellen. — Die Grenzwerte der Quantenausbeuten werden als wahre Werte für die Rkk. 1a) bzw. 2a) gehalten, aus der Temperaturabhängigkeit der Quantenausbeute von H_2 wird die Aktivierungsenergie der Zers. des CHO-Radikals zu 14 kcal/Mol abgeschätzt. — Ausführliche Beschreibung der App. u. der Methodik. (J. Amer. chem. Soc. **73**. 661—67. Febr. 1951. Los Angeles, Calif., Univ., Chem. Dep.)
KELLERMANN. D 226

F. E. Blacet und **J. G. Calvert,** *Die Photolyse von aliphatischen Aldehyden.* 15. Mitt. *Die Butyraldehyde mit Joddampf.* (14. vgl. vorst Ref.) Zur Unterbindung von Sekundär-Rkk. zwischen Atomen u. freien Radikalen wird bei der Photolyse von *Butyr-* (I) bzw. *Isobutyraldehyd* (II) J_2 Dampf zugegeben Die bei der Photolyse entstehenden Radikale reagieren schnell mit J_2. Bei **I** wird die Entstehung von Formyl- u. n-Propylradikalen, bei **II** die Bldg. von Isopropylradikalen bestätigt im Wellenlängenbereich von 253.7 bis 313.0 mμ. Intramol. Primärprozesse, die zu CO u. C_3H_8 führen, sind für 313.0 mμ bei **I** u **II** unbedeutend, nehmen aber bei kürzeren λ zu. Die intramol. Bldg. von Äthylen u. Acetaldehyd ist für **I** erheblich bei 253,7 u. 313,0 mμ. Aus **II** bilden sich bei 253,7 mμ Methylradikale. (J. Amer. chem. Soc. **73**. 667—74. Febr. 1951.) KELLERMANN. D 226

F. E. Blacet und **J. N. Pitts jr.,** *Die Photolyse von aliphatischen Aldehyden.* 16. Mitt *Propionaldehyd und Propionaldehyd-Jod-Gemische.* (15. vgl. vorst. Ref.) *Propionaldehyd* (I) wird durch gefiltertes UV-Licht von 2380—3340 Å in der Dampfphase (bis zu 180°) aufgespalten. Als Spaltprodd. werden isoliert CO, Äthan, Butan, Methan. Propan, Äthylen, H_2 u. Diäthylketon (?), die massenspektrometr. bestimmt werden. Zur Aufklärung des Reaktionsmechanismus werden die Verss. wie vorst unter Zusatz von J_2 wiederholt, das die entstehenden Radikale abfängt. Dabei bilden sich CO, Äthan, Äthylen u. Spuren von H_2 neben Äthyljodid u. HJ. Die Quantenausbeuten der verschied. Prodd. in Abhängigkeit von Temp., Wellenlänge u. Intensität werden in zahlreichen Tabellen angegeben u. die Ergebnisse ausführlich diskutiert, wobei folgender Reaktionsmechanismus wahrscheinlich gemacht wird: 1. Dissoziation von I in Äthyl- u. Formylradikale. 2. Bldg. von Äthan u. CO in einem intramol. Prozeß. 3. Zerfall in Äthylen u. Formaldehyd. 4. Dissoziation in Methyl- u. CH_2CHO-Radikale. Rk. 1 **ist** bei Bestrahlung mit 3130 Å begünstigt, 1 u. 2 sind bei 2654 Å gleich wahrscheinlich. 3 ist bei allen Wellenlängen klein. 4 tritt bei 2380 Å auf, ist aber bei 3130 Å zu vernachlässigen. (J. Amer. chem. Soc. **74**. 3382—88. 5/7. 1952.) MACHOLDT. D 226

Sydney O. Thompson, John Turkevich und **Adolph P. Irsa,** *Reaktion von Deuterium mit Kohlenwasserstoffen über einem Kobalt–Thoriumoxyd-Fischer-Tropsch-Katalysator.* Vff. untersuchen den H—D-Austausch an verschied. einfachen aliphat. KW-stoffen bei 183° u. einer Volumengeschwindigkeit von 140—150 pro Std. über einem Kobalt–Thorium-Katalysator (nach ANDERSON u. Mitarbeitern, Ind. Engng. Chem. **39.** [1947.] 1548) unter den Bedingungen der FISCHER-TROPSCH-Synth. mit dem Ziel, die Stabilität der KW-stoffgase gegenüber diesem Austausch u. die an der Katalysatoroberfläche vorhandenen Radikale zu bestimmen. *Methan* ist gegenüber der Einw. von D_2 sehr stabil, *Äthan* u. *Propan* (<10% Austausch) weniger u. *Butan* (45%) u. *Isobutan* (51%) tauschen in hohem Maße H gegen D aus. In den Austauschprodd. waren die hochdeuterierten Verbb. bevorzugt. Bei dem als Neben-Rk. eintretenden Cracken entstand aus Propan u. den Butanen deuteriertes Methan als einziges Prod., alle C—C-Bindungen in den KW-stoffen werden also gebrochen. Aus den Ergebnissen schließen Vff auf die Existenz der folgenden Radikale an der Katalysatoroberfläche: Methan: CH_3, C; Äthan: C_2H_4, C_2; Propan: C_3; Butan: C_4 (wobei C, C_2, C_3, C_4 Radikale darstellen sollen, bei denen alle bzw. die meisten C—H-Bindungen gelöst sind). Eine andere Folgerung ist die Annahme von Methyl-, Äthyl-, Propyl-, Butylradikalen an der Oberfläche, deren mittlere Lebensdauer sehr viel größer ist als die Geschwindigkeit des Austauschs einer einzelnen C—H-Bindung, so daß aller Wasserstoff ausgetauscht sein wird, bevor diese Alkylradikale als Alkane desorbiert werden. Die quantitative Best. der Reaktionsprodd. erfolgt in einem Massenspektrometer unter der Voraussetzung, daß die Massenspektren der verschied. deuterierten KW-stoffe aus denen der entsprechenden unsubstituierten KW-stoffe durch eine rein statist. Meth. berechnet werden können **u.** daß die Abtrennung von H oder D aus einem KW-stoffmol. äquivalent ist. (J. Amer. chem. Soc. **73.** 5213—15. Nov. 1951. Upton, Long Island, N. Y., Brookhaven Nat. Labor., Chem. Dep.) G. Winkler. D 227

B. L. Evering und **R. C. Waugh,** *Katalytische Isomerisierung von isomeren Hexanen.* Vff. untersuchen die katalyt. Isomerisierung von *n-Hexan* (**I**), *2-Methylpentan* (**II**), *3-Methylpentan* (**III**), *2.2-Dimethylbutan* (**IV**) u. *2.3-Dimethylbutan* (**V**) mit $AlCl_3$–HCl als Katalysator bei 100° u. 68 at während 5—284 Minuten. Der Betrag der durch Crackung entstandenen niederen KW-stoffe ist zu vernachlässigen (1 % oder weniger). Die Reaktionsprodd. werden durch Dest. getrennt bzw. bei niederen Gehh. nach Anreicherung massenspektroskop. bestimmt. Folgendes Isomerisierungsschema wird gefunden: Die Methylpentane werden schnell weiter isomerisiert, deshalb ist keine Entscheidung möglich, welches Methylpentan Zwischenprod. ist bei der Umwandlung von **I** zu **IV**. Der geschwindigkeitsbestimmende Schritt bei der Bldg. von **V** aus **I** ist die langsame Isomerisierung **IV** $\rightleftharpoons$ **V**, bei der Umwandlung von **I** zu **IV** die Rk. **I** $\rightleftharpoons$ **II, III.** Die Konstanten k der Isomerisierungsgeschwindigkeit werden unter der Annahme einer Rk. 1. Ordnung berechnet. Die Werte sind nicht ganz exakt, sie zeigen einen beträchtlichen Gang. Angenäherte k-Werte [in $Std.^{-1}$]: **I** → **II 2; III** 1,8; **II** → **I** 0,7; **II** → **III** 150; **III** → **II** 65; **II** → **IV** 6,0; **V** → **II** 3,9; **IV** → **V** 0,8; **V** → **IV** 0,04. (Ind. Engng. Chem. **43.** 1820—23. Aug. 1951. Whiting, Ind., Standard Oil Co.) G. Winkler. D 227

Robert L. Burwell jr. und **Lloyd M. Elkin,** *Die Notwendigkeit von Aktivatoren bei der durch BF_3 katalysierten Alkylierung von Benzol durch sek.-Butylmethyläther.* Bei der durch BF_3 katalysierten Alkylierung von Bzl. mit sek.-Butylmethyläther (**I**) sind Aktivatoren nötig, wie auch bei anderen Rkk. mit Friedel-Crafts-Katalysatoren. Die Lsg. von **I** u. BF_3 in Bzl. (Mol.-Verhältnisse 1 : 1 : 7) reagiert bei trockenem Ausgangsmaterial u. Ausschluß von Luftfeuchtigkeit nicht. Nach Zugabe von W. (maximal 1 Mol-% des BF_3) als Aktivator oder nach längerem Stehen an der Luft findet eine Rk. statt. H_2SO_4, $ClSO_2OH$ u. Äthanolsulfonsäure sind zum Teil noch wirksamer als W., Methanol u. Essigsäure aktivieren nicht. Reaktionsprodd. sind *Mono-* u. *Poly-sek.-butylbenzole,* jedoch kein Toluol. — Vff. nehmen als Zwischenprod. einen bei Zimmertemp. relativ stabilen BF_3-Ätherkomplex **A** an, der aber entgegen der Ansicht von Price u. Ciskowski (J. Amer. chem. Soc. **60.** [1938.] 2499) keine Carboniumionen abgibt; erst die Zugabe einer starken Protonsäure wie BF_3-Monohydrat bewirkt dies. Die bisherigen Reaktionsmechanismen bei der analogen Alkylierung durch Alkohole, Ester u. Olefine sind durch diese Befunde fraglich geworden. (J. Amer. chem. Soc. **73.** 502. Jan. 1951. Evanston, Ill., Northwestern Univ., Dep. of Chem.) Fechter. D 227

$$\begin{matrix} \text{sek.-}C_4H_9 \searrow \\ \qquad O:BF_3 \\ \textbf{A} \quad CH_3 \nearrow \end{matrix}$$

Ss. I. Chromow, Ss. Ss. Nowikow, I. L. Rassulowa und **N. D. Zelinsky,** *Kontaktumwandlungen von Butylsubstitutionsprodukten von Benzol und Cyclohexan.* (Vgl. C. **1953.** 1627.) n- (**I**) u. tert.-Butylbenzol (**II**) sowie n- (**III**) u. tert.-Butylcyclohexan (**IV**) wurden bei 425°, im Verhältnis 4 Mol H_2 : 1 Mol KW-stoff mit H_2 gemischt, über Ni auf Al_2O_3 geleitet. Hierbei trat in allen Fällen Entalkylierung ein. Bei den Cyclohexanderivv. erfolgte daneben Dehydrierung zu aromat. KW-stoffen. Aus **I** entstanden 12 % *Toluol* (**V**) u. wenig *Bzl.* (**VI**), *Äthyl* (**VII**)- u. *n-Propylbenzol* (**VIII**), aus **II,** das wenig verändert wurde, etwas **VI** u. **V**, aus **III** 1,7 % **VI**, 26,7 % **V**, 15 % **VII**, 11 % **VIII** u. 28,3 % **I**, aus **IV** 19 % **V** u. 60 % **II**. (Доклады Академии Наук СССР [Ber. Akad. Wiss. UdSSR] [N. S.] **87.** 613—16. 1/12. 1952. Moskau, Lomonossow-Univ., Zelinsky-Labor. für organ. Chem.) Schmeiss. D 227

D$_2$. Präparative organische Chemie. Naturstoffe.

R. C. Huston und **H. M. D'Arcy,** *Die Reaktion von Äthylenoxyd mit einigen Alkylmagnesiumjodiden.* Vff. untersuchen die Einw. von Äthylenoxyd (**I**) auf Methyl-, Äthyl- (**II**), n-Propyl-, Isopropyl-, n-Butyl-, sek.-Butyl u. Isobutylmagnesiumjodid. **II** u. **I** liefern im Verhältnis 1 : 0,5 einen Komplex nach Meisenheimer u. Casper (Ber. dtsch. chem. Ges. **54.** [1921.] 1655), was dadurch bewiesen wird, daß bei der Hydrolyse weder Butanol-(1) noch *Äthylenjodhydrin* (**III**) gebildet werden u. daß beim vorsichtigen Erwärmen 93 % der theoret. Menge **I** zurückerhalten werden. RMgJ u. **I** im Verhältnis 1 : 1 liefern sowohl die entsprechenden Alkohole als auch **III,** was eine Rk. sowohl der Alkyl-Mg- als auch der MgJ-Bindung mit dem Epoxyring beweist. Erwärmen führt nicht zur Veränderung der Alkoholausbeute, außer bei **II**, bei dem die Ausbeute vermindert wird; dagegen wird in allen Fällen durch Erwärmen die Ausbeute an **III** verringert. Mischungen von **I** u. CH_3MgJ zers. sich beim Erwärmen explosionsartig. Die Ausbeuten an Alkohol u. **III** werden durch Zugabe eines zweiten Moles **I** erhöht.

Versuche: **I** in absol. Ae. wird vorsichtig zu RMgJ unter N_2 unter 6std. Rühren bei -6^0 zugegeben; das Reaktionsgemisch wird mit wss. $(NH_4)_2SO_4$-Lsg. unter Kühlung hydrolysiert. **III** wird durch Kochen der äther. Lsg. mit NaOH u. Titration des gebildeten J^- nach VOLHARD bestimmt; die Alkohole werden durch Kp.$_{740}$, n_D^{20} u. Misch-FF. der 3.5-Dinitrobenzoate [*Propanol-(1)*, 97,2°, 1,38543, 74°; *Butanol-(1)*, 117,7°, 1,39931, 64°; *Pentanol-(1)*, 137,9°, 1,40963, 46,4°; *3-Methylbutanol-(1)*, 132°, 1,4084, 61°; *Hexanol-(1)*, 157,5°, 1,4161, 58 4°; *3-Methylpentanol-(1)*, 152,4°, 1,4115, 38°; *4-Methylpentanol-(1)*, 152°, 1,4490, 72°] identifiziert. — *Additionsprod. aus 0,5 Mol* **I** *u. 1 Mol* **II**, C_4H_9OJMg, wie oben als Nd.; liefert bei vorsichtigem Erhitzen 91—93% **I** zurück. (J. org. Chemistry **18.** 16—20. Jan. 1953. East Lansing, Mich., State Coll., Kedzie Chem. Labor.) G. WINKLER. 560

Tod W. Campbell, Welton Burney und **Thomas L. Jacobs**, *Die Reaktion von Grignard-Verbindungen mit Di-tert.-butylperoxyd.* Vff. untersuchen die Rk. von prim., sek. u. tert. Alkylmagnesiumbromiden sowie von Phenyl-MgBr mit Di-tert.-butylperoxyd (**I**). Tert. aliphat. GRIGNARD-Verbb. reagieren nicht, wahrscheinlich aus ster. Gründen; auch mit Phenyl-MgBr tritt keine Rk. ein. Bei der Rk. mit prim. u. sek. Alkylmagnesiumbromiden werden *tert.-Butylalkohol* (**II**), *Alkyl-tert.-butyläther*, die den GRIGNARD-Verbb. entsprechenden *Olefine* u. wenig *Dialkyl* gebildet, wobei die Rk., die zur Bldg. von Äthern u. Alkoholen führt, als n. Additions-Rk. der GRIGNARD-Verbb. aufgefaßt wird u. die Rk., die zur Bldg. von Olefinen u. Alkoholen führt, durch die reduzierende Wrkg. der GRIGNARD-Verbb. erklärt werden kann. Entsprechend dieser Theorie wird die gebildete Anzahl Mol **II** den gebildeten Mol Äther + 2mal gebildeten Mol Olefin äquivalent gefunden.

Versuche: *3-Äthyl-3-brompentan*, $C_7H_{15}Br$, Kp.$_{15}$ 41°, durch Einw. von PBr_3 auf $(C_2H_5)_3COH$. — Die GRIGNARD-Verbb. werden aus 0,5 Mol des Halogenids u. 0,5 g-Atom Mg in Ae. dargestellt, die äther. Lsg. allmählich mit 0,5 Mol Di-tert.-butylperoxyd (**I**) versetzt, 1 Std. gekocht, mit gesätt. NH_4Cl-Lsg. hydrolysiert u. die äther. Schicht aufgearbeitet. — Phenyl-MgBr gibt nach 24std. Kochen 10% *Diphenyl*, das auch bei Abwesenheit von **I** entsteht. — n-Butyl-MgBr gibt nach der Zers. des Reaktionsgemisches bei der Dest. 3 Fraktionen: 1. Kp. < 0°, wahrscheinlich *Buten-(1)*, das beim Einleiten von HBr *sek.-Butylbromid* gibt. 2. Kp. 82,1°, *tert.-Butylalkohol* (**II**), F. 25,5°. 3. Kp. 124°, wahrscheinlich ein Gemisch von *n-Octan*, Kp. 125°, u. *n-Butyl-tert.-butyläther*, Kp. 124°, der beim 2std. Kochen mit 57%ig. HJ *n-Butyljodid*, Kp. 130°, gibt. — n-Hexyl-MgBr gibt *Hexen-(1)*, Kp.$_{760}$ 64°; 0,15 Mol; **II**, Kp.$_{760}$ 82°; 0,24 Mol; *tert.-Butyl-n-hexyläther*, $C_{10}H_{22}O$, Kp.$_{21}$ 64°; 0,10 Mol; u. *Dodecan*, $C_{12}H_{26}$, Kp.$_{17}$ 81°; 0,03 Mol; neben einem viscose nroten Harz. — Octyl-(2)-magnesiumbromid gibt *Octen-(1)*, Kp.$_{760}$ 121°; 0,15 Mol; **II**; 0,31 Mol; *tert.-Butyloctyl-(2)-äther*, $C_{12}H_{26}O$, Kp.$_{11}$ 78°; 0,10 Mol; u. *7.8-Dimethyltetradecan*, $C_{16}H_{34}$, Kp.$_{10}$ 141°; 0,03 Mol; neben einem dunklen Harz. — 3-Äthylpentyl-(3)-magnesiumbromid gibt *3-Äthylpenten-(2)* neben unverändertem **I**. (J. Amer. chem. Soc. **72.** 2735—36. Juni 1950. Los Angeles, Calif., Univ. of California, Dep. of Chem.) REISNER. 560

I. A. Schichijew, *Elektrolytische Hydrierung von Acetalen mit Dreifachbindung.* Aus α-Chlordimethyläther (**I**) u. Dimethylacetylenylcarbinol (**II**) in Ggw. von Dimethylanilin (**III**) wurde der *Methoxymethyläther* (**IV**) von **II** hergestellt. Analog **I** verhielten sich andere α-Chlormethylalkyläther. Wie **II** reagierte auch Methyläthylacetylenylcarbinol (**V**). Statt **III** können Chinolin oder NaOH als HCl-abspaltende Mittel angewendet werden. Durch elektrolyt. Red. wurden die erhaltenen Äther in die beständigeren Vinylverbb. übergeführt; aus **IV** entstand so der *Methoxymethyläther* (**VI**) von *Dimethylvinylcarbinol* (**VII**). Alle in vorliegender Unters. hergestellten Äther sind angenehm riechende Flüssigkeiten. Einige der Vinyläther wurden auch aus α-Chlormethylalkyläthern u. **VII** bzw. Methyläthylvinylcarbinol (**VIII**) synthetisiert, so daß die Konst. nicht zweifelhaft ist.

Versuche: *Alkoxymethyläther* von **II**. Alkyl = CH_3 (**IV**), $C_7H_{12}O_2$, Kp. 109—112°; durch tropfenweise Zugabe von 35 g **I** zu 40 g **II** u. 30 g **III** bei —10°; nach 3std. Rühren bei Zimmertemp. wird die obere Schicht abgetrennt u. fraktioniert; D.$^{20}_{20}$ 0,8909; n_D^{20} 1,4250; Mol.-Refr. ($[MR]_D$) 36,72; wird beim Aufbewahren gelb; 14 g (Ausbeute). Alkyl = C_2H_5 (**IX**), $C_8H_{14}O_2$, Kp. 120—122°; aus **II** u. α-Chlormethyläthyläther in Ggw. von **III** bei —8°; D.$^{20}_{20}$ 0,8816; n_D^{20} 1,4206; 28% (auf **II** bezogen). Alkyl = *iso-*C_3H_7 (**X**), $C_9H_{16}O_2$; D.$^{20}_{20}$ 0,8682; n_D^{20} 1,4111; 25,5%. Alkyl = *n-*C_4H_9 (**XI**), $C_{10}H_{18}O_2$,

Kp. 148—152°; aus 40 g α-Chlormethylbutyläther u. 40 g II in 200 cm³ absol. Ae. in Ggw. von 18 g NaOH bei —8°; $D.^{20}_{20}$ 0,8602; n_D^{20} 1,4150; 16%. Alkyl = *iso*-C_5H_{11} (XII), $C_{11}H_{20}O_2$, Kp. 159—161°; $D.^{20}_{20}$ 0,8502; n_D^{20} 1,4109; 19,4%. — *Methoxymethyläther* (XIII) von V, $C_8H_{14}O_2$, Kp.132—135°; aus 55 g V u. 50 g I in Ggw. von 45 g Chinolin in 200 cm³ Ae. bei Zimmertemp.; $D.^{20}_{20}$ 0,8887; n_D^{20} 1,4208; 27,7 g. *Äthoxymethyläther* (XIV) von V, $C_9H_{16}O_2$, Kp. 147—150°; $D.^{20}_{20}$ 0,8809; n_D^{20} 1,4266; 29%. — Die Hydrierung vorst. Äther wurde mit versilberter Cu-Kathode, Ni-Draht als Anode, Tondiaphragma, einer Lsg. der zu reduzierenden Verb. in 1%ig. wss.-alkoh. NaOH u. konz. NaOH als Anoden-Fl. bis zur Aufnahme der theoret. Menge H durchgeführt. *Alkoxymethyläther* von VII. Alkyl = CH_3 (VI), $C_7H_{14}O_2$, Kp. 100—104°; a) durch Hydrieren von IV; 42%; b) aus 32 g VII u. 30 g I in Ggw. von 24 g III; $D.^{20}_{20}$ 0,8626; n_D^{20} 1,4160; $[MR]_D$ 37,81. Alkyl = C_2H_5; Kp. 105—108°; aus IX durch Hydrieren; $D.^{20}_{20}$ 0,8525; n_D^{20} 1,4125; 52%. Alkyl = *iso*-C_3H_7, Kp. 119—123°; aus X; $D.^{20}_{20}$ 0,8381; n_D^{20} 1,4114; 46%. Alkyl = *n*-C_4H_9; Kp. 132—135°; aus XI; $D.^{20}_{20}$ 0,8312; n_D^{20} 1,4090; 54%. Alkyl = *iso*-C_5H_{11}, Kp. 148—151°; aus XII; $D.^{20}_{20}$ 0,8218; n_D^{20} 1,4095; 48%. *Methoxymethyläther* von VIII, Kp. 121—124°; aus XIII durch Hydrieren; $D.^{20}_{20}$ 0,8612; n_D^{20} 1,4120; 33%. *Äthoxymethyläther* von VIII, $C_9H_{18}O_2$, Kp. 136—140°; a) durch Hydrieren von XIV; 55%; b) aus VIII u. α-Chlormethyläthyläther in Ggw. von NaOH in Ae. bei —8°. $D.^{20}_{20}$ 0,8516; n_D^{20} 1,4190. (Журнал Общей Химии [J. allg. Chem.] **20** (82). 839—47. Mai 1950. Chem. Inst. der Akad. der Wiss. der Aserb. SSR, Labor. für organ. Chem.) TROFIMOW. 570

M. L. Wolfrom, W. W. Binkley, C. S. Spencer und **B. W. Lew,** *Ein Dodecit aus der alkalischen Elektroreduktion von D-Glucose.* Eine als *Atlit* (*Atlitol*) bezeichnete, opt.-akt., krist. Substanz wurde als Nebenprod. bei der industriellen alkal. Red. der D-Glucose von der ATLAS POWDER COMP. gewonnen u. von den Vff. mit Hilfe der Perjodatoxydation u. vollständiger Acetylierung als *Dodecit* charakterisiert. Es wird angenommen, daß *Atlit* durch reduktive Kondensation zweier Aldehydgruppen aus 2 Mol D-Glucose in all-trans-Form entsteht, womit ein Hinweis auf die ster. Konfiguration gegeben wäre.

Versuche: *Atlit*, $C_{12}H_{26}O_{12}$, F. 233—235° (korr.), als Nebenprod. beim Umkristallisieren von D-Mannit aus der Elektrored. von D-Glucose bei 30° u. p_H 10—13; aus heißem W.; $[\alpha]_D^{29}$ +212° (c = 0,2 in 0,04 mol. MoO_3-Lsg.; 6 dm Röhre); MOLISCH-Rk. u. FEHLING-Red. mit Mineralsäure negativ; lösl. in heißem W., unlösl. in CH_3OH, A., Ae., Essigsäure u. Pyridin. Bei der Perjodatoxydation werden 11 Mol Perjodat/Mol verbraucht u. 10 Mol HCOOH neben 2 Mol HCHO gebildet. — *Atlitdodekaacetat*, $C_{12}H_{14}O_{12}\cdot(CH_3CO)_{12}$, F. 69—70°, aus vorst. Verb. durch 6tägige Einw. von Essigsäureanhydrid in Ggw. von $ZnCl_2$ bei 26—27°; nach 1 std. Rühren Einstellen auf p_H 5,5—6,0 ($NaHCO_3$), Extrahieren mit Chlf. u. Eindampfen; Sirup; aus A./Ae. Prismen; $[\alpha]_D^{30}$ +18° (c = 3 in U. S. P. Chlf.); lösl. in A., Ae., Chlf. u. Benzol. (J. Amer. chem. Soc **73**. 3357—58. Juli 1951. Columbus, O., Ohio State Univ., Dep. of Chem.) ROSSOW. 580

A. F. Clifford, H. K. El-Shamy, H. J. Emeléus und **R. N. Haszeldine,** *Organometallische und organometalloide Fluorverbindungen.* 8. Mitt. *Die elektrochemische Fluorierung von Dimethylsulfid und Schwefelkohlenstoff.* (7. vgl. BENNETT u. Mitarbeiter, C. **1953**. 6231.) Bei der Elektrolyse von $(CH_3)_2S$ in wasserfreier HF bilden sich CF_4, SF_6, *Trifluormethylschwefelpentafluorid* (CF_3–SF_5) u. *Bis-trifluormethylschwefeltetrafluorid* [$(CF_3)_2SF_4$]. Aus CS_2 entstehen auf gleiche Weise CF_3–SF_5 u. geringe Mengen SF_6, *Difluormethylen-bis-[schwefelpentafluorid]* [$CF_2(SF_5)_2$] u. *Difluormethylen-bis-[schwefeltrifluorid]* [$CF_2(SF_3)_2$]. Dimethylselenid u. Kohlenstoffdiselenid lassen sich nicht fluorieren, weil sie sich unter Se-Abscheidung zersetzen. — CF_3–SF_5 wird von 20%ig. wss. oder alkoh. KOH bei 100° in 60 Std. nicht angegriffen. — $CF_2(SF_5)_2$ ist gegen Na-Äthylat bei 100° beständig. Mit CS_2 ist es bei tiefen Tempp. nicht, bei Raumtemp. teilweise mischbar; mit A. ist es bei Zimmertemp. unmischbar, mit CF_3–SF_5 vollständig mischbar. — Die UV-Spektren wurden von CF_3–SF_5 u. $CF_2(SF_5)_2$, die Ultrarotspektren von CF_3–SF_5, $(CF_3)_2SF_4$ u. $CF_2(SF_5)_2$ aufgenommen.

Versuche: Die Elektrolysierzelle besteht aus einem Ni-Gefäß von 15 cm Höhe u. 8 cm Durchmesser mit einem Elektrodenpaket aus 26 Ni-Platten 12,7×6,3×0,08 cm u. Rückflußkühler. Die Elektrolyse wird bei 0° mit 3,5—5 A, 5 V bei einer Stromdichte von ca. 0,0025 A/cm² durchgeführt. Die gasförmigen Prodd. werden zur Entfernung von HF durch ein mit NaF-Tabletten gefülltes Messingrohr u. zur Beseitigung von F_2O durch ein mit englumigen Gummischlauchstücken gefülltes Glasrohr geleitet, in mit fl. Luft gekühlten Fallen kondensiert, mit 10%ig. NaOH gewaschen, mit P_2O_5 getrocknet u. fraktioniert (Ausbeuteangaben in % der gesamten gasförmigen Prodd.). Aus $(CH_3)_2S$ wurden erhalten: 58% CF_4, 17% SF_6, 20% *Trifluormethylschwefelpentafluorid* (CF_8S, Kp. —20°) u. 2% *Bis-trifluormethylschwefeltetrafluorid*, $C_2F_{10}S$, Kp. 20,5°;

Dampfdruckgleichung zwischen −40 u. +20° $\log_{10}$ p (mm) = 7,027 − 1217,6/T; latente Verdampfungswärme 5,57 kcal/Mol; TROUTONsche Konstante 19,0. – Die Elektrolyse von CS_2 lieferte >90% *CF_3–SF_5*, wenig SF_6, 0,5% *Difluormethylen-bis-[schwefeltrifluorid]* (CF_8S_2, Kp. 35°) u. 0,5% *Difluormethylen-bis-[schwefelpentafluorid]*, $CF_{12}S_2$, Kp. 60,5°; Dampfdruckgleichung zwischen 23 u. 36° $\log_{10}$ p (mm) = 7,423 − 1516,1/T; latente Verdampfungswärme 6,93 kcal/Mol; TROUTONsche Konstante 20,8. (J. chem. Soc. [London] **1953**. 2372–75. Aug. Cambridge, Univ., Chem Labor.)
FORCHE. 600

Horst Böhme und **Heinz-Joachim Gran,** *Über mehrfach in α-Stellung halogenierte Thioäther.* Nach der Meth., aus Cl_2 bzw. Cl_2-abgebenden Verbb. u. Thioäthern α-halogenierte Prodd darzustellen (vgl. C. **1953**. 4027), erhielten Vff. bei Anwendung von 2 bzw. 3 Mol Cl_2 2- bzw. 3fach in α-Stellung halogenierte Thioäther. Die mono- u. dichlorierten Verbb. ließen sich auch stufenweise mit entsprechenden Mengen Cl_2 weiterchlorieren. Das so erhaltene Trichlormethylphenylsulfid sowie das entsprechende Sulfon hatten andere Eigg., als die von SANNA (Gazz. chim. ital. **72**. [1942.] 305) angegebenen. Zur Identifizierung der dargestellten Sulfide wurden ihre Hydrolysenprodd. (Aldehyd u. HCl) quantitativ bestimmt.

Versuche: *Chlormethylmethylsulfid* (I), C_2H_5ClS, Kp. 110°, a) aus Dimethylsulfid in CCl_4 durch Zutropfen der äquimol. Menge SO_2Cl_2 in CCl_4 bei −20° in 30 Min.; 65% (Ausbeute); b) analog mit $SOCl_2$; 52%. – *α-Chlordibenzylsulfid*, aus Dibenzylsulfid u. SO_2Cl_2 in CCl_4 bei Zimmertemp.; läßt sich nicht im Vakuum dest.; 79%. *Sulfon*, $C_{14}H_{13}O_2ClS$, F. 122° (80%ig. A.), aus dem Sulfid mit Phthalmonopersäure (II) in Ae. nach 2tägigem Stehen. – *Dichlormethylphenylsulfid* (III), $C_7H_6Cl_2S$, Kp.$_{15}$ 116–117°, a) analog I aus Chlormethylphenylsulfid u. Cl_2; 44%; b) aus Thioanisol (IV) u. SO_2Cl_2 in CCl_4 bei Zimmertemp.; 83%. *Sulfon*, $C_7H_6O_2Cl_2S$, F. 56° (Methanol), a) aus III u. II; 90%. b) aus III u. 30%ig. H_2O_2 in Eisessig unter Kühlung, dann 24 Std. Stehen; 74%. – *Trichlormethylphenylsulfid*, $C_7H_5Cl_3S$, F. 36° (PAe.), Kp.$_{15}$ 123–125°, a) aus III u. Cl_2 bei −20°; 65%; b) aus IV u. Cl_2 bei Zimmertemp.; 88%. *Sulfon*, $C_7H_5O_2Cl_3S$, F. 87° (A.), aus dem Sulfid u. II; 88%. – *Dichlormethylmethylsulfid* (V), $C_2H_4Cl_2S$, Kp.$_{15}$ 48–49°, aus I u. Cl_2 bei −20°; 57%. *Sulfon*, $C_2H_4O_2Cl_2S$, F. 71° (80%ig. A.); 61%. – *Methylmercapto-bis-[äthylmercapto]-methan*, $C_6H_{14}S_3$, Kp.$_{11}$ 104–105°, durch Zugabe von V zu einer Lsg. von Äthylmercaptan u. Na in absol. A. unter Eiskühlung; 68%. *Trisulfon*, $C_6H_{14}O_6S_3$, F. 224–225° (90%ig. A.); 77%. – *Trichlormethylmethylsulfid*, $C_2H_3Cl_3S$, Kp.$_{13}$ 59–60°, aus V u. Cl_2 bei −20°; 61%. *Sulfon*, $C_2H_3O_2Cl_3S$, F. 181° (A.); 80%. – *Methylmercaptodichloressigsäuremethylester*, $C_4H_6O_2Cl_2S$, Kp.$_{12}$ 92°, aus S-Methylthioglykolsäuremethylester u. Cl_2 bei −20°; 53%. (Liebigs Ann. Chem. **581**. 133–40. 1953. Marburg/Lahn, Univ., Pharmazeut.-chem. Inst.) CLEVE. 600

Harold W. Heine, Richard W. Greiner, Marjorie A. Boote und **Betsy A. Brown,** *Synthese und alkalische Spaltung von γ-Aminopropylschwefelsäure. γ-Aminopropylschwefelsäure*, $C_3H_9O_4NS$, F. 227–228° (W.), durch tropfenweise Zugabe von 150 g γ-Aminopropanol in wss. Lsg. zu 105 cm³ konz. H_2SO_4; 278 g (Rohausbeute) nach Abdest. des Wassers. Diese Säure wurde nach der Meth. von REEVES, DRAKE u. HOFFPAUIR (J. Amer. chem. Soc. **73**. [1951.] 3522) zers., wobei *Trimethylenimin*, Kp. 66–69°, in 1,7%ig. Ausbeute erhalten wurde; n^{25} 1,3450 (vgl. dagegen RUZICKA, SALOMON u. MEYER, Helv. chim. Acta **20**. [1937.] 109). *Pikrat*, F. 116°. *Chloroplatinat*, F. 201°. (J. Amer. chem. Soc. **75**. 2505–06. 20/5. 1953. Lewisburg, Pa., Buckwell Univ.) CLEVE. 600

A. R. Jones und **W. J. Skraba,** *Eine Synthese von ^{14}C-Formaldehyd.* Durch Hydrolyse von ^{14}C-Chlormethylacetat, aus ^{14}C-Methanol durch Acetylierung u. Chlorierung dargestellt, gelang die Darst. von *^{14}C-Formaldehyd* nach HENRY (1873) bzw. MICHAEL (1879) in 60%ig. Ausbeute, wobei die günstigsten Bedingungen für Acetylierung u. Chlorierung untersucht wurden. Verwendung der Methylester anderer Säuren (Chlorkohlen-, Oxal-, Chloressig-, Trichloressig-, Bromessig-, Benzoe- u. p-Toluolsulfonsäure) gab bei der Chlorierung geringere Ausbeute. Ein Gemisch von Methylbromacetat u. Br_2 war zwar nach 2 Tagen bei Raumtemp. entfärbt, gab aber bei der Hydrolyse nur eine geringe Menge HCHO. (J. Amer. chem. Soc. **74**. 2437. 5/5. 1952. Madison, Wis., Univ., Dep. of Chem.) ROSDORFF. 670

Eugene H. Man und **Charles R. Hauser,** *Darstellung symmetrischer Ketone durch Selbstkondensation von Anhydriden mittels BF_3.* Vff. stellen durch Selbstkondensation von Anhydriden mittels BF_3 eine Anzahl *symm. Ketone* dar.

Versuche: *Capronsäureanhydrid*, Kp.$_{15}$ 138–140°; aus der entsprechenden Säure u. Acetanhydrid; 52%. – *2-Äthylbuttersäureanhydrid*, Kp.$_{35}$ 135–139°; 54%. –

2-Äthylhexansäureanhydrid, Kp.$_{10}$ 154—157°; 63%. — Nachst. *Ketone* durch Überleiten von BF_3 über das auf —10° gekühlte Anhydrid, Zufügen von Na-Acetat u. 1 std. Erhitzen auf dem Wasserbad: *Di-n-propylketon*, Kp. 144—145°, aus Buttersäureanhydrid; 60%. — *Di-n-amylketon*, Kp.$_{35}$ 124—125°; 64%. — *symm.-Tetraäthylaceton*, Kp.$_{30}$ 103—104°; 57%. — *α.α'-Diäthyl-di-n-amylketon*, Kp.$_{35}$ 157—157,5°; 32%. (J. Amer. chem. Soc. **72**. 3294—95. Juli 1950. Durham, N. C., Duke Univ., Dep. of Chem.) LEHWALD. 710

R. Dijkstra und **H. J. Backer**, *Imene und ihr amphoteres Verhalten*. Inhaltlich ident. mit der C. **1953**. 5643 referierten Arbeit. (Proc., Kon. nederl. Akad. Wetensch., Ser. B **55**. 382—85. Sept./Okt. 1952.) PLUST. 710

Jacques-Émile Dubois, Robert Luft und **Fritz Weck**, *Die β-Oxycarbonylkondensation der Aldehyde und Ketone*. 1. Mitt. *Darstellung von 6-Methylheptanol-(2)-on-(4) und davon abgeleiteten Stoffen*. Ausführliche Wiedergabe der C. **1953**. 2904 referierten Arbeit. Nachzutragen ist: 6-Methylhepten-(2)-on-(4) wurde mit Al-Isopropylat in Isopropanol red. zu *6-Methylhepten-(2)-ol-(4)*, Kp.$_{10}$ 64—65°, $D._4^{25}$ 0,833, n_D^{25} 1,4260, das über das Borat (Kp.$_{10}$ 147—150°) gereinigt wurde. — *6-Methylheptanon-(4)* hat die Eigg. Kp.$_{745}$ 132—135°, Kp.$_1$ 55°, $D._4^{25}$ 0,810, n_D^{25} 1,4089. *Semicarbazon*, F. 123°. *2.4-Dinitrophenylhydrazon*, gelbes Öl. — *6-Methylheptandiol-(2.4)*, Kp.$_{11}$ 119°, aus 6-Methylheptanol-(2)-on-(4) durch Hydrierung in Ggw. von hochakt. RANEY-Ni; $D._4^{25}$ 0,913, n_D^{25} 1,4381; 68% Ausbeute. (Ann. Univ. Saraviensis **1**. 157—65. 1952. Saarbrücken, Univ., Chem. Inst.) NEIER. 740

G. Neirinckx und **H. Struelens**, *Palmitinsäure. Reinigung dieser Säure und ihrer Alkoholysenprodukte im Hinblick auf die thermische Analyse ihrer binären und ternären Systeme*. Beschreibung einer Meth. zur Herst. reiner *Palmitinsäure* u. deren *Methyl-* u. *Äthylester* durch fraktionierte Kristallisation bzw. Dest. der Ester. (Bull. agric. Congo belge **43**. 987—98. Dez. 1952.) BÖSS. 810

J. Links und **M. S. De Groot**, *Die Darstellung höherer Fettsäuren mit einer ungeraden Anzahl von Kohlenstoffatomen durch die Arndt-Eistert-Synthese. Pentadecan-, Heptadecan-* u. *Nonadecansäure* wurden aus Myristin- bzw. Palmitin- bzw. Stearinsäure durch die ARNDT-EISTERT-Synth. dargestellt. Die Anwendung der WILDS-MEADER-Variante (C. **1948**. E. 31) bei der Umlagerung der Alkyldiazoketone (Erhitzen auf 180° mit Octanol-(2) oder Benzylalkohol [I] u. γ-Kollidin) gab ziemlich reine Fettsäuren. Bes. im Fall der Nonadecansäure ergaben sich bemerkenswerte Vorteile gegenüber der üblichen Ag_2O-Methanol-Methode. Weitere Reinigung der Prodd. erfolgte chromatographisch. Verss. mit RANEY-Ni als Katalysator bei der Umlagerung gaben uneinheitliche Endprodd. u. wurden nicht fortgesetzt.

V e r s u c h e (FF. korr.): *Myristinsäure*, F. 55.5°, aus dem Äthylester. — *Pentadecansäure*, F. 52,3—53,3°, aus vorst. Verb. über das Chlorid u. Diazoketon nach ARNDT-EISTERT, Umlagerung nach WILDS u. MEADER (l. c.) mit **I** u. γ-Kollidin u. Verseifung des entstandenen Esters mit KOH; 81% (Ausbeute, bezogen auf Diazoketon). — *Palmitinsäure*, F. 63.5° (unkorr.), wie oben. — *Heptadecansäure*, F. 59—60°, aus vorst. Verb. wie oben; Verwendung von Octanol-(2) statt **I** gab bei gleicher Ausbeute ein reineres Produkt. 87% (Maximalausbeute; bei Variation der Reaktionsbedingungen geringere Ausbeuten, vgl. Original). Reinigung chromatograph. mit Silicagel als Adsorbens, PAe. als Lösungs- u. Ae.-PAe.-Gemisch als Eluiermittel. — *Stearinsäure*, F. 69,5°, wie oben. — *Nonadecansäure*, F. 66,8—67,8°, aus vorst. Verb. wie oben; 77% Maximalausbeute; Reinigung wie oben. (Recueil Trav. chim. Pays-Bas **72**. 57—61. Jan. 1953. Leiden, Univ., Labor. für Organ. Chem.) J. ROTHE. 810

Ng. Ph. Buu-Hoï, *Eine allgemeine Methode für die Synthese höherer linearer oder verzweigter Fettsäuren*. Eine allg. anwendbare Meth. für die Synth. höherer linearer oder verzweigter *Fettsäuren* wird angegeben, die auf der Anlagerung von Aldehyden an eine Doppelbindung beruht (vgl. KHARASCH u. Mitarbeiter, J. org. Chemistry **14**. [1948.] 248). Die Rk., bei der freie Radikale R—CO— auftreten, wird durch UV-Licht oder durch Peroxyde katalysiert.

V e r s u c h e: *λ-Ketostearinsäure*, F. 82°, durch Erhitzen von 46 g Önanthaldehyd mit 22 g ω-Undecensäureäthylester (**II**) u. 4 g Benzoylperoxyd (**I**) (80—85°, 24 Std.) u. Verseifung des entstandenen *Äthylesters* (Kp.$_{20}$ 240—265°; 10 g [Ausbeute]) mit alkoh. KOH; Blättchen aus Methanol; ca. 5 g. *Semicarbazon*, F. 126—127°. — *Stearinsäure*, aus vorst. Säure mit Hydrazinhydrat u. KOH in Diäthylenglykol nach HUANG-MINLON; 96%. — *κ-Ketopalmitinsäure*, F. 75°, aus 40 g n-Hexanal, 20 g ω-Decensäureäthylester u. 3,5 g **I** wie oben (*Äthylester*, Kp.$_{20}$ 210—240°; 10 g); feine seidenartige

Nadeln aus Methanol; 5—6 g. — *Palmitinsäure*, aus vorst. Säure durch Red. wie oben; analoge Ausbeute. — *14-Methyl-n-pentadecansäure*, F. 63°, aus 40 g Isovaleraldehyd, 22 g **II** u. 4 g **I** wie oben; der *Ester* wird hier direkt red. u. dabei gleichzeitig verseift; seidige Nadeln aus PAe.; 2—3 g. (Recueil Trav. chim. Pays-Bas **72**. 84—87. Jan. 1953. Paris, Univ., Inst. du Radium, Labor. de Chim. organ.) J. ROTHE. 810

C. S. Marvel, William R. Miller und **Lindy C. Chou**, *Die Darstellung von α-Alkylacrylonitrilen*. Vff. stellen neue α-Alkylacrylonitrile durch Dehydratisierung der Oxime der entsprechenden α-Alkylacroleine mit Acetanhydrid (**I**) dar. α-Äthylacrylonitril (**II**) zeigt im wesentlichen dieselben Absorptionsbanden im Ultrarot wie α-Methylacrylonitril, was beweist, daß eine Verschiebung der Doppelbindung zur Äthylgruppe nicht eintritt.

Versuche: *α-Äthyl-*. *α-Isopropyl-*, *α-n-Amylacrolein* wurden nach MARVEL, MYERS u. SAUNDERS (C. **1948**. II. 1058) dargestellt. *α-Äthylacroleinoxim*, $Kp._{30}$ 78°, n_D^{21} 1,4820. *α-Isopropylacroleinoxim*, $Kp._{3,5}$ 63°, n_D^{20}1, 4744. *α-n-Amylacroleinoxim*, $Kp._{0,15}$ 66°, n_D^{20} 1,4770. — *α-n-Hexylacrolein*, $Kp._4$ 69°, aus Octanal-(1), $D.^{20}_4$ 0,8407; n_D^{20} 1,4416. *2 4 Dinitrophenylhydrazon*, F. 127—128°. *Semicarbazon*, F. 154 bis 155°. *Oxim*, $Kp._{0,5}$ 97°, n_D^{20} 1,4750. — *α-n Octylacrolein*, $Kp._2$ 69—70°, aus Decanal-(1), $D.^{20}_4$ 0,8412, n_D^{20} 1,4462. *2.4-Dinitrophenylhydrazon*, F. 125—126°. *Semicarbazon*, F. 152—153°. *Oxim*, $Kp._{0,1}$ 84°, n_D^{20} 1,4754. — *α-Äthylacrylonitril* (**II**), Kp. 111°, aus dem Oxim u. **I** durch Dest. über eine Kolonne unter Zugabe eines Kristalls p-tert.-Butylbrenzcatechin, $D.^{20}_4$ 0,8075; n_D^{20} 1,4132. — Die anderen Nitrile wurden dargestellt durch Kochen der Oxime mit **I**. Im Falle des α-*n*-Octylacroleinoxims führte die Dehydratation nicht zum Erfolg. *α-Isopropylacrylonitril*, Kp. 125—126°, $D.^{20}_4$ 0,8038; n_D^{20} 1,4128. *α-n-Amylacrylonitril*, $Kp._{25}$ 77—78°, $D.^{20}_4$ 0,8213; n_D^{20} 1,4310. *α-n-Hexylacrylonitril*, $Kp._{48}$ 112°, $D.^{20}_4$ 0,8242; n_D^{20} 1,4350. (J. Amer. chem. Soc. **72**. 5408—09. Dez. 1950. Urbana, Ill., Univ.) G. WINKLER. 810

L. Crombie, *Amide pflanzlichen Ursprungs*. 1. Mitt. *Stereoisomere N-Isobutylundecadien-(1.7)-carbonsäureamide-(1) und die Struktur des Herculins*. Es wird die Synth. von *trans-1.trans-7-* (**I**) u. *cis-1.trans-7-N-Isobutylundecadien-(1.7)-carbonsäureamid-(1)* (**II**) beschrieben. **I**, **II** u. die beiden anderen, von RAPHAEL u. SONDHEIMER (C. **1950**. II. 2304 u. J. chem. Soc. [London] **1951**. 2693) dargestellten geometr. Isomeren (*trans-1.cis-7-* u. *cis-1.cis-7-*) sind nicht ident. mit *Herculin*, dessen Isolierung aus der Rinde von *Xanthoxylum clava-herculis L.* nach JACOBSON (J. Amer. chem. Soc. **70**. [1948.] 4234) nicht reproduziert werden konnte; statt dessen wurde ein stärker ungesätt. insekticides Amid, das *Neoherculin* genannt wird, erhalten. Es hat nach seinem UV-Spektr. 3 konjugierte Doppelbindungen. Die UV- u. IR-Spektren (Tabellen u. Kurven) von **I**, **II**, den beiden von RAPHAEL u. SONDHEIMER (l. c.) dargestellten Isomeren u. von einigen verwandten Verbb. werden im Zusammenhang mit den Konfigurationen diskutiert.

Versuche: *trans-n-Octen-(4)-ylbromid* (**III**), $C_8H_{15}Br$, $Kp._{15,5}$ 78°, aus *trans-Octen-(4)-ol-(1)* mit PBr_3 in Pyridin; n_D^{20} 1,4682; 70% (Ausbeute). — *trans-n-Octen-(4)-carbonsäure-(1)* (**V**), $C_9H_{16}O_2$, $Kp._{15,5}$ 138—140°, aus der GRIGNARD-Verb. von **III** in Ae. durch Einleiten von CO_2, bis die Mischung viscos wird, Einrühren von festem CO_2, Stehen über Nacht u. Zers. mit W. u. verd. HCl; n_D^{20} 1,4460; 73%. *S-Benzylthiuroniumsalz*, $C_{17}H_{26}O_2N_2S$, Blättchen, F. 145—146° (Essigester). — *trans-n-Nonen-(5)-ol-(1)* (**VI**), $C_9H_{18}O$, $Kp._{17,5}$ 107°, durch Red. von **V** mit $LiAlH_4$ in trockenem Ae.; n_D^{20} 1,4475; 93%. *p Diphenylylurethan*, $C_{22}H_{27}O_2N$, lange Nadeln. F. 102° (PAe.). — *trans-n-Nonen-(5)-ylbromid* (**IV**), $C_9H_{17}Br$, $Kp._{90}$ 143—146°, aus **VI** analog **III**; n_D^{20} 1,4690; 82,5%. — *trans-n-Decen-(6)-al* (**VII**), $C_{10}H_{18}O$, $Kp._{50}$ 117°, aus der GRIGNARD-Verb. von **IV** in Ae. u. Orthoameisensäuretriäthylester (16 Std. Rückfluß); n_D^{20} 1,4409; 38%. *2.4-Dinitrophenylhydrazon*, $C_{16}H_{22}O_4N_4$, gelbe Nadeln, F. 93° (Methanol). — *n-Undecadien-(trans-1.trans-7)-carbonsäure-(1)* (**VIII**), $C_{12}H_{20}O_2$, F. 34—35°, durch 5tägiges Stehen von **VII**, Malonsäure u. Pyridin unter gelegentlichem Schütteln, 2std. Erwärmen auf dem Dampfbad u. Zugabe von verd. HCl; $Kp._{0,8}$ 140°, n_D^{20} 1,4737; 45%. *S-Benzylthiuroniumsalz*, $C_{20}H_{30}O_2N_2S$, Blättchen, F. 159° (Essigester). Hydrierung von **VIII** in Essigester in Ggw. von $Pd/CaCO_3$ liefert *Laurinsäure*, F. 41°; *p-Bromphenacylester*, F. 74,5°. — *N-Isobutyl-n-undecadien-(trans-1.trans-7)-carbonsäureamid-(1)* (**I**), $C_{16}H_{29}ON$, F. 53—54,5°, aus dem Chlorid von **VIII** (mit $SOCl_2$) in Bzl. u. Isobutylamin; $Kp._{0,004}$ 145°, aus PAe. Nadeln. — *trans-n-Undecen-(7)-in-(1)* (**IX**), $C_{11}H_{18}$, $Kp._{18}$ 82—84°, aus **IV** in Ae. u. Na-Acetylid (aus C_2H_2 u. Na in fl. NH_3) in fl. NH_3 (18 Std. Rühren), Zugabe von NH_4Cl, Entfernung des NH_3 u. Zugabe von verd. H_2SO_4; n_D^{20} 1,4462; 62%. — *trans-n-Undecen-(7)-in-(1)-carbonsäure-(1)* (**X**), $C_{12}H_{18}O_2$, $Kp._{0,04}$ 125—126°, durch Gießen der GRIGNARD-Verb. aus **IX** (mit C_2H_5MgBr in Ae., 3 Std. Rückfluß) auf festes CO_2, nach dem Stehen über Nacht Zers. mit verd. HCl; n_D^{20} 1,4745;

44%. *S-Benzylthiuroniumsalz*, $C_{20}H_{28}O_2N_2S$, Nadeln aus Essigester, F. 180°. — *n-Undecadien-(cis-1.trans-7)-carbonsäure-(1)* (**XI**), $C_{12}H_{20}O_2$, Kp.$_{1,0-1,1}$ 127—129°, durch Hydrierung von **X** in Methylacetat mit Pd/$CaCO_3$ bis zur Aufnahme von 1 Mol H_2; n_D^{20} 1,4692—1,4699. *S-Benzylthiuroniumsalz*, Blättchen, F. 148° (Essigester). Weiterhydrierung von **XI** lieferte Laurinsäure. — *trans-N-Isobutyl-n-undecen-(7)-in-(1)-carbonsäureamid-(1)* (**XII**), $C_{16}H_{27}ON$, Kp.$_{0,2}$ 159—160°, analog **I** aus **X**-Chlorid; n_D^{20} 1,4854. — *N-Isobutyl-n-undecadien-(cis-1.trans-7)-carbonsäureamid-(1)* (**II**), Kp.$_{0,6}$ 154°, a) aus **XII** durch Semihydrierung mit Pd/$CaCO_3$ in Essigester; n_D^{20} 1,4824; b) aus **XI**-Chlorid (mit Oxalylchlorid) wie **I**; n_D^{15} 1,4795. — *Nonin-(1)*, Kp. 149—152°, aus n-Heptylbromid u. Na-Acetylid wie **IX**; n_D^{21} 1,4261; 53%. — *Nonin-(1)-carbonsäure-(1)*, $C_{10}H_{16}O_2$, Kp.$_{0,3}$ 110—111°, aus vorst. Verb. analog **X**; n_D^{18} 1,4617; 50%. — *N-Isobutyl-n-nonin-(1)-carbonsäureamid*, $C_{14}H_{25}ON$, Kp.$_{5\cdot10^{-4}}$ 130—132°; n_D^{17} 1,4752; 82%. — *N-Isobutyl-cis-n-nonen-(1)-carbonsäureamid-(1)*. $C_{14}H_{27}ON$, Kp.$_{9\cdot10^{-4}}$ 128°; n_D^{23} 1,4689. — *trans-n-Nonen-(1)-carbonsäure-(1)*, $C_{10}H_{18}O_2$, Kp.$_{0,3}$ 113—114°, aus n-Octylaldehyd u. Malonsäure analog **VIII**; n_D^{15} 1,4630; 51%. — *N-Isobutyl-trans-n-nonen-(1)-carbonsäureamid-(1)*, $C_{14}H_{27}ON$, Kp.$_{8\cdot10^{-4}}$ 140°, wachsartige Nadeln, F. 48—49°. — *N-Isobutyl-trans-propen-(1)-carbonsäureamid-(1)* (*Crotonsäureisobutylamid*), $C_8H_{15}ON$, Nadelbüschel, F. 71° (PAe. 40—60°). — Aus der Rinde von Xanthoxylum clava-herculis L. wurden *Asarinin*, $C_{20}H_{18}O_6$, lange Nadeln, F. 121°, $[\alpha]_D^{21}$ —125° (c = 2,9 in Chlf.), *N-2-p-Methoxyphenyläthyl-N-methylzimtsäureamid* (F. 75°) u. *Neoherculin*. $C_{16}H_{25}ON$, Nädelchen, F. 63—65°, isoliert. (J. chem. Soc. [London] **1952**. 2997—3008. Aug. London, South Kensington, Imp. Coll. of Sci. and Technol.) O. W. SCHULZ 810

Eugene E. van Tamelen und **Gerrit Van Zyl**, *1-Nitro-1-methyläthylalkylmalonester*. In Fortsetzung ihrer Arbeit (C. **1950**. I. 967) stellen Vff. eine Reihe von *[1-Nitro-1-methyläthyl]-alkylmalonestern* (**I**), $CH_3C(CH_3)(NO_2)\cdot CR\cdot(COOC_2H_5)_2$, (R = Methyl, n-Butyl, Isobutyl u. Isoamyl) durch Kondensation von 2-Chlor-2-nitropropan (**II**) mit dem Na-Salz des entsprechenden Monoalkylmalonesters dar, wobei gleichzeitig *2.3-Dimethyl-2.3-dinitrobutan* durch Kondensation von **II** mit dem anfänglich entstehenden Natrium-2-nitropropan gebildet wird. Die katalyt. Red. von **I**, R = C_2H_5, in Ggw. von RANEY-Ni führt nicht zum entsprechenden Amin, sondern dies zerfällt sofort in Umkehrung einer MANNICH-Kondensation in *Äthylmalonester*, NH_3 u. *Aceton*. Die Ester **I** sind zur Darst. der entsprechenden *Barbitursäuren* geeignet; z. B. gibt **I**, R = CH_3, bei der Kondensation mit Harnstoff *5-[α-Nitro-α-methyläthyl]-5-methylbarbitursäure*.

V e r s u c h e: Folgende *Ester* **I** werden durch Versetzen von 0,25 Mol des entsprechenden Monoalkylmalonesters in absol. Ae. mit 0,25 g-Atom Na unter Erwärmen u. Rühren, Abkühlen des entstehenden Na-Salzes, 17 std. Kochen mit 0,4 Mol 2-Chlor-2-nitropropan (**II**), Ansäuern mit Eisessig u. Dest. erhalten: *[1-Nitro-1-methyläthyl]-methylmalonester* (**I**, R = CH_3), $C_{11}H_{19}O_6N$, Kp.$_{18}$ 167°, n_D^{20} 1,4483; 45% (Ausbeute). *[1-Nitro-1-methyläthyl] allylmalonester* (**I**, R = CH_2: $CHCH_2$), $C_{13}H_{21}O_6N$, Kp.$_6$ 155°, n_D^{20} 1,4604; 46%. *[1-Nitro-1-methyläthyl]-n-butylmalonester* (**I**, R = n-C_4H_9), $C_{14}H_{25}O_6N$, Kp$_6$ 159°, n_D^{20} 1,4511; 39%. *[1-Nitro-1-methyläthyl]-isobutylmalonester* (**I**, R = Isobutyl), $C_{14}H_{25}O_6N$, Kp.$_4$ 151°, n_D^{20} 1,4541; 45%. *[1-Nitro-1-methyläthyl]-isoamylmalonester* (**I**, R = Isoamyl), $C_{15}H_{27}O_6N$, Kp.$_5$ 164°, n_D^{20} 1,4510; 48%. Bei der Dest. verschied. Ester scheidet sich im Kühler *2.3-Dimethyl-2.3-dinitrobutan*, F. 214—215°, ab. — *Äthylmalonester*, Kp. 206—210°, bei 45 Min. Red. von 0,1 Mol **I** (R = C_2H_5) in absol. A. mit 0,3 Mol H_2 in Ggw. von RANEY-Ni, wobei sich NH_3 entwickelt, Abfiltern des Katalysators u. Dest.; 69%; gibt beim Verseifen *Äthylmalonsäure*, F. 111,0 bis 111,5°. — *5-[α-Nitro-α-methyläthyl]-5-methylbarbitursäure*, $C_8H_{11}O_5N_3$, F. 246,0 bis 246,5°, bei 3 tägigem Kochen von C_2H_5ONa, **I** (R = CH_3) u. Harnstoff im Mol.-Verhältnis 2:2:3 in absol. A., Abfiltrieren des ausgeschiedenen Salzes, Lösen in W., Ae.-Extraktion, Ansäuern mit konz. HCl, u. mehrstd. Stehen, aus A. Kristalle. (J. Amer. chem. Soc. **72**. 2979—80. Juli 1950. Holland, Mich., Hope Coll., Chem. Dep.)

REISNER. 820

D. M. Hughes, R. Ostwald und **B. M. Tolbert**, *Synthese in kleinem Maßstab von einigen mit* ^{14}C *markierten α-Oxysäuren*. Auf dem Wege $RCO_2Na + HCl \rightarrow R\,COOH + NaCl$; $CH_3COOH + Cl_2 \xrightarrow[CH_3COCl]{P_4,\,J_2} CH_2ClCOOH + HCl$; $CH_2ClCOOH + CaCO_3 \rightarrow [CH_2(OH)CO_2]_2Ca + CaCl_2 + CO_2$ u. $CH_3CH_2COOH + Br_2 \xrightarrow[CH_3CH_2COCl]{P_4,\,J_2} CH_3CHBr\cdot COOH + HBr$; $2\,CH_3CHBrCOOH + 4\,OH^- + Zn^{2+} \rightarrow [CH_3CH(OH)CO_2]Zn + 2\,Br^-$ wurden *Ca-*$^{14}C_{(1)}$*-Glykolat* [65% (Ausbeute)]; *Ca-*$^{14}C_{(2)}$*-Glykolat* (60,5%); *Zn-*$^{14}C_{(1)}$*-Lactat* (81,8%); *Zn-*$^{14}C_{(2)}$*-Lactat* (84%); *Zn-*$^{14}C_{(3)}$*-Lactat* (76,3%) dargestellt. Mit Dowex 50-Ionenaustauschharz können aus den Salzen die freien Säuren gewonnen werden. (J. Amer. chem. Soc. **74**. 2434. 5/5. 1952. Berkeley, Calif., Univ., Radiat. Labor., u. Dep. of Chem.) ROSDORFF. 850

P. Pino, E. Mantica und **C. Paleari,** *Über einige Derivate der β-Formylbuttersäure.* Durch Oxo-Synth. werden aus Crotonsäuremethyl- bzw. -butylester *β-Formylbuttersäuremethyl-* u. *-butylester* dargestellt. Aus den Estern wird die freie *β-Formylbuttersäure* (**I**) durch saure Hydrolyse erhalten u. durch verschied. Derivv. charakterisiert. Die Ester zeigen große Neigung zum Dimerisieren, wobei wahrscheinlich Prodd. der Konst. $HOOC\cdot CH_2\cdot C(CH_3)(CHO)\cdot CH(OH)\cdot CH(CH_3)\cdot CH_2\cdot COOH$ entstehen.

Versuche: *β-Formylbuttersäure* (**I**), *Methylester*, $C_6H_{10}O_3$, Kp.$_{25}$ 99—100°, aus Crotonsäuremethylester u. $CO + H_2$ in Ggw. von Co-Kontakten nach NATTA u. PINO (Chime Ind. [Milano] **31**. [1949.] 109), Fl., $D.^{15}_4$ 1,051, n_D^{15} 1,4226; *Butylester*, $C_9H_{16}O_3$, Kp.$_7$ 105—108°, analog aus Crotonsäurebutylester, $D.^{20}_4$ 0,981, n_D^{20} 1,4319. Beide Ester dimerisieren sich beim längeren Aufheben bei 80°. — *Methylbernsteinsäuremonomethylester*, $C_6H_{10}O_4$, Kp.$_{11}$ 140°, aus I-Methylester durch Oxydation in verd. Essigsäure in Ggw. von Mn-Acetat mit O_2 bei 60°. Geht beim monatelangen Aufbewahren im verschlossenen Rohr in ein Gemisch von *Methylbernsteinsäure* (F. 110—111°) u. *Methylbernsteinsäuredimethylester* über. — *Methylbernsteinsäurebutylester*, ebenso aus I-Butylester. — *Derivv.* von I-*Methylester*: *2.4-Dinitrophenylhydrazon*, $C_{12}H_{14}O_6N_4$, F. 105—106°, goldgelbe Kristalle aus Methanol. *Semicarbazon*, $C_7H_{13}O_3N_3$, F. 107 bis 108°, Kristalle aus Methanol. *Diäthylacetal*, $C_{10}H_{20}O_4$, Kp.$_{13}$ 111—114°, mit Orthoameisensäuretriäthylester in absol. A. in Ggw. von HCl-Gas, Fl., $n_D^{18,6}$ 1,4214; 64% (Ausbeute). — I-*Butylester, Derivv.*; *2.4-Dinitrophenylhydrazon*, $C_{15}H_{20}O_6N_4$, F. 67—68°, goldgelbe Kristalle aus Methanol. *Oxim*, $C_9H_{17}O_3N$, Kp.$_{12}$ 145°, Fl., n_D^{20} 1,4517. — *Dimere β-Formylbuttersäure, Ba-Salz*, $C_{10}H_{14}O_6Ba$, aus I-Methylester durch Erhitzen mit der berechneten Menge $Ba(OH)_2$-Lsg. (5 Std.), Kristalle aus W. + Methanol. *Semicarbazon*, $C_{11}H_{19}O_6N_3$, F. 148,7°; Kristalle aus W.; 50%. *2.4-Dinitrophenylhydrazon*, $C_{16}H_{20}O_9N_4$, F. 193—194°, rote Kristalle aus Methanol. — *β-Formylbuttersäure* (**I**) $C_5H_8O_3$, Kp.$_2$ 108—111°, aus den Estern durch Hydrolyse mit 0,5nHCl (6 Std.), Öl. *2.4-Dinitrophenylhydrazon*, $C_{11}H_{12}O_6N_4$, F. 140—142°, gelbe Kristalle aus verd. Essigsäure. *Diäthylacetal*, $C_9H_{18}O_4$, Kp.$_3$ 118°, durch alkal. Hydrolyse von I-Methylesterdiäthylacetal, gelbes Öl. (Ann. Chimica **40**. 237—50. März/Mai 1950. Mailand, Politecnico, Ist. di Chim. ind.) K. FABER. 860

Albert L. Myerson, *Synthese von mit ¹⁴C markiertem Harnstoff.* Durch Umsetzen von $^{14}CO_2$ mit NH_3 bei Zimmertemp. entstand $NH_4O^{14}CONH_2$, das bei 135° in $NH_2\cdot{}^{14}CO_2NH_2$, F. 135°, umgewandelt wurde. (J. Amer. chem. Soc. **74**. 2437. 5/5. 1952. Madison, Wis., Univ. of Wisconsin, Dep. of Chem.) ROSDORFF. 880

Lennart Schotte, *Untersuchung von S-Alkylisothiuroniumpikraten und -styphnaten.* Es ist bekannt, daß *S-Alkylisothiuroniumpikrate* sich ausgezeichnet zur Charakterisierung von *Alkylhalogeniden* eignen. Die von LEVY u. CAMPBELL (C. **1940**. I. 437) für einige solcher Derivv. angegebenen FF. werden vom Vf. bestätigt, neue Derivv. u. die entsprechenden *Styphnate* werden dargestellt. — *Pikrate*: *tert.-Butyl-*, F. 148° (Zers.); *2-Amyl-*, F. 155°; *3-Amyl-*, F. 159°; *tert.-Amyl-*, F. 127° (Zers.); *Isohexyl-*, F. 147°; *p-Nitrobenzyl-*, F. 205°. — *Styphnate*: CH_3-, F. 226° (Zers.)· C_2H_5-, F. 179°; *n*-C_3H_7-, F. 161°; *Isopropyl-*, F. 187°; *n*-C_4H_9-, F. 164°; *Isobutyl-*, F. 150°; *sek.*-C_4H_9-, F. 163°; *tert.*-C_4H_9-, F. 151°; *n-Amyl-*, F. 147°; *Isoamyl-*, F. 159°; *2-Amyl-*, F. 112°; *3-Amyl-*, F. 114°; *tert.-Amyl-*, F. 124° (Zers.); *n-Hexyl-*, F. 153°; *Isohexyl-*, F. 144°; *n-Heptyl-*, F. 144°; *n-Octyl-*, F. 122°; *Allyl-*, F. 154°; *Benzyl-*, F. 190°; *p-Nitrobenzyl-*, F. 166°. — Die Rk. zwischen tert.-Alkylhalogeniden u. Thioharnstoff (**I**) ist nur bei Verwendung des entsprechenden tert.-Alkohols als Lösungsm. möglich. In CH_3OH oder A. reagieren tert.-Alkylhalogenide sehr schnell nach dem S_1-Mechanismus mit dem Lösungsm. unter Bldg. des tert. Alkohols u. Methyl- bzw. Äthylhalogenid, das dann seinerseits, wahrscheinlich in einer S_2-Rk., mit I reagiert. — Die Reaktionszeiten für Chloride liegen zwischen 15 u. 300 Min., für Bromide zwischen 10 u. 270 Min., für Jodide zwischen 5 u. 130 Min.; die FF. aller Derivv., sowohl der n- als auch der Isoreihe, nehmen mit zunehmender C-Atomzahl u. einer alternierenden Kurve ab.

Versuche: *S-Alkylisothiuroniumstyphnate*: 1 g I wird mit 1 ml Alkylhalogenid u. 15 ml A., je nach der Natur der Halogenverb., verschieden lange gekocht, 1 g Styphninsäure zugegeben u. bis zur klaren Lsg. gekocht; Umkristallisation aus W. + A. oder A.; 70—80% Ausbeute. Die Reaktionszeit kann bei Chloriden durch Zugabe von etwas KJ verringert werden. (Ark. Kemi **5**. Nr. 2. 11—16. 1953. Uppsala, Univ., Chem. Inst., Labor. of Organ. Chem.) QUAST. 880

Jeanne Brigando und **Abigael Carayon-Gentil,** *Untersuchungen über die Asparagate und Glutamate des Cholins.* Durch Salzbldg. zwischen *Cholin* (**I**) u. einer Carboxylgruppe von *Asparaginsäure* (II) u. *Glutaminsäure* (III) wurden deren als neutral bezeichnete I-Salze hergestellt. Sie sind hygroskop. Substanzen, die sich in W. sehr gut u. in A. gut lösen. Das Röntgendiagramm des krist., neutralen Salzes aus I u. II unterscheidet sich deutlich vom Röntgendiagramm von II. Außerdem wurden saure Salze von II u. III hergestellt, die mehrere Moll. Aminosäure auf 1 Mol I enthielten. Sie waren in W. schlechter lösl., ihre Löslichkeit in A. hing vom Geh. an I ab. Auf Grund der für diese Stoffe erhaltenen Röntgendiagramme nehmen Vff. an, daß es sich hierbei um neue Stoffe handelt. (Bull. Soc. chim. France, Mém. [5] **17.** 352—58. März/April 1950.) HOTHUM. 950

C. Eaborn, *Organosiliciumverbindungen.* 3. Mitt. *Einige sterisch gehinderte Verbindungen.* (2. vgl. J. chem. Soc. [London] **1950.** 3077.) Mit Hilfe der GRIGNARD-Verbb. gelingt es, 3 F-Atome in SiF_4 durch drei Isopropyl-, Cyclohexyl- bzw. o-Tolylgruppen zu ersetzen, während bei Chlorsilanen dazu Lithiumalkyle erforderlich sind. Diese Umsetzung wird durch Verminderung der ster. Hinderung in Ggw. der kleineren Fluoratome erklärt. Die Tatsache, daß $F_2Si(iso\text{-}C_3H_7)_2$ leichter mit Isopropyl-MgCl (I) als mit dem -MgBr reagiert, sowie die Beständigkeit von Diisopropyl-, Diisobutyl- u. Dicyclohexylsilandiol wird ebenfalls auf ster. Wrkg. zurückgeführt. Im Gegensatz zu $HClSi(iso\text{-}C_3H_7)_2$ reagiert $FClSi(iso\text{-}C_3H_7)_2$ leicht mit I unter Ersatz des Cl-Atoms, was durch die Polarität der Si–F-Bindung erklärt werden kann.

Versuche: *Fluortriisopropylsilan* (II), $Kp._{760}$ 170°, aus Difluordiisopropylsilan (III; Darst. vgl. J. chem. Soc. [London] **1949.** 2755) u. I in Ae., 20 Std. am Rückfluß; n_D^{20} 1,4185; 80% (Ausbeute). III u. iso-C_3H_7MgBr in Ae. (48 Std. am Rückfluß) gaben 30% II neben 40% unverändertem III. $ClFSi(iso\text{-}C_3H_7)_2$ (0,1 Mol) u. I (0,2 Mol) in Ae. (30 Std. am Rückfluß) gaben 70% II, das nicht mit CH_3MgJ in Ae. reagiert. — *Diisopropylsilandiol,* $C_6H_{16}O_2Si$, F. 114°, aus III in Dioxan u. wss. KOH lange Nadeln aus Leichtbenzin; 50%; wird nicht zers. bei längerem Erhitzen auf 130° sowie beim Kochen oder Eindampfen der wss. Lösung. — *Triisopropylsilanol,* $C_9H_{22}OSi$, $Kp._{750}$ 196°, aus II u. KOH in wss. A.; n_D^{25} 1,4532; 65%. — *Äthoxytriisopropylsilan,* $C_{11}H_{26}OSi$, $Kp._{750}$ 204°, aus II u. Na in A.; n_D^{20} 1,4347; 50%. — Durch Rk. von Cyclohexyllithium mit $SiCl_4$ (vgl. NEBERGALL u. JOHNSON, C. **1950.** II. 880) wurden 16% *Chlortricyclohexylsilan* (IV; F. 101°), 13% *Tricyclohexylsilanol* (V; F. 177—178°) u. 6% *Dicyclohexylsilandiol* ($C_{12}H_{24}O_2Si$, F. 164—165°) erhalten. — Rk. von SiF_4 mit Cyclohexyl-MgBr in Ae. gab 70% unreines *Difluordicyclohexylsilan* (VI). — VI u. Cyclohexyl-MgCl, 48 Std. bei 70°, lieferten 30% *Tricyclohexylcyclohexyloxysilan,* $C_{24}H_{44}OSi$ (F. 204—205°) u. 57% V. — *Fluortricyclohexylsilan,* $C_{18}H_{33}FSi$, F. 45—46°, aus V u. wss. HF; 95%. — *Tricyclohexylcyclohexyloxysilan,* F. 203—204°, aus IV u. Na in Cyclohexanol, 0,5 Std. am Rückfluß; 44%; hydrolysierbar durch konz. HCl in A., nicht jedoch durch KOH in W. u. A.; reagiert nicht mit Acetylchlorid. — *Difluorid-o-tolylsilan* (VII), $C_{14}H_{14}F_2Si$, Kp. 285—289°, durch 2 std. Einleiten von SiF_4 in o-Tolyl-MgBr in Ae., danach 4 Std. am Rückfluß; 25%; Rohprod. 40%. — *Di-o-tolylsilandiol,* F. 137—138°, aus VII u. KOH in W. u. A.; 80%. — *Tri-o-tolylsilanol,* $C_{21}H_{22}OSi$, F. 110—111°, aus VII u. o-Tolyl-MgBr, 100 Std. bei 90°, danach Hydrolyse; 40%. — Rk. von SiF_4 mit Isobutyl-MgCl gab 8% *Diisobutyldifluorsilan* (VIII), $C_8H_{18}F_2Si$, $Kp._{760}$ 145°, u. 53% *Triisobutylfluorsilan* (IX), $C_{12}H_{27}FSi$, $Kp._{750}$ 205,5°; n_D^{20} 1,4218. — *Triisobutylmethylsilan,* $C_{13}H_{30}Si$, Kp. 216,5°, aus IX u. CH_3MgJ in Ae., 3 Std. am Rückfluß; n_D^{20} 1,4393; 90%. — *Diisobutylsilandiol,* $C_8H_{20}O_2Si$, halbfest bei 88—89°, fl. bei 100—101°, aus VIII u. NaOH in wss. A.; 65%. (J. chem. Soc. [London] **1952.** 2840—46. Juli. Los Angeles, Calif., Univ. of California; Leicester, Univ. Coll.) GROSSE-RUYKEN. 980

C. Eaborn, *Organosiliciumverbindungen.* 4. Mitt. *Die Darstellung von Organofluorsilanen.* (3. vgl. vorst. Ref.) Verbb. der Zus. R_2SiX_2, R_3SiX u. R'_3SiX (R = Alkyl, R' = Aryl, X = OR, Cl, Br, OH u. $OSiR_3$) werden durch wss.-alkoh. Flußsäure in die entsprechenden Organofluorsilane umgewandelt. Es wird vermutet, daß alle leicht hydrolysierenden Organosilane, wie Disilylsulfide, Silyljodide, -cyanide u. -thiocyanate dieselbe Rk. geben. Auch die ster. gehinderten Tricyclohexyl- u. Tri-o-tolylsilanole werden in die entsprechenden Fluoride übergeführt. Hexaphenyldisiloxan reagiert nicht, wohl infolge seiner Unlöslichkeit. Vorteile des Verf. gegenüber der Rk. mit wss. HF (vgl. MARANS, SOMMER u. WHITMORE, C. **1952.** 5398) sind u. a. die Homogenität des Reaktionsgemisches, die verdünntere Lsg., welche Verwendung von Hartglasgeräten erlaubt, u. die glatte Umwandlung von $Cl_2Si(C_2H_5)_2$, das in reinem W. leicht unlösl. Siloxane bildet, in das entsprechende Difluorid. — Die vorliegende Arbeit sowie Hydrolyseverss. von Triphenylfluorsilan u. anderen Fluorsilanen zeigen die bisher nicht beobachtete (vgl. SWAIN, ESTEVE u. JONES, C. **1949.** E. 847) **Umkehrbarkeit der Rk.** $\equiv SiOR + HF \rightleftharpoons \equiv SiF + ROH$ (R = H oder C_2H_5).

Versuche: *Äthoxytriphenylsilan* (I), $C_{20}H_{20}OSi$, F. 65°, aus Na in absol. A. u. Triphenylfluorsilan in heißem absol. A.; aus A. (Platten, F. 61—64°) oder Nitromethan; 80% (Ausbeute). —*Bromtriphenylsilan* (II), F. 122—124°, aus Triphenylsilan u. Br_2 in CCl_4 unter Kühlung mit Trockeneis–Aceton, oder aus I u. Acetylbromid. — *Tri-n-butyläthoxysilan* (III), $C_{14}H_{32}OSi$, Kp.$_{35}$ 143°, aus Na in absol. A. u. Tri-n-butylfluorsilan; n_D^{25} 1,4345; 60%. — Da st. der Fluorsilane durch Lösen der Siliciumverbb. in A., Zugabe von 40%ig. HF, Erwärmen auf Reaktionstemp. u. Abscheidung des Reaktionsprod. durch Eingießen in Wasser. — 25 g $(C_2H_5)_2SiCl_2$ in 90 ml A. u. 30 ml HF (1,5 Std. bei 75°) gaben 70% *$(C_2H_5)_2SiF_2$*, Kp. 62°. — 18,5 g $(C_2H_5)_3SiCl$ in 90 ml A. u. 20 ml HF (2 Std. bei 75°) gaben 85% *$(C_2H_5)_3SiF$* (IV), Kp. 109,5°; n_D^{20} 1,3910. — 2,5 g $(C_2H_5)_3$·SiB in 20 ml A. u. 5 ml HF (1,5 Std. bei 75°) gaben 80% IV. — Aus 6 g $(C_2H_5)_3SiOH$ in 50 ml A. u. 2 ml HF (1 Std. bei 50°) 7% IV. — Aus 6,6 g $[(C_2H_5)_3Si]_2O$ in 80 ml A. u. 15 ml HF (5,5 Std. bei 75°) 85% IV. — Aus 16 g $[(C_2H_5)(CH_3)_2Si]_2O$ in 200 ml A. u. 40 ml HF (5 Std. bei 50°) 60% *$(C_2H_5)(CH_3)_2SiF$*, Kp. 51°; n_D^{15} 1,3570. — 3 g III in 30 ml A. u. 5 ml HF (5 Std. bei 75°) gaben 75% *$(n\text{-}C_4H_9)_3SiF$*, Kp. 221°; n_D^{20} 1,4236. — 2 g $(iso\text{-}C_3H_7)_2SiF_2$ in 20 ml A. u. 2 ml HF (5 Std. bei 18°) gaben 90% *$(iso\text{-}C_3H_7)_2SiF_2$*, Kp. 102°; n_D^{22} 1,3663. — Aus 5 g $(C_6H_{11})_3SiOH$ in 350 ml A. u. 60 ml HF (2,5 Std. bei 75°) 95% *$(C_6H_{11})_3SiF$*, F. 41—44°. — Aus 2 g $(C_6H_5)_3SiOH$ (V) oder I in 30 ml A. u. 2 bzw. 3 ml HF (24 Std. bei 18°) 100% *$(C_6H_5)_3SiF$* (VI), F. 61—63°. — Aus 2 g $(C_6H_5)_3$·SiCl oder II in 30 ml A. u. 2 ml HF (24 Std. bei 18°) 50% VI. — Aus Tri-o-tolylsilanol in 100 ml A. u. 20 ml HF (2 Std. bei 75°) 80% *Tri-o-tolylfluorsilan*, F. 86,5°. — Aus 0,7 g V in 30 ml Aceton u. 10 ml HF (18 Std. bei 18°) 60% VI. (J. chem. Soc. [London] **1952**. 2846—49. Juli.) GROSSE-RUYKEN. 980

C. Eaborn, *Organosiliciumverbindungen. 5. Mitt. Die Umsetzung zwischen Organofluorsilanen und Aluminiumhalogeniden.* (4. vgl. vorst. Ref.) Die Umsetzung von Organofluorsilanen mit $AlCl_3$ u. AlB_{13} zu den entsprechenden Cl- u. Br-Silanen wurde mit Erfolg an den folgenden Beispielen untersucht: $(C_2H_5)_3SiF \rightarrow (C_2H_5)_3SiCl$ u. $(C_2H_5)_3SiBr$; $(iso\text{-}C_3H_7)_3SiF \rightarrow (iso\text{-}C_3H_7)_3SiCl$; $C_2H_5(CH_3)_2SiF \rightarrow C_2H_5(CH_3)_2SiCl$ u. $C_2H_5(CH_3)_2SiB$; $C_6H_5(CH_3)_2SiF \rightarrow C_6H_5(CH_3)_2SiCl$; $(C_6H_5)_3SiF \rightarrow (C_6H_5)_3SiCl$; $(iso\text{-}C_4H_9)_3SiF \rightarrow (iso\text{-}C_4H_9)_3SiB$; $(C_2H_5)_2SiF_2 \rightarrow (C_2H_5)_2SiFCl$, $(C_2H_5)_2SiCl_2$ u. $(C_2H_5)_2SiBr_2$; $(iso\text{-}C_3H_7)_2SiF_2 \rightarrow (iso\text{-}C_3H_7)_2SiBr_2$. Der Reaktionsmechanismus ist kein einfacher Halogenaustausch, sondern erfordert die gleichzeitige Annahme eines elektrophilen Angriffs auf das Halogen u. eines nucleophilen Angriffs auf das Si. $AlCl_3$ reagiert in einigen Fällen ohne Lösungsm., zweckmäßiger ist aber die Verwendung von Ae. als Lösungsmittel. $AlBr_3$ kann zuweilen ohne Lösungsm. angewendet werden; wenn es aber erwünscht ist, die Reaktionstemp. zwecks Unterdrückung von Disproportionierungs-Rkk. niedrig zu halten, arbeitet man in Ae.- oder Benzollösung. Derartige durch Al-Halogenid katalysierte Disproportionierungen treten bes. bei den Br-Verbb. in Erscheinung. So läßt sich Diäthylbromfluorsilan auf dem für die entsprechende Chlorfluorverb. gängigen Wege nicht gewinnen, weil es offenbar zu *Diäthyldifluorsilan* (I) u. *Diäthyldibromsilan* disproportioniert. Ebenso ist es unmöglich, Diisopropylbromfluorsilan darzustellen. Auch Verbb. mit CH_3–Si-Bindungen neigen zur Disproportionierung. Äthyldimethylbromsilan erleidet beim Kochen mit $AlBr_3$ Disproportionierung zu *Trimethylbromsilan* (V) u. *Triäthylbromsilan.* Bei der Rk. zwischen *Dimethylphenylfluorsilan* (II) u. $AlBr_3$ treten komplizierte Zersetzungs-Rkk. ein u. man erhält neben *Dimethylphenylbromsilan* auch V u. Benzol. Der katalyt. Einfl. von $AlCl_3$ ist vermutlich dafür verantwortlich zu machen, daß es nicht gelingt, Triisobutylfluorsilan (X) mit $AlCl_3$ in das Chlorsilan überzuführen, während *Triäthylchlorsilan* (VI) von $AlCl_3$ nicht zers. wird. — Die Meth. hat präparativen Wert für die Darst. von Silylchloriden aus leicht erhältlichen Fluoriden (z. B. Triäthylfluorsilan (VII) (→ VI) u. ist für die Gewinnung von Silylbromiden u. -jodiden mindestens so zweckmäßig wie der Weg von den Chloriden über die Anilide. Besondere Bedeutung kommt ihr bei der Darst. von Dialkylchlorsilanen aus den jetzt leicht zugänglichen Difluorverbb. (vgl. vorst. Reff.) zu.

Versuche (FF. u. Kpp. korr.): *Diäthyldifluorsilan* (I), $(C_2H_5)_2SiF_2$, Kp. 62,5°; durch 3std. Erhitzen eines Gemisches aus 157 g Diäthyldichlorsilan, 600 cm³ A., 20 cm³ W. u. 140 cm³ wss. HF auf einige Grade unterhalb des Kp. u. Eingießen in W.; 75% (Ausbeute). — *Dimethylphenylfluorsilan* (II), $C_8H_{11}FSi$, Kp. 162,4°, n_D^{25} 1,4110; ebenso aus 12,5 g Pentamethylphenyldisiloxan, 120 cm³ A. u. 30 cm³ wss.-alkoh. HF in 5 Std.; 80%, oder durch Einrühren der GRIGNARD-Verb. aus Brombenzol, Mg u. Ae. in eine Lsg. von Dimethyldichlorsilan (III) in Ae., Zugabe von 10%ig. H_2SO_4, Abdampfen der getrockneten Ätherschicht bis zum Kp. 240° u. Eintragen des Rückstands in A. + HF; 70%. — *Äthyldimethylfluorsilan* (IV), $C_2H_5(CH_3)_2SiF$, Kp. 50—50,5°; analog aus Äthylbromid u. III; 45% neben 20% *Diäthyldimethylsilan.* — Zur Umsetzung der Fluorsilane mit Al-Halogeniden wurden letztere in Ae. oder Bzl. unter

Schütteln oder Erwärmen gelöst, das Fluorsilan zugegeben, am Rückflußkühler gekocht u. entweder die Fl. abgegossen u. fraktioniert (Verf. **A**), oder die Fl. schnell aus dem gesamten Reaktionsgemisch abdest. u. anschließend fraktioniert (Verf. **B**). Auf diese Weise wurden die folgenden Verbb. dargestellt: *Triäthylchlorsilan* (**VI**), $(C_2H_5)_3 \cdot SiCl$, Kp. 145°; aus **VII** mit $AlCl_3$ in Ae. in 4 Std. nach **A**; 80%. — *Äthyldimethylchlorsilan* (**VIII**), $C_2H_5(CH_3)_2SiCl$, Kp. 88—88,5°; aus **IV** mit $AlCl_3$ in Ae. in 2 Std. nach **A**; 60%. — *Dimethylphenylchlorsilan* (**IX**), $C_6H_5(CH_3)_2SiCl$, Kp. 195°, n_D^{25} 1,5065; aus **II** mit $AlCl_3$ in Ae. in 4½ Std. nach **B**; 45%. — *Triisopropylchlorsilan*, (iso-$C_3H_7)_3SiCl$, Kp. 202°, n_D^{20} 1,4518; aus Triisopropylfluorsilan mit $AlCl_3$ in Ae. in 48 Std. nach **B**; 80%. — *Diäthyldichlorsilan*, $(C_2H_5)_2SiCl_2$ (Kp. 130°) u. *Diäthylchlorfluorsilan*, $(C_2H_5)_2 \cdot SiClF$ (Kp. 96,5°); aus **I** mit $AlCl_3$ in Ae. in 2 Std. nach **B**; 40 bzw. 25%. — *Triäthylbromsilan*, $(C_2H_5)_3SiBr$, Kp. 164°; aus **VII** mit $AlBr_3$ in Ae. in 4 Std. nach **A**; 70%, oder in Bzl. in 2 Std. nach **B**; 80%. — *Triisobutylbromsilan*, (iso-$C_4H_9)_3SiBr$, Kp. 240 bis 243°; aus **X** mit $AlBr_3$ ohne Lösungsm. in ½ Std. nach **B**; 70%. — *Triphenylchlorsilan*, $(C_6H_5)_3SiCl$, F. 94,5—95,5° (Leichtbenzin); aus Triphenylfluorsilan (**XI**) mit $AlCl_3$ in Ae. in 5 Std. nach **A** u. Abdampfen des Ae. unter allmählicher Zugabe von Leichtbenzin; 55%. — *Diäthyldibromsilan*, $(C_2H_5)_2SiBr_2$, Kp. 168,5—169,5°; aus **I** mit $AlBr_3$ ohne Lösungsm. in ¼ Std. nach **B**; 75%. — *Diisopropyldibromsilan*, (iso-$C_3H_7)_2SiBr_2$, Kp. 203,5—204,5°; aus Diisopropyldifluorsilan mit $AlBr_3$ ohne Lösungsm. in ½ Std. nach **B**; 62% vom Umsatz. — *Diisopropylsilandiol*, F. 113—114°; durch Schütteln der Lsg. vorst. Verb. in Ae. mit überschüssigem NH_4OH; aus Leichtbenzin. Nadeln; 90%. — *Triäthylsilanol*, $(C_2H_5)_3SiOH$, Kp. 155—157°; aus **VII** mit $AlCl_3$ in Ae. in 20—180 Min. u. Zugabe von W.; 72—82%. — *Triphenylsilanol*, $(C_6H_5)_3SiOH$, F. 155—156°; analog aus **XI**. — *Äthyldimethylbromsilan*, $C_2H_5(CH_3)_2SiBr$, Kp. 110,5 bis 111,5°; aus **IV** mit $AlBr_3$ in ½ Std. nach **B**; 44%. — *Äthyldimethylisorhodansilan*, $C_5H_{11}NSSi$, Kp. 167,6°, n_D^{25} 1,484; durch Kochen von **VIII** mit überschüssigem AgSCN; 75%. — *Dimethylphenylisorhodansilan*, $C_9H_{11}NSSi$, Kp. 257—259°; ebenso aus **IX** u. AgSCN; 50%. (J. chem. Soc. [London] **1953**. 494—501. Febr.) FORCHE. 980

Max Hellmann und **Andrew J. Bilbo**, *Die Darstellung von zwei fluorierten Dihalogenbenzolen.* Vff. stellten *1.4-Dichlor-2-fluorbenzol* aus 2.5-Dichloranilin nach dem SCHIEMANN-Verf. u. *1.4-Dibrom-2.3.5.6-tetrafluorbenzol* durch Bromierung von *1.2.4.5-Tetrafluorbenzol* (**I**) dar. Die Bromierung von **I** erfordert rauchende H_2SO_4 als Lösungsmittel. Die UV-Absorptionsspektren dieser beiden neuen Verbb. u. ihrer nichtfluorierten Analogen zeigen, daß die Hauptbanden durch die Einführung von F-Atomen nicht wesentlich verschoben werden.

Versuche: *1.4-Dichlor-2-fluorbenzol*, $C_6H_3Cl_2F$, $Kp._{60}$ 91—92°, $Kp._{750}$ 168 bis 169°, F. 4°; durch Zutropfen einer Lsg. von 19,7 g $NaNO_2$ in 60 cm³ W. zu einer Suspension von 49,6 g 2.5-Dichloranilinhydrochlorid in 40 cm³ konz. HCl + 80 cm³ W. bei —5°, Filtrieren bei 0°, Zugabe von 42 cm³ 40%ig. HBF_4, ½std. Rühren bei ca. 5°, Waschen des abfiltrierten Nd. mit je 25 cm³ 5%ig. HBF_4, Methanol u. Ae., Trocknen des Diazoniumfluoborats (72% Ausbeute) an der Luft, therm. Zers., Dest. der unter Eiskühlung kondensierten Prodd. mit Wasserdampf, Ausäthern des Destillats, Abdampfen des Ae. u. Vakuumdest.; 80%. — *1.4-Dibrom-2.3.5.6-tetrafluorbenzol*, $C_6Br_2F_4$, F. 76—77°; durch Eintropfen von 10 g **I** in ein Gemisch aus 14 cm³ Br_2, 15 cm³ 60%ig. rauchender H_2SO_4 u. 0,5 g $AlBr_3$, 4std. Erwärmen auf 50—60°, Gießen auf Eis, Waschen des braunen Prod. mit Na_2CO_3, Na-Bisulfit u. W., u. Umkristallisieren aus Methanol-W.; 78%. (J. Amer. chem. Soc. **75**. 4590—91. 20/9. 1953. Washington, D. C., National Bureau of Standards.) FORCHE. 1010

Richard F. Riley, *Einige o-Kresolderivate. 1-[o-Toloxy]-3-chlorpropanon-(2)*, $C_{10}H_{11} \cdot O_2Cl$, F. 50°, $Kp._{0,2}$ 87—92°. o-Toloxyacetylchlorid ($Kp._8$ 108—109°) wurde nach NEWMAN u. BEAL (C. **1950**. I. 971) in das Diazoketon übergeführt u. dieses durch Einleiten von HCl in die äther. Lsg. zers.; rotes Öl, das nach Dest. kristallisierte; aus PAe. Nadeln. — *β-[2-Methyl-4-nitrophenoxy]-milchsäure*, $C_{10}H_{11}O_6N$, F. 111°, aus β-Chlormilchsäure, 2-Methyl-4-nitrophenol u. 12%ig. NaOH, 2 Std. auf dem Dampfbad, Ansäuern (Kongorot) u. Extrahieren mit Ae.; aus W. Nadeln. — *o-Toloxyacetylglycin*, $C_{11}H_{13}O_4N$, F. 190—190,5°, aus o-Toloxyacetylchlorid, Glycin u. 20%ig. NaOH unter Rühren u. Kühlen; nach 1½std. Stehen Gießen auf Eis, Ansäuern mit verd. HCl (Kongorot) u. Filtrieren; Kristalle aus A.; 70% (Ausbeute). — *Äthyl-β-[o-Toloxy]-lactat*, $C_{12}H_{16}O_4$. $Kp._{0,2}$ 99—102°, aus β-[o-Toloxy]-milchsäure in absol. A. u. 5% HCl, 3 Std. unter Rückfluß; 67%. (J. Amer. chem. Soc. **72**. 5790. Dez. 1950. Rochester, N. Y., Univ. of Rochester, Div. of Pharmacol. and Toxicol.) KEMPF. 1060

Jay K. Kochi und **George S. Hammond**, *Benzyltosylate.* 1. Mitt. *Darstellung und Eigenschaften.* Vff. stellten *Benzyltosylat* (**I**, F. 58,5—58,9°) u. eine Anzahl von **I**-Derivv.

dar. Die Verbb. zeigten unterschiedliche Polymerisationsneigung unter Selbstalkylierung, wobei aus weißen Kristallen farbige amorphe Massen werden. *p-Methoxybenzyltosylat* (**II**) ist sogar bei -60^0 instabil.

Versuche: Zur Darst. von **I** wurde aus Benzylalkohol ($Kp._7$ 86,8—88°) u. NaH das Natriumalkoholat hergestellt, auf -20^0 gekühlt u. tropfenweise eine Lsg. von p-Toluolsulfonylchlorid (F. 69,5—70,5°, $Kp._{7-8}$ 123—124°) in Ae. zugegeben. Nach 3 std. Rühren, zum Teil bei Zimmertemp., fiel **I** beim Abkühlen als krist. Nd. aus; 80% (Ausbeute). Auf gleichem Wege wurden dargestellt: *p-Brombenzyltosylat*, F. 76,8 bis 77,5°; aus p-Brombenzylalkohol (**VII**), F. 76,5—77°); 59%, *m-Brombenzyltosylat*, F. 105,2 bis 105,6°, aus m-Brombenzylalkohol (**III**, $Kp._{758}$ 255—257°); 63%, *m-Methoxybenzyltosylat*, F. 83,7—84,0°, aus m-Methoxybenzylalkohol (**IV**, $Kp._{734}$ 243—244°); 58%, *p-Methylbenzyltosylat*, F. 57,9—58,5°, aus p-Methylbenzylalkohol (**V**, F. 61,0—62,1°); 41%, *m-Methylbenzyltosylat*, F. 65,1—65,5°, aus m-Methylbenzylalkohol (**VI**, $Kp._{743}$ 217,5 bis 219,5°); 77%. Die Darst. von **II** erfolgte auf gleichem Wege, nur mußten wegen der großen Empfindlichkeit Tempp. von -70^0 eingehalten werden. *p-Nitrobenzyltosylat*, F. 105,0 bis 105,5°, aus Tosylchlorid in Pyridin bei -10^0 durch Zufügen von p-Nitrobenzylalkohol (**VIII**, F. 96,0—97,0°) u. Zugabe von 5n H_2SO_4; 70%. — **III**—**VI** wurden aus den entsprechenden Benzoesäuren durch Red. mit $LiAlH_4$ dargestellt; *p-Methoxybenzylalkohol*, $Kp._{22}$ 106°, durch Red. von p-Methoxybenzaldehyd mit $LiAlH_4$. **VII** u. **VIII** wurden gewonnen durch Hydrolyse der Benzylhalogenide. (J. Amer. chem. Soc. **75.** 3443—44. 20/7 1953. Ames, Io., Iowa State Coll., Chem Labor.) PAULIG. 1090

J. S. Ingraham, *Synthese von mit ³⁵S markierter Sulfanilsäure*. Durch Umsetzen von saurem Anilinsulfat mit $H_2{}^{35}SO_4$ u. Überführen in Sulfanilsäure nach HUBER (Helv. chim. Acta **15.** [1932.] 1372) erhält man Ausbeuten von 60—95%. Das Prod. enthält weniger als 0,2% des o- oder m-Isomeren. Der S der Sulfanilsäure wird in 55 Tagen bei 80° zu weniger als 0,6% mit freiem Sulfat ausgetauscht. (J. Amer. chem. Soc. **74.** 2433—34. 5/5. 1952. Chicago, Ill., Univ., Dep. of Bacteriol. and Parasitol.) ROSDORFF. 1090

Pierre Mastagli, Zafiri Zafiriadis und **Germaine Lagrange**, *Einwirkung von Benzaldehyd auf einige Polyole in Gegenwart von Kationenaustauschern*. In Ggw. von Kationenaustauschern (K., sulfonierte Phenolharze) reagiert Benzaldehyd (**I**) mit mehrwertigen Alkoholen unter Bldg. von cycl. Acetalen. Verharzung tritt nicht auf.

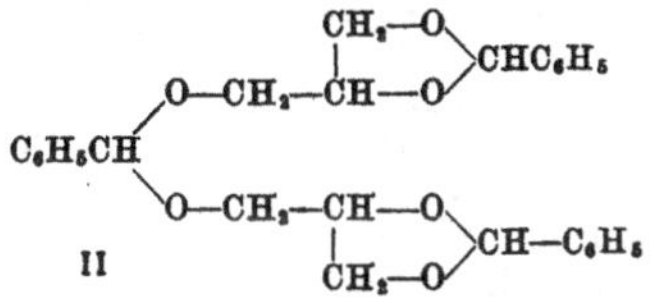

Versuche: 30 g **I**, die angegebene Menge Oxyverb. u. 10 g K. werden, 3—4 Std. auf 140—150° erhitzt, erhalten: *Benzaldehydäthylenacetal*, $C_9H_{10}O_2$, $Kp._{25}$ 129°, mit Glykol; n_D^{18} 1,5285; $D._4^{18}$ 1,1119; 20% Ausbeute. — *Benzaldehyd-1-methyltrimethylenacetal*, $C_{11}H_{14}O_2$, $Kp._{40}$ 162°, mit Butandiol-(1.3), n_D^{18} 1,5165, $D._4^{18}$ 1,065. — *Acetal* (**II**) aus **I** u. *Benzaldehydoxymethyläthylenacetal*, $C_{27}H_{28}O_6$, $Kp._2$ 210°, mit Glycerin, n_D^{18} 1,5455; $D._4^{18}$ 1,218. (C. R. hebd. Séances Acad. Sci. **237.** 187—88. 15/7. 1953.) KRESZE. 1120

John E. Leffler, *Die Reduktion von p-Methoxy-p'-nitrodibenzoylperoxyd durch Dimethylanilin*. p-Methoxy-p'-nitrodibenzoylperoxyd (**I**) wird bei Zimmertemp. in Dimethylanilin mit großer Geschwindigkeit in *Anissäure* u. *p-Nitrobenzoesäure* zerlegt. Der Reaktionsmechanismus wird erörtert. Beim Erhitzen von Dibenzoylperoxyd mit Phenol in Chlf. erhält Vf. keine Reaktion.

Versuche: Gemisch aus *p-Nitrobenzoesäure* u. *Anissäure*, F. 225° (Ende des Schmelzprozesses); durch sehr vorsichtiges Zufügen (Explosionsverhütung) von 1,13 g **I** zu 13 g Dimethylanilin; 0,98 g (Ausbeute). — Nach 1 std. Kochen von Dibenzoylperoxyd in Chlf. allein u. in Ggw. von Phenol ist der Verlust an Peroxyd in beiden Verss. gering u. gleich groß. (J. Amer. chem. Soc. **72.** 3809—10. Aug. 1950. Rhode Island, Brown Univ., Metcalf Chem. Labor.) LEHWALD. 1210

Wilhelm Wenner, *Phenylacetamid*. Aus Benzylcyanid u. 35%ig. HCl bei 40° bis zur Auflösung von Benzylcyanid u. Zugabe von W.: C_8H_9ON, F. 156° (A. oder Bzl.); 78—82% (Ausbeute). — Analog *p-Methylphenylacetamid*, 70%; *p-Isopropylphenylacetamid*, 90%; *1-Naphthylacetamid*, 54%; *5.6.7.8-Tetrahydro-2-naphthylacetamid*, 90%; *p-Methoxyphenylacetamid*, 76%; *3.4-Dimethoxyphenylacetamid*, 82%; *2.3-Dimethoxyphenylacetamid*, 91%. (Org. Syntheses **32.** 92—95. 1952. Nutley, N. J., Hoffmann-La Roche, Inc.) TROFIMOW. 1210

Melvin Fields, Seymour Rothchild und **Morris A. Leaffer**, *Synthese von mit isotopischem Kohlenstoff markierter 2.4-Dichlorphenoxyessigsäure*. Die Synth. von *2.4-Dichlorphenoxyessigsäure* (**I**) mit in der Seitenkette (Methylen- oder Carboxylgruppe) markiertem C aus Na-Acetat ergab Ausbeuten von 75—80%, während die Darst. von **I**

aus im Ring an dem die COOH-Gruppe tragenden C-Atom markierter Benzoesäure zwischen 25 u. 45% schwankende Ausbeuten ergab, wobei 100%ig. konz. H_2SO_4 bei der SCHMIDT-Rk. die beste Ausbeute an Anilin gab.

Versuche: *2.4-Dichlorphenoxyessigsäure* (I), F. 138,5—139°, a) aus Bromessigsäure u. überschüssigem 2.4-Dichlorphenol in NaOH; 95% (Ausbeute); b) durch Bromierung von Na-Acetat mit rotem P u. Br_2 in Ggw. von frisch dest. Acetylchlorid u. trockener HCl u. weiter wie vorst.; 75—80%; c) durch Umsetzen von Benzoesäure in Chlf. u. 100%ig. H_2SO_4 während 50 Min. mit NaN_3 bei 40°, Verdünnen mit W., Alkalisieren, Ae.-Extraktion u. Behandeln mit HCl → *Anilinhydrochlorid* (F. 194,5°; 91,5%), das zu *Phenol* ($Kp._{25}$ 95°; 75%) diazotiert u. verkocht wurde; aus Na-Phenolat u. Methylbromacetat *Methylphenoxyacetat*; die durch Hydrolyse mit verd. NaOH erhaltene *Phenoxyessigsäure* (F. 97—98°; 90%) wurde mit SO_2Cl_2 in Eisessig langsam von 0 auf 75° erwärmt, nach Beendigung der Gasentw. wurde mit W. verd. u. I aus Bzl. krist.; 74%. (J. Amer. chem. Soc. **74.** 2435—36. 5/5. 1952. Boston, Mass.) ROSDORFF. 1250

E. T. McBee, O. R. Pierce, H. W. Kilbourne und **J. A. Barone,** *Die Umsetzung von Natrium mit Trifluoressigsäureäthylester.* Wenn Na mit Trifluoressigsäureäthylester (I) in wasserfreiem Ae. umgesetzt u. das Reaktionsgemisch hydrolysiert wird, erhält man kein Acyloin, sondern *γ.γ.γ-Trifluoracetessigsäureäthylester* (II) mit 25—30%ig. Ausbeute neben nicht identifizierten hochsd. Prodd., möglicherweise polymere Formen des 1.1.1.4.4.4-Hexafluoracetoins. **II** entsteht auch bei der Behandlung von Pentafluoracetessigsäureäthylester mit Na.

Versuche: *γ.γ.γ-Trifluoracetessigester* (II), Kp. 131—132°; durch tropfenweises Einrühren von 0,5 Mol I (Kp. 60,5°, n_D^{20} 1,3073) in 0,5 Mol Na u. 200 cm³ wasserfreien Ae. am Rückflußkühler, 2 std. Rühren, Gießen der Ätherlsg. auf 200 g Eis u. 60 g konz. H_2SO_4, Trocknen mit Na_2SO_4 u. Drierite u. Abdampfen des Ae.; Ausbeute 14 g neben 20 g nicht umgesetztem **I.** *Cu-Chelat,* F. 188—189°. — Die Hydrolyse von **II** mit 30%ig. H_2SO_4 liefert *1.1.1-Trifluoraceton,* Kp. 22°. *2.4-Dinitrophenylhydrazon,* $C_9H_7O_4N_4F_3$, F. 139°. (J. Amer. chem. Soc. **75.** 4090—91. 20/8. 1953. Lafayette, Ind., Purdue Univ., Dep. of Chem.) FORCHE. 1270

Albert V. Logan und **Joseph Murray,** *Darstellung von mit ^{14}C markiertem Isopropyl-N-phenylcarbamat.* $CH_3{}^{14}COOH$ wurde nach einer modifizierten GRIGNARD-Meth. nach VAN BRUGGEN u. Mitarbeitern. (C. **1952.** 5043) mit 69,1 bzw. 77,3% (Ausbeute) hergestellt. Die Pyrolyse des durch Neutralisation erhaltenen radioakt. Ba-Acetats bei 500° im Vakuum gab $CH_3{}^{14}COCH_3$, das durch $LiAlH_4$ in Ae. zu Isopropylalkohol red. wurde. *^{14}C-Isopropyl-N-phenylcarbamat* (*IPC*), F. 84—85°, durch 3 std. Erhitzen von Phenylisocyanat mit vorst. Alkohol auf 80°; 77%. (J. Amer. chem. Soc. **74.** 2436—37. 5/5. 1952. Corvallis, Ore., State Coll., Dep. of Chem.) ROSDORFF. 1280

John H. Gorvin, *p-Aminodimethylanilin.* 6. Mitt. *Einige kationoide Halogenierungen in meta-Stellung zu einer Dimethylaminogruppe.* (5. vgl. C. **1952.** 5551.) Auf Grund des meta-dirigierenden Einfl. der $—NHR_2{}^+$-Gruppe konnten kationoide Halogenierungen verschied. NR_2-substituierter Benzolderivv. in Ggw. von Ag^+ (als Ag_2SO_4) in konz. H_2SO_4 durch Schütteln mit Halogen leicht erreicht werden. CCl_4 als Solvens bei der Chlorierung verminderte infolge der Neben-Rk. zwischen CCl_4 u. H_2SO_4 die Ausbeute erheblich, weshalb ohne Lösungsm. gearbeitet wurde. — Nach dieser Meth. wurden aus Bis-[p-dimethylaminophenyl]-methan *Bis-[2-brom-* u. *Bis-[2-chlor-4-dimethylaminophenyl]-methan* gewonnen. — Die Darst. von *3-Brom-* (I) u. *3-Chlor-4-aminodimethylanilin* (II) wurde auf 2 Wegen versucht. So lieferten p-Acet- u. p-Formamidodimethylanilin bei langsamer Rk. 70 u. 54% der entsprechenden 3-Bromverb., während die Chlorierung erfolglos war. Andererseits entstand bei der Rk. von Br_2 mit Dimethylanilin (**III**) ein Gemisch aus 20% *p-Brom-* (**IV**), 7% *3.4-Dibrom-* (**V**) u. 64% *m-Bromdimethylanilin* (**VI**). Da die Abtrennung von **VI** schwierig war, wurde das Gemisch nitrosiert u. neben wenig *p-Nitrodimethylanilin 3-Brom-4-nitrosodimethylanilinhydrochlorid* isoliert, das durch Red. in I überging. Die Bromierung von **IV** ergab **V**. Die Rk. von Cl_2 mit **III** lieferte nach gleicher Behandlung **II**. Aus dem Chlorierungsgemisch konnten hier 20% *p-Chlorverb.* (**VIII**) isoliert werden, aber keine 3.4-Dichlorverb., die jedoch aus ersterer einfach zugänglich war u. auch durch SANDMEYER-Rk. aus diazotiertem **II** dargestellt werden konnte.

Versuche: *Bis-[2-brom-4-dimethylaminophenyl]-methan,* $C_{17}H_{20}N_2Br_2$, F. 104 bis 105° (A.), aus mol. Mengen Bis-[p-dimethylaminophenyl]-methan, Ag_2SO_4 u. Br_2 in konz. H_2SO_4 unter Schütteln (2 Std.); 80—85% (Ausbeute); oder durch SANDMEYER-Rk. aus Bis-[2-amino-4-dimethylaminophenyl]-methan; Nadeln. — *Bis-[2-chlor-4-dimethylaminophenyl]-methan,* $C_{17}H_{20}N_2Cl_2$, F. 99—100° (A.), analog vorst. Verb.

mit Cl_2 (4 Std.): 77%; u. durch Sandmeyer-Rk.; Nadeln. — *3-Brom-4-formamidodimethylanilin*, $C_9H_{11}ON_2Br$, F. 118,5—119,5° (wss. A.), nach 48 Std.; Nadeln; 54%. — *3-Brom-4-acetamidodimethylanilin*, $C_{10}H_{13}ON_2Br$, F. 123,5—124,5° (wss. A.), a) analog aus p-Acetamidodimethylanilin nach 48 Std.; b) durch Red. nachst. Verb. u. Acetylierung, quadrat. Plättchen; a) 70%, b) 22% bezogen auf III. — *3-Brom-4-nitrosodimethylanilinhydrochlorid*. III bromieren, Reaktionsgemisch mit Ae. extrahieren, Ae.-Rückstand in wss. HCl lösen, bei 0° $NaNO_2$-Lsg. u. danach 10%ig. HCl zugeben, nach 3 Std. aufarbeiten; 33%. — *p-Nitrodimethylanilin*, als Nebenprod. bei Darst. vorst. Verb.; 26%. — *p-Bromdimethylanilin* (IV), *Pikrat*, F. 136—138°; bei der Bromierung von III; 20%. — *3.4-Dibromdimethylanilin* (V), $C_8H_9NBr_2$, F. 66,5—67° (PAe.), a) bei der Bromierung von III; 70%; b) durch Bromierung von VI; c) durch Bromierung von IV nach 24 Std.; 46%; Nadeln oder hexagonale Platten. *Pikrat*, $C_{14}H_{12}O_7N_4Br_2$, gelbe Blättchen, F. 150—151°. — *3-Chlor-4-nitrosodimethylanilinhydrochlorid*, durch Rk. von Cl_2 mit III u. Nitrosieren; 28%. — *3-Chlor-4-acetamidodimethylanilin* (VII), F. 117—118° (wss. A.). Vorst. Verb. mit $SnCl_2$ reduzieren u. acetylieren; Nadeln; 19%, bezogen auf III. — *p-Chlordimethylanilin* (VIII), F. 35°, aus dem Chlorierungsgemisch von III; 20%. *Pikrat*, $C_{14}H_{13}O_7N_4Cl$, Nadeln aus A., F. 126—128°. — *3.4-Dichlordimethylanilin*, $C_8H_9NCl_2$, F. 38—39° (verd. HCl). a) VIII mit Cl_2 60 Std. schütteln u. 120 Std. stehenlassen; 61%; b) VII hydrolysieren, diazotieren u. nach Sandmeyer umsetzen; Nadeln. *Pikrat*, $C_{14}H_{12}O_7N_4Cl_2$, Flocken aus A., F. 138—139°. (J. chem. Soc. [London] **1953**. 1237—41. April. London, Wellcome Labors. of Tropical Med.)
L. Fischer. 1310

D. L. Pain und **R. Slack**, *Einige Derivate von N-Phenacylanilin*. Es wird die Rk. von HCHO mit N-Acylderivv. einiger N-p-Nitrophenacylaniline beschrieben. N-Chloracetyl-N-phenacylaniline reagieren mit Basen unter Bldg. von intramol. dehydrohalogenierten Produkten. N-p-Nitrophenacylaniline reagieren leicht mit Äthylchlorformiat u. nitrosen Gasen.

Versuche: *N-p-Nitrophenacylanilin* (I), $C_{14}H_{12}O_3N_2$, F. 146°, aus 9 g p-Nitrophenacylbromid (II) in A. u. 8,5 g Anilin unter Schütteln bei Raumtemp. in 3 Std., aus Bzl. dunkelrote Nadeln; 7,8 g (Ausbeute). — *N-p-Nitrophenacyl-o'-chloranilin*, $C_{14}H_{11}O_3N_2Cl$, F. 166—168°, aus 16 g II in heißem A. u. 17 g o-Chloranilin unter Rückfluß in 15 Min., orangefarbene Nadeln aus A.; 6,5 g. — *N-p-Nitrophenacyl-m'-chloranilin*, F. 163—164°, analog vorst. Verb., orangefarbene Nadeln aus CH_3OH; 8,5 g. — *N-p-Nitrophenacylanthranilsäure*, $C_{15}H_{12}O_5N_2$, F. >300°, aus II u. Anthranilsäure in A., mikrokristalline rote Prismen aus Nitrobenzol. — *N-p-Nitrophenacylacetanilid*, $C_{16}H_{14}O_4N_2$, F. 117—118°, aus I u. Essigsäureanhydrid durch Erhitzen auf 100° in 10 Min., Ausgießen auf Eis, Platten aus CH_3OH; 100%. — *N-p-Nitrophenacyl-o'-chloracetanilid*, $C_{16}H_{13}O_4N_2Cl$, F. 131°, analog vorst. Verb. (1 Std.), Platten aus CH_3OH. — *N-p-Nitrophenacyl-m'-chloracetanilid*, F. 156—157°, blaßgelbe Nadeln aus Essigsäure. — *N-p-Nitrophenacylchloracetanilid*, $C_{16}H_{13}O_4N_2Cl$, F. 155—156°, aus I u. Chloracetylchlorid bei 100°. — *N-p-Nitrophenacylchloraceto-m'-chloranilid*, $C_{16}H_{12}O_4N_2Cl_2$, F. 156—157°, analog vorst. Verb., aus Bzl.-PAe. Nadeln. — *N-p-Nitrophenacylbenzanilid*, $C_{21}H_{16}O_4N_2$, F. 193—194°, aus I u. Benzoylchlorid bei 100°, Prismen aus CH_3OH. — Einw. von wss. 40%ig. Formaldehyd bzw. Paraformaldehyd auf verschied. Amide in Methanol, A. oder Dioxan in Ggw. eines Katalysators, wie K_2CO_3, ergab folgende Verbb.: *2.4-Bis-[acetanilido]-1.5-bis-[p-nitrophenyl]-pentandion-(1.5)*, $C_{33}H_{28}O_8N_4$, F. 146°, durch Einw. von HCHO auf N-p-Nitrophenacylacetanilid in Ggw. von K_2CO_3, blaßgelbe Prismen aus A. oder Essigester; 30—70%. — Analog folgende *1.5 Bis-[p-nitrophenyl]-pentandione-(1.5)*: *2.4-Bis-[aceto-o-chloranilido]-*, $C_{33}H_{26}O_8N_4Cl_2$, F. 133—135°, Prismen aus CH_3OH. *2.4-Bis-[aceto m-chloranilido]-*, $C_{33}H_{26}O_8N_4Cl_2$, F. 154—155°, Prismen aus Essigester. — *2.4-Bis [benzanilido]-*, $C_{43}H_{32}O_8N_4$, F. 156°, Prismen aus CH_3OH. Die vorst. beschriebenen Rkk. wurden in Dioxan in Ggw. von Spuren NaOH durchgeführt. — 1 std. Einw. von NaOH auf N-p-Nitrophenacylchloracetanilid unter Erhitzen auf 50° ergab *3-Oxy-6-p-nitrophenyl-4-phenyl-1.4-oxazin*, $C_{16}H_{12}O_4N_2$, F. 182—183°, aus A. gelbe Nadeln. — Einw. von Triäthylamin auf N-p-Nitrophenacylchloraceto m'-chloranilid unter Erhitzen auf 50° in 3 Std. ergab *3-Oxy-4-m-chlorphenyl-6-p-nitrophenyl-1.4-oxazin*, $C_{16}H_{11}O_4N_2Cl$, F. 174°, aus A. gelbe Nadeln. — ½ Std. Erhitzen von Äthylchlorformiat mit I unter Erhitzen auf 100° lieferte *5-p-Nitrophenyl-3-phenyloxazolon-(2)*, $C_{15}H_{10}O_4N_2$, F. 223—225°, aus Bzl.-PAe. gelbe Nadeln. — *N-p-Nitro-N-nitrosophenacylanilin*, $C_{14}H_{11}O_4N_3$, F. 138—139° (Zers.), aus I in A. bei 0° unter Durchleiten nitroser Gase (aus As_2O_3 u. HNO_3), aus Bzl. Platten. (J. chem. Soc. [London] **1951**. 2529—31. Okt. Dagenham, Essex, May & Baker Ltd. Res. Labor.) Kempf. 1310

James W. Wilson III, *Synthese von mit ${}^{14}C$ markiertem dl-Amphetaminsulfat*. Vf. hat die genannte Verb. aus Phenylessigsäure, die in α-Stellung mit ${}^{14}C$ markiert war, über die Stufen des Säurechlorides, der Malonesterverb., des Benzylmethylketons u. dessen Oxims mit nachfolgender Red. u. Neutralisation mit H_2SO_4 dargestellt ohne Isolierung der Zwischenverbindungen. — *Phenylessigsäurechlorid*, aus akt. Phenylessigsäure mit Thionylchlorid in 2 Std. am Rückfluß. — *Phenylacetomalonsäurediäthylester*, aus vorst. Verb. mit Mg-Äthoxyderiv. des Malonesters in Ae. nach 1$^1/_2$ Std. u. Hydrolysieren mit 10%ig. H_2SO_4. — *Benzylmethylketon*. Vorst. Verb. 5 Std. in wss. Essigsäure u. H_2SO_4 kochen, alkal. machen u. mit Ae. extrahieren. *Oxim*. Vorst. Verb. unter Rühren bei 40° zweimal mit Hydroxylaminhydrochlorid u. wss. NaOH innerhalb von 50 Min. versetzen, neutralisieren u. mit Ae. extrahieren. — *dl-Amphetaminsulfat*. Vorst. Verb. in A. unter Rühren bei Zimmertemp. u. Atmosphärendruck in Ggw. von RANEY-Ni hydrieren, abtrennen vom Katalysator u. mit wss. H_2SO_4 neutralisieren; 38% (Gesamtausbeute). *N-Benzoylderiv.*, F. 132—134°. (J. Amer. pharmac. Assoc., sci. Edit. **39**. 687—88. Dez. 1950. Philadelphia, Pa., Smith, Kline & French Labor.) L. FISCHER. 1310

G. I. Bras, *Reaktion der 1.2-Alkylenimine mit Benzol.* (Vgl. C. **1953**. 7278.) Im Anschluß an die Unterss. mit Äthylenimin wird die Rk. von Bzl. mit N-substituierten Äthyleniminen untersucht, die aus Aminoalkoholen durch Behandeln mit H_2SO_4 u. NaOH gebildet werden. Man erhält *N-substituierte β-Phenyläthylamine*. Bei der Rk. von Bzl. mit 1.2-Propylenimin entstehen α- u. *β-Methyl-β-phenyläthylamin* im Verhältnis 1 : 4. Mit 2.2-Dimethyläthylenimin wird prakt. ausschließlich *β.β-Dimethyl-β-phenyläthylamin* erhalten.

V e r s u c h e : *N-Isopropyläthylenimin*, Kp. 67—68°; $D.^{20}_4$ 0,7511. *N-[Butyl-(2)]-äthylenimin*, Kp. 96,5—98°; $D.^{20}_4$ 0,7779. *N-[Pentyl-(2)]-äthylenimin*, Kp. 121—124°; $D.^{20}_4$ 0,7847. — Zu 10,2 g $AlCl_3$ in 14 ml absol. Bzl. wird unter Rühren unterhalb 15° allmählich die Lsg. des 1.2-Alkylenimins (0,04 Mol) in 18 ml Bzl. hinzugefügt; man rührt $^1/_2$—$^3/_4$ Std. bei Zimmertemp., erhitzt 7—8 Std. im geschlossenen Rohr auf 170—180°, behandelt mit Eis u. konz. KOH bei höchstens 20—25°, filtriert von anorgan. Verbb. ab u. fraktioniert. — *N-Isopropyl-β-phenyläthylamin*, $Kp._{19}$ 112—114°; n_D^{25} 1,4995; 57—67% (Ausbeute). *Hydrochlorid*, F. 167,5—168,5°. — *N-[Butyl-(2)]-β-phenyläthylamin*, $Kp._8$ 105—106°; $D.^{20}_4$ 0,9025; n_D^{20} 1,4981; 54—58%. *Hydrochlorid*, F. 161—162°. — *N-[Pentyl-(2)]-β-phenyläthylamin*, Kp. 118—119°; $D.^{20}_4$ 0,8968; n_D^{20} 1,4961; ca. 60%. *Hydrochlorid*, F. 161—162°. — *Bis-[β-phenyläthyl]-amin*, E. 27,8°; $Kp._{10}$ 176—178°; 40—48%. *Hydrochlorid*, F. 260,5—262°. *Pikrat*, F. 153,5—154,5°. — *N-Benzoyl-β-methyl-β-phenyläthylamin*, $C_{16}H_{17}ON$, F. 87—88°. — *N-Benzoyl-α-methyl-β-phenyläthylamin*, $C_{16}H_{17}ON$, F. 133—134°. — *β.β-Dimethyl-β-phenyläthylamin-hydrochlorid*, F. 201—202°. *β.β-Dimethyl-β-phenyläthylharnstoff*, $C_{11}H_{16}ON_2$, F. 144 bis 145°. *N-[β.β-Dimethyl-β-phenyläthyl]-N'-phenylthioharnstoff*, $C_{17}H_{20}N_2S$, F. 105,5 bis 106°. (Доклады Академии Наук СССР [Ber. Akad. Wiss. UdSSR] [N. S.] **87**. 747—50. 11/12. 1952. Allunions Wiss. Ordshonikidse-Forschungsinst. für pharmazeut. Chem.) R. K. MÜLLER. 1310

Alexander Gero, *Einige Reaktionen von 1-Phenyl-1-chlor-2-methylaminopropan. 1. Mitt. Reaktion mit Metallen und mit Wasserstoff.* Die Red. von *1-Phenyl-1-chlor-2-methylaminopropan* (**I**) lieferte wechselnde Mengen von *1-Phenyl-2-methylaminopropan* (*Desoxyephedrin*) (**II**) neben *Propenylbenzol* (**III**) u. wahrscheinlich *2.5-Dimethylamino-3.4-diphenylhexan* (*Didesoxyephedrin*) (**IV**). Die Unters. dieser Red. von **I** ergab je nach angewendetem Reduktionsmittel folgende Ausbeuten an **II** u. **III** + **IV**: mit Zn–HCl, 12 u. 77%; mit Zn–Cu in HCl, 10 u. 74%; mit Zn–Pd in HCl, 34 u. 42%; mit Zn–Cu–Pd in HCl, 26 u. 46%; Al–Pd in HCl, 44 u. 36%; H_2–Pd in Essigsäure, 80—90% u. Spuren (nach EMDE, Helv. chim. Acta **12**. [1929.] 365); CaH_2–Pd in HCl, 86% u. Spuren; Zn, 81,5% **III**; Cu, 32% **IV**. Daraus wurde auf folgenden Reaktionsmechanismus geschlossen: Unedle Metalle, bes. Zn, wirken als Elektronendonatoren u. geben 2 Elektronen an die polaren C—Cl- u. C—N-Bindungen ab, so daß Cl^- u. CH_3NH^- abgespalten werden können u. das Biradikal C_6H_5—ĊH—ĊH—CH_3 zurückbleibt. Dieses stabilisiert sich zu **III**, womit die Bldg. von KW-stoffen, bes. **III**, zur Haupt-Rk. geworden ist. Wasserstoff hingegen kann nur die C—Cl-Bindung unter Entfernung von Cl^- spalten u. das Monoradikal C_6H_5—ĊH—CH($NHCH_3$)—CH_3 bilden, das sich entweder mit H zu **II** oder im geringeren Maße mit sich selbst zu **IV** kombinieren kann.

V e r s u c h e : *1-Phenyl-1-chlor-2-methylaminopropan* (**I**)*-hydrochlorid*, aus Ephedrinhydrochlorid mit $SOCl_2$. — *Desoxyephedrin* (**II**)*-hydrochlorid*. Vorst. Verb. in Methanol mit $PdCl_2$ in heißer konz. HCl versetzen u. bei 35—40° zu CaH_2 in Methanol geben, später auf p_H 3 bringen u. ½ Std. weiterrühren, dann aufarbeiten, F. 171°, $[\alpha]_D^{20}$ + 18° (c = 5 in W.); 86% (Ausbeute). — *Propenylbenzol*, Kp. 173°, aus **I** u. Zn unter Kühlung; 81,5%. — *Didesoxyephedrin* (IV), F. 71°. 14,4 g I-Hydrochlorid in einer Na-Acetatlsg. auflösen, mit 6 g Cu-Pulver 12 Std. rühren, alkal. machen u. durch Wasserdampfdest. reinigen, Rückstand aufarbeiten; 32%. (J. org. Chemistry **16**. 1731—35. Nov. 1951. Villanova, Pa., Coll., Dep. of Chem.) L. FISCHER. 1310

N. Ss. Dokunichin und **M. M. Ssergejewa,** *Gleichzeitige Reduktion und Chlorierung aromatischer Nitroverbindungen in geschmolzenem Aluminiumchlorid.* Aromat. Nitroverbb., die noch einen negativen Substituenten (NO_2, CO_2H, SO_3H) im Benzolkern enthalten, werden bei der Cyclisierung aromat. Verbb. in der $AlCl_3$/NaCl-Schmelze nach SCHOLL (Schwz. P. 203 422 [1939]) als H-Acceptoren angewendet, ohne daß bekannt ist, welche Umwandlungen sie erfahren. Die vorliegende Unters. ergab, daß nicht nur Red. der NO_2- zur NH_2-Gruppe, sondern auch Substitution von H durch Cl erfolgt. Diese gleichzeitige Red. u. Chlorierung läßt sich nicht nur unter den Bedingungen der SCHOLLschen Rk. durchführen; unabhängig vom Vorhandensein einer zu cyclisierenden Verb. ist die Rk. auch in Ggw. anderer H liefernder Mittel zu realisieren. Am besten sind Cu_2Cl_2 u. $SnCl_2$. Die Bldg. von z. B. *1.3.5-Trichlor-2.6-phenylendiamin* (I) aus 1-Chlor-2.4-dinitrobenzol (II) verläuft nach der Gleichung $C_6H_3Cl(NO_2)_2 + 4 Cu_2Cl_2 + 10 HCl = C_6HCl_3(NH_2)_2 + 8 CuCl_2 + 4 H_2O$; da das Reaktionswasser nicht hinreicht, um aus $AlCl_3$ die nach der Gleichung erforderliche Menge HCl zu bilden, wird zusätzlich W. mit dem Reduktionsmittel eingetragen. Zum Vgl. wurden Rkk. nach SCHOLL mit 1.5-Dibenzoylnaphthalin (III) als H-Spender, das dabei in *3.4;8.9-Dibenzopyrenchinon-(5.10)* übergeht, durchgeführt. Wahrscheinlich verlaufen Red. u. Chlorierung nicht gleichzeitig, sondern aufeinanderfolgend; als Zwischenprodd. sind Nitrosoverbb. anzunehmen. Zur Stütze dieser Ansicht wird angegeben, daß aus Nitrosobenzol in der $AlCl_3$/NaCl/KCl-Schmelze bei 95° 16% *Di-* u. *Trichloraniline,* darunter 5% *2.4.6-Trichloranilin,* zu erhalten sind.

Versuche: *1.3.5-Trichlor-2.6-phenylendiamin* (I), $C_6H_5N_2Cl_3$, F. 141,5—142°. In 180 g $AlCl_3$ + 30 g NaCl werden bei 125—130° 8,4 g 1.3-Dinitrobenzol (IV) oder 5 g II u. innerhalb 3—4 Std. im 1. Fall 57 g $SnCl_2$, im 2. Fall 23,2 g $SnCl_2$ oder 23,6 g Cu_2Cl_2 eingetragen; man gießt auf Eis u. dest. mit Wasserdampf; aus A. Nadeln; bildet mit verd. Mineralsäuren keine Salze. Die Ausbeute beträgt 14 bzw. 80 u. 85%. (Außerdem entstehen andere Chlorsubstitutionsprodd. von m-Phenylendiamin, die sich aus alkal. Lsg. mit Wasserdampf übertreiben lassen.) Gibt mit Stickoxyden in sd. A. *1.3.5-Trichlorbenzol,* $C_6H_3Cl_3$, F. 63,2—63,5°. — *3.5-Dichlor-4-aminobenzoesäure* (V), F. 288—288,5° (Zers.); aus 4-Nitrobenzoesäure (VI) mit $SnCl_2$ analog Vorst.; aus A. gelbliche Nadeln; 74% neben *x-Chloraminobenzoesäure* u. *x-Aminobenzoesäure.* — Bei der Rk. mit III als Reduktionsmittel entstehen je nach den Reaktionsbedingungen aus IV 5—24% I neben überwiegend anderen, nicht näher bezeichneten Aminen, aus II 23—36% I u. andere Amine, aus VI 21% V u. hauptsächlich andere Verbindungen. (Доклады Академии Наук СССР [Ber. Akad. Wiss. UdSSR] [N. S.] **88**. 987—90. 21/2. 1953. Wiss. Woroschilow-Forschungsinst. für organ. Zwischenprodukte u. Farbstoffe.) R. KNOBLOCH. 1310

Hans Suter und **Hans Zutter,** *Über einige Aryloxy-2-aminopropane.* 1. Mitt. Aus den durch Kondensation der entsprechenden Phenole bzw. der Phenolate mit Chloraceton erhaltenen *Aryloxyacetonen* erhalten Vff. durch RANEY-Ni-Red. ihrer Ketoxime die wegen ihrer strukturellen Beziehungen zum Adrenalin interessanten *1-Aryloxy-2-aminopropane.* (Die direkte katalyt. Hydrierung der Ketone in Ggw. von NH_3 führt zu den Alkoholen.) *1-Aryloxy-2-alkylaminopropane* werden durch RANEY-Ni-Druckhydrierung der Ketone bei Ggw. der entsprechenden Amine, oder nach LEUCKART durch Erhitzen der Ketone mit Alkylammoniumformiat–Formamid-Gemisch auf 180—200° erhalten.

Versuche: *Phenoxyaceton,* $Kp._{11-12}$ 110—115°, durch Kondensation von Phenol mit Chloraceton in trockenem Aceton in Ggw. von K_2CO_3 (Meth. **A**); 81% (Ausbeute). — *2'-Methoxyphenoxyaceton,* F. 38—39°, Meth. **A**; 78%. — *3'-Methoxyphenoxyaceton,* $Kp._{13}$ 154—155°, Meth. **A**; 78%. — *2'.5'-Dimethoxyphenoxyaceton,* $Kp._{12}$ 172—176°, F. 43°, nach Meth. **A** aus *2.5-Dimethoxyphenol* (aus der GRIGNARD-Verb. des Dimethoxybrombenzols mit O_2; 70,5%); 77%. — *2'.4'.6'-Trimethylphenoxyaceton,* $Kp._{12}$ 141—144°, Meth. **A**; 36%. — *2'-Oxyphenoxyaceton,* F. 98—99°, durch Kondensation des Phenolats mit Chloraceton (Meth. **B**); 31%. — *4'-Oxyphenoxyaceton,* $Kp._{0,02}$ 159—160°, F. 105—107°, Meth. **B**; 20% (Nebenprod. *1.4-Bis-[propanonoxy]-benzol,* $C_{12}H_{14}O_4$, F. 80—81°, daraus *1.4-Bis-[2'-methylaminopropanoxy]-benzoldihydrochlorid,* $C_{14}H_{26}O_2N_2Cl_2$, F. 267—269°). — *4'-Chlorphenoxyaceton,* $Kp._{17}$ 147—148°, Meth. **A**; 74%. — *4'-Nitrophenoxyaceton,* F. 79—81°, Meth. **B**; 68%. — *2'-Acetamidophenoxyaceton,* F. 106—108°, Meth. **A**; 40%. — *3'-Acetamidophenoxyaceton,* F. 95—96°, Meth. **A**. — *Phenylmercaptoaceton,* $Kp._{12}$ 135—137°, F. 34—35°, Meth. **B**; 76%. —

1-Phenoxy-2-aminopropan, durch Raney-Ni-Red. des Phenoxyacetonoxims (Meth. **C**); 71%. *Hydrochlorid*, F. 147—148°. — *1-[4'-Oxyphenoxy]-2-aminopropanhydrochlorid*, $C_9H_{14}O_2NCl$, F. 218—219°, sublimiert bei 190—210°, Meth. **C**; 90%. *Freie Base*, F. 140 bis 142°, relativ unbeständig. — *1-[2'.5'-Dimethoxyphenoxy]-2-aminopropan*, $C_{11}H_{17}O_3N$, Kp.$_{11}$ 169—170°, F. 38—39°, Meth. **C**; 35%. — *1-[4'-Chlorphenoxy]-2-aminopropan*, $C_9H_{12}ONCl$, Kp.$_{16}$ 141—142°, Meth. **C**; 51%. *Hydrochlorid*, F. 170—172°. — *1-Phenoxy-2-methylaminopropan*, $C_{10}H_{15}ON$, Kp.$_{12-13}$ 110—111°, durch 20std. Raney-Ni-Hydrierung von Phenoxyaceton bei Ggw. von Methylamin bei 110 at (Meth. **D**); 51%; ferner durch Umsatz von 1-Phenoxy-2-chlorpropan mit Methylamin. *Hydrochlorid*, F. 98—99°. *Pikrat*, $C_{16}H_{18}O_8N_4$, F. 137—139°. *Hydrobromid*, F. 118—119°. *p-Aminosalicylat*, $C_{17}H_{22}O_4N_2$, F. 143°. — *1-Phenoxy-2-[β-oxyäthylamino]-propan*, $C_{11}H_{17}O_2N$, Kp.$_{0,05}$ 118°, F. 70,5°, Meth. **D**; 55%. — *1-Phenoxy-2-[isopropylamino]-propan*, $C_{12}H_{19}ON$, Kp.$_{11}$ 118—119°, Meth. **D**; 23%. Ferner durch reduktive Alkylierung von 1-Phenoxy-2-aminopropan mit Aceton u. durch Umsatz von 1-Phenoxy-2-chlorpropan mit Isopropylamin. *Hydrochlorid*, F. 135°. *p-Aminosalicylat*, F. 135°. — *1-Phenoxy-2-[n-butylamino]-propan*, $C_{13}H_{21}ON$, Kp.$_{11-12}$ 139—140°, Meth. **D**; 41%. *Hydrochlorid*, F. 120—121°. — *1-[2'-Methoxyphenoxy]-2-[methylamino]-propan*, $C_{11}H_{17}O_2N$, Kp.$_{12,5}$ 140—141°, Meth. **D**; 42%. *Hydrochlorid*, F. 136—137°. — *1-[2'-Methoxyphenoxy]-2-[isopropylamino]-propan*, $C_{13}H_{21}O_2N$, Kp.$_{14-15}$ 150—151°, F. 33—34°, Meth. **D**; 65%. *Hydrochlorid*, $C_{13}H_{22}O_2NCl$, F. 135—137°. *Pikrat*, $C_{19}H_{24}O_9N_4$, F. 133 bis 134°. — *1-[3'-Methoxyphenoxy]-2-[methylamino]-propan*, $C_{11}H_{17}O_2N$, Kp.$_{16}$ 151 bis 152°, Meth. **D**; 20%. — *1-[2'.5'-Dimethoxyphenoxy]-2-[methylamino]-propan*, $C_{12}H_{19}O_3N$, Kp.$_{12}$ 169—171°, Meth. **D**; 43,5%. — *1-[2'.4'.6'-Trimethylphenoxy]-2-[isopropylamino]-propan*, $C_{15}H_{25}ON$, Kp.$_{12}$ 151—152°, Meth. **D**; 29%. *Hydrochlorid*, F. 168°. — *1-[2'-Oxyphenoxy]-2-[methylamino]-propan*, $C_{10}H_{15}O_2N$, F. 78—80°, Meth. **D**, relativ unbeständig; 16%. *Hydrochlorid*, F. 124—125°. — *1-[2'-Oxyphenoxy]-2-[isopropylamino]-propan*, $C_{12}H_{19}O_2N$, Kp.$_{12}$ 127—128°, Meth. **D**; 46%. *Hydrochlorid*, F. 128—129°. — *1-[4'-Oxyphenoxy]-2-[methylamino]-propan*, $C_{10}H_{15}O_2N$, Meth. **D**; 60%. *Hydrochlorid*, F. 171°. — *1-[4'-Chlorphenoxy]-2-[methylamino]-propan*, $C_{10}H_{14}ONCl$, Kp.$_{14}$ 143—145°, Meth. **D**; 52%. *Hydrochlorid*, F. 125—126°. — *1-[4'-Chlorphenoxy]-2-[isopropylamino]-propan*, $C_{12}H_{18}ONCl$, Kp.$_{15}$ 150—151°, Meth. **D**; 23%, nach Meth. **E** 11%. *Hydrochlorid*, F. 162—164°. — *1-[4'-Aminophenoxy]-2-[methylamino]-propan*, $C_{10}H_{16}ON_2$, Kp.$_{12}$ 168—169°, Meth. **D**; 53%. *p-Aminobenzoat*, F. 135—136°. — *1-[4'-Acetamidophenoxy]-2-[N-acetylmethylamino]-propan*, F. 131—132°. — *1-[2'-Acetamidophenoxy]-2-[methylamino]-propan*, $C_{12}H_{18}O_2N_2$, Kp.$_{0,05}$ 152—153°, Meth. **D**; 70%. *Monohydrat*, F. 52—52,5°. *Pikrat*, $C_{18}H_{21}O_9N_5$, F. 232—234°. — *1-[3'-Acetamidophenoxy]-2-[methylamino]-propan*, $C_{12}H_{18}O_2N_2$, Kp.$_{0,05}$ 180—181°, Meth. **D**; 30%. — *1-[Phenylmercapto]-2-[äthylamino]-propan*, $C_{11}H_{17}NS$, Kp.$_{11}$ 136—137°. 0,8 Mol frisch dargestelltes Äthylammoniumformiat ½ Std. auf 150—160° erhitzen, nach dem Abkühlen 0,2 Mol Phenylmercaptoaceton zusetzen, 8 Std. auf 180—220° erhitzen, mit W. ausziehen, Rückstand (Formylverb.) mit 20%ig. HCl 4—5 Std. kochen (Meth. **F**); 30%. *Pikrat*, $C_{17}H_{20}O_7N_4S$, F. 128—129°. (Liebigs Ann. Chem. **576**. 215—22. 1952. Schaffhausen, Schweiz, Cilag Akt.-Ges., Labor.) Liebig. 1320

Hans Suter, Hans Zutter und **Hans Widler**, *Über einige Aryloxy-2-aminopropane. 2. Mitt.* (1. vgl. vorst. Ref.) Durch Umsatz von *1-Aryloxy-2-alkylaminopropanen* (**I**) mit HCOOH u. Formaldehyd werden *1-Aryloxy-2-dialkylaminopropane* u. aus diesen mit Alkylhalogenid *1-Aryloxy-2-trialkylammoniumpropanhalogenide* erhalten. Ferner wird die Darst. einiger sich von **I** ableitender Amide a) durch Umsatz von **I** mit Säurechlorid in Ggw. von Triäthylamin, b) durch Umsatz von Aminopropanoläthern mit β-Brompropionsäurechlorid, c) durch Umsatz sek. Amine mit Halogenfettsäurederiv., d) durch Umsatz von Acroylamiden mit Aminen, e) durch Umsatz von **I** mit Nitroharnstoff, 1-Benzyloxypropyl-(2)-isocyanat u. N-[1-Benzyloxypropyl-(2)]-carbaminsäurechlorid beschrieben. Schließlich wird die hydrogenolyt. Spaltung von Benzyläthern verfolgt.

V e r s u c h e : *1-[2'-Methoxyphenoxy]-2-[dimethylamino]-propan*, $C_{12}H_{19}O_2N$, Kp.$_{14}$ 147—148°, aus 1-[2'-Methoxyphenoxy]-2-[methylamino]-propan, HCOOH u. 35%ig. Formaldehyd in 12 Std. bei 100° unter CO_2-Entw. (Meth. **A**); 84% (Ausbeute). — *1-Phenoxy-2-[dimethylamino]-propan* (**II**), $C_{11}H_{17}ON$, Kp.$_{12}$ 116°, Meth. **A**. — *1-Phenoxy-2-[N-methyl-N-(2'-oxyäthyl)-amino]-propan*, $C_{12}H_{19}O_2N$, Kp.$_{0,02}$ 106°, Meth. **A**. — *1-[2'-Methoxyphenoxy]-2-[N-methyl-N-isopropylamino]-propan*, $C_{14}H_{23}O_2N$, Kp.$_{14}$ 162 bis 163°, Meth. **A**. — *1-[2'.4'.6'-Trimethylphenoxy]-2-[N-methyl-N-isopropylamino]-propan*, $C_{16}H_{27}ON$, Kp.$_{13}$ 164—165°, Meth. **A**. — *1-[4'-Chlorphenoxy]-2-[dimethylamino]-propan*, $C_{11}H_{16}ONCl$, Kp.$_{12}$ 144—145°, Meth. **A**. — *1-Phenoxy-2-[trimethylammonium]-propanhalogenid*: *Chlorid*, F. 173—175°. **II** in Essigester bei —30° mit fl. CH_3Cl versetzen u. im Rührautoklaven 10 Std. auf 98—100° erhitzen (Meth. B), stark hygroskop.; 84,5%. *Bromid*, F. 135—136°, Meth. B, stark hygroskop.; 76,3%. *Jodid*, F. 139—140°, aus tert.-Amin u. CH_3J; 96,3%. — *1-[2'-Methoxyphenoxy]-2-[trimethylammonium]-propanjodid*, F. 98°, wie vorst.; 83,4%. — *1-[2'-Methoxyphenoxy]-2-[isopropyldimethylammonium]-propanjodid*, F. 65—67°, wie vorst., stark hygroskop.; 36,4%. — *1-[2'.4'.6'-Trimethylphenoxy]-2-[isopropyldimethylammonium]-propanjodid*, F. 183—184°, wie vorst.; 88,2%. — *1-Phenoxy-2-[N-methyl-N-(chloracetyl)-amino]-propan*, $C_{12}H_{16}O_2NCl$, Kp.$_{0,05}$ 146—147°, aus 1-Phenoxy-2-[methylamino]-propan, Triäthylamin u. Chloracetylchlorid; 78,3%. — *1-Phenoxy-2-[N-methyl-N-(β-brompropionyl)-amino]-propan*, wie vorst., dest. nicht unzers.; 84,5%. — *1-Phenoxy-2-[N-methyl-N-(carbäthoxy)-amino]-propan*, $C_{13}H_{19}O_3N$, Kp.$_{0,005-0,012}$ 100—105°, wie vorst.; 67,5%. — *1-Benzyloxy-2-[chloracetylamino]-propan*, $C_{12}H_{16}O_2NCl$, Kp.$_{0,04}$ 135°, wie vorst.; 69,3%. — *1-[2'.4'.6'-Trimethylphenoxy]-2-[N-isopropyl-N-nicotinylamino]-propanhydrochlorid*, F. 120—123°, aus 2n HCl umkristallisierbar; 93,5% (roh). *Chloroplatinat*, $C_{42}H_{58}O_4N_4Cl_6Pt$. — *1-Benzyloxy-2-acroylaminopropan*, $C_{13}H_{17}O_2N$, Kp.$_{0,02}$ 133°, F. 27—30°. *1-Benzyloxy-2-aminopropan* (Kp.$_{14}$ 119—120°, aus 2-Amino-Na-propylat u. Benzylchlorid. *Hydrochlorid*, F. 141—142°) u. Triäthylamin in Bzl. unter Eiskühlung mit β-Brompropionsäurechlorid versetzen u. 2 Std. auf dem Dampfbad erhitzen (Meth. D), n_D^{20} 1,5372; 70,5%. — *1-[2'-Acetamidophenoxy]-2-[N-methyl-N-acroylamino]-propan*, $C_{15}H_{20}O_3N_2$, F. 96—97°, Meth. D; 18,8%. — *N-[1-Phenoxypropyl-(2)]-methylaminoessigsäure-[1'-benzyloxypropyl-(2')-amid]*, $C_{22}H_{30}O_3N_2$, Kp.$_{0,02}$ 203°, aus 1-Phenoxy-2-methylaminopropan, Triäthylamin u. 1-Benzyloxy-2-chloracetamidopropan in Bzl., 16 Std. am Rückfluß (Meth. E); 65%. — *1-Phenoxy-2-[N-methyl-N-(diäthylaminoacetyl)-amino]-propan*, $C_{16}H_{26}O_2N_2$, Kp.$_{0,06}$ 142—143°, Meth. E; 84,2%. — *1-Phenoxy-2-[N-methyl-N-(β-{diäthylamino}-propionyl)-amino]-propan*, $C_{17}H_{28}O_2N_2$, Kp.$_{0,03}$ 159—160°, Meth. E; 56,5%. — *1-Phenoxy-2-[N-methyl-N-(β-{dimethylamino}-propionyl)-amino]-propan*, $C_{15}H_{24}O_2N_2$, Kp.$_{0,05}$ 148—149°, Meth. E; 68,4%. — *1-Phenoxy-2-[N-methyl-N-(2'-carbäthoxyäthyl)-amino]-propan*, $C_{15}H_{23}O_3N$, Kp.$_{0,01}$ 112°, Meth. E; 70%. — *1-Phenoxy-2-[N-methyl-N-(2'-carbomethoxyäthyl)-amino]-propan*, $C_{14}H_{21}O_3N$, Kp.$_{0,02}$ 114°, Meth. E; 75,6%. — *β-[N-(1-Phenoxypropyl-(2))-methylamino]-propionsäure-[1'-benzyloxypropyl-(2)-amid]*, $C_{23}H_{32}O_3N_2$, Kp.$_{0,02}$ 213—214°, aus 1-Benzyloxy-2-acroylaminopropan, 1-Phenoxy-2-methylaminopropan u. etwas Benzyltrimethylammoniumhydroxyd, 16 Std. auf dem Dampfbad (Meth. F); 69,7%; nach Meth. E 22%. — *β-[N-(1-{2'-Acetamidophenoxy}-propyl-(2))-methylamino]-propionsäure-[1''-benzyloxypropyl-(2'')-amid]*, $C_{25}H_{35}O_4N_3$, Meth. F, Reinigung durch Al_2O_3-Chromatogramm. — *1-[2'-Acetamidophenoxy]-2-[N-methyl-N-(β-{diäthylamino}-propionyl)-amino]-propan*, $C_{19}H_{31}O_3N_3$, Meth. F; 60%. *Pikrat*, $C_{25}H_{34}O_{10}N_6$, F. 125—126°. — *N-[1-Phenoxypropyl-(2)]-N-methylharnstoff*, $C_{11}H_{16}O_2N_2$, F. 77—79°. Zu 1-Phenoxy-2-methylaminopropan in W. bei 55° Nitroharnstoff zugeben, 2,5 Min. kochen u. rasch kühlen. *Hydrat*, F. 48 bis 50°; 53%. — *N-[1-(2'-Methoxyphenoxy)-propyl-(2)]-N-isopropylharnstoff*, $C_{14}H_{22}O_3N_2$, F. 103—105°, wie vorst.; 45%. — *N-[1-Phenoxypropyl-(2)]-N-methyl-N'-[1'-benzyloxypropyl-(2')]-harnstoff*, $C_{21}H_{28}O_3N_2$, F. 94°, aus 1-Phenoxy-2-methylaminopropan, Triäthylamin u. nachst. Isocyanat oder Carbaminsäurechlorid bei 80—90° in Bzl.; 90% (roh). — *N-[1-(2'-Acetamidophenoxy)-propyl-(2)]-N-methyl-N'-[1'-benzyloxypropyl-(2')]-harnstoff*, $C_{23}H_{31}O_4N_3$, F. 129—130°, wie vorstehend. — *1-Benzyloxypropyl-(2)-isocyanat* entsteht neben wenig *N-[1-Benzyloxypropyl-(2)]-carbaminsäurechlorid* als Öl aus 1-Benzyloxy-2-aminopropanhydrochlorid mit Phosgen in sd. Toluol. — *N-[1-Phenoxypropyl-(2)]-N-methylcarbaminsäurechlorid*, $C_{11}H_{14}O_2NCl$, Kp.$_{14}$ 179—181°, aus 1-Phenoxy-2-methylaminopropan, Phosgen u. Triäthylamin; 57%; läßt sich mit Aminen nicht zu Harnstoffderivv. umsetzen. — *N-[1-Phenoxypropyl-(2)]-methylaminoessigsäure-[1'-oxypropyl-(2')-amid]*, $C_{15}H_{24}O_3N_2$, Kp.$_{0,02}$ 183°, durch hydrogenolyt. Spaltung des entsprechenden Benzyläthers in schwachsalzsaurer Lsg. mit Pd/H_2; 68%. *Perchlorat*, $C_{15}H_{25}O_7N_2Cl$, F. 174—175°. — *β-[N-(1-Phenoxypropyl-(2))-methylamino]-propionsäure-[1'-oxypropyl-(2')-amid]*, $C_{16}H_{26}O_3N_2$, Kp.$_{0,02}$ 194° (teilweise Zers.), wie vorst.; 67,4%. *Hydrochlorid*, $C_{16}H_{27}O_3N_2Cl$, F. 132—134°, stark hygroskopisch. — *β-[N-(1-{2'-Acetamidophenoxy}-propyl-(2))-methylamino]-propionsäure-[1''-oxypropyl-(2'')-amid]*, $C_{18}H_{29}O_4N_3$, wie vorst.; 78%. *Pikrat*, F. 149—150°. — *N-[1-Phenoxypropyl-(2)]-N-methyl-N'-[1'-oxypropyl-(2')]-harnstoff*, $C_{14}H_{22}O_3N_2$, aus dem Benzyläther durch Hydrierung in Ae. oder A.; 82%. *Hydrat*, F. 43—45°. — *N-[1-(2'-Acetamidophenoxy)-propyl-(2)]-N-methyl-N'-[1'-oxypropyl-(2')]-harnstoff*, $C_{16}H_{25}O_4N_3$, F. 140—141°; 85%. — *Salpetersäureester des 1-Phenoxy-2-[β-oxyäthylammonium]-propannitrats*, $C_{11}H_{17}O_7N_3$, F. 126—127°, aus *1-Phenoxy-2-[β-chloräthylammonium]-propanchlorid* (F. 158°, aus 1-Phenoxy-2-[β-oxyäthylamino]-propanhydrochlorid u. $SOCl_2$ in Chlf.; 97,5%) in absol. Dioxan mit $AgNO_3$ im Dunklen; 66%. *Freie Base*, in organ. Lösungsm. leichtlösl. Öl. — *1-Phen-*

oxy-2-[N-methyl-N-(β-chloräthyl)-ammonium]-propanchlorid, $C_{12}H_{19}ONCl_2$, F. 96—99°, wie vorst. Verbindung. (Liebigs Ann. Chem. **576**. 223—31. 1952.) LIEBIG. 1320

Nelson J. Leonard und **James W. Curry**, *Die Umwandlung von p-Chinonmonoxim in p-Azoxyphenol.* Vff. haben die von BECKMANN u. LIESCHE (Ber. dtsch. chem. Ges. **56**. [1923.] 1) berichtete Umlagerung von *p-Chinonmonoxim* (I) durch Behandeln mit Benzolsulfochlorid (II) in Pyridin bei 25° u. nachfolgendem Erhitzen, die *1-Azacycloheptadien-(3.6)-dion-(2.5)* liefern sollte, untersucht. Im Gegensatz zu diesen Autoren erhalten Vff. eine Verb. der Bruttoformel $C_{12}H_{10}O_3N_2$ (III). Auf Grund des Infrarotspektr. sowie der Diacetyl- u. Dibenzoylverb. kommt III die Formel des *p-Azoxyphenols* zu. III u. vorst. Derivv. konnten eindeutig auch auf anderem Wege dargestellt werden. Die beste Ausbeute an III (45%) wurde bei einem Molverhältnis von 9 I zu 7 II erhalten. Ersatz von Pyridin durch α-Picolin, 2.6-Lutidin oder Triäthylamin verminderte die Ausbeute, in wss. Na_2CO_3 oder NaOH entstand kein III. Wurden I u. II nur 20 Min. auf dem Dampfbad erhitzt, bildete sich zu 23% III, während 12std. Stehen bei Zimmertemp. zu 60% den *Benzolsulfosäureester von* I (IV) lieferte. Da beim Erhitzen von I oder IV allein kein III gebildet wurde, hingegen eine äquimol. Mischung von beiden in guter Ausbeute III lieferte, nehmen Vff. folgenden Mechanismus für die Umwandlung von I in III an: I bildet in Pyridin das mesomere Anion $\{O=C_6H_4=\overline{N}—O^{(-)} \leftrightarrow {}^{(-)}O—C_6H_4—\overline{N}=O\}$, das mit IV unter Verdrängung der $C_6H_5SO_3^{(-)}$-Gruppe zu dem N-Oxyd des p-Chinonazins reagiert. Dieses wird dann leicht zu III hydriert.

Versuche: *p-Chinonmonoxim (p-Nitrosophenol)* (I), F. 137° (Zers.). Zu Phenol, NaOH u. KNO_2 in W. bei —3° unter Rühren in 1—1,5 Std. H_2SO_4 in W. zugeben u. 2 Std. weiterrühren (Temp. —3 bis 0°); 72% (Ausbeute). — *Benzolsulfonsäureester von* I (IV), $C_{12}H_9O_4NS$, F. 132,5—133° (Ae.), aus I u. II in Pyridin bei 25° (12 Std.), gelbe Nadeln; 60%. — *p-Azoxyphenol* (III), $C_{12}H_{10}O_3N_2$, F. 234—235° (Zers., A.), a) wie bei vorst. Verb. verfahren, anschließend 20 Min. auf dem Dampfbad kochen; 45%; b) durch Verseifung nachst. Verb., die nach b) dargestellt worden war, gelbe Nadeln; 100%. — *p.p'-Diacetoxyazoxybenzol*, $C_{16}H_{14}O_5N_2$, F. 166—166,5° (A.), a) durch Acetylierung von III; b) p-Nitrophenylacetat, Zn-Staub, NH_4Cl, Bzl. u. W. bei 25° 4 Std. rühren, Nd. mit Ae. extrahieren u. wss. Schicht des Filtrates mit Bzl. schütteln, beide Lsgg. aufarbeiten, gelbe Nadeln; 20%. — *p.p'-Dibenzoxyazoxybenzol*, $C_{26}H_{18}O_5N_2$, F. 194—194,5° (Essigester), a) durch Benzoylierung von III; b) analog der Darst. vorst. Verb. nach b), gelbe Blättchen; 10%. (J. org. Chemistry **17**. 1071—76. Juli 1952. Urbana, Ill., Univ., Noyes Chem. Labor.) L. FISCHER. 1320

Vivian Goldenberg, Harry Goldenberg und **A. D. McLaren**, *Einige Derivate des Acetyl-dl-phenylalanins. Acetyl-dl-phenylalaninhydrazid*, $C_{11}H_{15}O_2N_3$, F. 160,1—160,2°, aus dem Äthylester u. 100%ig. $N_2H_4 \cdot H_2O$ in absol. A. bei Raumtemp.; aus A. Nadeln; wird durch Chymotrypsin bei 24,6° in 0,05mol. Phosphatpuffer nur langsam hydrolysiert; vermutlich wird die d-Form nicht hydrolysiert. — *Acetyl-dl-phenylalaninthioäthylester*, $C_{13}H_{17}O_2NS$, Nadeln, F. 92—93°, aus Acetyl-dl-alanylchlorid (aus Acetyl-dl-phenylalanin u. PCl_5) u. C_2H_5SH; aus A. Nadeln; wird durch Chymotrypsin bei 25° u. einem Anfangs-p_H von 7,6 in 50%ig. alkoh. Lsg., die 0,006mol. Phosphatpuffer enthält, unter Mercaptanbldg. hydrolysiert. (J. Amer. chem. Soc. **72**. 5317. Nov. 1950. Brooklyn, N. Y., Polytechn. Inst., Inst. for Polymer Res.) K. F. MÜLLER. 1350

G. R. Clemo und **F. K. Duxbury**, *Die Bildung von Tyrosinmelanin.* 2. Mitt. (1. vgl. C. **1946**. I. 1711.) Die Ansicht RAPERS (C. **1928**. I. 1881), daß die Bldg. von *Melanin* (I) aus Tyrosin über ein rotes Pigment (II) u. *5.6-Dioxyindolcarbonsäure-(2)* (III) erfolgt, wurde gefestigt durch die spektroskop. Arbeiten von MASON (C. **1949**. I. 611) u. die synthet. Arbeiten von BEER u. Mitarbeitern (C. **1948**. E. 210 u. früher). Die weitere Veränderung von III zu I ist aber noch unbekannt.

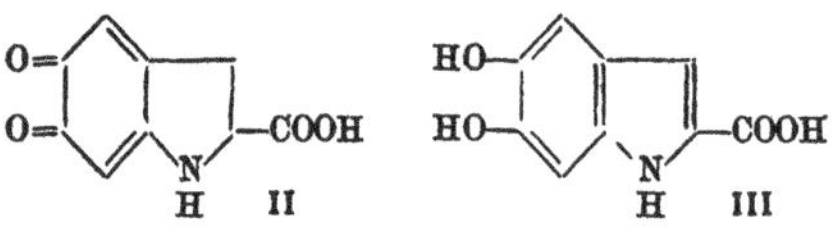

CLEMO u. WEISS (l. c.) postulierten die Bldg. von *5.6.5'.6'-Tetraoxyindigo* (IV), der — nach Oxydation in Stellung 3 — sich weiterpolymerisieren sollte, doch konnten HARLEY-MASON (C. **1949**. I. 67) zeigen, daß IV kein I bildet. Eine weitere Möglichkeit, nämlich Sprengung des Benzolkerns von III — wobei ein reaktionsfähiges Keton entstehen müßte —, prüfen Vff. durch Zugabe von Hydroxylamin zum Tyrosin-Tyrosinase-System. Da hierbei die I-Bldg. nicht verhindert wurde, erscheint dieser Reaktionsweg wenig wahrscheinlich. Die Bldg. von I erfolgt daher mit ziemlicher Sicherheit durch Dehydrierung u. Polymerisation von III. Zur Festlegung der Stellen des Ringsyst., an denen diese erfolgen, werden substituierte Tyrosine mit *Tyrosinase* (V) umgesetzt, wobei I-Bldg. ausbleibt, wenn die in Frage stehenden H-Atome besetzt sind. Untersucht wurden *2-* u. *3-Methyltyrosin* (**VI** u. **VII**), *3-Methoxytyrosin* (**VIII**), *2.4-Dioxyphenylalanin* (**IX**), *Tyrosinäthylester* (**X**), *N-Methyltyrosinäthylester* (**XI**), *2.3-Dioxyphenylalanin* (**XII**) u. *Adrenalin* (**XIII**). Es zeigte sich, daß **VI**, **VII** u. **VIII** kein **I** bilden. Bei **IX** wird **V** vergiftet. **X** bildet ein braunes Pigment, das sich in $NaHCO_3$-Lsg. erst nach Verseifung löst. Die Estergruppe ist also erhalten geblieben. In alkal. Lsg. findet im Gegensatz zu Tyrosin keine Autoxydation statt, so daß die Pigmentbldg. von **X** wahrscheinlich auf einem anderen Wege erfolgt als die von **I**. Das verseifte carboxylhaltige Pigment von **X** verändert sich unter der Einw. von **V** weiter in ein braunschwarzes Pigment, das in Bicarbonat unlösl. ist, so daß Decarboxylierung angenommen wird. **XI** bildet kein Pigment, obwohl *N-Methyltyrosin N-Methylmelanin* (**XIV**) liefert. Aus **XII** entsteht ein spektroskop. mit **I** ident. Prod., das in n-NaOH, nicht aber in Bicarbonat lösl. ist. Vff. schließen daraus, daß die OH-Gruppe in 4-Stellung des gebildeten Indolringsyst. unverändert vorliegt u. daher diese Stellung zur Polymerisation nicht frei zu sein braucht. BURTON (Chem. and Ind. **67**. [1948.] 313) glaubt, bei der I-Bldg. die Einführung einer OH-Gruppe in 3-Stellung annehmen zu müssen, doch gibt **XIII**, das diese Gruppe bereits besitzt, mit **V** ein von **XIV** spektroskop. verschied. Pigment. Die sichtbaren u. UV-Spektren der gebildeten Pigmente werden aufgenommen.

V e r s u c h e : *2.5-Diketo-3.6-bis-[4-acetoxy-3-methylbenzyliden]-piperazin* (**XV**), $C_{24}H_{22}O_6N_2$, aus Diketopiperazin, 3-Methyl-4-oxybenzaldehyd, Na-Acetat u. Essigsäureanhydrid. Aus Essigsäure goldgelbe Platten, F. 280°; 51% (Ausbeute). — *3-Methyltyrosin* (**VII**), $C_{10}H_{13}O_3N$, aus **XV** mit HJ u. rotem P, dann mit NH_3 auf p_H 5 gebracht u. die freie Aminosäure aus W. krist., Prismen, F. 276°; 54%. — *β-[3-Methoxy-4-oxyphenyl]-brenztraubensäureoxim* (**XVI**), $C_{10}H_{11}O_5N$, aus Hydroxylamin u. α-Thio-β-[3-methoxy-4-oxyphenyl]-brenztraubensäure, aus W., F. 156°; 60%. — *3-Methoxytyrosin* (**VIII**), $C_{10}H_{13}O_4N$, aus **XVI** mit Na-Amalgam, Prismen aus W., F. 257°; 80%. — (L)-*N-Methyltyrosinäthylester* (**XI**), $C_{12}H_{17}O_3N$, aus (L)-*N-Methyltyrosin*, A. u. Einleiten von HCl, $Kp._2$ 158—162°, aus Essigester Prismen, F. 122°; 59%. — *α-Benzamido-2-acetoxy-3-methoxyzimtsäureazlacton* (**XVII**), $C_{19}H_{15}O_5N$, aus o-Vanillin, Hippursäure, Na-Acetat u. Essigsäureanhydrid, aus absol. A. gelbe Nadeln, F. 156 bis 157°; 82%. — *α-Benzamido-2-oxy-3-methoxyzimtsäure* (**XVIII**), $C_{17}H_{15}\cdot O_5N$, aus **XVII** durch alkal. Verseifung in 50%ig. A., aus 75%ig. A. Platten, F. 226°; 74%. — *2.3-Dioxyphenylalanin* (**XII**), $C_9H_{11}O_4N$, aus **XVIII**, HJ, rotem P u. Essigsäureanhydrid unter H_2. Nach Zusatz von NH_3 bis zur beginnenden Verfärbung wird **XII** abfiltriert u. 2mal aus schwefliger Säure unter Zusatz von Tierkohle umkrist., F. 265°; 71%. — Die Pigmentbldg. erfolgte jeweils durch Lösen von 0,1 g Aminosäure in 200 cm^3 W., Zusatz von 10 cm^3 Enzymlsg., 8 cm^3 Phosphatpuffer p_H 8 u. 24std. Durchleiten von Luft. (J. chem. Soc. [London] **1950**. 1795—1800. Juli. Newcastle-upon-Tyne, Univ. of Durham, King's Coll.) GRALHEER. 1350

Henry Gilman und **John F. Nobis**, *Spaltung einiger Organosilane*. Vff. untersuchen die Festigkeit der Si—C-Bindung einiger Organosilane durch Spaltung mit HCl in sd. Eisessig. Sie stellen fest, daß eine SO_2-Gruppe in Nachbarstellung zur Silylgruppe festigend auf die Si—C-Bindung wirkt u. eine Trimethylsilylgruppe leichter abspaltbar ist als eine Triphenylsilylgruppe. Verss. zur Darst. von *o-Oxy-* u. *p-Oxyphenyltrimethylsilan* scheitern an der Instabilität dieser Verbindungen.

V e r s u c h e : *Triphenylphenyläthinylsilan* (**I**), F. 96—98°, aus 0,09 (Mol) $SiCl_4$, 0,272 Phenyl-Li in 259 cm^3 Ae. u. 0,09 Phenyläthinyl-Li (aus 0,09 Phenylacetylen u. 0,09 Phenyl-Li in 86 cm^3 Ae.) nach PLUNKETT (Dissertation, Iowa, State Coll.); 30% (Ausbeute). — *Triphenylsilylchlorid*, F. 91—94°, durch Behandeln einer Suspension von 0,1 Triphenylsilanol in 200 cm^3 Ae. mit trockenem HCl, Abdampfen des Ae. im Vakuum u. Trocknen bei 70° (Vakuum), Kristalle aus PAe.; 86%. — *β-Styryl-Li*, aus 0,18 Li in 10 cm^3 Ae. u. 0,05 β-Bromstyrol in 50 cm^3 Ae. nach WRIGHT (J. org. Chemistry **1**. [1936.] 457). — *Triphenyl-β-styrylsilan* (**II**), $C_{26}H_{22}Si$, F. 146—147° (A.), durch schnelles Zufügen von 0,06 Triphenylsilylchlorid zur Lsg. vorst. beschriebener Verb., 3std. Kochen unter Rückfluß, Behandeln mit W., Trocknen der äther. Schicht, Abdampfen u. Rekristallisation des beim Abkühlen kristallisierenden Öles aus PAe.; 46%. — *4-Trimethylsilyldibenzothiophen* (**III**), $C_{15}H_{16}SSi$, $Kp._{20}$ 215—217°, durch Zutropfen von 0,2 Trimethylsilylchlorid in 50 cm^3 Ae. zu 0,2 eisgekühltem 4-Dibenzothienyl-Li u. 48std. Kochen, Zufügen von W., Trocknen, Abdampfen der äther. Schicht u. wiederholte Dest., $D.^{20}_4$ 1,112; n_D^{20} 1,6354; Mol.-Refr. ($[MR]_D$) 82,4; 53%. — *4-Trimethylsilyldibenzothiophen-5-dioxyd* (**IV**), $C_{15}H_{16}O_2SSi$, F. 146—147°, durch Zufügen von 10 cm^3 30%ig. H_2O_2 in 15 cm^3 Eisessig zu 0,02 vorst. Verb. in 50 cm^3 Eisessig, 4std. Kochen unter Zufügen weiterer 10 cm^3 Peroxyd, Eingießen in W. u. Rekristallisation aus A. u. PAe.; 42%. — *Nitro-4-trimethylsilyldibenzothiophen-5-dioxyd*, $C_{15}H_{15}\cdot O_4NSSi$, F. 223—224°, durch Nitrieren von 0,0035 vorst. Verb. in 4 cm³ Eisessig mit 10 cm³ Nitriersäure bei 5°, ½std. Rühren, Eingießen in W., Isolieren u Rekristallisation aus A.; 95%. — *Triphenyläthoxysilan*, aus 0,2 Tetraäthylorthosilicat u. 0,6 Phenyl-Li nach CLARK (Dissertation, Iowa, State Coll.). — *4-Dibenzothienyl-Li*, aus 0,3 Dibenzothiophen u. 0,29 n-Butyl-Li. — *4-Triphenylsilyldibenzothiophen* (V), $C_{30}H_{22}SSi$, F. 193 bis 194°, durch Zutropfen vorst. Verb. zu Triphenyläthoxysilan, 24std. Kochen, Hydrolysieren, Trocknen der äther. Schicht, Abdampfen u. Aufarbeiten wie üblich; 6,8%. — *4-Triphenylsilyldibenzothiophen-5-dioxyd*, $C_{30}H_{22}O_2SSi$, F. 212—213°, durch Oxydation vorst. Verb. mit 30%ig. H_2O_2 wie vorst. beschrieben u. mehrfache Rekristallisation aus Essigester; 93%. — *2-Triphenylsilyldibenzofuran*, $C_{30}H_{22}OSi$, F. 124 bis 125°, aus 0,02 2-Dibenzofuryl-Li (nach GILMAN u. Mitarbeiter, J. Amer. chem. Soc. **62**. [1940.] 346) u. 0,014 Triphenylsilylchlorid, 1std. Kochen, nach üblicher Aufarbeitung Extraktion des beim Abdampfen des Ae. rückständigen Öls mit absol. A. u. Rekristallisation des festen Rückstandes aus PAe.; 8,7%. — *Trimethyl-o-anisylsilan*, $C_{10}H_{16}OSi$, Kp.$_{15}$ 91—93°, Kp.$_{733}$ 205—206°, durch 1std. Kochen einer Mischung aus 0,25 Trimethylsilylchlorid u. 0,25 o-Anisyl-Li (aus o-Bromanisol u. Li) in 100 cm³ Ae., $D.^{20}_4$ 0,9587; n_D^{20} 1,5055; $[MR]_D$ 55,80. — *Trimethyl-p-anisylsilan*, $C_{10}H_{16}OSi$, Kp.$_{740}$ 220°, analog vorst. Verb., $D.^{20}_4$ 0,9398; n_D^{20} 1,5014; $[MR]_D$ 56,46; 40%. — *Triphenyl-α-chloräthylsilan*, $C_{20}H_{19}ClSi$, F. 129—130° (PAe.), durch Zutropfen von 0,257 Phenyl-Li in 216 cm³ Ae. zu 0,088 α-Chloräthyltrichlorsilan (nach SOMMER u. WHITMORE, C. **1947**. 1364) in 50 cm³ Ae. u. übliche Aufarbeitung; 14%. — *Triphenyl-β-chloräthylsilan*, $C_{20}H_{19}ClSi$, F. 124—125°, aus 0,068 β-Chloräthyltrichlorsilan (nach SOMMER, l. c.) u. 0,203 Phenyl-Li in Ae.; 5,2%. — Spaltungsversuche: Einleiten von trockener HCl in eine unter Rückfluß sd. Lsg. von 0,012 I in 100 cm³ Eisessig (15 Std.), Eingießen in W. u. Ae.-Extraktion in 67% (Ausbeute) zu *Acetophenon* (nachgewiesen als *2.4-Dinitrophenylhydrazon*, F. 245—246°) u. *Hexaphenyldisiloxan* (F. 223—224°; 32%; Aufarbeiten des Destillationsrückstandes vorst. Verb.). — Nach dieser Meth. wurden gespalten: II in *Hexaphenyldisiloxan* (21%) u. nicht identifizierbare ölige Prodd., III in *Dibenzothiophen* (87%) u. *Trimethylsilylchlorid* (48%). IV u. V ließen sich nicht spalten. (J. Amer. chem. Soc. **72**. 2629—32. Juni 1950. Ames, Io., State Coll., Chem. Labor.) LEHWALD. 1380

J. A. A. Ketelaar und **H. R. Gersmann**, *Einige p-Nitrophenylderivate von Orthophosphorsäure und Orthothiophosphorsäure.* Vff. beschreiben die Darst. einiger *Derivv.* von *Parathion* (IV; O.O′-Diäthyl-O″-p-nitrophenylthiophosphat).

Versuche: *O-Äthyl-O′.O″-bis-[p-nitrophenyl]-thiophosphat* (III), $C_{14}H_{13}O_7N_2SP$, F. 125—126°, aus 0,25 Mol Thiophosphorylchlorid (I) u. 0,5 Mol p-Nitrophenolnatrium (II) bei 0° u. Versetzen mit 0,25 Mol $NaOC_2H_5$ in A.; darauf wurde in viel W. gegossen; aus A. Nadeln, lösl. in Aceton; 25 g (Ausbeute). Daneben *O.O′.O″-Tris-[p-nitrophenyl]-thiophosphat*, $C_{18}H_{12}O_9N_3SP$, F. 174°, aus Aceton hellgelbe Kristalle. Auch aus den theoret. Mengen I u. II wie vorst. beschrieben; 83%. — *O-Methyl-O′.O″-bis-[p-nitrophenyl]-thiophosphat*, $C_{13}H_{11}O_7N_2SP$, F. 96°, analog Vorst. unter Verwendung von $NaOCH_3$; 25%. Daneben 50% der Tris-[p-nitrophenyl]-Verbindung. — *Methyl-bis-[p-nitrophenyl]-phosphat*, $C_{13}H_{11}O_8N_2P$, F. 141—142,5° (A.), aus 0,25 Mol $POCl_3$ u. 0,5 Mol II in Dioxan unter 35° u. Zugabe von 0,25 Mol $NaOCH_3$; 20 g. — *Äthyl-bis-[p-nitrophenyl]-phosphat*, $C_{14}H_{13}O_8N_2P$, F. 132—136°, wie vorst. beschrieben mit $NaOC_2H_5$. Daneben *Tris-[p-nitrophenyl]-phosphat*, $C_{18}H_{12}O_{10}N_3P$, F. 156°, lösl. in Aceton, dieses wurde auch aus 0,167 Mol $POCl_3$ u. 0,5 Mol II in Dioxan erhalten; 50—60%. — *O.O′-Dimethyl-O″-p-nitrophenylthiophosphat*, $C_8H_{10}O_5NSP$, F. 36,5° (A.), nach SCHRADER (BIOS Final Report 1808, Synthetic Insecticides), Nadeln. Red. von III u. Kupplung mit N-Naphthyläthylendiamin ergibt die auch von AVERELL u. NORRIS (C. **1949**. II. 1014) beschriebene Färbung. III kann in IV durch Messung der Hydrolysengeschwindigkeit erkannt werden. Die beschriebenen Verbb. zeigen keine kontaktinsekticide Wirkung. (J. Amer. chem. Soc. **72**. 5777. Dez. 1950. Amsterdam, Univ., Labor. for General and Inorgan. Chem.) FAASS. 1380

A. N. Nessmejanow, N. K. Gipp, L. G. Makarowa und **K. K. Mosgowa**, *Anwendung des Salzes $(C_6H_5N_2Cl)_2SbCl_3$ bei der Synthese Sb-organischer Verbindungen mittels Diazoniumdoppelsalzen.* Bei der Zers. des Doppelsalzes $(C_6H_5N_2Cl)_2SbCl_3$ (I) mit Zn-Staub in Essigester bilden sich 42—46% *Diphenylchlorstibin* (II). Die Zers. von I mit Zn-Staub in Aceton, CH_3OH, Methylformiat, Chlf., Amylacetat u. Diisoamyläther, ebenso mit Cu-, Fe-, Sb-, Al-Pulver oder amalgamiertem Al u. Zn oder verkupfertem Zn in Essigester liefert außerdem wechselnde Mengen *Phenyldichlorstibin* u. *Triphenylstibindichlorid* (III). Bzl. als Lösungsm. ist ungeeignet, da nur Spuren Sb-organ. Verbb. entstehen. III ist Hauptprod. bei der Zers. von I mit Zn-Staub in Alkohol. *Triphenyl-*

stibin (IV) bildet sich zu 50%, wenn die durch Diazotieren von Anilin mit $NaNO_2$ + HCl in Essigester in Ggw. von $SbCl_3$ erhaltene Lsg. mit Zn-Staub behandelt wird. Wenn diese Zers. in Ggw. von $CaCl_2$ durchgeführt wird, so entstehen 46% III.

Versuche: Zur Herst. von $(C_6H_5N_2Cl)_2SbCl_3$ (I) werden 52 g Anilinhydrochlorid in 200ml CH_3OH bei —5 bis —2° mit 52 g Amylnitrit diazotiert u. nach 10 bis 15 Min. 45,6 g $SbCl_3$ in 60 ml CH_3OH hinzugefügt; man saugt das Doppelsalz ab, wäscht mit wenig CH_3OH, dann Ae. u. trocknet an der Luft; 82—87 g (Ausbeute). Zers. sich bei ca. 100°; beständig gegen Schlag u. bis 40°. — *Diphenylchlorstibin* (II), F. 67—68°; aus 15 g I in 50 ml Essigester beim Eintragen von 7 g Zn-Staub unter Rühren; sobald die in wenigen Sek. unter Temperatursteigerung auf 75—78° ablaufende Rk. beendet ist, wird mit Eiswasser abgekühlt; Isolierung über *Bis-[diphenylstibin]-oxyd*, das mit konz. HCl in A. behandelt wird; es wird eine App. beschrieben, die der starken Schaumbldg. Rechnung trägt u. schnelles Abkühlen gestattet; aus Chlf. Kristalle. — *Triphenylstibin* (IV), F. 52°; man setzt zu dem Gemisch von 4,65 g Anilin, 5,75 g $SbCl_3$, 10 ml konz. HCl u. 45 ml Essigester unter Rühren 3,7 g $NaNO_2$ hinzu, läßt 40—45 Min. einwirken, zers. mit 6,5 g Zn-Staub, kühlt schnell ab, filtriert, dest. das Filtrat in schwachem Vakuum bis auf 20 ml ab, behandelt mit 5n HCl u. gießt die Essigesterlsg. in NH_3 + Eis; II bleibt ungelöst u. wird mit Chlf. aufgenommen; aus PAe. Kristalle. — *Triphenylstibindichlorid* (III), F. 139—142°; die wie vorst. aus 4,65 g Anilin erhaltene Diazoniumsalzlsg. wird nach Zusatz von 20 g $CaCl_2$ 1—2 Std. gerührt u. mit Zn-Staub zersetzt. (Известия Академии Наук СССР, Отделение Химических Наук [Nachr. Akad. Wiss. UdSSR, Abt. chem. Wiss.] **1953**. 298—302. März/April. Inst. für organ. Chem. der Akad. der Wiss. der UdSSR.) R. KNOBLOCH. 1380

Georg Wittig und **Karl Clauß**, *Pentaphenylwismut*. Die Rk. zwischen Triphenylwismutdichlorid (VI) u. Li-Phenyl bei —70° lieferte *Pentaphenylwismut* (I) in 81%ig. Ausbeute als violette Kristalle. I ist therm. nicht so beständig wie die analogen P-, As- u. Sb-Verbb. (vgl. C. **1953**. 4361); es zers. sich zu Bzl., Diphenyl u. *Triphenylwismut* (II). Bei der Bromierung von I in CCl_4 bei —70° konnte das *Tetraphenylbismutoniumbromid* als sehr instabile Verb. hergestellt werden, die sich beim Erwärmen auf Zimmertemp. zu II u. Brombenzol zers.; die analoge Rk. mit 2 Mol Br_2 führt zum *Tetraphenylbismutoniumtribromid* (VII), welches bei < —30° zu Brombenzol u. Triphenylwismutdibromid zerfällt. Beim raschen Erwärmen zerfällt es dagegen zu Diphenylbromwismut u. Brombenzol. I bildet bei der Umsetzung mit Triphenylbor in Ae. sofort das *Tetraphenylbismutoniumtetraphenyloborat* (III); III bildet sich schneller als die analogen Komplexe des P, As u. Sb, woraus geschlossen werden kann, daß die Phenylgruppen in I bes. beweglich sind. I gibt mit äther. HCl bei —70° *Tetraphenylbismutoniumchlorid* (IV), das sich beim Auftauen zu II u. Chlorbenzol zersetzt. IV läßt sich bei —70° durch Umsetzung mit Li-Phenyl in I zurückverwandeln. Festes IV zerfällt bei Raumtemp. innerhalb weniger Min., dagegen hält sich die wss. Lsg. (sogar bei 20°) einige Tage. So konnte III auch in wss. Lsg. durch Umsetzung einer wss. IV-Lsg. mit Na-Tetraphenyloborat hergestellt werden. Als beständig erwiesen sich nachst. Oniumsalze des Bi, die in wss. Lsg. hergestellt werden konnten: *Perchlorat* u. *Nitrat*, während das *Sulfat* anscheinend sehr leicht lösl. ist; es wurde in fester Form nicht isoliert. Zersetzlich sind: *Bromid*, *Jodid*, *Cyanid* (zers. sich zu II u. Benzonitril), *Cyanoferrat-(II)* u. *Nitrit*, dieses gibt bei der Zers. Nitrobenzol. — Als Anhang zu der von WITTIG u. RIEBER (C. **1950**. I. 177) mitgeteilten Synth. des *Triphenyljods* (V) wurde V mit Triphenylbor zu *Diphenyljodoniumtetraphenyloborat* (VIII) umgesetzt. V läßt sich besser als bisher aus Phenyljodidchlorid u. Li-Phenyl bei —70° herstellen. V detoniert beim Erwärmen auf 20—25° sehr heftig.

Versuche: *Triphenylwismutdichlorid* (VI), $C_{18}H_{15}Cl_2Bi$, Nadeln, F. 158—159° (Chlf.-Methanol), durch Behandeln von II in Chlf. bei ca. —5° mit Cl_2, danach wurde im Vakuum eingeengt u. mit Methanol gefällt; 92,5% (Ausbeute). — *Pentaphenylwismut* (I), $C_{30}H_{25}Bi$, violettes Kristallpulver, Zers. bei 100—105°. Eine äther. Suspension von VI wurde mit n-Li-Phenyllsg. bei —70° unter N_2 umgesetzt, wobei sich ein gelber Nd. bildete, nach 1 Std. wurde auf Raumtemp. erwärmt, dabei färbte sich der Nd. teilweise violett, bei Zusatz einiger Tropfen Li-Phenyllsg. erfolgte unter Erwärmung schlagartige Violettfärbung; 81%. 3,15 g I gaben durch vorsichtiges Erhitzen 0,2 g *Bzl.* (*m-Dinitrobenzol*, F. 87—89°), 0,36 g *Diphenyl*, F. 68—70°, u. 1,9 g II, F. 77—78° (A.). — Die Rk. von I mit 1 Mol Br_2 in CCl_4 verlief bei —70° unter Entfärbung von I u. Bldg. von farblosen Kristallen; diese zers. sich beim Erwärmen auf Raumtemp. zu II (80%) u. Brombenzol (F. —32 bis —31°; 72%). — *Tetraphenylbismutoniumtribromid* (VII), $C_{24}H_{20}Br_3Bi$, analog aus I mit 2 Mol Br_2 u. Isolierung bei —20° als orangefarbenes Pulver; 92%. Therm. Zers. durch Erwärmen von —40 auf +5° lieferte innerhalb 15 Std. Brombenzol u. *Triphenylwismutdibromid*, F. 144—146° (Chlf. oder Methanol); 79%. — *Diphenylbromwismut*, $C_{12}H_{10}BrBi$, F. 155—157°, aus VII durch schnelles Erwärmen auf Raumtemp., wobei mit Zersetzungsbeginn Selbsterwärmung auf ca. 75° stattfand; 88%. — *Tetraphenylbismutoniumtetraphenyloborat* (III), $C_{48}H_{40}BBi$, Nadeln, F. 225—228° (Nitromethan). Eine äther. Suspension von I wurde mit einer benzol. Lsg. von Triphenylbor versetzt, wobei I in Lsg. ging u. III ausfiel; 49%. — *Tetraphenylbismutoniumchlorid* (IV), $C_{24}H_{20}ClBi$, Kristalle, aus einer äther. I-Suspension u. äther. HCl bei —70° u. Absaugen des gebildeten Nd. bei —30°; 54%. Läßt man die äther. Suspension von IV sich auf Raumtemp. erwärmen, so läßt sich als Zersetzungsprod. II isolieren; 90%. — III wurde durch Versetzen einer wss. IV-Lsg. mit Na-Tetraphenyloborat erhalten. — I wurde auch aus IV u. Li-Phenyl bei +70′ in Ae. erhalten; 67%; daneben II; 23%. — Die wss. Lsg. von IV gab beim Versetzen mit KBr bzw. KCN Ndd., die sich rasch unter Bldg. von II u. Brombenzol bzw. Benzonitril zersetzten. Mit $NaNO_2$ entstand neben II Nitrobenzol. — *Tetraphenylbismutoniumperchlorat*, $C_{24}H_{20}O_4ClBi$, durch Versetzen einer 3 mol. wss. IV-Lsg. mit konz. wss. $NaClO_4$-Lsg.; 94%; ist aus Nitromethan oder Acetonitril umkristallisierbar u. verpufft beim Erhitzen. — *Triphenyljod* (V), aus Phenyljodidchlorid u. Li-Phenyl in äther. Suspension bei —80°. — *Diphenyljodoniumtetraphenyloborat* (VIII), $C_{36}H_{30}JB$, Nadeln (Nitromethan), F. 195—196°, verunreinigt mit ca. 6%. *Diphenyljodoniumjodid* (IX), aus V u. Triphenylbor; 30%. VIII konnte auch aus *Diphenyljodoniumhydroxyd* (aus IX u. AgOH in W.) u. Na-Tetraphenyloborat erhalten werden; 66%. (Liebigs Ann. Chem. **578**. 136—46. 1952. Tübingen, Univ., Chem. Inst.) ZIMMER. 1380

N. I. Schuikin und **Ss. Ss. Nowikow**, *Kontaktisomerisation von Äthylcyclopentan in der Dampfphase.* Die Isomerisation von dampfförmigem Äthylcyclopentan (I) zu *Methylcyclohexan* (II) verläuft bei 120—125° (optimal) im Strömungssyst. in Ggw. von $AlCl_3$ auf Kohle fast quantitativ. Die Fraktionen vom Kp. 96—105° u. Kp. 96 bis 102°, aus Emba-Bzn. bzw. Maikop-Bzn. durch Entfernung der aromat. KW-stoffe (Toluol) u. von II aus entsprechenden Fraktionen dieser Benzine erhalten. die als Cyclopentanderiv. nur I enthalten können, wurden der gleichen Behandlung unterworfen. Aus dem Maikop-Bzn. konnte hierbei bis 43, dem Emba-Bzn. 26.5% II gewonnen werden. So ergibt sich die Möglichkeit, durch Überleiten der ursprünglichen Benzinfraktionen (Kp. 97—103°) über den Katalysator den Geh. an II von 35 auf 60, bzw. von 50—auf 63% zu erhöhen.

Versuche: Der Katalysator wurde durch Erhitzen von $AlCl_3$, das sich auf dem Boden eines Porzellanbechers befand u. mit Birkenkohle überschichtet war, auf 140—145°, wobei $AlCl_3$ in die Kohle sublimierte, unter gelegentlichem Umrühren hergestellt. Die Isomerisierungsverss. wurden im Rohr durchgeführt Die Benzinfraktionen wurden von den alicycl. KW-stoffen durch Dehydrieren an Pt/Kohle bei 300° u. Behandeln mit 3%ig. Oleum befreit. — 49,4 g I gaben beim Überleiten im Gemisch mit HCl Gas bei 115—120° über den Katalysator (40% $AlCl_3$) mit der Volumengeschwindigkeit 0.3 43.2 g Katalysat (hauptsächlich II), das, bei 300° an Pt/Kohle dehydriert. *Toluol* vom Kp 98—111°; D^{20}_4 0,8570; n_D^{20} 1.4866, lieferte. Ausbeute an II 92%. — Bei den Verss. mit den Benzinen zeigte sich, daß der Katalysator nach der 2. Benutzung an Wirksamkeit nachließ. Der Ersatz von HCl durch H_2, CO_2 oder N_2 als Gaskomponente des Gemisches ergab bei 10 std. Benutzung keine wesentliche Einbuße der Wirksamkeit des Katalysators; doch ist HCl. wenn längerdauernde Verss. durchzuführen sind, den anderen überlegen. (Известия Академии Наук СССР, Отделение Химических Наук [Nachr. Akad Wiss UdSSR, Abt. chem Wiss.] **1953**. 278—81. März/April. Inst. für organ. Chem. der Akad. der Wiss. der UdSSR.) R. KNOBLOCH. 1810

N. I. Schuikin, N. G. Berdnikowa und **Ss. Ss. Nowikow**, *Kontaktkatalytische Umwandlungen von fünf- und sechsgliedrigen Cyclanen bei höherer Temperatur und höherem Wasserstoffdruck.* Cyclopentan (I) wurde im Strömungssyst. auf 460°/20 at H_2 in Ggw. von Pt/Tonerde erhitzt. Es bildeten sich nur Prodd. der Hydrogenolyse [*n-Pentan* (II) u. hieraus durch Isomerisation *Isopentan* (III)], sondern auch der Synth. [*Methylcyclopentan* (IV), *n-Hexan* (V), *Isohexan* (VI), *Bzl.* (VII), *Toluol* (VIII), *Xylole* (IX) u. *Polymethylbenzole* (X)]. Unter analogen Bedingungen (15 at H_2) wandelte sich IV in I, II, III, V, VI, VII, VIII. IX u. X um. Im Kontakt mit dem gleichen Katalysator lieferte Cyclohexan bei 460°/15 at H_2 hauptsächlich *aromat. KW-stoffe* (87% VII, wenig VIII, IX u. X). außerdem I, IV, *Pentane* u. *Hexane* n. u. verzweigter Struktur. Die Prodd. der Synth. werden nach Ansicht der Vff. in allen Fällen durch Akylierung von I, VII u. VIII mittels des CH_2-Radikals, das durch Zerfall der Cyclane entsteht (I gibt 5 CH_2), gebildet. (Известия Академии Наук СССР, Отделение Химических Наук [Nachr. Akad. Wiss. UdSSR, Abt. chem. Wiss.] **1953**. 269—77. März/April. Inst. für organ. Chem. der Akad. der Wiss. der UdSSR.) R. KNOBLOCH. 1810

Randolph Riemschneider, *Zur Chemie von Polyhalocyclohexanen und verwandten Verbindungen.* 8. u. 9. Mitt. *δ-Hexachlorcyclohexan vom F. 139°.* 1. u. 2. Mitt. (7. vgl. C. **1953.** 2751.) Durch Addition von Cl_2 an Bzl. entsteht neben anderen Isomeren *δ-1.2.3.4.5.6-Hexchlorcyclohexan* (I) vom F. 139°, das sich dagegen nicht durch Chlorierung von Cyclohexan bildet. Der Konstitutionsbeweis für I erfolgte auf nachst. Wegen: Durch 2 std. Erhitzen von I mit überschüssigem Zn in Methanol entsteht fast quantitativ Bzl.; Einw. von überschüssigem Cl_2 auf I führt zu *1.1.2.2.3.4.5.6-Oktachlorcyclohexan* (II), F. 150°, u. *1.1.2.3.4.4.5.6-Oktachlorcyclohexan* (III), F. 260°. In dem durch Einw. von alkoh. KOH auf I erhaltenen Prod. ließen sich sämtliche 3 Trichlorbenzole nachweisen. Der Beweis für die 1p2e3e4e5e6e-Konfiguration von I kann ebenfalls auf chem. Wege geführt werden: I wird durch Brucin nicht in Antipoden gespalten, weswegen von den 8 möglichen stabilen Konfigurationen die beiden zueinander spiegelbildlichen ausscheiden. I liefert bei der Chlorierung II der bekannten Konfiguration 1ep2ep3e4e5e6e u. III (1ep2e3e4e5e6e), woraus sich unter Berücksichtigung der Tatsache, daß die Konfiguration 1e2e3e4e5e6e bereits für *β*-1.2.3.4.5.6-Hexachlorcyclohexan vergeben ist, die angegebene Konfiguration für I ergibt. Partielle HCl-Abspaltung bei gleichbleibender Alkalikonz. gibt *Pentachlorcyclohexen* (IV), F. 64—65°, aus dem durch Abspaltung von 2 Mol HCl unter dem Einfl. von alkoh. Alkali ein Gemisch von *1.2.4-* u. *1.3.5-Trichlorbenzol* (~15%) entstand. Zn-Staubbehandlung von IV führte zu *Chlorbenzol* (*Dinitroderiv.*, F. 50°). Oxydation von IV ergab eine *Tetrachloradipinsäure.* Durch Bromierung von IV entstanden unter HBr-Entw. *1.2-Dibrom-2.3.4.5.6-pentachlorcyclohexane* neben anderen Prodd.; Chlorierung führte zu *α*- (V) u. *γ-1.1.2.3.4.5.6-Heptachlorcyclohexan* (VI), deren Weiterchlorierung II u. III lieferte. Milde Chlorierung von I gab außer II, III u. V (1ep2e3e4e5e6e) noch VI (1ep2p3e4e5e6e) (F. 185°) u. ein neues *Heptachlorcyclohexan* (vgl. l. c.). Die mit der Abspaltung u. Wiederanlagerung von 2 Cl-Atomen bei den Hexachlorcyclohexanen zusammenhängenden ster. Probleme werden diskutiert. (Z. Naturforsch. **7b.** 125—28. Febr. 1952. Berlin-Dahlem, FU, Chem. Inst.) ROSDORFF. 1810

Walter W. Rinne, H. R. Deutsch, Max I. Bowman und **Irving B. Joffe,** *Neue Methoden zur Darstellung von 2-Methylcyclohexen-(2)-on-(1).* Vff. stellen *2-Methylcyclohexen-(2)-on-(1)* durch Bromierung von 2-Methylcyclohexanon u. Dehydrobromierung des erhaltenen Bromids dar.

Versuche: *Brom-2-methylcyclohexanon* (I), a) aus 2-Methylcyclohexanon in Eisessig bei 5° mit HBr enthaltendem Br_2 unter Rühren, viscoses Öl, $Kp._{10}$ 65—97°. b) Aus 2-Methylcyclohexanon mit N-Bromsuccinimid in CCl_4, $Kp._{15}$ 65—90°. — *2-Methylcyclohexen-(2)-on-(1)*, $C_7H_{10}O$, a) aus nachst. 2.4-Dinitrophenylhydrazon, $Kp._{25}$ 93—97°; 62—87%. b) Aus nach b) erhaltenem I nach Behandlung mit Pyridin 12 Std. unter Rückfluß, $Kp._8$ 52—54°. *2.4-Dinitrophenylhydrazon,* $C_{13}H_{14}O_4N_4$, F. 207—208°, aus I durch Dehydrobromierung nach MATTOX KENDALL (J. Amer. chem. Soc. **70.** [1948.] 882), krist. aus Bzl.-A.; 78% (Ausbeute). *Semicarbazon,* $C_8H_{13}ON_3$, F. 205°. — *6-Methylcyclohexen-(2)-on-(1)*, $C_7H_{10}O$, $Kp._{755}$ 170—173°, durch Dehydrobromierung von nach a) erhaltenem I mit Pyridin. *Semicarbazon,* $C_8H_{13}ON_3$, F. 178°. (J. Amer. chem. Soc. **72.** 5759—60. Dez. 1950. Louisville, Ky., Univ., Dep. of Chem.) KEMPF. 1960

E. A. Braude und **E. R. H. Jones,** *Struktur und Lichtabsorption der Methyljonone.* Auf Grund ihrer Unterss. über die spektralen Eigg. natürlicher u. synthet. Homologen des *β*-Jonons (I) (C. **1950.** II. 1217) nehmen Vff. an, daß das *β-Isomethyljonon* (II) in der Dienonform vorliegt u. nicht in der von LUSSKIN u. WINSTON (J. Amer. chem. Soc. **71.** [1949.] 2412) vermuteten Enonform. Die anomalen Absorptionsbanden von I werden durch einen ster. Einfl. zwischen der Seitenkette u. den Methylsubstituenten des Cyclohexenringes erklärt. Die Seitenkette wird aus der Ebene des Ringes abgebogen, u. die Resonanz zwischen den beiden Molekülteilen nimmt ab. Ein Vgl. der Absorptionsbanden von I, *β-n-Methyljonon* u. II bestätigt diese Annahme: Die Intensität der Banden bei 2800 Å (charakterist. für Dienone) fällt, während die bei 2300 Å (charakterist. für Enon) steigt. (J. Amer. chem. Soc. **72.** 1041—42. Febr. 1950. London, Imperial Coll. of Sci. and Technol., Chem. Dep., u. Manchester, Univ., Chem. Dep.) CLEVE. 1960

Kurt Alder und **Werner Trimborn,** *Diensynthese und Retrodienzerfall in der Fulvenreihe. Synthese von Fulvencarbonsäuren.* 24. Mitt. *zur Kenntnis der Diensynthese.* (23. vgl. C. **1953.** 8587.). Im Zusammenhang mit den Ergebnissen der beiden vorangegangenen Mitteilungen wird festgestellt, daß im Vgl. zur Diensynth. beim *Cyclopentadien* (I) die Diensynth. bei den *Fulven* (IV)-Abkömmlingen in struktureller Hinsicht zwar analog verläuft, die semicycl. Bindung hierbei jedoch den ster. Verlauf der Addition entscheidend beeinflußt. Im Gegensatz zu I verläuft die Addition von *Di-* u. *Penta-*

methylfulven an *Maleinsäureanhydrid* (III) unter gleichen Bedingungen ster. nicht mehr selektiv, sondern unter Entstehung von etwa gleichen Mengen endo- u. exo-Form. Beim *Diphenylfulven* (II) verläuft die Addition bei n. Temp. noch selektiv, bei höherer Temp. entsteht in überwiegendem Maße das ster. Isomere. Ganz allg. ist festzustellen, daß bei höherer Temp. das exo-, bei niedrigerer das endo-Isomere überwiegt. Bei II wird der Bereich der Selektivität (ausschließliche Bldg. des endo-Isomeren) schon bei 80° erreicht, während bei aliphat. Dienen dieser Bereich auch bei 0° noch nicht erreicht ist. II steht von den IV-Abkömmlingen in bezug auf den ster. Verlauf der Diensynth. I am nächsten. Diese Abschwächung in der Wrkg. der semicycl. Doppelbindung durch die Phenylgruppen in II kann mit einer Mesomerie erklärt werden, die auf eine Verteilung der π-Elektronenwolke der semicycl. Doppelbindung über das Syst. $=C=(C_6H_5)_2$ hinausläuft. — Daß bei hohen Tempp. hauptsächlich oder ausschließlich die exo-Form der Addukte entsteht, kann nicht nur auf den größeren Temperaturkoeff. für k_{exo} zurückgeführt werden, sondern auch auf die gegenüber der der exo-Isomeren größeren Neigung der endo-Addukte, wieder rückläufig in die Komponenten zu zerfallen (Retrodienzerfall). Dieser Zerfall tritt bei wesentlich niedrigeren Tempp. ein als bei den I-Addukten; die aliphat. IV-Verbb. zerfallen früher als II. Bldg. u. Zerfall der beiden isomeren Addukte laufen also nebeneinander her u. streben einem Gleichgewicht zu. Nicht nur die Aufhebung der ster. Selektivität der Diensynth. der IV-Verbb. schon bei niedrigen Tempp., sondern auch die erwähnte Reversibilität der Rk. hat ihre Ursache in der Anwesenheit der semicycl. Doppelbindung: Die Addukte gehören dem Bicyclo-[1.2.2]-hepten-Syst. an, das eine erhebliche Ringspannung aufweist; ferner muß die „Doppelbindungsregel" zur Erklärung des leichten inversen Zerfalls in Dien u. Philodien herangezogen werden, d. h. bei Moll. mit der Gruppierung C=C—C—C wird bei therm. Beanspruchung nicht die der Doppelbindung benachbarte, sondern die darauffolgende Bindung gelöst, womit die Unterschiede in der Beständigkeit der III–I-Addukte gegenüber den III-Fulvenaddukten bes. verständlich gemacht sind, denn bei den letzteren befinden sich die geschwächten Bindungen in $\gamma.\delta$-Stellung zu beiden Doppelbindungen, sowohl der cycl. als auch der semicycl., so daß der Zerfall dieser Addukte schon unterhalb 100° u. in verd. Lsg. eintritt; die beim *Acetylendicarbonsäuredimethylester* (V)-Addukt hinzukommende dritte Doppelbindung wirkt den beiden anderen entgegengesetzt, so daß dieses Addukt gegenüber den ebengenannten stabiler ist. Das aus dem II–V-Addukt gewinnbare Dihydroderiv. VI liefert mit $C_6H_5N_3$ glatt das Hydrotriazol VII; das nichthydrierte II–V-Addukt mit 2 Bicyclo-[1.2.2]-hepten-Doppelbindungen gibt mit $C_6H_5N_3$ zwar die beiden möglichen Monohydrotriazole VIII u. IX, die jedoch nicht ein weiteres $C_6H_5N_3$-Mol. anlagern unter Bldg. von X, sondern schon unter den milden Reaktionsbedingungen therm. zu II u. *1-Phenyl-1.2.3-triazol-4.5-dicarbonsäuredimethylester* (XIII) (beide aus IX) sowie *ω.ω-Diphenylfulven-3.4-dicarbonsäuredimethylester* (XI) u. *1-Phenyl-1.2.3-triazol* (XII) (die beiden letzten aus VIII) zerfallen, womit sowohl die Konst. des II–V-Adduktes bewiesen ist, als auch ein Weg zu den bisher unbekannten IV-*Dicarbonsäuren* aufgezeigt ist. VI zerfällt erst in sd. Malonester zu *Äthylen* u. XI.

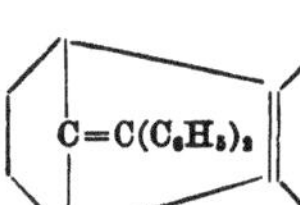

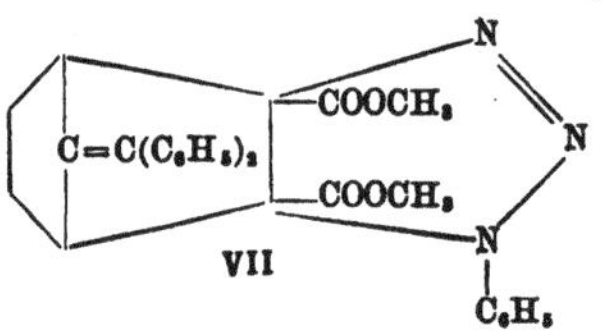

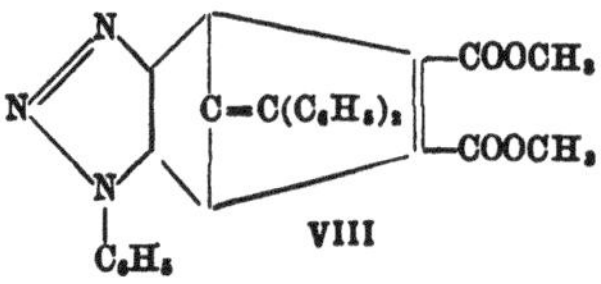

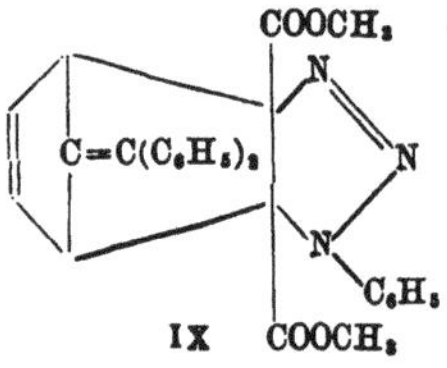

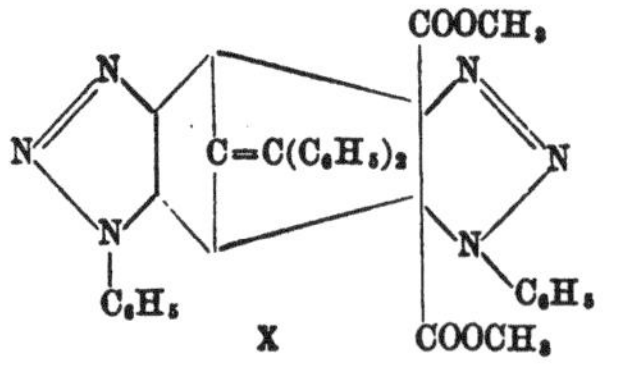

Versuche: Nach 6 std. Kochen des II–V-Adduktes (vgl. 23. Mitt., l. c.) mit 2 Mol Phenylazid in Methanol, Abdampfen im Vakuum, Ausschütteln mit kalter verd. HCl, Versetzen des sauren Auszuges mit Sodalsg. u. Ausäthern wird *1-Phenyl-1.2.3-triazol* (XII), $C_8H_7N_3$, F. 54°, erhalten; aus W. Blättchen. Der in HCl unlösl. Rückstand gibt durch mehrfaches Auskochen mit heißem W. *1-Phenyl-1.2.3-triazol-4.5-dicarbonsäuredimethylester* (XIII), $C_{12}H_{11}O_4N_3$, F. 127°, aus W. feine lange Nadeln. Als Rückstand nach dem Auskochen mit W. *ω.ω-Diphenylfulven-3.4-dicarbonsäuredimethylester* (XI), $C_{22}H_{18}O_4$, aus CH_3OH hellrote Nadeln, F. 165—167°. XI entsteht auch aus dem partiell hydrierten Addukt VI durch Kochen in Malonester, wobei gleichzeitig quantitativ *Äthylen* entweicht. — Die **VI** entsprechende Verb. aus Dimethylfulven gibt beim Erhitzen mit $C_6H_5N_3$ **XII** u. **XIII** u. ein noch nicht näher untersuchtes rotes Öl, beim Erhitzen in Malonester C_2H_4 (quantitativ) u. eine harzige Masse. (Liebigs Ann. Chem. **566**. 58—69. 24/1. 1950. Köln, Univ., Chem. Inst.) NITZSCHKE. 2020

Kurt Alder und **Marianne Schumacher,** *Diensynthesen mit Polyenen. ω.ω'-Tetra phenylpolyene und Maleinsäureanhydrid.* 25. Mitt. *zur Kenntnis der Diensynthese.* (24. vgl. vorst. Ref.) Im Gegensatz zu den von KUHN u. WAGNER-JAUREGG (Ber. dtsch. chem. Ges. **63.** [1930.] 2663) untersuchten ω.ω'-Diphenylpolyenen, die mit Maleinsäureanhydrid (**I**) Addukte bilden, reagieren *1.1.4.4-Tetraphenylbutadien* u. *1.1.6.6-Tetraphenylhexatrien* nicht mit **I**; während also die einfache ω.ω'-Substitution der Kette durch Phenylreste die Addition von **I** an den Enden nicht beeinträchtigt, blockieren die jeweils 2 Phenylreste an den Enden das Additionsvermögen der endständigen C-Atome der Kette. Auch *1.6-Dibiphenylenhexatrien* addiert kein **I**. Bei höheren ω.ω.ω'.ω'-Tetraphenylpolyenen tritt jedoch Anlagerung an ein konjugiertes Syst. in der Kettenmitte ein. So addiert *1.1.8.8-Tetraphenyloctatetraen* **I** unter Bldg. von *3.6-Bis-[β.β-diphenylvinyl]-Δ^4-tetrahydrophthalsäureanhydrid* (**III**), dessen Konst. durch katalyt. Hydrierung des Dimethylesters u. durch SeO_2-Dehydrierung zur völlig aromat. Verb. **V** u. durch deren Ozonabbau sichergestellt ist; die dabei entstehende *Mellophansäure* (**II**) wurde unabhängig auf einem neuen Wege aus 1.4-Dimethylbutadien durch Addition von **I** zu *3.6-Dimethyl-Δ^4-tetrahydrophthalsäureanhydrid,* Dehydrierung zu *3.6-Dimethylphthalsäure* u. Oxydation mit verd. HNO_3 im Rohr gewonnen. — *1.1.10.10-Tetraphenyldecapentaen* addiert 1 Mol **I** in benzol. Lsg. bei 120—130° im Rohr in analoger Weise; die Konst. der erhaltenen, ebenfalls vollständig aromatisierbaren Verb. wurde wie bei **II** aufgeklärt. — Wird *1.1.12.12-Tetraphenyldodecahexaen* mit **I** in sd. Xylol umgesetzt, tritt Addition in 5.8-Stellung ein; **das** durch Dehydrierung des Adduktes **IV** erhaltene *3.6-Bis-[δ.δ-diphenylbutadienyl]-o-phthalsäureanhydrid* addiert **I** auch **im** Schmelzfluß nicht mehr, was gleichzeitig ein Konstitutionsbeweis für **IV** ist. Neben **IV** muß das 3.6-, also das asymm. Addukt entstehen, denn das aus diesem durch sofortige Weiter-Rk. mit einem zweiten Mol. **I** gebildete 3.6;7.10-Bis-Addukt **VII** wurde isoliert. Auch dessen Konst. wurde durch die Überführung in die aromat. Grundverb. u. deren O_3-Abbau bewiesen. — Die Rk. von **I** mit *1-Biphenylen-6-phenylhexatrien* (unter Mitarbeit von **Karl-Heinz Decker**) liefert, wie erwartet, das Addukt, welches durch Anlagerung von **I** an das einfach substituierte Ende des Polyens entsteht; der Konstitutionsbeweis erfolgte einerseits durch Hydrierung des Cyclohexenringes u. Ozonisation des erhaltenen Prod. u. andererseits durch SeO_2-Dehydrierung u. ebenfalls nachfolgende O_3-Spaltung.

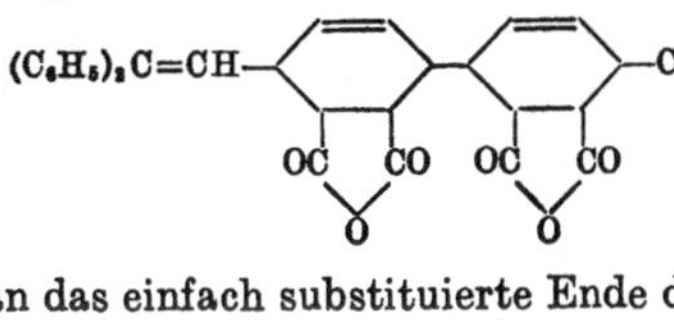

$(C_6H_5)_2C{=}CH$— … —$CH{=}C(C_6H_5)_2$ OC CO OC CO O O **VII**

Versuche: *3.6-Bis-[β.β-diphenylvinyl]-Δ^4-tetrahydrophthalsäureanhydrid* (**III**), $C_{36}H_{28}O_3$, F. 248° (Acetanhydrid), aus 1.1.8.8-Tetraphenyloctatetraen u. **I** durch ½ std. Erhitzen auf 210° u. Herauslösen mit CH_3OH. *Dimethylester,* $C_{38}H_{34}O_4$, F. 186° (Essigester + CH_3OH), mit CH_3OH + H_2SO_4; glänzende Nadeln. — *3.6-Bis-[β.β-diphenylvinyl]-cyclohexan-1.2-dicarbonsäuredimethylester,* $C_{38}H_{36}O_4$, F. 168° (CH_3OH), aus vorst. Ester in Essigester durch PtO_2-Hydrierung. — *3.6-Bis-[β.β-diphenylvinyl]-phthalsäureanhydrid* (**V**), $C_{36}H_{24}O_3$, F. 228°, aus **III** durch 3½ std. Kochen mit SeO_2 in Essigsäureanhydrid; aus Essigester gelbe Kristalle. *Dimethylester,* $C_{38}H_{30}O_4$, F. 152°, zuerst mit CH_3OH–H_2SO_4, dann CH_2N_2; gelbe Nadeln aus CH_3OH. — Nach 4 std. Ozonisieren von 0,6 g **V** in Essigester, Eindampfen, Aufnehmen in Eisessig + Perhydrol, ½ std. Erwärmen, Verdampfen, Aufnehmen in Sodalsg. u. Erwärmen scheidet sich *Benzophenon* ab; *Oxim* (**VI**), $C_{13}H_{11}ON$, F. 140° (Ligroin); 0,45 g (Ausbeute); die alkal. Lsg. liefert nach Ansäuern u. Ausäthern *Benzol-1.2.3.4-tetracarbonsäure* (*Mellophansäure,* **II**), F. 230° (roh); *Tetramethylester,* $C_{14}H_{14}O_8$, F. 128—129° (CH_3OH). — *3-[δ.δ-Diphenylbutadienyl]-6-[β.β-diphenylvinyl]-Δ^4-tetrahydrophthalsäureanhydrid,* $C_{38}H_{30}O_3$, F. 186—187° (Essigester–Ligroin), aus 0,5 g 1.1.10.10-Tetraphenyldecapentaen u. 0,2 g **I** in absol. Bzl. durch 7—8 std. Erhitzen auf 120—130° im Rohr, Eindampfen u. Aufnehmen in wenig Essigester; 0,5 g, bei 4—5 std. Kochen der Komponenten in Xylol 0,35—0,4 g. — *3-[δ.δ-Diphenylbutadienyl]-6-[β.β-diphenylvinyl]-phthalsäureanhydrid,* $C_{38}H_{26}O_3$, F. 246—248°, durch SeO_2-Dehydrierung vorst. Verb. wie oben; aus Essigester tiefgelbe Nadeln. *Dimethylester,* $C_{40}H_{32}O_4$, F. 178° (CH_3OH–Essigester), mit CH_3OH/H_2SO_4, dann CH_2N_2; gelbe Blöcke. — Ozonisation von 0,7 g des vorst. Dehydrierungsprod., wie bei **V** durchgeführt, liefert 0,4 g **VI**, ferner **II** u. *Oxalsäure*; *Anilid,* F. 245°. — *3.6-Bis-[δ.δ-diphenylbutadienyl]-Δ^4-tetrahydrophthalsäureanhydrid* (**IV**), $C_{40}H_{32}O_3$, F. 260—261°, aus 1.1.12.12-Tetraphenyldodecahexaen u. **I** in absol.

Xylol durch 7 std. Kochen unter CO_2 u. Auskochen des Rohprod. mit Essigester; aus Acetanhydrid rechteckige Platten. — *3.6-Bis-[δ.δ-diphenylbutadienyl]-o-phthalsäureanhydrid*, $C_{40}H_{28}O_3$, F. 284° (Acetanhydrid), durch 3 std. Kochen von **IV** mit der gleichen Menge SeO_2 in viel Essigsäureanhydrid; feine braunrote Nadeln. — Wird die nach der Isolierung von **IV** erhaltene Xylolmutterlauge im Vakuum eingedampft u. der Rückstand in Essigester aufgenommen, so wird nach Versetzen der filtrierten Essigesterlsg. mit Ligroin das *Bis-Addukt* **VII**, $C_{44}H_{34}O_6$, isoliert; F. 243°; glasklare Kristalle. — *4.4'-Bis-[β.β-diphenylvinyl]-diphenyl-2.3;2'.3'-tetracarbonsäure-bis-anhydrid*, $C_{44}H_{26}O_6$, F. 274°, durch SeO_2-Dehydrierung von **VII**; aus Essigester gelbrote Blöcke. — Ozonisierung vorst. Verb. lieferte nach Ausäthern des *Benzophenons*, Ansäuern der alkal. Lsg., Eindampfen zur Trockne, Extraktion mit Aceton, Abdampfen der Acetonlsg. u. Veresterung des Rückstandes mit CH_2N_2 *Diphenyl-2.3.4.2'.3'.4'-hexacarbonsäurehexamethylester*, $C_{24}H_{22}O_{12}$, F. 155—156° (CH_3OH). — *3-[β-Biphenylenvinyl]-6-phenyl-Δ^4-tetrahydrophthalsäureanhydrid* (**VIII**), $C_{28}H_{20}O_3$, F. 233°, aus 1-Biphenylen-6-phenylhexatrien u. **I** durch 7 std. Kochen in Xylol oder ½ std. Erhitzen ohne Lösungsm. auf 170°; Nadeln aus Acetanhydrid. *Dimethylester*, $C_{30}H_{26}O_4$, F. 183°, aus CH_3OH feine Nadeln. — *3-[β-Biphenylenvinyl]-6-phenylcyclohexan-1.2-dicarbonsäuredimethylester*, $C_{30}H_{28}O_4$, F. 160° (CH_3OH), aus vorst. Ester durch PtO_2-Hydrierung in Essigester. — 1¼ std. Ozonisation von 1,2 g der vorst. Verb. in Essigester, Abdampfen, Aufnehmen in Eisessig + Perhydrol, 18—20 std. Stehen, Eindampfen u. 1 std. Erwärmen mit 2n Sodalsg. liefert zunächst *Fluorenon*, $C_{13}H_8O$, F. 83° (A.); 0,5 g roh. Ansäuern der sodaalkal. Lsg. mit HCl, erschöpfendes Ausäthern, Abdampfen, CH_2N_2-Veresterung, Isomerisation durch 5 std. Kochen mit $NaOCH_3$ u. erneute CH_2N_2-Veresterung liefert *„all-trans"-4-Phenylcyclohexan-1.2.3-tricarbonsäuretrimethylester*, F. 113—114° (CH_3·OH). — *4-[β-Biphenylenvinyl]-diphenyl-2.3-dicarbonsäureanhydrid*, $C_{28}H_{16}O_3$, F. 245°, durch 6 std. Dehydrierung von **VIII** mit SeO_2 in Essigester; aus Essigsäureanhydrid gelbe Nadeln. — Ozonisation vorst. Verb. gibt *Fluorenon* u. *4-Phenylbenzol-1.2.3-tricarbonsäureanhydrid*, $C_{15}H_8O_5$, F. 215° (Essigester). (Liebigs Ann. Chem. **570**. 178—90. 30/11. 1950.) NITZSCHKE. 2020

Jens A. Jensen und **George W. Pearce**, *Synthese des radioaktiven ^{131}J-Analogons des DDT.* Nach der Meth. von KENNEDY u. LUCAS (Org. Syntheses Coll. Vol. **II**. [1946.] 351) entstand durch Umsetzen von diazotiertem Anilin mit $Na^{131}J$ $^{131}J\cdot C_6H_5$, das durch Kondensation mit Chloral in Ggw. von Chlorsulfonsäure *1.1.1-Trichlor-2.2-bis-[p-^{131}J jodphenyl]-äthan* (DJ*DT), F. 173—174°, 25% Ausbeute, gab. (J. Amer. chem. Soc. **74**. 2436. 5/5. 1952. Savannah, Ga., Techn. Developm. Branch.) ROSDORFF. 2210

K. Bowden und **C. H. Reece**, *Die Reaktionen von Ferrichlorid mit o- und p-Kresol. p-Kresol* (**I**) gibt mit wasserfreiem $FeCl_3$ oder dessen Hexahydrat *2.2'-Dioxy-5.5'-dimethyldiphenyl* (**II**) u. *2.2'.2''-Trioxy-5.5'.5''-trimethyl-m-terphenyl* (**III**). In verd. wss. Lsg. entsteht aus **I** die Verb. **IV**. — *o-Kresol* liefert unter den gleichen Bedingungen nur ein Polyphenol unbekannter Konstitution.

H_3C O CH_3 O H IV

Versuche: *2.2'-Dioxy-5.5'-dimethyldiphenyl* (**II**), F. 154°. 21 g **I** u. 35 g wasserfreies $FeCl_3$ geben nach 12 Std. bei 30°, Extraktion mit Bzl. u. Dest. 13,1 g **I** zurück, bei 160—175° Badtemp. u. 10^{-4} mm Druck, 2,2 g g **II**. Bei 200—220° Badtemp. u. $2\cdot10^{-4}$ mm werden 1,2 g *2.2'.2''-Trioxy-5.5'.5''-trimethyl-m-terphenyl* (**III**), F. 197°, erhalten. — Aus 50 g $FeCl_3\cdot6H_2O$ u. 21 g **I** werden nach 12 Std. bei 35—40° 2,4 g **II** u. 1,9 g **III** erhalten. — Werden 21 g **I** in 3 Liter W. mit 65 g $FeCl_3\cdot6H_2O$ 4 Std. bei 20° gerührt, so werden neben 1,1 g **II** noch 0,3 g **IV**, $C_{14}H_{14}O_2$, Platten aus A., F. 128°, erhalten. **IV**-*Oxim*, F. 195°. (J. chem. Soc. [London] **1950**. 2249. Aug. Leeds, Univ.) SCHÖNEWALD. 2260

Herbert M. Isikow und **William S. Gump**, *Die Synthese von Bis-[2-oxy-3.5.6-trichlorphenyl-^{14}C-methan (Hexachlorophen).* Durch Kondensation von 2.4.5-Trichlorphenol mit $^{14}CH_2O$ in Ggw. von H_2SO_4 entsteht *Bis-[2-oxy-3.5.6-trichlorphenyl]-methan*, F. 166 bis 167° (korr.), mit ^{14}C in der Methylenbrücke; 59,6% Ausbeute. (J. Amer. chem. Soc. **74**. 2434—35. 5/5. 1952. Hoboken, N. J., U. S. Testing Co., Inc., Radioisotop. Labor., u. Delanovanna, N. J., Givaudan Corp., Res. Labors.) ROSDORFF. 2260

Simon W. Kantor und **Charles R. Hauser**, *Pentaphenylaceton und Tetraphenylaceton.* Durch Rk. von Diphenylmethyl-Na (**I**) mit Triphenylessigsäurechlorid entsteht *Pentaphenylaceton*. Analog wird *symm.-Tetraphenylaceton* aus **I** u. Diphenylacetylchlorid dargestellt. Vff. gelang weder die Oximdarst. vorst. Verbb. noch die Hydrierung mit H_2-RANEY-Ni oder $LiAlH_4$.

Versuche: *Triphenylessigsäure*, F. 262—264°; durch Carbonierung von **Triphenylmethyl-Na** (aus Triphenylmethan u. $NaNH_2$) in Ae.; 94% (Ausbeute). *Chlorid*, F. 126—128°

(Ligroin); 89%. — *Pentaphenylaceton*, $C_{33}H_{26}O$, F. 180—181° (Bzl. + A.); durch Zufügen einer Suspension von I in Ae. zu vorst. Säurechlorid in einem Trockeneis-Aceton-Bad, 24 std. Kochen, Gießen in W., Zufügen von Bzl. u. Ae., Abdampfen u. Ausfällen durch Verdünnen mit A.; 70%. — *Diphenylessigsäure*, F. 146—147°, aus I analog vorst. Säure; 92%. *Chlorid*, F. 54—55° (Ligroin); 61%. — *symm.-Tetraphenylaceton*, F. 133 bis 134°; aus I u. vorst. Säurechlorid wie vorst. beschrieben; 52%; weitere 20% aus der Mutterlauge. (J. Amer. chem. Soc. **72.** 3290—91. Juli 1950. Durham, N. C., Duke Univ., Dep. of Chem.) LEHWALD. 2360

Harold E. Zaugg und **Bruce W. Horrom**, *Basische Ester und Amide von α-substituierten Diphenylessigsäuren.* Zur Unters. auf therapeut. Aktivität, bes. auf analget. Wirksamkeit, werden *bas. Ester* u. *Amide* der Säuren $(C_6H_5)_2R\cdot COOH$ (I) (R = CH_3, C_2H_5, $CH_2{:}CHCH_2$, $ClCH_2$ u. $BrCH_2$), sowie *bas. Amide* der Säure $(C_6H_5)CH(C_2H_5)COOH$ dargestellt. I mit R = $ClCH_2$ wird durch Kondensation von Bzl. mit Chlorbrenztraubensäure in Ggw. von konz. H_2SO_4, die *bas. Ester* u. *Amide* werden durch Rk. der Carbonsäurechloride mit Aminoalkoholen bzw. Diaminen in Ae.-Lsg. dargestellt. *β-Dimethylaminoisopropylamin* wird durch reduktive Aminierung von Dimethylaminoaceton mit NH_3 erhalten. Bei der Anwendung von N.N'-Dimethyläthylendiamin entsteht neben dem *Monamid* durch Rk. von 2 Mol Säurechlorid mit 1 Mol Diamin eine beträchtliche Menge an *Diamid*. Bei der entsprechenden Rk. mit Äthylendiamin bildet sich nur das Diamid. Bei der pharmakol. Prüfung wird das Anwachsen der Schmerzschwelle bei Hunden bestimmt, wobei $^1/_5$—$^1/_{10}$ der DL_{50} subcutan injiziert wird. Die Toxizität wird intraperitoneal bei Mäusen mit einem Versuchsfehler von ±50% festgestellt. Als aktivste Verb. erweist sich das *Dimethylaminoäthylamid* der *2.2-Diphenyl-3-chlorpropansäure*, die zum STRAUB-Phänomen bei Mäusen führt, jedoch eine beträchtliche Reizung am Ort der subcutanen Injektion hervorruft; bei oraler u. intravenöser Zuführung zeigt es geringere Aktivität. Mehrere Verbb. werden auf ihre antispasmod. Wrkg. geprüft, wobei der *Diäthylaminoäthylester* der *2.2-Diphenylpropansäure* die größte Aktivität ($^1/_5$—$^1/_{10}$ derjenigen des Atropins) zeigt.

Versuche: *Dimethylaminoaceton*, Kp.$_{25}$ 35—36°, durch 15 Min. Versetzen von 1,0 Mol Dimethylamin (II) in absol. Ae. mit 0,5 Mol Monochloraceton in Ae. bei 2—10°, 7 std. Rühren, 3 tägiges Stehen, Abfiltrieren des II-Hydrochlorids u. Dest., Fl.; n_D^{20} 1,4128; 74% (Ausbeute). — *β-Dimethylaminoisopropylamin*, $C_5H_{14}N_2$, Kp. 113°, beim Behandeln der vorst. Verb. in absol. CH_3OH mit fl. NH_3, 1 std. Hydrieren bei 80° in Ggw. von RANEY-Ni unter Druck, Abfiltrieren des Katalysators u. Dest. über Na; n_D^{25} 1,4177. — *2.2-Diphenyl-3-brompropanoylchlorid*, $C_{15}H_{12}OClBr$, F. 85,5—87°, bei 4 std. Kochen von 2.2-Diphenyl-3-brompropansäure mit $SOCl_2$ u. Dest. nach Versetzen mit Bzl., Kristalle aus Skellysolve B; 88%. — *Monochlorbrenztraubensäure*, F. 60—63°, aus Brenztraubensäure u. SO_2Cl_2 nach dem Verf. von GARINO u. MUZIO (C. **1923.** I. 1448); 95%. — *2.2-Diphenyl-3-chlorpropansäure*, $C_{15}H_{13}O_2Cl$, F. 201—203° (Zers.), beim tropfenweisen Versetzen einer Suspension der vorst. Verb. in konz. H_2SO_4 mit Bzl. bei 5—10°, 4 std. Rühren unter Eiskühlung, Gießen in Eiswasser u. Abfiltrieren, Nadeln aus A.; 65%. *Chlorid*, $C_{15}H_{12}OCl_2$, F. 79—80,5°, aus vorst. Säure entsprechend dem Bromsäurechlorid. — *2.2-Diphenylbutansäureamid*, $C_{16}H_{17}ON$, F. 105—107°, bei 30 Min. Erhitzen einer Suspension von 2.2-Diphenylbutansäurenitril in konz. H_2SO_4, Eisessig u. W. auf 135°, Gießen in W., 3—4 std. Stehen u. Abfiltern, Prismen aus CH_3OH; 92%. — *2.2-Diphenylbutansäure*, F. 172—174°, beim Verseifen des vorst. Amids nach dem Verf. von SPERBER u. Mitarbeiter (J. Amer. chem. Soc. **70.** [1948.] 3091); 81%, berechnet auf das Nitril. — Die folgenden *bas. Ester* werden durch Versetzen einer eisgekühlten Lsg. von 0,043 Mol des entsprechenden Aminoalkohols in absol. Ae. mit 0,021 Mol des betreffenden eisgekühlten Säurechlorids (aus der Säure u. $SOCl_2$), 1 std. Stehen unter Eiskühlung, 2 tägiges Stehen bei Zimmertemp., Gießen in überschüssige verd. HCl, Abtrennen des Ae., Alkalisieren der wss. Schicht mit 20%ig. NaOH, Ausäthern, Behandeln mit trocknem äther. HCl u. Umkristallisieren aus Essigester als *Hydrochloride* (in einem Fall als *freier Ester*, durch Dest. gereinigt) dargestellt. Die folgenden *bas. Amide* werden wie vorst. beschrieben, jedoch aus den entsprechenden Säuren u. den betreffenden Diaminen (1 Mol Überschuß) durch 1—3 tägiges Stehen, Alkalisieren der wss. sauren Schicht mit NaOH, Abfiltriern der Kristalle u. Umkristallisieren aus Skellysolve oder anderen KW-stoffen gewonnen. Wird beim Alkalisieren ein Öl gebildet, so wird in absol. Ae. aufgenommen, in das *Hydrochlorid* übergeführt u. dieses aus Isopropylalkohol-Aceton, Essigester, CH_3OH-Ae. bzw. A.-Ae. umkristallisiert. Einige Amide werden durch Vakuumdest. gereinigt, eines als *saures Oxalat* isoliert (DL_{50} in mg/kg) u. Anwachsen der Schmerzschwelle [0 = nicht, ± = zweifelhaft, + = <10%, ++ = 10 bis 20%, +++ = 20—30%, ++++ = 30—40%] werden nach der Ausbeute in Klammern angegeben: *2.2-Diphenylpropansäure*, *β-Dimethylaminoäthylesterhydrochlo-*

rid, $C_{19}H_{24}O_2NCl$, F. 174—176°; 63%; (250; ++). *β-Diäthylaminoäthylesterhydrochlorid*, $C_{21}H_{28}O_2NCl$, F. 161—162°; 50%; bei der Darst. aus der Carbonsäure u. β-Diäthylaminoäthylchlorid in Isopropanol 75%; (150; ++). *β-Di-n-butylaminoäthylester*, $C_{25}H_{35}O_2N$, Kp.$_{0,6}$ 183—185°, n_D^{24} 1,5208; 33%. *γ-Diäthylaminopropylesterhydrochlorid*, $C_{22}H_{30}O_2NCl$, F. 101—105°; 56%; (125; 0). *β-Morpholinoäthylesterhydrochlorid*, $C_{21}H_{26}$·O_3NCl, F. 135—137°; 50%; (400; 0). *β-Diäthylaminoisopropylesterhydrochlorid*, $C_{22}H_{30}$·O_2NCl, F. 119—121°; 39%; (250; 0). *β-Dimethylaminoisopropylesterhydrochlorid*, $C_{20}H_{26}O_2NCl$, F. 151—153°; 54%; (175; 0). *β-Dimethylaminoäthylamidhydrochlorid*, $C_{19}H_{25}ON_2Cl$, F. 183—185°; 24%; (30; 0). *β-Diäthylaminoäthylamidhydrochlorid*, $C_{21}H_{29}ON_2Cl$, F. 179—181°; 49% (150; +). *γ-Dimethylaminopropylamidhydrochlorid*, $C_{20}H_{27}ON_2Cl$, F. 158—160°; 37%; (175; 0). — *2.2-Diphenylbutansäure*, *β-Dimethylaminoäthylamid*, $C_{20}H_{26}ON_2$, F. 78—79°; 92%; (150; 0). *β-Diäthylaminoäthylamidhydrochlorid*, $C_{22}H_{31}ON_2Cl$, F. 141—142°; 85%; (175; 0). *β-Dimethylaminoisopropylamidhydrochlorid*, $C_{21}H_{29}ON_2Cl$, F. 156—157°; 68%; (175; +). *β-Dimethylaminoisobutylamidhydrochlorid*, $C_{22}H_{31}ON_2Cl$, F. 120—122°; 70%; (175; 0). *N-Methylpiperazid*, $C_{21}H_{26}ON_2$, F. 105—106°; 89%; (150; 0). — *Allyldiphenylessigsäure*, *β-Dimethylaminoäthylamid*, $C_{21}H_{26}ON_2$, F. 58—60°; 74%; (250; 0). *β-Diäthylaminoäthylamidbioxalat*, $C_{25}H_{32}O_5N_2$, F. 159—160°; 28%; (orale Toxizität bei Mäusen >500; 0). *N-Methylpiperazid*, $C_{22}H_{26}ON_2$, F. 98—99°; 73%; (125; 0). *β-Dimethylaminoisopropylamid*, $C_{22}H_{28}ON_2$, Kp.$_{0,2}$ 153—155°, n_D^{25} 1,5540; 66%; (175; 0). — *2.2-Diphenyl-3-chlorpropansäure*, *β-Dimethylaminoäthylesterhydrochlorid*, $C_{19}H_{23}O_2NCl_2$, F. 158—159°; 88%; (350; ±). *β-Diäthylaminoäthylesterhydrochlorid*, $C_{21}H_{27}O_2NCl_2$, F. 107—109°; 90%; (250; +++). *β-Dimethylaminoäthylamid*, $C_{19}H_{23}ON_2Cl$, F. 123—124°; 91%; (225; ++++). *β-Dimethylaminoäthylamidhydrochlorid*, $C_{19}H_{24}ON_2Cl_2$, F. 175—176°; 82%. *β-Diäthylaminoäthylamidhydrochlorid*, $C_{21}H_{28}ON_2Cl_2$, F. 176—177°; 71%; (200; +++). *γ-Diäthylaminopropylamid*, $C_{22}H_{29}ON_2Cl$, F. 67—68°; 91%; (125; 0). *β-Dimethylaminoisopropylamid*, $C_{20}H_{25}ON_2Cl$, F. 102—103°; 90%; (250; 0). *δ-Diäthylamino-α-methylbutylamidhydrochlorid*, $C_{24}H_{34}ON_2Cl_2$, F. 140—141°; 64%; (75; 0). *β-Dimethylaminoisobutylamid*, $C_{21}H_{27}ON_2Cl$, F. 96—97°; 78%; (200; 0). *Methyl-[β-methylaminoäthyl]-amidhydrochlorid*, $C_{19}H_{24}ON_2Cl_2$, F. 203—204°; 55%; (275; ++). Daneben entsteht das *Diamid*, $C_{34}H_{34}O_2N_2Cl_2$, F. 210—211°, Blättchen aus CH_3COOH; 28%; aus dem Säurechlorid u. Äthylendiamin entsteht nur das *Diamid*, $C_{32}H_{30}$·$O_2N_2Cl_2$ Nadeln aus CH_3COOH, F. 190—191°; fast 100%. *N-Methylpiperazid*, $C_{20}H_{23}$·ON_2Cl, F. 138—139°; 85%; (30; ++). *p-Diäthylaminocyclohexylamidhydrochlorid* (vermutlich Gemisch der beiden *cis-* u. *trans-Isomeren*), $C_{25}H_{34}ON_2Cl_2$, F. 204—207°; 85%; (125; 0). — *2.2-Diphenyl-3-brompropansäure*, *β-Dimethylaminoäthylesterhydrochlorid*, $C_{19}H_{23}O_2NClBr$, F. 126—128°; 45%; (350; 0). *β-Diäthylaminoäthylesterhydrochlorid*, $C_{21}H_{27}O_2NClBr$, F. 131—132°; 61%; (250; 0). *γ-Diäthylaminopropylesterhydrochlorid*, $C_{22}H_{29}O_2NClBr$, F. 155—156°; 55% (150; 0). *β-Morpholinoäthylesterhydrochlorid*, $C_{21}H_{25}O_3NClBr$, F. 173—174°; 41%; (150; ++). *β Dimethylaminoäthylamid*, $C_{19}H_{23}ON_2Br$, F. 124—125°; 92%; (200; +++±). *β-Diäthylaminoäthylamidhydrochlorid* $C_{21}H_{28}ON_2ClBr$, F. 150—151°; 68%; (300; +++). *γ Dimethylaminopropylamid*, $C_{20}H_{25}ON_2Br$, F. 121—122°· 68%; (250; ++). *γ-Diäthylaminopropylamid*, $C_{22}H_{29}ON_2Br$, F. 80—81°; 83%; (125; ++). *γ-Di-n-amylaminopropylamid*, $C_{28}H_{41}O$·N_2Br, F. 86—87°; 65%; (175; 0). *δ-Diäthylamino-α-methylbutylamidhydrochlorid*, $C_{24}H_{34}ON_2ClBr$, F. 147—148°; 85%; (125; 0). *N-Äthylpiperazid*, $C_{21}H_{25}ON_2Br$, F. 140 bis 141°; 78%; (175; 0). *p-Diäthylaminocyclohexylamidhydrochlorid* (vermutlich Gemisch der beiden *cis-* u. *trans-Isomeren*), $C_{25}H_{34}ON_2ClBr$, F. 155—160°; 36%; (125; +++). — *2-Phenylbutansäure*; *β-Dimethylaminoäthylamidhydrochlorid*, $C_{14}H_{23}ON_2Cl$, F. 193—194°; 28%; (500; ++). *β-Diäthylaminoäthylamid*, $C_{16}H_{26}ON_2$, Kp.$_{0,2}$ 140 bis 142°, n_D^{25} 1,5150; 90%; (200; 0). *N-Methylpiperazidhydrochlorid*, $C_{15}H_{23}ON_2Cl$, F. 237 bis 238°; 64%; (275; 0). *p-Diäthylaminocyclohexylamid* (vermutlich Gemisch der beiden *cis-* u. *trans*-Isomeren), $C_{20}H_{32}ON_2$, Kp.$_{0,1}$ 170—174°; 56%; (175; ±). (J. Amer. chem. Soc. **72**. 3004—07. Juli 1950. North Chicago, Ill., Abbott Res. Labors., Dep. of Org. Chem.) REISNER. 2410

Benjamin Witten und **E. Emmet Reid**, *p-Aminotetraphenylmethan*. Nach der Meth. von ULMANN u. MÜNZHUBER (Ber. dtsch. chem. Ges. **36**. [1903.] 407). Ein Gemisch aus 100 g Triphenylcarbinol, 105 g Anilinhydrochlorid u. 250 cm³ Eisessig wird 3 Std. unter Rückfluß gekocht u. die erhaltene Lsg. heiß in 2 Liter W. gegossen. Aus dem ausgeschiedenen Hydrochlorid mit NaOH *p-Aminotetraphenylmethan*, $C_{25}H_{21}N$, F. 249 bis 250°, aus Toluol Kristalle; Ausbeute 90—95 g. (Org. Syntheses **30**. 5—6. 1950.) TROFIMOW. 2510

S. J. Angyal, **J. R. Tetaz** und **J. G. Wilson**, *1-Naphthaldehyd*. Ein Gemisch aus 1-Chlormethylnaphthalin u. Hexamethylentetramin in Eisessig u. W. wird unter Rückfluß erhitzt, nach Zugabe von HCl u. nochmaligem kurzen Erhitzen ausgeäthert u. dest.: $Kp._{18}$ 160—162°; 75—82%. (Org. Syntheses **30.** 67—69. 1950.)

TROFIMOW. 2700

D. Molho und **C. Mentzer,** *Neue Verfahren zur Darstellung von 2-Oxy-1.4-naphthochinon. 2-Oxy-1.4-naphthochinon* (I) läßt sich bequem durch Einw. von alkal. H_2O_2 auf α-Naphthol gewinnen. Das Na-Salz von I scheidet sich bei dieser Rk. aus u. wird so dem weiteren Angriff des H_2O_2 weitgehend entzogen. Aus β-Naphthol konnte nach dem gleichen Verf. kein I erhalten werden. Dagegen wird Nerolin durch CrO_3 oder Bleitetraacetat zu *2-Methoxy-1.4-naphthochinon* oxydiert, die Ausbeuten dabei sind jedoch schlecht.

Versuche: *2-Methoxy-1.4-naphthochinon,* $C_{11}H_8O_3$, F. 183,5°, durch Oxydation von Nerolin mit überschüssigem CrO_3 in 80%ig. CH_3COOH oder mit der mol. Menge Bleitetraacetat in CH_3COOH (je 4 Tage bei Raumtemp.); citronengelbe Nadeln durch Sublimation; Ausbeute sehr gering. — *2-Oxy-1.4-naphthochinon* (I), F. 194°; zur gekühlten Lsg. von 14,4 g α-Naphthol in 80 cm³ W. + 40 g NaOH unter Rühren tropfenweise 40 cm³ ca. 30%ig. H_2O_2 geben, bei 50° rühren, bis das Na-Salz von I sich ausscheidet, abzentrifugieren, überstehende Lsg. erneut 12 Std. bei 50° mit 10 g NaOH u. 10 cm³ H_2O_2 behandeln, gesamtes Na-Salz ansäuern, I in $NaHCO_3$ lösen, Lsg. ausäthern u. wieder ansäuern; gelbe Kristalle durch Vakuumsublimation; Ausbeute 6 g. — *Phthalsäure,* F. 225—230°, aus den Mutterlaugen des Na-Salzes von I. (Experientia [Basel] **6.** 11—12. 15/1. 1950. Lyon, Labor. de chim. biol. de la Fac. des sci.) PRACEJUS. 2700

Arne Fredga und **Magnus Matell,** *Untersuchungen über synthetische Wuchsstoffe.* 2. Mitt. *Die sterischen Beziehungen zwischen den optisch-aktiven Naphthoxypropionsäuren.* (1. vgl. C. **1952.** 6521.) Opt.-akt. α-[1-Naphthoxy]-propionsäure (I) u. α-[2-Naphthoxy]-propionsäure (II) mit entgegengesetztem Drehsinn haben die gleiche Konfiguration. Diese Tatsache folgt aus der Bldg. von quasirac. Verbb. aus den Säuren mit der gleichen Drehungsrichtung (F.-Diagramme) u. aus der Darst. von opt.-akt. I u. II aus den entsprechenden Naphtholaten u. opt.-akt. Brompropionsäure. Zwischen der Konfiguration der Seitenkette u. der Wrkg. als Wachstumsfaktor besteht ein Zusammenhang.

Versuche: Rac. α-[1-Naphthoxy]-propionsäure (rac. I) (F. 153,5°) u. rac. α-[2-Naphthoxy]-propionsäure (rac. II) wurden nach BISCHOFF [1900] hergestellt; bei II wurden 3 Kristallmodifikationen mit den FF. 108,5, 110 u. 114° festgestellt. Rac. II u. I wurden nach FOURNEAU u. BALACEANO (Bull. Soc. chim. France, Mém [4] **37.** [1925.] 1602) gespalten: (+)-I, F. 126°, $[\alpha]_D^{20}$ +49,6° (c = 2,38 in absol. A.), +47,2° (c = 1,635 in Aceton), +73,1° (c = 1,73 in CH_3COOH), +58,8° (c = 1,578 in Chlf.), +149,6° (c = 1,574 in Bzl.), +95,9° (c = 1,591 in verd. NH_4OH). (—)-I, F. 126°, $[\alpha]_D^{20}$ —49,4° (c = 2,265 in absol. A.). — (+)-II, F. 119° u. eine instabile Modifikation von F. 92°, $[\alpha]_D^{20}$ +93,4° (c = 2,102 in absol. A.). (—)-II, F. 119°, $[\alpha]_D^{20}$ —93,3° (c = 2,122 in absol. A.), —108,8° (c = 1.565 in Aceton), —119,1° (c = 1,49 in CH_3COOH), —62,1° (c = 1.537 in Chlf.), —94,3° (c = 1,578 in Bzl.), —73,4° (c = 1,54 in wss. NH_4OH). — 40 std. Stehen von 1- bzw. 2-Naphthol mit NaOH in wss. A. u. (—)-Brompropionsäure (54,9%ig. akt.) lieferte 92% (—)-I mit durchschnittlich 50,4%ig. opt. Aktivität bzw. 86% (+) II mit durchschnittlich 50,1%ig. opt. Aktivität. (Ark. Kemi **3.** Nr. 47. 429—36. 1951. Uppsala, Univ., Labor. of Organ. Chem., u. Royal Agricult. Coll., Inst. of Organ. Chem.) O. W. SCHULZ. 2700

G. Baddeley, G. Holt, S. M. Makar und **M. G. Ivinson,** *Reaktion von Naphthalin und Maleinsäureanhydrid unter der Einwirkung von Aluminiumchlorid.* Aus Naphthalin u. Maleinsäureanhydrid wird eine Mischung von β-[*Naphthoyl-(1)*]- (I) u. β-[*Naphthoyl-(2)*]-*acrylsäure* (II) in guter Ausbeute dann erhalten, wenn kein Überschuß von gelöstem oder festem $AlCl_3$ anwesend ist, da sonst leicht Neben-Rkk. eintreten u. die Ausbeute verringert wird. Die Säuren werden leicht durch fraktionierte Kristallisation oder durch fraktioniertes Ausfällen (portionsweise Zugabe von Mineralsäure zur wss. Lsg. der Na-Salze) getrennt. Beide Säuren sind goldgelb, ergeben rote Lsgg. in konz. H_2SO_4, entfärben Br_2 in CCl_4 u. werden durch Permanganat zu der entsprechenden Naphthoesäure oxydiert. I u. II isomerisieren sich in Ggw. von HCl u. überschüssigem $AlCl_3$ zu *3-Keto-4.5-benzindan-1-carbonsäure* (III) bzw. *1-Keto-4.5-benzindan-3-carbonsäure* (IV). Bei Decarboxylierung liefern III bzw. IV *4.5-Benzindanon-(3)* bzw. *4.5-Benzindanon-(1).* Letzeres ist ident. mit einer aus β-[Naphthyl-(1)]-propionsäure u. $SnCl_4$ von COOK u. HEWETT (C. **1934.** II. 1465) erhaltenen Verb., die nach den genannten Autoren auch Perinaphthanon-(1) hätte sein können. III ist bereits im E. P. 273 321 u. A. P. 1 702 002 aus I gewonnen, dort aber als Dihydrophenalon-7-carbonsäure (3-Ketoperinaphthan-1-carbonsäure) aufgefaßt worden. Die von ODDY (J. Amer. chem. Soc. **45.** [1923.] 2156) als II angesehene Verb. ist III; das in geringer Menge entstehende Nebenprod. ist II. Den von BOGERT u. RITTER (J. Amer. chem. Soc. **47.** [1925.] 625) in Abwandlung des Verf. von ODDY (l. c.) erhaltenen Verbb. kommt ebenfalls eine andere als die angegebene Konst. zu: Die als I angegebene Verb. ist unreine II, die als II angegebene ist III. — Da in I durch die Ketogruppe die Elektronendichte in 2-Stellung geringer ist als in 8-Stellung, müßte die Ringbldg. in 8-Stellung erfolgen, welche aber ausschließlich in 2-Stellung stattfindet. Vff. glauben, daß sich die 8-Stellung hier wie ein großer o-Substituent verhält u. so Ringschluß in der 2-Stellung bewirkt.

Versuche: *β-[Naphthoyl-(1)]-acrylsäure* (I), $C_{14}H_{10}O_3$, F. 144—145°, aus 98 g Maleinsäureanhydrid u. 280 g $AlCl_3$ in Methylenchlorid durch Rühren, Abdekantieren in eine Lsg. von 128 g Naphthalin in CH_2Cl_2, Gießen auf Eis u. Schütteln der organ. Schicht mit konz. HCl; aus dem Filtrat von den zuerst ausgefallenen II-Kristallen; goldgelbe Nadeln aus Eisessig oder Äthylenchlorid; 56 g (Ausbeute). Als Hauptprod. *β-[Naphthoyl-(2)]-acrylsäure* (II), F. 164—165°, goldgelbe Blättchen aus Äthylenchlorid; 108 g; Reinigung über das in Sodalsg. kaum lösl. Na-Salz. I gibt bei $KMnO_4$-Oxydation *α-Naphthoesäure*, F. 160—161°, II gibt *β-Naphthoesäure*, F. 181—183°. — *3-Keto-4.5-benzindan-1-carbonsäure* (III), $C_{14}H_{10}O_3$, F. 188—189°, aus 9 g I durch langsame Zugabe zu einer Mischung von geschmolzenem $AlCl_3$ u. NaCl bei 115°, Gießen auf Eis + verd. HCl u. Ausziehen des Nd. mit sd. W.; 5,9 g. *Methylester*, $C_{15}H_{12}O_3$, F. 96 bis 97°, aus Methanol lange Nadeln. — *4.5-Benzindanon-(3)*, F. 101—103°, durch Decarboxylieren von III mit Cu-Chromit in Chinolin bei 170—180°, Extraktion des Filtrats mit Säure u. Dampfdestillation. — *1-Keto-4.5-benzindan-3-carbonsäure* (IV), F. 194—196° (Zers.), durch Isomerisation aus II bei 90—95°; krist. aus Eisessig; 64%. *Methylester*, F. 142—143°, Nadeln aus Methanol. — *4.5-Benzindanon-(1)*, F. 120—121°, aus IV bei 200°; aus Methanol blaßgelbe Nadeln; mit konz. H_2SO_4 gelbe Lsg. mit grüner Fluorescenz. CLEMMENSEN-Red. liefert *4.5-Benzindan*; *Pikrat*, F. 108—109°; *1.3.5-Trinitrobenzolat*, F. 119—120°. — Die Isomerisierungen von I zu III u. von II zu IV treten auch in CH_2Cl_2 in Ggw. von HCl u. überschüssigem $AlCl_3$ bei n. Temp. ein. (J. chem. Soc. [London] **1952**. 3605—07. Sept., Manchester, Univ., Fac. of Technol.)

HILDEGARD SCHULZ 2950

E. T. McBee, O. R. Pierce und **H. W. Kilbourne**, *1.3.3.3-Tetrafluorpropylenoxyd*. Durch Behandlung von α.γ.γ.γ-Tetrafluoracetessigester (I) mit H_2SO_4 u. Br_2 bei mäßiger Temp. erhält man *3-Brom-1.1.1.3-tetrafluoraceton* (II) mit ausgezeichneter Ausbeute. Bei Br_2-Überschuß bildet sich *3.3-Dibrom-1.1.1.3-tetrafluoraceton* (III). II erhält man auch durch Hydrolyse u. Decarboxylierung von α-Brom-α.γ.γ.γ-tetrafluoracetessigester (IV); wird diese Rk. in Ggw. von Br_2 ausgeführt, so entsteht III als Hauptprodukt. — II läßt sich mit $LiAlH_4$ bei 0° zu *3-Brom-1.1.1.3-tetrafluorpropanol* (2) red., welches bei der Behandlung mit heißer 50%ig. NaOH unter HBr-Abspaltung mit sehr guter Ausbeute in *1.3.3.3-Tetrafluorpropylenoxyd* übergeht.

Versuche: *3-Brom-1.1.1.3-tetrafluoraceton* (II), $CF_3—CO—CHBrF$, Kp. 65°; durch Erwärmen von 86 g I (vgl. MCBEE u. Mitarbeiter, C. **1953**. **7772**) mit 200 cm³ 40%ig. H_2SO_4 auf 80—90°, Eintropfen von 75 g Br_2, weiteres 2std. Rühren, Abkühlen, Verdünnen mit 100 cm³ W., Ausäthern, Dest. der Ätherlsg. bis zu 50° Blasentemp., Versetzen des abgekühlten Rückstands mit dem gleichen Vol. konz. H_2SO_4 u. Dest.; 95% (Ausbeute); oder durch 6std. Kochen von 14 g IV mit 100 cm³ 50%ig. H_2SO_4 u. Aufarbeitung wie vorst. beschrieben; 90%. — *3.3-Dibrom-1.1.1.3-tetrafluoraceton* (III), $CF_3—CO—CBr_2F$, Kp. 81°; durch Erwärmen von 20 g I mit 100 cm³ 40%ig. H_2SO_4 auf 90°, Zugabe von 30 g Br_2 im Laufe von 30 Min., 2std. Rühren u. Erhitzen bis zum Verschwinden der Br_2-Farbe u. Aufarbeitung wie vorst.; 23 g (80%) neben 4 g II; oder durch Zutropfen von 16 g Br_2 zu einem auf 90° erwärmten Gemisch aus 28 g IV u. 150 cm³ 50%ig. H_2SO_4, 1std. Rühren u. Aufarbeitung wie vorst.; 83%. — *α-Brom-α.γ.γ.γ-tetrafluoracetessigester* (IV), $CF_3—CO—CBrF—COOC_2H_5$, $Kp._{15}$ 51°; durch Zutropfen von 40 g Br_2 im Laufe von 12 Std. zu einer auf 70° erwärmten Lsg. von 42 g I in 150 cm³ CCl_4, weiteres 12std. Rühren in der Wärme, Abdampfen des CCl_4 u. Vakuumdest. des Prod.; 72%. — *3-Brom-1.1.1.3-tetrafluorisopropylalkohol*, $CF_3—CHOH—CHBrF$, Kp. 124°; durch Zutropfen einer Lsg. von 41 g II in 80 cm³ wasserfreiem Ae. im Laufe von 8 Std. zu einem Gemisch von 3,8 g $LiAlH_4$ u. 500 cm³ Ae. unter Eiskühlung, weiteres 6std. Rühren bei 0°, 8std. Stehenlassen bei Raumtemp., Zugabe von 3 cm³ absol. A., Gießen auf 500 g Eis + 50 g konz. H_2SO_4, Abdampfen des Ae. u. Dest. über 2 g P_2O_5; 33,5 g (91%) neben 4 g nicht umgesetztem II. — *1.3.3.3-Tetrafluorpropylenoxyd*, $CF_3—CH—CHF$ (O-Brücke zwischen CH und CHF), Kp. 37°; durch Eintropfen von 21 g der vorst. Verb. in eine auf 95—100° erhitzte Lsg. von 50 g NaOH in 50 g W. im Laufe von 3 Std.; 96%. (J. Amer. chem. Soc. **75**. 4091—92. 20/8. 1953. Lafayette, Ind., Purdue Univ., Dep. of Chem.)

FORCHE. 3030

A. A. Ponomarew, W. A. Afanassjew und **N. I. Kurotschkin,** *Über die Struktur von 1.6-Dioxaspirononanen.* Die Konst. der durch Hydrierung einiger Furanaldehyde u. -ketone oder Furylalkanole gebildeten bicycl. Verbb. ist noch nicht endgültig geklärt. In vorliegender Arbeit wird die Hydrierung von 3-[2'-Methylfuryl-(5')]-propen-(2)-al-(1) (**I**) untersucht. Sollte der Ringschluß zu einem Spiran führen, so wäre *2-Methyl-1.6-dioxaspiro-[4.4]-nonan* (**II**) zu erwarten. Unter der gleichen Voraussetzung würde bei der schon von Hinz u. Mitarbeitern (Ber. dtsch. chem. Ges. **76 B.** [1943.] 676) u. Alexander u. Mitarbeitern (vgl. C. **1952.** 3639) untersuchten Hydrierung von Furfurylidenaceton (**III**) ebenfalls **II** entstehen. Bei **I** würde der Reaktionsweg über 3-[2'-Methylfuryl-(5')]-propanol-(1) u. 3-[2'-Methyl-2'.3'-dihydrofuryl-(5')]-propanol-(1) zu **II** führen, bei **III** über 4-[Furyl-(5')]-butanol-(2) u. 4-[2'.3'-Dihydrofuryl-(5')]-butanol-(2). Die andere Möglichkeit des Ringschlusses würde aus **I** 6-Methyl-1.5-dioxaoktahydrinden, aus **III** aber 2-Methyl-1.5-dioxaoktahydrinden entstehen lassen. Die Verss. ergaben, daß aus **I** u. **III** die gleiche Verb. gebildet wurde, die demnach **II** sein muß. Ein direkter Beweis für die Bldg. von Spiranen ließ sich am Beispiel von 4-[2'-Methylfuryl-(5')]-buten-(3)-on-(2) (**IV**) führen. Dieses müßte *2.7-Dimethyl-1.6-dioxaspiro-[4.4]-nonan* geben. Letztgenannte Verb. ist bekannt; sie wurde von Fittig (Liebigs Ann. Chem. **256.** [1890.] 50) aus Valerolacton hergestellt, als „Dimethyloxeton" beschrieben u. in ihrer Konst. gut begründet. Hiermit erwies sich das Hydrierungsprod. von **IV** als identisch. Einige der durch Hydrierung von **I, III** u. **IV** außerdem gewonnenen Verbb. (vgl. unten) sind in der Literatur noch nicht beschrieben.

Versuche: *3-[2'-Methylfuryl-(5')]-propen-(2)-al-(1)* (**I**), $C_8H_8O_2$, Kp.$_4$ 98—100°; aus 5-Methylfurfurol (**V**) u. Acetaldehyd; gelbliches Öl; 28% (Ausbeute). — *3-[2'-Methylfuryl-(5')]-propanol-(1)*, $C_8H_{12}O_2$, Kp.$_8$ 97—99°; durch Hydrieren von **I** in absol. A. in Ggw. von Cu-Chromit bei 120—135 at/120°; D.$^{20}_4$ 1,0322; n_D^{20} 1,4775; Mol.-Refr. ($[MR]_D$) 38,42; 75%. — Beim Hydrieren vorst. Verb. in absol. A. in Ggw. von Ni auf Kieselgur bei 150 at/120° entstehen *3-[2'-Methyltetrahydrofuryl-(5')]-propanol-(1)*, $C_8H_{16}O_2$, Kp. 111—113°; D.$^{20}_4$ 0,9972; n_D^{20} 1,4635; $[MR]_D$ 39,87, u. *2-Methyl-1.6-dioxaspiro-[4.4]-nonan* (**II**), Kp.$_{767}$ 162—164°; D.$^{20}_4$ 0,9920; n_D^{20} 1,4428; $[MR]_D$ 37,99; flüchtige, charakterist. riechende Fl.; 15,6%. — *4-[2'-Methylfuryl-(5')]-buten-(3)-on-(2)* (**IV**), F. 35—36°; Kp.$_4$ 105,5—107°, aus **V** u. Aceton. — *4-[2'-Methylfuryl-(5')]-butanol-(2)*, $C_9H_{14}O_2$, Kp.$_{5?}$ 136,5—138°; durch Hydrieren von **IV** (Cu-Chromit; 88 bis 95 at/120°; absol. A.); Öl; D.$^{20}_4$ 1,000; n_D^{20} 1,4760; $[MR]_D$ 43,49; 80,5%. — Durch Hydrieren vorst. Verb. (Ni-Kieselgur; 130—140 at/120°; absol. A.) *4-[2'-Methyltetrahydrofuryl-(5')]-butanol-(2)*, $C_9H_{18}O_2$, Kp.$_{46}$ 134—136°; D.$^{20}_4$ 0,9574; n_D^{20} 1,4542; $[MR]_D$ 44,76; 73,6%, u. *2.7-Dimethyl-1.6-dioxaspiro-[4.4] nonan*, $C_9H_{16}O_2$, Kp. 167 bis 169°; D.$^{20}_4$ 0,9594; n_D^{20} 1,4389; $[MR]_D$ 42,82; 3,1%. Bildet einen Silberspiegel beim Erwärmen mit ammonikal. Ag-Lösung. (Доклады Академии Наук СССР [Ber. Akad. Wiss. UdSSR] [N. S.] **87.** 983—86. 21/12. 1952.) H. Fröhlich. 3061

Gene Nowlin, *Furanisierung und Spaltung von 1.4-Diketonen mittels Polyphosphorsäure.* Vf. stellt aus 1.4-Diaroylbutandionen-(1.4) mittels Polyphosphorsäure (**I**) die entsprechenden *2.5-Diarylfurane* dar. Die entsprechenden *1.3-Diarylisobenzofurane* entstehen in dieser Weise nur in geringer Ausbeute. **I** erwies sich gegenüber allen gebräuchlichen Dehydratisierungsmitteln bei der Furanisierung als diesen überlegen. Durch Substitution behinderte 1.2-Diaroyläthane werden durch **I** nicht furanisiert, sondern gespalten. Stark behinderte Verbb., wie z. B. 1.2-Bis-[2.4.6-triisopropylbenzoyl]-äthan, werden nicht angegriffen.

Versuche: Nachst. *Furanderivv.*, durch Erhitzen von entsprechendem 1.4-Diketon u. **I** auf 130—150°, Gießen auf Eis u. Rekristallisation aus A. oder Sublimation bei 0,05 mm. *2.5-Diphenyl-*, F. 88—89°; aus 1.2-Dibenzoyläthan u. **I**, 90 Min.; 95% (Ausbeute). — *2.5-Bis-[p-bromphenyl]-*, F. 201—202°; 91%. — *2.5-Bis-[p-chlorphenyl]-*, $C_{16}H_{10}OCl_2$, F. 168—169°; 97%. — *2.5-Bis-[p-tolyl]-*, F. 161—165°; 61%. — *2.5-Bis-[p-bromphenyl]-3.4-dibrom-*, F. 190—191°; 43%. — *1.3-Diphenyl-4.5.6.7-tetrahydroisobenzofuran*, F. 97—98°; aus 1.2-Dibenzoylcyclohexan u. **I**, 30 Min.; 62%. *5.6-Dibromderiv.*, F. 149—150°; 26%. — Die Spaltung behinderter 1.4-Diketone erfolgt analog vorst. Rkk. unter Rühren bei 25—30 mm. *Mesitylen*, Kp. 162—164°; n_D^{20} 1,419—1,423; aus 1.2-Dimesitoyläthan (80%), 1.2-Dimesitoylcyclohexan (52%) u. Benzoylmesitylen (63%). Daneben bei letzterem *Benzoesäure*. (J. Amer. chem. Soc. **72.** 5754—56. Dez. 1950. Urbana, Ill., Univ., Noyes Chem. Labor.) Lehwald. 3061

M. Martynoff, *Untersuchungen in der Reihe des Cumarons. Über einige Acylcumarone und ihre Derivate.* Durch Kondensation von Salicylaldehyd (**I**) mit α-halogenierten Ketonen wurden einige *α-Acylcumarone* dargestellt, wobei sich im Falle des *α-Pivalylcumarons* das Zwischenprod., *o-Aldehydophenoxypinakolin*, isolieren ließ. Zur Darst. der β-Acylcumarone wurde *β-Cyancumaron* (**II**), das aus Cumaron über β-Bromcumaron erhältlich ist, mit GRIGNARD-Verbb. umgesetzt. Im Falle der tert.- Butylverb. konnte das *Ketimin* (III) aber nicht zum Keton hydrolysiert werden; mit Ketonreagentien entstehen aus III Anlagerungsprodd. noch nicht bekannter Konst., ohne daß NH_3 abgespalten würde. III dimerisiert sich leicht, das Dimere wird durch HCl oder polare Lösungsmittel wieder gespalten. Vf. führt das Verh. von III nicht nur auf ster. Hinderung durch die tert.-Butylgruppe, sondern auf eine Deformation der Valenzwinkel im heterocycl. Ring zurück. Im Gegensatz dazu zeigt α-Pivalylcumaron nur eine etwas geringere Reaktionsfähigkeit als die anderen α-Acylcumarone; allg. sind die α- reaktionsfähiger als die β-Acylcumarone.

Versuche: *Cumaron* (*Benzofuran*), Kp. 168°, durch Überführung von Cumarin in *Cumarilsäure* nach FUSON u. Mitarbeitern (C. **1946**. I. 1227) u. deren Decarboxylierung in Ggw. von Natronkalk; 81% (Ausbeute). — *β-Bromcumaron*, F. 39°, aus vorst. Verb. nach STOERMER u. KALLERT [1902]; 70%. — *β-Cyancumaron* (II), C_9H_5ON, F. 93° (PAe. oder Cyclohexan), durch 18 std. Erwärmen vorst. Verb. mit CuCN in Pyridin auf 215—240°, Rühren mit 10%ig. NH_4OH u. Bzl., Eindampfen der Benzollsg. u. Wasserdampfdest.; 84%; aus dem Rückstand wurden Spuren eines Polymeren (wahrscheinlich Dimeren) isoliert, F. 215° (Toluol). — *α-Acetylcumaron* (*α-Benzofurylmethylketon*), F. 73°, durch Kondensation der K-Verb. von I mit Chloraceton nach STOERMER u. Mitarbeitern (Ber. dtsch. chem. Ges. **57**. [1924.] u. früher); $Kp._{27}$ 154°; 75%. *Oxim*, F. 154°. *Semicarbazon*, F. 234°. *Phenylhydrazon*, F. 160°. *Acetyloxim*, $C_{12}H_{11}O_2N$, F. 93°, aus Cyclohexan seidige Nadeln. *Benzyloxim*, $C_{17}H_{15}O_2N$, F. 84° (A.), durch 2 std. Kochen mit O-Benzylhydroxylamin in C_2H_5OH. *Methylphenylhydrazon*, $C_{17}H_{16}ON_2$, F. 106° (Cyclohexan). *β-Naphthylhydrazon*, $C_{20}H_{16}ON_2$, F. 185°, aus Bzl. blaßgelbe Kristalle. — *α-Pivalylcumaron* (*α-Benzofuryl-tert.-butylketon*), $C_{13}H_{14}O_2$, $Kp._{16}$ 149°, durch Zutropfen von Brompinakolin zur Lsg. von I u. K in A., 45 Min. Kochen, Verdünnen mit W. u. Entfernung des A. auf dem Wasserbad; das erhaltene *o-Aldehydophenoxypinakolin* erleidet bei der Dest. Ringschluß unter Wasserabspaltung; gelbliches Öl; 60%. *Oxim*, $C_{13}H_{15}O_2N$, F. 139° (verd. A.). *Semicarbazon*, $C_{14}H_{17}O_2N_3$, F. 130° (50%ig. A.). *Phenylhydrazon*, $C_{19}H_{20}ON_2$, F. 66°, aus PAe. große gelbe Kristalle. *Acetyloxim*, $C_{15}H_{17}O_3N$, F. 55°, aus verd. CH_3OH Nadeln. *Benzyloxim*, $C_{20}H_{21}O_2N$, F. 45°, aus CH_3OH glänzende Nadeln. *β-Naphthylhydrazon*, $C_{23}H_{22}ON_2$, F. 107,5°, aus PAe. kleine sandgelbe Nadeln. — *α-Benzoylcumaron* (*α-Benzofurylphenylketon*), F. 91°, aus der K-Verb. von I u. ω-Bromacetophenon; aus Cyclohexan Nadeln; 74%. *Oxim*, F. 114—131° (wahrscheinlich Stereoisomere). *Semicarbazon*, $C_{16}H_{13}O_2N_3$, F. 166° (Bzl.-Cyclohexan). *Phenylhydrazon*, F. 127°, aus PAe. gelbe Kristalle. *Methylphenylhydrazon*, $C_{22}H_{18}ON_2$, F. 139°, aus Cyclohexan schwefelgelbe Kristalle. — *β-Acetylcumaron*, F. 37°, durch Zutropfen von II in Ae. zu CH_3MgJ-Lsg., 3 std. Kochen u. Zers. mit NH_4Cl-Lsg., wobei ein großer Teil des Ketimins verharzt; $Kp._{14}$ 125—135°; 15%; der Rest sd. >250°/17 mm (Zers.). *Oxim*, $C_{10}H_9O_2N$, F. 148° (A.). *Stereoisomere Semicarbazone*, $C_{11}H_{11}O_2N_3$, F. 252° u. F. 230°. — *β-Propionylcumaron* (*β-Benzofuryläthylketon*), $C_{11}H_{10}O_2$, F. 73° (Ae. + PAe. oder Cyclohexan), wie vorst. aus II u. C_2H_5MgBr; 51%. *Oxim*, $C_{11}H_{11}O_2N$, F. 97°, aus PAe. Nadeln. *Semicarbazon*, $C_{12}H_{13}O_2N_3$, F. 193° (A.). — Aus II u. Isopropyl-MgBr konnte kein β-Isobutyrylcumaron erhalten werden. — *β-Benzoylcumaron* (*β-Benzofurylphenylketon*), $C_{15}H_{10}O_2$, F. 65°, aus II u. C_6H_5MgBr; $Kp._{30}$ 230—235°, aus Cyclohexan Nadeln; 10%. *Oxim*, $C_{15}H_{11}O_2N$, F. 147° (Cyclohexan). *Phenylhydrazon*, $C_{21}H_{16}ON_2$, F. 237° (A.). — *β-Pivalylcumaronimin* (III), $C_{13}H_{15}ON$, F. 120° (Cyclohexan), durch Kondensation von II mit tert.-Butyl-MgCl u. Zers. mit NH_4Cl-Lsg.; 25% bei kurzem Erhitzen, bei längerem Erhitzen bildet sich hauptsächlich das *Dimere*, F. 175°. III gibt mit Hydroxylamin, O-Benzylhydroxylamin u. Phenylhydrazin Additionsprodd., F. 248°, 138° (PAe.) bzw. 202° (A.). (Bull. Soc. chim. France, Mém. [5] **19**. 1056—60. Nov./Dez. 1952. Sorbonne, Labor. de Chim. Organ.) SPAETH. 3061

David A. Shirley und **Philip A. Roussel**, *Metallierung von Indol, N-Methylindol und N-Phenylindol mit n-Butyllithium*. *Indol* (I) gibt durch Erhitzen mit einem geringen Überschuß von *n-Butyllithium* (II) u. Behandlung der N-Lithiumverb. mit festem CO_2 *Indolcarbonsäure-(1)*; die Einführung eines zweiten Li-Atoms in I ist auch mit vier Mol II bei der Temp. sd. n-Butyläthers u. 48 std. Reaktionsdauer nicht möglich, was im Gegensatz zu Verss. mit Phenothiazin u. Carbazol steht, wo Metallierung in guter Ausbeute zu dem zum N orthoständig substituierten Deriv. führt. Vff. führen dies auf Resonanzstabilisierung des I-Anions zurück. Die Rk. zwischen *1-Methylindol* (III) u. II u. nachträgliches Behandeln mit CO_2 führt zu *1-Methylindolcarbonsäure-(2)*, ident. mit der nach FISCHER [1882] dargestellten Säure. *1-Phenylindol* (IV) reagiert analog mit 4—5 Mol überschüssigem II u. CO_2 unter Bldg. von 12—15% *1-Phenylindoldicarbonsäure-(2.2')* neben 40% *1-Phenylindolylen-(2.2')-keton* (V). Die größere Ausbeute an V erklären Vff. damit, daß bei prim. gebildetem 2.2'-Dilithium-IV auch mit großem Überschuß an CO_2 nach Ersatz eines Li-Atoms durch COOH die intramol. Rk. zwischen COOH u. dem zweiten Li-Atom unter Bldg. des Ketons wahrscheinlicher ist als Austausch auch dieses zweiten Li-Atoms. Verss. zur Darst. von V aus 1-Phenylindolcarbonsäurechlorid-(2) durch Ringschluß mit FRIEDEL-CRAFTS-Katalysatoren lieferte keine eindeutigen Ergebnisse.

Versuche: *Indolcarbonsäure-(1)*, F. 107—108°, Zers. (A.), durch 2std. Kochen von **I** u. **II** in Ae. u. Aufgießen auf eine Aufschlämmung von festem CO_2 in Ae.; 61% (Ausbeute). — *1-Methylindol* (III), $Kp._2$ 78—79°, durch 90std. Kochen von **I**, p-Toluolsulfonsäuremethylester u. Na_2SO_3 in Xylol; 70%. *Pikrat*, F. 148—150°. — *1-Methylindolcarbonsäure-(2)*, F. 207,5—208,5° (A.), aus **III** u. **II** in Ae. wie bei der Indolcarbonsäure-(1); 78%. *Amid*, $C_{10}H_{10}ON_2$, F. 170—171° (A.), über das Säurechlorid mit NH_4OH; 98%. — *1-Methyl-3-jodindolcarbonsäure-(2)*, F. 177—178°, aus vorst. Verb. nach JOHNSON u. Mitarbeitern (J. Amer. chem. Soc. **67**. [1945.] 423). — *1-Methylindolcarbonsäure-(2)-anilid*, $C_{16}H_{14}ON_2$, F. 170—170,5° (A.), aus 1-Methylindolyl-(2)-Li (**VI**) durch vorsichtiges Zugeben von Phenylisocyanat in Ae. u. 1std. Kochen; 42%. — Analog wurden folgende *1-Methylindolcarbonsäure-(2)-amide* erhalten: *N-[α-Naphthyl*, $C_{20}H_{16}ON_2$, F. 191—192° (Aceton), 52%, *N-[p-Methoxyphenyl]*, $C_{17}H_{16}O_2N_2$, F. 152 bis 153°, 40%, u. *N-[o-Tolyl]*, $C_{17}H_{16}ON_2$, F. 172,5—173°, 63%. — *[1-Methylindolyl-(2)]-[p-chlorphenyl]-carbinol*, $C_{16}H_{14}ONCl$, F. 135—136° (A.), durch 1std. Kochen von **VI** u. p-Chlorbenzaldehyd in Ae.; 50%. — *[1-Methylindolyl-(2)]-diphenylcarbinol*, $C_{22}H_{19}ON$, Öl, analog mit Benzophenon, 53%. — *1-Methyl-2-[chinolyl-(2)]-indol*, $C_{18}H_{14}N_2$, F. 174,5 bis 175,5° (A.), durch 1std. Kochen von Chinolin u. **VI** in Ae., Hydrolysieren mit W. u. Oxydieren der Dihydroverb. mit Nitrobenzol; 54%. — *1.2-Dimethylindol*, $Kp._{1,2}$ 85—92°, F. 54—55°, durch 1$^1/_2$std. Kochen von p-Toluolsulfonsäuremethylester u. **VI** in Ae.; 45%. *Pikrat*, F. 123—124,5°. — *1-[o-Carboxyphenyl]-indolcarbonsäure-(2)*, $C_{16}H_{11}O_4N$, F. 240—241° (Zers.) (Methanol), durch 12std. Kochen von **IV** (nach FISCHER [1882.]; 20—25%) u. **II** in Ae. u. Behandeln mit CO_2, Abtrennen der Aetherschicht u. Waschen mit W.; 15%. Aus der äther. Phase *1-Phenylindolylen-(2.2')-keton* (**V**), $C_{15}H_9ON$, F. 169—170,5°, gelborange Nadeln aus A.; 42%. (*Oxim*, $C_{15}H_{10}ON_2$, F. 235,5—237,5°, Zers.). — *1-Phenylindolcarbonsäure-(2)-anilid*, $C_{21}H_{16}ON_2$, F. 168,5—169° (A.), aus dem Chlorid mit Anilin in Chlf.; 80%. (J. Amer. chem. Soc. **75**. 375—78. 20/1. 1953. New Orleans, La., Tulane Univ., Richardson Chem. Labor.) RUSKE. 3081

Ch. Marschalk, *Die Bildung von 3-Aryloxindolen durch Reduktion der entsprechenden Dioxindole*. Die früher (Bull. Soc. chim. France, Mém. [5] **3**. [1936.] 122) bei der Rk. von Isatin mit α-Naphthyläthyläther (**III**) isolierte Substanz vom F. 214—215° erwies sich als *3-[4-Äthoxynaphthyl-(1)]-oxindol* (**I**), das auch durch Red. von 3-[4-Äthoxynaphthyl-(1)]-dioxindol (**II**) mit $SnCl_2$ dargestellt wird. Die Entstehung von **I** bei der obengenannten Rk. wird so erklärt, daß sich prim. **II** bildet, das dann zu **I** red. wird unter gleichzeitiger Dehydrierung von **III** zu *4.4'-Diäthoxydinaphthyl-(1.1')*. Auch andere 3-Aryldioxindole lassen sich mit $SnCl_2$ zu den entsprechenden 3-Arylindolen reduzieren.

Versuche: *3-[4-Äthoxynaphthyl-(1)]-oxindol* (**I**), $C_{20}H_{17}O_2N$, F. 214—215°, durch Eingießen einer warmen Lsg. von **II** in Eisessig in die Lsg. von $SnCl_2$ in Eisessig u. konz. HCl, 5 Min. Kochen u. Verdünnen mit W.; aus verd. A. kleine Nadeln; die Lsg. in konz. H_2SO_4 wird über Grüngelb u. Blaugrün rotviolett. — *3-[Naphthyl-(1)]-oxindol*, F. 216° (Block), wie vorst. aus 3-[Naphthyl-(1)]-dioxindol; aus A. Kristallpulver. — *3-Phenyloxindol*, F. 185—187° (verd. A.), aus 3-Phenyldioxindol. — *Leukoisoindigo*, F. 274° (A.), durch $^1/_2$std. Kochen von 2 g Isatan in Eisessig u. konz. HCl mit $SnCl_2$ u. Gießen in kaltes W.; 1,5 g Ausbeute. — *Isoindigo*, aus vorst. Verb. in CH_3COOH mit $NaNO_2$; braunrot. (Bull. Soc. chim. France, Mém. [5] **19**. 949—51. Nov./Dez. 1952. Usine de Villers-Saint-Paul, Comp. franç. des Matières Colorantes, Serv. Sci.) SPAETH. 3081

Crosby U. Rogers und **B. B. Corson**, *1.2.3.4-Tetrahydrocarbazol*. Aus Cyclohexanon in Essigsäure bei Siedehitze u. Phenylhydrazin unter 1std. Erhitzen: F. 115—116°; 76—85%. — Ebenso aus α-Tetralon u. Phenylhydrazin *1.2-Benzo-3.4-dihydrocarbazol*: F. 163—164°; 82—87%. (Org. Syntheses **30**. 90—92. 1950.) TROFIMOW. 3081

Robert Robinson und **J. E. Saxton**, *Eine Synthese von substituierten 2.3-Benzpyrrocoline*. Bei synthet. Unterss. auf dem Strychningebiet wurde gefunden, daß die Kondensation von Acetonylaceton (**III**) mit Indol u. seinen einfachen Derivv. in Ggw. von HCl je nach Substitutionstyp des Indols verschied. verläuft. Skatol wird in 1- u. 2-Stellung angegriffen u. liefert eine Base, $C_{15}H_{15}N$, wahrscheinlich *1.5.8-Trimethyl-2.3-benzpyrrocolin* (**I**); ähnlich verhält sich 3-Äthylindol. 2-Methylindol lieferte unter gleichen Bedingungen kein charakterist. Reaktionsprod. u. Indol lieferte nicht das erwartete Dimethyltetrahydrocarbazol, sondern eine Verb., in der die 2-Stellung frei war. Skatol ergab mit Lävulinsäure eine neutrale Verb., gebildet aus 2 Mol des Indolderiv. u. 1 Mol

Ketosäure unter Abspaltung von 2 H_2O, wahrscheinlich *5-Oxo-8-[3'-methylindolyl-(2')]-1.8-dimethyl-5.6.7.8-tetrahydro-2.3-benzpyrrocolin* (II). Aus N-Acetyltryptamin u. III entstand *1-[2'-Acetamidoäthyl]-5.8-dimethyl-2.3-benzpyrrocolin*, dessen Acetamidogruppe gegen saure Verseifung außerordentlich resistent ist.

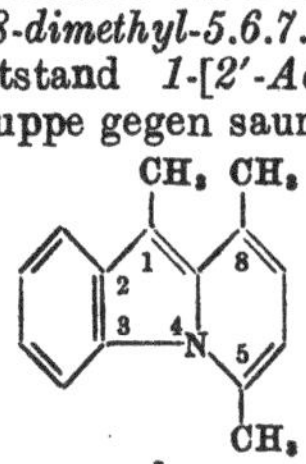

I 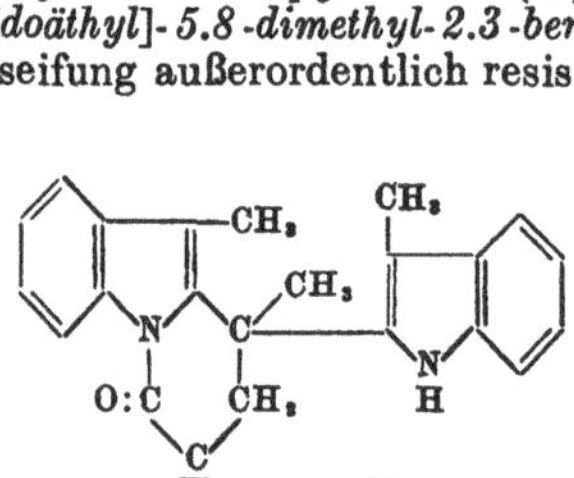 II 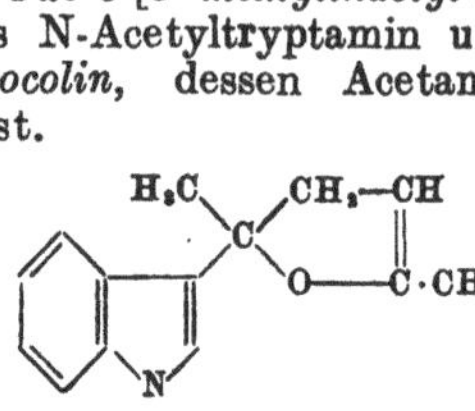 IV

Versuche: *1.5.8-Trimethyl-2.3-benzpyrrocolin* (I), $C_{15}H_{15}N$, F. 134°; aus 1 g Skato u. 2 g III in A. durch Sättigen mit HCl unter Kühlen, dann W. zugeben u. mit NaOH alkal. stellen; Reinigung durch Chromatographie an $AlCl_3$ (PAe.); gelbe Prismen aus Methanol; 47% (Ausbeute), die Verb. sublimiert u. färbt sich bei langem Stehen an der Luft grün; blaustichiggrüne Fluorescenz in organ. Lösungsmitteln; löst sich in 1%ig. HCl erst beim Erwärmen, gibt keine Indol-Rkk. u. kuppelt nicht mit Diazobenzolsulfonsäure; gibt mit p-Nitrobenzoldiazoniumacetat in wss. A. bei Zugabe von NaOH blutrote Färbung. *Perchlorat*, $C_{15}H_{15}N \cdot HClO_4$, F. 196—197°; aus Methanol breite Rhomben. — *5.6.7.8-Tetrahydro-1.5.8-trimethyl-2.3-benzpyrrocolin* (V), $C_{15}H_{19}N$, F. 76 bis 80° (enthält Stereoisomere); Kp.$_{0,08}$ 120°; aus 0,8 g I mit H_2/RANEY-Ni oder Pd/$SrCO_3$; Öl, das beim Verreiben mit Methanol krist.; 0,5 g; gibt mit Vanillin/konz. HCl beim Erhitzen rötliche Färbung. — *Dodekahydro-1.5.8-trimethyl-2.3-benzpyrrocolin*, $C_{15}H_{27}N$, Kp.$_{0,65}$ 116°; aus 10 g I durch Hydrierung mit H_2/PtO_2 in Eisessig; Gemisch von Stereoisomeren; Öl; 0,6 g. *Pikrat*, $C_{21}H_{30}O_7N_4$, F. 161—166°; Gemisch; gelbe Rhomben aus Methanol. — *1-Äthyl-5.8-dimethyl-2.3-benzpyrrocolin* (VI), $C_{16}H_{17}N$, F. 74°; aus 3-Äthylindol u. III; goldfarbene Flocken aus Methanol. *Perchlorat*, $C_{16}H_{17}N \cdot HClO_4$, F. 205—215° (Zers.); Prismen aus Methanol. — *1-[2'-Acetamidoäthyl]-5.8-dimethyl-2.3-benzpyrrocolin*, $C_{18}H_{20}ON_2$, F. 190—191°; aus einer kalten Lsg. von 10 g N-Acetyltryptamin u. 2 g III in A. beim Sättigen mit HCl (0°); dünne gelbe Nadelbüschel; 1,1 g. *Perchlorat*, $C_{18}H_{20}ON_2 \cdot HClO_4$, F. 202° (Zers.); lange Prismen aus Methanol. — Die Kondensation von Indol mit III in 90%ig. Essigsäure (44std. Kochen) lieferte eine Verb. mit F. 80—86° (PAe.); Prismen. Bei kurzem Erhitzen beider Komponenten in A./konz. HCl entstand ein Prod. F. 85—90°, das bei fraktionierter Kristallisation Verbb. mit F. 76—84° u. F. 88—90° lieferte, die sich in ihren EHRLICH-Rkk. unterschieden; es dürfte sich um eine *Verb.* $C_{14}H_{15}ON$ handeln, die mit einer O-ärmeren verunreinigt ist; Vff. nehmen Struktur IV an. — Aus Skatol u. überschüssiger Lävulinsäure in A. mit HCl bei 0° entsteht bei 12std. Stehen eine *Verb.* $C_{23}H_{22}ON_2$, wahrscheinlich *5-Oxo-8-[3'-methylindolyl-(2')]-1.8-dimethyl-5.6.7.8-tetrahydro-2.3-benzpyrrocolin* (II), F. 220°; aus A. breite hexagonale Prismen. — Abbildungen der UV-Absorptionsspektren von I, V, VI, 9-Äthyl-1.2.3.4-tetrahydrocarbazol u. 11-Methyl-1.2.3.4-tetrahydrocarbazolenin. (J. chem. Soc. [London] **1950**. 3136—40. Nov. Oxford, Univ., Dyson Perrins Labor.)

GOEBEL. 3081

Piero Papini, *3-Methyl-4-formylisoxazolon-(5) und seine Derivate.* Das von DAINS u. GRIFFIN (J. Amer. chem. Soc. **35**. [1913.] 962) hergestellte *3-Methyl-4-anilinomethylenisoxazolon(5)* (II) geht bei alkal. Hydrolyse in *3-Methyl-4-formylisoxazolon-(5)* (I) über u. nicht, wie die genannten Autoren behaupten, in 3-Methylisoxazolcarbonsäure-(4).

Versuche: *3-Methyl-4-formylisoxazolon-(5)* (I), *Na-Salz*, $C_5H_4O_3NNa$, aus II durch Erhitzen mit 4%ig. wss. NaOH, lange Nadeln. Dasselbe Salz wird auch durch alkal. Hydrolyse von 3-Methyl-4-phenetidinomethylen- u. 4-Toluidinomethylenisoxazolon-(5) erhalten. — I, $C_5H_5O_3N$, F. 150°, aus dem Na-Salz mit der berechneten Menge HCl, aus Ae. Nadeln. *Phenylhydrazon*, $C_{11}H_{11}O_2N_3$, F. 160°, aus Bzl. Kristalle. *Oxim*, $C_5H_6O_3N_2$, F. 170°, aus W. Kristalle. *Semicarbazon*, $C_6H_8O_3N_4$, zers. sich, ohne zu schm., aus W. Kristalle. *Hydrazon*, $C_{10}H_{10}O_4N_4$, zers. sich, ohne zu schm., Kristalle aus verd. Essigsäure. *Aminoguanidinderiv.*, $C_6H_9O_2N_5$, zers. sich, ohne zu schm., durch Erhitzen äquimol. Mengen von I oder I-Na-Salz u. Aminoguanidinsulfat in W., aus W. Kristalle. *Anilinderiv.*, durch Erhitzen mit Anilin in verd. Essigsäure, ident. mit II. *1-Naphthylaminoderiv.*, $C_{15}H_{12}O_2N_2$, analog, aus A. Kristalle. (Gazz. chim. ital. **80**. 844—49. Nov./Dez. 1950. Florenz, Univ., Ist. di Chim. farm.)

K. FABER. 3132

Harold R. Nace und **Eugene P. Goldberg**, *Reaktionen von 2-Propyl-3-nitroso-4-äthyloxazolidin und verwandten Verbindungen.* (Vgl. NACE u. GOLLIS, J. Amer. chem.

Soc. **74**. [1952.] 5189.) Erschöpfende Hydrierung von *2-Propyl-3-nitroso-4-äthyloxazolidin* (I) in Ggw. von RANEY-Ni lieferte *2-Aminobutanol-(1)* (III), *n-Butylamin* u. *Di-n-butylamin*. Beendigung der Red. nach Aufnahme von 2 Mol H_2 ergab *2-Propyl-4-äthyloxazolidin* (II). Es wird angenommen, daß nach Red. der NO- zur NH_2-Gruppe **II** als Ergebnis einer reduktiven NH_3-Abspaltung resultiert. Hydrolyse von **II** führt zu **III** u. *n-Butyraldehyd* (**IV**). Schließlich kann NH_3 durch **IV** reduktiv alkyliert werden, wobei die genannten Amine entstehen. **I** läßt sich mit ADAMS-Katalysator bei Raumtemp. nicht hydrieren. Bei Red. von **II** in Ggw. von RANEY-Ni konnte neben **III** auch das Hydrolyseprod. von **II**, *2-n-Butylaminobutanol-(1)*, isoliert werden. Keine Ringspaltung trat bei Red. von **I** mit $LiAlH_4$ ein. Es entstand das luftempfindliche *2-Propyl-3-amino-4-äthyloxazolidin* (**V**). In den meisten Fällen ergaben sich bei Verss., Derivv. von **V** herzustellen, ölige Produkte. Saures 2.4-Dinitrophenylhydrazin lieferte das Hydrazon von **IV**. Verss., **I** in alkal. Lsg. mit H_2O_2 zur Nitroverb. zu oxydieren, mißlangen. **I** wurde unverändert zurückgewonnen. Ferner wurde ein bei der Darst. von **II** durch Kondensation von **III** u. **IV** in Bzl. anfallendes hochsiedendes Prod. näher untersucht. Infrarotspektr. sowie Verh. bei Red. u. Hydrolyse zeigten, daß es sich größtenteils um *2-[2-Äthylenhexen-(2)-ylidenamino]-butanol-(1)* (**VI**) handelt [nicht 2-Butylidenaminobutanol-(1) wie bei NACE u. GOLLIS, l. c.], wie es bei Aldolkondensation u. Dehydratation von **IV** zu *2-Äthylhexen-(2)-al* (**VII**) u. nachfolgender Kondensation mit **III** entsteht. Daneben wird das isomere *2-[Hepten-(3)-yl-(3)]-4-äthyloxazolidin* vermutet. Red. von **VI** mit RANEY-Ni greift nur die C=C-Doppelbindung an, so daß sich unter Umständen α—β-ungesätt. Aldehyde über die SCHIFFschen Basen schonend hydrieren lassen. Wegen der unerwünschten Neben-Rk. (Aldolkondensation von **IV**) wird zur Darst. von **II** die Äthermeth. (KNORR u. MATTHES [1901]) empfohlen. An der Erhöhung des Brechungsindex von **II**, wenn dieses sich selbst überlassen wird, wurde die Selbstzers. des Oxazolidins festgestellt. Vgl. der Ultrarotspektren von **II** u. **VI** u. die bekannte Tendenz von SCHIFFschen Basen zur Polymerisation führten zur folgenden Erklärung: **II** steht mit 2-Butylidenaminobutanol (**VIII**) als Prod. der Ringöffnung im Gleichgewicht; Selbstkondensation von **VIII** ergibt eine SCHIFFsche Base, durch deren Disproportionierung **III** u. **VI** entstehen. **VI** kann weiter mit sich selbst oder **VIII** kondensieren usw. Direkte Nitrosierung von **II** gab geringe Ausbeute an **I** neben viel **VII**. Zur Darst. von **I** war es vorteilhafter, das rohe Reaktionsgemisch von **III** u. **IV** zu nitrosieren.

Versuche (FF. korr.): *2-Propyl-4-äthyloxazolidin* (**II**), $C_8H_{17}ON$, a) Äthermeth., $Kp._{19}$ 77—79°, $Kp._{18}$ 78,5—79°, 0,2 Mol **IV** u. 0,2 Mol **III** mit wasserfreiem K_2CO_3 u. Ae. 2,5 Std. am Rückfluß erhitzt, Dest. gab **II**, 66 oder 77%; n_D^{25} 1,4381 bzw. 1,4361, $D.^{25}_4$ 0,8968, Mol.-Refr. (M_D) 41,94; der Brechungsindex erhöht sich beim Stehen; b) Benzolmeth. (NACE, l. c.), $Kp._{14-15}$ 74—80°, **III** u. **IV** mit Bzl. mit Wasserabscheider am Rückfluß erhitzt; n_D^{25} 1,4442; 55%. *Acetylderiv.*, $C_{10}H_{19}O_2N$, $Kp._{12}$ 115—128°, $Kp._{0,15}$ 87—90°, in trockenem Pyridin mit Essigsäureanhydrid unter Eiskühlung, 3 Tage bei Raumtemp., 32%; n_D^{25} 1,4608, $D.^{25}_4$ 0,9889, M_D 51,39. *Benzoylderiv.*, $C_{15}H_{21}O_2N$, $Kp._{1,5-2}$ 143—145°, $Kp._{0,05}$ 128,5°, wie oben mit Benzoylchlorid, aber 20 Std. bei 0°, 32%; n_D^{25} 1,5162, $D.^{25}_4$ 1,0429, M_D 71,65; bei Benzoylierung eines älteren **II**-Präp. wurde *N.O-Dibenzoyl-2-aminobutanol-(1)*, F. 93—93,5°, erhalten. — Bei Darst. von **II** nach b) daneben *2-[2-Äthylhexen-(2)-ylidenamino]-butanol-(1)* (**VI**), $C_{12}H_{23}ON$, $Kp._{4-5}$ 112 bis 117°, nach Redest. $Kp._2$ 108—109°, n_D^{25} 1,4828, $D.^{25}_4$ 0,8938, M_D 63,08; 17%. — *2-Aminobutanol-(1)* (**III**), $Kp._8$ 71—80°, aus **II** durch Red. mit RANEY-Ni in trockenem Methanol, 6 Std. Schütteln bei 1—2 at, fraktionierte Dest., 58%, n_D^{25} 1,4489. *Benzolsulfonamid*, F. 79,5—81,5°. 2. Fraktion: *2-n-Butylaminobutanol-(1)*, $C_8H_{19}ON$, F. 38,5 bis 39,5°, $Kp._8$ 88—95°, n_D^{25} 1,4455. — *2-[2-Äthylhexylidenamino]-butanol-(1)*, $C_{12}H_{25}ON$, $Kp._8$ 110—118°, durch Red. von **VI** in trockenem Methanol mit RANEY-Ni, 70%; nach Redest. $Kp._{0,18}$ 75°, n_D^{25} 1,4520, $D.^{25}$ 0,8721, M_D 61,75. — *2-Äthylhexanal*, durch Hydrolyse vorst. Verb. mit 10%ig. HCl, 1 Std. am Rückfluß kochen, Ätherextraktion. *2.4-Dinitrophenylhydrazon*, F. 116—117,5° (A.), orangegelb; aus der wss. Schicht **III**. — *2-Äthylhexen-(2)-al* (**VII**), durch Hydrolyse von **VI** wie vorstehend. *2.4-Dinitrophenylhydrazon*, F. 121,5—124° (A.), rot. *Semicarbazon*, F. 148,5—150,5°. Aus der wss. Schicht **III**. — *2-Propyl-3-nitroso-4-äthyloxazolidin* (**I**), $Kp._{2-3}$ 84—90°, durch Nitrosierung von **II** (NACE, l. c.) in Eisessig + W., n_D^{25} 1,4614, n_D^{25} 1,4596; 29%. Daneben **VII**, $Kp._{0,3}$ 30—40°, n_D^{25} 1,4500; 59%. — Nitrosierung des Reaktionsgemisches aus äquimol. Mengen **III** u. **IV** nach Entfernung von Bzl. u. W. gab **I**; 56% bei Annahme, daß Verhältnis von **II**:**VI** im Reaktionsgemisch wie 3:2. Zugabe des Reaktionsgemisches zu $NaNO_2$–Essigsäurelsg. gab nur 30% Ausbeute. — *Di-n-butylamin*, $Kp._{18}$ 48—54°, $Kp._{760}$ 140—141°, durch Red. von **I** in trockenem Methanol mit RANEY-Ni, 5,5 Std. bei 1—2 at, fraktionierte Dest. im Vakuum; 36%. *Pikrat*, F. 63—64° (A.–Wasser).

Phenylthioharnstoffderiv., F. 83—84,5°. 2. Fraktion enthielt III; 75%. *Pikrat*, F. 128 bis 130,5°. — Red. von I wie oben u. fraktionierte Dest. bei Atmosphärendruck ergab außerdem *n-Butylamin*, Kp. 75—78°; n_D^{25} 1,3820; 45%. *Pikrat*, F. 144,5—149° (W.). — Red. von I in trockenem Ä., Beendigung nach Aufnahme von 2 Mol H_2, gab 35% II. *Benzolsulfonamid*, F. 49—50° (A.–W.). — *2-Propyl-3-amino-4-äthyloxazolidin* (V), $C_8H_{18}ON_2$, $Kp._{0,05}$ 68—69°, zu 11,6 g I in 50 cm^3 trockenem Ae. 2,7 g $LiAlH_4$ in 100 cm^3 Ae. unter Rühren, Temp. > 10°; n_D^{25} 1,4570, $D.^{25}_4$ 0,9370, M_D 45,99; 66 oder 85%. *p-Nitrobenzamid*, $C_{15}H_{21}O_4N_3$, F. 137—138° (A.–W.). *Oxalat*, $C_{10}H_{20}O_5N_2$, F. 113—114° (A.). — Infrarotmaxima werden angeführt. (J. Amer. chem. Soc. **75**. 3646—50. 5/8. 1953. Providence, Rhode Island, Brown Univ., Metcalf Labors.) MANTHEY. 3132

C. G. Moore, *2-Mercaptobenzothiazolderivate*. 1. Mitt. *Die Reaktion von Bis-[benzothiazolyl-(2)]-disulfid mit Olefinen.* Die Rk. von Bis-[benzothiazolyl-(2)]-disulfid (I) mit Cyclohexen (II) (1:10) bei 139° liefert unter Verbrauch von je 1 Mol I u. II 1 Mol *2-Mercaptobenzothiazol* (III) u. zusammen 1 Mol *2-[Cyclohexen-(2)-ylmercapto]-benzothiazol* (IV) u. *3-[Cyclohexen-(2)-yl]-2-thionbenzothiazolin* (V). Nach den Ergebnissen der kinet. Unters. ist die Rk. eine Ketten-Rk., Kettenstart ist die reversible Homolyse der Disulfidbindung in I unter Bldg. des mesomeren Radikals Ia ↔ Ib, die Kette wird durch die Rkk. Ia ↔ Ib + II → III + C_6H_9· u. I + C_6H_9· → IV u./oder V + Ia ↔ Ib gebildet, Kettenabbruch ist die Dimerisierung zweier C_6H_9·-Radikale. Da IV u. V therm. ineinander umwandelbar sind (vgl. nachst. Ref.), kann der Mechanismus ihrer Bldg. nicht näher angegeben werden. Die Endausbeute an III ist abhängig von den Reaktionsbedingungen u. der Struktur des Olefins, so entstehen aus 1 Mol I u. 2 Mol II in Bzl. 1,18 Mol III, mit 2-Methylcyclohexen sogar 1,3 Mol III. Die Tatsache, daß bei der Rk. von I mit Kautschuk keine wesentliche Vulkanisierung eintritt, wird im Gegensatz zu BARTON (C. **1951**. I. 666) nicht mit einer direkten Dehydrierung der Polyisoprenketten durch I unter Bldg. von III, sondern damit erklärt, daß die Reaktionsketten sehr lang sind, so daß der Kettenabbruch unter Vernetzung, also Vulkanisation, kaum eine Rolle spielt, u. daß die 1 Mol übersteigende Ausbeute an III von einer sek. therm. Zers. der prim. gebildeten Polyisoprenylanalogen von IV u. V herrührt.

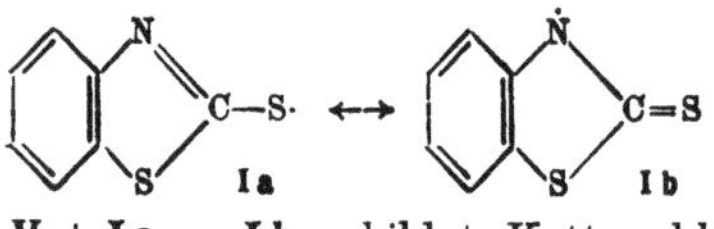

Versuche: *Bis-[benzothiazolyl-(2)]-disulfid* (I), $C_{14}H_8N_2S_4$, F. 180—181°, durch Oxydation von III mit J_2; aus Bzl. Platten. — *2-[Cyclohexen-(2)-ylmercapto]-benzothiazol* (IV) u. *3-[Cyclohexen-(2)-yl]-2-thionbenzothiazolin* (V), F. 147—148°, aus der Na-Verb. von III (aus III mit $NaOCH_3$ in CH_3OH unter N_2) in Toluol oder A. durch Zutropfen von 3-Bromcyclohexen bei 80—90°; nach mehrstd. Rk. wurde in W. gegossen, mit 10%ig. NaOH ausgeschüttelt u. eingedampft; das erhaltene Gemisch von IV u. V wurde bei 157—159°/0,1 mm dest., 1 Woche unter N_2 stehengelassen, von III durch Ausschütteln mit Alkali befreit u. V durch Kristallisation aus A. erhalten, aus dem Filtrat IV, n_D^{20} 1,6666, λ_{max} 2820, 2910 u. 3010 Å (ε = 13600, 12940 u. 11160 in A.); V, λ_{max} 2420 u. 3270 Å (ε = 12640 u. 26200). — Nach 24—96std. Erhitzen von 0,01 Mol I u. 0,1 Mol II (Kp. 82,5—82,7°, n_D^{20} 1,4470) auf 139°/10^{-3} mm ergab die Aufarbeitung 0,00956—0,00968 Mol *2-Mercaptobenzothiazol* (III; $C_7H_5NS_2$, F. 179—180°), 0,0052 Mol IV u. 0,0037—0,0038 Mol V. (J. chem. Soc. [London] **1952**. 4232—37. Nov. Welwyn Garden City, Herts., British Rubber Producers' Res. Assoc.) SPAETH. 3142

C. G. Moore und **E. S. Waight**, *2-Mercaptobenzothiazolderivate*. 2. Mitt. *Die thermische Zersetzung und Isomerisation von 2-Alkyl- und 2-Alkenylmercaptobenzothiazolen und 3-Alkyl- und 3-Alkenyl-2-thionbenzothiazolinen.* (1. vgl. vorst. Ref.) Es wird das therm. Verh. von *2-Methyl-*, *2-n-Octyl-*, *2-Isopropyl-*, *2-Cyclohexyl-* (II), *2-Benzyl-* (V), *2-Allyl-* (I), *2-trans-Buten-(2)-yl-* (VI) u. *2-Cyclohexen-(2)-ylmercaptobenzothiazol* (III) untersucht. 2 Rkk. konkurrieren miteinander: Die Isomerisation zu den entsprechenden *3-substituierten 2-Thionbenzothiazolinen* (Rk. **a**) u. die Zers. zu *2-Mercaptobenzothiazol* (IV) u. dem aus dem 2-Substituenten unter Verlust von einem H gebildeten *KW-stoff* (Rk. **b**). Grenzfälle sind I u. II: Bei I findet nur Rk. **a**, bei II nur Rk. **b** statt; der Reaktionsverlauf ist bei II zwischen 200 u. 230° u. bei I zwischen 140 u. 200° temperaturunabhängig; bei III tritt zwischen 110 u. 140° fast ausschließlich Rk. **a** ein, bei 200° aber auch merklich Rk. **b**, wobei als KW-stoff nicht das erwartete Cyclohexadien-(1.3), sondern ein Gemisch von Cyclohexen u. Bzl. entsteht. Die Zers. von II wird durch J_2 beschleunigt, in diesem Fall tritt aber auch in geringem Ausmaß Rk. **a** ein; die Ausbeute an IV erreicht bei einer konstanten ursprünglichen J_2-Menge ein Maximum von ~ 30 Mol-% u. ist nach 3std. Reaktionsdauer eine lineare Funktion dieser ursprünglichen J_2-Menge. Die Kinetik der Zers. bzw. Isomerisation von I, II u. III wurde näher untersucht, danach ist Rk. **a** für I u. III eine reversible Rk. 1. Ordnung, ebenso ist die therm. Zers. von **II** eine Rk. 1. Ordnung, bei der der geschwindigkeitsbestimmende Schritt in einer unimol. heterolyt. Spaltung der C—S-Bindung zum mesomeren Mercaptobenzothiazolylanion (**A**) u. dem Cyclohexylcarbonium besteht, darauf folgt schnell ein Protonübergang unter Bldg. von **IV** u. Cyclohexen. Bei **V** bewirkt dieser Protonübergang die Entstehung eines Benzylidendiradikals, das sich durch Dimerisierung zu trans-Stilben stabilisiert. Die intermediären Carboniumionen veranlassen auch z. T. Polymerisation der Olefine. Auch die Isomerisierung der 2-Alkylmercaptobenzothiazole wird in erster Stufe durch die heterolyt. Spaltung der C—S-Bindung zu **A** u. dem Carboniumion bestimmt, ist also eine Konkurrenz-Rk. von **b**; die Leichtigkeit dieser heterolyt. Spaltung hängt von der Resonanzstabilisierungsenergie des Carboniumions ab; je leichter das Carboniumion ein Proton verliert, desto leichter tritt Rk. **b** ein; wenn das Proton schwer abgegeben wird, überwiegt Rk. **a**. Die Katalyse durch J_2 oder Br_2 u. auch durch Alkylhalogenide beruht wahrscheinlich auf der intermediären Bldg. von Sulfoniumsalzen. Bei den 2-Alkenylmercaptobenzothiazolen kann die der CLAISEN-Umlagerung von Alkenylaryläthern zu o-Alkenylphenolen analoge Rk. **a** auch über ein in einer intramol. Rk. gebildetes cycl. Zwischenstadium (**B**) verlaufen, wofür die hohe negative Aktivierungsentropie dieser Rkk. spricht u. die Tatsache, daß **VI** wesentlich langsamer isomerisiert wird als **I**; bei **VI** ist nämlich die Ausbldg. eines solchen cycl. Zwischenprod. ster. gehindert. Es bilden sich *3-cis-* u. *3-trans-Buten-(2)-yl-* u. *3-[1-Methylallyl]-2-thionbenzothiazolin* sowie **VI** u. das *cis-Isomere* davon, nicht aber 2-[1-Methylallylmercapto]-benzothiazol. Rkk. **a** u. **b** sind jedenfalls Ionen-Rkk., da bei der Zers. von **V** weder Dibenzyl noch ein Dehydropolymeres davon gebildet werden, wie es bei einer Radikal-Rk. der Fall sein müßte.

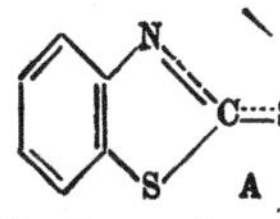

V e r s u c h e (UV-Spektren in absol. A.): *2-Methylmercaptobenzothiazol*, $C_8H_7NS_2$, F. 49,5°, λ_{max} 2780, 2880 u. 2990 Å (ε = 12800, 11100 u. 8400). — *3-Methyl-2-thionbenzothiazolin*, F. 89-90,5°, durch 3std. Isomerisation vorst. Verb. in Ggw. von J_2 bei 210—215°; aus A. Prismen, λ_{max} 2300, 2410 u. 3240 Å (ε = 15000, 15600 u. 28300). — *2-Isopropylmercaptobenzothiazol*, $C_{10}H_{11}NS_2$, Kp.$_{0,01}$ 105—108°, aus der Na-Verb. von **IV** u. Isopropylbromid in sd. A.; n_D^{20} 1,6358, λ_{max} 2820, 2900 u. 3000 Å ($E^{1\%}_{1cm}$ = 585, 547 u. 456); 54,6% (Ausbeute). — *2-n-Octylmercaptobenzothiazol*, $C_{15}H_{21}NS_2$, Kp.$_{0,01}$ 151—155°, analog vorst. Verb.; n_D^{20} 1,5873, λ_{max} 2815, 2900 u. 3010 Å ($E^{1\%}_{1cm}$ = 475, 434 u. 353); 71,3%. — *2-Cyclohexylmercaptobenzothiazol* (**II**), $C_{13}H_{15}NS_2$, F. 47 bis 48°, analog; aus wss. A. Nadeln, λ_{max} 2810, 2890 u. 3000 Å (ε = 13000, 12200 u. 10300); 39%. — *2-Benzylmercaptobenzothiazol* (**V**), $C_{14}H_{11}NS_2$, F. 39,5—40,5°, aus wss. A. prismat. Platten, λ_{max} 2810, 2890 u. 3000 Å (ε = 13500, 12700 u. 10500); 72%. — *2-Allylmercaptobenzothiazol* (**I**), $C_{10}H_9NS_2$, Kp.$_{0,05}$ 126—129°, durch 7std. Erwärmen der Na-Verb. von **IV** mit Allylbromid (Kp.$_{750}$ 69,5—70°, n_D^{20} 1,4695) in Toluol auf 80—90°, Gießen in W. u. Dest. der Toluolschicht; n_D^{20} 1,6627, λ_{max} 2800, 2880 u. 3000 Å ($E^{1\%}_{1cm}$ = 609, 555 u. 444); 71,4%. — *2-[trans-Buten-(2)-ylmercapto]-benzothiazol* (**VI**), $C_{11}H_{11}NS_2$, F. 42—42,5°, aus der Na-Verb. von **IV** u. *trans-Buten-(2)-ylchlorid* [Kp.$_{759}$ 83,9—84,1°, n_D^{20} 1,4353, aus trans-Crotonaldehyd (Kp.$_{742}$ 101,1—101,2°, n_D^{20} 1,4370) über *trans-Buten-(2)-ol-(1)* (Kp.$_{759}$ 120,9—121,2°, n_D^{20} 1,4266)] in A. während 4 Std. bei 75—80°; Kp.$_{0,01-0,02}$ 110—115°, aus wss. A. lange Prismen, λ_{max} 2810, 2890 u. 3000 Å (ε = 13200, 12300 u. 10100); 81%. Aus einem Gemisch von trans-Buten-(2)-ylchlorid u. 1-Methylallylchlorid entstand ein Gemisch von **VI** mit ~36% *2-[1-Methylallylmercapto]-benzothiazol*. — *2-Mercaptobenzothiazol* (**IV**), $C_7H_5NS_2$, F. 178—179°, λ_{max} 3200 Å (ε = 23400). — Die therm. Zers. u. Isomerisierung wurden bei 200° während 48 Std. durchgeführt u. durch das UV-Spektr. verfolgt, Einzelheiten vgl. Original. — *3-Cyclohexyl-2-thionbenzothiazolin*, $C_{13}H_{15}NS_2$, F. 104—105°, hellgelbe prismat. Nadeln, λ_{max} 2420 u. 3280 Å (ε = 13700 u. 26000). — *3-Benzyl-2-thionbenzothiazolin*, F. 150—150,5°, aus A. hellgelbe Nadeln, λ_{max} 2410 u. 3260 Å (ε = 12900 u. 25800). — *3-Allyl-2-thionbenzothiazolin*, $C_{10}H_9NS_2$, F. 67,5—68,5°, aus wss. A. Platten, λ_{max} 2400 u. 3240 Å (ε = 13840 u. 27360). — *3-[trans-Buten-(2)-yl]-2-thionbenzothiazolin*, F. 77,5—78,5°, aus wss. A. Nadeln, λ_{max} 2410 u. 3260 Å (ε = 15000 u. 27300). (J. chem. Soc. [London] **1952**. 4237—51. Nov.) SPAETH. 3142

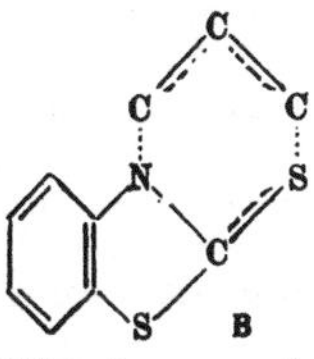

M. R. Atkinson und **J. B. Polya**, *Darstellung von 1.3-Diphenyl-1.2.4-triazol. 1.3-Diphenyl-1.2.4-triazol, Hydrochlorid*, $C_{14}H_{11}N_3 \cdot HCl$, F. 192—194°, entsteht durch 1½std. Kochen von Benzamidphenylhydrazon mit Ameisensäure, Zugabe von 10% ig. Sodalsg. bis zum p_H 8, Ausäthern, Dest. (Kp.$_2$ 160—220°) u. Einleiten von HCl in die äther. Lösung. *Base*, $C_{14}H_{11}N_3$, F. 82,5—83°; aus PAe. Prismen; 36% Rohausbeute. Reinigung über das *Pikrat*, $C_{14}H_{11}N_3 \cdot C_6H_3O_7N_3$, F. 161—161,5°; aus A. gelbe Nadeln. (J. Amer. chem. Soc. **75**. 1471. 20/3. 1953. Hobart, Australia, Univ. of Tasmania, Chem. Dep.) W. HOFFMANN. 3153

Walther Borsche und **Paula Hahn-Weinheimer**, *Kernacylierungen nach Friedel-Crafts. 4. Mitt. Acylierung von Cumarinen.* (3. vgl. C. **1943**. I. 1269.) Die Acylierung des *Cumarins* (I) nach FRIEDEL-CRAFTS gelingt nicht. Dagegen läßt sich *8-Methoxycumarin* (II) leicht, wahrscheinlich in 6-Stellung, acylieren. Ebenso kann *Dihydrocumarin* (III) in — wahrscheinlich — 6-Stellung acyliert werden. Vff. beschreiben außerdem einige Derivv. von I.

Versuche: Die Verss. wurden in CS_2 oder Nitrobenzol mit einem Überschuß von 1 Mol $AlCl_3$ durchgeführt. Die Ansätze wurden einige Std. sich selbst überlassen u. dann auf dem Wasserbade zum Sieden erhitzt, danach wurde mit Eis–HCl zers. u. mit Dampf dest.; Destillat u. Rückstand wurden gesondert in Ae. aufgenommen, diese Lsgg. mit NaOH ausgezogen, danach mit HCl angesäuert, erneut ausgeäthert u. vom Lösungsm. abdest.; nachst. Umsetzungen wurden so durchgeführt: 4,4 g Cumarin (I) wurden in Nitrobenzol gelöst, mit $AlCl_3$ u. Acetylchlorid (IV) versetzt, 24 Std. bei Zimmertemp. gehalten, danach wurde 4 Std. auf 50—60° erhitzt u. wie oben aufgearbeitet; 2,5 g unverändertes I wurden zurückerhalten. Auch der Umsatz von I mit Benzoyl- u. Phenacetylchlorid gab keine Acylierungsprodd., mit 2.4-Dinitrophenylhydrazin wurde keine Rk. erzielt. — *Dihydrocumarin* (III), Kp.$_{760}$ 271—273°: o-Cumarsäure wurde in 2nNaOH mit Pd-Kohle hydriert; bei anschließender Dest. der so erhaltenen *Dihydrocumarsäure* bildete sich III in guter Ausbeute. — *6(?)-Acetyldihydrocumarin*, $C_{11}H_{10}O_3$, F. 89° (PAe.), Kp.$_{15}$ 200—210°, aus III u. IV in Nitrobenzol; 35% (Ausbeute). *2.4-Dinitrophenylhydrazon*, $C_{17}H_{14}O_6N_4$, rote Nadeln, F. 285° (Pyridin). — *6(?)-Benzoyldihydrocumarin*, F. 119—120° (PAe.); 35%. *2.4-Dinitrophenylhydrazon*, $C_{22}H_{16}O_6N_4$, rote Kristalle, F. 221—222° (A.). — *6(?)-Phenacetyldihydrocumarin*, $C_{17}H_{14}O_3$, F. 171° (Ligroin); 20%. *2.4-Dinitrophenylhydrazon*, rotes Pulver, F. 159° (Eisessig). — *8-Methoxycumarin* (II), $C_{10}H_8O_3$, gelbliche Nadeln, F. 89°, Kp.$_1$ 145 bis 155°, durch trockene Dest. von 8-Methoxycumarincarbonsäure-(3) in Ggw. von Cu-Bronze; 91%; die Säure wurde durch 1tägiges Stehen einer Lsg. von o-Vanillin, Malonsäure u. Anilin in A., Verdampfen des A. u. Behandeln des Rückstandes mit HCl erhalten; 100%. — *8-Methoxy-6(?)-acetylcumarin*, $C_{12}H_{10}O_4$, F. 81° (Methanol): II, gelöst in CS_2, wurde mit IV in Ggw. von $AlCl_3$ 2 Tage bei Zimmertemp. gehalten, anschließend auf 50—60° erwärmt u. wie üblich aufgearbeitet; der alkaliunlösl. Anteil war ein dunkles Öl, das beim Anspritzen mit Methanol erstarrte; 66,5%. *2.4-Dinitrophenylhydrazon*, $C_{18}H_{14}O_7N_4$, F. 272° (Nitrobenzol + Methanol). — *3-Methoxycumarsäure* (V), $C_{10}H_{10}O_4$, gelbliche Kristalle, F. 181° (Methanol): II wurde 2 Std. mit Na in A. gekocht, die Mischung mit W. verd., vom A. abdest., mit 2nHCl angesäuert u. durch Umfällen gereinigt; 82%. — *3-Methoxydihydrocumarsäure* (VI), $C_{10}H_{12}O_4$, gelbliche Nadeln, F. 106°, durch Red. von V mit Pd-Kohle in NaOH; 76%. — *8-Methoxydihydrocumarin* (VII), $C_{10}H_{10}O_3$, gelbliche Blättchen, F. 81° (Methanol), entstand durch Dest. von VI bei 1 mm; 75%. — *8-Methoxy-5(?)-acetyldihydrocumarin*, $C_{12}H_{12}O_4$, Blättchen, F. 61° (Bzl.): Die Lsg. von VII u. IV in CS_2 wurde in Ggw. von $AlCl_3$ 10 Std. bei Zimmertemp. u. 8 Std. bei 50—60° gehalten u. wie üblich aufgearbeitet; der alkaliunlösl. Teil war ein Öl, das nach der Dest. bei 1 Torr erstarrte; 78%, mit Acetanhydrid 65%. *2.4-Dinitrophenylhydrazon*, $C_{18}H_{16}O_7N_4$, dunkelrote Blättchen, F. 173° (A.). — *5(oder 7?)-Brom-8-methoxycumarin*, $C_{10}H_7O_3Br$, Nadeln, F. 172°, durch Bromierung von II in Eisessig in Ggw. von Na-Acetat; 81%. — *5.7-Dinitro-8-methoxycumarin*, $C_{10}H_6O_7N_2$, gelbe Nadeln, F. 133° (Methanol); II wurde in konz. H_2SO_4 mit KNO_3 nitriert. — *5.7-Dinitro-8-aminocumarin*, $C_9H_5O_6N_3$, gelbe Kristalle, F. 218°, durch Erhitzen vorst. Verb. mit überschüssigem gesätt. alkoh. NH_3 im Rohr auf 100°, anschließendes Einengen u. Auskochen mit Alkohol. (Chem. Ber. **85**. 198—202. 1952. Frankfurt/Main, Univ., Organ.-chem. Inst.) ZIMMER. 3211

V. M. Dixit und **V. U. Padukone**, *Synthese von 6-Oxycumarin-4-essigsäure.* Bei der Kondensation von Hydrochinon mit Acetondicarbonsäure in Ggw. von 75%ig. H_2SO_4 entsteht *6-Oxycumarin-4-essigsäure*. Aus Hydrochinondimethyläther entsteht unter ähnlichen Bedingungen *6-Methoxycumarin-4-essigsäure*. β-2.5-Dimethoxyphenylglutaconsäure u. $\beta.\beta$-Di-2.5-dimethoxyphenylglutarsäure wurden nicht gebildet.

Versuche: *6-Oxycumarin-4-essigsäure*, $C_{11}H_8O_5$, F. 186° (Zers.); aus 50 g Citronensäure u. 90 cm³ H_2SO_4 (D. 1,8) bei 60—65° (CO_2-Entw.), dann auf 5—10° abkühlen, 10 g Eis, dann in Portionen 22 g Hydrochinon zugeben, 12 Std. kalt stellen u. auf Eis gießen; Nd. in $NaHCO_3$-Lsg. aufnehmen, ausäthern u. wss. Phase mit HCl ansäuern; aus W. seidige Nadeln; 5 g (Ausbeute). *Acetylverb.*, $C_{13}H_{10}O_6$, F. 183° (Zers.); mit Acetylchlorid durch 1std. Erhitzen; aus A. seidige Nadeln; 85%. *Benzoyl-*

deriv., $C_{18}H_{12}O_6$, F. 220°; mit Benzoylchlorid in Pyridin, dann in W./HCl 1 : 1 gießen; lange prismat. Nadeln aus verd. Essigsäure; 20%. *Methylester*, $C_{12}H_{10}O_5$, F. 172°; aus Methanol gelbe Nadeln. *Äthylester*, $C_{13}H_{12}O_5$, F. 180°; aus A. kurze gelbliche Nadeln. — *6-Oxy-4-methylcumarin*, $C_{10}H_8O_3$, F. 245°; durch Erhitzen der vorst. Verb. über ihren F.; aus A. gelbliche Prismen; 60%. *Acetylverb.*, $C_{12}H_{10}O_4$, F. 136°; durch Kochen mit Acetylchlorid; aus A. seidige Nadeln; 80%. *Benzoylderiv.*, $C_{17}H_{12}O_4$, F. 139°; aus verd. Essigsäure glitzernde Nadeln. — *6-Methoxycumarin-4-essigsäure*, $C_{12}H_{10}O_5$, F. 181° (Zers.); wie oben mit Hydrochinondimethyläther bei 20°; aus W. gelbe glänzende Nadeln; 5%. (J. Indian chem. Soc. **27**. 127—30. März 1950. Dharwar, Karnatak Coll., Dep. of Chem.) GOEBEL. 3211

L. Schieler und **R. D. Sprenger**, *Die Darstellung von 6-Oxyisochroman.* Vff. beschreiben die Darst. von *6-Oxyisochroman* (I), welches für die Unters. von gewissen mit dem Antibioticum Citrinin (II) verwandten Modellsubstanzen von Interesse ist, da bei der Oxydation von I die für II charakterist. p-methylenchinoide Struktur zu erwarten ist.

Versuche: *β-[3-Oxyphenyl]-äthanol*, $C_8H_{10}O_2$, Kp.$_4$ 168—173°, aus β-[3-Methoxyphenyl]-äthanol in Eisessig mit 48%ig. HBr unter 6std. Kochen, gelbes hochviscoses Öl. *3.5-Dinitrobenzoat*, $C_{15}H_{12}O_7N_2$, F. 146,5—147°, hellgelbe Nadeln. — *2-[β-Oxyäthyl]-4-oxybenzaldehyd*, $C_9H_{10}O_3$, Kp.$_6$ 153—162°, aus vorst. Verb. in Ae. mit Zinkcyanid u. $AlCl_3$ unter Einleiten von HCl-Gas während 7 Std.; das entstehende Imidchlorid wird durch Kochen in W. hydrolysiert, hellrosa Öl, 45,8%. *Semicarbazon*, $C_{10}H_{13}O_3N_3$, F. 244—245° (Zers.), hellbraune Kristalle. — *6-Oxyisochroman* (I), $C_9H_{10}O_2$, Kp.$_7$ 153 bis 162°, aus vorst. Verb. in Ae. mit $LiAlH_4$ u. anschließend 1std. Stehen unter Rühren, Öl, 66%. *3.5-Dinitrobenzoat*, $C_{16}H_{12}O_7N_2$, F. 152,5—154°, gelbe Nadeln. (J. Amer. chem. Soc. **73**. 4045—46. Aug. 1951. Tacoma, Wash., Coll. of Puget Sound, Dep. of Chem.) G. WINKLER. 3211

J. J. Brown und **G. T. Newbold**, *1.2-Dihydro-2-thianaphthalinderivate.* 3. Mitt. *Weitere Beispiele für die Umwandlung von 1.2-Dihydro-1-keto-2-thianaphthalinen in Indanone.* (2. vgl. DIJKSMAN, J. chem. Soc. [London] **1952**. 13.) Bromierung von m-Meconin (I) mit N-Bromsuccinimid u. nachfolgende Hydrolyse der Bromverb. ohne Isolierung liefert *m-Opiansäure* (II), die aus I durch direkte Oxydation mit MnO_2 in H_2SO_4 nur in Spuren erhältlich ist (vgl. EDWARDS, PERKIN u. STOYLE, J. chem. Soc. [London] **127**. [1925.] 195). Analog entsteht aus 5.6-Methylendioxyphthalid (III) *4.5-Methylendioxyphthalaldehydsäure* (IV). Während III nach STEVENS u. ROBERTSON (J. chem. Soc. [London] **1927**. 2790) aus Homopiperonylsäure bequem dargestellt werden kann, bildet sich bei der Einw. von Paraformaldehyd in HCl auf Piperonylsäure in geringer Ausbeute ein Isomeres von III, *4.5-Methylendioxyphthalid.* Opiansäure, II u. IV lassen sich direkt mit Rhodanin (V) in $CH_3COOH + CH_3COONa$ zu den Na-Salzen von *5-[2-Carboxy-3.4-dimethoxy-, -4.5-dimethoxy-* (X) u. *-4.5-methylendioxybenzyliden]-rhodanin* kondensieren, aus denen durch Erwärmen mit Alkali *1.2-Dihydro-1-keto-7.8-dimethoxy-, -6.7-dimethoxy-* (VI) u. *-6.7-methylendioxy-2-thianaphthalincarbonsäure-(3)* (VII) entstehen. Bei der Behandlung von VI u. VII mit RANEY-Ni in sd. A. bilden sich *5.6-Dimethoxy-* u. *5.6-Methylendioxyindanon-(1)* (VIII). Da Hydrastal (IX; 6-Vinylpiperonal) beim Kochen mit RANEY-Ni ebenfalls VIII liefert, sind die o-Vinylbenzaldehyde wahrscheinlich Zwischenprodd. dieser Reaktion.

Versuche (teilweise mit **D. J. Dijksman**) (UV-Spektren in A.): *m-Meconin* (I), F. 158°, aus Veratrumsäure nach EDWARDS, PERKIN u. STOYLE (l. c.); aus wss. A. Nadeln, λ_{max} 220, 258 u. 294 mμ (ε = 24100, 9400 u. 7200); 12% (Ausbeute). — *5.6-Methylendioxyphthalid* (III), F. 188—189°, aus Piperonal über *5-[3.4-Methylendioxybenzyliden]-2-phenyloxazolon-(4)* (F. 196—197°; 90%), *Homopiperonylsäureäthylester* (Kp.$_2$ 130°; 50%) u. *Homopiperonylsäure* (F. 127°; 95%); aus wss. A. Nadeln, λ_{max} 220, 256 u. 298 mμ (ε = 21800, 5400 u. 7300). — *4.5-Methylendioxyphthalid*, $C_9H_6O_4$, F. 176—178°, durch 12std. Erwärmen von 45 g Piperonylsäure in HCl (D. 1,19) mit 40%ig. HCHO auf dem Dampfbad, Verdünnen mit W., Abfiltrieren von 40 g unveränderter Säure u. Stehen; aus wss. A. 100 mg lange feine Nadeln, λ_{max} 224, 270 u. 294 mμ (ε = 25100, 6250 u. 4900). — *m-Opiansäure* (II), $C_{10}H_{10}O_5$, F. 187—188°. I wurde in Bzl. u. CCl_4 2 Std. mit N-Bromsuccinimid unter Belichtung gekocht, das Filtrat wurde eingedampft, 1 Std. auf dem Dampfbad mit W. gerührt, die gelbe Lsg. mit Anilin auf dem Dampfbad behandelt u. mit CH_3OH versetzt; die beim Abkühlen abgeschiedene *Anilinverb.* (F. 213—214°) wurde durch Erwärmen mit 3n HCl hydrolysiert; aus W. Nadeln, λ_{max} 224, 243 u. 292 mμ (ε = 18400, 11100 u. 7200); 65%. — *4.5-Methylendioxyphthalaldehydsäure* (IV), $C_9H_6O_5$, F. 167°, aus III wie vorst. über die *Anilinverb.* (F. 185—186°); aus W. Nadeln; λ_{max} 224, 240, 260 u. 300 mμ (ε = 18800, 4300, 4600 u. 6400); 72%. — *5-[2-Carboxy-3.4-dimethoxybenzyliden]-rhodanin*, $C_{13}H_{11}$ ·

O_5NS_2, F. 237—240° (Zers.), durch ½std. Kochen von Opiansäure, V u. Na-Acetat in Eisessig u. Gießen der heißen Mischung in kaltes W., wobei das *Na-Salz–Tetrahydrat* ($C_{13}H_{10}O_5NS_2Na \cdot 4\,H_2O$, Zers. bei ~ 220°, aus W. gelbe Nadeln) ausfällt, das in 10%ig. Sodalsg. aufgenommen u. in verd. HCl gegossen wurde; aus wss. A. hellgelbe Prismen, λ_{max} 270 u. 286 mμ (ε = 9400 u. 9800 in W.), λ_{max} 374 u. $\lambda_{Infl.}$ 258 mμ (ε = 17800 u. 8100 in 0,1 n NaOH). — *1.2-Dihydro-1-keto-7.8-dimethoxy-2-thianapthhalincarbonsäure-(3)*, $C_{12}H_{10}O_5S$, F. 257—258°, durch ½std. Erhitzen des vorst. Na-Salzes oder der freien Säure mit 15%ig. NaOH auf dem Dampfbad u. Gießen in 3 n HCl; aus A. kleine Nadeln; 50%. — *5-[2-Carboxy-4.5-dimethoxybenzyliden]-rhodanin* (X), $C_{13}H_{11}O_5NS_2$, F. 260° (Zers.), aus II u. V wie oben; aus A. gelbe Nadeln; λ_{max} 215, 252, 268, 290 u. 386 mμ (ε = 18500, 14200, 12900, 11500 u. 22000). — *5-[2-Carboxy-4.5-methylendioxybenzyliden]-rhodanin*, $C_{12}H_7O_5NS_2$, F. 256—257° (Zers.), aus IV u. V; aus wss. A. Nadeln, λ_{max} 208, 222, 253, 294 u. 385 mμ (ε = 18300, 18500, 13400, 14500 u. 13400); 70%. — *1.2-Dihydro-1-keto-6.7-dimethoxy-2-thianaphthalincarbonsäure-(3)* (VI), $C_{12}H_{10}O_5S$, F. 306—307°, durch 1std. Kochen von 4,1 g Na-Salz von X mit 15%ig. NaOH u. Gießen in verd. HCl; aus A. feine gelbe Nadeln, λ_{max} 232, 272, 328, 350 u. 366 mμ (ε = 13700, 36500, 7600, 8750 u. 7600); 33,5 g. *Methylester*, $C_{13}H_{12}O_5S$, F. 212°, mit CH_2N_2; aus CH_3OH hellgelbe, gefaltete Nadeln, λ_{max} 232, 258, 276, 338, 352 u. 368 mμ (ε = 10400, 26400, 34100, 8950, 10600 u. 9650). — *1.2-Dihydro-1-keto-6.7-methylendioxy-2-thianaphthalincarbonsäure-(3)* (VII), $C_{11}H_6O_5S$, F. 335—337° (Zers.), analog; aus A. Nadeln, λ_{max} 252, 262, 270, 274, 331, 350 u. 364 mμ (ε = 27000, 21300, 22800, 23500, 5900, 6400 u. 5200); 70%. *Methylester*, $C_{12}H_8O_5S$, F. 228—229°, aus A. hellgelbe Nadeln, λ_{max} 208, 255, 271, 276, 288, 352 u. 370 mμ (ε = 8000, 32200, 25400, 28700, 23100, 9100 u. 7800). — *5.6-Dimethoxyindanon-(1)*, $C_{11}H_{12}O_3$, F. 116 bis 117°, durch 6std. Kochen von VI mit RANEY-Ni W–6 in A., Einengen unter vermindertem Druck, Verdünnen mit W. u. Ae.-Extraktion; aus Bzl.–PAe. Nadeln, λ_{max} 230, 268 u. 312 mμ (ε = 18000, 11700 u. 10400). — *5.6-Methylendioxyindanon-(1)* (VIII), $C_{10}H_8O_3$, F. 164—165°, wie vorst. aus 3,5 g VII (8 Std. kochen); aus Bzl.–PAe. 300 mg prismat. Nadeln, λ_{max} 208, 229, 265 u. 315 mμ (ε = 16000, 16500, 7500 u. 10000). *2.4-Dinitrophenylhydrazon*, $C_{16}H_{12}O_6N_4$, F. 265—266° (Zers.), aus Bzl. rote Nadeln, λ_{max} 246, 316, 334 u. 404 mμ (ε = 18300, 7950, 7950 u. 32700 in Chlf.). — *Hydrocotarnin*, F. 55—56°, durch 6std. Rühren von 50 g Cotarninchlorid mit 8%ig. Na-Amalgam in saurer Lsg. (durch 5 n H_2SO_4 ständig sauer gehalten), Alkalisieren mit 3 n NaOH u. Ae.-Extraktion; 20 g. — *Hydrastinin, Hydrojodid*, F. 231—233°, durch tropfenweises Versetzen von 13,5 g *Hydrohydrastinin* (aus vorst. Verb. nach PYMAN u. REMFRY [1912]) u. Na-Acetat in sd. A. mit der Lsg. von 21,6 g J_2 in A. während 1 Std., Stehen über Nacht u. Zugabe des Nd. in kleinen Anteilen zu Na-Dithionitlsg.; 15 g gelbe Nadeln. *Methojodid*, F. 262—264°, gelbe Nadeln. — *Hydrastal* (IX), F. 76—78°, durch 15 Min. Erhitzen von 5 g vorst. Methojodids mit 10%ig. KOH auf dem Dampfbad unter Trimethylaminentw.; aus Leichtbenzin 2 g Platten, λ_{max} 206, 248, 300 u. 328 mμ (ε = 8600, 27700, 6700 u. 6700). *2.4-Dinitrophenylhydrazon*, $C_{16}H_{12}O_6N_4$, F. 227—228° (Zers.), aus Bzl. kleine rote Prismen, λ_{max} 250, 314 u. 396 mμ (ε = 22500, 9000 u. 47900 in Chlf.). IX gab durch 4std. Kochen mit RANEY-Ni in A. VIII. — *6-Äthylpiperonal*, durch 15 Min. Schütteln von IX in CH_3OH mit vorred. 3%ig. Pd–$CaCO_3$ bei n. Druck u. Temp.; *2.4-Dinitrophenylhydrazon*, $C_{16}H_{14}O_6N_4$, F. 236—237°, aus Bzl. rote Nadeln, λ_{max} 246, 312 u. 388 mμ (ε = 17700, 7450 u. 28700 in Chlf.). (J. chem. Soc. [London] **1952**. 4397—4403. Nov. Glasgow, Royal Techn. Coll.) SPAETH. 3221

R. Cernătescu, Margareta Poni und **C. Mastacan,** *Halogenderivate von organischen Basen mit Stickstoff im Kern. Eine neue Methode der Darstellung.* Die früher (vgl. An. Acad. Republicii Populare romîne, Secţ. Ştiinţe mat., fizice, chim., Ser. A, Mem. 3. [1949.] Nr. 6) erhaltenen Verbb. $C_5H_5N \cdot JCl_3$ u. $C_9H_7 \cdot JCl_3$ wurden durch Einleiten von Cl_2 in eine mit der berechneten Menge J_2 versetzte Lsg. von Pyridin bzw. Chinolin in CCl_4 hergestellt. Die Ausbeuten betrugen 91 bzw. 77%. (Studii Cercetari ştiinţ. **1**. 48—52. 1950.) FÖRSTER. 3231

C. E. Kaslow, Jerome D. Genzer und **James C. Goodspeed,** *Beckmann-Umlagerung von Oximen einiger Chinolylketone.* 6-Acetyl-4-chlorchinaldinoxim (II) liefert bei BECKMANNcher Umlagerung *6-Acetamido-4-chlorchinaldin.* 6-Benzoylchinolinoxim (I; Gemisch von Syn- u. Antiform) ergab nach Umlagerung u. Hydrolyse der Amide *Benzoesäure* u. *Chinolincarbonsäure-(6)*. An neuen Chinolinverbb. wurden dargestellt *6-Acetyl-4-oxy-*, *6-Acetyl-4-chlorchinaldin* u. *6-Benzoylchinolin* u. ihre *Oxime.*

Versuche: *p-Aminoacetophenon*, F. 103—105°, aus 270 g Acetanilid u. 420 g Acetylchlorid in CS_2 mit insgesamt 934 g $AlCl_3$ in 5 g-Portionen, 30 Min. kochen, Anilinabtrennung durch Dampfdest.; aus W. gelbe Kristalle; 58,2% (Ausbeute). —

β-[p-Acetanilino]-crotonsäuremethylester, $C_{13}H_{15}O_3N$, F. 80—83°, aus 0,50 Mol der vorst. Verb. in CH_2Cl_2 mit 0,53 Mol Acetessigsäuremethylester mit etwas HCl durch Kochen, bis sich kein W. mehr abscheidet; gelbgefärbte Nadeln aus Ligroin; 93,5%. — *6-Acetyl-4-oxychinaldin*, $C_{12}H_{11}O_2N$, F. 327—329°, aus 0,34 Mol der vorst. Verb. durch Kochen in Diphenyläther unter gleichzeitiger Abdest. des entstehenden Methanols; hellbräunliche Kristalle aus A.; 82%. *Oxim*, $C_{12}H_{12}O_2N_2$, F. 304—305°, wie unten; Kristalle aus Äthylenglykol, dann A.; 92%. — *6-Acetyl-4-chlorchinaldin*, $C_{12}H_{10}ONCl$, F. 137—137,5°, durch Zugabe von 0,175 Mol der vorst. Verb. in Portionen zu 0,37 Mol PCl_3, dann kurz bis zur völligen Lösung erwärmen, auf Eis gießen, mit NaOH fast neutralisieren, teerige Prodd. abfiltrieren, dann Filtrat neutral stellen, Nd. mit W. u. sehr verd. $NaHCO_3$ waschen; hellbraune Kristalle aus A., dann Ligroin; 77%. *Oxim* (II), $C_{12}H_{11}ON_2Cl$, F. 191—193°, aus 0,49 Mol der vorst. Verb. 14 g, Darst. wie unten; aus A. Kristalle. — *6-Benzoylchinolin*, $C_{16}H_{11}ON$, F. 42—43°, aus 0,45 Mol p-Aminobenzophenon, 130 cm³ Glycerin, 42 g Borsäure u. 78 g As_2O_5 durch Erhitzen auf 115° (Rühren), bis das Gemisch homogen ist, dann 54 cm³ konz. H_2SO_4 zusetzen, so daß Temp. nicht über 130° steigt, dann langsam steigern u. 7 Std. auf 138—140° halten, auf Eis gießen, mit konz. NH_4OH neutralisieren, gummiartige M. schütteln mit 10%ig. NaOH + Benzolsulfochlorid, wss. Phase abtrennen, Nd. mit überschüssiger HCl behandeln, saure Lsg. filtrieren u. Filtrat mit NaOH schwach alkal. stellen (Lackmus); flockiger Nd. aus 30%ig. A.; 62 g. *Pikrat*, $C_{22}H_{14}O_8N_4$, F. 212—214°; aus A. gelbe Kristalle. *Oxim* (I), $C_{16}H_{12}ON_2$, F. 204—206°; aus 0,02 Mol der Benzoylverb. mit 0,03 Mol Hydroxylaminhydrochlorid u. 0,05 Mol NaOH in 125 cm³ absol. A. durch 15 Min. Kochen, A. abdest., in 500 cm³ W. mit 1 cm³ konz. H_2SO_4 gießen, stehenlassen, dann Nd. sammeln; hellgelbe Kristalle aus A.; 61%. — BECKMANNsche *Umlagerung von* **I.** 0,034 Mol **I** in 500 cm³ absol. Ae. wurden unter kräftigem Rühren mit 0,07 Mol PCl_5 in 12 Portionen innerhalb 3 Std. bei < —10° versetzt, dann 30 Min. kochen, Ae. abdest. u. auf Eis gießen Säure partiell mit NaOH neutralisieren, filtrieren u. Filtrat alkal. stellen, der braune Nd. besteht aus $C_{16}H_{12}ON_2$, F. 140—145° (A.); 4 g; bei Hydrolyse mit 29%ig. HCl (3 Std. kochen) liefert die Verb. *Benzoesäure*, F. 119—288°, u. *Chinolincarbonsäure-(6)*, F. 285—288° (Zers.), aus A./W. Kristalle. — *Umlagerung von* **II.** *6-Acetamido-4-chlorchinaldin*, $C_{12}H_{11}ON_2Cl$, F. 205—206,5°; 0,052 Mol **II** in Bzl. wurden innerhalb von 3 Std. mit 0,106 Mol PCl_5 in 8 Portionen versetzt (0°; Rühren), dann das Bzl. auf dem Dampfbad abdest., der Rückstand auf Eis gegossen, kurz aufgekocht, teilweise mit NaOH neutralisiert, mit Norit filtriert u. das Filtrat schwach alkal. gestellt; Kristalle aus Bzl.; 79%. — Daraus beim Kochen mit HCl *6-Amino-4-chlorchinaldin*, $C_{10}H_9N_2Cl$, F. 169—169,5° (Bzl.).(Proc. Indiana Acad. Sci. **59.** 134—39. 1950. Indiana Univ.) GOEBEL. 3231

Jean Décombe und **Geneviève Boillereaux-Bouchet,** *Über einige neue Azoderivate des 4 Oxychinaldins. 3-Amino-4-oxychinaldin* (I), F. 255—257° (sd. W.), wird aus 3-Nitro-4-oxychinaldin durch Hydrierung mit RANEY-Ni bei 50° in A. dargestellt. Durch Diazotieren des Hydrochlorids in Suspension u. Kuppeln mit β-Naphthylamin, β-Naphthol, p-Aminobenzolsulfonamid, R-Säure, Homophthalimid **(II)** u. γ-Oxycarbostyril **(III)** werden die folgenden Azoverbb. erhalten (die Kupplungsstellen sind in der Arbeit nicht näher bezeichnet): *4-Oxychinaldinazo-β-naphthylamin, Hydrochlorid*, F. 105°, wollige, kastanienbraune Nadeln. — *4-Oxychinaldinazo-β-naphthol*, F. 105°, rote, tafelförmige Mikrokristalle. — *4-Oxychinaldinazo-p-aminobenzolsulfonamid*, F. 185—190°, gelbe Kristalle. — *4-Oxychinaldinazo-β-naphthol-3.6-dinatriumsulfonat*, dunkelrote, schlecht krist. Masse. — *4-Oxychinaldinazohomophthalimid*, F. > 300° (Zers.), granatrote Mikrokristalle. — *4-Oxychinaldinazo-γ-oxycarbostyril*, F. > 300° (Zers.), orangerote Mikrokristalle. — Diazotiertes **I** konnte nicht mit **I** selbst gekuppelt werden. Mit Phenol oder Anilin wurden keine definierten Prodd. erhalten. Keto-Enoltautomerie bei **III** wird abgelehnt, weil es nicht mit Aldehyden oder Nitrosodimethylanilin kondensiert werden kann, bei **II** aber für möglich gehalten, da es bei der Kupplung in der Enolform u. bei der Kondensation in der Ketoform reagieren soll. (C. R. hebd. Séances Acad. Sci. **236.** 2082—84. 27/5. 1953.) MANTHEY. 3231

S. Kruger, *Das Bromierungsprodukt von Acridon.* Vf. wies nach, daß die Bromierung von *Acridon* mit Br_2 in Eisessig zu *3.7-Dibromacridon* (I) führt u. nicht, wie bisher angenommen (vgl. TANANESCU u. RAMONTIANU, Bull. Soc. chim. France, **Mém.** [5] **6.** [1939.] 486), zu 2.3-Dibromacridon. **I** wurde ebenfalls bei der Bromierung von 3-Bromacridon erhalten u. ist ident. mit dem aus 3.7-Diaminoacridon durch SANDMEYER-Rk. erhaltenen Produkt. Alle Prodd. geben *3.7-Dibrom-5-[p-diäthylaminophenyl]-acridin.*

Versuche: *3.7-Dibromacridon* (I), $C_{13}H_7ONBr_2$, F. > 360°, a) aus Acridon u. Br_2 in Eisessig bei n. Temp.; aus Nitrobenzol gelbe Nadeln; fast 100% (Ausbeute); violettblaue Fluorescenz in A., die bei Zugabe von wenig Alkali grünlichgelb wird;

b) ebenso aus 3-Bromacridon; c) aus 3.7-Diaminoacridon in überschüssiger HBr durch Diazotierung bei 5—10°, Beseitigung von überschüssigem Nitrit mit Harnstoff, langsame Zugabe von CuBr in HBr u. 4 std. Erwärmen auf dem Wasserbad; 39%. — *3.7-Dibrom-5-[p-diäthylaminophenyl]-acridin*, $C_{23}H_{20}N_2Br_2$, F. 278—279°, aus I durch 2 std. Erhitzen mit Diäthylanilin u. $POCl_3$ auf dem Wasserbad, Gießen in NaOH u. Dampfdest.; aus Bzl., dann Toluol orangefarbene Prismen. (J. chem. Soc. [London] **1952.** 3648—49. Sept. Sydney, Univ., Dep. of Pharmacol.) Hildegard Schulz. 3231

Ch. Marschalk, *Pyridiniumderivate der Anthrachinonreihe.* Durch Umsetzung von 1-Chloracetylaminoanthrachinon (**I**) mit Pyridin (**II**) entsteht zunächst das Pyridiniumsalz **III**, das sich im Gegensatz zu den Angaben von de Diesbach u. Miserez (C. **1949.** I. 190) u. in Übereinstimmung mit früheren Angaben des Vf. (Bull. Soc chim. France, **Mém.** [4] **33/34.** [1923.] 418) leicht zum *Anthrapyridonderiv.* **IV** cyclisiert. **III** u. **IV** unterscheiden sich bei der Hydrolyse: **III** liefert hierbei das rote *1-Aminoanthrachinon*, **IV** dagegen *3'-Chlorpyridonanthron-(1.9)* (**V**, R = R' = R'' = H), aus dem mit **II** wieder **IV** entsteht. Die Cyclisierung von **III** hängt wesentlich von der Qualität des verwendeten **II** ab, in Ggw. von **II**·HCl unterbleibt sie, während etwas W. keinen Einfl. hat. Analog **V** (R = R' = R'' = H) wurde eine Reihe weiterer *3'-Chloranthrapyridone* (**V**) dargestellt.

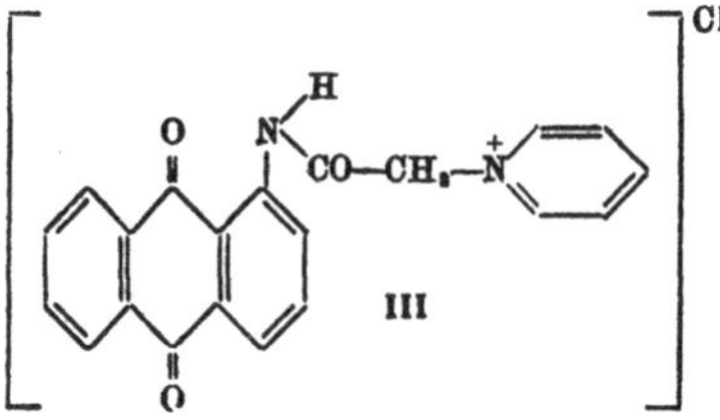

Versuche (Lösungsfarben in H_2SO_4 in []): *1-Acetylaminoanthrachinonylpyridiniumchlorid* (**III**), durch 5—7 Min. Kochen von 1,5 g **I** mit **II** in Ggw. von 3 Tropfen HCl; aus wss. A. durch Ausfällen mit Ae. Kristalle; 1,7 g (Ausbeute). — *Pyridonanthronyl-(3')-pyridiniumchlorid* (**IV**), $C_{21}H_{13}O_2N_2Cl$, a) wie vorst., aber ohne HCl; aus A.-W. (1:1) gelbe Kristalle; b) durch 2—3 std. Kochen von **V** (R = R' = R'' = H) u. **II.** **IV** gibt durch Spaltung mit $Na_2S_2O_4$ *Pyridonanthron-(1 9)*, **F. 412° (Nitrobenzol).** — ***3'-Chlorpyridonanthron-(1.9)*** (**V**, R = R' = R'' = H), $C_{16}H_8O_2NCl$, durch Kochen von 2 g **IV** in Nitrobenzol unter Abdest. des **II** bis zur Lsg. u. Abkühlen; 1,2 g gelbe Nadeln [gelb]. — Analog wurden dargestellt: **V** (*R = OH, R' = R'' = H*), **aus Nitrobenzol feine orangegelbe Nadeln [gelb].** — **V** (*R = NO_2, R' = R'' = H*), aus Nitrobenzol cremefarbene Prismen [gelb]. — **V** (*R = C_6H_5CONH, R' = R'' = H*), orangegelbe Nadeln aus Nitrobenzol [orangerot]. — **V** (*R = C_6H_5CONH, R' = CH_3, R'' = H*), orangegelbe Prismen aus Nitrobenzol [orange]. — **V** (*R = R' = H, R'' = Cl*), gelbliche Nadeln [gelb]. — **V** (*R = o-ClC_6H_4CONH, R' = R'' = H*), feine gelbe Nadeln aus Nitrobenzol [orange]. — **V** (*R = 2.4-$Cl_2C_6H_3CONH$, R' = R'' = H*), feine gelbe Nadeln aus Nitrobenzol [orangerot]. (Bull. Soc. chim. France, Mém. [5] **19.** 952—55. Nov./Dez. 1952. Usine de Villers-Saint-Paul, Comp. franç. des **Matières** Colorantes, Serv. Sci.) Spaeth. 3231

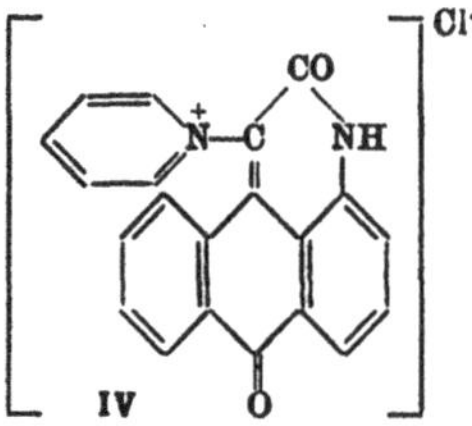

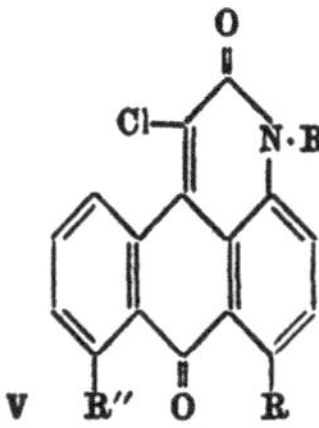

Ch. Marschalk, *Reduktive Spaltung der Pyridonanthronyl-(3')-pyridiniumsalze.* Das im vorst. Ref. beschriebene Pyridonanthronyl-(3')-pyridiniumchlorid (**I**) u. seine Substitutionsprodd. erleiden mit $Na_2S_2O_4$ in Ggw. von Alkalibicarbonat reduktive Spaltung zu den zugehörigen *Pyridonanthronen-(1.9)*.

Versuche: *Pyridonanthron-(1.9)* (**II**), F. 412°, durch Zufügen von $Na_2S_2O_4$ u. $NaHCO_3$ in W. zur wss. Lsg. von **I** u. Erwärmen; aus Nitrobenzol kleine gelbliche Nadeln. — *4-Benzoylaminopyridonanthron-(1.9)*, F. 407°, durch reduktive Spaltung 4-Benzoylaminopyridonanthronyl-(3')-pyridiniumchlorid (**III**) wie vorst.; aus Nitrobenzol kleine gelbe Nadeln. — *4-Aminopyridonanthron-(1.9)* (**IV**), F. 417°, durch Hydrolyse vorst. Verb. mit konz. H_2SO_4 während ½ Std. bei 90—100°, Ausfällung des Sulfats mit W. u. Zers. mit sd. W.; aus Nitrobenzol kleine orangefarbene Nadeln. — *4-Aminopyridonanthronyl-(3')-pyridiniumsulfat*, durch ½ std. Hydrolyse von **III** mit 90%ig. H_2SO_4 bei 90—100°, Eingießen in W. u. Ausfällung mit Na_2SO_4; rot; gibt bei der reduktiven Spaltung **IV.** — **IV** liefert durch Diazotierung in konz. H_2SO_4, Ausfällung des Diazoniumsulfats durch Zugabe von Eis u. dessen Red. mit wss. A. beim Kp. **II.** — *4-Nitro-1-chloracetylaminoanthrachinon*, F. 230° (Nitrobenzol oder Eisessig), durch Nitrierung von 1-Chloracetylaminoanthrachinon in konz. H_2SO_4 mit HNO_3 (48° Bé)/konz. H_2SO_4 >10° u. Verdünnen nach einigen Std. mit W.; gibt durch Hydrolyse u. Red. *1.4-Diaminoanthrachinon.* — *4-Nitropyridonanthronyl-(3')-pyridinium-*

chlorid, durch 4std. Kochen von 3,8 g vorst. Verb. mit Pyridin; 4,2 g (Ausbeute). Reduktive Spaltung gab **IV**. — *1-Chloracetylamino-4-oxyanthrachinon*, F. 197°, durch Zutropfen von $SOCl_2$ in Nitrobenzol zur Lsg. von 1-Amino-4-oxyanthrachinon u. Monochloressigsäure in Nitrobenzol bei 120—130°; braune Kristalle. — *4-Oxypyridonanthronyl-(3')-pyridiniumchlorid*, durch 4std. Kochen vorst. Verb. mit Pyridin in Nitrobenzol; orangefarbene Kristalle. — *4-Oxypyridonanthron-(1.9)*, bei 450° noch nicht geschmolzen, a) durch reduktive Spaltung von 1 g vorst. Verb.; 0,5 g; b) durch Diazotierung von 0,5 g **IV** in H_2SO_4 (60° Bé), Erwärmen auf 180° u. Verdünnen mit W.; 0,4 g. (Bull. Soc. chim. France, Mém. [5] **19**. 955—57. Nov./Dez. 1952.) Spaeth 3231

E. F. L. J. Anet, G. K. Hughes, Diana Marmion und **E. Ritchie**, *Einige Brückenderivate von Piperidon-(4)*. Es gelang Vff. nicht, die sich von der Δ^3-Piperidein-3-carbonsäure ableitenden Betelnußalkaloide auf einem von Robinson [1917] diskutierten Wege darzustellen, da der als Zwischenprod. erforderliche 1-Methylpiperidon-(4)-carbonsäure-(3)-methylester u. auch der Äthylester nicht durch Rk. von Formaldehyd (**I**) u. Methylamin (**II**) mit Acetondicarbonsäuremonomethyl- bzw. -äthylester oder Acetessigester zu erhalten waren. Bei der Rk. von **I**, **II** u. Acetondicarbonsäurediäthylester (**III**) entsteht bei $p_H < 6$ in geringer Ausbeute eine Verb. $C_{15}H_{24}O_5N_2$, die eine negative Fe^{3+}-Rk. gibt u. für *3.7-Dimethyl-3.7-diazabicyclo-[3.3.1]-nonanon-(9)-dicarbonsäure-(1.5)-diäthylester* gehalten wird. Durch Rk. von **I**, **II** u. Cyclopentanon-2.5-dicarbonsäurediäthylester (**IV**) wird *3-Methyl-3-azabicyclo-[3 2.1]-octanon-(8)-dicarbonsäure-(1.5)-diäthylester* dargestellt, dem aus ster. Gründen cis-Konfiguration zugeschrieben wird. Das gleiche gilt für einige von $C_{(2)}$ nach $C_{(6)}$ überbrückte *Piperidon-(4)-derivv.*, welche äußerst leicht aus Diphenyl-2.2'-dialdehyd, **III** u. prim. Aminen gebildet werden.

Versuche: *3.7-Dimethyl-3.7-diazabicyclo-[3.3.1]-nonanon-(9)-dicarbonsäure-(1.5)-diäthylester, Dihydrobromidtrihydrat*, $C_{15}H_{24}O_5N_2 \cdot 2\,HBr \cdot 3\,H_2O$, Zers. bei 146°, durch 3tägige Rk. von **I**, **II**-Hydrochlorid u. **III** in ws. alkoh. Pufferlsg., Einengen im Vakuum, Sättigen mit K_2CO_3, Aufnehmen in Ae., dann absol. A. u. Fällen mit konz. HBr; aus Aceton u. wenig absol. A. Nadeln; maximal (bei p_H 3,0) 7,4% (Ausbeute). *Base*, $C_{15}H_{24}O_5N_2$, F. 64°, $Kp._1$ 172—175°; aus PAe. prismat. Nadeln. — *3-Methyl-3-azabicyclo-[3.2.1]-octanon-(8)-dicarbonsäure-(1.5)-diäthylester*, $Kp._{16}$ 185—187°, durch 3tägige Rk. von **IV** mit 30%ig. wss. **I** u. 30%ig. wss. **II** in A., Zugabe von K_2CO_3 u. Dest.; 50%. *Pikrat*, $C_{20}H_{24}O_{12}N_4$, F. 130—131° (Zers.); aus A. prismat. Nadeln. — *o-Jodbenzaldehyd* (**V**), F. 35°, $Kp._{28}$ 143—148°, durch 3std. Kochen von o-Jodtoluol in CCl_4/W in Ggw. einer Spur J_2 unter Belichtung u. Zugabe von Br_2 in CCl_4, Aufnehmen in einer Lsg. von Hexamin in Chlf., $1^1/_2$std. Kochen des Nd. in halbkonz. Essigsäure, Ausäthern u. Dest. unter N_2; 54% (bezogen auf nicht zurückgewonnenes Ausgangsprodukt). Das intermediäre *o-Jodbenzylbromid*, F. 50—51°, $Kp._{30}$ 114—120°, braucht nicht isoliert zu werden. — *Diphenyl-2.2'-dialdehyd*, durch Zugabe von Cu-Pulver zu **V** bei 200—210° innerhalb $^3/_4$ Std.; 55—60%. — Durch Rk. vorst. Verb. mit **III** u. den entsprechenden prim. Aminen in A. bei Raumtemp. werden folgende *2.3;4.5-Dibenzo-10-azabicyclo-[4.3.1]-decadien-(2.4)-on-(8)-dicarbonsäure-(7.9)-diäthylester* erhalten: *10-Methyl-*, $C_{24}H_{25}O_5N$, F. 118°; aus A. Prismen; 90%. — *10-Äthyl-*, $C_{25}H_{27}O_5N$, F. 105°; aus A. Prismen; 90%. — *10-Allyl-*, $C_{26}H_{27}O_5N$, F. 106°; aus A. Prismen; 86%. — *10-[2'-Oxyäthyl]-*, $C_{25}H_{27}O_6N$, F. 144°; aus A. Nadeln; 85%. — *10-Benzyl-*, $C_{30}H_{29}O_5N$; F. 148°; aus A.–Bzl. Nadeln; 92%. — *α.β-Bis-[7.9-dicarbäthoxy-2.3;4.5-dibenzo-1-azabicyclo-(4.3.1)-decadien-(2.4)-on-(8)-yl-(10)]-äthan*, $C_{48}H_{48}O_{10}N_2$, Zers. bei 212°, aus Äthylendiamin; aus A.–Bzl. Prismen; 82%. (Austral. J. sci. Res., Ser. A **3**. 330—35. Juni 1950. Sydney, Univ., School of Chem.) W. Hoffmann. 3231

George Mandel und **Curtis L. Brown**, *Eine bequeme Synthese von $^{14}C_{(2)}$-Uracil aus Harnstoff*. Durch Umsetzen von Äpfelsäure in rauchender H_2SO_4 mit $H_2N^{14}CONH_2$ $< 5°$, 1std. Rühren bei 80—85° u. 48 Std. Stehen entstand *$^{14}C_{(2)}$-Uracil* in 62%ig. Ausbeute. (J. Amer. chem. Soc. **74**. 2439—40. 5/5. 1952. Washington, D. C., George Washington Univ., School of Med., Dep. of Pharmacol.) Rosdorff. 3272

E. B. Hodge, *Darstellung und Eigenschaften von 5-Äthyl-5-[1-methyl-1-nitroäthyl]-barbitursäure. 5-Äthyl-5-[1-methyl-1-nitroäthyl]-barbitursäure*, $C_9H_{13}O_5N_3$, F. 234—240° (Zers.); entsteht durch Zufügen einer Mischung von 0,08 Mol Harnstoff u. 0,04 Mol Äthyl-[1-methyl-1-nitroäthyl]-malonsäureäthylester in tert.-Butanol zu $NaOCH_3$ u. Abdest. des A. unter gleichzeitigem Zufügen neuen Butanols u. Methylats; nach 3 Std. Abdampfen im Vakuum, Zufügen von W. u. Ansäuern nach Ausäthern; 9% Ausbeute. Pharmakolog. Wrkg. an Mäusen s. Original. (J. Amer. chem. Soc. **72**. 5771—72. Dez. 1950. Terre Haute, Ind., Pharmaz. Res. Div., Commerc. Solvents Corp.) Lehwald. 3272

G. R. Ramage und **G. Trappe**, *Tetrahydrochinoxaline. Ein neuer Weg aus o-Amino-N-[2'-oxyäthyl]-anilinen. 1.2.3.4-Tetrahydrochinoxalin* entsteht durch Cyclisierung von *o-Amino-N-[2'-oxyäthyl]-anilin* (I) in Ggw. von konz. HCl, HBr oder $POCl_3$ oder — in besserer Ausbeute — durch Kochen einer alkoh. Lsg. von *o-Amino-N-[2'-chloräthyl]-anilin.* Analog werden *6-Nitro-* u. *2-Methyl-1.2.3.4-tetrahydrochinoxalin* erhalten, letztere Verb. jedoch in unbefriedigender Ausbeute.

Versuche: *N-[2'-Oxyäthyl]-o-nitroanilin* (II) F. 74—75°, durch 12std. Kochen von o-Chlornitrobenzol (III) u. Äthanolamin (IV) in n-Butanol u. Aufnehmen in Ae.; aus Bzl. rote Prismen; 58% (Ausbeute). — *o-Amino-N-[2'-oxyäthyl]-anilin* (I), F. 105 bis 106°, durch 2std. Kochen von II in Ggw. von Na_2S u. S in W.; Blättchen; 78%; wird nicht verändert bei kurzem Kochen in HJ, nach 6 Std. wird *o-Phenylendiamin* (F. 99,5—101°) isoliert. — *N-[2'-Chloräthyl]-o-nitroanilin,* F. 59°, $Kp._{0,5}$ 145—150°, durch 1std. Erhitzen von 15 g II in $POCl_3$ auf dem Wasserbad, Zugabe von W. u. Aufnehmen in Bzl.; aus A. orangefarbene Nadeln; 1,18 g. Daraus (10 g) durch Erhitzen mit $SnCl_2$ in konz. HCl, Alkalisieren u. Ausäthern *o-Amino-N-[2'-chloräthyl]-anilin;* 8,15 g (roh); gibt beim Kochen in A. u. Dest. bei 1 Torr 3,38 g (roh 5,35 g) *1.2.3.4-Tetrahydrochinoxalin,* $C_8H_{10}N_2$, F. 98°; aus Cyclohexan Blättchen; entsteht auch a) bei 15std. Erhitzen von 2 g I in konz. HCl auf 150—160° im Rohr; 0,93 g; b) bei 9std. Kochen von 5 g I in HBr; 2,78 g; c) bei ½std. Erhitzen von 2 g I in $POCl_3$ auf dem Wasserbad, Alkalisieren, Aufnehmen in Ae., dann A. u. 5std. Kochen, 0,35 g. — *Chinoxalin,* F. 28° (PAe.), durch Sublimation von 1 g vorst. Verb. bei 100°/10^{-4} mm durch eine mit 30%ig. Pd-Kohle gefüllte Kolonne von 150°; 0,9 g. — *N-[2'-Oxy-n-propyl]-o-nitroanilin* (V), F. 67—68°, analog II aus III u. 2-Oxypropylamin; aus CCl_4 gelbe Nadeln; 66%. Daraus durch 4std. Kochen mit Na_2S u. S in W. *o-Amino-N-[2'-oxy-n-propyl]-anilin* (VI), F. 88—89°; aus Bzl. Blättchen; 86%. — *N-[2'-Chlor-n-propyl]-o-nitroanilin,* $C_9H_{11}O_2N_2Cl$, F. 40°, $Kp._{0,2}$ 137—140°, durch 1std. Erhitzen von 10 g V in $POCl_3$ auf dem Wasserbad; aus Ae. orangegelbe Blättchen; 6,95 g. — *1.2.3.4-Tetrahydro-2-methylchinoxalin,* F. 71°, a) durch 9std. Kochen von 1 g VI in HBr, Verd. mit Aceton u. Lösen des entstandenen *Hydrobromids* (0,55 g) in gesätt. K_2CO_3; 0,2 g; b) durch Red. von 10g vorst. Verb. mit $SnCl_2$, Kochen in A., Dest. bei 150—170°/5 mm u. Sublimation bei 130—140°/4 mm; 0,43 g; aus Leichtbzn. Blättchen. — *N-[2'-oxyäthyl]-2.4-dinitroanilin,* F. 89 bis 91°, durch langsame Zugabe von IV zu 1-Chlor-2.4-dinitrobenzol in A. bei 60°, 1std. Kochen u. Fällen mit W.; lange gelbe Nadeln; 92%. Daraus durch 5std. Kochen mit Na_2S u. S in wss. A. *2-Amino-N-[2'-oxyäthyl]-4-nitroanilin,* F. 135°; aus W. orangebraune Nadeln; 78%. — *2-Amino-N-[2'-chloräthyl]-4-nitroanilin,* F. 115—116°, durch Rk. vorst. Verb. mit $SOCl_2$, Aufnehmen in Eiswasser, Alkalisieren u. Ausäthern; aus Methanol glänzende Prismen mit blauem Reflex; 92,5 %.— *1.2.3.4-Tetrahydro-6-nitrochinoxalin,* $C_8H_9O_2N_3$, F. 116°, durch 30std. Kochen von 10 g vorst. Verb. in A., Einengen, Lösen des *Hydrochlorids* in W. u. Fällen mit wss. NH_4OH; aus Bzl. rote Nadeln mit grünem Reflex; 6,8 g. *Pikrat,* $C_{14}H_{12}O_9N_6$, F. 180° (Zers.); aus A. ockerfarbene Prismen. (J. chem. Soc. [London] **1952.** 4406—09. Nov. Huddersfield, Techn. Coll.)

W. HOFFMANN. 3272

G. R. Ramage und **G. Trappe,** *Glyoxalinopyrimidine. Die Cyclisierung einiger 4-[2'-Chloräthylamino]-pyrimidine. 2-Chlor-4-[2'-chloräthylamino]-5-nitropyrimidin* (I) u. sein *6-Methylderiv.* (II) werden dargestellt u. zu den entsprechenden *5-Aminoderivv.* reduziert. Bei deren Cyclisierung reagiert nicht die 5-Aminogruppe, sondern $N_{(3)}$ im Pyrimidinring; es werden keine Pteridine, sondern *5-Amino-2-chlor-1.6.4'.5'-tetrahydroglyoxalino-[1.'2':1.6]-pyrimidin* (III) bzw. dessen *4-Methylderiv.* (IV) erhalten; letzteres wird reduktiv dehalogeniert zu *5-Amino-1.6.4'.5'-tetrahydro-4-methylglyoxalino-[1'.2':1.6]-pyrimidin,* dessen Konst. durch unzweideutige Synth. bewiesen wird. Wird in II das Cl-Atom an $C_{(2)}$ durch tautomeriefähige Substituenten (OH; NH_2) ersetzt, so erfolgt sofort Cyclisierung zu den entsprechenden *1.6.4'.5'-Tetrahydro-4-methyl-5-nitroglyoxalino-[1'.2':1.6]-pyrimidinen.* III u. IV können auch aus *2-Chlor-4-[2'-oxyäthylamino]-5-nitropyrimidin* (V) bzw. dessen *6-Methylderiv.* (VI) über die betreffenden 5-Aminoverbb. gewonnen werden. Letztere zeigen verschiedenartiges Verh. gegenüber HJ; während *5-Amino-2-chlor-4-[2'-oxyäthylamino]-pyrimidin* (VII) mit sd. HJ in Ggw. von rotem P zers. wird zu *Äthylendiamin,* wird beim *6-Methylderiv.* (VIII) u. auch schon bei VI auf gleiche Weise Cyclisierung bewirkt; aus dem Reaktionsgemisch von V, HJ u. P wird dagegen *Oxazolidon-(2)* isoliert, welches wahrscheinlich unter Rk. des zum Alkalisieren verwendeten K_2CO_3 gebildet wird. Aus VIII entsteht beim Erhitzen mit konz. HCl im Rohr *5-Amino-4-methyluracil.*

Versuche: *2-Chlor-4-[2'-chloräthylamino]-6-methyl-5-nitropyrimidin* (II), $C_7H_8O_2N_4Cl_2$, F. 62—63°, durch Rk. von 2-Chloräthylaminhydrochlorid (IX) u. 2.4-Dichlor-6-methyl-5-nitropyrimidin (X) in Ae. u. Schütteln mit wss. $NaHCO_3$; aus Cyclohexan hellgelbe Nadeln; 72% (Ausbeute). — *2-Chlor-4-[2'-oxyäthylamino]-6-methyl-5-nitropyrimidin* (VI), $C_7H_9O_3N_4Cl$, F. 131°, durch Rk. von X u. 2-Aminoäthanol (XI) in

Methanol; aus Methanol hellgelbe Nadeln; 80%. — *5-Amino-2-chlor-4-[2'-oxyäthylamino]-6-methylpyrimidin* (**VIII**), $C_7H_{11}ON_4Cl$, F. 177—178, durch Red. von **VI** mit RANEY-Ni in Methanol (ca. 1$^1/_2$ Std.) u. Einengen bei 60°; aus W. lederfarbene Nadeln; 86%; gibt bei 6 std. Erhitzen mit konz. HCl auf 140° im Rohr *5-Amino-4-methyluracilhydrochlorid*; 1,35 g (aus 2 g **VIII**); daraus mit wss. $NaHCO_3$ die *Base*, $C_5H_7O_2N_3$, F. 270° (Zers.). — *5-Amino-2-chlor-1.6.4'.5'-tetrahydro-4-methylglyoxalino-[1'.2':1.6]-pyrimidin* (**IV**), *Hydrochlorid*, $C_7H_9N_4Cl \cdot HCl$, F. > 300°, a) durch Red. von 2 g **II** mit H_2 in Ggw. von RANEY-Ni in A. u. 2$^1/_2$std. Kochen; 1,44 g; b) durch 1$^1/_2$std. Einw. von $SOCl_2$ auf 4 g **VIII** bei 40°, Alkalisieren mit Sodalsg., Aufnehmen in Chlf., dann A. u. 2$^1/_2$std. Kochen; 2,41 g; aus 90%ig. A. kurze Nadeln. *Base*, $C_7H_9N_4Cl$, F. 163°; aus W. Nadeln. — *1.6.4'.5'-Tetrahydro-2-mercapto-4-methyl-5-nitroglyoxalino-[1'.2':1.6]-pyrimidin*, $C_7H_8O_2N_4S$, F. 270° (Zers.), durch mehrstd. Rk. von **II** mit Thioharnstoff in Aceton, 2 std. Kochen, Lösen des gebildeten *Thiuroniumsalzes* in n NaOH u. Fällen mit Eisessig; aus 2-Äthoxyäthanol orangefarbene Prismen; 84%; daraus mit $Na_2S_2O_4$ in wss. NH_4OH *5-Amino-1.6.4'.5'-tetrahydro-2-mercapto-4-methylglyoxalino-[1'.2':1.6]-pyrimidin*, $C_7H_{10}N_4S$, F. 300° (Zers.); Prismen; 71%. — *5-Amino-1.6.4'5'-tetrahydro-4-methylglyoxalino-[1'.2':1.6]-pyrimidin, Dihydrat*, $C_7H_{10}N_4 \cdot 2\,H_2O$, F. 108°, a) durch 6 std. Kochen von 1 g vorst. Verb. in Ggw. von RANEY-Ni in A.; 0,25 g; b) durch Hydrierung von 1 g **IV** in Ggw. von 2%ig. Pd-$CaCO_3$ u. Alkalisieren; 0,7 g; c) durch 1$^1/_2$std. Kochen von 2 g **VIII** in Ggw. von rotem P in HJ, Eindampfen, Aufnehmen in W. u. Alkalisieren; 1,36 g; d) ebenso aus 4 g **VI** u. Extrahieren mit Essigester; 1,26 g; aus feuchtem Essigester lederfarbene Nadeln; daraus bei 65° im Vakuum die wasserfreie *Base*, F. 155°. *Hydrojodid*, $C_7H_{10}N_4 \cdot HJ$, F. 265° (Zers.); aus W. Prismen. *Pikrat*, $C_7H_{10}N_4 \cdot C_6H_3O_7N_3$, F. 244° (Zers.); aus 2-Äthoxyäthanol Täfelchen. — *1.6.4'.5'-Tetrahydro-2-oxy-4-methyl-5-nitroglyoxalino-[1'.2':1.6]-pyrimidin*, $C_7H_8O_3N_4$, F. 286° (Zers.), durch $^1/_4$std. Kochen von 2 g **II** in 5 n HCl u. Alkalisieren des entstandenen *Hydrochlorids* (1,4 g) mit $NaHCO_3$; aus W. Nadeln. — *2-Amino-1.6.4'.5'-tetrahydro-4-methyl-5-nitroglyoxalino-[1'.2':1.6]-pyrimidin*, $C_7H_9O_2N_5$, F. > 300°, bei $^1/_2$ std. Stehen von 1,25 g **II** in methanol. NH_3 u. Alkalisieren des *Hydrochlorids* (0,3 g) mit $NaHCO_3$; aus W. orangefarbene Nadeln. — *4-[2'-Chloräthylamino]-6-methyl-5-nitro-2-piperidinopyrimidin*, $C_{12}H_{18}O_2N_5Cl$, F. 104 bis 105°, aus **II** u. Piperidin in Methanol; aus Methanol hellgelbe Nadeln; 93%. — *2-Chlor-4-[2'-chloräthylamino]-5-nitropyrimidin* (**I**), $C_6H_6O_2N_4Cl_2$, F. 75°, analog **II** aus 19,4 g 2.4-Dichlor-5-nitropyrimidin (**XII**) u. **IX**; aus Cyclohexan–Essigester hellgelbe Prismen; 17,2 g. — *2-Chlor-4-[2'-oxyäthylamino]-5-nitropyrimidin* (**V**), $C_6H_7O_3N_4Cl$, F. 125°, analog **VI** aus 19,4 g **XII** u. **XI**; aus Methanol hellgelbe Nadeln; 16,2 g; gibt bei 1 std. Kochen in Ggw. von rotem P in HJ nach Alkalisieren mit wss. K_2CO_3, Aufnehmen in A.–Bzl. u. Sublimieren bei 90—120°/0,01 mm *Oxazolidon-(2)*, $C_3H_5O_2N$, F. 89—90°; aus A. Nadeln; 0,28 g (aus 2 g **V**). — *5-Amino-2-chlor-4-[2'-oxyäthylamino]-pyrimidin* (**VII**), $C_6H_9ON_4Cl$, F. 152—153°, durch Hydrierung von **V** in Ggw. von RANEY-Ni unter Luftausschluß in Methanol, Eindampfen bei Raumtemp. unter H_2 im Vakuum u. Umkristallisieren aus Nitromethan; aus W. lederfarbene Nadeln; 70%; gibt bei 1 std. Kochen in HJ in Ggw. von rotem P, Eindampfen u. Aufnehmen in A. *Äthylendiamindihydrojodid*; 0,55 g (aus 1 g **VII**); *Dibenzoylderiv.*, $C_{16}H_{16}O_2N_2$, F. 251° (A.). — *5-Amino-2-chlor-1.6.4'.5'-tetrahydroglyoxalino-[1'.2':1.6]-pyrimidin* (**III**), *Hydrochlorid*, $C_6H_7N_4Cl \cdot HCl$, F. > 300°, a) durch Hydrierung von 4 g **I** in Ggw. von RANEY-Ni in Methanol anfangs bei Raumtemp., dann 55° u. 2$^1/_2$std. Kochen in Methanol unter CO_2; aus wss. A. Nadeln; 2,35 g; b) durch Rk. von 2 g **VII** u. $SOCl_2$, Alkalisieren, Aufnehmen in Chlf., dann A. u. 2$^1/_2$std. Kochen; 0,58 g. *Base*, $C_6H_7N_4Cl$, F. 157°; aus Essigester Nadeln. — *5-Amino-1.6.4'.5'-tetrahydroglyoxalino-[1'.2':1.6]-pyrimidin, Hydrat* F. 71° (aus feuchtem Essigester), durch Hydrogenolyse von 1 g **III** in Ggw. von 2%ig. Pd-$CaCO_3$ in Methanol u. Behandeln des gebildeten *Hydrochlorids* mit methanol. CH_3ONa; 0,58 g; wasserfreie *Base*, $C_6H_8N_4$, F. 140°. *Pikrat*, $C_{12}H_{11}O_7N_7$, F. 240° (Zers.; 2-Äthoxyäthanol). (J. chem. Soc. [London] **1952**. 4410—16. Nov. Huddersfield, Techn. Coll.) W. HOFFMANN. 3272

Leonard L. Bennett jr., *Synthese von einigen in 2-Stellung mit ^{14}C markierten Purinen und Pyrimidinen.* Als Ausgangsmaterial für die Synth. von in 2-Stellung mit ^{14}C markiertem *Guanin* (**I**), *2.6-Diaminopurin* (**II**), *Uracil* (**III**) u. *Thymin* (**IV**) diente Ba-Cyanamid, daß aus isotop. Ba CO_3 nach bekannten Verff. hergestellt wurde. Durch Kondensation von β.β-Diäthoxypropionsäureäthylester bzw. α-Methyl-β.β-diäthoxypropionsäureäthylester mit isotop. Thioharnstoff gelang die Darst. von *Thiouracil* u. *Thiothymin* in besserer Ausbeute als nach WHEELER u. LIDDLE [1908]. Die Reinheit der Endprodd. wurde durch UV-Absorption, Papierchromatographie u. Autoradiogramm der Filtrierpapierstreifen bestimmt. **I**, **III** u. **IV** waren einheitlich, nur **II** enthielt Spuren **I**.

Versuche: *Bariumcyanamid* u. *Guanidin*, aus $BaCO_3$; 76,3% (Ausbeute) an *Guanidinhydrochlorid*. — *$^{14}C_{(2)}$-2.4 5-Triamino-6-oxypyrimidin*, $C_4H_7ON_5$, nach CAIN,

MALLETTE u. TAYLOR (J. Amer. chem. Soc. **68.** [1946.] 1996) als *Sulfat*; 67—74%. — $^{14}C_{(2)}$-*Guanin* (I), $C_5H_5ON_5$, nach TRAUBE [1900] aus vorst. Verb. als *Sulfat*, aus 2 n H_2SO_4, λ_{max} 246 u. 275 mμ (ε = 12050 u. 9330) bei p_H 6,5; 85—90%. — $^{14}C_{(2)}$-*2.4 5.6-Tetraaminopyrimidin*, aus ^{14}C-Guanidin u. Malononitril nach MALLETTE, u. Mitarbeitern (C. **1948.** I. 907) als *Sulfat*: 30—40%. — $^{14}C_{(2)}$-*2.6-Diaminopurin* (II), $C_5H_6N_6$, aus vorst. Verb. nach BENDICH, TINKER u. BROWN (J. Amer. chem. Soc. **70.** [1948.] 3109) als *Sulfat* aus 2 n H_2SO_4; λ_{max} 247 u. 280 mμ (ε = 10000 u. 11500 bei p_H 6,5. — $^{14}C_{(2)}$-*Thiouracil*, $C_4H_4ON_2S$, durch 4std. Kochen einer Na-Äthylatlsg. mit rohem isotop. Thioharnstoff (F. 160—165°) u. $\beta.\beta$-Diäthoxypropionsäureäthylester, Entfernen d. A. im N_2-Strom, Lösen in kaltem W. u. Ausfällen mit 50%ig. CH_3COOH; λ_{max} 274 mμ (ε = 13500) bei p_H 6,5; λ_{max} 259 u. 312 mμ (ε = 10200 u. 7160) bei p_H 11,0. — Uracil (III), aus vorst. Verb. nach WHEELER u. LIDDLE [1908]; λ_{max} 262 mμ (ε = 8320) bei p_H 6,2; 73%. — $^{14}C_{(2)}$-*Thiothymin*, $C_5H_6ON_2S$, aus ^{14}C-Thioharnstoff u. α-Methyl-$\beta.\beta$-diäthoxypropionsäureäthylester wie vorst.; λ_{max} 277 mμ (ε = 15200) bei p_H 6,5; 40—50%. — $^{14}C_{(2)}$-*Thymin*, $C_5H_6O_2N_2$, aus vorst. Verb.; λ_{max} 264 mμ (ε = 7640); 43—55%. (J. Amer. chem. Soc. **74.** 2432—33. 5/5. 1952. Birmingham, Ala., South. Res. Inst., Organ. and Biochem. Divis.) ROSDORFF. 3272

Stanley Birtwell, *Versuche zur Darstellung eines möglichen Stoffwechselproduktes des Paludrins (Proguanils) und verwandter 1.3.5-Triazine.* Von HAWKING (Nature [London] **159.** [1947.] 409) wurde die Ansicht vertreten, daß die plasmodicide Wrkg. des *Paludrins* (I) auf ein Stoffwechselprod. dieser Verb. zurückgeht. Ein inakt. Stoffwechselprod. wurde als *2-Amino-6-[p-chloranilino]-1.4-dihydro-4.4-dimethyltriazin-(1.3.5)* (**XIV**) erkannt (vgl. CROUNSE, C. **1953.** 6690). I u. verschied. 2.4-Diaminopyrimidine (II) sind für Lactobac. casei Folsäure (III)-Antagonisten. Eine Erklärung dieses Ergebnisses würde gegeben sein, wenn der wirksame III-Antagonist das tier. Stoffwechselprod. von I ist u. Lactobac. casei I in dieser Form nur geringfügig abzubauen imstande ist. Da Oxydation ein verbreiteter Entgiftungsmechanismus ist, ist anzunehmen, daß das fragliche Stoffwechselprod. *4.6-Diamino-1-[p-chlorphenyl]-1.2-dihydro-2.2-dimethyltriazin-(1.2 5)* (**IV**) ist, das größere Ähnlichkeit zu III u. II zeigt als **I.** Zur Prüfung dieser Ansicht u. wegen Schwierigkeiten der Synth. von **IV** versucht Vf. die Synth. von *4-Amino-1-[p-chlorphenyl]-1.2-dihydro-2-imino-6-alkyltriazinen-(1.3.5)* (**V**) durch Rk. von N-[p-Chlorphenyl]amidinen mit Dicyanimid (**VI**) u. Erhitzen der **VI**-Amidinsalze unter Umlagerung zu **V.** N-[p-Chlorphenyl]-acetamidin (**VII**) u. N-[p-Chlorphenyl]-propionamidin (**VIII**) ergaben so *2-Amino-4-[p-chloranilino]-6-methyltriazin-(1.3 5)* (**IX**) u. *2-Amino-4-[p-chloranilino]-6-äthyltriazin-(1.3 5)* (**X**) neben *N-[p-Chlorphenyl]-N'-cyanguanidin* (**XI**). Das Auftreten von **IX** bzw. **X** neben **XI** wird durch die intermediäre Bldg. von **V** erklärt, das bei der Reaktionstemp. die $N_{(1)}$—$C_{(6)}$-Bindung aufspaltet u. anschließend über die freie Aminogruppe zur stabileren aromat. Struktur cyclisiert: **IX** u. **X** zeigten keine plasmodicide

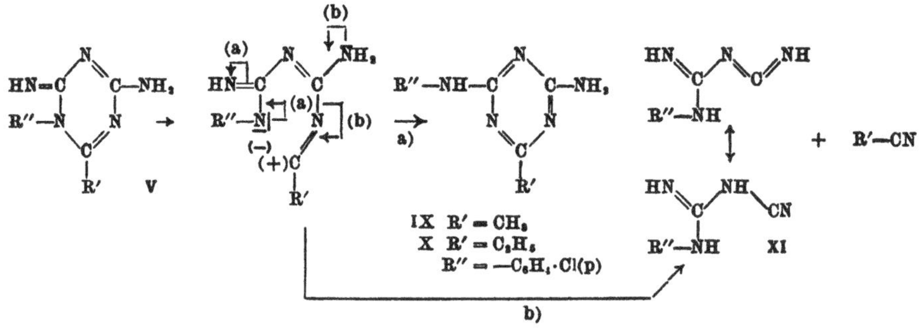

IX R' = CH_3
X R' = C_2H_5
R'' = —C_6H_4·Cl(p)

Wrkg. gegen P. gallinaceum in Hühnern. Verss. zur Darst. von **IV** gingen von **I**, p-Chlorphenylbiguanid (**XII**) u. N-Amidino-N'-[p-chlorphenyl]-thioharnstoff (**XIII**) aus. Oxydation von **I** mittels $KMnO_4$, Pb-Tetraacetat, H_2O_2 oder $K_3[Fe(CN)_6]$ gab keine eindeutigen Ergebnisse, **XII** gab mit Aceton **XIV**, mit Acetondiäthylacetal eine komplexe Mischung, aus der 2 Substanzen isolierbar waren, von denen jedoch keine **IV** entsprach u. die nicht identifiziert werden konnten. **XIII** wurde nach SLOTTA, TSCHESCHE u. DRESSLER (Ber. dtsch. chem. Ges. **63.** [1930.] 208) aus p-Chlorphenylisothiocyanat u. Guanidin dargestellt, wobei eine Verb. isoliert wurde, die *4-Amino-6-[p-chloranilino]-1-[p-chlorphenyl]-1.2-dihydro-2-thiotriazin-(1.3.5)* zu sein scheint. **XIII** reagierte dann mit Aceton in Ggw. von Piperidin unter Bldg. von *4-Amino-6-mercapto-1-[p-chlorphenyl]-1.2-dihydro-2.2-dimethyltriazin-(1.3.5)*, aus dem **IV** nicht zu erhalten war. Verss. zum Ersatz der Mercaptogruppe ergaben in allen Fällen **XIV** neben Zersetzungsprodukten. Andere Verss. zur Darst. von **IV** wie Kondensation von N[1]-Diäthylaminoäthyl-N[2]-phenylbiguanid mit Aceton oder Rk. von Benzoyl-[p-chlorphenyl]-cyanamid mit Guadinin gaben *6-Diäthylaminoäthylamino*(oder *1-Diäthylaminoäthyl*) *-1.2-dihydro-4-oxy-2.2-dimethyl-1-phenyl* (oder *6-anilino*)*-triazin-*(*1.3.5*) bzw. *1-*[*p-Chlorphenyl*]*-1.2-dihydro-4-oxy-2-oxo-6-phenyltriazin-*(*1.3.5*). Kürzlich berichteten Carrington u. Mitarbeiter (C. **1952.** 5926) über die Isolierung des wirksamen Stoffwechselprod. aus **I**, das die vom Vf. aus theoret. Überlegungen angenommene Struktur **IV** besitzt. **IV** lagert sich durch Wärme oder Alkali leicht in das unwirksame **XIV** um, was einen Teil der vorliegenden Ergebnisse erklärt.

Versuche: *N-*[*p-Chlorphenyl*]*-acetamidin* (**VII**), F. 112—115°, hellbraune Prismen, aus Methyl-MgJ in Ae. (120 cm^3 = 0,25 Mol) u. 15,2 g p-Chlorphenylcyanamid in Anisol bei 90—100° (2½ Std.), auf verd. HCl-Eis geben u. **VII** aus der wss. Phase mit NaOH-Lsg. ausfällen; 12,6 g (Ausbeute). — Rk. zwischen **VI** u. Amidinen: *2.4-Diamino-6-phenyltriazin-*(*1.3.5*), $C_9H_9N_5$, F. 223—225° (A.), aus 1,6 g Benzamidinhydrochlorid u. 0,9 g Na-**VI** in W. u. Erhitzen des **VI**-Salzes (F. 154°, 1,0 g) auf 160°; 0,7 g. — Analog aus 9,4 g Acetamidinhydrochlorid u. 9,0 g Na-**VI** über das **VI**-Salz (F. 94°, 12,5 g) *2.4-Diamino-6-methyltriazin-*(*1.3.5*), $C_4H_7N_5$, F. 270—272° (A.); mit KJ–J$_2$-Lsg. charakterist. blaue Farb-Rk.; sowie aus 5,5 g Na-**VI** u. 10,5 g **VII** in W. über das **VI**-*Salz* ($C_{10}H_{10}N_5Cl$, F. 145—146° [W.]); 11,3 g. *2-Amino-4-*[*p-chloranilino*]*-6-methyltriazin-*(*1.3.5*) (**IX**), $C_{10}H_{10}N_5Cl$, F. 198—199° (Chlorbenzol), 2,6 g aus 7 g des **VI**-Salzes; als Nebenprod. 1,3 g *N-*[*p-Chlorphenyl*]*-N'-cyanguanidin* (**XI**), $C_8H_7N_4Cl$, F. 208° (33%ig. A.); weiterhin aus 4,8 g **VIII** u. 2,5 g Na-**VI** in 2nHCl über das **VI**-*Salz* ($C_{11}H_{12}N_5Cl$, F. 121—122° [W.]; 4,0 g). *2-Amino-4-*[*p-chloranilino*]*-6-äthyltriazin-*(*1.3.5*)(**X**), $C_{11}H_{12}N_5Cl$, F. 174—175° (Toluol), 1,75 g aus 3,5 g **VI**-Salz. **X** wird auch durch Kochen von 1,4 g **XI** mit 1,3 g **VIII** in Butanol erhalten. 0,1 g. — *2-Amino-6-*[*p-chloranilino*]*-1.4-dihydro-4.4-dimethyltriazin-*(*1.3.5*) (**XIV**), F. 135—136° (wss. A.) als Hydrat, aus 10,5 g **XII**, 10 cm^3 Aceton u. 10 cm^3 Eisessig, durch 40std. Kochen, Eintragen in NaOH-Eis u. Abtrennen durch Zugabe von Bzl.; 1,0 g. — *Verb.* $C_{10}H_{11}N_6Cl \cdot HCl$, F. 288—289° (Butanol), aus **XII** in Acetondiäthylacetal durch 18 Std. Kochen, Zufügen von Bzl., Durchleiten von CO_2 durch die filtrierte Lsg. u. Behandeln der gefällten Carbonate mit verd. HCl. — *Verb.* $C_{10}H_{12}ON_3Cl$, F. 203—205° (wss. Dioxan), durch Behandeln des benzol. Filtrats der Carbonate vorst. Verb. mit trocknem HCl, Suspendieren der Hydrochloride in warmem A. u. Behandeln mit NaOH. — *N-Amidino-N'-*[*p-chlorphenyl*]*-thioharnstoff* (**XIII**), $C_8H_9N_4ClS$, F. 191° (Zers.), aus 29 g Guanidinhydrochlorid + Na in Aceton bei Zimmertemp. u. p-Chlorphenylisothiocyanat, 24 Std. Rühren, 1 Std. Kochen, Filtrat in W. eintragen u. Rückstand mit Methanol auskochen; 10,3 g; daneben aus dem Rückstand der Methanol-Extraktion *4-Amino-6-*[*p-chloranilino*]*-1-*[*p-chlorphenyl*]*-1.2-dihydro-2-thiotriazin-*(*1.3.5*), $C_{15}H_{11}N_5Cl_2S$, F. 290° (Zers., Äthoxyäthanol); ~8 g. — *4-Amino-1.2-dihydro-6-mercapto-2.2-dimethyl-1-phenyltriazin-*(*1.3.5*), $C_{11}H_{14}N_4S$, F. 240° (Zers., Butanol), aus N-Amidino-N'-phenylthioharnstoff, Aceton u. Piperidin durch 20std. Kochen u. Abfiltrieren des Unlösl. nach dem Abkühlen. — *4-Amino-1-*[*p-chlorphenyl*]*-1.2-dihydro-6-mercapto-2.2-dimethyltriazin-*(*1.3.5*), $C_{11}H_{13}N_4ClS$, F. 229° (Zers. Butanol), aus 34,3 g **XIII**, 300 cm^3 Aceton u. 7,5 g Piperidin durch 3std. Kochen unter Rühren; 34 g. — *4-Amino-1-*[*p-chlorphenyl*]*-1.2-dihydro-2.2-dimethyl-6-methyl-mercaptotriazin-*(*1.3.5*), $C_{12}H_{15}N_4ClS$, F. 171° (Cyclohexan–Bzl.), aus 1,3 g vorst. Verb., Dimethylsulfat u. 2nNaOH. — *4-Amino-1-*[*p-chlorphenyl*]*-6-äthylmercapto-1.2-dihydro-2.2-dimethyltriazin-*(*1.3.5*) (**XV**), $C_{13}H_{17}N_4ClS$, F. 173—174° (Cyclohexan), aus 4 g vorvorst. Verb., 4 cm^3 Äthyljodid + A., über das *Hydrojodid*, $C_{13}H_{17}N_4ClS \cdot HJ$, F. 182—183° (W.), 5,6 g. Hieraus die freie Base mit verd. NaOH-Eis. *Pikrat*, F. 191—193°. **XV** wird auch erhalten durch Kochen von 11,4 g **XIII** mit 10nHCl u. 50 cm^3 Aceton u. Umsetzen des entstandenen Mercaptotriazins (3,2 g roh) wie vorst. mit Äthyljodid. — *4-Amino-6-*[*carboxymethylmercapto*]*-1-*[*p-chlorphenyl*]*-1.2-dihydro-2.2-dimethyltriazin-*(*1.3.5*), $C_{13}H_{15}O_2N_4ClS$, F. 241° (Zers.), aus 1 g Mercaptotriazin u. 1 g Chloressigsäure; 0,9 g. *Pikrat*, $C_{13}H_{15}O_2N_4ClS \cdot C_6H_3O_7N_3$, F. 153—155° (66%ig. A.). — Rk. des **XV**-Hydrojodids mit methanol. NH_3 6 Std. im Rohr bei 55—60° u. Behandeln des Reaktionsprod. mit Pikrinsäure gibt *Pikrat des 2-Amino-6-*[*p-chloranilino*]*-1.4-dihydro-2.2-dimethyltriazins-*(*1.3.5*), F. 239—240°, sowie aus der Mutterlauge das *Pikrat des p-Chlorphenylguanidins*, F. 230° u. das *Pikrat des Guanidins*, F. 320° (Zers.). Schmelzen von **XV**-Hydrojodid mit Na-Acetat bei 160—180° gibt *p-Chloracetanilid*, F. 177 bis 179°, sowie nach Behandeln mit Pikrinsäure die vorst. genannten Pikrate. — **XV** reagiert mit NH_3 im Rohr bei 55—60° u. ähnlicher Aufarbeitung wie beim **XV**-Hydrojodid unter Bldg. des Pikrats des Triazins, F. 239—240°, neben einem unbekannten *Pikrat*, $C_8H_9N_4Cl \cdot 2\,C_6H_3O_7N_3$, F. 197—198° (Eisessig) sowie einem ebenfalls unbekannten *Pikrat* vom F. 257° (Eisessig). — *1-[p-Chlorphenyl]-1.2-dihydro-4-oxy-2-oxo-6-phenyltriazin-(1.3.5)*, $C_{15}H_{10}O_2N_3Cl$, F. 235—238° (Eisessig), durch 2 Std. Kochen von 0,95 g Guanidinhydrochlorid, 0,54 g Na-Methylat u. 3,5 g Benzoyl-[p-chlorphenyl]-cyanamid in Butanol; 0,6 g. — Rk. zwischen N-Amidino-N'-phenylthioharnstoff u. Diäthylaminoäthylamin durch: 5std. Kochen in absol. A. mit HgO, Filtrieren, Eindampfen des Filtrats, Rückstand aus 2nHCl–NH_4OH umfällen, mit das NaOH ausgeschiedene Öl in Ae. aufnehmen, Ae. abdest., Rückstand in Aceton erhitzen, mit CO_2 Carbonat ausfällen: *N^1-[2'-Diäthylaminoäthyl]-N^2-phenylbiguanidcarbonat*, $C_{14}H_{24}N_6 \cdot H_2CO_3 \cdot \frac{1}{2}H_2O$, F. 98—100° nach Sinterung; 0,9 g. *Pikrat*, $C_{14}H_{24}N_6 \cdot 2\,C_6H_3 \cdot O_7N_3 \cdot H_2O$, F. 186—187° (A.). Behandeln des Acetonfiltrats mit Pikrinsäure gibt das *Pikrat des 6-Diäthylaminoäthylamino*(oder *1-Diäthylaminoäthyl*)*-1.2-dihydro-4-oxy-2.2-dimethyl-1-phenyl*(oder *6-anilino*)*-triazins-(1.3.5)*, $C_{17}H_{27}ON_5 \cdot 2\,C_6H_3O_7N_3 \cdot H_2O$, F. 196—198° (Aceton–A.). (J. chem. Soc. [London] **1952.** 1279—86. April. Leeds, Univ.) RUSKE. 3313

M. Abdel-Akher und **F. Smith,** *Die Erkennung von Estern und Lactonen der Kohlenhydrate nach Trennung durch Papierchromatographie.* Man trennt die Ester, Lactone oder Esterlactone durch Papierchromatographie in üblicher Weise u. besprüht das getrocknete Papier mit einer Lsg. aus gleichen Voll. 1n methanol. Hydroxylaminhydrochlorid-Lsg. u. 1,1n methanol. KOH-Lsg. Nach 10 Min. Lufttrocknen wird eine wss. Lsg. von 1—2%ig. $FeCl_3$ u. 1%ig. HCl aufgesprüht. Es bildet sich an den die Ester, Lactone oder Esterlactone enthaltenden Stellen schnell eine blaue oder malvenartige Färbung. Freie Säuren sprechen auf das Reagens nicht an, doch kann man ihre Chromatogramme den Dämpfen äther. CH_2N_2-Lsg. aussetzen u. dann obigen Nachw. vornehmen. Mit n-Butanol–A.–W. ließ sich eine Reihe von Lactonen trennen, während die R_F-Werte der Acetate von Zuckeralkoholen zu nahe beieinander liegen. Methylierte Lactone u. methylierte Esterlactone lassen sich wie die Methylzucker mit den Systemen Butanol–A.–W., Methyläthylketon (I)–W. u. I-PAe.–W. trennen. Der Nachw. kann auch bei gewissen Amiden u. Methylamiden von Zuckersäuren u. von Estern von Aminosäuren angewandt werden. Es wurden folgende R_F-Werte angegeben: In n-Butanol–A.–W.: *D-Xylono-* 0,41; *L-Rhamnono-* 0,50; *D-Glucono-* 0,32; *D-Galaktono-* 0,35; *D-Mannono-* 0,25; *D-Glucoheptono-γ-lacton* 0,13; *D-Glucono-δ-lacton* 0,22; *Methyl-β-D-glucofururonosid* 0,30; *Mannithexaacetat* 0,85; *Arabitpentaacetat* 0,85. — In I–W.: *Mannozuckersäure-1.4;3.6-dilacton* 0,60; *3-Methyl-D-erythrono-* 0,73; *2.3.5-Trimethyl-L-rhamnono-* 1,00; *2.3.5-Trimethyl-D-galaktono-γ-lacton* 0,90; *3.4.6-Trimethyl-D-mannono-δ-lacton* 0,86; *2.4-Dimethyl-D-schleimsäure-3.6-lactonmethylester* 0,91; *2.3.4-Trimethyl-D-zuckersäure-1.5-lactonmethylester* 0,94; *2.3.5-Trimethyl-D-zuckersäure-1.4-lactonmethylester* 1,00. — In I–PAe.–W.: *2.3.5-Trimethyl-L-rhamnono-* 0,88; *2.3.5-Trimethyl-D-galaktono-γ-lacton* 0,58; *2.3.5-Trimethyl-D-zuckersäure-1.4-lactonmethylester* 0,88; *2.4-Dimethyl-D-schleimsäure-3.6-lactonmethylester* 0,59 (vgl. HOUGH u. Mitarbeiter, Nature [London] **162.** [1949.] 448 u. BOGGS u. Mitarbeiter, C. **1951.** I. 1203.) (J. Amer. chem. Soc. **73.** 5859—60. Dez. 1951. St. Paul, Univ. of Minnesota, Div. of Agricultural Biochem.) WILLENBERG. 3400

W. Stoll, E. Waldmann, V. Prey und **H. Berbalk,** *Zur Kenntnis des alkalischen Zuckerabbaues.* 3. Mitt. *Versuch zur polarographisch-analytischen Erfassung einiger Abbauprodukte.* (2. vgl. C. **1953.** 2446.) Die polarograph. Best. folgender Zuckerabbauprodd., *Glycerinaldehyd, Dioxyaceton, Methylglyoxal, Acetol, Brenztraubensäure, Milchsäurealdehyd, Glyoxal, Diacetyl, Formaldehyd* u. *Aceton* wird sowohl für die betreffenden Reinstoffe als auch für ihre Mischungen eingehend untersucht, wobei über die Aufnahme n. Polarogramme hinaus von derivierten Kurven, von der Differentialpolarographie sowie von den Einflüssen der Temp. u. des Hg-Niveaus aus die Stufenhöhe Gebrauch gemacht wird. Es wird ein systemat. Trennungsgang für 9 der wichtigsten Stoffe beschrieben, bei dem außer den genannten Mitteln auch noch chem. Methoden benutzt werden. (Mh. Chem. **83.** 988—1008. 15/8.; S.-B. österr. Akad. Wiss., math.-naturwiss. Kl., Abt. IIb **161.** 988—1008. 1952.) NIEMITZ. 3400

Hilding Bergström, *Verkohlung von Kohlenhydraten.* Beim Verkohlen von Xylose, Arabinose, Galaktose, Maltose, Glucose, Fructose u. Rohrzucker mit Endtemp. 500° beträgt die Ausbeute an Essigsäure 1,0—1,6% (niedriger als bei Nadelholz), Ausbeute an beim Kochen mit HgO nicht zerstörbaren („fremden") Säuren 1,0—1,6% (höher), an Kohle 27—30% (niedriger), an W. über 40% (höher), an Teer (bei Hexosen) 0,6 bis 2% (niedriger), (bei Pentosen) 3,5% inklusive Furfurol. Lignin liefert oberhalb 400° noch Kondensat. (Jernkontorets Ann. **135.** 176. 1951.) R. K. MÜLLER. 3400

Elizabeth M. Osman, Kenneth C. Hobbs und **Wayne E. Walston,** *Durch kationenaktive Kunstharze katalysierte Uronosidbildung.* Glucuronolacton (**III**) reagiert mit Methanol in Ggw. des Kunstharzaustauschers *Nalcite HCR* unter Bldg. des aus der mit HCl katalysierten Rk. bekannten *γ-Lactons* (**I**) des *β-Methylglucofururonosids* u. des *γ-Lactons* (**II**) der entsprechenden *α-Verbindung*. **II** wird über sein Amid durch die WEERMANN-Rk. nach HAWORTH, PEAT u. WHETSTONE identifiziert. — Der γ-Lactonring von **II** wird erheblich schneller aufgespalten als der von **I**. Dagegen ist **II** stabiler als **I** gegen die Red. nach SCHOORL. — Die Beobachtung der Drehwertänderungen bei längerer Reaktionsdauer zeigt zunächst ein Absinken vom positiven Wert des Glucuronolactons (**III**) auf ein Minimum bei —0,2° nach 12std. Stehen u. ein allmähliches Ansteigen auf einen Endwert von +41°. Eine ähnlich geformte Kurve ergibt sich beim Erhitzen von **II** mit CH_3OH in Ggw. des Kunstharzkatalysators, wobei zunächst eine Mutarotation zu **I** angenommen wird. Unerklärt bleibt das Wiederansteigen zu positiven Werten, das auch beim Erhitzen von **I** unter den gleichen Bedingungen u. bei den Rkk. von **III** mit CH_3OH u. HCl als Katalysator u. von **II** mit A. u. Kunstharzkatalysator beobachtet wird.

Versuche: **I**, $C_7H_{10}O_6$, F. 139°, durch 6std. Erhitzen von **III** mit CH_3OH u. Nalcite HCR, Filtrieren u. Einengen; aus absol. A.; $[\alpha]_D^{23}$ —59° (c = 1,0 in W.), —61° (c = 1,0 in A.); Ausbeute 72%. — **II**, $C_7H_{10}O_6$, F. 148°, durch 3std. Erhitzen von **III** mit CH_3OH u. Nalcite HCR, Filtrieren, Eindampfen u. Aufnehmen in Dioxan; nach Abtrennen von **I**-Kristallen Einengen der Mutterlauge; aus absol A.; $[\alpha]_D^{23}$ +149° (c = 1,0 in W.), +167° (c = 1,0 in A.). — Daraus das *Amid*, $C_7H_{13}O_6N$, durch 18std. Stehen mit fl. NH_3 u. CH_3OH unter Kühlung; aus 80%ig. CH_3OH; F. 263°; $[\alpha]_D^{25}$ +147° (c = 0,5 in W.); positiver WEERMANN-Test. (J. Amer. chem. Soc. **73.** 2726—29. Juni 1951. Argo, Ill., Corn Prod. Ref. Co., George M. Moffet Res. Labors.)

ROSSOW. 3400

S. F. MacDonald, *Ein allgemeiner Weg zu β.β'-substituierten Pyrrolzwischenprodukten für die Porphyrinsynthese.* Die Formulierung der Uroporphyrine als Porphintetraessigtetrapropionsäuren gab Veranlassung zur Unters. der Darstellungsmöglichkeiten von Pyrrolen mit Essig- u. Propionsäureresten in β.β'-Stellung. Im Anschluß an eine Literaturübersicht über die bisherigen Verss. in dieser Richtung wird eine Abwandlung der KNORRschen Pyrrolsynth. beschrieben, bei der Acetessigsäurebenzylester (**Ia**) an Stelle von Acetessigester (**I**) verwendet wird. Während zur Darst. von *3.5-Dimethylpyrrolcarbonsäure-(2)-äthylester* (**V**) die alte Meth. der Kondensation von α-Oximinoacetessigester mit **I** zu *3.5-Dimethylpyrroldicarbonsäure-(2.4)-diäthylester* (**II**), partielle Hydrolyse zu *5-Carbäthoxy-2.4-dimethylpyrrolcarbonsäure-(3)* (**IV**) u. Decarboxylierung geeigneter ist als der entsprechende Weg über *5-Carbäthoxy-2.4-dimethylpyrrolcarbonsäure-(3)-benzylester* (**III**), lassen sich als Kondensationsprodd. von Oximinoacetondicarbonsäure- u. β-Keto-α-oximinoadipinsäureester mit **I** nicht in üblicher Weise weiterverarbeiten, wohl aber die mit **Ia**; so wurden *3-Carbäthoxymethyl-5-methylpyrrolcarbonsäure-(2)-äthylester* (**VI**) u. *3-[2-Carbäthoxyäthyl]-5-methylpyrrolcarbonsäure-(2)-äthylester* (**IX**) neu dargestellt. **IX** läßt sich in *5-Carbäthoxy-4-[2-carbäthoxyäthyl]-2-methylpyrrolaldehyd-(3)* überführen, aus dem durch Hydrolyse, Decarboxylierung u. WOLFF-KISHNER-Red. *Hämopyrrolcarbonsäure* erhältlich ist; diese eindeutige Synth. **der letzteren bestätigt Synth.** u. Struktur von Koproporphyrin II u. III (FISCHER u. TREIBS, Ber. dtsch. chem. Ges. **60.** [1927.] 377). — Die dargestellten Pyrrole gaben alle positive EHRLICH-Reaktion. Für die KNORRschen Synthesen, die Bldg. u. Reinigung der Halbester u. die Decarboxylierung wurden Standardmethoden ausgearbeitet.

Versuche: *3.5-Dimethylpyrroldicarbonsäure-(2.4)-diäthylester* (**II**), $C_{12}H_{17}O_4N$, F. 134—134,5°, durch langsame Zugabe von wss. $NaNO_2$-Lsg. zu **I** in CH_3COOH bei 4—7°, Eingießen dieser Lsg. in das Gemisch von **I**, CH_3COOH u. Zn-Staub bei 60° unter Temperaturerhöhung auf 100°, 1½std. Rühren bei 100° u. übliche Isolierung; 73% (Ausbeute). — *5-Carbäthoxy-2.4-dimethylpyrrolcarbonsäure-(3)-benzylester* (**III**), $C_{17}H_{19}O_4N$, F. 151—151,5°, durch Zugabe von **Ia**, Na-Acetat u. Zn-Staub zu der wie vorst. hergestellten Lsg. von α-Oximinoacetessigester, 1std. Kochen u. Eingießen in W.; $Kp._{0,005}$ 150—170°, aus A. Platten; 58%. — *5-Carbäthoxy-2.4-dimethylpyrrolcarbonsäure-(3)* (**IV**), $C_{10}H_{13}O_4N$, F. 272°, a) durch Behandlung von **II** mit H_2SO_4 nach FISCHER u. WALLACH (Ber. dtsch. chem. Ges. **58.** [1925.] 2820), Gießen auf Eis, Rühren des Nd. in W. + 10%ig. NaOH u. Ausfällung mit CO_2; 77%; b) durch 4std. Hydrierung von **III** in A. bei 50°/100 at in Ggw. von RANEY-Ni, Lösen in verd. NaOH u. Ausfällung mit Säure; aus A. Platten; 74%. Mit 100%ig. H_2SO_4 bei 10° blieb **II** unverändert. — *3.5-Dimethylpyrrolcarbonsäure-(2)-äthylester* (**V**), $C_9H_{13}O_2N$, F. 123° (A.), durch Erhitzen von **IV** in Glycerin auf 220—230° u. anschließend schnelle Wasserdampfdest. bei 160—300°; 87%. — *5-Carbäthoxy-2.4-dimethylpyrrolcarbonylchlorid-(3)*, $C_{10}H_{12}O_3NCl$, F. 203°, a) durch Sättigen der Lsg. von **V** in Toluol mit $COCl_2$ bei 20° u. 2tägiges Stehen; b) durch 1std. Kochen von **IV** mit CH_3COCl; Nadeln; gibt mit sd. A. **II**. — *5-Carbäthoxy-2.4-dimethylpyrrolcarbonsäure-(3)-hydrazid*, $C_{10}H_{15}O_3N_3$,

F. 220°, aus vorst. Chlorid mit $N_2H_4 \cdot H_2O$ in Dioxan bei 0°, Ausfällung mit W., Lösen in verd. Säure u. Ausfällung mit Alkali; aus A. Nadeln. — *3.5-Dimethyl-4-dimethylaminomethylpyrrolcarbonsäure-(3)-äthylester*, $C_{12}H_{20}O_2N_2$, F. 121°, durch 3 std. Kochen von V, $(CH_3)_2NH \cdot HCl$ u. 40%ig. CH_2O-Lsg. in A., Einengen, Zugabe von W. u. Ausfällung mit wss. NaOH; aus 40%ig. A. lange Platten; 94%. — *5-Carbäthoxy-4-carbäthoxymethyl-2-methylpyrrolcarbonsäure-(2)-benzylester*, $C_{20}H_{23}O_6N$, F. 123—124°, durch langsames Zufügen von Amylnitrit zu Acetondicarbonsäurediäthylester + konz. HCl bei 20°, Erwärmen auf 40°, Stehen über Nacht bei Raumtemp., Zufügen dieser Lsg. zu **Ia**, CH_3COONH_4, CH_3COOH u. Zn-Staub unter Kühlung, dann 2 std. Erwärmen auf 95° u. Eingießen der heißen Lsg. in Eiswasser; aus absol. A. flache Prismen; 55%.— *5-Carbäthoxy-4-carbäthoxymethyl-2-methylpyrrolcarbonsäure-(3)*, $C_{13}H_{17}O_6N$, F. 240 (Zers.), durch 3 std. Hydrierung vorst. Esters in A. bei 100°/100 at in Ggw. von RANEY-Ni, Aufnehmen in wss. NaOH u. Ausfällung mit CO_2 bei 0°; aus CH_3COOH Prismen; 91%. — *3-Carbäthoxymethyl-5-methylpyrrolcarbonsäure-(2)-äthylester* (**VI**), $C_{12}H_{17}O_4N$, F. 91—92°, durch Decarboxylierung vorst. Säure in Glycerin bei 270—280° u. schnelle Wasserdampfdest.; aus Bzn., 40%ig. CH_3COOH u. 40%ig. A. Platten; 41%. — *3-Carboxymethyl-5-methylpyrrolcarbonsäure-(2)-äthylester*, $C_{10}H_{13}O_4N$, F. 157°, durch 15 Min. Kochen vorst. Diesters mit einem geringen Überschuß 0,1nNaOH u. Ansäuern bei 0°; aus W. u. Ae. Nadeln u. als stabile Form Platten; gibt durch Decarboxylierung durch 3 Min. Kochen mit etwas Resorcin u. Gießen in W. **V**. — *3-Carbamylmethyl-5-methylpyrrolcarbonsäure-(2)-äthylester*, $C_{10}H_{14}O_3N_2$, F. 205°, durch 10tägiges Stehen von **VI** mit konz. NH_4OH; aus W., dann Aceton Nadeln. — *3-Carbäthoxymethyl-4-[2.2-dicarbäthoxyäthyl]-5-methylpyrrolcarbonsäure-(2)-äthylester*, $C_{20}H_{29}O_8N$, F. 58°, durch 1 std. Kochen von **VI** mit Methoxymethylmalonester u. alkoh. HCl in A. u. Eingießen in Eiswasser; aus PAe. Nadeln. — *4-[2-Carbomethoxyäthyl]-2-methylpyrroldicarbonsäure-(3.5)-diäthylester*, $C_{15}H_{21}O_6N$, F. 103—103,5°, aus δ-Carbäthoxylävulinsäuremethylester in CH_3COOH mit wss. $NaNO_2$-Lsg. bei 4°, Zugabe von **I** nach ½ Std., dann Zugabe von Na-Acetat u. Zn-Staub unter Rühren bei 20—65°, nach ½ Std. bei 95° wurde in W. gegossen; aus 33%ig. A. Nadeln; 64%. — *5-Carbäthoxy-4-[2-carbomethoxyäthyl]-2-methylpyrrolcarbonsäure-(3)-benzylester*, $C_{20}H_{23}O_6N$, F. 172°, analog vorst. Verb. mit **Ia** an Stelle von **I** u. in Ggw. von Ammoniumsulfamat; aus A. blaßgelbe Platten; 66%. — *5-Carbäthoxy-4-[2-carbomethoxyäthyl]-2-methylpyrrolcarbonsäure-(3)* (**VII**), $C_{13}H_{17}O_6N$, F. 220°, durch Hydrierung von 6,4 g vorst. Esters in A. in Ggw. von RANEY-Ni während 5 Std. bei 100°/75 at u. Ausfällung aus der Lsg. in verd. NaOH mit CO_2; aus Aceton Platten; 3 g. — *3-[2-Carbomethoxyäthyl]-5-methylpyrrolcarbonsäure-(2)-äthylester*, $C_{12}H_{17}O_4N$, F. 65—65,5°, durch Sublimation von **VII** bei 235°/15 mm, Extraktion mit Pentan u. Dest. bei 110°/15 mm. — *5-Carbäthoxy-4-[2-carboxyäthyl]-2-methylpyrrolcarbonsäure-(3)*, $C_{12}H_{15}O_6N$, F. 253° (Zers.), aus der alkal. Mutterlauge von **VII** durch Ansäuern mit SO_2; aus CH_3COOH kleine Nadeln; 2,2 g. — *3-[2-Carboxyäthyl]-5-methylpyrrolcarbonsäure-(2)-äthylester* (**VIII**), $C_{11}H_{15}O_4N$, F. 152°, durch Sublimation vorst. Säure bei 235°/20 mm; aus Ae. Nadeln. — *5-Carbäthoxy-4-[2-carbäthoxyäthyl]-2-methylpyrrolcarbonsäure-(3)-benzylester*, $C_{21}H_{25}O_6N$, F. 142 bis 143°, durch Zugabe von Amylnitrit zu β-Ketoadipinsäurediäthylester + konz. HCl bei 20—25°, Erwärmung auf 40°, Stehen über Nacht, Zugabe des Gemisches zu **Ia**, CH_3COOH, Zn-Staub u. CH_3COONH_4 bei 60—65°, 3 std. Rühren bei 75—100° u. Eingießen in Eiswasser; aus A., Bzn. u. A. Platten; 68%. — *5-Carbäthoxy-4-[2-carbäthoxyäthyl]-2-methylpyrrolcarbonsäure-(3)*, $C_{14}H_{19}O_6N$, F. 230° (Zers.), durch 5 std. Hydrierung vorst. Esters in A. bei 100°/100 at in Ggw. von RANEY-Ni, Eindampfen, Extraktion mit verd. NaOH u. Sättigen mit CO_2; aus Aceton nach Trocknen bei 90°/0,02 mm Nadeln; 84%. — *3-[2-Carbäthoxyäthyl]-5-methylpyrrolcarbonsäure-(2)-äthylester* (**IX**), $C_{13}H_{19}O_4N$, F. 66° (polymorph, nach Wiedererstarren F. 56 oder 69°), durch Erhitzen vorst. Säure in Glycerin auf 260° u. Wasserdampfdest. bei 280°; nach Dest. bei 110°/0,0005 mm aus Pentan große Prismen; 51%. **IX** gibt durch Hydrolyse mit 0,5nNaOH bei 100° Ansäuern mit SO_2 **VIII**. — *5-Carbäthoxy-4-[2-carbäthoxyäthyl]-2-methylpyrrolaldehyd-(3)*, $C_{14}H_{19}O_5N$, F. 122°, durch 6 std. Einleiten von HCl in die Lsg. von **IX** u. HCN in Ae. + Chlf. bei 0°, Stehen über Nacht bei 0°, Eindampfen im Vakuum, Aufnehmen in W. u. Einstellen auf p_H 4; aus W. u. Ae.-Pentan Platten; 41%. — *Hämopyrrolcarbonsäure*, $C_9H_{13}O_2N$, F. 129—130°, durch 1 std. Erwärmen vorst. Aldehyds mit n-NaOH auf 100°, Eindampfen im Vakuum, 14 std. Erhitzen des Rückstands mit $N_2H_4 \cdot H_2O$ u. Na in A. auf 160°, Zugabe von W., Entfernung des A. bei 100° u. Ausfällung mit SO_2 bei 0°; aus Ae.-PAe. u. W. u. nach Sublimation bei 115°/0,0005 mm Prismen. *Methylester*, F. 54—55° (Ae.-PAe.); *Pikrat*, F. 119°, schokoladenbraune Nadeln. (J. chem. Soc. [London] **1952**. 4176—84. Nov. Cambridge, Univ., Chem. Labor.) SPAETH. 3550

S. F. MacDonald, *Synthesen von Pyrrolen, einem Porphyrin und dem Maleinimid, die mit den Uroporphyrinen in Beziehung stehen.* In 3-Carbäthoxymethyl-5-methylpyrrolcarbonsäure (2)-äthylester (**I**; vgl. vorst. Ref., dort **VI**) wurde in üblicher Weise über den *Aldehyd* u. die *Acrylsäure* der Propionsäurerest eingeführt; das Prod. wurde am besten nach Veresterung als *4-[2-Carbäthoxyäthyl]-3-carbäthoxymethyl-5-methylpyrrolcarbonsäure-(2)-äthylester* (**II**) isoliert. Partielle Hydrolyse von **II** lieferte *4-[2-Carboxyäthyl]-3-carboxymethyl-5-methylpyrrolcarbonsäure-(2)-äthylester*, weitergehende Hydrolyse die *freie Tricarbonsäure* (**III**), deren Struktur durch Decarboxylierung bewiesen wurde. Monodecarboxylierung von **III** in W. bei 100° fand an der α-COOH-Gruppe statt, die entstandene *Dicarbonsäure* (**IV**) wird als *Kryptopyrroldicarbonsäure* bezeichnet, sie ist sehr leicht lösl. in W. u. bildet kein Pikrat in feuchtem Ae., ihr Methylester konnte nur als Öl erhalten werden. Mit HJ in CH_3COOH bei 100° geben **III** u. **IV** hochschm., in Ae. unlösl., J-haltige Produkte. — Bromierung von **II** liefert *2-Brommethyl-3-[2-carbäthoxyäthyl]-4-carbäthoxymethylpyrrolcarbonsäure-(5)-äthylester*, der beim Kochen in A. oder W. in *5.5'-Dicarbäthoxy-3.3'-bis-[2-carbäthoxyäthyl]-4.4'-bis-[carbäthoxymethyl]-dipyrrylmethan* übergeht, aus dem durch alkal. Hydrolyse die *freie Hexacarbonsäure* (**V**) entsteht. Bei der Behandlung von **V** mit HCOOH bei 40° bildet sich ein Gemisch von *Porphintetraessigtetrapropionsäuren* (**VI**). Nach FISCHER (Ber. dtsch. chem. Ges. **60.** [1927.] 2611) hat Uroporphyrin I die symm. Struktur **VIa**, die Uroporphyrine II, III u. IV unterscheiden sich von **VIa** durch die Vertauschung der beiden β-Substituenten an 2 gegenüberliegenden Pyrrolkernen (**VIb**), an einem Pyrrolkern (**VIc**) bzw. an 2 benachbarten Pyrrolkernen (**VId**). Das synthet. **VI** dürfte ein Gemisch der 4-Isomeren **VIa—d** darstellen, da bei wiederholter Extraktion der amorphen freien Säure u. Veresterung der verschied. Fraktionen Methylester mit niedrigem F. erhalten wurden, auch entstand bei der partiellen Decarboxylierung ein niedrig schm. Gemisch von *Koproporphyrinestern*. Oxydation von **VI** lieferte dieselbe *carboxylierte Hämatinsäure* **VII**, die auch bei der Oxydation von natürlichem **VIa** entsteht, u. die sich zu *Hämatinsäure* u. weiter zu *Äthylmethylmaleinimid* decarboxylieren läßt. Synthet. **VI** zeigt dieselben Eigg. (Löslichkeit, Spektren in verschied. Lösungsmitteln, Decarboxylierbarkeit, Verh. bei der Papierchromatographie) wie natürliches **VIa**. Beide haben die gleiche Unbeständigkeit in heißem Pyridin–Essigsäure (auch im Dunkeln) u. n-Na_2CO_3-Lsg., während sie in stärker alkal. Lsg. beständig sind.

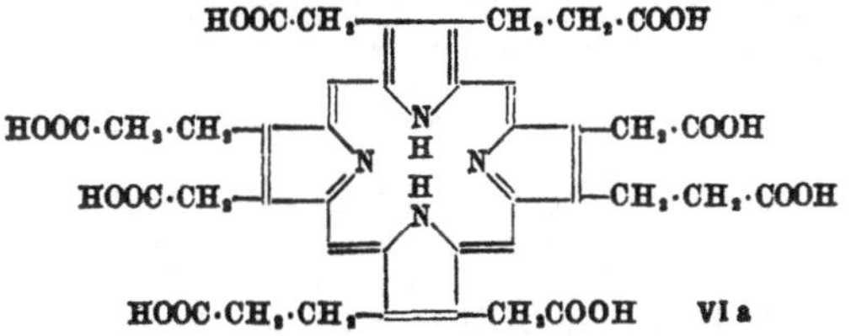

HOOC·CH₂—CH₂·CH₂·COOH ... **VIa** ; HOOC·CH₂—CH₂·CH₂·COOH ... **VII**

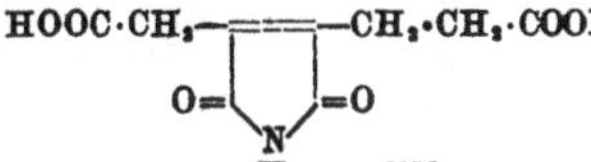

V e r s u c h e: *5-Carbäthoxy-4-carbäthoxymethyl-2-methylpyrrolaldehyd-(3)*, $C_{13}H_{17}O_5N$, F. 154°, durch Einleiten von HCl in die Lsg. von **I** in Ae., Chlf. u. HCN unter Feuchtigkeitsausschluß u. Kühlung, Lösen des getrockneten Aldiminhydrochlorids in Eiswasser u. Einstellen auf p_H 4; aus Ae. u. W. Nadeln; 97% (Ausbeute). — *3-Carbäthoxymethyl-4-[2-carboxyvinyl]-5-methylpyrrolcarbonsäure-(2)-äthylester*, $C_{15}H_{19}O_6N$, F. 205—206°, durch 20 std. Kochen vorst. Aldehyds in 90%ig. A. mit Malonsäure u. Anilin, Eindampfen des Heißfiltrats u. Rühren des Rückstands mit Toluol; aus 40%ig. A. Prismen; 51%. — *4-[2-Carbäthoxyäthyl]-3-carbäthoxymethyl-5-methylpyrrolcarbonsäure-(2)-äthylester* (**II**), $C_{17}H_{25}O_6N$, F. 63—63,5°, durch 24 std. Schütteln vorst. Säure in verd. NaOH mit H_2 bei 15° in Ggw. von RANEY-Ni, Ausfällung des Estergemisches bei 0° mit SO_2, Aufnehmen in heißer alkoh. HCl, 24 std. Stehen bei 20° u. Gießen in W.; aus PAe. Nadeln; 75%. Red. mit Na/Hg in verd. NaOH bei 80° gab niedrigere Ausbeuten. — *4-[2-Carboxyäthyl]-3-carboxymethyl-5-methylpyrrolcarbonsäure-(2)-äthylester*, $C_{13}H_{17}O_6N$, F. 178° (Zers.), wie vorst. bei 2tägiger Red. u. Ausfällung des rohen Reduktionsprod. mit Säure; nach Sublimation bei 187°/0,002 mm Prismen. — *4-[2-Carboxyäthyl]-3-carboxymethyl-5-methylpyrrolcarbonsäure-(2)* (**III**), $C_{11}H_{13}O_6N$, F. 145—146° (Zers.), durch Eindampfen von **II** in A. mit 10%ig. NaOH bis zur Trockne, Aufnehmen in W. u. Ansäuern mit SO_2 bei 0°; aus Aceton Prismen; 92%; wird in trockenem Zustand violett. — *3-[2-Carboxyäthyl]-4-carboxymethyl-2-methylpyrrol* (**IV**), $C_{10}H_{13}O_4N$, F. 126° (Zers.), durch Kochen von **III** mit W. bis zur Lsg. u. Gefriertrocknung; aus Ae.-PAe. Nadeln. — *Carbäthoxykryptopyrrolcarbonsäure*, $C_{12}H_{17}O_4N$, F. 154° (PAe.), a) durch Erhitzen von **III**-2-Äthylester während einiger Min. auf 250° u. Sublimation bei 185°/0,002 mm; b) durch partielle Hydrolyse von **II** durch 4 std. Kochen mit NaOH enthaltendem A., Eindampfen, Aufnehmen in W., Ansäuern u. Decarboxylierung wie bei a). — *Kryptopyrrolcarbonsäure*, F. 136°, durch Erhitzen von **III** in Glycerin auf 210° (Bad) bis zur Beendigung der Gasentw., Zugabe von W. u. Ae.-Extraktion. — *2-Brommethyl-3-[2-carbäthoxyäthyl]-4-carbäthoxymethylpyrrolcarbonsäure-(5)-äthylester*, durch Bromierung von **II** in CH_3COOH bei 30° oder in CS_2 bei 20° u. Eindampfen im Vakuum; Öl. — *5.5'-Dicarbäthoxy-3.3'-bis-[2-carbäthoxyäthyl]-4.4'-bis-[carbäthoxymethyl]-dipyrrylmethan*, $C_{33}H_{46}O_{12}N_2$, F. 100,5°, durch Kochen vorst. Verb. mit W. (3 Std.) oder A. (4 Std.); aus 50%ig. A., dann aus Hexan große bräunliche Platten; 17 bzw. 37%. — *5.5'-Dicarboxy-3.3'-bis-[2-carboxyäthyl]-4.4'-bis-[carboxymethyl]-dipyrrylmethan* (**V**), $C_{21}H_{22}O_{12}N_2$, F. 157° (Zers.), durch 2std. Kochen vorst. Esters in A. mit 10%ig. NaOH, Verdünnen nach Entfernung des A. u. Ansäuern mit SO_2 bei 0°; aus Aceton etwas hygroskop. Kristalle; 86%. — *2.3.6.7-Tetrakis-[2-carboxyäthyl]-1.4.5.8-tetrakis-[carboxymethyl]-porphin* (**VIb**) u. *Isomere* (**VIa, VIc, VId**). *Oktamethylester*, $C_{48}H_{54}O_{16}N_4$, F. 256—258° (Block), durch 5tägiges Durchleiten von Luft durch die Suspension von **V** in 98%ig. HCOOH bei 40°, Eingießen in gesätt. NaCl-Lsg., Einstellen mit NaOH auf p_H 3, Lösen des Prod. in methanol. HCl, Verdünnen nach 1 Tag mit Chlf., Gießen in Eiswasser, Filtration der Chloroformschicht durch Al_2O_3 u. Zugabe von heißem CH_3OH; haarfeine Kristalle; 37%. *Freie Säure* (**VI**), $C_{40}H_{38}O_{16}N_4$, durch 5std. Kochen des Esters mit n-NaOH, Verdünnen mit W. u. Zugabe von $CH_3 \cdot COOH$. Partielle Decarboxylierung von **VI**-Halbester lieferte ein Gemisch von *Koproporphyrinmethylestern*, $C_{40}H_{46}O_8N_4$, aus dem Fraktionen vom F. 183° (Block) u. F. 134 bis 135° (Block) isoliert wurden. Oxydation von **VI** in 50%ig. H_2SO_4 mit CrO_3 bei 0°, Ae.-Extraktion, Aufnehmen des Ae.-Rückstands in 0,75n Sodalsg., Einstellen auf p_H 1 mit H_2SO_4, Sättigen mit $(NH_4)_2SO_4$ u. Ae.-Extraktion lieferte **VII**; $C_9H_9O_6N$, F. 179° (Zers.), aus Ae. Prismen. (J. chem. Soc. [London] **1952.** 4184—90. Nov.) SPAETH. 3550

Marius Badoche, *Über die Semicarbazone von Thujonen. α(l)-Thujon* (**I**) bildet außer dem bereits bekannten *Semicarbazon* (**IIa**) *vom F. 197°* noch ein 2. *Semicarbazon* (**IIb**) *vom F. 189°*. **IIa** u. **IIb**, die mit den Indices (α)a u. (α)b bezeichnet werden, lagern sich in Essigsäure bis zu einem Gleichgewicht ineinander um; dagegen liefert *β(d)-Thujon* (**III**) nur ein *Semicarbazon* (**IV**), das in CH_3COOH beständig ist u. bei der Hydrolyse reines **III** zurückliefert, während bei der Hydrolyse von **IIa** u. **IIb** stets Gemische von **I** u. **III** entstanden. Bei dem verwendeten Thujon handelte es sich um ein Gemisch von **I** u. **III** mit **I** als Hauptbestandteil, $C_{10}H_{16}O$, Kp.$_{12}$ 76—78°, n_D^{18} 1,4525, $[\alpha]_D$ +3,15° (homogen), D. 0,920. **IIa**, $C_{11}H_{19}ON_3$, F. 197°, durch fraktionierte Kristallisation aus A., Bz. u. Ae. rein erhalten, kurze Stäbchen, $[\alpha]_D$ +60,5° (c = 0,028 in CH_3OH), +58,5° (c = 0,017 in A.), −42,5° (c = 0,014 in Bzl.), −3,3° → −37° nach 24 Std. in CH_3COOH, in stark verd. CH_3COOH ist die Isomerisierungsgeschwindigkeit wesentlich geringer. **IIb**, F. 189°, konnte durch fraktionierte Kristallisation nicht rein erhalten werden, sondern nur durch Isomerisierung von **IIa**, feine Nadeln oder kleine harte Kugeln, $[\alpha]_D$ −108° (c = 0,02 in CH_3OH), −110° (c = 0,015 in A.), −162,5° (c = 0,0038 in Bzl.), −130° → −41° nach 24 Std. in CH_3COOH (c = 0,035). **IV**, F. 179°, wurde aus durch Isomerisierung nach verschied. Methoden an **III** angereicherten Thujonfraktionen dargestellt; $[\alpha]_D$ +221,5° (c = 0,022), +214,5° (c = 0,027), +125,5° (c = 0,015), +187,5° (c = 0,040). Aus **IV** durch Hydrolyse mit n-HCl **III**, Kp.$_9$ 73°, $[\alpha]_D$ +72°, D. 0,9135. (Bull. Soc. chim. France, Mém. [5] **19.** 1029—32. Nov./Dez. 1952. Paris, Coll. de France, Labor. de Chim. Organ.) SPAETH. 3600

Marius Badoche, *Über die 4-Phenylsemicarbazone von Thujonen.* Besser als über die Semicarbazone (vgl. vorst. Ref.) lassen sich α- (**I**) u. *β-Thujon* über die *4-Phenylsemicarbazone* trennen, wobei **I** 2 verschied. Phenylsemicarbazone lieferte, die sich in CH_3COOH bis zu einem Gleichgewicht ineinander umlagern. — *β(d)-Thujon-4-phenylsemicarbazon*, $C_{17}H_{23}ON_3$, F. 187°, aus A. Lamellen oder mitunter kurze Prismen, $[\alpha]_D$ +204,5° (c = 0,005 in CH_3OH), +204° (c = 0,004 in A.), +119° (c = 0,035 in Bzl.), +163° (c = 0,040 in CH_3COOH) → +154° nach 9 Tagen. — *α(l)-Thujon-4-phenylsemicarbazon a*, F. 133°, $[\alpha]_D$ +47,5° (c = 0,02 in CH_3OH), +44,5° (c = 0,02 in A.), −32° (c = 0,03 in Bzl.), −10,5° (c = 0,03 in CH_3COOH) → −34,8° nach 24 Stunden. *Isomeres b*, F. ~72°, amorph, $[\alpha]_D$ −38° (c = 0,025 in A.), −85° (c = 0,035 in Bzl.) −68° (c = 0,040 in CH_3COOH) → −39,5 nach 31 Stunden. — Die 4-Phenylsemicarbazone lassen sich nur schwer hydrolysieren. (Bull. Soc. chim. France, Mém. [5] **19.** 1032—34. Nov./Dez. 1952.) SPAETH. 3600

Hans L. Hoyer, *Über das Campfan-2-spirohydantoin.* Synthet. d.l-Campher (**I**) wird nach dem Verf. von BERGS (C. **1933.** I. 1018) in *d.l-Camphan-2-spirohydantoin* (**II**) übergeführt. Bei energ. Alkalieinw. bildet **II** die *d.l-2-Aminocamphancarbonsäure-(2)* (**III**), die über das *Campherimin* in **I** zurückgeführt werden kann. Ebenfalls läßt sich **III** durch Harnstoffschmelze in **II** zurückverwandeln. Allen Verbb. muß also die Camphanstruktur zugrunde liegen. Der Übergang von der Camphan- in die Camphenreihe erfolgt bei der Diazotierung von **III**, wobei nach Dehydratisierung die *d.l-Camphencarbonsäure-(1)* (**IV**) entsteht. — In **II** sind der Camphan- u. Hydantoinring durch ein gemeinsames C-Atom spiranartig verknüpft. Der Hydantoinring kann dabei auf zweierlei Weise an dem $C_{(2)}$-Atom des Camphanringes anelliert sein, so daß eine cis-trans-Isomerie auftritt. Das *d-Camphan-2-spirohydantoin*, das aus natürlichem *d-Campher* (**V**) analog **II** hergestellt wird, kann in einer *α-Form* (**VI**) u. *β-Form* (**VII**) isoliert werden. **VI** u. **VII** sind stabile, selbstständige Formen. Sie können in 2 stereoisomere 2-Aminocamphancarbonsäuren aufgespalten werden, die sich durch Harnstoffschmelze in **VI** u. **VII** u. über das Imin in **V** zurückverwandeln lassen.

Versuche: *d.l-Camphan-2-spirohydantoin* (**II**), $C_{12}H_{18}O_2N_2$, F. 265°, Kp. ca. 350° (Zers.), a) durch 5std. Rühren von 38 g **I**, 49 g NaCN, 114 g $(NH_4)_2CO_3$ u. 150 cm³ Methanol bei 10 at u. nachheriges 5std. Erhitzen auf 120—130°, Reaktionsgemisch kongosauer machen, festes Prod. absaugen u. mit 10%ig. NaOH u. Ae. behandeln; nach Ansäuern 25—30 g (Ausbeute); aus A. Nadelbüschel; b) durch 1std. Schmelzen von 1 g **III** u. 5 g Harnstoff unter Umrühren bei 150° u. Auskochen mit W.; 0,7 g; c) durch Versetzen von 0,5 g **III** in methanol. HCl mit 5 g NaCN u. 1std. Erwärmen auf dem Wasserbad; 0,45 g. Leicht lösl. in heißem Methanol, A., Essigsäure, Nitrobenzol u. NaOH, in Soda-Lsg. beim Erwärmen, schwer lösl. in Bzl., Ae. u. Chlf.; in H_2SO_4 beim Erwärmen Orangefärbung u. blaue Fluorescenz. Beständig gegen heiße Chromschwefelsäure u. $KMnO_4$-Lösung. *Methylolverb.*, $C_{13}H_{20}O_3N_2$, F. 153—155°, durch Erwärmen von **II** mit Formaldehyd, Nadeln. *Acetylverb.*, $C_{14}H_{20}O_3N_2$, F. 171°, durch Erwärmen von **II** mit Acetanhydrid, Plättchenbüschel aus Methanol. *Nitrat*, $C_{12}H_{18}O_2N_2 \cdot HNO_3$, aus **II** u. heißer, konz. HNO_3, glänzende Nadeln. Mit H_2O Hydrolyse zu **II**. — *d.l-2-Aminocamphancarbonsäure-(2)* (**III**), $C_{11}H_{19}O_2N \cdot H_2O$, F. 255—260° (Schäumen), durch 10std. Erhitzen von 22,2 g **II** u. 36 g NaOH in 100 cm W. im Druckgefäß auf 150° u. Ausfällen mit W., Blättchen (W.); 17—18 g. Lösl. in Säure, Alkali, unlösl. in organ. Lösungsmitteln. *Hydrochlorid*, würfelförmige Kristalle. *Acetylverb.*, $C_{13}H_{21} \cdot O_3N \cdot H_2O$, F. 218°, durch Kochen von **III** mit Acetanhydrid bis zur vollständigen Lösung. *o-Chlorbenzoylverb.*, $C_{18}H_{22}O_3NCl$, F. 200°, aus **III** u. o-Chlorbenzoylchlorid in verd. NaHO, Würfel oder Nadelbüschel aus Aceton, Nadeln aus Bzl. oder Toluol. — *d.l-Camphenhydratcarbonsäure-(1)* (**VIII**), $C_{11}H_{18}O_3$, F. 145°, durch Versetzen von 20 g **III** in 20%ig. H_2SO_4 mit Na-Nitrit bei 5°. Abscheidung von Nadeln; 19 g. Aus den Mutterlaugen neben weiteren Mengen **VIII** *d.l-Camphencarbonsäure-(1)* (**IV**), $C_{11}H_{16}O_2$, F. 110—111°, die auch durch 12std. Erhitzen von 2 g **VIII** auf 100° mit 10%ig. H_2SO_4, Lösen des Nd. in Bzl. u. Verdünnen mit PAe. erhalten wird; 30 mg. Als Hauptprod. entsteht bei dieser Rk. *2-Oxycamphancarbonsäure-(4)*, $C_{11}H_{18}O_3$, F. 230—232°, aus Bzl. Blättchen; 1,5 g. — *d.l-Camphenoncarbonsäure-(1)*, $C_{10}H_{14}O_3$, F. 135° (W.), durch Oxydation von **IV** in verd. NaOH mit heißer $KMnO_4$-Lsg., aus kongosaurem Filtrat hexagonale Plättchen. — *d.l-Campher* (**I**), F. 178°,5, durch Zugaben von wss. NaOCl zu 20 g **III** in NaOH (Verbrauch von ca. 152 g akt. Chlor/Liter), Aufnehmen des erstarrten Öls in Bzl. u. Einleiten von HCl werden 15 g *d.l-Campheriminhydrochlorid* erhalten. Davon 5 g mit techn. Hydrogensulfit-Lsg. erwärmen u. mit Wasserdampf dest.; 3,9 g. — *d-Camphan-2-spirohydantoin*, a) durch 6std. Erhitzen von 2 g d-Aminocamphancarbonsäure-(2)-nitril (**IX**) (vgl. HOUBEN, Ber. dtsch. chem. Ges. **60**. [1927.] 595) mit 3 g $(NH_4)_2CO_3$ in 10 cm³ Methanol auf 150° im Rohr, Verdünnen u. kongosauer machen; b) aus d-Campher (**V**) analog **II** a); zuerst Abscheiden von federartigen Kristallen der *α-Form*, danach wasserklare Prismen der *β-Form*. Trennung entweder durch fraktionierte Kristallisation, Auslesen oder Aussieben der Kristalle der *β-Form*. *α-Form* (**VI**), F. 255—256°, $[\alpha]_D^{20}$ +15,6° (Eisessig). *Acetylverb.*, F. 168°, Plattenbüschel aus Methanol. *Methylolverb.*, F. 153° (unscharf), Plättchen. *β-Form* (**VII**), F. 255,5° (Misch-F. mit **VI** niedriger), $[\alpha]_D^{20}$ +34,6°. *Acetylverb.*, F. 185°, aus A. hexagonale Platten. *Methylolverb.*, F. 149° (unscharf). — *2-Aminocamphancarbonsäure-(2)* (**X**), aus der *α-Form* (**VI**), F. 278° (Schäumen), $[\alpha]_D^{20}$ —56,6°. *o-Chlorbenzoylverb.*, F. 213°, Nadeln aus Toluol. — *2-Aminocamphancarbonsäure-(2)* (**XI**), aus der *β-Form* (**VII**), F. 278° (Schäumen), $[\alpha]_D^{20}$ —66,4°. *o-Chlorbenzoylverb.*, F. 213°, seidige Nadeln aus Toluol. **X** u. **XI** können analog **II** b) u. c) in **VI** u. **VII** u., wie unter **I** beschrieben, in *d-Campher*, F. 177°, zurückverwandelt werden. $[\alpha]_D^{20}$ +40,3, +36,0°. — *d-Camphan-2-spiro-2'.4'-dithiohydantoin*, $C_{12}H_{18}N_2S_2$, $[\alpha]_D^{20}$ —25,3°, durch 6std. Erhitzen von 21 g **IX** in 50 cm³ CS_2 im Druckgefäß auf 120—150°, 18 g; gelbe Prismen aus Methanol, unlösl. in Sodalsg., Zers. beim Erwärmen in NaOH. (Chem. Ber. **83**. 491—500. Aug. 1950. Gersthofen, Campherlabor. d. Lech-Chemie.) FRANCK. 3600

J. F. Cavalla und **J. F. McGhie**, *Lanosterin.* 10. Mitt. *Ketodihydrolanosterin.* (9. vgl. BIRCHNOUGH, J. chem. Soc. [London] **1950**. 1249.) Durch CrO_3-Oxydation von γ-Lanostadienylacetat wurde *Ketolanostenylacetat* (I) erhalten, das ident. ist mit dem aus Lanostenylacetat erhaltenen I (l. c.). Durch Dehydrierung mit SeO_2 wurde I in *Ketolanostatrienylacetat* (II) übergeführt, das auch aus den Mutterlaugen bei der Darst. von γ-Lanostadienylacetat aus Lanostenylacetat durch SeO_2-Dehydrierung isoliert werden konnte. Oxydation von II lieferte *Triketolanostadienylacetat* (III), in dem eine α-Diketogruppierung nachgewiesen wurde. Durch Red. von I wurde γ-Lanostadienol erhalten.

V e r s u c h e (Drehungen in Chlf. gemessen): *Ketolanostenylacetat* (I), $C_{32}H_{52}O_3$, F. 152—153°, durch Oxydation von 3 g γ-Lanostadienylacetat mit 0,75 g CrO_3 in Eisessig, 2 Min. bei 95°, Gießen in W. u. Ätherextraktion: nach Chromatographie an Al_2O_3 (eluiert mit Benzin–Bzl. 1:1 u. Bzl.) aus Aceton–Methanol glänzende Nadeln; $[\alpha]_D^{20}$ + 18,5° (c = 0,040); 0,6 g (Ausbeute); λ_{max} 246 mμ (log ε 4,06; in Cyclohexan). Aus den Mutterlaugen wurde *Diketolanostenylacetat* (IV) isoliert. — *Ketolanostatrienylacetat* (II), $C_{32}H_{48}O_3$, F. 198—199°, durch 3 std. Kochen von I mit SeO_2 (1 Teil SeO_2, 1 Teil W.) in Eisessig (l. c.); $[\alpha]_D^{20}$ + 70,2° (c = 0,046); λ_{max} 256 u. 328 mμ (3,89; in A.). — *Triketolanostadienylacetat* (III), $C_{32}H_{46}O_5$, F. 189—190°, durch 1 std. Oxydation von 0,65 g II mit 0,65 g CrO_3 in Eisessig bei 95°; aus Methanol feine, orange Nadeln; $[\alpha]_D^{20}$ —60,0° (c = 0,033); 0,45 g; λ_{max} 284 mμ (4,01; in A.); auch durch 3½ std. Kochen von 3 g IV mit SeO_2 (3 g in 8 cm³ W.) in Eisessig/Acetanhydrid (1:1) u. Chromatographie in geringer Menge erhalten, als Hauptprod. (1,3 g) die *Verb.* $C_{32}H_{48}O_4$ [citronengelbe Nadeln, F. 128,5—129,5°; $[\alpha]_D^{20}$ + 74,9° (c = 0,038)]; durch 3½ std. Kochen von IV mit SeO_2 (ohne W.) in Eisessig–Acetanhydrid (1:1) wurde nach Chromatographie an Al_2O_3 III als Hauptprod. (eluiert mit Bzl. bzw. Chlf.) u. die obige Substanz als Nebenprod. [eluiert mit Benzin (Kp. 60—80°) -Bzl. (2:1)] erhalten. — Durch Umsetzung einer Lsg. von 0,45 g III, 25 cm³ Dioxan u. 8 cm³ 10% wss. KOH mit 4 cm³ Perhydrol bei 50° (nach 15 Min. nochmals Zugabe von 1 cm³ Perhydrol) wurde eine zweibas. *Oxysäure*, $C_{30}H_{46}O_6$, erhalten; aus Essigester kub. Kristalle, F. 244° (Zers.); $[\alpha]_D^{20}$ —57,5° (c = 0,022 in A.); 0,3 g; λ_{max} 251 mμ (4,03; in A.). — *γ-Lanostadienol*, $C_{30}H_{50}O$, F. 156,5—157,5°, a) durch Zugabe von 3 g Na zu 0,5 g I in Isopropylalkohol innerhalb 1 Std., 2 std. Kochen u. Ae.-Extraktion; aus Methanol–Aceton Nadeln; 0,33 g unrein; aus den Mutterlaugen das *Diol*, $C_{30}H_{52}O_2$, vom F. 207—208°; aus wss. Methanol feine Nadeln; 0,08 g. b) Durch Red. von I mit $LiAlH_4$ in Ae. u. Chromatographie (eluiert mit Benzin–Bzl. u. Bzl.); $[\alpha]_D^{20}$ + 67,8° (c = 0,057). *Acetat*, $C_{32}H_{52}O_2$, F. u. Misch.-F. 167—168° (Aceton/Methanol), durch 2 std. Kochen der vorigen Verb. mit Acetanhydrid; $[\alpha]_D^{20}$ + 91,0° (c = 0,033); λ_{max} 244 u. 251 mμ ($E_{1\,cm}^{1\%}$ 360 bzw. 224). — *Diketolanostenylacetat* (IV), $C_{32}H_{50}O_4$, F. u. Misch.-F. 157—158°, durch 1 std. Oxydation von I mit CrO_3 in Eisessig bei 90°; aus Methanol gelbe Plättchen; $[\alpha]_D^{20}$ + 91,6° (c = 0,024). (J. chem. Soc. [London] **1951**. 744—47. März. Chelsea Polytechnic.) FRUHSTORFER. 3600

J. F. Cavalla und **J. F. McGhie**, *Lanosterin*. 11. Mitt. *Die Reduktion von Ketonen in der Lanosterinreihe.* (10. vgl. vorst. Ref.) Durch Red. von Acetoxylanostendion (I) mit $LiAlH_4$ wurde *Diacetoxylanostanon* (IIb) erhalten, während Acetoxylanostandion (III) unter gleichen Bedingungen *Diacetoxylanostanol* (IV) lieferte. Durch Oxydation von IV mit CrO_3 wurde IIb erhalten, das durch Verseifung in das entsprechende *Ketolanostandiol* (IIa) übergeführt werden konnte. Wasserabspaltung aus IV mittels $POCl_3$ lieferte *Diacetoxylanosten* (V).

V e r s u c h e (Drehungen in Chlf. gemessen): *Acetoxylanostendion* (I), F. 158—159°, durch 2 std. Oxydation von 20 g Lanostenylacetat mit 12 g CrO_3 in Eisessig bei 95°; nach Chromatographie aus Methanol glänzende gelbe Plättchen; $[\alpha]_D^{20}$ + 91,6° (c = 0,024); 12 g (Ausbeute). — *Acetoxylanostandion* (III) F. 222—224°, durch Red. von I mit Zn-Staub in Eisessig; Blättchen; $[\alpha]_D^{20}$ + 55,4° (c = 0,04); 80%. — *Lanostanondiol* (IIa), $C_{30}H_{52}O_3$, F. 215°, durch Red. von I mit $LiAlH_4$ in Ae.; das Reaktionsprod. wurde aus wenig Methanol umkrist. u. lieferte neben einem amorphen Pulver Kristalle (durch Auslesen isoliert); aus wenig Methanol Plättchen; $[\alpha]_D^{20}$ + 53,0° (c = 0,038) Ferner durch 2½ std. Kochen von IIb mit äthanol. KOH; Reacetylierung lieferte IIb zurück. *Diacetat* (IIb), $C_{34}H_{56}O_4$, F. 175—176°, aus IIa mit Acetanhydrid–Pyridin (8 Std. bei Raumtemp.); $[\alpha]_D^{20}$ + 58,4° (c = 0,018). Die amorphe Substanz konnte weder durch Chromatographie noch durch Umkrist. gereinigt werden. Auch durch Oxydation von IV mit CrO_3 in Eisessig bei 45—50° (1 Std.) u. Chromatopraphie an Al_2O_3 (eluiert mit Benzin–Bzl. 1:1). In einem weiteren Reduktionsansatz von I wurde das Reaktionsprod. sofort acetyliert u. an Al_2O_3 chromatographiert: *Triacetoxylanosten*, $C_{36}H_{58}O_6$, F. 200°, durch Elution mit Bzn. (Kp. 60—80°) u. Benzin–Bzl. (1:1); aus Methanol Nadeln; $[\alpha]_D^{20}$ + 57,5° (c = 0,049). Verseifung mit 6%ig. äthanol. KOH lieferte ein nicht kristallisierbares, amorphes Pulver. Bei nochmaliger Chromatographie der Mutterlaugen wurden außerdem geringe Mengen von **II b** u. von **IV** erhalten. Durch Red. von **II a** u. **II b** mit $LiAlH_4$ in Ae. u. Acetylierung wurde **IV** erhalten. — *Lanostantriol*, $C_{30}H_{54}O_3$, F. 219—220°, durch Red. von **III** mit $LiAlH_4$ in Ae. u. Chromatographie des amorphen Reaktionsprod. an Al_2O_3 (eluiert mit Ae.); aus Methanol Nadeln. Acetylierung lieferte kein krist. Produkt. — *Diacetoxylanostanol* (**IV**), $C_{34}H_{58}O_5$, F. 239°, durch Red. von **III** mit $LiAlH_4$ in Ae. u. anschließende Acetylierung (2 std. Erwärmen mit Acetanhydrid-Pyridin auf 100°); aus Aceton–Methanol Nadeln; $[\alpha]_D^{20}$ + 70,0° (c = 0,025). Wurde in einem ähnlichen Ansatz die Acetylierung durch 2 std. Kochen mit Acetanhydrid durchgeführt, so konnte nach Chromatographie an Al_2O_3 *Diacetoxylanosten* [**V**; $C_{34}H_{56}O_4$ aus Aceton–Methanol, F. 213—214°; $[\alpha]_D^{20}$ + 83,4° (c = 0,020)] erhalten werden. **V** gibt mit Tetranitromethan Gelbfärbung u. ist prakt. unlösl. in Methanol. **V** auch durch 1 std. Erwärmen von **IV** in Pyridin mit $POCl_3$; aus Aceton–Methanol. Kochen von **IV** mit Acetanhydrid–Pyridin (1 Std.) lieferte das Ausgangsprod. zurück. Verseifen von **IV** mit äthanol. KOH führte zu nichtkristallisierbaren Produkten. (J. chem. Soc. [London] **1951.** 834—37. März.) FRUHSTORFER. 3600

J. F. Cavalla, J. F. McGhie, E. C. Pickering und **R. A. Rees,** *Lanosterin.* 12. Mitt. *Die Konstitution einiger Oxydationsprodukte aus Lanostadienol und Lanostenol.* (11. vgl. vorst. Ref.) Vff. untersuchten nochmals die Oxydationsprodd., die MARKER u. Mitarbeiter (J. Amer. chem. Soc. [London] **59.** [1937.] 1368) aus Lanostadienyl- (**I a**) u. Lanostenylacetat (**II a**), sowie WIELAND u. JOOST (Liebigs Ann. Chem. **546.** [1941.] 103) aus *Kryptostadienylbenzoat* (**I b**) erhalten hatten. — Bei der CrO_3-Oxydation von **I a** wurde eine gelbe, amorphe Substanz (**III**) erhalten, deren Bruttoformel mit $C_{29}H_{42}O_6$ (MARKER, l. c., $C_{25}H_{46}O_2$) angegeben wird. Behandlung von **III** mit Alkali lieferte *Diketotrisnorlanostenolsäure* (**IV**), die in allen Eigg. mit der von WIELAND (l. c.) beschriebenen Säure übereinstimmt. Vff. nehmen an, daß in **III** noch die Acetoxygruppe aus **I a** vorliegt; dagegen ist die exocycl. Isopropyliden-Gruppe abgespalten u. die der exocycl. Doppelbindung benachbarten Methylengruppen sind zu Carbonylgruppen oxydiert. **IV** entsteht aus **III** durch einfache Verseifung. Die Konst. von **IV** wurde durch weitere Unterss. gestützt. — Die von WIELAND (l. c.) durch CrO_3-Oxydation von *Lanostenol* (**II**) dargestellte *Dicarbonsäure* (**V**) wurde mit der von RUZICKA (Helv. chim. Acta **27.** [1944.] 472) aus *Oxymethylenlanostenon* erhaltenen Säure als ident. gefunden; die Bruttoformel wurde zu $C_{30}H_{50}O_4$ (WIELAND $C_{27}H_{40}O_2$) richtiggestellt (vgl. hierzu Teilformel **V**). — Vff. diskutieren die Einheitlichkeit von Oxydationsprodd. des nahe verwandten *Euphadienols,* die einerseits von DUPONT u. Mitarbeitern (Bull. Soc. chim. France, Mém. [5] **16.** [1949.] 809), andererseits von KRÜSI (J. chem. Soc. [London] **1950.** 2864) erhalten wurden.

HOOC / HOOC } $C_{22}H_{38}$ **V**

Versuche (Drehungen in Chlf. bei 20°): *Diketotrisnorlanostenolsäureacetat* (**III**), $C_{29}H_{42}O_6$, F. 79—81°, a) durch 6 std. Oxydation von 5 g **I a** mit 10 g CrO_3 in Eisessig (150 cm³) bei 90° unter Rühren u. Stehen über Nacht. b) Durch 2 std. Oxydation von 5 g **I a** mit 2,5 g CrO_3 in 350 cm³ Eisessig bei 90° unter Rühren; (die CrO_3-Lsg. wurde in beiden Fällen langsam zugetropft); aus Essigester gelbes, amorphes Prod.; je ~ 3 g. — *Diketolanostenylacetat,* F. 158—159°, durch Oxydation von **II a** wie unter (a); $[\alpha]_D$ + 91,6° (c = 0,024); daneben eine geringe Menge einer nicht kristallinen Säurefraktion. — *Diketotrisnorlanostenolsäure* (**IV**), $C_{27}H_{40}O_5$, F. 205—206°, durch 3 std. Kochen von **III** in 2%ig. alkoh. KOH; aus Essigester blaßgelbe Nadeln; $[\alpha]_D$ + 104° (c = 0,026). *Methylester,* $C_{28}H_{42}O_5$, F. 175—176° (wss. CH_3OH), aus **IV** mit CH_2N_2. *Benzoat* (**IV a**), $C_{34}H_{44}O_6$, F. 218—220°, aus **IV** mit Benzoylchlorid in Pyridin; aus Essigsäure gelbe Prismen; $[\alpha]_D$ + 112° (c = 0,04); oder durch CrO_3-Oxydation von **I b** analog der von **I a**. *Methylesterbenzoat,* $C_{35}H_{46}O_6$, F. 197—199° (Essigester/Methanol), aus voriger Verb. mit CH_2N_2. — *Diketotrisnorlanostenonsäuremethylester* (**VI**), $C_{28}H_{40}O_5$, F. 149—150°, durch CrO_3-Oxydation von **IV** in Eisessig bei 45—50° (3 Std.) u. Methylieren des nicht kristallisierbaren, gelben Öls mit CH_2N_2; aus Methanol gelbe Nadeln; $[\alpha]_D$ + 172° (c = 0,036). Verseifung mit alkoh. KOH lieferte nur Harze. — *Trisnorlanostenolsäure,* $C_{27}H_{44}O_3$, F. 257 bis 259°, durch 3 std. Ozonisierung (3% O_3) von Lanostadienol (**I**) in Chlf.; nach Spaltung des Ozonids (1 std. Kochen mit W.), Abdest. der flüchtigen Bestandteile u. Abtrennung der Neutralfraktion aus Eisessig; $[\alpha]_D$ + 52° (c = 0,065); aus den flüchtigen Anteilen konnten 40% *Aceton-2.4-dinitrophenylhydrazon* ($C_9H_{10}O_4N_4$, F. 128°) isoliert werden. *Methylester,* $C_{28}H_{46}O_3$, F. 154—155°, aus vorst. Säure mit CH_2N_2; nach Chromatographie an Al_2O_3 (eluiert mit Hexan–Bzl. 1:1) aus Chlf.-Methanol. Verseifung lieferte die Säure zurück. Hieraus durch CrO_3-Oxydation in Eisessig **VI**; das gleiche Prod. konnte durch direkte Oxydation von **I** u. nachfolgende Methylierung in sehr geringer Ausbeute erhalten werden. — *Dicarbonsäure* (**V**), $C_{30}H_{50}O_4$, F. 195—196°, durch Oxydation von 4,8 g **II** mit 8 g CrO_3 in 560 cm³ Eisessig (langsames Zutropfen der CrO_3-Lsg. während 2 Std.

unter Rühren) bei 80—85°; nach Aufarbeitung aus Eisessig 50 mg; $[\alpha]_D$ + 87° (c = 0,05); *Dimethylester*, $C_{32}H_{54}O_4$, durch Methylierung; nicht kristallisierbares Öl; enthält nach ZEISEL 2 Methoxylgruppen. (J. chem. Soc. [London] **1951.** 2474—79. Sept.)

FRUHSTORFER. 3600

J. F. Cavalla, J. F. McGhie und **M. K. Pradhan,** *Lanosterin.* 13. Mitt. *Weitere Untersuchungen zur Konstitution des Lanostadienols.* (12. vgl. vorst. Ref.) Vff. schlagen für *Lanostadienol* die erweiterte Strukturformel **I** vor. — Untersucht wurde die Wasserabspaltungs-Rk. des aus **I** erhältlichen, gesättigten *8.11-Diketolanostanols* (**II**; vgl.

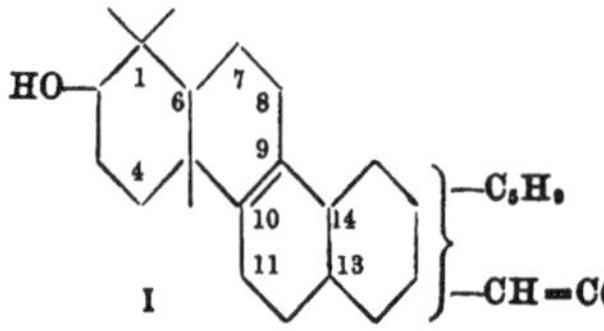

I —C_5H_9 —$CH=C(CH_3)_2$

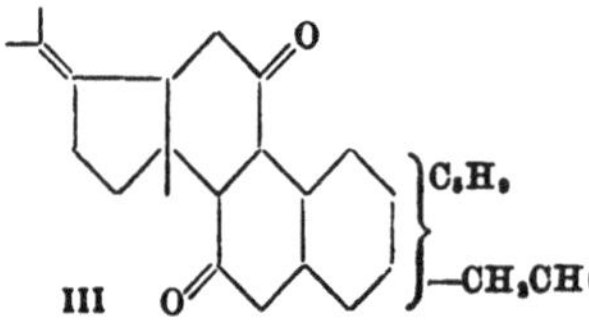

III —C_5H_9 —$CH_2CH(CH_3)_2$

—C_5H_9 —$CH_2CH(CH_3)_2$

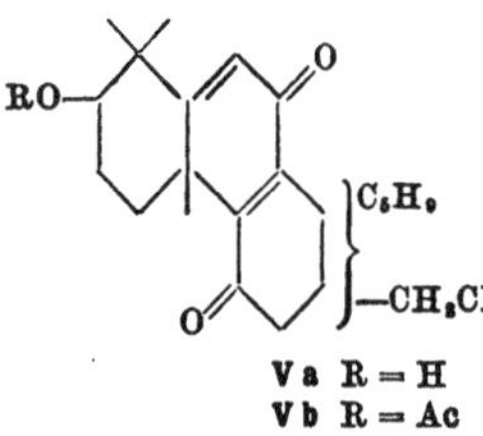

Va R = H
Vb R = Ac

DORÉE u. Mitarbeiter, C. **1949.** I. 1259) mit PCl_5, bei der unter Retropinakolinumlagerung u. Ringverengerung ein Isolanostendion (**III**) entsteht, das sich mit Säure weiter zu einem *α.β-ungesättigten Keton* (**IV**) isomerisieren läßt, in dem die Doppelbindung in $\Delta^{6.7}$-Stellung angenommen wird. Beim Vers., aus **Dehydro**diketolanostenol (**Va**) mit PCl_5 W. abzuspalten, wurde kein krist. Prod. erhalten. Durch milde Red. des Acetats **Vb** (Zn-Staub in Eisessig) wurde das gleiche Prod. (**VIII**) erhalten, wie bei der Se-Dehydrierung von **II**-Acetat; **VIII** enthält nur mehr die Bande eines *α.β*-ungesätt. Ketons u. wird als $\Delta^{6.7}$-*8.11*-Diketon formuliert. — Vff. untersuchten ferner erneut die Isomerisierung von Lanostenylacetat (**VI**) zu *Isolanostenylacetat* (**VII**), dessen Doppelbindung in $\Delta^{8.9}$-Stellung angenommen wird, u. stellten reines **VII** auf 2 verschied. Wegen dar. Bei der Oxydation von *Dioxylanosten* (als $\Delta^{10.11}$-*En-2.8-diol* formuliert) wurde ein $\Delta^{9.10}$-*2.8-Diketon* u. ein $\Delta^{9.10}$-*2.8.11-Triketon* erhalten, die beide mit bereits bekannten Präpp. identifiziert werden konnten; offenbar tritt auch hier eine Doppelbindungsverschiebung ein.

Versuche (Drehungen in Chlf. bei 20°; Al_2O_3 von Messrs. Peter Spence Ltd., „Grade 0".): *Oxylanostandion* (**II**), F. 190—191°, durch alkal. Verseifung des Acetats; $[\alpha]_D$ + 57,7° (c = 2,947). — *Isolanostendion* (**III**), $C_{30}H_{48}O_2$, F. 146—147°, a) durch Behandlung von **II** (1,5 g) mit 0,75 g PCl_5 in PAe. bei Raumtemp. (2 Std. unter Rühren); nach Al_2O_3-Chromatographie (eluiert mit PAe. u. PAe.-Bzl. 4:1) 600 mg; aus Methanol Nadeln; $[\alpha]_D$ + 80,2° (c = 2,5). Wurde der gleiche Ansatz mit der doppelten Menge PCl_5 durchgeführt, so resultierten nur 400 mg eines Cl-haltigen *Prod. vom F. 183—184°*; F.-Depression mit Ausgangsmaterial. b) Durch 90minütiges Rühren einer Suspension von 3 g **II** u. 1,8 g PCl_5 in PAe. bis zur vollständigen Lsg.; nach Aufarbeitung wie oben neben 1,4 g Rohprod. 0,7 g reines **III**. — *Isomeres Keton* (**IV**), $C_{30}H_{48}O_2$, F. 126°, durch 14std. Kochen von **III** (0,9 g) mit konz. HCl in Eisessig; nach Aufarbeitung u. Al_2O_3-Chromatographie (eluiert mit PAe.-Bzl. 1:1) aus Methanol 0,45 g harter Blättchen, nach nochmaliger Chromatographie 0,2 g harter Nadeln; $[\alpha]_D$ + 71,0° (c = 2,281); λ_{max} 240 mμ (log ε 3,98; in A.). — *Dehydrodiketolanostanylacetat* (**VIII**), $C_{32}H_{50}O_4$, F. 177 bis 179°, durch Behandlung von **Vb** (0,3 g) mit Zn-Staub in Eisessig bei 80° (30 Min.); aus Methanol Blättchen (0,2 g); $[\alpha]_D$ + 5,0° (c = 3,0); λ_{max} 237 mμ (4,12; in A.). — *Dehydrodiketolanostenol* (**Va**), F. 135—137°, durch Hydrolyse des Acetats **Vb**; $[\alpha]_D$ + 82,2° (c = 3,2). Bei der Behandlung von **Va** mit PCl_5, wie unter **III** (a) oder (b) angegeben, wurden keine krist. Prodd. erhalten. — *Isolanostenylacetat* (**VII**), $C_{32}H_{54}O_2$, F. 146—147°, durch 1—8std. Kochen von **VI** in trockenem Chlf. nach MARKER u. Mitarbeitern (J. Amer. chem. Soc. **59.** [1937.] 1368), Aufarbeitung u. Al_2O_3-Chromatographie; $[\alpha]_D$ + 30°; ident. mit MARKERs Prod.; oder durch Red. von Ketolanostenylacetat (1 g) nach WOLFF-KISHNER mit Hydrazinhydrat u. Na in Diäthylenglykol; das Rohprod. (0,8 g) wurde acetyliert u. an Al_2O_3 chromatographiert (eluiert mit PAe. u. PAe.-Bzl. 1:1); 600 mg roh; aus Bzl.-Methanol; Misch-F. 146°. Beim Vers., **VII** mit PtO_2 in Eisessig zu hydrieren, wurde lediglich **VII** zurückerhalten. — *γ-Lanostadienylacetat*, F. 168—169°, durch 3std. Kochen von **VII** (1 g) mit SeO_2 in Eisessig; $[\alpha]_D$ + 88,1° (c = 3,1). — *Ketolanostenylacetat*, $C_{32}H_{52}O_3$, F. u. Misch-F. 151—152°; durch CrO_3-Oxydation von **VII** (1 g) in 90%ig. Eisessig u. chromatograph. Reinigung; $[\alpha]_D$ + 20° (c = 3,2); 50—70 mg; λ_{max} 255 mμ (4,1; in A.). — *Diketolanostenylacetat*, F. u. Misch-F. 158°, durch Oxydation von **VII** (vgl. vorvorst. Ref.); $[\alpha]_D + 92,0^0$ (c = 2,4). — Bei der Perbenzoesäureoxydation von **VII** (1 g) wurden nach Al_2O_3-Chromatographie erhalten: 0,3 g *γ-Lanostadienylacetat*, $C_{32}H_{52}O_2$ (eluiert mit PAe.); λ_{max} 243 u. 252 mμ (4,24 bzw. 4,02); 0,1 g *Ketolanostenylacetat* (eluiert mit PAe.-Bzl. 1:1); λ_{max} 256 mμ (4,1 in A.). — *Lanostendiol*, $C_{30}H_{52}O_2$, F. 213—214°, durch Verseifen von Lanostendioldiacetat (vgl. vorvorst. Ref.); durchsichtige Blättchen; $[\alpha]_D + 94,0^0$ (c = 3,1). Durch CrO_3-Oxydation von Lanostendiol (1 g) in 90%ig. Eisessig (1 Std. bei Raumtemp. geschüttelt) wurden nach Al_2O_3-Chromatographie erhalten: 0,5 g *Diketolanosten*, $[C_{30}H_{48}O_2$ (eluiert mit PAe.-Bzl. 1:1), aus Methanol Blättchen, F. 147—149°; $[\alpha]_D + 17,8^0$ (c = 1,80); λ_{max} 254 mμ (4,03); ident. mit der Verb. von WIELAND (Liebigs Ann. chem. **546**. [1941.] 103) u. 0,3 g *Lanostentrion* $[C_{30}H_{46}O_3$ (eluiert mit Bzl.); aus ws. Methanol gelbe Nadeln, F. 108—109°; $[\alpha]_D + 169,0^0$ (c = 3,7); λ_{max} 271 mμ 4,02)]. (J. chem. Soc. [London] **1951**. 3142—47. Nov.)

FRUHSTORFER. 3600

Ralph G. Pearson, L. Carroll King und **Stanley H. Langer,** *Bildungsmechanismus von Cholesterylisothiuroniumtosylat aus Thioharnstoff und Cholesteryltosylat.* Zur Stützung der Annahme, daß Rkk. von Cholesterylderivv. über Isocholesterylverbb. verlaufen, verfolgten Vff. konduktometr. die Solvolyse von 0,00425 Mol Cholesteryltosylat (**I**) in Methanol-Chlf. (10 : 1) bei 34,85°. Die monomol. Reaktionsgeschwindigkeitskonstante k' (in min^{-1}) betrug a) 0,00460—0,00466, bei Ggw. von b) 0,00425 Mol p-Toluolsulfonsäure (**II**) 0,00447, c) 0,0084 Mol Triäthylamin 0,00466, d) wie c) + 0,04 Mol Thioharnstoff (**III**) 0,00644—0,00652 u. e) 0,34 Mol Harnstoff 0,00540. Die Rk. mit **III** führt zu *3-β-Cholesterylisothiuroniumtosylat* (**IV**), wobei in Ggw. des stark nucleophilen **III** die direkte Rk. ohne Zwischenstufe des Isocholesterylderiv. zu 33% verläuft u. 67% des **IV** über den *Isocholesterylmethyläther* (**V**) gebildet werden. **V** selbst gibt in hoher Ausbeute nach KING, DODSON u. SUBLUSKEY (J. Amer. chem. Soc. **70**. [1948.] 1176) **IV**. Diese Rk. wurde bei Konzz. von 0,00425—0,00642 Mol **VII** u. 0,4 Mol **III** sowie 0,00425 Mol **II** bei 34,85° konduktometr. verfolgt. Die bimol. Konstanten k_2 dieser Rk. betrugen 2,95—3,01 Liter/Mol·Min. bzw. 3,2 bei Best. durch konduktometr. Titration. Unter der Annahme, daß die Rk. von **I** mit **III** unter Bldg. von **IV** über zwei parallele Rkk. 1. Ordnung (k_1 u. k_3), von denen die eine von einer Rk. 2. Ordnung (k_2) gefolgt wird, abläuft u. mit den Formeln von CHIEN (vgl. C. **1949**. I. 1079) übereinstimmt, berechneten Vff. in guter Übereinstimmung mit den Experimenten $k_1 = 0,0044$ u. $k_3 = 0,0021\ min^{-1}$. Das geringe Anwachsen der Solvolysegeschwindigkeit durch Ggw. großer Mengen des stark nucleophilen **III** wird als Beweis für einen Carboniumion Mechanismus der **V**-Bldg. gewertet, während die direkte **IV**-Bldg. als Verdrängungs-Rk. oder als Rk. des Carboniumions mit **III** angesehen wird. Da nur ein stereoisomeres Prod. (3-β-Konfiguration) gebildet wird, ist die Entscheidung, ob eine doppelte Inversion vorliegt, nicht zu treffen. — **III**, F. 178 bis 179° (A.). — **I**, F. 132,5—133,5° (Aceton). — **V**, F. 78—79°, $[\alpha]_D^{26}$ 55,1° (Chlf.). (J. Amer. chem. Soc. **73**. 4149—52. Sept. 1951. Evanston, Ill., Northwestern Univ., Chem. Labor.)

GNAUCK. 3700

William S. Johnson, C. David Gutsche, Ralph Hirschmann und **Verner L. Stromberg,** *Struktur und Hydrierung wichtiger Intermediärprodukte der Equileninsynthese.* Das bei der Kondensation von Bernsteinsäuredimethylester u. 1-Keto-2-cyan-2-methyl-7-methoxy-1.2.3.4-tetrahydrophenanthren gebildete Reaktionsprod. war als *15-Carbomethoxy-14.15-dehydroequileninmethyläther* (**Ia**) formuliert worden (vgl. C. **1947**. E. 535); die Lage der Doppelbindung wurde durch UV-Spektren gesichert. Es konnte gezeigt werden, daß durch Verseifung von **Ia** die Doppelbindung in die $\Delta^{15,16}$-Stellung verschoben wird; Methylierung des Verseifungsprod. **IIb** lieferte einen von **Ia** verschied. *Ester* **IIa**. In ähnlicher Weise tritt Verschiebung der Doppelbindung bei der Verseifung von *15-Carbäthoxy-14.15-dehydroequilenon-(17)* (**Ic**) u. *6-Methoxy-15-carbomethoxy-14.15-dehydroequilenon-(17)* (**Id**) ein; das Spektr. von **Ic** ähnelt dabei dem des β-[1-Naphthyl]-acrylsäuremethylesters, das

O; 16; 14 15; $-COOR_3$; R_1; R_2

Ia $R_1 = OCH_3$; $R_2 = H$; $R_3 = CH_3$
Ib $R_1 = OCH_3$; $R_2 = R_3 = H$
Ic $R_1 = R_2 = H$; $R_3 = C_2H_5$
Id $R_1 = H$; $R_2 = OCH_3$; $R_3 = CH_3$

O; $-COOR_3$; R_1; R_2

IIa $R_1 = OCH_3$; $R_2 = H$; $R_3 = CH_3$
IIb $R_1 = OCH_3$; $R_2 = R_3 = H$
IIc $R_1 = R_2 = R_3 = H$
IId $R_1 = R_3 = H$; $R_2 = OCH_3$

des Verseifungsprod. **IIc** dem des 15.16-Dehydroequilenons-(17). Durch Vgl. der Spektren konnte weiter im Decarboxylierungsprod. (**III**) von **IId** die 14.15-Dehydrostruktur nachgewiesen werden; der Mechanismus der Decarboxylierung wird diskutiert. — Durch Hydrierung von **Ia** (Pd-Katalysator) wurde der sogenannte „*α-Ester*" erhalten, der zu der ster. andersartigen „*β-Säure*" verseift werden kann; es handelt sich hierbei um Epimere am $C_{(15)}$. Unter der Annahme, daß bei der Hydrierung eine trans-Konfiguration der Ringe C/D gebildet wird, kommen den beiden Estern die Konfigurationen **V** bzw. **VI** (oder umgekehrt) zu. — Die Hydrierung von **IIb** liefert 2 Säuren, die „*γ-Säure*" als Hauptprod., daneben die „*δ-Säure*". Verseifung des „*γ-*" u. des „*δ-Esters*" ergibt jedoch nur mehr die „*γ-Säure*". Da anzunehmen ist, daß die C/D-Verknüpfung mit einer $\Delta^{15.16}$-Doppelbindung im Ring D nur in der cis-Konfiguration stabil ist, entsprechen diesem Epimerenpaar die Konfigurationen **VII** bzw. **VIII** (oder umgekehrt). — Eine geringe Menge „*δ-Ester*" konnte auch bei einem Hydrierungsvers. aus **Ia** erhalten werden, was vielleicht auf eine nicht stereospezif. H_2-Addition zurückzuführen ist.

V e r s u c h e (FF. korr., UV-Spektren mit BECKMAN-Quarzspektrophotometer in A. gemessen): *15-Carboxy-15.16-dehydroequileninmethyläther* (**IIb**), F. 196—197°, durch Verseifen von **Ia**; früher (l. c.) als 14.15-Dehydroverb. formuliert; λ_{max} 235, 318 u. 333,5 mμ (log ε = 4,89, 3,46 bzw. 3,43). — *15-Carbomethoxy-15.16-dehydroequileninmethyläther* (**IIa**), $C_{21}H_{20}O_4$, F. 136—137°, aus **IIb** u. CH_2N_2 in Ae.; aus A. Nadeln; λ_{max} 235, 275, 318 u. 332,5 mμ (4,76, 3,73, 3,32 bzw. 3,32). — *15-Carboxy-15.16-dehydroequilenon-(17)* (**IIc**), F. 236—238°, durch Verseifen von **Ic** (früher [l. c.] als 14.15-Dehydroverb. formuliert); λ_{max} 228 u. 272,5 mμ (4,95 bzw. 3,89). — *β-[1-Naphthyl]-acrylsäuremethylester*, $C_{14}H_{12}O_2$, F. 92—93°, durch Kondensation von *β*-Naphthaldehyd mit Malonsäure in Pyridin mit 4% Piperidin u. Veresterung der freien Säure (F. 206—207°) mit CH_2N_2; aus PAe. Blättchen; λ_{max} 240,5, 245,5, 259, 268,5 u. 303,5 mμ (4,36, 4,36, 4,49, 4,54 bzw. 4,38). — *6-Methoxy-15-carbomethoxy-14.15-dehydroequilenon-(17)* (**Id**), F. 148—149,5°; λ_{max} 213, 223,5, 268,5, 310,5 u. 354 mμ (4,39, 4,40, 4,38, 4,11 bzw. 3,77). — *6-Methoxy-15-carboxy-15.16-dehydroequilenon-(17)* (**IId**), F. 220,5—222°; λ_{max} 214,5, 243, 296 u. 327 mμ (4,60, 4,64, 3,77 bzw. 3,51). — *6-Methoxy-15-carbomethoxy-15.16-dehydroequilenon-(17)*, $C_{21}H_{20}O_4$, F. 141,5—143°, durch Veresterung von **IId** mit CH_2N_2 in Ae.; nach Dest. (105—115° bei $<10^{-4}$ mm) aus Methanol blaßgelbe Nadeln; λ_{max} 241,5, 296,5 u. 325 mμ (4,62, 3,77 bzw. 3,41); gibt mit **Id** F.-Depression. — *6-Methoxy-14.15-dehydroequilenon-(17)* (**III**), F. 149—150,5°; λ_{max} 259,5, 302, 330 u. 347 mμ (4,65, 3,94, 3,62 bzw. 3,47). — *α-6-Methoxyequilenon-(17)*, F. 148,5—150°; λ_{max} 225, 240 u. 303 mμ (4,46, 4,63 bzw. 3,81). Die vollständigen UV-Spektren aller bisher aufgeführten Verbb. vgl. Original. — *α-15-Carbomethoxyequileninmethyläther*, $C_{21}H_{22}O_4$, F. 161—162,5° (Zers.; A.), durch Verrühren von **Ia** mit RANEY-Ni bei Raumtemp. in Essigester, Filtrieren u. anschließende Hydrierung mit 30%ig. Pd-Tierkohle (80 Std.). *Oxim*, $C_{21}H_{23}O_4N$, F. 229,5—231,3° (Bzl.). — *β-15-Carboxyequileninmethyläther*, $C_{20}H_{20}O_4$, F. 236—237,5°, durch 1 std. Kochen des α-Esters mit $Ba(OH)_2$ in verd. wss. A. unter N_2, Ansäuern mit HCl u. nochmaliges Kochen (1 Std.); aus verd. A. Nadeln *Oxim*, $C_{20}H_{21}O_4N$, F. 234—235° (Zers.; verd. A.). — *β-Carbomethoxyequileninmethyläther*, $C_{21}H_{22}O_4$, F. 195—196°, aus der *β*-Säure mit CH_2N_2 in Ae.-Bzl.; aus Methanol blaßrosa Blättchen. — *γ-15-Carboxyequileninmethyläther*, $C_{20}H_{20}O_4$, F. 210—211°, durch Hydrierung von **IIb**, wie beim α-Ester beschrieben; aus A. Prismen. *Oxim*, $C_{20}H_{21}O_4N$, F. 230—231° (Zers.; Einbringen bei 225°), aus Bzl. Nadeln. In einem weiteren Vers. konnte aus den Mutterlaugen *δ-15-Carboxyequileninmethyläther*, $C_{20}H_{20}O_4$, isoliert werden; aus Methanol Blättchen, F. 227,5—229°. — *γ-15-Carbomethoxyequileninmethyläther*, $C_{21}H_{22}O_4$, F. 119,8—121,7°, aus der *γ*-Säure mit CH_2N_2; aus Methanol nahezu farblose Prismen. — *δ-15-Carbomethoxyequileninmethyläther*, $C_{21}H_{22}O_4$, F. 170,5 bis 171°. a) Durch Hydrierung von **Ia** (vgl. oben) konnte in einem Fall aus den Mutterlaugen etwas *δ*-Ester isoliert werden; aus Essigester Blättchen u. Rhomben. *Oxim*, $C_{21}H_{23}O_4N$, F. 184—186° (eingebracht bei 175°; Bzl.); b) aus **IIa** durch Hydrierung, wie bei der α-Säure beschrieben; F. u. Misch-F. (mit obigem sowie mit dem Veresterungsprod. der *δ*-Säure) 169—171°. Daneben konnte noch etwas *γ-Ester*, F. u. Misch-F. 115 bis 118°, isoliert werden. — *γ-Säure*, durch Verseifung des *δ*-Esters, wie bei der *β*-Säure beschrieben; F. u. Misch-F. 207,5—209,5°; mit CH_2N_2 wurde aus den Mutterlaugen der *γ-Ester*, F. 111—114° (roh), erhalten; der *δ*-Ester konnte nicht isoliert werden. — *6-Methoxy-15-carboxyequilenon-(17)*, $C_{20}H_{20}O_4$, F. 203,5—204,5° (A. u. Bzl.), durch Hydrierung von **IId** mit 5%ig. Pd-Tierkohle in Essigester; λ_{max} 243 u. 300 mμ (4,59 bzw. 3,79). (J. Amer. chem. Soc. **73**. 322—26. Jan. 1951. Madison, Wis., Univ. of Wisconsin, Org.-Chem. Labor.) FRUHSTORFER. 3750

Ralph Hirschmann und **William S. Johnson**, *Eine neue Synthese der 6-Methoxy-equilenone-(17) und einige stereochemische Betrachtungen.* Als Ausgangsmaterial der Synth., die sich an die Equileninsynth. (vgl. C. **1947**. E. 535) der Vff. anschließt, diente 1-Keto-9-methoxy-1.2.3.4-tetrahydrophenanthren (**Ia**), das über das *2-Oxymethylenderiv.* u. des *Isoxazol* als Zwischenprodd. in das *2-Methyl-2-cyanketon* (**Ib**) übergeführt wurde. Kondensation von **Ib** mit Bernsteinsäuredimethylester ergab *6-Methoxy-15-carbomethoxy-14.15-dehydroequilenon-(17)* (**IIa**), das nach Verseifung u. Decarboxylierung *6-Methoxy-14.15-dehydroequilenon-(17)* (**IIb**) lieferte (zur Lage der Doppelbindung vgl. vorst. Ref.). Bei der katalyt. Hydrierung von **IIb** nach BACHMANN u. HOLMES (vgl. J. Amer. chem. Soc. **62**. [1940.] 2750) wurden *α*- u. *β-6-Methoxyequilenon-(17)* (**IIIa** bzw. **IIIb**) erhalten; dabei wurde **IIIa** in der Hauptsache gebildet, unter raschen Hydrierungsbedingungen sogar ausschließlich. In Analogie zu entsprechenden Hydrierungs-Rkk. in der Equileninreihe kann angenommen werden, daß in **IIIa** die Ringe C/D trans-, in **IIIb** cis-verknüpft vorliegen.

Versuche (FF. korr.): *β-[4-Methoxynaphthoyl-(1)]-propionsäure*, F. 174—175° (Eisessig), nach der Meth. von BACHMANN u. HOLMES (l. c.) unter Vermeidung der Dest.; 88% (Ausbeute). — *γ-[4-Methoxynaphthyl-(1)]-buttersäure*, F. 121—126°, durch 4std. Kochen der vorst. Säure mit KOH u. Hydrazinhydrat in Diäthylenglykol unter N_2 (204—215°), Methylierung u. Rückverseifung; 80%. — *1-Keto-9-methoxy-1.2.3.4-tetrahydrophenanthren* (**Ia**), F. 100,2—100,8° (verd. A.), durch 3std. Behandlung des Vorst. mit HF im Überschuß bei Raumtemp. u. Dest. der Neutralfraktion (Kp.$_{0,015}$ 210 bis 211°); 84%. — *2-Oxymethylen-1-keto-9-methoxy-1.2.3.4-tetrahydrophenanthren*, $C_{16}H_{14}O_3$, F. 117—118,5°, durch Kondensation von **Ia** mit Ameisensäureäthylester bei Ggw. von Na-Methylat in Bzl.; aus Bzl. gelbe Prismen. Mit alkoh. $FeCl_3$-Lsg. tiefgrüne Färbung. Eine instabile, polymorphe Modifikation vom F. 120—122,5° wurde beobachtet. — *10.11-Dihydro-5-methoxyphenanthro-[2.1-d]-isoxazol*, $C_{16}H_{13}O_2N$, F. 163 bis 164,5°, aus vorst. Keton u. Hydroxylamin (vgl C. **1947**. E. 535); nach Sublimation bei 120°/0,13 mm aus Essigester Nadeln. — *2-Cyan-1-keto-9-methoxy-2-methyl-1.2.3.4-tetrahydrophenanthren* (**Ib**), $C_{17}H_{15}O_2N$, F. 171,8—172,4°, durch Erhitzen des Isoxazols mit Na-tert.-Butylat in tert.-Butylalkohol auf 75—80° u. tropfenweisen Zusatz von Methyljodid während 20 Min. zu der Kristallsuspension unter Rühren; nach weiteren 45 Min. Erhitzen, Abdest. des Lösungsm.; aus A. Prismen. — *6-Methoxy-15-carbomethoxy-14.15-dehydroequilenon-(17)* (**IIa**), $C_{21}H_{20}O_4$, F. 148—149,5°, durch Kondensation von **Ib** mit Bernsteinsäuredimethylester, wie bereits früher beschrieben; nach Sublimation (140—145°, $<10^{-4}$ mm) aus Methanol blaßgelbe Prismen. — *6-Methoxy-15-carboxy-15.16-dehydroequilenon-(17)*, $C_{20}H_{18}O_4$, F. 220,5—222°, durch Verseifung von **IIa** mit $Ba(OH)_2$; nach Chromatographie an aktiviertem $MgSO_4 \cdot 7\ H_2O$ (adsorbiert aus Ae., eluiert mit Bzl.) aus Ae.–Bzl. durch Zusatz von Petroläther. — *6-Methoxy-14.15-dehydroequilenon-(17)* (**IIb**), $C_{19}H_{18}O_2$, F. 149—150,5° (Mikroheiztisch), durch therm. Decarboxylierung des Vorst. (85 Min. bei 223 ± 4°/27 mm, dann 70 Min. bei 220°/0,4 mm); nach Chromatographie der Neutralfraktion an Al_2O_3 (eluiert mit Bzl.–PAe. 1 : 1) aus A. rote Kristalle; Sublimation bei 122—129° u. $<10^{-4}$ mm lieferte ein farbloses Sublimat; λ_{max} 259,5 mμ (log ε = 4,65). Beim Stehen an der Luft dunkelte die farblose Substanz nach. — *α-6-Methoxyequilenon-(17)* (**IIIa**), F. u. Misch-F. 148,5—150° (Methanol), durch Hydrierung von **IIb** mit 30%ig. Pd-Tierkohle in Dioxan bei Raumtemp. (20 Min.). — *β-6-Methoxyequilenon-(17)* (**IIIb**), F. 107—108,5° (CH_3OH), durch Hydrierung einer unreineren Probe von **IIb** mit 5%ig. Pd-Tierkohle (20 Std.); neben **IIIa** (47% Ausbeute) aus den Mutterlaugen 23%. (J. Amer. chem. Soc. **73**. 326—29. Jan. 1951. Madison, Wis., Univ. of Wisconsin, Org.-Chem. Labor.) FRUHSTORFER. 3750

Frank Tietze und **Hans Neurath**, *Die Sedimentationskonstante von Insulin in saurer Lösung: Eine Nachprüfung.* Von reinem *Insulin* (I) wurde die Konzentrationsabhängigkeit der Sedimentationskonstante S in Phosphatpufferlsg. des p_H-Wertes 2,6 u. den Ionenstärken i = 0,1, 0,2 u. 0,4 gemessen. Für i = 0,1 sind die Meßfehler relativ groß, so daß eine Extrapolation auf die Konz. C = 0 unsicher ist. Dagegen lassen sich die Messungen bei i = 0,2 u. 0,4 recht genau linear extrapolieren, woraus der übereinstimmende Wert S_0 = 1,78 SVEDBERG-Einheiten folgt. Das Mol.-Gew. von I ergibt sich daraus zu 12000. (J. Amer. chem. Soc. **75**. 1758—60. 5/4. 1953. Seattle, Wash., Univ., Dep. of Biochem.) FUCHS. 3750

Halvor N. Christensen, *Versuch einer stufenweisen Anwendung des Edman-Abbaues auf Insulin.* Die aufeinanderfolgende 5malige Anwendung des EDMAN-Abbaumittels Phenylisothiocyanat in der Ausführungsform von OTTESEN u. WOLLENBERGER (Nature [London] **170.** [1952.] 801) auf *Insulin* (I) führte vorwiegend zur Abspaltung der zu erwartenden Produkte. Daneben entstanden jedoch noch durch zusätzliche Spaltungen des I-Mol. mehrere reaktionsfähige Gruppen (NH_3, ca. 4 neue NH_2-Gruppen/12000 g I) u. Abbauprodd., bes. bei der 5. Stufe. (C. R. Trav. Lab. Carlsberg, Sér. chim. **28.** 265—75. 1953.) K. MAIER. 3750

Henri Chatain und **Alexander Fridenson,** *Über die Kristallformen und den Schmelzpunkt von Kitol.* Bei Unterss. der Eigg. von *Kitol* (I) u. dessen Diacetat (vgl. C. **1952.** 3684) wurde ein F. von 98—100° festgestellt. Beim Umkristallisieren aus Äthylformiat wurde jetzt eine Substanz vom F. 136—137° erhalten. Nach weiterem Umkristallisieren aus Methanol war F. wieder 98—100°. Auf Grund von Elementaranalyse u. Mol.-Gew.-Best. entspricht die Substanz vom F. 136—137° der Formel $(C_{20}H_{30}O)_2$, einem Dimeren von Axerophthol, die Substanz vom F. 98—100° einer Formel $(C_{20}H_{30}O)_2 \cdot 2\,CH_3OH$. Auf ähnliche Beobachtungen anderer Autoren von unterschiedlichem F. bei solchen Kristallpräpp. von Vitamin A wird hingewiesen. (C. R. hebd. Séances Acad. Sci. **234.** 1094—95. 3/3. 1952.) SCHWAIBOLD. 3800

Gerh. Günther, *Über den Charakter der Zerstörung von Penicillin durch einige Schwermetallionen.* Lsgg. von $ZnSO_4$ u. $NiSO_4$ katalysieren die Hydrolyse des β-Lactamrings von gelöstem *Penicillin* (I) zu *Penicillosäure* (II). Längere Einw. der Schwermetallionen führt langsam zu einer Decarboxylierung von II zu *Penillosäure.* Bei Verwendung ungepufferter Metallsalzlsgg. tritt in einer Neben-Rk. *Penillsäure* ohne Zwischenstufe als Folge der H^+-Ionenwrkg. der sauer reagierenden Lsgg. auf. Metallionen mit besonderer Affinität zu S, z. B. Cu, spalten I zu *Penicillamin* u. weiteren Spaltprodd. auf, wobei im Falle von Cu prim. bas. I-Cu(II) (hellblau) ausfällt. (Pharmazie **5.** 577—82. Dez. 1950. Jena, Univ., Hygien.-bakteriol. Inst., Chem.-biol. Abt.) K. MAIER. 3900

Lyman C. Craig, Werner Hausmann und **James R. Weisiger,** *Molekulargewicht von Bacitracin A.* Vff. bestimmten mit Hilfe der Partialsubstitution mit Fluor-2.4-dinitrobenzol zu *2.4-Dinitrophenylderivv.* das Mol.-Gew. von Bacitracin A (vgl. C. **1953.** 7572) zu ~1470. Es besitzt 2 freie Aminogruppen, von denen die eine an einem Ornithinrest sitzt. Dem Mol.-Gew. u. den Analysenergebnissen entspricht etwa die Zus. $C_{65}H_{102} \cdot O_{17}N_{16}S$. (J. biol. Chemistry **200.** 765—73. Febr. 1953. New York, N. Y., Rockefeller Inst. for Med. Res.) REICHLE. 3900

F. M. Dean, *Usninsäure.* Zusammenfassung von Arbeiten über die Konstitutionsermittlung der Usninsäure, die wegen ihrer hemmenden Wrkg. auf das Wachstum der meisten Stämme von *Mycobacterium tuberculosis hominis* u. ähnlicher bakterizider Eigg. gegenwärtig interessiert. (Sci. Progr. **40.** 635—44. Okt. 1952. Liverpool, Univ.) NEZEL. 3950

A. Jennen, *Einwirkung von Alkalien und Alkalimetallen auf Rotenon und Toxicarol.* Durch Umsatz von Rotenon (I) in Bzl. mit NaOH oder Na erhielt Vf. das rote *Na-Dehydrorotenolat* (III), aus dem *Dehydrorotenol* (V) sowie dessen *Acetat* u. das sich von V ableitende sogenannte I-*Isophenylhydrazon* dargestellt wurden. Aus α-Toxicarol (II)

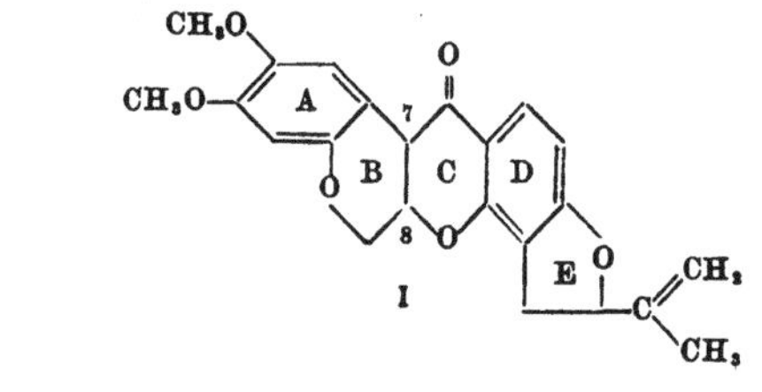

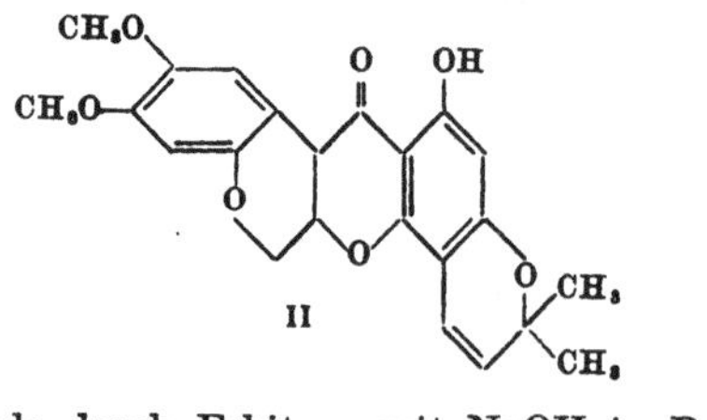

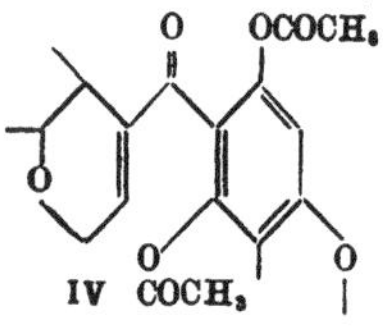

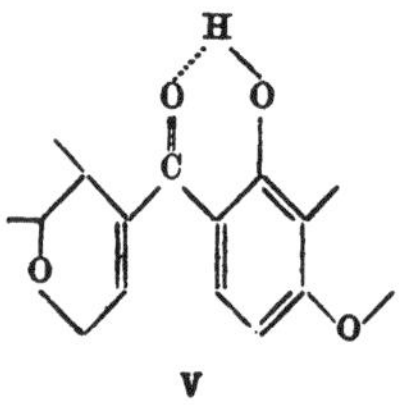

[Strukturformeln I, II, IV, V]

wurde durch Erhitzen mit NaOH in Bzl. u. Acetylierung ein *Diacetyltoxicarol* (IV) erhalten, das mit dem bekannten Diacetyltoxicarol nicht ident. ist, da es durch Aufspaltung des Ringes C entsteht. Die beim Umsatz von I mit NaOH erhaltenen Verbb. entstehen durch Sprengung des Ringes C, durch die neben dem Auftreten einer weiteren acetylierbaren OH-Gruppe auch eine Racemisierung an $C_{(7)}$ u. $C_{(8)}$ eintritt, die in einer erheblichen Änderung der Drehung zum Ausdruck kommt. Durch saure Hydrolyse tritt im Gegensatz dazu keine Ringsprengung ein. Die Umsetzung von I mit NaOH verläuft nach Ansicht des Vf. über das Mutarotenon, wobei für das entstehende III Chelatstruktur angenommen wird. Diese Verb. müßte wegen der Mindestkoordinationszahl 4 des Na ein Di- oder Polymeres darstellen, indem das Na noch in Koordinativbindung mit den beiden Methoxylgruppen des Ringes A eines zweiten I-Mol. steht. Die Löslichkeit u. andere Eigg. des III stehen mit dieser Annahme in guter Übereinstimmung.

Versuche (mit **H. Struelens**): *Dehydrorotenolacetat*, $C_{25}H_{24}O_7$, F. 134° (Methanol), λ_{max} 284 mμ (ε = 15600, A.), $[\alpha]_D$ −74° (Bzl.), durch 9 std. Erwärmen von I in Bzl. mit NaOH oder Na-Draht auf 65° unter N_2; die erhaltene rote Lsg. von III [$C_{23}H_{21}O_6Na$, λ_{max} 297—298 mμ [ε = 16300) u. 495—500 mμ [ε = 740, Bzl.)] wird mit Acetanhydrid u. geschmolzenem CH_3COONa 5 Std. erwärmt, in W. eingegossen u. mit Bzl. extrahiert; hellgelbe Kristalle; mit $FeCl_3$ u. DURHAM-Reagens keine Färbung. — *Rotenonisophenylhydrazon*, F. 199—200° (A.-Essigester), $[\alpha]_D$ −87°, aus III-Lsg. u. Phenylhydrazin in A.; Nadeln. — *Dehydrorotenol* (**V**), F. 76—78°, λ_{max} 304 mμ (ε = 17200, Bzl.), aus III u. Essigsäure; kleine gelbe Kristalle, leicht lösl. in organ. Lösungsmitteln; mit $FeCl_3$ dunkelrot. — *Diacetyltoxicarol* (**IV**), $C_{27}H_{26}O_9$, F. 183—184° (Methanol), λ_{max} 239 mμ (ε = 21000), 271 (31700) u. 297 (12700, A.), Kristalle, mit $FeCl_3$ keine Farb-Rk., blaugrüne DURHAM-Reaktion. (Bull. Soc. chim. belges **61**. 536—52. 15/12. 1952. Tervuren, Ministerie van Kolonien, Labor. voor Scheikundige Onderzoekingen.)
IPPEN. 3950

D₃. Makromolekulare Chemie.

Maurice L. Huggins und **O. Kratky**, *Vorschlag über die Nomenklatur auf dem Gebiete der makromolekularen Stoffe.* Der vorliegende Nomenklaturvorschlag wurde im Auftrag der „Commission on Macromolecules" der International Union of Pure and Appl. Chem. ausgearbeitet. Der Bericht zerfällt in allg. Definitionen, spezielle Systeme, Viscosität von Lsgg., osmot. Druck, Trübung, Kinetik der Copolymerisation u. lineare Hochpolymere. Aus der Fülle des Materials seien folgende Vorschläge angeführt: Eine „makromol. Substanz" ist ein aus Makromoll. bzw. Makroionen bestehender Stoff. Synthet. Hochpolymere sind eine Mischung aus „polymerhomologen Verbb.", während „hochpolymere Verbb." in bezug auf Zus., Struktur u. Größe genau miteinander übereinstimmen. „Isomere Polymere" besitzen die gleiche Bruttoformel, aber verschied. räumliche Anordnung der einzelnen Mol.-Teile. Ein „prim. Hochpolymeres" wird direkt aus den Monomeren erhalten, während das „abgeleitete Hochpolymere" durch chem. Veränderung eines prim. oder natürlichen Hochpolymeren erhalten wird. Ein „Homopolymeres" enthält die Einheiten in regelmäßiger Folge, ein „Copolymeres" in unregelmäßiger Folge. Bezeichnungen wie „Mischpolymeres" oder „Heteropolymeres" sind zu vermeiden, auch die Ausdrücke „hemikolloid", „mesokolloid" u. „eukolloid". Die Bezeichnungen „azeotropes Copolymeres", „Bi-, Terpolymeres" usw. (aus 2, 3, ... Monomeren aufgebaut), „Graft-polymeres", „lineares bzw. verzweigtes Hochpolymeres" gelten wie bisher. „Räumliche Netzpolymere" sollen nicht mehr „Mikrogel" genannt werden. Die Ausdrücke „Kondensations-, Additions-, Emulsions- u. Perlpolymerisation" bleiben bestehen, „Suspensionspolymerisation" ist jedoch zu vermeiden. Die „monomere Einheit" wird kurz das „Mer" genannt. Für die Mittelwerte des Mol.-Gew. („Zahlen-, Gewichts-, Z- u. Viscositätsmittel") werden die entsprechenden Gleichungen angegeben. $[\eta]$ wird „Grenzviscositätszahl" genannt, η_{sp}/C aber „Viscositätszahl". Die Polymerisation wird durch einen „Initiator" (nicht mehr „Katalysator") eingeleitet, durch einen „Aktivator" beschleunigt, durch einen „Promotor" zusätzlich beschleunigt u. durch einen „Inhibitor" verzögert. Weitere Begriffe wie „Regler", „thermoplast. Material", „in der Hitze härtendes Material", „Weichmacher", „Harze", „kristalliner Charakter" werden wie bisher gebraucht. „Mikrostruktur" bezieht sich auf inner- u. zwischenmol. Abstände, „Makrostruktur" auf größere Bereiche. Die speziellen Definitionen beziehen sich auf Cellulosederivv. u. Proteine (vgl. Original). Die Konzentrationsabhängigkeit der Affinität a_1, des osmot. Druckes π u. der Trübung τ^* wird dargestellt durch die Gleichungen $-\ln a_1/V_1 = Ac + Bc^2 + Cc^3$ bzw. $\pi/cRT = A + Bc + Cc^2$ bzw. $Hc/\tau^* = A + 2Bc + 3Cc^2$. Die Reaktivitätsverhältnisse r_1, r_2 ... der Copolymerisationskinetik behalten ihre bisherige Bedeutung u. Bezeichnung bei, also z. B. $r_1 = k_{11}/k_{12}$ usw. Der Name einer hochpolymeren Verb. setzt sich aus mehreren Bestandteilen zusammen: 1. den Vorsilben „Poly"; 2. den Namen der biradikalen Gruppen, wie $-CH_2-$, $-CH_2CH_2-$, —NH—, —O— usw., die vor Vokalen „meth", „äth", „az", „ox" usw. (bzw. vor Konsonanten „methi", „äthi", „azi", „oxy" usw.) lauten; 3. den Endsilben „amer". Der Ersatz eines an ein Kettenatom gebundenen H durch ein anderes Atom oder Radikal wird durch Einfügung des Namens des Substituenten in ( ) ausgedrückt. Auf diese Weise kommen z. B. folgende Bezeichnungen zustande: Polyäthylen = jetzt „Polymethamer", Polymethylenoxyd = „Polymethoxamer", Polyvinylchlorid = „Poly-(chlor)-äthamer", Polyacrylsäure = „Poly-(carboxy)-äthamer", Polymethylmethacrylat = „Poly-(1-methyl)-(1-carbomethoxy)-äthamer", Polybutadien = „Polybutenamer". Diese Nomenklatur läßt sich auch auf Stoffe mit den Gruppen —SiH_2—, —PH—, —S— usw. übertragen (z. B. „Polysilamer", „Polysiloxamer", „Polythiamer" usw.). Copolymere werden durch die Zwischensilbe „co" gek., dazu kommt die Angabe des Mengenverhältnisses der Partner; z. B. bedeutet „Poly-60:40-(chlor)-äthamer-co-(acetoxy)-äthamer ein Copolymeres aus 60 Teilen Vinylchlorid u. 40 Teilen Vinylacetat. Über zahlreiche weitere Vorschläge, auch über die Schreibweise der Formeln, vgl. das Original. (Makromolekulare Chem. **9.** 195—220. März 1953. Rochester, N. Y., Eastman Kodak Co., Res. Dep., u. Graz, Univ., Inst. für theoret. u. physikal. Chemie.) FUCHS. 4000

—, *Bericht über die Nomenklatur im Gebiete der Makromoleküle.* Inhaltlich ident. mit der vorst. referierten Arbeit. (J. Polymer Sci. **8.** 257—77. März 1952.) FUCHS. 4000

H. Mark, G. Champetier, A. Claesson, J. J. Hermans, O. Kratky, H. W. Melville, Ch. Sadron, R. Signer und **G. Smets,** *Bericht über die Nomenklatur im Gebiete der Makromoleküle.* Inhaltlich ident. mit der im vorletzten Ref. referierten Arbeit. (Bull. Soc. chim. France, Mém. [5] **19.** I—X. März/April 1952.) FUCHS. 4000

H. Tompa, *Über den gegenwärtigen Stand der Thermodynamik von Polymerlösungen auf Grundlage statistisch-mechanischer Theorien. Vergleich von Experiment und Theorie.* Die bisherigen statist.-mechan. Theorien, bes. die Gittertheorie, für das Verh. von Polymerenlsgg. werden an Hand neuerer thermodynam. Versuchsergebnisse (Verdünnungswärme, Mischungswärme u. a.) krit. untersucht. Ergebnis: Die Gittertheorien nach FLORY, HUGGINS u. GUGGENHEIM geben zwar in vielen Fällen gut die experimentellen Befunde wieder, weisen andererseits aber auch größere Unstimmigkeiten auf. — Z. B. liegen Abhängigkeit der Wechselwirkungskonstanten von Kettenlänge u. Konz. u. Größen der partiellen mol. Mischungsentropien der Lösungsmittel bei Polystyrollsgg. den Idealwerten viel näher als nach den Gittertheorien. Zur Klärung sind weitere experimentelle Unterss. notwendig, vor allem über große Konzentrationsbereiche, mit verschied. Lösungsmitteln u. Polymeren hohen u. niedrigen Mol.-Gew., wobei außer der Temperaturabhängigkeit der freien Energie vor allem Mischungswärmen calorimetr. bestimmt werden müssen u. eine Zerlegung der freien Energie in Energie u. Entropie durchgeführt werden muß. (Mh. Chem. **83.** 1356—68; S.-B. österr. Akad. Wiss., math.-naturwiss. Kl., Abt. IIb **161.** 1356—68. 1952. Maidenhead, Berkshire, Courtaulds Ltd.) WALTER SCHULZE. 4000

Mario Baccaredda, *Physikalisch-chemische Methoden für die Untersuchung von Hochpolymeren in Lösung.* Es werden die Grundlagen, Versuchsanordnungen u. die mit den verschied. Methoden, bes. durch ihren Vgl., erzielten Ergebnisse der Best. des mittleren Mol.-Gew., der Mol.-Gew.-Verteilung polydisperser Systeme, der Form der Hochpolymeren u. ihrer Solvatation in verd. Lsgg. beschrieben. Ausführliche Darst. finden die Verff., welche die Best. des osmot. Drucks, der Viscosität, der Lichtstreuung, der Diffusionsgeschwindigkeit, der Sedimentationsgeschwindigkeit, des Sedimentationsgleichgewichts u. der Strömungsdoppelbrechung benutzen, wenn möglich unter Berechnung der den Verbb. selbst, ohne Einfl. der den verschied. Lösungsmitteln zukommenden Werte (intrinsic values). Ferner wird auf die Best. der Ultraschallgeschwindigkeit u. der Oberflächenspannung bei geschmolzenen oder konz. gelösten Polymeren hingewiesen, deren Werte in empir. Beziehung zur Verzweigung der Moll. stehen. — 195 Literaturangaben. (Ricerca sci. **22.** 211—49. Febr. 1952. Bari, Univ., Ist. chim. ind.) METZENER. 4000

C. W. Wilson III und **G. E. Pake,** *Kernmagnetische Relaxation in Polytetrafluoräthylen und Polyäthylen.* (Sitzungsbericht.) In den zwei linearen Polymeren *Polyäthylen* u. *Polytetrafluoräthylen* (*Teflon*) wurden in dem Temperaturbereich zwischen —180° bis ca. +200° die therm. Relaxationszeit T_1 u. die inversen Linienbreitenparameter T_2 gemessen. Die Versuchsergebnisse ließen sich unter der Annahme deuten, daß jede Substanz 2 T_1-Werte u. 2 T_2-Werte hat. Eine Annahme, die auf der Tatsache beruht, daß die Polymeren stabile Gemische von kristallinen u. amorphen Gebieten besitzen, gestattet den Grad der Kristallinität abzuschätzen. Bei der Unters. der Umwandlung erster Ordnung von Teflon bei 20° konnte kein Einfl. auf die Resonanz beobachtet werden, der amorphen Gebieten zugeordnet werden konnte u. der sich unter Benutzung der Theorie von BLOEMBERGEN, PURCELL u. POUND (vgl. C. **1949.** I. 573) für Fll. beschreiben ließe. Die Resonanz von kristallinen Gebieten verengt sich in der Nachbarschaft des Übergangs. Es werden noch mögliche Bewegungen der Polymerenketten diskutiert. (Physic. Rev. [2] **89**. 896. 15/2. 1953. Washington Univ.) GOTTFRIED. 4010

R. M. Wiley und **J. E. Pierce**, *Druckabfall von flüssigem Polystyrol in Leitungen.* Es werden Gleichungen zur Berechnung des Druckabfalls in Leitungen aufgestellt, die auch für solche Fll. gelten, die nicht im NEWTONschen Sinne Fll., sondern pseudoplast. sind u. ihre Viscosität ändern, wie z. B. Polystyrol. Ein Kurvenbild zeigt den Druckabfall, der nach NEWTON u. den neueren Gleichungen berechnet wurde. Die Berechnung nach vorliegenden Gleichungen stimmt besser mit der Beobachtung überein. (Chem. Engng. Progr. **47**. 432—35. Aug. 1951. Midland, Mich., Dow. Chem. Comp.) MIETHING. 4010

W. H. Cobbs jr. und **R. L. Burton**, *Kristallisation des Polyäthylenterephthalats.* Vff. beschreiben eine Meth. zur Unters. der Kristallisationsgeschwindigkeit von *Polyäthylenterephthalat* (I)-Proben, die Intensitätsänderungen der Infrarotspektren im Verlauf der Kristallisation benutzt. Das verwendete I hatte F. 267° u. eine Übergangstemp. 2. Ordnung von ~69° bei einer Grenzviscosität von 0,61, die D. des völlig amorphen Prod. betrug 1,331 bei 30°. Die Infrarotspektren u. Röntgendiagramme wurden von I-Filmen vor u. nach einer Wärmebehandlung von 45 Min. bei 195° aufgenommen u. bes. die Änderung bei 972 cm^{-1} ausgewertet, die in Beziehung zur D. gesetzt wurde. Es ergab sich zwischen opt. D. u. D. Proportionalität. Vff. bestimmten zwischen 120° u. 240° die Halbwerts- u. Induktionszeiten der Kristallisation sowie die Dichten (vgl. Original). Die Halbwertszeiten zeigen bei 190° ein Minimum. Vff. diskutieren die Temperaturabhängigkeit der erhaltenen Daten an Hand der Theorie von VOLMER, BECKER u. TURNBULL über die Kernbldg. in kondensierten Systemen u. erhalten aus den Induktionszeiten eine Aktivierungsenergie von 20 kcal/Mol für die Diffusion im kleinen Bereich von Kettensegmenten. Die erhaltenen Daten werden ferner für eine kristallisationskinet. Analyse in Anlehnung an die Gleichung von AVRAMI (J. chem. Physics **7**. [1939.] 1103) benutzt. (J. Polymer Sci. **10**. 275—90. März 1953. Buffalo, N. Y., E. I. du Pont de Nemours & Co., Inc.) RUSKE. 4010

M. Miguel Sanjoaquin, A. Muñoz Hernández und **J. Osacar Flaquer**, *Synthese von Polyvinylpyrrolidonen.* Ausführliche Beschreibung der Überführung von Bernsteinsäure mit NH_4OH (D. 0,91) in *Succinimid* [F. 125°, Kp. 287—289°, $D._4$ 1,412; 75% (Ausbeute)], dessen elektrolyt. Red. mit Pb-Elektroden in 50% ig. H_2SO_4 zu *Pyrrolidon-(2)* (F. 24—26°, Kp. 248—250°, $D.^{20}_4$ 1,121; 70%), dessen Kondensation mit C_2H_2 in alkal. Lsg. unter Druck (7—8 at) zu *N-Vinylpyrrolidon-(2)*, das mit H_2O_2 in Ggw. von NH_4OH polymerisiert wurde; das erhaltene *Polyvinylpyrrolidon* (I) war ein bräunlichgelbes, an Gelatine erinnerndes Prod., das biol. brauchbare Lsgg. ergab. Das mittlere Molgew., bestimmt mit der Ultrazentrifuge, hatte die Größenordnung 25000. I ist in Ae., Äthylacetat u. Dichlormethan unlösl., das Monomere kann durch diese Lösungsmittel abgetrennt werden. — Für die Löslichkeit von I in W.-Aceton-Gemischen wird ein Diagramm gegeben: Es treten zwei Phasen auf, die eine Trennung verschieden viscoser Anteile gestattet. I red. FEHLINGsche Lsg., J_2 färbt es gelblichbraun bis mahagonibraun, je nach der Konz., mit Furfurol u. konz. H_2SO_4 wird eine violette Färbung erhalten. (Rev. Plásticos **2**. 110—13. 132. Mai/Juni. 165—68. 173. Juli/Aug. 225—29. Sept./Okt. 1951. Zaragoza, INFAR, S. A., Labors.) RUMPF. 4010

Jean Granier, *Über die dielektrischen Eigenschaften von Kautschuk.* Vf. berichtet über Unterss. über die Änderung der dielektr. Eigg. des Kautschuks bei mechan. Deformationen (z. B. gehen die DKK. u. der Verlustwinkel bei 1000 Hz mit steigendem Druck zurück) u. versucht eine Deutung dieser Erscheinung. (C. R. hebd. Séances Acad. Sci. **266**. 786—88. 23/2. 1953.) SCHÄFF. 4030

Terrell L. Hill, *Adsorption an Proteinen. Die große Verteilungsfunktion und Phasenänderungen erster Ordnung auf Grund der vereinfachten statistischen Mechanik.* Die Adsorption an Proteinmoll. in Lsg. kann als echtes Beispiel der großen klass. Theorie von GIBBS gelten. Es wird die Veränderung der Eigg., wie sie bei einer sehr großen Zahl akt. Adsorptionsstellen (B) an einem Proteinmol. erfolgt, unter Anwendung der Näherungsmeth. von BRAGG-WILLIAMS geprüft. Bei hinreichend großen Anziehungskräften zwischen den adsorbierten Moll. sagt die übliche auf dieser Näherungsmeth. beruhende Verteilungsfunktion Q für $B \to \infty$ eine Schleife in der Kurve u. eine Phasenänderung erster Ordnung voraus. Eine strenge Theorie würden den Weg für ein thermodynam. stabiles Gleichgewicht an Stelle der Schleife im Zweiphasengebiet liefern. Bei Anwendung der vollständigen großen Verteilungsfunktion Ξ an Stelle von Q verschwindet die Schleife, u. man erhält selbst mit der Näherungstheorie das stabile Gleichgewicht. Diese Betrachtungsweise ist außer für die Näherungsmeth. von BRAGG-WILLIAMS auch auf die VAN DER WAALSsche Gleichung, die Theorie der Fll. nach

LENNARD-JONES u. DEVONSHIRE, die quasichem. Näherungsmeth. für echte Lsgg. u. a. anwendbar. (J. physic. Chem. **57.** 324—29. März 1953. Bethesda, Md., Naval Med. Res. Inst.) HENTSCHEL. 4070

F. F. Nord, M. Bier und **Serge N. Timasheff,** *Untersuchungen an Proteinen und Polymeren.* 4. Mitt. *Kritische Erscheinungen an Lösungen von Mischpolymeren aus Polyvinylalkohol und -acetat.* (Vgl. TIMASHEFF u. Mitarbeiter, C. **1950.** II. 540. 1470.) Mischpolymere aus Polyvinylalkohol u. -acetat (I) mit 15—20% Acetylgeh. lösen sich in kaltem W., aber beim Erwärmen fallen sie aus. I kann fraktioniert werden entsprechend den krit. Tempp. der Phasentrennung seiner verschied. zusammengesetzten Komponenten. Best. des Acetylgeh. (Hydrolyse mit verd. HCl u. Titration mit NaOH) u. des Teilchengewichtes der Fraktionen nach einer Lichtstreuungsmeth. mittels des früher beschriebenen Tyndallometers u. Differentialrefraktometers (BIER u. NORD, Rev. sci. Instruments **20.** [1949.] 752). Mit steigendem Acetylgeh. der Fraktionen nimmt die krit. Temp. der Phasentrennung ab. I hat noch eine 2. krit. Temp. der Phasentrennung, oberhalb deren es wieder mit dem Lösungsm. mischbar wird. — Diskussion der Eigg. von I auf Grund der Thermodynamik von Lsgg. Polymerer. (J. Amer. chem. Soc. **73.** 289—93. Jan. 1951. New York, N. Y., Fordham Univ., Dep. of Organ. Chem. and Enzymol.) LANTZSCH. 4070

Serge N. Timasheff und **F. F. Nord,** *Untersuchungen an Proteinen und Polymeren.* 5. Mitt. *Reaktion von Eialbumin mit Dodecylaminhydrochlorid.* (4. vgl. vorst. Ref.) Vff. fanden, daß umkrist. *Eialbumin* (I) im Gegensatz zu den Angaben von LUCK (Discuss. Faraday Soc. Nr. **6.** [**1949.**] 44) mit kation. oberflächenakt. Stoffen, nämlich *Dodecylaminhydrochlorid* (II) unter Bldg. von Komplexen reagiert. Unters. der Komplexbldg. nach verschied. physikal. Methoden (Messung der Viscosität u. der UV-Absorption, Trübungsmessungen, elektrophoret. Analyse, opt. Drehung) ergab, daß sich der 1. stabile Komplex bei Kombination von 30 Mol II mit 1 Mol I (37000 g) bildet. In diesem Fall haben alle 30 freien COOH-Gruppen des I vom Mol.-Gew. 37000 mit den NH_2-Gruppen des II reagiert. Bei weiterem Zusatz von II werden die II-Moll. durch VAN DER WAALSsche Kräfte gebunden. Erst bei Zugabe von 100 Mol II auf 1 Mol I bildet sich ein neuer Komplex. Oberhalb dieses Wertes lassen sich keine Veränderungen der Eigg. mehr feststellen. — Aus den Messungen der opt. Drehung kann geschlossen werden, daß die I-Moll. bei der Rk. mit II in eine gestreckte Form übergehen. Gleichzeitig durchgeführte Prüfungen auf SH-Gruppen ergaben, daß die Streckung nicht von einer Denaturierung begleitet ist. (Arch. Biochem. Biophysics **31.** 309—19. April 1951.) LANTZSCH. 4070

Serge N. Timasheff und **F. F. Nord,** *Untersuchungen an Proteinen und Polymeren.* 6. Mitt. *Reaktion von Eialbumin mit einem Thiophen-2-azlacton.* (5. vgl. vorst. Ref.) Durch Rk. von *Eialbumin* (I) mit einem Thiophen-2-azlacton, nämlich *2-Phenyl-4-thenal-(2)-oxazolon-(5)* (II), wurde ein neues modifiziertes Protein (III) hergestellt. Es wurden die UV-Spektren von I, II, III u. einigen Modellsubstanzen [*α-Benzamido-β-thienyl-(2)-acrylsäure, n-Octylamid, Methyl-,* u. *Äthylester der β-Thienyl-(2)-acrylsäure*] aufgenommen. Hieraus folgt, daß bei Rk. von I mit II der Oxazolring aufgespalten wird u. ein Thienylacrylsäurederiv. des I entsteht. Aus Bestimmungen der freien Aminogruppen nach VAN SLYKE u. aus elektrophoret. Messungen ist ersichtlich, daß hierbei hauptsächlich die prim. Aminogruppen des I reagieren, daß aber auch noch andere Gruppen des I mit II reagieren können, da nur 70—75% der Aminogruppen des I stark reaktionsfähig sind. (Arch. Biochem. Biophysics **31.** 320—25. April 1951.) LANTZSCH. 4070

A. J. Hodge, *Ein neuer Typus periodischer Struktur bei Rekonstitution von Paramyosin aus sauren Lösungen.* An Elektronenmikroskopaufnahmen weist Vf. nach, daß es unter gewissen Bedingungen möglich ist, mit wenigstens einem der Bestandteile des natürlichen *Paramyosins* (I) einen Rekonstitutionsprozeß mit *Phosphorwolframsäure*-Lsgg. zu vollziehen; er besteht in der Bldg. von Proteinfasern, deren Struktur sich deutlich von der des natürlichen I unterscheidet. (Proc. nat. Acad. Sci. USA **38.** 850—55. Okt. 1952. Massachusetts Inst. of Technol., Dep. of Biol.) DOSSMANN. 4070

E. J. Ambrose und **J. A. V. Butler,** *Schwellungs- und Orientierungserscheinungen an Nucleoproteinfilmen.* Durch Gefriertrocknung aus Lsg. in dünnen Schichten hergestellte *Nucleoproteinfilme* schwellen in W. bis aufs Sechsfache, jedoch meist ohne vollständige Dispersion. Dies wird durch niedrige Konzz. polyvalenter Kationen verhindert, höhere Konzz. bewirken Schrumpfung der Filme. Die hemmwirksamen Salzkonzz. sind von gleicher Größenordnung wie die zur Ausfällung von Nucleoproteinen aus verd. Lsg. notwendigen. Die Schwelleigg. der Filme in Alkalihalogenidlsgg. beruhen anscheinend auf der elektr. Doppelschicht der Partikel, während polyvalente Metallkationen spezif.

Effekte entfalten. Es wurden auch Trockenfilme mit bis zu einem gewissen Grade orientierten Fasern hergestellt, die beim Aufbringen auf W. oder wss. Lsgg. ihre ursprüngliche Gestalt wiederzugewinnen trachten. Auf Grund von Infrarot- u. Doppelbrechungsunterss. wird hier ein Vorliegen von β-Polypeptidketten parallel zur Streckrichtung mit Purin- u. Pyrimidinringebenen senkrecht dazu angenommen. — Einzelheiten siehe Original. (Discuss. Faraday Soc. Nr. **13.** 261—71. **1953.** London, Royal Cancer Inst., Chester Beatty Inst.) Gibian. 4090

Henri Normant, Chimie organique. (P. B. C.) Paris: C. Hermant. 1953. (172 S. m. Abb., Autogr.) 8° fr. 800.
Leland Alfred Underkofler, A brief introduction to organic chemistry. New York: Van Nostrand. 1953. (359 S., Diagr.) $ 4.25.

R. H. F. Manske and **H. L. Holmes** (Editors). *The Alkaloids. Chemistry and Physiology.* Vol. III. New York: Academic Press Inc., Publ. 1953. (VIII + 422 S. m. Tab.) $ 11.—.

Der 3. Band dieser Monographie (2. Bd. vgl. C. **1952.** 5586) umfaßt folgende Kapitel: **R. B. Turner** u. **R. B. Woodward:** Chemie der Cinchona-Alkaloide; **H. T. Openshaw:** Chinolin-Alkaloide mit Ausnahme der Cinchona-Basen; **H. T. Openshaw:** Chinazolin-Alkaloide; **N. J. Leonard:** Lupinen-Alkaloide (Chinolizin-Alkaloide); **A. R. Battersby** u. **H. T. Openshaw:** Imidazol-Alkaloide; **V. Prelog** u. **O. Jeger:** Chemie der Solanum- u. Veratrum-Alkaloide; **L. Reti:** β-Phenyläthylamine; **L. Reti:** Ephedra-Basen; **M.-M. Janot:** Ipecacuanha-Alkaloide. Wie in den voraufgehenden Bänden ist die Chemie der betr. Alkaloide durchweg klar, übersichtlich und erschöpfend dargestellt; in einzelnen Kapiteln wird überdies ein kurzer Abriß der physiolog. Eigg. gegeben. Die Literatur ist bis 1952, im Kapitel „Lupinen-Alkaloide" bis 1951, berücksichtigt. Boit. 3500

E. Biologische Chemie. Physiologie. Medizin.

E_1. Allgemeine Biologie und Biochemie.

W. Mansfield Clark, *Betrachtungen über das chemische Continuum.* Der Begriff des chem. Continuums wird an einfachen Modellen (Redoxpotentiale, Elektronenaustausch, Protonenaustausch), Titrationskurven, der Red. von Ferriprotoporphyrin, Phosphorylierung u. Transphosphorylierung erläutert. (Bull. Johns Hopkins Hosp. **90.** 228—53. März 1952. Johns Hopkins Univ., School of Med., Dep. of Physiol. Chem.) Itzerott. 4100

K. Sahai und **N. D. Kehar,** *Untersuchungen über das Spurenelement Kupfer.* 1. Mitt. *Das Vorkommen von Kupfer in biologischem Material.* Cu wurde colorimetr. mit Diäthyldithiocarbamat bestimmt. Getreidestroh enthielt am wenigsten Cu (0,36—0,47 mg % des Trockengewichts), bedeutend mehr wurde in Grünfutterpflanzen (0,59—1,78), am meisten in Trocken- u. Kraftfutter, wie Getreidekorn, Leguminosensamen u. Ölkuchen gefunden (0,92—1,72). Ochsenblut enthielt im Mittel 0,141 mg Cu/100 ml. Das weitaus Cu-reichste Organ war die Leber mit 17,36 (mg % des Trockengewichts), es folgten Lymphdrüsen (3,71), Knochenmark (2,66), Pankreas (2,20) u. Milz (1,72). (Indian J. veterin. Sci. animal Husbandry **21.** 235—43. Dez. 1951. Izatnagar, Ind. Veterin. Res. Inst., Animal Nutr. Sect.) Dressler. 4100

Walter Czech, *Klinisch-meteorologische Betrachtungen zur Behandlung mit künstlichem Klima.* Auf Grund der vorliegenden Erkenntnisse über die Einflüsse klimat. Umweltfaktoren auf den Organismus wird eine Arbeitshypothese entwickelt, die das autonome Nervensyst. mit den Sinnesorganen als für alle äußeren Reize in Frage kommenden Receptor betrachtet. (Dtsch. med. Wschr. **76.** 1649—51. 28/12. 1951. München.) Dossmann. 4102

Pascual Jordan, *Leben im Lichte.* Ausführungen über die Abhängigkeit des Lebens vom Licht nach dem Gesetz vom Wachstum der Entropie unter Hervorhebung der Bedeutung der *Porphyrine.* (Naturwiss. Rdsch. **4.** 503—05. Dez. 1951. Hamburg.) Dossmann. 4102

Charles Yanofsky, *Die Wirkungen einer Genänderung auf die Bildung der Tryptophandesmolase.* 2 allele *Tryptophan* (**I**)-abhängige *Neurospora*-Mutanten *C-83* u. *S-1952,* die nicht imstande waren, Indol (**II**) für das Wachstum zu verwerten, wurden auf *Tryptophandesmolase* (**III**) untersucht, die bei Wildtypstämmen die **I**-Synth. aus **II** katalysiert. In Extrakten oder verschied. Präpp. aus jedem der beiden Stämme war keine **III**-Aktivität nachweisbar. Die Mutante *S-1952* bildet **III** u. wächst ohne eine exogene **I**-Zufuhr, wenn ein spezif. Suppressor-Gen vorhanden ist. Dieses ist jedoch bei *C-83* mit dem allelen Mutante-Gen unwirksam. Da *C-83-su*-Stämme (Wildtypstämme mit Suppressor-Gen + *C-83*) keine **III** bilden, sind zur **III**-Synth. in Stamm *S-1952-su* anscheinend das *S-1952*-Mutante-Gen u. das Suppressor-Gen erforderlich. Die von *S-1952-su*-Stamm gebildete **III** unterschied sich nicht wesentlich von **III** eines Wildtypstammes. (Proc. nat. Acad. Sci. USA **38.** 215—26. März 1952. New Haven, Conn., Yale Univ., Osborn Bot. Labor.) K. Maier. 4130

Theodor Bücher, *Probleme des Energietransports innerhalb lebender Zellen.* Übersichtsbericht. Wärmeleitung, Energieüberführung (*ATP*-System, Diffusionsprobleme), Energieleitung u. Energiestrahlung (Umlagerungstheorien, „Continuumstheorie", PERRIN-FOERSTERsche Theorie, photochem. Verss. mit Häminproteiden, Zerstörung von Proteinen durch Strahleneinw., funktionelle Verb. der strukturgebundenen Fermente der Atmungskette); 236 Literaturangaben. (Advances in Enzymol. **14.** 1—48. 1953. Hamburg.) K. MAIER. 4150

Sh. A. Medwedew, *Biochemische Gesetzmäßigkeiten des Wuchses, der Alterung und der Erneuerung der cellulären Formen der lebenden Materie.* Betrachtungen über die individuelle Entw. der Einzeller u. undifferenzierten Zellen, die granulare Lokalisierung der Wachstumsprozesse, den Metabolismus der Cytoplasmagranula, die Biosynth. von Eiweiß u. dessen umkehrbare Stabilisierung während des Wachstums der Zellen, die Beziehungen zwischen der reversiblen Stabilisierung des Eiweißumsatzes u. der individuellen Entw. u. Teilung der Zellen, ferner über die Alterung der Eiweißstoffe u. die Faktoren der natürlichen Erneuerung der Zellen im Lichte der Theorie von LEPESCHINSKAJA. (Успехи Современной Биологии [Fortschr. gegenwärt. Biol.] **35.** Nr. 3. 338—56. Mai/Juni 1953.) LEBTAG. 4150

R. Hadek, *Mucinsekretion im Ovidukt des Mutterschafs.* Der Ovidukt von Mutterschafen wurde auf seine *Mucin*-Sekretion untersucht. Die Sekretkügelchen, welche positiv auf Perjodsäure nach SCHIFF reagierten, lagen im Proöstrus um den Kern gegen den proximalen Zellteil zu, im Östrus im distalen Anteil der Zelle. Während Östrus u. Metöstrus, nicht während Di- u. Proöstrus, wurde im Lumen sezerniertes Material festgestellt. Über die Natur des Sekrets kann ausgesagt werden, daß es sich nicht um Glykogen (negativer Speicheltest), Hyaluronsäure (unveränderte Rk. nach Hyaluronidase), kein saures Mucopolysaccharid (keine Metachromasie) u. um kein Glykolipid (Perjodsäure-Rk. positiv nach Behandeln mit Methanol u. Chlf.) handelt. Die sekretor. Zellen waren hauptsächlich in der Ampulle lokalisiert, im Isthmus wurden bedeutend weniger u. in der Nähe des Uterus gar keine Sekretzellen mehr gefunden. (Nature [London] **171.** 750. 25/4. 1953. Glasgow, Univ., Veter. School, Dep. of Histol. and Embryology.) WOLFGANG ALBRECHT. 4150

R. Y. Thomson, F. C. Heagy, W. C. Hutchison und **J. N. Davidson,** *Der Desoxyribonucleinsäuregehalt des Rattenzellkernes und dessen Verwendung zur Wiedergabe der Ergebnisse von Gewebsanalysen, speziell im Hinblick auf die Zusammensetzung von Lebergewebe.* Der durchschnittliche *Desoxyribonucleinsäure* (I)–*P*-Geh./Zellkern wurde in verschied. Geweben der Ratte durch chem. Analyse des isolierten Kerns ermittelt. Für Leber wurden I-*P*, *Ribonucleinsäure* (II)-*P*, *Lipid* (III)-*P* u. *Protein* (IV)-*N* des Gesamtorgans bestimmt u. der Einfl. von Geschlecht, Alter, Stamm u. Diät untersucht. Die durchschnittliche Zellzus. in der Leber wurde aus dem durchschnittlichen I-*P*-Geh. der Kerne u. der Analyse des Gesamtgewebes berechnet. Bei jungen u. ausgewachsenen Tieren beträgt der durchschnittliche I-*P*-Geh./Kern in Milz, Niere, Pankreas, Dünndarm, Leukocyten, Knochenmark, Thymus, Herz, Lunge u. Speicheldrüsen ca. 0,65—0,70 pg (1 pg = 10^{-12} g), in der Leber von n. Ratten ca. 0,90 pg, von Embryonen u. Jungtieren 0,75—0,80 pg. In der Leber der ausgewachsenen Ratte ist I-*P*/Kern von Geschlecht, Stamm oder Körpergewicht unabhängig u. wird durch Hungern, IV-freie Nahrung, *Thiamin* (V)-Mangeldiät, fettreiche Ernährung, *Thioacetamid* (VIII), eine diabetogene Dosis *Alloxan* (VI) oder Trächtigkeit nicht beeinflußt. In der Leber ausgewachsener Ratten ist nach längerem Verfüttern von *p-Dimethylaminoazobenzol* (VII) der durchschnittliche I-*P*-Geh./Kern merklich vermindert. Während der ersten 4 Tage nach partieller Hepatektomie liegt der I-*P*/Kern in der Leber 10—50% oberhalb des n. Wertes. Durchschnittliche Zellmasse u. durchschnittlicher Geh. an II-*P*, III-*P* u. IV-*N*/Zelle sind in der Leber der n., ausgewachsenen weiblichen Ratte u. 20—30% niedriger als beim männlichen Tier. Während der Trächtigkeitsperiode sind durchschnittliche Zellmasse u. Geh. an II-*P*, III-*P* u. IV-*N* erhöht. Hungern, IV- u. V-Mangel beeinflussen die Zellzahl der Leber nicht, rufen jedoch eine Abnahme der Durchschnittsmasse u. des II-*P*-, III-*P*- u. IV-*N*-Geh. der Zellen hervor. Eine diabetogene VI-Dosis vermindert das Lebergewicht u. den Gesamtgeh. an II-*P*, III-*P* u. IV-*N* der Leber. VIII ist auf die Zus. des Gesamtlebergewebes ohne Wrkg., obgleich es eine Zunahme der Kerngröße hervorruft. Längere VII-Zufuhr bewirkt Zunahme der Zellzahl der Leber u. Verminderung der durchschnittlichen Zellmasse u. des mittleren Geh. an II-*P*, III-*P* u. IV-*N*. Diese Wirkungen treten sowohl in Lebern mit Tumoren als auch in solchen, die dieses Stadium noch nicht erreicht haben, auf. (Biochem. J. **53.** 460—74. Febr. 1953. Glasgow, Univ., Dep. of Biochem.) K. MAIER. 4150

A. S. Jones, *Die Isolierung von Bakteriennucleinsäuren unter Verwendung von Cetyltrimethylammoniumbromid (Cetavlon).* Mittels einer neuen, schonenden Meth. wurden aus *Mycobacterium tuberculosis, M. phlei* u. *Sarcina lutea Nucleinsäuren* (I) isoliert. Aus den zerstörten Zellen, bei *M. tuberculosis* aus mit gesätt. Harnstofflsg. extrahierten Zellen, wurden die *Nucleoproteine* (II) mit W., Na-Citrat- oder Na-Arsenatlsg. ausgezogen u. mit *Cetyltrimethylammoniumbromid* (III) gefällt. Die II–III-*Komplexe* (IV) wurden in 1 mol. NaCl-Lsg. gelöst, durch Verdünnen mit 2 Voll. W. wieder gefällt u. die Reinigung mehrmals wiederholt. Die Entfernung von Protein u. III erfolgte durch wiederholtes Schütteln einer IV-Lsg. in 1 mol. NaCl-Lsg. mit $CHCl_3$ u. Octanol (9:1). I fielen als weiße faserige Massen an, die Gemische von *Desoxypentosenucleinsäure* u. *Pentosenucleinsäure* darstellen u. hochviscose wss. Lsgg. bilden. Saure Polysaccharide (V) werden ebenfalls leicht durch III gefällt, jedoch sind die III-Komplexe der meisten V im Unterschied von IV in 0,3 mol. NaCl lösl. u. hierdurch abtrennbar. (Biochim. biophysica Acta [Amsterdam] **10.** 607—12. April 1953. Birmingham, England, Univ., Chem. Dep.) K. MAIER. 4150

S. K. Dutta, A. S. Jones und **M. Stacey,** *Die Trennung der Desoxypentosenucleinsäuren und Pentosenucleinsäuren.* **(Vgl. vorst. Ref.)** *Pentosenucleinsäure* (I) u. *Desoxypentosenucleinsäure* (II) konnten durch 2 schonende Verff. voneinander getrennt werden. Im 1. Falle wurden die *Cetyltrimethylammoniumbromid* (*Cetavlon*)-Verbb. der Nucleinsäuren mit 0,5 mol. NaCl-Lsg. bei 0° fraktioniert, wobei vorwiegend II ausfiel. Die I-Fraktion wurde von der überstehenden Fl. abgetrennt u. in einigen Fällen durch Ausfällen der *Ca*-Salze weitergereinigt. Nach der 2. Meth. wurde I an Aktivkohle (*Norit SX 25*) aus 0,14 mol. NaCl-Lsg. adsorbiert u. mit 15%ig. Phenol bei p_H 7—7,5 eluiert. Es wurden I u. II aus *Mycobacterium tuberculosis, M. phlei, Sarcina lutea,* Weizenkeimlingen u. Mäusesarkom voneinander getrennt. (Biochim. biophysica Acta [Amsterdam] **10.** 613 bis 22. April 1953. Birmingham, England, Univ., Chem. Dep.) K. MAIER. 4150

Peter Alexander, *Die Kombination von Protamin mit Desoxyribonucleinsäure. Desoxyribonucleinsäure* (I) u. *Protamin* (II) geben beim Mischen ihrer wss. neutralen Lsgg. wasserunlösl., in der Zus. stark schwankende *Komplexe* (III) von faseriger Struktur. Je nach dem Anteil von I u. II waren III vorzugsweise mit sauren oder bas. Farbstoffen anfärbbar. Beim Vermischen sehr stark verd. wss. I- (0,0024%) u. II-Lsgg. (0,0015%) erfolgt keine Ausfällung. Beim Eindampfen im Vakuum hinterbleibt ein wasserlösl., jedoch in verd. Salzlsgg. unlösl. Pulver, das hinsichtlich Löslichkeit u. Viscosität undissoziiertem Nucleoprotein, wie es bei der Extraktion von Zellen mit W. erhalten wird, ähnelt u. 38% II aufweist. II ist in wss. Lsgg. an I gebunden, also nicht durch Dialyse entfernbar, in konz. Salzlsgg. (2 mol. NaCl) dagegen dissoziiert. Für die wasserlösl. u. -unlösl. Komplexe werden Strukturen diskutiert (Nichtvernetzung u. 3 dimensionale Vernetzung). (Biochim. biophysica Acta [Amsterdam] **10.** 595—99. April 1953. London, Chester Beatty Res. Inst., Royal Cancer Hosp., u. Imp. Coll. of Sci., Dep. of Chem.) K. MAIER. 4150

Maurice H. Bernstein und **Daniel Mazia,** *Das Desoxyribonucleoprotein des Seeigelspermas.* 1. Mitt. *Isolierung und Analyse.* Beschreibung eines Verf. zur Extraktion des *Desoxyribonucleoproteins* (I) aus Seeigelsperma (*Strongylocentrotus purpuratus*), wobei dieses nach vorhergegangener Behandlung mit Na-Citrat oder Na-Phosphat mit W. extrahiert wird. Die Wrkg. der Vorbehandlung ist unbekannt. Extrahiertes I wird durch Fällen mit 0,14 mol. NaCl gereinigt, wobei etwa die Hälfte des im Auszug vorhandenen *Nichthistonproteins* (II) entfernt wird. Gereinigtes I enthält 35—37% *Desoxyribonucleinsäure,* die gleiche Menge *Histon* (III) u. 25—27% II. Die analyt. Meth. ist nicht für III spezif., sondern erfaßt auch Abbauprodd. nichtbas. Proteine. (Biochim. biophysica Acta [Amsterdam] **10.** 600—06. April 1953. Berkeley, Calif., Univ. of California, Dep. of Zool.) K. MAIER. 4150

G. Grampa und **P. Dustin jr.,** *Untersuchung der radiomimetischen Wirkungen von 4-Aminopteroylglutaminsäure* (*Aminopterin*) *mittels Colchicin.* Während der Periode totaler Mitosehemmung nach Injektion von *Aminopterin* (I) ruft Injektion von *Colchicin* (II) in den LIEBERKÜHNschen Darmkrypten der Maus weder Mitosen noch Pyknosen hervor. Die nach der „cytostat." I-Wrkg. während des ersten Regenerationsstadiums auftretenden anomal großen Mitosen können in der Metaphase durch II blockiert werden. Einige der am meisten abnormen Zellen mit Chromosomenschädigung erweisen sich gegenüber II als resistenter u. zeigen eine mehr oder weniger n. Spindel. Die nach I-Einw. auftretende Kernhypertrophie ist nur in Ausnahmefällen auf eine Zunahme der Chromosomenzahl, d. h. Polyploidie, zurückzuführen. Photometr. Intensitätsmessungen der FEULGEN-Färbung der blockierten Metaphasen hypertrophierter Zellen lassen keine Zunahme der *Desoxyribonucleinsäure,* außer in den wenigen Fällen polyploider Kerne, erkennen. II ist ein wertvolles Hilfsmittel zur Unters. von Mitoseinhibitoren, bes. radiomimet. Gifte. (Rev. belge Pathol. Méd. exp. **22.** 113—25. Sept.

1952. Bruxelles, Univ. Libre, Labor. d'Anat. Pathol., u. Centre Nat. de Rech. sur la Croissance.) K. MAIER. 4150

F. Roeder, *Über die intracerebrale Einführung von Mitosegiften im elektrischen Feld.* In Verss. an Meerschweinchen gelang es, *N-Äthylcolchicamid* (I) mittels Iontophorese in die Hirnsubstanz einzuführen. Die mit I getränkte Anode wurde nach Trepanation des Schädels auf der uneröffneten Dura u. die Kathode am Rachendach angebracht. Wesentliche Nebenwirkungen auf Kreislauf u. Atmung wurden dabei nicht beobachtet. In ähnlichen Verss. an der menschlichen Leiche konnte I nach Iontophorese von ½std. Dauer im Rückenmark durch biol. Meth. nachgewiesen werden. (Dtsch. Z. Nervenheilkunde **166**. 189—95. 1951. Göttingen.) FERNHOLZ. 4150

C. G. Ahlström, *Eine kurze Übersicht über Mitosegifte.* Die Wrkg. der verschied. Arten von Mitosegiften wurde an Geweben von Mäusen demonstriert. (Acta pathol. microbiol. scand., Suppl. **91**. 52—62. 1951. Lund, Univ., Pathol. Inst.) DRUCKREY. 4150

P. Manil und **Z. Straszewska,** *Die Wirkung von Aminopterin (4-Aminopteroylglutaminsäure) auf Hefe (Saccharomyces cerevisiae) und Mucor spinosus. Aminopterin* (I) übte in einer Konz. von 10^{-4} auf das Wachstum von Hefezellen in fl. Malzextraktnährlsg. oder auf Malzagar eine deutlich Wrkg. aus, wobei die Zellen deutlich größer wurden, weniger vakuolisierten u. weniger starke Brechung zeigten als unbehandelte Kontrollen. Die jungen Agarkolonien waren kleiner u. verzweigter als normale. Die Geschwindigkeit der Zellvermehrung sank unter I-Wrkg. auf ca. $^1/_4$ des n. Wertes ab. Konzz. von $^1/_{3000}$—$^1/_{12000}$ I übten auf die Zuckervergärung massiver Hefesuspensionen (5% Gew.-%) keine merkliche Wrkg. aus. Eine Konz. von $^1/_{8000}$ I hatte auf das Wachstum von *Mucor spinosus* starken Einfl., der sich in anomaler Mycelentw. äußerte. Durch $^1/_{6000}$ I trat vollständige Wachstumshemmung ein. (Rev. belge Pathol. Méd. exp. **22**. 100—02. Sept. 1952. Gembloux, Inst. agronom. de l'État.) K. MAIER. 4150

P. Manil und **Z. Straszewska,** *Die Wirkung von Aminopterin (4-Aminopteroylglutaminsäure) auf Krongallentumoren.* (Vgl. vorst. Ref.) Die wachstumshemmende Wrkg. von *Aminopterin* (I) auf Krongallentumoren wurde bei *Datura stramonium* u. *Lycopersicum esculentum* untersucht, wobei 1 Monat alte Tumoren mit I-Lsg. (Konz. 10^{-4}) behandelt wurden. Im Vgl. mit unbehandelten Kontrolltumoren zeigte I eine starke nekrot. Wrkg. auf das Tumorgewebe, der in einigen wenigen Fällen Bldg. kleiner sek. Tumoren folgte. Wurde I (Konz. 10^{-5}) gleichzeitig mit der Beimpfung des tumorerzeugenden Organismus (*Agrobact. tumefaciens*) angewandt, so übte es auf das Tumorwachstum eine stark bis vollkommen hemmende Wrkg. aus. Eine Pflanzenschädigung war nicht erkennbar. (Rev. belge Pathol. Méd. exp. **22**. 96—99. Sept. 1952. Gembloux, Inst. agronom. de l'État.) K. MAIER. 4160

Ernest Glück, *Die Phosphomonoesterasen der Neubildungen des Brustdrüsengewebes. Histochemische Untersuchung.* Mittels der histochem. Methoden von GOMORI wurden in 68 Neoplasmen des Brustdrüsengewebes (33 Carcinome, 19 Cystenbildungen der Brust, 16 Fibroadenomatosen, 18 Nachbargewebe von Tumoren) die *alkal.* u. *sauren Phosphatasen* (I u. II) untersucht. Die I-Rk. war bei Cystenbildungen u. anaplast. Carcinomen negativ, bei Fibroadenomatosen u. Adenocarcinomen stark positiv. Die I-Verringerung war auf die Epithelgebiete beschränkt, wo sich die angeführten Neubildungen befanden. Möglicherweise hängt die Veränderung der I-Aktivität vom Differenzierungsgrad des neoplast. Gewebes ab u. nicht vom Grad der Malignität. Die II-Aktivität war in den meisten Fällen der untersuchten Tumorgruppen nicht herabgesetzt. Die II-Rk. war in der Mehrzahl der Fälle in Mammacarcinomen gegenüber dem umgebenden Gewebe stark positiv. Die Möglichkeit eines Zusammenhangs zwischen der Veränderung der Phosphataseaktivität u. den Sexualhormonen wird diskutiert. (Acta pathol. microbiol. scand., Suppl. **93**. 106—20. 1952. Bergen, Norvège, Univ., Inst. Gade, Serv. d'Anat. Pathol.) K. MAIER. 4160

Charles A. Allard und **C. Lefebvre,** *Blutcalcium bei multiplem Myelom.* Bericht über einen Fall, dessen hohe Blutcalciumwerte den Verdacht auf Adenom der Epithelkörperchen erweckten. Die n. Phosphatasewerte in Verbindung mit Serum-Ca bis 20 mg % sicherten die Diagnose. (Canad. med. Assoc. J. **62**. 284—85. März 1950. Edmonton, Alta, Gen. Hosp.) BALZER. 4160

Lars Sjöblom und **Per Ekwall,** *Über das Lösungsvermögen der Assoziationskolloide für biologisch wirksame Stoffe.* Zusammenfassender Vortrag. — Carcinogene polycycl. KW-stoffe u. Steroidhormone lassen sich in wss. Lsgg. verschied. Assoziationskolloide auflösen. Diese Lsgg. können mit Vorteil bei Tierverss. Verwendung finden. (Finska Kemistsamfundets Medd. **59**. 57—63. 1950. Åbo, Akad., Physik.-chem. Inst.) BECKMANN. 4160

Stuart W. Arhelger und **Arnold J. Kremen,** *Arsenepitheliome medikamentösen Ursprungs.* Unter 110 neuen Hautkrebsfällen wurden 9 Epitheliome festgestellt, die auf zum Teil Jahrzehnte zurückliegende Ag-Therapie (FOWLERsche Lsg.) zurückzuführen waren. Zwischen Dosierung u. Dauer der Gaben einerseits u. Zeitpunkt des Auftretens der Krankheit andererseits ließ sich kein Zusammenhang feststellen. Alle Patienten (50—78 Jahre) wiesen gleichzeitig Keratosen auf, die nach ihren Angaben zum Teil Jahrzehnte bestanden. Diese sind nach Ansicht der Vff. potentiell maligne u. müssen akt. behandelt werden. Metastasen waren nicht nachweisbar. In 7 Fällen wurden Koproporphyrinbestimmungen im Urin ausgeführt, die kein Abweichen von der Norm ergaben. (Surgery **30.** 977—86. Dez. 1951. Univ. of Minnesota, Med. School, Dep. of Surg.) FRÜHWALD. 4160

Eric Martin, *Lymphogranulom, Lymphosarkom und Reticulosarkom. Medizinische Behandlung.* Neben physikal. u. chirurg. Maßnahmen wird u. a. Chemotherapie mit *radioakt. Isotopen, Metallsalzen, Stickstoffsenfgas (Yperit), As*-Verbb. u. *Hormonen* besprochen. — Etwa 50 Literaturangaben. (Radiol. clin. [Basel] **20.** 295—312. Sept. 1951. Genève.) DOSSMANN. 4160

Poul E. Andersen, *Östrogentherapie des Prostatacarcinoms.* Überblick über die Hormontherapie des Prostatacarcinoms. Die inoperablen Patienten wurden unter Beobachtung der sauren Serumphosphatase mit täglich 3—15 mg *Stilböstrol* behandelt. Obgleich die kurative Wrkg. zweifelhaft ist, wird die Hormontherapie doch empfohlen, weil die Überlebensdauer dadurch verdreifacht wurde. (Acta radiologica [Stockholm] **34.** 33—46. Juli/Aug. 1950. Aarhus, Dänemark, Radium Centre for Jutland.) BALZER. 4160

E_2. Enzymologie. Gärung.

O. Hoffmann-Ostenhof, *Vorschläge für eine rationellere Klassifizierung und Nomenklatur der Enzyme.* Klassifizierung der Enzyme (I): Hauptklassen, deren Unterteilung in *Hydrolasen* (II), *Transferasen* (III), *Oxydoreduktasen* (IV), *Lyasen* (V) u. *Syntheasen* (VI), *Isomerasen* (VII) u. *Racemasen* (VIII); Nomenklatur: allg. Prinzipien, multiple I-Systeme, reversible I-Wrkg., spezif. Wrkg. (II—VIII), I mit 2fachen Wirkungen; Verwendung von Abkürzungen u. Auslassungen, ident. wirkende I verschied. Ursprungs, Terminologie von die I-Wrkg. beeinflussenden Substanzen, Anwendung der vorgeschlagenen Grundsätze auf andere Sprachen; spezielle Anwendung der Vorschläge von II bis VIII. 54 Literaturangaben. (Advances in Enzymol. **44.** 219—60. 1953.) K. MAIER. 4210

F. Weygand und **R. Junk,** *Die freien Aminogruppen des „alten" gelben Fermentes.* Neben den bisher gefundenen Aminosäuren [Lysin (I), *Arginin, Histidin, Phenylalanin, Tyrosin* (II), *Tryptophan, Cystin, Prolin, Glutamin* (IV)-, *Asparaginsäure* (III) u. *Alanin*] des „alten" gelben Fermentes von WARBURG fanden Vff. bei papierchromatograph. Unterss. außerdem noch *Valin* (V) u. *Leucin* (VI). Aminogruppenbest. mit 2.4-Dinitrofluorbenzol in wss. $NaHCO_3$-Lsg. bei 20° (24 Std.) ergab Dinitrophenylderivv. von I, II, III, IV, V u. VI. *Dinitrophenylasparaginsäure* (VII) wurde bei 3std. Einw. von Dinitrofluorbenzol auf das Protein in $NaHCO_3$-Lsg. bereits abgespalten; erst bei Rk. in Phosphat- bzw. Acetatpuffer (p_H 7 bzw. 5,8) trat keine VII-Abspaltung ein, u. nach Säurehydrolyse wurden *ε-Dinitrophenyllysin, O-Dinitrophenyltyrosin, Dinitrophenylasparagin-* u. *-glutaminsäure* gefunden, dagegen nicht *Dinitrophenylvalin* u. *-leucin.* Bei 36std. Einw. von wss. $NaHCO_3$-Lsg. bei 20° waren bereits III u. wenig IV freigelegt worden. Im „alten" gelben Ferment liegen nach den Ergebnissen III u. IV als endständige Aminosäuren vor; III ist mit V u. VI verknüpft. (Naturwissenschaften **38.** 433. Sept. 1951. Heidelberg, Univ., Chem. Inst.) GOEBEL. 4210

R. B. Setlow, *Die Bestrahlungsempfindlichkeit der Katalase als Funktion der Temperatur.* Die Empfindlichkeit der *Katalase* (I) gegenüber Bestrahlung durch Deuteronen von 3,8 MeV hängt von der Temp. ab, bei der die Einw. erfolgt. Von 90—385° K wurden 3 verschied. Bereiche konstanter Empfindlichkeit beobachtet, die einer 25-, 50- u. 100%ig. Inaktivierung der Enzymaktivität des I-Mol. entsprechen. Eine 75%ig. Inaktivierung wurde nicht festgestellt. (Proc. nat. Acad. Sci. USA **38.** 166—72. März 1952. New Haven, Conn., Yale Univ., Biophys. Div.) K. MAIER. 4210

Marvis Richardson, I. Forest Huddleson und **Rachel Bethea,** *Untersuchung der Katalase in Erythrocyten und Bakterien.* 1. Mitt. *Verfahren zur Bestimmung der Katalaseaktivität von Erythrocyten.* Beschreibung einer Meth. zur Best. der Blut-*Katalase* (I)-Aktivität, die aus der Zers. von H_2O_2 unter Bedingungen, die eindeutige Unterschiede der I-Wirksamkeit nachweisen lassen, reproduzierbare Werte liefert u. zum Vgl. der I-Aktivität verschied. Spezies untereinander geeignet ist. Die Ergebnisse werden als I-Index ausgedrückt (durch 10^9 Erythrocyten zersetzte Milliäquivalente H_2O_2). Die gefundenen I-Werte wurden mit den nach einer $NaBO_3$- u. einer Reaktionsgeschwindigkeitsmeth. erhaltenen verglichen. Die I-Aktivität von Menschen-, Kaninchen- u. Meerschweinchenserum in wss. Verdünnungen von 1 : 750, 1 : 500 u. 1 : 400 nahm während 2 Std. bei 0° nicht ab. 2 Std. bei 250° war die I-Aktivität in diesen Konzz. instabil. Maximale I-Wirksamkeit wurde in 0,1—0,2 n H_2O_2 gefunden. Verdünnung von H_2O_2 mit 0,5%ig. NaCl-Lsg. senkte die meßbare I-Aktivität auf ca. 45% unter die mit Phosphatpuffer oder Tryptose–Pepton-Lsg. als Verdünnungsmittel erhaltene Wirksamkeit. Schütteln der Reaktionsmischung bewirkte keine Änderung der I-Werte. (Arch. Biochem. Biophysics **42.** 114—23. Jan. 1953. East Lansing, Mich., Michigan State Coll., Dep. of Bacteriol. and Public Health.) K. MAIER. 4210

Marvis Richardson, I. Forest Huddleson, Rachel Bethea und **Mary Trustdorf,** *Untersuchung der Katalase in Erythrocyten und Bakterien.* 2. Mitt. *Die Katalaseaktivität der Erythrocyten verschiedener Species normaler Tiere und normaler Menschen.* (1. vgl. vorst. Ref.) Bestimmungen der *Katalase* (I)-Aktivität von Erythrocyten wurden bei 231 Personen, 106 bei Rindern, 10—39 bei Pferd, Schaf, Schwein, Hund, Kaninchen, Meerschweinchen u. Ratte durchgeführt, wobei sich folgende I-Indices ergaben: 219—480, 53—148, 68—114, 10—14, 84—168, 3—18, 147—271, 50—299, 67—82. Während 15 Monaten zeigte der Index der Erythrocyten mehrerer Personen keine merkliche Veränderung. Der I-Index von Rindererythrocyten nahm mit dem Alter zu. Die Indexwerte von Meerschweinchen u. Hunden schwankten in weiten Grenzen. Die Unters. der Erythrocyten zweier Meerschweinchen vom 5. Tag nach der Geburt beginnend während eines Zeitraumes von 6 Monaten zeigte, daß der anfänglich hohe oder niedrige I-Wert relativ konstant blieb. Bei 2 Vogelspecies, Truthahn u. Huhn, wurden I-Werte von 62 u. 9—20 gefunden. Alle Untersuchungsobjekte befanden sich in einem n. Gesundheitszustand. (Arch. Biochem. Biophysics **42.** 124—34. Jan. 1953.) K. MAIER. 4210

Koichi Anan, *Die peroxydatische Aktivität der Katalase.* Krist. *Katalase* (I) aus Ochsenleber weist eine peroxydat. Wrkg. (Benzidin) auf, wenn das Verhältnis Hämatin-Fe/H_2O_2 $> 10^{-3}$ ist. A. u. Pyrogallol werden nur geringfügig durch I oxydiert. Je langsamer dabei das H_2O_2 zugegeben wird, desto niedriger also die Konz. an zugesetztem H_2O_2, desto größer ist die oxydierte Menge von A. oder Nitrit. (J. Biochemistry **38.** 19—29. März 1951. Tokyo, Univ., Fac. of Med., Dep. of Biochem.) HESSE. 4210

R. H. Kenten und **P. J. G. Mann,** *Die Oxydation verschiedener Dicarbonsäuren durch Peroxydasesysteme in Gegenwart von Mangan.* Mn^{2+}-Ionen katalysieren in Ggw. von *Peroxydase* (I) oder I-Systemen die Oxydation verschied. Dicarbonsäuren, wie *Oxalat* (II), *Oxalacetat* (III), *Ketomalonat* (IV) u. *Dioxytartrat* (V), durch O_2. Bei den angewendeten I-Konzz. war zur Oxydation von II u. III ein I-Substrat wie *p-Kresol* (VI) erforderlich. Anscheinend hängt die Oxydation von II u. III von der des Mn^{2+} ab, u. dabei wird wahrscheinlich H_2O_2 gebildet. Die Abhängigkeit der Oxydation von IV, V u. *Dioxymaleinat* (VII) ist weniger stark von der Ggw. von I-Substraten wie VI abhängig. Bei der Oxydation von IV u. V wurde keine Anhäufung von Manganikomplexen beobachtet. Während der IV-Oxydation wurden positive Benzidinteste erhalten, die auf H_2O_2 oder oxydiertes *Mn* hindeuten. Bei der VII-Oxydation durch das I-Syst., Mn^{2+} u. VI in Pyrophosphatpuffer (p_H 7) wurde Manganipyrophosphat gebildet. Die VII-Oxydation wird zum Unterschied von der der üblichen Verbb. durch I oder Mn^{2+} allein katalysiert. (Biochem. J. **53.** 498—505. Febr. 1953. Harpenden, Hertfordshire, Rothamsted Exp. Stat., Biochem. Dep.) K. MAIER. 4210

M. F. Utter und **Kiyoshi Kurahashi,** *Wirkungsmechanismus der Oxalessigsäurecarboxylase aus Leber.* Für teilweise gereinigte *Oxalessigsäurecarboxylase* (I) aus Hühnerleber wird folgender Wirkungsmechanismus vorgeschlagen: *Oxalacetat* + *ATP* oder *ITP* ⇌ *Phosphoenolpyruvat* + HCO_3^- + *ADP* oder *IDP*. I kann vollständig von *Malicocarboxylase* abgetrennt werden. I katalysiert bei p_H 5,8—7,8 in Ggw. von *ATP* oder *ITP* die Decarboxylierung von *Oxalacetat* (II). I katalysiert auch in einem aus *Phosphopyruvat* (III), *ADP*, $NaHCO_3$ u. $MnCl_2$ bestehenden Syst. die Synth. von II. Bei Entfernung von *ATP* durch Hexokinase, Verlängerung der Reaktionsdauer u. Vergrößerung der Konz. der Komponenten wird die II-Ausbeute erhöht. Bei der Decarboxylierung von II steigert *NaF*-Zusatz die III-Menge durch Hemmung der als Verunreinigung vorhandenen *Enolase*. II kann *Brenztraubensäure* bei der Bldg. von III nicht ersetzen. III wurde chromatograph. u. mittels *Brenztraubensäurephosphokinase* identifiziert. (J. Amer. chem. Soc. **75.** 758. 5/2. 1953. Cleveland, O., Western Reserve Univ., Dep. of Biochem.) K. MAIER. 4210

Eugene Glock und **Clifford O. Jensen,** *Die colorimetrische Bestimmung pflanzlicher Succinodehydrase.* Es wurde eine empfindliche colorimetr. Meth. zur in vitro-Best. der Succinodehydraseaktivität in pflanzlichen Geweben unter Verwendung von *p.p'-Diphenylen-bis-2-(3.5-diphenyltetrazoliumchlorid)* (*DBDTC*; *Neotetrazolium* in wss. Lsg. schwach gelb gefärbt als Elektronenacceptor; Bldg. des in W. unlösl., in n-Butanol magentarotgefärbten Diformazans) entwickelt. Die Messung erfolgte bei 520 mμ in einem LEITZ-ROUY-Photometer. Zur Best. gelangten 2,5—25 γ. Die Prüfung der Aktivität wurde in zellfreien, aus keimenden Avenasamen oder aus Sämlingen hergestellten Enzymextrakten unter anaeroben Bedingungen in THUNBERG-Röhrchen vorgenommen. Es konnte festgestellt werden, daß die Menge des red. DBDTC in linearer Beziehung zur Konz. der vorhandenen Dehydrase steht. Die Aktivität war bei der Messung der Red. unter Zusatz von Succinat eine lineare Funktion der anaeroben Reaktionszeit während der Untersuchungsdauer von 4 Stunden. Weitere Verss. ergaben, daß DBDTC ein empfindlicherer Elektronenacceptor als 2.3.5-Triphenyltetrazoliumchlorid ist. (J. biol. Chemistry **201.** 271—78. März 1953. State College, Pa., Pennsylvania State Coll., Dep. of Agric. and biol. Chem.) KATHEN. 4210

Kurt Hasse und **Marianne Specht,** *Gestörte Dehydrasesysteme in Extrakten grüner Blätter.* Die Codehydrasen *Nicotinsäureamidadenindiphosphodinucleotid* u. *Flavinadenindinucleotid* (I) werden durch Blattextrakte (z. B. Spinat) im Gegensatz zu Auszügen aus Leguminosensamen (Erbsen) mit großer Geschwindigkeit pyrophosphatat. abgebaut. Durch Verteilungschromatographie auf Papier (Butanol–Eisessig) wurden die bei der Bebrütung von I mit Spinatsaft auftretenden Alloxazinprodd. getrennt. Hiernach bildet sich prim. *Flavinmononucleotid,* das durch die Phosphatasen zu *Lactoflavin* dephosphoryliert wird. Durch diese enzymat. Spaltungen sowie das Vork. thermostabiler Hemmungsfaktoren werden die bei Unterss. von Dehydrierungsvorgängen mit Blattenzymen auftretenden Schwierigkeiten verständlich. (Biochem. Z. **322.** 502—06. 1952. Karlsruhe, TH, Inst. für Organ. Chem.) K. MAIER. 4210

K. S. Dodgson und **B. Spencer,** *Glucosulfataseaktivität in marinen Mollusken.* Von einer Anzahl untersuchter pflanzen- u. fleischfressender Mollusken besaß nur *Littorina littorea* merkliche *Glucosulfatase* (I)-Aktivität. I spaltet aus *Glucose-6-monosulfat* (II) H_2SO_4 ab. Ein I-Rohpräp. aus Eingeweideacetontrockenpulver u. Acetonfraktionierung eines wss. Homogenats des Pulvers besaß beträchtliche I-Aktivität (1 g : 48,8 mg SO_4 aus 0,03 mol. *K*-II in 0,5 mol. Acetatpuffer, p_H 5,8, 1 Std., 37,5°), daneben *β-Glucuronidase-* sowie *Aryl-* u. *Chondrosulfatase*-Wirksamkeit. (Biochem. J. **53.** IV—V. Jan. 1953. Cardiff, Newport Road, Physiol. Inst.) K. MAIER. 4210

Wolfgang Beckmann, *Betrachtungen über das Hyaluronsäure–Hyaluronidase-System.* Die Hemmwrkg. des Serums auf *Hyaluronidase* (I) wird nach früher angegebener Meth. bestimmt (vgl. Dtsch. med. J. **3.** [1952.] 175). Im akuten Infekt erfolgt die I-Hemmung durch *mineralcorticoide Hormone der Nebennierenrinde,* im chron. Infekt durch unspezif. Inhibitoren (*γ-Globuline*). Die Ergebnisse werden auf Grund hypothet. Betrachtungen diskutiert. (Aerztl. Wschr. **8.** 157—60. 13/2. 1953. Berlin-Schöneberg, Auguste-Viktoria-Krankenhaus.) GIBIAN. 4210

Yasuyuki Ogura, *Untersuchungen über die Glucosedehydrase von Aspergillus oryzae.* Die *Glucosedehydrase* (I), die durch 20 std. Extraktion von Aspergillus oryzae mit 0,5 mol. Phosphatpuffer von p_H 8,2 erhalten wurde u. mit Fällungen weitergereinigt wurde, vermag *D-Glucose* (II) in Ggw. von geeigneten H-Acceptoren zu *Gluconsäure* zu oxydieren. Diese Rk. erfolgt auch in Abwesenheit von Phosphat. *6-Phospho-D-glucose* wurde bedeutend langsamer als II oxydiert. — Da das Ausmaß der Red. von Thionin in Ggw. von II durch Zusatz von Gluconat nicht verändert wird, u. da sich beim Zusatz von Gluconat auch nicht das geringste Anzeichen von Reoxydation der II durch das Enzym findet, kann die enzymat. Oxydation von II zu Gluconat als ein prakt. irreversibler Prozeß angesehen werden. — Der Wechsel des Redoxpotentials im Reaktionssyst. (in Ggw. von verschied. Redoxfarbstoffen) wurde potentiometr. verfolgt. Dabei ergab sich, daß die Existenz von Gluconat im Reaktionsgemisch ohne Einfl. auf den zeitlichen Verlauf der Potentialänderung ist. In allen Fällen nimmt das Potential mehr oder weniger rasch bis auf einen bestimmten Wert ab; von diesem Punkt an fällt das Potential ganz langsam, aber gleichmäßig weiter, ohne auch nach 50 Std. irgendeinen Endwert zu erreichen. Der Knickpunkt der Potential–Zeit-Kurve entspricht ziemlich genau dem E_0'-Wert des Farbstoffes, der am leichtesten von den verwendeten Farbstoffen red. wurde. — Die Red. derjenigen Farbstoffe, welche nur langsam oder prakt. durch das Enzymsyst. gar nicht red. werden, kann durch Zusatz von leicht reduzierbaren Redoxfarbstoffen beschleunigt werden. Die Bedingung für diesen beschleunigenden Effekt besteht darin, daß die Differenz in den E_0'-Werten der geeigneten u. der ungeeigneten Farbstoffe nicht einen bestimmten Grenzwert überschreiten darf; dieser beträgt z. B. bei Thionin als H-Acceptor $E_0' = 0{,}140$ V. (J. Biochemistry [Tokyo] **38.** 75—84. März 1951.) HESSE. 4210

Ernest Pollard, W. F. Powell und **S. H. Reaume,** *Die physikalische Inaktivierung der Invertase.* Therm. Inaktivierung von feuchter *Invertase* (I) bei p_H 4,5 u. 7 bewirkt einen teilweise reversiblen Aktivitätsverlust, wobei die Reaktionskonstante der Rück-Rk. für p_H 4,5 bei 59° u. für p_H 7 bei 44° ein Maximum durchläuft. Die Aktivierungsenergie beträgt für die Hin-Rk. 53000 cal/Mol bei p_H 7 u. 48500 bei p_H 4,5. Trockene **I** ist wesentlich stabiler. Die Inaktivierung ist in diesem Fall nicht reversibel. Die Aktivierungsenergie beträgt 30000 cal/Mol, die Aktivierungsentropie ist Null. Die Ergebnisse der Deuteronen- u. Elektronenbeschießung trockener **I** stimmen mit der Annahme überein, daß **eine** prim. Ionisation das Gesamtmol. inaktiviert. Die berechnete Molekülgröße beträgt bei Annahme einer zylindr. Gestalt 48 Å Durchmesser u. 83 Å Länge. Das Mol.-Gew. ist 123000. Kombinierte therm. u. Deuteroneneinw. ergibt einen schwankenden Querschnitt, der oberhalb 100° K konstant ($4{,}2 \cdot 10^{-13}$ cm² zwischen 220 u. 290° K), bei niedrigen kleiner u. bei hohen Tempp. wesentlich höher ist. Der „serol." Querschnitt bei Deuteroneninaktivierung ist deutlich kleiner als der „enzymatische". Serolog. Unterss. ergeben, daß **I** ein Schutzprotein hoher Löslichkeit u. vom Mol-Gew. 27000 enthält. (Proc. nat. Acad. Sci. USA **38.** 173—80. März 1952. New Haven, Conn., Yale Univ., Sloane Phys. Labor., Biophys. Div.) K. MAIER. 4210

J. Edelman und **F. J. Bealing,** *Transfructosidierung durch Schimmelpilzinvertasepräparate.* Ansätze aus radioakt. *Glucose* (**I**) u. inakt. *Saccharose* (**II**) in Acetatpuffer (p_H 5,0) wurden in Ggw. von Schimmelpilz-*Invertase* (**III**)-Präpp. (*Penicillium spinulosum*) bei 20° 120 Min. bebrütet, in bestimmten Abständen Proben entnommen, papierchromatograph. untersucht u. die Aktivitäten der einzelnen Komponenten, **I**, **II**, *Trisaccharid* (?) aus 2 Fructose (**IV**)- u. 1 **I**-Einheit, *Tetrasaccharid* (?) aus 3 **IV**- u. 1 **I**-Einheit, bestimmt. Hydrolyse nach der 1. Entw. u. nochmalige Chromatographie zeigten, daß nur die **I**-Moll. der Oligosaccharide markiert waren. Die Ergebnisse stützen die Annahme, daß **III** prim. als *Transglykosidase* wirkt u. **IV** auf geeignete Acceptoren, wie W., **I** u. **II** überträgt. **I**-Zusatz bewirkt in einem **III**–**II**-Digestat Verringerung der **II**-Spaltung infolge erhöhter Rückbldg. des Anfangssubstrates (**II**). Hierdurch erklärt sich auch die bekannte Hemmung von *Taka*-**III** durch **I**. (Biochem. J. **53.** II—III. Jan. 1953. London, Imperial Coll., Res. Inst. of Plant Physiol.; Sheffield, Univ., Dep. of Biochem.) K. MAIER. 4210

Stephen A. Kuby und **Henry A. Lardy,** *Reinigung und Kinetik der β-D-Galaktosidase aus Escherichia coli, Stamm K–12. β-D-Galaktosidase* (**I**) wurde aus einem Extrakt getrockneter *E. coli*-Zellen (Stamm *K–12*) durch Fraktionierung mit CH_3OH, $MnSO_4$, $(NH_4)_2SO_4$ u. $Ca_3(PO_4)_2$ in ca. 100facher Anreicherung erhalten. Mit *o-Nitrophenyl-β-D-galaktosid* (**II**) als Substrat wurde maximale **I**-Aktivität bei p_H 7,2—7,3 u. konstante Na^+-Konz. (0,14 mol.) erhalten. Die Rk. besteht in einer hydrolyt. Spaltung der *β-D*-**Galaktosidbindung,** wobei Phosphat unbeteiligt ist. Die Geschwindigkeit ist der **I**-Konz. proportional. **I** ist zwischen p_H 6 u. 8 hinreichend stabil. Die *Aglykon*-Gruppe der Substrate hat auf die maximale Reaktionsgeschwindigkeit (V_{max}, μ-Mol/cm³/Min./Standard-**I**-Konz.) u. die MICHAELIS-Konst. (K_s, Moll./Liter) großen Einfluß. K_s schwankt zwischen $0{,}93 \cdot 10^{-4}$ für **II** u. 0,04 für *Lactobionat*, V_{max} zwischen $32 \cdot 10^{-3}$ u. 10^{-4}. Als Substrate wurden ferner *p-Nitrophenyl-β-D-galaktosid, o-Nitrophenyl-α-L-arabinosid, Phenyl-β-D-galaktosid, Methyl-β-D-galaktosid, n-Butyl-β-D-galaktosid* (**III**), *Lactose* u. *Lactosidol* getestet. Im Bereich von 0—37° ergab sich nur für das *Methyl-* u. *n-Butyl*-Deriv. zwischen Temp. u. Hydrolysegeschwindigkeit eine lineare Beziehung; die größte Abweichung von der Linearität zeigte sich bei **II**. Die Berechnung der mittleren ARRHENIUS-Aktivierungsenergien ΔH^* ergab eine Abnahme von ΔH^* mit Zunahme der Temperatur. *Lactose* u. **III** hemmen die Hydrolysegeschwindigkeit von **II** kompetitiv; ebenso wirken *Galaktose*, die *α-Galaktoside* u. *Methyl-α-D-manno-D-galaheptosid*, die von **I** nicht angegriffen werden, als kompetitive Inhibitoren, *Glucose* u. *Saccharose* bei relativ hohen Konzz. (>0,01 mol.) als nichtkompetitive. **I** wird mit **II** als Substrat durch Na^+ u. weniger durch K^+ aktiviert. Für eine Reihe 1- u. mehrwertiger Anionen u. Kationen läßt sich eine Aktivierungsreihe angeben: $Na^+ > K^+$, $Cs^+ \geqq Rb^+$, $NH_4^+ \geqq Li^+ \geqq R{-}NH_3^+$; Ca^{2+} ist inert, Cu^{2+} (0,006 mol.) hebt 90%ig., Mg^{2+} u. Mn^{2+} stimulieren ein durch Na^+ vollständig aktiviertes Syst. geringfügig, das substituierte NH_4-Ion, z. B. *Tris-[oxymethyl]-aminomethan* als Phosphat, hemmt. Verschied. Anionen wirken in einem Na^+-aktivierten Syst. hemmend (Substrat: **II**): $SO_3^{2-} \geqq Cl^- \geqq NO_3^- \geqq NO_2^-$ $Br^- \geqq F^-$, J^-, $SO_4^{2-} \geqq$ Phosphat, HCO_3^{2-}. CH_3OH u. A. (0,002 mol.) geben eine geringe Aktivierung, Cystein ist indifferent, ebenso *o-Nitrophenol* bis $5 \cdot 10^{-4}$ mol., *α-D-Galaktoside, α-* oder *β-D-Glucoside, α-D-Mannoside* u. *β-D-Fructoside* werden enzymat. nicht hydrolysiert. (J. Amer. chem. Soc. **75.** 890—96. 20/2. 1953.) K. MAIER. 4210

R. W. Fenikssowa, *Die Schimmelpilze der Aspergillus-Art als Amylaseproduzenten.* 1. Mitt. *Über die amylolytischen Fermentsysteme bei zwei Aspergillusarten.* Die auf natürlichem u. künstlichem Nährboden gezüchteten Kulturen von Aspergillus oryzae (**A**) u. Aspergillus niger (**B**) zeigen starke Unterschiede in der Aktivität der amylolyt. Fermente; **A** bildet sehr akt. *Amylase* (**I**) u. wenig akt. *Maltase* (**II**), während bei **B** eine erhöhte **II**-Aktivität u. eine 20—30 mal geringere **I**-Aktivität beobachtet wird. Trotz der verschied. **I**-Aktivität verläuft die Saccharifizierung der Stärke bei der Gärung bei **A** u. **B** vollständig. Mit Hilfe der Adsorption kann der amylolyt. Fermentkomplex von **A** gespalten werden, so daß ein Präp. entsteht, das fast keine **I** enthält, jedoch eine sehr akt. *Dextrinase* (**III**) u. **II** aufweist. Die Saccharifizierung einer 7%ig. Stärkelsg. mit gereinigten Fermentpräpp. zeigt, daß eine vollständige Stärkehydrolyse auch ohne Entfernung der Reaktionsprodd. bei nur sehr wenig **I**, jedoch bei viel **II** u. **III** erreicht wird. Die Rolle von **I** bei der Stärkehydrolyse besteht nicht allein in der Maltosespaltung. Der Mechanismus ihrer Wrkg. bleibt jedoch noch unklar. (Микробиология [Mikrobiologie] **22**. 28—37. Jan./Febr. 1953. Moskau, Allunions Wiss. Forschungsinst. für Spiritusind.) LEBTAG. 4210

Peter Bernfeld, *Enzyme des Abbaues und der Synthese von Stärke.* Übersichtsbericht mit 158 Literaturzitaten, bes. der Arbeiten von MEYER u. Mitarbeiter (vgl. C. **1952**. 696. 6071). (Advances in Enzymol. **12**. 379—428. 1951. Boston, Mass., Tufts Coll., Med. School.) HESSE. 4210

M. Ulmann, *Chromatographische Versuche zum Abbau der Kartoffelstärke durch Malzamylase.* Nach C. **1950**. II. 2719 kann die Anfärbung von *Stärke* (**I**) bzw. deren Abbauprodd. besser differenziert werden, wenn die **I**-Lsg. zunächst durch eine Säule von Al_2O_3 (**II**) gegeben wird. Die l. c. beschriebene Säule wird dadurch selektiver gestaltet, daß durch sie nach Anfeuchten mit 10 cm³ W. 10 cm³ 0,15%ig. HCl gesaugt werden, wodurch die oberen 4 cm sauere Rk. erhalten. Beim Durchsaugen der zu untersuchenden Lsg. zeigt sich, daß in einer Zwischenschicht von 4—5,3 cm das **II** teilweise verändert ist. Die Anfärbung erfolgt jetzt mit 3 cm³ $^1/_{400}$n J-KJ-Lsg. u. Nachwaschen mit etwas Wasser. Reiner Kleister von Kartoffel-**I** (1%ig) zeigt (von oben an): 3—4 mm hohe dunkelviolettblaue Zone (1) (nicht voll dispergierte **I**); 36 mm hellviolette Zone (2); 13 mm blaue Zone (3) (bei Beginn des schwach bas. Teiles der Säule), in der *Amylose* vorliegt; schließlich 60 mm violette Zone (4). Zonen 2 + 4 = 96 mm werden dem *Amylopektin* zugeschrieben. Werden 40 cm³ der **I**-Lsg. mit 50 cm³ 1%ig. Lsg. von Maltin (E. MERCK) versetzt u. sofort sowie alle 10 Min. je 1 cm³ entnommen u. nach Verdünnung mit 10 cm³ W. chromatographiert, so ist schon nach 1—2 Min. (Zeit für das Vermischen) eine deutliche Änderung der Anfärbung erkennbar, die bei der üblichen „Jodprobe" im Reagensglas nicht sichtbar wird: 1 ist fast verschwunden, 4 erscheint verkürzt; in der kurzen Zeit ist bereits eine Veränderung der **I** erfolgt, nach 10 Min. 1, nach 30 Min. 4 verschwunden, nur das Blau der Zone 3 ist noch vorhanden. Der weitere Verlauf zeigt, daß der Abbau von Amylopektin zu 2 Dextrinen führt, die mit Jod Braunfärbung geben u. von denen das eine auf dem sauren, das andere auf dem unbehandelten Teil der Säule adsorbiert wird. Amylose liefert nicht diese „braunen" Abbauprodukte. — Bei höheren Tempp. (30°; 40°) geht die Hydrolyse rascher, ohne daß grundsätzliche Unterschiede gefunden werden. (Biochem. Z. **321**. 377—387. 1951. Potsdam-Rehbrücke, Inst. für Ernährung u. Verpflegungswiss.) HESSE. 4210

E. Husemann, E. Loës und **R. Lötterle,** *Über den fermentativen Abbau von Polysacchariden.* 2. Mitt. *Die Bestimmung der Aktivität von Cellulase, Xylanase und Mannanase.* (1. vgl. C. **1951**. I. 471.) Frühere Methoden zur Best. von Polyasen (*Luizym*; LUIPOLDWERKE, München), bei denen die Zunahme an reduzierenden Zuckern ermittelt wurde, sind wenig empfindlich u. unsicher. Vff. beschreiben eine viscosimetr. Arbeitsweise (OSTWALD-Viscosimeter) mit folgenden Substraten: Methylcellulose S 400 bzw. SL 400 (KALLE) für Cellulase (**I**), Xylanschwefelsäureester für Xylanase (**II**) sowie Salepmannan (aus wss. Extrakt der mit A. zur Inaktivierung der Mannanase gekochten gemahlenen Tubera salep) für Mannanase (**III**). Der Abbaugrad wird durch die Zahl der gespaltenen Glucosidbindungen gekennzeichnet. Die Konz. der Bindungen (in Mol/Liter) ist $n = c - c/P$, wobei c = mol. Konz. der Grundmoll. des Polysaccharids u. P = Polymerisationsgrad (berechnet nach STAUDINGER). Als Zeitwertquotient (WILLSTÄTTER) wird der reziproke Wert der Zeit t in Min. gewählt, die zur Spaltung von 0,1 Millimol glucosid. Bindungen/Liter erforderlich ist. Ein Präp. enthält eine Einheit (= 400 E. nach GRASSMANN bzw. 21 E. nach KARRER) der betreffenden Polyase, wenn es in 1 Min. 0,1 Millimol glucosid. Bindungen spaltet. 1/t ergibt dann die im Ansatz von 1 Liter enthaltenen Polyaseeinheiten. Es müssen folgende Versuchsbedingungen bei 20° eingehalten werden: 3 g bzw. 10 g bzw. 2 g der obengenannten Substrate je Liter; 0,012—0,07 E. **I** bzw. 0,02—0,20 E. **II** bzw. 0,02—0,20 E. **III** im Liter. (Makromolekulare Chem. **6**. 163—73. März 1951. Freiburg/Br., Univ., Forschungsinst. für makromol. Chem.) HESSE. 4210

L. Massart und **E. van der Auwermeulen,** *Enzymatische Hydrolyse von Leinsamenschleim.* Ein käufliches Hemicellulosepräp. (PAUL LEWIS LABORATORIES u. GENERAL

BIOCHEMICALS, INC.) enthält ein Enzym (I), das die Viscosität von Lsgg. von Leinsamenpflanzenschleim (II) unter Bldg. reduzierender Zucker vermindert. Die Viscosität (0,4%ig. Lsg. in geeignetem Puffer) fällt in den ersten Min. sehr schnell, später langsamer, aber stetig, ab. Die Anzahl freigesetzter reduzierenden Gruppen wächst zunächst schnell, Nach enzymat. Hydrolyse lassen sich Galaktose u. Xylose papierchromatograph. nachweisen. p_H-Optimum liegt bei p_H 6; über 40° Inaktivierung, 30 Min.-Behandlung bei p_H 2,1 oder 85° inaktiviert I, das durch gesätt. $(NH_4)_2SO_4$-Lsg. (66,6%) gefällt wird. (Biochim. biophysica Acta [Amsterdam] **8.** 703. Juni 1952. Gent, Univ., Biochem. Labor.) KÖNIGSDORF. 4210

S. N. Basu und **D. R. Whitaker,** *Hemmung und Stimulierung der Cellulase von Myrothecium verrucaria.* Die Hydrolyse von *Cellulose* (I) (gefällte I u. in 10,5% ig. NaOH gequollene Baumwoll-Linters) durch *Cellulase* (II) des Schimmelpilzes *Myrothecium verrucaria* (ALB. u. SCHW.) DITM. ex. Fr. (Stamm *1334,2,* U. S. Dep. of Agricult.) wurde in wechselndem Maße durch *Schwermetallsalze,* wobei Hg^{2+}- u. Cu^{2+}-Salze am wirksamsten waren, oxydierende u. verd. Agentien, wie oxydiertes *Glutathion* (III), *Ferricyanid, Sulfid, Cyanid, Cystein,* III u. *SH*-Reagentien (Jodacetat, Na-p-Chlormercuribenzoat[IV]) gehemmt. Die Schwermetall- u. IV-Hemmung war durch *SH*-Verbb. u. Reduktionsmittel umkehrbar, so daß für die II-Aktivität *Thiol*-Gruppen anscheinend unentbehrlich sind. Bei niedrigen p_H-Werten (3,8) hemmten saure Farbstoffe (V), wie *Benzopurpurin, Bordeaux extra, Chrysophenin G, Kongorot, Trypanblau, Eosin* u. a., wobei die Hemmung mit abnehmendem p_H-Wert zunahm. Bas. V, wie *Kristallviolett, Viktoriablau, Neutralrot* u. a., wirkten bei höheren p_H-Werten (7,0), wenn auch schwächer, hemmend. Im niedrigen p_H-Bereich, z. B. 3,2, zeigten bas. V, Neutralsalze u. Proteine (Albumin) stimulierende Wirkung. Der Mechanismus dieser Effekte wird diskutiert. (Arch. Biochem. Biophysics **42.** 12—24. Jan. 1953. Ottawa, Can., Nat. Res. Labors., Div. of Appl. Biol.) K. MAIER. 4210

James Bonner und **Adele Millerd,** *Oxydative Phosphorylierung durch Pflanzenmitochondrien.* Mitochondrien aus Keimlingshypocotylen von *Phaseolus aureus* führen *Phosphorylierung* auf Kosten einer Substrat-*Oxydation* durch. Im untersuchten Syst., mit *α-Ketoglutarat,* wird *Adenylat* phosphoryliert, wobei der Prozeß analyt. durch die Abnahme des anorgan. Phosphats (I) aus dem Reaktionsgemisch verfolgt werden kann. Oxydative Phosphorylierung erfolgt auch mit allen übrigen Säuren des KREBS-Cyclus; Pyruvat wird in CO_2 u. W. übergeführt. Im geprüften Syst. wird 1 Mol I aufgenommen u. je verbrauchtes *O*-Atom in organ. Form umgewandelt. Die Kopplung von Oxydation u. Phosphorylierung läßt sich bei der oxydativen Phosphorylierung durch *Phaseolus*-Mitochondrien genau wie die bei der in tier. Mitochondriensyst. stattfindenden durch *2.4-Dinitrophenol* (10^{-4}mol.) trennen. Die Phosphorylierung wird gehemmt, während die O_2-Aufnahme des Syst. unbeeinflußt bleibt. Die Verss. zeigen, daß höhere Pflanzen wie andere lebende Organismen *Adenosintriphosphat* als Energietransportmechanismus benutzen, wobei dieses auf Kosten der bei der Substratoxydation frei werdenden Energie synthetisiert. (Arch. Biochem. Biophysics **42.** 135—48. Jan. 1953. Pasadena, Calif., California Inst. of Technol.) K. MAIER. 4210

L. Acker, W. Diemair und **R. Jäger,** *Über ein phosphatidspaltendes Ferment in Pflanzen.* Karotten enthalten ein phosphatidspaltendes Enzym (I). Als Maß für die I-Aktivität diente die Menge des in bestimmten Zeiträumen abgespaltenen *Cholins* (II) (Best. nach ROMAN). Die Wrkg. der I-Lsgg. hängt stark von der Sorte u. dem Reifegrad der verwendeten Karotten ab. Nach reaktionskinet. Unterss. verläuft die II-Abspaltung zeitlich als Rk. 1. Ordnung. Das p_H-Optimum ist 5,8, das flache Temperaturoptimum 25—35°. Extrakte aus gekeimtem Weizen zeigen ebenfalls enzymat. Aktivität, während Spinatpreßsäfte unwirksam sind. Verss. mit verschied. Substraten deuten darauf hin, daß I II u. nicht *Phosphoryl*-II abspaltet. Wahrscheinlich ist das I-Syst. nicht mit *Glycerophosphatase* ident., sondern stellt eine spezif. *Phosphodiesterase* dar. I aus Karotten spaltet auch tert. Phosphorsäureester, z. B. *Dimethylphosphorsäurecholinester* (30% nach 48 Std.). (Biochem. Z. **322.** 471—85. 1952. Frankfurt/M.-Süd, Univ., Inst. für Lebensmittelchem.) K. MAIER. 4210

H. Stähelin, *Die Phosphataseproduktion der Staphylokokken und ihre Beziehung zur Pathogenität.* Zum Nachw. der Phosphatase-Rk. auf pathogene Staphylokokken erwies sich von 6 untersuchten festen Nährböden der von GLADSTONE u. FILDES (Brit. J. exp. Pathol. **21.** [1940.] 161) angegebene Casein–Hefeextrakt-Agar mit einem Zusatz von 0,01% Phenolphthaleinphosphat am geeignetsten. Bei einer Inkubationszeit von 16 Std. treten keine falschen positiven, nach 20 Std. keine falschen negativen Phosphatase-Rkk. auf. (Schweiz. Z. allg. Pathol. Bakteriol. **15.** 526—32. 1952. Basel, Univ., Hygiene-Inst.) H.-J. KOCH. 4210

Margarete Rohdewald, *Über die Phosphorylase der Leukocyten.* (11. Abhandlung über Enzyme der Leukocyten in der von **R. Willstätter** u. **M. Rohdewald** ausgeführten Untersuchungsreihe.) Die phosphaterfordernde Amylase der Leukocyten ist eine *Phosphorylase.* Der glykogenolyt. Abbau in den Leukocyten unterliegt demselben Reaktionsmechanismus wie in Leber, Hirn u. Herz. Beim Glykogenabbau autolysierter Leukocyten wird anorgan. Phosphat verbraucht, der Vorgang wird durch Phloridzin gehemmt. Partielle gereinigte Leukocytenphosphorylase kann aus Glucose-1-phosphorsäure ein glykogenähnliches Polysaccharid synthetisieren; diese Synth. sowie die Glykogenolyse wird durch Adenosin-5-phosphorsäure stark aktiviert. (Biochem. Z. **323.** 146—56. 1952. Bonn, Univ., Physiol.-chem. Inst., u. Dortmund, Max-Planck-Inst. für Arbeitsphysiol.) H.-J. KOCH. 4210

Jean Captain Sabine und **Francis Newton Hayes,** *Die Anticholinesteraseaktivität von Tributylphosphat.* Techn. u. reine *Tributylphosphat* (I)-Präpp. sind schwache Inhibitoren der beiden wichtigsten *Cholinesterase*-Typen. 1 cm^3 I/kg bewirkte nach intraperitonealer Injektion bei Ratten ähnliche Symptome wie nach 25—75 mg *Acetylcholin* (II)/kg. Die I-Symptome hielten länger an als die durch II erzeugten gleicher Stärke. Sie bestanden in Schläfrigkeit mit anschließendem Koma. Orale u. intramuskuläre Zufuhr gleicher I-Dosen rief nur vorübergehend leichte Symptome hervor. Der Umgang mit I läßt keine speziell auf *Anticholinesterase*-Aktivität beruhenden Unglücksfälle erwarten, u. die bei der Handhabung organ. Lösungsmittel üblichen Vorsichtsmaßregeln sind als Schutz gegen seine physiol. Eigg. ausreichend. (A. M. A. Arch. ind. Hyg. occupat. Med. **6.** 174 bis 177. Aug. 1952. Los Alamos, N. Mex., Univ. of California, Sci. Labor.) K. MAIER. 4210

J. Gergely, *Untersuchungen an Myosin–Adenosintriphosphatase.* Mit *Trypsin* (I) behandeltes (25°, p_H 8) *Myosin* (II) reagiert nicht mehr in typ. Weise mit *Actin* (III). Die *Adenosintriphosphatase* (IV)-Aktivität von II bleibt unverändert erhalten. Während in einer Lsg. von III u. unbehandeltem II bei einer Ionenstärke von ca. 0,1 Zusatz von *Adenosintriphosphat* (V) eine Fällung bewirkt, bleibt diese nach 15 Min. I-Einw. auf II aus. Aus einem I-Digest von II wurde durch Ausfällung einer inakt. Fraktion bei p_H 6,3 bis 6,5 (Ionenstärke 0,06) eine 2—3fache Reinigung von IV erzielt. Die Wrkg. von H^+, Mg^{2+} u. Ca^{2+}-Ionen auf gereinigte IV war die gleiche wie bei nativem II (Aktivierung durch Ca^{2+}, Hemmung durch Mg^{2+}). Viscositätsmessungen an I-behandeltem II ergaben eine verminderte Viscosität u. deuten auf eine Aufspaltung von II in Bruchstücke geringerer Asymmetrie hin. Die Unters. der Wrkg. der Substratkonz. auf die IV- u. die *Inosintriphosphatase*-Aktivität von I-behandeltem II zeigte, daß beide Substrate miteinander konkurrieren. Für den Zusammenhang zwischen II u. IV diskutiert Vf. 2 Möglichkeiten: II bildet mit IV einen festen Komplex, der durch I gespalten wird, oder die IV-Aktivität ist in das II-Mol. eingebaut, u. bei dessen enzymat. Aufspaltung bleibt IV intakt. (J. biol. Chemistry **200.** 543—50. Febr. 1953. Bethesda, Md., Nat. Inst. of Health, Nat. Inst. of Arthritis and Metabolic Diseases.) K. MAIER. 4210

Karl Irrgang und **Irmgard Dustmann,** *Über den Anteil der atoxylfesten und chininfesten Lipase des Serums bei verschiedenen Tierarten.* Der Anteil der „atoxylfesten" *Lipase* (I) im Serum verschied. Tiere betrug bis 80%, der der „chininfesten" bis 82% der Gesamt-I. Der Anteil der chininfesten I lag allg. höher. Die höchsten Werte an atoxylfester u. chininfester I ergaben sich bei Ratte, Pferd u. Meerschweinchen, während Goldhamster u. Mensch nur wenig resistente I aufweisen. Die I-Werte von Ziege, Hammel u. Kuh lagen so niedrig, daß eine Differenzierung nicht in Betracht kam. Die Ergebnisse zeigen, daß auch sehr stark erhöhte Werte „atoxyl"- bzw. „chininfester" I im Blut durchaus n. sein können u. lediglich für die jeweilige Tierart charakterist. sind. Die *Atoxyl*-Konz. betrug jeweils 4 mg, die *Chinin*-Konz. 8 mg *Chlorhydrat*/27,5 cm^3 des Gesamtansatzes. (Biochem. Z. **322.** 520—25. 1952. Lich/Hessen, Lessopharm & Co. GmbH., Forschungslabor.) K. MAIER. 4210

G. Tewes, *Zur Kenntnis der Labwirkung.* 1. Mitt. *Über einige die Labwirkung und Milchgerinnung beeinflussende Faktoren.* Sofort nach der antisept. Gewinnung der Milch wird eine Aktivierung des Labgerinnungsvermögens beobachtet. Der nach längerer Labeinw. als Zusammenballen der Eiweißflocken erkennbare Koagulationsvorgang verliert sich allmählich bei längerem Stehen der Milch u. wird nach Hitzedenaturierung nicht mehr beobachtet. Er wird durch Zusätze von Neutralsalzen oder von *Penicillin G* positiv beeinflußt. Im Rahm wird eine durch Lab koagulierbare Komponente angereichert, die ihre Fällbarkeit beim Altern verliert. Die Gerinnungsfähigkeit ist abhängig von einem Geh. der Milch an Ca^{2+}; aus genuiner Milch sind native Phosphorproteide durch Ca^{2+} (ca. 0,7%) in der Kälte ohne Veränderung des p_H fällbar, die Fällung schwankt je nach Herkunft u. Disposition der Milch. (Biochem. Z. **323.** 119—32. 1952. Weihenstephan/Obb., Süddtsch. Vers.- u. Forsch.-Anst. für Milchwirtsch.) H.-J. KOCH. 4210

G. Tewes und **B. Schlossberger,** *Zur Kenntnis der Labwirkung. 2. Mitt. Beeinflussung bakteriostatischer Eigenschaften der Milch durch Lab.* (1. vgl. vorst. Ref.) Die bakteriostat. Eigg. der Milch werden durch kleinste Mengen Lab aktiviert u. durch größere Labzusätze oder Schaffung anaerober Bedingungen ausgeschaltet. Bei sofortiger Entfernung der Fettkügelchen nehmen die bakteriostat. Eigg. nach Lagerung bei 0° zu, es führt offenbar erst ein temperaturabhängiger Aktivierungsvorgang sofort nach der Milchgewinnung zu den bakteriostat. Eigg., die durch Erhitzen auf 100° nur nach einer vorangegangenen bakteriellen u. enzymat. Umsetzung aufgehoben werden. Das Reduktionsvermögen in Ggw. von Lab wird durch einen in der Lipoproteidfraktion vorhandenen Stoff auch unter anaeroben Bedingungen erhöht. Die wachstumsfördernde Wrkg. von Lab gegen Str. thermophilus wird durch Zusatz von Ca^{2+} nahezu aufgehoben. Die O_2-abhängigen bakteriostat. Eigg. haben mit der CN^--gehemmten Enzymwrkg. keinen Zusammenhang. Die bakteriostat. wirkende Substanz der Milch wird mit einer für die prim. Labwrkg. spezif., durch Hitze inaktivierbaren Komponente in Verbindung gebracht. (Biochem. Z. **323.** 133—45. 1952.) H.-J. KOCH. 4210

Luigi Gorini und **Lucienne Audrain,** *Der Ovomucoid–Trypsin-Komplex. Seine proteolytische Aktivität und die Rolle einiger Metalle für die Stabilität seiner Komponenten.* Der *Ovomucoid* (**I**)–*Trypsin* (**II**)-*Komplex* (**III**), der aus 1 Mol. **I** u. 1 oder 2 Moll. **II** besteht, verhält sich wie ein Enzym mit einer proteolyt. Aktivität gegenüber Serumalbumin (**IV**), die ca. 10fach schwächer als die von **II** ist. Jeder **I**-Überschuß dient **III** als Substrat u. hemmt daher konkurrierend die proteolyt. Spaltung von **IV**, die zur Aktivitätsbest. des Enzyms dient. *Ca*- u. *Co*-Ionen beschleunigen die irreversible **I**-Inaktivierung bei 70° u. fördern die Proteolyse durch **III** bei 36°. Die Rk., von der die irreversible Inaktivierung wie die proteolyt. Spaltung abhängen, stellt einen reversiblen Übergang von **I** aus einer akt. in eine inakt. Form dar. **III** bildet kein ruhendes System. Je nach den Aufbewahrungsbedingungen verschwindet **I**, wobei **II** frei wird. **I** hemmt, solange es vorhanden ist, die therm. Inaktivierung von **II**. (Biochim. biophysica Acta [Amsterdam] **10.** 570—79. April 1953. Paris, Fac. des Sci., Labor. de Chim. biol.) K. MAIER. 4210

Felix Friedberg und **Lawrence M. Marshall,** *Der Abbau von $^{14}C_{(1)}$-DL-Alanin durch Rattenhirnhomogenate.* Verss. mit Rattenhirnhomogenaten (in Phosphatpuffer, p_H 7,4) ergaben, daß diese aus markiertem *DL-Alanin* (**I**) ca. $^1/_3$ bzw. ca. $^1/_2$ soviel $^{14}CO_2$ bilden wie Niere bzw. Leber. Die nach dem Zentrifugieren der Homogenate erhaltene Fl. baute ebenfalls erheblich **I ab.** An Stelle von Frischgewebe kann auch Acetontrockenpulver verwendet werden. (Biochim. biophysica Acta [Amsterdam] **10.** 624—25. April 1953. Washington, D. C., Howard Univ., Med. School, Dep. of Biochem.) K. MAIER. 4210

J. Katz, I. Lieberman und **H. A. Barker,** *Acetylierung von Aminosäuren durch Enzyme von Clostridium kluyveri.* (Vgl. STADTMAN u. Mitarbeiter, C. **1952.** 7190.) *Acetylphosphat* u. *Glykokoll* werden durch Trockenpräpp. von *Cl. kluyveri*-Zellen in Ggw. von *Cyanid* (**I**) fast quantitativ in *Acetylglykokoll* übergeführt. Die Einflüsse von Substrat-, Enzym-, **I**-, Na^+- u. K^+-Konz. sowie des p_H-Werts (Optimum 7,7—8,3) auf die Reaktionsgeschwindigkeit wurden untersucht u. die optimalen Bedingungen ermittelt. Die starke Abhängigkeit der Acetylierungsgeschwindigkeit vom Na^+/K^+-Konzentrationsverhältnis spricht für eine Beteiligung der *Phosphotransacetylase.* **I**, als Aktivator, ist durch *Azid* ersetzbar, jedoch ist dieses weniger wirksam. Das Enzymsyst. von *Cl. kluyveri* acetyliert *Aminosäuren* (**II**; D- u. L-Form), *Dipeptide,* eine Anzahl *aliphat. Amine,* z. B. *Methylamin, Äthanolamin, Glucosamin,* jedoch keine *aromat. Amine* oder *Cholin.* Das Hauptprod. der *Lysin*-Acetylierung ist *Monoacetyllysin,* das wahrscheinlich in α-Stellung substituiert ist. Acetylierte **II** erleiden bei Transacetylierungs-Rkk. weder Hydrolyse, noch nehmen sie an diesen teil. Trennung u. Identifizierung acetylierter **II** erfolgte nach Enteiweißung u. Entsalzung papierchromatograph. in Butanol–Essigsäure–W. oder Isoamylalkohol–Essigsäure–H_2O. Die meisten Acetyl-**II** sind saure Verbb., die durch Besprühen mit schwach alkal. Bromkresolgrünlsg. bis zu 0,1 μ-mol. nachgewiesen werden können. (J. biol. Chemistry **200.** 417—29. Jan. 1953. Berkeley, Calif., Univ. of California, Div. of Plant Biochem.) K. MAIER. 4210

F. C. Greenwood und **A. L. Greenbaum,** *Die spektrophotometrische Messung enzymatisch gebildeter Oxalessigsäure.* Zur spektrophotometr. Best. enzymat. durch die Glutaminsäure–Asparaginsäure-Transaminierungs-Rk. gebildeter *Oxalessigsäure* (**I**) in Homogenaten von Gesamtgewebe wird das störende Eiweiß mittels 30%ig. Trichloressigsäure gefällt u. die UV-Absorption bei p_H 9,2 u. 280 mμ gemessen. Zusatz von Boratpuffer (p_H 9,2, 0,5 mol.) bedingt eine weitere, spezif. durch Borat (**II**) bedingte Zunahme der Absorption, die möglicherweise auf einer Komplexbldg. zwischen **II** u. der Enolform von **I** beruht. Die Rk. wird bei 37° mit 0,05—0,15 cm^3 Homogenat (1:10) in 0,01 mol. Phosphatpuffer, p_H 7,4, ausgeführt, wobei man nach 20 Min. Bebrütung *Asparaginat,* nach 10 Min. *α-Ketoglutarat* zugibt u. nach weiteren 10 Min. die Rk. abbricht. Die Beziehung zwischen I-Konz. u. Absorption verläuft in einem Bereich von 5—15 mg Frischgewebe linear. Die Fehler infolge spontaner u. katalysierter Decarboxylierung von I liegen nicht höher als 2,5%. (Biochim. biophysica Acta [Amsterdam] **10.** 623—24. April 1953. London, Univ. Coll., Dep. of Biochem.) K. MAIER. 4210

G. B. Kistiakowsky und **W. H. R. Shaw,** *Über den Mechanismus der Ureasehemmung.* Die Unters. der *Urease* (**I**)-Hemmung durch 3 *Harnstoff*-Analoga, *Sulfamid* (**II**), *Acetamid* (**III**) u. *Thioharnstoff* (**IV**) zeigte, daß **II** keine Hemmwrkg., **III** eine geringe u. **IV** eine genügend starke aufwies, so daß eine quantitative Behandlung möglich war. Die Hemmwrkg. erfolgt augenblicklich u. ist reversibel. Die Hemmung kann kompetitiver u. nichtkompetitiver Art sein u. ist p_H-abhängig. Die kinet. Behandlung der komplexen I-Hemmungen wird durch Anwendung der CRAMERschen Meth. zur Lsg. simultaner linearer Gleichungen u. Verwendung von Hemmungsindices erleichtert. Die Meth. wurde auf die Kinetik der „nichtgehemmten" Ureolyse angewendet u. ein vollständiger Mechanismus entwickelt, der die Abhängigkeit der Reaktionsgeschwindigkeit von der Harnstoff (**V**)-Konz. zwischen 0,3 u. 2000 m mol. sowie dem p_H-Bereich 5,5—7,0 gut wiedergibt u. die **IV**-Hemmung mit umfaßt. Die CRAMERsche Meth. eignet sich ferner zur Auswertung gewisser Beobachtungen über das Verh. von **I** in Phosphatpuffern in Ggw. hoher **V**-Konzz. u. in Na-Sulfitlösungen. Die strukturellen Voraussetzungen als Inhibitor wirksamer **V**-Analoga sind zur Zeit nicht eindeutig festlegbar. Die Ggw. von 2 prim. NH_2-Gruppen u. einer *CO*-Gruppe ist weder notwendig noch ausreichend. (J. Amer. chem. Soc. **75.** 866—71. 20/2. 1953.) K. MAIER. 4210

C. H. W. Hirs, Standford Moore und **William H. Stein,** *Eine chromatographische Untersuchung der Pankreasribonuclease. Ribonuclease* (**I**) kann an Säulen des Austauschharzes *Amberlite IRC-50* (*XE-64*) (**II**) chromatographiert werden, wobei die saure Form auf p_H 6,47 ± 0,02 gepuffert wird. Krist. I-Präpp. können sich hinsichtlich des Grades der chromatograph. Homogenität unterschiedlich verhalten. Die Chromatographie von Extrakten aus zerkleinertem Rindspankreas mit $0{,}25\,n\,H_2SO_4$ ergibt 2 enzymat. akt. Gruppen. Aus krist. I-Präpp. oder direkt aus Säureextrakten von Pankreaspulver kann mittels **II** die Hauptenzymkomponente in chromatograph. homogenem Zustand isoliert werden. Die Unters. saurer Extrakte aus Rinderleber, Milz u. Thymus nach obiger Meth. ergab keine I-Wirksamkeit. Die Prüfung der Verteilung verschied. Proteine (**V**) (Insulin, β-Lactoglobulin, Rinderserumalbumin, Hämoglobin, Myoglobin, Cytochrom c [**III**], Lysozym [**IV**]) an Adsorbentien, wie *Celite,* Kartoffelstärke, Silicagel, Cellulose, Tricalciumphosphat, Benzoesäure, *Dowex 50* u. *2, Duolite C-10* u. verschied. *Amberliten,* unter Verwendung von W., verd. HCl u. mehrerer Puffer als Lösungsmittel, zeigte, daß sich nur einige relativ stabile, niedermol. **V**, wie z. B. **I, III** u. **IV**, zur chromatograph. Reinigung eignen. (J. biol. Chemistry **200.** 493—506. Febr. 1953. New York, N. Y., Rockefeller Inst. for Med. Res., Labors.) K. MAIER. 4210

R. Markham und **J. D. Smith,** *Ribonucleasewirkung und die Struktur der Nucleinsäuren.* Die bei Einw. von *Ribonuclease* auf *Ribonucleinsäure* des Rübenmosaikvirus erhaltenen Abbauprodd. lassen sich chromatograph. auf Filtrierpapier [Lösungsm.: gesätt. Lsg. von $(NH_4)_2SO_4$:W. : Isopropanol 80:18:2] aufteilen. Eine dabei in großer Menge auftretende Substanz Cx, die bei Behandlung mit n HCl oder n NaOH in der Kälte *Cytidylsäure* (**I**) u. *Uridylsäure* (**II**; in nach der Enzymwrkg. wechselnden Mengenverhältnissen) liefert, kann mit 25% W. + 75% Isopropanol als Lösungsm. weiter aufgeteilt werden. Die erhaltenen Substanzen C u. X liefern bei saurer Hydrolyse **I** bzw. **II**, jedoch keine Phosphorsäure. **I** ist sicher nicht Cytidin-5′-phosphat, sondern entweder *Cytidin-2′-* oder *-3′-phosphat* oder ein Gemisch der beiden. (Research **4.** 344. Juli 1951. Cambridge, Univ., Molteno Inst.) HESSE. 4210

E. C. De Renzo, E. Kaleita, P. Heytler, J. J. Oleson, B. L. Hutchings und **J. H. Williams,** *Die Natur des Xanthinoxydasefaktors.* Veraschte Leberrückstände oder Rückstandsextrakte besaßen noch *Xanthinoxydasefaktor* (**I**)-Aktivität. Spektrograph. waren in der Asche u. a. *Al, Sb, Ba, B, Cr, Co, Pb, Mo, Ni, Ag, Sn, Ti, V* u. *Zn.* Die I-Aktivität von Leberrückständen oder deren Asche konnte in der Diät von Ratten auch durch *A–Z*-Lsg. nach HOAGLAND ersetzt werden. Als wirksames Agens wurde das *Molybdat*-Ion erkannt, das in Form von Na-Molybdat 1 mg/kg Diät oder bei Injektion von 10 γ subcutan die gleiche *Xanthinoxydase*-Erhöhung wie Verfütterung von 10% Leberrückstand bewirkte. Der Effekt ist streng spezif. u. *Mo* durch kein anderes Element ersetzbar. Es liegt der erste Fall vor, wo die Beteiligung von *Mo* an einem tier. Enzymsyst. in vivo nachgewiesen werden konnte. (J. Amer. chem. Soc. **75.** 753. 5/2. 1953. Pearl River, N. Y., Amer. Cyanamid Comp., Lederle Labors. Div.) K. MAIER. 4210

Tsutomu Kojo, *Über die Beziehung zwischen Retinenreduktase und Flavin enthaltendem Enzym.* *Pteroylglutaminsäure* hemmte die Regeneration von *Retinen*$_1$ (I) aus *Vitamin A*$_1$ (II), wie Verss. mit frisch hergestelltem Froschretinahomogenat (Phosphatpuffer, p_H 6,8) zeigten. Die I- u. II-Ausbeuten wurden durch Zusatz von *Diphosphopyridinnucleotid* (III) oder III u. *Flavinadenindinucleotid* zum Enzymsyst. gesteigert. In *Phloridzin*-behandelten Fröschen war die Ausbeute an I u. II herabgesetzt. Dies deutet auf die enge Beziehung zwischen aerober Glykolyse u. I-Bldg. hin, wobei jene die für die Synth. von I aus II erforderliche Energie liefert. I-*Reduktase* ist ein *Pyridinnucleotidenzym*, das wahrscheinlich über ein *flavin*-haltiges Enzym mit dem *Cytochrom*-Syst. verbunden ist. (J. Biochemistry [Tokyo] **39.** 389—92. Sept. 1952. Tokyo, Univ., School of Med., Dep. of Biochem. [Orig.: engl.]) K. MAIER. 4210

E. Boyland und **G. H. Wiltshire,** *Die Umwandlung von Naphthalin durch Leberschnitte.* Isolierte Schnitte von Ratten- oder Kaninchenleber oxydieren *Naphthalin* (I) zu *1.2-Dioxy-1.2-dihydronaphthalin* (II), jedoch nicht zu *1-Naphthol* (III). Obwohl die Oxydationsgeschwindigkeit gering ist (Q_{O_2} = 0,1 mm³ O_2/mg Trockengewicht Leber/Std.), reicht sie aus, um I in Ratten in das Diol überzuführen. Das Fehlen von III ist bemerkenswert, da Ratten u. Kaninchen nach I-Injektion mehr III als II ausscheiden. Möglicherweise wird in Leberschnitten III gebildet u. sofort mit Glucuronsäure gepaart. In Milz- u. Nierengewebe war ebenfalls keine Oxydation von I zu III feststellbar. (Biochem. J. **53.** 424—26. Febr. 1953. London, Royal Cancer Hosp., Chester Beatty Res. Inst.) K. MAIER. 4210

Helmut Beinert, R. W. von Korff, D. E. Green, D. A. Buyske, R. E. Handschumacher, Harvey Higgins und **F. M. Strong,** *Eine Methode zur Reinigung von Coenzym A aus Hefe.* Beschreibung einer Meth. zur Herst. von hochgereinigtem *Coenzym A* (I) aus Trockenbierhefe in größerem Maßstab. Durch Adsorption von I aus Hefeextrakt an Aktivkohle u. Pyridineluierung werden Konzentrate erhalten, aus denen I zusammen mit zugesetztem *Glutathion* (II) durch *Cu*$_2$*O* gefällt wird. Die II-Abtrennung erfolgt mittels eines Ionenaustauschharzes. Elektrophorese eines gereinigten I-Präp. (p_H 4,2, 0,2 mol. NH_4-Acetatpuffer) ließ 2 Komponenten erkennen, die beide *Pantothensäure* (III) enthielten u. im *Transacetylase*-Test wirksam waren. Die amperometr. Titration der *SH*-Gruppe von I ergab bei sauren p_H-Werten eine sehr große Stabilität derselben. Analyt. Daten betreffs des Geh. an III (26%), *Adenin* (16,7%), *S* (4,11%), *P* (11,8%), *Ribose* (18%), II u. *Glutaminsäure* werden wiedergegeben. (J. biol. Chemistry **200.** 385—400. Jan. 1953. Madison, Wis., Univ. of Wisconsin, Inst. for Enzyme Res., u. Coll. of Agric., Dep. of Biochem.) K. MAIER. 4270

E₃. Mikrobiologie. Bakteriologie. Immunologie.

Werner Jaffe, *Über einen neuen Wachstumsfaktor.* Ein für Ratten notwendiger Wachstumsfaktor zeigt sich im mikrobiol. Test für *Lactobacillus arabinosus* u. *casei* ebenso für *Streptococcus faecalis* wirksam. Für seine halbquantitative Best. wird ein Nährmedium angegeben u. der Geh. verschied. Nahrungsmittel verglichen. Bes. viel findet sich in *Leber* u. *Hefeextrakt*, jedoch zeigen sie gegen die beiden Testorganismen verschied. Wirkungsstärke, woraus auf zwei verschied. Faktoren geschlossen wird. (Rev. Sanidad Asist. soc. **46.** 533—39. Sept./Dez. 1951. Caracas, Venezuela, Ministerio de Agric. y Cría, Dep. de Química, Sec. de Bioquím.) GERBER. 4310

P. J. Heald, *Die Umwandlung der Glucuronsäure durch Xylose vergärende coliforme Bakterien.* Gewaschene Suspensionen in Ggw. von *Xylose* (I) gewachsener *Escherichia coli*-Stämme können adaptive Systeme zur Vergärung von *Glucuronsäure, Galakturonsäure* u. *L-Arabinose* (II) bilden. *Glucose* (III) wurde sofort, *Galaktose* (IV), sowie α- u. *β-Glucuronsäure-1-phosphat* (V) jedoch nicht vergärt. In Ggw. von III gezüchtete Zellen vergärten III u. bildeten adaptive Systeme für *Glucuronat* (VI) u. *Galakturonat* (VII), bauten jedoch I, II, IV oder V nicht fermentativ ab. In Ggw. von VI gewachsene Zellen vergärten III, VI u. VII, jedoch nicht I, II, IV oder V. Die Adaptationsperiode mit I gezüchteter Zellen wurde durch Zusatz von I, III oder *Adenosintriphosphat* (VIII), sowie durch Ggw. eines „*Faktors*", der aus den Zellen auswaschbar war, stark verkürzt. In Ggw. von VI gewachsene Zellen konnten durch Zusatz von III, VI oder VIII nicht zur I-Vergärung gebracht werden. *Aerobacter aerogenes* vergärte nach Wachstum in Ggw. von I kein VI. Die Tatsache der VI-Vergärung durch in I- oder III-Lsg. gewachsene Zellen setzt die ständige Anwesenheit einer kleinen Menge des erforderlichen Enzymsyst. voraus u. deutet darauf hin, daß der Uronsäurestoffwechsel für diese Organismen von fundamentaler Bedeutung ist. (Biochem. J. **52.** 378—84. Nov. 1952. Bucksburn, Aberdeenshire, Rowett Res. Inst.) K. MAIER. 4320

H. Noufflard und **M. Deslandes**, *Baktericide Wirkung von Isoniazid (Isonicotinsäurehydrazid) auf den Koch-Bacillus. Isoniazid* (**I**) wurde einen Monat lang im DUBOS-Milieu ohne Tween mit virulenten Tuberkelbacillen vom Menschen, Stamm H 37 Rv, in Kontakt gebracht. Bei den angegebenen Versuchsbedingungen zeigte **I** keine sichtbare baktericide Wrkg. auf diesen Tuberkelstamm. Die Zahl der virulenten Bacillen änderte sich während des Vers. nicht bei einer **I**-Konz., die über dem im Blut erzielten **I**-Spiegel bei üblicher oraler **I**-Medikation lag. (Ann. Inst. Pasteur **83**. 769—73. Dez. 1952. Brévannes, Hôp. Léon-Bernard.) DOSSMANN. 4330

C. Levaditi und **J. Henry-Éveno**, *Erworbene Resistenz von Mycobacterium tuberculosis gegenüber Isonicotinsäurehydrazid (INH)*. Beschreibung von Verss. mit *Isonicotinsäurehydrazid* (**I**) an 4 verschied. Stämmen von Mycobacterium tuberculosis: H 37 Rv, H 512 (beide virulent), SAPC (apathogen), 607 (paratuberculos). Die minimale Konz., welche Bakteriostase auslöst, unterscheidet sich bei diesen 4 Stämmen. Bei hohen **I**-Konzz. u. mehrfachen Passagen mit H 512 u. 607 wurde schnell zunehmende Resistenz gegenüber **I** festgestellt. *Streptomycin*-resistente Tuberkelbacillen sind gegenüber **I** empfindlich. Es wird diskutiert, ob die Abnahme der Hemmwrkg. von **I** mit dem Verlust der Säureresistenz der Bacillen zu erklären ist. (Ann. Inst. Pasteur **83**. 800—02. Dez. 1952.) DOSSMANN. 4330

Hirsch, *Antibiotica in vitro und in vivo.* Für die gleichzeitige Testung einer größeren Anzahl von Keimen gegen Antibiotica eignet sich die Papierstreifenmethode. Das Verh. der Atmung von Bakterien im WARBURG-App. nach Zusatz von Antibioticis läßt den Wirkungsmechanismus (bakteriostat., baktericide oder degenerative Wrkg.) erkennen. (Mschr. Kinderheilkunde **99**. 5—13. Jan. 1951. Basel.) GERBER. 4340

O. Ruziczka, *Elektronenoptisch faßbare Wirkung der Antibiotica.* Die Veränderungen in der Struktur von Bakterien durch Antibiotica entsprechen vielfach denen, die in der alternden Kultur auftreten. Es finden sich bes. Riesenformen u. Auflösungserscheinungen. (Mschr. Kinderheilkunde **99**. 22—24. Jan. 1951. Wien.) GERBER. 4340

A. P. Murowa, S. S. Nykopp und **W. J. Kaipainen**, *Verminderte Wirksamkeit von Aureomycin bei Anwesenheit verschiedener Seren.* Der Verlust der Wirksamkeit bei Anwesenheit von Serum besteht auch bei *Aureomycin* (**I**). Vf. untersuchte die Frage, ob verschied. Seren die Wrkg. von **I** verschieden stark herabsetzen. Dies ist bei 25 untersuchten Seren nicht der Fall. (Ann. Med. exp. Biol. fenn. **30**. 190—91. 1952. Helsinki, Univ.) L. BERGER. 4340

Victor M. Márquez, *Experimentelle Untersuchungen der potenzierten Wirkung von Bacitracin und Tyrothricin gegenüber Staphylococcus aureus.* In vitro zeigten *Bacitracin* (**I**) u. *Tyrothricin* (**II**) kombiniert (1 : 1) potenzierte Wrkg. bei Staphylococcus aureus in Ggw. von Serum. Es war vollständig steril nach 3 Std., enthielt noch über 100000 Keime, wenn nur mit **II**, über 1000000 Keime, wenn nur mit **I** sterilisiert wurde. (Acta ci. venezolana **3**. 118—21. Juli/Aug. 1952. Caracas, Univ., Fac. de Farmacia y Química.) LUDOLPHY. 4340

Ulrich Berger, *Über die Züchtung antibiotischer Keime aus der Luft.* Antibiot. Keime kommen in der Luft selten vor u. gehören Arten an, die im Boden in ungleich größerer Zahl vorhanden sind (B. mesentericus u. mycoides). (Z. Hyg. Infektionskrankh. **133**. 141—47. 1951. Freiburg, Schweiz, Kant. Inst. für Hyg. u. Bakteriol.) FISCHOEDER. 4340

L. E. Baribo und **E. M. Foster**, *Die Bildung eines Wachstumsinhibitors durch Milchsäurestreptokokken.* Vff. fanden, daß 9 Stämme von *Streptococcus lactis* u. *Str. cremoris* einen hitzestabilen Stoff bilden, der das Wachstum von *Lactobacillus casei* hemmt; einige Stämme von Milchstreptokokken werden ebenfalls, aber in geringerem Maße, gehemmt. Die Hauptmenge des Inhibitors wurde in den ersten 24 Std. der Bebrütung gebildet; sie ist abhängig von der Art des Kulturmediums. Der Hemmstoff übt eine selektive Wrkg. auf die Bakterienflora der Milch aus. (J. Dairy Sci. **34**. 1136 bis 1144. 11/11. 1951. Madison, Wis., Univ. of Wisconsin, Dep. of Bacteriol.) GOEBEL. 4340

Ch. L. Galikejew, *Über die baktericiden Eigenschaften grüner Pflanzenblätter.* Die frischen Blätter zeigen eine baktericide Wrkg. auf Staphylococcus albus nach 6 Std. bei Tanne, 8 Std. bei Linde u. Birke, 10 Std. bei Eiche u. Ahorn. Welkende Blätter zeigen diese Wrkg. nicht. Auf den Baumblättern können weder in der Stadt noch außerhalb dieser pathogene Mikroorganismen festgestellt werden. (Микробиология [Mikrobiologie] **22**. 59—60. Jan./Febr. 1953. Moskau, Zentralinst. für Ärztefortbldg.) LEBTAG. 4340

Helge Gyllenberg, *Untersuchungen an thermophilen Bakterien der Gattung Cohn.* Eine Reihe von thermophilen Bakterien, die bei 65° gezüchtet waren, wurden aus dem Boden isoliert u. ihr Wachstum in Abhängigkeit von Temp., p_H, r_H, Kohlenhydraten u. Hefeextrakt festgestellt. Anorgan. Stickstoff genügte; bessere Ausbeute wurde mit Pepton erzielt. Cellulose, Stärke u. eine Reihe von Kohlenhydraten wurden abgebaut, doch war der Celluloseabbau geringer als in einer Bodenmischflora. Aus Glucose werden Milchsäure u. flüchtige Säuren im Verhältnis 1 : 5 gebildet. (Suomen maataloustieteellisen Seuran Julkaisuja [Acta agral. fenn.] **1951**. Nr. 73. 1—90. Helsinki, Finnland, Dep. of Microbiol.) GERBER. 4350

R. Pakuła, *Die Verschiedenheit der Polysaccharide in hämolytischen Streptokokken. Analyse mittels Hämagglutination und Präcipitation.* Aus Streptokokken der Gruppe A wurden 3 verschied. Extrakte hergestellt: 1. nach LANCEFIELD mittels Säurehydrolyse, 2. nach FULLER mit Formamid u. A.-Aceton-Reinigung, 3. mit Auflsg. der Streptokokken durch von Streptomyces albus gebildete Protease u. A.-Aceton-Reinigung. Alle Extrakte waren MOLISCH-positiv, nur 1. gab auch positive Eiweißreaktionen. Mit gruppenspezif. Antiserum von Kaninchen präcipitierten 1—3 gleich gut. Eine Sensibilisierung von Hühnererythrocyten u. damit eine positive Hämagglutination durch Antiserum war nur mit 2. u. 3. möglich. Durch Absorptionsverss. an den Extrakten u. dem Antiserum wurde nachgewiesen, daß für die Präcipitation u. die Hämagglutination zwei verschied. Antigenfraktionen verantwortlich sind, denen zwei Antikörper im Serum entsprechen. Die an der Präcipitation beteiligte Fraktion ist das Polysaccharid „C", die andere Fraktion ist ein wahrscheinlich an Protein gebundenes Polysaccharid, das aber weder gruppen- noch artspezif. ist, da es auch in allen anderen Streptokokkengruppen u. in Staphylokokken vorkommt. Im Extrakt 1 bleibt es im Nd. u. kann in diesem nachgewiesen werden. (Med. dóswiadczalna Mikrobiol. **4**. 197—216. 1952. Warschau, Staatl. Hyg. Inst.) FISCHOEDER. 4350

B. L. Strehler, *Die Luminescenz in zellfreien Extrakten von Leuchtbakterien und ihre Aktivierung durch DPN.* Mit zellfreien wss. Extrakten aus acetongetrocknetem *Achromobacter fischeri*, einem Leuchtbacterium, konnte Luminescenz erzeugt werden, die für das unbewaffnete Auge sichtbar ist. Nach dem Verschwinden wurde sie durch Zusatz erhitzter Extrakte aus acetontrockenen Bakterien erneut hervorgerufen, wobei an Stelle des Bakterienextraktes vorteilhafter *Diphosphopyridinnucleotid* (I) treten kann (Steigerung der mittels eines hochempfindlichen Lichtquantenzählers gemessenen Impulszahl von ca. 30 auf ca. 100000/15 Sek.). Red. I ist noch wirksamer u. gibt sofort maximale Rk., während I vermutlich erst durch Dehydrasesysteme des Extraktes red. werden muß. Anscheinend ist I als Elektronenüberträger auch mit dem Licht emittierenden Syst. verknüpft u. bestimmt in Rohextrakten die Reaktionsgeschwindigkeit, oder I ist vielleicht mit Bakterienluciferin identisch. Etwa 0,01—0,1 γ I oder red. I/cm^3 geben bereits einen meßbaren Effekt. (J. Amer. chem. Soc. **75**. 1264. 5/3. 1953. Oak Ridge, Tenn., Nat. Labor., Biol. Div.) K. MAIER. 4350

Lennart Kalliomäki, *Cardiolipin und Sitolipin als Syphilisantigene.* 7928 Seren wurde durch 2 *Cardiolipin* (I)-Teste, 1 *Sitolipin* (II)-Test (Antigenzus.: 0,05% **II**, 0,3% Lecithin, 0,9% Cholesterin), die KAHNsche Rk. u. 2 WASSERMANN-Rkk. (Antigen: Ochsenherzextrakt mit bzw. ohne 0,15% Cholesterin) vergleichend untersucht, ferner 4260 noch mittels des MEINICKE-Testes u. 4414 mittels des BERGER-Testes. Bei einer Serie von 5114 Seren wurde die Stellung von I u. II als Antigene der Komplementbindungs-Rk. untersucht. I u. II gaben im Vgl. mit dem KAHNschen Standardantigen u. dem des MEINICKE-Testes, bes. bei der Flockungs-Rk., keine besseren Resultate. Als Antigene der Komplementbindungs-Rk. waren I u. II empfindlicher als Ochsenherzantigene. II ist eine von UROMA durch Extraktion aus Weizenkeim erhaltene gereinigte *Phosphatidsäure.* (Acta pathol. microbiol. scand., Suppl. **93**. 375—77. 1952.) K. MAIER. 4370

L. A. Silber, *Über die Natur der Viren und ihre Herkunft.* In der Übersichtsarbeit (32 Literaturangaben) wird festgestellt, daß trotz der ungenügenden Kenntnisse von den saprophyt. Viren die Hypothese genügend begründet ist, wonach die Viren Nachkommen der prim. präcellularen Organismen sind. (Микробиология [Mikrobiologie] **22**. 81—94. Jan./Febr. 1953.) LEBTAG. 4374

Joseph E. Smadel, *Gegenwärtiger Stand der antibiotischen Therapie bei Virus- und Rickettsiakrankheiten.* An einer Zusammenstellung wird der große Fortschritt in der Behandlung von Flecktyphus mit *Chloramphenicol* (I), *Aureomycin* (II) u. *Terramycin* (III) gegenüber *p-Aminobenzoesäure* (IV) gezeigt. Fieberdauer nach I, II u. III: 31, 25 u. 47 Std. gegenüber 89 Std. bei IV. Verabreichung im allg. täglich 3 g oral. Besprochen wird u. a. auch die Wrkg. bei Rocky-Mountain-Fieber, Q-Fieber u. Pocken. I, II u. III wirken gleichfalls spezif. auf die Viren der Psittacosis–Lymphogranuloma-venerum-Gruppe. Alle anderen Viren wurden in Laborverss. durch Chemotherapeutica

u. Antibiotica nicht angegriffen, trotzdem auch da klin. Erfolge vorliegen. (Bull. New York Acad. Med. **27.** 221—31. April 1951. Washington, D. C., Res. and Graduate School, Army Med. Dep.) DOSSMANN. 4374

W. I. Kindjakow und **O. Ss. Nikonowa,** *Über die Dauer der Lebensfähigkeit des Maul- und Klauenseuche-Virus im Zuckerrübenpreßrückstand.* Das Virus der Maul- u. Klauenseuche ist wegen des hohen Säuregrades (p_H 4,8) des Zuckerrübenpreßrückstandes in diesem nur 1—1½ Std. lebensfähig. Der Rückstand kann deshalb nicht als Infektionsquelle angesehen werden. (Ветеринария [Tierheilkunde] **29.** Nr. 9. 34—35. Sept. 1952. Wiss. Veterinär-Forschungsinst. der Kasach. Zweigstelle der Allunions Landw. Lenin-Akad.) RENTZ. 4374

Carlos Campillo Sáinz, Eustaquio Roch Ubiría und **Enriqueta Pizarro Suárez,** *Aureomycin bei Behandlung experimenteller Tollwut bei Mäusen.* Subcutane Anwendung von 100 mg/kg/Tag = ca. 4fache Dosis bzw. 125 mg/kg/Tag intraperitoneal = ca. 10fache Dosis der von EATON (1950) als minimal wirksame Menge festgestellten Dosis. Verabfolgung des Virus intracerebral, in der 2. Versuchsreihe subcutan. Behandlung 10 Tage lang. Aureomycin versagte in beiden Fällen. (Rev. Inst. Salubridad Enfermedades trop. **11.** 145—47. Dez. 1950. Mexiko.) ALTPETER. 4374

M. K. Fomjuk, *Die Anfälligkeit der Kartoffel gegenüber der „Gotik" in Abhängigkeit von den Ernährungsbedingungen.* Die Gotik-Krankheit ist eine Virus-Krankheit, die durch Insekten übertragen wird. Sowohl die Anfälligkeit gegen Ansteckung als auch die Stärke der Erkrankung werden durch die Ernährung der Kartoffel beeinflußt. Kalidüngung erhöht die Widerstandsfähigkeit der Kartoffel beträchtlich. Düngung mit Stallmist u. hohe Gaben von mineral. N kann unter entsprechenden Bedingungen den Ertrag gesunder Pflanzen beträchtlich steigern, verringert aber andererseits die Widerstandsfähigkeit gegenüber der Gotik-Krankheit. (Агробиология [Agrobiologie] **1953.** Nr. 2. 85—92. März/April. Inst. für Entomol. u. Phythopathol. der Akad. der Wiss. der UkrSSR.) A. JACOB. 4374

L. Broadbent, R. P. Chaudhuri und **L. Kapica,** *Die Ausbreitung von Viruskrankheiten auf einzelne Kartoffelpflanzen durch geflügelte Aphiden.* Junge Kartoffelpflanzen in Töpfen, die im Sommer während begrenzter Zeitperioden offen in der Nähe von Kartoffelfeldern gehalten wurden, wurden nur bei warmem, ruhigem u. trockenem Wetter von einer großen Anzahl geflügelter Aphiden besucht. Obgleich die Hauptverbreitung der Viren auf den Feldern im Mai u. Juni erfolgte, wurden in dieser Zeit nur wenige Versuchspflanzen infiziert. Die meisten Infektionen erfolgten im Juli. Der Anteil der verschied. Virusarten an der Infektion variierte in den verschied. Versuchsjahren beträchtlich. (Ann. appl. Biol. **37.** 355—62. Sept. 1950. Harpenden, Herts, Rothamsted Exp. Stat.) ARMBRUSTER. 4374

T. W. Kirkpatrick, *Insektenübertragung einer Viruskrankheit von Kakao in Trinidad.* Es wurden 2 Stämme einer Viruskrankheit, A. u. B, isoliert, die möglicherweise verschied. Viren sind. Sie besitzen Ähnlichkeit mit der westafrikan. *„Swollenshoot"*-Krankheit, bes. in der Übertragung durch Blattwanzen der Familie ***Pseudococcidae.*** Schwellungen an den Schoten wurden jedoch nicht beobachtet. Es konnten 4 Arten von ***Pseudococcus*** als Überträger sichergestellt werden. Die Latenzperiode des Virus variiert zwischen 20 u. 123, die Symptome erscheinen zumeist nach 30—50 Tagen. Das Virus kann von den Insekten noch 22½ Std. nach Virusaufnahme übertragen werden. Der Übertragungsgrad von 14% bei Verwendung von je 1 Insekt pro Testpflanze konnte auch durch Anwendung mehrerer Tiere nicht gesteigert werden. Das Virus kann aus allen Teilen befallener Pflanzen von den Tieren aufgenommen werden, bes. leicht jedoch aus Blättern, die akute Krankheitssymptome aufweisen. (Bull. entomol. Res. **41.** 99—117. Mai 1950. Trinidad, B. W. I., Imp. Coll. of Trop. Agric.) ARMBRUSTER. 4374

Antonio González Ochoa und **Luis F. Bojalil J.,** *Wirkungen „in vitro" von Sulfa-Kupfer-Komplexen auf einige pathogene Pilze.* Die fungistat. Wrkg. von *Cu-Komplex*-Verbb. der Sulfonamide: *Sulfamerazin* (I), *Acetylsulfanilamid, Sulfamethylthiazol, Succinylsulfanilamid, Sulfanilamid, Succinylsulfathiazol, Sulfadiazin, Sulfapyridin, Phthalylsulfathiazol* u. *Sulfathiazol* (II) auf das Wachstum von *Candida albicans* (C. a.), *Cryptococcus neoformans* (C.n.), *Hormodendrum pedrosa* (H.p.), *Blastomyces dermatitidis* (B.d.), *Nocardia brasiliensis* (N.b.) u. *Nocardia asteroides* (N.a.) wurde untersucht.— I hemmte in 1 : 10000 H.p., **II** in 1 : 150000 N.p. **II** wirkt spezif. auf N.p., N.a. wird von **II** in 1 : 100000 nicht gehemmt. C.n. zeigte nach Behandlung mit den Verbb. stärkere Entw. als bei den Vergleichsproben. C.a. u. B.d. wurden in therapeut. Konz. nicht gehemmt. (Rev. Inst. Salubridad Enfermedades trop. **11.** 79—91. Dez. 1950. Mexiko.) ALTPETER. 4380

Harutada Ninomiya und **Suzuoki-Ziro,** *Der Stoffwechsel von Trichomonas vaginalis unter vergleichender Betrachtung der Trichomonaden.* Unter Verwendung von *Trichomonas vaginalis*-Suspensionen in 0,25mol. NaCl-Lsg. wurde der *Kohlenhydrat*-Stoffwechsel dieses parasit. Protozoons aerob u. anaerob manometr. untersucht. Von 11 geprüften Substraten wurden nur *Glucose* (I), *Maltose* u. *Lactat* oxydiert. Hohe O_2-Tension hemmte die in Ggw. von I gesteigerte O_2-Aufnahme fast vollständig u. erhöhte die Eigenatmung. Vff. nehmen an, daß die Hemmwrkg. von O_2 hauptsächlich auf einer Anhäufung des bei der I-Oxydation gebildeten H_2O_2 beruht. *T. vaginalis* wies im Gegensatz zu *T. foetus* (Q_{Kat} = 800) keine *Katalase*-Aktivität auf. Die O_2-Aufnahme war im p_H-Bereich von 5,4—6,0 maximal. Unter anaeroben Bedingungen entwickelte *T. vaginalis* außer CO_2 noch einige andere Gase. Die Gasentw. nahm bei I- oder ***Pyruvat***-Zusatz, in Ggw. von *SH*-Inhibitoren (II), beträchtlich ab. Die Atmung war gegenüber **II**, wie *p-Chlormercuribenzoat, Monojodacetat* u. *Arsenit,* sehr empfindlich, ebenso gegen Fluorid, während *Cyanid, Azid, Malonat* u. *Arsenat* keine Hemmwrkg. aufweisen. Vgl. der Ergebnisse mit den bei anderen Trichomonaden erhaltenen deutet darauf hin, daß im Ablauf der Entw. zum Parasitismus *T. foetus* einen zwischen *T. vaginalis* u. dem frei lebenden Organismus *T. keilini* stehenden, intermediären Zwischentyp darstellt. (J. Biochemistry [Tokyo] **39.** 321—31. Sept. 1952. Osaka, Takeda Pharmaceut. Ind. Ltd., Pharmacol. Sect., Res. Labor. [Orig.: engl.]) K. MAIER. 4380

E_4. Pflanzenchemie. Pflanzenphysiologie. Pflanzenpathologie.

Zofia Rybianka-Stopa, *Über einige Spurenelemente in der Pflanzenzucht.* Vork. u. Bedeutung von *B, Mn, Cu, Zn, Mo* u. *J* im Erdreich u. in den Pflanzen. (Farmacja polska **7.** 97—100. Mai 1951. Krakow, Akad. med., Pracownia uprawy roilin.) FISCHOEDER. 4410

T. Mandrik, *Anthocyanpigmente der höheren Pflanzen und ihre antibakterielle Wirksamkeit.* Übersicht (8 Literaturangaben) über die Bedeutung der *Anthocyane* für die Widerstandsfähigkeit der Pflanzen gegenüber *Pilzen* u. *Mikroben.* (Микробіологічний Журнал (Киев) [Mikrobiol. J. (Kiew)] **45.** Nr. 1. 66—69. 1953.) LEBTAG. 4420

Gertraud Walzel, *Vitamin C in Cuscuta.* In Samen, Sprossen, Keimlingen u. Blüten von Cuscuta Gronovii wurde der Geh. an *Ascorbinsäure* (I) bestimmt. Es zeigte sich, daß in den Keimlingen schon vom 3. Tag ab I abnimmt. Die Sproßspitze ist am reichsten an *Chlorophyll* (II) u. I, wogegen das Sproßstück in der Nähe der Haustorien auffallend arm an I u. II ist. (Protoplasma **41.** 260—62. 1952. Graz, Univ., Pflanzenphysiol. Inst.) H. SCHEURLEN. 4425

A. Arnold, *Über den Funktionsmechanismus der Endodermiszellen der Wurzeln.* Vf. bestätigt die Ansicht anderer Autoren, daß die Aufnahme u. Abgabe von Mineralstoffen im Wurzelparenchym durch die aerobe akt. Anionenaufnahme u. ein anaerobes glykolyt. Syst. gesteuert wird. Die Intensität der Durchschleusung wird vom Prinzip der geringsten Leistung bestimmt. Die Endodermiszellen bestimmen mit Hilfe der CASPARYschen Streifen die Richtung des Transportes. Durch Verss. zeigt Vf., daß der Durchtritt von Ca-Ionen in den Zentralzylinder durch die Endodermis von einer hohen Stoffwechselaktivität abhängig ist. Bei Aufnahme von stark verd. Lsgg. tritt Salzakkumulierung in der Endodermis ein, die mit steigender Konz. des Außenmediums langsam zurückgeht. Die Akkumulierung wird durch Ggw. von Cl′ verstärkt, durch Na^+ abgeschwächt. Die Wasseraufnahme der Protoplasten ist zum Teil osmot., zum Teil elektroosmot. (Anionenaufnahme). — 65 Literaturangaben. (Protoplasma **41.** 189—211. 1952. Geilweilerhof, Forschungsinst. für Rebenzüchtung, Physiol. Abt.) H. SCHEURLEN. 4450

I. A. Geller, *Über den Einfluß oxydierend-reduzierender Eigenschaften des Bodens auf das Keimen der Samen.* Um zu klären, warum bei hohem Wassergeh. des Bodens (über 60% der wasserhaltenden Kraft) ein Zusatz von organ. Substanz die Keimfähigkeit von Samen manchmal vermindert, statt sie, wie üblich, zu erhöhen, wurden Verss. mit Gerste u. Zuckerrübe durchgeführt, bei welchen durch Zusatz von W. bzw. organ. Substanz oder durch Behandeln mit H_2O_2 das Redoxpotential des Bodens verändert wurde. Es zeigte sich, daß bei Wasserüberschuß dessen negative Wrkg. auf die Samenkeimung durch H_2O_2 teilweise aufgehoben wird. Bei Wassermangel im Boden wird durch H_2O_2 die negative Wrkg. verstärkt. Durch Beeinflussung des Redoxpotentials wirkt die organ. Substanz bei viel W. negativ, bei optimalen u. geringen Wassermengen positiv auf das Keimvermögen. Besondere Verss. zeigten, daß Azotobacter bei geringem Wassergeh. des Bodens weniger lebensfähig ist u. die Keimfähigkeit erhöht, während bei hohem Wassergeh. (70% der wasserhaltenden Kraft) trotz der besseren

Lebensfähigkeit keine positive Wrkg. beobachtet wird. (Доклады Академии Наук СССР [Ber. Akad. Wiss. UdSSR] [N. S.] **89**. 355—58. 11/3. 1953.) M. GORDIENKO. 4455

L. W. Metlitzki und **W. M. Zechomskaja,** *Qualitative Änderungen beim Atmungsstoffwechsel bei Citrusfrüchten in Abhängigkeit von der Aufbewahrungstemperatur.* Bei Lagerung von Citrusfrüchten bei niedrigen Tempp. erfolgt der Atmungsprozeß hauptsächlich auf Kosten der organ. Säuren, wodurch eine Geschmacksveränderung bewirkt wird. Bei hohen Tempp. vermindert sich der Verbrauch von Säuren beim Atmungsprozeß zugunsten der Zucker, außerdem tritt anaerober Zerfall auf. Der Geh. an A. nimmt zu, bes. in den Geweben, welche die höchste Atmungsintensität aufweisen. Die Zunahme anaerober Prozesse führt zu patholog. Erscheinungen. Der ungünstige Einfl. höherer Tempp. liegt nicht nur in der Verstärkung der Lebenstätigkeit der Mikroorganismen begründet, sondern auch in der Schwächung der Widerstandsfähigkeit der Früchte gegenüber diesen. Bes. günstig war es bei Mandarinen, wenn diese zunächst einige Monate bei 3—4° gelagert u. dann auf 1° gebracht wurden. Für die Atmung wurden dann gleichmäßig die Säuren u. Zuckerarten verbraucht. (Доклады Академии Наук СССР [Ber. Akad. Wiss. UdSSR] [N. S.] **89**. 1115—17. 21/4. 1953. Allunions Wiss. Forschungsinst. der Konservenind.) A. JACOB. 4462

R. M. Wager, *Die Stolburawelke der Kartoffel.* Zur Klärung der Ursachen der frühzeitigen Kartoffelwelke in den Südgebieten wurden Kartoffelpflanzen mit Hilfe von Hyalesthes obsoletus oder durch Impfung mit Stolbura infiziert, wobei zur Isolierung der pathogenen Fusariumarten der Boden sterilisiert oder die Verss. in Moskau durchgeführt wurden, wo die Fusariosewelke völlig fehlt. Es zeigte sich, daß die *Stolburawelke* der Kartoffel eine spezif. Krankheit ist, die nicht mit einer sek. Fusariose zusammenhängt. Die beiden Krankheiten unterscheiden sich voneinander dadurch, daß bei der Fusariose am unteren Stengel eine Fäulnis auftritt, während bei der Stolburawelke morpholog. Veränderungen der Spitze u. Verdickung der Knoten, manchmal die Bldg. von Luftknollen beobachtet wird. Die Intensität der Stolburakrankheit ist von der Temp. u. der Sonneneinstrahlung abhängig. (**Микробиология** [Mikrobiologie] **22**. 198—202. März/April 1953. Moskau, Allunions Inst. für Pflanzenschutz.) LEBTAG. 4490

E₅. Tierchemie. Tierphysiologie. Tierpathologie.

Johannes Pohlers, *Über die Dauer der Resorption von Hautquaddeln mittels physiologischer Kochsalzlösung, isotonischer Dextrose und Knochenmarköl und ihre Abhängigkeit vom Lebensalter.* Die Resorptionszeiten von Hautquaddeln an gesunden Menschen zeigten (intracutane Injektionen von je 0,1 cm^3) bei Normosal bis zum 6. Lebensjahrzehnt ständige Zunahme, bis zum 8. dann eine Abnahme, im 9. wieder eine Zunahme. 5%ig. Dextrose wurde langsamer resorbiert, mit steigendem Alter längere Resorptionszeiten, dsgl. bei Knochenmarköl vom 1.—6. Jahrzehnt. (Z. Altersforsch. **5**. 309—18. Nov. 1951. Leipzig, Univ., Med. Klinik.) BROSEMANN. 4550

R. B. Fisher und **J. N. Hunt,** *Die anorganischen Bestandteile der Magensekretion.* Unter der Annahme, daß das Magensekret ein Gemisch von zwei Komponenten konstanter Zus. ist, werden die Beziehungen zwischen Vol., Acidität u. Neutralchlorid mathemat. formuliert. Die Ergebnisse ausgedehnter Unterss. am Menschen bestätigen die aufgestellten Gleichungen. Die Zus. der „parietalen Sekretion" wird berechnet. Nach den Berechnungen ist es wahrscheinlich, daß die „nichtparietale", durch *Histamin* hervorgerufene Sekretion von anderer Zus. als die durch Insulin verursachte ist. (J. Physiology **111**. 138—49. 15/4. 1950. Oxford, Univ., Dep. of Biochem.; Guy's Hosp., Dep. of Physiol.) ALBERTY. 4555

Samuel Dreizen, Ann I. Reed, William Niedermeier und **Tom D. Spies,** *Natrium und Kalium als Pufferungskomponenten in menschlichem Speichel.* Der von den durch den Kauprozeß angeregten Speicheldrüsen produzierte Speichel (Sp.) besitzt eine höhere Pufferungskapazität als „ruhender" Speichel. Durch Best. des Kationen- u. Anionengeh. von ruhendem u. „stimuliertem" Sp. konnte eine Beziehung zu dem verschied. Neutralisationsvermögen hergestellt werden. Während Ca u. Mg auf Grund des Löslichkeitsverh. ihrer Salze unberücksichtigt bleiben konnten, enthält der stimulierte Sp. mehr *Na* als der ruhende; in diesem überwiegt *K.* Der *Phosphat-* u. *Protein*-Geh. des Sp. nimmt bei Anregung der Speicheldrüsen ab, die Konz. an *Bicarbonaten* steigt dabei an. (J. Dental Res. **32**. 497—503. Aug. 1953. Chicago, Ill., Northwestern Univ., Dep. of Nutrit. and Metabolism.) KLESSE. 4555

Humberto Granados, Johs. Glavind, Bent Noer und **Henrik Dam,** *Untersuchungen über die wachstumsfördernde Wirkung menschlichen Speichels.* Die wachstumsfördernde Wrkg. menschlichen Speichels wurde an entwöhnten Goldhamstern untersucht. Die Tiere erhielten 12 Wochen lang eine gereinigte Nahrung mit allen bekannten Vitaminen.

Die Kontrollgruppe erhielt reines W. zum Trinken, bei einer 2. Gruppe wurde das Trinkwasser mit Speichel von 3 männlichen, bei einer 3. Gruppe mit Speichel von 3 weiblichen Versuchspersonen versetzt. Der Speichel war ohne Reizung gewonnen u. wurde unverändert dem W. zugesetzt. Vff. stellten fest, daß im menschlichen Speichel, wenigstens bei sexuell reifen Personen, ein bzw. mehrere Faktoren enthalten sind, die sich von den bekannten Vitaminen u. auch von Vitamin B_{12} (I) unterscheiden u. das Wachstum der Tiere bedeutend u. übereinstimmend steigern. I ist im Speichel nur in geringen Mengen (0,000 15—0,0005 μg/cm³) vorhanden u. kann selbst in höherer Dosierung bis 0,02 μg das Wachstum nicht steigern. (Acta pathol. microbiol. scand. **27**. 501—05. 1950. Copenhagen, Polytechn. Inst., Dep. of Biol.) WOLFGANG ALBRECHT. 4555

William Malamud, *Schizophrenie und Hormone. Einige gegenwärtige Ansichten, ihre Folgerungen und Hintergründe.* (New England J. Med. **244**. 908—14. 14/6. 1951. Boston, Univ., School of Med., Dep. of Psychiatry.) BROSEMANN. 4558

Bernadette C. Bocklage, Harold J. Nicholas, E. A. Doisy jr., William H. Elliott, Sidney A. Thayer und **Edward A. Doisy**, *Synthese und biologische Untersuchungen von 17-Methyl-¹⁴C-östradiol.* Durch Einw. der GRIGNARD-Verb. aus Mg, Ae. u. ¹⁴C-Methyljodid auf Östronacetat wurde nach mehrfachem Umkristallisieren aus Bzl.–PAe., Methanol–PAe., wss. Aceton in 40%ig. Ausbeute das *17-Methyl-¹⁴C-östradiol* (I; F. 195—196°) erhalten. Die Verabreichung von 20 γ I an Ratten oder Mäuse mit Hilfe der Magensonde ließ eine vollständige Resorption erkennen. Bei einer Dosis von 200 γ war ¹⁴C in der Lymphe nicht nachweisbar. Bei der 20 γ-Dosis wurde von den Kontrolltieren 86% ¹⁴C in den Fäces ausgeschieden. Ratten, denen die Gallenwege abgebunden worden waren, schieden 78% der radioakt. Substanz im Urin aus. Die Ausscheidung bei Ratten mit Gallenfisteln betrug 87% in der Galle. Die Östrogenaktivität ließ sich bei diesen Tieren in der Galle u. im Urin nachweisen. Da weder in der ausgeatmeten Luft noch in den flüchtigen Anteilen der Exkremente ¹⁴C gefunden werden konnte, erscheint eine Abspaltung der markierten 17-Methylgruppe als unwahrscheinlich. (J. biol. Chemistry **202**. 27—37. Mai 1953. St. Louis, Miss., Univ., of St. Louis, School of Med., Dep. of Biochem and Intern. Med.) R. KÖNIG. 4559

G. S. Pope und **J. H. B. Roy**, *Die östrogene Aktivität von Rindercolostrum.* Die östrogene Aktivität von Rindercolostrum ist von der gleichen Größenordnung wie die von menschlichem Colostrum, sowie von Rinder- u. Menschenblut während der Schwangerschaft, jedoch viel niedriger als die von Galle u. Urin. Die *Östrogene* (I) finden sich hauptsächlich als Konjugate in der wss. Phase des Colostrums u. sind zum Teil keton. Natur. Die gepaarten I des Colostrums einer Kuh waren 5,2 γ *17 β-Östradiol*/Liter äquivalent. (Biochem. J. **53**. 427—30. Febr. 1953. Reading, Univ., Nat. Inst. for Res. in Dairying.) K. MAIER. 4559

W. Ralph Deaton jr., Frank Forsyth, T. O. Coppedge und **H. H. Bradshaw**, *Sexualhormone in der Frakturheilung. Eine experimentelle Untersuchung.* Die Heilung artificieller Frakturen verlief bei mit Sexualhormonen behandelten Hunden (2 mal/Woche 25 mg *Perandren* bzw. 1 mg *Ovocyclin*) gegenüber unbehandelten ohne besondere Wirkung. (Surgery, Gynecol. Obstetr. **93**. 763—66. Dez. 1951. Winston-Salem, N. C., Wake Forest Coll., Bowman Gray School of Med.) BROSEMANN. 4559

P. Varenius, B. Jönsson, G. von Reis und **E. Sahlgren**, *Tetanusimmunität bei Testosteron-behandelten Kaninchen.* 113 männliche u. weibliche Kaninchen wurden gegen Tetanus immunisiert. Gleichzeitig erhielt $^1/_3$ der Tiere parenteral *Testosteronpropionat*, $^1/_3$ das Lösungsm. (Erdnußöl), während $^1/_3$ als Kontrolle diente. Die Tetanusantitoxinkonz. des Serums der 3 Gruppen wurde an weißen Mäusen ermittelt. Die hormon- u. ölbehandelten Tiere wiesen einen etwas höheren Antitoxintiter auf als die Kontrollen, d. h. Testosteron bewirkt keinen spezif. Anstieg der Antikörperbldg. gegenüber Tetanus. (Acta pathol. microbiol. scand., Suppl. **93**. 345—48. 1952. Stockholm, Med. Clin. I, u. Södersjukhuset, Bacteriol. Labor.) K. MAIER. 4559

Louis Chedid und **Fernand Boyer**, *Die Wirkung der Placenta bei der experimentellen Infektion der Maus durch Trypanosoma brucei.* Durch Implantieren von Placenta in die Bauchhöhle ausgewachsener Mäuse konnte eine Begünstigung der Resistenz gegen eine Infektion mit Trypanosoma brucei beobachtet werden, die bisher nur bei Föten im Mäuseuterus bekannt ist. (C. R. hebd. Séances Acad. Sci. **233**. 443—45. 30/7. **1951**.) CARLS. 4559

Marianne Laubmann, *Der Schwangerschaftsnachweis mit Fröschen* (*Rana esculenta und Rana temporaria*). Um beim Froschtest positive Resultate zu gewinnen, mußten mindestens 10—15 I.E. *gonadotropes Hormon* (*Prolan*; BAYER, oder Urin mit bekanntem Hormongeh.) verwandt werden. Mit steigender Hormondosis nahm die Zahl der positiven Rkk. zu. Besseres Ansprechen der Tiere im Winter. (Zbl. Gynäkol. **73**. 1818—23. 1951. München.) BROSEMANN. 4559

Laurance W. Kinsell, *Die klinische Applikation der hypophysären adrenocorticotropen und Nebennierensteroidhormone.* Vf. bespricht Indikation, Kontraindikation u. Wirkungen von *ACTH* u. *Cortison* nach 2jähriger klin. Erprobung dieser Präparate. — 144 Literaturangaben. (Ann. intern. Med. **35**. 615—51. Sept. 1951. Oakland, Calif., Highland Alameda County Hosp., Inst. for Metabolic Res.) BROSEMANN. 4560

W. Müller, *Behandlung Addisonscher Erkrankung mit Lakritzensaft.* Bericht über 1 Fall, bei dem gegen die Erscheinungen der ADDISONschen Krankheit durch Verabfolgung von 10 g *Succus liquiritiae,* jeden 2. Tag, angegangen werden konnte. (Hippokrates **23**. 674. 15/12. 1952. Peine, Stadtkrankenhaus.) DOSSMANN. 4560

Robert S. Evans und **Chi Kong Liu,** *Wirkung von Corticotrophin bei schwerer primär chronischer thrombocytopenischer Purpura.* Bei dem beschriebenen Fall kam es zu 2 Remissionen nach Anwendung von *Corticotrophin* (*ACTH*). (A. M. A. Arch. intern. Med. **88**. 503—06. Okt. 1951. San Francisco, Stanford Univ., School of Med.) BROSEMANN 4560

John S. McMillin, *Erfolgreiche Behandlung einer durch Sulfadiazine hervorgerufenen Agranulocytose mit ACTH.* Bei einem Patienten kam es nach 52 g *Sulfadiazine* zu einer Agranulocytose, die nach 500 mg *ACTH* innerhalb 7 Tagen ausheilte. (Amer. J. med. Sci. **222**. 392—95. Okt. 1951. Seattle, Wash., U. S. Marine Hosp.) BROSEMANN. 4560

Dwight J. Ingle, *Die funktionellen Wechselbeziehungen zwischen Hypophysenvorderlappen und Nebennierenrinde.* 50 Literaturangaben. (Ann. intern. Med. **35**. 652—72. Sept. 1951. Kalamazoo, Mich., Upjohn Co., Res. Labors.) BROSEMANN. 4560

R. Debré, S. Thieffry, P. Mozziconacci, A. Herrault und **M. K. Cabamanian,** *Die Behandlung der Stillschen Krankheit mit ACTH und Cortison (6 Fälle).* Die Wrkg. von *ACTH* u. *Cortison* bei STILLscher Krankheit ist ungleichmäßig. Da aber auch günstige Fälle vorliegen, sollte die Hormonbehandlung dieser Krankheit weiterverfolgt werden. (Arch. franç. Pédiatrie **8**. 868—71. 1951. Paris, Hôp. des Enfants Malades.) DOSSMANN. 4560

Benmussa, Henri Cohen, Boulakia, Nahum und **Minguet,** *Die Cortison- und ACTH-Behandlung von 5 Fällen mit Asthmabeschwerden.* Bei 5 Asthmakranken konnte durch *ACTH* u. *Cortison* zwar keine endgültige Heilung der Krankheit, aber Beschwerdefreiheit bzgl. der Anfälle erreicht werden, was mit den klass. Mitteln bisher nicht gelungen ist. Die Rezidive waren leicht u. traten in größeren Abständen auf. (Tunisie méd. **39**. 1212—16. Dez. 1951. Tunis.) DOSSMANN. 4560

Benmussa und **Henri Cohen,** *Unfälle und Zwischenfälle bei der Cortison- und ACTH-Therapie.* Betrachtung von 47 Fällen mit verschied. Krankheiten. Außer einem Todesfall infolge akuten Lungenödems wurden nur leichte Zwischenfälle festgestellt, wie sie bei Überfunktion der Nebenniere auftreten: Fettsucht (facies rond), ödematöse Akne, vorübergehende Hypertension u. Glykosurie, Amenorrhoe; sie lassen sich beheben durch synthet. Östrogene u. Androgene. Betonung der Notwendigkeit salzfreier Kost. (Tunisie méd. **39**. 1217—18. Dez. 1951. Tunis.) DOSSMANN. 4560

Emanuel Schwartz, *Orale Cortisontherapie bei schwer zu behandelndem Bronchialasthma.* Besprechung von 31 oralen *Cortison* (**I**)-Kuren bei 22 Patienten. Dosierung für Erwachsene betrug: 1. Tag 200—300 mg, 2. Tag 100—200 mg, weiter täglich 100—50 mg bis Erleichterung festgestellt wurde (1—45 Tage). Ergebnis: 18 sehr gute, 6 gute, 2 befriedigende Erfolge, 5 Versager. Die Beeinflussung der Krankheit mit **I** war günstiger als bisher mit jedem anderen Therapeuticum. Bei 61% der Fälle traten innerhalb von 2 Wochen nach Absetzen von **I** Rückfälle auf. Um frühe Rückfälle einzuschränken u. zur Stimulation der Nebennierenrinde wurde leichte Salzdiät auch nach Absetzen von **I** fortgesetzt. Nebenerscheinungen: 1 Ödem am Knöchel, 4mal Verminderung der Harnausscheidung, 6mal Gewichtszunahme u. gelegentlich Glucosurie; bei Reduzierung der Dosis gingen diese Erscheinungen zurück. (J. Amer. med. Assoc. **147**. 1734—37. 29/12. 1951. Brooklyn.) DOSSMANN. 4561

Edward C. Kendall, *Die Nebennierenrinde und rheumatoide Arthritis.* Die Wrkg. von Cortison auf den akuten u. chron. Rheumatismus wird besprochen. (Brit. med. J. **1951**. II. 1295—99. 1/12. Rochester, Minn.) BROSEMANN. 4561

Benmussa, Henri Cohen, Boulakia, Nahum und **Minguet,** *Die Behandlung fortschreitender chronischer Polyarthritis und der Spondylarthritis ankylopoetica durch Cortison und ACTH.* Die Wrkg. von *Cortison* u. *ACTH* tritt sofort u. überzeugend bei chron. Polyarthritis ein, bei Spondylosis ist sie nicht augenfällig. In allen Fällen Besserung des Allgemeinzustandes. Rückfälle sind sehr häufig, sie verschwinden bei Wiederaufnahme der Kur. Vff. bezeichnen den Erfolg als glänzend, aber trügerisch. (Tunisie méd. **39.** 1203—11. Dez. 1951. Tunis, Hôp. Charles Nicolle.) DOSSMANN. 4561

Jerome Harold Kay, *Der Einfluß von Cortison und ACTH auf das Überleben von Nebennierenhomotransplantaten beim Hund.* Das Angehen von Homotransplantaten der Nebenniere beim Hund wird durch Gabe von *Cortison* (vor u. nach der Operation gegeben) u. *ACTH* (nach der Operation gegeben) nicht beeinflußt. Histolog. zeigten die Drüsen vollkommene Autolyse u. glichen den homotransplantierten Drüsen der nichtbehandelten Kontrolltiere. (Surgery **32.** 686—88. Okt. 1952.) H. SCHEURLEN. 4561

Alejandro Zaffaroni und **Robert B. Burton,** *Im Nebennierenvenenblut von Hunden vorhandene Corticosteroide.* Im Nebennierenvenenblut von Hunden, die vor oder intravenös gleichzeitig mit der Blutentnahme intramuskulär *adrenocorticotropes Hormon* (*ACTH*) erhielten, wurden als Corticosteroide (**I**) hauptsächlich *17-Oxycorticosteron* u. *Corticosteron* nachgewiesen (in 1,3 Liter: 1731 bzw. 1162 γ). In wesentlich kleineren Konzz. (20—200 γ) wurden 7 weitere nichtidentifizierte Verbb. papierchromatograph. isoliert, die α-*Ketol*-Rkk. gaben. Für die Geschwindigkeit der **I**-Sekretion werden Daten angegeben (0,2—0,7 mg/Std./g Drüse). (Arch. Biochem. Biophysics **42.** 1—6. Jan. 1953. Rochester, N. Y., Univ., School of Med. and Dent., Dep. of Biochem., u. Dep. of Med.) K. MAIER. 4561

A. W. Forst und **R. Deininger,** *Die denervierte Mäusepupille als Testobjekt für Adrenalin.* Es wird eine Meth. zur Entfernung des *Ganglion cervicale superius* an der weißen Maus beschrieben. Nach 12 Tagen ist die Pupille so weit sensibilisiert, daß die Wrkg. kleinster Dosen von *Adrenalin* (0,25—0,0001 γ/g Tier) nachgewiesen werden kann. (Naunyn-Schmiedebergs Arch. exp. Pathol. Pharmakol. **215.** 354—62. 1952. München, Univ., Pharmakol. Inst.) R. KÖNIG. 4561

A. W. Forst und **R. Deininger,** *Die Methylierung des Noradrenalins durch Acetylcholin.* Verss. an der sympathektomierten Pupille der Maus ergaben, daß *Noradrenalin* (**I**) in lokaler Applikation 500mal, in niederer Konz. intravenös 100mal, in hoher Konz. 5mal schwächer als *Adrenalin* (**II**) ist. Die durch **I** hervorgerufene Mydriasis erfährt durch intravenöse Zufuhr von *Acetylcholin* (**III**) eine Verstärkung, während die Wrkg. von **II** durch **III** bei bestimmten Konzz. eine Hemmung erfährt. Wird **I** gleichzeitig mit *Cholin* (**IV**) oder *Methionin* (**V**) verabreicht, so wird eine stärkere Mydriasis als bei **I** allein beobachtet. **IV** u. **V** allein wirken nicht auf die Pupille, Entfernung der Nebennieren bewirkt keine Veränderung. Durch vorherige subcutane oder gleichzeitige intravenöse Applikation von *K-Tellurit* wurde die durch **III**, **IV** oder **V** verstärkte Wrkg. des **I** wieder rückgängig gemacht. In vivo scheint durch **III**, **IV** u. **V** eine Methylierung des **I** zum **II** stattzufinden. (Naunyn-Schmiedebergs Arch. exp. Pathol. Pharmakol. **215.** 378—88. 1952. München, Univ., Pharmakol. Inst.) R. KÖNIG. 4561

Willy Logemann und **Piernicola Giraldi,** *Über einige den Nebennierenrindenhormonen verwandte Verbindungen.* Vff. synthetisieren Verbb., die am Phenyl-, Diphenyl- oder Stilbenkern die Gruppierung —CO—CH_2OH, —CH(OR)—CO—CH_2OH oder —CR·(OH)—CO—CH_2OH tragen. Die Substanzen wurden im Arthritistest [a) Diffusion von Phenolrot durch die Synovialmembran bei Kaninchen; b) Diffusion von chines. Tusche im Bindegewebe der Haut von Albinoratten in Ggw. von Hyaluronidase] untersucht u. zeigten etwa gleiche Wirksamkeit wie die antiarthrit. Steroide; *p-Acetoxybenzoylcarbinolacetat* erwies sich sogar als noch etwas aktiver.

Versuche: *p-Acetoxybenzoylcarbinolacetat* durch Umsetzung von p-Acetoxybenzoylchlorid (110 g) mit Diazomethan in das Diazoketon (101 g; F. 108—109°), das (2 g) mit einer 1%ig. K-Acetatlsg. in Eisessig 20 Min. auf 95° erwärmt wurde; 1,2 g aus Isopropanol, F. 92—93°. — *Styrylbenzoylcarbinolacetat*, $C_{18}H_{16}O_3$, aus Stilbencarbonsäurechlorid über das Diazoketon wie bei vorst. Verb.; aus A., F. 151—152°. — *1-Acetoxyphenylpropanon-(2)-ol-(3)*, $C_{11}H_{12}O_4$, aus Acetylmandelsäurechlorid (83 g) mit Diazomethan bei 0°, Einengen nach 12 Std. u. Zusetzen von 10%ig. H_2SO_4 zur Lsg. des gelben Öles in Dioxan; nach 2 Tagen wurde aufgearbeitet u. der Rückstand (53 g) aus Acetonlsg. mit PAe. gefällt; 19 g Öl, das weder krist. noch dest. werden konnte. — *O-[Carbäthoxy]-α-oxy-α-diphenylylpropionsäure* (im Original α-Diphenyl-α-carbäthoxypropionsäure. Der Ref.), $C_{18}H_{18}O_5$, durch Stehenlassen von α-Diphenyl-α-oxypropionsäure (26 g) mit Chlorameisensäureäthylester in Chlf.–Pyridin (10:1) 1 Std. bei 0° u. über Nacht bei Raumtemp. u. Eingießen in verd. H_2SO_4; F. 127,5 bis 129°; 17 g. — *1-Methyl-1-diphenylyl-1-carbäthoxyoxy-2-ketopropanol-(3)*, $C_{19}H_{20}O_5$, durch Überführen des vorigen Esters in das Chlorid (F. 71—73°) u. das Diazoketon ($C_{19}H_{18}O_4N_2$, aus A. F. 108—110°) u. Erwärmen des letzteren mit verd. H_2SO_4 in Dioxan auf 55°; durch Umfällen einer benzol. Lsg. mit PAe. wurde ein Öl erhalten, das ammoniakal. $AgNO_3$-Lsg. reduziert. — *1-Methyl-1-diphenylyl-1-oxy-2-ketopropanol-(3)*, $C_{16}H_{16}O_3$, durch 24std. Stehenlassen des vorigen Öles (9 g) mit wss. $KHCO_3$-Lsg. in Methanol–Ae.; aus Isopropanol 5,6 g, F. 118—120°, Semicarbazon, F. 208° (Zers.). — *1-Methyl-1-diphenylyl-1-oxy-2-ketopropanolacetat-(3)*, $C_{18}H_{18}O_4$, aus der vorigen Dioxyverb. mit Acetanhydrid in Pyridin; F. 111—112° (aus A.); ammoniakal. $AgNO_3$-Lsg. wurde erst beim Erwärmen reduziert. Außerdem wurden folgende Verbb. nach bekannten Verff. dargestellt u. ausgetestet: *Benzoylcarbinolacetat*, F. 51—52°; *p-Methoxybenzoylcarbinolacetat*; *p-Diphenylketocarbinolacetat*. (Hoppe-Seyler's Z. physiol. Chem. **289**. 19—25. 1951. Mailand, Inst. „Carlo Erba" per Ricerche Terapeutiche.) FRUHSTORFER. 4561

Józef Heller, *Jod und Schilddrüse*. Vf. gibt einen Überblick über das Vork. von J in der Natur, über die Schilddrüse, ihre Entw. u. Bedeutung bei Vertebraten sowie über die biol. Wirksamkeit des Hormons u. die chem. Struktur des Tyroxins. (Postępy Hig. Med. dóswiadczalnej **4**. 44—79. 1951. Breslau, Zool. Inst.) FISCHOEDER. 4562

Werner Förster, *Eine exakte statistische Auswertungsmethode langdauernder Stoffwechselversuche mit thyreostatischen Substanzen*. Man kann Stoffwechselkurven nach chron. Applikation eines Thyreostaticums durch Logarithmieren beider Koordinaten statist. in Regressionsgerade umwandeln. Vf. teilt ausführlich das Beispiel einer Kovarianzanalyse nach BONNIER u. TEDIN (50 mg/100 g KSCN, 22 Tage lang gegeben) mit u. zeigt, daß durch den statist. Vgl. von 2 Regressionslinien auch kleine Unterschiede im Abstand oder in der Neigung der Geraden exakt nachweisbar sind. (Naunyn-Schmiedebergs Arch. exp. Pathol. Pharmakol. **215**. 270—82. 1952. Mainz, Univ., Pharmakol. Inst.) R. KÖNIG. 4562

MacAllister W. Johnston, A. H. Squires und **R. F. Farquharson**, *Über die Wirkung langdauernder Schilddrüsenhormongaben*. 16 euthyreot. Patienten erhielten über mehrere Jahre hinweg ein Schilddrüsenpräparat. Die sich bei den meisten Patienten entwickelnde, aber verschieden große Toleranz gegenüber dem Hormon ist mit einem entsprechenden Abfall des mit Eiweiß ausfallenden Serumjodes u. des Grundumsatzes verbunden. Nach Autoren kommt es infolge der Hormongaben zum Absinken u. sogar zum Aufhören der Thyreoglobulinsekretion ohne Schädigung der Drüse, da bald nach Beendigung der Hormonzufuhr wieder eine n. Schilddrüsenaktivität nachweisbar ist. (Ann. intern. Med. **35**. 1008—22. Nov. 1951. Toronto, Can., Univ., Dep. of Med.) EGGSTEIN. 4562

A. Giroud, B. de Rothschild und **J. Lefebvres**, *Entstehung von Katarakten beim Embryo durch Verabreichung von Thyroxin*. *Thyroxin* (I) wurde trächtigen Ratten verabreicht mit dem Ziel, ob etwa auftretende Anomalien, wie Mikrophthalmie, u. leichte Exencephalie beim Fötus auf einen Vitamin-, speziell Pantothensäurebedarf im Stoffwechsel zurückgeführt werden müssen. Das auffälligste Ergebnis dieser Verss. war das Auftreten von Katarakten beim Fötus, es kann nur auf die Verabreichung von I an die Mutter zurückgeführt werden. Diese Beobachtung steht im Einklang mit anderen Verss., die ergeben haben, daß angeborene Katarakte durch schädliche Einww. von außen entstehen können. (Arch. franç. Pédiatrie **8**. 844—48. 1951. Paris, Univ., Fac. de méd.) DOSSMANN. 4562

K. Fellinger und **O. Voelkel**, *Über die Anwendung des Radiojodspeichertestes zur Diagnostik von Schilddrüsenkrankheiten*. Eingehende Besprechung des Speichertestes mit ^{131}J. Bei 100 eigenen Fällen bewies er eine klare Überlegenheit gegenüber der Grundumsatzbestimmung. (Münchener med. Wschr. **93**. 2329—36. 23/11. 1951. Wien, Univ., II. Med. Klinik.) BROSEMANN. 4562

M. C. Nath, J. S. Gadgil und **V. G. Hatwalne**, *Untersuchungen über Alloxandiabetes*. 1. Mitt. *Zunahme der Empfindlichkeit durch Acetoacetat*. Kaninchen, die subcutan täglich 150 mg *Na-Acetoacetat*/kg 5 Wochen lang injiziert erhielten, zeigten einen leichten Anstieg des Blutzuckers u. einen hohen Abfall des red. Glutathions im Blut. Die *Alloxan*-Empfindlichkeit derart behandelter Tiere ist stark erhöht: diabetogene Dosis 75 mg/kg., letale 100 mg/kg; bei den Kontrollen: 130—150 bzw. 225 mg/kg. (Biochem. J. **53**. 481—83. Febr. 1953. Nagpur, India, Univ., Dep. of Biochem.) K. MAIER. 4564

F. Vida, *Erfahrungsbericht mit dem peroralen Antidiabeticum Sucontral*. Bericht über Verss. bei 26 Diabetesfällen mit dem peroralen Diabetesmittel *Sucontral* (I; CURARINA-LABOR., Stuttgart) = 4%ig. Fluidextrakt aus Euphorbiaceen. Dosierung täglich 3mal 30—50 Tropfen neben Diabetesdiät. 6 schwere Fälle sprachen nicht an, bei 9 von 14 mittelschweren, 3 leichten u. 2 von Altersdiabetesfällen war eindeutige Abnahme der Zuckerausscheidung im Urin u. im Blutzucker zu konstatieren. Die Versager bei den mittelschweren Fällen waren auf pharmakol. Minderwertigkeit des Ausgangsmaterials zurückzuführen. Prakt. keine Nebenwirkungen, vor allem keine Leberschäden. (Med. Welt **20.** 1623—24. 22/12. 1951. Karlsruhe, Städt. Krankenanstalten.) DOSSMANN. 4564

T. H. J. Huisman, W. Lammers und **P. Siderius** (unter techn. Mitarbeit von **J. G. Hartlief**), *Der Einfluß von BAL auf den Blutzuckerspiegel.* Vff. untersuchten an Ratten mit *BAL* (**I**) die Alloxan (**II**)-Wrkg. auf den Inselapp. der Bauchspeicheldrüse. Bei Glucose (**III**)-Zufuhr kommt es zu einem Ansteigen des **II**-Spiegels u. dabei zu einer verminderten Insulin (**IV**)-Ausschüttung ins Blut. **I** allein führt zu einer Hyperglykämie, bes. bei gleichzeitiger Verabreichung von **III**. Diese Wrkg. wird an Ratten, denen das Pankreas entfernt oder die durch **II**-Behandlung diabet. wurden, nicht beobachtet. **I** beeinflußt den Blutzuckerspiegel. Bei diabet. Ratten, die mit **IV** behandelt sind, scheint **I** aber die **II**-Wrkg. zu hemmen. (Acta physiol. pharmacol. neerl. **1.** 184—92. Aug. 1950. Groningen, Univ., Pharmakol. Inst.) ARNOLD. 4564

Werner Bergmann und **Robert Hofstätter**, *Ist eine Behandlung des Bronchialasthmas durch Zirbelextrakte möglich?* Bericht über insgesamt 44 Fälle aus 2 Kliniken mit 22 guten Erfolgen bei Behandlung des Bronchialasthmas mit Zirbeldrüsenextrakten. In fast allen Fällen war eine nachweisbare Verb. des Bronchialasthmas mit der Tätigkeit der Geschlechtsdrüsen nachzuweisen; eine Wrkg. der Zirbeldrüse auf die Funktion des Hypophysenvorderlappens oder auf das Zwischenhirn wird als möglich angenommen. (Wiener med. Wschr. **101.** 964—65. 15/12. 1951. Oakland, Calif., u. Wien.) DOSSMANN. 4565

A. Akcasu, *Die Wirkung von Wirkstoffen auf die isolierte Trachea.* Zum Nachw. von *Acetylcholin* (**I**) u. *Histamin* (**II**) werden isolierte geöffnete Ringe der Luftröhren verschied. Säugetiere verwendet u. die Konstriktion des Circularmuskels beobachtet. Die geringsten nachweisbaren Konzz. für **I** bzw. **II** sind bei Meerschweinchen 10^{-7}, 10^{-7}; Mensch 10^{-5}, 10^{-5}; Hund 10^{-9}, 10^{-6}; Katze 10^{-8}, U (unempfindlich); Kaninchen 10^{-6}, U; Ratte 10^{-6}, U. In allen Fällen wird die **I**-Rk. durch $CaCl_2$ verstärkt, aber die K-Stimulierung blockiert. $MgCl_2$ blockiert die K-Stimulierung stärker, als es die **I**-Rk. reduziert. Bei Verwendung nur eines Luftröhrenringes wird manchmal eine rhythm. Aktivität beobachtet. (J. Pharmacy Pharmacol. **4.** 671. Sept. 1952. Dundee, Univ. of St. Andrews, Med. School, Dep. of Pharmacol. and Therapeutics.) H.-J. KOCH. 4569

Hans Jäger und **Karl Brecht**, *Über periodische Änderungen der Herzfrequenz unter dem Einfluß von Acetylcholin. Acetylcholin* vermag mitunter nicht nur zu Verlangsamung der Herzfrequenz zu führen, sondern period. Rhythmusschwankungen herbeizuführen (Froschherzverss.). (Z. Biol. **104.** 89—99. 1951. Tübingen, Univ., Physiol. Inst.) JUNG. 4569

H. Baur, *Über den normalen und pathologischen Histidinstoffwechsel des Menschen.* Unterss. des Imidazolgeh. im Urin von Versuchspersonen nach *Histidin* (**I**)-Verabfolgung (*l*-Form) zeigen, daß der **I**-Stoffwechsel bei Erkrankungen mit vermehrtem Proteinabbau, bei Schädigung des Leberparenchyms u. während der Gravidität erhöht ist. d-**I** wird meist rasch u. vollständig wieder ausgeschieden, doch kommt auch längere Fixierung im Gewebe vor. In patholog. Fällen ist eine teilweise Umwandlung der d- in die *l*-Form nicht ausgeschlossen. Postmortal untersuchte Lebern zeigen nach Virushepatitis eine bis auf $^1/_5$—$^1/_{10}$ der Norm erniedrigte Histidaseaktivität. Die nach **I**-Verabreichung erhaltene **I**-Konzentrationskurve des Blutes kann als spezif. Leberfunktionsprüfung dienen. Bei langsamer **I**-Zufuhr findet kein Anstieg des Histamingeh. im Plasma statt, noch wird dadurch die Säuresekretion bei Anaciden erhöht. (Z. ges. exp. Med. **119.** 143—94. 1952. Basel, Univ., Med. Klinik.) BRAUKMANN. 4569

Vittorio Erspamer und **Biagio Asero**, *Die Isolierung von Enteramin aus Extrakten der hinteren Speicheldrüsen von Octopus vulgaris und der Haut von Discoglossus pictus.* (Vgl. C. **1952.** 6095.) Aus den hinteren Speicheldrüsen von *Octopus vulgaris* u. der Haut von *Discoglossus pictus* wurde durch Acetonextraktion das biogene Amin *Enteramin* (**I**) isoliert, das in beiden Fällen ident. Pikrate lieferte: $C_{10}H_{12}O_2N_2 \cdot C_6H_3O_7N_3 \cdot H_2O$, F. 191 bis 193° u. 190—192° (korr., Zers.), ziegelrote Nadeln; λ_{max} 2750, 2930 Å, λ_{min} 2475 Å (Hydrochlorid, W., p_H 5,3). Die beiden **I**-Pikrate verhielten sich in folgenden biol. Testen gleich: Östrus-Uterus u. Duodenum der Ratte, Blase des Hundes, Molluskenherz, Diurese von Ratten nach Wasserbelastung, Blutdruck von Hund, Katze u. Kaninchen, Nickhaut der Katze. **I** ist *5-Oxytryptamin* u. mit *Serotonin* identisch. Die mögliche physiol. Bedeutung von **I** als spezif. hormonaler, im entereochromaffinen Syst. gebildeter Faktor wird diskutiert. **I** besetzt vielleicht neben seiner regulierenden

Wrkg. auf den intrarenalen Blutkreislauf noch andere Funktion. Bei vergleichender biol. Prüfung von *Indol, 5-Methoxyindol, Indol-3-essigsäure, β-(Indolyl-3)-propionsäure, γ-(Indolyl-3)-n-buttersäure, Tryptophan, Tryptophanol, Hypophorin, Tryptamin, 1-Methyltryptamin, N-Methyltryptamin, N.N-Dimethyltryptamin, 5-Methoxytryptamin, Bufotenin, Bufotenidin, Bufothionin, Dehydrobufotenin, Bufoviridin* u. I zeigte I die stärksten Wirkungen auf Diurese u. Uterus der Ratte, sowie auf die Blase des Hundes. (J. biol. Chemistry **200.** 311—18. Jan. 1953. Bari, Univ., Dep. of Pharmacol., u. Milano, Farmitalia Soc. per Azioni Res. Labor.) K. MAIER. 4569

L. De Caro und **G. Rindi,** *Vergleich des Nichtprotein-N des Blutes und der Gewebe bei der B_1-Avitaminose.* Bei B_1-avitaminot. Ratten war 5 Std. nach dem Fressen der Nichtprotein-N höher als bei Kontrolltieren, 24 Std. später gleich hoch. (Experientia [Basel] **7.** 148—50. 15/4. 1951. Pavia, Univ., Physiol. Inst.) BROSEMANN. 4572

Fritz Jung und **Robert Kuon,** *Zum inaktiven Hämoglobin des Blutes.* Da *Methämoglobin* (I), dagegen nicht *Hämoglobin,* den Zerfall des *Kaliumchlorats* katalysiert, läßt sich aus der Anfangsgeschwindigkeit dieser autokatalyt. Rk. in einer Blutprobe deren prim. I-Geh. ermitteln. Es ergaben sich für den Menschen Werte um 1,3—2,5% des Gesamthämoglobins. — Ferner zeigte sich, daß die Umsetzungsgeschwindigkeit proportional des ClO_3'' ist. (Naunyn-Schmiedebergs Arch. exp. Pathol. Pharmakol. **214.** 103—08. 1951. Berlin-Buch, Inst. für Med. u. Biol., u. Tübingen, Univ., Pharmakol. Inst.) JUNG. 4572

David L. Drabkin, *Stoffwechsel der Häminchromoproteine.* Übersichtsreferat. — 309 Literaturangaben. (Physiol. Rev. **31.** 345—431. Okt. 1951. Philadelphia, Pa., Univ. of Pennsylvania, Graduate School of Med., Dep. of Physiol. Chem.) JUNG. 4572

K. Gehrmann und **H. Remmer,** *Die Oxydation von Menschenserumalbumin durch wechselnde Mengen an Natriumhypochlorit.* Die Verss. wurden an einem Menschenserumalbumin (BEHRING-WERKE, Marburg) mit 97% Albumin u. 3% α_2-Globulin durchgeführt. Die bei der Umsetzung mit NaOCl in alkal. Lsg. erhaltene Menge an N_2 u. CO_2 wurde manometr. bestimmt. Bei kleinen Konzz. an NaOCl wurden leicht oxydierbare Gruppen, z. B. die Guanidinogruppe, zerstört. Während bei höheren Konzz. zunächst niedermol. dialysierbare Bestandteile abgespalten werden, erhält man bei weiterer Erhöhung nichtdialysierbare Fraktionen, die sich in saurer Lsg. durch Na-Wolframat nur unvollständig ausfällen lassen. Eine noch weitere Erhöhung der NaOCl-Menge führt zu einer Spaltung der Proteinmoleküle. (Naunyn-Schmiedebergs Arch. exp. Pathol. Pharmakol. **215.** 342—53. 1952. Berlin, Freie Univ., Pharmakol. Inst.) R. KÖNIG. 4574

K. Bartmann, K. Gehrmann und **H. Remmer,** *Die Reaktion von Natriumhypochlorit mit verschiedenen Serumproteinen.* Durch die Oxydation von Proteinen mit NaOCl wird eine Unterscheidung verschieden gebauter Eiweißstoffe möglich. Es wird über Verss. mit Serumproteinen [Albumine (I) vom Rind, Pferd u. Menschen, u. γ-Globulin (II)] berichtet. Das Pferde-I zeigte ein anderes Verh. als die übrigen Serumproteine, indem es bei bestimmten Konzz. in Bruchstücke mittlerer Größe gespalten wurde. Beim Rinder-II wurden bei höheren NaOCl-Konzz. niedermol. Bausteine erhalten. In den I läßt sich, im Gegensatz zu II, ein großer Teil der Guanidinogruppen schwerer oxydieren. (Naunyn-Schmiedebergs Arch. exp. Pathol. Pharmakol. **215.** 433—42. 1952. Berlin, Freie Univ., Pharmakol. Inst.) R. KÖNIG. 4574

Sten Mullertz und **Mogens Lassen,** *Ein unerläßliches Aktivatorsystem im Blut für die Bildung von Plasmin durch Streptokinase. Streptokinase* (I) reagiert nicht direkt mit *Plasminogen* (II) zur Bldg. von *Plasmin.* I aktiviert einen *Proaktivator* (III), der erst direkt die Umwandlung von II bewirkt. Der Grund für eine unvollständige Aktivierung von II durch I ist ein zu geringer Geh. an III. (Proc. Soc. exp. Biol. Med. **82.** 264—68. Febr. 1953. Kopenhagen, Dänemark, Carlsberg Foundat., Biol. Inst.) BRATFISCH. 4574

Paul Kaesberg und **Sidney Shulman,** *Elektronenmikroskopische Beobachtungen über intermediäre Polymere bei der Umwandlung von Fibrinogen in Fibrin.* Direkte Beobachtung mit dem Elektronenmikroskop bestätigte früher aus Lichtstreuungsunterss. usw. gemachte Annahmen, daß in Hexamethylenglykol-gehemmten Gemischen aus *Fibrinogen* u. *Thrombin* ein intermediäres Polymeres (I) gebildet wird, das bei starker Verdünnung des Systems allmählich zerfällt. Die I-Einheiten treten bei der weiteren Polymerisation zu unverzweigten Fasern wesentlich größerer Asymmetrie zusammen. Diese Einheiten zeigen ein auffallendes Vorherrschen des endständigen Wachstums über das Dickenwachstum. Die Fasern bilden schließlich ein 3dimensionales Netzwerk. Es erscheint sehr wahrscheinlich, daß die n. u. die gehemmte Polymerisation durch ähnliche Mechanismen erfolgen, außer daß in den späteren Stadien des nicht gehemmten

Syst. eine größere Tendenz zur seitlichen Assoziation von Fibrillen vorherrschen kann. (J. biol. Chemistry **200.** 293—96. Jan. 1953. Madison, Wis., Univ. of Wisconsin, Dep. of Biometry and Physics, u. Dep. of Chem.) K. MAIER. 4574

H. E. Schultze und **G. Schwick,** *Über biologisch und chemisch gebildetes Thrombin.* Vff. untersuchen Thrombin, dargestellt durch Umwandlung eines gereinigten Prothrombinpräp., einmal auf biol. (Zusatz von Thrombokinase, Acceleratoren u. Ca), ein anderes Mal auf chem. Wege (durch 25%ig. Na-Citratlsg.). Die verschieden gewonnenen Thrombine unterschieden sich trotz verschied. Reinheitsgrades in der Reaktionsfähigkeit, wie z. B. gleiche Verkürzung der Gerinnungszeit, im Frischblut nicht voneinander. (Z. ges. exp. Med. **118.** 453—58. 1952. Marburg, Behringwerke.) BRATFISCH. 4574

Laurence H. Frommhagen, Marvin J. Fahrenbach, John A. Brockman jr. und **E. L. R. Stokstad,** *Heparinähnliche Antikoagulantien von Mollusca.* Vff. isolierten aus 2 Muschelarten: *Mactra spissula* u. *Artica islandica* heparinähnliche Polysaccharide mit hoher antikoagulierender Wrkg., genannt *Mactin A* (I) u. *Mactin B* (II). I u. II waren trotz gleicher in vitro-Aktivität in vivo wirksamer als Heparin (III). DL_{50} von I beträgt 1,0 g/kg im Vgl. zu III: DL_{50} 2,8 g/kg. So sind die therapeut. Indices von I u. III miteinander vergleichbar.

Versuche: *Mactin A* u. *Mactin B* aus den entsprechenden Muscheln durch Autolyse, alkal. Extraktion u. proteolyt. Verdauung. Weitere Reinigung durch A.-Fällungen. (Proc. Soc. exp. Biol. Med. **82.** 280—83. Febr. 1953. Pearl River, N. Y., Amer. Cyanamid Co., Lederle Labor. Div.) BRATFISCH. 4574

J. R. Rubini, R. R. Becker und **M. A. Stahmann,** *Die Wirkung von synthetischen Lysinpolypeptiden auf die Blutgerinnung beim Kaninchen.* Vff. prüfen in vitro u. in vivo bas. *L-Lysinpolypeptide* (I). I verlängerten die Blutgerinnungszeit u. die Prothrombinzeit u. bewirkten Neutralisierung des Heparins. Synthet. L-Glutaminsäurepolypeptide hemmen die Wrkg. von I u. Protaminen. I erzeugen bei Mäusen, Meerschweinchen u. Kaninchen anaphylakt. Symptome, die an Protamintoxizität erinnern. (Proc. Soc. exp. Biol. Med. **82.** 231—34. Febr. 1953. Madison, Wis., Univ. of Wisconsin, Dep. of Biochem.) BRATFISCH. 4574

D. N. Belenki, *Die gegenwärtig gebräuchlichen Transfusionsmedien und die Indikationen zu ihrer therapeutischen Anwendung.* Die Eigg. u. Indikationen der folgenden Bluttransfusionsmedien werden eingehend besprochen: 1 Liter frisch stabilisiertes oder konserviertes Vollblut (1 Vol. konservierender Stabilisator auf 9 Vol. Spenderblut); Erythrocytenmasse; Plasma; Erythrocytensuspension im Plasma; Erythrocytensuspension in 80 g Saccharose, 6 g Glucose, 3,5 g saurem Citrat, 1 g Sulfazil-Na, 1000 cm^3 bidest. W.; Trockenplasma. (Хирургия [Chirurgie] **1952.** Nr. 11. 38—47. Nov. Moskau, Klin. Botkin-Krankenhaus, Städt. Stat. für Bluttransfusion.) RENTZ. 4576

E. Boyland, D. Manson, J. B. Solomon und **G. H. Wiltshire,** *Das Vorkommen von m-Oxybenzoesäure im Urin.* Aus Urin von Kaninchen, die 3 Tage lang täglich 0,25 g *Naphthalin* (I) erhielten, u. von n. Tieren wurde *m-Oxybenzoesäure* (II) isoliert, die anscheinend das Umwandlungsprod. eines noch nicht identifizierten Nahrungsbestandteiles darstellt. II gibt mit *2.6-Dichlorchinonchlorimid* (III) bei p_H 9,2 eine Blaufärbung (Indophenolbldg.), die durch Butanol nicht extrahierbar ist. Die Farb-Rkk. einer Reihe von *Phenolen* u. *Phenolderivv.* mit III bei p_H 9,2 werden angegeben. II kommt im Urin in freier u. konjugierter Form vor. *m-Oxyhippursäure* war im Rattenurin nicht nachweisbar. II-Tagesausscheidung: n. Kaninchen 25, I-behandelte 30, Ratten 0, Mensch 10,0—15,6 mg. Die quantitative II-Best. erfolgte durch eine papierchromatograph. Methode. (Biochem. J. **53.** 420—23. Febr. 1953. London, Royal Cancer Hosp., Chester Beatty Res. Inst.) K. MAIER. 4577

Franco Zappi, *Die Ketonsäuren des Liquors im Meningismus, in der tuberkulösen und der eitrigen Meningitis. Eine chromatographische Untersuchung.* Bericht über papierchromatograph. Unterss. über das Verh. von Ketonsäuren im Liquor unter Einw. gewisser Krankheiten. Während im Meningismus im Liquor keine besonderen Veränderungen im Vgl. zum n. bemerkbar sind, zeigte sich bei tuberkulöser Meningitis eine merkliche Zunahme der *Brenztraubensäure* unter Abnahme der *Glucuronsäure*; das Verh. der *α-Ketoglutarsäure* war variabel. Außerdem wurde die Vermehrung einer unbekannten Ketonsäure festgestellt. Bei eitriger Meningitis beobachtet man stärkeres Ansteigen der Brenztraubensäure, stärkeres Abfallen der Glucuronsäure u. variables Verh. der α-Ketoglutarsäure. (Ricerca sci. **23.** 235—43. Febr. 1953. Rom, Univ., Clin. delle mallattie nervose e mentali.) GRIMME. 4587

F. A. Robinson, *Die Vitamine.* 1. Mitt. Fortschrittsbericht 1951. Verwertung von *Vitamin A* (I) im Organismus, Synth. von *Carotin* im Darm, *Vitamin* A_2, I-Best.; *Provitamin D* aus der Muschel *Modiolus demissus*; *Vitamin K*; *Vitamin C*; *Aneurin* (II), biochem. Bedeutung, II-Analoga; *Riboflavin*; *Nicotinsäure*, Best.; 72 Literaturangaben. (Food Manufact. **27.** 53—57. 1/2. 1952.) K. MAIER. 4587

F. A. Robinson, *Die Vitamine.* 2. Mitt. (1. vgl. vorst. Ref.) Fortschrittsbericht 1951. *Pyridoxin* (I), Konst. von *Pyridoxalphosphat*, I-Synth.; *Pantothensäure*, Best.; *Biotin*; *Folsäure*, *Citrovorumfaktor*; *Vitamin* B_{12} (II) u. Anämie, II-Synth., mikrobiol. Best., Konst., Funktion; neue „*Bakterienvitamine*" (*Uracil-4-carbonsäure*, *p-Oxybenzoesäure*, *α-Liposäure*). — 73 Literaturangaben. (Food Manufact. **27.** 107—11. 1/3. 1952.) K. MAIER. 4587

F. A. Robinson, *Die Vitamine.* 1. u. 2. Mitt. (Vgl. vorst. Reff.) Fortschrittsbericht 1952. Synthet. *Vitamine* A_1 u. A_2, spektrophotometr. *Vitamin-A*-Best., synthet. *Carotinoide*; Best. von *Vitamin D*; *Vitamin C*; *Aneurin*, enzymat. Inaktivierung, Best.; Ausscheidung des *Vitamin-B-Komplexes*; *Riboflavin*; *Tryptophan* als Antipellagravitamin; *Pyridoxin* als biochem. Katalysator; *Pantothensäure* u. *Coenzym A*; *Folsäure* u. *Citrovorumfaktor*; *Vitamin* B_{12} (I)-*Komplex*, I-Best., I bei biochem. Umwandlungen, I-Mangel; *Strepogenin*; *Thioctsäure*. — 118 Literaturangaben. (Food Manufact. **28.** 144—48. 1/4. 181—84. 1/5. 1953. Ware, Herts, Allen & Hanburys Ltd.) K. MAIER. 4587

Wilhelm Stepp, *Neuere Erkenntnisse der Vitaminforschung.* Besprochen wird die lebenswichtige Bedeutung der *Vitamine*, die Notwendigkeit ihres Zusammenwirkens unter besonderer Berücksichtigung des B-Komplexes, der Vitamine B_{12} u. C. Besprechung der Vitaminsynth. durch niedrige Lebewesen, bes. durch die Darmbakterien, sowie der Vitamintherapie. (Wiener med. Wschr. **101.** 959—63. 15/12. 1951. München) DOSSMANN. 4587

Kurt Bremer, *Schnellentbindung und physiologische Schmerzbekämpfung durch Vitamin* B_1. Bei 46 Fällen konnte unter der Geburt durch 200 mg *Vitamin* B_1 (*Benerva*; ROCHE) per os u. intramuskulär in 91,4% eine gute bis sehr gute Geburtsverkürzung, in 34 8% eine partielle analget. Wrkg. erzielt werden. Keine Kontraindikation für B_1-Medikation. (Zbl. Gynäkol. **73.** 1807—13. 1951.) BROSEMANN. 4587

Giuseppe Alibrandi, *Über den Mechanismus der akuten Giftigkeit großer Nicotinamidgaben* Vf. hat im Tiervers. (Kröte, Taube, Ratte) die DL_{min}. von Nicotinamid (I) festgelegt. In Parallelverss. wurde den Tieren gleichzeitig Thiamin (II) gegeben. Hierdurch wurde die Giftigkeit überhöhter I-Gaben nicht aufgehoben, so daß die Annahme anderer Autoren, die I-Giftigkeit würde durch zu starken II-Abbau bedingt, nicht bewiesen werden konnte. (Ricerca sci. **23.** 245—46. Febr. 1953. Messina, Ist. di Fisiol. generale.) GRIMME. 4587

D. V. Rege und **A. Sreenivasan,** *Leuconostoc-citrovorum-Faktor: ein funktioneller Komplex der Folsäure.* Übersichtsbericht mit 27 Literaturstellen. (Sci. and Cult. **17.** 15—18. Juli 1951. Bombay, Univ., Dep. of Chem. Technol.) HESSE. 4587

G. H. Spray und **L. J. Witts,** *Umwandlung von Folsäure in den Citrovorumfaktor bei Gesundheit und perniciöser Anämie.* Die Ausscheidung von *Folsäure* (I, = Substanzen, welche das Wachstum von *L. casei* fördern) u. des *Citrovorumfaktors* (II) im Harn von Gesunden, von rückfälligen u. behandelten Perniciosakranken wurde nach oralen 5 mg-Dosen von ***Pteroylglutaminsäure*** (III) untersucht. Unbehandelte Perniciosapatienten schieden bedeutend weniger I aus als Gesunde oder behandelte Patienten. Alle 3 Gruppen zeigten nach Einnahme der III-Dosis eine erhöhte II-Ausscheidung, obwohl bei allen 3 Gruppen selten mehr als 1% der I im Harn vorhanden waren. Die Erhöhung der II-Ausscheidung war bei den meisten Gesunden u. den behandelten Patienten höher als bei den rückfälligen Patienten. Die Verss. zeigen, daß bei der Umwandlung von I in II bei rückfälligen Perniciosakranken ein Defizit auftritt; dieses wird durch abnorm hohes Aufnahmevermögen der Gewebe für II erklärt. (Brit. med. J. **1952.** **II.** 62—63. 12/7. Oxford, Radcliffe Infirmary, Nuffield Dep. of Clin. Med.) K. F. MÜLLER. 4587

Jeng M. Hsu, Joel R. Stern und **James McGinnis,** *Die Wirkung von Vitamin-*B_{12}*-Mangel auf die Hühnerplasmaproteine.* Es wurde die Wrkg. des *Vitamin* B_{12} (I)-Mangels auf den Geh. an Plasmaprotein (II) u. seine Fraktionen bei Küken untersucht. Bei 4 u. 8 Wochen alten, von I-Mangelhennen stammenden männlichen u. weiblichen Küken, die I-Zulage (30 γ krist. I/kg Diät) erhielten, war II deutlich höher als bei Mangeltieren. Die II-Fraktionen wurden nach Behandlung des Plasmas mit verschieden konz. Na_2SO_4-Lsgg. bestimmt. Zwischen I-Mangel- u. mit I gefütterten Tieren bestanden hinsichtlich Gesamt-II u. *Albumin* merkliche Unterschiede. Bei den weiblichen Küken unterschieden sich ferner Gesamt-*Globulin*- u. *Pseudoglobulin*-II-Geh. der Tiere mit u. ohne I-Ergänzung. Bei den Hähnchen war das *Euglobin* I-gefütterter Tiere höher. Bei I-Mangelküken lagen die *Prothrombin*-Zeiten höher u. *Fibrinogen*-Spiegel niedriger als bei solchen mit I-Zulage. Möglicherweise wirkt I im Eiweißstoffwechsel über *Ribo-*

nucleoproteinenzyme stimulierend auf die Bldg. von *Ribonucleoprotein* u. *Plasmaproteinen*. (Arch. Biochem. Biophysics **42**. 54—60. Jan. 1953. Pullman, Wash., State Coll. of Washington, Dep. of Poultry Sci.) K. MAIER. 4587

Elmer De Ritter, Norman Cohen und **Saül H. Rubin,** *Physiologische Verwertbarkeit von Dehydro-L-ascorbinsäure und Palmitoyl-L-ascorbinsäure.* Vff. prüften die Verwertbarkeit von *Dehydro-L-ascorbinsäure* (I) u. *Palmitoyl-L-ascorbinsäure* (II) an 7 Versuchspersonen, die durch Verabreichung einer Ascorbinsäure (III)-reichen Diät u. III-Gaben kurz vor dem eigentlichen Vers. auf die gleichen Bedingungen eingestellt wurden. Die Best. der III erfolgte nach der Meth. von RUBIN u. Mitarbeitern (Fruit Products J. Amer. Food Manufacturer **54**. [1945.] 327) im Urin, wobei die ausgeschiedene III-Menge nach Verabreichung der verschied. III-Derivv. mit der III-Ausscheidung nach Gabe von reiner III in Beziehung gesetzt wurde. Dabei ergab Verabreichung von I u. II innerhalb der Fehlergrenzen mit der III-Verabreichung übereinstimmende Ausscheidungswerte. Ebenso verhielt sich der von PECHERER (Abstr. 118. Meeting Amer. Chem. Soc. 1950, 2C) beschriebene I–CH_3OH-Komplex (IV), der in W. sehr viel besser lösl. ist als I u. dessen DL_{50} bei .5 g/kg Maus liegt, während Gaben von täglich 1—2 g IV eine Woche lang bei der Maus keine tox. Erscheinungen hervorriefen, Vff. halten auf Grund ihrer Ergebnisse I, II u. IV in äquivalenter Menge der III auch beim Menschen für gleichwertig. In der Ausscheidung von I bestand kein nennenswerter Unterschied zwischen der I- u. III-Verabreichung. Bei der Best. des I-Geh. von I-Präpp. erwies sich die übliche Extraktion mit HPO_3 u. Eisessig–Natriumacetat-Puffer (p_H 3,9) als ungeeignet. Wesentlich geringere Fehler traten bei Verwendung eines HCl-Phthalatpuffers (p_H 3,5) auf, der im Gegensatz zum erstgenannten Puffer für die Extraktion natürlichen Materials aber ungeeignet war. (Science [Washington] **113**. 628—31. 1/6. 1951. Nutley, N. J., Hoffmann-La Roche Inc., Nutrit. Labors.) IPPEN. 4587

Hans R. Rosenberg, *Ort und Art von Provitamin D bei Vögeln.* Bei der Unters. der *Glandula uropygialis* von Enten, Gänsen u. Hühnern wurde kein *Provitamin D* (I) gefunden. Die Theorie, daß Vögel ihren *Vitamin–D* (II)-Bedarf durch „Einfetten" des Gefieders per os oder percutan decken, ist auf Grund der Ergebnisse nicht vertretbar. Die Unterss. der I-Verteilung im Hühnerorganismus ergab einen hohen *Sterin* (III)-Geh. der Füße. Eine Probe I aus den Füßen wurde durch UV-Bestrahlung in II übergeführt. Die biol. Auswertung ergab eine hohe Aktivität bei Küken, die annähernd der *Vitamin–D_3*-Aktivität entsprach. Vf. nimmt an, daß das natürliche I von Vögeln entweder *7-Dehydrocholesterin* oder ein sehr ähnlich gebautes III ist. (Arch. Biochem. Biophysics **42**. 7—11. Jan. 1953. New Brunswick, N. J., E. I. du Pont de Nemours & Co., Inc., Biol. Labor.) K. MAIER. 4587

Vladimir N. Krukovsky und **J. K. Loosli,** *Weitere Untersuchungen über den Einfluß eines Tocopherolzusatzes auf den Vitamingehalt des Milchfettes. Stabilität der Milch und Milch- und Fettproduktion.* Bei Verfütterung eines Standard-Winterfutters an 8 Kühe wurden ein stetiges Absinken des *Tocopherol* (I)-Geh. des Milchfettes u. die Entw. eines „oxydierten" Geschmackes in der Milch beobachtet. Beides konnte durch Verabreichung von täglich 1—2 g I zu Beginn der Winterfütterung verhindert werden, nicht jedoch, wenn I erst gegen Ende der Wintersaison verabreicht wurde. Auf den Fettgeh. der Milch hatte I keinen Einfluß. (J. Dairy Sci. **35**. 834—38. Okt. 1952. Ithaca, N. Y., Cornell Univ., Dep. of Dairy Ind., u. Dep. of Animal Husbandry.) KRUSEN. 4587

R. Masure und **J. van Ruyssevelt,** *Wirkung von Vitamin E auf die Blutgerinnung in vitro.* Die Gerinnungszeit von recalzifiziertem Plasma oder Plasma mit *Thrombin* (I)-Zusatz wird durch α-*Tocopherol* (II) in Öl oder reines II-*Acetat* (III) nicht beeinflußt. *Tween 80* (IV) red. die Gerinnungszeit durch Aktivierung von I u. hemmt das Plasma-antithrombin. In höherer Konz. u. in Ggw. von IV zeigt III eine *Antithrombin* (V)-Wrkg.; Zusatz von 12 mg/cm³ Plasma bewirkt sofort eine V-Wrkg. u. eine verlängerte Gerinnungszeit. Verringerte Gerinnungszeiten wurden nicht beobachtet. Wasserlösl. *Di-Na*-II-*Phosphat* (VI) hemmt die beiden Gerinnungsstufen u. zeigt gleichzeitig V- u. antithromboplast. Aktivität. Die Verdünnungskurven verlaufen normal. Die Ca^{2+}-Ionenkonz. wird nicht verändert. In Konzz., die dem Tocopherolgeh. n. menschlichen Serums (2 mg-%) vergleichbar sind, macht sich nur die Wrkg. von indirektem V bemerkbar. Die Antikoagulationswrkg. von VI wird durch 20γ-% *Protaminsulfat* aufgehoben. Protamintoleranz ist für Heparin (VII) nicht spezifisch. IV übt auf VI die gleiche Wrkg. aus u. weniger deutlich u. selektiver auf VII. 9‰ig. NaCl-Lsg. steigert die antithromb. Wrkg. von VII u. sehr wenig die von VI. (Rev. belge Pathol. Méd. exp. **22**. 73—84, Sept. 1952. Louvain, Univ., Clin. méd. A., Labor d'Hématol.) K. MAIER. 4587

W. R. Murley, N. L. Jacobson und **R. S. Allen,** *Die Wirkung eines Aureomycinzusatzes auf Wachstum und Futterausnutzung von jungen Milchkälbern.* Durch Verss. an

44 Kälbern konnten Vff. zeigen, daß Zulagen von täglich 80 mg *Aureomycinhydrochlorid* (I) zur durch Flaschenfütterung verabreichten Milch eine Steigerung der Gewichtszunahme, bessere Futterausnutzung u. einen besseren Zustand des Felles bewirkt. Dabei spielt es keine Rolle, ob die Kälber Vollmilch oder aufgelöste Trockenmagermilch von gleichem Kaloriengeh. wie die Vollmilch erhielten. Bei Verfütterung einer mengenmäßig in bestimmten Grenzen gehaltenen Kost bewirkte **I** jedoch eine nur wenig gesteigerte Futterausnutzung u. keine Erhöhung der Gewichtszunahme. — 20 Literaturangaben. (J. Dairy Sci. **35**. 846—56. Okt. 1952. Ames, Io., Agric. Exp. Stat.) KRUSEN. 4589

Knut Schmidt-Nielsen und **Bodil Schmidt-Nielsen,** *Wasserstoffwechsel bei Wüstentieren.* Diskussion der fakultativen u. obligator. Notwendigkeit von Wasserzufuhr bei wüstenbewohnenden Tieren (Känguruhratte u. Verwandte, sowie weitere kleine Säugetiere u. Mensch, Hund, Schaf, Esel, Rind, Kamel). Ein besonderes Problem wird in der Milchproduktion dieser Tiere gesehen. — 168 Literaturnachweise. (Physiol. Rev. **32**. 135—66. April 1952. Cincinnati, O., Univ. of Ohio, Kettering Labor.) LÜPNITZ. 4596

Ernest A. Pinson, *Mit Hilfe von Wasserstoffisotopen untersuchter Wasseraustausch und dessen Hemmung.* Diskussion der Eigg. u. der Anwendung von schwerem W. bei biol. Untersuchungen. HDO u. HTO eignen sich weitgehend zum Nachw. des Wasseraustausches im Körper. Es wurde gefunden, daß über die Lungen ein nahezu 100%ig. Austausch stattfindet, im Magen-Darm-Traktus ist er von der Zeit abhängig, die Haut stellt eine permeable Wand dar, durch die je nach den Bedingungen Austausch in verschied. Richtung erfolgt. Im Bereich der kleineren Körperhöhlen (Augenkammern, Rückenmarkkanal, Amnion) ist die Rate so hoch, daß innerhalb von wenigen Std. das gesamte Vol. umgesetzt wird. Zwischen den Blutgefäßen u. den extravasculären Organen erfolgt der Umsatz zu 98% innerhalb einer Stunde. — 76 Literaturangaben. (Physiol. Rev. **32**. 123—34. April 1952. Los Alamos, N. Mex., Univ. of California; Los Alamos Sci. Labor.) LÜPNITZ. 4596

Helen Oldham und **Bernice B. Sheft,** *Wirkung der Calorienaufnahme auf die N-Ausnutzung während der Schwangerschaft.* Bei 13 Schwangeren (mens 5—9) betrug die tägliche Kreatininausscheidung 0,74—1,80 g. 7 Vegetarierinnen davon nahmen durchschnittlich 10,47 g N/Tag (N-Bilanz —0,18 g), 6 Nichtvegetarierinnen 10,41 g N (N-Bilanz +0,05 g) mit der selbstgewählten Nahrung auf. 2 hatten eine positive, 9 eine ausgeglichene u. 2 eine negative N-Bilanz. (J. Amer. dietet. Assoc. **27**. 847—54. Okt. 1951. Chicago, Ill. Univ. of Chicago, Dep. of Home Economics.) BROSEMANN. 4596

Mark A. Hayes und **Ralph L. Brandt,** *Kohlenhydratstoffwechsel in der unmittelbar postoperativen Periode.* Unterss. an 20 ♂ Patienten zeigten, daß während der postoperativen Rekonvalescenz ein Insulin-resistenter Typus verminderter Kohlenhydrattoleranz als Teil der traumat. Wrkg. auf den Stoffwechsel auftritt. Wie Vff. vermuten, ist diese verminderte Toleranz nicht auf Störungen durch peripherale Verwertung bedingt. (Surgery **32**. 819—27. Nov. 1952. Michigan, Univ. of Michigan, Med. School, Dep. of Surgery.) NEHRING. 4596

Donald L. Buchanan und **Akira Nakao,** *Die Wirkung von Wachstum und Körpergröße auf die Umwandlung fixierten Kohlenstoffes.* Bei Ratten, Mäusen u. Hühnerembryonen, die in konstanter Weise $^{14}CO_2$ ausgesetzt waren, wurde die Wrkg. von Wachstum u. Größe der Tiere auf den Austausch des gebundenen *C* untersucht. Von dem in mehreren Geweben insgesamt vorhandenen gebundenen *C* stammen 1,6 bis 3,4% aus CO_2. Die Gewebe neugeborener Mäuse nehmen ^{14}C in höherem Maße auf als solche ausgewachsener Tiere. Jedoch wird bei zunehmendem Wachstum der Überschuß ausgeschieden. Die Aufnahme des Isotop-*C* erfolgt bei der ausgewachsenen Ratte ebenso rasch wie bei der ausgewachsenen Maus. Die Gewebe von Hühnerembryonen frühen Stadiums erreichen bei Einw. von $^{14}CO_2$ sehr hohe spezif. Aktivitäten. Mit zunehmender Größe nimmt die Isotopkonz. der Gewebe stark ab. (J. biol. Chemistry **200**. 407—16. Jan. 1953. Chicago, Ill., Argonne Nat. Labor., Div. of Biol. and Med. Res.) K. MAIER. 4596

M. Rangier und **P.-M. de Traverse,** *Die Pentosurien.* Die patholog. Pentosurie ist selten u. meist mit Glykosurie kombiniert. Pentosurie kommt meist familiär vor u. ist der Alkaptonurie, Cystinurie u. Porphyrinurie vergleichbar. Alimentäre Pentosurie ist meist auf übermäßigen Obstgenuß zurückzuführen. Bei dem ausgeschiedenen Zucker handelt es sich um *Arabinose.* In jedem Fall handelt es sich bei Pentosurie um einen „Stoffwechselirrtum". Der Nachw. ist nicht immer leicht, vor allem bei Ggw. von Glucuronsäuren. (Presse méd. **58**. 1416—17. 23/12. 1950. Paris, Inst. de Biol. de l'Hôpital Cochin.) BALZER. 4596

Kurt Schreier, *Einige Besonderheiten des Intermediärstoffwechsels im frühen Kindesalter.* (Mschr. Kinderheilkunde **99.** 247—53. Juli 1951. Heidelberg, Univ., Kinderklinik.) DOSSMANN. 4596

H. Pau, *Die Bedeutung des Kapselstoffwechsels für die Linse.* (Klin. Monatsbl. Augenheilkunde augenärztl. Fortbild. **119.** 194—95. 1951. Düsseldorf, Med. Akad., Augenklinik.) BROSEMANN. 4596

A. W. Palladin, *Der Stoffwechsel im Gehirn bei verschiedenen funktionellen Zuständen.* Übersicht über die Arbeiten (vgl. C. **1953.** 1991) des Vf. u. seiner Schule über die Biochemie des Gehirns, vor allem über die chem. Zus. funktionell verschied. Teile desselben bei verschied. Zuständen (Hunger, Hypoxie, Erregung, Schlaf). Eine bes. eingehende Darst. erfahren der Proteingeh., die Zwischen- u. Endprodd. des Protein- u. Kohlenhydratstoffwechsels u. die Aktivität der Fermente. (Вестник Академии Наук СССР [Nachr. Akad. Wiss. UdSSR] **22.** Nr. 10. 37—62. Okt. 1952.) RENTZ. 4596

Je. I. Bakin, I. P. Dolgatschew und **P. N. Kisselew,** *Über die Möglichkeit der Stoffbewegung im Nerven.* Verss. an Fröschen u. Kaninchen mit ^{32}P, ^{110}Ag u. *RaBr*, die man intraneural applizierte, ergaben, daß diese Stoffe sich im Nerven in zentrifugaler Richtung mit einer Geschwindigkeit von 2—3 mm/Min. fortbewegen. Wird der Nerv jedoch seines Blut- u. Lymphstromes beraubt, so wird dadurch die Fortbewegung der untersuchten Mittel im Nerven verhindert. (Вестник Рентгенологии и Радиологии [Nachr. Röntgenol. Radiol.] **1953.** Nr. 1. 3—6. Jan./Febr.) RENTZ. 4598

N. N. Tanyolac und **J. R. Eaton,** *Untersuchungen von Duftstoffen.* Vff. finden mit Hilfe der Meth. von SMITH u. Mitarbeiter (C. **1941.** II. 3164) eine wesentliche Beeinflussung der Oberflächenspannung von *dest. W.*, *Mineralöl*, *W.–Hg-Emulsionen* durch geringste Konzz. von *Gewürznelken*, *Gummi*, *Campher*, *Jodoform* u. *Mottenkugeln* in der umgebenden Luft u. stellen verschied. Analogien im Verh. von fl. Oberflächen u. dem Geruchssinn in Ggw. geringer Duftstoffkonzz. in der Luft fest. (J. Amer. pharmac. Assoc., sci. Edit. **39.** 565—74. Okt. 1950.) AMBERGER. 4598

E₆. Pharmakologie. Therapie. Toxikologie. Hygiene.

A. G. M. van Gemert und **J. W. Duyff,** *Über die optimale Dosierung von Arzneimitteln.* Die günstigste Anwendung von Heilmitteln wird besprochen u. die Bedeutung der Konz. im Blut betont. Die verschied. Wege, diese Konz. zu erhalten, werden dargestellt. (Acta physiol. pharmacol. neerl. **1.** 256—78. Aug. 1950. Leiden, Univ., Dep. of Physiol.) WOLFGANG ALBRECHT. 4600

S. E. de Jongh und **M. Wijnans,** *Der Einfluß verteilter Dosen von Heilmitteln auf die Wirkungsdauer und das Wirkungsintegral.* Der Einfl. der Dosierung von Arzneimitteln auf Wirkungsdauer u. -integral wird für intravenöse Verabreichung, für period. Verabfolgung u. für konstante Tagesdosen mathemat. aufgezeigt. (Acta physiol. pharmacol. neerl. **1.** 237—55. Aug. 1950. Leiden, Univ., Pharmacol. Labor.) WOLFGANG ALBRECHT. 4600

Louis J. Gelber, *Fünfjahresübersicht der Röntgenstrahlentherapie von Arthritis, Bursitis und Radiculitis.* Bericht über sehr gute Erfolge mit Röntgenbestrahlung bei Arthritis, Bursitis u. Radiculitis in 282 Fällen. Die Patienten erhielten im allg. pro Bestrahlung 100 r, die Zahl der Sitzungen lag zwischen 5 u. 12. Meistens erübrigen sich nach Bestrahlungen Operationen zur Entfernung von Ca-Depots. Zum Schutz der Haut bei der Bestrahlung wird die Raydermsalbe (*Rayderm Ointment*, *Rayderm Ointment New*, VELVET PRODUCT COMPANY, New York, N. Y.) empfohlen. (Int. Rec. Med. **164.** 62—78. Febr. 1951. Rockville Centre, N. Y.) DOSSMANN. 4601

W. F. Melick, John E. Byrne und **Tom D. Boler,** *Experimentelle und klinische Untersuchung verschiedener Kontrastmedien für die translumbale Aortographie.* Vff. berichten über Tierverss. an Meerschweinchen mit verschied. Kontrastmitteln bei subcutaner u. intramuskulärer Anwendung. Entsprechende Verss. wurden dann speziell für die Zwecke der translumbalen Aortographie mit einer Auswahl dieser Mittel, u. zwar *NaJ* (80%), *Diodrast* (71%), *Urokon-Natrium* (70%) (**I**) u. *Neo-Jopax* (75%) (**II**) durchgeführt, deren J-Gehh. 84,7 bzw. 49,8 bzw. 65,8 bzw. 51,5% betragen. Die Kontrastmittel wurden in die Aorta mesenteria superior injiziert. Die Präpp. **I** u. **II** ergaben hinsichtlich der Schäden am Patienten optimale Eigenschaften. Am Menschen zeigte bes. **I** gute klin. Eigenschaften. Vor der Injektion erhielten die Patienten paravertebrale u. Hautanästhesie durch Injektion von 1% Novocain. (J. Urology **67.** 1019—25. Juni 1952. St. Louis, Mo., St. Louis Univ., Dep. of Urol., u. St. Louis City Hosp.) REUSSE. 4601

John E. Boysen, *Wirkungen elektromagnetischer Strahlung (350 Mc) auf Temperatur und Gewebe bei Kaninchen.* Kaninchen wurden 7—40 Min. der Einw. elektromagnet.

Wellen von 350 Mc (Megacycles) ausgesetzt. 8 Tiere starben infolge Überhitzung (44,5°), 1 Tier starb bereits bei 41,2°. Bei der Sektion u. der mkr. Unters. wurden degenerative Veränderungen im Gehirn, Niere u. Herz gefunden, geringe Grade der Gewebsdegeneration auch in Leber, Magen–Darm-Trakt, Atmungstrakt u. Milz. Am Auge fanden sich keine sicheren degenerativen Erscheinungen. (A. M. A. Arch. ind. Hyg. occupat. Med. **7**. 516—25. Juni 1953. Ohio, United States Air Force, Med. Corps.) ZELLER. 4601

V. Klare, *Über technische Neuerungen und neue Erkenntnisse auf dem Gebiet der Kurz- und Mikrowellen.* Es wird der Vorteil der Apparate mit Gleichfeld hervorgehoben, bes. deshalb, weil Wärmeempfindungen bei Patienten nach solcher Bestrahlung nicht auf Überdosierung schließen lassen, wie es bei Wechselfeldbestrahlungen der Fall ist. Angabe der Erfahrungen mit Kurzwellen bei peripheren Durchblutungsstörungen u. Neuritiden. Kurze Besprechung der ersten eigenen Verss. mit Mikrowellen zwischen 50 u. 100 cm. (Klin. Med. [Wien] **6**. 580—85. 1/12. 1951. Wien, Wilhelminenhosp.) DOSSMANN. 4601

W. Ullrich, *Isotope und ihre Anwendung.* Überblick über die Entw. der Isotopenforschung. Die wichtigsten, bisher in der Medizin verwendeten Radioisotope sowie ihre Anwendungsgebiete u. die erhaltenen Ergebnisse werden beschrieben. (Oesterr. Apotheker-Ztg. **5**. 734—35. 24/11. 1951.) FALENSKI. 4601

J. Reboul und **A. Chavoix,** *Medizinische Indikationen der radioaktiven Isotopen.* Vf. behandelt ausführlich die Verwendung von ^{131}J ($t_{½}$ = 8 d) zur Diagnose u. Therapie bei Schilddrüsenerkrankungen, die von ^{32}P ($t_{½}$ = 14,3 d) bei Leukämien, bei Polyglobulie u. bei HODGKIN-Krankheit, ferner die Verwendung von koll. ^{198}Au bei Tumoren. — 96 Literaturzitate. (J. Méd. Bordeaux Sud-Ouest **129**. 464—87. Juni 1952. Fac. de Med., Clin. d'electro-radiol.) WIEDEMANN. 4601

K. Fellinger und **O. Voelkel,** *Die Therapie von Thyreotoxikosen mit radioaktivem Jod.* Physikal. Grundlagen u. Literaturübersicht der ^{131}*J*-Therapie. (Wiener med. Wschr. **101**. 422—26. 9/6. 1951. Wien, Univ., II. Med. Klinik.) BROSEMANN. 4601

U. V. Portmann, Robert A. Hays, E. Perry McCullagh und **Charles E. Richards,** *Erfahrungen in der Behandlung von Schilddrüsenerkrankungen mit radioaktivem Jod.* 281 Patienten mit *Hyperthyreoidismus* wurden mit ^{131}*J* behandelt. Bei 203 BASEDOW-Kranken kam es in 60% zu Remissionen, bei 16 Patienten zu keiner Veränderung. Rezidive traten in 2,5% u. Hypothyreosen in ca. 10% auf (Dosierung 4—41 mC ^{131}J, abhängig vom Grundumsatz). 78 Patienten mit tox. Adenom erfuhren zu 23% bisher keine Besserung, in keinem Fall kam es zu einer Hypothyreose (Dosierung 7—104 mC ^{131}J, abhängig vor allem von der Größe des Kropfes). (Amer. J. Roentgenol., Radium Therapy **66**. 179—83. Aug. 1951. Cleveland, O., Cleveland Clin.) BROSEMANN. 4601

André Quevauviller und **Marcel Legeai,** *Über den Säureeinfluß der Kobaltsalze auf ihre pharmakodynamische Wirkung.* Vff. untersuchen *Co-Salze,* deren Herst. u. Eigg. angegeben werden, auf ihre pharmakol. Wirkung. Die Verss. werden mit Kaninchen u. Mäusen durchgeführt, denen 0,25 cm³ einer Co-Salzlsg. (1 : 1000) intravenös injiziert werden. Die DL_{50} der verschied. Co-Salze sind (in g/kg Körpergewicht): *Dithiodiglykolat*: 0,095; *Acetat*: 0,125; *Chlorid*: 0,155; *Sulfat*: 0,195; *Nitrat*: 0,205; *Lactat*: 0,215; *Camphersulfonat*: 0,345; *Phenylpropionat*: 0,375; *Phenylacetat*: 0,375. Hiernach wirken Co-Salze der aromat. Säuren am stärksten tox., u. zwar durch Senkung des Druckes der Carotis, Erhöhung der Atmungsfrequenz u. Auftreten klon. u. ton. Krämpfe. (Rev. sci. **89**. 306—11. Sept./Okt. 1951.) FAHRNLAENDER. 4606

Resat Garan und **Naip Tuna,** *Klinische Untersuchungen über verschiedene Wirkungen der Quecksilberdiuretica.* Bericht über Verss. an 14 gesunden Personen sowie 12 Fällen von ödematösen Herzinsuffizienzen, denen 2 cm³ *Mercupurin* (*Novurit*) intravenös injiziert wurden. Es erfolgte hierauf eine Best. der Diurese, des Plasmavol., des venösen Druckes, des hämatokrit. Wertes u. der Plasmachloride. Es wurde gefunden, daß das Hg-Diureticum gleichzeitig auf Nieren u. Gewebe einwirkt, wobei die Hauptwrkg. zuerst auf das Gewebe, dann auf die Nieren erfolgt. (Naunyn-Schmiedebergs Arch. exp. Pathol. Pharmakol. **215**. 402—08. 1952. Istanbul, Univ., Pharmakol. Inst. u. Therapeut. Klinik.) R. KÖNIG. 4607

Helen Falconer und **E. H. Derrick,** *Perihepatitis und Peritonitis adhaesiva bei Mäusen als Folge von intraperitonealer Injektion von Quecksilberpräparaten.* Die Wrkg. von Hg-Salzen, die intraperitoneal Mäusen verabfolgt wurden, wurde untersucht. Die Hg-Salze wurden in 0,85% ig. NaCl-Lsg. gelöst, die Mäuse nach verschied. Zeiten (24 Std. nach Injektion bis 21 Wochen) getötet u. histolog. untersucht. Es wurde *Merthiolat* (**I**), *Mercurochrom*, *Metaphen*, *Quecksilberchlorid*, *Mersalyl* u. *Mercuramid*

in verschied. Verdünnungen gegeben. Entsprechende Verss. wurden an Meerschweinchen durchgeführt. Die schweren perihepatit., perisplenit. u. adhäsiven Prozesse wurden bei allen untersuchten Präpp. beobachtet, das Ausmaß der Veränderungen war vom Hg-Geh. abhängig. Die Wrkg. von I wurde verringert, wenn statt der Salzlsg. Serum zum Auflösen des Präp. verwendet wurde. (J. Pathol. Bacteriol. **62.** 341—50. Juli 1950. Brisbane, Red. Cross Blood Transfus. Serv. and the Queensland Inst. of Med. Res.)
WOLFGANG ALBRECHT. 4607

Hans Greuel, *Verhalten der Eosinophilen nach Methioningaben beim Hypertoniker.* Vf. konnte an 30 Versuchspersonen mit Blutdruckwerten zwischen unter 135 mm Hg bis über 185 mm Hg zeigen, daß nach einer größeren *Methionin*-Gabe (2,0 intravenös) die Eosinophilen in den meisten Fällen deutlich abfallen, bes. signifikant bei den essentiellen Hypertonien. Es wird eine verstärkte Adrenalinbldg. infolge durch Methionin verstärkter Methylierungsvorgänge diskutiert. (Klin. Wschr. **30.** 902—03. 1/10. 1952. Düsseldorf, Med. Akad.) K. BÖHM. 4607

Silvano Casadio, *Neue Ergebnisse für die Therapie durch das Amid der o-Oxybenzoesäure (Salicylamid).* Nach Angabe einiger physikal. Daten u. chem. Nachweismethoden gibt Vf. eine Übersicht über die Bedeutung des *Salicylamids* (I) für die Therapie. An verschied. Beispielen wird die antirheumat., analget. u. antipyret. Wrkg. gezeigt. Im Gegensatz zu Salicylsäure ist I nicht toxisch. (Boll. chim. farmac. **89.** 398—402. Okt. 1950.) BALLSCHMIETER. 4607

Charles W. Bauer und **Murray E. Glickman,** *Die Wirkung von d-Amphetaminsulfat auf die Anzahl der zirkulierenden Eosinophilen.* Bei der Suche nach neuen antiarthrit. wirksamen Verbb. wurde *d-Amphetaminsulfat* (I) geprüft. I-Therapie bewirkte eine statist. gesicherte Eosinopenie, wobei für jede der Medikationsperioden (1, 5, 8, 12 Tage, 3mal 10 mg täglich) *P* zu 0,01 ermittelt wurde. Der durchschnittliche Abfall der Eosinophilen (Mittelwert aus allen Testzeiten) war 42%, der nach der 12 Tage-Periode 60%. Die Eosinopenie zeigte zwischen der augenblicklichen u. der anhaltenden I-Wrkg. einen quantitativen Unterschied. (J. Amer. pharmac. Assoc., sci. Edit. **41.** 576—78. Nov. 1952. Boston, Mass., Massachusetts Coll. of Pharm.) K. MAIER. 4607

C. P. Nair, A. P. Ray und **Jaswant Singh,** *Untersuchungen über die Toxizität von Proguanil bei Rhesus-Affen.* Es wurde die akute u. chron. tox. Wrkg. von *Proguanilhydrochlorid* bei Rhesus-Affen untersucht. $DL_0 = 55$, $DL_{50} = 200$, $DL_{100} = 600$ mg/kg. Die chron.-tox. Dosis lag zwischen 20 u. 40 mg/kg Körpergewicht. Weiter fand man, daß oberhalb der therapeut. Wrkg. liegende Dosen bei mit Plasmod. knowlesi infizierten Rhesus-Affen eher eine tox. Wrkg. zeigten als bei gesunden Tieren. (Indian J. Malariol. **5.** 425—31. Sept. 1951.) GOHR. 4607

J. J. Lewis, *Der Einfluß von Kohlextrakten auf den Blutzuckerspiegel.* DUBIN u. CORBITT stellten aus Kohl einen Extrakt her, der eine hypoglykäm. Rk. hervorrief. Vf. versuchte diese Ergebnisse durch neue, im einzelnen beschriebene, Extraktionsmethoden zu wiederholen. Es gelang ihm nicht, hypoglykämisierende Substanzen zu finden, wenn auch die Verabreichung (subcutan oder peroral) von Glucose mit seinem Kohlextrakt eine Verlangsamung der Glucoseresorption bewirkt. Die Verss. schließen das Vorhandensein einer insulinähnlichen Substanz im Kohl nicht aus. (Brit. J. Pharmacol. Chemotherapy **5.** 455—60. Sept. 1950. Manchester, Univ., Dep. of Pharmacol.)
L. BERGER. 4608

F. Zinnitz und **W. Buhmann,** *Experimentell-klinische Studie über die Beeinflussung des Elektrodermatogramms durch Strophanthin. Ein Beitrag zur Frage der Strophanthinwirkung bei intravenöser, perlingualer, rektaler und peroraler Darreichung.* Eingehende Verss. zur Feststellung der Resorption von *Strophanthusglykosiden* mit Hilfe des Elektrodermatogrammes. (Arzneimittel-Forsch. **3.** 200—05. April 1953. München, Univ., 2. Med. Klinik.) ULEX. 4608

Milan Novak und **Welton I. Taylor,** *Phagocyticide und antibakterielle Wirkung von Borsäure.* Vff. berichten über in vitro-Verss. mit *Borsäure* (I); bei 37—40° hemmt I Phagocytose vollständig bei Konzz. $<2\%$, teilweise bei Konzz. $<2\%$; bei 34° wirken Konzz. von $<2\%$ schon völlig hemmend. 4%ig. I wirkt auf Micrococcus pyogenes var. albus nicht tox., hemmt jedoch die Phagocytose völlig. Es wird daher vorgeschlagen, für den klin. Gebrauch I-Lsgg. bei 0° (I-Löslichkeit 1,95%) herzustellen, welche die Phagocytose nicht erheblich stören. (J. Amer. pharmac. Assoc., sci. Edit. **40.** 428—30. Sept. 1951. Univ. of Illinois, Coll. of Med., Dep. of Bacteriol.) GOEBEL. 4610

Milan Novak und **Welton I. Taylor,** *Antibakterielle Wirkung von Borsäure in Tränenflüssigkeit.* (Vgl. vorst. Ref.) Borsäure besitzt in Konzz. von 0,2—2,0% gegen die meisten bei Augeninfektionen vorkommenden pyogenen Bakterien bakteriostat. Wrkg.; höhere Konzz. bis 4% besitzen geringe bactericide Wrkg.; Tränen-Fl. hat keinen hemmenden Einfl. auf diese Wrkg., sondern erhöht die baktericide Wrkg. von **I** etwas. Test mit Micrococcus pyogenes var. albus, Streptococcus sp. β-haemolyt., Diplococcus pneumoniae. (J. Amer. pharmac. Assoc., sci. Edit. **40**. 430—32. Sept. 1951. Univ. of Illinois, Coll. of Med., Dep. of Bacteriol.) GOEBEL. 4610

Heinrich Zeuner, *Experimentelle Studien zur Frage der Diphtheriebehandlung. Acetylcholin, Luminal, Atropin, Redoxon* u. ***Methionin*** beeinflussen den Verlauf einer cutanen Diphtherieinfektion beim Meerschweinchen nicht deutlich. Antistin vermindert für 2 Std. die lokale Rötung u. Schwellung. ***Diphtherietoxoid*** in kleinsten Dosen unterstützt, bes. in Verbindung mit Acetylcholin oder Methionin, die Serumtherapie wirksam. (Arch. Hyg. Bakteriol. **134**. 41—48. 1951. München, Krankenhaus r. d. Isar.) FISCHOEDER. 4610

Rudolf Stewens, *Zur Verhütung der eitrigen Mastitis im Wochenbett.* Besprochen werden die günstigen Behandlungsergebnisse zur Verhinderung der eitrigen Mastitis mit *Palliacol* (**I**)-Puder (Dr. A. WANDER, GMBH.) oder mit lokal verabreichten *Sulfonamiden* (**II**). Vf. verwandte Kombination von **I**-Puder mit 10% **II**-Zusatz. Es gelang damit, bei einem großen Krankengut die Häufigkeit der Mastitis von 1,7 auf 0,07% herabzudrücken. (Dtsch. med. Wschr. **76**. 1656—57. 28/12. 1951. Wuppertal-Elberfeld, Landesfrauenklinik der Rheinprovinz.) DOSSMANN. 4610

A. Spinks, *Absorption und Persistenz von Antrycid. Antrycid* (**I**) ist wirksam gegen Trypanosomen. Seine Verbb., **I**-*Chlorid* (**II**) u. **I**-*Methylsulfat* (**III**), zeigen verschied. Verh. im Körper der Versuchstiere. Während bei subcutaner Verabreichung **II** nur langsam im Plasma erscheint u. keine hohe Konz. erreicht, steigt **III** zu sehr hoher Konz. an. Verschied. hohe Dosen bewirken im Gegensatz zu **III** bei **II** keine unterschiedliche Plasmakonzentration. **I**-Verbb. verlassen das Blut rasch u. sind in hoher Konz. in Leber u. Nieren nachweisbar. Reste sind noch nach Wochen dort ebenso wie im Urin festzustellen, bes. nach Verabreichung von **II**. Vf. glaubt, daß die protrahierte Wrkg. auf die Bldg. eines subcutanen Depots an der Injektionsstelle infolge der Entstehung einer schwerlösl. Verb. zurückzuführen ist, da **II** dort noch nach einem Jahr u. länger nachweisbar ist. (Brit. J. Pharmacol. Chemotherapy **5**. 445—54. Sept. 1950. Manchester, Imp. Chem. Ind.) L. BERGER. 4610

A. P. Ray, C. P. Nair, P. C. Basu und **Jaswant Singh,** *Die Wirkung von Proguanil und Pamaquine getrennt und kombiniert bei Plasmodium knowlesi bei Rhesus-Affen.* In nicht tox., aber therapeut. Dosen wurde bei *Proguanil* (**I**) schneller eine Wrkg. auf die Schizonten festgestellt als bei *Pamaquine* (**II**). Bei der Wrkg. auf die Gametocyten erwies sich **II** als wirksamer. Einen besseren therapeut. Erfolg als beide Verbb. allein zeigte eine Kombination von 20 mg **I** u. 2,06 mg **II**. Rückfälle wurden bei beiden Präpp. beobachtet, aber weniger bei **I**. Bei Anwendung der Kombination waren Rezidive seltener. DL_0 für **I** sowie **I** + **II** = 50—55 mg/kg; DL_{50} für **II** = 75 mg/kg; DL_{50} für **I** + **II** = 200—250 mg/kg. (Indian J. Malariol. **5**. 413—23. Sept. 1951.) GOHR. 4610

June P. Thurston, *Die Wirkung von Malariamitteln bei mit Plasmodium Berghei infizierten Mäusen.* Analog der Testung von Malariamitteln mit Plasmodium gallinaceum wurde die Eignung von P. Berghei für diesen Zweck untersucht. Es bestehen deutliche Unterschiede in der Empfindlichkeit gegen *Chinin* im Vgl. zu P. gallinaceum. P. Berghei ist etwa nur halb so empfindlich, dagegen ist es wesentlich anfälliger gegen Sulfonamide, bes. gegen *Sulfadiazin, Sulfanilamid* u. *4.4'-Diaminodiphenylsulfon.* Hierin ähnelt es den menschlichen Malariaparasiten. Aus diesem Grunde wird vorgeschlagen, zu Testverss. für Malariaheilmittel *P. Berhei* an Stelle von *P. gallinaceum* zu verwenden. (Brit. J. Pharmacol. Chemotherapy **5**. 409—16. Sept. 1950. London, Nat. Inst. for Med. Res.) L. BERGER. 4610

H. Claessens, *Bekämpfung der Schlafkrankheit durch präventive Prophylaxe in Maniema während der Jahre 1938—1950.* Bericht über Resultate der präventiven Prophylaxe mit *Bayer 205, Propamidin* (**I**) u. *Pentamidin* (**II**). **I** scheint eine abortive Wrkg. zu besitzen. **II** ist nach Ansicht des Vf. das beste Mittel zur Prophylaxe. — 34 Literaturangaben. (Ann. Soc. belge Méd. trop. **32**. 121—40. 30/4. 1952. Costermansstad.) PATZSCH. 4610

J. P. E. Burbach, *Salvarsandermatitis.* (*Einige Beobachtungen an 94 Patienten.*) Übersicht über in den Jahren 1940—51 in der Klinik aufgenommene 94 Fälle von Salvarsandermatitis u. Besprechung der Verteilung der Fälle über die verschied. Jahre, der Einteilung, der Frequenz, der Ätiologie u. der Behandlung (BAL-Kur kombiniert mit einer Penicillinkur). (Nederl. Tijdschr. Geneeskunde **96**. 2810—14. 8/11. 1952. Amsterdam, Univ., Clin. voor Huid- en Geslachtszieken.) PATZSCH. 4610

Marco A. Sisti, *Moderne Therapie der Lungentuberkulose.* Wirkungsweise, Indikation u. Dosierung von Antibioticis, Therapeuticis u. deren Kombinationen werden zusammenfassend abgehandelt. (Minerva med. [Torino] **44.** II. 395—401. 18/8. 1953. Bari, Ospedale Sanatoriale „D. Cotugno".) LOCH. 4610

M. Gülzow, *Experimentelles zur TB I-Wirkung.* 1. Mitt. *Intoxikationserscheinungen.* An 12 Hunden wurden Unterss. über die Vergiftungserscheinungen u. Stoffwechselveränderungen nach intraperitonealer oder oraler Verabreichung von *Thiosemicarbazon* (*TB I*) (**I**) angestellt. **I** wurde dabei in Öl u. W. suspendiert gegeben. Die orale Verträglichkeit erwies sich als 5—10mal so groß wie die peritoneale. Dosen von 0,02 bis 0,05 g/kg Körpergewicht können bei intraperitonealer Applikation tödlich wirken. Als Intoxikationsfolgen fanden sich: hochgradige Bluteindickung, Organ-, Gewebs- u. Lungenödem. Kreislaufversagen führte schließlich zum Tode. Im Vordergrund der Wrkg. steht eine Permeabilitätsstörung durch Capillarschädigung. **I** in Öl wirkt wahrscheinlich rascher u. intensiver tox. als bei Lsg. in Wasser. Gewöhnung wurde beobachtet. (Z. ges. exp. Med. **116.** 26—39. 1950. Greifswald, Univ., Med. Klinik u. Poliklinik.) BALZER. 4610

M. Gülzow und **A. Schlicht,** *Experimentelles zur TB I-Wirkung.* 2. Mitt. *Aminosäureuntersuchungen des Serum- und Organeiweiß im Verlauf von TB I-Intoxikationen.* (1. vgl. vorst. Ref.) Vff. untersuchten bei 12 Hunden unter der Wrkg. tox. Dosen des *Benzaldehydthiosemicarbazons* die Veränderungen der Aminosäurenzus. der Gewebs- u. Serumproteine [*Arginin* (**I**), *Cystin* (**II**), *Tryptophan* u. *Tyrosin* (**III**)]. **II** wurde erhöht gefunden. **I** war im Globulin, **IV** im Albumin erhöht. Der **II**-Geh. im Struktureiweiß der Organe stieg an, während der des Extrakteiweißes sinkt. Die Verschiebung der Aminosäuren überdauerte die klin. Intoxikationserscheinungen, bildete sich jedoch später zurück. Prinzipiell gleiche Befunde an gesunden u. tuberkulösen Versuchspersonen. Durch in vitro-Unterss. mit TB I-Zusatz zu Nativblut wurde nachgewiesen, daß es sich dabei um **II**-Cystein u. nicht um Abbaukörper des TB I handelte. Nach Evipan-Na-Narkose u. Vergiftung wurden **II**-Unterss. angestellt, die gleichfalls eine **II**-Vermehrung im Albumin u. Globulin ergaben. Vermutlich geschieht **II**-Vermehrung im Serumeiweiß nach TB I u. Evipan im Rahmen der Entgiftungsvorgänge im Organismus, **II** stammt wahrscheinlich aus dem Gewebsprotein. Therapeut. wird empfohlen, **II**, Glutathion oder andere SH-Träger bei der TB I-Intoxikation anzuwenden. (Z. ges. exp. Med. **116.** 40—55. 1950. Greifswald, Univ., Med. Klin. u. Poliklin.) BALZER. 4610

Wlodzimierz Daniewski, *Die 5-Aminosalicylsäure als Tuberkuloseheilmittel. 5-Aminosalicylsäure* ist weniger giftig als PAS, dabei wirksamer. Sie unterliegt weniger der Decarboxylierung u. kann daher als Na-Salz in Lsg. für Injektionen verwendet werden. Die Darst. ist einfach. (Farmacja polska **7.** 101—02. Mai 1951.) FISCHOEDER. 4610

G. Stüttgen, *Zur Einwirkung des Isonicotinsäurehydrazids auf den Histaminstoffwechsel. Isonicotinsäurehydrazid* greift wirksam in den Histaminstoffwechsel ein. Im Vgl. mit Streptomycin u. Thiosemicarbazon bewirkt es eine direkte empfindliche Hemmung des Histaminabbaus. (Klin. Wschr. **30.** 904. 1/10. 1952. Düsseldorf, Med. Akad., Hautklinik.) K. BÖHM. 4610

Giuseppe Izzo, *Isonicotinsäurehydrazid zur Behandlung der tuberkulösen Serositis.* Kasuistik von Behandlungen tuberkulöser Rippenfell- u. Bauchfellentzündung mit 3 mg/kg (per os) bzw. 200 mg (lokal injiziert) *Isonicotinsäurehydrazid.* — 68 Literaturangaben. (Minerva med. [Torino] **44.** II. 426—30. 18/8. 1953. Napoli, Ospedale Sanatoriale S. M. della Vita.) LOCH. 4610

R. Galland und **J. Maillet,** *Schutz durch Streptomycin, Isonicotinsäurehydrazid und PAS des durch intracutane Injektion tuberkulös gemachten Meerschweinchens.* Intracutan mit virulenten Tuberkelbacillen beimpfte Meerschweinchen wurden in entsprechenden Gruppen sofort nach der Injektion mit *Streptomycin* (**I**), *Isonicotinsäurehydrazid* (**II**) u. *PAS* (**III**) behandelt u. 22 Tage beobachtet. Beurteilung der Wrkg. nach makroskop. sichtbaren Erscheinungen an Haut, Ganglien u. Milz. Vollständiger Schutz wird erreicht durch Injektion von **I**, 42 mg/kg, oder durch **II**, 1,7 mg/kg per os; **III**, 300mg/kg per os + 400 mg/kg parenteral, bedingt nur teilweisen Schutz. (Ann. Inst. Pasteur **83.** 803—05. Dez. 1952. Paris, Fac. de Méd., Labor. de Bactériol.) DOSSMANN. 4610

J. Carmichael und **Mary H. Maclay,** *Über die Verwendung von Geflügel bei der Bestimmung antituberkulös wirkender Präparate.* Zur Unters. der antituberkulösen Wrkg. verschied. Präpp. verwendeten Vff. Hühner, die mit einem für Vögel pathogenen Stamm von *M. tuberculosis, Stamm D 4* (WEYBRIDGE) intravenös inoculiert wurden. Nach 3 Wochen erhielt eine Gruppe täglich 40 mg/kg Körpergewicht *Streptomycin* (**I**) subcutan, eine zweite Gruppe *p-Aminosalicylsäure* (*PAS*) als Na-Salz 1 g/kg Körpergewicht oral, eine 3. Gruppe erhielt beide Mittel in derselben Dosis kombiniert. Der **I**-Geh. des Serums wurde an Bact. coli biol., der *PAS*-Geh. nach MARSHALL (Proc.

Soc. exp. Biol. Med. **1948.** LXVIII) geprüft. Unters. der Tiere **9** Wochen nach Inokulation. Vff. konnten nachweisen, daß die Wrkg. von I der von *PAS* deutlich überlegen ist. (J. Pathol. Bacteriol. **62.** 363—70. Juli 1950. Ongar, Essex, Vet. Res. Div., Messr. May and Baker Ltd., Boarded Barns Farm.) WOLFGANG ALBRECHT. 4611

Robert Debré und **P. Mozziconacci,** *Streptomycinbehandlung bei Infektionen durch gramnegative Erreger beim Säugling.* Bei allg. Coliinfektionen ist *Streptomycin* wirksam, aber nicht bei Colimeningitiden. (Arch. franç. Pédiatrie **8.** 789—812. 1951. Paris, Hôp. des Enfants-Malades.) DOSSMANN. 4611

Roger Amsler, *Durch Streptomycin hervorgerufene allergische Zwischenfälle.* Besprochen werden durch *Streptomycin* (I) bedingte akute Intoleranzerscheinungen, Hauterscheinungen beim Pflegepersonal, allg. Zwischenfälle durch *Dihydro*-I bei der Behandlung von Krankenschwestern, die schon einmal I-Empfindlichkeit gezeigt hatten, Stomatitis u. Glossitis durch intrapleural verabreichtes I. Besprechung einiger Beispiele. (Presse méd. **59.** 1011—13. 14/7. 1951. Angers.) DOSSMANN. 4611

Olavo Trindade und **Francisco Nastari,** *Behandlung von Meningitis durch intracisternale Injektion von Chloramphenicol.* Bericht über einen Fall mit schwerer SHIGELLA-para-dysenteria-Meningitis nach spinaler Anästhesie, der nach *Chloramphenicol* (I) völlig genas. Der Erfolg wird der intracisternalen Verabreichung, 1 mg/kg, zugeschrieben, denn vorangehende Behandlung mit *Penicillin, Streptomycin, Sulfonamiden* u. oralem I über 12 Tage blieb prakt. erfolglos. Vff. konnten in Tierverss. mit I-Dosen von 2, 5 u. 10 mg/kg die Wirksamkeit von I bei SHIGELLA-para-dysenteria-Infektionen bestätigen. (J. Amer. med. Assoc. **147.** 1757—59. 29/12. 1951. São Paulo, Brasilien.) DOSSMANN. 4611

J.-A. Grönroos, *Über die Ausscheidung von Chloramphenicol in der Galle.* Bei 38 Frauen wurde während Cholecystektomieoperationen Galle punktiert u. der Geh. an *Chloramphenicol* (I) in Serum u. Galle nach vorangegangener I-Zufuhr bestimmt (Testorganismus *S. parat. B.*). Höchster I-Geh. des Serums 2—6 Std. nach I-Zufuhr (ca. 70 γ/cm^3 nach oral 100 mg/kg Körpergewicht, 40 γ/cm^3 nach 50 mg, 28 γ/cm^3 nach 25 mg). Die I-Spiegel der Galle zeigten in 3 Fällen (von 34) $<7\ \gamma$/cm^3, während in $^2/_3$ der Fälle die Serumwerte erreicht oder überschritten wurden, d. h. Galle enthält im allg. die gleiche Konz. an wirksamem I wie das Serum. (Acta pathol. microbiol. scand., Suppl. **1952.** 411—14. Turku, Univ., Sero. Bacteriol. Dep., u. Surgical Dep.) K. MAIER. 4611

Mark H. Lepper und **Harry F. Dowling,** *Behandlung der Pneumokokkenmeningitis mit Penicillin, verglichen mit Penicillin plus Aureomycin. Mit Beobachtung eines auffälligen Antagonismus zwischen Penicillin und Aureomycin.* Von 43 mit *Penicillin* (I) behandelten Patienten starben 30%, von 14 mit I u. *Aureomycin* behandelten 79%, was auf einen Antagonismus beider Präpp. bei gleichzeitiger Anwendung zurückgeführt wird. (A. M. A. Arch. intern. Med. **88.** 489. Okt. 1951. Chicago, Ill., Univ. of Illinois, Coll. of Med., Dep. of Preventive Med. u. Med.) BROSEMANN. 4611

Harry F. Dowling, Mark H. Lepper und **Harold L. Hirsh,** *Die Behandlung der Pneumokokkenpneumonie mit großen Dosen Depotpenicillin im Vergleich zur Behandlung mit niedrigeren Dosen Penicillin: Eine Untersuchung an 686 Patienten.* Die Behandlung der Pneumokokkenpneumonie mit 600000 E. *Depotpenicillin* (Öl–Bienenwachs-Emulsion) oder *Procainpenicillin* zweimal täglich ergibt bei 283 Patienten die gleichen therapeut. Resultate wie die im allg. übliche Behandlung mit 3 std. intramuskulären Injektionen von 80000—100000 E. des gewöhnlichen Präp. an insgesamt 403 Patienten, wobei der mittlere Blutspiegel niedriger ist als bei Injektion der Depotpräparate. (Amer. J. med. Sci. **220.** 17—22. Juli 1950. Georgetown, Georg Washington Univ., Med. Div., Gallinger Munic. Hosp.) ALBERTY. 4611

A. L. de Vetten, *Perforierte akute Wurmfortsatzentzündung.* Die Letalität u. die Aufenthaltsdauer im Krankenhaus bei einer Peritonitis, die durch Perforation einer akuten Wurmfortsatzentzündung verursacht wird, wird durch Penicillin u. Sulfadiazin (in einigen Fällen durch Streptomycin) verkürzt im Vgl. zu den entsprechenden Zahlen aus der Zeit der ausschließlich chirurg. Therapie. Die Letalität, die durch Versagen der Antibiotica verursacht wird, ist sehr gering. Bei resistenten Bakterien ist die Anwendung von Antibioticis mit einem breiten Bakterienspektr. (Aureomycin, Terramycin, Chloromycetin u. a.) indiziert. (Nederl. Tijdschr. Geneeskunde **96.** 2807—09. 8/11. 1952. Amsterdam, Onze Lieve Vrouwe Gasthuis, Chirurg. Afd.) PATZSCH. 4611

C. Blom-Ides und **M. K. Polano,** *Depotpenicillinpräparate.* Um im Blut von mehr als 90% der Patienten einen *Penicillin* (I)-Spiegel von mehr als 0,03 E./cm^3 zu erreichen, müssen 300000 E. Procain-I in einem 2%ig. Al-Monostearatölgel oder 600000 E. Procain-I in einer bes. wss. Suspension verabreicht werden. Der I-Spiegel ist nach 1 Std.

unter Verwendung wss. Suspensionen etwas höher. (Nederl. Tijdschr. Geneeskunde **96.** 2797–2800. 8/11. 1952. Den Haag, Gemeente Ziekenhuis.) PATZSCH. 4611

A. A. Stelmach, *Penicillin — ein wirksames Mittel gegen die Theileriose der Rinder.* Bericht über 2 Fälle von Theileriose der Rinder, die durch intramuskuläre Injektion von *Penicillin* (I) an 3 aufeinanderfolgenden Tagen geheilt wurden. Man verabreichte jedesmal 300000 I.E. I, gelöst in 20 ml Antileptospiroseserum. (Ветеринария [Tierheilkunde] **29.** Nr. 9. 34. Sept. 1952.) RENTZ. 4611

Wesley W. Spink, Wendell H. Hall und **Robert Magoffin,** *Nachuntersuchung der Therapie bei 48 kulturell gesicherten Fällen von Brucellosis. Streptomycin und Sulfadiazin, Aureomycin, Chloramphenicol (Chloromycetin).* 21 Patienten erhielten durchschnittlich 1 g *Streptomycin* intramuskulär 2mal/Tag für 7–14 Tage u. 1 g *Sulfadiazin* per os 4mal/Tag für 21 Tage. 11 wurden geheilt. 22 bekamen 0,5 g *Aureomycin* per os für 10–21 Tage 4mal/Tag. 14 wurden geheilt, 3 bekamen Rezidive. 8 wurden mit 0,5 g *Chloramphenicol* 4mal/Tag für 10 Tage behandelt, von denen 2 restlos gesundeten. (A. M. A. Arch. intern. Med. **88.** 419–32. Okt. 1951. Minneapolis, Minn., Univ. of Minnesota, Hosp., u. Med. School, Veterans Admin. Hosp.) BROSEMANN. 4611

J. A. G. ten Berg, *Die Behandlung der Aktinomykose mit Aureomycin.* 1 Fall von abdomineller Aktinomykose, die nach einer ileocöcalen Resektion erfolglos mit KJ, Penicillin, Streptomycin u. Röntgenbestrahlungen behandelt worden war, konnte nach Verabreichung von *Aureomycin* sofort gebessert werden (vollständige Genesung). Die mit einem gewissen Erfolg durchgeführte Behandlung mit Sulfapräpp. mußte wegen einer sich entwickelnden Leukopenie abgebrochen werden. (Nederl. Tijdschr. Geneeskunde **96.** 2801–06. 8/11. 1952. Rotterdam, St. Franciscus-Gasthuis, Int. Afd.) PATZSCH. 4611

Raoul Dana, Albert Sebag, Gilbert Borsoni und **Jean Thonier,** *Terramycin bei 20 Fällen von Amöbenruhr.* Vff. halten *Terramycin* (I) für das derzeit wirkungsvollste Mittel bei chron. Amöbenruhr. Über das Verh. von I bei akuten Fällen kann wegen des zu kleinen Beobachtungsmaterials noch kein sicherer Schluß gezogen werden. (Tunisie méd. **39.** 1188–94. Dez. 1951. Tunis, Hôp. de la Libération.) DOSSMANN. 4611

E. Gutiérrez Ballesteros und **A. Treviño Villaseñor,** *Isolierung eines neuen Stammes von Entamoeba histolytica und Behandlung von Amöbiasis mit „Terramycin".* Beschreibung von 2 Krankheitsfällen, Entnahme von frischem dysenter. Material u. Aussaat auf Böden nach BOECK u. DRBOHLAV (Amer. J. Hyg. **5.** [1925.] 371) mit Zusatz von RINGER-Lsg. sowie *Penicillin* u. *Dihydrostreptomycin.* — Heilung der 2 Fälle mit Terramycin. (Rev. Inst. Salubridad Enfermedades trop. **11.** 93–97. Dez. 1950. Mexiko.) ALTPETER 4611

John H. Killough und **Gordon B. Magill,** *Terramycin bei epidemischem Fleckfieber, Amöbenruhr und Typhus.* Bericht über *Terramycin* (I)-Behandlung von a) 5 Fällen mit epidem. Fleckfieber, b) 7 Fällen mit akuter Amöbenruhr u. c) 5 Fällen mit Typhus. Dosierung: a) 22 g I in 5 Tagen, b) 66 g in 14 Tagen, c) 43 g in 12 bzw. 98 g in 22 Tagen. I-Wrkg. war ausgezeichnet bei a), begrenzt wertvoll bei b), 2 Rückfälle u. erfolgreich ohne Rückfälle bei 3 Fällen c). (J. Amer. med. Assoc. **147.** 1737–40. 29/12. 1951. Cairo, Ägypten, Navy Med. Res. Unit.) DOSSMANN. 4611

R. Crosnier, A. Darbon und **P. Ducournau,** *Aureomycin und Terramycin bei akuter intestinaler Amöbiasis.* Nach Vff. dürfte *Terramycin* (I) das Mittel der Wahl bei Amöbiasis sein, die Erfolge mit *Aureomycin* (II) blieben hinter I zurück. Die sichersten Erfolge werden von I u. II in Kombination mit *Emetin* u. *Conessine* erwartet. (Presse méd. **59.** 1009–10. 14/7. 1951. Val-de-Grace.) DOSSMAEN. 4611

G. Arnold Cronk, *Aureomycin bei infektiöser Mononucleose. Eine Beobachtungsreihe.* 32 Patienten mit infektiöser Mononucleose erhielten 2–8 Tage lang 2 g *Aureomycin* täglich. Es zeigte keine besondere Wrkg. bei der pharyngoglandulären Form. (Amer. J. med. Sci. **222.** 413–16. Okt. 1951. Syracuse, N. Y., Univ., Student Health Serv.) BROSEMANN. 4611

Lester Persky, Fritz B. Schweinburg, Stanley Jacob und **Jacob Fine,** *Aureomycin bei experimenteller akuter Pankreatitis bei Hunden.* Bei Hunden rief die Injektion von 10 cm^3 Galle in den Ductus pancreaticus in 100% eine tödliche akute hämorrhag Pankreatitis hervor. Bei peroralen *Aureomycin* (I)-Gaben (2 g/Tag für 5 Tage) überlebten 100%, bei intravenösen (300 mg 2mal/Tag) oder intramuskulären *Procainpenicillin G* (600000 E./Tag)-Gaben 40% der Hunde. (Surgery **30.** 652–56. Okt. 1951. Boston, Mass., Beth Israel Hosp., u. Harvard Med. School.) BROSEMANN. 4611

Ashton L. Welsh und **Lawrence C. Goldberg,** *Fixiertes Arzneimittelexanthem nach Aureomycin. Bericht über zwei Fälle.* Literaturzusammenstellung über Aureomycin (I)-Nebenwirkungen u. Beschreibung zweier eigener Fälle mit fixiertem Exanthem nach

Gaben von 250 mg I u. mehr. (A. M. A. Arch. Dermatol. Syphilol. **64.** 356—58. Sept. 1951.) IPPEN. 4611

D. M. Jackson, E. J. L. Lowbury und **Elizabeth Topley,** *Pseudomonas pyocyanea bei Brandwunden; pathogene Wirkung und Wert einer lokalen Polymyxintherapie. Pseudomonas pyocyanea* (I)-Infektionen von Brandwunden wurden mit *Polymyxin E* (**II**; 0,1% ig. Salbe) behandelt. Bei 6wöchiger Behandlung mit **II** wurde keinerlei tox. Wrkg. beobachtet; die Infektion wurde gemäßigt. I-Resistenz trat nicht auf. I u. einige Colibakterien treten bei Brandwunden als pathogene Erreger auf. Vff. schlagen lokale Behandlung mit II/Penicillin vor. (Lancet **261.** 137—47. 28/7. 1951. Birmingham, Accident Hosp., Med. Res. Council's Burns Res. Unit.) GOEBEL. 4611

Maxwell Finland, *Der gegenwärtige Stand der Antibiotica bei bakteriellen Infektionen.* Übersichtsref. mit 63 Literaturangaben. Ausgehend von der *Sulfonamid*-Therapie werden die antibakteriellen Eigg. von *Penicillin, Aureomycin, Chloromycetin* u. *Terramycin* besprochen u. der Wert der Mittel bei Prophylaxe u. in der kombinierten Verabreichung diskutiert. (Bull. New York Acad. Med. **27.** 199—220. April 1951. Boston, Mass., Harvard Med. School, Dep. of Med.) DOSSMANN. 4611

J. Jochims, *Klinisches über Antibiotica bei Kindern.* Es wird auf die Erfolge der Therapie mit Antibioticis in der Kinderheilkunde, bes. bei tox. Ernährungsstörungen, Lues congenita u. tuberkulöser Meningitis, hingewiesen. (Mschr. Kinderheilkunde **99.** 13—19. Jan. 1951. Lübeck.) GERBER. 4611

Theodore Rosenthal, *Diagnose und Therapie der Geschlechtskrankheiten.* Klin. Untersuchungsmethoden u. Therapie der Syphilis, Gonorrhoe, Lymphogranuloma venereum, Granuloma inguinale u. Schanker, bes. mit Antibioticis, werden besprochen. (Canad. J. publ. Health **42.** 207—17. Juni 1951. New York, N. Y., Dep. of Health, Bur. of Adult Hyg.) BROSEMANN. 4611

Kathryn Lyle Stephenson, *Die Wirkung subcutaner Hyaluronidase- und Plasmaapplikation bei Ratten mit Verbrennungen.* Subcutane Plasmainfusionen mit Hyaluronidasezusatz zeigten bei Ratten mit Verbrennungen 3. Grades über 15% der Körperoberfläche im akuten Stadium keinen besonderen Wert. (Surgery **30.** 845—49. Nov. 1951. Santa Barbara, Calif., Santa Barbara Cottage Hosp.) BROSEMANN. 4614

Henry K. Beecher, *Untersuchung von Analgeticis.* Bericht über den derzeitigen Stand laufender Unterss. über Analgetica. Bei 15 Personen wurde hinsichtlich der atemlähmenden Wrkg. analget. wirkungsgleicher Dosen von *Pentobarbitalnatrium* (200 mg), *Morphinsulfat* (10 mg), *Heptazon* (*dl-4.4-Diphenyl-6-morpholinoheptanon-(3)-hydrochlorid*; 60 mg), *Metopon* (*Methyldihydromorphinonhydrochlorid*; 3 mg), *6-Methyldihydromorphin* (30 mg) u. *l-Isomethadon* (10 mg) kein signifikanter Unterschied gefunden; die Wrkg. auf den Kreislauf unterscheidet sich nicht von der einer Injektion physiol. NaCl-Lösung. — Die lokalreizende Wrkg. von *Morphinphosphat* ist kaum größer als die des *-sulfats.* — Die Operationsvorbereitung mit *Morphin–Atropin, Pentobarbital–Atropin* u. *Atropin* allein bei insgesamt 233 Narkosen ließ keinen wesentlichen Unterschied zwischen den 3 Medikamenten erkennen. — *rac. Methadon* u. *l-Isomethadon* können als Analgetica das *Morphin* völlig ersetzen. (Bull. on Narcotics **3.** 9—15. Okt. 1951. Boston, Mass., Massachusetts Gen. Hosp., Harvard Med. School, Anesthes. Labor.) DAUTZENBERG. 4621

O. Peczenik und **G. B. West,** *Die Wirkung von Lokalanästheticis.* Vf. bespricht die Wrkg. von *Procain, Amylocain, Cocain, Amethocain* u. *Cinchocain.* (J. Pharmacy Pharmacol. **3.** 36—46. Jan. 1951.) v. GIZYCKY. 4621

Klaus Soehring, *Trichloräthylen.* Übersicht über Chemie, Pharmakologie u. Toxikologie des *Trichloräthylens* sowie seiner Anwendungsweise in der Geburtshilfe mit Hinweis auf die möglichen Gefahren, bes. für das unter chron. Einw. stehende Operationspersonal. — 56 Literaturangaben. (Geburtshilfe u. Frauenheilkunde **11.** 206—16. März 1951. Hamburg, Univ., Pharmakol. Inst.) DAUTZENBERG. 4621

Franz P. Gycha, *Die intravenöse Narkose mit Narconumal.* Bei 500 Operationen wurde *Narconumal* (DEUTSCHE HOFFMANN-LA ROCHE AKT.-GES., Grenzach, Baden) verwandt. Es zeigte nur geringe Beeinflussung von Atmung u. Kreislauf, Abflutungszeit 3 Min., Narkosebreite 4,4. Es wurde intravenös gegeben, 40 cm³ möglichst nicht überschritten. Keine postoperativen Erregungen, Erbrechen selten. (Zbl. Chirurg. **76.** 1617. 1951. München, Univ., Chirurg. Poliklinik.) BROSEMANN. 4621

H. Gieseking, *Bericht über 3000 Evipanlangnarkosen.* Bericht über mehr als 300 Narkosen. Vf. hält diese Meth. für die beste psychoschonende Narkose. Zusatznarkotica waren nur gelegentlich notwendig. Postoperative Erregungszustände, die nur bei Jugendlichen auftraten, konnten mit *Eukodal* beherrscht werden. (Zbl. Chirurg. **76.** 1613—17. 1951. Hohenlimburg, Evangel. Krankenhaus.) BROSEMANN. 4621

P. Holtz, W. Richter und **H. J. Schümann,** *Novocain — Arterenol.* Ersatz des bisher üblichen *Adrenalins* (I) als Zusatz zur Lokalanästhesie durch *Arterenol* (II; *l-Noradrenalin*) läßt die häufig auftretenden unangenehmen Kreislaufwirkungen des I vermeiden. Unterss. an der Rückenhaut von Meerschweinchen zeigten, daß mit der im Vgl. zu I doppelten Menge II als Zusatz zu *Novocain* die gleiche Anästhesiedauer erzielt wird. (Klin. Wschr. **29.** 393—94. 1/6. 1951. Rostock, Univ., Pharmakol. Inst.) DAUTZENBERG. 4621

Liselott Meyer, *Beitrag zur Frage der Pantocainverträglichkeit nach Gaben von Luminal.* Unters. der Beeinflussung der *Pantocain* (I)-Oberflächenanästhesie durch *Luminal* (II) an 650 weißen Mäusen. Die Letalität der Tiere bei I-Gaben von 60 mg/kg subcutan beträgt 80%, bei zusätzlicher intraperitonealer Verabreichung von 50 mg/kg II, eine Std. vorher gegeben, beträgt sie 32%, bei gleichzeitiger I + II-Injektion 20%. Wird I dagegen intravenös injiziert, so beträgt bei 6 mg/kg die Letalität 80%, II-Injektion intraperitoneal 1 Std. vorher reduziert sie auf 32,5%, bei gleichzeitiger I + II-Verabreichung beträgt sie 57%. (Fortschr. Gebiete Röntgenstrahlen verein. Röntgenprax. **75.** 415—18. Okt. 1951. Düsseldorf, Med. Akad., Pharmakol. Inst.) DOSSMANN. 4621

Fred J. Crescente, *Dromoran in der allgemeinen Chirurgie.* In 75 Fällen wurde postoperativ oder bei anderen Schmerzzuständen *Dromoran* (HOFFMAN-LA ROCHE, INC., Nutley, N. Y.) in einer Dosierung von 2,5—5 mg 2—4 mal täglich subcutan (nur in 2 Fällen 4—5 stündlich) injiziert. Ausgezeichnete u. rasche Wrkg. in Stärke u. Dauer bei guter Verträglichkeit ohne Nebenwirkungen. (J. int. Coll. Surgeons **16.** 779—82. Dez. 1951. Paterson, N. J., Gen. Hosp.) BROSEMANN. 4621

B. A. Westfall, *Wirkungen von Pentobarbital, Amobarbital und Barbital auf den Sauerstoffverbrauch von Hirnschnitten.* Der Sauerstoffverbrauch dünner (0,4 mm) Schnitte von Rattenhirnrinde wurde nach der Meth. von WARBURG gemessen (KREBS-RINGER-Phosphatlsg. mit 100 mg-% Glucose, p_H 7,2; 37°). Niedrige Konzz. von *Pentobarbital* (0,2—0,5 mg-%), *Amobarbital* (1,0—2,0 mg-%) u. *Barbital* (2,0—5,0 mg-%) erhöhen den O_2-Verbrauch, höhere Konzz. senken ihn. Der Mechanismus dieser Erscheinung ist nicht klar. (J. Pharmacol. exp. Therapeut. **101.** 163—66. Febr. 1951. Columbia, Mo., Univ. of Missouri, School of Med., Dep. of Physiol. and Pharmacol.) DAUTZENBERG. 4621

Daisuke Satö, Tetuo Minesita und **Tadaaki Ōoka,** *Über Spaltprodukte des Natriumsalzes der 5-Cyclohexenyl-3.5-dimethylbarbitursäure in seiner wässerigen Lösung und deren narkotische Wirkungen bei Mäusen.* Beim Stehen einer 10%ig. wss. Lsg. von *5-cyclohexenyl-3.5-dimethylbarbitursaurem Natrium* 1—14 Tage lang bei 5—15° bzw. 25—28° entwickelte sich *Na-Cyclohexenylmethyl-N-methylmalonurat* (I). Beim Erhitzen auf 60—70° 1 Std. bzw. Sieden 3 Std. entstand *Cyclohexenylmethylaceto-N-methylureid* (II). I u. II haben nur geringe narkot. Wrkg., II mehr als I. Die DL_{100} bei Mäusen beträgt für I 6,5 g/kg, für II 2,5 g/kg. Der Tod erfolgt dabei wahrscheinlich durch Lähmung des Atemzentrums. (Annu. Rep. Shionogi Res. Lab. [Osaka] **1951.** 12. [Orig.: japan., Auszug: engl.]) DAUTZENBERG. 4621

Anton C. Kirchhoff, *Klinische Beurteilung des Suritals. Suritalnatrium (= 5-allyl-5-methylbutylthiobarbitursaures Natrium)* entspricht klin. prakt. dem *Pentothal,* das statt der Allylgruppe eine Äthylgruppe enthält (150 Fälle). (Western J. Surgery, Obstetr. Gynecol. **59.** 90—93. Febr. 1951. Portland, Oreg.) DAUTZENBERG. 4621

H. Hofmann, D. Blasz und **H. Lerche,** *Kalypnon, ein neues Schlafmittel der Barbitursäurereihe. Crotyläthylbarbitursäure* (*Kalypnon*-HEYDEN), F. 115°, besitzt folgende SLD (Seitenlagedosis) u. DL_{50}, je in mg/kg für den Frosch 7,8 u. 28,5, die Maus subcutan 7,5 u. 20,9, die Ratte subcutan 6,0 u. 18,6, oral 9,0 u. 23,0. Die narkot. Breite ist etwas größer als die des *Phanodorms.* Kumulative Vergiftungserscheinungen bei täglicher Gabe von 4,5 mg/kg an Ratten wurden über 20 Tage hinweg nicht gesehen. Die Wrkg. kann durch *Cardiazol* aufgehoben werden. Die therapeut. Dosis am Menschen liegt bei 0,2—0,25 g, sie führt in 20—30 Min. einen ca. 7 Std. dauernden Schlaf herbei. Bei n. Personen führte tägliche Gabe von 0,25 g zu keinen Leberstörungen. Das Ausscheidungsmaximum beim Menschen liegt in der 7. Std.; nach 24 Std. sind noch Spuren im Urin nachweisbar. (Dtsch. Gesundheitswes. **6.** 1438—43. 13/12. 1951. Jena, Univ., Pharmakol. Inst.) JUNG. 4621

Hans H. Loeschcke und **Herbert Wendel,** *Die Wirkung von Morphin, von Scopolamin und ihrer Kombination auf die Lungenbelüftung beim Menschen.* Bericht über Verss. an 6 Personen, bei denen vor u. nach der Injektion von *Morphinsulfat* (I; 10 mg/70 kg), *Scopolaminhydrobromid* (II; 0,5 mg/70 kg) u. I u. II gleichzeitig (10 mg/70 kg + 0,5 mg/70 kg) CO_2-Atmungskurven bestimmt wurden. I ergab die bekannte deprimierende Wrkg. auf die Atmung, während II teils Steigerung, teils Hemmung derselben hervorrief. Bei Personen, die auf II durch Atmungssteigerung reagieren, ist die hemmende Wrkg. von I u. II entsprechend geringer als die von I allein. Im Mittel ergab sich eine Additivität der Wrkg. von I u. II, wenn die Veränderungen der Atemminutenvoll. in Betracht gezogen wurden. (Naunyn-Schmiedebergs Arch. exp. Pathol. Pharmakol. **215.** 241—55. 1952. Göttingen, Univ., Physiol. Inst.) R. KÖNIG. 4621

Abraham Wikler, *Lokalisation und Mechanismus der Wirkung von Morphin und verwandten Verbindungen im zentralen Nervensystem.* Übersichtsref. über den Wirkungsmechanismus von *Morphin* (I) u. *Methadon, Amphetamin,* verschied. *Barbituraten, Coffein, bromhaltigen Verbb., Chloral* u. *Alkohol.* Einfl. auf das Elektroencephalogramm, Toleranz u. Morphinismus. — 380 Literaturangaben. (J. Pharmacol. exp. Therapeut. **100.** Nr. 4. Part 2; Pharmacol. Rev. 435—506. Dez. 1950. Lexington, Ky., Nat. Inst. of Mental Health of the Nat. Inst. of Health, Public Health Serv.) WOLFGANG ALBRECHT. 4621

Denise G. Fichtenberg, *Untersuchung der experimentellen Gewöhnung an Morphin.* Vf. untersuchte an Ratten die Gewöhnung an *Morphin* u. *Heroin,* arbeitete eine Technik am denervierten Blutegelmuskel aus zur gleichzeitigen Best. von *Morphin* u. *Oxydimorphin* u. untersuchte das Schicksal des *Morphins* im Körper u. seine Ausscheidung bei n. u. gewöhnten Tieren. In Organen u. Ausscheidungen morphingewöhnter Ratten ließ sich kein *Oxydimorphin* nachweisen. Im Zustand der Gewöhnung können Ratten mehr *Morphim* abbauen als n. Ratten. — 180 Literaturangaben. (Bull. on Narcotics **3.** 19—42. Juli. 16—52. Okt. 1951.) DAUTZENBERG. 4621

Giovanni Bazzocchi, *Behandlung von Gefäßschmerzen der Gelenke mit vitaminisierten Anästheticis mit oder ohne Curarezusatz.* Die potenzierende u. protrahierend gefäßerweiternde Wrkg. eines Zusatzes von *Vitamin* B_1 zu Anästheticis vom Typ Novocain u. Curare wird (peri- oder endoarteriell injiziert) an 3 Fällen mit durch Kreislaufstörungen bedingten Gelenkschmerzen demonstriert. (Giorn. ital. Anestesiol. **17.** 340—41. Nov./Dez. 1951. Modigliema, Osped. Civile.) FRÜHWALD. 4621

Hans Herken, Helmut Kewitz und **Ingeborg Klempau,** *Wirkungsverluste von Krampfgiften durch Hexachlorcyclohexan.* Es zeigte sich durch Verss. an Ratten, daß eine Vorbehandlung mit den α-, β-, γ- oder δ-Isomeren (80—200 mg/kg) des *Hexachlorcyclohexans* (I) einen bemerkenswerten Wirkungsverlust bei verschied. Analepticis hervorruft. Es ist dadurch möglich, die Krampfwrkg. von *Cardiazol* (II), *Pikrotoxin* u. *Coramin* zu differenzieren. Die Nebenwirkungen der Isomeren im Stadium der Krampfresistenz sind gering. Die Blutdrucksteigerung nach Applikation von II u. die Weckwrkg. bleiben erhalten. Es wurden Verss. an Rückenmarkpräpp. von Ratten mit II vorgenommen, ergaben aber keine Unterschiede zwischen n. u. krampfresistenten Tieren. Die I greifen wahrscheinlich an den präspinalen Abschnitten des Zentralnervensyst. an. Weiterhin wurden neurotrope Wirkungen festgestellt, wobei sich bei der Prüfung mit *Physostigmin* u. *Prostigmin* bemerkenswerte Unterschiede zeigten. (Naunyn-Schmiedebergs Arch. exp. Pathol. Pharmakol. **215.** 217—30. 1952. Berlin, Freie Univ., Pharmakol. Inst.) R. KÖNIG. 4622

J. Sánchez Cosido und **Luis Mata Merchán,** *Klinische und experimentelle Erfahrungen über die Antihistaminica in der Dermatologie.* Vff besprechen die Anwendung von *Antistin* bei Urticaria, gewissen Ekzemformen u prüfen das Verh des Blutbildes auf Histamin u. Antistingaben. (Med. clin. [Barcelona] **16 (9).** 135—38. Febr. 1951. Barcelona, Hosp. Militar.) GERBER. 4625

David Lawson, *Antihistaminbehandlung der akuten Nephritis.* Kinder mit frischer akuter Nephritis wurden mit *Mepyraminmaleat* (300—600 mg täglich auf Einzeldosen verteilt) behandelt. Gegenüber Kontrollen (alternierende Folge je nach der Klinikaufnahme) zeigte sich kein veränderter Krankheitsverlauf. (Brit. med. J. **1951.** I. 1423—25. 23/6. London, Hosp. for sick children.) JUNG. 4625

Joachim-Hans Kirchheim und **Peter Schäfer,** *Pharmakologische Beeinflussung von Transplantaten.* 1. Mitt. *Die freie homoplastische Hautverpflanzung unter Antihistaminbehandlung.* Vff. untersuchten in 4 Versuchsreihen die Anheilung homoplast. Hauttransplantate an 152 weißen Mäusen unter dem Einfl. von *Avil,* p-aminosalicylsaures Salz von 1-Phenyl-1-pyridyl-(2′)-3-dimethylaminopropan (HOECHST), *Thiantan,* N-Diäthylaminoäthylphenothiazinhydrochlorid (DEUTSCHE HYDRIERWERKE VEB, Rodleben) u. *Soventol,* N-Phenyl-N-benzyl-4-amino-1-methylpiperidin (KNOLL-AKT.-GES., Ludwigshafen/Rh.). Ein deutlicher Unterschied zwischen behandelten u. unbehandelten Tieren war nicht feststellbar. (Naunyn-Schmiedebergs Arch. exp. Pathol. Pharmakol. **215.** 256—58. 1952. Berlin, Dtsch. Akad. der Wiss., Inst. für Med. u. Biol., Abt. für Pharmakol.) R. KÖNIG. 4625

B. Issekutz sen., *Die Wirkung einiger neuer quaternärer Ammoniumbasen auf die neuromuskulären und ganglionären Synapsen.* Nachdem festgestellt worden war, daß die quartären Derivv. des *Tetramethyldiaminodiphenylmethans* enie Curarewrkg. besitzen, wurden verschied. von NÁDOR, u. Mitarbeiter (Magyar Kémiai Folyóirat [Ung. Z. Chem.] **56.** [1950.] 435; 440) dargestellte neue Verbb. untersucht. Durch Quaternisierung mit dem n-Propyl- bzw. n-Butylradikal tritt eine Verstärkung dieser Wrkg. auf. *Prostigmin* (I) hebt die hierdurch hervorgerufene neuromuskuläre Blockade nicht auf. Weitere Unterss. galten vor allem dem *1.4-Xylylen-bis-[benzoyltropiniumbromid]*, das wie *Tubocurarin* (II) wirkt u. dieses ersetzen kann. Durch I wird seine Wrkg. aufgehoben, aus dem Organismus wird es etwas schneller als II ausgeschieden. Von den Verbb. *p-Brombenzyl-dl-mandelyltropiniumbromid* (III), *p-Chlorbenzyl-p-aminobenzoyltropiniumbromid* u. *Benzyl-cis-benzoyltropiniumbromid* hat III eine bes. starke u. selektive lähmende Wrkg. auf die sympath. Ganglien. Nur sehr hohe Dosen von I können diese Wrkg. aufheben. III wird rasch eliminiert u. muß deshalb bei subcutaner oder enteraler Applikation 10- bzw. 80—100mal höher dosiert werden als bei intravenöser Anwendung. (Naunyn-Schmiedebergs Arch. exp. Pathol. Pharmakol. **215.** 283—98. 1952. Budapest, Med. Univ., Pharmakol. Inst.) R. KÖNIG. 4628

Ernest Kern, *Über die Schwierigkeiten bei der Verwendung von Curarepräparaten in der Anästhesie.* Patholog. Erscheinungen (Atmungsdepression, Herzaffektion) bei Verwendung von natürlichen u. künstlichen Curarepräpp. bei Operationen. Hinweis auf die Zeitdauer der Wrkg. u. Einfl. auf das autonome Nervensystem. In der Wrkg. entsprechen 15 mg *d-Tubocurarin* 80 mg *Flaxedil* u. 3—5 mg *Dekamethonium.* (Anesthésie et Analgésie **8.** 93—97. Febr. 1951. Paris.) FAHRNLAENDER. 4628

R. Ramsay Webb, *Curare und Elektroschocktherapie: eine vereinfachte Technik.* Beschreibung einer den Patienten schonenden Meth., mit welcher durch intravenöse Verabreichung von 10—18 mg *Curare* (*Tubarine*) beim Kranken der Zustand erzielt wird, bei dem Elektroschocktherapie einsetzen kann. Zusätzliche intravenöse Verabreichung von *Barbituraten* ist dabei überflüssig. Keine Atembeschwerden. (Med. J. Australia **38.** II. 851. 22/12. 1951. Royal Park, Victoria, Receiving House.) DOSSMANN. 4628

C. Orecchia, *Veränderungen des Wasser- und Kreatinhaushaltes im Curaremuskel.* Unters. an der quergestreiften Muskulatur von Meerschweinchen zeigten, daß nach Curarelähmung (1,4 γ/kg Tubocurarinhydrochlorid) eine leichte Erhöhung des Wassergeh. mit Verminderung des Trockenrückstandes eintritt. Der osmot. Druck u. die Wasseraufnahme sinken stark ab; diese findet ausschließlich in den ersten 20—30 Min. statt. In den meisten Fällen war der Kreatingeh. erhöht. Man darf annehmen, daß der Kreatinstoffwechsel sich verlangsamt u. gleichzeitig infolge des veränderten Kolloidstatus der Muskelmasse Diffusionsstörungen stattfinden. (Giorn. ital. Anestesiol. **17.** 259—67. Juli/Okt. 1951. Torino, Univ., Ist. di Chim. Chirurg. Gen.) FRÜHWALD. 4628

F. Hanon und **Guillaume Lévi,** *Die Anwendung von Eutocin in der Geburtshilfe.* Die klin. Anwendung von *Eutocin,* einem natürlichen wehenanregenden Prinzip, das aus Fruchtwasser, Uterus unter der Geburt u. Placenta isoliert wurde, bei Wehenschwäche u. zur Geburtseinleitung bei Übertragung wird kurz besprochen. (Tunisie méd. **29.** 179—83. Febr. 1951.) DAUTZENBERG. 4628

Karl Heinrich Sommerlad, *Belladonna in der Geburtshilfe.* Bei spast. oder rigidem Muttermund wurden in der Eröffnungsperiode bei rund 300 Fällen *Dekadenal*-Zäpfchen (*Bellafolin* + *Phenyläthylbarbitursäure*) gegeben. Die Zeit der Erweiterung von 3 cm bis zur völligen Eröffnung entsprachen danach der Norm. (Zbl. Gynäkol. **73.** 1813—18. 1951. Offenbach/M., Stadtkrankenhaus.) BROSEMANN. 4628

Gert Krebs und **Franz Bauer,** *Die Leitung der Nachgeburtsperiode bei Anwendung von Methergin.* Bei 225 Geburten mit drohenden Nachgeburtskomplikationen wurden 0,2 mg *Methergin* (halbsynthet. Mutterkornpräp.) intravenös gegeben. In 96% der Fälle wurden Nachgeburtszeit u. Blutverlust vermindert bei langer Wirkungsdauer des Tonicums. (Zbl. Gynäkol. **73.** 1796—1807. 1951.) BROSEMANN. 4628

M. Ss. Grigorjew und **M. N. Anitschkow,** *Versuch einer Anwendung sowjetischer Präparate von curareähnlicher Wirkung in der Chirurgie in Kombination mit intratrachealer Narkose.* Bericht über die Anwendung von *Diplacin* (I), *Pyrolaxon* (II), D_3, D_4 u. *K* (keine Angaben über die chem. Zus.) bei Bauch- u. Brustkorboperationen unter Ae.- oder N_2O-Narkose. Zur völligen Ausschaltung der akt. Atmung bei N_2O-Narkose waren 15—20 ml 5%ig. I erforderlich, bei Ae.-Narkose 4—5 ml I. Die Wrkg. trat 1—2 Min. nach der intravenösen Zufuhr ein u. hielt 30—40 Min. an. Bei schwierigen Operationen wurden insgesamt 35 ml I zugeführt, ohne daß der Zustand des Patienten merklich beeinflußt wurde. In den meisten Fällen verursachte I eine

Blutdrucksteigerung von 4—10 mm Hg. In großer Dosis zeigte I eine atropinähnliche Wirkung. Es konnte mit I eine starke Erschlaffung der Skelettmuskulatur ohne Lähmung der Atmungsmuskeln erzielt werden. Bei Ae.-Narkose erzielte man eine Erschlaffung der Muskulatur bei einer intravenösen Zufuhr von 0,7—0,8 ml II je kg Körpergewicht. Die II-Wrkg. begann nach 2—3 Min. u. hielt 20—25 Min. an. Bei wiederholter Zufuhr genügten 0,3—0,4 ml II. Zur völligen Ausschaltung der akt. Atmung bei Ae.-Narkose wurde durch 1,1—1,2 ml II je kg Körpergewicht der Blutdruck um 20—30 mm Hg erhöht, die akt. Atmung nach 30—40 Min. wieder hergestellt, die Muskelerschlaffung 2—2,5 Std. aufrechterhalten. Bei Anwendung von D_3, D_4 u. K sank der Blutdruck in der Regel um 10—15 mm Hg u. stieg nach 15—20 Min. wieder bis zum n. Wert an. Es wird aus den Versuchsergebnissen geschlossen, daß die sowjet. I u. II das Curare übertreffen. (Вестник Хирургии имени И. И. Грекова [Grekow Nachr. Chirurgie] **73.** Nr. 2. 12—17. März/April 1953. Med. Kirow-Militärakad., 2. chirurg. Fakultätsklinik.) LEBTAG. 4628

S. Rocchietta, *Ein neues synthetisches Antiepilepticum: N-Methyl-α-phenylsuccinimid.* Die genannte Verb. (F. 72—73°; unlösl. in W.), zeigt in Dosen von 125 mg/kg (Cardiazolkrisis beim Kaninchen) bzw. 200 mg/kg (Elektrokrisis) pharmakol. Wirksamkeit. Ihre therapeut. Wirksamkeit (Dosis 2 g) erstreckt sich auf Epilepsia minor u. major. Geringe Toxizität (2,5 g/kg). Nebenerscheinung bei Überdosierung: Nausea. (Minerva med. [Torino] **44.** II. 70. 7/7. 1953.) LOCH. 4628

Wolfgang Zeman und **Hermann Lüssenhop,** *Über die Wirksamkeit des Vasculat bei arteriosklerotisch bedingten Durchblutungsstörungen der Beine.* Auf Grund eigener Erfahrungen wird *Vasculat* als wertvolles Angiolyticum in der Behandlung arteriosklerot. Durchblutungsstörungen bezeichnet, das bei vorsichtiger Dosierung (1 Tablette 2stündlich während des Tages, bei Unverträglichkeit ½ Tablette bis 20 mal/Tag) gefahrlos angewandt werden kann. (Med. Klin. **46.** 1366—67. 21/12. 1951. Hamburg-Eppendorf, Univ., Neurol. Klinik.) BROSEMANN. 4630

Werner Stöhr, *Zur kleinen Herzkreislauftherapie. Praktische Erfahrungen mit Miroton.* Vf berichtet über Erfolge mit dem Kreislaufpräp. *Miroton* (I; CHEM. WERKE MINDEN GMBH, Minden). I enthält die *Perpurate* (II) von *Adonis, Scilla, Oleander* u. *Convallaria.* Unter II werden biol. Extrakte verstanden, die nach geschützten Verff. hergestellt werden. I-Dosierung 5—30 Tropfen mehrmals täglich perlingual. (Hippokrates **23.** 676—78. 15/12. 1952. München.) DOSSMANN. 4630

H. F. Zipf und **G. Bussen,** *Ein Beitrag zur Kennzeichnung und Beeinflussung langdauernder Veratrinwirkungen.* Bericht über Verss. an Kaninchen u. Katzen, denen intraperitoneal (0,75—1,5—2,25 mg/kg) oder durch intravenöse Dauerinfusion (40—83 bis 100—330 γ/kg/10 Min.) *Veratrinsulfat* verabreicht wurden. Durch diese Applikationsweise wurde eine Wrkg. erzielt, die von der des Mistelherzstoffes (*Viscotoxin*) nicht zu unterscheiden war (Blutdrucksenkung, Bradycardie, Atemverlangsamung usw.). Hierbei blieb der cardiogene Reflexcharakter erhalten. Beim Kaninchen wurde der Anteil des Carotissinussyst. am reflektor. Kollaps deutlich. Zentrale Reizsymptome (Schlucken, Atemstörungen) waren weder durch *Atropin* noch durch Lokalanästhetica (Novocain, Pantocain, Percain) beeinflußbar. Lediglich die depressor. Kreislaufwirkungen konnten mit diesen Präpp. aufgehoben werden. (Naunyn-Schmiedebergs Arch. exp. Pathol. Pharmakol. **215.** 231—40. 1952. Bonn, Univ., Pharmakol. Inst.) R. KÖNIG. 4630

Rudolf Völker, *Kreislaufwirkungen des Dihydroergocristins.* Vf. bestimmte mit der physikal. Kreislaufanalyse nach FRANK, der Kontrolle der peripheren Zirkulation durch photoplethysmograph. Methoden u. fortlaufender Registrierung der Oberflächentemp. der Haut bei 20 Hypertonikern u. Gesunden die Kreislaufwrkg. des *Dihydroergocristins* (I). I ist in gleichem Maße u. in gleicher Weise ein Sympathicolyticum wie Dihydroergocornin u. Hydergin. Für I gilt wie für die überwiegende Mehrzahl aller kreislaufwirksamen Substanzen, daß die in einer bestimmten Richtung zielenden Wirkungseigentümlichkeiten keinesfalls konstant sind. Je nach dem individuellen Reaktionstyp können im pharmakol. Experiment oder am isolierten Organpräp. eindeutige Wirkungen durch das Gegenspiel der einzelnen Kreislaufabschnitte u. Regulationssysteme ausgeglichen werden. Es sind dann weder am Blutdruck noch an der Durchströmungsgröße bestimmter Kreislaufbezirke völlig übereinstimmende Wirkungen zu erzielen. (Klin. Wschr. **30.** 899—900. 1/10. 1952. Bad Oeynhausen, Städt. Krankenhaus.) K. BÖHM. 4630

Zelman Freeman, *Erklärung eines unerwarteten Versagens von Hexamethonium.* Ein Hexamethonium-resistenter Hochdruck erwies sich als durch *Angiotonin* verursacht. Heilung durch Nephrektomie. (Brit. med. J. **1951.** I. 1079. 12/5. Sydney, Australien.) BROSEMANN. 4630

Helmut Schmidt und **Rudolf Marx**, *Zur Frage der Capillarschädigung unter Dicumaroltherapie und deren Beeinflussung durch Rutin.* Mittels des GÖTHLIN-Testes wurde bei 46 Patienten mit Thrombosen u. Embolien (33), Herzinfarkten (3) u. Polyarthritis (10) die Capillarfragilität unter *Dicumarol* (I)-Behandlung bestimmt. Es ergab sich eine Zunahme der Capillarfragilität bei Stauung in den Fällen, wo vor Einnahme des I der GÖTHLIN-Test negativ war. In kurativen Verss. erhielten 16 Patienten, nach dem Erhöhen der Capillarfragilität durch I festgestellt worden war, täglich 200—300 mg *Rutin.* Eine gewisse Abschwächung der Capillarwrkg. des I wurde beobachtet, jedoch keine sichere prophylakt. Wrkg. des Rutins. (Med. Klin. **46.** 812—14. 27/7. 1951. München, Univ., Med. Klinik.) DUCHO. 4633

Russell E. Lux und **John E. Christian**, *Wirkung einiger Adstringentien.* 6 cm^2 der lebenden Rückenhaut des Frosches (Rana pipiens) werden mit 250 mg Öl-in-W.-Emulsion, die steigende %-Sätze des zu prüfenden Adstringens (Al-Sulfat, -Chlorid oder -Methionat) enthält, behandelt; nach 60 Min. wird der Frosch getötet, gehäutet u. die Haut auf ihre Permeabilität geprüft, u. zwar unter Verwendung von Lsgg. von NaJ mit ^{131}J u. von NaCl mit ^{24}Na. In allen Fällen kann durch Messung der Radioaktivität der permeierten Lsgg. Zunahme der Permeabilität festgestellt werden, wobei die Durchlässigkeit direkt proportional der verwendeten Adstringenskonz. ist. Vff. halten die Meth. für brauchbar, um die Wrkg. von Adstringentien auf die Haut zu prüfen. (Amer. Perfumer essent. Oil Rev. **58.** 37—38. Juli 1951. Lafayette, Ind., Purdue Univ., Pharmac. School.) FIEDLER. 4633

J. A. E. Nelemans-Stamperius und **F. A. Nelemans**, *Die Pharmakologie von Succus Liquiritiae.* Die pharmakol. Eigg. von *Succus Liquiritiae* (I) wurden in üblicher Weise untersucht. Bei weißen Mäusen wurde eine LD_0 von 3,1 g/kg Körpergewicht, eine LD_{100} von 3,6 g/kg Körpergewicht in Toxizitätsverss. gefunden. I vermindert Tonus u. Beweglichkeit des isolierten Magens u. Darmes, vermindert die spontane Beweglichkeit des isolierten Uterus u. hemmt die Wrkg. krampferzeugender Stoffe; isolierte Blutgefäße werden verengt u. die Kontraktion der Herzkammern in hohen Dosen vermindert. I verursacht Reizleitungsstörungen. Der Einfl. auf den Blutdruck ist gering u. wechselnd, die Durchgängigkeit der Bronchien wird wahrscheinlich durch das Bronchialsekret vermindert. In vivo verursacht I Darmerschlaffung. Auf die Weite der Pupille ist I von geringem u. wechselndem Einfl., keine lokalanästhet. Wrkg. auf die Cornea. Auf Atmung, W.- u. Salzhaushalt hat I keinen Einfluß. (Acta physiol. pharmacol. neerl. **1.** 198—211. Aug. 1950. Utrecht, Univ., Pharmacol. Labor.) WOLFGANG ALBRECHT. 4645

J. A. E. Nelemans-Stamperius und **F. A. Nelemans**, *Succus Liquiritiae und Magenulcus.* Der Einfl. von *Succus Liquiritiae* (I) auf das experimentelle Magenulcus bei Ratten wurde untersucht. Zur Erzielung von Magenulcus wurde der Pylorus bei anästhetisierten Tieren nach 2—3 mal 24std. Fasten unterbunden u. 10 Std. nach Operation die Magenveränderungen untersucht. Zur Best. des Einfl. von I wurde I oral, subcutan, durch das Duodenum während der Operation u. endlich kombiniert in verschied. Dosen gegeben. Vff. fanden, daß I bes. bei subcutaner Verabreichung gegen die Entstehung von Magengeschwüren vorbeugend wirkt. Diese günstige Wrkg. wird auf Lsg. von Spasmen der Magenmuskulatur zurückgeführt. (Acta physiol. pharmacol. neerl. **1.** 212—19. Aug. 1950. Utrecht, Univ., Pharmacol. Labor.) WOLFGANG ALBRECHT. 4645

P. Visser, *Statistischer Anhang zu der Arbeit: Succus Liquiritiae und Magenulcus von J. A. E. Nelemans-Stamperius und F. A. Nelemans.* Statist. Analyse einer Unters. der vorbeugenden Wrkg. des *Succus Liquiritiae* gegen Magengeschwür bei Ratten. (Acta physiol. pharmacol. neerl. **1.** 220—22. Aug. 1950. Leiden, Univ., Dep. of Physiol.) WOLFGANG ALBRECHT. 4645

J. Lebon und **H. Choussat**, *Die wichtigsten modernen Behandlungsmethoden der Amöbendysenterie.* Zusammenstellung aller modernen Behandlungsarten der Amöbendysenterie, wobei deren Besonderheiten krit. gewertet werden: 1. *Emetin,* 2. *Conessin*-Verbb., 3. *Yatren*-Deriv., 4. *Penicillin* u. *Sulfonamide.* (Semaine Hôpitaux Paris **26.** 661—65. 26/2. 1950.) L. BERGER. 4649

K. Theurer und **J. Theurer**, *Über die Behandlung mit Paraffinpackungen.* Theorie u. Praxis der Behandlung mit Paraffinteil- u. -ganzpackungen werden beschrieben. Geeignet sind Paraffinmischungen mit geringem Mineralölgeh., deren F. zwischen 45 u. 47° liegt. Durch Schaumigschlagen des eben verflüssigten Paraffingemisches kann bei empfindlichen Patienten die Temp. beim Auflegen noch unter den F. gesenkt werden. (Hippokrates **22.** 665—67. 31/12. 1951.) HALLER. 4660

Karl Mülhens, *Über die Bedeutung des Dibromsalicils (DBS) in der Behandlung der Pilzinfektionen der Haut.* Die durch die Oberhaut hindurch mitunter bis in das subcutane Gewebe vordringenden Pilzinfektionen sind mit den bekannten Desinfektionsmitteln meist nur vorübergehend zu bessern. Diesen Mitteln, die in vitro eine ausgezeichnete abtötende Wrkg. zeigen können, fehlt das notwendige Durchdringungsvermögen. Hier wird das von KUHN, BIRKOFER u. MÖLLER (vgl. Ber. dtsch. chem. Ges. **74.** [1941.] 109) synthetisierte *Dibromsalicil* (*DBS*) überprüft. DBS hemmt den Pilzstamm Epidermophyton KAUFMANN WOLF Nr. 11/51 noch in einer Ve dünnung 1 : 10000. (Z. Haut- u. Geschlechtskrankh. **13.** 336. **338**—41. 1/12. 1952. Hamburg.) ZOPFF. 4661

H. Grossmann, *Über die ambulante Ulcus cruris-Behandlung mit einer fettfreien Salbengrundlage.* Im *Dextromucid* (DEUTSCHE MAIZENA WERKE, Hamburg) liegt eine neue Salbengrundlage auf Kohlenhydratbasis vor, die bakteriostat. Wrkg. besitzt. Es handelt sich um ein Gemisch von Polysacchariden, abgebauten Polysacchariden, Disacchariden, Monosacchariden (ca. 42%) u. Kohlenhydratestern (1,5%). Medikamente können in einer Menge von 10—15% eingearbeitet werden. Bei der Behandlung der Geschwüre wurde entweder reines Dextromucid oder das mit Perubalsam, Hamamelisextrakt, Bepanthen (HOFFMANN-LA ROCHE), Plantasan (DR. LAIBL, Möckmühl) versetzte Präp. verwendet. Unter Einw. der Zusätze war die Granulation etwas beschleunigt. Die Behandlungsdauer betrug 2—6 Wochen. (Z. Haut- u. Geschlechtskrankh. **13.** 342—43. 1/12. 1952. Heilbronn/Neckar.) ZOPFF. 4661

Oskar Diethelm, *Fortschritte in der Behandlung von chronischem Alkoholismus.* Der Hauptwert wird auf die psych. Behandlung gelegt. Von therapeut. Maßnahmen wird besprochen: *Hormon*-Therapie, Behandlung mit *Antabus* u. *Emetinhydrochlorid.* (Bull. New York Acad. Med. **27.** 232—44. April 1951. New York Hosp., u. Cornell Univ., Med. Coll., Dep. of Psych.) DOSSMANN. 4670

J. Rausch, *Klinische Beobachtungen an einem Fall von akuter Bariumvergiftung.* Es wird die tox. Wrkg. resorbierbarer Ba-Salze, wie $BaCl_2$ u. $BaCO_3$, besprochen u. ein Fall angeführt, bei dem eine Patientin (Strumabehandlung) ca. 0,12 $CaCl_2$ pro dosi zu sich nahm. 12 Einzelgaben wurden vertragen, nach der 13. trat eine Paralyse auf; die Lähmungen der glatten Muskulatur werden der direkten Ba-Wrkg. zugeschrieben. Die elektrokardiograph. festgestellte Herzmuskelschädigung war reversibel. (Aerztl. Wschr. **6.** 760—62. 10/8. 1951. Plauen, Stadtkrankenhaus.) DOSSMANN. 4675

St. Pastinszky, N. Simon und **K. Andrássy,** *Die Wirkung von Dimercaptopropanol (BAL) auf die experimentelle Thalliumvergiftung.* Zur Feststellung der Entgiftungswrkg. von *BAL* (I) bei *Tl*-Vergiftung erhalten Albinoratten eine subcutane Injektion von 1, 2 u. 4 mg *Tl-Acetat*/100 g Körpergewicht. Darauf Injektion von 6 mal täglich je 5 mg I pro kg in Intervallen von 4 Stunden. Es wird festgestellt, daß die Gesamtmenge des im Urin ausgeschiedenen Tl nicht erhöht wird, obwohl der Tl-Geh. am ersten Tag größer war, als bei den Kontrolltieren. Die Ergebnislosigkeit der Behandlung mit I wird der geringeren Affinität des Tl zur Bldg. von Dimercaptidkomplexen zugeschrieben. Daher vermag I nur geringe Bruchteile des im Gewebe deponierten Tl zu mobilisieren. (Acta dermato-venereol. [Stockholm] **31.** 331—36. 1951. Debrecen, Ungarn, Univ., Klinik für Haut- u. Geschlechtskrankheiten.) FAHRNLAENDER. 4675

W. B. Macdonald, *Durch Vergiftung hervorgerufene Methämoglobinämie bei Kindern.* Vf. beschreibt 8 Fälle von Vergiftungen bei Kleinkindern, die durch Einnahme von Anilinverbb., Sulfonamiden, Nitrobenzol, Sulfonal, NH_4NO_3, $NaNO_2$, $KClO_3$ u. anderen Therapeuticis verursacht werden. Es wird eine Methämoglobinämie festgestellt, die in schweren Fällen den Tod durch Anoxie zur Folge haben kann. Die Behandlung besteht in einer intravenösen Injektion von 1—2 mg/kg Körpergewichte *Methylenblau* in steriler wss. Lsg., wobei das Methämoglobin sofort in Oxyhämoglobin umgewandelt wird. (Med. J. Australia **38. I.** 145—47. 27/1. 1951. Melbourne, Children's Hosp., Clin. Res. Reg.) FAHRNLAENDER. 4675

G. Jantzen, *Beitrag zur Symptomatologie der E 605-Vergiftung des Menschen.* Vf. berichtet über Vergiftungen durch das Spritz- u. Gießmittel *E 605* (*Folidol*). Es wird ein beobachteter Suizidfall zur Kenntnis des akuten Vergiftungsbildes, das in einem akuten Lungenödem, in einer starken Cyanose u. Koma, ferner in Miosis u. Bradycardie besteht, mitgeteilt. Die minimale letale Dosis für einen 70 kg schweren Menschen wird mit 7,0 g angenommen. (Dtsch. med. Wschr. **76.** 1601—02. 14/12. 1951.) FAHRNLAENDER. 4675

I. K. Nasarenko, *Über Vergiftung von Rindvieh durch mit Hexachloran bestäubtes Zuckerrübenkraut.* Bei der Fütterung von Arbeitsochsen u. Kühen mit dem Kraut der mit *Hexachloran* behandelten Zuckerrüben, kam es zu akuten Atonien der Vormägen mit nachfolgenden Gastroenteritiden u. Temperatursteigerung für 3—5 Tage. (Ветеринария [Tierheilkunde] **29.** Nr. 9. 44. Sept. 1952.) RENTZ. 4675

Jean C. Dale und **E. J. King,** *Akute Toxizität von Mineralstaub.* Rohe Quarzstaube (5—10 μ), nach Größe geordnete Quarzstaube, Flint, Kaolin, Aluminium,

Al-Hydrat, Al-Phosphat, Schiefer, Anthracit, Pech, Tusche, Korundrauch, koll. SiO_2 bzw. SiO_2-**Staub** werden Mäusen in Suspensionen intravenös gespritzt u. die kleinste Staubmenge bestimmt, die akut unter Krämpfen zum Tode führte. Koll. SiO_2 **aus** $Na_2SiO_3 \cdot 8\,H_2O$ **oder** $Si(OC_2H_5)_4$ sowie Silica dust 20 A führten zu einem schnellen Tod der Mäuse, während SiO_2-Partikel (0,1—5 μ) u. andere Staube derselben Größe vertragen wurden. Durch Zusatz von Aluminiumhydroxyd, Farbstoffen oder Eiweiß (Bldg. größerer Partikel) konnte die akute tox. Wrkg. des koll. SiO_2 nicht aufgehoben werden. (A. M. A. Arch. ind. Hyg. occupat. Med. **7**. 478—83. Juni **1953**. London, Postgraduate Med. School.) ZELLER. 4681

Pietro Zeglio, *Aluminiumprophylaxe der Silicose.* Entw. eines Al-Oxydhydrates mit Teilchengröße um 1 μ bzw. eines Prophylakticums bestehend aus 2% Al-Oxydhydratgel, 0,2% Na-Hyposulfit, 0,5% Na-Benzoat, 0,3% p-aminobenzoesaures Na (Vitamin H_1) u. 10% einer 1%ig. Citrus bergamia-Essenzlsg. in wss. Dispersion (p_H 7,3 bis 7,5). (Rass. Méd. ind. **20**. 396—99. Nov./Dez. 1951. Torino, Ist. di Med. Ind. dell E. N. P. I., u. Centro Studi per la Profilassi Med. delle Malattie del Lavoro.) FRÜHWALD. 4681

Adriano Muggia, *Entwicklung der Silicose.* Nach geschichtlichem u. statist. Überblick werden Entstehung, Entwicklungszeit, Erscheinungsformen, Verlauf, funktionelle Störungen u. Diagnostik der Silicose bzw. Silicotuberkulose beleuchtet. (Rass. Méd. ind. **20**. 333—72. Nov./Dez. 1951. Casale Monferrato, Osped. S. Spirito, Prim. Divis. Med.) FRÜHWALD. 4681

Luigi Parmeggiani, *Statistische Erhebungen über die Pneumokoniose in der Zementindustrie.* Überblick über Material u. Arbeitsgänge in der italien. Zementindustrie u. Auswertung von 8143 Röntgenschirmbildern von 5213 Arbeitern aus 39 Betrieben hinsichtlich der Verteilung der verschied. Stauberkrankungen auf diese Betriebe. (Rass. Méd. ind. **20**. 400—09. Nov./Dez. 1951. Milano, Univ., Clin. del Larovo „Luigi Devoto", u. E. N. P. I.-Centro per lo studio e la prevenz. delle pneumoconiosi.) FRÜHWALD. 4681

Massimo Crepet, *Funktionsstörungen bei Silicotuberkulose.* (Rass. Méd. ind. **20**. 373—95. Nov./Dez. 1951. Torino, Univ., Ist. di Clin. Med.) FRÜHWALD. 4681

Horst Müller, *Staublungenveränderungen bei Graphitarbeitern.* Vork., Verarbeitung u. Verwendung von *Graphit* (**I**) wird behandelt u. auf die beim Umgang mit **I** auftretende Staubgefährdung eingegangen. Auf Grund von klin. u. röntgenolog. Unterss. wird nachgewiesen, daß durch **I**-Staub Pneumokoniosen hervorgerufen werden können. Bei jahrzehntelanger Einw. können durch Einschmelzung pneumokoniot. Schwielen Hohlräume entstehen, die mit schwarzer Fl. angefüllt sind. Es ist bisher nicht geklärt, ob die pneumokoniot. Veränderungen durch die SiO_2 des beigemengten Tones, durch die bis zu 25% im Rohgraphit vorkommende SiO_2 oder durch den C selbst hervorgerufen werden. (Fortschr. Gebiete Röntgenstrahlen verein. Röntgenprax. **76**. 452—59. April 1952. Johann Georgenstadt-Stadtkrankenhaus, Röntgen- u. Radiuminst.) BRAUKMANN. 4681

W. Schweisheimer, *Giftige Metalle verursachen neue Berufskrankheitsprobleme.* Vf. weist auf die Toxizität seltener Metalle, wie *Be, Se, Te, Tl, V, Cd, Cr* u. *Co* hin, die neuerdings in der Industrie eine weitläufige Verwendung gefunden haben. Vielfach werden Hautkrankheiten, Krankheiten der Atmungswege, Herzaffektionen, Blutkreislaufstörungen u. Schwächeanfälle beobachtet. *Nb, Pt* u. *Ta* sind dagegen nicht tox. wirksam. Injektion von *Ca-Gluconat* hat sich in vielen Vergiftungsfällen als günstig erwiesen. (Iron Age **168**. 159—61. 6/12. 1951. Rye, N. Y., Highland Hall.) FAHRNLAENDER. 4681

H. Mödder und **Th. Schmitt,** *Eine neuerliche Erweiterung der Aluminose.* Bei der Unters. von 97 Arbeitern eines Al-Schmelzwerkes ergab sich, daß bei der Fabrikation von Al-Legierungen schwere Lungenschädigungen vorkommen, bes. bei Arbeitern, die in der Umschmelze beschäftigt sind. Die Unterss. ergaben: 76 Lungengesunde, 8 Staublungen, 8 Tuberkulöse, 5 andere Lungenveränderungen. Röntgenolog. ist kein gemeinsames Charakteristicum aller Aluminoseformen anzugeben. (Dtsch. med. Wschr. **76**. 84—87. 19/1. 1951. Köln, Univ., Inst. für gerichtliche u. soziale Med., u. St. Franziskus-Hosp.) DOSSMANN. 4681

S. H. Cohn, R. K. Skow und **J. K. Gong,** *Untersuchungen über Radoninhalation bei Ratten.* Bei der Best. der Strahlungsmenge (γ-Aktivität) der Lungen von Tieren, welche einer *Radon* (**I**)-Atmosphäre ausgesetzt waren, wirkten die Zerfallsprodd. von **I**, die ebenfalls in der Atmosphäre vorhanden waren, 125 mal stärker als **I**. Die Einstrahlung von **I** in den Respirationstrakt war deutlich geringer als die der inhalierten Abbauprodd. RaA, RaB, RaC u. RaC''. Die Staubpartikel, welche die Abbauprodd. enthielten, werden in der Lunge zurückgehalten. Die ungleiche Verteilung der **I**-Abbauprodd. in den Lungen ist anscheinend von der Größe der Staubpartikel abhängig. Auf die Bedeutung der Staubentfernung in Bergwerken u. den Gebrauch von Gasmasken wird hingewiesen. (A. M. A. Arch. ind. Hyg. occupat. Med. **7.** 508—15. Juni 1953. San Francisco, Calif., United States Naval Radiol. Defense Labor., Biol. and Med. Scie. Div. u. Chem. Technol. Div.) ZELLER. 4681

Ethel Browning, Toxicity of industrial organic solvents, (Industrial Health Research Board Report. No. 80.) London: H. M. S. O. 1953. (420 S.) 35 s.

Salvador Bernal Martín, Enfermedades profesionales (Silicosis, pneumoconiosis y nistagmus). Madrid: Victoriano Suárez. 1953. (102 S.) ptas. 20,—.

F. Pharmazie. Desinfektion.

A. K. Reynolds, *Mitteilung über ein neues Einflaschendurchspülungsgerät.* Beschreibung (mit Abb.) einer MARIOTTEschen Flasche zur Durchspülung mit physiol. Kochsalzlsg. u. Arzneimittellösungen. Die Anordnung des mittels Gummistopfens verbundenen Aufsatzes erlaubt die Durchspülung mit Drogenlsgg. in steigender Konz. ohne Unterbrechung, indem durch Öffnen eines Hahnes die konz. Drogenlsg. bekannten Geh. zufließen kann. (J. Amer. pharmac. Assoc., sci. Edit. **41.** 398. Juli 1952. Halifax, Nova Scotia, Can., Dalhousie Univ., School of Med., Dep. of Pharmacol.) SPITALER. 4758

Louis Domange, *Bemerkungen zum Versuch mit neutralen Gläsern für Ampullen.* Es wird eine Vorr. beschrieben, mit deren Hilfe die einwandfreie Abfassung kleiner Mengen aqua bidest. (1 ml) erfolgen kann. Die Füllung geschieht unter einem glockenartigen Gefäß unter Vermeidung des Eindringens von Luft, die Autoklavierung bei geöffneter Ampulle. — Techn. Einzelheiten vgl. Original. (Ann. pharmac. franç. **8.** 574—79. Juli/Aug. 1950. Labor. nat. de Controle des Méd.) LIPPOLD. 4758

Samuel W. Goldstein, *Standardgrenzen für pharmazeutische Verbindungen. Eine Grundlage für ihre Festsetzung.* 3. Mitt. *Kapseln.* (1. vgl. J. Amer. pharmac. Assoc., sci. Edit. **38.** [1949.] 18.) Es werden die innerhalb bestimmter Grenzen schwankenden Standardgewichte von Einzelpulvern in 5- u. 3 g-Kapseln bestimmt. Der Unters. liegt das Gewicht der in der Kapsel enthaltenen wirksamen Substanz zugrunde. In der 1. Serie werden 83 Reihen zu je 10 Kapseln, welche 5 g Phenacetin enthalten, auf ihr Gewicht untersucht. Die für das Gesamtgewicht einer jeden Reihe errechnete Schwankungsbreite beträgt 6%, während die mit Hilfe der SD (Standard Deviation)-Meth. errechnete Schwankung des Einzelgewichtes 7,36% beträgt. Bei einer 2. Serie mit 61 Reihen von je 6 Chininsulfatkapseln betragen diese auf verschied. Weise errechneten Schwankungsbreiten 7,63% u. 9,40% u. in einer 3. Reihe mit 60 Reihen von je 10 Aspirinkapseln zu 3,0 g liegen diese Werte bei 10,93% u. 11,83%. Die Ergebnisse dieser Unterss. sind für den Vf. ein weiterer Beweis, daß die Anwendung der SD-Meth. angemessene Werte für die erlaubten Gewichtsschwankungen pharmazeut. Präpp. ergibt. Einzelheiten über die Meth. vgl. l. c. (J. Amer. pharmac. Assoc., sci. Edit. **39.** 505—06. Sept. 1950; ausg. 27/2. 1952. Baltimore, Md., State Health Dep.) ZELLER. 4766

Samuel W. Goldstein, *Standardgrenzen für pharmazeutische Verbindungen. Eine Grundlage für ihre Festsetzung.* 5. Mitt. *Geteilte Pulver.* (3. vgl. vorst. Ref.) Die Bestimmungsmeth. für die Standardgrenzwerte von zusammengesetzten Pharmaceuticis, deren Grundlage das SD-Verf. darstellt, wird auf Kalomel (32,4 mg)- u. $NaHCO_3$ (324 mg)-Pulver angewendet. Die zum Vgl. an Hand einer großen Zahl berechneter Schwankungen des Standardgewichtes u. die nach der SD-Meth. erhaltenen Schwankungswerte betragen beide 15%, d. h. sie unterschieden sich nicht, so daß auch für diese pharmazeut. Zubereitungsform die einfachere SD-Meth. Anwendung finden kann. (J. Amer. pharmac. Assoc., sci. Edit. **39.** 507—08. Sept. 1950.) ZELLER. 4766

George Griffenhagen, *Geschichte und Entwicklung der Suppositorienformen.* Übersicht über die Entw. in USA bis zum Beginn des 20. Jahrhunderts. — 35 Literaturstellen. (Amer. J. Pharmacy Sci. support. publ. Health **125.** 135—42. April 1953. Washington, Smithsonian Inst., Div. of Med., u. Publ. Health.) HERRMANN. 4766

Enzo Rotteglia, *Tween 61 als Suppositorienbasis. Tween 61* (Monostearat eines Polyoxyäthylensorbitans) ist infolge seiner guten oberflächenakt. Eigg. befähigt, größere Mengen sehr verschied. Arzneimittel u. Streckmittel aufzunehmen auch in Ggw. von W., A., Ölen u. anderen Lösungsmitteln; infolgedessen u. durch seinen niedrigen F. ist die techn. Herst. der Suppositorien vereinfacht u. die Resorption der Arzneimittel wesentlich verbessert. (Boll. chim. farmac. **89.** 368—74. Sept. 1950.) KIMPEL. 4766

J. Muszyński und **K. Bukowczyk,** *Ackerschotendotter (Erysimum cheiranthoides L.), ein hervorragendes Herzmittel. Erysimum cheiranthoides L.* (I) kommt in Polen als Unkraut vor. Seine botan.-anatom. Eigentümlichkeiten werden beschrieben. Mit Hilfe von Intrakten u. alkoh. Auszügen u. der Meth. von HOUGHTON konnte festgestellt werden, daß I-Samen am herzwirksamsten sind. Daß I-Samen den größten Glykosidgeh. aufweisen, läßt sich schon durch die Geschmacksprobe beweisen. Blätter- u. Blütenauszüge schmecken viel weniger bitter. (Acta polon. pharmac. **7.** 281—88. 1950.) FREYTAG. 4782

A. M. E. Dings, *Veratrum viride, seine Bestandteile und Anwendung bei Hypertension.* Übersicht über die Botanik der Pflanze, ihre Bestandteile, die chem. Konst. der darin enthaltenen Alkaloide, Toxizität, Eichung u. Anwendung bei Hypertension. (Pharmac. Weekbl. **88.** 169—83. 14/3. 1953. Utrecht, Rijksuniv., Pharmac. Labor.) WESLY. 4782

C. F. Krewson, C. S. Fenske jr., J. F. Couch und **J. Naghski,** *Rutin in Eucalyptus-Spezies.* Die Blätter von 21 kaliforn. Eucalyptus-Spezies wurden auf *Rutin* (I) geprüft. I konnte nur in Euc. macrorrhyncha F. v. M. nachgewiesen werden. Der I-Geh. beträgt zwischen 2,1% in den Blättern von Sämlingen u. 23,1% in jungen Blättern ausgewachsener Bäume, im Durchschnitt 10%. Der Geh. wurde nach der Meth. von NAGHSKI, FENSKE, KREWSON u. COUCH (U.S. Dep. Agr., Bur. Agr. ind. Chem., AIC 236, 1949) ermittelt. (Amer. J. Pharmacy Sci. support. publ. Health **125.** 117—21. April 1953.) HERRMANN 4782

E. Pawełczyk, *Der Einfluß der vegetativen Reife auf den Gehalt an aktiven Bestandteilen in Artemisia maritima.* Die Ausbeute an *Santonin* u. Öl ist bei Beginn der Blütenbldg. am größten. (Farmacja polska **7.** 41—42. März 1951.) FISCHOEDER. 4782

Wolmar Bondeson, *Pharmakognostischer Beitrag. Syrisches Senegarot.* Vf. ist der Ansicht, daß „Syr. Senegarot" von einer Polygala-Art abstammt, aber eine ganz andere Droge ist als das offizinelle Senegarot. (Farmac. Revy **49.** 677—82. 9/12. 1950.) GEITZ. 4782

A. Kieruczenkowa und **F. Modrzejewski,** *Untersuchung pharmazeutischer Emulsionen unter Berücksichtigung der Methylcellulose als Emulgator.* Verschied. pharmazeut. verwendete Öl/Wasseremulsionen wurden vergleichend untersucht. Vff. bedienten sich hierbei (nach einiger Modifikation) der Meth. von SMITH u. GRINLING (Quart. J. Pharmac. Pharmacol. **3.** [1930.] 354) sowie von MÜNZEL (Diss. Zürich 1941), um die Anzahl K der emulgierten Teilchen in 1 g zu bestimmen. Die Auszählung erfolgte in einer BÜRKERschen Kammer. Bestimmt wurden ferner der Durchmesser der Teilchen u. die Beständigkeit der Emulsion. Die Unters. erstreckte sich auf Emulsionen von *Paraffinum liquidum, Ricinusöl, Rapsöl* u. *Lebertran.* Die Ricinusölemulsion nach poln. Rezeptur entspricht allen Anforderungen. Lebertranemulsion, nach kontinentaler Meth. hergestellt, ist unbeständig, die nach der sowjet. (1947) u. brit. (1948) Pharmakopoe gewonnene Emulsion beständig. Gleiches gilt von Paraffinölemulsionen. Solche u. Lebertranemulsionen, die mit Gelatine u. Pektin angefertigt werden, entsprechen nicht den Erfordernissen. Diese Emulsionen erwiesen sich mit *Methylcellulose* als beständig. (Acta polon. pharmac. **7.** 272—80. 1950. Łodz, Akad. med., Zakł. Farm. stosow.) FREYTAG. 4786

R. Kress, *Aus Rezeptur und Defektur.* 3. Mitt. *Über einen neuen Emulgator aus der Fettalkoholreihe.* (1. vgl. C. **1950.** I. 1755; 2. vgl. Apotheker-Ztg. **61.** [1949.] 139). Der neue Emulgator ist *„Emulgade K"* (I) (DEUTSCHE HYDRIERWERKE), ein weiches, gelbliches, reizlos wirkendes Wachs, neutral, mit F. ca. 45°. I besteht aus einem Gemisch von hochmol. Fettalkoholen, deren Sulfonaten u. Spezialemulgatoren. Hergestellt wurden mit diesem Prod.: Linimentum ammoniatum, L. ammoniatum camphoratum, L. Terepinthinae, L. saponato-camphoratum, ein L. cosmeticum, weiter Vinum camphoratum u. KUMMERFELDsches Waschwasser. Ein 20%ig. wss. I-L., mit Nipagin konserviert, läßt sich vorrätig halten. (Dtsch. Apotheker-Ztg. **62.** 204—05. Aug. 1950. Gotha, Löwenapotheke.) BOYE. 4786

R. Adamski, *Vergleichende Untersuchungen von Infusionen, Alkoholaturen und sogenannten Intrakten.* Infuse, Alkoholaturen u. Intrakte verschied. alkaloid- u. glykosidhaltiger Pflanzen wurden mit chem., physikal. u. pharmakolog. Methoden vergleichend untersucht (Tabellen). *Folia digitalis* bedarf im Gegensatz zur *F. belladonnae, F. hyoscyami, F. stramonii* u. *Inflorescentia convallariae* keiner Stabilisierung. (Acta polon. pharmac. **7.** 250—54. 1950. Poznań, Akad. med., Zakł. Farm. stosow.) FREYTAG. 4790

L. Rosenthaler, *Über das Verhalten einiger Jod enthaltender Präparate bei der Aufbewahrung.* Untersucht wurden eine Lsg. (I) von J in Methanol, weiter eine starke Lsg. (II) nach MANDEL mit 5% J u. eine schwache Lsg. (III) mit 2% J. Innerhalb eines Jahres nahm der J-Geh. von I von 6,59% auf 5,39% ab. Der J-Geh. von II ging kaum zurück (von 5,10 auf 5,06%), während III konstante Werte zeigte. (Folia pharmac. [Istanbul] **1.** 89—90. 1950. Bern.) BOYE. 4790

Virgilio Lucas, *Von der Notwendigkeit, die Zusammensetzung der Magnesiumacetatzubereitung zu ändern.* Es wird vorgeschlagen, die in der brasilian. Pharmakopoe enthaltene Vorschrift für die Mg-Acetatzubereitung, die als zu sauer angesehen wird, zu ändern, indem die Menge der Citronensäure um 10 g verringert u. der Zucker durch Sirup ersetzt wird. (Rev. brasil. Farmácia **33.** Nr. 1. 23—25. Jan. 1952.) KRAFT. 4790

Dragutin Tomić und **Josip Taborsky,** *Über die Darstellung galenischer Präparate aus Thymian.* Bei der Bereitung von Extr. Thymi fluid. nach Ph. Jug. I oder DAB 6 aus Herba Thymi bzw. Folium Thymi mittels 30%ig. A., 10%ig. Glycerin u. W. werden nur 9,3 bzw. 7,0% des äther. Öls (I) der Droge ausgenutzt. Bei der Herst. des Extraktes durch Perkolation im Verhältnis 1:2 ist die Ausbeute etwa doppelt so hoch. Der Geh. solcher Extrakte an I beträgt nur 0,13—0,16%. Bei der durch Maceration bereiteten Tinktur (1:5) steigt die Ausbeute proportional der Alkoholkonz. bis auf 73,99%, der Geh. an I bis auf 0,34% bei Verwendung von W. mit 70%ig. A. u. 10%ig. Glycerin. Bei der Herst. von Syrupus Thymi bromatus liefert die mittels 70%ig. A. u. 10%ig. Glycerin gewonnene Tinct. Thymi das I-reichste Präp. (0,051%), das jedoch von ausgeschiedenem Chlorophyll filtriert werden muß. Für die Aufnahme in das neue jugoslav. Arzneibuch empfohlen wird ein Sirup, der aus einer Tinct. Thymi erhalten wird, die mittels 30%ig. A. u. 10%ig. Glycerin hergestellt ist, 0,020% I enthält u. ohne Filtration klar ist. (Farmaceutski Glasnik **6.** 97—103. 1950. Sep. Zagreb, Med. Fak., Pharmakol. Inst.) BECKMANN. 4790

Otto-Erich Schultz, *Zur Frage der galenischen Bearbeitung glykosidhaltiger Drogen.* Während bei Sennesglucosiden die Anthranolgruppen mit Zuckeranteilen verbunden sind sind die Anthranolgruppen bei Frangula frei, so daß sie eine Reizwrkg. sofort entfalten können. Bei galen. Verarbeitung müssen die Anthranolanteile erhalten bleiben. Da Alkali, wie MgO, Na_2CO_3 u. $NaHCO_3$, die Oxydation begünstigt, ist Zusatz von oxydationshemmender Säure, z. B. Weinsäure oder einer anderen Pflanzensäure, günstig, wobei der p_H-Wert zweckmäßig unter 7 zu halten ist. Auch muß für vollständiges Ausziehen der Wirkstoffe gesorgt werden unter Verwendung von ca. 70%ig. A., da die Aglucone in W schlecht lösl. sind. Erörterung der pharmakol. Wrkg. u. Erwähnung der Gehaltsbest. üblicher galen. Präparate. Senfölglucoside weisen starke pharmakol. Wrkg. erst nach glucosid. Spaltung auf. Zur Best. der Wrkg. von Senfölagluconen, wie bei der Herst. von Rettichsaft, wird die biol. Testmeth. an Goldfischen verwendet. Handelspräpp. wurden untersucht. Vf. behandelte zur Stabilisierung geschälten, grob zerkleinerten, schwarzen Rettich mit Alkoholdampf u. gewann den Preßsaft. Bei Lepidium sativum wurde mittels Kataphorese eine Konzentrierung bis zu 50% erreicht. (Apotheker-Ztg. **62.** 134—37. Juni 1950. Tübingen.) LIEBNER. 4790

—, *Einige Bemerkungen über die Morphinherstellung aus der Mohnkapsel.* (Chem. pharmac. Techniek **7.** 47. 1/10. 1951.) FREYTAG. 4790

W. H. A. Schöttler, *Über die Stabilität getrockneter Schlangengifte.* Unter Vermeidung der mechan. Beanspruchung der Drüsen wurde auf übliche Weise Gift von *Sepedon haemachetes, Naja haie, Vipera berus bosniensis* (**a**), *Vipera amodytes, Bitis gabonica* (**b**), *Agkistrodon halys* (c), *Vipera aspis, Vipera berus, Vipera lebetina, Agkistrodon mokasen* u. *A. piscivorua* gewonnen u. über $CaCl_2$ bzw. PCl_5 getrocknet. Es wurde in Korkstopfengläsern im Dunkeln aufbewahrt u. teilweise Tempp. 0 bis + 30° ausgesetzt. Sichtbare Veränderungen traten dabei nicht auf. Die Toxizität wurde an Labormäusen getestet. Die neurotox. Gifte veränderten ihre Toxizität während 8 bis 9 Jahren nicht. Hämorrhag. Gifte verloren 41—56% ihrer Wirksamkeit in 9 Jahren u. 84% in 13 Jahren (**a**) bzw. 78% (**b**) u. 14% in 8 Jahren (c). Beim öfteren Lüften verlor (c) 70% in 1 Jahr. Es scheint eine gleiche Lagerfähigkeit bei Giften gleicher qualitativer Wrkg. bzw. Giften zoolog. verwandter Arten vorzuliegen. — Für Standardgifte darf der Titer nur nach sorgfältiger Überprüfung der Lagerbedingungen ermittelt werden. (J. Immunology **67.** 299—304. Okt. 1951. São Paulo, Brasilien, Inst. Butantan.) LÜPNITZ. 4790

Nils Diding und **Per Hedlund,** *Die antiseptische und wundheilende Wirkung einiger Wundsalben.* Vff. prüften die antisept. u. wundheilende Wrkg. verschied. in Schweden gebräuchlicher Wundsalben durch 3 verschied. in vitro-Verss. (Agarplatten-, Glasstab- u. Mischungsmeth.) u. in vivo-Verss. mit Spanferkeln. Es zeigte sich, daß Salben mit wasserlösl. Grundlagen u. quartären Ammoniumverbb. den anderen Salben als Antiseptica überlegen waren, unter sich aber keine wesentlichen Unterschiede zeigten. — 16 Literaturangaben. (Farmac. Revy **51.** 553—62. 29/8. 1952. Stockholm, Statens. bakteriol. Labor.) KRAFT. 4792

R. Maxwell Savage, D. Maxwell Bryce und **J. R. Elliott,** *Der Wasserretentionskoeffizient von Verbandmaterial.* Bei Verbandstoffen ist die Aufsauggeschwindigkeit zu unterscheiden von der Aufsaugkapazität (K). Es wird eine App. beschrieben, die es gestattet, K durch manometr. Messung des Luftdrucks zu bestimmen, der das aufgesaugte W. wieder auspreßt. Der Wasser-Retentionskoeffizient (R) wird definiert als die Anzahl g W., die pro g Verbandstoff absorbiert werden. Untersucht werden verschied. Rohverbandstoffe u. Gewebe. R scheint mit dem Grad der Faseranordnung im Gewebe zu variieren. Baumwolle hatte den höchsten R, Gaze den geringsten. (J. Pharmacy Pharmacol. **4.** 944—58. Nov. 1952. Pharmac. J. **169.** ([4] **115.**) 405. 6/12. 1952. New Barnet, S. Maw Son & Sons, Ltd., u. St. Bartholemew's Hospital.) FRESENIUS. 4794

Jean R. Morris, *Eigenschaften und Bestimmung einiger neuer künstlicher Fasern mit einer Bemerkung über ihre Anwendung zu medizinischen Verbänden.* Es wird über die synthet. Fasern *Terylen* (Polyesterfaser) u. *Ardil* (aus dem Protein von entöltem Erdnußmehl) berichtet. Eine umfangreiche Tabelle gibt über die Eigg. Auskunft. Beide Fasern scheinen für die Verwendung von medizin. Verbänden nur in gewisser Hinsicht brauchbar zu sein. (Chemist and Druggist **160.** 143—45. 8/8. 1953. London, Univ., Coll. Hosp., Pharmac. Dep.) BOYE. 4794

B. Helwig, *Neue Arzneimittel und pharmazeutische Spezialitäten des Jahres 1949. Kamilloderm* (DELICIA, Delitzsch): Kamillensalbe. — *Perkamillon* (ROBUGEN, Eßlingen): Kamillenauszug, fl. u. als Salbe. — *Calcium-Unfried* (SOLVAT-CHEMIE, München): 5% ig. Lsg. von Ca-Acetat zur intravenösen Injektion. — *Dextro-Calcinat* (MAIZENA-WERKE, Hamburg): Ampullen mit Ca-Gluconatlsgg. der üblichen Stärken. — *Bellafarm* (FARMARYN, Berlin): Tabletten mit 0,006 (g) Extractum Belladonnae, 0,1 Extractum secalis cornuti u. 0,03 Phenyläthylbarbitursäure. — *Dirian* (BAYER, Leverkusen): Enthält ZnO, Marbadal u. Harnstoff. Wird mit W. angerührt u. der Brei auf das Zahnfleisch aufgetragen. Es bildet sich ein erhärtender Verband. Anwendung bei Gingivitis u. Stomatitis. — *Marbaletten* (BAYER, Leverkusen): Kleine Preßlinge aus Marbadal zum Einlegen in Extraktions- u. Operationswunden im Munde. — *Conteben* (BAYER, Leverkusen): ist 4-Acetylaminobenzaldehydthiosemicarbazon. Tuberkulostaticum. — *Aminacyl* (WANDER, Osthofen/Rh.): Dragées zu 0,34 g p-aminosalicylsaurem Na. — *PAS-Burgthal* (BURGTHAL, Schöppenstedt): Tabletten zu 0,5 g unter Zusatz von MgO u. $CaCO_3$. — *Polymyxin* ist ein Antibioticum aus Bacillus polymyxa. — *Aquacillin compositum* (BAYER Leverkusen): Enthält Procain–Penicillin u. Penicillin–G–Kalium. — *Stomacillinetten* (PENICILLIN-GESELLSCHAFT DAUELSBERG & CO., Göttingen): Kaugummi mit je 4500 I.E. — *Euseptol Serag* (SERAG, Haar bei München): Chlorierte Kresole in neutraler Seifenlösung. Zur Feindesinfektion. — *Tego 103* (TH. GOLDSCHMIDT AKT.-GES., Essen): Schwachsaures Feindesinfektionsmittel mit reinigender Wirkung. Es enthält als Desinfizienz Di-[octylaminoäthyl]-glycinlactat, als Waschmittel Alkylaminoäthylglycinhydrochlorid. Anwendung in 2% ig. Lösung. — *Pediculose-Kur* (PROTINA, Freising): Lsg. von Hexachloräthan u. Hexachlorcyclohexan. — *Perscabit-Liniment-Salbe* (DEUTSCHE HYDRIERWERKE, Rodleben): Koll. S, Halogenoxydiphenylmethan, Benzylbenzoat, Carbinyl-p-oxybenzoat, Isonaphthol in einer Linimentgrundlage. — *Neocidal* (PFLANZENSCHUTZ GMBH., Hamburg, u. C. F. SPIESS & SOHN, Kleinkarlbach/Rheinpfalz): Ungeziefermittel auf DDT-Basis. — *Jecolan* (PHARMUS, Holzminden): Wundsalbe mit Lebertran, Vitamin F, Salicylsäure. (Dtsch. Apotheker-Ztg. **90.** 884—87. 10/11. 905—06. 17/11. 1950.) HOTZEL. 4800

—, *Gebräuchliche Arzneifertigpräparate. Kalkpräparate. Afenil* (KNOLL AKT.-GES., Ludwigshafen): Doppelverb. von $CaCl_2$ u. Harnstoff, Ampullen zu 10%. — *Apocalcit* (APOGEPHA, Dresden): Ampullen mit 5,6% Ca-Gluconat, Tabletten mit Ca-Phosphat, Ca-Lactat u. 250 I.E. Vitamin D. — *Biocal* (DR. HENNING, Berlin, Hamburg): Dragées mit diphosphorsaurem Ca u. Vitamin B. — *Bromcalcium-Calorose* (RHENANIA-KALI-CHEMIE AKT.-GES., Sehnde): 5% $CaBr_2$ in 40% ig. Calorose. — *Calcareoplex* (DR. MADAUS & CO., Köln): Verreibung natürlicher Kalkstoffe. Zur Cariesprophylaxe. — *Calcibronat* (SANDOZ AKT.-GES., Nürnberg): $BaBr_2$-Lactobionat. Granulat u. Ampullen. — *Calcimint* (MÜNCHNER PHARMAZEUTISCHE FABRIK, München): Tabletten mit Ca-Citrat, Ca-Lactat, Ca-Formiat, Ca-Glycerophosphat, Traubenzucker. — *Calcinfant* (DR. MADAUS & CO., Köln): CaF_2, Ca-Phosphat, Kieselsäure, Lipoide, Milchzucker. — *Calcinol*: Ca-Gluconat als Granulat u. in Ampullen. — *Calcipot* (TROPONWERKE, Köln): Tabletten u. Pulver mit 28% Ca-Citrat u. 2% Ca-Phosphat. — *Calcipot „C“* enthält außerdem in 100 g 1 g Vitamin C u. 0,2 g Rutin. — *Calcipot „D“*: Enthält in 11 g 60000 I.E. Vitamin D. — *Calcium Homburg* (CHEMIE-WERK HOMBURG, Frankfurt): Ampullen mit Ca-Glutaminat. — *Calcium Ifah* (IFAH GMBH.): Granulat mit Ca u. Lecithin. — *Calcium Laves* (LECIN-WERK DR. E. LAVES, Hannover): 10% ig. Lsg. von Ca-Gluconat. — *Calcium Nordmark* (NORDMARKWERKE, Hamburg): Ampullen mit Ca-Gluconat u. -Lävulinat. — *Calcium Nordmark Tabletten*: Ca-Citrat. — *Calmed* (J. CARL PFLÜGER, Berlin): Tabletten u. Pulver mit Ca-Malonat. — *Calvisal* (CHEM. WERKE

ALBERT, Wiesbaden): Tabletten mit Ca-Citrat, Ca-Phosphat, Vitamin B_1, Hefe, Peptiden u. Protein. — *Calpeo* (WOELM, Eschwege): Tabletten mit Calcium phosphoricum tribasicum u. Ca-Citrat. — *Condossan* (BIKO, CHEM.-PHARM.-FABRIK, Stuttgart): Tabletten mit Ca-Phosphat, -Lactat, -Carbonat, Jod, Orangeextrakten u. Vitaminen. — *Dago-C* (DEUTSCHE ARZNEIMITTEL-GESELLSCHAFT, Berlin): Pulver mit Ca-Phosphat, -Carbonat, -Citrat, Citronensäure, Vitamin C. — *Ditretten* (J. A. BENCKISER GMBH., Ludwigshafen): Tabletten mit Citronensäure, Ca-Citrat, Vitamin D_3 u. C. — *Percalcit* (PREUSS UND TEMMLER, Berlin): Ampullen mit Calciumdioxypropionat. — *Selvoral* (CURTA & CO., Berlin): Pulver u. Täfelchen mit glucohexitcitronensaurem Ca. — *Silican* (THYMODRISIN GMBH., Godesberg): Tabletten mit Ca-Salzen u. organ. Jodverbindungen. — *Visipan* (ROBUGEN GMBG., Eßlingen): Kalktabletten. (Med. Mschr. **4.** 936—39. Dez. 1950.) HOTZEL. 4800

—, *Neue Arzneimittel und Spezialitäten. Hepsan* (CHEM. WERKE MINDEN GMBH., Minden): Ampullen mit 1,25 (g) acetylmethioninsaurem Na u. 0,25 acetylmethioninsaurem Cholin. Gegen Hepatopathien. — *Venogal* (RIEDEL DE HAËN AG., Seelze): Dragées mit **Aescin** u. Chlorbromoxychinolin. Zäpfchen mit Aescin u. p-Aminobenzoesäureäthylester. Gegen venöse Stauungen. — *Tensionorm* (HERBIN-STODIN KG., Essen-Werden): Bei Hypertonie. Zus. nicht angegeben. (Dtsch. Apotheker-Ztg. **92.** 232. 28/3. 1952.) HOTZEL. 4800

—, *Neue Präparate und Anwendungen. Chemische Behandlung des Hochdrucks. Lytensium* (MAY & BAKER): Pentamethoniumbromid. Oral u. parenteral anzuwenden. (South African med. J. **24.** 972. 25/11. 1950.) HOTZEL. 4800

—, *Ein neues Malariamittel: „Daraprim"* (BURROUGHS WELLCOME & CO.): 2.4-Diamino-5-p-chlorphenyl-6-äthylpyrimidin. Es wirkt hauptsächlich auf die Schizonten. (Nature [London] **170.** 17. 5/7. 1952.) HOTZEL. 4800

Tabajara Segundo Gloria, *Die pharmazeutische Chemie des Na-p-Succinylphenylsulfonamids.* Vf. beschreibt Herst., physikal. u. chem. Eigg., Nachw., Best. u. therapeut. Anwendung des *Na-p-Succinylphenylaminosulfonamids.* (Rev. brasil. Farmácia. **33.** Nr. 1. 9—19. Jan. 1952. São Paulo, Univ.) KRAFT. 4806

F. Bustinza, *Über das medizinische Forschungsinstitut Squibb und über die Antituberkulose-Wirkung des Isonicotinsäurehydrazids.* Überblick über die Entw. der Forschungsarbeiten betreffend Wrkg. des „Nydrazids". (Farmac. nueva **17.** 175—78. April 1952.) ALTPETER. 4806

H. Hoffmann, *Zur Frage der Maximaldosen für Strophanthin.* Kurze Ergänzung zu der C. **1952.** 2886 referierten Arbeit. (Dtsch. Apotheker-Ztg. **90.** 860. 3/11. 1950.) HOTZEL. 4806

N. K. Ssobolew, *Rationelle Ausnutzung von Vitaminvorkommen.* Nach Abkühlen u. Abpressen von Kabeljau- u. Robbenfetten bleiben 15—20% als sogenanntes Rohstearin zurück, das durch Filtrieren unter hohem Druck in eine fl. u. feste Fraktion getrennt werden kann. Letztere, das „Stearin", ist fast reines Fett mit hoher JZ., hohem Brechungsindex, niedrigem F. u. niedriger Säurezahl. Die fl. Fraktion hat einen höheren Geh. an Vitamin A als die feste. Er beträgt im Kabeljaufett im Mittel 339, im Rohstearin 161, in dem davon abfiltrierten fl. Anteil 356 u. im Preßrückstand von Stearin 137 I.E./g. Im Fütterungsvers. mit Schweinen wurde festgestellt, daß durch Zugabe von 30—50 g Stearin pro Tier u. Tag genügende Vitaminversorgung u. gute Gewichtszunahme gewährleistet ist. (Рыбное Хозяйство [Fischerei-Wirtsch.] **29.** Nr. 5. 53—55. Mai 1953. Labor. des Murmansker Kombinats.) SCHMELZ. 4808

K. A. Mrotschkow, *Veränderung des Vitamin-A-Gehaltes beim Salzen und Aufbewahren von Walleber.* Gesalzene u. in Fässern aufbewahrte Walleber verliert in 3,5 bis 4,5 Monaten 15—35% des Vitamin A beim Durchgang des Schiffes durch die trop. Zone. (Рыбное Хозяйство [Fischerei-Wirtsch.] **28.** Nr. 3. 58. März 1952.) RENTZ. 4808

Nuno Alvares Pereira und **Lutécia,** *Vitamin B_{12}.* Übersicht. — 56 Literaturzitate. (Rev. Assoc. brasil. Farmacêuticos **31.** Nr. 5. 11—17. Mai 1950.) LINDNER. 4808

A. Soldi, F. Gialdi und **R. Ponci,** *Einige Inaktivatoren der bei der Ascorbinsäureoxydation katalytisch wirksamen Schwermetalle.* Prüfung der *Chinolin-5-*, *Chinolin-6-*, *Chinolin-7-* u. *Chinolin-8-carbonsäure* (**I**) bzgl. der Hemmung der durch Schwermetallionen (Cu^{2+}, Sn^{4+}) katalysierten Ascorbinsäure (**II**)-Oxydation. Unter den genannten Säuren vermag nur die **I** die katalyt. **II**-Oxydation zu hemmen. Sie bleibt jedoch in ihrer Wirksamkeit hinter den bereits bekannten Inaktivatoren, wie Thioharnstoff oder 8-Oxychinolin, zurück. Die Inaktivierung der katalyt. wirksamen Schwermetallionen beruht nach Ansicht der Vff. wie in den anderen Fällen auf der Bldg. innerkomplexer Salze. (Farmaco [Pavia] **6.** 39—44. Jan./Febr. 1951. Pavia, Univ., Ist. di Chimica Farmaceutica, Sezione Tecnica.) IPPEN. 4808

Mâlik Zâfir, *Stabilisierung von Lösungen von Adrenalin.* Die Stabilisierung von wss. *Adrenalin* (I)-Lsgg. wurde durchgeführt mit 0,05% ig. $CH_2ClCOOH$ (II) u. 0,09% ig. CCl_3COOH (III) unter Zusatz von HCl. Der p_H-Wert lag zwischen 2 u. 3, die Konz. von II u. III wurde zur Vermeidung von Korrosion unter 0,1% gehalten. Beide Lösungsgemische zeigten stabilisierende Eigenschaften. Weiter wurde die zur Stabilisierung wirksame Konz. von II ermittelt im Vgl. mit den entsprechenden äquimol. Konzz. von HCl. Es wird festgestellt, daß II allein zur Stabilisierung nicht ausreicht. Es besteht die Möglichkeit, verd. I-Lsgg. mit stabilisierender Wrkg. herzustellen, indem von konz. u. stark sauren Lsgg. ausgegangen wird. (Folia pharmac. [Istanbul] **1.** 93—95. 1950. Istanbul.) Boye. 4808

H. Velu, *Die mikrobiellen Antibiotica.* Übersicht. Besprochen werden: Geschichte, Wirkungsrichtung u. Wirkungsweise der Antibiotica, ihre Pharmacodynamik u. Toxizität, ihre Anwendung im Experiment, in der medizin., industriellen u. landwirtschaftlichen Praxis. (Produits pharmac. **6.** 271—77. Juni; 327—33. Juli 1951. Paris.) J. Keil. 4810

Alfred Mosig, *Die für die Therapie zur Zeit wichtigsten Antibiotica und ihre bedeutendsten deutschen pharmazeutischen Präparate.* Übersicht über die neueren Antibiotica bis zum Stand von 1950. (Apotheker-Ztg. **3.** 194—98. Nov. 1951.) Schmersahl. 4810

Morris B. Jacobs und **Martha A. Behan,** *Konzentrierung von Tetanustoxoid.* Durch Fällung mit Trichloressigsäure bei p_H 4, Abzentrifugieren u. Wiederauflösen in Phosphatpuffer vom p_H 8 kann Tetanustoxoid konz. werden. Die Lsg. im Phosphatpuffer soll längere Zeit lagerfähig sein. (J. Amer. pharmac. Assoc., sci. Edit. **39.** 466—69. Aug. 1950. New York, N. Y., Dep. of Health.) Schmersahl. 4812

Morris B. Jacobs, *Reinigung von Tetanustoxoid.* Bei der Trichloressigsäurekonzentrierung des Tetanustoxoids nach Jacobs u. Behan (vgl. vorst. Ref.) sollen ca. 99% des N-haltigen Materials ohne wesentlichen Wirksamkeitsverlust aus dem Roh-Bakterienfiltrat entfernt werden können. (J. Amer. pharmac. Assoc., sci. Edit. **39.** 469—71. Aug. 1950.) Schmersahl. 4812

Arndt Bischoff, *Neue Gesichtspunkte zur täglichen Mundpflege.* Nach histor. Betrachtungen zur Mundpflege wird festgestellt, daß es neuerdings möglich ist, den wichtigsten Vertreter der proteolyt. Keime, Bacillus proteus (I), auf chlorophyllhaltigem Nährmedium dahin zu züchten, daß eine 50—80% ig. Erniedrigung der Bldg. der üblichen Endabbauprodd. des Eiweißstoffwechsels von I (die den Foetor ex ore verursachen) stattfindet. In diesem Zusammenhange wird das neue Handelspräp. *Lenizon* (mit Chlorophyllzusatz) genannt. (Apotheker-Ztg. **5.** 90—91. April 1953. Berlin.) Boye. 4822

Edwin J. Fredenburgh und **Benjamin P. Hecht,** *Anwendung der kontrollierten Wasserstoffionenkonzentration für antiseptischen Gebrauch.* Es werden die Bedingungen für die Anwendung der H-Ionenkonz. dargelegt. Als Puffer wurde Pepton-Gluconsäure bei p_H 3,5 verwendet. Bei diesem Wert wird das Wachstum von Bakterien unterbunden. Das Wachstum von pathogenen Bakterien wird bei p_H 4,1 u. höher gehemmt. Die H-Ionen waren Bakterien gegenüber wirkungsvoller, wenn die Lsg. gepuffert ist. Die antibakterielle Wrkg. der H-Ionen ist hoch u. übertrifft diejenige anderer antibakterieller Agentien. (J. Amer. pharmac. Assoc., sci. Edit. **40.** 126—31. März 1951.) Boye. 4834

J. Hazera, *Die Verwendung quartärer Ammoniumverbindungen als Bactericide.* Zusammenfassender Überblick. — 28 Literaturhinweise. (Ind. chimique **39.** 195—98. Juli 1952.) Winiker. 4834

Fritz Hagelstein, *Sterilisationen in der Großdefektur eines Krankenhauslaboratoriums.* Es wird zunächst über die Frage diskutiert „Sterile Lsgg. oder Ampullen?". Weiter wird berichtet über die Richtlinien für sterile Arbeiten nach dem DAB 6, über Apparaturarten für Sterilisationen, über Behandlungsweisen des DAB 6 mit gespanntem Wasserdampf, mit strömendem Wasserdampf, durch Behandeln mit heißer Luft, durch direktes Erhitzen, durch Auskochen u. durch Sodalsg., durch Behandlung mit keimtötenden Stoffen u. mit asept. Arzneizubereitungen. (Dtsch. Apotheker-Ztg. **93.** Nr. 22. Beibl. Krankenhaus-Apotheke **1953.** 13—16. Hamburg-Altona, Allg. Krankenhaus.) Boye. 4834

Joachim Achilles, *Händedesinfektion, Hautschutz und Handpflege.* Es wird ausführlich berichtet über die zur Händedesinfektion benutzten Mittel: A. (70% ig.), Chlorphenolderivv. (*Sagrotan, Baktol, Manusept*), quarternäre NH_4-Basen (*Zephirol, Quartamon, Laudamonium, Helix*), Ampholytseifen (*Tego 103 S*), entkeimende u. Spezialseifen (*Arztseife „Beiersdorf"*, antisept. Seife *„Hewara"*, *Phämosan-Hautschutzseife, Kamillen-Borax-Seife „Ellendorff"*, *Akremninseife „Ideso"*) u. alkalifreie, hautschonende Reinigungsmittel (*Medizinal-Praecutan, Satina*). Weiter werden besprochen Hautschutzsalben u. Handpflegemittel (*Phämosan-Hautschutzsalbe, Satina-Creme, Quimbo, Azulonseife, Kamillocreme*). (Zahnärztl. Welt **8**. 214—19. 10/5. 1953. Göttingen.) BOYE. 4834

A. A. Wolkowa und **M. Ss. Ippolitow**, *Die Widerstandsfähigkeit des Erregers der Lämmerdysenterie gegenüber verschiedenen chemischen Stoffen.* Als bestes Desinfektionsmittel des Bodens bei der Dysenterie der Lämmer sind 6—10%ig. *Chlorkalk*-Lsgg. anzusehen. Auch die Anwendung 5%ig. *Kreolin*-Lsg. ist zulässig. (Ветеринария [Tierheilkunde] **29**. Nr. 9. 36—41. Sept. 1952. Wiss.-Prakt. Veter. Lab. des Kirgis. Sowchos-Minist.) RENTZ. 4834

Z. Bożyk, *Die Polarographie und ihre Anwendung in der pharmazeutischen Analyse.* Besprechung der Grundlagen der Polarographie u. ihrer Bedeutung für pharmazeut. Unterss. in mikrochem. Größenordnung. — 23 Literaturangaben. (Acta polon. pharmac. **7**. 197—206. 1950. Akad. med., Zakł. Bad. Środk. spożyw.) FREYTAG. 4880

B. Bukowczyk, *Rhizoma Bistortae und Rhizoma Tormentillae in ihrem anatomischen Bau und ihren chemischen Reaktionen. Rhizoma Bistortae* (I) u. *Rh. Tormentillae* (II) werden als gerbstoffhaltige Pflanzen anatom. u. mikrochem. verglichen. I- u. II-Dekokte (1 : 100), durch Kochen mit W. hergestellt, werden geprüft auf ihre Rkk. mit 1%ig. $FeCl_3$-Lsg. (**a**), 10%ig. Pb–Acetatlsg. (**b**), 5%ig. K_2CrO_4-Lsg. (**c**), Kalkwasser (**d**), Bromwasser (**e**), 1%ig. Ammoniummolybdatlsg. (**f**), 1%ig. Eisen (III)-ammoniumalaun (**g**), 20%ig. Na-Acetatlsg. (**h**), 1%ig. Chinin-Lsg. (**i**), 1%ig. Coffein-Lsg. (**j**) u. Vanillin-HCl (**k**). Unterschiede werden gefunden: **Ia** granatfarben, **IIa** schmutziggrün; **If** bräunlicher Nd., **IIf** schwache bräunliche Trübung; **Ig** blauer Nd., **IIg** grüner Nd.; **Ih** weißer Nd., **IIh** kein Nd.; **Ij** weißer Nd. ,**IIj** kein Nd., **Ik** kein Nd., **IIk** orangefarbig-bräunlicher Nd. nach Erwärmen, während die anderen Reagentien ident. Rkk. liefern: **b** gelblicher Nd., **c** gelbbräunlicher Nd., **d** gelblicher Nd., **e** gelblicher Nd., **i** weißer Niederschlag. (Acta polon. pharmac. **7**. 153—60. 1950. Łodź, Akad. med., Wydz. farmaceut.) FREYTAG. 4880

T. Bodalski, *Über den mikrochemischen Nachweis von Wasserdost (Eupatorium cannabinum) in verfälschten Wurzeln und Infusionen von Baldrian (Valeriana officinalis).* In den Harzkanälen der Wurzeln vom *Eupatorium cannabinum* bzw. *Radix Eupatorii* (II) entdeckte Vf. eine krist. Substanz (I) in einer Menge von 0,75% der Wurzelmasse. Sie ist lösl. in Ae. u. A., unlösl. in Wasser. Aus A. krist. sie in gelben Nädelchen, F. 118°. In NaOH- oder KOH-Lsgg. ist I lösl. u. krist. nach einiger Zeit in sehr kleinen Nadeln aus. I sublimiert bei 130°. Das Mikrosublimat (F. 120°) erscheint zuerst in Tröpfchen, aus denen zahlreiche stäbchen-, stern- u. besenartige Kristalle entstehen. An Hand dieser Charakteristika kann mittels Mikrosublimation von I noch eine Baldrianverfälschung mit 10% II festgestellt werden. Auch in Infusen läßt sich dieser Nachw. erbringen. II ruft Idiosynkrasie hervor. (Acta polon. pharmac. **7**. 255—263. 1950. Wrocław [Breslau], Med. Akad., Inst. für Pharmakognosie.) FREYTAG. 4880

Giuseppe Sanna und **Antonio Marchi**, *Über Bestimmungsmethoden des Ascaridols im Chenopodiumöl.* Wegen der potenzierenden oder antagonist. Wirkungen seiner Begleitstoffe kommt eine direkte biol. Best. des Ascaridols (I) im Chenopodiumöl nicht in Frage; ebenso ist die Gehaltsbest. auf Grund von D., Brechungsindex u. anderer physikal. Konstanten bedenklich, da bereits nachgewiesen wurde, daß Öle gleichen Geh. hierin verschied. waren. Die vom DAB 6 vorgeschriebene, durch kurzes Aufkochen bewirkte Bldg. gelber bis brauner Zersetzungsprodd. von I kann ebenso wie die colorimetr. Best. des nach LANGERS beim Erhitzen mit Phenolphthalein (jedoch nur bei genügend hohen Gehh.) entstehenden Farbstoffes nur sehr ungenaue Werte ergeben. Etwas zuverlässigere Werte liefert die colorimetr. Best. der in der alkoh. Lsg. mit konz. HCl auftretenden gelbroten Färbung, die jedoch bei Anwesenheit von Terpentinöl wegen dessen ähnlicher Rk. versagt. Auch jodometr. oder oxydimetr. Bestimmungsmethoden schlagen wegen Neben-Rkk. oder mangelnder Spezifität fehl. Ebenso verläuft die Bldg. von Ameisensäure aus CH_2O u. I nicht stöchiometr.; auch die Additionsprodd. von I mit Citraconsäureanhydrid oder Harnstoff kommen für eine gravimetr. Best. nicht in Betracht. Dagegen fanden Vff. daß I mit Hg-Acetat bzw. -Chlorid in Säuren u. Lösungsmitteln unlösl. Fällungen ergibt, denen sie Formel II bzw. III zuschreiben, obwohl die Hg-Best. in II u. III etwas zu hohe Werte ergibt; mit einem empir. Faktor von 0,98 kann III jedoch zur quantitativen Best. von I dienen: 0,5 g Öl in 20 cm³ 90%ig. A. werden mit 0,5 g $HgCl_2$ in 5 cm³ A. vermischt, 48 Std. dunkel stehengelassen, filtriert, luftgetrocknet

CH_3 / O–O-Brücke / –Hg·(R) / –Hg·(R) / $CH(CH_3)_2$

II R = $-OOC\cdot CH_3$
III R = –Cl

u. gewogen; Auswaage 76% I. (Boll. chim. farmac. **89.** 447—55. Nov. 1950. Cagliari, Univ., Ist. di Tecnica Farmac.) KIMPEL. 4880

Erwin Kniss, *Zur Frage der Gehaltsbestimmung und Dosierung von Chenopodiumöl. (Zugleich ein Vorschlag zum DAB 7.)* Vf. erörtert an Hand der Literatur die Frage der Dosierung u. beleuchtet die Bestimmungsmethoden der verschied. Pharmakopöen. Die besten Werte liefert die Best. des Ascaridols auf jodometr. Wege. (Dtsch. Apotheker-Ztg. **90.** 686—87. 1/9. 1950. Frankfurt/M., Fa. Karl Engelhardt.) HOTZEL. 4880

L. Bessot, *Die Bestimmung des Novocains mittels Silicowolframsäure. Anwendung auf die Bestimmung des Novocainpenicillins in pharmazeutischen Zubereitungen.* Bei der Fällung des Novocains (I) mittels Silicowolframsäure (II) erhält man, wenn bei p_H 7— ca. 4,5 gearbeitet wird, ein lachsfarbiges Addukt, das **I** u. **II** im Verhältnis 4 : 1 enthält u. sich von der stabilen weißen Additionsverb. die früher von VALETTE (Bull. Sci. pharmacol. **40.** [1933.] 28) aus saurem Milieu erhalten wurde, unterscheidet. Löslichkeit in aqua dest.: 0,5/100000 bei Zimmertemperatur. Zwischen p_H 4,5 u. 1 erhält man ein Gemisch, in dem je nach dem Aciditätsgrad die eine oder andere Form vorherrscht. Unter gewissen Bedingungen (vgl. Original) lassen sich auf diese Weise das **I** in Ggw. von Penicillin sowie eine Reihe anderer Ester von Aminoalkoholen quantitativ bestimmen. (Ann. pharmac. franç. **8.** 520—26. Juli/Aug. 1950. Usine des Maisons-Alfort.) LIPPOLD. 4880

A. Berggren und **C. O. Björling,** *Die Adsorptionsanalyse von Alkaloiden.* Wie die Tropaalkaloide von dem synthet. Zeolith „Decalso" quantitativ adsorbiert u. durch geeignete Verff. auch wieder desorbiert werden (vgl. BJÖRLING u. BERGGREN, C. **1953.** 7349), so läßt sich die Meth. z. B. auch auf Morphinhydrochlorid, Codeinphosphat, Papaverinhydrochlorid, Berberinsulfat (I), Hydrastininhydrochlorid, Neostigminhydrochlorid, d-Tubocurarinhydrochlorid u. dl-α-[4-Oxyphenyl]-β-methylaminoäthanoltartrat anwenden. Die quantitative Eluierung von **I** gelingt am schwersten. Narcotinhydrochlorid konnte nicht quantitativ wiedererhalten werden, vermutlich trat eine Teilzers. auf der Säule ein. (J. Pharmacy Pharmacol. **5.** 615—19. Sept. 1953. Upsala, Labor. of Pharmacia Ltd.) FRESENIUS. 4880

Finn Otto Gundersen, Rolf Heiz und **Rolf Klevstrand,** *Die quantitative Bestimmung von Alkaloidsalzen mit dem Anionenaustauscher Dowex 2 und ihre Anwendung auf die Untersuchung von Tabletten.* Die Verss. erfolgen mit dem von SAMUELSON (Ion exchanger in Analytical Chemistry, Stockholm u. New York 1952) beschriebenen Apparat. Etwa 0,5 Milliäquivalente Alkaloidsalz werden in 10 ml 70% ig. A. gelöst. Die Lsg. wird auf die Dowex 2-Säule gegeben u. mehrfach mit 5 ml-Portionen des gleichen Lösungsm. nachgewaschen. Die mit ca. 3 ml/Min. abfließende Fl. wird gesammelt u. gegen Bromphenolblau mit der gegen eine Lsg. von Borax in 70% ig. A. eingestellten n/10 HCl titriert. Von der verbrauchten Menge wird die in einem Blindvers. verbrauchte HCl abgezogen. Die Säule hat eine Gesamtkapazität von 11 Milliäquivalenten u. kann ohne Regenerierung mehrfach benutzt werden. Das Austauschharz muß vor den Verss. mit n-NaOH von der Chloridform in die Hydroxydform umgewandelt werden. Erprobung des Verf. mit Tabletten von *Amphetaminsulfat, Codeinphosphat, Ephedrinhydrochlorid, Pethidinhydrochlorid.* (J. Pharmacy Pharmacol. **5.** 608—14. Sept. 1950. Blindern, Norwegen, Univ. of Oslo, Inst of Pharmacy.) FRESENIUS. 4880

P. Girard, *Über die Kontrolle und die Konservierung injizierbarer Lösungen von Morphin.* Zur Konservierung von Morphin (I)-Injektionslsgg. ist nach Angaben des Vf. $NaHSO_3$ (0,45 g SO_2/Liter) sehr gut geeignet u. vermag die **I**-Lsgg. über länger als 10 Jahre zu stabilisieren. Zum Nachw. wurde eine Reihe Lsgg. verschied. Alters nach der Abtrennung des Oxydimorphins, das als Zersetzungsprod. gebildet wird, auf chromatograph. Wege mittels der Meth. von GUARINO (Bull. Soc. Chim. biol. **29.** [1947.] 1106) analysiert. Nicht verfärbte Lsgg., die stets noch überschüssiges SO_2 enthielten, lieferten bei der Best. vor u. nach der Behandlung an der Al_2O_3-Säule prakt. dieselben **I**-Werte, wohingegen mit dem Auftreten leichterer oder stärkerer Verfärbung bei gleichzeitig beobachteter Abwesenheit von überschüssigem SO_2 die **I**-Werte nach der Chromatographie vermindert waren. Auf den Einfl. des p_H des Ampullenglases wird hingewiesen. (Ann. pharmac. franç. **8.** 571—74. Juli/Aug. 1950.) LIPPOLD. 4880

Hans P. Kaufmann, Münster/Westf., *Pillen und ähnliche Arzneizubereitungen* stellt man mit einem Zusatz von Formamid her, um die Arzneistoffe zu lösen u. das Austrocknen der Prodd. zu verhindern. Beispiele. (**D. B. P. 888 597** Kl. 30h vom 3/3. 1945, ausg. 3/9. 1953.) SCHINDLER. 4767

Johann A. Wülfing Chemische Fabrik (Erfinder: **Richard Fleischmann**), Gronau, Hann., *Herstellung von Suppositorien* mit Ca-Geh., dad. gek., daß die in W. leicht lösl. Ca-Salze der α-Aminocarbonsäuren, z. B. Glutaminsäure oder Glykokoll, bis zum fünften Zerteilungsgrad gemahlen u. mit Suppositoriengrundmasse homogen vermengt werden. Es können noch sauer reagierende Wirkstoffe oder solche, die mit den freien Aminogruppen reagieren bzw. Salze bilden, zugesetzt werden, z. B. Ascorbinsäure, Nicotinsäure, Rutin, Theophyllin usw. Keine Reizung der Rectumschleimhaut. (**D. B. P. 855 896** Kl. 30h vom 22/10. 1950, ausg. 17/11. 1952.) Schindler. 4767

Berta Helm, Wien, Österreich, *Herstellung eines Kreislaufmittels* durch Extraktion von Aloe, Enzianwurzel, Rhabarberwurzel, Safran, venezian. Theriak, Zittwerwurzel u. Lerchenschwamm mit Alkohol. (**E. P. 665 412** vom 26/9. 1949, ausg. 23/1. 1952. Oe. Prior. 24/1. 1947.) K. Heinze. 4791

Karl Egen, Augsburg, und **Manfred Schelzig,** Unterstatt bei Neuburg/Donau, *dem menschlichen Körper anzupassende Formstücke,* wie Steifverbände, Schienen- u. Stützverbände, Körperstützen u. dgl., dad. gek., daß diese aus einer thermoplast. M. (Kunstharz) bestehen, die bei 60—80° erweicht, u. daß in die Formkörper ein elektr. Heizwiderstand eingebaut ist. Die M. kann z. B. mit Kreide versetzt oder mit Stoff überzogen werden u. besteht bes. aus Polyvinylacetat. (**D. B. P. 858 006** Kl. 30d vom 14/9. 1949, ausg. 4/12. 1952.) Schindler. 4795

Max Müllner, Wien, Österreich, *Haft- bzw. Imprägnierungsmittel für Zahnprothesen* zur Bldg. einer Zwischenschicht zwischen Mundschleimhaut u. inneren Prothesenflächen, bestehend aus fetten Ölen, bes. pflanzlichen Ölen, wie Ricinusöl, mit einem Zusatz von Weingeist, welchem je bis zu 0,5% Benzoesäure u. Trichlorisobutylalkohol zugesetzt wurden, u. äther. Ölen, im ungefähren Mischungsverhältnis von 75 (%) Öl, 20 Weingeist u. 5 äther. Ölen. (**Oe. P. 174 700** vom 3/11. 1951, ausg. 25/4. 1953.) M. F. Müller. 4799

F. Hoffmann-La Roche & Co. Akt.-Ges., Basel, Schweiz, *Herstellung von neuen quaternären Diaminodialkylsulfiden,* dad. gek., daß eine Verb. der allg. Formel **I** mit einer Verb. **II** kondensiert u. das erhaltene Sulfid mit einem Alkylhalogenid der Formel R_5X quaternisiert wird. — R_1, R_2, R_3, R_4, R_5 sind niedermol. Alkylgruppen. K u. L sind verzweigte oder geradkettige Alkylengruppen, deren zwei Verknüpfungsstellen durch mindestens 3 C-Atome voneinander getrennt sind u. welche zusammen höchstens 14 C-Atome enthalten. Y u. Z sind je eine Thiolgruppe u. ein Halogenatom oder, falls K = L, $R_1 = R_3$ u. $R_2 = R_4$ ist u. ein Alkalisulfid als Kondensationsmittel verwendet wird, je ein Halogenatom darstellen n = 0 oder 1; X = Halogenatom.

$$(R_1)(R_2)N(\cdots(R_5X)_n)\text{—K—Y} \quad \mathbf{I} \qquad (R_3)(R_4)N(\cdots(R_5X)_n)\text{—L—Z} \quad \mathbf{II}$$

$$(R_1)(R_2)(R_5)N(X)\text{—K—S—L—}N(X)(R_3)(R_4)(R_5) \quad \mathbf{III}$$

Die Kondensation findet unter der Einw. eines alkal. Kondensationsmittels, wie Alkalialkoholat, oder, falls Y u. Z je ein Halogenatom darstellen, eines Alkalisulfids statt. — Die erhältlichen quaternären Diaminodialkylsulfide haben die allg. Formel **III**. — Sie sind *pharmakolog.* wirksam u. verhindern oder schwächen die neuro-muskuläre Reizübertragung. — Z. B. kann die Herst. des *5-Thiaundecan-1.11-bis-(trimethylammoniumjodids)* entweder durch Kondensation des entsprechenden 4-Aminobutanthiol-(1) mit dem entsprechenden 6-Amino-1-chlor-hexan, — oder durch Kondensation des entsprechenden 6-Aminobutanthiol-(1) mit dem entsprechenden 4-Amino-1-chlorhexan erfolgen. — Die symm. Sulfide erhält man auch dadurch, daß man ein Alkalisulfid auf das geeignete substituierte Aminoalkylhalogenid einwirken läßt. Dabei werden zwei Aminoalkylreste unter Abscheidung von Alkalihalogenid verknüpft, u. durch Bindung eines S-Atoms bildet sich das entsprechende symm. Sulfid. — Aus Chlorpropyltrimethylammoniumjodid u. Na_2S in wss. alkoh. Lsg. entsteht *4-Thiaheptan-1.7-bis-(trimethylammoniumjodid)*, F. 250°; — mit Chlorbutyltrimethylammoniumbromid erhält man in analoger Weise das *5-Thianonan-1.9-bis-(trimethylammoniumbromid)*, F. 203—220°, umkrist. F. 232—233°. — 1.11-bis-(Dimethylamino)-5-thiaundecan u. Methyljodid bilden *5-Thiaundecan-1.11-bis-(trimethylammoniumjodid)*, F. 183—185°. (**Oe. P. 174 899** vom 28/11. 1951, ausg. 11/5. 1953. E. Priorr. 8/12. 1950 u. 30/3. 1951.) M. F. Müller. 4807

Badische Anilin- & Soda-Fabrik, Ludwigshafen/Rh. (Erfinder: **Waldtraut Froese,** Weinheim, **Gotthilf Wenner** und **Hans G. Trieschmann,** Ludwigshafen/Rh.), *Alkanolharnstoffe* aus cycl. Urethanen (I) u. aminogruppenhaltigen Verbindungen. Man setzt I (mit 5—6 Ringgliedern) bei $<160°$ mit Verbb. um, die mindestens 1 bas. reagierende prim. oder sek. Aminogruppe enthalten. — Aus Oxazolidon-(2) (II) u. Monoäthanolamin erhält man bei 120° *N.N'-(Bisoxyäthyl)-harnstoff*, F. 86°; aus **II** u. Hexamethylendiamin bei 130° *N.N'-(Bisoxyäthyl)-hexamethylendiharnstoff*, F. 188°; aus **II** u. Cyclohexylamin *N-Oxyäthyl-N'-cyclohexylharnstoff*. — *Zwischenprodd.* zur *Herst. von Heilmitteln.* (**D. B. P. 890 340** Kl. 12o vom 21/12. 1951, ausg. 17/9. 1953.) Brösamle. 4807

Farbenfabriken Bayer, Leverkusen (Erfinder: **Hans Schmidt, Robert Behnisch** und **Fritz Mietzsch,** Wuppertal), *Thiosemicarbazone.* Zur Herst. von Monothiosemicarbazonen werden 1 (Mol) Thiosemicarbazid (I), zur Herst. von Dithiosemicarbazonen 2 oder mehr mit 1 eines Phthalaldehyds umgesetzt. — *Terephthalaldehyddithiosemicarbazon,* F. >340°; *-monothiosemicarbazon,* F. 215° (Zers.); *Isophthalaldehyddithiosemicarbazon,* F. 247° (Zers.). — *Pharmazeutica.* (**D. B. P. 884 363** Kl. 12o vom 6/10. 1948, ausg. 27/7. 1953.) BRÖSAMLE 4807

Farbenfabriken Bayer, Leverkusen (Erfinder: **Hans Schmidt, Walter Salzer** und **Erich Goth,** Wuppertal), *Thiosemicarbazone.* Man setzt Thiosemicarbazone aliphat. oder cycloaliphat. Ketone mit Ketonen der Formel RCH=CH—CO—R' um; R ist ein gegebenenfalls substituierter aromat. u. R' ein aliphat. Rest. — Aus Acetonthiosemicarbazon (I) u. Benzalaceton wird *Benzalacetonthiosemicarbazon* erhalten; aus I u. 4-Methoxybenzalaceton das *4-Methoxybenzalacetonthiosemicarbazon,* F. 192°; aus I u. 4-Acetylaminobenzalaceton das *4-Acetylaminobenzalacetonthiosemicarbazon,* F. 230° (Zers.). — *Therapeutica.* (**D. B. P. 889 148** Kl. 12o vom 23/8. 1951, ausg. 7/9. 1953.) BRÖSAMLE. 4807

Farbenfabriken Bayer, Leverkusen (Erfinder: **Hans Schmidt, Robert Behnisch** und **Fritz Mietzsch,** Wuppertal), *Azomethinderivate des 4-Aminobenzalacetonthiosemicarbazons* (I). Man läßt auf I Aldehyde einwirken, z. B. *4-Allyloxybenzaldehyd,* wobei eine Verb. vom F. 210° (Zers.) erhalten wird. — *4'-Methoxybenzal*-I, F. 226° (Zers.); *4'-Cinnamyloxybenzal*-I; *4'-Phenoxylbenzal*-I, F. 186°; *4'-Chlorallyloxybenzal*-I; *4'-Propargyloxybenzal*-I, F. 209°; *4'-Äthylsulfonbenzal*-I, F. 230°. — *Therapeutica.* (**D. B. P. 889149** Kl. 12o vom 23/8. 1951, ausg. 7/9. 1953.) BRÖSAMLE. 4807

Schering Akt.-Ges. (Erfinder: **Hans Priewe** und **Konstantin Hrynyschyn**), Berlin, *N-Carbothionverbindungen von Oxycarboxyphenylaminen.* Durch Rk. von 1 (Mol) 3-Oxy-4-carboxyphenylamin (I) mit 2 CS_2 in 10%ig. alkoh. NH_3-Lsg. erhält man das *Diammoniumsalz* der *3-Oxy-4-carboxyphenyldithiocarbaminosäure,* F. 123° (Zers.); durch Rk. von I-Methylester mit NaSCN in salzsaurer Lsg. *N-(3-Oxy-4-carbomethoxyphenyl)-thioharnstoff,* F. 178° (Zers.). — Analog wurden dargestellt: *N.N'-Bis-(3-oxy-4-carboxyphenyl)-thioharnstoff* (II), F. 198° (Zers.), u. das *Diammoniumsalz* von II, F. 178—181° (Zers.). — *Therapeutica* zur Bekämpfung von *Infektionskrankheiten.* (**D. B. P. 891 987** Kl. 12o vom 21/2. 1950, ausg. 1/10. 1953.) BRÖSAMLE. 4807

Gesellschaft für chemische Spezialpräparate m. b. H. (Erfinder: **Hans Brinkhoff**), Berlin, *Anästheticum für die Magenschleimhaut* durch Umsetzen von Menthol mit p-Aminobenzoesäureäthylester in A.-Lsg. in Ggw. von HCl. Nd. wird mit A.-Ae. gewaschen u. getrocknet. — *Zur Beseitigung des Hungergefühls bei Entfettungskuren.* (**D. B. P. 859 517** Kl. 30h vom 3/1. 1951, ausg. 15/12. 1952.) K. HEINZE. 4807

Ciba Akt.-Ges., Basel, Schweiz, *Herstellung des 2-(α-Phenylaminoäthyl)-imidazolins der* Formel I sowie seiner Salze aus einem reaktionsfähigen Ester des 2-(α-Oxyäthyl)-imidazolins durch Einw. auf Anilin oder auf eine seiner N-Metallverbb., z. B. N-Na- oder N-Li-Verbindungen. — Als reaktionsfähige Ester des 2-(α-Oxyäthyl)-imidazolins werden bes. solche mit starken anorgan. u. organ. Säuren genannt, wie HCl, sowie Alkyl- u. Arylsulfonsäuren. Gegebenenfalls wird in An- oder Abwesenheit von Verdünnungsmitteln u. bzw. oder Katalysatoren, wie NaJ, oder Kondensationsmitteln gearbeitet. — Für die Salzbldg. der neuen Imidazoline geeignete Säuren sind z. B. HCl, H_2SO_4, HNO_3, H_3PO_4, aliphat. Säuren, z. B. Essig-, Propion-, Oxal-, Äpfel- oder Citronensäure, ferner Benzoesäure, Methansulfonsäure, Oxyäthansulfonsäure, Benzolsulfonsäure. — Aus 2-(α-Chloräthyl)-imidazolinhydrochlorid u. Anilin in Ggw. von NaJ entsteht *2-(α-Phenylaminoäthyl)-imidazolinhydrochlorid,* F. 206—207°. — Die neuen Verbb. dienen als *Heilmittel* u. verursachen eine starke Coronarerweiterung u. Herzfrequenzzunahme. (**Oe. P. 173 697** vom 12/6. 1951, ausg. 10/1. 1953. Schwz. Prior. 5/7. 1950.) M. F. MÜLLER. 4807

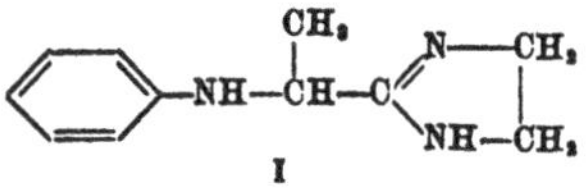

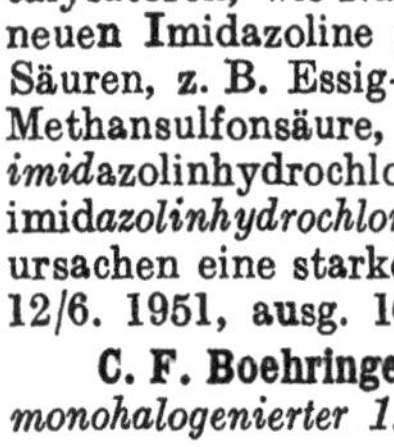

C. F. Boehringer & Soehne G. m. b. H., Mannheim-Waldhof, *Herstellung neuer monohalogenierter 1.3-Dioxane* der allg. Zus. I, worin R_1 einen gegebenenfalls substituierten Alkyl-, Aryl-, Aralkyl-, hydroaromat. oder heterocycl. Rest bedeutet u. R_2, R_3, R_4 = H bzw. gegebenenfalls substituierte Alkyl-, Aryl-, Aralkyl-, hydroaromat. oder heterocycl. Reste sind. — Man kondensiert Halogenhydrine der Zus. R_1—CHOH—CH(Hal)—CHOH—R_2 mit Carbonylverbb. R_3—CO—R_4, z. B. CH_2O, Aceton, Benzaldehyd oder Cyclohexanon. — 1-Phenyl-2-brompropandiol-(1.3) (II) bildet mit Aceton das *2.2-Dimethyl-5-brom-6-phenyl-1.3-dioxan,* F. 55—56°. — Aus II u. Benzaldehyd entsteht *2.6-Diphenyl-5-brom-1.3-dioxan*, F. 86—87°. — 1-p-Nitrophenyl-2-brompropandiol-(1.3) kondensiert mit Aceton zu *2.2-Dimethyl-5-brom-6-(p-nitrophenyl)-1.3-dioxan*, F. 99°. — *Zwischenprodd.* für die Herst. von *Pharmazeuticis*. (**Oe. P. 174 908** vom 21/4. 1952, ausg. 26/5. 1953. D. Prior. 2/5. 1951.) M. F. Müller. 4807

Ciba Akt.-Ges., Basel, Schweiz, *Herstellung neuer Dioxopiperidine*, dad. gek., daß man durch einen ungesätt. cycl. Rest, sowie durch einen aliphat. KW-stoffrest mit 1—6 C-Atomen in 2.2-Stellung disubstituierte Pentan-1.5-dicarbonsäuren oder ihre funktionellen Derivv. in cycl. Imide überführt. — 2-Phenyl-2-äthylpentan-1.5-dicarbonsäuremononitril-(1), F. 72—76°, in Eisessig gelöst, mit konz. H_2SO_4 auf dem Wasserbade erhitzt, bildet *3-Phenyl-3-äthyl-2.6-dioxopiperidin*, F. 78—81°. — In gleicher Weise entsteht aus 2-Phenyl-2-isopropylpentan-1.5-dicarbonsäuremononitril-(1) das *3-Phenyl-3-isopropyl-2.6-dioxopiperidin*, F. 115—118°, u. aus 2-Phenyl-2-(2'-methylpropyl)-pentan-1.5-dicarbonsäuremononitril-(1), F. 67—70°, wird das *3-Phenyl-3-(2'-methylpropyl)-2.6-dioxopiperidin*, F. 78—81°, gebildet. — Weiter sind genannt das *3-Phenyl-3-(3'-methylbutyl)-2.6-dioxopiperidin*, F. 65—68°, *3-Phenyl-3-(n-amyl)-2.6-dioxopiperidin*, F. 43—45°, u. *3-Phenyl-3-äthyl-2.6-dioxopiperidin*, welches mit CH_3J in an sich bekannter Weise das *1-Methyl-3-phenyl-3-äthyl-2.6-dioxopiperidin*, $Kp._{0,4}$ 138—142°, liefert. — Verbb. mit *pharmakolog.* Eigg., bes. *antikonvulsiver* Wirkung. (**Oe. P. 174 909** vom 6/2. 1952, ausg. 26/6. 1953. Schwz. Priorr. 13/2. 1951 u. 30/1. 1952.) M. F. Müller. 4807

Ciba Akt.-Ges., Basel, Schweiz, *Herstellung neuer Tetrahydropyridinverbindungen* der Formel I, worin X_1 u. X_2 = O oder S ist. R = Aryl-, Alkyl- oder Aminoalkylgruppe. R_1 = H oder Alkylgruppe. — Man überführt Δ^3-2-Arylpenten-1.5-dicarbonsäuren, welche in 2-Stellung durch einen Aryl-, Alkyl- oder Aminoalkylrest substituiert sind, oder ihre funktionellen Derivv. in ihre cycl. Imide oder Thioimide, welche am Ringstickstoffatom unsubstituiert oder alkyliert sind. — Als Ausgangsstoffe sind genannt z. B. Δ^3-2-Phenyl-2-äthylpenten-1.5-dicarbonsäure, Δ^3-2-Phenyl-2-aminoalkylpenten-1.5-dicarbonsäure, Δ^3-2-Phenyl-2-dialkylaminoalkylpenten-5-dicarbonsäuren u. ihre funktionellen Derivate. — Δ^3-2.2-Diphenylpenten-1.5-dicarbonsäure-1-mononitril wird in Eisessig gelöst u. mit konz. H_2SO_4 bei Tempp. bis 110° behandelt. Es entsteht dabei *3.3-Diphenyl-2.6-dioxo-1.2.3.6-tetrahydropyridin*, F. 170 bis 172°. — Behandelt man Δ^3-2-Äthyl-2-phenylpenten-1.5-dicarbonsäure-1-mononitril in gleicher Weise, so erhält man *3-Äthyl-3-phenyl-2.6-dioxo-1.2.3.6-tetrahydropyridin*, F. 164—166°, welches mit CH_3J in Ggw. von Na-Amid als Kondensationsmittel in das *1-Methyl-3-äthyl-3-phenyl-2.6-dioxo-1.2.3.6-tetrahydropyridin* übergeführt wird. — In weiteren Beispielen sind genannt *3-(β-Diäthylaminoäthyl)-3-phenyl-2.6-dioxo-1.2.3.6-tetrahydropyridin*, $Kp._{0,22}$ 172—185°; *Monohydrochlorid*, F. 225—227°; u. *3-Äthyl-3-phenyl-2-oxo-6-thioketo-1.2.3.6-tetrahydropyridin*, F. 105—107°, welches aus der entsprechenden 2.6-Dioxyverb. durch Behandlung mit P_2S_5 in Pyridinlsg. erhalten wurde.— Die Verbb. besitzen *pharmakolog.* Eigg. u. dienen z. B. zur Beseitigung von Schock- u. Reizwirkungen. Verbb. mit Aminoalkylresten, wie 3-Phenyl-3-(β-diäthylaminoäthyl)-2.6-dioxo-1.2.3.6-tetrahydropyridin, besitzen ausgeprägte *parasympathicolyt.* Eigenschaften. (**Oe. P. 174 912** vom 22/4. 1952, ausg. 26/5. 1953. Schwz. Prior. 28/4. 1951.) M. F. Müller. 4807

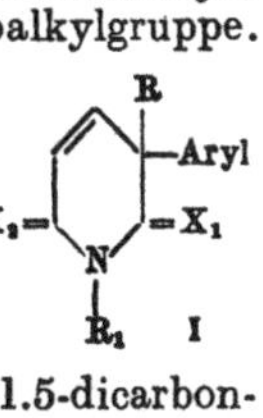

Ciba Akt.-Ges., Basel, Schweiz, *Herstellung von neuen Thioketopiperidinverbindungen der* Formel I, worin einer der Substituenten X_1 u. X_2 S u. der andere O oder S bedeuten. R ist eine Aryl-, Alkyl- oder Aminoalkylgruppe. R_1 = H oder eine Alkylgruppe. — Funktionelle Thioderivv. von in 2-Stellung durch einen Aryl-, Alkyl- oder Aminoalkylrest substituierten 2-Arylpentan-1.5-dicarbonsäuren werden in ihre cycl. Thioimide, welche am Ringstickstoffatom unsubstituiert oder alkyliert sind, übergeführt. Sofern dabei auch Thioketopiperidine erhalten werden, welche eine bas. Gruppe besitzen, so können diese in ihre Salze von anorgan. oder organ. Säuren oder in quaternäre Derivv. übergeführt werden. — Verwendung als Zwischenprodd. u. teilweise als *Heilmittel* mit antikonvulsiver oder parasympathicolyt. Wirkung. — 2.2-Diphenylpentandicarbonsäure-1-monothiamid-5-monoamid wird in Eisessig gelöst u. nach Zusatz von konz. H_2SO_4 bei 70° zunächst auf 90—100° u. danach auf 100—105° erwärmt. Es entsteht dabei *3.3-Diphenyl-2-thioketo-6-oxopiperidin*, F. 165—167°. — In ähnlicher Weise kann man z. B. das *3.3-Diphenyl-2-oxo-6-thioketopiperidin*, F. 159—167°, das *3-Phenyl-3-äthyl-2-oxo-6-thioketopiperidin*, F. 73—75°, u. das *3-Phenyl-3-(β-diäthylaminoäthyl)-2-oxo-6-thioketopiperidin*, F. 125—132°, herstellen. (**Oe. P. 174 913** vom 24/4. 1952, ausg. 26/5. 1953. Schwz. Prior. 28/4. 1951.) M. F. Müller. 4807

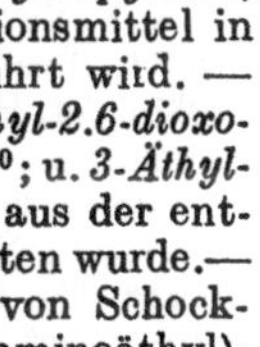

Sunkist Growers, Inc., Los Angeles, übert. von: **Clarence Walter Wilson**, Ontario, Calif., V. St. A., *Gewinnung von Hesperidinmethylchalkon* (I). Durch Zugabe eines in W. lösl. Salzes (NaCl, Na_2SO_4, K-, NH_4- u. Mg-Salze) zu einer wss. Lsg. von **I** mit einem p_H-Wert im sauren Gebiet bildet man ein Coacervat, trennt dieses vom Sol ab u. gewinnt daraus **I**, z. B. durch Kochen mit Isopropanol, Abkühlen u. Abtrennen. — Mittel zur Behandlung von *Retinitis haemorrhagica*. (**A. P. 2 615 015** vom 8/11. 1948, ausg. 21/10. 1952.) FABEL. 4807

J. R. Short Milling Co., Chicago, übert. von: **Herbert Otto Renner**, Des Plaines, Ill., V. St. A., *Reinigung von rohem Sojalecithin* (I) durch Extraktion mit Glykolmonoäthyl- oder -methyläther, -butyl-, -benzyläther. — Beispiel. (**A. P. 2 599 016** vom 16/6. 1947, ausg. 3/6. 1952.) K. HEINZE. 4807

National Research Development Corp., übert. von: **Margaret Ethel Mackay** und **Ralph Ambrose Kekwick**, London, England, *Gewinnung und Trennung von β- und γ-Globulin* aus Säugetier- oder Vogelblut, dem Fibrinogen u. Prothrombin in üblicher Weise entzogen wurden. Das derart vorgereinigte Blutplasma wird durch Zugabe von $NaHCO_3$ auf p_H 5—6,5 eingestellt u. mit sterilem dest. W. auf eine Ionenstärke zwischen 0,12 u. 0,012 eingestellt. Nach Zugabe von 16—18,5% Ae. wird auf —2 bzw. —3,5° abgekühlt. Nd. besteht im wesentlichen aus β- u. γ-Globulin (I). Der Nd. wird in einem Acetat-Phosphatpuffer (II) vom p_H 4 aufgenommen, wobei eine Lsg. vom p_H 4,6 entsteht, die durch Zusatz eines **II** vom p_H 6 auf p_H 4,97 ± 0,02 gebracht wird. Die Lsg. wird mit sterilem dest. W. auf eine Ionenstärke von 0,012—0,006 eingestellt u. mit 8—12% Ae. versetzt. Nach einiger Zeit scheidet sich **I** als Nd. ab. Nach Einstellung des p_H-Wertes im Filtrat auf 6—7,5 u. Abkühlen auf —3,5° fällt **I** aus. (**A. P. 2 606 180** vom 22/8. 1950, ausg. 5/8. 1952. E. Prior. 30/8. 1949.) K. HEINZE. 4807

Morris Mattikow und **David Perlman**, New York, N. Y., V. St. A., *Gewinnung von Sterinen*. Vegetabil., getrocknete oder ölfreie Phosphatide werden mit überschüssiger, nicht oxydierender Säure (HCl, H_2SO_4, H_3PO_4, Trichloressigsäure, Alkyl- u. Arylsulfonsäuren) in einem niedermol., aliphat. Alkohol mit höchstens 5 C-Atomen auf 64—150° erhitzt, bis die Phosphatide zers. sind. Durch Abkühlen auf 0—20° scheiden sich die Sterine ab. — Maisölphosphatide → α-, β- u. *γ-Sitosterin, Sitostanol* u. *Stigmasterin*. — Sojabohnenphosphatide → *Stigmasterin*. (**A. P. 2 585 954** vom 10/10. 1949, ausg. 19/2. 1952.) KRAUSS. 4809

N. V. Veenendaalsche Sajet-en Vijfschachtfabriek voorheen Wed. D. S. van Schuppen & Zoon, Veenendaal, übert. von: **Johan Overhoff**, Amsterdam, und **Johannes Thomas Hackmann**, Heiloo, Holland, *Gewinnung und Reinigung von Sterinen*. Diese enthaltende Mischungen, wie Wollfett, Sojabohnenöl, Keimlingsöl, Hefe, Tallöl werden in einem Lösungsm. unter Ausschluß von W. mit Halogeniden, Nitraten, Sulfaten, Acetaten, Benzoaten, Salicylaten u. Sulfonaten von Alkalien, Erdalkalien, Mg, Al, Fe, Sn, Cr, Zn, **Mn**, Co, Cd auf ca. 80—120° erhitzt, die gebildeten Additionsprodd. abgetrennt u. hydrolysiert. — Aus Wollfettalkohol erhält man durch Behandeln mit $MnCl_2 \cdot 4\,H_2O$ in W. bei 90° u. Zers. in 77%ig. Ausbeute 98,4%ig. *Cholesterin*. — Tallöl → *Phytosterin*. Ferner werden hergestellt: Die *Addukte* von *Sitosterin* u. *Ergosterin* mit *$CrCl_3$*. (**A. P. 2 568 202** vom 14/2. 1946, ausg. 18/9. 1951. Holl. Prior. 28/11. 1941.) KRAUSS. 4809

Schering Akt.-Ges. (Erfinder: **Karl Junkmann** und **Alfred Lübke**), Berlin, *Gesteuerte thermische Spaltung von Sterinen* (I) *und ihren Derivaten*. Die Spaltung der **I** erfolgt durch Erhitzen auf hohe Temp. in Ggw. von wärmeübertragenden u./oder oxydierend wirkenden Katalysatoren (Fe-, Mn-Oxyde), zweckmäßig im Vakuum in Dampfform. — Cholestenondampf wird bei 600° über stückiges FeS bei 0,5—4 mm Druck geleitet, wobei man nach der Trennung ca. 19% saure Anteile u. als Neutralteil ungesätt. KW-stoffe u. Ketone erhält. (**D. B. P. 842 054** Kl. 12o vom 19/4. 1950, ausg. 23/6. 1952.) KRAUSS. 4809

Albert Lowenbein, Randwick, Sydney, Australien (Erfinder: gleich Anmelder), *7-Dehydrocholesterin* (I). Ein Cholesterin-3-ester wird mit N-Halogenbernsteinsäureimid in einem inerten Lösungsm., zweckmäßig in Ggw. eines Aktivators (< 1% Cyclohexen) halogeniert. Aus dem 7-Halogenderiv. wird dann in Ggw. eines organ. Lösungsm. (II) Halogenwasserstoff mit einer feinpulverigen, bas. Erdalkaliverb. [CaO, $Ca(OH)_2$, $CaCO_3$] abgespalten, **II** verjagt u. das Prod. verseift. Zweckmäßig setzt man nach dem Halogenieren ein **II** mit hoher DK. (Nitrobenzol) zu. — Cholesterinacetat wird in PAe. (Kp. 60—80°) in Ggw. einer Spur Cyclohexen mit N-Brombernsteinsäureimid u. wenig $Ca(OH)_2$ erhitzt. Dann dampft man im Vakuum ein, löst den Rückstand in Xylol u. Nitrobenzol u. erhitzt mit gepulvertem $Ca(OH)_2$ 10—15 Min. auf 125°. Die Lösungsmittel werden durch Wasserdampfdest. abgetrieben, nachdem man mit Na_2CO_3 verseift hat; man erhält **I** in 80%ig. Ausbeute. In einem weiteren Beispiel beträgt die Ausbeute 86%. (**D. B. P. 847 593** Kl. 12o vom 23/9. 1950, ausg. 25/8. 1952. E. Priorr. 9/11. 1945 u. 17/10. 1946.) KRAUSS. 4809

E. I. du Pont de Nemours & Co., Wilmington, Del., übert. von: **Hans Reinhard Rosenberg,** Bound Brook, N. J., V. St. A., *Nicotinsäuresterinester* erhält man durch Verestern von Sterinen mit Nicotinsäurechlorid oder -anhydrid, zweckmäßig in Ggw. von Pyridin oder einem tert. Amin. — *Cholesterinnicotinat,* F. 152—154° (trübe Fl., die bei 200° klar wird), unlösl. in W.; $[\alpha]_D$ —16,2° (Chlf.). — *7-Dehydrocholesterinnicotinat,* F. 160—162° (trüb), klar bei 177—182°; $[\alpha]_D$ —55,9° (Chlf.). — *Ergosterinnicotinat,* F. 162—166°; $[\alpha]_D$ —61,5° (Chlf.). — *Phytosterinnicotinat,* F. 108—116°. — *Stigmasterinnicotinat.* Zusatzstoff für *Nahrungsmittel* (Reis, Mais, Grütze). (**A. P. 2 586 438** vom 29/6. 1949, ausg. 19/2. 1952.) KRAUSS. 4809

N. V. Philips' Gloeilampenfabrieken (Erfinder: **Jan Strating**), Eindhoven, Holland, *Herstellung von 7-Dehydrosterylrhodaniden,* dad. gek., daß man in Δ5.6- ungesätt. Sterylrhodaniden eine Doppelbindung zwischen den C-Atomen 7 u. 8 herstellt, indem man in 7-Stellung ein Halogenatom einführt u. anschließend Halogenwasserstoff abspaltet oder daß man ein Δ5.6;7.8- ungesätt. Sterin, das in 3-Stellung eine reaktionsfähige Gruppe enthält, z. B. 7-Dehydrocholesterylbromid, mit einem Alkalirhodanid umsetzt. Das *7-Dehydrocholesterylrhodanid* krist. aus absol. A.; F. 139—140,5°; UV-Absorptionsspektr. weist Maxima bei 274, 285 u. 297 mμ mit einer $E^{1\%}_{1\,cm}$ von 287, 315, 189 u. Minima bei 279 u. 293 mμ mit einer $E^{1\%}_{1\,cm}$ von 255 u. 176 auf. Zwischenprodukte. **D. B. P. 840 843** Kl. 12o vom 9/4. 1950, ausg. 5/6. 1952.) SCHINDLER. 4809

Upjohn Co., übert. von: **Herbert C. Murray, Hickory Corners** und **Durey H. Peterson,** Kalamazoo, Mich., V. St. A., *Oxydation von Steroiden durch Schimmelpilze.* Ein in 11-Stellung methyliertes Steroid wird unter Belüftung der Einw. oxydierender Enzyme unterworfen, die durch Züchten von oxydierenden Schimmelpilzen aus der Gruppe der Mucorineen gewonnen wurden. (**A. P. 2 602 769** vom 23/2. 1952, ausg. 8/7. 1952.) KETTNER. 4809

F. Hoffmann-La Roche & Co. Akt.-Ges., Basel, Schweiz, *Herstellung von d(+)-α.γ-Dioxy-β.β-dimethyl-buttersäure-(3'-oxypropyl)-amid* nach Patent 838 289, dad. gek., daß die Rk. von d(—)-α-Oxy-β.β-dimethyl-γ-butyrolacton mit 3-Oxypropylamin in Abwesenheit von Lösungsmitteln durchgeführt wird. Farbloses, leicht wasserlösl. Öl, $Kp._{0,02}$ 118—120°; $[\alpha]_D^{20}$ +29,7° für C = 3 in Wasser. (**D. B. P. 843 850** Kl. 12o vom 18/11. 1949, ausg. 14/7. 1952. Schwz. Prior. 14/6. 1944. **Zusatz zu D. B. P. 838 289; (C. 1952. 6096.)** SCHINDLER. 4809

Braunschweiger Gesellschaft für angewandte Elektrizität m. b. H. (Erfinder: **Rudolf Kühnhold**), Braunschweig, *Gewinnung von antibiotisch wirkenden Stoffen,* dad. gek., daß man Substanzen, die Mikroorganismen enthalten, mit hoher, bes. für den Abtötungsvorgang optimaler Geschwindigkeit auf die bei Einhaltung sehr kleiner Einwirkzeiten (< 10″) zur Abtötung bzw. starken Reduzierung der Keime bei der gegebenen Aufheizgeschwindigkeit hinreichende Temp. aufheizt. Z. B. wird Milch mit einer Aufheizgeschwindigkeit von ca. 100°/Sek. während 2— 3 Sek. auf 74° erhitzt. Der anfängliche Säuregrad wird über 100 Std. gehalten. Weitere Anwendung bei Wurstmassen, Gemüsesäften usw. mittels hoch- bzw. ultrahochfrequentem elektr. Wechselfeld. (**D. B. P. 853 633** Kl. 30h vom 2/10. 1948, ausg. 27/10. 1952.) SCHINDLER. 4811

Løvens Kemiske Fabrik ved A. Kongsted, Kopenhagen (Erfinder: **Erling Frederiksen,** Holte, und **Erling Juke Nielsen,** Charlottenlund), Dänemark, *Präparate von antibiotischen Stoffen* werden erhalten, indem das Rohsubstrat nach völliger oder partieller Entfernung der verwendeten Mikroorganismen oder ein ganz oder teilweise durch Zerstäuben eingedampftes u. gegebenenfalls in W. wieder gelöstes Rohsubstrat ohne Säuerung u. nachfolgende Extraktion einer Behandlung, z. B. mit Gerbsäure, zur völligen oder teilweisen Entfernung der emulgierenden u. emulsionsstabilisierenden Stoffe, wie Proteine, Polypeptide u. Aminosäuren, ohne gleichzeitige Entfernung von wesentlichen Mengen des Antibioticums unterzogen wird. Die Konz., Isolierung u. Reindarstellung werden erleichtert. (**D. B. P. 859 197** Kl. 30h vom 1/10. 1950, ausg. 11/12. 1952. Dän. Prior. 19/3. 1946.) SCHINDLER. 4811

Merck & Co., Inc., Rahway, übert. von: **Harold B. Woodruff,** Cranford, N. J., V. St. A., *Herstellung von Streptomycin* (**I**) durch Züchtung eines Stammes von Actinomyces griseus, der gegen Actinophagen (**II**) resistent gemacht wurde. Dies geschieht durch gleichzeitige Züchtung mit **II**, die ein filtrierbares mikrobiol. Virus bilden, unter Belüften u. Rühren. Selektive Weiterzüchtung des resistenten Stammes, der schließlich höhere Ausbeuten an I liefert. (**A. P. 2 585 713** vom 15/4. 1948, ausg. 12/2. 1952. **E. P. 667 108** vom 24/3. 1949, ausg. 27/2. 1952. A. Prior. 15/4. 1948.) SCHINDLER. 4811

Parke, Davis & Co., Detroit, Mich., V. St. A., *Herstellung von klaren, haltbaren, wässerigen Lösungen von Chloramphenicol.* Man löst Chloramphenicol oder dl-Chloramphenicol in W., das mindestens 30 Vol.-% eines wasserlösl. Amides der Formel RC·O—N(R_1R_2) enthält. Es bedeuten R u. R_1 = H oder Alkylreste mit 1 oder 2 C-Atomen u. R_2 = einen Alkylrest mit 1 oder 2 C-Atomen. (**Finn. P. 26 044** vom 9/10. 1950, Auszug veröff. 29/11. 1952. A. Prior. 18/5. 1950.) JÜRGEN SCHMIDT. 4811

Paul W. Wilcox, Glenolden, und **Bernard B. Jatul,** Drexel Hill, Pa., V. St. A., *Therapeuticum mit bakteriostatischer Wirkung.* Das Prod. besteht aus einer klaren wss. Lsg. von *Thyrothricin* in einer Konz. größer, als seiner Löslichkeit in W. entspricht, u. einem in W. löslichen, nicht ionisierbaren Netzmittel (I). Als I werden Polyalkylenverbb. eines langkettigen Fettsäureesters eines sechswertigen Alkohols mit innerer Anhydridsäurestoffbrücke mit wenigstens 4 Oxyäthylengruppen genannt. (**Can. P. 482 745** vom 22/10. 1945, ausg. 29/4. 1952. A. Prior. 10/2. 1945.) WITTHOLZ 4811

Mount Sinai Hospital Research Foundation, Inc., übert. von: **Gregory Shwartzman,** New York, N. Y., V. St. A., *Herstellung eines Keimtötungsmittels von antibiotischer Wirkung* für gramnegative u. grampositive Bakterien durch Behandlung von Pyridoxamin (2-Methyl-3-oxy-4-aminomethyl-5-oxymethylpyridin) mit UV-Licht einer Wellenlänge $<$ 320 mμ bei p_H 2,01—3,0. Bestrahlungsdauer 1—28 Std. (**A. P. 2 599 587** vom 18/1. 1947, ausg. 10/6. 1952.) K. HEINZE. 4811

Soc. des Usines Chimiques Rhône-Poulenc (Erfinder: **Robert M. Jacob, Paul Gailliot** und **Jean Robert**), Paris, Frankreich, *Herstellung von 2-Dichlormethyl-4-(4'-nitrophenyl)-oxymethyl-2-oxazolinen der allo- bzw. threo-Reihe,* dad. gek., daß das entsprechende allo- bzw. threo-1-(4'-Nitrophenyl)-2-dichloracetylamino-3-chlorpropanol-(1) (I) durch Einw. eines Alkalihydroxyds zum Ringschluß gebracht wird. Die Ausgangssubstanz wird in einem gegebenenfalls wasserfreien, jedoch mit W. mischbaren organ. Lösungsm., z. B. A., gelöst u. dann mit wss. verd. NaOH oder KOH zur Rk. gebracht. Geeignete Ausgangsprod. sind z. B. I in rac. Form oder in einer seiner opt. akt. Formen. Die Oxazoline besitzen entweder selbst *antibiot.* Eigg., was bes. für die dl- bzw. d-threo-2-Dichlormethyl-4-(4'-nitrophenyl)-oxymethyl-2-oxazoline zutrifft, oder sie sind Zwischenprodd. für die Darst. von Antibioticis. (**Oe. P. 171 715** vom 24/2. 1951, ausg. 25/6. 1952. F. Priorr. 25/2. u. 16/6. 1950.) M. F. MÜLLER. 4811

Charles Dorier und **Jean Chibret,** Clermont-Ferrand, Frankreich, *Zweiteiliger Behälter* zum getrennten Aufbewahren von 2 *Substanzen,* die erst vor ihrer Verwendung vermischt werden, wobei die im unteren Behälter befindliche Fl. durch ein im aufgesetzten Behälter hervorgerufenes Vakuum zu der im oberen Behälter befindlichen Substanz fließt. — Verwendung für *Antibiotica.* — Zeichnungen. (**E. P. 669 446** vom 14/11. 1949, ausg. 2/4. 1952. F. Prior. 19/3. 1949.) MAASS. 4811

Research Corp., New York, N. Y., V. St. A., *Fraktionierte Fällung von Proteinen* aus Blutserum durch Zugabe von A. als Fällungsmittel, wobei die Gesamt-Fl. 10 bis 40% A. enthalten soll, bei 0—5° u. einem p_H von 4,4—7,8 in Ggw. von Elektrolyten, wie Phosphatpuffer, bei einer Ionenstärke von 0,01—0,2. Die Fällung von Fibrinogen, α-Globulin, β-Globulin u. Albumin erfolgt in der Nähe des jeweiligen isoelektr. Punktes. Abtrennung der Fraktionen mit der Ultrazentrifuge. An Stelle von A. kann Methanol, Butanol, Aceton, Glycerin oder Dioxan verwendet werden. (**E. P. 669 461** vom 17/10. 1945, ausg. 2/4. 1952.) K. HEINZE 4813

Soc. An. des Ateliers & Chantiers de la Loire, Paris (Erfinder: **Roger Wagner,** Villejuif), Frankreich, *Gefrieren von biologischen Flüssigkeiten, wie Blutplasma,* in dünnen Schichten auf der Innenwand sich drehender, von außen gekühlter Behälter, dad. gek., daß das unter Druck gesetzte Gefriermittel, z. B. A., als Antriebsmittel für die Drehbewegung der Behälter verwendet wird. — Vorrichtung. (**D. B. P. 853 501** Kl. 30h vom 19/11. 1950, ausg. 27/10. 1952. F. Priorr. 21/11. 1949 u. 2/2. 1950.) SCHINDLER. 4813

East Anglia Chemical Co. Ltd., Arthur Ronald Lockwood, Aycliffe, und **Violet Chilton Haworth,** Thurcroft, England, *Depolymerisation von Dextran* (I) durch Einw. von Ultraschall auf wss. Suspensionen von makromol. I. Es werden Generatoren mit einem Schwingquarz oder -turmalin bei Zimmertemp. u. n. Druck verwendet. Die Sender haben eine Kapazität von 2,5—25 KVA u. Frequenzen von 215—750 Kilocyclen/sec. I kann durch Fällung mit Aceton, Waschen mit HCl (p_H 5) u. Neutralisieren vorbehandelt werden. *Ersatz für Blutplasma.* — Vorrichtung. (**E. P. 681 548** vom 7/6. 1949, ausg. 29/10. 1952.) K. HEINZE. 4813

Johann Schmid, Birkenhöhe, Ponholz, *Herstellung eines Einreibemittels* in Form einer beständigen Emulsion aus in Essigsäure (I) behandelten Hühnereiern (II) nach Patent 801 283, dad. gek., daß die Eier nach dem I-Bad vom Häutchen befreit, mit mäßig verd. I verquirlt u. nach einiger Zeit die sich absetzende I abgezogen wird, worauf die Eiermasse mit Öl, W. u. verd. I fertig emulgiert wird. Nach dem Beispiel wird Terpentinöl genommen. (**D. B. P. 830 380** Kl. 30h vom 6/1. 1950, ausg. 4/11. 1952. **Zusatz zu D. B. P. 801 283; C. 1951. II. 571.**) Schindler. 4815

Dome Chemicals, Inc., übert. von: **Irving B. Wershaw**, New York, N. Y., V. St. A., *Dermatologisches Präparat*, bestehend aus rohem Kohlenteer, dem je Teil 10—40 (Teile) eines Netzmittels u. 1—15 TiO_2, 15—30 Stärke, 3—10 ZnO sowie ein fl. oder fester Trägerstoff, z. B. Mineralöl, zugesetzt sind. Als Netzmittel sind Polyalkylenderivv. von Hexitanhydridteilestern, z. B. Polyoxyalkylensorbitmonolaurat oder -palmitat oder -stearat, genannt. (**A. P. 2 602 039** vom 24/5. 1950, ausg. 1/7. 1952.) Schindler. 4815

American Cyanamid Co., New York, N. Y., V. St. A., *Pulverförmige Arzneimittel* mit einem Geh. an öllösl. Vitaminen oder Hormonen u. gegebenenfalls Pflanzenöl. Der Wirkstoff, der in Öl u. einem organ. Lösungsm. gelöst sein kann, wird mit einem Mg- oder Al-Alkoholat vermischt, worauf das Alkoholat durch W. hydrolysiert wird. Der entstehende Nd., der das Öl u. den Wirkstoff adsorbiert enthält, wird schonend getrocknet. Das Pulver kann anschließend mit wenig Öl verrieben werden, damit Oxydation verhindert wird. — Beispiele mit der Al- bzw. Mg-Verb. des Isopropanols u. Vitamin-A-Acetat oder Tocopherol u. Ricinusöl. (**E. P. 675 792** vom 31/1. 1950, ausg. 16/7. 1952. A. Prior. 24/2. 1949.) K. Heinze. 4815

Friedrich Susanka, Wien, Österreich, *Präparat gegen Schnupfen, Heuschnupfen und andere entzündliche Prozesse der Nasen-, Mund- und Rachenschleimhäute.* Man dispergiert mit Hilfe von *Ultraschall* ein Gemisch aus ca. 24 (Gewichtsteilen) H_3BO_3, 8 Aloe u. 1 $ZnSO_4$ in 1000 dest. W. u. 60 96%ig. A., gegebenenfalls unter Zusatz von Vitaminen der Gruppen A, B, C oder F oder deren Gemischen. Die Anwendung des Präp. erfolgt zweckmäßig durch Zerstäuben bzw. Vernebeln in geeigneten Vorrichtungen. (**Oe. P. 172 669** vom 4/8. 1949, ausg. 10/10. 1952.) Raetz 4815

Aerosol Corp. of America, New York, N. Y., übert. von: **Lucien Dautrebande**, Washington, D. C., V. St. A., *Inhalationsmittel*, bestehend aus 10%ig. Lobeliatinktur oder einem Lobelinsalz, einem Alkaloidsalz, z. B. Procain-, Cocainhydrochlorid, Atropin- u./oder Strychninsulfat, Guajacol, Penicillinsalzen u. Äthylenglykol oder Dioctylester des Na-Sulfosuccinats als Dispersionsmittel in Verb. mit W. zur Erzeugung eines Aerosols. Zur Behandlung von Asthma, Bronchitis usw. (**A. P. 2 594 296** vom 24/6. 1948, ausg. 29/4. 1952.) Schindler 4815

Barker, Moore & Mein Co., Philadelphia, übert. von: **Vincent A. Santivasi**, Springfield, Pa., V. St. A., *Mittel gegen Geflügelcoccidose* aus feinverteiltem S u. einem Tetraalkylthiuramsulfid oder -disulfid (I), worin Alkyl gleich Methyl, Äthyl oder Propyl sein kann. Der S soll eine Teilchengröße von ca. 7—8 μ, nicht jedoch über 30 μ, aufweisen, er kann ein Netzmittel u. einen Schleimstoff enthalten. Das Verhältnis von S zu I ist 4 : 1 bis 16 : 1. Als I kommt bes. Tetraäthylthiuramdisulfid in Betracht. Das Mittel kann Vitamin D u. $CaCO_3$ enthalten u. wird zum Futter gemischt. (**A. P. 2 610 140** vom 21/4. 1950, ausg. 9/9. 1952.) K. Heinze. 4815

O. Krøldrup, Kopenhagen, Dänemark, *Sterilisieren von Luft.* Um die Luft von Schulen, Kasernen oder anderen Räumen zu sterilisieren, verdampft man in der Luft eine kleine Menge Glykolverbb., bes. *Triäthylenglykol*, z. B. 0,005—0,05 g je m^3. Hierdurch werden Erkältungserkrankungen verhindert. Zum Verdampfen werden poröse Tonhauben mit einer Rinne zur Aufnahme der Fl. verwendet, die auf eine Glühbirne aufgesetzt werden können. — Zeichnungen. (**N. P. 77 712** vom 27/1. 1950, ausg. 13/11. 1950. Dän. Prior. 28/2. 1949.) Jürgen Schmidt. 4835

Henri Corblin, Frankreich, *Sterilisieren und Reinigen von Luft.* Die Luft wird in einem Behälter auf mindestens 150° erhitzt, dabei werden auf einem m^3 Luft mindestens 150 g Wasserdampf zugesetzt. Nach ca. 1 Min. sind alle Keime abgetötet. Beim Abkühlen nach dem Verlassen des Behälters schlagen sich mit dem Wasserdampf der Staub u. die toten Keime nieder. — Vorrichtung. (**F. P. 985 907** vom 10/11. 1943, ausg. 25/7. 1951.) Vier. 4835

F. N. Appleyard and C. G. Lyons, Practical Pharmaceutical Chemistry. 7. Auflage. London: Isaac Pitman & sons. 1950. (171 S.) 10 s. 6 d.

A. Couvreur, Les produits aromatiques, utilisés en pharmacie. Eaux distillées aromatiques. — Essences synthétiques. — Produits organiques. — Baumes et substances résineuses. Baumaromes. — Produits d'origine animale. Paris: Vigot Frères Editeurs. (195 S.)

G. Analyse. Laboratorium.

I. H. Hadfield und **P. H. Bigg,** *Notiz über elektrostatische Ladungen an Glas und anderen Gefäßen.* Vf. empfiehlt, das Entstehen elektrostat. Ladungen, die bei genauen Wägungen Fehlerquellen sind, besser zu vermeiden als zu beseitigen. Hierfür werden verschied. Verff. geeignet sein, bei geglühten Tiegeln z. B.: das Abkühlen in einem Metallblock. (Analyst **76.** 729. Dez. 1951.) ENDRASS. 5022

D. G. Stevenson, *Eine einfache Zirkulationspumpe.* Es wird eine einfache App. beschrieben, mit der in einem Flüssigkeitssyst. in einem geschlossenem Gefäß eine ständige schwache Strömung aufrechterhalten werden kann. Die App. kann auch zur Erzeugung eines andauernden schwachen Luftstromes in einem Exsiccator verwendet werden. (Analyst **76.** 669—70. Nov. 1951. Hendon, Hill View Gardens, Brit. Launderers' Res. Assoc.) GEDSCHOLD. 5026

Gerson Kegeles, *Eine Technik für die Ultrazentrifuge zur Ausbildung der Schichtgrenze.* Beschreibung einer Meth. zur Bldg. einer ziemlich scharfen Grenze zwischen 2 Schichten verschied. D. innerhalb einer abgeänderten Ultrazentrifugenzelle (das Lösungsm. fließt erst während des Rotierens langsam zur schwereren Lsg.) als Ausgangs- u. Bezugsmarke, u. a. bei der genauen Best. von Sedimentationskonstanten von mäßig hochmol. Stoffen. (J. Amer. chem. Soc. **74.** 5532—34. 5/11. 1952. Bethesda, Md., Fed. Secur. Agency, U. S. Public Health Serv., Nat. Cancer Inst.) BLUMRICH. 5036

G. Oldham, *Ein Apparat für Mikrodestillationen.* Vf. beschreibt eine einfache Glasvorr., die sich für die Mikrodest., auch im Vakuum, bes. eignet. Die Herst. des bes. geformten Auffängers wird mitgeteilt u. die Arbeitsweise erläutert. (Analyst **77.** 542—43. Okt. 1952. Loughborough, Leicestershire, Inst. of Technol., Dep. of Pure and Appl. Sci.) WEITBRECHT. 5038

Paul Numerof und **Karl Reinhardt,** *Einfacher Laboratoriumsverdampfer.* Bei dem beschriebenen Verdampfer handelt es sich um eine etwas abgeänderte Form des von PARTRIDGE (vgl. C. **1952.** 574) konstruierten Apparates. (Analytic. Chem. **25.** 364. Febr. 1953. New Brunswick, N. J., Squibb Inst. for Med. Res.) GOTTFRIED. 5038

Herrick L. Johnston, *Mit Fenstern versehene Kryostaten zum Gebrauch bei Tieftemperaturuntersuchungen.* Vf. bespricht einen Messingkryostat, der mit vakuum- u. druckdichten Fenstern aus Lucite versehen ist. In diesem Kryostat befindet sich ein DEWAR-Gefäß, dessen Silberbelag so weit entfernt ist, daß man durch das Fenster aus Lucit in das DEWAR-Gefäß sehen kann. (Rev. sci. Instruments **23.** 569—70. Okt. 1952. Columbus, O., Univ., Dep. of Chem., Cryogenic Labor.) GOTTFRIED. 5046

V. Everett Kinsey, *Änderung des Gerätes, mit dem der osmotische Druck nach Baldes' thermoelektrischer Methode gemessen wird.* Im BALDES-Gerät (J. sci. Instruments **11.** [1934.] 223) wird das empfindliche Galvanometer durch einen Zerhackergleichrichter ersetzt, wodurch seine Handhabung erleichtert u. sein Anwendungsbereich vergrößert wird. Es wird gezeigt, daß genaueste Temperaturregelung bei kräftigem Rühren des Bades, in dem sich die Thermoelemente befinden, nicht erforderlich ist. (Rev. sci. Instruments **21.** 767—68. Aug. 1950. Boston, Mass., Harvard Med. School, Howe Labor. of Ophthalmol.) LINDBERG. 5048

L. E. Owen, *Bohrlehre für „porous cup"-Elektroden.* Beschreibung u. Detailzeichnung einer Bohrlehre mit Absaugkanälen zur Herst. von „porous cup"-Elektroden aus vorgeschnittenen Stücken mit einer Dicke der Elektrodenendfläche bis zu 0,025 mm. (Analytic. Chem. **22.** 1581—82. Dez. 1950. Oak Ridge, Tenn., NEPA Project.) EICHHOFF. 5054

R. E. Cech, *Ein Mikroskopobjekttisch für hohe und tiefe Temperaturen.* Der Objekttisch besteht aus einer evakuierten, durch W. oder fl. N_2 gekühlten Cu-Kammer, in der die zu untersuchende Metallprobe durch Stromdurchgang geheizt wird. Ein Quarzfenster erlaubt Beobachtung bei hohen Temperaturen. (Rev. sci. Instruments **21.** 747—49. Aug. 1950. Schenectady, N. Y., General Electric Comp., Res. Labor.) LINDBERG. 5056

A. F. Hallimond und **E. Wilfred Taylor,** *Ein erprobtes Polarisationsmikroskop.* 5. Mitt. *Das Erzmikroskop.* (4. vgl. C. **1951.** I. 761.) Wissenschaftliche Beschreibung u. Begutachtung eines Erzmikroskops. (Mineralog. Mag. J. mineralog. Soc. **30.** 49—56. März 1953. York, Cooke, Troughon & Simms, Ltd.) HILLER. 5056

Léon Le Bouffant und **Jean-Louis Soulé,** *Automatisches Verfahren der granulometrischen Analyse.* Das genau beschriebene Verf. beruht auf dem Abtasten einer Photomikrographie mittels eines Lichtstrahles. Die durch den Umfang der einzelnen Teilchen hervorgerufenen Intensitätsschwankungen des durchfallenden Lichts werden durch eine Photozelle registriert, deren Strom einen Integrationskreis betätigt. Die theoret. Grundlagen u. das Schaltschema werden ausführlich beschrieben. (C. R. hebd. Séances Acad. Sci. **235.** 1207—10. 17/11. 1952.) GOTTFRIED. 5056

H. Michl, *Über die quantitative Auswertung von Elektrophoresediagrammen auf Filtrierpapier.* 2. Mitt. (1. vgl. C. **1952.** 3377.) Vf. beschreibt ein einfaches, kontinuierliches, selbstregistrierendes Verf. zur quantitativen Auswertung von Elektrophoresediagrammen auf Filtrierpapier u. die möglichen Fehlerquellen. Auf Streifen aus Filtrierpapieren verschied. Herkunft (nicht jedes ist geeignet) werden in einem geeigneten Elektrophoreseapp. die der Analyse unterworfenen Substanzen in zunächst farblose Streifen auseinandergezogen, die nach den jeweiligen Substanzen angepaßten Techniken angefärbt werden. Nach eventueller weiterer Verstärkung werden die Farbtonwerte in eine Schattenkurve umgewandelt, die im wesentlichen mit derjenigen bei der „freien" Elektrophorese erhaltenen übereinstimmt. Man bedient sich hierzu eines n. photograph. Vergrößerungsapp., dessen Objektiv durch eine Zylinderlinsenoptik ersetzt ist; ferner ist ein Graukeil dazwischengeschaltet. Man erhält auf diese Weise einen Negativfilm der Schattenkurve. (Mh. Chem. **83.** 210—20. S.-B. österr. Akad. Wiss., math.-naturwiss. Kl., Abt. IIb **161.** 210—20. 1952. Wien, Univ., II. Chem. Labor.) TIEDEMANN. 5062

G. W. Ssamssonow, *Die chromatographische Methode.* Übersichts- u. Fortschrittsbericht unter besonderer Berücksichtigung der sowjet. Arbeiten. (Природа [Natur] **42.** Nr. 6. 3—10. Juni 1953.) WITTWER. 5062

Je. M. Brumberg, *Apparat zur Chromatographie und zur chemischen Analyse im ultravioletten Licht* (*Ultrachemiskop*). Das „Ultrachemiskop" besteht aus einem kleinen, flachen Kasten, in dem sich eine Hg-Niederdrucklampe aus Uviol-Glas befindet. In den oberen Deckel ist unmittelbar über der Lampe ein dünnes purpurrotes Farbfilter (UG-5, nach SCHOTT) eingelassen, das die Strahlen der Wellenlängen 410—240 mμ hindurchläßt. Das zu untersuchende Filtrierpapier wird durch einen Fluorescenzschirm auf das Farbfilter aufgedrückt, auf dem an den entsprechenden Stellen Schatten erscheinen. Auf den Fluorescenzschirm sind an der Unterseite fluorescierende Stoffe mit verschied. Erregungs- u. Fluorescenzspektren aufgetragen, von denen die 1., 2. bzw. 3. Schicht durch Strahlen mit λ = 270 mμ oder kürzer, λ = 320—270 mμ bzw. λ = 400—320 mμ erregt werden. Die Fluorescenzfarbe der einzelnen Schichten muß rot, grün oder blau sein. Die Farbe der Schatten wird durch die UV-Absorptionsspektren der untersuchten Stoffe bestimmt. Der App. gestattet die Best. der Lage von Stoffen, die im Papierchromatogramm UV-Strahlen absorbieren. Der App. dient weiter zur Ausführung qualitativer chem. Tüpfelanalysen. (Доклады Академии Наук СССР [Ber. Akad. Wiss. UdSSR] [N. S.] **72.** 885—88. 11/6. 1950.) FÖRSTER. 5062

R. A. Grant und **S. R. Stitch,** *Ein Fraktionensammler für chromatographische Zwecke, der gleiche Volumen einteilt.* Um angenähert gleiche Voll. von Eluaten bei der Chromatographie zu erhalten, haben Vff. ein einfaches u. billiges Drehtischgerät mit elektr. Regelung der Volumeinteilung gebaut. Die App. geht auf ein Gerät von HOUGH, JONES u. WADMAN (**1950. II.** 1383) zurück. Vff. benutzen jedoch als Meßgerät für die Fraktionen ein U-förmiges Auffanggefäß, das in der Krümmung eine kleine Menge Hg enthält u. mit Überlaufrohr versehen ist. In das Hg führt ein Pt-Kontakt. Durch den stat. Druck der auftropfenden eluierten Fl. wird das Hg in den anderen Schenkel des U-Rohres verdrängt u. schließt bei bestimmter Höhe durch Berührung eines Ni-Drahtes den Stromkreis, der die Drehung des Tischchens mit den Fraktionsgläsern verursacht. Der Ni-Draht ist verstellbar, wodurch eine beliebig einzustellende Volumgröße der Eluatfraktionen ermöglicht wird. (Chem. and Ind. **1951.** 230. 24/3. Bristol, Fishponds, Bristol Mental Hosp., Biochem. and Endrocrinol. Res. Dep.) WINGCHEN. 5062

R. Curti und **U. Colombo,** *Chromatographie von Stereoisomeren mit formierten Adsorbentien.* (Vgl. C. **1953.** 4091.) Es gelingt nach den Verss. der Vff., die opt. Antipoden von *Camphersulfonsäure* (**I**) u. *Mandelsäure* (**II**) an *Silicagel* (**III**) spezieller Zubereitung zu trennen, u. zwar läßt sich schon nach einmaligem Durchlauf durch eine für **I** spezif. **III**-Zubereitung eine Anreicherung von 30% **I** erreichen (200 ml 0,01 mol. dl-**I**-Lsg. an 5 g **III**). **III** wurde bereitet durch Einstellen des p_H von 30 ml Na-Silicatlsg. (d = 1,4; $Na_2O : SiO_2$ = 3,34) auf 4, Lösen von 2 g d-**I** u. Verdünnen auf 250 ml mit Wasser. Anschließend wurde das Gel bei Zimmertemp. mit Methanol extrahiert u. nach dem Verschwinden der opt. Aktivität im Extrakt die Chromatographie der dl-**I** (auf deren d-Komponente das **III** nun formiert ist) begonnen. Die Durchläufe zeigten bei polarimetr. Unters. zunächst einen Anstieg der Linksaktivität, die nach dem Passieren von 200 ml der Lsg. auf den Wert 0 zurückging. (J. Amer. chem. Soc. **74.** 3961. 5/8. 1952. Pavia, Univ., Dep. of Chem.) LIPPOLD. 5062

H. Arnfelt, *Absorptionsspektrophotometrie*. Zusammenfassende Darst. der Grundlagen des Verf. u. der App., der Extinktionsempfindlichkeit, Beziehung zwischen Konz. u. Extinktion, Best. mehrerer Elemente in einer Probe, Analysenfehler, unregelmäßigen Abweichungen der Extinktion u. deren Korrektur, polychromat. Strahlung, ungleiche Lichtwege u. Präzisionsvergleichsmessung. (Jernkontorets Ann. **135.** 45—74. 1951.) R. K. MÜLLER. 5063

W. O. Caster, *Schwankungen bei dem Beckman-Spektrophotometer*. Unters. der Fehlerquellen bei einem BECKMAN-Spektralphotometer Modell DU (Baujahr 1946). Bei einer Reproduzierbarkeit von 0,1—0,5% können Fehler in Bestimmungen, welche mit einem festliegenden Extinktionskoeff. arbeiten, von 5% unter verschied. Bedingungen beobachtet werden. Die größten Schwankungen lassen sich auf die Photozellen u. Faktoren, wie Spaltbreite, Intensität der Lichtquelle u. Alterung, zurückführen. Scheinbare Abweichungen vom BEERschen Gesetz ließen sich auf die Wahl der Photozelle u. Spaltbreite zurückführen u. veränderten sich mit dem Altern der gleichen Photozelle. Andere mögliche Fehlerquellen werden festgestellt u. statist. ausgewertet. (Analytic. Chem. **23.** 1229—36. Sept. 1951. Washington, D. C., U. S. Public Health Serv., Nutrit. Branch, Nutrit. Chem. Labor.) EICHHOFF. 5063

J. D. Sands und **G. S. Turner**, *Neue Entwicklung in der Infrarotspektroskopie fester Phasen*. Beschreibung von zwei Methoden zur Unters. fester Stoffe mit einem Infrarotspektrometer: 1. Plast. Material wird zwischen zwei Glimmerplättchen von ~5 cm² u. 0,01—0,03 mm Dicke oder Folien aus AgCl von ~0,3 mm Dicke zu einem transparenten Film von 0,05—0,1 mm Dicke verpreßt. 2. Der zu untersuchende Stoff wird als feinstes Pulver durch abwechselndes Pressen mit Polyäthylen (I) u. Zusammenrollen der entstandenen Folie in I homogen verteilt. Die Probendicke wird bei den Berechnungen durch die Benutzung des Intensitätsverhältnisses von zwei charakterist. Absorptionsbanden ausgeschaltet. Das Verf. wird zur Best. von *Acrylnitril* in Butadien-Acrylnitril-Mischpolymerisaten angewendet unter Benutzung der Absorptionsbanden bei 4,43 μ (C≡N-Valenzschwingung) u. 3,37 μ (C—H-Valenzschwingung) u. liefert auf ±1% absol. genaue Werte bei einem Zeitbedarf von 15 Min. pro Probe. (Analytic. Chem. **24.** 791—93. Mai 1952. Sarnia, Ontario, Can., Polymer Corp. Ltd., Phys. Labor.) EICHHOFF 5063

Marcel J. E. Golay, *Statische Mehrspaltspektrometrie und ihre Anwendung bei der Panoramadarstellung von Infrarotspektren*. Beschreibung einer App. zur panoramaartigen Darst. von Infrarotspektren durch ein Mehrspaltspektrometer. Die Methodik wird am Beispiel der CO_2-Absorptionsbanden zwischen 14 u. 15 μ erläutert. (J. opt. Soc. America **41.** 468—72. Juli 1951. Fort Monmouth, N. J., Signal Corps Engng. Labor.) SCHLEGEL. 5063

D. A. H. Brown, *Ein Photozellenverstärker für die Infrarotspektroskopie*. Beschreibung eines Verstärkers zur Verwendung mit Widerstandsphotozellen unter Angabe eines genauen Schaltplanes. Die Frequenz von 800 Hz ist optimal für die meisten PbS-Zellen bei Strahlungsmodulation. Bei einer Bandbreite von 50 Hz ist die Verstärkung $2 \cdot 10^7$ mit einer Konstanz besser als ±0,3% bei ±10% Netzschwankung. Der Störpegel entspricht einem Eingangsstörwiderstand von 50 kΩ. (J. sci. Instruments **29.** 292—94. Sept. 1952. Ministry of Supply, Telecomm. Res. Establ.) EICHHOFF. 5063

J. H. Towler und **W. Guy**, *Eine vereinfachte Methode zur Eichung von Infrarotspektrometern*. Angabe von zwei Methoden zur schnellen Best. des Zusammenhangs zwischen Spektrometerablesung u. Wellenlänge aus ca. 10 annähernd gleichmäßig über den Bereich von 0,5—15 μ verteilten Meßpunkten durch Vgl. mit der genauen Eichkurve eines anderen Spektrometers vom gleichen Typ oder mit einer Standardeichtabelle. (J. sci. Instruments **29.** 393—97. Dez. 1952. Leeds, Univ., Gas Res. Labor.) EICHHOFF. 5063

L. W. Marrison, *Wellenlängeneichung von Infrarotspektrometern im Wellenlängenbereich 15—25 μ und die Auswahl von Lösungsmitteln*. Angabe der Wellenlängen für die stärksten *Wasserdampf-* u. CO_2-Banden im genannten Bereich, welche im Spektrometer leicht durch die Atmosphäre verursacht werden. Von 70 untersuchten Lösungsmitteln waren bei Verwendung von 100 μ-Küvetten völlig durchlässig von 15—25 μ: *CCl_4, Tetrachloräthylen, n-Hexan, n-Heptan, Methylcyclopentan, trans-Dekalin, Acetonitril, fl. Paraffin*. Durchlässig von 15—20 μ: *Dibenzyläther, Chlorbenzol*. Durchlässig von 17—25 μ: *Methylacetat, Äthylacetat, Dioxan, $CHCl_3$, Dichloräthan, Bzl.* (ab 15,5 μ). Durchlässig von 16—25 μ: *Methylenchlorid* u. die *n-Alkylchloride* von *Amyl-* bis *Octyl-* einschließlich. Die folgenden Lösungsmittel sind völlig durchlässig bis auf das in Klammern gesetzte Gebiet: *Aceton* (18—20), *Diäthylketon* (15,5—16,5), *Äthylpropionat* (17—18), *Methylchloroform* (18,5—20), *cis-* u. *trans-Dichloräthylen* (17—18,5), *Cyclo-*

hexan (18,5—19,5), *Pyridin* (16,5—17,5), *Citral* (16—17,5). Völlig undurchlässig sind: *Methanol, Äthanol, 2-Propanol, Cyclohexanol, Propylenglykol, Diacetonalkohol, Anilin, Formamid.* (J. sci. Instruments **29.** 233. Juli 1952. Widnes, Imp. Chem. Ind. Ltd.) EICHHOFF. 5063

Louis Domange, *Die Flammenphotometrie.* Allg. Ausführungen über die theoret. Grundlagen u. Arbeitsmethoden der Flammenphotometrie. (Ann. Falsificat. Fraudes **45.** 276—88. Juli/Aug. 1952.) EICHHOFF. 5064

Ethan A. H. Sims und **Leonard Kaplow,** *Verhinderung von durch Luftverunreinigungen hervorgerufenen Störungen bei der Flammenphotometrie.* Es werden die Umbauten beschrieben, die von Vff. an einem aus der Raumluft gespeisten Flammenphotometer angebracht wurden, um Luftverunreinigungen, bes. Na u. K, auszuschalten. (J. Lab. clin. Med. **41.** 303—06. Febr. 1953. Burlington, Vt., Univ. of Vermont, Coll. of Med., Dep. of Med.) KRUSEN. 5064

R. L. Warren, *Ein Flammenphotometer für biochemische Reihenuntersuchungen.* Beschreibung von Aufbau, Arbeitsweise u. Leistung eines bes. für die Best. von *K* u. *Na* bestimmten Instrumentes. Die Probe wird in einem Brenner aus rostfreiem Stahl mit O_2 in eine O_2/Butan-Flamme zerstäubt. In dem Photometer werden verschied. Filter mit engem Durchlässigkeitsbereich u. 2 verschied. Photozellen entsprechender, spektraler Empfindlichkeit für K u. Na benutzt. Der verstärkte Photostrom wird mit einer Brückenschaltung gemessen. Für den Konzentrationsbereich von $3-7\cdot10^{-4}$% ergibt sich eine lineare Abhängigkeit des Photostromes von der Konz. bei einer Reproduzierbarkeit der Messungen von ±1%. Der Lösungsverbrauch beträgt 95 cm^3/Min., der Zeitbedarf für die Messung eines Standards u. einer Probe einige Minuten. (J. sci. Instruments **29.** 284—86. Sept. 1952. London, Courtauld Inst. of Biochem., Middlesex Hosp. Med. School.) EICHHOFF. 5064

Sôichirô Musha, Mitsuo Itô und **Masami Takeda,** *Angewandte Titration mit Hochfrequenzwellen.* 3. Mitt. *Automatisch registrierendes Hochfrequenztitrimeter.* Die beschriebene Einrichtung (6 Skizzen) erlaubt alle Arten von Titrationen auch mit geringen Mengen u. den üblichen Konzz. in 1—3 Min. mit einem mittleren Fehler von 2% auszuführen. (J. chem. Soc. Japan, pure Chem. Sect. [Nippon Kagaku Zassi] **73.** 482—84. Juli 1952. Naniwa Univ. [Orig.: japan.]) SCHULER. 5066

H. A. Frediani, *Automatische Karl-Fischer-Titration. Apparatur zur Anwendung des dead-stop-Prinzips.* Genauer als die visuelle Endpunktsbest. bei der KARL-FISCHER-Titration ist die elektrometrische. Vff. verwenden das Prinzip der Stromlosigkeit (vgl. FOULK u. BAWDEN, J. Amer. chem. Soc. **48.** [1926.] 2045) an Stelle der potentiometr. Messung. An die Pt-Elektroden, die in die zu titrierende Lsg. eintauchen, wird eine Potentialdifferenz in der Größenordnung der durch die Polarisation verursachten rückläufigen EMK. angelegt. Da gleichzeitig mit dem Endpunkt Depolarisation eintritt, beobachtet man einen plötzlichen Stromanstieg, der eine sehr viel empfindlichere u. genauere Endpunktsanzeige darstellt als der Vers., die EMK. (in der Größenordnung von 10 bis 20 mV) potentiometr. zu messen. Der Aufbau u. die Wirkungsweise des Meßgerätes wird ausführlich beschrieben u. durch eine Schaltskizze belegt. — Normalerweise werden pro Titration 30—60 Sek. benötigt. Verbb., wie Ae., Dihydrostreptomycin usw., die sich visuell nicht u. potentiometr. nur sehr schwierig bestimmen lassen, werden in 1—3 Min. mit hoher Genauigkeit titriert. (Analytic. Chem. **24.** 1126—28. Juli 1952. Rahway, N. J., Merck & Co.) BARCHET. 5066

G. N. Thomis, *Über den Umschlag von Indicatoren in Gegenwart von mit Wasser nicht mischbaren organischen Lösungsmitteln.* 41 Indicatoren werden in einer Mischung W./*Ae.* u. W./*Chlf.* bei p_H-Werten von ~3, ~6 u. ~11 untersucht, u. die Beobachtungen werden in Tabellenform dargestellt. Mit wenigen Ausnahmen ergibt sich folgendes Verh.: Saure Indicatoren verleihen der wss. Phase entsprechende Färbungen bei Farblosigkeit der organ. Lösungsmittel. Bas. Indicatoren färben dagegen die Phase des organ. Lösungsmittels bei Farblosigkeit der wss. Phase. (Praktika Akad. [Athenon] **18.** 158—71. 1943; ausg. 1950. [Orig.: franz.]) EICHHOFF. 5068

G. N. Thomis, *Salze von Alkaloiden mit gewissen sauren Farbstoffen als Spezialindicatoren für die Acidimetrie in Gegenwart von nicht mischbaren organischen Lösungsmitteln.* Unter Verwendung von 17 gebräuchlichen, sauren Indicatorfarbstoffen wird die Titration von *Chininchlorhydrat* mit NaOH u. *salicylsaurem Na* mit HCl in einer W./Chlf.-Mischung untersucht. Sofern das heterogene Syst. Chinin als Salz oder freie Base enthält, gehen alle untersuchten Indicatoren in das Chlf., wenn der p_H-Wert der Mischung kleiner als 7 ist. Der geringste Überschuß an Hydroxylionen bewirkt eine Entfärbung des organ. Lösungsm. u. den Übergang des Indicators in die wss. Phase. Dieses Verh. erklärt sich durch die Eig. der meisten Pflanzenbasen, mit sauren Indicatorfarbstoffen in W. schwer, in organ. Lösungsmitteln dagegen sehr leicht lösl. Salze zu bilden. Diese Salze stellen eine neue Art von Indicatoren dar, welche den Endpunkt einer Titration durch den Wechsel der Phase erkennen lassen, mit oder ohne Umschlag der Farbe. Die Anwendung dieser Meth. erscheint aussichtsreich für die Best. von Alkaloiden, organ. Basen oder Säuren, für die Analyse von Seifen u. eine Alkali-acidimetrie in stark gefärbtem Milieu. (Praktika Akad. [Athenon] **18.** 331—37. 1943; herausg. 1950. [Orig.: franz.]) EICHHOFF. 5068

R. Belcher, A. J. Nutten und **W. I. Stephen,** *Substituierte Benzidine und verwandte Verbindungen als Reagentien in der analytischen Chemie.* 9. Mitt. *Naphthidin- und 3.3'-Dimethylnaphthidinsulfonsäuren als neue Redoxindicatoren.* (8. vgl. C. **1953. 8945.**) *Naphthidinmonosulfonsäure* (I) u. *3.3'-Dimethylnaphthidindisulfonsäure* (II) (Stellung der SO_3H-Gruppen nicht bekannt) wurden dargestellt u. ihre Indicatoreigg. untersucht. Bei der direkten Titration von *Zn* mit *Ferrocyanid* gibt II bei allen angewandten Konzz. (bis 0,0001 mol.) einen scharfen Umschlag von Grün nach Rotpurpur, I gibt einen scharfen Umschlag bei Zn-Konzz. bis zu 0,01 molar. Eine Indicatorkorrektur ist nicht notwendig. — Bei der Titration von *Cd* mit *Ferrocyanid* sind die Endpunkte mit I u. II scharf, II ist jedoch vorzuziehen. I u. II sind bessere Indicatoren für die Titration von *Ferrosalzen mit $K_2Cr_2O_7$* als die nicht sulfonierten Verbb., wenn auch die Endpunkte nicht so scharf sind wie diejenigen mit *Diphenylaminsulfonsäure* (III). Die Ggw. von H_3PO_4 oder NH_4F ist zur Bldg. eines Komplexes mit den überschüssigen Fe^{3+} notwendig. — Die Titration von *Vanadinsäure* mit Fe^{2+} läßt sich in Ggw. von H_3PO_4 oder NH_4F mit I oder II durchführen. Der Umschlag erfolgt von Rot oder Rotviolett nach Schwachblau. II ist stabiler als I, hat jedoch keine Vorteile vor III. Wolframsäure stört nicht. — Für die Titration von Fe^{2+} mit *Cerisulfat* sind I u. II nicht als Indicatoren geeignet, auch nicht in Ggw. von H_3PO_4. — Darst. von I u. II: *Naphthidinmonosulfonsäure* (I), *Sulfat,* $C_{20}H_{16}O_3N_2S \cdot H_2SO_4$. 4 g Naphthidin werden durch 1 std. Kochen mit Acetanhydrid (+ Spur konz. H_2SO_4) in das *Diacetylderiv.* (aus W.) übergeführt u. dieses (5 g) in kleinen Portionen in 10 cm³ rauchende H_2SO_4 bei 5° eingetragen; dann wird 1 Std. auf 40° erwärmt, anschließend auf 100—150 g Eis gegeben u. ½ Std. gekocht; Reinigung durch 3 maliges Lösen in verd. NH_3 u. Ausfällen mit verd. H_2SO_4; 50% (Ausbeute). — *3.3'-Dimethylnaphthidindisulfonsäure* (II), *Sulfat,* $C_{22}H_{20}O_6N_2S_2 \cdot H_2SO_4$, analog; 60%. Indicatorlsgg.: 1 g I bzw. II wird in geringem NH_3-Überschuß gelöst, gekocht u. die Lsg. auf 100 cm³ verdünnt. (J. chem. Soc. [London] **1952.** 1269—74. April. **Birmingham, Univ., Dep. of Chem.**) K. F. MÜLLER. 5068

P. J. Hol, *Die Titerstellung von Silbernitratlösung, die zur argentometrischen Gehaltsbestimmung von Natrium- und Kaliumcyanid gebraucht wird.* Alle Verff. zur Titerstellung von $AgNO_3$-Lsgg., die von NaCl ausgehen, führen zu niedrigeren Werten als das VOLHARDsche Verf. u. die gewichtsanalyt. Verfahren. Daher sind diese Verff. zur Titerstellung einer $AgNO_3$-Lsg., die zur Best. von NaCN oder KCN dient, anzuwenden. Das VOLHARDsche Verf. verdient den Vorzug vor den gewichtsanalyt. Verff., weil es bei gleicher Genauigkeit bequemer u. rascher ausführbar ist. (Chem. Weekbl. **46.** 651—54. 9/9. 1950. Dordrecht, Stikstofbindingsindustrie „Nederland" N. V.) WESLY. 5070

Ken Saito und **Noriko Sato,** *Standard-Mangan(III)-lösung für die Oxydimetrie.* 4. Mitt. Die Titration erfolgt mit n/30 Lsg. eines komplexen *Na–Mn^{3+}-Pyrophosphats,* am besten in 2—3 n HCl (I), da sonst der Endpunkt (ohne Indicator) oft schwer erkennbar ist. Titriert wird *Oxalsäure* in 2 n I oder 3—6 n H_2SO_4 (II), bei 70°, Fehler unter 0,2%; *arsenige Säure* in 2—3 n I, mit z. B. KJO_3 als Aktivator, Fehlergrenze 0,2%; *Sb^{3+}* in 2 n II-Lsg. mit Zugabe von 1,3—1,5 n I, Fehler 0,1%; *Sn^{2+}* nach Red. mit fl. Bi-Hg in 3 n I, Fehler 1%; *H_2O_2* direkt, Endpunkt schwer erkennbar, besser in 3 n HCl übertitriert u. mit $FeSO_4$ zurücktitriert. (J. chem. Soc. Japan, ind. Chem. Sect. [Kôgyô Kagaku Zassi] **55.** 59—61. Febr. 1952. Nagoya Univ. [Orig.: japan.]) SCHULER. 5070

C. C. Coffin, J. C. Devins, J. R. Dingle, J. H. Greenblatt, T. R. Ingraham und **S. Schrage,** *Ein isothermes Calorimeter für 80°.* Nach dem Muster des BUNSENschen Eiscalorimeters wurde aus Pyrexglas ein Calorimeter gebaut, das bei 80° betrieben werden kann, weil als Wärmekonstanthalter in einem Mantel um den Untersuchungsraum gut gereinigtes Naphthalin in fest–fl. Mischung verwendet wird. Im äußeren Mantel wird Bzn. auf den F. des Naphthalins erwärmt u. bei konstantem Druck gehalten. Der App. ist 4 mal so empfindlich wie das BUNSEN-Calorimeter. Bis maximal 400 Calorien können mit einer reproduzierbaren Genauigkeit von 0,2% angezeigt werden. Die Handhabung des Calorimeters u. seine Eichung für endo- u. exotherme Prozesse zum Teil durch gemessene elektr. Leistung werden genau beschrieben. Die verschied. Eichmethoden ergeben um 1% voneinander abweichende Konstanten. (Canad. J. Res., Sect. B **28.** 579—92. Okt. 1950. Halifax, N. S., Dalhousie Univ., Dep. of Chem.) MIETHING. 5084

E. J. Caule und **C. C. Coffin,** *Ein isothermes Calorimeter für 40°.* (Vgl. vorst. Ref.) Das Calorimeter ist ebenso konstruiert wie das vorst. beschriebene. Nur die Abmessungen sind alle kleiner. Es können bis 200 Calorien gemessen werden. Im inneren Mantel um den Untersuchungsraum befindet sich Benzalaceton, das mit kochendem Methylal auf konstanter Temp. gehalten wird. Es bestanden erhebliche Schwierigkeiten, das Benzalaceton zu reinigen. Die Eichung war ebenfalls von der Art der Messung abhängig. Sie wurde auch nach elektr. Meth. durchgeführt. Die vorgenommenen Unterss. bezogen sich hauptsächlich auf biol. Prozesse. (Canad. J. Res., Sect. B **28.** 639—43. Okt. 1950.) MIETHING. 5084

Paul Goldsmith und **Edward A. Roberts,** *Meteorologische Messungen mit Hilfe von Quarzkristallen.* Luftdruck, Temp. u. Feuchtigkeit lassen sich mit Schwingquarzen fernmessen. In Richtungen mit großem Temperaturkoeff. ändern sie die Frequenz mit der Temp., die bei Fernempfang der Frequenz damit ferngemessen wird. — Der Luftdruck beeinflußt die Luftdämpfung der mechan. Schwingung eines Quarzplättchens. Wenn dieses einen Sender steuert, kann man den Luftdruck fernmessen. Die Feuchtigkeit mißt man durch Abkühlung bis zum Taupunkt, wobei der Tau den Schwingquarz belastet. — Die zugehörigen Schwingsysteme u. Verstärkerschaltungen sind mit Angabe aller elektr. Größen abgebildet. Die Genauigkeit ist $\pm 0,1^0$ zwischen $+60$ u. -60^0 u. zeigt Schwankungen von $0,01^0$ an. Von $+35$ bis -5^0 wird der Taupunkt auf $\pm 3^0$ ermittelt. (Electronics **25.** Nr. 6. 144—47. Juni 1952. Chicago, Ill., Inst. of Technol.) PAULI. 5088

a) Elemente und anorganische Verbindungen.

Juitsu Endo und **Michio Mashima,** *Organische Reagentien in der analytischen Chemie.* 1. Mitt. *Beziehungen zwischen dem* p_H *und der Fällung von Metallen mit Salicylaldehyd- und Salicylaldoximderivaten.* Untersucht wurde die Beziehung zwischen p_H u. der Fällwrkg. auf Metallionen bei *β-Naphtholaldehyd, o-Oxyacetophenon, 5-* u. *3-Methylsalicylaldehyd.* Beim Übergang vom Aldehyd oder Keton zum Oxim verkleinert sich das zur Fällung nötige p_H. Bei Einführung von CH_3 in Salicylaldehyd oder sein Oxim verschwindet die Fällwrkg. auf VO^{3+}, Zn^{2+} u. Cd^{2+}. (J. chem. Soc. Japan, pure Chem. Sect. [Nippon Kagaku Zassi] **73.** 386—89. Juni 1952. Niigata Univ. [Orig : japan.]) SCHULER. 5100

Herbert P. Broida und **Gerry H. Morgan,** *Optisch-spektralphotometrische Analyse von Wasserstoff-Deuterium-Mischungen bei Anwesenheit von Luft.* Die Proben werden im kontinuierlichen Gasstrom bei 0,2—1,5 Torr in der elektrodenlosen Entladung eines 150 MHz-Generators untersucht unter Verwendung eines Gittermonochromators mit 0,05 Å Auflösungsvermögen u. eines Photomultipliers mit nachfolgender Verstärkung u. Registrierung des Photostromes. Beschreibung der Anordnung u. des Meßverf. unter besonderer Berücksichtigung der Einflüsse von Druck, Strömungsgeschwindigkeit, Durchmesser der Entladungsröhre, Schichtdicke der Entladung u. Spaltbreite des Monochromators. Luftspuren bis 0,01% sind festzustellen an der N_2-Bande bei 3371 Å. 50% Luft stören die Messungen nicht. H u. D können auf $\pm 0,35$% genau bestimmt werden. (Analytic. Chem. **24.** 799—804. Mai 1952. Washington, D. C., Nat. Bur. of Stand.) EICHHOFF. G 238

G. J. Hunter, B. J. MacNulty und **E. A. Terry,** *Die Bestimmung von Fluorid in Mikrogramm-Mengen.* 1. Mitt. *Die Verwendung des Aluminium-Hämatoxylinkomplexes.* Vff. arbeiteten ein spektrophotometr. Verf. zur Fluoridbest. aus, das auf der der Fluoridkonz. direkt proportionalen Zerstörung des purpurfarbenen Al-Hämatoxylinkomplexes beruht. Zur Herst. des Reagenses gibt man zu 250 cm^3 W. 5%ig. Gummi arabicum-Lsg. (zur Stabilisierung des Komplexes), 5 cm^3 $Al_2(SO_4)_3$-Lsg. (1 cm^3 = 111 μg Al), 5 cm^3 20%ig. $(NH_4)_2CO_3$-Lsg. u. 10 cm^3 0,1%ig. Hämatoxylinlsg. (0,25 g in 2,5 cm^3 CH_3OH-vergälltem A. gelöst u. die Lsg. zu einem Gemisch aus 200 cm^3 W., 2 cm^3 NH_4-Acetatpuffer u. einem Kristall Thymol gegeben u. auf 250 cm^3 aufgefüllt), läßt 15 Min. stehen, stellt das p_H mit 6 mol. Essigsäure auf 4,9 ein u. läßt weitere 15 Min. stehen. — Ausführung der Best.: Das Fluorid wird durch Dest. als H_2SiF_6 isoliert. Zu 25 cm^3 des neutralisierten Destillates gibt man 2 cm^3 NH_4-Acetatpufferlsg. (25 cm^3 Eisessig mit W. auf ca. 275 cm^3 verd., mit 15 cm^3 18 mol. NH_4OH versetzt, auf p_H 4,9 eingestellt u. auf 300 cm^3 verd.) u. 20 cm^3 Al-Hämatoxylinreagens, füllt die Lsg. auf 50 cm^3 auf u. mißt nach einer Std. die Absorption bei 5700 Å gegen eine Blindprobe. Der Fluoridgeh. wird aus einer Eichkurve abgelesen. — In einer 10 g-Probe sind noch

0,05 p. p. m. Fluorid mit einem Fehler von ±10% bestimmbar. Die die Best. störenden Ionen sind in Tabellen zusammengestellt. (Analytica chim. Acta [Amsterdam] **8.** 351 bis 368. April 1953. London, Woolwich, Royal Arsenal, Min. of Supply, Directorate of Chem. Insp.) FORCHE. G 246

Orville N. Hinsvark, Sylvan H. Wittwer und **Harold M. Sell,** *Flammenphotometrische Bestimmung von Calcium, Strontium und Barium in einer Mischung.* Bei der flammenphotometr. Best. der in $HClO_4$ gelösten Erdalkalicarbonate nebeneinander stört Sr die Ca- u. die Ba-Bestimmung. Durch Anbringen einer Korrektur machen es Vff. möglich, ohne Trennung der 3 Erdalkalien in einfacher u. schneller Weise genaue Ergebnisse zu erhalten. (Analytic. Chem. **25.** 320—22. Febr. 1953. East Lansing, Mich., State College, Dep. of Horticult. and Agricult. Chem.) R. MATTNER. G 280

P. L. Brewer, *Die Bestimmung von Beryllium in Beryll mittels Äthylendiamintetraessigsäure.* Vf. untersucht krit. das Verf. von PŘIBIL u. KUCHARSKÝ zur Abtrennung des Be von Al u. anderen Elementen mit *Äthylendiamintetraessigsäure* (I) in seiner Anwendbarkeit auf die Be-Best. in *Beryll* neben Fe, Mn, Cr, Ca, Mg, Al, Ti u. P. Es ergibt sich nach einem Aufschluß mit Soda die Möglichkeit einer Be-Abscheidung in Ggw. von I bei p_H 9,6 in der Kälte. Zur Analyse schließt man 1 g Probe mit 4 g $Na_2 \cdot CO_3$ in der üblichen Weise auf, löst in verd. HCl, raucht mit H_2SO_4 ab, nimmt in W. mit konz. HCl auf u. trennt SiO_2 ab. Das Filtrat versetzt man mit 40 ml einer 10%ig. wss. Lsg. des Na-Salzes von I, neutralisiert in der Hitze mit NH_4OH bis zum Umschlag von Thymolblau u. filtriert nach 16 Std. $Be(OH)_2$ ab, das als BeO gewogen wird. Die Brauchbarkeit des Verf. wird an Gemischen aus Granit + Al_2O_3 + BeO u. an Beryll geprüft. Diskussion der gegenseitigen Verunreinigung von SiO_2 u. BeO sowie der Fehlermöglichkeiten. (Analyst **77.** 539—41. Okt. 1952. Salibury, Southern Rhodesia, Dep. of Geol. Survey.) WEITBRECHT. G 281

John V. Griel und **Rex J. Robinson,** *Spektrophotometrische Kennzahlen des Nachweises von Titan mit Thymol.* Die von HALL u. SMITH (1905) vorgeschlagene colorimetr. Nachweis-Rk. von Ti mit Thymol untersuchen Vff. spektrophotometr. mit einem BECKMAN-DU-Spektrophotometer u. finden ein Absorptionsmaximum bei 440 mμ (>650 mμ keine merkliche Absorption, <350 mμ Fluorescenz). Ein Farbmaximum wird nach 10 Min. erreicht (bei 440 mμ gemessen) u. hält sich 2 Std. konstant (Ti-Konz. 5 mg/Liter, 35facher Reagensüberschuß). Das BEERsche Gesetz wird befolgt. Aus der Messung der Absorption schließen Vff. auf das Vorhandensein einer Verb., in der Ti-Thymol im Verh. 1:1 auftritt. Die Rk. wird von H_2O_2, $SbCl_5$, F^-, W- u. V-Verbb. gestört. (Analytic. Chem. **23.** 1871—73. Dez. 1951. Seattle, Wash., Univ. of Washington.) BRAASCH. G 321

R. P. Graham und **A. Hitchen,** *Die polarographische Bestimmung von Titan in Aluminiumlegierungen.* Vff. entwickelten eine genaue Meth. zur polarograph. Best. von Ti in Al-Legierungen, wobei der Trägerelektrolyt 1 mol. an Weinsäure, 0,5 mol. an H_2SO_4 u. 1,2 mol. an $(NH_4)_2 \cdot SO_4$ sein soll. Zur Abtrennung von Al wird die Probe von 2 g mit 30 ml einer 6,5 mol. NaOH-Lsg. ausgelaugt, dann mit W. verd. u. heiß filtriert. Der Rückstand wird mit 26 ml heißer 4,5 mol. H_2SO_4 zur Auflösung von Ti extrahiert, das Filtrat mit 15 mol. NH_4OH neutralisiert, mit 25 ml 2 mol. H_2SO_4 + 15 g wasserfreier Weinsäure versetzt, auf 100 ml verd. u. zwischen 0,0 u. —1,0 V gegen die gesätt. Hg_2Cl_2-Elektrode polarographiert. Die an 12 verschied. Al-Legierungen mit 0,06—0,30% Ti erhaltenen u. tabellar. mitgeteilten Ergebnisse werden mit den gesicherten Gehh. verglichen u. zeigen gute Übereinstimmung. Das Verf. eignet sich zur Ti-Best. neben Gehh. von 0,01—9,5% Cu, 0,1—6,7% Si, 0,02—0,6 Cr, 0,09—1,38% Fe, 0,01—1,90% Mg, 0,01—1,11% Mn, 0,02—3,39% Ni, 0,07—0,25% Pb, 0,004—0,31% Sn u. 0,05—1,95% Zn in den Al-Legierungen. (Analyst **77.** 533—37. Okt. 1952. Hamilton, Ontario, Can., McMaster Univ., Hamilton Coll., Dep. of Chem.) WEITBRECHT. G 321

J. A. Corbett, *Die Bestimmung von Sauerstoff in Titan mittels Chlorierung.* Vf. überprüft die Chlorierungsmeth. zur Best. von O_2 in metall. Ti, welche darin besteht, daß Ti u. die metall. Verunreinigungen durch Behandlung mit Cl_2 bei 400° in flüchtige Chloride übergeführt werden, während aus dem Oxydrückstand der O_2-Geh. berechnet wird. Bei Verwendung von reinem Cl_2 sowie massiven Proben (nicht Späne oder Pulver) werden mit dieser Meth. für viele Zwecke zufriedenstellende Resultate erhalten, obwohl die Genauigkeit nur ca. ±5% beträgt. Untersucht werden eine Probe von Ti-Metall sowie 10 Ti-Legierungen. (Analyst **76.** 652—57. Nov. 1951. Melbourne, Univ. of Melbourne, Baillieu Labor., Physical Metall. Sect., Commonwealth Sci. and Ind. Res. Organisat.) GEDSCHOLD. G 321

M. Giordani und **M. Fortunio,** *Bestimmung des Siliciumdioxyds und des Eisens in Titantetrachlorid.* Das zu untersuchende $TiCl_4$ wird einer vollständigen Hydrolyse unterworfen, calciniert u. bei 500° mit $SOCl_2$ behandelt, wodurch das Ti als $TiCl_4$ herausdest. u. Si als SiO_2 zurückbleibt. Die Best. des Fe wird colorimetr. mit KSCN durchgeführt, nachdem $TiCl_4$ durch Komplexbldg. mit Citronensäure in schwefelsaurer Lsg. beseitigt ist. (Alluminio 21. 367—70. Sept. 1952. Rom, Univ., Ist. Chim. Anal.) Rumpf. G 321

H. W. Hodgson und **J. H. Glover**, *Die polarographische Bestimmung von Aluminium, Zink und Zinn in Wasser.* Faktoren, die die Reduktionsstufe von Al beeinflussen, sind der p_H-Wert, die Zus. u. Konz. der Grundlösung. In einer $BaCl_2$-Lsg. gibt Al eine Stufe, die für analyt. Zwecke geeignet ist. Das Halbstufenpotential beträgt —1,63 V gegen die gesätt. Kalomelelektrode. Bei Zugabe von Zn^{2+} zur Lsg. tritt eine gut ausgeprägte Stufe für Zn mit einem Halbstufenpotential von —1,1 V gegen Hg_2Cl_2 auf. Beide Stufen haben genügend Abstand, um eine gleichzeitige Best. der beiden Metalle zu ermöglichen. Sn dagegen stört die Al-Stufe. Es konnten keine Versuchsbedingungen gefunden werden, unter denen alle 3 Metalle auf einem Polarogramm bestimmt werden könnten. Sn wurde deshalb als flüchtiges $SnBr_4$ vorher abgetrennt u. in einem aliquoten Teil gesondert bestimmt. Als p_H-Optimum wurde für Al der Wert 4,5 ermittelt, bei 4,0 zeigt sich keine deutliche Stufe mehr, bei 4,7 nähert sich die Kurve dem Idealverlauf, aber die Stufenhöhe verliert an Wert, vermutlich wegen der Bldg. von etwas $Al(OH)_3$. Pufferung bei p_H 4,5 mit den üblichen Lsgg. äußerte sich entweder in einer Fällung von Ba^{2+} oder im Verschwinden der Al-Stufe. Befriedigende Ergebnisse wurden erzielt, wenn die saure Lsg. mit $Ba(OH)_2$ auf p_H 4,5 eingestellt wurde. Die günstigste $BaCl_2$-Konz. war 0,02—0,05 molar. Fe^3 in einer Konz. bis zu 5 mg/100 cm³ stört die Al-Stufe nicht, ebensowenig Pb in Konzz. bis 5 mg/100 cm³. Die niedrigste noch bestimmbare Al-Konz. ist 0,02 mg in 100 cm³. Sn wird als Sn^{4+} bestimmt, Pb wird beim gleichen Potential wie Sn reduziert. Es werden somit die kombinierten Pb- u. Sn-Stufen ermittelt, dann wird durch Zugabe von NH_4-Citrat die Sn-Stufe unterdrückt u. der Pb-Diffusionsstrom gemessen. (Analyst **76.** 706—10. Dez. 1951. London, Brit. Oxygen Co. Ltd., Res. and Developm. Dep., Analyt. Labor.) Endrass. G 327

Per Enghag, *Bestimmung von Chrom und Vanadium durch potentiometrische Titration.* Bei der potentiometr. Titration von $K_2Cr_2O_7$ u. $NaVO_3$ mit ***Mohrschem Salz*** (I) bietet das Elektrodenpaar Pt–W gegenüber Pt–Hg_2Cl_2 den Vorteil eines Anstieges der EMK. vor dem plötzlichen Fallen am Endpunkt, bes. in stark sauren Lsgg., u. meßbarer EMK.-Werte vom Beginn der Titration an. Man löst die Stahlprobe in H_2SO_4 (1:1), oxydiert mit $(NH_4)_2S_2O_8$ (II), setzt bei Ggw. von W HF zu, dann, nach Verdünnung ohne Filtration, Ag_2SO_4 u. nochmals II zur Oxydation von Cr, V u. Mn, red. MnO_4^- mit HCl (oder Oxalsäure), verd. nach Abkühlung nochmals mit H_2SO_4 u. titriert mit 0,1 n I-Lsg. bis zum Potentialsprung (a cm³), gibt $KMnO_4$ bis zu bleibender Rosafärbung, 1%ig. KNO_2-Lsg. zur Entfärbung zu, zerstört den KNO_2-Überschuß mit Harnstoff (fest) u. titriert wieder bis zum Potentialsprung mit I-Lsg. (b cm³). Wenn 1 cm³ I-Lsg. c mg Cr u. 2,938 c mg V entspricht (Einstellung mit Lsg. von $K_2Cr_2O_7$ mit 50 mg Cr u. 30 cm³ H_2SO_4, 1:1, in 175 cm³), die Einwaage E mg beträgt, ergibt sich der Cr-Geh. zu (a — b)·c·100/E %, der V-Geh. zu b·2,938·c·100/E%. (Jernkontorets Ann. **135.** 621—34. 1951. Metallograf. Inst.) R. K. Müller. G 335

Angelo Castiglioni und **Maria Nivoli**, *Volumetrische Molybdänbestimmung.* Vff. zeigen, daß zur Endpunktsbest. bei der von Schindler [1888] vorgeschlagenen volumetr. Mo- (bzw. Pb-) Best. mit Pb-Salz- (bzw. Mo-Salz-) Lsg. eine Tüpfelprobe auf mit Cochenille bzw. 0,5%ig. wss. *Carminsäure* (I)-Lsg. getränkten Filtrierpapierstreifen geeigneter ist als die Tüpfel-Rk. mit Tanninlösung. Die rotviolette Farbe des mit I getränkten Filtrierpapierstreifens wird durch Mo-Lsg. nach Rosa, durch Pb-Lsg. nach Blau verändert. Sowohl bei Titration mit Pb-Lsg. wie mit Mo-Lsg. werden untereinander wie mit den theoret. Werten gut übereinstimmende Ergebnisse gefunden; im Gegensatz zu der mit Gallussäure als Indicator durchgeführten Titration, wo bei der Titration mit Pb-Lsg. die Werte zu hoch lagen. Die Titrationen wurden in der Wärme ausgeführt. (Z. analyt. Chem. **133.** 161—63. 1951. Turin, Inst. für Warenkunde.) Braasch. G 336

George Norwitz, *Eine volumetrische Bestimmung von Eisen in Aluminiumlegierungen.* Nach der Auflösung der Probe in HCl werden Zn-Körner zugegeben u. die Lsg. filtriert. Nach Zugabe von $HgCl_2$ wird zur Oxydation des Ti Luft durchgeleitet. Fe wird mit $K_2Cr_2O_7$ bei Ggw. von Diphenylamin als Indicator u. H_3PO_4 titriert. Die Meth. läßt sich leicht ausführen u. ist sehr zuverlässig. (Metallurgia [Manchester] **43.** 154. März 1951. Philadelphia, Pa., Labor. of George Norwitz.) K. Stein. G 354

A. Mayer und **G. Bradshaw**, *Photometrische Bestimmung geringer Eisenmengen in Magnesium und Magnesiumlegierungen mit Thioglykolsäure.* Die Rk. von Fe^{2+} mit

Thioglykolsäure (I) eignet sich für eine photometr. Best. von Fe bei Gehh. von 0,0005 bis 0 015% in Mg u. Mg-Legierungen. Der rosarote Farbkomplex bleibt 18 Std. stabil. Temperatursteigerungen von 15 auf 30° vermindern die Farbintensität um 2%. Ein Überschuß des Reagenses in mäßigen Grenzen ist ohne Einfluß. Zweckmäßigerweise wird eine Konz. von 100 cm^3 I in 500 cm^3 verd. NH_4OH (1:1), aufgefüllt auf 1000 cm^3, gewählt. Zn, Zr, Al u. Cu stören nicht. Mn verzögert die sonst schnell sich einstellende Konstanz der Farbintensität, wenn Gehh. von mehr als 0,5% vorliegen. Tl-Ggw. erfordert einen p_H-Wert über 9, da es sonst als Nd. stört. Andere Metalle müssen entweder abgetrennt oder maskiert werden. Von den Anionen kann Tartrat als NH_4-Salz in Konzz. von 16 g/Liter die Farbintensität bis zu 60% schwächen, Pyrophosphat bzw. Molybdat, Wolframat, Arsenat u. Borat sind bis zu 2 g/Liter bzw. 20 mg, 20 mg, 500 mg u. 25 g/Liter noch tragbar. (Analyst **76.** 715—23. Dez. 1951. Manchester, Magnesium Electron Ltd., Chem. Res. Labor.) ENDRASS. G 354

Thomas Edwin Stephenson, *Fehlerquellen bei der Dekrepitationsmethode zur Untersuchung von Flüssigkeitseinschlüssen.* Bei der Dekrepitationsmeth. können 2 Fehlerquellen auftreten. Einige Einschlüsse werden vor dem Zerspringen undicht, wodurch die beobachtete Dekrepitationstemp. die beobachtete Füllungstemp. oft um über 150° überschreitet. Der andere Fehler kann dadurch entstehen, daß sek. Einschlüsse, welche bei niederen Tempp. gebildet wurden, vor den prim. dekrepitieren u. dadurch die Tempp. für diese überdecken. Die Dekrepitation muß zur Erkennung dieser Fehler opt. kontrolliert werden. (Econ. Geol. **47.** 743—50. Nov. 1952. Virginia, Minn., Jones & Laughlin Steel Co.) ENSSLIN. 5290

Gerhardt Talvenheimo und **J. L. White,** *Quantitative Analyse von Tonmineralien mit dem Röntgenspektrometer.* Es wird eine halbroutinemäßige Technik für eine quantitative Röntgenbeugungsanalyse von Tonmineralien in synthet. u. natürlichen Mischungen unter Benutzung eines GEIGER-Zähler-Röntgenspektrometers beschrieben. Es wurde gefunden, daß eine Kombinierung von bevorzugter Orientierung u. Behandeln der Proben mit wss. Lsgg. von Glycerin die Basisebenenabstände vergrößerten u. ferner eine Unterscheidung zwischen sich aufweitenden u. nichtaufweitenden Tonmineralien möglich machte. Die 2 ϑ-Werte kann man entweder direkt von dem Goniometerquadranten ablesen oder sie laufend mit Hilfe einer synchronisierten automat. BROWNschen Registriervorr. registrieren lassen. An Hand des Syst. *Kaolinit–Illit–Bentonit* wird der Analysengang genau beschrieben: Die dialysierte u. mit H_2 gesätt. Suspension der Tonmineralmischung wurde zunächst mit Ca gesätt. u. hierauf mit einer wss. Glycerinlsg. behandelt. Von dieser Suspension wurden einige Tropfen auf ein Deckgläschen gebracht, so daß ca. 5 mg Tonmineral auf 1 sq. in. vorhanden waren; diese Präpp. wurden bei einer relativen Feuchtigkeit von 8% getrocknet u. hierauf die Aufnahmen hergestellt. Die Genauigkeit der Meth. beträgt 5—10%. (Analytic. Chem. **24.** 1784—89. Nov. 1952. Lafayette, Ind., Purdue Univ., Agronomy Dep.) GOTTFRIED. 5290

b) Organische Verbindungen.

N. E. Gelman und **M. O. Korschun,** *Mikroanalytische Bestimmung von Stickstoff durch Hydrierung organischer Substanzen.* Die mikroanalyt. N-Best. erfolgte durch vorhergehende therm. Zerlegung von 3—5 mg organ. Substanz in Ggw. von H_2 u. quantitative Überführung des in der organ. Substanz enthaltenen N in NH_3 in Ggw. von Ni- u. Fe-Kontakten bei 300—340° mit einer Überleitungsgeschwindigkeit von H_2 von 30—50 ml/Minute. Der Fe-Kontakt wurde aus Fe(II)-Nitrat durch Erhitzen u. anschließende Red. im H_2-Strom bei 475—500° bereitet. Die Best. des gebildeten NH_3 erfolgt acidi- oder jodometr.; Dauer einer Best. 30—35 Minuten. Abscheidung von Kohle wurde durch Vermischen der Probe mit pulverförmigem red. Ni vor der Erhitzung vermieden. (Доклады Академии Наук СССР [Ber. Akad. Wiss. UdSSR] [N. S.] **72.** 895—98. 11/6. 1950. Inst. für organ. Chem. der Akad. der Wiss. der UdSSR.) FÖRSTER. 5352

A. B. Anderson, *Die direkte Bestimmung von Stickstoff in papierelektrophoretisch getrennten Eiweißfraktionen.* Nach der Elektrophorese wird das Papier (WHATMAN Nr. 31) bei 110° getrocknet u. in kleine Streifen geschnitten. Diese werden mit Se–H_2SO_4 zerstört u. N nach NESSLER bestimmt. (Biochem. J. **52.** X. Sept. 1952. London, North Middlesex Hosp.) FRESENIUS. 5352

Daniel Jouslin, *Beiträge zur Analyse von Alkylarylsulfonaten.* Zur Best. der SO_3H-Gruppe im aromat. Kern eines Alkylarylsulfonates wird dieses durch Alkalischmelze in ein Alkylphenol bzw. -naphthol übergeführt, das durch Bromierung bestimmt wird. Die Phenolbldg. als Funktion der Schmelztemp. wurde am Beispiel des Na-Benzolsulfonats untersucht. Als günstigste Schmelztemp. wurde hierbei eine Temp. von 350° ermittelt. Die Best. wird durch die Ggw. von Na-Laurylsulfonat gestört, das bei der Schmelze Laurylalkohol ergibt, durch dessen Br-Verbrauch zu hohe Werte erhalten werden. Der Laurylalkohol ist jedoch vor der Bromierung durch Ae.-Extraktion der alkal., wss. Schmelzlsg. quantitativ entfernbar. — Ausführung: Etwa 300 mg Na-Alkylarylsulfonat werden in einem Fe- oder Ni-Tiegel mit ca. 2 g NaOH einige Min. bei ca. 350° verschmolzen. Die in W. gelöste u. gegen Phenolphthalein neutralisierte Schmelze (50 cm^3 Lsg.) wird mit 25 cm^3 einer Br_2-Lsg. in CCl_4 (die pro Liter 50 g Br_2 enthält) einige Min. geschüttelt. Nach Zugabe von 30—40 cm^3 einer 10%ig. KJ-Lsg. wird das frei gewordene J mit 0,1 n$Na_2S_2O_3$-Lsg. gegen Stärke titriert. Gleichzeitig Blindversuch. 1 cm^3 0,1 n$Na_2S_2O_3$-Lsg., die als Differenz zwischen Blindvers. u. Vers. verbraucht wird, entspricht 0,00170 g SO_3Na. (Chim. analytique [4] **34.** 34—36. Febr. 1952.) K. F. MÜLLER. 5364

Satoyoshi Ozaki und **Taira Kobayashi,** *Quantitative Analyse von o-Kresol nach der Cineolmethode (Einfluß von Phenolen). Cineol* vom F. 1,0° ist brauchbar. Bei *o-Kresol* von über 50% Geh. betragen die Analysenfehler (1,0—)1,8%. Geringer Einfl. anderer Phenole. (J. chem. Soc. Japan, ind. Chem. Sect. [Kōgyō Kagaku Zassi] **55.** 91—94. Febr. 1952. Nippon, Bakelit Co., Res. Labor. [Orig.: japan.]) SCHULER. G 1060

Harold Hart, *Spektrophotometrische Bestimmung von Mischungen von ortho- und paraalkylierten Phenolen. α-Phenyläthylphenole.* Am Beispiel α-Phenyläthylphenol zeigt Vf. die Möglichkeit, das Verhältnis von o- u. p-Verb. in alkylierten Phenolen quantitativ spektrophotometr. im UV zu messen. Es werden ein BECKMAN-Spektrophotometer, Modell DU mit einer 1 cm Quarzküvette, u. annähernd $2,5 \cdot 10^{-4}$ mol. Lsgg. in Cyclohexan verwandt. Die Extinktionskoeffizienten von reinem o- u. p-α-Phenyläthylphenol sind bei 273 u. 285 mμ so unterschiedlich, daß mittels Eichkurve in Gemischen von beiden die prozentuale Zus. bis auf ± 1% genau bestimmt werden kann. Anwendbarkeit der Meth. bei einem Geh. von 5—95% des einen Isomeren in dem anderen. (Analytic. Chem. **24.** 1500—01. Sept. 1952. East Lansing, Mich., Michigan State Coll., Kedzie Chem. Labor.) BARCHET. G 2260

A. G. Posdejewa und **A. G. Wolkow,** *Polarographische Untersuchung der Kondensationsreaktion von Inden mit Benzaldehyd.* 3. Mitt. *über die Ausarbeitung einer polarographischen Methode zur Bestimmung von Cumaron und Inden.* (Vgl. C. **1953.** 5715.) **Zur Sicherung der vollständigen Kondensation von** *Inden* **(I) mit Benzaldehyd(II)** u. zur polarograph. Best. des *Cumarons* (**III**) wird das Gemisch aus 6—8 ml **I**, 20 ml **II** u. 5 ml KOH (**IV**) 15 Min. auf 70—75° erhitzt. Bereitung der Lsgg.: 3 g **IV** in 97 ml A., 1 ml **I** in 50 ml A. u. 2 ml **II** in 100 ml Alkohol. Eine Verdoppelung der **II**-Menge ist ohne Einfl. auf das Ergebnis. Eine Polymerisation von **I** oder **II** tritt beim Erwärmen nicht ein. Bei der Kondensation reagiert 1 Mol **I** mit 1 Mol **II** unter Bldg. von Benzylideninden. Eine Rk. zwischen **III** u. **II** findet nicht statt, so daß **III** nach der Kondensation polarographiert werden kann. (**Журнал Прикладной Химии** [J. angew. Chem.] **25.** 1319—22. Dez. 1952. Swerdlowsk, Wiss. Ost-Forschungsinst. für Kohlechem.) LEBTAG. G 3061

Angelo Castiglioni und **Maria Nivoli,** *Über Piperazinbestimmung.* 5. Mitt. (4. vgl. C. **1942.** II. 695.) Vff. zeigen, daß bei Zusatz einer 2%ig. wss. Lsg. von *Phosphormolybdänsäure* (**I**) zu einer gegen Kongorot neutralen wss. Piperazinlsg. ein weiß bis gelber (mit einem Stich ins Grüne) Nd. entsteht, der aber wegen der schlecht übereinstimmenden Auswaage für analyt. Zwecke ungeeignet ist. Ein gelbgrüner, bei Fällung in der Wärme krist. Nd. wurde durch portionsweise Zugabe der Piperazinlsg. zu einem Überschuß von **I** erhalten, dem nach den Analysen die Formel $3C_4H_{10}N_2 \cdot P_2O_5 \cdot 24MoO_3 \cdot 4H_2O$ zukommt. Dieses Verf. ist zur analyt. Best. geeignet. (Z. analyt. Chem. **133.** 193—94. 1951. Turin, Inst. für Warenkunde.) BRAASCH. G. 3272

P. W. Kent, G. Lawson und **A. Senior,** *Chromatographische Trennung von Aminozuckern und Aminosäuren unter Verwendung der N-[2.4-Dinitrophenyl]-derivate.* Aminozucker reagieren mit *2.4-Dinitrofluorbenzol* (**I**) u. bilden stabile, farbige, gut chromatographierbare N-[2.4-Dinitrophenyl (DNP)]-Derivate. Z. B. wurden 2 mg Glucosamin(**II**), 4 mg Arabinose, 10 mg Glucose u. 5 mg Glucuronsäure in 1 ml 1%ig. $NaHCO_3$-Lsg. u. 1 ml A. mit 0,05 ml **I** bei Raumtemp. geschüttelt; 2 Tropfen des Reaktionsgemisches wurden im Syst. n-Butanol (40%) — A. (10%) — W. (50%) absteigend auf WHATMAN-Nr. 1-Papier chromatographiert. DNP-**II** ist als gelbes Band sichtbar, unverändertes **I** wandert mit dem Lösungsm., die restlichen Zucker lassen sich mit *Anilinhydrogenphthalat* (**III**) sichtbar machen. — Es wurden die R_F-Werte nachst. Verbb. für das genannte Lösungsmittelgemisch u. ihr Verh. gegen $AgNO_3$, **III** u. Ninhydrin bestimmt: *3.4-Dimethyl-* ($R_F = 0{,}53$), *3.4.6-Trimethyl-* (0,70) u. *2.3.4.6-Tetramethyl-D-mannose* (0,68), *2.3-Dimethyl-* (0,51), *2.3.4-* (0,70), *2.3.6-Trimethyl-* (0,66) u. *2.3.4.6-Tetra-*

methyl-D-glucose (0,85), *1.3.4-Trimethyl-* (0,67) u. *1.3.4.6-Tetramethyl-D-fructose* (0,75), D-II·*HCl* (0,1), *N-Acetyl*-II (0,24), *N-Carbobenzoxy-α-methylglucosaminid* (0,82), *3-Methyl-* (0,34), *4.6-Dimethyl-* (0,50) u. *3.4.6-Trimethyl-N-acetyl*-II (0,72), *Glucosaminsäure* (0,02), *α-Methyl-2-[acetamido]-glucopyranosid* (0,31), *β-Methyl-2-[acetamido]-glucofuranosid* (0,42), *DNP-D*-II (0,75), *1.3.4.6-Tetraacetyl-DNP*-II (0,93), *DNP*-II-*Diäthylmercaptal* (0,89), *Tetraacetyl-DNP*-II-*Diäthylmercaptal* (0,96), *DNP-Glucosaminsäure* (0,60), *DNP-Chondrosamin* (0,61), *1.3.4.6-Tetraacetyl-DNP-chondrosamin* (0,92), *DNP-Glycin* (0,42), *DNP-Tyrosin* (0,77), *DNP-Histidin* (0,64 u. 0,85), *DNP-Arginin* (0,65), *DNP-Valin* (0,72), *DNP-Asparaginsäure* (0,28), *DNP-Alanin* (0,58) u. *DNP-Tryptophan* (0,69). (Science [Washington] **113.** 354—55. 30/3. 1951. Birmingham, Univ., A. E. Hills Labors.) Dressler. G 3400

Roger Munier, Michel Macheboeuf und **Nicole Cherrier,** *Mikrochromatographie von Alkaloiden und stickstoffhaltigen biologischen Basen auf salzbehandeltem Papier.* 1. Mitt. *Vorversuche mit „Phosphatpapieren".* Die Papierchromatographie von Alkaloiden u. biol. Basen mit stark sauren Entwicklern (vgl. C. **1951.** I. 3400 u. 3541) gibt in den meisten Fällen gute Trennungen ohne Verlaufen der Flecken. In einigen Fällen liegen die R_F-Werte jedoch so ungünstig, daß die Trennungen unbefriedigend sind. In diesen Fällen läßt sich die von Vff. entwickelte Technik häufig mit Erfolg anwenden. Als Entwickler dienen neutrale Lösungsmittel. Das Papier wird mit der Lsg. eines sauren Salzes [KH_2PO_4 oder $Ca(H_2PO_4)_2$] vorbehandelt. — Beispiele für Trennungen nach dieser Meth.: *Brucin–Strychnin* u. *Morphin–Codein–Thebain–Narcotin* (oder *Papaverin*). (Bull. Soc. Chim. biol. **33.** 1919—29. 1951. Paris, Inst. Pasteur.) Nehring. G 3500

Roger Munier, Michel Macheboeuf und **Nicole Cherrier,** *Mikrochromatographie von Alkaloiden und stickstoffhaltigen biologischen Basen auf salzbehandeltem Papier.* 2. Mitt. *Verbesserung der Technik der sauren Entwicklerphasen. Verwendung von Papier, das mit einem Salz vorbehandelt ist, dessen Anion das der Säure im Entwicklergemisch ist.* (1. vgl. vorst. Ref.) Vff. unterziehen das Chromatographiepapier einer Vorbehandlung mit dem Salz derjenigen Säure, die auch in dem Entwicklergemisch benutzt wird. Hierdurch wird es möglich, auch bei sehr geringem Säuregeh. des Entwicklers gut entwickelte Flecken ohne Schweifbldg. zu erhalten, wobei die R_F-Werte meist kleiner sind als auf unbehandeltem Papier. Es werden eine Reihe von Trennungen angeführt: Auf mol/2 KCl-vorbehandeltem Papier mit Butanol–HCl–W. entwickelt: *Atropin* (oder *Hyoscyamin*)–*Scopolamin–Homatropin–Tropin*; *Brucin* (I)–*Strychnin* (II); *Pilocarpin* (oder *Isopilocarpin*)–*Pilosin*; *Cotarnin–Narcotin* (III); *Hydrastinin–Hydrastin*; *Morphin* (IV)–*Codein* (V)–*Thebain*-III (oder *Papaverin*); *Nicotin* (VI)–IV–V–*Heroin–Cocain* u. VI–IV–V–I–II. Außerdem werden Tabellen von R_F-Werten der Alkaloide auf mol/2 KCl-, mol/5- u. mol/10-Na-Acetat-vorbehandeltem Papier mit verschied. Entwicklergemischen angegeben. (Bull. Soc. Chim. biol. **34.** 204—14. Jan./Febr. 1952. Inst. Pasteur.) Nehring. G 3500

J. Beyreder und **H. Rettenbacher-Däubner,** *Die Trennung verschiedener Gallensäuren mittels Papierchromatographie. Taurocholsäure* (I), *Glykocholsäure* (II), *Cholsäure* (III), *Desoxycholsäure* (IV) u. *Dehydrocholsäure* (V) werden mit der organ. Phase einer Mischung von Toluol/Eisessig/W. im Volumenverhältnis 40:40:8 auf Whatman I-Papier aufsteigend getrennt. Bei einer Laufzeit von 2 Std. beträgt die Steighöhe 25 bis 28 cm. Die Entw. erfolgt durch Besprühen mit W. u. anschließend mit kalt gesätt. alkoh. J_2-Lösung. Dabei treten folgende Färbungen auf: I u. II rot-schwarzbraun, nach dem Trocknen hellgelb, III schmutzigbraun, nach dem Trocknen blau, IV u. V schwach gelblich. IV kann nach dem Trocknen durch aufeinanderfolgendes Besprühen mit verd. HCl 1:1 u. J_2-Lsg. nach Trocknung als gelbbrauner Fleck besser sichtbar gemacht werden. Nach dieser Meth. sind noch 30 γ der einzelnen Gallensäuren nachweisbar. I lag als 1%ig. wss. Lsg., II, III u. IV als 1%ig. alkoh. Lsg. u. V als 1%ig. Eisessiglsg. vor. R_F-Werte: I 0,01; II 0,16; III 0,58; IV 0,83; V 0,77. Bei nicht zu hohen Konzz. verhalten sich die Na-Salze gleich. Weiterhin werden die R_F-Werte für Schleicher- u. Schüll-Papier 2045 a u. b bei wechselnden Lösungsmittelzuss. angegeben. Die Meth. eignet sich bes. für die Unters. biol. Materials. (Mh. Chem. **84.** 99—101. 15/2. 1953. Wien, Med. Abt. des Kaiserin-Elisabeth-Spitals.) E. Brinckmann. G 3700

d) Medizinische und toxikologische Analyse.

E. Köiw, G. Wallenius und **A. Grönwall,** *Klinische Verwendung der Papierelektrophorese. Vergleich mit der Elektrophorese im U-Rohr nach Tiselius.* Vff. untersuchen eine Reihe n. u. patholog. Sera sowohl papierelektrophoret. wie nach der Tiselius-Meth. u. kommen zu dem Schluß, daß die Veränderungen der Serumproteine mit Hilfe der Papierelektrophorese schnell u. für diagnost. u. klin. Zwecke genügend genau bestimmt werden können. (Bull. Soc. Chim. biol. **33.** 1940—50. 1951. Upsala, Univ., Labor. central de l'Hôpital.] NEHRING. 5728

R. Caspani, *Die interferometrische Beobachtungsmethode bei der Elektrophorese.* Vf. beschreibt die Anwendungsmöglichkeit der Interferenzoptik für elektrophoret. Analyse von Seren (vgl. WIEDEMANN, C. **1952.** 6102) u. weist auf einige eigene Erfahrungen hin. (Arch. Scienze med. **94** (77). 275—87. Okt. 1952. Como, Ospedale S. Anna.) v. KEREKJARTO. 5728

Morton C. Creditor, *Quantitative Bestimmung von Plasmahämoglobin mit der Benzidinreaktion.* Plasma wird so weit verd., daß es weniger als 10 mg *Hämoglobin* (I) in 100 ml enthält. 0,5 ml dieser Verdünnung werden mit 2 ml Benzidinreagens (2 g reinstes Benzidin in 20 ml Eisessig lösen, mit W. zu 100 ml auffüllen, mit Kohle entfärben u. filtrieren) u. 1 ml 1,5%ig. H_2O_2 versetzt u. 1 Std. stehengelassen. Dann wird mit 20%ig. Essigsäure auf 100 ml aufgefüllt, 30 Min. stehengelassen u. die opt. D. in einem photoelektr. Colorimeter bei 490 mμ gemessen. Auswertung mittels Eichkurve. Bei jeder Serie müssen einige Bestimmungen mit bekanntem I-Geh. durchgeführt werden, um durch das Benzidinreagens veruraschte Abweichungen erfassen zu können. Bei nur geringen Plasmverdünnungen werden nur 40—60% des vorhandenen I erfaßt. Am günstigsten sind solche von 1:100 u. 1:200. Empfindlichkeitsbereich 1—10 mg-% I. (J. Lab. clin. Med. **41.** 307—11. Febr. 1953. Fort Sam Houston, Tex., Brooke Army Hosp.) KRUSEN. 5728

P. H. Sanderson, *Potentiometrische Chloridbestimmung in biologischen Flüssigkeiten.* Angabe einer App., die die potentiometr. Chloridbest. in *Plasma* (I) oder *Harn* (II) gestattet. Benötigt werden mindestens 0,2 ml von I oder II. Die Fll. werden mit Essigsäure versetzt u. mit n/10-$AgNO_3$ titriert. Bei I wird Octan-2-ol gegen das Schäumen zugesetzt. (Biochem. J. **52.** 502—05. Nov. 1952. London, St. Mary's Hosp) FRESENIUS. 5732

Elizabeth K. Tillson und **Grace S. Schuchardt,** *Kreatininbestimmung in Plasma und Harn in Gegenwart größerer Mengen von Phenolrot.* 1 Vol. Plasma wird mit 8 oder 18 Vol. dest. W., ½ Vol. 0,67 nH_2SO_4 u. ½ Vol. 10%ig. Na_2WO_4-Lsg. versetzt u. nach 10 Min. filtriert. 10 ml Filtrat oder verd. Harn werden in graduierten Glasröhrchen mit 1 g Zn-Staub versetzt, 20 Min. im sd. Wasserbad gehalten, wodurch das *Phenolrot* (I) red. wird, abgekühlt, aufgefüllt u. filtriert. Ein aliquoter Anteil wird mit dem doppelten Vol. alkal. Pikratlsg. (5 Voll. gesätt. wss. Pikrinsäurelsg. mit 6 Voll. dest. W. u. 1 Vol. 10%ig. NaOH vor Gebrauch mischen) versetzt u. die Färbung nach genau 15 Min. bei 515 mμ colorimetr. gemessen. Wenn nach der Zn-Behandlung I nicht vollständig red. ist, muß sie wiederholt werden. Bei einem Geh. bis zu 20 mg I/100 ml wurde zugesetztes *Kreatinin* zu mindestens 95% wiedergefunden. (J. Lab. clin. Med. **41.** 312 bis 315. Febr. 1953. West Point, Pa., Sharp and Dohme, Inc.) KRUSEN. 5732

Gerald Klatskin und **Luitgard Bungards,** *Ein verbesserter Bilirubinnachweis im Harn.* Unter mehreren Methoden zum Bilirubinnachw. erwies sich diejenige nach FREE u. FREE (122. Meeting Amer. chem. Soc., Elkhart, Ind., 1952) am einfachsten, empfindlichsten u. als spezifisch. *Bilirubin* wird dabei an einer saugfähigen Celluloseasbestmatrize angereichert. Die Diazotierung erfolgt mit einer stabilen Diazoniumkomponente in Tablettenform. Festgestellt wird damit Bilirubin in einer Konz. von 0,05 g/100 cm^3 bis herab zu einer absol. Menge von 0,125 γ. (New England J. Med. **248.** 712—17. 23/4. 1953. New Haven, Conn., Yale Univ., School of Med.) FRESENIUS. 5732

L.-G. Allgén, *Papierchromatographische Identifizierung von Barbituraten.* Der klin.-chem. Nachw. von Barbituraten im Harn erfährt durch die Papierchromatographie eine wertvolle Bereicherung. Standardbarbiturate werden unter gleichen Bedingungen mitlaufen gelassen, so daß bei Übereinstimmung der R_F-Werte eine Identifizierung möglich wird. Lösungsmittelgemisch: Isoamylalkohol, gesätt. mit konz. NH_3. Die Flecken werden im UV-Licht sichtbar. (Svensk farmac. Tidskr. **57.** 188—90. 10/4. 1953. Stockholm, Sabbatsberg Hospital.) ULEX. 5732

H. Angewandte Chemie.

I. Allgemeine chemische Technologie.

B. L. Harris, *Adsorption.* Vf. gibt eine Literaturübersicht, bes. über Arbeiten aus den Jahren 1950—1952, bzgl. Theorie der Adsorption, Chromatographie, Chemisorption, Adsorption in fl. Phase, Herst. u. Eigg. von Adsorptionsmitteln sowie Thermochemie der Adsorption. — 315 Zitate. (Ind. Engng. Chem. **45.** 24—31. Jan. 1953. Baltimore, Md., Johns Hopkins Univ.) OPPERMANN. 5848

T. J. Walsh, *Hochtemperaturdestillation.* (Vgl. C. **1953.** 1863.) Übersicht über die Literatur hauptsächlich aus den Jahren 1951 u. 1952 bzgl. Destillationstheorie, Dampf-Flüssigkeits-Gleichgewichte, extraktive Dest., Siedeböden, Rechenmaschinen zur Berechnung von Destillationskurven. — 140 Schrifttumsnachweise. (Ing. Engng. Chem. **45.** 39—43. Jan. 1953. Cleveland, O., Case Inst. of Techn.) OPPERMANN. 5864

William Schotte und **W. A. Selke,** *Nomographische Berechnung von Dreikomponentendestillationen.* Es werden die Gleichungen, Determinanten u. sonstige Zusammenhänge erörtert, die zum Aufstellen der Nomogramme nötig sind. Die Stoffe werden nach ihrer Flüchtigkeit geordnet. Die Nomogramme werden im Entstehen u. fertig abgebildet. Ein Beispiel wird durchgerechnet, u. zwar an Hand der Dest., zur Trennung von Bzn., Toluol u. Xylol. (Ind. Engng. Chem. **45.** 472—76. Febr. 1953. New York, N. Y., Columbia Univ., Dep. Chem. Eng.) MIETHING. 5864

Marino Seco Santos, *Vergleichende Untersuchung der Formeln, welche die Trennstärke der Rektifiziersäulen mit totalem Rückfluß angeben.* An den Mischungen *Aceton–A.* (A), *Essigsäure–W.* (B), *A.–W.* (C), *Methanol–W.* (D) u. *Isopropylalkohol–W.* (E) werden die Methoden von FENSKE u. von DUDGE HUFFMAN zur rechner. u. von MACCABE-THIELE zur graph. Best. der Bödenzahl bei der destillativen Trennung für bestimmte mol. Konzz. auf dem obersten u. untersten Boden verglichen. Es ergab sich eine vorzügliche Übereinstimmung für B infolge der außerordentlichen Regelmäßigkeit der Phasengleichgewichtskurve (PGK). Die Übereinstimmung wird für A nur für große Bödenzahlen etwas geringer, während die großen Abweichungen bei C, D u. E auf den erheblichen Unterschieden der Flüchtigkeit auf dem obersten u. untersten Boden, deren geometr. Mittel in die Berechnungen eingeht u. die mit den vorgegebenen Konzz. der einzelnen Verss. wechseln, beruhen. Am größten sind die Abweichungen für C, da die PGK sich in ihrem oberen Teil, also mit Annäherung an die azeotrope Mischung, stark der Diagonale nähert. Daher ist für Gemische mit unregelmäßiger PGK immer das graph. Verf. vorzuziehen, das auch für jeden Boden die Zus. u. damit den Kp. der Mischung liefert. (Ion [Madrid] **13.** 11—13. 21. Jan. 1953. Salamanca, Univ., Cátedra Quím. técn.) METZENER. 5864

R. J. Mitchell, *Die Trocknung von Lösungsmitteln.* Vf. beschreibt eine Meth. der destillativen Trocknung von Lösungsmittelmischungen (*Methyläthylketon–Bzl.*). Die Theorie wird nach einer modifizierten graph. MCCABE-THIELE Meth. erläutert. Die Dest. wird in 2 Stufen zerlegt: Wasserabtreibung bei konstantem Benzolgeh. u. Anreicherung von Bzl. in wassergesätt. Lösungsmittel. Die Gleichgewichtsdaten des tern. Syst. werden mitgeteilt. Das Schema der Eingliederung der Trocknungsdest. in die Gesamtanlage einer Wachsentölung wird besprochen. (Chem. Engng. Progr. **47.** 649—53. Dez. 1951. Richmond, Calif., California Res. Corp.) GERHARD GÜNTHER. 5874

J. P. Duffy, *Trockengeschwindigkeiten in Flächen- und Rotationstrocknern.* Einführung in die Physik der Trocknungsvorgänge, bes. Anwendung auf rotierende Trockner einschließlich mathemat. Formulierungen. (Chem. Process Engng. **34.** 49—51 u. 62. Febr. 1953.) LEHWALD. 5874

Carlos Delgado Diarte, *Ultraschall in der Technik. Das Sideroskop und der Nachweis innerer Fehler.* Beschreibung der Grundlagen u. der Konstruktion des *Sideroskops,* mittels dessen in akust. leitenden Materialien Fehlstellen durch Ultraschallecho bei größeren Dicken (15 mm bis 7 m Stahl), durch Amplitudenänderung stehender Ultraschallwellen (Durchlässigkeit) in Wänden, Blechen oder Folien u. bei schräger Beschallung zur Schicht in mehrschichtigen Materialien (Lötflächen) auf Grund der Reflexions- u. Refraktionsgesetze erkannt u. lokalisiert werden können. (Metalurgía y Electr. **16.** Nr. 183. 37—40. Ende Nov. 1952. „Fopic", S. A.) METZENER. 5878

Richard Soderberg jr., *Industrielle Anwendungen der Schallenergie.* Beschrieben wird die Anwendung der Beschallung bei der Gasreinigung, bei der Rußerzeugung, beim Emulgieren, beim Beizen u. Reinigen von Metallen. — 22 Abbildungen u. Diagramme. (Iron Steel Engr. **29.** Nr. 2. 87—95. Febr. 1952. Cambridge, Mass., V. St. A., Ultrasonic Corp.) MARKHOFF. 5879

P. V. Danckwerts, *Kontinuierliche Strömungssysteme. Verteilung der Verweilzeiten.* In der Praxis kommt man mit der Annahme der beiden Grenzfälle „Schichtströmung" oder „vollkommene Mischung" nicht aus, da es viele Systeme gibt, die diesen Annahmen nicht entsprechen. Hier wird gezeigt, wie Verteilungsfunktionen für Verweilzeiten definiert u. gemessen werden können. Es werden offene u. gepackte Röhren als Systeme untersucht. Die Anwendung der Verteilungsfunktionen auf die Berechnung von Wirkungsgraden von Reaktoren u. Mischungen wird gezeigt. (Chem. Engng. Sci. **2.** 1—13. Febr. 1953. Cambridge, England, Dep. of Chem. Engng., Tennis Court Rd.) CRAMER. 5896

Elastic Stop Nut Corp. of America, Union, N. J., V. St. A. (Erfinder: **J. A. Sauer**), *Selbstlösende Verschlußmuttern.* Die Verschlußmuttern enthalten im Innern einen elast. Ring aus einem *Polymerisat* aus einem Diamin u. einer 2bas. Säure, bes. einem Polykondensat aus Hexamethylendiamin u. Adipinsäure. (**Schwed. P. 135 375** vom 22/1. 1945, ausg. 22/4. 1952. A. Prior. 21/1. 1944.) JÜRGEN SCHMIDT. 5805

Farbwerke Hoechst, vormals Meister Lucius & Brüning (Erfinder: **Karl Dietz,** Kronberg, und **Werner Matz**), Frankfurt/M.-Höchst, *Auskleiden von in der chemischen Technik benutzten Apparaten,* bes. solchen, in denen Prozesse unter Wärme u. Druck vor sich gehen, mit Platten zum Schutz gegen den Angriff korrodierender Medien, dad. gek., daß bes. dünnwandige Platten, z. B. aus Kunststoff bzw. Kunstharz, verwendet werden, deren Wärmeausdehnungskoeff. höchstens 30% unter u. nicht mehr als 100% über dem des Baumaterials der auszukleidenden Vorr. liegt. (**D. B. P. 865 891** Kl. 12f vom 25/9. 1949, ausg. 5/2. 1953.) KETTNER. 5811

Alcid VVB, Chemische Fabrik Dölau, Greiz-Dölau (Erfinder: **Gustav Rodewald,** Greiz, Thür.), *Vergußmassen für Fugen von Bauwerksteilen.* Man imprägniert organ. temperaturempfindliche Fasern, wie Baumwollflocken, Zellstoff, Hanf- oder Flachsfasern, Scheerhaare, Filz- oder Pelzhaarabfall oder auch Torffasern, mit Flammschutzmitteln, wie Al- oder NH_4-Salze, Borate, Stannate oder Wolframate — gegebenenfalls in Verbindung mit Stärke —, durchtränkt sie mit Mineral- oder Teeröl derart, daß sich auf den Fasern ein dünner Ölfilm bildet, mischt darauf feinstgepulverte, schwach alkal. Rk. aufweisende Füllstoffe, wie MgO, zu u. rührt die so vorbehandelten Füllstoffe in durch Schmelzen verflüssigtes natürliches oder künstliches Bitumen, Asphalt, Teer oder Pech ein; neben den organ. Faserfüllstoffen der genannten Art können als anorgan. Faserfüllstoffe Asbest, Asbestmehl, Asbestinen, Schiefermehl oder dgl. mitverwendet werden. Die so erhaltenen Vergußmassen zeigen ein günstiges Verh. gegen Verformung in der Wärme sowie gegen Schlag u. Stoß in der Kälte, die stabilisierende Wrkg. der organ. Faser bleibt voll erhalten. (**D. P. [DDR] 1 088** Kl. 22i vom 9/5. 1942, ausg. 19/6. 1952 [Wirtschaftspatent].) RAETZ. 5813

Edward Swartz, Belmont, Mass., V. St. A., *Herstellung von wässerigen Salzlösungen,* dad. gek., daß einer in einem Tank befindlichen Schicht von feinzerteiltem Salz an zahlreichen, gleichmäßig in Nähe des Tankbodens verteilten Stellen kontinuierlich W. zugeführt wird. Der Wasserzufluß ist so geregelt, daß am Überlauf eine Salzlsg. von konstanter Konz. abfließt. (**Can. P. 479 641** vom 20/6. 1946, ausg. 25/12. 1951.) OPPERMANN. 5819

W. Neudorff & Co. K.-G. (Erfinder: **Dietrich Lammering**), Wuppertal, *Herstellung thixotroper Schwefeldispersionen.* Man fügt den in bekannter Weise auf nassem Wege mit Schutzkolloiden u. sonstigen Zusatzstoffen gewonnenen Schwefeldispersionen $Al(OH)_3$ in Gelform bei. — Beispiel. (**D. B. P. 879 182** Kl. 451 vom 20/2. 1944, ausg. 11/6. 1953.) NEBELSIEK. 5825

Fram Corp., Providence, übert. von: **John Warren Robinson,** Barrington, R. I., V. St. A., *Trennung von Flüssigkeitsemulsionen,* dad. gek., daß die Emulsion durch eine poröse Membran geführt wird, wobei sich die Tröpfchen der emulgierten Fl. zu größeren Tropfen vereinigen, u. dann durch eine zweite Membran hindurchtritt, die für die dispergierte Fl. undurchlässig, für die andere Fl. durchlässig ist. (**Can. P. 479 727** vom 27/12. 1948, ausg. 25/12. 1951. A. Prior. 23/2. 1948.) OPPERMANN. 5829

Gesellschaft für Linde's Eismaschinen Akt.-Ges., Deutschland, *Fraktionieren von Gasgemischen, insbesondere Luft.* Vor der Fraktionierung des Gemisches wird zur Abscheidung der Verunreinigungen, wie Wasserdampf, CO_2 u. C_2H_2, dieses in period. Umkehr durch geeignete Absorptionstürme geführt, die mit akt. Kohle u. Silicagel beschickt sind. (**F. P. 1 010 187** vom 24/1. 1950, ausg. 9/6. 1952. D. Prior. 29/1. 1949.) WITTHOLZ. 5849

Comp. d'Études et de Constructions Industrielles, Frankreich, *Entstauben von Gasen, insbesondere Luft.* Die tangential in die Filtrationsapp. einströmende Luft wird durch einen Metallkonus in eine kreisförmige Bahn gelenkt, wodurch ihre groben Staubteilchen gegen die ölbenetzten Wände der App. geschleudert werden. Zur Beseitigung des feinen Staubes durchstreicht die Luft ein ziehharmonikaartig gefaltetes Sieb u. eine Schicht von Fe-Spänen. — Vorrichtung. (**F. P. 1 009 971** vom 16/7. 1948, ausg. 5/6. 1952.) OPPERMANN. 5851

Soc. An. des Ateliers & Chantiers de la Loire, Frankreich, *Trocknen von Gasen,* dad. gek., daß das feste, W. entziehende Mittel sich in von durchlöcherten Scheidewänden begrenzten, radial angeordneten Abteilungen eines ringförmigen Gefäßes befindet u. ein Verteiler der Reihe nach je zwei aufeinanderfolgende Abteilungen mit der Gaszuführung u. je zwei benachbarte Abteilungen auf der gegenüberliegenden Seite mit der Gasableitung verbindet. Die Entwässerung des Trockenmittels erfolgt durch Einleiten von warmer Luft. — Vorrichtung. (**F. P. 1 011 378** vom 27/1. 1949, ausg. 23/6. 1952.) Oppermann. 5855

Gesellschaft für Linde's Eismaschinen Akt.-Ges., Höllriegelskreuth, und **Georg Alexander Krause**, München (Erfinder: **Friedrich Steinbacher**, München), *Behandlung von feuchten oder flüssigen Stoffen mit zwei oder mehr verschiedenen Temperaturen* an der Oberfläche einer umlaufenden Walze (I) zwecks *Einengen* durch Ausfrieren des Lösungsm., wobei I in radiale Kammern (II) unterteilt ist, denen während des Umlaufens der I über eine axiale, feststehende Zuführung mindestens 2 gasförmige oder fl. Wärme- oder Kälteübertragungsmittel verschied. Tempp. zugeleitet werden, welche infolge der Umdrehung der I fortlaufend benachbarte II speisen, so daß an der umlaufenden I-Oberfläche räumlich feststehende Gebiete verschied. Tempp. entstehen. — 2 Zeichnungen. (**D. B. P. 858 831** Kl. 12c vom 11/6. 1942, ausg. 3/12. 1952.) Nebelsiek. 5859

Standard Oil Development Co., Elizabeth, N. J., V. St. A., *Verfahren, um zwei teilweise oder nicht miteinander mischbare, fließfähige Medien von verschiedener Dichte miteinander in Berührung zu bringen.* Die beiden Medien werden in den oberen bzw. unteren Teil eines Behälters eingeleitet u. auf einem abgegrenzten Wegstück innerhalb des Behälters im Gegenstrom zusammengeführt, etwa in waagerechter Richtung unter Trennung in 2 Schichten gemeinsam im Gleichstrom weitergeleitet u. dann nach oben bzw. unten in entgegengesetzter Richtung auseinandergeführt. — Vorrichtung. — *Behandlung bzw. Extraktion von Fll. mit selektivem Lösungsmittel.* (**D. B. P. 879 537** Kl. 12c vom 1/11. 1949, ausg. 15/6. 1953. A. Prior. 24/9. 1948.) Nebelsiek. 5863

Eastman Kodak Co., übert. von: **K. C. D. Hickman**, Rochester, N. Y., V. St. A., *Hochvakuumdestillation* unter Verwendung eines geschlossenen Syst. mit einer zylindr. rotierbaren Verdampfungsoberfläche u. einer zylindr. gekühlten Kondensationsoberfläche, welche koaxial miteinander verbunden sind. Zwischen den Verdampf- u. den Kondensationsoberflächen wird ein Hochvakuum aufrechterhalten. Die zu destillierende Fl. wird mittels einer mechan. Walzenzuführungsvorr. auf die Verdampfoberfläche gefördert, u. zwar in Form eines dünnen Filmes, welcher dünner ist als beim Eintauchen in die Flüssigkeit. Die nicht dest. Rückstände werden von der Verdampfungsoberfläche mechan. entfernt. (**Can. PP. 480 476** vom 15/10. 1937 u. **480 477** vom 11/7. 1938, beide ausg. 22/1. 1952. E. Priorr. 23/10. 1936 u. 20/7. 1937.) M. F. Müller. 5865

Metallgesellschaft Akt.-Ges., Frankfurt/M., *Eindampfen von Flüssigkeiten im Vakuum*, bes. von salzhaltigen Säuren oder alkal. Lsgg. oder dgl., wobei die Fl. im Kreislauf durch ein Heizsyst. geführt wird. Der Kreislauf wird unter Verwendung eines in den Verdampferraum mündenden Steigrohrs bewirkt. Die Fl. wird aus dem Verdampferraum abwärts durch das außen liegende Heizsyst. geführt u. aus dem unteren Teil des Heizsyst. durch ein Steigrohr in den Verdampferraum zurückgeführt. An oder nahe der tiefsten Stelle wird Luft in den Verdampferraum eingeleitet, welche die Förderung der Fl. im Kreislauf bewirkt. — Zeichnung. (**Oe. P. 174 049** vom 5/2. 1951, ausg. 25/2. 1953. D. Prior. 2/5. 1950.) M. F. Müller. 5865

Gerald Raymond Collings, Remford, Essex, und **Stanley Claude Osborne**, London, England, *Verhinderung der Kristallbildung*, z. B. der Bldg. von Kesselstein. Man setzt die betreffende Fl. kontinuierlich hochfrequenten Schallwellen, z. B. *Ultraschall*, aus. (**E. P. 689 169** vom 4/7. 1949, ausg. 25/3. 1953.) Nebelsiek. 5869

Gesellschaft für Linde's Eismaschinen Akt.-Ges., Höllriegelskreuth bei München (Erfinder: **Heinrich Kahle**, Pullach), *Trocknen von vorzugsweise organischen Flüssigkeiten im Gegenstrom mit Trockenmitteln*, welche in dem Trockengut nicht lösl. sind u. ein anderes spezif. Gewicht als dieses besitzen. Ein festes, nur einen Teil des Reaktionsraumes ausfüllendes Trockenmittel wird von dem durch die Lsg. des Trockenmittels vorgetrockneten Trockengut durchströmt, von der Restfeuchtigkeit desselben langsam aufgelöst u. die gebildete Lsg. dem Trockengut über eine, einen wesentlichen Bruchteil der die Trocknerhöhe bildenden Strecke bis zur Beendigung der Trocknung entgegengeführt. Das feste Trockenmittel, z. B. NaOH, wird in dem Trockner so untergebracht, daß es von der vorgetrockneten Fl. durchströmt wird u. die Restfeuchtigkeit entzogen wird, während die dabei sich bildende Trockenmittellsg. dem Trockengut entgegengeführt wird, also entsprechend ihrem spezif. Gewicht entweder im entgegenströmenden Trockengut absinkt oder aufsteigt u. zur Vortrocknung desselben dient. Das Verbacken des Trockenmittels wird dadurch verhindert; zweckmäßig wird es mit Raschig-Ringen oder anderen Füllkörpern zusammen verwendet, wobei die Oberfläche je m^3 Schüttvol. bei mehr als 0,5 m Schütthöhe mehr als 500 m^2 betragen soll. — Vorr., Zeichnung. (**D. B. P. 857 053** Kl. 12c vom 29/10. 1942, ausg. 27/11. 1952.) Krauss. 5875

Deutsche Gold- und Silberscheideanstalt vormals Roessler (Erfinder: **Harry Kloepfer**), Frankfurt/M., *Verdicken von Flüssigkeiten.* Man setzt feinverteilte Oxyde von Metallen oder Metalloiden zu, wie sie bei der Umsetzung dieser Stoffe bzw. deren Verbb. in Gas- oder Dampfform erhalten werden, z. B. hochdisperse SiO_2. (**D. B. P. 870 242** Kl. 12c vom 26/9. 1941, ausg. 12/3. 1953.) NEBELSIEK. 5879

United Kingdom of Great Britain and Northern Ireland, London, übert. von: **Eric Woodington Russel**, Farnborough, Hants, England, *Nachweis von Kohlenmonoxyd.* Silicagel wird mit einer Lsg. von Alkalimolybdaten oder -wolframaten, Palladiumchlorür u. einer Mineralsäure, wie H_2SO_4, getränkt u. bei 40° getrocknet. Die Ggw. von CO wird bei n. Temp. durch einen Farbumschlag angezeigt. (**Can. P. 477 288** vom 5/4. 1946, ausg. 25/9. 1951. E. Prior. 25/8. 1942.) SCHÖNAUER. 5889

Wilhelm Berges, *Reibungsbrems- oder Reibungskupplungskörper für Fahrzeuge und Maschinen* mit synthet. Phenol- oder Kresolkunstharzen gegebenenfalls in Mischung mit Naturkautschuk ähnlicher Viscosität, als Bindemittel. Z. B. wird ein inniges Gemenge aus 60 (%) langen u. kurzen Asbestfasern u. 15 Metallwolle unter Zusatz von 12,5 Butadienpolymerisat u. eines Vulkanisationsbeschleunigers zu einheitlichen Körpern geformt. Die weitere Verarbeitung ist die für Kunstharzkörper übliche. (**F. P. 1 001 129** vom 9/12. 1949, ausg. 20/2. 1952.) BEWERSDORF. 5893

Soc. An. des Manufactures des Glaces et Produits Chimiques de Saint-Gobain, Chauny & Cirey, *Verhinderung des Schäumens bei chemischen Reaktionen*, bes. zwischen festen Körpern u. einer Fl. oder zwischen Fll.; das Reaktionsgefäß ist in 2. am Boden untereinander kommunizierenden Abteilungen geteilt. In der Öffnung ist z. B. Propeller angeordnet. Die Reaktanden werden in die eine Abteilung gebracht u. durch den Propeller, noch ehe sie wesentlich miteinander reagiert haben, in die 2. Abteilung gedrückt, wo sie unter einem verhältnismäßig hohen hydrostat. Druck reagieren. Das fl. Reaktionsprod. wird an der Oberfläche der 2. Abteilung unter einem Wehr abgezogen. Etwa noch nicht ausreagierte Stoffe können zusammen mit geringen Mengen Reaktionsprodd. durch einen Überlauf in die 1. Abteilung gelangen. Das Verf. eignet sich bes. bei der Einw. von Säuren auf Carbonate oder Phosphate. (**E. P. 658 700** vom 21/4. 1949, ausg. 10/10. 1951. F. Prior. 21/4. 1948.) STEIL. 5897

N. A. B. Lindblad, Stockholm, Schweden, *Herstellung von dünnen Flüssigkeits- oder Emulsionsfilmen für die Durchführung chemischer Reaktionen.* Um chem. Rkk. in dünnen Schichten unter Einw. von *Licht* oder anderen Strahlen durchzuführen, läßt man die Fl. filmartig an einer Wand herunterlaufen, wobei das Zuführungsorgan an der Wand entlang bewegt werden kann. Von dieser senkrechten Wand tropft die Fl. auf eine rotierende Scheibe u. wird von dieser ausgetragen. Die Wand stellt vorzugsweise den feststehenden Teil einer Zentrifuge dar. Wand u. Scheibe werden mit akt. Licht bestrahlt. — Vorr., Zeichnung. (**Schwed. P. 132 998** vom 21/6. 1948, ausg. 25/9. 1951.) JÜRGEN SCHMIDT. 5903

Gesellschaft für Linde's Eismaschinen Akt.-Ges., Höllriegelskreuth bei München (Erfinder: **Heinrich Kahle**, Pullach bei München), *Umsetzung von bei normaler Temperatur nicht zündfähigen Gasgemischen*, deren Bestandteile erst bei hoher Temp. reagieren. In einem unmittelbar an einen Wärmeaustauscher angebauten Reaktionsraum wird dem Gasgemisch eine kleine, unterhalb der Explosionsgrenze liegende Menge eines reaktionsfähigen Hilfsgases (H_2) so dosiert zugeführt, daß gerade soviel Wärme erzeugt wird, als zur Deckung der Gesamtwärmeverluste des gut isolierten Syst. bei der Reaktionstemp. erforderlich ist. Die erste Erwärmung erfolgt durch Zufuhr einer größeren Menge Hilfsgas. — Zeichnung. (**D. B. P. 821 489** Kl. 12g vom 13/3. 1949, ausg. 19/11. 1951.) STEIL. 5903

Standard Oil Development Co., Del., übert. von: **George L. Matheson**, Union, N. J., V. St. A., *Fließbettkatalyse.* Die Bldg. von Hohlräumen in Reaktionsräumen mit bewegten Katalysatoren wird prakt. vermieden, wenn man die Synthesegase (-Dämpfe) 1. durch eine Verteilerplatte in den Reaktionsraum u. 2. durch mehrere in Strömungsrichtung, versetzt zueinander angeordnete längere, dünne Rohre leitet. Die Länge der Rohre soll das 1—4fache des Durchmessers des Reaktionsraumes betragen u. vorzugsweise in Wandnähe angebracht sein. — Zeichnung. (**A. P. 2 537 685** vom 29/12. 1945, ausg. 9/1. 1951.) G. KÖNIG. 5905

Standard Oil Development Co., übert. von: **Homer Z. Martin**, Roselle, N. J., V. St. A., *Regenerierung pulverförmiger Katalysatoren.* In einer Regenerierzone werden die Teilchen durch O_2 enthaltende Gase in einer flüssigkeitsähnlichen Schicht regeneriert, von den Gasen abgetrennt, die Abgase gekühlt u. die feinen Teilchen durch Versprühen von W. davon abgetrennt. Der dabei sich absetzende Schlamm wird in einem aufwärts strömenden Gas von 800° F suspendiert, so daß eine dichte flüssigkeitsähnliche M. entsteht, aus der der getrocknete Katalysator am Boden abgezogen u. gegebenenfalls mit den vorher abgetrennten Teilchen vereinigt wird. — Zeichnung. (**A. P. 2 543 863** vom 15/6. 1944, ausg. 6/3. 1951.) STEIL. 5905

Phillips Petroleum Co., übert. von: **George H. Hanson**, Bartlesville, Okla., V. St. A., *Regenerierung eines Al_2O_3–Cr_2O_3-Katalysators.* Der durch Tränken von Al_2O_3-Kugeln mit einer gesätt. Lsg. von CrO_3 u. Trocknen hergestellte, bes. zur Dehydrierung von gesätt. (n-Butan, auch n-Buten) zu ungesätt. KW-stoffen (n-Buten, bzw. Butadien) geeignete Katalysator wird durch Überleiten eines (1—5%) O_2 enthaltenden Gases (Luft), dem 10—25 Vol.-% (15 Vol.-%) Dampf zugesetzt sind, regeneriert. (**A. P. 2 546 031** vom 26/10. 1948, ausg. 20/3. 1951.) STEIL. 5905

Phillips Petroleum Co., übert. von: **John Gordon Allen**, Bartlesvilles, Okla., V. St. A., *Regenerierung von Katalysatoren*, deren Oberfläche von Umwandlungsprodd. bedeckt ist. Der feinteilige Katalysator wird in W. aufgeschlämmt u. in eine Abbrennzone, die, z. B. durch einen rotierenden Brenner, dessen Gasauslässe senkrecht zur Achse angeordnet sind, aufgeheizt wird. In der turbulenten Mischung der 2000—3500° F heißen Brenngase mit den Teilchen werden diese in sehr kurzer Zeit von den Ablagerungen befreit. Es läßt sich dadurch die Reaktionstemp. sehr leicht beherrschen. — Vorrichtung. (**A. P. 2 552 659** vom 31/8. 1944, ausg. 15/5. 1951.) STEIL. 5905

Phillips Petroleum Co., übert. von: **Paul M. Wadwill**, Bartlesville, und **Frank C. Fowler**, Norman, Okla., V. St. A., *Durchführung katalytischer Reaktionen mit bewegten Katalysatoren*, z. B. katalyt. Spalten u. Dehydrieren von KW-stoffen, Wassergaserzeugung aus Dampf u. KW-stoffen, Herst. von HCN aus NH_3 u. CO, CS_2 aus KW-stoffen u. S bei höheren Tempp. in der Dampfphase. Nicht katalyt. wirkende Wärmeträger (I) (Pebbles von 1,5—25 mm Durchmesser) werden, z. B. mittels Heizgasen, 150° F über die Reaktionstemp. erhitzt, durch eine enge Öffnung in die Reaktionszone, die sie ganz ausfüllen, im freien Fall geführt. Nahe am Eintritt der I in den Reaktionsraum werden Katalysatorkörner (II) eingeführt, die mit diesen langsam nach unten wandern, zusammen mit diesen abgezogen u. anschließend von den I abgetrennt werden. I werden in die Heizzone gefördert u. II in den oberen Teil der Reaktionszone. Die Reaktionsmischung wird unten in die Reaktionszone eingeführt u. die Reaktionsprodd. werden am Kopf dieser Zone entnommen. Die Katalysatoren können durch die Gase zwischen den I in einem absinkenden Wirbelbett gehalten werden. — Abbildung. (**A. P. 2 555 210** vom 9/5. 1946, ausg. 29/5. 1951.) STEIL. 5905

Phillips Petroleum Co., übert. von: **Bruce M. Baird**, Phillips, Tex., V. St. A., *Trocknen von Hydrogelen* zur Herst. von Katalysatoren. Das Hydrogel wird in indirektem Wärmeaustausch in einer vertikalen zylindr. Trockenzone, die in den oberen 65—75% viele, von dem Heizmittel durchflossene, gleichmäßig angeordnete Spiralen enthält, wobei auf 6,2 cm^2 Heizfläche 670—1940 cm^3 freier Raum trifft, erhitzt u. im restlichen Teil, der mehr u. enger angeordnete Spiralen enthält, so daß auf 6,2 cm^2 Heizfläche 30,5—83 cm^3 freier Raum trifft, von dem 80—85 Gew.-% betragenden Anteil an W. befreit, wobei der Wasserdampf in die obere Zone geleitet wird. Die Tempp. betragen 200—400° F. (**A. P. 2 558 206** vom 6/12. 1948, ausg. 26/6. 1951.) STEIL. 5905

Standard Oil Development Co., übert. von: **Charles N. Kimberlin jr.**, Baton Rouge, La., V. St. A., *Herstellung von Hydrogelkügelchen* für katalyt. oder Adsorptionszwecke mit einem Durchmesser <1 mm. Das Hydrosol des betreffenden gelbildenden Stoffes, z. B. aus Na-Silicat, H_2SO_4 u. $Al_2(SO_4)_3$, wird in einer mit W. nicht mischbaren Fl. zu feinen Tröpfchen emulgiert. Nach der Umwandlung in das Hydrogel werden die Kügelchen von dem Dispersionsmittel abgetrennt, zur Abtrennung des noch vorhandenen W. ohne Zusammenballung eingefroren (20° F) u. wieder aufgetaut u. hierauf getrocknet. (**A. P. 2 552 323** vom 11/2. 1949, ausg. 8/5. 1951.) STEIL. 5905

Hercules Powder Co., übert. von: **James H. Shapleigh**, Wilmington, Del., V. St. A., *Ni–MgO–$ZrSiO_4$-Katalysator* hoher Schwefelfestigkeit, bes. für die Rk. von KW-stoffen mit Wasserdampf. Der Katalysator enthält 20—80% (60%) $ZrSiO_4$, 5—50% (25%) Ni u. 10—30% (15%) MgO. Es kann in die Ni-Lsg. bei 175° F MgO eingetragen, der Brei dann getrocknet, bei 1500—1800° F calciniert, das calcinierte Pulver mit $ZrSiO_4$ unter Zusatz der restlichen Menge MgO u. W. gemischt, geformt u. getrocknet werden. (**A. P. 2 575 324** vom 18/5. 1946, ausg. 20/11. 1951.) STEIL. 5905

Standard Oil Development Co., Elizabeth, N. J., V. St. A., *Herstellung eines Eisenkatalysators*, z. B. für die Benzin- oder NH_3-Synthese. Reines oder handelsübliches feinverteiltes Eisenoxyd (I) wird mit 2—8, bes. 5 (Gew.-%), Kohlenstoff (Koks), bezogen auf I, gemischt, der Mischung gegebenenfalls 3—10 W., dem noch eine Alkaliverb. oder ein Oxyd von Cr, Zn, Mg, Mn, oder der Seltenen Erden oder ein Sb-, V-, Mn- oder Cu-

(2—15) oder ein Al-Salz (25—50) als lösl. Salz zugesetzt sein kann, zugegeben u. mit oxydierenden Gasen 0,5—2, bes. 1 Min., bei 2200—2500° F gesintert. Die gesinterte M. kann bei 600—1100 F red. werden u. kann eine im Wirbelschichtverf. anwendbare Größe erhalten. Vorzugsweise wird Eisenpyritasche verwendet. — Abbildung. (**E. P. 658 848** vom 26/1. 1949, ausg. 17/10. 1951. A. Prior. 12/5. 1948.) STEIL. 5905

Standard Oil Development Co., New York, N. Y., V. St. A. (Erfinder: **W. G. Scharmann**), *Temperaturkontrolle bei katalytischen Reaktionen* mit Fluidkatalysatoren. Diese werden im Kreislauf durch die Reaktionszone u. Regenerierzone geleitet. Zur Temperaturregelung wird hinter den einzelnen Zonen ein Teil des Katalysators abgezogen u. nach entsprechender Temperatureinstellung unmittelbar in die vorhergehende Zone, aus der er stammt, zurückgeleitet. — Zeichnung. (**Schwed. P. 132 137** vom 16/6. 1941, ausg. 3/7. 1951. A. Priorr. 15/6. 1940 u. 10/4. 1941.) JÜRGEN SCHMIDT. 5905

D. W. F. Hardie, A History of the Chemical Industry in Widnes. London: The General Chemicals Division of Imperial Chemical Industries Ltd. 1950. (XI + 250 S. m. Abb. u. 2 Taf.) 21 s.

III. Elektrotechnik.

A. I. Miklaschewski und **R. I. Usspenskaja**, *Drahtlose Porzellanwiderstände mit kohlenstoffhaltiger Schicht.* Bericht über die Herst. von Porzellanwiderständen für hohe Spannungen, die statt eines Drahtes mit einer Graphitschicht als Stromleiter ausgestattet sind. Die chem. Zus. geprüfter Porzellankörper war: 67—69 (%) SiO_2, 24 bis 26 Al_2O_3, 4—6 K_2O. Die Feuerbeständigkeit lag zwischen 1650 u. 1700°, die D. zwischen 2,440 u. 2,460, allg. Porosität: 6,6—6,9%. Als Stromleitschicht diente Graphit mit 95 bis 96% C, D. 2,26. Für Widerstände von 6000—3000 Ω kann die Stärke der Schicht zwischen 0,03 u. 0,1 μ schwanken. Weiter werden als Rohstoffe für Porzellanwiderstände 45 (%) Feldspat, 26 Kaolin, 20 Ton u. 19 Quarzsand russ. Vorkk. empfohlen. (Журнал Прикладной Химии [J. angew. Chem.] **24**. 242—51. März 1951.) V. MICKWITZ. 5954

H. R. Robinson, *Spannungsschwankungen von Blei-Säure-Akkumulatoren bei kleinen Entladungsgeschwindigkeiten.* Vf. beobachtete in Pb-Akkumulatoren eine zeitweiliges langsames Ansteigen der Spannung während der Stromentnahme von 40 mA um Bruchteile eines mV. (J. sci. Instruments **28**. 59. Febr. 1951. London, Univ., Queen Mary Coll.) H. HAUSWALD. 5970

E. J. Scott, *Eine Technik für Sekundärelektronenemissionsmessungen.* (Sitzungsbericht.) Eine neue, bes. für Isolatoren geeignete Meth. zur Messung von Sekundärelektronen verwendet Sammelimpulse, die mit zwei getrennten Primärimpulsstrahlen synchronisiert sind, von denen der eine Sekundärelektronen auslöst, während der andere die Aufladung der emittierenden Oberfläche kompensiert. (Physic. Rev. [2] **89**. 894. 15/2. 1953. U. S. Naval Ordnance Labor.) RUDOLPH. 5974

Karl Heinz Winterling, *Die Messung von Widerständen über 10^{12} Ohm.* 2. Mitt. *Elektrometrische Meßverfahren.* Folgende Methoden zur Messung hoher elektr. Widerstände werden eingehend erläutert: 1. Die Entlademeth. (Messung des zeitlichen Spannungsabfalles am Meßobjekt durch stat. Spannungsmesser), 2. die Auflademeth. (Aufladung eines Elektrometers aus einer Spannungsquelle über das Meßobjekt), 3. nicht stationäre Kompensationsverff. (die durch das Meßobjekt fließende Ladung wird durch eine entgegengesetzt gleiche kompensiert), 4. stationäre Meßschaltungen (Ausdehnung der beschriebenen Meßmethoden 1 u. 2 über lange Zeiten bis zur Einstellung eines stationären Zustandes) u. 5. stationäre Kompensationsverff. (wie 4, jedoch mit Kompensierung u. Nullinstrument zweckmäßig als WHEATSTONE-Brücke geschaltet). (Arch. techn. Messen **1952**. 221—24. Okt. Frankfurt/M., Hartmann u. Braun.) REUSSE. 5978

E. I. du Pont de Nemours & Co., Wilmington, Del., übert. von: **Robert T. K'Burg**, Niagara Falls, N. Y., V. St. A., *Reinigung elektrischer Leiter* von Öl, Fett u. Schmutz. Man verwendet ein Gemisch aus 36—73% Naphthapetroleum, Rest CH_2Cl_2 (I) u. C_2Cl_4 (II) im Gewichtsverhältnis 2—5 I : 1 II. (**A. P. 2 541 703** vom 21/11. 1947, ausg. 13/2. 1951.) KESSEL. 5953

Carborundum Co., übert. von: **Charles B. Proudfoot**, Niagara Falls, N. J., V. St. A., *Körniges SiC mit verringertem elektrischem Widerstand zwischen den Körnern.* Man behandelt die Körner von SiC bei 700—1000° mit gasförmigem Cl_2, wodurch sich auf ihnen eine dünne Schicht von C bildet. Sie eignen sich dann für *elektr. Zwecke*, z. B. für die Herst. von *Mikrophonen.* — Abbildungen. (**A. P. 2 614 946** vom 17/3. 1950, ausg. 21/10. 1952.) ZÜRN. 5955

Monsanto Chemical Co., St. Louis, Mo., übert. von: **Arthur M. Ellenberg**, Anniston, Ala., V. St. A., *Isolierstoffe* aus halogenierten organ. Verbb. erhalten zur Bekämpfung korrodierender Zersetzungsprodd. 0,05—4% eines Zusatzstoffes von der Zus. $R_{v-n} \cdot Sn \cdot (C_4H_3S)_n$. Hierin sind R organ. Reste, von denen mindestens einer ein Thienylrest ist, während die übrigen aliphat., alicycl. oder Aryl-KW-stoffreste sind. v entspricht der Wertigkeit des Sn u. n liegt zwischen 1 u. 2 für v = 2 u. zwischen 1 u. 4 für v = 4.— Beispiele: *Tetra-α-thienyl-Sn* oder *Triphenyl-α-thienyl-Sn*. (**A. P. 2 573 894** vom 10/8. 1949, ausg. 6/11. 1951.) KESSEL. 5957

Comp. Française de Raffinage Soc. An., Frankreich, *Isolierstoffe*, bes. für die Hochspannungs- u. Hochfrequenztechnik, erhält man durch Hydrierung von Kondensationsprodd. aus Bzl. oder Alkylbenzol mit Alkyldihalogeniden. (**F. P. 988 857** vom 21/1. 1944, ausg. 3/9. 1951.) KESSEL. 5957

Anglo-Iranian Oil Co. Ltd., London, übert. von: **Donald Albert Howes** und **Samuel Richard Pethrick**, Sunbury-on-Thames, England, *Isoliermaterial* besteht aus einem MgO–ZnO-Gemisch u. höchstens 35 (%) Bitumen oder Paraffinwachs als Bindemittel, auch mit Zusatz von höchstens 10 Al-Stearat u. 10 Gummi, Polyäthylen oder Polyisobutylen. (**A. P. 2 554 461** vom 11/1. 1948, ausg. 22/5. 1951. E. Prior. 28/2. 1947.) KESSEL. 5957

Westinghouse Electric International Co., New York, N. Y., und **Westinghouse Electric Corp.**, übert. von: **Charles F. Hill**, Pittsburgh, Pa., V. St. A., *Flüssige Isolier- und Kühlmittel* bestehen aus fluorierten organ. Verbb. mit E. 50—225°, bes. aus fluorierten KW-stoffen, Äthern u. tert.-Aminen, in denen mindestens die Hälfte der H-Atome durch Cl- oder F-Atome ersetzt ist, wovon wiederum mindestens die Hälfte F-Atome sind (z. B. auch Perfluor-KW-stoffe dieser Art). (**E. P. 677 954** vom 6/10. 1950, ausg. 27/8. 1952. A. Prior. 4/11. 1949. **A. P. 2 561 738** vom 4/11. 1949, ausg. 24/7. 1951.) KESSEL. 5957

Aktiebolaget Standard Radiofabrik, Bromma, Schweden (Erfinder: **A. J. Warner** und **W. de Camp Crater jr.**), *Äthylcellulose enthaltende Masse, besonders für elektrische Isolierzwecke*. Die M. enthält neben Äthylcellulose als Weichmacher einen oder mehrere der folgenden Stoffe in Mengen von 20—40%: α-Methyl-p-methylstyrol in Form seiner fl. oder festen Dimeren oder auch entsprechende fl. trimere Verbb., ferner hydriertes fl. dimeres α-Methyl-p-methylstyrol mit nur einer ungesätt. Seitenkette im Molekül. Die Massen geben Isolierungen mit großer dielektr. Festigkeit u. niedrigen Effektverlusten. (**Schwed. P. 132 169** vom 1/7. 1946, ausg. 3/7. 1951. A. Prior. 30/6. 1945.) JÜRGEN SCHMIDT. 5957

Westinghouse Electric Corp., übert. von: **William B. Atkinson**, Pittsburgh, Pa., V. St. A., *Gegen Isolieröl und halogenierte organische Verbindungen beständiges isolierendes Dichtungsmaterial* besteht aus einem organ. Si–O-Elastomeren mit substituierenden aliphat. Resten. (**A. P. 2 557 928** vom 15/12. 1945, ausg. 26/6. 1951.) KESSEL. 5957

Siemens & Halske Akt.-Ges., Berlin und München (Erfinder: **Arthur Büchner** und **Wilhelm Kliebisch**, Berlin), *Papier für elektrische Kondensatoren* mit chlorierten Imprägniermitteln. Bei der Herst. läßt man H-Verbb. der Elemente der 5. u. 6. Gruppe des Period. Syst., z. B. S, P oder Se, längere Zeit unter Luftabschluß auf den Papierbrei oder das fertige Papier einwirken. (**D. B. P. 868 197** Kl. 21c vom 23/8. 1950, ausg. 23/2. 1953.) KESSEL. 5957

International Standard Electric Corp., New York, N. Y., V. St. A., übert. von: **Marie Bruzeau**, Paris, Frankreich, *Herstellung großer Kristalle von KH_2PO_4 für optische und piezoelektrische Zwecke*. In eine übersätt. Lsg. von KH_2PO_4 (**I**), die ca. 5,5% KBO_3 (**II**). bezogen auf I enthält, hängt man bei 50—70° an einem Haar einen Kristallkeim von I u. senkt die Temp. täglich um ca. $^1/_{10}$°. In ca. 6½ Monaten entsteht ein einheitlicher großer Kristall von I, der kein II enthält. (**A. P. 2 615 797** vom 23/7. 1947, ausg. 28/10. 1952. F. Prior. 31/7. 1945.) ZÜRN. 5961

Accumulatoren-Fabrik Akt.-Ges., Hagen, *Sinterelektrode für alkalische Akkumulatoren*. Auf den Träger, z. B. ein Drahtnetz aus Fe, wird ein Gemisch von ca. 60 bis 80% Cu- u. Ni-Pulver u. nach der Vernickelung der Sinterkörper aus Ni-Pulver aufgesintert. Besteht der Sinterkörper aus Fe- oder Fe–Ni-Pulver, so tritt an Stelle der Vernickelung eine Verchromung des Trägers, nachdem diesem vorher Ni- oder Cu–Ni-Pulver aufgesintert wurde. (**D. B. P. 866 203** Kl. 21b vom 13/12. 1942, ausg. 9/2. 1953.) LAASS. 5971

Accumulatoren-Fabrik Akt.-Ges., Hagen (Erfinder: **Jakob Popp**, Berlin-Oberschöneweide), *Herstellung negativer, geladener Platten für Bleiakumulatoren*. Um ein Verbrennen der frisch red. akt. M. zu verhindern, werden die Platten in heißem W. von ca. 50° gewässert u. hierauf in feuchtem, heißem Zustand in einen Vakuumschrank gebracht, der möglichst weitgehend entlüftet wird, so daß das W. spontan verdampft. Die Platten können dabei zusätzlich durch Infrarotstrahler oder durch ein hochfrequentes Wechselfeld angewärmt werden. (**D. B. P. 870 713** Kl. 21b vom 8/11. 1944, ausg. 16/3. 1953.) Laass. 5971

Soc. des Accumulateurs Fixes et de Traction, Soc. An., Romainville, Seine, Frankreich (Erfinder: **Jean Salauze,** Paris), *Negative Platten für alkalische Akkumulatoren.* Ein Gemisch aus ca. 20—80% fein zerkleinertem Cu, das ein kristallin. Gefüge aus mkr. feinen, nadelförmigen oder dendrit. Kristallen aufweist, u. Fe-Pulver wird als akt. M. mit einem Druck von ca. 1 t pro cm^2 auf einen Träger, z. B. ein Netz aus Ni, gepreßt. Vgl. Oe. P. 166 877; C. **1951.** I. 769. (**D. B. P. 869 981** Kl. 21b vom 24/2. 1951, ausg. 9/3. 1953. F. Prior. 14/12. 1950.) Laass. 5971

General Motors Corp., Detroit, Mich. (Erfinder: **Alva Lawrence Hindall,** Muncie, Ind.) V. St. A., *Spreizmittel für die negativen Elektroden von Bleiakkumulatoren,* welches die Kaltentladung bei —18° verbessert. 34 (Gewichtsteile) Roteichesägespäne, 8 Ruß, 7 NaOH u. 17 $Ba(OH)_2$ werden in W. ca. 4 Std. gekocht, dazu werden 24 Sulfitablauge u. nach 1 Std. 1,2 $NiSO_4$ hinzugefügt. Nach weiteren 15 Min. wird die Lsg. eingedampft, u. die trockene M. sehr fein gemahlen u. 0,65—1,8% davon der negativen Paste aus Pb-Oxyden beigemischt. Das Kochen der Lsg. muß so lange durchgeführt werden, bis der Ruß u. die porösen Celluloseteilchen aktiviert sind. — An Stelle von Sägespänen der Roteiche können solche von Birke, Ahorn, Kiefer oder Rottanne oder auch Stroh, Maiskolben, Torf verwendet werden. (**E. P. 679 096** vom 31/5. 1951, ausg. 10/9. 1952. A. Prior. 30/6. 1950.) Laass. 5971

Tilo Roofing Co., Inc., übert. von: **Jeremiah D. Giles,** Litchfield, Conn., und **Roy J. Scott,** Beverly Hills, Calif., V. St. A., *Herstellung von Separatoren.* Glasmatten, deren Fäden in der Hauptsache parallel laufen, werden mit einer Kunststofflsg., z. B. Phenol-Formaldehyd-Harzlsg., getränkt; die überschüssige Lsg. wird aus der Matte ausgeblasen, danach wird getrocknet u. gehärtet. Die einzelnen Fäden werden dadurch nur an den Berührungspunkten verklebt. Der Separator wird im *Akkumulator* so eingebaut, daß die Glasfäden lotrecht verlaufen. (**A. P. 2 578 534** vom 6/1. 1945, ausg. 11/12. 1951.) Laass. 5971

Telephon- und Telegraphen-Fabriks-Aktiengesellschaft Kapsch & Söhne in Wien, Wien, Österreich, *Raumsparendes galvanisches Element hoher Leistung.* Bei einem zur kurzzeitigen Abgabe großer Stromstärken bestimmten galvan. Element sind zur Gewichts- u. Volumenverminderung u. zur Erzielung hoher Körperfestigkeit beiderseits einer bandförmig ausgebildeten (negativen) Elektrode, z. B. einer Zinkfolie, ebenfalls bandförmige Elektrolytträger aus saugfähigem Werkstoff, z. B. Papier, angeordnet u. gemeinsam mit der Bandelektrode im Zickzack gefaltet. Die mit den einzelnen Elektrodenfalten zusammenwirkenden Teile der anderen (positiven) Elektrode sind beiderseitig am Elektrolytträger anliegend in den Zickzackfalten angeordnet. Hierzu können entweder getrennte einzelne Blätter dienen, die nur elektr. zusammengeschaltet werden, oder ebenfalls ein Band, z. B. eine Metallfolie oder eine beiderseitig mit Metallfolie belegte Kunststoff-, Papier- oder Hartgummifolie oder dgl., das rechtwinklig zu dem ersten Elektrodenband u. den beiderseitig an dieser anliegenden Elektrolytträgern im Zickzack gefaltet ist. Die positive Elektrode soll außerdem beiderseitig durch eine stromleitende, gegen die Einw. chem. Agentien widerstandsfähige Folie oder eine Schicht aus leitendem Lack, sogenanntem Leitlack, geschützt werden u. beiderseitig eine dünne Schicht von Depolarisationsmasse tragen. — Zeichnung. (**Oe. P. 167 580** vom 8/4. 1947, ausg. 25/1. 1951.) Klein. 5971

Frank O'Connor, NewYork, N. Y., V. St. A., *Primärelement* mit positiver Al- u. negativer Cu-Elektrode. Der Elektrolyt besteht aus einer wss. Lsg. von Sr- u. Ba-Nitrat u. Essigsäure. Auf dem Boden des Gefäßes befindet sich etwas Hg. (**A. P. 2 583 589** vom 21/6. 1950, ausg. 29/1. 1952.) Laass. 5971

Soc. le Carbone-Lorraine (Erfinder: **André Morisset**), Paris, Frankreich, *Primärelement mit alkalischen Elektrolyten.* Die Hülle für die unlösl. positive Elektrode besteht aus einem Gewebe aus Glasseide, die gegebenenfalls noch mit Glaswolle umgeben ist. (**D. B. P. 856 323** Kl. 21b vom 19/9. 1950, ausg. 20/11. 1952. F. Prior. 18/9. 1943. **Zusatz zu D. B. P. 851 209; C. 1953. 1701.**) Laass. 5971

Heinrich Fitze, Saarbrücken, *Primäre und sekundäre Elemente* mit Kieselsäuregelkörnern zum Aufsaugen des Elektrolyten. Oberhalb der Elektrodenplatten ist eine Siebplatte, die fest mit dem Gehäuse verbunden ist u. die Kieselgelkörner zurückhält, angeordnet. Die Körner werden vom Boden des Elementes aus eingefüllt u. ersetzen gleichzeitig die Separatoren. Die Elektrodenfahnen werden durch den gelfreien Raum oberhalb der Siebplatte u. durch den Deckel säuredicht hindurchgeführt. Das im Deckel befindliche Entlüftungsrohr enthält die austretenden Dämpfe oder Flüssigkeitsteilchen des Elements neutralisierende Stoffe. — Zeichnungen. (**D. B. P. 880 458** Kl. 21b vom 2/10. 1948, ausg. 22/6. 1953. F. Prior. 20/10. 1947.) LAASS. 5971

Jacob Frieden, Balerna (Erfinder: **Friedrich Morhard,** Lugano), Tessin, Schweiz, *Herstellung eines Thermoelementes,* dessen eine Elektrode aus einem Metall u. dessen andere aus einem Metalloxyd besteht. Letzteres wird durch aufeinanderfolgende elektrolyt., therm. u. mechan. Behandlung einer Cu-Platte hergestellt, wobei auf dieser eine Cu_2O-Haut entsteht, die aus einer inneren, aus einem Gemisch von Cu u. Cu_2O bestehenden u. einer äußeren, aus Cu_2O bestehenden Zone aufgebaut ist. — Vorr. zur Stromerzeugung mit elektr. oder Brenngasbeheizung. (**D. B. P. 880 007** vom 13/5. 1951, ausg. 18/6. 1953. **Belg. P. 505 270** vom 14/8. 1951, ausg. 19/12. 1952. Beide Schwz. Prior. 25/9. 1950.) LAASS. 5971

Siemens-Schuckertwerke Akt.-Ges., Berlin und Erlangen (Erfinder: **Erich Reinhardt,** Berlin), *Herstellung von Thermosäulen.* Die Säule besteht aus Cu- u. Fe-Scheiben von ca. 0,1 mm Dicke, deren innere Bohrungen ein Rohr bilden, durch das Heizmittel zur Erwärmung der an diesen Stellen liegenden Druck- oder Lötstellen eingeführt werden. Am äußeren u. inneren Umfang der Scheiben werden Kontaktauflagen in Form von Ag-Schichten angebracht u. die freien Stellen der Scheiben durch Papier oder Lackschichten bedeckt. — Zeichnungen. (**D. B. P. 878 521** Kl. 21b vom 16/3. 1945, ausg. 5/6. 1953.) LAASS. 5971

General Electric Co. Ltd., London, England, *Elektrische Hochdruckmetalldampflampe ohne Flüssigkeitskühlung.* Die Lampe weist in einer Vertiefung (**I**) eine stabförmige Elektrode auf, wobei I sich in einem vorspringenden Teil der Lampe befindet u. sehr dünnwandig (ca. 1,5 mm Quarz) ist, so daß die bei dem Betrieb der Lampe entwickelte Wärme hier leicht durch ein Kühlmittel entfernt werden kann, ohne daß die übrige Lampe gekühlt werden muß. Natürlich muß auch dieser Teil der Lampe den erforderlichen Druck aushalten können. — Zeichnung. (**N. P. 78 337** vom 16/2. 1946, ausg. 2/4. 1951. E. Prior. 9/4. 1942.) JÜRGEN SCHMIDT. 5973

N. V. Philips' Gloeilampenfabrieken, Eindhoven, Holland, *Anbringen von gasbindenden Getterstoffen in Entladungsröhren.* Man füllt die Getterstoffe, z. B. Erdalkalimetalle oder eine Ba–Al-Legierung, in ein dünnes, mit einem Längsschlitz versehenes Röhrchen ein, verschließt die Öffnung durch Hämmern oder Schmieden u. zieht dann das Röhrchen auf die gewünschte Stärke aus. Man erhält dann ein Röhrchen mit einer bestimmten Austrittsrichtung der Dämpfe der Getterstoffe, so daß eine Berührung des Elektrodensyst. mit diesen Dämpfen leicht vermieden werden kann. — Zeichnung. (**Dän. P. 72 466** vom 23/10. 1948, ausg. 30/4. 1951. Holl. Prior. 27/10. 1947.) JÜRGEN SCHMIDT. 5975

N. V. Philips' Gloeilampenfabrieken, Eindhoven, Holland, *Elektrische Entladungsröhre für sehr hohe Frequenzen.* Anode u. Kathode sind durch sehr geringe Abstände ($<100\ \mu$, bes. $20-40\ \mu$) voneinander getrennt. Beide Elektroden wurden durch Drähte aus W oder Mo, die mit Al_2O_3 oder MgO isoliert sind, in festem Abstand voneinander gehalten. Die Erwärmung beim Betrieb beeinflußt diese Drähte u. damit die Abstände der Elektroden prakt. nicht. — Zeichnung. (**Dän. P. 72 669** vom 6/6. 1946, ausg. 25/6. 1951. Holl. Prior. 16/6. 1944.) JÜRGEN SCHMIDT. 5975

N. V. Philips' Gloeilampenfabrieken, Eindhoven, Holland, *Herstellung rohrförmiger Halter für gasabsorbierende Getter in elektrischen Entladungsröhren.* Man füllt ein dickwandiges Metallrohr mit dem pulverförmigen Getterstoff, z. B. Erdalkalimetall oder Ba–Al-Legierung, zieht das Rohr, gegebenenfalls nach vorhergehendem Zusammenschmieden, auf die gewünschte Länge aus u. schneidet es V-förmig ein, so daß beim Erhitzen u. Verdampfen der Getterstoff in einer bestimmten Richtung aus dem Rohre austreten kann. — Zeichnung. (**Dän. P. 72 908** vom 23/10. 1948, ausg. 13/8. 1951. Holl. Prior. 27/10. 1947.) JÜRGEN SCHMIDT. 5975

N. V. Philips' Gloeilampenfabrieken, Eindhoven, Holland, *Emissionselektrode für gas- oder dampfgefüllte Entladungsröhren* soll Stoffe der Gruppen a, b u. c enthalten. a = W u. Mo; b = Th, Ta, Hf, Zr u. Nb; c = BaO, CaO u. SrO. Die Summe der Stoffe b soll 1—35%, die Summe der Oxyde 5—33% der Gesamtmasse betragen, während der Rest aus den Metallen der Gruppe a besteht. Zur Herst. mischt man die Metalle der Gruppe a u. b mit Erdalkalicarbonat zu einer Paste u. sintert nach Verformung. (**Dän. P. 73 077** vom 18/3. 1943, ausg. 17/9. 1951. Holl. Prior. 21/3. 1942.) JÜRGEN SCHMIDT. 5975

N. V. Philips' Gloeilampenfabrieken, Eindhoven, Holland, *Elektrische Entladungsröhre.* Die Elektronen werden zu einem Strahl zusammengefaßt, der auf einen Elektronenspiegel fällt, der gleichzeitig als abbiegendes Steuerorgan dient, u. mindestens zwei Elektroden enthält. Zwischen den Elektroden befindet sich ein Dielektrikum, das von der DK. des die Elektroden umgebenden Raumes abweicht, so daß eine elektrostat. Verschiebung um mindestens 25% erfolgt. Das Dielektrikum soll eine DK. von mindestens 4 haben u. bes. auf der zur Kathode gerichteten Seite mit einem hochohmigen Werkstoff überzogen sein. Als Dielektrikum sind bes. TiO_2 oder Porzellan geeignet. (**Dän. P. 73 176** vom 11/4. 1949, ausg. 8/10. 1951. Holl. Prior. 14/4. 1948.) Jürgen Schmidt. 5975

N. V. Philips' Gloeilampenfabrieken, Eindhoven, Holland (Erfinder: **J. de Gier** und **J. A. M. Smelt**), *Kathodenstrahlröhre mit Lumineszenzschirm.* Die Luminescenzschicht ist auf einer farblosen, Ce enthaltenden Glasunterlage angebracht, die <1 (%) leicht reduzierbare Oxyde, wie von Pb, As oder Sb, u. möglichst <15 Na_2O enthält. Geeignet ist z. B. ein Glas mit einem Ausdehnungskoeff. über $55 \cdot 10^{-7}$ mit 66 SiO_2, 5 Na_2O, 10 K_2O, 2 B_2O_3, 15 BaO u. 2 CeO_2. (**Schwed. P. 132 481** vom 12/3. 1949, ausg. 31/7. 1951. Holl. Prior. 15/3. 1948.) Jürgen Schmidt. 5975

N. V. Philips' Gloeilampenfabrieken, Eindhoven, Holland (Erfinder: **W. H. L. Claessen**), *Hochvakuumentladungsröhre.* Die Röhre enthält eine mit BaO belegte Kathode u. eine Anode. Außerdem soll in der Röhre frei zugänglich etwas Alkalimetall, bes. Cs, vorhanden sein. Jedoch muß der Cs-Dampfdruck unter dem Sättigungsdruck liegen. Man benötigt dann nur einen sehr geringen Strom (unter 0,3 W) zum Aufheizen der Röhre. — Zeichnungen. (**Schwed. P. 132 483** vom 26/9. 1949, ausg. 31/7. 1951. Holl. Prior. 28/9. 1948.) Jürgen Schmidt. 5975

N. V. Philips' Gloeilampenfabrieken, Eindhoven, Holland, (Erfinder: **W. Elenbaas, D. Kolkman** und **R. W. van der Wolf**), *Elektrische Entladungsröhre.* Die Röhre ist auf der Innenwand mit einem elektr. Leiter, z. B. aus Ag, überzogen, der über einen Bimetallstreifen mit der Elektrode verbunden ist. Dieser Streifen bildet nur bei kalter Röhre eine leitende Verb., biegt sich aber nach dem Aufheizen vom Metallbelag ab, so daß dieser nicht weiter unter Strom steht. — Zeichnungen. (**Schwed. P. 132 790** vom 13/6. 1949, ausg. 4/9. 1951. Holl. Prior. 15/6. 1948.) Jürgen Schmidt. 5975

N. V. Philips' Gloeilampenfabrieken, übert. von: **Jan Theodor Gerard Overbeek,** Eindhoven, Holland, *Herstellung von Leuchtstoff.* Die Oxyde von La, Si u. Ce oder deren Verbb., die beim Erhitzen Oxyde ergeben, werden sorgfältig miteinander gemischt, u. zwar in solchen Mengenverhältnissen, daß auf 1 Mol La_2O_3 2 Mole SiO_2 kommen. Der Anteil von Ce_2O_3 beträgt 0,1—30 Mol-%, bezogen auf La_2O_3. Die Mischung wird in nichtoxydierender Atmosphäre auf 1200—1300° erhitzt. (**Can. P. 477 486** vom 4/2. 1947, ausg. 2/10. 1951.) Schönauer. 5975

Comp. Française Thomson-Houston, Frankreich, *Lichtelektrische Schichten,* die aus einer 1. Metallschicht (I; Sn, Pb, Bi, bes. Sb) u. einer darüberliegenden 2. I (Rb, bes. Cs) bestehen, erhalten darüber eine 3. I aus Mg, Ba oder Al, die als Getter wirkt u. die Empfindlichkeit der eigentlichen lichtelektr. Schicht erhöht. (**F. P. 987 308** vom 25/5. 1949, ausg. 13/8. 1951. E. Prior. 28/6. 1948.) Kessel. 5975

N. V. Philips' Gloeilampenfabrieken, Eindhoven, Holland, *Gasentladungsleuchtröhre mit luminescierender Schicht* (**I**) u. metall. Zündstreifen (**II**). Der aus einer Dispersion eines leitenden Stoffes (z. B. Ag_2O u. Pb-Boratglasur zu gleichen Teilen) in einem organ. Bindemittel (z. B. Butanol) gewonnene **II** wird mit dem Teil der **I**, auf dem er angebracht ist, u. mit der Wand des Entladungsgefäßes zusammengesintert oder verschmolzen. (**Oe. P. 169 510** vom 15/4. 1951, ausg. 26/11. 1951. Holl. Prior. 16/3. 1948.) Kessel. 5975

N. V. Philips' Gloeilampenfabrieken (Erfinder: **Jan Lourens Ouweltjes**), Eindhoven, Holland, *Hochdruckquecksilberdampfentladungsröhre.* Die Luminescenzschicht des Hüllkolbens enthält durch Sb u. Mn aktiviertes Ca-Fluorchlorphosphat, das auch bei geringfügiger Anregung durch die Hg-Resonanzlinie eine ausreichende orangefarbige Komponente liefert. (**D. B. P. 821 520** Kl. 21f vom 18/11. 1949, ausg. 19/11. 1951. Holl. Prior. 20/11. 1948.) Kessel. 5975

Western Electric Co., Inc., New York, N. Y., V. St. A., *Lichtelektrisches Element.* Auf einem metall. Träger (z. B. aus Ta) wird bei 1000—1250° durch therm. Zers. einer dampfförmigen Si-Verb. (z. B. $SiCl_4$, gemischt mit H_2) eine reine Si-Schicht niedergeschlagen u. geschmolzen. Die nach dem Abkühlen krist. Schicht wird im Vakuum mit einer amorphen Si- oder SiO_2-Schicht bedampft. Diese erhält eine dünne durchscheinende Gegenelektrode aus W oder einem Edelmetall. (**E. P. 652 241** vom 14/3. 1947, ausg. 18/4. 1951. A. Prior. 20/3. 1946.) Kessel. 5977

Fritz Michelssen, Berlin, *Lichtelektrisch empfindlicher Körper* bestehen ganz oder teilweise aus Verbb. von Ge oder Sn mit O, S, Se, Te oder einem Halogen (z. B. SnO_2, SnS_4Cu_2Fe oder $4Ag_2S \cdot GeS_2$), auch mit oberflächlichen monoatomaren Alkali- oder

Erdalkali-, bes. Cs-Schichten. (**D. B. P. 868 199** Kl. 21g vom 5/5. 1951, ausg. 23/2. 1953.) KESSEL. 5977

Westinghouse Electric & Mfg. Co., East Pittsburgh, Pa., V. St. A. (Erfinder: **W. E. Blackburn**), *Elektrisches Leitungselement mit Selen.* Das Se ist mit einer Schicht aus CdS überzogen u. auf diese ist gegebenenfalls noch ein Belag aus metall. Cd oder einer Cd–Sn-Legierung angebracht. Die Gleichrichterplatte kann bis ca. 185° erhitzt u. aktiviert werden, ohne daß sie geschädigt wird. (**Schwed. P. 132 127** vom 14/12. 1944, ausg. 3/7. 1951. A. Prior. 15/12. 1943.) JÜRGEN SCHMIDT. 5977

General Electric Co. Ltd., London, England, *Herstellung eines Kristallelementes für Gleichrichter.* Das Element besteht hauptsächlich aus reinem Si. Zu seiner Herst. wird geschmolzenes feingepulvertes Si mit chem. Mitteln, bes. Säuren, wie HF, in Abwesenheit von Luft, vorzugsweise im Vakuum bei 10^{-3} mm Hg, behandelt. Man kann auch mit NaOH reinigen, u. zwar in einem Ta-Tiegel, der mit Ta-Carbid ausgekleidet ist. Die Reinigung bewirkt eine wesentliche Erhöhung der Sperrwirkung. (**Dän. P. 73 019** vom 29/5. 1946, ausg. 3/9. 1951. E. Prior. 28/5. 1941.) JÜRGEN SCHMIDT. 5977

Comp. des Freins et Signaux Westinghouse, Paris, Frankreich (Erfinder: **H. Welker**), *Behandlung von Germanium zwecks Verwendung bei der Herstellung von Gleichrichtern.* Man bläst das geschmolzene Ge mit einem prakt. inerten Gasstrom, bes. N_2. Zweckmäßig kann dem Ge etwas Sn zugefügt sein. Die Behandlung erfolgt dicht oberhalb des F. von Ge. Dieses kann während des Durchblasens sich langsam bis dicht unter den F. abkühlen. Die elektr. Eigg. hängen von der Behandlungszeit ab, da sich bei der Behandlung geringe Mengen von Ge_3N_2 oder Ge_3N_4 bilden. Die Behandlung erfolgt zweckmäßig in einem Graphittiegel. — Zeichnung. (**Schwed. P. 133 885** vom 19/8. 1949, ausg. 11/12. 1951. F. Prior. 23/8. 1948.) JÜRGEN SCHMIDT. 5977

Westinghouse Brake & Signal Co. Ltd., London, England, *Herstellung von Selenmassen für Gleichrichter.* Se wird mit ca. 3% SeO_2 u. einem nichtflüchtigen Salz (0,05 bis 1% NaCl) zusammengeschmolzen, die M. auf eine dünne Platte ausgegossen u. nach dem Erstarren gemahlen. Die Gleichrichterwrkg. ist besser als bei reinem Se, außerdem ist die M. gut haltbar. (**Dän. P. 73 048** vom 13/3. 1946, ausg. 10/9. 1951. E. Prior. 26/5. 1939.) JÜRGEN SCHMIDT. 5977

Western Electric Co., Inc., New York, N. Y., V. St. A. (Erfinder: **J. N. Shive**), *Selengleichrichter.* Der Gleichrichter (I) weist eine Grundelektrode u. eine Gegenelektrode auf, die mit der Se-Schicht in Berührung steht. Zwischen der Grundelektrode, z. B. aus Ni oder Al, u. der Se-Schicht ist eine dünne Te-Schicht von ca. 0,0005 mm Te angebracht. I zeichnet sich durch niedrige u. stabile Resistenz aus. — Zeichnungen. (**Schwed. P. 132 722** vom 25/5. 1950, ausg. 21/8. 1951. A. Prior. 17/8. 1949.) JÜRGEN SCHMIDT. 5977

Süddeutsche Apparatefabrik G. m. b. H. (Erfinder: **Hermann Strosche**), Nürnberg, *Se-Gleichrichter.* Vor dem Aufbringen der Deckelektrode wird auf die Se-Oberfläche die Lsg. eines Cs- oder eines K-Salzes einer schwachen Säure in einem organ. Lösungsm. aufgebracht u. dort verdunstet, z. B. Cs- oder K-Rhodanid in Methanol. (**D. B. P. 869 665** Kl. 21g vom 27/1. 1951, ausg. 5/3. 1953.) KESSEL. 5977

N. V. Philips' Gloeilampenfabrieken, Eindhoven, Holland (Erfinder: **N. W. H. Addink** und **J. A. Otten**), *Herstellung von Sperrschichtelektroden.* Man trägt auf eine Unterlage eine amorphe Se-Schicht auf, führt deren Oberfläche in die schlechtleitende Form, bes. durch Behandlung mit Basen, wie Chinolin, über u. bringt dann bei höherer Temp. als in der vorhergehenden Stufe das innen liegende Se in eine hochakt. Form. (**Schwed. P. 131 887** vom 11/3. 1940, ausg. 5/6. 1951. D. Prior. 14/3. 1939.) JÜRGEN SCHMIDT. 5977

Radio Corp. of America, übert. von: **John H. Coleman,** Princeton, N. J., V. St. A., *Messung der Intensität von Korpuskularstrahlen.* Für verschied. Materialien (z. B. W, Stahl, Graphit, BeO) wird die Abhängigkeit der Sekundärelektronenemission von der Energie auftreffender Korpuskularstrahlen bestimmt, u. auf Grund der so gewonnenen Kennlinien wird die Energie unbekannter Korpuskularstrahlen ermittelt. (**A. P. 2 577 106** vom 1/4. 1949, ausg. 4/12. 1951.) KESSEL. 5979

Texas Co., New York, übert. von: **Charles F. Teichmann,** Mount Vernon, N. Y., **Burton D. Lee** und **Arthur H. Lord jr.,** Houston, Tex., V. St. A., *Radioaktives Prospektierungsverfahren.* Zur Eliminierung der kosm. γ-Strahlung u. des noch durchdringenderen Anteils der Höhenstrahlung wird mit einem 1. Detektor, der erdseitig prakt. unabgeschirmt ist, die terrestr. γ-Strahlung zusammen mit der durchdringenden Komponente der Höhenstrahlung erfaßt u. gleichzeitig mit einem 2. Detektor, der himmelwärts prakt. unabgeschirmt ist, die kosm. Strahlung. Die Differenz der gemessenen Intensitäten wird ausgewertet. (**A. P. 2 562 968** vom 9/3. 1948, ausg. 7/8. 1951.) KESSEL. 5979

Texaco Development Corp., New York, übert. von: **Clifford G. Ludeman**, Scarsdale, N. Y., V. St. A., *Scintillationszähler.* Das fluorescierende Material (z. B. Ca-Wolframat, ZnS, Zn-Silicat, Anthracen, Naphthalin, Diphenyl) ist in Polystyrol oder polymerisiertem Methylmethacrylat eingebettet. (**A. P. 2 559 219** vom 12/3. 1949, ausg. 3/7. 1951.) KESSEL. 5979

N. S. F. Nürnberger Schraubenfabrik und Elektrowerk G. m. b. H., Nürnberg (Erfinder: **Hans Spieß**, Reckenberg bei Pommelsbrunn, Mittelfr.), *Keramischer Kondensator.* Massen aus TiO_2, Erdalkalicarbonat u. koll. SiO_2 (Aerosil) werden gemischt, geformt u. gesintert. Man erhält Kondensatordielektriken mit sehr hoher DK. von ca. 3000—5000. Das Molverhältnis zwischen Erdalkalicarbonat u. SiO_2 ist zweckmäßig 1:1, ca. 5—20% dieser Bestandteile sollen in der TiO_2-Masse vorhanden sein. (**D. B. P. 854 175** Kl. 80b vom 10/12. 1950, ausg. 30/10. 1952.) REINHART. 5983

Siemens-Schuckertwerke Akt.-Ges., Berlin und Erlangen (Erfinder: **A. O. Müller, H. Peatow** und **O. Weinhardt**), *Herstellung von Schmelzleitern für verzögernd wirkende Sicherungen.* Die Leiter werden mit einem Einsatzstück aus Lötmetall versehen. Zur Herst. taucht man die beiden Leiter in die Lötschmelze ein, wobei bereits die gewünschte Entfernung der beiden Leiter voneinander innegehalten wird. Man kann auf diese Weise eine Vielzahl von Leitern gleichzeitig in die Schmelze eintauchen u. zusammenlöten. (**Schwed. P. 134 648** vom 22/1. 1951, ausg. 26/2. 1952. D. Prior. 3/4. 1950.) JÜRGEN SCHMIDT. 5983

Hotpoint Electric Appliance Co. Ltd., London, England, *Korrosionsbeständiges Heizelement*, bes. für Tauchsieder. Der den in Isoliermaterial (z. B. MgO) eingebetteten Heizleiter enthaltende Cu-Mantel wird mit einer Ni-Plattierung versehen. Diese wird mechan. verdichtet u. dann feuerverzinnt oder elektrolyt. mit Sn plattiert. (**E. P. 687 535** vom 31/1. 1951, ausg. 18/2. 1953.) KESSEL. 5991

Pittsburgh Consolidation Coal Co., übert. von: **Everett Gorin**, Pittsburgh, Pa., V. St. A., *Umwandlung von Kohle in elektrische Energie.* Fein gemahlener Koks wird bei ca. 900° mit Wasserdampf u. CO_2 zu CO u. H_2 umgesetzt, u. diese Gase werden an die negative Elektrode eines Gaselementes mit festem Elektrolyten herangebracht, während die positive Elektrode mit heißer Luft umspült wird, vgl. dazu A. P. 2 570 543; C. **1953.** 4750. Das an den Elektroden entstehende CO_2–W.-Gemisch wird teilweise dem Koks wieder zugeführt u. mit ihm in der Vergasungszone erneut umgesetzt. — Es können auch mehrere Vergasungszonen u. Elemente hintereinander angeordnet werden, so daß das Gasgemisch von der einen Vergasungszone zu dem einen Element, von dort wieder zu einer anderen Vergasungszone usw. geleitet werden kann. (**A. P. 2 581 651** vom 31/8. 1951, ausg. 8/1. 1952.) LAASS. 5991

Raffinerie Tirlemontoise Soc. An., Tirlemont, Belgien, *Elektrolysierzelle*, die durch mindestens 1 Scheidewand [durchgehende Platte(n) oder (konzentr.) Ring(e)] in mehrere Räume unterteilt ist, die aus mindestens 1 Ionenaustauscher besteht oder einen solchen enthält, zwecks gleichzeitiger Reinigung des Elektrolyten während der Elektrolyse. Dadurch erübrigen sich bes. Reinigungsmaßnahmen, z. B. bei Zuckerlsgg. das Schicken durch aus Ionenaustauschern bestehende Filterbetten. — Abbildung. (**E. P. 672 270** vom 18/8. 1949, ausg. 21/5. 1952. **Schwz. P. 280 468** vom 15/8. 1949, ausg. 16/4. 1952. Beide Belg. Prior. 27/8. 1948.) SCHREINER. 5993

IV. Wasser. Abwasser.

Eurico Brandão Gomes, *Die Reinigung des in der pharmazeutischen Industrie verwendeten Wassers.* Das W. von Rio de Janeiro wird als gut bezeichnet, die Filtration u. einmalige Chlorung ist jedoch erforderlich. Geschildert werden die Reinigungsanlagen einiger pharmazeut. Betriebe. (Rev. Assoc. brasil. Farmacêuticos **31.** Nr. 9. 11—19. Sept. 1950.) LINDNER. 6014

M. E. Gilwood und **C. Calmon**, *Entmineralisierung von Gebrauchswasser für Hochdruckkocher nach dem kombinierten oder zweistufigen Austauschverfahren.* Es wird berichtet über das Verf. mit gemischten Austauschern oder mit Austauschern in zwei Stufen; über die Erfordernisse bei der Wasseraufbereitung, über die Wrkg. des Sodaverlustes bei dem 2stufigen Verf., über die Wrkg. der Wiederherst. der Alkalität in dem gemischten Verf., weiter über die Anionenaustauschkapazitäten in beiden Verff., über die Einw. der Kieselsäure (I) auf die gesamte Anionenmenge, über die Einw. von Fe u. über wirtschaftliche Vergleiche. Die Verss. ergaben, daß beide Verff. bei annähernd gleichen I-Rückständen des W. brauchbar sind. Das kombinierte Verf. ist zweckmäßig bei Gehh. des W. an lösl. Bestandteilen im Bereiche von 30—75 mg/Liter. Bei höheren Gehh. ist das 2stufige Verf. angebracht. Anwesenheit von Fe im Rohwasser erfordert beim kombinierten Verf. zusätzliche Kosten. (Paper Trade J. **136.** Nr. 21. 22—25. 22/5. 1953. New York, N. Y., Permutit Co.) BOYE. 6020

Rudolf Pönninger, *Abwasserbeseitigung durch Verdünnung.* Allg. Betrachtung über Art u. Grad der Verschmutzung u. Abhilfemaßnahmen im Rahmen des Abwasserlastplans, Forderung unbedingter Entschlammung vor Einleitung in den Vorfluter, auch wenn genügende Verdünnung erfolgt. (Österr. Wasserwirtsch. **5.** 101—03. Mai/Juni 1953. Wien.) MÜHLMEISTER. 6036

—, *Zeitgemäße Verfahren zur Beseitigung industrieller Abwässer.* Überblick über Abwasserprobleme gesetzlicher u. techn. Art (Flußverunreinigung, Abwasserbeseitigung oder -verwertung) u. ihren Einfl. auf Entwurf u. Standort eines Werkes. Besonderer Hinweis auf Milch- u. Penicillinabwässer. (Chemist and Druggist **159.** Nr. 3816. 366—67. 11/4. 1953. Watford, Herts., England, Watter Pollution Res. Labor.) MÜHLMEISTER. 6036

—, *Reinigung des Wassers für Papierfabriken.* Beschreibung einer Anlage (Pulsometeranlage) zur Reinigung von Flußwasser. Die Arbeitsweise gestattet die Verminderung der verwendeten Chemikalien um $^1/_3$ der früheren Mengen. Es wird eine Chemikalienlsg., die koll. Kieselsäureteilchen (**I**) bildet, sowie $Al(OH)_3$ (**II**) verwendet. Durch Zugabe von **I** nach der Behandlung mit **II** wird die Menge von **II** stark vermindert u. die Absetzgeschwindigkeit des Schlammes stark erhöht. (Paper Trade J. **136.** Nr. 26/27. 26/6. 1953.) BOYE. 6040

Karl Denecke, *Limnologische Untersuchung eines Rieselfeld-Filterwassergrabens und Untersuchungen über das gegenseitige Verhalten von pflanzlich-tierischer Lebewelt und menschlichen Bakterien innerhalb des Wassers.* Nach einer Diskussion der Möglichkeiten u. der Grenzen der limnolog. Abwasserunters. werden eingehende, sich etwa über den Zeitraum eines Jahres erstreckende limnolog., chem. u. bakteriolog. Analysen des Abwassers u. des durch ein Rieselfeld gefilterten Abwassers der Stadt Münster gegeben. Das gereinigte Abwasser kann als β-mesosaprob bezeichnet werden. Das gelegentliche Vork. polysaprober Leitformen wird durch den gelegentlichen fehlerhaften Zufluß ungefilterten Abwassers erklärt. Es wird an Hand entsprechender Verss. gezeigt, daß die volle pflanzlich-tier. Biozönese die Bakterienzahl im W. konstant sehr niedrig hält u. auch eingebrachte Typhusbakterien nach mehreren Wochen im W. nicht mehr nachweisbar sind. Das gleiche, durch Filtern vom Plankton u. Bakterien befreite W. wirkt dagegen wie eine Nährbouillon für eingebrachte Typhusbakterien, während nur Plankton enthaltendes W. eine Mittelstellung einnimmt. (Arch. Hyg. Bakteriol. **136.** 615—30. 1952. Münster/Westf., Univ., Hyg. Inst.) NIEMITZ. 6044

Richard G. Coulter, *Bedingungen für anaeroben Abbau organischer Stoffe.* Methangewinnung durch anaerobe Prozesse erfordert Bakterien zur Umsetzung von A., Essig- u. Buttersäure zu CH_4 u. solche, die komplexe organ. Stoffe zu einfacheren u. den flüchtigen Säuren abbauen. Vf. schildert die Bedingungen, die Leben u. Stoffwechsel der Zelle zwecks günstigster CH_4-Ausbeute beeinflussen, dauerndes gründliches Rühren, Nährstoffe, Temp. (+32 bis 55°), p_H 6,8—7,2, Alkalinität von 2—3°/₀₀ $CaCO_3$, Nutzen von N-Verbb., Schaden durch lösl. Sulfide, u. macht Vorschläge für Betriebskontrolle. (Publ. Works **84.** Nr. 5. 78—79. 104—06. Mai 1953. Cooper Union.) MÜHLMEISTER. 6048

Robert S. Jacobson, *Überwachung der Fluorierung.* Es werden die verschied. Methoden zur Best. des F-Ions im W. besprochen, bes. die hauptsächlich für die Wasserwerkspraxis geeigneten colorimetr. (bzw. spektrophotometr.) u. volumetr. Verfahren. (J. Amer. Water Works Assoc. **44.** 1169—73. Dez. 1952. Charleston, W. Va., State Dep. of Health.) NIEMITZ. 6060

J. E. Houlihan, *Gesamthärte von Wasser nach der Versenatmethode. Direkttitration mit Äthylendiamintetraacetat (EDTA).* Bericht über die Bewährung der Meth. von SCHWARZENBACH zur Best. der Gesamthärte von W. durch Titrieren mit EDTA (Ca- u. Mg-Ionenkomplexbldg.) in gepufferter Lsg. auf den Umschlag von Eriochromschwarz im Vgl. mit der umständlicheren u. zu niedrige Werte gebenden Meth. von PFEIFER-WARTHA. (Analyst **77.** 158—59. März 1952. Crossness, London, L. C. C. South Outfall Works, Public Health Dep., Chem. Branch.) BLUMRICH. 6062

John H. Bush, *Ein neues bakteriologisches Verfahren zur Untersuchung von Wasser und Abwasser. Beschreibung und Anwendung des MF-Millipore Filters.* Grundlage des Verf. ist das *MF Millipore Filter*, eine Weiterentw. des Membranfilters. Die Membran ist physikal. vollkommen einheitlich. Das Vol. der Zwischencapillarwände macht nur 18% des Gesamtvol. des Filters aus. Durchlaufgeschwindigkeit für die Type HA: 72 ml dest. W. pro cm^2 u. Min. bei 21° u. 700 mm Hg. Effektive Filterfläche 9,6 cm^2. Zum Auszählen der Kolonien ist auf der Oberseite ein Netz aufgedruckt, dessen Quadrate je

1% der Gesamtfilterfläche ausmachen. Die Membran kann im Autoklaven sterilisiert werden. Zur Züchtung der Kolonien wird sie auf ein mit Nährlsg. getränktes Polster in eine Petrischale gebracht. Nährmedium s. KABLER u. CLARK (vgl. C. **1952.** 7873). (Water Sewage Works **100.** 151—53. April 1953. Watertown, Mass., Lovell Chem. Co.) KISTNER. 6064

V. Anorganische Industrie.

Giacomo Fauser, Italien, *Erhöhung der Ausbeute bei exotherm verlaufenden Synthesen, insbesondere der NH_3-Synthese,* dad. gek., daß die im Kontaktofen aufgeschichtete Katalysatormasse in Abständen von von W. durchflossenen Kühlschlangen durchzogen wird. Hierdurch ist es möglich, die Temp. des N_2–H_2-Gemisches in einem für die NH_3-Bldg. günstigen Temperaturbereich zu halten. — Vorrichtung. (**F. P. 1 012 978** vom 17/2. 1950, ausg. 21/7. 1952. It. Prior. 24/2. 1949.) OPPERMANN. H 243

Ruhrchemie Akt.-Ges., Deutschland, *Herstellung von Salpetersäure durch Ammoniakverbrennung,* dad. gek., daß man in den Verbrennungsofen ein Gemisch von 11 (Vol.-%) NH_3 u. 89 Luft, die 26 O_2 enthält, einführt, die aus N_2, O_2, H_2O-Dampf u. 9,9 NO + NO_2 bestehenden Abgase auf 45° abkühlt u. diesen vor Eintritt in den ersten Absorptionsturm 25 atmosphär. Luft zusetzt. Man erhält so eine 48,5%ig. HNO_3. (**F. P. 1 011 466** vom 15/2. 1949, ausg. 23/6. 1952.) OPPERMANN. H 243

Ruhrchemie Akt.-Ges., Deutschland, *Herstellung von hochkonzentrierter Salpetersäure,* dad. gek., daß die vom Oxydationsturm kommenden NO_2-reichen Gase stark gekühlt einen besonderen, abwechselnd mit Füllkörpern u. Kühlrohrschichten versehenen Turm durchziehen, wo sie von entgegenströmender HNO_3 berieselt werden, die den Turm hochkonz. verläßt. — Vorrichtung. (**F. P. 1 011 041** vom 26/11. 1948, ausg. 18/6. 1952.) OPPERMANN. H 243

Hercules Powder Co., Wilmington, Del., übert. von: **John E. Greer,** Radford, Va., V. St. A., *Gewinnung von Ammoniumnitrat.* Man läßt NH_4OH mit HNO_3 reagieren u. schlägt die abgeleiteten, heißen Dämpfe (Wasserdampf, NH_3, N_2, HNO_3 u. NH_4NO_3) durch Einsprühen von verd. HNO_3 u. NH_4NO_3-Lsg. nieder, wobei dieses Kondensat (I) $<$ 15% W. enthält. I läßt man den Dämpfen entgegenfließen, wobei alle N-haltigen Bestandteile absorbiert werden. Die so konz. Lsg. führt man in die Reaktionszone zurück. (**A. P. 2 619 405** vom 10/7. 1948, ausg. 25/11. 1952.) NEBELSIEK. H 243

Francisco Salsas Serra, Frankreich, *Kombinierte Herstellung von konzentrierter Schwefelsäure und konzentrierter Salpetersäure,* dad. gek., daß die aus dem SO_3-Absorptionsturm entweichenden, S-Oxyde enthaltenden Gase gemeinsam mit nitrosen Abgasen der HNO_3-Herst. von H_2SO_4 unter Bldg. von Nitrosylschwefelsäure absorbiert werden, wobei die nitrosen Gase oxydiert u. konz. werden, während diese denitriert u. konz. wird. Es braucht daher nur ein Minimum an W. zugeführt zu werden. — Vorrichtung. (**F. P. 1 011 641** vom 2/6. 1948, ausg. 25/6. 1952.) OPPERMANN. H 253

Jean Ch. Seailles, Frankreich, *Gewinnung von SO_2 und Aluminium.* Man erhitzt in einem Ofen ein Gemisch von FeS_2, $CaSO_4$ u. Al-Silicaten mit oder ohne Reduktionsmittel (Kohle). Man erhält auf diese Weise unter Ausnutzung der Reaktionswärme hohe Ausbeuten an SO_2 u. Al-reiche Schlacken, aus denen das Al extrahiert werden kann. (**F. P. 1 011 966** vom 5/5. 1949, ausg. 2/7. 1952.) WITTHOLZ. H 253

Soc. Louguedocienne de Recherches et d'Exploitations minières, Frankreich, *Herstellung von Schwefelblumen.* In eine Reaktionskammer wird einerseits S-Dampf u. andererseits W. in sehr fein verteilter Form eingeblasen, wobei die Temp. des W. zwischen 100 u. 115° liegen soll. (**F. P. 1 010 082** vom 28/7. 1948, ausg. 6/6. 1952.) WITTHOLZ. H 253

Phillips Petroleum Co., übert. von: **Darrell C. Railsback,** Phillips, Tex., V. St. A., *Herstellung von feinverteiltem Schwefel.* S wird bei Tempp. über seinem F. in den fl. KW-stoffen (I) gelöst, die Lsg. mit heißem, unter Druck stehendem W. emulgiert. Man kann bis 2% Emulgatoren, z. B. Sulfonate, zusetzen. Die Löslichkeit des S in I wird erhöht, wenn man zu I 15—35% ditert. Disulfide mit 4—16 C-Atomen zusetzt. Man kühlt die Emulsion (II), so daß der S sich in feinverteilter Form ausscheidet, u. versprüht II in einen Verdampfer, in dem unter der Wrkg. eines Gasstroms I u. W. verdampfen, so daß feinteiliger S zurückbleibt. I wird aus den Abgasen zurückgewonnen. Man kann auch die heiße II in einen Vakuumverdampfer versprühen. — Abbildung. (**A. P. 2 614 908** vom 11/7. 1949, ausg. 21/10. 1952.) ZÜRN. H 253

Glidden Co., Cleveland, O., übert. von: **Reuben Roseman,** Baltimore, **Ralph W. Neptune,** Dundalk, und **Benjamin W. Allen,** Baltimore, Md., V. St. A., *Herstellung von* *reinem SeO_2.* Zu einer wss. Aufschwemmung von Se fügt man allmählich unter lebhaftem Rühren eine wss. 30%ig. Lsg. von H_2O_2, bis auf 1 (Mol) Se 2 H_2O_2 zugefügt sind, u. rührt weiter, bis alles H_2O_2 red. ist. Die Temp. hält man $< 35^0$. Man filtriert vom ungelösten Se ab u. dampft das Filtrat zur Trockne. Durch Erhitzen in Tempp. $< 160^0$ zers. man vorhandenes H_2SeO_3, so daß reines SeO_2 verbleibt. (**A. P. 2 616 791** vom 30/9. 1950, ausg. 4/11. 1952.) ZÜRN. H 254

Metal Hydrids, Inc., Beverly, übert. von: **Thomas R. P. Gibb jr.**, Marblehead, Mass., V. St. A., *Reinigen von Alkaliborhydriden*, die durch Rk. zwischen Alkylboraten, bes. $(CH_3O)_3B$, mit Alkalihydriden erhalten wurden. Man behandelt Alkaliborhydrid in Abwesenheit von Luft mit B_2H_6 u. dest. die Reaktionsprodd. zwischen B_2H_6 u. den Verunreinigungen ab. (**A. P. 2 615 788** vom 14/11. 1949, ausg. 28/10. 1952.) ZÜRN. H 258

Gustav Weißenberg, Marburg/Lahn, *Herstellung von reinstem Silicium.* Silane werden verflüssigt u. durch Abdest. der leichtflüchtigen Teile bes. von O_2, N_2 gereinigt. Die Silandämpfe werden dann in einer, z. B. elektr. geheizten, Düse über die Zersetzungstemp., z. B. 950°, erhitzt. Sie expandieren in einen bes. gekühlten Raum. H_2 wird abgepumpt, das niedergeschlagene Si noch im Expansionsraum unter H_2 über der Zerfallstemp. der Silane gesintert oder geschmolzen. — Abbildung. (**D. R. P. 752 280** Kl. 12i vom 18/3. 1941, ausg. 26/5. 1953.) ZÜRN. H 261

Knapsack-Griesheim Akt.-Ges., Knapsack bei Köln, *Herstellung von Alkaliphosphat.* Man läßt eine wss. Lsg. von Alkalihydroxyd (I) unter Erwärmen, bes. bis auf 130°, auf gelben P einwirken, wobei man auf 1 (Mol) P mindestens 1,5 I anwendet. Das frei werdende Gasgemisch von H_2 u. Phosphorwasserstoffen wird zu weiterer Verwendung aus dem Reaktionsgefäß entfernt. Die Lsg. wird eingedampft u. abgekühlt. Die nach Abtrennung des aus krist. Phosphits verbleibende Mutterlauge wird nach Zusatz von I erneut mit P umgesetzt. (**D. B. P. 877 753** Kl. 12i vom 25/6. 1944, ausg. 26/5. 1953.) ZÜRN. H 264

Knapsack-Griesheim Akt.-Ges., Knapsack bei Köln, *Herstellung von Trialkaliphosphat.* 1 (Mol) H_3PO_3 u. 4 NaOH oder 1 NaH_2PO_3 oder 1 $Na_2H_2P_2O_5$ u. 2 bzw. 4 NaOH werden vermischt u. durch teilweises Entfernen des W., bes. durch Zusatz von beim Verf. anfallendem Trialkaliphosphat, zu einer feuchtkrümeligen M. verarbeitet, die bes. in einem Drehrohrofen auf $> 200^0$, bes. $> 400^0$, erhitzt wird. Ein weißes Prod. wird erhalten, wenn man auf $> 600^0$ erhitzt. (**D. B. P. 877 751** Kl. 12i vom 23/4. 1944, ausg. 26/5. 1953.) ZÜRN. H 264

Knapsack-Griesheim Akt.-Ges., Knapsack b. Köln, *Herstellung von kristallisiertem $(NH_4)_2H_2P_2O_7$* (I). Ein schmelzfl., durch Sättigung einer konz., ca. 78—81% P_2O_5 enthaltenden H_3PO_4 mit NH_3 erhaltenes Gemisch von ca. 63% Pyrophosphat u. gleichen Teilen Meta- u. Orthophosphat erstarrt zu I, wenn man es zwischen 120° u. 140° zur Kristallisation bringt. Die Kristallisation wird beschleunigt, wenn man die Schmelze mit gekörntem I in etwa gleicher Menge unter kurzzeitigem Rühren vermischt. (**D. B. P. 877 595** Kl. 12i vom 28/1. 1944, ausg. 26/5. 1953.) ZÜRN. H 264

N. V. Zuid-Nederlandsche Spiritusfabriek, Bergen op Zoom, Holland, *Kaliumcarbonat aus Abfallflüssigkeiten (Schlempe) der Gärungsindustrie.* Die Abfallfl. wird konz. u. mit einer gemessenen Luftmenge verbrannt zur Red. des ganzen oder des größten Teiles des vorhandenen K_2SO_4 zu K_2S u. dies anschließend durch CO_2 in K_2SO_4 übergeführt. Die Verbrennung erfolgt kontinuierlich in der Weise, daß die konz. Schlempe durch die heißen Verbrennungsgase in die Verbrennungszone des verwendeten Ofens geleitet wird. (**E. P. 647 866** vom 3/11. 1948, ausg. 20/12. 1950. Holl. Prior. 14/11. 1947.) KETTNER. H 275

Farbenfabriken Bayer (Erfinder: **Wilhelm Müller**), Leverkusen, *Wahlweise Überführung von Pyrolusit in α- oder γ-MnO_2.* Man hydratisiert Pyrolusit mit Alkalilauge durch Erhitzen im Autoklaven oder bei n. Druck unter Ausschluß von O_2 u. unterwirft das erhaltene Prod. einer Säurebehandlung. — Beispiele. (**D. B. P. 879 387** Kl. 12n vom 9/3. 1951, ausg. 11/6. 1953.) NEBELSIEK. H 350

United Steel Co. Ltd. (Erfinder: **Lewis Reeve** und **Geoffrey Weston Wells**), Sheffield, England, *Gewinnung reinen Eisenoxyds* durch Behandlung Fe_2O_3-haltigen Eisenerzes, gegebenenfalls nach Vorbehandlung mit HCl-Gas zur Gewinnung von $FeCl_3$, das durch Dampfbehandlung in Fe_2O_3 übergeführt wird. Die 1. Rk. vollzieht sich bei Tempp. bis zu 400°, so daß sich $FeCl_3$ verflüchtigt. Letzteres wird mit geringem Dampfüberschuß bei höherer Temp. auf Fe_2O_3 u. HCl-Gas weiterbehandelt. Das Gas wird dann zwecks Wiederverwendung zurückgewonnen. (**D. B. P. 869 944** Kl. 12n vom 21/7. 1950, ausg. 9/3. 1952. E. Prior. 21/7. 1949.) NEBELSIEK. H 354

VI. Silicatchemie. Baustoffe.

Paolo Coraducci, *Betrachtungen und neue Erkenntnisse über glasige Substanzen.* Von der ZACHARIASENschen Theorie (J. Amer. chem. Soc. **54.** [1932.] 3841) ausgehend, bespricht Vf. die neueren Erkenntnisse auf dem Gebiet der Feinstruktur von Gläsern. Den Betrachtungen liegen die Arbeiten von WARREN u. BISCOE (J. Amer. ceram. Soc. **18.** [1935.] 49; **21.** [1938.] 287), DIETZEL (Glastechn. Ber. **22.** [1948.] 41) u. SMEKAL (Glastechn. Ber. **22.** [1949.] 278) zugrunde. (Ceramica [Milano] [N. S.] **8.** 42—44. März 1953.) ANIKA. 6200

N. G. Oseretzkowskaja, *Über die Umsetzungsprodukte von Silicatgläsern mit Fluorwasserstoffsäure.* In Silicatgläsern bilden sich bei der Rk. mit HF Na, K- u. Ba-Silicofluorid, gegebenenfalls auch Bleifluorid. Bei Ggw. von Ca entstehen, je nach Konz. der Lsg., Si- u. Ca-Fluoride. (Журнал Прикладной Химии [J. angew. Chem.] **24.** 32—36. Jan. 1951.) v. MICKWITZ. 6200

Nobuyoshi Morita, *Kryolithfilm auf Glas.* Die Zähigkeit des aufzubringenden Kryolithfilms auf Glas wurde untersucht, wenn die Tempp. des Glases u. der aufzubringenden M. sowie Druck des Dampfstrahles u. Entfernung variiert wurden. Der zäheste Film wurde erhalten, wenn die Temp. der aufzutragenden M. 1350° beträgt. (J. sci. Res. Inst. [Tokyo] **44.** 13o—37. Febr./März 1950.) K. SEIDEL. 6202

Paolo Barducci, *Trocknen keramischer Erzeugnisse.* Vf. bespricht die physikal.-chem. Grundlagen der Trocknung keram. Prodd., die in weitgehendem Maße von der mineralog. u. granulometr. Zus. der Massen, ihrer Verarbeitung (Stampf-, Preß- oder Gießmassen) u. Form beeinflußt werden. In der ersten Trocknungsphase ist die Schwindung als das Maß für die Trocknung anzusehen, wobei die quadrat. u. die kub. Schwindung das Doppelte bzw. das Dreifache der linearen Schwindung betragen. Der Austritt des W. erfolgt bei der Trocknung in 3 Phasen, die an Hand des Diagramms von BOURRY veranschaulicht werden. Im Hinblick auf zweckmäßigstes u. rationellstes Trocknen werden die techn. Verff. u. die Beziehungen zu den zugrunde liegenden physikalisch-chem. Betrachtungen an Hand der DALTONschen Formel besprochen. Für die Praxis resultiert daraus nach Ansicht des Vf. am zweckmäßigsten die Trocknung gemäß dem Feuchtluftverf. mit dreistufigem Trocknungsrhythmus (Erwärmung, Austrocknung, Schlußtrocknung). (Ceramica [Milano] [N. S.] **8.** 49—54. März 1953.) ANIKA. 6206

A. Rio und **F. von Baldass,** *Beitrag zur Bestimmung des Kornaufbaues von Puzzolanzementen.* Vff. berichten über die Anwendungsmöglichkeiten der Kornanalyse nach WAGNER (I) bzw. BLAINE (II). Es zeigt sich, daß I, in guter Übereinstimmung mit Testwerten an Portlandzementen, auch auf Mehrstoffsysteme, bes. Puzzolanzementgemische, angewendet werden kann, während II bei Mehrstoffsystemen nur für interne Betriebsüberwachungen, wenn ständig unter annähernd gleichen Bedingungen gearbeitet wird, brauchbare Werte, liefert. da das Ergebnis maßgeblich von den Materialien u. dem Mischungsverhältnis abhängig ist. — 21 Literaturangaben. (Ind. ital. Cemento **23.** 62—68. März 1953. Soc. Calci e Cementi di Segni, Lab. Centrale.) ANIKA. 6222

I. Ja. Golossowker, *Mikrostruktur von Anhydritzement.* Unter Verwendung von 2% verschied. Katalysatoren (K_2SO_4, $KHSO_4$, $KAl(SO_4)_2 \cdot 12\,H_2O$, $KCr(SO_4) \cdot 12\,H_2O$, $FeSO_4 \cdot 7\,H_2O$, $CuSO_4 \cdot 5\,H_2O$, $K_2SO_4 + FeSO_4$, $K_2SO_4 + CuSO_4$, $KHSO_4 + FeSO_4$, $KHSO_4 + CuSO_4$, $Na_2SO_4 \cdot 10\,H_2O$, $Ca(OH)_2$, $CaSO_4 \cdot 2\,H_2O$, $NaHSO_4$, $Na_2SO_4 + FeSO_4$, Na_2SO_4, $Na_2SO_4 + CuSO_4$, $NaHSO_4 + FeSO_4$, $NaHSO_4 + CuSO_4$) wurde Anhydrit mit W. angemacht, wobei es sich zeigte, daß die Katalysatoren ganz verschied. Kristallisationsformen bei der abgebundenen M. hervorrufen. (Журнал Прикладной Химии [J. angew. Chem.] **24.** 15—18. Jan. 1951.) v. MICKWITZ. 6222

W. W. Stolnikow und **M. I. Furman,** *Über die Rolle der Betonstruktur im Diffusionsprozeß der Kalkauswaschung.* Die Auslaugung von freiem Kalk beim Umspülen von Betonkörpern bzw. der Filtration von W. durch dieselben ist vom Gefüge des Betons abhängig, da hierbei die Art u. die Anordnung der Capillaren in der M. die Diffusion in stärkerem oder minderem Maße zulassen Entsprechende Laboratoriumsverss. werden beschrieben. (Доклады Академии Наук СССР [Ber. Akad. Wiss. UdSSR] [N. S.] **80.** 783—86. 11/10. 1951. Allunions Wiss. Wedenejew-Forsch.-Inst. für Hydrotechnik.) v. MICKWITZ. 6224

W. I. Schischkina und **A. I. Awgusstinik,** *Prozesse im Dolomit beim Brennen im Temperaturgebiet 400—1100° und die Gewinnung von Bindemitteln aus denselben.* Reiner *Dolomit* (I) besitzt bei geeigneter Brennweise u. Zusatz von Kaolinton hydraul. Bindeeigenschaften. Die Dissoziation des I nach der Gleichung $CaCO_3 \cdot MgCO_3 \rightarrow CaCO_3 +$

$MgO+CO_2$ erfolgt beim Brennen bei 470—700°, wobei die Kristalle zerfallen. Zwischen 650 u. 800° folgt die Rekristallisation des frei werdenden *Calcits* (**II**) u. eine Migration von *MgO* zu den Zentren der früheren I-Kristalle. Gegen Ende dieser Brennphase ist eine Kristallisation von **II** mit dem feindispersen MgO zu beobachten. Bei 750—900° descarboniert **II** unter Zerstörung seiner vorher angenommenen Kristallstruktur. Dabei ist eine Volumvergrößerung des Brenngutes zu beobachten. Zwischen 850 u. 1000° kristallisieren CaO u. MgO. Gemeinsam mit Kaolinton gebrannte oder nach getrenntem Brande zusammen mit ihm vermahlene **I** besitzen hydraul. Bindeeigenschaften. Bei Verss. wurden Druckfestigkeiten von Probekörpern bis 66 kg/cm² nach 7tägiger Lagerung festgestellt. (**Журнал Прикладной Химии** [J. angew. Chem.] **24.** 225—30. März 1951. Inst. für feuerfeste Materialien u. Baustoffe der Akad. der Wiss. der Kasach-SSR.) v. MICKWITZ. 6226

A. A. Niesper, *Die Bestimmung des Einflusses der Brenntemperatur auf die Eigenschaften der Ziegeltone als Beispiel eines einfachsten Betriebsversuches.* Es werden Verss. mit verschied. Tonen beschrieben, in deren Verlauf die Eigg. in Abhängigkeit von der Brenntemp. festgestellt werden. Auch die Untersuchungsmethoden werden mitgeteilt. (Schweiz. Tonwaren-Ind. **56.** Nr. 1. 3—6. Jan. Nr. 2. 5—8. Febr. Nr. 3. 10—14. März 1953. Zürich.) K. SEIDEL. 6228

Othmar Rosenauer, *Entwicklung der Erzeugung von Schlackenwolle bei den Vereinigten Österreichischen Eisen- und Stahlwerken in Linz.* Während zunächst die Schlacke von drei Hochöfen in einer gemeinsamen Granulationsanlage ohne Umschmelzen zu Wolle verblasen wurde, wurde später ein Koksofen u. ein Elektroofen für das Umschmelzen der Schlacken in Betrieb genommen. Hierdurch gelang es, durch Zugabe von Quarzsand eine geeignete chem. Zus. der Schlacke sicherzustellen u. gleichzeitig die Schlackentemp. über 1300° zu halten, wodurch die Schlackenwollgüte u. das Ausbringen günstig beeinflußt wurde. Es wird ein Verf. erörtert, nach dem wasserabweisende Wolle erzeugt werden kann. (Stahl u. Eisen **73.** 845—47. 18/6. 1953. Linz.)

HOCHSTEIN. 6234

United Glass Bottle Manufactures Ltd., Reginald Sturgeon und **Eric Seddon,** London, England, *Reinigen von Sand, Quarzit, Sandstein, Flußspat, Feldspat und Tonerde von eisenhaltigen Verunreinigungen.* Man behandelt diese Stoffe mit einer wss. Lsg. von $Ti_2(SO_4)_3$ u./oder $TiCl_3$ u. Na_2SO_4 u./oder NaCl. — Die Lsg. soll 0,05—5%, vorzugsweise 0,25% jeder dieser Verbb. enthalten. Die Behandlung, die bei Tempp. unter 100° durchgeführt wird, kann in Ggw. von ein oder mehreren Säuren, wie HCOOH, $CH_3CO \cdot OH$, HCl, H_2SO_4, Netzmitteln, u. bes. in nichtoxydierender Atmosphäre durchgeführt werden. (**E. P. 652 576** vom 25/10. 1948, ausg. 25/4. 1951.) W. HAUSWALD. 6161

Standard Brick & Sand Co. Ltd. und **Herbert Davmond Segrove,** Redhill, Surrey, England, *Entfernen von eisenhaltigen Überzügen von Sand.* Der Sand wird unter Bewegung in Lsgg. von HF u. $H_2S_2O_4$ oder einem Hydrosulfit behandelt, z. B. in einer Lsg. mit 0,08 (%) HF u. 0,02 $Na_2S_2O_4$. Der Geh. an Fe_2O_3 sinkt durch die Behandlung bis auf 0,026%. (**E. P. 651 702** vom 16/12. 1948, ausg. 4/4. 1951.) MARKHOFF. 6171

Gustav Weissenberg (Erfinder: **Gustav Weissenberg** und **Heinz Bredow**), Marburg/Lahn, *Erschmelzen von Gläsern.* Zum Erschmelzen von Gläsern oder zum Sintern von Formteilen aus hochschmelzenden Oxyden, wie denen der Metalle der 1. bis 3. Gruppe des Period. Syst., wird ein Gemenge der Fluoride der in Frage kommenden Elemente nur mit solchen Mengen B_2O_3 niedergeschmolzen, daß bei der angewandten Schmelztemp. u. -dauer prakt. das ganze F_2 in BF_3, das aus der Schmelze entweicht, u. die Fluoride in Oxyde übergeführt werden. (**D. B. P. 871 193** Kl. 32b vom 21/7. 1951, ausg. 19/3. 1953.) HANS HOFFMANN. 6175

Soc. An. des Manufactures des Glaces et Produits Chimiques de Saint-Gobain, Chauny & Cirey (Erfinder: **Henri George**), Paris, Frankreich, *Färbefähigmachen von Glas und Silicaten.* Die Glas- u. Silicatgegenstände, bes. in Form von Fasern, Geweben u. Pulver, werden mit W. oder Salzlsgg. unter erhöhtem Druck u./oder erhöhter Temp. behandelt, welche die im Glas enthaltenen Basen auflösen. Z. B. werden die Gegenstände im Autoklav mit W. bei einem einer Temp. von ca. 250° entsprechenden Druck von 40 kg/cm² behandelt. Als Salzlsg. kommt z. B. eine $AlCl_3$-Lsg. in Frage. (**D. B. P. 871 054** Kl. 32a vom 11/6. 1943, ausg. 19/3. 1953. F. Priorr. 18/6. u. 11/7. 1942.)

HANS HOFFMANN. 6177

Soc. An. des Manufactures des Glaces et Produits Chimiques de Saint-Gobain, Chauny & Cirey, Seine, Frankreich, *Verbesserung der Eigenschaften von gehärteten Glasgegenständen.* Man läßt auf diese ein elektr. Feld von hoher Frequenz bei einer Temp. einwirken, bei der die Viscosität der meisten gehärteten Teilchen ca. 10^{15}—10^{17} Poise

beträgt. Die Dauer der Einw. beträgt wenige Sekunden. Dadurch werden infolge der Härtung gegebenenfalls entstandene Fehler beseitigt, u. man erhält eine völlige Regelmäßigkeit der Strukturverteilung. (**F. P. 1 012 087** vom 2/6. 1947, ausg. 3/7. 1952.)
BEWERSDORF. 6201

Optische Werke C. A. Steinheil Söhne G. m. b. H. (Erfinder: **Hubert Schröder**), München, *Erhöhung der chemischen Widerstandsfähigkeit und der mechanischen Härte optischer Gläser.* Das Verf. nach D. B. P. 844 649 wird unter Erwärmen der Gläser bei erhöhtem Druck durchgeführt. (**D. B. P. 872 829** Kl. 32b vom 23/1. 1942, ausg. 9/4. 1953. **Zusatz zu D. B. P. 844 649; C. 1953. 756.**) HANS HOFFMANN. 6201

Allgemeine Elektricitäts-Gesellschaft, Berlin-Grunewald (Erfinder: **Louis Navias,** Schenectady, N. Y., V. St. A.), *Verschmelzen einer Eisen–Nickel-Legierung mit Glas.* Eine Fe–Ni-Legierung, welche ca. 58 % Fe enthält, wird mit einem Glas aus 34 (%) SiO_2, 28 B_2O_3, 7 Al_2O_3, 29 PbO u. 2 Na_2O unter Verwendung eines Zwischenglases aus 62 SiO_2, 29 B_2O_3, 3 Al_2O_3 u. 6 Na_2O verschmolzen. (**D. R. P. 758 512** Kl. 32b vom 13/9. 1938, ausg. 4/5. 1953. A. Prior. 21/5. 1938.) HANS HOFFMANN. 6203

Prosilis, Seine, Frankreich, *Herstellung sehr reinen Quarzglases.* Eine Charge Quarzpulver wird z. B. in einem durchsichtigen Quarzglaskolben, der durch einen geeigneten Pfropfen abgeschlossen ist, von einem Rohr, das durch den Pfropfen führt, durchquert. Der Kolben wird derart umgestülpt, daß das Durchgangsrohr die Charge durchdringt u. aus dieser im Kolben herausragt. Eine Strahlungsenergiequelle, die z. B. Sonnenstrahlung sein kann, wird auf die Oberfläche der Charge mit Hilfe eines großen Spiegels u. eines Rückstrahlungsspiegels konzentriert. Die M. schm. zusammen, u. es ergibt sich ein Körper aus reinem Quarz. (**F. P. 1 010 055** vom 26/8. 1948, ausg. 6/6. 1952.)
BEWERSDORF. 6205

Soc. An. Comp. Générale d'Électro-Céramique, Seine, Frankreich, *Teilweise oder totale Metallisierung von porösen Keramikkörpern.* Man läßt an der Oberfläche eines porösen Keramikkörpers oder im Körper selbst ein Metalloxyd sich niederschlagen. — Z. B. bringt man eine feinstgemahlene Suspension aus Cu-Oxyd auf den Körper u. brennt. Man erhält eine mattschwarze Oberfläche. Taucht man den Körper dann in eine alkal. Lsg. mit feinverteiltem Al, so erscheint mit dem Al Rot. Man kann auch den Körper ganz mit der Suspension imprägnieren u. brennen u. entsprechend nachbehandeln. Zur Herst. von elektr. Leitern kann man von vornherein eine keram. Paste mit gefälltem Cu-Oxyd vermischen, einen organ. Stoff, der beim Brennen Porosität erzeugt, einmischen, dann formen u. brennen. Zum Schutz kann die Oberfläche noch mit Siliconen behandelt werden. (**F. P. 1 013 253** vom 24/2. 1950, ausg. 25/7. 1952.)
BEWERSDORF. 6207

Soc. des Usines Chimiques Rhône-Poulenc, Paris, Frankreich, *Erzeugen von glasigen Überzügen auf Metallen, Glas oder keramischen Produkten.* 89—91 (%) PbO u. 9—11 B_2O_3 werden verschmolzen, das gemahlene Prod. auf die zu überziehende Oberfläche aufgebracht u. so lange erhitzt, bis der Überzug glasig wird. Zur Verhinderung der Entglasung wird der Schmelze zweckmäßig ein Stabilisator, wie Feldspat oder Kaolin, zugesetzt. (**E. P. 641 855** vom 20/5. 1948, ausg. 23/8. 1950. F. Prior. 16/6. 1947.)
MARKHOFF. 6213

Johnson, Matthey & Co. Ltd., London, England, *Keramische Dekormasse.* Ein Blei–Bor-Silicat oder Blei–Bor–Alkali-Silicat wird durch Zusatz von 3—35 (%) CeO_2 oder entsprechender Mengen einer anderen Ce-Verb. getrübt. Der M. kann auch ein Farbpigment zugesetzt werden. Die M. hat z. B. für Maisgelb nachstehende Zus.: 24 PbO, 6 Na_2O, 11 B_2O_3, 5 Al_2O_3, 40 SiO_2, 5 CeO_2, braunem u. gelbem Pigment. (**E. P. 669 857** vom 23/11. 1949, ausg. 9/4. 1952.) REINHART. 6215

Peter Spence & Sons Ltd., Manchester, und **Caroline Ann Laurie,** Churt, England, *Trennung von Tonerde aus Kieselerde und Silicaten durch Flotation.* Als Flotationsmittel dient ein aus gleichen Teilen bestehendes Gemisch von neutralem Sulfonat einer ungesätt. Fettsäure (Türkischrotöl) u. einem Schäumer, wie Öl-, Leinöl- oder Stearinsäure. Der Schaumbildner wird in der $8 \cdot 10^5$fachen Menge des W. oder wss. Mittels nach Zugabe des Sulfonates dispergiert. Die Tonerde wird mit dem Schaum ausgetragen. (**E. P. 672 216** vom 9/1. 1950, ausg. 14/5. 1952.) W. HAUSWALD. 6212

Office Nationale d'Études et de Recherches Aéronautiques, Paris, Frankreich, *Sintermaterial.* Al_2O_3 in Mengen über 30 (%), ein oder mehrere der Oxyde des Fe, Cr, Mn, V u. Ti in Mengen von 0,5—5 u. ein oder mehrere Metalle oder Legierungen der sechsten Gruppe des Period. Syst. u./oder der Fe-Gruppe in Mengen über 1 werden gemischt, unter einem Druck von 2 t/cm² gepreßt u. bei Tempp. zwischen 1500 u. 1900° gebrannt. Die M. besteht z. B. aus 69,7 Al_2O_3, 0,3 Cr_2O_3, 18 Fe, 3 Ni, 6 Cr u. 3 Mo. Die Erzeugnisse aus diesen Massen eignen sich bes. für Schneidwerkzeuge u. Teile von

Wärmemaschinen, wie Turbinenschaufeln oder Strahldüsen von Düsenantrieben. (**E. P. 676 441** vom 4/8. 1949, ausg. 30/7. 1952. F. Prior. 13/10. 1948.) REINHART. 6219

Babcock & Wilcox Co., Rockleigh, N. J., V. St. A., *Feuerfester Stoff.* 70 bis 75 (Gew.-%) Al-Silicat-Schamotte, z. B. gebrannter Kaolin oder gebrannter Bauxit, werden mit 3—15 Rohcyanit u. 15—26 eines Bindemittels aus Rohton u. Tonerdezement gemischt. Eine solche Mischung ist bis gegen 1675° volumenbeständig, weil die bei höheren Tempp. auftretende Schwindung der M. durch die bei Ausdehnung des Cyanits u. die unter Volumvermehrung aus den Komponenten der M. stattfindende Bldg. von Mullit aufgefangen wird. (**E. P. 669 044** vom 27/8. 1948, ausg. 26/3. 1952. A. Prior. 8/9. 1947.) REINHART. 6219

ARBED Aciéries Réunies de Burbach-Eich-Dudelange, Soc. An., Luxemburg, Luxemburg, *Feuerfeste Körper.* Dolomit, Magnesia oder ihre Gemenge werden mit fl., festen oder gasförmigen Stoffen versetzt, die kondensierend oder polymerisierend auf das organ. Bindemittel während des Mischens, Trocknens oder Brennens der M. einwirken. Als organ. Bindemittel kann Teer oder ein anderer derartiger Stoff, als kondensierendes oder polymerisierendes Mittel können O_2, O_3, Cl_2, SO_3, NO_2, $AlCl_3$, S, MnO_2, BaO_2 oder $Fe_2(SO_4)_3$ benutzt werden. — Es wird z. B. zerkleinerter Dolomit mit 0,5 bis 4% MnO_2, S oder deren Gemisch versetzt u. darauf der organ. Binder zugesetzt. Die M. wird geformt, u. die Formlinge werden in üblicher Weise gebrannt. Hierbei entsteht ein Verkokungsrückstand, der die Teilchen des feuerfesten Stoffes miteinander verbindet. (**E. P. 676 290** vom 7/2. 1949, ausg. 23/7. 1952. Luxemburg. Prior. 12/3. 1948.) REINHART. 6219

Robert Ralph Hendren, Latrobe, Pa., V. St. A., *Feuerfeste Körper.* 22—92 (Gew.-%) feuerfester Ton, eventuell ein Gemenge von Ton u. Schamotte, u. 6—52 amorpher Graphit werden in trockenem Zustande sorgfältig gemischt, bis die Teilchen des feuerfesten Tons von dem amorphen Graphit vollständig umhüllt u. gewissermaßen imprägniert sind. Darauf wird unter fortgesetztem Mischen W. zugesetzt, je nach dem gewünschten Plastizitätsgrad der M., die M. geformt u. die Formlinge getrocknet. Das Brennen erfolgt in reduzierender Atmosphäre bei Tempp. von 1800—2800° F bis zum Sintern. Die Prodd. sind feuerfest u. schlackenbeständig u. eignen sich daher für Feuerungen, Gießpfannen, Schmelzöfen u. dergleichen. (**E. P. 676 357** vom 21/12. 1948, ausg. 23/7. 1952.) REINHART. 6219

General Electric Co. Ltd., London, **Terence Stanley Busby** und **John Henry Partridge,** Wembley, England, *Feuerfestes Material.* Ein Gemenge von 45—85 (%) Kaolin, 15—45 Al_2O_3, 0—7,5 Plastifizierungsmittel u. 0—2,5 Flußmittel wird geformt u. bei Tempp. über 1500°, aber unter der Schmelztemp. des Gemenges gebrannt. Es entstehen gesinterte Körper mit niedriger Porosität, die im wesentlichen aus Mullitkristallen u.einer glasigen kieselsäurereichen Grundmasse bestehen, welche ca. 30 der Gesamtmasse ausmacht. Als Plastifizierungsmittel wird z. B. „Ballclay", als Flußmittel Feldspat verwendet. Die Prodd. eignen sich bes. zum Auskleiden von Glaswannenöfen. (**E. P. 675 776** vom 4/10. 1949, ausg. 16/7. 1952.) REINHART. 6219

Fulmer Research Institute und **Eric Adolph Brandes,** Stoke Poges, Buckinghamshire, England, *Feuerfeste Erzeugnisse.* Zur Herstellung metallbewehrter Körper wird um Einlagen aus hochschmelzendem Metall eine keram. M. durch Pressen oder Gießen eines Schlickers eingebracht. Die Körper werden im Vakuum oder in reduzierender Atmosphäre gesintert. Hierbei bildet die keram. M. eine undurchdringliche u. gasdichte Umhüllung um die Metalleinlagen. Als keram. M. wird Al_2O_3, BeO, ZrO_2, ThO_2, Y_2O_3 oder dergl., als Metall W, Pt, Mo oder Ni verwendet. Die erhaltenen Körper sind mechan. fest u. temperaturwechselbeständig, sie können für *Heizelemente* oder hochbeanspruchte Maschinenteile benutzt werden. (**E. P. 674 152** vom 5/6. 1950, ausg. 18/6. 1952.) REINHART. 6219

Électro Refractaire Soc. An., Paris, Frankreich, *Geschmolzene feuerfeste Erzeugnisse.* Gemische, die ZrO_2, SiO_2 u. ein anderes Oxyd, z. B. Al_2O_3. enthalten, werden geschmolzen u. hierbei das SiO_2 zu Si red., das schließlich durch Verdampfen entfernt wird. Es gelingt auf diese Weise, *Zirkon*erzeugnisse mit hohem Geh. an ZrO_2 herzustellen, auch wenn von Rohstoffen ausgegangen wird, die stark durch SiO_2 verunreinigt sind. (**E. P. 676 586** vom 10/8. 1950, ausg. 30/7. 1952. F. Priorr. 11/8. 1949 u. 24/7. 1950.) REINHART 6219

Bristol Aeroplane Co. Ltd., Bristol, England, *Feuerfeste Formen.* Ein Modell aus Wachs oder einem anderen leicht entfernbaren oder zerstörbaren Stoff wird mit einer fl. Mischung oder Suspension eines feingepulverten feuerfesten Magermittels, z B. Tonerde, in einem Bindemittel, wie Wasserglas, überzogen. Der Überzug wird unter Umständen noch durch Aufbringen eines trockenen Pulvers aufgerauht u. etwa durch Eintauchen in ein Bindemittel, wie Äthylsilicat, verstärkt. Das überzogene Modell wird getrocknet u. in einen Formkasten eingesetzt, in dem es mit einem Brei von Sand, Portlandzement u. W. im Verhältnis von 85:10:5 unter Rütteln umgeben wird. Nach Festwerden der Zementmasse wird die Form getrocknet u. unter Entfernung des Modellmaterials gebrannt. Die Formen eignen sich bes. für den Präzisionsguß. (**E. P. 672 535** vom 6/2. 1950, ausg. 21/5. 1952.) REINHART. 6219

Slovenské Závody Národní Podnik, Bratislava, Tschechoslowakei, *Magnesiasteine.* Sintermagnesia von verschied. Korngröße wird mit einem stark bindenden Mittel vermischt, das aus Sintermagnesia besteht, die durch Naßmahlen auf eine Korngröße unter 40 μ gebracht u. dadurch teilweise hydratisiert worden ist. Die Mischung wird geformt, getrocknet u. in der üblichen Weise gebrannt. Das Bindemittel kann in Mengen von 15—30% der Gesamtmasse angewendet werden. Bei Herst. des Binders durch Feinmahlung kann ein saurer Elektrolyt, z. B. Sulfitablauge, zugesetzt werden. Die erhaltenen Steine sind temperaturwechselbeständig u. in metallurg. Öfen verwendbar. (**E. P. 674 834** vom 17/12. 1947, ausg. 2/7. 1952. Tschech. Prior. 31/8. 1943.) REINHART. 6219

Metropolitan-Vickers Electrical Co., London, England, *Keramisches Dielektrikum.* Eine Mischung von Bariumtitanat mit bis zu 10 (Gew.-%) eines Fluorids aus der Gruppe der Erdalkalien u. des Bleis wird geformt, u. die Formlinge werden in gekörntes ZrO_2 eingebettet bei ca. 1350° gebrannt. — Z. B. können 30—45 $BaTiO_3$ mit 5—10 SrF_2 vermischt werden. (**E. P. 675 134** vom 31/3. 1950, ausg. 2/7. 1952. A. Prior. 22/4. 1949.) REINHART. 6221

Mycalex Co. Ltd., Circencester, Gluocestershire, England, *Isoliermaterial.* Eine Glasfritte wird mit $BaCO_3$ u. Phlogopitglimmer (I) gemischt u. geformt. Die Körper werden auf ca. 800° erhitzt. Das Material soll ca. 80—45 (%) I enthalten u. kann etwa folgende Zus. haben: 46,75 $BaCO_3$, 20 B_2O_3, 0,25 Al_2O_3, 33 I. Als Bindemittel dient Methylcellulose oder Dextrin. (**E. P. 662 886** vom 10/5. 1949, ausg. 12/12. 1951.) REINHART 6221

Deutsche Gold- und Silberscheideanstalt vormals Roessler, Frankfurt/M. (Erfinder: **Claus Bonath,** Kronberg/Taunus), *Aluminiumoxydhaltige gesinterte Gegenstände. Isolierkörper* für die Röhren- u. Radiotechnik, Zündkerzen u. ähnliche Körper für Verbrennungskraftmaschinen werden aus Materialien hergestellt, die weitgehend frei von β-Tonerde bzw. Alkali- u./oder Erdalkalialuminat sind u. frei von solchen Stoffen, die die Bldg. solcher Bestandteile hervorrufen. Das Vorhandensein der genannten Stoffe im Al_2O_3 soll Schwankungen in der Leitfähigkeit der mit ihm erzeugten Körper bewirken. (**D. R. P. 753 276** Kl. 80b vom 5/4. 1942, ausg. 23/2. 1953.) REINHART. 6221

ARBED Aciéries Réunies de Burbach-Eich-Dudelange, Soc. An., Luxemburg Luxemburg, *Dolomit- oder Magnesitkörper.* Die Ausgangsstoffe werden zerkleinert u. in eine grobe u. eine feine Kornfraktion getrennt. Die grobe Fraktion wird mit einem Überschuß eines organ. Bindemittels, wie Teer oder Pech, etwa durch Eintauchen in das Bindemittel versetzt. Darauf wird die feinkörnige Fraktion zugemischt. Durch dieses Verf. werden Prodd. erhalten, die nach dem Brennen ein kontinuierliches Netzwerk von Koks enthalten. (**E. P. 676 211** vom 7/2. 1949, ausg. 23/7. 1952. Luxemburg. Prior. 12/3. 1948.) REINHART. 6221

Skövde Gasbetong A/B., Schweden, *Herstellung von sehr aktiven hydraulischen Bindemitteln,* z. B. aus Schiefer, Ölschiefer usw. Man bläst z. B. gemahlenen Ölschiefer, der sich aus ca. 40 (%) $CaCO_3$, 30 Ton, 10 freiem SiO_2, 4 Pyrit, 5 $MgCO_3$ u. 11 Kerosin zusammensetzt, während 30 Sek. durch einen auf 750° erhitzten Muffelofen. Zur Vermeidung einer zu starken Erhöhung der Temp. bläst man noch einen Strom kalter Luft ein. Das am Boden des Ofens befindliche Pulver wird zunächst kurze Zeit innig durchgemischt. Nach dem Erkalten wird es zu Zementfeinheit weitervermahlen u. ergibt einen *Zement* von guter Bindekraft u. Erhärtung. (**F. P. 1 002 723** vom 10/12. 1949, ausg. 10/3. 1952.) BEWERSDORF. 6223

Rheinisch-Westfälische Kalkwerke, Dornap, Bez. Düsseldorf, *Herstellung von wasserabweisenden Mörtel ergebendem Zement.* Zement oder zementhaltige Stoffe werden vor dem Vermischen mit Lsgg. oder Emulsionen von wasserabweisenden Stoffen, wie Bitumen, Teer oder Harz, mit einem das Lösungs- oder Emulsionswasser bindenden Stoff, z. B. gemahlenem CaO, vermengt. (**D. R. P. 752 941** Kl. 80b vom 15/10. 1936, ausg. 2/2. 1953.) HANS HOFFMANN. 6223

Soc. An. Unione Cementi Marchinov & Co., Casale Monferrato, Italien, *Schmelzzement.* Ein sehr langsam abbindender, schnell erhärtender Schmelzzement wird durch Vermischen von 100 (Gewichtsteilen) tonerdehaltigem Klinker mit 20—35 bas. körniger Hochofenschlacke u. Vermahlen des Gemisches erhalten. (**D. B. P. 865 718** Kl. 80b vom 30/10. 1941, ausg. 5/2. 1953. It. Prior. 30/10. 1940.) HANS HOFFMANN. 6223

V. Trief, Deux-Agren, Belgien, *Herstellung von hydraulischen Bindemitteln.* Man zerkleinert granulierte Hochofenschlacke u. mahlt sie auf nassem Wege. Die bei der Naßmahlung erhaltene Paste wird getrocknet, ehe sie einer Umwandlung unterworfen wird; sie wird **gegebenenfalls** auf solche Weise dispergiert, daß sie in ein feines Pulver mit einer starken latenten hydraul. Wrkg. übergeführt wird. Dieses Pulver wird später mit einem Katalysator versetzt u. für die Herst. von *Mauerwerk* u. *Beton* angewendet. Die pastenförmige M. wird hierbei unterhalb 50° getrocknet. (**Schwed. P. 135 550** vom 29/7. 1949, ausg. 29/4. 1952. Belg. Prior. 3/9. 1948.) JÜRGEN SCHMIDT. 6225

Électro Refractaire Soc. An., Paris, Frankreich, *Feuerfester Mörtel.* Körner eines hochfeuerfesten Stoffes von geringer Porigkeit, wie Korund u. Mullit enthaltende Schmelzmassen, in Mengen von 42—80% der Gesamtmasse, werden mit einem Glas, z. B. Borosilicatglas, als Bindemittel, Wasserglas u. einem Fluorid, wie Na_2SiF_6 u. NaF, versetzt. Der Mörtel wird schon bei Tempp. unter 800°, ca. 700°, fest. Er ist bes. zum Aufbau von Behältern für die Schmelzelektrolyse des Magnesiums geeignet. (**E. P. 670 491** vom 6/8. 1947, ausg. 23/4. 1952. A. Prior. 10/6. 1943.) REINHART. 6227

Kurt Elias, Frankreich, *Überzug für Betonfußböden und -mauern.* Um die Poren u. Unebenheiten, bes. von Betonmauern u. dgl., zu glätten, setzt man dem Überzugsmaterial, das aus Zement, gebranntem Gips oder Kalk bestehen kann, einen hochpolymerisierten Polyvinylalkohol in Mengen von 0,5—15%, im Anmachwasser gelöst, hinzu. Man kann außerdem Zuschlagstoffe, wie Sand, Pigmente usw., hinzufügen. Die Schicht kann in einer Stärke von einigen mm bis zu 5 cm aufgebracht werden, ohne später zu reißen. (**F. P. 1 013 252** vom 24/2. 1950, ausg. 25/7. 1952.) HEYNE. 6227

Handelsbolaget under Firma A. Johnson & Co., Stockholm, Schweden (Erfinder: **T. F. Ågren**), *Behandlung von mineralischen Füllstoffen, wie Sand, Kies und Steinmaterial.* Diese Massen, die organ. u. lösl. anorgan. Verunreinigungen enthalten u. als *Füllstoffe für Zement* u. *bituminöse Stoffe* dienen sollen, werden vor dem Einmischen mit den Bindemitteln mit einer sauren Lsg. von Nitrit, bes $NaNO_2$, behandelt, um eine Korrosion eingelegter Fe-Armierungen zu verhindern. (**Schwed. P. 133 754** vom 13/8. 1949, ausg. 27/11. 1951.) JÜRGEN SCHMIDT. 6229

Heinz Teusch, Essen, *Poröser Baustoff.* Die Ausgangsstoffe, mineral., kieselsäurehaltige Stoffe, werden fein gemahlen, mit leichtschm. Mineralien innig gemischt u. gesintert oder geschmolzen. Der so gewonnene Klinker wird wieder feinst gemahlen u. trocken in feuerfeste Formen gefüllt u. auf Tempp. zwischen 800 u. 1000° erhitzt. Die erste Arbeitsstufe kann wegfallen, wenn Stoffe benutzt werden, die einen ähnlichen Geh. an Flußmitteln haben wie das erst erzeugte Klinkermehl, z. B. Glasmehl. Der in zweistufigem Verf. hergestellte Stein ist porig, nagel- u. sägbar u. wasserfest. Er ist bei Tempp. unterhalb seines Erweichungspunktes hitze- u. raumbeständig. (**D. B. P. 867 073** Kl. 80b vom 10/1. 1951, ausg. 16/2. 1953.) REINHART. 6229

Heinrich van Thiel, Siershahn/Westerwald, *Farbige Baustoffe aus Anhydrit.* Feingemahlener natürlicher Anhydrit wird mit Rückständen saurer oder alkal. Aufschlußverf. von Mineralien oder Erzen, z. B. mit dem bei der alkal. Bauxitaufbereitung anfallenden Rotschlamm, vermischt. Als Anmache-Fl. für die Baustoffmischung kann eine $FeCl_3$-Lsg. verwendet werden. (**D. B. P. 868 723** Kl. 80b vom 19/8. 1951, ausg. 26/2. 1953.) HANS HOFFMANN. 6229

Fritz Appel, München, *Herstellung von Formkörpern, insbesondere von Bauelementen.* Ziegelsplitt wird zwecks Umsetzung der darin enthaltenden Carbonate mit Säuren u./oder sauren Salzen behandelt. Das Prod. wird mit härtbaren Kunstharzen, z. B. Phenolformaldehyd-Kondensat (I), vermischt u. hierauf geformt oder gepreßt. I kann mit Sulfitablauge in Emulsion vermischt angewendet werden. (**D. B. P. 869 313** Kl. 80b vom 6/5. 1950, ausg. 2/3. 1953.) HANS HOFFMANN. 6229

Herbert Edwards Krenchel, Dänemark, *Herstellung künstlicher Steine aus einer Mischung von Glas-, Schlacken- oder Mineralwolle und Zement oder Sand und Zement.* Bei der Herst. von Glaswolle wird diese meist mittels des Verblasestromes oder eines gesonderten Luftstromes in eine Kammer geblasen, wobei Perlen u. Schlackenstückchen gesondert niederfallen. In diese Kammer wird im gleichmäßigen Strom Zementpulver oder eine pulverisierte Mischung aus Sand u. Zement dazu geblasen, so daß alle Fasern mit dem Pulver umhüllt sind. Vor Eintritt des Pulvers in die Kammer kann man W. oder eine Bindemittel-Fl. auf die Fasern aufsprühen. Man kann auch noch Farben, Asbest, Talkum, Holzfasern usw. einblasen. Die Fasermörtelmasse wird dann nach Entfernung aus der Kammer in üblicher Weise geformt, verdichtet u. der Abbindung u. Erhärtung überlassen. (**F. P. 994 761** vom 8/9. 1949, ausg. 22/11. 1951. Dän. Prior. 11/9. 1948.) BEWERSDORF. 6229

Gewerkschaft Keramchemie-Berggarten, Siershahn/Westerwald (Erfinder: **Eugen Bentz,** Koblenz, **Hans Burck,** Höhr-Grenzhausen, **Fritz Heinrich,** Selters/Westerwald, **Hermann Miedel,** Bad Homburg v. d. Höhe, **Johannes Jaenicke, Herbert Knoop** und **Otto Schweitzer,** Frankfurt/M.), *Schichtweise aufgebaute, flüssigkeitsdichte Gebilde, wie Behälter, Rohrleitungen, Fußböden oder dergleichen.* Bei der Herst. derartiger Gebilde nach D. R. P. 707 732 wird der Kautschuk ganz oder teilweise durch Kunstharze oder Kunstharzgemische ersetzt. Der Kautschuk kann ganz oder teilweise als Regenerat vorliegen. (**D. R. P. 753 002** Kl. 80b vom 27/1. 1938, ausg. 23/8. 1951. **Zusatz zu D. R. P. 707 732; C. 1941. II. 3278.**) HANS HOFFMANN. 6229

Jean-Raoul Marchal, Meuse, und **Therese Paillier,** Seine-et-Oise, Frankreich, *Herstellung Wärme und Schall isolierender Bauleichtkörper.* Z. B. rührt man zunächst 1,5% Polyvinylalkohol in 98,5% W. ein. Zu 20 (Teilen) dieser Fl. fügt man weitere 20—25 W. zu, leitet Luft ein u. rührt, bis sich ein Schaum entwickelt hat. Nun bringt man unter Weiterrühren eine Mischung aus 70 Zement, 10 Schmelzzement u. 20 Sand in den Schaum, bis ein homogener Mörtel entstanden ist. Man gießt in Formen. Die porösen Formlinge weisen eine D. von 0,55 auf. (**F. P. 1 016 151** vom 11/4. 1950, ausg. 4/11. 1952.) BEWERSDORF. 6229

Steirische Magnesit-Industrie-Akt.-Ges., Wien, Österreich (Erfinder: **Kurt Schweizer,** Gelsenkirchen, und **Franz Möslinger,** Wien), *Unter Verwendung von Magnesiazement erhaltenes mehrschichtiges plattenförmiges Bauelement.* Es ist aus zwei im Berührungsbereich unter Ausbldg. einer stetigen Übergangszone innig miteinander verbundenen Schichten aufgebaut, von denen die eine aus einer wenige mm Dicke aufweisenden Magnesiazementschicht besteht u. die andere eine Holzfaserplatte beliebiger Dicke ist. — Z. B. wird eine Magnesiazementmasse aus 1,2 (Teilen) kaust. Magnesit, 1,5 Holzmehl, 0,5 Kieselgur, 0,3 Talkum mit einer Chlormagnesiumlsg. u. Farbstoffen oder Farbpigmenten in einer Stärke von 3 mm auf eine noch nicht vollständig erhärtete Holzschliffmasse aufgebracht, u. diese übereinanderliegenden Schichten werden nach einer gemeinsamen Verdichtung u. entsprechenden Vortrocknung gemeinsam dem Preßvorgang unterworfen. — In weiterer Ausbldg. des Verf. nach dem Hauptpatent mit dem Ziele, das plattenförmige zweischichtige Bauelement unter gleichzeitiger Verbesserung seiner mechan. Eigg. auch feuerfest zu machen, wird auf das die Holzzementschicht tragende Holzfaserband (das noch im plast. Zustande befindliche Fasergebilde) kaust. gebrannter Magnesit in Verbindung mit Magnesiumsulfatlsg. aufgebracht u. dann mit einem Borax-Wasserglasgemisch (1 : 3) berieselt. Dann erst erfolgt nach Vortrocknung des Bandes das Aufbringen der Oberschicht nach dem Hauptpatent. (**Oe. PP. 169 665** vom 21/7. 1950, ausg. 10/12. 1951, u. **171 877** [Zusatz-Pat.] vom 22/12. 1950, ausg. 10/7. 1952.) BEWERSDORF. 6229

Soc. An. Isolation Thermique et Acoustique, Seine, Frankreich, *Akustische Bekleidungsisoliermasse,* bestehend aus 16 (Gew.-%) Glasfasern, 2 Schlacken- oder Asbestwolle u. 82 Vinylharzleim, der mit W. verd. ist. Man kann diesen schallisolierenden Mörtel auch zu Platten oder anderen Formlingen formen oder als Bekleidungsmasse für Metallflächen verwenden. (**F. P. 990 160** vom 9/3. 1944, ausg. 18/9. 1951.) BEWERSDORF. 6229

Minnesota Mining & Mfg. Co., übert. von: **Bert S. Cross,** St. Paul, und **George P. Netherly,** Afton, Minn., V. St. A., *Sandpapier.* Eine **provisor. hitzebeständige** Unterlage, z. B. ein Stahlblech, wird mit einer provisor. Schicht eines Klebmittels belegt; hierauf wird eine Schicht von Schleifmittelkörnern aufgetragen, die nur teilweise in das Klebemittel eingebettet sind. Die herausragenden Spitzen der Körner werden durch Übersprühen mit einer dauerhaften Leimschicht überzogen u. hierauf eine 2. Klebstoffschicht als bleibende Unterlage aufgetragen. Wenn die beiden letzten Klebstoffschichten erhärtet u. die Körner darin fest verkittet sind, werden die provisor. Unterlage u. Klebmittelschicht entfernt, so daß die Körner teilweise freigelegt werden. — Zeichnungen. (**A. P. 2 567 186** vom 12/11. 1943, ausg. 11/9. 1951.) REICHELT. 6239

Comp. de Produits Chimiques et Électrométallurgiques Alais, Froges et Camargue, Seine, Frankreich, *Herstellung von Spezialschleifscheiben oder Schärfsteinen aus künstlichem Korund mit 0,5—10% Titanoxyden.* Die durch reduzierendes Schmelzen von Bauxit mit Geh. an Ti-Verbb. im elektr. Ofen erhaltenen Körner sind mehr oder weniger braun, was auf den Geh. an TiO zurückzuführen ist. Diese Körner werden in Öfen mit kontrollierter konstanter oder variabler Atmosphäre nochmals verschieden lange bei Tempp. zwischen 1000° u. der Erweichungstemp. der Körner erhitzt u. dann mehr oder weniger schnell abgeschreckt. Es werden Spezialkörner enthalten, die violett bis hochbraun im Innern, blau von außen oder opalweiß von außen u. blau im Innern oder gleichmäßig weiß opal aussehen u. besondere Härte aufweisen. Zur Herst. von Schleifscheiben mit keram. Bindung kann die Behandlung bei höherer Temp. im ganzen Stück vorgenommen werden. Im Durchschnitt jedoch wird man aus den vorbehandelten Körnern verschiedener Färbung verschied. Körnungen auswählen, einen Teil zu Pulver vermahlen, eine plast. M. herstellen, formen u. wie üblich brennen. (F. P. **994 046** vom 12/12. 1944, ausg. 9/11. 1951.) BEWERSDORF. 6239

Minnesota Mining & Mfg. Co., St. Paul, Minn., V. St. A., *Biegsame Schleifmittel.* Gewebe oder Papier wird z. B. mit einem Lack aus 14 (Gewichtsteilen) Vinylchlorid-acetat-Mischpolymerisat u./oder Styrol bzw. Polycrotonylchlorid, 27 BbO, 2 Ruß, 42 Methyläthylketon u. gegebenenfalls Weichmachern imprägniert; darüber werden die Schleifkörner mit einem Bindemittel, wie Phenol-, Harnstoff- oder Alkydharz, aufgetragen. (E. P. **651 321** vom 19/8. 1942, ausg. 14/3. 1951.) SALZMANN. 6239

Irvine C. Gardner and C. H. Hahner, Research and Development in Applied Optics and Optical Glass at the National Bureau of Standards. A Review and Bibliography. Washington: United States Government Printing Office. 15 cents.

VII. Agrikulturchemie. Schädlingsbekämpfung.

S. V. Desai und **Abhiswar Sen,** *Natriumchloridvorkommen in indischen Böden.* Die ind. Böden sind von Natur ziemlich NaCl-reich. Der Geh. schwankt merklich mit der regionalen Regenhöhe. Die ind. Pflanzen sind stark NaCl-resistent. (Indian J. agric. Sci. **22.** 63—73. März 1952. New Delhi.) GRIMME. 6300

—, *Untersuchungen zur Prüfung der Phosphorsäuredüngewirkung von Magnesiumphosphat.* Mg-Phosphat (I) ist durch Aufschluß von Rohphosphat mit Kieserit 1000° hergestelltes Thomasphosphat. I ist frei von Alkali u. Chlor. Es enthält 18—22 (%) Reinphosphorsäure, wovon 90—95 citratlösl. sind. Daneben enthält I 12—14 Mg, 26—28 Kalk u. 28—30 Sulfat (als K-Sulfat). An Spurenelementen sind Mn, Zn, V, Cu u. B vorhanden. Die Wrkg. des I ist sowohl chem. als auch physiol. neutral. Den bisherigen Erfahrungen zufolge ist I als Phosphorsäuredüngemittel gut brauchbar. (Dtsch. Landwirtsch. **4.** 491—93. Sept. 1953.) WINIKER. 6304

P. O. Dmitrenko und **O. W. Boiko,** *Der Einfluß von reduzierenden und oxydierenden Prozessen auf die Umwandlung von Phosphaten im Boden.* Laboratoriumsverss. an 5 verschied. Bodenarten der Ukraine zeigten, daß nach Ablösung der im Boden zu Fe- u. Mn-Verbb. führenden Reduktionsprozesse durch Oxydationsprozesse die Beweglichkeit des P_2O_5 (I) im Boden sich vermindert. Die Erhöhung des Verhältnisses des in 1% ig. Citronensäure lösl. I zu dem in 3% ig. Essigsäure lösl. I weist darauf hin, daß die Verringerung der I-Beweglichkeit hauptsächlich auf die Bldg. von Fe- u. Mn-Phosphaten zurückzuführen ist, die in Essigsäure wenig lösl. sind. (Доповіді Академії Наук Української РСР [Ber. Akad. Wiss. UkrSSR] **1953.** Nr. 3. 163—67. Ukrain. Wiss. Forschungsinst. für sozialist. Landwirtschaft.) A. JACOB. 6304

Ja. N. Osstrowski, *Phosphorbakterin, ein wirksames Mittel zur Erhöhung der Ernteerträge.* Verss. mit fl. *Phosphorbakterin* (I), welches zur Bearbeitung des Saatgutes angwandt wird, ergaben eine Ertragssteigerung (in dz/ha) von 0,5—3 bei Sommergetreide, 5—50 bei bei Kartoffeln u. 8—45 bei Gemüsearten. Die größte Wrkg. zeigte I auf gekalkten u. gedüngten Wiesen-Podsolböden u. bes. auf Torfböden. (Достижения Науки и Передового Опыта в Сельском Хозяйстве [Errungenschaften Wiss. u. fortschr. Erfahrung Landwirtsch.] **1953.** Nr. 2. 27—28. Febr. Getreideverwaltung des Landw.-Minist. der Weißruss SSR.) M. GORDIENKO. 6304

Ja. N. Jakuschewski, *Die Anwendung von Phosphorbakterin zu Hanf auf Torfmoorböden.* Pulverförmig mit dem Saatgut gegebenes *Phosphorbakterin* (hergestellt aus Kaolin u. organ. P mineralisierenden Bakterien) zeigte gute Wrkg. auf Torfmoor, wenn beim Pflügen im Frühjahr 8 t/ha Stallmist u. beim Eggenstrich vor der Saat K gegeben wurde (Versuchspflanze Hanf). (Достижения Науки и Передового Опыта в Сельском Хозяйстве [Errungenschaften Wiss. u. fortschr. Erfahrung Landwirtsch.] **1953.** Nr. 2. 28—30. Febr.) M. GORDIENKO. 6304

W. G. Beresowski, *Über Stickstoffdüngung bei Grasgemengen.* Bei Anbau von Leguminosen—Gras-Gemengen nutzen die Gräser den von den Leguminosen gesammelten N aus, ohne dadurch die Entw. der letzteren zu schädigen. Bei Reinsaaten von mehrjährigen Gräsern ist N vor allem dort anzuwenden, wo Samenanbau getrieben wird. Wenn auf bewässerten Grauerden Leguminosen auf gut gedüngte Baumwolle folgen, ist die Anwendung von N zu den Leguminosen—Gras-Gemengen unzweckmäßig. Auf erschöpften Böden, wo die Bedingungen für Leguminosen ungünstig sind, ist es zweckmäßig, die PK-Düngung durch 20—25 kg/ha N zu ergänzen. (Советская Агрономия

[Sowjet. Landwirtschaftskunde] **11.** Nr. 4. 36—40. April 1953. Ak-Kawak, Zentr. Versuchsstat. des Allunions Wiss. Forschungsinst. für Baumwollanbau.)
A. JACOB. 6304

L. I. Korablewa, *Einfluß der Kalidünger auf die Struktur des Bodens unter Feldbedingungen.* Während bei Laboratoriumsverss. *K* u. *Na* eine Verschlechterung der Bodenstruktur bewirken, ergab die Unters. der Böden derjenigen Parzellen von Feldverss., die lange Jahre mit K-Düngung versehen waren, keinen Hinweis auf eine Verschlechterung der Bodenstruktur. Es besteht daher kein Grund, eine intensive Anwendung der K-Dünger zu Kulturen der Grasfeldfruchtfolge zu unterlassen. Dies wird damit erklärt, daß die durch die K-Düngung bewirkte Vermehrung der Wurzelmasse des mehrjährigen Kleegras-Gemenges einen günstigen Einfl. auf die Krümelung des Bodens ausübt. (Почвоведение [Bodenkunde] **1953.** Nr. 3. 38—46. März. Bodenkundl. Dokutschajew-Inst. der Akad. der Wiss. der UdSSR.) A. JACOB. 6304

B. Rama Moorthy, S. V. Desai und **S. P. Raychaudhuri,** *Kalifixierung in Böden mit besonderer Berücksichtigung Indiens.* Eine K_2O-Fixierung kann organ. oder anorgan. bedingt sein. Bei ind. Böden kommt vor allem die zweite Möglichkeit in Betracht infolge ihres Geh. an Glimmer, Montmorillonit, welche sich durch hohen Geh. an Al-Silicaten auszeichnen. Bemerkungen zum geolog. Ursprung der ind. Böden. (Indian J. agric. Sci. **22.** 49—62. März 1952. Neu Delhi.) GRIMME. 6304

A. Wahhab und **Zahir Hussain Shah,** *Die Wirkung der Kalkung auf die Aufnahme von Calcium, Phosphor und Stickstoff durch Sorghumpflanzen auf alkalischen Böden.* Die Verss. mit CaO mit u. ohne Zusatz von Stalldung u. Superphosphat ergaben in allen Fällen eine erhebliche Erhöhung des Ertrages an Grünmasse u. Körnern. Die CaO-Gabe förderte auch die Aufnahme von P_2O_5 u. N merklich. Die P_2O_5-Ausnutzung bei gleichzeitiger Superphosphat- u. CaO-Gabe ist vom p_H-Zustand des Bodens abhängig. Dieser wird durch die Stallmistgabe günstig reguliert. (Agronomy J. **44.** 621—24. Dez. 1952. Lyallpur [Pakistan], Punjab agric. Coll. and Res. Inst.)
GRIMME. 6304

O. Je. Fattschichina, *Das Austauschaluminium als Grund einer geringen Fruchtbarkeit einiger Torfgleiböden.* Die Ursache der geringen Fruchtbarkeit von Torfgleiböden ist ihre hohe Austauschacidität, die zum größten Teil durch das austauschbare *Al* bedingt ist. Dieses bewirkt Schäden an Mikroorganismen u. höheren Pflanzen. Derartige Böden sind in Übergangsmooren mit schwach entwickelter Torfschicht weit verbreitet. Die Toxizität wird vermindert durch starke Kalkung im Zusammenwirken mit Stallmist. Wirksam ist auch die Anwendung von Silicaten, um das Al durch Bldg. schwer lösl. komplexer Silicate zu binden. Als Silicat kann das Abfallprod. *Dunit* mit 45% SiO_2 Verwendung finden. Günstig ist auch die Anwendung von Kalk u. Magnesia, sehr wirksam sind Schmelzphosphate, angewandt in Mengen, die dem Al äquivalent sind; ebenso haben Mg-Dünger in Verbindung mit Kalk eine gute Wirkung. (Почвоведение [Bodenkunde] **1953.** Nr. 3. 29—37. März. Zentr. Torf-Versuchsstat. des Minist. für Landw. der RSFSR.) A. JACOB. 6304

K. Stoll, *Hormone im gärtnerischen und landwirtschaftlichen Pflanzenbau.* Allg. Ausführungen. Behandelt werden: hormonale Stecklingsbewurzelung, Saatguthormonisierung, Unterbrechung u. Verlängerung der Ruheperiode, Verhütung des vorzeitigen Fruchtfalls, Förderung des Fruchtansatzes u. der Samenlosigkeit, Unkrautbekämpfung. — 7 Literaturhinweise. (Dtsch. Landwirtsch. **4.** 483—88. Sept. 1953. Aschersleben, Inst. für Phytopathologie der Biol. Zentralanst. der Dtsch. Akad. der Landwirtschaftswissenschaften zu Berlin.) WINIKER. 6304

S. C. Harland, *Pflanzenhormone.* Vortrag über Wrkg. u. Anwendung der Pflanzenhormone. Diskussion. (J. Roy. Soc. Arts **101.** 298—313. 20/3. 1953. Manchester, Univ.)
ITZEROTT. 6312

Kurt Röder, *Über eine Infektionsmethode und die Bekämpfung des Weizen-Zwergsteinbrandes (Tilletia tritici nanificatilletia brevifaciens).* (Vorl. Mitt.) Es wurde festgestellt, daß Beizung des Saatguts (mit Hg-haltigen u. Hg-freien Mitteln) einen günstigen Einfl. auf die Unterdrückung der Krankheit ausübt. Eine Beizung zusammen mit einer Bodenbehandlung (am besten bewährte sich eine organ. Hg-Verb. zusammen mit einem chlorierten KW-stoff) nach der Aussaat vermag den Zwergsteinbrand völlig zu unterdrücken. (Nachrichtenbl. dtsch. Pflanzenschutzdienstes [Braunschweig] **5.** 140—41. Sept. 1953. Berlin-West, Schering AG., Versuchsstelle für Pflanzenschutz.)
WINIKER. 6312

Hans Koch, *Der heutige Stand des Nebelverfahrens zur Bekämpfung von Schädlingen im Pflanzen- und Vorratsschutz.* (Nachrichtenbl. dtsch. Pflanzenschutzdienstes [Braunschweig] **5.** 135—38. Sept. 1953. Braunschweig, Biol. Bundesanst., Inst. für Geräteprüf.)
WINIKER. 6312

M. F. Subow, *Ersatzpräparate für Bordeauxbrühe: Kupferoxychlorid.* Zur Bekämpfung des Mehltaues u. der Weißfäule der Weinrebe wird Spritzen mit 0,5 oder 0,8% g. *Kupferoxychlorid* (I) oder Bestäuben mit 20—30 kg/ha I empfohlen. I kann mit Anabasinsulfat, $Ca_3(AsO_4)_2$ u. DDT in Mineralöl gemischt werden. (**Виноделие и Виноградарство СССР** [Weinbereit. Weinbau UdSSR] **12.** Nr. 11. 49—51. Nov. 1952.) ECKE. 6312

G. Unterstenhöfer, *Organische Phosphorverbindungen und ihre Bedeutung für die Schädlingsbekämpfung.* Überblick über Eigg. u. Anwendung von E 605 (Parathion) u. Systox. — 7 Literaturhinweise. (Schädlingsbekämpfung **45.** 73—76. Mai 1953.) WINIKER. 6312

Konrad Schulze, *Ungiftige Schädlingsbekämpfung mit natürlichen und synthetischen Pyrethrinen.* Überblick über Wirkungsweise, Toxizität u. Anwendungsgebiete der natürlichen u. synthet. Pyrethrine. (Schädlingsbekämpfung **45.** 69—73. Mai. 1953. Berlin.) WINIKER. 6312

W. Speyer, *2. Beitrag zur Bekämpfung des Erbsenwicklers (Laspeyresia nigricana Steph.).* (Vgl. C. **1951.** II. 1049.) Den bisher erzielten Ergebnissen zufolge scheinen die Aussichten einer erfolgreichen Bekämpfung des Erbsenwicklers mit Hilfe der bisher zur Verfügung stehenden Kontaktgifte gering zu sein. (Nachrichtenbl. dtsch. Pflanzenschutzdienstes [Braunschweig] **5.** **141.** Sept. 1953. Kiel-Kitzeberg, Biol. Bundesanst., Inst. für Getreide-, Ölfrucht- u. Futterpflanzenbau.) WINIKER. 6312

H.-P. Plate, *Beitrag zur Bekämpfung des Fliederknospenrüßlers (Otiorrhynchus lugdunensis boh.). Multanin-Ultra* (0,12 u. 0,2%), *Aktiv-Gesarol 50* (0,2%) u. *Bleiarsen-Pulver Urania* (0,4%) bewährten sich bei Bekämpfungsverss. gleich gut. *Fundal fest* u. *Fundal flüssig* (0,2%; organ. Fraßgifte; Versuchspräpp. der SCHERING A.G.) waren in ihrer Wrkg. unzureichend. (Schädlingsbekämpfung **45.** 119—21. Aug. 1953. Berlin, Pflanzenschutzamt.) WINIKER. 6312

V. E. Shelford, *Termitenbekämpfung mit wässeriger Chlordanlösung.* Eine Bodenbehandlung mit 1%ig. Chlordanlsg. um die Termitenbauten herum zeigte noch nach 4 Jahren eine beachtliche Wrkg.; zur direkten Bekämpfung bewährten sich Spritzungen. (J. econ. Entomol. **45.** 544. Juni 1952. Urbana, Ill.) GRIMME. 6312

F. P. Coyne, *Geeigneter Gebrauch von insekticiden Mitteln.* Vf. teilt seine Ansichten über die Resistenz der Insekten gegenüber *DDT*, *BHC* u. anderen Mitteln mit u. gibt Anregungen zu einer geeigneten Bekämpfung. (Brit. med. J. **1951.** II. 911—12. 13/10. Runcorn, Cheshire.) BROSEMANN. 6312

Werner Borgmann, *Zur Toxikologie neuerer Rattenbekämpfungsmittel.* Allg. Angaben über Toxizität u. prakt. Anwendbarkeit von Zinkphosphid, Thalliumsulfat, Meerzwiebelpräpp., Antu (α-Naphthylthioharnstoff), „1080" (Na-Salz der Fluoressigsäure) u. Antikoagulantien, nebst einigen Hinweisen auf Wirkungsmechanismus u. Prüfmethoden. Besondere Berücksichtigung der Schädlichkeit für den Menschen, wobei die allg. Verwendung von „*1080*" abgelehnt wird. (Z. hyg. Zool. Schädlingsbekämpf. **40.** 193—201. Juli 1952. Berlin-Dahlem, Robert-Koch-Inst., Abt. für Allg. Hyg. u. Gesundheitstechnik.) SCHEIBE. 6312

Reijo Heinonen, *Über mechanische Bodenanalyse.* Für die internationale Meth. der mechan. Bodenanalyse (Internat. Soc. Soil Sci., Trans. 1. Comm. [Physique de Sol], Versailles 1934) werden folgende Änderungen vorgeschlagen: Nach der Behandlung mit HCl wird der Bodenbrei mit den Fingern zerrieben. Jede Fraktion wird in 2 Unterfraktionen aufgeteilt. Pipettenproben werden nach 4 Min. 48 Sek., 48 Min. u. 8 Std. genommen. Nach diesen wird die Suspension durch 0,6, 0,2 u. 0,06 mm Siebe gewaschen. Der Rückstand wird eingedampft, bei 105° getrocknet u. gewogen. Die Ergebnisse werden auf Trockensubstanz berechnet, die Verluste durch H_2O_2- u. HCl-Behandlung u. der Wassergeh. der lufttrockenen Substanz werden gesondert angegeben. — Durch eine weitere Aufteilung der Tonfraktion können wertvolle Aufschlüsse über den Boden erhalten werden. Die Schwierigkeiten bei der Best. der feinen Sandfraktionen sowie bei der Ermittlung der anorgan. Trockensubstanz werden erörtert. (Maataloustieteellinen Aikakauskirja [J. sci. agric. Soc. Finland] **25.** 1—8. 1953. Helsinki, Landwirtsch. Versuchsstat., Bodenabt.) BECKMANN. 6324

P. W. Iwanow, *Eine Schnellmethode zur Bestimmung der Bodenfeuchtigkeit.* Bei den bisherigen Methoden, die auf einem Trocknen des Bodens durch Verbrennen von A. beruhen, wird die Bodenprobe in die brennende Flamme gebracht. Bei der empfohlenen Meth. befindet sich die Flamme in einer gewissen Entfernung vom Boden, so daß dieser nur der Einw. einer gemäßigten Temp. unterworfen wird. Nur eine ganz kurze Zeit erhöht sich die Temp. des Bodens auf 220°, um dann wieder rasch zu fallen. Der Abstand von der Flamme u. die Kürze der Einw. hoher Temp. schließen die Möglichkeit aus, daß organ. Substanz im Boden verbrennt. (Почвоведение [Bodenkunde] **1953**. Nr. 3. 61—65. März. Kischinew, Zweigstelle des Allunions Wiss. Forschungsinst. für Weinhandel u. Weinbau, „Magaratsch".) A. JACOB. 6324

H. Zeumer, *Die Bestimmung des Gamma-Hexachlorcyclohexangehaltes von Lindan.* Beschreibung einer Meth., die den Geh. an γ-Hexachlorcyclohexan im Lindan mit Hilfe der Gefrierpunktserniedrigung auf $\pm 0,15\%$ genau zu bestimmen gestattet. (Nachrichtenbl. dtsch. Pflanzenschutzdienstes [Braunschweig] **5**. 132—35. Sept. 1953. Braunschweig, Biol. Bundesanst. für Land- u. Forstwirtschaft, Inst. für chem. Mittelprüfung.) WINIKER. 6328

Kali-Chemie Akt.-Ges., Hannover (Erfinder: **Friedrich Rüsberg,** Hannover, und **Marschner,** Waldesruh über Berlin), *Herstellung von Sinterphosphaten.* Rohphosphate werden mit solchen Mengen Sodaschlacke von der Nachentschwefelung des Roheisens mit Soda gesintert, daß in der Mischung mit oder ohne Verwendung zusätzlicher Na_2CO_3 auf 1(Mol) P_2O_5 1,2—2 Alkali u. darüber enthalten sind. Der Glühprozeß wird unter Erhaltung des Sulfid-S-Geh. der Schlacke bzw. in neutraler oder reduzierender Atmosphäre bei 850—950° durchgeführt. Der Geh. der M. an SiO_2 bzw. Kalk wird derart eingestellt, daß $^1/_3$ des an H_3PO_4 gebundenen Ca zu Ca-Orthosilicat gebunden wird. Abkühlung der Phosphate erfolgt in reduzierender oder neutraler Atmosphäre. Hoch citronensäure- u. citratlösl. *Düngemittel.* (**D. B. P. 869 973** Kl. 16 vom 7/3. 1940, ausg. 9/3. 1953.) KARST. 6283

John T. Procter, York, und **Alexander Ogilvie,** St. Albans, England, *Granulierung von Phosphatdüngemitteln.* Rohphosphate werden in Mischvorr. mit H_2SO_4 oder H_3PO_4 zu breiartigem Super-. Doppelsuper- oder Triplesuperphosphat aufgeschlossen. Der Brei fließt kontinuierlich in eine erste Drehtrommel, wo er entwässert u. vorgranuliert wird. Die Granalien gelangen dann in einen 2. Mischer, wo sie mit W. oder fl. NH_3 zu einer breiförmigen M. vermischt werden, die in einer 2. Drehtrommel (Conditioner) unter Zusatz von Feingut der gleichen Art u. gegebenenfalls anderen Düngesalzen fertig granuliert wird. Die so erhaltenen Granalien werden in einer Trockentrommel getrocknet u. anschließend gesiebt. Das Feingut geht in den Prozeß zurück. Das Verf. kann auch mit fertig ausgereiftem Superphosphat oder Superphosphatmischdüngern oder halbausgereiftem Material durchgeführt werden, wobei nur eine Mischvorr. u. eine Drehtrommel erforderlich sind. Die Verwendung von verd. Aufschlußsäuren wird vermieden. — Vorrichtung. (**A. P. 2 598 658** vom 14/1. 1949, ausg. 27/5. 1952. E. Prior. 15/1. 1948.) KARST. 6283

Lonza Elektrizitätswerke und Chemische Fabriken Akt.-Ges., Basel, Schweiz, *Herstellen von gekörntem, haltbarem Kalkstickstoff.* Pulveriger Rohkalkstickstoff wird auf über 65° erhitzt, mit W. bei über 65° weitgehend hydratisiert, das heiße Prod. bis zum Hydratationsgrad von 99,5% bei über 65° ausreagieren u. homogenisieren gelassen. Die abgekühlte M. wird unter Zugabe von Fl. als Bindemittel, bes. $Ca(NO_3)_2$-Lsg., gekörnt u. dann getrocknet. Geringer Überschuß an W. kann verwendet werden. Die Hydratationstempp. können auf 100—120° ansteigen. Man erhält Körner mit einem Litergewicht von mindestens 1000 g u. einem Zertrümmerungsdruck von mindestens 350 g/mm². (**Schwz. P. 283 439** vom 9/11. 1949, ausg. 1/10. 1952.) KARST. 6285

Süddeutsche Kalkstickstoff-Werke Akt.-Ges., Frostberg/Obb., *Hydratisierung, Härtung und Stabilisierung von Kalkstickstoffgranalien.* Rohe $CaCN_2$-Körner werden in Drehtrommeln mit 10 (%) feinzerstäubtem W. behandelt u. nach Durchmischung mit weiteren 10—15 feinverteiltem W. während 1—2 Std. versetzt. Die M. wird dann in Reaktionsbunker oder Drehtrommeln gefüllt u. dort bei ca. 80—90° so lange mit Luftströmen behandelt, bis der Geh. der M. an chem. gebundenem W. 10—13 beträgt. Nach ca. 5—6 Std. wird das in der M. enthaltene freie W. durch Trocknen entfernt u. das Prod. auf Lager genommen. (**E. P. 678 548** vom 15/1. 1951, ausg. 3/9. 1952. D. Prior. 24/1. 1950.) KARST. 6285

Soc. An. Manufacture de Produits Chimiques du Nord, Établissement Kuhlmann, Frankreich, *Ternärer Mischdünger* wird durch Behandeln eines Gemisches aus HNO_3, H_3PO_4, aus dem Aufschluß von Rohphosphat mit H_2SO_4 stammend, u. KCl mit gasförmigem NH_3 im geschlossenen Gefäß kontinuierlich erhalten. Die Umsetzungstemp. beträgt ca. 120°. Das gewonnene Erzeugnis enthält 18% Ammoniak- u. Nitrat-N, 18% in W. lösl. P_2O_5 u. 18% K_2O bei einem Durchsatz von 405 (kg) HNO_3 üblicher Konz., 515 H_3PO_4, 310 KCl u. 161 NH_3. Wasserdampf u. NH_3 werden aus dem Reaktionsgefäß abgeführt u. getrennt, wobei das NH_3 der Rk. wieder zugeleitet wird. (**F. P. 1 003 689** vom 12/2. 1947, ausg. 20/3. 1952.) WITTHOLZ. 6291

Lonza Elektrizitätswerke und Chemische Fabriken Akt.-Ges. (Gampel), Basel, Schweiz, *Herstellung kalihaltiger Nitrophosphate.* Rohphosphate werden mit verd. HNO_3

von 50—60% aufgeschlossen u. die blasig-teigige Aufschlußmasse wird unter Hindurchblasen eines heißen Luftstroms bis zu einem Geh. von nicht mehr als 2,5 (Mol.) W. je 1 $Ca(NO_3)_2$ getrocknet, worauf nach mechan. Behandlung bei höchstens 65° der teigigen M. 5—14% KCl zugesetzt werden. Die M. wird so lange durchgemischt, daß eine Rk. des KCl mit dem $Ca(NO_3)_2$ über 50% vermieden wird. Das Prod. wird anschließend gekörnt. Das Durchmischen der M. dauert ca. 15 Min., u. es werden Prodd. mit hohem Erweichungspunkt erhalten. (**Schwz. P. 281 763** vom 10/12. 1949, ausg. 1/7. 1952.) KARST. 6291

Directie van de Staatsmijnen in Limburg, Heerlen, Holland, *Herstellung von Mischdüngemitteln.* Durch Aufschluß von Rohphosphaten mit HNO_3 erhaltene, F, Ca u. H_3PO_4 enthaltende Lsgg. werden mit neutralisierenden Stoffen bis zum p_H 2,5 neutralisiert u. die Fl. wird durch Verdampfen konz., worauf das Prod., welches noch nicht gebundene Ca-Ionen enthält, bis zum p_H 3—4 neutralisiert wird. Die M. wird dann getrocknet u. granuliert. (**Schwz. P. 284 268** vom 20/5. 1948, ausg. 17/11. 1952. Belg. Prior. 3/6. 1947. **Zusatz zu Schwz. P. 278 950; C. 1953. 1549.**) KARST. 6291

Directie van de Staatsmijnen in Limburg, Heerlen, Holland, *Herstellung von Mischdüngemitteln.* Rohphosphate werden mit HNO_3 aufgeschlossen u. aus der Aufschlußlsg. solche Mengen $Ca(NO_3)_2 \cdot 4H_2O$ auskrist., daß das mol. Verhältnis CaO/P_2O_5 auf 1,88 herabgesetzt wird. Die abgetrennte Lsg. wird im sauren Medium bis zum p_H 2—2,5 neutralisiert, eingedampft, das saure Prod. nochmals bis zum p_H 6,0—7,0 neutralisiert, granuliert, getrocknet u. abgekühlt. Der P_2O_5-Geh. des Düngemittels ist zu ca. 98% ammoncitratlöslich. (**Schwz. P. 284 269** vom 20/5. 1948, ausg. 1/11. 1952. Belg. Prior. 3/6. 1947. **Zusatz zu Schwz. P. 278 950; C. 1953. 1549.**) KARST. 6291

Soc. An. des Manufactures des Glaces et Produits Chimiques de Saint-Gobain, Chauny & Cirey, Frankreich, *Granulierter Mischdünger.* Man mischt 25 (kg) KCl u. 67 Phosphatdünger, durch Behandlung von Tricalciumphosphat mit H_2SO_4 erhalten, u. gibt zur Neutralisation 8 Kalk. Die M. wird 10 Min. in einer Drehtrommel bei 100° behandelt u. dann 25 NH_4NO_3 in Form einer 82%ig. wss. Lsg. zugegeben. Die Temp. dieser Lsg. beträgt 80°. Das Prod. wird in einer Drehtrommel getrocknet u. ist dann gut granuliert. An Stelle von CaO kann auch $CaCO_3$ oder bas. Schlacke verwendet werden. (**F. P. 993 857** vom 18/10. 1944, ausg. 8/11. 1951.) WITTHOLZ. 6291

Directie van de Staatsmijnen in Limburg, Heerlen, Holland (Erfinder: **M. H. R. J. Plusjé** und **H. de Bruijn**), *Herstellung von citratlöslichem Calciumphosphatdüngemittel.* Zur Gewinnung eines Düngemittels mit einem Molverhältnis $CaO:P_2O_5 = 3{,}3$ bis 4,0 neutralisiert man Lsgg., die Ca u. Phosphationen enthalten, kontinuierlich, indem man gleichzeitig Ströme der sauren Lsg. u. von NH_3 u. SO_2 oder einem Sulfit oder Bisulfit in eine im wesentlichen neutrale Lsg. einführt, die aus bereits vorher auf gleiche Weise hergestellten Prodd. besteht. Das Verhältnis der 3 Lsgg. wird so eingestellt, daß ein p_H von 6—8 vermieden wird u. andererseits keine schlechtlösl. Phosphate entstehen. (**Schwed. P. 135 308** vom 12/6. 1946, ausg. 22/4. 1952. Holl. Prior. 12/6. 1945.) JÜRGEN SCHMIDT. 6291

André-Jean-Auguste Solignac, Nantes-Chantenay, Frankreich, *Herstellung von trockenen, pulverförmigen Düngemitteln.* Organ. Stoffe pflanzlichen Ursprungs, bes. Torf, werden in Mischautoklaven mit einem Strom von NH_3-Gas unter Kühlung behandelt, durch die M. wird ein Strom von Preßluft oder eines neutralen Gases geleitet u. die erhaltene M. unter Zusatz von Phosphaten u. Kalisalzen zerkleinert. Zur Bldg. freier Huminsäuren kann das Ausgangsmaterial einer Zers. unterworfen werden. (**Schwz. P. 283 438** vom 30/12. 1947, ausg. 16/9. 1952. F. Prior. 29/6. 1943.) KARST. 6291

Bergwerksverband zur Verwertung von Schutzrechten der Kohlentechnik G. m. b. H. (Erfinder: **Otto Grosskinsky** und **Walter Klempt**), Dortmund, *Herstellung von stickstoffreichen Humusdüngemitteln.* Jüngere fossile Brennstoffe mit einem Wassergeh. von $<30\%$ werden mit Luft, dampfförmigem NH_3 oder anderen NH_3-haltigen Gasen bei erhöhter Temp. u. erhöhtem Druck von >10 at behandelt. Die Rk. kann in Ggw. solcher Alkalien oder Erdalkalien durchgeführt werden, die selbst Düngewert besitzen. Bei Verwendung von Ausgangsstoffen mit höherem Wassergeh. wird während des Oxydationsprozesses Wasserdampf abgeblasen u. die Rk. bei unter 30% liegendem Wassergeh. beendet. Der N-Geh. der Prodd. wird auf ca. 18% erhöht. (**D. B. P. 870 565** Kl. 1b vom 29/1. 1950, ausg. 16/3. 1953.) KARST. 6295

Armour & Co., übert. von: **Charles J. Davis jr.,** Chicago, Ill., V. St. A., *Herstellung von Düngemitteln aus Abwasser oder Abwasserklärschlamm.* Abwasser u. Abwasserklärschlamm, in denen die Festbestandteile mit Fett überzogen sind, werden emulgiert, die Emulsionen nach Abtrennung der festen Stoffe bei ca. 60—88° zentrifugiert, worauf das W. konz. u. mit den festen Stoffen zu Düngemitteln vermischt wird. — Vorrichtung. (**A. P. 2 597 230** vom 4/5. 1948, ausg. 20/5. 1952.) KARST. 6295

Anorgana, Gendorf, und **Chemische Werke Rombach G. m. b. H.,** Oberhausen/Rhld. (Erfinder: **Kurt Härtel,** Altötting, und **Georg Behnen,** Oberhausen), *Herstellung eines streufähigen Mittels zur selektiven Regelung des Pflanzenwachstums.* Ein gleichmäßiges Gemisch aus *Rohphosphat* u. *2.4-Dichlorphenoxyessigsäure* oder deren Derivv. oder Salzen in Mengen von ca. 1,7% wird dem üblichen Superphosphataufschließungsverf. unterworfen u. zu streufähigen Prodd. verarbeitet. Gleichmäßiges Ausstreuen u. Verteilen des Prod. auf dem Acker ist gewährleistet. (**D. B. P. 869 805** Kl. 1b vom 24/1. 1951, ausg. 9/3. 1953.) KARST. 6297

Sharples Chemicals, Inc., übert. von: **Nathaniel Tischler,** Palmyra, N. J., V. St. A., *Regulierung des Pflanzenwachstums.* Die Pflanzen werden mit Spritz- oder Stäubemitteln behandelt, die als akt. Stoff das Na-Salz der *3.6-Endoxohexahydroorthophthalsäure* oder der *3.6-Endoxo-1.2.3.6-tetrahydroorthophthalsäure* in Konzz. von ca. 0,001 bis 0,05 (%) u. ca. 0,05 NH_4-Oxalat, -Malonat, -Succinat oder -Adipat sowie ein Netz- oder Feuchtmittel enthalten. Die Mittel bewirken den gänzlichen oder teilweisen Abfall der Blätter, verzögern das Blühen, verhindern den vorzeitigen Abfall von Früchten, fördern die Bldg. von Adventivwurzeln u. besitzen herbicide Eigg. bei gewissen Pflanzen. (**A. P. 2 609 286** vom 27/2. 1951, ausg. 2/9. 1952.) KARST. 6297

Farbwerke Hoechst, vormals Meister Lucius & Brüning, Frankfurt/M.-Höchst (Erfinder: **Bruno Wehnelt,** Köln-Flittard, **Richard Wegler,** Leverkusen-Schlebusch, **Friedrich Lober,** Leverkusen-Bayerwerk, **Michael Erlenbach,** Frankfurt/M., **Otto Scherer** und **Wilhelm Staudermann,** Frankfurt/M.-Höchst), *Beeinflussung des Pflanzenwachstums* durch Verwendung von *mehrfach chlorierten Benzoesäuren, Alkylbenzoesäuren* oder diesen Verbb. entsprechenden Aldehyden oder Alkoholen u. den Derivv. solcher Verbb. als Wuchs- u. Hemmstoffe. — Beispiele: *2.6-Dichlorbenzoesäure* u. deren *Methyl-* oder *Butylester.* Gute *fungicide* Wirkungen, bes. gegen Lagerfäulnis, u. Ungiftigkeit. (**D. B. P. 860 639** Kl. 1b vom 19/5. 1944, ausg. 22/12. 1952.) KARST. 6297

Hermann Kaserer, Wien, Österreich, *Trockenstimulationsmittel für Pflanzensamen.* Das Mittel besteht aus einem Gemisch von Kieselgur, Gipsmehl, lösl. Mg- oder K-Verbb. bzw. Gemischen derselben u. gegebenenfalls von lösl. Fe-, Mn-, Ti- u. V-Verbb., wobei dem fertigen staubfeinen Pulver noch geringe Mengen aromat. Öle u. flüchtiger Stoffe, die in Sämereien frei oder gebunden vorkommen, z. B. aliphat. oder aromat. Senföle, Kümmelöl, Thymol, u. noch ein pilztötendes Mittel zugefügt sind. Industrielle Abfallgipsarten, wie Superphosphatgips, andere gipshaltige Stoffe, bes. mit H_2SO_4 aufgeschlossene Schlacken, z. B. Thomasschlacke, können der M. zugefügt werden. Keimzahl u. Keimkraft werden erhöht, Frühreife u. Dürrewiderstandsfestigkeit bewirkt. (**D. B. P. 869 807** Kl. 1b vom 2/10. 1948, ausg. 9/3. 1952. Oe. Prior. 4/1. 1946.) KARST. 6297

Phillips Petroleum Co., übert. von: **Lyle D. Goodhue** und **Carolyn E. Tissol,** Bartlesville, Okla., V. St. A., *Unkrautvertilgungs- und Entblätterungsmittel.* Die Mittel enthalten als akt. Stoff *2.3.4.5-Bi-(Δ^2-butylen)-tetrahydrofurfurol* (I) in Konzz. von 0,1—25% in Form von wss. Emulsionen oder gelöst in KW-stoffen, wie Kerosin, Naphtha, Petroleum, Polybutadien u. dergleichen. I wird durch Rk. von 1.3-Butadien mit Furfurol bei ca. 93—150° unter Druck während 5—100 Std. hergestellt. — Bes. geeignet zur Unkrautvernichtung auf **Neuland** u. zur Entblätterung von *Baumwollpflanzen.* (**A. P. 2 610 116** vom 4/1. 1950, ausg. 9/9. 1952.) KARST. 6313

May & Baker Ltd., Dagenham, Essex, England, *Gemische mit insekticider, acaricider, fungicider oder herbicider Wirkung,* bestehend aus einem Thiocyanat oder Isothiocyanat (I) der Formel $RXCH_2M$, worin R einen aromat. Kern, X ein O- oder S-Atom u. M eine Thiocyanat- oder Isothiocyanatgruppe darstellt, sowie einem oder mehreren üblichen Verdünnungs- oder Streckmittel. — Beispiele für I: 4-Chlorphenoxymethylthiocyanat, 4-Chlor-3-methylphenoxymethylthiocyanat u. 2.4-Dichlorphenoxymethylisothiocyanat. (**D. B. P. 878 450** Kl. 45l vom 10/10. 1950, ausg. 1/6. 1953. E. Priorr. 8/10. 1949, 15/6. u. 26/9. 1950.) NEBELSIEK. 6313

Standard Oil Development Co., Del., übert. von: **George L. Matheson,** Union, und **Louis A. Mikeska,** Westfield, N. J., V. St. A., *Insekticides und fungicides Mittel,* bestehend aus einem mehrwertigen Metallsalz, z. B. des Zn, Cu oder Fe, der Tetraisobutylphenolsulfonsäure als Wirkstoff u. einem üblichen Verdünnungsmittel. (**A. P. 2 586 680** vom 28/12. 1946, ausg. 19/2. 1952.) NEBELSIEK. 6313

Montrosa Chemical Corp. of California, Los Angeles, übert. von: **John L. Kallok,** Torrance, Calif., V. St. A., *Kristallisieren von DDT.* Man kühlt geschmolzenes DDT auf ca. 75° ab, während man die M. tüchtig bewegt. Das erhaltene breiartige Gemisch läßt man in Form eines dünnen Filmes zwischen mehreren Rollen durchlaufen u. kühlt dabei auf ca. 30° u. später bis auf ca. 5° ab. — Vorrichtung. (**A. P. 2 590 544** vom 19/4. 1949, ausg. 25/3. 1952.) NEBELSIEK. 6313

N. V. de Bataafsche Petroleum Mij., Den Haag, Holland, *Insekticide Gemische*, bestehend aus Lsgg. von Stoffen des DDT-Typus u. eines Harzes, das an sich nicht insekticid wirkt, in Erdöl oder anderen leichtfl. Lösungsmitteln, wobei die Konz. des Harzes $<25\%$ der DDT-Menge betragen soll. Als Harze kommen in Betracht Kolophonium, Cumaronharze, z. B. Cumaron–Styrol- oder Cumaron–Inden-Harze. (**N. P. 80 189** vom 16/12. 1949, ausg. 5/5. 1952. Holl. Prior. 24/12. 1948.) JÜRGEN SCHMIDT. 6313

Farbenfabriken Bayer (Erfinder: **Friedrich Muth, Otto Bayer** und **Friedrich Povenz**), Leverkusen, *Hexachlorcyclohexan* erhält man durch Rk. von Bzl. mit Cl_2, zweckmäßig unter Bestrahlung mit Licht in Salz- oder Salzgemischschmelzen oder in Ggw. von SO_2. Geeignete Salze sind: Na_2SO_4, wasserhaltiges $CaCl_2$, LiCl-Hydrate, Na_2SO_4 + Na-Thiosulfat bzw. $CaCl_2$. γ-Geh.: ca. 20—25%. (**D. B. PP. 871 009** vom 16/5. 1951, ausg. 19/3. 1953 u. **873 841**, beide Kl. 12o vom 24/12. 1950, ausg. 16/4. 1953.) KRAUSS 6313

Riedel-de-Haën Akt.-Ges., Seelze b. Hannover (Erfinder: **Friedrich Boedecker, Albrecht Haymons** und **Konrad Schulze**, Berlin), *Hexachlorcyclohexan* erhält man durch Chlorierung von Bzl. unter gleichzeitiger Belichtung in Ggw. hochprozentiger, mit Bzl. nicht mischbarer, anorgan. Sauerstoffsäuren, bes. konz. H_2SO_4. Nach Abtrennen der Säure wird das γ-Isomere aus der Lsg. durch fraktionierte Kristallisation abgeschieden. (**D. B. P. 871 758** Kl. 12o vom 9/10. 1949, ausg. 26/3. 1953.) KRAUSS. 6313

United States of America, übert. von: **Nathan L. Drake**, College Heights, Md., **Charles M. Eaker**, Affton, Mo., und **Wilbur J. Shenk**, Cleveland, O., V. St. A., *Insektenabwehrmittel*. Man verwendet *1-Oxycyclopentanessigsäurecyclohexylester*, 1-Oxycyclohexancarbonsäurecyclohexylester u. den Cyclohexyl- bzw. Cyclopentylester der 1-Oxycyclohexanessigsäure in einem geeigneten Trägerstoff. (**A. P. 2 605 207** vom 11/1. 1949, ausg. 29/7. 1952.) E. PETERSEN. 6313

Farbenfabriken Bayer, Leverkusen-Bayerwerk (Erfinder: **Ewald Urbschat**, Köln-Mülheim), *Dithiooxamid* (I = *Rubeanwasserstoff*) erhält man durch Rk. von Oxalsäureiminoäthyläthernitril u./oder Oxalsäure-bis-iminoäthyläther oder diese Verbb. enthaltenden Reaktionsgemischen mit H_2S, bes. in Ggw. von Alkalien. KCN gibt nach dem Behandeln mit Cl_2 bis zur neutralen Rk. bei —10 bis —5° u. nachfolgendem Zusatz von $(NH_4)_2S$ I. — Verwendung als *Schädlingsbekämpfungsmittel*. (**D. B. P. 868 908** Kl. 12o vom 24/7. 1942, ausg. 2/3. 1953.) KRAUSS. 6313

Plant Protaction Ltd. (Erfinder: **William Ramsdon Orrell** und **Gerald Lucien Baldit**), Yalding, Kent, England, *Schädlingsbekämpfungsmittel*, bestehend aus einer wss. Emulsion aus 1—40 (%) p-Nitrophenyldiäthylthioorthophosphat als Wirkstoff (**I**), 20—98 Lösungsm. für **I**, z. B. Tetrahydrofurfurylalkohol, u. 1—40 Dispergiermittel, z. B. einem tiefsd. aromat. KW-stoff, wobei auf 100 (Teile) W. ca. 0,02—1,0 obiger Emulsion angewendet werden. (**E. P. 676 359** vom 27/1. 1949, ausg. 23/7. 1952.) NEBELSIEK. 6313

Merck & Co., Inc., Rahway, übert. von: **Ralph E. Heal**, Elizabeth, N. J., V. St. A., *Insekticides Mittel*, das bes. gegen den *Kornkäfer* wirksam ist, bestehend aus getrockneten, feinstzerkleinerten bzw. pulverisierten Pflanzenteilen (Laub, Stengel u. Wurzeln) der Gattung *Ryania* (**I**), im Gemisch mit bekannten Trägerstoffen. — Beispiele für **I**: *Ryania speciosa, R. tomentosa, R. pyrifera, R. acuminata, R. sagotiana* u. *R. subuliflora*. (**A. P. 2 590 536** vom 14/9. 1945, ausg. 25/3. 1952.) NEBELSIEK. 6313

Hans Gärtner, Deutschland, *Verfahren zur Vernichtung schädlicher Nagetiere*, bes. von Feldmäusen. Durch ihre feine Witterung werden die Nager aus großer Entfernung durch den Geruch von Baldrian angelockt, so daß man diesen als Köderstoff bei der Herst. von Giftzubereitungen verwenden kann. — Z. B. werden Baldrianwurzeln mit einem Gift imprägniert, oder Pflanzenteile, wie Stengel, Zweige, erhalten eine Imprägnierung mit Baldrian u. Gift. Ferner kann man aus gemahlener Baldrianwurzel u. Gift Brocken, Tabletten oder Brei herstellen. Die angewandten Gifte müssen vor allem geruchlos sein, wie z. B. Arsenverbindungen. (**F. P. 1 011 851** vom 5/4. 1949, ausg. 1/7. 1952.) HEYNE. 6313

J. R. Geigy Akt.-Ges., Basel, Schweiz (Erfinder: **F. Litvan** und **W. Stoll**), *Herstellung von Gemischen zur Bekämpfung von tierischen Schädlingen*, bes. *Nagetieren*. Man erwärmt etwa äquimol. Mengen von 4-Oxycumarin oder dessen Kernsubstitutionsprodd. u., gegebenenfalls substituierte, Styrylalkyl-, Styrylaryl- oder Styrylaralkylketone in Abwesenheit eines Verdünnungs- oder Lösungsm. über den F., bes. auf ca. 135—140°. Als Ketonkomponenten sind in den Beispielen erwähnt: 4-Chlor-, 4-Methyl-, 4-Nitrobenzalaceton, Benzalaceton, 4-Chlorbenzalacetophenon, 4-Chlorstyrylbenzylketon, 4-Methoxystyryl-tert.-butylketon. (**Schwed. P. 136 158** vom 24/7. 1951, ausg. 17/6. 1952. Schwz. Prior. 25/7. 1950.) JÜRGEN SCHMIDT. 6313

VIII. Metallurgie. Metallographie. Metallverarbeitung.

W. A. Roiter, W. I. Karmasin, W. A. Jusa und A. N. Kusnetzow, *Besonderheiten des Prozesses der reduzierenden Magnetisierung von oxydischen Eisenerzen.* Eine erfolgreiche Durchführung der reduzierenden Magnetisierung saurer Eisenerze erfordert eine möglichst schnelle u. vollständige Red. zum Oxydul in der ganzen Masse der Stücke u. nicht eine zonenhaft fortschreitende, da sich bei letzterer eine zu weitgehende Red. („Überbrand") nicht vermeiden läßt. Bei der Red. von *Quarzit* mit H_2 erfolgt die Red. der Stücke als Ganzes bedeutend deutlicher als mit CO; doch ist die Red. mit H_2 allein wegen der stark bremsenden Wrkg. von Wasserdampfspuren auf die 1. Reduktionsstufe von Fe_2O_3 ungünstig, da sie wegen der eintretenden Verlangsamung im Ergebnis doch zu einem zonenhaften Reduktionsbild führt. Bei der Red. mit Gasen, die als Reduktionsmittel nur Kohlenstoffoxyde enthalten, besteht grundsätzlich die Möglichkeit, ein Verhältnis P_{CO_2}/P_{CO} u. eine Temp. zu wählen, für die eine genügend schnelle u. vollständige Red. zum Oxydul nicht von einer weitergehenden Red. (Überbrand) begleitet wird. Beispielsweise gilt für 415° $3{,}5 > P_{CO_2}/P_{CO} > 1{,}1$. Am günstigsten ist die Anwendung von H_2–CO-Gemischen, wobei das Optimum für das Mischungsverhältnis u. die Temp. experimentell bestimmt werden muß. (Журнал Физической Химии [J. physik. Chem.] **27.** 125–29. Jan. 1953. Dnepropetrowsk, Chem.-Technol. Dsershinski-Inst., u. Kriwoi-Rog, Wiss. Forschungsinst. für Erzbergbau.) AMBERGER. 6390

P. E. Cavanagh, *Eisenschwamm.* Überblick über die neuzeitlichen, bes. schwed. direkten Reduktionsverff. (WIBERG-SODERFORS-Verf.). (Metal Progr. **63.** Nr. 3. 67–69. März 1953. Toronto, Ontario, Can., Ontario Res. Found.) HOCHSTEIN. 6392

R. S. Young, *Verwendung von Hartnickel für Backen von Diamantbrechern.* Brecherbacken zum Zerkleinern von „*boats*" (Industriediamanten) werden aus einem Cr–Ni-Hartguß, dem *Hartnickel Type I* mit 3,25 (%) C, 0,5 Si, 0,5 Mn, 0,3 P, 4,25 Ni u. 1,75 Cr hergestellt. Die Hartgußplatten werden nach dem Guß einem 4 std. Entspannungsprozeß bei 215° unterworfen. Sie sind widerstandsfähiger als Mn-Stahlbacken. Da der Metallabrieb mittels Magnetscheider entfernbar ist, ermöglichen sie ein reineres Zerkleinerungsprodukt. (Mining J. [London] **236.** 481. 18/5. 1951.) OLBRICH. 6404

G. Husson und J. Donney, *Verbrennungsversuche mit Sauerstoff im koksofengasbeheizten Siemens-Martin-Ofen.* An einem kleineren SIEMENS-MARTIN-Ofen, dessen Wärmebedarf zu 75% aus Koksofengas u. der Rest aus Carburierungsmitteln (Teer oder mit Luft zerstäubtem Masut) gedeckt war, wurden Verss. mit einem O_2-Druck von 6 at u. einer O_2-Menge von 500 m^3/Std. durchgeführt. Die Schmelzleistung des Ofens wurde erhöht u. gleichzeitig der Wärmeverbrauch um 8,6% verringert. Wiedergabe von Beispielen des Schmelzverlaufs mit O_2-Zusatz. (Rev. Métallurgie **49.** 145–63. Febr. 1952.) HOCHSTEIN. 6408

P. E. Hammarlund, *Induktionsbadbeweger. Geeignete Verwendung für Elektrolichtbogenöfen.* Überblick über Aufbau, Wirkungsweise u. Vorteile bei der Stahlerzeugung, bes. beim Niederschmelzen, Frischen, Feinen u. Entschlacken. (Iron and Steel **26.** 188–90. Mai 1953.) HOCHSTEIN. 6408

T. Wahlberg und N. Winblad, *Söderberg-Elektroden für Elektrostahlöfen. Mantelkonstruktionen, Verkokungsverlauf und Pflege im Betrieb.* In Vergleichsverss. mit verschied. Ummantelungstypen haben Mäntel mit zentraler Armierung gegenüber solchen mit radikalen Rippen durchschnittlich höhere Bruchfestigkeit gezeigt. Die niedrigste Temp., bei der vollständige Verkokung eintritt, liegt zwischen 400 u. 450°. An Elektroden mit 450–720 mm Durchmesser (Wandstärke 1,25–3 mm) wird die Lage der Verkokungsfront untersucht, die von der Art der Dichtung u. der Qualität der M. abhängt; eindeutige Ergebnisse über den Einfl. der Dimensionen u. der Stärke des Mantelblechs werden nicht erhalten. Die verschied. Ursachen für Elektrodenbruch, die zweckmäßigsten Maßnahmen bei der Herst. u. bei der Pflege im Betrieb werden erörtert. (Jernkontorets Ann. **136.** 377–411. 1952.) R. K. MÜLLER. 6408

Marcel Guédras, *Schlacken- und Oxydeinschlüsse in Stahlblöcken* Einschlüsse von Sulfiden u. Silicaten des Fe u. Mn u. von Al werden beschrieben. Methoden ihrer Bestimmung. (Métallurgie Construct. mécan. **84.** 299–303. Mai 1952.) HAUG. 6408

R. A. Karassew, A. Ju. Poljakow und A. M. Ssamarin, *Das Desoxydationsvermögen des Vanadiums.* Die Best. des O-Geh. in Fe mit verschied. Zusatzmengen an V u. ihre Auswertung in logarithm. Kurven der Beziehung zwischen V-Konz. u. P_{H_2O}/P_{H_2} läßt erkennen, daß der desoxydierenden Wrkg. des V 3 verschied. Gleichungen zugrunde-liegen: bis 0,2% V: $\frac{1}{2}Fe + V + 2O = \frac{1}{2}FeV_2O_4$ (V-Spinell); von 0,2–0,3% V: $V + \frac{3}{2}O = \frac{1}{2}V_2O_3$; oberhalb 0,3% V: $V + O = \frac{1}{2}V_2O_2$. Der V-Zusatz setzt nicht nur die Löslichkeit des O im fl. Fe herab, sondern auch seine Aktivität. Jedoch wirkt V schwächer desoxydierend als Si. Die Ergebnisse von CHIPMAN u. DASTUR (J. Metals **191.** [1951.] 111) werden kritisiert. (Известия Академии Наук СССР, Отделение Технических Наук [Nachr. Akad. Wiss. UdSSR, Abt. techn. Wiss.] **1952.** 1794—1801. Dez.) R. K. MÜLLER. 6408

Teed, *Einfluß niedriger Temperaturen auf Flugzeugwerkstoffe.* Es werden schädigende Wirkungen mehrachsiger Spannungen in der Kälte auf den Stahl *S. A. E. 1020* erwähnt. Nähere Angaben fehlen. Ob ähnliche Schädigungen bei anderen derartigen Stählen vorkommen können, ist noch unbekannt. (Flight Aircraft Engr. **58.** 428. 16/11. 1950.) KREITZ. 6408

W. K. Grigorowitsch, N. D. Ssobolew und **Ja. B. Fridman,** *Über die günstigste Richtung der Fasern in Erzeugnissen aus anisotropen Materialien.* Aus der Betrachtung der mechan. Eigg. verschied. *Stahl*-Sorten bei Zugbelastung wird geschlossen, daß die Anisotropie der Festigkeit, vor allem der Zerreißfestigkeit, um so ausgeprägter ist, je weniger plast. das Material ist. Für die Erzielung der höchsten Festigkeit bei verschied. Beanspruchung von Maschinenteilen aus anisotropem Material ist die Faserrichtung längs der Bahnen der maximalen Zugdeformation am günstigsten. Eine endgültige Entscheidung zugunsten der Theorie der maximalen Zugdeformationen oder der maximalen Zugspannungen ist nicht möglich. (Доклады Академии Наук СССР [Ber. Akad. Wiss. UdSSR] [N. S.] **86.** 703—06. 1/10. 1952. Moskau, Mechan. Inst. u. 2. Staatl. Kugellagerfabrik.) LEBTAG. 6408

Georges Delbart und **Michel Ravery,** *Neuer Beitrag zur Untersuchung des Einflusses des Gefüges auf das Kriechverhalten von Stahl.* Es wird die Kriechgeschwindigkeit in der 30., 300. u. 1000. Std. sowie die Dehnung in der 1000. Std. bei 450 u. 575° unter verschied. Spannungen an einem Stahl mit 0,12 (%) *C*, 0,16 *Si*, 0,70 *Mn*, 0,6 *Cr* u. 0,6 *Mo* bestimmt. Der Stahl war zur Erzielung eines unterschiedlichen Gefüges entweder 2 Std. bei 600°, 1000 Std. bei 450 oder 575° oder 2 Std. bei 600° u. dann noch 300 Std. bei 700° wärmebehandelt worden. Ferner werden noch die Kriechgeschwindigkeiten zwischen der 25. u. 35. Std. bei 450 u. 575° von zwei Stählen mit 0,31 C, 0,15 Si, 0,45 Mn, 2,0 Cr u. 0,48 Mo sowie mit 0,53 C, 0,24 Si, 0,4 Mn, 0,43 Cr u. 0,44 Mo in verschied. Gefügezuständen angegeben. (Rev. Métallurgie **49.** 67—88. Jan. 1952.) HOCHSTEIN. 6410

Robert N. Imhoff und **James W. Poynter,** *Einige metallurgische Kennzeichen von mit Bor behandelten Stählen mit mittlerem Kohlenstoffgehalt.* Durch Festigkeitsunterss. wird nachgewiesen, daß ein B-behandelter Stahl mit 0,43—0,48 (%) *C*, 0,75—1 *Mn*, 0,20—0,35 *Si*, 0,4—0,7 *Ni*, 0,55—0,75 *Cr*, 0,08—0,15 *Mo* u. mindestens 0,0005 *B* als Ersatz für den amerikan. Normenstahl *4340* verwendet werden kann. Die Stähle wurden im normalisierten Zustande, nach Öl- oder Wasserhärtung u. nach einem Anlassen untersucht. Der B-behandelte Stahl besitzt eine bes. hohe Härtbarkeit. Diese wird durch *V*-Zusatz noch erhöht. (Metal Progr. **63.** Nr. 3. 97—104. März 1953. Wright-Patterson Air Force Base, O., Materials Labor.) HOCHSTEIN. 6410

R. Wilcock, *Einfluß von Bor auf die Festigkeitseigenschaften von niedriglegierten Stählen.* Es wurden Stähle mit 0,35 (%) *C*, 1,45 *Mn* ohne oder mit Zusatz von 0,1 bis 0,28 *Mo* sowie ein Stahl mit 0,4 C, 0,9 Mn, 0,55 *Ni*, 0,4 *Cr* u. 0,12 Mo hergestellt, wobei jeweils einem Stahlblock *B* zugesetzt wurde, während ein anderer gleicher Stahlblock nicht behandelt wurde. Der B-Zusatz erfolgte durch eine Legierung mit 1,85 B, 25 *Al*, 29 *Ti* u. 9,5 *Si*. Die Zusätze waren so berechnet, daß der Stahl 0,004 B, 0,06 Al u. 0,065 Ti zulegiert erhielt. Die Unters. zeigte, daß alle mit B behandelten Stähle eine erhöhte Härtbarkeit besaßen. Bei gehärteten u. zwischen 500—600° angelassenen Stählen schwankte der Einfl. von B auf die Festigkeitseigg. mit der Wärmebehandlungsdauer. Die B-freien u. die B-haltigen Stähle hatten bei voller Härtung ein höheres Streckgrenzenverhältnis als bei Teilhärtung. (J. Iron Steel Inst. **173.** 406—19. April 1953. Stocksbridge, Samuel Fox and Co. Ltd.) HOCHSTEIN. 6410

S. L. Widrig und **Wilson T. Groves,** *Schmiedbarkeit, Bearbeitbarkeit und Härtbarkeit von borhaltigen Einsatzstählen.* Angaben, bes. über die Einhärtetiefe von Einsatzstählen mit 0,16—0,19 (%) *C*, 0,65—0,88 *Mn*, 0,20—0,20 *Si*, 0,22—0,37 *Cr*, 0,31—0,42 *Ni*, 0,10—0,14 *Mo* u. 0,0008—0,001 *B* sowie mit 0,19—0,22 C, 0,52—0,63 Mn, 0,22—0,29 Si, 0,28—0,31 Cr, 0,27—0,35 Ni, 0,1—0,13 Mo u. 0,0009—0,001 B. (Metal Progr. **61.** Nr. 6. 71—76. Juni 1952. Toledo, O., Spicer Mfg.) HOCHSTEIN. 6410

G. W. Austin, A. R. Entwisle und **G. C. Smith,** *Der Einfluß von Arsen und Antimon auf die Anlaßsprödigkeit von Stahl.* Die Empfindlichkeit von Stählen mit ca. 0,4 (%) *C*, 0,66—0,81 *Cr* u. 3 *Ni* gegen Anlaßsprödigkeit wird durch *As* schwach u. durch *Sb* stark erhöht. 0,2—0,02% As hat einen kleinen Einfl. auf die Zugfestigkeit bei Raumtemp.; der Einfl. von 0,08—0,005% Sb hängt sehr von der genauen Einhaltung der für den Stahl vorgeschriebenen Wärmebehandlung ab. Die Zugfestigkeiten der Stähle bei einer Temp. des fl. N_2 können in eine Wechselbeziehung zu ihren Kerbschlagzähigkeitswerten gebracht werden. Der Bruch der versprödeten Stahlproben war in bezug auf die früheren Austenitkörner intergranular. — Schrifttumsangaben. (J. Iron Steel Inst. **173.** 376—86. April 1953. Cambridge u. Sheffield, Univ.) HOCHSTEIN. 6410

W. Haufe, *Die Tieftemperaturbehandlung bei der Härtung von Schnelldrehstahl.* Nach Erörterung der Vorgänge beim Anlassen u. bei der Tieftemperaturbehandlung (I) werden die Ergebnisse der I in Amerika besprochen. Nach den bisher vorliegenden Ergebnissen weist die I gehärteter Schnellstahlwerkzeuge keine derartigen Vorteile gegenüber einer Anlaßbehandlung auf, daß sich ihre Einführung rechtfertigt. — Schrifttumsangaben. (Werkstatt u. Betrieb **83.** 121—25. April 1950. Düsseldorf-Grafenberg.) HABBEL. 6410

M. Okamoto und **M. Nagakura,** *Verhalten von Schnelldrehstählen an den Umwandlungspunkten bei der Warmbadhärtung.* (Nippon Kinzoku Gakkai-Si [J. Japan Inst. Metals] B. **14.** 11—14. Juli 1950.) PAHL. 6410

S. Epstein und **J. W. Frame,** *Neuer Vanadiumstahl für Tiefziehbleche.* Es wird ein Stahl mit 0,04—0,05 (%) *C*, 0,26—0,29 *Mn*, 0,006 *P*, 0,026—0,030 *S* u. 0,037—0,044 *V* genannt. Der unberuhigte Stahl verbindet die gute Oberflächenbeschaffenheit mit der Alterungsbeständigkeit, die im allg. den mit Al beruhigten guten Tiefziehstählen eigen ist. Seine mechan. Eigg. sind ebenso gut oder besser als die des mit Al beruhigten Typs. (Iron Age **166.** 158—63. 12/10. 1950. Bethlehem, Pa., Bethlehem Steel Co) PAHL. 6410

Albert Keil, *Über die Technologie der Werkstoffe für elektrische Kontakte.* Überblick über die verwendeten Metalle u. Legierungen u. die jeweils geeigneten Fertigungsmethoden. (Z. Metallkunde **44.** 166—70. April 1953. Pforzheim, Platinschmelze Dr. E. Dürrwächter.) APEL. 6420

H. C. Watkins, *Tieftemperatureigenschaften von Zinn, Weichloten und weichgelöteten Verbindungen.* Überblick über Verbesserungen der Eigg. des Sn, des Weichlots u. der weichgelöteten Verbindungen durch geeignete Zusätze, namentlich *Sb* u. *Bi.* — 10 Literaturangaben. (Research **5.** 231—34. Mai 1952. H. J. Enthoven and Sons, Ltd) BLUTH. 6428

W. R. Burrow, *Kontinuierliches Sinterverfahren mit aufwärts gerichtetem Verblasen mit größerer SO_2-Menge je Schmelzofen.* Beschreibung einer Versuchsanlage mit Darlegung ihrer Vorzüge gegenüber dem üblichen Verblaserösten von *Bleiglanz* mit abwärts gerichtetem Luftstrom. (Engng. Mining J. **153.** Nr. 11. 90—94. Nov. 1952. Port Pirie, Südaustralien, Broken Hill assoc. Smelters Pty.) METZENER. 6430

Hans H. Hörger, *Blei im modernen Apparatebau.* Überblick. Erörtert werden die Ursachen der Korrosionsschutzwrkg. von Pb, der Einfl. von Legierungszusätzen, die Erzeugung schwacher Pb-Überzüge, z. B. durch Tauchverbleiung, Pb-Pulveranstriche, Flammspritzen u. elektrochem. Verff., die Herst. von Pb-Auskleidungen u. Walzblechausfütterungen sowie die Homogenverbleiung. (Z. Metallkunde **44.** 117—22. April 1953. Wuppertal-Oberbarmen.) APEL. 6430

L. F. Spencer, *Verwendung von Kupferlegierungen für Preß- und Schmiedestücke.* 1. u. 2. Mitt. Vf. beschreibt die Eigg. von Cu u. verschied. Cu-Legierungen u. die sich daraus ergebenden Änderungen der üblichen Strangpressen- u. Schmiedepraxis. Verwendung von Spritzguß für die Herst. verwickelter Formstücke, an die hohe Festigkeitsansprüche gestellt werden. Infolge der hohen Gießtempp. entstehen Schwierigkeiten, bes. bei Auswahl des Kokillenwerkstoffs, die noch nicht völlig gelöst sind. Für *Messing* werden Stahllegierungen mit 0,3 (%) C, 9 W, 3 Cr, 0,45 V oder mit 0,3 C, 1,4 Cr, 0,4 Mo, 4 W u. 5 Co empfohlen. (Iron Age **168.** Nr. 26. 66—69. 27/12. 1951; **169.** Nr. 2. 90—91. 10/1. 1952.) HAUG. 6432

Edward L. Wolff und **Frederick M. Barry,** *Verbesserung der Messingfertigprodukte durch kontinuierliches Gießen.* Durch das kontinuierliche Gießverf. erhalten die Messingwerkstücke eine gleichförmige chem. Zus. u. ein gesundes Gefüge. (Materials and Methods **35.** Nr. 4. 94—97. April 1952.) HOCHSTEIN. 6432

S. Modin, *Ist der Übergang von proeutektoidem Ferrit oder Zementit zu Perlitferrit bzw. Perlitzementit kontinuierlich?* Bei 3 untereutektoiden C-Stählen (0,16; 0,32; 0,65% C) wird der Perlit durch rasche isotherme Umwandlung des Austenits unter A_1 groblamellar erhalten, ebenso bei einem übereutektoiden C-Stahl. In ersteren Proben kommt es nicht selten vor, daß proeutektoider Ferrit ohne sichtbare Korngrenze in Perlitferrit übergeht (im Gegensatz zu den Beobachtungen von HULL u. MEHL, Trans. Amer. Soc. Metals **30.** [1942.] 381). Bei letzterer Probe ließ sich zeigen, daß der proeutektoide Zementit nicht immer in lamellaren Perlitzementit übergehen muß;

zwischen beiden kann ein Ferritstreifen auftreten. (Jernkontorets Ann. **135.** 169—74. 1951. Metallograf. Inst.) R. K. MÜLLER. 6492

H. J. Seemann, *Physikalische Betrachtungen über die Untersuchung von Metallen mittels Ultraschall.* Darst. der Beziehungen zwischen Wellenlängen u. Größe der die Texturen bestimmenden Teilchen in metall. Werkstoffen, von Absorption u. Diffusion in polykrist. Stoffen in Zusammenfassung der bisher erschienenen Literatur. (Métaux **27.** 14—23. Jan. 1952. Metallurg. Inst. Saarbrücken.) RUMPF. 6480

G. A. Homes, Y. Ots und **E. Symon,** *Die belgische Methode der Materialprüfung mit Ultraschall.* Beschreibung einer App., die mit Intensitätsmessung u. besonderen Kontaktgeräten arbeitet. (Métaux **27.** 24—33. Jan. 1952.) RUMPF. 6480

W. Holloway, *Einige Produktionserfahrungen mit dem Bondern beim Kaltziehen von Stahldraht.* Vf. berichtet über Erfahrungen mit *Bonderite,* Überzug auf Phosphatbasis. — Diskussion. (Wire Ind. **19.** 643—45. Juli 1952. Coatbridge, Speedwell Wire Co. Ltd.) KÜNTSCHER. 6490

W. Haufe, *Warmbadhärtung und Zwischenstufenvergütung.* Überblick über die Grundlagen, Vorteile u. Anwendungsmöglichkeiten der Warmbadhärtung (*Martempering*) u. Zwischenstufenvergütung (*Austempering*). (Feinwerktechnik **54.** 246—52. 278—82. 1950. Düsseldorf-Grafenberg.) HABBEL. 6492

—, *Löten von Aluminium — neue Fortschritte.* Eigg. von 3 neuen Loten „*Kynal*“ *S 15*, „*Kynal*“ *S 25* u. „*Kynal*“ *S 35* der I. C. I. (Light Metals [London] **16.** 194. Juni 1953.) RUMPF. 6504

R. Kottisch, *Die Auftragsschweißung mittels Argonarc-Verfahren.* Die hochlegierten Zusatzwerkstoffe für die Werkzeugschweißung, die für die Autogenschweißung entwickelt wurden, sind auch für die Verschweißung mittels *Argonarc*-Verf. geeignet. Das Verf. gestattet die Verschweißung dieser Zusatzwerkstoffe ohne Vorwärmung der Werkstücke. (Industrie-Anz. **75.** Nr. 8. 3—5. 27/1. 1953. Frankfurt/M.) HOCHSTEIN. 6506

Walther Münker, *Erfahrungen mit dem Elin–Hafergut-Verfahren beim Aufschweißen von Pressenzylindern.* (Werkstatt u. Betrieb **83.** 512—13. Dez. 1950. Grebben, Bez. Aachen.) HABBEL 6506

Hans v. Hofe, Wilhelm Hofmann und **Hans Sottorf,** *Das Verschweißen von Leitungsdrähten aus Kupfer und Aluminium.* Das Verf. besteht in einer „Selbst- oder Preßlötung“ beider Metalle zwischen dem F. des Al u. dem Al–AlCu-Eutektikum unter Anwendung von Druck. Durch die Formgebung der zu verbindenden Teile, d. h. Anspitzen des Cu u. flachkegeliges Ausbohren des Al, wird das Zerreißen der Oxydhäute u. Entweichen des Oxydes u. fl. Eutektikums in eine wulstförmige Nut bewirkt. Während des Entstehens des Verbundes dürfen keine Zugkräfte zwischen den Berührungsflächen der Metalle auftreten. Ein Verbund unterhalb der eutekt. Temp. erfordert für das Zerreißen der Oxydhäute höhere Druckkräfte. Die Zugfestigkeit beträgt 6,9—7,2 kg/mm², der elektr. Widerstand des Verbundes $0{,}18 \cdot 10^{-5}\ \Omega$. Gleiche Erfolge wurden bei *Pb–Sb*, Anfangserfolge bei *Al–Fe* erzielt. (Abh. braunschweig. wiss. Ges. **2.** 165—74. 1950. Braunschweig.) BLUTH. 6506

H. W. Keeble, *Zusammenbau von Aluminiumteilen durch Schweißen.* Erörterung der Schweißverff. für *Al*-Guß- u. -Schmiedestücke unter bes. Berücksichtigung der Lichtbogenschweißung in einer inerten Gasatmosphäre (Verwendung von *Ar*) oder im Vakuum. (Metal Ind. [London] **81.** 401—03. 21/11. 1952.) HOCHSTEIN. 6506

James M. Wilson, *Thermitschweißung.* Beispiele für die Thermitschweißung von gerissenenen Walzenständern, gebrochenen Kammwalzen, von Scherenrahmen sowie von Schienenschweißen. — 4 Abbildungen. (Steel **129.** Nr. 10. 106. 109. 3/9. 1951. Pittsburgh, Metal & Thermit Corp.) KÜNTSCHER. 6506

— *Die chemischen Prozesse des Oberflächenschutzes von Magnesium und seinen Legierungen.* Übersicht. (Rev. Produits chim. **54.** 248—53. 30/11. 1951.) KATZ. 6512

G. Chaudron und **P. J. G. Lacombe,** *Oberflächenbehandlung. Neue Untersuchungen über die Oxydation von Reinaluminium.* Überblick an Hand der Literatur über neuere Arbeiten über das elektrolyt. Polieren von Al. — Diagramme. (Metal Ind. [London] **76.** 69—70. 27/1. 1950.) MARKHOFF. 6530

D. H. Napier und **J. V. Westwood,** *Anodische Oxydation.* Vff. geben einen Überblick über die Elektrolyte zur elektrolyt. Oxydation von Al sowie eine Klassifikation der einzelnen Badtypen. Ferner werden die Theorien der elektrolyt. Oxydation u. des elektrolyt. Polierens behandelt. — Schrifttumsübersicht. Diagramme. (Metal Ind. [London] **76.** 123—26. 17/2. 1950. MARKHOFF. 6530

H. H. Symonds, *Anodisch oxydiertes Aluminium.* Berichtet wird über die Einw. von UV bis infraroten Strahlungen auf gefärbte Oxydschichten auf Al. UV-Licht bringt die Färbung in jedem Fall zum Verschwinden. Wellenlängen von 2537 Å u. 3650 Å beeinflußten die Färbung nicht. Rote u. infrarote Strahlung verbunden mit hoher Oberflächentemp. verursachten merkliche Entfärbung. Am dauerhaftesten waren die Probeplatten, die nach der Färbung der Oxydschicht nicht mit porenschließenden Mitteln behandelt worden waren. (Metal Ind. [London] **76.** 345—46. 5/5. 426. 26/5. **77.** 135. 8/9. 1950.) MARKHOFF. 6530

Dag Nickelsen, *Kontinuierliche Oberflächenbehandlung von Aluminiumband für die Emballageindustrie.* Vf. beschreibt zwei von A/S NORDISK ALUMINIUMINDUSTRI ausgearbeitete Verff. für Eloxierung von Al-Band für sich allein u. in Kombination mit Lackierung. Neuerdings wird statt Rein-Al eine Legierung mit geringen Mengen *Mg* verarbeitet, die höhere Festigkeit aufweist u. sich ebenso eloxieren läßt. (Tidsskr. Hermetikind. **37.** 553—60. Nov. 1951.) R. K. MÜLLER. 6530

Alfred Douty, *Phosphatüberzüge.* Übersicht über die Anwendungsgebiete der Phosphatierung im Vgl. zur Elektroplattierung sowie tabellar. Zusammenstellungen über die Phosphatierung von Fe u. Stahl, Zn u. Cd sowie von Al u. Al-Legierungen mit einem Vgl. der Eigg. der Phosphatüberzüge u. der speziellen Nachbehandlungen. (Plating **38.** 1030—33. Okt. 1951. Ambler, Pa., American Chem. Paint Comp.) WOELK. 6532

U. R. Evans, *Die Korrosion von Metallen.* Ein geschichtlicher Überblick. mit 25 Literaturzitaten. (Chem. and Ind. **1952.** 986—93. 11/10. Cambridge, Dep. of Metall.) J. FISCHER. 6538

Anton de S. Brasunas, *Korrosion durch flüssige Metalle.* Kommt ein fl. Metall in Berührung mit einem festen Metall, so findet eine Rk. statt, die von der Temp. abhängt. Es werden die verschied. Möglichkeiten der Einw. eines fl. Metalles auf Metalle u. Legierungen beschrieben u. Methoden zur Best. des Korrosionsgrades angegeben. — 16 Abbildungen. (Corrosion [Houston] **9.** 78—84. März 1953. Knoxville, Tenn., Univ. of Tennessee, Chem. Engng. Dep., Metallurgy Div.) J. FISCHER. 6538

David R. Keck, *Korrosionsprobleme in chemischen Anlagen.* Die auftretenden Schwierigkeiten beziehen sich vorwiegend auf Korrosion von rostfreien Stählen. Verbesserung der Haltbarkeit des Stahles 316 wird durch eine Erhöhung des Mo-Geh. (0,7 [%]% C, 2,25 Mo, 17,00 Cr, 11—14,00 Ni) erwartet. Die wesentlichsten Korrosionserscheinungen sind: interkristalline Korrosion, Spannungskorrosion durch den hohen Chloridgeh. des Kühlwassers, Einfl. des Geh. an Chemikalien im Dampf, Spaltkorrosion im Stahl u. Lochfraß durch ungeeignetes Dichtungsmaterial. (Textile J. Australia **28.** 174. 176. 20/4. 1953. Edmonton, Alta. Canadian Chemical Co. Ltd.) J. FISCHER 6538

Raymond B. Seymour, *Korrosion von Gußeisen in Gegenwart von festem Schwefel.* Vf. weist auf neuere Arbeiten (9 Literaturhinweise) hin, denen zufolge die Korrosion von Fe in einer wss. Aufschlämmung von S u. Bentonit unerwartet stark war. Andererseits wurde die Erfahrung gemacht, daß gußeiseren Rohrleitungen im Boden lange Zeit gehalten haben, obwohl der Boden S enthielt. Es wird angenommen, daß S durch Bakterien oxydiert u. dadurch die Korrosion verursacht wird. (Chem. and Ind. **1953.** 324. 4/4. Mertztown, Pa., Arlas Mineral Products Comp.) TÖDT. 6538

P. M. Aziz, *Ansichten über den Mechanismus der Pittingbildung auf Aluminium.* Thermodynam. Betrachtungen führen zu einem möglichen Reaktionsmechanismus für Al in neutralen u. nahezu neutralen wss. Lsgg. u. zu der beherrschenden Rolle der stabilen Korrosionsprodukte. Elektrochem. Faktoren bestimmen den Umfang der Korrosion. Zu der Bldg. von Pittings kann gesagt werden, daß sie unter solchen Bedingungen entstehen, das unlösl. Korrosionsprodd. gebildet werden, welche die Oberfläche unvollständig schützen, was wiederum zu lokalen Angriffen führt. Bei der Entstehung der Pittings sind drei Entwicklungsstufen zu unterscheiden: die Verteilung der Korrosion, d. h. der Möglichkeit der Pittingbldg., die Verbreitung durch Umwelt- u. metallurg. Einflüsse, u. das Ende durch Bldg. eines Schutzfilmes über der akt. Anodenfläche. (Corrosion [Houston] **9.** 85—90. März 1953.) J. FISCHER. 6538

Arthur Marsden, *Vorbeugende Maßnahmen gegen die Korrosion.* Überblick über Schutzmaßnahmen, wie nichtmetall. Überzüge, metall. Filme u. Farbanstriche. Als Beispiele werden die Unterwasserkorrosion, der Einfl. von Bakterien u. der Schutz in Heizsystemen angeführt. (Gas Wld. **135.** 314—17. 29/3. 1952. South Western Gas Board.) J. FISCHER. 6538

Carlos F. Hickethier, *Einige Gesichtspunkte zum Problem der Korrosion.* Entw. u. Bedeutung der Schutztechnik. (Ind. y Quím. **12.** 43—45. April 1950.) RUMPF. 6538

G. H. Wray, *Spannungskorrosion an Dampfturbinen.* Bei Korrosionsschäden an Schaufeln u. Schaufelringen bilden sich Risse in den Schaufelringen längs des Umfanges, so daß schließlich ganze Stücke herausbrechen. Als Ursache für die Rißbldg. wird die Alkalität des W. angenommen. Es werden verschied. Stähle auf ihre Widerstandsfähigkeit gegen Alkali untersucht. In neueren Maschinen werden die Schaufeln aus Cr–Ni–Mo-Stahl hergestellt. (Engineering **169.** 141—43. 10/2. 169—71. 17/2. 217—18. 24/2. 1950.) J. FISCHER. 6538

K. A. Spencer, *Kathodischer Schutz.* Überblick über Korrosionsmöglichkeiten von Metalleitungen in der Erde u. Einbau eines kathod. Schutzes. (Water and Water Engng. **56.** 62—69. Febr.; Petroleum [London] **15.** 121—23. Mai 1952. Anglo-Iranian Oil Comp. Ltd.) J. FISCHER. 6538

K. R. Butlin, W. H. J. Vernon und **L. C. Whiskin,** *Untersuchungen über die Erdbodenkorrosion.* Überblick über seit 1934 laufende Unterss. über die Lebensweise u. Lebensbedingungen der *sulfatreduzierenden Bakterien,* es wurde eine sehr große Widerstandsfähigkeit gegen Chemikalien festgestellt. Zum Schutz von *Fe* in Lehmböden ergaben Verss. mit Schutzüberzügen aus Bitumen, Teer, Portlandzement, Al-Zement u. Kiespackungen eine gute Schutzwirkung. Eine noch nicht abgeschlossene Versuchsserie befaßt sich mit dem Schutz von *Stahl* gegen den Angriff durch Bakterien durch schützende u. giftige Überzüge u. aus anderen Metallen als Fe. (Water and Water Engng. **56.** 15—18. Jan. 1952. Teddington, Chem. Res. Labor, u. Metropolitan Water Board.) J. FISCHER. 6538

A. J. Opinsky, R. F. Thomson und **A. L. Boegehold,** *Das General Motors-Prüfverfahren: Ein beschleunigtes Korrosionsprüfverfahren für Stähle mit cyclischer Befeuchtung.* Das Verf. besteht darin, daß die zu prüfenden Werkstücke einem Feuchtigkeitscyclus erhöhter Temp. u. einem zusätzlichen Tauchen in einem schwachen Elektrolyten ausgesetzt sind, wobei sich keine schützenden Rostschichten bilden können. Es wurde ein Rost von lamellarer Struktur gefunden. Die Röntgenstrahlanalyse zeigt in den äußeren Schichten hauptsächlich $Fe_2O_3 \cdot H_2O$ oder $Fe_2O_3 \cdot nH_2O$ während die besser haftende innere Schicht vor allem aus Fe_3O_4 besteht. Die Korrosionsgeschwindigkeit erfolgt nach dieser Anordnung dreimal so schnell als nach dem ASTM-Test mit 5% NaCl-Lösung. Die Ergebnisse sind reproduzierbar. Bei verschied. Stählen zeigen sich schon nach 20 Tagen die typ. Unterschiede, die bei der natürlichen Korrosion erst nach Jahren feststellbar sind. (ASTM Bull. **1953.** Nr. 187. 47—52. Jan. Detroit, Mich., General Motors Corp.) J. FISCHER. 6540

St. Minc und **I. Szacukiewicz,** *Untersuchung der Antikorrosionseigenschaft des Stahls nach der Methode der Messung der „Durchschlagspannung".* Es wird eine Meßmeth. zur Best. der „Durchschlagsspannung" passivierter Metalloberflächen in Elektrolyten beschrieben u. der Einfl. einiger Faktoren hierbei bestimmt. Das Durchschlagspotential dürfte nicht nur antikorrosive Eigg., sondern auch die Potentialänderung unter dem Einfl. passivierender Mittel anzeigen. Das Gerät (Schema) besteht im wesentlichen aus einer Glaszelle mit 2 Pt-Elektroden, zwischen die die zu untersuchende Metallprobe nach entsprechender Vorbereitung verstellbar eingebracht wird, einem Potentiometer, einem Brückenwiderstand u. einem Stromabnehmer. Das Probestück (20×25×5 mm) wird mit Schmirgel poliert, mit Watte u. dest. W. gewaschen sowie im SOXLETH 3mal mit Bzl. entfettet. Hierauf bewahrt man die Probe 24 Std. im Exsiccator auf. In die Zelle gibt man eine 3%ig. NaCl-Lsg. u. befestigt die Metallprobe an dem in die Lsg. eintauchenden Rahmen. Die Probe wird bis auf 24×24 mm mit Bienenwachs abgedeckt. Sie verbleibt 30 Min. in der Lsg. ohne Messung ihres Potentials. Dann legt man an die Pt-Elektroden ca. 14 V an. In regelmäßigen Zeitabschnitten wird die Spannung am Voltmeter u. das zugehörige Potential der Probe in Bezug auf die Kalomelelektrode gemessen u. die Ergebnisse kurvenmäßig aufgetragen. Es zeigt sich, daß mit Zunahme der Durchschlagsspannung die Differenz zwischen dem Potential des Stahls vor der Polarisation u. dem Potential im Zeitpunkt des Durchschlagens wächst u. damit die Höhe der Stufe auf der Polarisationskurve. (Przemysł chem. **7 (30).** 592—601. Okt. 1951.) FREYTAG. 6540

—, *Die Salznebelprüfung.* Überblick über die Entw. des Verf., seine Durchführung, Anwendungen u. die benutzten Vorrichtungen. — 4 Literaturangaben. (Metal Ind. [London] **80.** 123—26. 15/2. 1952.) MARKHOFF. 6540

N. H. Simpson, *Ursachen der Korrosion an Flugzeugen und Methoden zur Verhinderung.* Es werden die verschied. Typen von Korrosion beschrieben, die an Flugzeugen vorkommen können. In Frage kommen die folgenden Metalle: *Al, Stahl–Mg-Legierungen.* Auf die Maßnahmen zur Verhinderung der Korrosion wird hingewiesen. (Corrosion [Houston] **6.** 51—57. Febr. 1950. Fort Worth, Tex., Cons. Vultee Aircraft Co.) J. FISCHER. 6538

F. L. LaQue, *Eine kritische Betrachtung zum Salzsprühtest.* An Hand von vielen Beispielen wird die Unzulänglichkeit des Salzsprühtestes gegenüber dem Naturvers. gezeigt. Dieser Test hat nur Wert für Vgll. innerhalb einer gleichen Gruppe. — 11 Literaturstellen. (Materials and Methods **35.** Nr. 2. 77—81. Febr. **1952.** International Nickel Co. Inc.) J. FISCHER. 6540

R. Stricklen, *Neues vereinfachtes und verbilligtes Schutzverfahren für Aluminium.* Mit Hilfe des *Iridite Nr. 14*-Prozesses wird auf der Al-Oberfläche ein Chromchromatfilm erzeugt, der eine gute Schutzwrkg. hat. Er wird durch Tauchen erhalten. Die Dicke des Filmes wird zu 0,25 μ bestimmt. Der Film ist amorph u. nicht porös, er ist hart genug, daß er gegen Abrieb genügend widerstandsfähig ist. Nach 30 Sek. Tauchen ist der Film noch nicht sichtbar, so daß keine Veränderung der Metalloberfläche zu befürchten ist. Trotzdem ist dieser Film bis zu 56 Std. beständig gegen Salzsprühnebel. Dickere Filme (Tauchzeit bis zu 2 Min.) sind gelb gefärbt. Im Salzsprühtest erfolgen die ersten weißen Korrosionsprodd. je nach der verwendeten Legierung erst nach 250—1000 Std. u. der Zusammenbruch der Schicht nach 500—1400 Stunden. Der Film dient vorzugsweise als Lackgrundlage. Der elektr. Widerstand der Schicht ist gering (4—5mal größer als der des Metalles). Beim Schweißen von Al stört der Film nicht. (Materials and Methods **35.** Nr. 2. 91—95. Febr. **1952.** Allied Research Products, Inc.) J. FISCHER. 6540

Roland Schreiber (Erfinder: **Roland Schreiber**), Bochum, *Beheizung von Zweikammer-Siemens-Martin-Öfen mit Ferngas oder flüssigen Kohlenwasserstoffen.* Die KW-stoffe der Verbrennungsmedien werden außerhalb der Schmelzräume der Öfen erwärmt u. dabei zerlegt, u. zwar durch Vorverbrennung trockener, möglichst KW-stofffreier Hilfsgase u. nachfolgendes Mischen der Verbrennungsgase mit den eigentlichen Schmelzgasen. Zweckmäßig erfolgt die Verbrennung der Hilfsgase durch einen Teil der in den Regenerativkammern vorgewärmten Verbrennungsluft, worauf die Verbrennungsgase mit den eigentlichen Schmelzgasen zwecks Aufspaltung derselben gemischt werden. Durch das Verf. wird eine stark leuchtende Schmelzflamme höchster Wärmeintensität erreicht. (**D. B. P. 890 351** Kl. 18b vom 26/6. 1951, ausg. 17/9. 1953.) HOCHSTEIN. 6373

Ludwig Weber, Berlin-Wilmersdorf, *Erzeugen von Briketts von hohem wärmebeständigem Formwert aus eisenhaltigen Feinerzen oder Gichtstaub.* Die Briketts werden durch Zugabe von hochschmelzendem Bitumen mit einem Erweichungspunkt von mehr als 90° unter Beimischung von Hilfsbindemitteln oder unter Anwendung der Hochdruckbrikettierung oder der Heißbrikettierung u. anschließender schneller Erhitzung der Briketts unter Ausnutzung der gegenüber Brennstoffen stark erhöhten Wärmeleitfähigkeit der Metallträger erzeugt. (**D. B. P. 889 453** Kl. 18a vom 15/7. 1939, ausg. 10/9. 1953.) HOCHSTEIN. 6377

Max Paschke (Erfinder: **Max Paschke**), Aachen, *Stückigmachung kohlensäurehaltiger Feinerze und Zuschläge.* Das Verf., zerkleinerte Erze durch Einbringen in fl. Schlacken, bes. in Manganschlacken, stückig zu machen, wird auf kohlesäurehaltige Erze u. Zuschläge angewendet. Die Eigenwärme der Hochofenschlacke reicht hierbei aus, um nicht nur kohlensäurehaltige Erze u. Zuschläge, wie Rohspate oder Kalksteine, durch Einbinden stückig zu machen, sondern auch gleichzeitig die Kohlensäure auszutreiben. (**D. B. P. 883 613** Kl. 18a vom 13/3. 1941, ausg. 20/7. 1953.) HOCHSTEIN. 6379

Vítkovické Železárny, Národní Podnik, Ostrava, **Leo Petržela,** Brno, Tschechoslowakei, *Herstellung von geformten Gebilden,* z. B. Gießformen, aus körnigen oder pulverförmigen Formstoffen. Man läßt im geformten Prod. durch Einw. zweier Stoffe aufeinander ein Bindemittel entstehen, das die Härtung des Formkörpers bewirkt. Bindemittel bildende Stoffe sind bes. Si-Verbb., wie Na-, Äthyl- oder Methylsilicat. Durch ein Fällungsmittel, z. B. CO, NH_3, HCl oder Aceton, wird daraus gelförmiges SiO_2 ausgeschieden, das als Binde- u. Härtungsmittel dient. (**Schwz. P. 281 501** vom 7/12. 1948, ausg. 16/6. 1952. Tschech. Priorr. 12/12. 1947 u. 5/2. 1948.) BÜLTMANN. 6383

Theodor Ed. Suess, Kochel, *Herstellung von technisch reinem Eisen durch Frischen von Roheisen.* Das Frischen des geschmolzenen Roheisens erfolgt in einem Konverter unter Verwendung von O_2 von mindestens 97% Reinheit. Zweckmäßig wird ein bas. ausgekleideter Konverter benutzt, wobei die höchste Frischtemp. durch Einw. eines O_2-Strahles im mittleren Bereich der Badoberfläche erzeugt wird. (**Schwz. P. 283 825** vom 27/1. 1950, ausg. 16/10. 1952.) HOCHSTEIN. 6393

Metallgesellschaft Akt.-Ges. (Erfinder: **Kurt R. Göhre** und **Kurt Meyer**), Frankfurt/M., *Erhöhung des Widerstandes des Eisenerzmöllers für Elektroöfen.* Der gesinterte Mölleranteil wird in Form von kalkhaltigem Eisenerzsinter verwendet u. hierdurch der elektr. Widerstand fast um das 2,5fache erhöht. Durch die Zugabe erübrigt sich die Zugabe von Kalkstein zum Möller. (**D. B. P. 876 411** Kl. 18a vom 12/6. 1942, ausg. 11/5. 1953.) HOCHSTEIN. 6401

Gebrüder Giulini G. m. b. H., Ludwigshafen/Rh., *Tiegel zur Entschwefelung von Eisen mittels Soda.* Der Tiegel ist mit einem Überzug versehen, der Zirkoniumsilicat von einer D. über 4,2 g/cm³, vorzugsweise nahe an 4,7 g/cm³, enthält. Die Überzugsmasse enthält zweckmäßig höchstens 6% Bindeton, so daß der Al_2O_3-Geh. im Endprod. 3% nicht überschreitet. Auch kann Bentonit als Bindemittel verwendet werden. (**D. B. P. 881 951** Kl. 18b vom 28/11. 1950, ausg. 6/7. 1953.) HOCHSTEIN. 6401

Deutsche Solvay-Werke G. m. b. H., Solingen-Ohligs, *Entschwefeln und Desoxydieren einer Eisenschmelze.* Der Eisenschmelze wird zugleich mit einem Alkalicarbonat mindestens ein oxydierendes Metall in einer Menge zugesetzt, welche ausreicht, um durch die Oxydation des zugesetzten Metalls mindestens den durch das Schmelzen des Alkalicarbonats bedingten Temperaturabfall auszugleichen. Zweckmäßig wird ein Metall der Gruppen 2, 3 u. 4 des Period. Syst. verwendet. Vorzugsweise besteht das Zusatzmittel aus 70 (Teilen) Na_2CO_3, 5—10 Hammerschlag u. 20—25 Al. (**D. B. P. 881 797** Kl. 18b vom 30/11. 1949, ausg. 2/7. 1953.) HOCHSTEIN. 6401

Klöckner-Humboldt-Deutz A. G., *Eisengewinnung im Herdofen.* Der Herdofen wird mit eiförmigen Erz–Kohle-Briketts oder mit stückigen Erzen 1,5 bis 3 m über den Windformen an der Längsseite des rechteckigen Ofens beschickt u. warmer oder kalter Wind mit oder ohne Zusatz von techn. O_2 eingeblasen. Die Gase werden von Staub befreit, Teer u. Schweldämpfe kondensiert u. die Gase für die KW-stoffsynth. gewonnen. Der Teer wird zur Brikettherst. verwendet. Der dabei entstehende Koks ist bes. akt., die Erzred. daher günstiger als im Hochofen. (**F. P. 1 010 543** vom 9/9. 1948, ausg. 12/6. 1952.) HOLM. 6401

Roland Mitsche, Leoben, Österreich, *Vorbehandlung von flüssigem Gußeisen.* Die nicht ausschließlich in einer Entschwefelung bestehende Vorbehandlung wird mit solchen Alkalimetallen bzw. deren Legierungen u./oder mit Erdalkalimetallen bzw. deren Legierungen durchgeführt, die im Gußeisen entweder bei Tempp. unter 1500° prakt. unlösl. sind oder aber bei Vorliegen einer geringen Löslichkeit die Steigerung des Gußeisens zur Weißerstarrung nicht begünstigen. Dem Gußeisen wird nach der Vorbehandlung durch entsprechende Zusätze eine schnur-, raupen- oder kugelförmige Graphitausbldg. erteilt. (**Oe. P. 174 622** vom 9/12. 1950, ausg. 25/4. 1953.) HOCHSTEIN. 6403

British Cast Iron Research Association, Birmingham, England, *Zur Bildung von schmiedbarem Gußeisen geeignetes Weißgußeisen und Verfahren zu seiner Herstellung.* Das hinsichtlich seines C-Geh. übereutekt. Gußeisen enthält mindestens 0,02(%) *Ce*, maximal 0,02 *S*, weniger als 0,5 *P*, wobei die die eutekt. Menge übersteigende C-Menge größtenteils in Form von feinverteilten Graphitknötchen vorhanden ist. Zweckmäßig wird zu seiner Herst. einem geschmolzenen übereutekt. Gußeisen Ce zugesetzt, so daß es nach dem Gießen nicht mehr als 0,02 S u. weniger als 0,5 P, aber mindestens 0,02 Ce enthält. Nach dem Ce-Zusatz wird vorzugsweise unmittelbar vor dem Gießen als graphitisierendes Impfmittel Ferrosilicium, Calciumsilicid oder Graphit zugesetzt. (**Schwz. P. 284 502** vom 22/7. 1949, ausg. 17/11. 1952.) HOCHSTEIN. 6403

Roland Mitsche und **Alois Legat**, Leoben, Österreich, *Verbesserung von Gußeisen.* Bei der innigen Vermischung der Gußeisenschmelze mit fl. Schlacke werden fl. Schlacken verwendet, die vorwiegend aus Tonerde u. Alkalimetalloxyden bestehen u. gegebenenfalls Alkalimetallfluoride u. Aluminiumfluoride enthalten. Auch kann Alkalimetalloxyd ganz oder teilweise durch Natriumborat ersetzt sein. Durch Gefügeverbesserung wird eine erhöhte Festigkeit erzielt u. die Bldg. von groben Graphitnadeln vermieden. (**Oe. P. 174 621** vom 26/10. 1950, ausg. 25/4. 1953.) HOCHSTEIN. 6403

Mond Nickel Co. Ltd., London, England, *Legiertes oder unlegiertes, untereutektisches graues Gußeisen.* Das Gußeisen mit Kugelgraphitausbildung enthält 0,015—0,04(%) *Mg* u. von 0,015—0,16 *Ce*, wobei die Summe von Mg u. Ce wenigstens 0,035 beträgt. Außerdem enthält das Gußeisen noch zweckmäßig 1,7—3,8 *C*, 1,2—7 *Si*, bis zu 0,5 *P*, bis zu 0,02 *S*, bis 10 *Ni* u. bis 2 *Cu*. Vorzugsweise liegt die Summe der Mg- u. Ce-Gehh. zwischen 0,05 u. 0,075%. (**E. P. 685 083** vom 18/9. 1950, ausg. 31/12. 1952. A. Prior. 17/9. 1949.) HOCHSTEIN. 6405

Meehanite Metal Corp., New Rochelle, N. Y., V. St. A., *Verbessertes graues Gußeisen.* Das legierte oder unlegierte Gußeisen enthält wenigstens 0,02% Gesamt-*S*, sowie *Li* u./oder ein anderes *Alkali*- oder *Erdalkali*-Metall, *Mg* oder *Ce*, in solchen Mengen, daß der größere Teil des Graphitgeh. ein körniges Feingefüge hat. Zweckmäßig ist das Gewichtsverhältnis von Li zu Mg wie 1 : 3 bis 1 : 30. Eine bevorzugte Zus. des Gußeisens ist: 2,2—4,5(%) Gesamt-C, 1—6 Si, bis 2 Mn, bis 1 P, 0,025—0,08 *S*, 0,001 bis 0,1 *Li*. Die Legierung kann bis noch 40 *Ni*, bis 5 *Cu*, bis 2 *Mo* u. bis 2 *Cr* enthalten. Auch können noch ein oder mehrere Metalle *Ca*, *Ba*, *Sr*, *Mg*, *Ce*, *Na* oder *K* in einer

Gesamtmenge von 0,001—0,2% zugesetzt werden. (E. P. **684 119** vom 25/10. 1950, ausg. 10/12. 1952. A. Priorr. 24/8. 1950 u. 8/9. 1950.) HOCHSTEIN. 6405

Georg Fischer Akt.-Ges. (Erfinder: **Rudolf Gnade**), Schaffhausen, Schweiz, *Wärmebehandlung von Temperguß*. Ein niedrig legierter Temperrohguß wird von solcher Zus. einem Glühfrischprozeß unterworfen, daß jegliche Temperkohlebldg. unterbunden u. der Glühfrischprozeß dann abgebrochen wird, wenn der mittlere C-Geh. im Wandungsquerschnitt demjenigen des angestrebten Enderzeugnisses entspricht. Der so geglühfrischte Temperguß wird anschließend einer durchgreifenden Diffusionsglühung — zweckmäßig in neutraler Atmosphäre, im Temperaturbereich der festen Lsg., d. h. zwischen A_3 u. der Soliduslinie — so unterworfen, daß der unhomogene Gefügeaufbau beseitigt u. ein Konzentrationsausgleich in der Verteilung der Carbide, u. zwar ohne Temperkohlebldg., herbeigeführt wird. (**D. B. P. 888 558** Kl. 18c vom 18/4. 1944, ausg. 3/9. 1953. Schwz. Prior. 23/3. 1944.) HOCHSTEIN. 6407

International Nickel Co. of Canada Ltd., Copper Cliff, Ontario, Can., übert. von: **Vsevolod Nicholas Krivobok**, New York, N. Y., V. St. A., *Herstellung austenitischer, nichtrostender Stahlformen*. Dünne, kaltbearbeitete Bleche mit 8—12 *Ni*, 17—19 *Cr*, 0,03—0,12 *C*, 0,5—1,5 *Mn*, 0,3—1 *Si*, <1,5 *Nb* u. *Ti*, 0,6 *Zr*, 0,5 *Se*, 1 *Cu*, 0,6 *Mo*, Rest *Fe* werden auf —40 bis —95° abgekühlt u. in einer Form mit napfartigen Vertiefungen gepreßt. Ihre Verwendbarkeit bei Zimmertemp. wird verbessert. (**Can. P. 477 874** vom 20/11. 1948, ausg. 16/10. 1951. A. Prior. 19/10. 1948.) HOLM. 6411

International Nickel Co. of Canada Ltd., Copper Cliff, Ontario, Can., übert. von: **Vsevolod Nicholas Krivobok**, New York, N. Y., und **Albert McCoy**, Talbot, Fair Haven, N. J., V. St. A., *Bearbeitung austenitischer, nichtrostender Stahlformen*. Zum Verbessern ihrer Eigg. bei Zimmertemp. werden Stahlbleche mit ca. 6—12 *Ni*, 16—20 *Cr*, 0,03 bis 0,12 *C*, 0,5—1,75 *Mn*, 0,3—1 *Si*, < ca. 1 *Cu*, 0,6 *Mo*, Rest *Fe* bei —40 bis —200° unter beiderseitigem Druck gepreßt; der Querschnitt wird dabei um <1% verringert. (**Can. P. 477 875** vom 20/11. 1948, ausg. 16/10. 1951. A. Prior. 23/10. 1948.) HOLM. 6411

Armco Steel Corp., Middleton, O., übert. von: **Paul A. Jennings**, Baltimore, Md., V. St. A., *Metalle für hohe Temperaturen*. Gegen Korrosion u. Abnutzung widerstandsfähige Ventile von Verbrennungsmotoren bestehen aus austenit. Stählen mit 0,4—1% *C* 21—23 *Cr*, 3—4,25 *Ni*, 6—10,5 *Mn*, u. <1,25 *Si* u. höchstens Spuren von *S* u. *P*. — Zeichnung. (**Can. P. 481 629** vom 27/11. 1947, ausg. 11/3. 1952. A. Prior. 23/7. 1947.) HOLM. 6411

Thos. Firth & John Brown Ltd., Sheffield, Yorkshire, übert. von: **Charles Sykosand, the Earl of Halsbury**, Sheffield, Yorkshire, England, *Stahllegierungen für hohe Temperaturen* bestehen aus <1,0(%) *C*, <2 *Si*, <2 *Mn*, 12—20 *Cr*, 25—15 *Ni*, 7—40 *Co*, 2—6 *Mo*, 2—6 *Cu*, 0,25—2 *Ti*, Rest *Eisen*. Eine Legierung, die nach 1000 Std. bei 300° eine Bruchfestigkeit von ca. 1200 kg/cm² hat, besteht aus 0,1—0,3 C, 0,5—1 Si, 0,5 bis 1 Mn, 12—16 Cr, 20—16 Ni, 7—12 Co, 3—5 Mo, 3—5 Cu, 0,25—1 Ti, Rest Eisen. (Die Co- u. Ni-Gehh. stehen im umgekehrten Verhältnis zueinander.) (**Can. P. 478 320** vom 25/9. 1947, ausg. 6/11. 1951. E. Prior. 29/8. 1946.) HOLM. 6411

Alloy Research Corp., Baltimore, Md., V. St. A. (Erfinder: **G. N. Goller**), *Rostfreier Chrom–Nickel–Aluminium–Stahl*. Der Stahl enthält 0,5—2,5(%) *Al*, bis 2,0 *Si*, bis 3 *Mo*, *Cr* in einer Menge entsprechend der Summe der drei vorhergehenden Metalle, 0,02—0,12 *C*, bis 8,0 *Mn* u. bis 3,5 *Ni*. Für Cr u. Ni, dieses zusammen mit C u. dem halben Mn-Wert, sind in einem Diagramm noch besondere Grenzwerte eingetragen. Bes. soll die Legierung 15,5—16,5 Cr, 6,5—7,25 Ni, 0,60—1,0 Al u. 0,05—0,07 C neben Fe enthalten. Die Legierungen werden bei 705—983° geglüht u. zwischen 399 u. 537° nach vorhergehender Abkühlung einer Ausscheidungshärtung unterworfen. (**Schwed. P. 135 752** vom 28/8. 1947, ausg. 20/5. 1952. A. Prior. 6/9. 1946.) JÜRGEN SCHMIDT. 6411

Allgemeine Elektricitäts-Gesellschaft, Berlin-Grunewald (Erfinder: **Franz Pawlek**, Berlin-Lichterfelde), *Verbesserung der Anfangspermeabilität von Eisen–Silicium-, Eisen–Aluminium- und Eisen–Silicium–Aluminium-Legierungen*. Die Legierungen werden bei einer Temp. von vorzugsweise 900—1400° zunächst im Vakuum u. dann in einer reinen H_2-Atmosphäre mit weniger als 0,1% N_2 u. zweckmäßig weniger als 0,01 W./m³ wärmebehandelt. Vorzugsweise wird die Wärmebehandlung im Vakuum zwischen zwei Wärmebehandlungen in reinem H_2 vorgenommen. (**D. B. P. 881 671** Kl. 18c vom 27/1. 1942, ausg. 2/7. 1953.) HOCHSTEIN. 6411

Christopher H. Audette, Minneapolis, Minn., V. St. A., *Herstellung eines Cu-haltigen Stahles*. Dem eingeschmolzenen u. auf 1570° erhitzten Stahl mit 0,6% *C* werden

10 Teile *Cu* u. 3 Teile *$CuSO_4$*, die zuvor in einem gesonderten Tiegel geschmolzen waren, zugesetzt, worauf das Bad umgerührt wird. Der erzeugte Stahl ist rostsicher u. hat hohe Zugfestigkeit. (**A. P. 2 613 148** vom 11/10. 1950, ausg. 7/10. 1952.) HOCHSTEIN. 6411

Lucien Lacoeuilhe, Frankreich, *Blei-Legierungen für Gitter und Akkumulatorenplatten* bestehen aus einem Alkalimetall, bes. *Na* u. *K*, Rest *Pb*. Sie haben eine Porosität von ca. 20% u. eine Härte, die sechsmal größer ist als die des reinen Pb. (**F. P. 993 279** vom 16/6. 1949, ausg. 29/10. 1951.) GÖTZE. 6431

Hudson Bay Mining & Smelting Co. Ltd., Winnipeg, Manitoba, übert. von: **Shervin P. Lowe, Mattew K. T. Reikie, Georg H. Kent** und **George W. Long,** Flin Flon, Manitoba, Canada, *Anode für einen Zinksulfatelektrolyten* besteht im wesentlichen aus *Pb* mit wenig *Sn, Co* u. *Ag*. (**Can. P. 477 852** vom 7/8. 1941, ausg. 16/10. 1951.) HOLM. 6431

Charles Clifford & Sons Ltd., William Allcock und **Stanley Downing,** Birmingham, England, *Zinnbronze* besteht aus 5—11(%) *Sn*, 0,2—1 *Te*, Rest *Cu* mit den üblichen Verunreinigungen. Außerdem kann sie noch 0,02—0,4 *P* enthalten. Das Te wird der Schmelze als Element in einer Kupferhülle einverleibt. Die Legierungen eignen sich bes. für *Lagermetalle,* da sie infolge der gleichmäßigen Verteilung des Cu-Tellurids sehr gut bearbeitbar u. verschleißfest sind. Hinsichtlich der Korrosionsfestigkeit stehen sie den üblichen Bronzen nicht nach. (**E. P. 647 877** vom 12/6. 1948, ausg. 20/12. 1950.) GÖTZE. 6433

Bridgeport Brass Co., Bridgeport, Conn., übert. von: **Allan Morris,** Nichols, Conn., V. St. A., *Zirkoniumhaltige Kupferlegierungen* enthalten 3—8(%) *Al*, 0,6—4,4 *Si* u. 0,5—1,0 *Zr*, oder 6,5—7 Al, 1,5—2,2 Si, 0,2—4 Zr u. > 85 Cu. (**Can. P. 478 291** vom 23/6. 1947, ausg. 6/11. 1951. A. Prior. 8/11. 1941.) HOLM. 6433

Bridgeport Brass Co., Bridgeport, Conn., übert. von: **Allan Morris,** Nichols, Conn., V. St. A., *Härtbare Kupferlegierungen.* Legierungen mit 10—25(%) *Ni*, 10—25 *Mn* u. 0,1—1 *Si* (bes. solche mit 14—17 Ni, 14—17 Mn u. 0,3—0,8 Si) werden durch Abschrecken von 600—925° (bes. von 850—925°) dehnbar u. so geformt u. ½ Std. bei 350—500° (bes. bei 400—475°) gehärtet. Eine andere Legierung enthält 5—25 *Ni*, 5—25 *Mn*, 0,25—5 *Al* u. 0,05—1 *Si*. (**Can. PP. 478 288, 478 289** u. **478 290,** alle vom 19/6. 1947, ausg. 6/11. 1951. Alle A. Prior. 2/7. 1946.) HOLM. 6433

Allegheny Ludlum Steel Corp., Brackenridge, Pa., übert. von: **Gunther Mohling,** Londonville, N. Y., V. St. A., *Hitzebeständige Kobaltlegierungen* bestehen aus 0,1 bis 0,7 *C*, 12—20 *Cr*, 10—30 *Ni*, 9—50 *Co* u. je 2—6 *Mo*, *W* u. *Nb*, Rest *Fe*. Eine heiß bearbeitete, gealterte Legierung enthält außerdem je 0,5—2,0 *Mn* u. *Si*. Eine andere Legierung besteht aus 0,1—0,35 C, 15—20 Cr, 15—25 Ni, 10—25 Co, 2—3,5 Mo, 2 bis 6 W, 2 Nb, Rest Fe. (**Can. P. 478 461** vom 4/10. 1946, ausg. 13/11. 1951. A. Prior. 21/4. 1944.) HOLM. 6435

Volf Sterental, Ivrea, Turin, Italien, *Reinigen von Leichtmetallen.* Zum Reinigen u. Entgasen von Leichtmetallen u. ihren Legierungen wird ein Ofen mit einer Schmelz- bzw. Reinigungskammer u. einer damit in Verbindung stehenden Gießkammer benutzt. Die Schmelzkammer wird mit einem Salzbad von der Zus. 21,5 *$BaCl_2$*, 23,7 *KCl*, 29,1 *$CaCl_2$*, 5,2 *$SrCl_2$* u. 20,5 *NaCl* gefüllt. Das zu reinigende Metall wird im fl. Zustande auf das Salzbad geschüttet, durchdringt dieses u. sammelt sich auf dem Boden der Schmelzkammer, von wo es in die Gießkammer fließt. Hier wird es vor dem Guß von der aufschwimmenden Salzschicht befreit, welche in die Schmelzkammer umgefüllt wird. — Abbildung. (**E. P. 646 587** vom 24/12. 1947, ausg. 22/11. 1950. It. Prior. 12/12. 1942.) HANS HOFFMANN. 6443

A/S Ardal Verk, Oslo, Norwegen, *Raffinieren von Aluminium.* Verunreinigtes Al oder Al-haltige Legierungen werden mit einer ein Al-Halogenid, z. B. $AlCl_3$, enthaltenden Salzschmelze in Berührung gebracht. Dieses tritt mit dem Al unter Bldg. eines Al-Subhalogenids in Rk.; beim Abkühlen der von den Al-haltigen Rohstoffen abgetrennten Schmelze wird aus dieser reines Al ausgeschieden. Zur Herst. der Schmelze eignen sich Gemische aus *$AlCl_3$*, *AlF_3*, *$AlBr_3$* oder *AlJ_3* einerseits u. *NaCl, KCl, $MgCl_2$, NaF, NaBr* oder dergl. andrerseits, z. B. Gemische aus *$AlCl_3$–KCl*, *$AlCl_3$–$MgCl_2$*, *AlF_3–NaCl*, *$AlBr_3$–NaCl* u. *AlJ_3–NaCl*. Die Schmelze kann bis dicht unter den F. des Al erhitzt werden, jedenfalls über eine Temp. von 300°. (**E. P. 635 318** vom 19/12. 1947, ausg. 5/4. 1950. N. Prior. 20/9. 1945.) HANS HOFFMANN. 6443

Metallgesellschaft Akt.-Ges., Frankfurt/M. (Erfinder: **Herbert Klaiber,** Stuttgart), *Herstellung von Aluminium–Silicium-Legierungen.* Legierungen mit 5—20 (%) *Si* u. weniger als 0,00018 *P* werden nach D. B. P. 870 186 bei Tempp. unmittelbar oberhalb des Liquiduspunktes mit ca. 1% eines Salzes oder Salzgemisches behandelt, das bei der Behandlungstemp. um ca. 600—650° ganz fl. ist, z. B. Chloride der Alkali- u.

Erdalkalimetalle. Die Behandlung kann in mehreren Stufen erfolgen, in der Regel 3—5mal, wobei das Salz nach jeder Behandlung abgekratzt wird. Nach D. B. P. 870 187 wird die Entfernung des P auch durch Abstehenlassen unter zeitweiliger Bewegung der Schmelze (Rühren) erzielt. Nach D. B. P. 870 188 wird der P durch Filtrieren der Schmelze über ein körniges Filterbett entfernt. Bei diesen Verfahrensmaßnahmen kann der P-Geh. unter 0,00005 herabgesetzt werden. (**D. B. PP. 870 186** Kl. 40b u. **870 187** vom 19/7. 1942, **870 188** vom 8/5. 1942, alle ausg. 12/3. 1953. **Zusätze zu D. B. P. 856 359; C. 1953. 4276.**) GÖTZE. 6443

Allgemeine Elektricitäts-Gesellschaft, Berlin-Grunewald (Erfinder: **James M. Sampson,** Schenectady, N. J., V. St. A.), *Wärmebehandlung von Ausscheidungs-härtefähigen Aluminiumlegierungen.* Um eingeschlossene Gase aus Al-Legierungen, bes. solche mit 5—35 (%) *Si* u. 0,02—3 *Mg* zu entfernen, werden die Gußstücke vor dem Lösungsglühen genügend lange Zeit auf Tempp. unterhalb der Lösungsglühtemp., z. B. mehrere Std. auf Tempp. zwischen 155 u. 160°, erhitzt. Die so behandelten Legierungen haben hohe Dehnung, hohe Proportionalitätsgrenze u. Zugfestigkeit sowie große Widerstandsfähigkeit gegen Stoßbeanspruchungen. (**D. R. P. 760 655** Kl. 40d vom 30/5. 1941, ausg. 1/6. 1953. A. Prior. 6/6. 1940.) GÖTZE. 6443

Rolls-Royce Ltd., Derby, England, *Aluminiumlegierungen* bestehen aus bis 10 (%) *Mg,* 2—3,5 *Cu,* 1,4—2,05 *Si,* 0,03—0,2 *Ti,* 0,6—1,1 *Ni,* 0,6—1,1 *Fe,* 0,005 bis 0,1 *Be,* 0,01—0,08 *Zr,* Rest *Al.* Außerdem können die Legierungen enthalten bis 0,15 *Zn,* bis 0,15 *Ag,* ferner weniger als 0,1 eines oder mehrere der Metalle *Ce, B, Mo, Zr, V, Sb, W* sowie weniger als 0,03 *Co.* Zur Verbesserung der mechan. Eigg. werden die Legierungen 4—24 Std. lang auf 100—250° erhitzt. Sie lassen sich gut in Sand u. Kokillen vergießen u. eignen sich für Kurbelgehäuse, Zylinderblöcke oder -köpfe, Kolben oder dgl. Teile von Verbrennungskraftmaschinen, die zwischen 220 u. 300° beansprucht werden. (**E. P. 661 014** vom 7/10. 1948, ausg. 14/11. 1951.) GÖTZE. 6443

Aluminum Co. of America, Pittsburgh, Pa., übert. von: **Myron Hardy Gould,** Independence, Miss., und **Russell Walton Stumpf,** Cleveland, O., V. St. A., *Wärmebehandlung* innen Nuten aufweisender Gußstücke aus Al-Legierungen, die ein Element enthalten, das eine feste Lsg. im Al bildet. Die Gußstücke werden auf eine Temp. nicht weniger als 150° F (65° C) unter der Temp., bei der die Konz. des Elementes in der festen Lsg. im Al ansteigt, erhitzt. Durch Blasen von Gas auf die Innennuten wird auf eine Temp. zwischen 375 u. 750° F (190 u. 400° C) abgeschreckt. Danach wird an der Luft weiter abgekühlt. (**Can. P. 479 068** vom 26/1. 1944, ausg. 4/12. 1951. A. Prior. 31/8. 1943.) SCHÖNAUER. 6443

Université Libre de Bruxelles (Erfinder: **Claude Decroly** und **Jean Van Impe**), Brüssel, *Herstellung von Uran.* Ein Gemisch aus UF_4 u. einem Halogen (I), mit Ausnahme von F_2, mit mindestens einem reduzierenden Metall (II), z. B. Alkali- oder Erdalkalimetall, wird zur Rk. gebracht; letzteres wird in so großer Menge angewendet, daß die Umbldg. von Fluorid in Halogenid gesichert ist. Als **I** kommt in erster Linie J_2 u. als **II** Ca in Frage. Eine Vorr. zur Durchführung des Verf. wird beschrieben. — Abbildung. (**D. B. P. 880 210** Kl. 40a vom 19/6. 1951, ausg. 18/6. 1953. Belg. Prior. 11/1. 1951.) HANS HOFFMANN. 6449

Licentia Patent-Verwaltungs-G. m. b. H., Hamburg (Erfinder: **Gerhard Weitbrecht,** Frankfurt/M.-Eschersheim), *Elektrolytisches Reinigen von Wismut.* Als Anodenmaterial wird handelsübliches Bi verwendet, das in der Schmelze mit 0,01—2%, bes. 0,2—0,5% S oder äquivalenten Mengen S abscheidenden organ. Substanzen versetzt ist. Als Kathodenmaterial dient eine dünne Platte aus sehr reinem Bi u. als Elektrolyt eine Lsg. von Bi-Salzen mit ca. 40—80 g Bi/Liter. Die Bi-Salze sind zweckmäßig in konz. H_2SiF_6 (D. 1,3) gelöst, der ca. 20 g Bi_2S_3/Liter zugesetzt sind. Stromdichte 0,5 bis 1,5 A/dm². Bei der Elektrolyse sammeln sich die Verunreinigungen im Anodenschlamm. (**D. B. P. 888 319** Kl. 40c vom 16/5. 1951, ausg. 31/8. 1953.) MARKHOFF. 6449

Baker & Co., Inc., New Jersey, V. St. A., *Gegenstände, die mit geschmolzenem Glas in Berührung kommen,* bestehen aus 85—99,5% *Rh,* Rest mindestens eines der Metalle *Pt, Pd, Ni* u. *Co.* Die Bearbeitbarkeit der Legierungen ist gut, so daß die gewünschten Formen, z. B. Glasformgeräte, leicht herzustellen sind. (**E. P. 659 472** vom 23/8. 1949, ausg. 24/10. 1951.) GÖTZE. 6467

Murex Co. Ltd., Rainham-Essex (Erfinder: **George Leslie Miller** und **Stefan Juan Garvin**), England, *Anisotrope Permanentmagnete* bestehen aus 14—30(%) *Co,* 7—30 *Ni,* 5—11 *Al,* 0—10 *Cu,* 0—5 *Ti,* 0—5 *Si,* 0—5 *Zr* mit der Maßgabe, daß die Summe von Cu, Ti, Si u. Zr 10 nicht übersteigt, Rest *Fe.* Ein Pulvergemisch dieser Substanzen wird gepreßt, in Al gebettet u. mit einer Schicht aus gepulvertem oder granuliertem Metall, das eine hohe Affinität zu C u. N_2 besitzt, z. B. Ti, Nb, V, B u. dgl., in

Mischung mit Al bedeckt. Darauf erfolgt das Sintern in einer nichtoxydierenden Atmosphäre. (**E. P. 659 998** vom 23/12. 1947, ausg. 31/10. 1951.) GÖTZE. 6475

Robert Lionel Samuel, George Albert Samuel und **Diffusion Alloys Ltd.**, London, England, *Einsatzhärtung von Eisen und Stahl.* Kohlengas wird zunächst durch konz. H_2SO_4, dann durch konz. HCl u. anschließend durch einen Behälter hindurchgeleitet, der ein Gemisch aus 75 (Gew.-%) Holzkohle u. 25 $K_2Cr_2O_7$ enthält. Das so erzeugte Gas wird durch die Zementationskammer geleitet, in der die Gegenstände aus Einsatzstahl mit 0,15% C auf Unterlagen angeordnet sind. Die Aufkohlungsbehandlung bei 930° dauert 3 Stunden. Die auf 0,045 in. Tiefe aufgekohlten Stähle zeigen einen allmählichen Übergang der aufgekohlten Zone zum Kern hin. Eine Doppelhärtung zwecks Rückfeinung mit Wasserabschreckung von 900 u. 780° ergibt eine Oberflächenhärte von durchschnittlich 65,5 Rockwell-C-Einheiten. (**E. P. 646 657** vom 30/1. 1948 u. 17/1. 1949, ausg. 29/11. 1950. **Zusatz zu E. P. 575 676; C. 1948. II. 250.**) HOCHSTEIN. 6493

H. A. Wilson Co., Newark, N. J., übert. von: **Victor G. Mooradian**, East Orange, N. J., V. St. A., *Plattierte Kupfer–Beryllium-Legierungen.* Auf der Oberfläche eines aus der Cu–Be-Legierung geschnittenen Metallstücks wird ein dünner Film eines Metalls vom F. ca. 825° elektrolyt. niedergeschlagen. Die Oberfläche wird flach geschliffen u. mit einem Metall plattiert. Z. B. wird ein Cu- oder Ni-Film mit einer Au-Legierung belegt; das bei ca. 825° verwendete Ag-Lot verhindert das Kornwachstum. Beim Erhitzen unter ca. 815° diffundiert das Gold in das Be. Die Platte wird zwischen kalten Metallplatten bis auf 375—540° u. nach dem Herausnehmen durch Abschrecken auf Raumtemp. gekühlt. (**Can. P. 478 222** vom 30/3. 1948, ausg. 30/10. 1951. A. Prior. 24/5. 1947.) HOLM. 6517

Royal Ltd. und **Robert Whitfield Taylor**, Brimsdown, Enfield, Middlesex, England, *Verbesserungen bei der anodischen Oxydation von Aluminium.* Man setzt zwecks Verminderung der Gasentw. an der Anode dem elektrolyt. Bad 1 g/Liter eines Nebenprod. der Sulfitcellulosegewinnung zu, das aus ca. 80 (Gew.-%) organ. M. (Gemisch aus Dextrose, Tannin u. a.), 16,5 Asche (Ca-Ligninsulfonat) u. 3,5 W. besteht. (**E. P. 636 293** vom 2/2. 1948, ausg. 26/4. 1950.) NEBELSIEK. 6530

C. C. Wakefield & Co. Ltd., London, England (Erfinder: **Elliott Alfred Evans** und **John Scotchford Elliott**), *Verhinderung der Korrosion metallischer Oberflächen durch Gase und Dämpfe.* Man setzt die Metalle der Einw. von Dämpfen von Reaktionsprodd. aus, die durch Rk. eines aromat. Aldehyds oder Ketons, z. B. *Benzaldehyd, Salicylaldehyd* oder *Acetophenon,* mit einem prim. oder sek. Mono- oder Polyamin, z. B. *Mono-* oder *Diäthanolamin, Morpholin, Cyclohexylamin* oder *Dicyclohexylamin,* erhältlich sind. (**E. P. 680 567** vom 15/2. 1950, ausg. 8/10. 1952.) LÜTTGEN. 6539

Pure Oil Co., Chicago, übert. von: **Donald C. Bond**, Northbrook, und **Michael Savoy**, Chicago, Ill., V. St. A., *Korrosionsschutz gegen Schwefelwasserstoff.* Metalle erhalten einen Überzug von Polyhydroxyphenole enthaltenden Holzteerdestillaten. Unterird. Konstruktionsteile werden durch alkal. oder alkoh. Lsgg. oder Extrakte von Holzteerdestillaten geschützt, die dem Salzwasser von Ölquellen zugesetzt werden. (**Can. P. 483 266** vom 27/10. 1947, ausg. 13/5. 1952. A. Prior. 1/11. 1946.) HOLM. 6539

N. V. de Bataafsche Petroleum Mij., Den Haag, Holland, *Verhindern der korrodierenden Wirkung von Flüssigkeiten und Ölen auf Metalle.* Den Fll. oder Ölen wird ein Nitrit einer organ. Base zugesetzt, z. B. die Nitrite von *3.3.5-Trimethylcyclohexylamin, Methylisobutylcarbamin, Piperidin, Morpholin, Dibenzylamin.* Die Stoffe können wss. u. organ. Lsgg. zugesetzt werden. (**Schwz. P. 287 882** vom 14/8. 1947, ausg. 16/4. 1953. A. Priorr. 28/6. 1943, 5/10. 1944 u. 8/6. 1946.) MARKHOFF. 6539

J. de Mint and **H. C. Drake**, Rarer Metals. London: Temple Press, Limited. 25 s.

IX. Organische Industrie.

A. M. Clark, *Eigenschaften, Handhabung und Transport von flüssigem Acetylen.* Nach Darlegung der physikal. Eigg. des Acetylens (I) wird an Hand der Zustandsdiagramme gezeigt, daß ein geringer Zusatz einer in I lösl. u. weniger, wenn möglich wesentlich weniger flüchtigen Substanz genügt, um den F. unter den Sublimationspunkt zu erniedrigen, so daß das Gemisch wie O_2 verflüssigt, aufbewahrt, transportiert u. gebraucht werden kann. Als geeignete Zusätze werden vorgeschlagen CO_2 C_2H_4, C_2H_6, *Aceton, Ae.* u. andere organ. Lösungsmittel. — Diskussion bes. der Abhängigkeit der Gefährlichkeit des festen, fl. u. gasförmigen I vom Druck. (Soudure Techn. connexes 7. 4—8. Jan./Febr. 1953. British Oxygen Co. Ltd., Serv. de Rech. et de Développement.) METZENER. H 530

N. V. de Bataafsche Petroleum Mij., Den Haag, Holland (Erfinder: **Leslie Marcel Peters, Kenneth Dwight Detling** und **Thurston Alfred Skei**, San Francisco, Calif. V. St. A.), *Partielle Oxydation organischer Verbindungen* in gasförmigem Zustand bei Ggw. von Metalloxydkatalysatoren, bes. Metallen mit mehreren Oxydationsstufen. Zur Wiederherst. der Wrkg. des Katalysators wird period. während einer verhältnismäßig kurzen Zeitspanne eine der folgenden Arbeitsbedingungen wesentlich verändert, u. zwar wird 1. der Zustrom von O_2 bzw. eines O_2-haltigen Gemisches, wie Luft, gedrosselt oder unterbrochen, 2. die Temp. des Katalysators erhöht oder 3. der Druck des Gasgemisches, welches sich mit dem Katalysator in Kontakt befindet, verringert, worauf nach jeder dieser Perioden die vorherigen Arbeitsbedingungen wiederhergestellt werden. Der Katalysator besteht z. B. ganz oder im wesentlichen aus Cu_2O. Als organ. Verbb. werden bes. Olefine mit mindestens 3 C-Atomen, die zu ungesätt. Aldehyden oder Ketonen, wie Propylen zu Acrolein, oxydiert werden, oder Monoketone mit 4 oder mehr C-Atomen zu Diketonen, wie Methyläthylketon zu Diacetyl, verwendet. Der Zustrom von O_2 u. von oxydierbaren organ. Verbb. über den Katalysator wird period. unterbrochen, während der Strom des zweckmäßig verwendeten inerten Verdünnungsmittels oder Gases jedoch aufrechterhalten wird, worauf nach jeder Unterbrechung wieder O_2 u. organ. Verb. über den Katalysator geleitet werden. Die Größe der period. Druck- bzw. Temperaturänderung wird nach dem Ausdruck $(T_1/T_0)^2/(P_1/P_0)^{1/3}$ auf einen Wert zwischen 1,1 u. 4,0 gehalten, wobei T_0 u. T_1 die vor u. nach der Änderung gemessenen Tempp. u. P_0 u. P_1 die vor u. nach der Änderung herrschenden Drucke darstellen. Das die zu oxydierende Verb. sowie O_2 oder ein O_2-haltiges Gas umfassende Gasgemisch wird über den Katalysator geleitet, wobei der teilweise entaktivierte Katalysator aus der Reaktionszone in eine 2. Zone übergeführt u. in dieser von dem Gasgemisch überstrichen wird, während die 2. Zone auf höherer Temp. bzw. auf niedrigerem Druck als die Reaktionszone gehalten u. der reaktivierte Katalysator anschließend in die Reaktionszone zurückgebracht wird. — Diagramme. (**D. B. P. 834 849** Kl. 12o vom 14/6. 1949, ausg. 24/3. 1952. A. Priorr. 15/6. u. 28/6. 1948.) KRAUSS. 6583

Badische Anilin- & Soda-Fabrik, Ludwigshafen/Rh. (Erfinder: **Otto Drossbach**, Neckargmünd), *Oxydation alicyclischer Kohlenwasserstoffe* erfolgt mit O_2 oder O_2-haltigen Gasen in fl. Phase in Ggw. von Schwermetallsalzen von hydroaromat. Monocarbonsäuren, bes. Hydrobenzoesäuren. — Hexahydro-o-toluylsäure gibt mit Co-Acetat nach 2 std. Erhitzen auf 150° ein himbeerrotes Co-Salz. Cyclohexan wird in dessen Ggw. in Tetrahydrofuran mit 1200 Liter Luft/Std. bei 133—136° oxydiert u. liefert 6,1 (%) *Adipinsäure*, 38,7 *Cyclohexanon* u. 19,7 *Cyclohexanol*. Je nach der Art des verwendeten Katalysators erhält man entweder im wesentlichen das Keton oder den Alkohol. — Dekalin, Kp. 188°, → 74,2 *Dekalol* u. 25,8 *Dekalon*. (**D. B. P. 860 491** Kl. 12o vom 4/12. 1941, ausg. 22/12. 1952.) KRAUSS. 6583

Dow Chemical Co., Midland, Mich., V. St. A., übert. von: **James Lawrence Amos** und **Lloyd H. Silvernail**, Midland, und **Frederick J. Soderquist**, Essexville, Mich., V. St. A., *Dehydrierungskatalysator*. Man mischt einen n. Katalysator (Oxyde von Al, Cr, Fe, Ni, Co, Ce, V, Nb, Ta, Ti, Wolframate, Molybdate, Silicate, Carbonate usw.) mit 3—15 Gew.-% gepulverter Methylcellulose, deren 2%ig. Lsg. in W. bei n. Temp. eine Viscosität von 2000—3000 Centipoises hat, u. mit genügend Zementbinder u. W., um eine dicke Paste zu erhalten. Letztere formt man zu Kugeln, entwässert diese u. erhitzt die entwässerten Kugeln mindestens auf eine Temp. (600—650°), die bei der beabsichtigten Rk. angewendet wird; die Methylcellulose wird dabei zers. u. der Katalysator aktiviert. Verwendung z. B. bei der Dehydrierung von Äthylbenzol zu Styrol. (**A. P. 2 603 610** vom 11/6. 1949, ausg. 15/7. 1952.) UNGER. 6583

Socony-Vacuum Oil Co., Inc., New York, übert. von: **Carlos L. Gutzeit**, Woodbury, N. J., V. St. A., *Aluminiumhydroxyd-Katalysatorträger*. Die Ausfällung des $Al(OH)_3$ erfolgt entweder in Ggw. von Cyanid-, Cyanat- oder Thiocyanationen (0,25—2,0 g Ion pro g-Mol Al), oder das ausgefällte $Al(OH)_3$ wird bis 2 Std. damit behandelt. I dient als Träger für Metalloxyde der 5., 6. u. 8. Gruppe des Period. Syst., bes. für Cr-Oxyde, zur *Hydrierung* u. Aromatisierung u. erhöht die Aktivität des Katalysators. (**A. P. 2 619 474** vom 28/11. 1950, ausg. 25/11. 1952.) MATTHAES. 6585

Józef Szezasny Tursky, Krynica, Polen, *Aromatische Aminoverbindungen* entstehen beim Erwärmen einer aromat. Verb. mit 1 Mol Hydroxylamin, Hydroxylaminsalz, Hydroxylamindisulfonsäure oder eines prim. Nitroparaffins in konz. H_2SO_4 auf nicht $> 100°$ in Ggw. eines in H_2SO_4 lösl. Salzes von V, Mo, Ti, Zr, Th, Hg oder Fe. — *Anthrachinon* liefert beim Erwärmen mit Hydroxylaminsulfat (Hydroxylamindisulfonsäure oder einem α-Nitroparaffin) u. Vanadylsulfat (NH_4-Vanadat, Vanadiumsulfat) in 93%ig. H_2SO_4 auf 100° je nach den Bedingungen wechselnde Mengen von *α-Aminoanthrachinon, β-Aminoanthrachinon* u. *Diaminoanthrachinonen,* die hauptsächlich aus *1.6-* u. *1.7-Diaminoanthrachinon* bestehen. — Analog liefern: Bzl. → Metanilsäure u. wenig Phenylendiaminsulfonsäure; Naphthalin → Naphthylaminsulfonsäuregemisch; Anthracen → Aminoanthracensulfonsäure; Phenanthren → Aminophenanthrensulfonsäure; Benzanthron → Aminobenzanthron (F. 172—174°); Benzophenon → 3-Aminobenzophenon u. wenig 4-Aminobenzophenon; Alizarin → α-Aminoalizarin; Anthrarufin u. Anthrarufinsulfonsäure → rotblaue u. graublaue Farbstoffe; Azobenzol → Mischung von Aminoazobenzolen; Nitrobenzol → o-Nitroanilin u. wenig Nitrodiaminobenzol; Dibenzanthron, Isodibenzanthron, Pyranthron, Flavanthron, Indanthron, Tetrabromindigo liefern Farbstoffe; Dimethylanilin → Aminodimethylanilin; ferner lassen sich Nitronaphthalin u. einige Nitrotoluol-, Nitroanisol-, Nitroanthrachinon- u. Halogenderivv. aromat. Verbb. aminieren. (**A. P. 2 585 355** vom 11/12. 1947, ausg. 12/2. 1952. E. Prior. 1/9. 1946.) LANGER. 6599

G. Natta und **D. Pagani, Italien,** *Selektive Trennung von aromatischen und verzweigten aliphatischen Kohlenwasserstoffen* durch Extraktion mit Lösungsmitteln in einer Kolonnenapp. im Gegenstrom. Als Lösungsmittel sind genannt Methanol, Furfurol, fl. Propan, SO_2 oder Dichloräthyläther. (**F. P. 979 051** vom 17/12. 1947, ausg. 23/4. 1951. It. Prior. 27/2. 1943.) M. F. MÜLLER. H 500

Standard Oil Development Co., Elizabeth, N. J., V. St. A., *CO-Hydrierung.* Der Anteil gasförmiger zu fl. KW-stoffen im Reaktionsprod. wird durch das mol. Verhältnis $H_2 + H_2O/H_2 + H_2O + CO + CO_2$ im Ausgangsgemisch unter üblichen Reaktionsbedingungen u. Katalysatoren beeinflußt. Bei Verwendung von Fe-Katalysatoren soll das Verhältnis zwischen 0,2 u. 0,9 liegen. Je kleiner der Quotient, desto höher der Anteil an fl. Prodd., z. B. bilden sich an Fe-haltigen Kontakten bei 0,2 die höchsten Mengen an fl. u. bei 0,9 die meisten gasförmigen Reaktionsprodukte. — Zeichnung. (**E. P. 656 122** vom 31/12. 1948, ausg. 15/8. 1951. A. Prior. 22/5. 1948.) G. KÖNIG. H 500

Inn Oil Co., Philadelphia, übert. von: **John L. Olsen,** Upland, Pa., V. St. A., *Kontinuierliches Adsorptionsverfahren* zur Trennung von organ. Stoffen durch selektive Adsorption unter Führung des Adsorbens (I) im Fließbett. I wird im Aufwärtsstrom durch die Trennzone (II) geführt. Das zu trennende Gemisch (III) wird an einer Stelle zwischen den Enden von II in dieses eingeleitet u. im Gegenstrom zu I geführt. III mit der weniger adsorbierbaren Komponente wird am unteren Ende entnommen. Ein Desorptionsmittel (IV) wird am oberen Ende von II dem aufsteigenden I, in dem die stärker adsorbierbare Komponente (V) aus III angereichert ist, entgegengeführt, löst V aus I heraus u. wird an einer Stelle zwischen der Einführung von IV u. III entnommen. Das aus II oben austretende I u. mitgeführtes IV wird zurückgeführt u. ohne Entfernung von IV in II unten wieder eingeführt. Bei dem Trennverf. wird Silicagel zur bevorzugten Adsorption von hochpolaren Verbb., z. B. zur *Trennung von KW-stoffgemischen,* A-Kohle zur Trennung von nichtpolaren Verbb., z. B. KW-stoffen von polaren Verbb., z. B. Alkoholen, Äthern, Estern, verwendet. (**A. P. 2 585 490** vom 31/3. 1949, ausg. 12/2. 1952.) REICHELT. H 500

Texas Co., New York, übert. von: **Du Bois Eastman,** Scarsdale, und **Leon P. Gaucher,** Mount Vernon, N. Y., V. St. A., *Flüssige Kohlenwasserstoffe und Oxyderivate* erhält man bei der Hydrierung von CO mit H_2 im Verhältnis 1 : 1—3 im Wirbelschichtverf., vorteilhaft mit Fe-Katalysatoren, bei 500—700° F u. gegebenenfalls unter Druck, wobei das Rücklaufverhältnis (Y) der gasförmigen KW-stoffe in den Eingangsgasstrom zwischen den Werten $Y = 4{,}46/X - 0{,}64$ u. $Y = 4{,}46/X + 0{,}36$ liegen soll. X = Mol.-Verhältnis von H_2 : CO im Eingangsgasstrom. Man setzt ferner W-Dampf zu, dessen Menge durch Verss. festzustellen ist, sie soll jedoch höchstens mol. der C-Atome der Paraffin-KW-stoffe im Rücklaufstrom sein. — Skizze. (**A. P. 2 594 301** vom 17/6. 1947, ausg. 29/4. 1952.) G. KÖNIG. H 500

United States of America, übert. von: **Raphael Rosen,** Elizabeth, N. J., V. St. A., *Fluorieren von Kohlenwasserstoffen* (I) erfolgt mit feinverteiltem CoF_3 bei 100—400° in geschlossenem Reaktionsgefäß, wobei mit den Ausgangsstoffen inerte Verdünnungsgase (HF, CF_4) eingeführt werden können. Sobald CoF_3 red. ist, erfolgt das Regenerieren bei 100—400° mit F_2. I können aliphat., aromat., gasförmig, fl. oder fest sein. — Zeichnungen. (**A. P. 2 568 660** vom 16/7. 1942, ausg. 18/9. 1951.) G. KÖNIG. H 500

Rudolf Decker und Hellmuth Holz, München (Erfinder: **Jürgen Smidt,** Burghausen), *Herstellung von Alkylchloriden,* bes. von CH_3Cl u. C_2H_5Cl, durch Überleiten von HCl u. den entsprechenden techn. Alkylestern von niedrigmol. Fettsäuren bei erhöhter Temp. über großoberflächige Katalysatoren, die Aktivatoren enthalten, welche die Einw. von HCl fördern, dad. gek., daß den Ausgangsstoffen Fettsäureanhydrid zu-

gesetzt wird. Als Aktivatoren eignen sich bes. schwer flüchtige Säuren, wie H_3PO_4 oder H_2SO_4. Gute Katalysatoren sind Stoffe mit großer Oberfläche, wie akt. Kohle, Kieselsäuregel. (**D. B. P. 869 945** Kl. 12o vom 11/5. 1950, ausg. 9/3. 1953.)
G. KÖNIG. H 510

Vereinigte Glanzstoff-Fabriken Akt.-Ges., Wuppertal-Elberfeld (Erfinder: **Elmar Profft**, Berlin-Lichterfelde), *Herstellung von Nitroverbindungen von aliphatischen Kohlenwasserstoffen*, dad. gek., daß man auf ein Gemisch von Paraffinen u. ungesätt. KW-stoffen, vorzugsweise im Gemisch von 3 : 1, stärker konz. HNO_3 in Ggw. von $Al(NO_3)_3$ zur Einw. bringt u. daß der Beginn der Rk. durch mäßiges Erwärmen herbeigeführt wird, worauf durch sofortiges Kühlen die Rk. so weit gedrosselt wird, daß der weitere Verlauf der Einw. von HNO_3 auf die KW-stoffe unter schwachem Sieden während einiger Std. erfolgt u. daß die sich gegebenenfalls in mehreren Schichten abscheidenden Reaktionsprodd. in bekannter Weise aufgearbeitet werden. — Eine C_7-Fraktion aus der CO-Hydrierung am Wasserbad mit HNO_3 in Ggw. von $Al(NO_3)_3$ behandelt, ergibt eine Mischung von *Mono-* u. *Dinitroheptan*. (**D. B. P. 861 239** Kl. 12o vom 14/8. 1943, ausg. 29/12. 1952.) G. KÖNIG. H 510

Farbwerke Hoechst, vormals Meister Lucius & Brüning (Erfinder: **Kurt Schimmelschmidt**), Frankfurt/M.-Höchst, *Herstellung von Nitroform* durch Rk. von C_2H_2 mit hoch konz. HNO_3 bei Ggw. von $HgNO_3$, dad. gek., daß die Rk. bei 40—70°, bes. bei 50—55°, durchgeführt wird. (**D. B. P. 869 051** Kl. 12o vom 30/9. 1944, ausg. 2/3. 1953.) G. KÖNIG. H 510

Union Oil Co. of California, Los Angeles, übert. von: **Thomas F. Doumani** und **Robert W. Long**, San Pedro, Calif., V. St. A., *Reinigen gesättigter, aliphatischer oder cycloaliphatischer Dinitroverbindungen*, welche die NO_2-Gruppen an benachbarten C-Atomen tragen, erfolgt durch selektive Oxydation der Reaktionsmischung mittels HNO_3 von 5—90 Gew.-% bei 80—300° u. n. oder erhöhten Drucken u. Abscheiden der unverändert gebliebenen Dinitroverbb. von den oxydierten Prodd., bes. Dicarbonsäuren. — Z. B. gewinnt man aus einer Reaktionsmischung nitrierten Cyclohexans *1.2-Dinitrocyclohexan*; aus einer Mischung von 1.2-Dinitroäthan u. 2-Nitroäthylnitrit, gewonnen durch Behandeln von Äthylen mit Stickstofftetroxyd, gelangt man zu *1.2-Dinitroäthan*. (**A. P. 2 580 742** vom 25/4. 1949, ausg. 1/1. 1952.) G. KÖNIG. H 510

Ruhrchemie Akt.-Ges., Deutschland, *Herstellung von Aminoparaffinen* aus den Rückständen von der Nitroparaffinherstellung. Die Rückstände werden in Alkalilauge gelöst u. danach nach Verdünnung mit W. mit CO_2 wieder ausgeschieden. Die Red. der Nitroverb. geschieht danach in üblicher Weise. (**F. P. 1 011 072** vom 1/12. 1948, ausg. 18/6. 1952.) M. F. MÜLLER. H 510

Badische Anilin- & Soda-Fabrik, Deutschland, *Herstellung von ungesättigten, besonders gasförmigen Kohlenwasserstoffen* aus CO u. H_2 in Ggw. von Katalysatoren in feinverteilter Form bei n. oder schwach erhöhtem Druck. Es wird bei Tempp. von mindestens 350°, z. B. bei 370°, in Ggw. eines Eisenkatalysators gearbeitet, welchen man in Zeitabständen oder ununterbrochen aus der Reaktionskammer entfernt u. nach dem Regenerieren zurückbringt. Neben dem Eisenkatalysator werden zur Verstärkung ihrer Wrkg. akt. Silicate in Mengen von 10—60% zugesetzt, z. B. Al-, Zn- oder Mg-Silicate. Es ist zweckmäßig, in einer sauren Atmosphäre zu arbeiten, u. zu diesem Zweck wird eine geringe Menge NH_4-Chlorid oder -Fluorid oder eines Halogen-KW-stoffes zugeführt. (**F. P. 1 000 233** vom 22/11. 1949, ausg. 11/2. 1952. D. Prior. 25/5. 1949.)
M. F. MÜLLER. H 520

Merle Randall, Berkeley, Calif., V. St. A., *Herstellung von Tri- und Perchloräthylen*. In die Reaktionszone werden getrennt Cl, ungesätt. KW-stoffe u. Chlor-KW-stoffe sowie von W. freies $FeCl_3$ als Katalysator eingeführt, das Syst. wird von W. frei gehalten u. ein Teil davon abgezweigt, gekühlt u. wieder zugeführt. Zweckmäßig verwendet man auf granuliertem Baryt niedergeschlagenes $FeCl_3$. Man geht von aus Crackgasen gewonnenem C_2H_2 aus. Durch Mitumwälzung von $CH_2Cl \cdot CCl_3$ wird dessen weitere Bldg. zurückgedrängt. — Reaktionsschema. (**A. P. 2 547 139** vom 8/3. 1946, ausg. 3/4. 1951.) MÖLLERING. H 520

Rudolf Decker und Hellmuth Holz, München (Erfinder: **Erich Schaeffer** und **Bruno Kellner**, Burghausen), *Entfernen von Phosphorwasserstoff aus Rohacetylen unter Gewinnung von Phosphorchloriden oder Phosphoroxychlorid*. Getrocknetes Roh-C_2H_2 wird mit einer dem P-Geh. entsprechenden Menge Cl versetzt u. die gebildeten Verbb. werden abgeschieden; zwecks Herst. von Phosphoroxychlorid wird gegebenenfalls eine zu seiner Bldg. erforderliche Menge W. zugesetzt. (**D. B. P. 855 453** Kl. 26d vom 5/9. 1944, ausg. 13/11. 1952.) DEMMLER. H 530

Badische Anilin- & Soda-Fabrik, Ludwigshafen/Rh. (Erfinder: **Heinrich Schilling, Friedrich Zobel** und **Werner Hunsmann**, Marl), *Verhindern der Explosion von zum*

Selbstzerfall neigenden ungesättigten Kohlenwasserstoffen durch Mischen mit einem nicht zum Selbstzerfall neigenden Stoff, dessen Kp. in der Nähe des Kp. des zum Zerfall neigenden KW-stoffs liegt. — Z. B. läßt sich mit etwa der gleichen Menge Butan gemischtes *Diacetylen* bis auf 220°, entsprechend einem Gesamtdruck von 160 at, erwärmen, ohne daß ein Zerfall erfolgt. (**D. B. P. 860 212** Kl. 12o vom 16/1. 1943, ausg. 18/12. 1952.) GANZLIN. H 530

Chemische Werke Hüls G. m. b. H. (Erfinder: **Walter Franke** und **Karl Heinz Seemann**), Marl, *Abtrennung von Diacetylen* (**I**) aus dieses u. Vinylacetylen (**II**) enthaltenden Gemischen durch Erhitzen mit organ. Oxyverbb. (Alkohole), gegebenenfalls unter Druck, in Ggw. von bas. wirkenden Mitteln (Alkalialkoholate, -phenolate, Metalloxyde, -hydroxyde, -carbonate, -cyanide, Hg-Salze), zweckmäßig auf $< 95°$, bes. $< 75°$, wobei sich nur **I** umsetzt. — Ein fl. Gemisch aus **I**, **II** u. Butan (30 : 48 : 22) gibt nach dem Erwärmen auf 65—70° mit Na-Äthylat *1-Äthoxybutin-(3)-en-(1)* (= *Äthoxyvinylacetylen*) u. unverändertes **II**. (**D. B. P. 875 507** Kl. 12o vom 7/1. 1943, ausg. 4/5. 1953.) KRAUSS. H 530

Texaco Development Corp., New York, N. Y., V. St. A. (Erfinder: **G. B. Arnold**, **H. V. Hess**, **F. H. Bruner**, **M. M. Stewart** und **E. E. Sensel**), *Abtrennen von aliphatischen, sauerstoffhaltigen, wasserlöslichen, nicht sauren, organischen Verbindungen aus ihren Gemischen mit Wasser.* Man behandelt ein solches Gemisch in einer Extraktionszone mit einem Lösungsm., das hauptsächlich aus KW-stoffen besteht, bei 80—150° unter Druck (7—21 kg), so daß eine fl. Phase aufrechterhalten wird. Die KW-stoffphase mit den organ., O_2-haltigen Verbb. wird abgetrennt u. für sich durch Fraktionierung zerlegt. Als Lösungsmittel dienen bes. normalerweise fl., aliphat. KW-stoffe. Man benutzt das Verf. bes. zur Abtrennung von niedrigsd., O-haltigen Verbb. der Synth. aus CO u. H_2. (**Schwed. P. 134 540** vom 30/5. 1947, ausg. 19/2. 1952. A. Priorr. 1/6., 6/8., 31/8. u. 20/12. 1946.) JÜRGEN SCHMIDT. H 550

Standard Oil Development Co., Del., übert. von: **Carl S. Carlson**, Elizabeth, und **Paul W. Smith**, Westfield, N. J., V. St. A., *Azeotropische Destillation sauerstoffhaltiger organischer Verbindungen mit nahe beieinander liegenden Siedepunkten*, bes. von *Alkoholen*. Sie erfolgt mittels großer Mengen Phenole (**I**) im Gegenstrom, wobei die leichtersd. Verb. als Kopfdest. übergeht u. die schwerersd. Verb. mit **I** als Bodenprod. anfällt. Die weitere Aufarbeitung erfolgt durch einfache Destillation. Als **I** kommen in Betracht: Phenol, Kresol, Resorcin, Hydrochinon, Pyrogallol, α- u. β-Naphthol. — Zeichnung. (**A. P. 2 583 412** vom 16/9. 1947, ausg. 22/1. 1952.) G. KÖNIG. H 550

Ruhrchemie Akt.-Ges., Oberhausen-Holten, *Katalytische Kohlenoxydhydrierung zwecks Gewinnung von Primärprodukten mit mehr als 50% an sauerstoffhaltigen Verbindungen* in mehreren hintereinandergeschalteten Synthesestufen mit einer nach jeder Stufe eingeschalteten Abscheidung von Syntheseprodd. mit Rückführung von Synthesegasen, dad. gek., daß die Syntheserestgase der letzten Ofenstufe als Kreislaufgas mit dem Frischgas in die erste Synthesestufe eingeführt werden u. ohne weiteren Gaszusatz u. ohne Gasentnahme alle Synthesestufen hintereinander durchlaufen. Die Restgase der letzten Ofenstufe werden vor dem Eintritt in die erste Ofenstufe weitgehend von ihrem CO_2-Geh. befreit, gegebenenfalls auch die Restgase der ersten u. zweiten Synthesestufe. — Zeichnung. (**Oe. P. 172 046** vom 2/10. 1950, ausg. 25/7. 1952. D. Prior. 6/9. 1950.) M. F. MÜLLER. H 550

Ruhrchemie Akt.-Ges., Oberhausen-Holten, und **Lurgi Ges. für Wärmetechnik m. b. H.**, Frankfurt/M., *Gewinnung von CO-Hydrierungsprodukten mit mehr als 60% an sauerstoffhaltigen Verbindungen* durch Hydrierung von CO in Ggw. von festangeordneten, in fl. Phase suspendierten oder staubförmig aufgewirbelten Eisenkatalysatoren, dad. gek., daß bei Synthesedrucken von 10—100 at das Synthesegas, welches auf 1 (Raumteil) CO mindestens 1,2 H_2 enthält, über gefällte Fe-Katalysatoren geleitet wird, die keine Trägerstoffe oder diese nur in Mengen bis 20% enthalten. Die Katalysatoren sind gegebenenfalls mit Cu, Ag oder mit Metallen der 5.—7. Gruppe des Period. Syst. aktiviert u. weisen einen Geh. an freiem Alkalioxyd auf, welcher oberhalb 5%, bes. 8—12%, K_2O liegt, bezogen auf den vorhandenen Eisengeh. u. berechnet als K_2O. — Die verwendeten Fe-Katalysatoren werden bei 80—150°, bes. bei 110°, getrocknet, wobei ein Restwassergeh. von 4—7% H_2O im Katalysator verbleibt. — Die verwendeten Eisenkatalysatoren werden mit H_2 oder H_2–N_2-Mischungen bei 250—350° red., u. zwar bis zu einem Geh. von über 60 bis über 80% freiem Eisen. (**Oe. P. 172 654** vom 19/3. 1951, ausg. 10/10. 1952. D. Prior. 24/3. 1950.) M. F. MÜLLER. H 550

Standard Oil Development Co., Elizabeth, N. J., übert. von: **Linnie P. Hodges**, Baytown, Tex., V. St. A., *Gewinnen sauerstoffhaltiger organischer Verbindungen* aus den Reaktionsprodd. der CO-Hydrierung erfolgt durch fraktionierte Dest. der Ausgangsmischung unter Zugabe einer Hilfs-Fl. in Mengen von ca. 5—50 Vol.-%, bestehend aus 90—50% Polyäthylenglykolen (I) u. 10—50% Alkalihydroxyden. I sollen Mol.-Geww. zwischen 400 u. 4000 besitzen. Als Bodenprod. der Dest. gewinnt man die > 600° F sd. KW-stoffe mit den O-haltigen Verbb. u. der Hilfsflüssigkeit. Nach Zugabe von W. trennt man in wss. u. KW-stoffschicht. Die < 600° sd. KW-stoffe kann man an verschied. Stellen der Fraktionierkolonne abziehen. — Skizze. (**A. P. 2 581 102** vom 25/10. 1948, ausg. 1/1. 1952.) G. KÖNIG. H 550

Standard Oil Development Co., Del., übert. von: **Charles Morrell,** Westfield, und **James H. McAteer,** Cranford, N. J., V. St. A., *Gewinnung der O-haltigen aliphatischen Verbindungen aus den CO-Hydrierungsprodukten* durch extraktive Behandlung der durch Schichtbldg. erhaltenen Ölphase, die neutrale O-haltige organ. Verbb. umfaßt, mit einer wss. Lsg. einer aliphat. Carbonsäure bis 5 C-Atomen im Mol. oder Mischungen von Carbonsäuren, bei 125—375°, wobei die O-haltigen Verbb. extrahiert werden. Die Konz. der Carbonsäuren, vorteilhaft Essigsäure, soll 2—10 Gew.-% betragen. — Zeichnung. (**A. P. 2 569 385** vom 12/2. 1948, ausg. 25/9. 1951.) G. KÖNIG. H 550

Union Oil Co. of California, Los Angeles, übert. von: **Roland F. Deering,** Long Beach, Calif., V. St. A., *Katalysator für die Wasseranlagerung an Olefine oder zur Polymerisation derselben* besteht aus H_3PO_4 u. einem Carbid eines Elements der 4. Gruppe des Period. Syst. mit Ausnahme von C. Die Reaktionstempp. liegen unter 300° u. der Reaktionsdruck zwischen 1 u. 200 at. Der Wassergeh. wird so bemessen, daß keine Metaphosphorsäure entsteht. Bei der Polymerisation beträgt er 2—10%, bezogen auf das Olefin. Neben H_3PO_4 können auch ihre Salze mit Elementen, wie Ti, V, Cr, Mn, Fe, Co, Ni, Cu, Zn, Zr, Mo, Pd, Au, Hg, Pt, W, verwendet werden. Auch Verbb., die dreifache Bindungen, z. B. C_2H_2, besitzen, können W. anlagern, wobei Ketone, Aldehyde u. ungesätt. Alkohole entstehen. Die Temperaturbegrenzung liegt hier bei 400°. Das Carbid soll gegenüber H_3PO_4 u. H_3PO_4 soll gegenüber den Salzen der H_3PO_4 im Überschuß zugegen sein. (**A. P. 2 583 359** vom 7/5. 1949, ausg. 22/1. 1952.) G. KÖNIG. H 550

Clark Bros. Co., Inc., New York, N. Y., V. St. A., *O-haltige organische Verbindungen,* bes. Alkohole, Aldehyde u. Ketone, erhält man durch Oxydation von gesätt. gasförmigen aliphat. KW-stoffen bei 175—450° mittels SO_3 in Abwesenheit von O_2 u. in Ggw. eines adsorptiv wirkenden Stoffes, wie akt. C, Al_2O_3 oder Kieselsäuregel, die gegebenenfalls noch Verbb. des Co, Ce, Mo, Ag, Mn enthalten können. — Zeichnung. (**E. P. 643 862** vom 29/5. 1947, ausg. 27/9. 1950. A. Prior. 8/6. 1946.) G. KÖNIG. H 550

Celanese Corp. of America, New York, N. Y., V. St. A., *Organische Verbindungen* gewinnt man in reiner Form aus einer Mischung von Reaktionsprodd., die aus CH_3OH, Methylal u. Alkaliformiat bestehen u. bei der Oxydation von KW-stoffen, z. B. Propan—Butan, anfallen, indem man diese Stoffe, ferner noch begleitende Aldehyde mit wss. Lsgg. der Alkalien (30—40%) verseift, CH_3OH u. Methylal abdest. u. das kristallin. Alkaliformiat aus der Mutterlauge abtrennt u. mit Methylal wäscht. — Zeichnung. (**E. P. 659 727** vom 17/11. 1949, ausg. 24/10. 1951. A. Prior. 19/11. 1948.) G. KÖNIG. H 550

Texaco Development Corp., New York, N. Y., V. St. A., *Zerlegen von CO-Hydrierungsprodukten.* Man bildet eine wss. u. eine KW-stoffschicht durch Kühlen der Reaktionsprodukte. Die wss. Phase enthält die in W. lösl. Carbonsäuren, niedrigmol. Alkohole, Aldehyde u. Ketone. Sie wird bei 175—300° F u. 100—300 lbs./sq.in. mit einem die neutralen O-haltigen Prodd. lösenden Mittel (KW-stoff) extrahiert u. von der wss. Schicht getrennt. Man leitet diese Mischung in den KW-stoffstrom der 1. Schichtung u. unterwirft die Mischung einer Extraktion mit einem 2. Extraktionsmittel (Äthylenglykol) für die O-haltigen Verbb., wobei die KW-stoffe frei von O-haltigen Verbb. der CO-Hydrierung gewonnen werden. Teile mitgerissenen Extraktionsmittels werden mit W. ausgewaschen. Aus der Extraktlsg. gewinnt man durch anschließende Dest. die einzelnen Komponenten, z. B. A., n-Propyl-, n-Butyl-, n-Amyl-, n-Hexyl-, n-Heptylalkohol u. höhermol. Alkohole. Die vorhandenen Aldehyde u. Ketone können aus der KW-stoffphase der 1. Schichtung durch Behandeln mit einer Bisulfitlsg. entfernt werden. Läßt man sie jedoch in der Mischung, so unterwirft man die O-haltigen Verbb. der 2. Extraktbehandlung einer milden Hydrierung, um die Aldehyde u. Ketone in Alkohole überzuführen. — Zeichnung. (**E. P. 646 925** vom 27/5. 1947, ausg. 29/11. 1950. A. Priorr. 1/6., 6/8., 31/8. u. 20/12. 1946.) G. KÖNIG. H 550

Shell Development Co., San Francisco, übert. von: **Charles R. Nelson,** Orinda, **Marion A. D. Taylor,** Berkeley, **Leslie M. Peters,** San Francisco, und **Donald D. Davidson,** Walnut Creek, Calif., V. St. A., *Kontinuierliche Herstellung von Alkoholen* (A., Isopropylalkohol) erfolgt durch Leiten von Olefinen u. Wasserdampf über Trägerkatalysatoren, die 75—85% H_3PO_4 enthalten, wobei die Reaktionsbedingungen hinsichtlich Temp. (270—300°) u. Druck sowie das Verhältnis C_2H_4 : W. so eingestellt werden, daß die angegebene Konz. der H_3PO_4 aufrechterhalten wird. Verluste an Katalysator werden durch Zuführen von H_3PO_4, ca. 1 (lb.) auf 100—400 gebildeten Alkohol, ausgeglichen. Bei der Rk. von höhermol. Olefinen werden die Reaktionsbedingungen niedriger als bei der Rk. des C_2H_4 gehalten. Bei Ggw. von C_2H_2 im Ausgangsgasstrom sind Cu-haltige Reaktionsgefäße zu vermeiden. Bei Abwesenheit von Cu bildet sich aus C_2H_2 Acetaldehyd. Als Träger kommt bes. calcinierte Diatomeenerde (Celit) in Betracht. (**A. P. 2 579 601** vom 16/8. 1950, ausg. 25/12. 1951.) G. KÖNIG. H 560

Badische Anilin- & Soda-Fabrik, Ludwigshafen/Rh., *Umwandlung von niedrigmolekularen Olefinen mit einem tertiären C-Atom im Molekül in Alkohole* in Ggw. von wss. Metallhalogenidlsgg., dad. gek., daß man die Olefine bei < ca. 150° mit einer ca. 20—50%ig. wss. Lsg. von Halogeniden des Cu, Cr oder der Metalle der Fe-Gruppe oder mehrerer solcher Halogenide behandelt. Vorteilhaft ist die Ggw. eines Lösungsm. für die KW-stoffe oder die Endprodd., oder eines inerten Gases. — Isobutylen → *Isobutylalkohol.* (**D. B. P. 863 188** Kl. 12o vom 15/6. 1941, ausg. 15/1. 1953.) G. KÖNIG. H 560

„Chimiotechnie", Union Chimique du Nord et du Rhône, Soc. An., Frankreich, *Gewinnung von Fettalkoholen aus Glyceridfetten* durch Red. mit H_2 in statu nascendi, welcher aus einem Alkohol, z. B. Methyl-, Äthyl-, Propyl-, Isopropyl-, Butyl-, Isobutyl-, Amyl- u. Isoamylalkohol (I) u. metall. Al gebildet wird, nach dem Verf. von BOUVEAULT u. BLANC. — In dem Beispiel wird neutrales Cocosfett in einer Lsg. von I reduziert. Die Temp. steigt dabei von 120° auf 200°. (**F. P. 978 994** vom 15/1. 1942, ausg. 20/4. 1951.) M. F. MÜLLER. H 560

„Chimiotechnie", Union Chimique du Nord et du Rhône, Soc. An., Frankreich, *Gewinnung von höheren Fettalkoholen aus Neutralfetten* durch Red. in einer Lsg. von Isoamylalkohol, welcher mit W. ein bin. azeotropes Gemisch (Kp. 128°) gibt, mit H_2 in statu nascendi, welcher nach dem Verf. von BOUVEAULT u. BLANC mit metall. Na erzeugt wird. — Nach dem Beispiel geht man aus von einer Lsg. von 50 kg Palmkernfett (mit 2% Wassergeh.) in 300 Liter Isoamylalkohol. (**F. P. 978 995** vom 15/1. 1942, ausg. 20/4. 1951.) M. F. MÜLLER. H 560

Deutsche Hydrierwerke Akt.-Ges., Düsseldorf (Erfinder: **Winfried Hentrich,** Riehen, Schweiz, und **Alfred Kirstahler,** Düsseldorf), *Herstellung von höhermolekularen primären Alkoholen,* dad. gek., daß man Olefine oder Olefingemische, welche aus Fettsäuren, bes. Abfallfettsäuregemischen, durch Ketonisierung, Hydrierung der Ketone zu sek. Alkoholen u. Wasserabspaltung erhalten werden, mit CO u. H_2 in Ggw. von Katalysatoren (I) bei 100—200° behandelt. Das Reaktionsprod. kann einer Nachhydrierung unterworfen werden. Als I findet ein Co–Th–Mg-Katalysator Verwendung. — Beispiele für die Herst. von prim. Hexadecanolen usw. (**D. B. P. 858 395** Kl. 12o vom 2/3. 1941, ausg. 8/12. 1952.) G. KÖNIG. H560

Badische Anilin- & Soda-Fabrik, Ludwigshafen/Rh. (Erfinder: **Alfred Woerner,** Ludwigshafen/Rh., und **Walter Flemming,** Hermeskeil), *Herstellung von Propylenchlorhydrin* (I) durch Behandlung von Allylchlorid mit H_2SO_4 u. Verseifung des hierbei entstandenen Esters durch Verdünnen mit W., dad. gek., daß man 80—90%ig., bes. 84—86%ig. H_2SO_4 verwendet u. sie bei gelinder Temp. einwirken läßt. I besitzt Kp. 126 bis 127°, $D._{20}$ 1,115. (**D. B. P. 869 054** Kl. 12o vom 9/1. 1942, ausg. 2/3. 1953.) G. KÖNIG. H 560

Shell Development Co., San Francisco, Calif., V. St. A., übert. von: **Johannes Thomas Hackmann,** Amsterdam, Holland, *Glykolester bzw. Glykole* erhält man durch Einleiten von O_2 in eine Lsg. von mindestens 2 (Mol) eines gesätt. aliphat. Aldehyds u. 1 eines Olefins mit mindestens einer Doppelbindung in Ggw. von Co-Acetat (I) u. mindestens eines Reaktionsinitiators, z. B. aktin. Licht, u. eines Sensibilisators, wie Eosin, Chlorophyll, Hämin, Hämatoporphyrin, bei −80° bis +60°. — In eine Lsg. von 44 (g) CH_3CHO (II) u. 112 Diisobuten in 50 $CH_3COOC_2H_5$ + 0,5 I leitet man bei −5° unter Bestrahlung mit Hg-Licht trockenen O_2, bis keine Aufnahme mehr erfolgt, dest. unveränderte Ausgangsprodd. ab u. verseift das zurückbleibende *2.4.4-Trimethylpentandioldiacetat-2.4* mit NaOH zu 98 (67%) *2.4.4-Trimethylpentandiol-3.4,* F. 64 bis 65°. — II + 2-Methylpenten-2 + O_2 → *2-Methylpentandioldiacetat-2.3* → *2-Methylpentandiol-2.3,* F. 184°. (**A. P. 2 600 054** vom 26/7. 1947, ausg. 10/6. 1952. Holl. Prior. 17/11. 1943.) MÜLLER-MEININGEN. H 570

Farbwerke Hoechst, vormals Meister Lucius & Brüning (Erfinder: **Walter Berndt**), Frankfurt/M.-Höchst, *Herstellung von 2-Äthylhexandiol-(1.3),* dad. gek., daß man Crotonaldehyd oder Butyraldehyd in Ggw. von bas. Mg-Verbb. bei anfänglich milden, unter 60°, bes. unter 30°, liegenden u. dann steigenden Tempp. bis zur vollständigen

Sättigung mit H_2 in Anwesenheit von Hydrierkatalysatoren behandelt. Als geringe Nebenprodd. fallen 2-Äthylhexanol-(1), 2-Äthylhexanal-(1) an. Reaktionstempp. richten sich nach der Aktivität des Katalysators. Man kann auch bei erhöhtem Druck arbeiten. Als Mg-Verbb. kommen MgO, $Mg(OH)_2$ u. bes. Magnesiumcarbonat in Betracht. (**D. B. P. 871 442** Kl. 12o vom 11/1. 1939, ausg. 23/3. 1953.) G. KÖNIG. H 570

Curtis W. Smith, Berkeley, Calif., V. St. A., *Substituierte Pentandiole* der allg. Formel $CH_2OH-C(R_1)(CH_2O-R)-CH_2-CH(R_1)-CH_2OH$ (I) erhält man z. B. durch Hydrieren der entsprechenden Dialdehyde oder der Lactone, oder durch Behandeln von 2.4-Dihydrocarbyl-2-alkoxymethyl-1.5-dihalogenpentan mit W., AgOH oder einer starken Base, oder durch Hydrolyse des substituierten Dihydropyrans mit anschließendem Hydrieren des Reaktionsproduktes. In I bedeuten R = KW-stoffgruppe frei von Olefin- u./oder Acetylenbindungen (1—15 C-Atome), R_1 = Alkylgruppe (1—15 C-Atome). R kann auch eine $-CH_2R_2(OR)_n$-Gruppe darstellen, wobei R für KW-stoffrest mit 1—10 C-Atomen, R_2 für mehrwertige KW-stoffreste mit 1—10 C-Atomen u. n für eine ganze Zahl von 1—3 steht. Verwendung der Verbb. als Weichmachungsmittel für natürliche oder synthet. organ. polymerisierte Prodd., als Zusatzstoffe für Tinten, Farben, Schmiermittel u. dergleichen. Sofern eine ungesätt. Bindung in I vorhanden ist, lassen sich derartige Verbb. polymerisieren (Herst. von Überzugsmassen u. Imprägnierungsmitteln). (**A. P. 2 600 275** vom 31/10. 1949, ausg. 10/6. 1952.) G. KÖNIG. H 570

Badische Anilin- & Soda-Fabrik, Ludwigshafen/Rh. (Erfinder: **Walter Reppe,** Ludwigshafen/Rh., **Walter Franke,** Marl, **Fritz Kohler,** Mannheim, und **Karl Weissbach,** Marl), *Herstellung von höhermolekularen Glykolen,* dad. gek., daß man Diacetylenglykole in Ggw. von Metallen der Fe-Gruppe mit H_2, zweckmäßig unter erhöhtem Druck, behandelt. Man arbeitet bes. in Ggw. eines inerten Lösungsm. sowie in der fl. Phase u. bei n. oder mäßig erhöhter Temp., z. B. 80—120°. — Es werden hergestellt: Hexandiol-(1.6), $Kp._{13}$ 143°, F. 41,5°, 2.7-Dimethyloctandiol-(2.7), F. 90—92°, neben geringen Mengen 2.7-Dimethyloctanol-(7), 3-Methylheptanol-(3), $Kp._{20}$ 45—60°, ölige Fl., u. 3.8-Dimethyldecandiol-(3.8), $Kp._{20}$ 158—165°, F. 64—66°, 2.9-Dimethyldecandiol-(3.8), $Kp._2$ 130—140°. (**D. B. P. 869 053** Kl. 12o vom 2/5. 1942, ausg. 2/3. 1953.) G. KÖNIG. H 570

General Aniline & Film Corp., New York, N. Y., übert. von: **Richard S. Towne,** South Bend, Ind., V. St. A., *Anlagerung niedermolekularer organischer Säuren* an endständig ungesätt. Acetylenolester. Sie erfolgt in der Gasphase in Ggw. eines neutralen oder bas. Zn-, Cd- oder Hg-Salzes auf porösen Trägern bei 180—260°, bes. 220—235°, nach dem Reaktionsschema: $RCOOH + HC{\equiv}CCH_2-OOC-R' \rightarrow RCOO-C{=}CH_2$

$$\qquad\qquad\qquad | \\ CH_2OOC-R'$$

(R u. R' = niedermol. Alkyl). — Aus Essigsäure u. Propargylacetat erhält man in Ggw. von mit Zn-Acetat getränktem Silicagel bei 120° *1.2-Diacetoxypropen-(2)*, $Kp._4$ 65,5°. (**A. P. 2 594 827** vom 28/12. 1949, ausg. 29/4. 1952.) KRAUSS. H 570

Distillers Co. Ltd., Edinburgh (Erfinder: **Edward James Gasson, Alfred Frank Millidge** und **William Webster,** Epsom), England, *Herstellung von Epoxyden u. Ketonen,* dad. gek., daß man gasförmigen O_2 auf 1-Olefine in der fl. Phase bei 90—150° u. p_H-Werten zwischen 7 u. 10,5 zur Einw. bringt. Epoxyde u. Ketone werden durch fraktionierte Dest. gewonnen, man kann sie auch in Derivv. überführen u. anschließend aus der Reaktionsmischung gewinnen. Die Rk. wird abgebrochen, ehe die Konz. an Epoxyd in der Reaktionsmischung ihr Maximum erreicht hat. Als 1-Olefine finden bes. Verwendung: α-Diisobuten, Isobuten, n-Buten-(1), α-Methylstyrol u. im Kern substituierte Derivv. u. Homologe des α-Methylstyrols. Inerte Verdünnungsmittel u. Oxydationskatalysatoren können eingesetzt werden. — 2.4.4-Trimethylpenten-(1), in Ggw. von naphthensaurem Co bei 140° u. 15 at mit Luft behandelt, ergibt 0,5 Äquivalente an Säuren (HCOOH), 0,8 Äquivalente an verseifbaren Stoffen (Ester), 21% *Methylneopentylketon,* 8% *2.4.4-Trimethylpentan-1.2-glykol* u. andere O-haltige Verbb., die mit dem Glykol bei der Behandlung mit H_2SO_4 oder anderen Isomerisierungsmitteln ($AlCl_3$) *2.4.4-Trimethylpentanal* ergeben. Setzt man dem Ausgangsgemisch noch MgO zu, so erhält man vorwiegend *1.2-Epoxy-2.4.4-trimethylpentan.* — α-Methylstyrol ergab in Ggw. von MgO u. Spuren von naphthensaurem Co bei der Oxydation *Methylstyrolepoxyd, Acetophenon* u. *Phenylmethylacetaldehyd.* Ohne Mg erhält man nur *Acetophenon* u. CH_2O. — Es werden ferner hergestellt: *Isobutylenoxyd* neben *Aceton; α-Diisobutenepoxyd,* $Kp._{100}$ 76—77°. (**D. B. P. 855 109** Kl. 12o vom 23/3. 1950, ausg. 10/11. 1952. E. Priorr. 26/3., 17/6. u. 18/11. 1949.) G. KÖNIG. H 570

Badische Anilin- & Soda-Fabrik (Erfinder: **Walter Reppe** und **Heinrich Paredach**), Ludwigshafen/Rh., *Herstellung von Butantriol-(1.2.4),* dad. gek., daß man nach dem

Verf. des Patents 750 057 durch Wasseranlagerung an Buten-(2)-diol-(1.4) in Ggw. von sauren Hg-Verbb. u. Neutralisieren des Reaktionsgemisches Butandiol-(1.4)-on-(2) herstellt u. in diesem die Ketogruppe nach bekannten Verff. zur OH-Gruppe red., $Kp._{12}$ 174—176°. Nebenprod.: *3-Oxytetrahydrofuran.* (**D. B. P. 863 189** Kl. 12o vom 8/12. 1940, ausg. 15/1. 1953.) G. König. H 580

Badische Anilin- & Soda-Fabrik (Erfinder: **Hans Krzikalla** und **Karl Merkel**), Ludwigshafen/Rh., *Herstellung von in Wasser schwer oder unlöslichen ω.ω'-Dioxypolybutyläthern* (**I**) *bzw. der Alkylsubstitutionsprodukte* (**II**), dad. gek., daß man 1.4-Dichlorbutan oder ω.ω'-Dichlorpolybutyläther bzw. deren Alkylsubstitutionsprodd. in Ggw. säurebindender Mittel bei erhöhten Tempp. mit 1.4-Butandiol oder niedrigmol. Dioxypolybutyläthern oder Alkylsubstitutionsprodd. umsetzt. Reaktionstempp. 100 bis 200°. Die Ggw. von Lösungsmitteln ist erwünscht. Die Rk. kann mit oder ohne Druck ausgeführt werden. Die Prodd. sind bei n. Temp. viscose Fll., schwer oder unlösl. in W., mehr oder weniger lösl. in heißem Bzn., mit aromat. KW-stoffen in jedem Verhältnis mischbar. Mol.-Gew. 300—800, OH-Zahl ca. 366—138. (**D. B. P. 847 888** Kl. 12o vom 4/6. 1944, ausg. 28/8. 1952.) G. König. H 580

Camille Dreyfus, übert. von: **William J. Myles** und **John H. Prichard,** New York, N. Y., V. St. A., *Herstellung von polymeren Polyoxyalkoholestern der schwefligen Säure* der nebenst. allg. Formel, (**I**) worin n größer ist als 15, R ist ein gesätt. geradkettiger KW-stoffrest mit 4—10 C-Atomen. Als mehrwertige Alkohole sind genannt Butandiol u. Triäthylenglykol, welche mit Thionylchlorid den polymeren Polybutandiolschwefligsäureester u. den Polytriäthylenglykolschwefligsäureester bilden. (**Can. P. 485 984** vom 9/11. 1951, ausg. 19/8. 1952. A. Prior. 21/1. 1947.) M. F. Müller. H 590

$$HO—R—O—\left(\underset{\underset{O}{\|}}{S}—O—R—O—\underset{\underset{O}{\|}}{S}\right)_n—O—R—OH$$

Gewerkschaft Victor (Erfinder: **Wilhelm Vollmer**), Castrop-Rauxel, *Saure Schwefelsäureester oder deren Salze* erhält man durch gleichzeitiges Zerstäuben von H_2SO_4 mit Olefinen bzw. olefinhaltigen Stoffen, notfalls in Ggw. eines inerten, O_2-freien Gases. Die Veresterung kann durch Zusatz von W. oder Alkalien zum zerstäubten Reaktionsgemisch unterbrochen werden. In einer Zerstäubervorr. aus 2 konzentr. Rohren wird ein 19,6% Olefin enthaltendes KW-stoffgemisch nach Fischer-Tropsch mit mittlerem Mol.-Gew. 148 mit H_2SO_4 bei 15—20° zum *Schwefelsäuremonoalkylester* (33%) u. *-dialkylester* (3%) sulfoniert. (**D. B. P. 859 453** Kl. 12o vom 24/4. 1951, ausg. 15/12. 1952.) Krauss. H 590

„Chimiotechnic" Union Chimique du Nord & du Rhône, Soc. An., Frankreich, *Herstellung von Schwefelsäureestern von höhermolekularen Fettalkoholen* durch Behandlung mit einer SO_3-haltigen H_2SO_4, welche gleichzeitig bei der Veresterung das dabei frei werdende W. bindet. Temp. 30—40°. Nach dem Beispiel wird ein Cocosfettalkohol, erhalten durch Red. von Cocosfettsäure, mit Oleum, welches 2% SO_3 enthält, verestert. (**F. P. 978 991** vom 15/1. 1942, ausg. 20/4. 1951.) M. F. Müller. H 590

„Chimiotechnic" Union Chimique du Nord & du Rhône, Soc. An., Frankreich, *Neutralisieren der sauren Schwefelsäureester von höheren Fettalkoholen* durch Zusatz von Alkalicarbonat oder -bicarbonat. Dabei findet eine starke Volumenvermehrung durch die frei werdende CO_2 statt unter Vermeidung einer wesentlichen Erwärmung. — Zeichnung. (**F. P. 978 992** vom 15/1. 1942, ausg. 20/4. 1951.) M. F. Müller. H 590

N. V. de Bataafsche Petroleum Mij. (Erfinder: **M. Buis**), Holland, *Herstellung von sekundären Alkylsulfaten* durch Einw. von H_2SO_4 auf Olefine, wobei die H_2SO_4 in mehreren getrennten Portionen zugesetzt wird. — Zeichnung. (**F. P. 979 704** vom 27/1. 1949, ausg. 2/5. 1951. E. Prior. 27/1. 1948.) M. F. Müller. H 600

Anglo-Iranian Oil Co. Ltd., London (Erfinder: **Stanley Francis Birch** und **Wilfred Samuel Nathan,** Sunbury-on-Thames), England, *Sulfonsäuren.* Die durch Rk. einer aromat. Verb. mit Oleum oder SO_3 in Ggw. von fl. SO_2 als Lösungsm. erhaltene Lsg. wird mit einer geringen Menge eines Salzes einer Sulfonsäure (z. B. einem Teil des neutralisierten Reaktionsprod.) versetzt u. das SO_2 aus dem Gemisch durch Dest. im Vakuum, bes. nicht über 0°, entfernt, wodurch prakt. farb- u. geruchlose Sulfonate erhalten werden. Zweckmäßig werden die durch Alkylierung von Bzl. oder Toluol mit Propylen- oder Butylenpolymeren mit 9—16 C-Atomen erhaltenen Alkylbenzole sulfoniert. (**D. B. P. 859 159** Kl. 12o vom 25/2. 1950, ausg. 11/12. 1952. E. Prior. 25/2. 1949.) Krauss. H 600

Farbenfabriken Bayer (Erfinder: **Mathieu Quaedvlieg,** Leverkusen-Bayerwerk, und **Karl Brodersen,** Wolfen), *Sulfonsäuren bzw. Sulfonate hochmolekularer Paraffinkohlenwasserstoffe.* Das durch unvollständige Sulfochlorierung erhaltene Gemisch wird mit der äquivalenten Menge tert. Basen u. W. in der Wärme behandelt u. die Sulfonsäure abgetrennt. Die entstandene HCl kann entweder durch therm. Behandlung oder nach Neutralisation mit Lauge als Salzlsg. entfernt werden. (**D. B. P. 873 239** Kl. 12o vom 16/11. 1944, ausg. 13/4. 1953.) KRAUSS. H 600

Farbenfabriken Bayer, Leverkusen-Bayerwerk (Erfinder: **Alfred Rieche,** Wolfen, und **Albert Weißenborn,** Dessau), *Kontinuierliche Herstellung von aliphatischen und hydroaromatischen Sulfochloriden* erfolgt durch Behandlung der KW-stoffe mit SO_2 + Cl_2 unter Belichtung in mindestens 2 oder mehreren hintereinander geschalteten Reaktionsgefäßen, wodurch die Raumzeitausbeute u. die Güte der Prodd. wesentlich gesteigert wird. — Tabelle. Vorr., Zeichnung. (**D. B. P. 865 906** Kl. 12o vom 14/12. 1940, ausg. 5/2. 1953.) KRAUSS. H 600

N. V. de Bataafsche Petroleum Mij., Den Haag, Holland (Erfinder: **Robert Moreland Cole, Clarence Lincoln Dunn** und **Gino John Pierotti,** Emeryville, Calif., V. St. A.), *Raffination und Konzentration von ungesättigten Aldehyden und/oder Ketonen,* die durch Oxydation von ungesätt. KW-stoffen erhalten wurden, dad. gek., daß man das Reaktionsgemisch mit den zu oxydierenden verflüssigten KW-stoffen in Berührung bringt, wodurch die Carbonylverbb. u. die nicht umgesetzten KW-stoffe des Gemisches absorbiert werden, während die anderen bei n. Temp. u. n. Druck gasförmigen Prodd. des Reaktionsgemisches entweichen u. abgezogen werden, die absorbierten Carbonylverbb. von den KW-stoffen durch Verdampfen abgetrennt u. die KW-stoffe als Beschickung in die Reaktionskammer geleitet werden. Die Oxydation kann in Ggw. von Wasserdampf ausgeführt werden. Die von den Carbonylverbb. befreiten KW-stoffe werden vor der Einführung in den Reaktionsraum zusammen mit W. zur Extraktion des bei der Abdest. der absorbierenden KW-stoffe als Rückstand erhaltenen rohen Gemisches der Carbonylverbb. benutzt. Bei der Oxydation von Propylen zu Acrolein verwendet man Propylen als Auswasch- u. gegebenenfalls Extraktionsmittel. (**D. B. P. 857 491** Kl. 12o vom 29/7. 1951, ausg. 1/12. 1952. A. Prior. 31/7. 1950.) G. KÖNIG. H 650

Clark Bros. Co., Inc., New York, N. Y., V. St. A., *Partielle Oxydation von Kohlenwasserstoffen* erfolgt in der Gasphase mittels SO_2 u./oder SO_3 u. geringen Mengen O_2 (0,2—20%) in Ggw. eines Katalysators aus Adsorptionsstoffen (akt. C, akt. Al_2O_3, akt. Kieselsäuregel), die gegebenenfalls Verbb. des Co, Ce, Mo, Ag enthalten, bei 175—450°, wobei vorwiegend Aldehyde u. Ketone entstehen, z. B. CH_2O, Acet-, Propion-, Isobutyraldehyd u. Aceton. — Zeichnung. (**E. P. 644 027** vom 30/5. 1947, ausg. 4/10. 1950. A. Prior. 13/6. 1943.) G. KÖNIG. H 650

M. W. Kellogg Co., Jersey City, N. J., übert. von: **Doris Wilson Blanchard,** Jackson Heights, **George G. Lauer,** New York, N. Y., und **Robert S. Pratt,** Valley Stream, N. Y., V. St. A., *Gewinnen der Aldehyde aus Mischungen mit Ketonen* u. anderen O-haltigen neutralen Verbb. u./oder KW-stoffen. Man behandelt die Mischungen z. B. mit einem 10%ig. Überschuß von Hydroxylamin, Hydrazin oder deren Salzen, wobei sich Aldoxime u. geringe Mengen Ketoxime bilden. Man stellt die Reaktionsmischung auf p_H 4,5—6,5 ein u. dest. die nicht umgesetzten Verbb. ab. Der Rückstand wird auf ein $p_H < 4$ eingestellt; dann werden die freien Aldehyde u. Ketone abdestilliert. (**A. P. 2 552 513** vom 24/7. 1948, ausg. 15/5. 1951.) G. KÖNIG. H 650

Gutehoffnungshütte Oberhausen Akt.-Ges., Oberhausen (Erfinder: **Paul Nashan,** Oberhausen-Sterkrade, und **Joseph A. Neubauer,** Pittsburgh, Pa., V. St. A.), *Oxydation von CH_4 und seinen Homologen zu CH_2O* unter Verwendung von O_2 u. Luft in Anwesenheit von geringen Mengen Stickoxyden u. festen Katalysatoren, z. B. $Na_2B_4O_7$, dad. gek., daß die Rk. unter erhöhtem Druck durchgeführt wird. — Zeichnung. (**D. B. P. 861 242** Kl. 12o vom 9/9. 1950, ausg. 29/12. 1952.) G. KÖNIG. H 670

Celanese Corp. of America, New York, N. Y., übert. von: **Alexander F. McLean,** Robstown, und **Walter E. Heinz,** Corpus Christi, Tex., V. St. A., *Paraformaldehyd* (**I**) erhält man bei zweistufigem Eindampfen einer wss. CH_2O (**II**)-Lsg. im Vakuum, wobei p_H zwischen 2,9 u. 3,5 gehalten wird. In der 1. Stufe hält man die Temp. auf 45—70° u. 25—100 mm Hg (absol.) u. erzielt eine Lsg. von 60—80 Gew.-% **II**. In der 2. Stufe beträgt die Temp. 70—90° u. der Druck 100—200 mm Hg, wobei eine Lsg. von 80 bis 90 Gew.-% **II** anfällt. Diese läßt man bei 100—140° ca. 30—180 Min. reifen, kühlt u. scheidet festes **I**, z. B. auf einer Walze mit Schaber, ab. (**A. P. 2 568 017** vom 18/10. 1949, ausg. 18/9. 1951.) G. KÖNIG. H 670

Badische Anilin- & Soda-Fabrik (Erfinder: **Hans Nienburg** und **Hans Häuber,** Ludwigshafen/Rh., und **Werner Hagen,** Heidelberg), *Herstellung sauerstoffhaltiger Verbindungen* nach Patent 843 848, dad. gek., daß man für die Rk. bestimmtes CO, zweckmäßig in Mischung mit H_2, mit wss. Lsgg. oder Suspensionen von Co-Verbb. bei erhöhten Drucken u. Tempp. zusammenbringt u. das erhaltene Gemisch aus Gas, W. u. Co-Carbonylverbb. mit den olefin. Verbb. vereinigt. Hierbei kann man die im W. nach der Rk. u. dem Abtrennen der sauerstoffhaltigen Verbb. vorhandenen Co-Verbb. im Kreislauf zurückführen. Nach dem Beispiel werden aus Synthesegas u. Äthylen *Propionaldehyd* u. höhere azeotrop sd. Kondensationsprodd. gewonnen. (**D. B. P. 849 103** Kl. 12o vom 1/8. 1950, ausg. 11/9. 1952. **Zusatz zu D. B. P. 843 848; C. 1953. 927.**) SCHINDLER. H 670

Usines de Melle, Saint-Léger-les-Melle, Frankreich (Erfinder: **L. Alhéritière**), *Kontinuierliche Herstellung von Butyraldehyd durch Hydrierung von Crotonaldehyd in Gegenwart von Katalysatoren, die eine Hydrierung zu Butanol bewirken, unter Rückführung des Butanols.* Man leitet ein Gemisch, das 1—5, bes. 2—5 (Teile) Butanol je Mol. Crotonaldehyd enthält, u. H_2 in Dampfform bei 150—220° über einen Katalysator auf Cu-Basis, bes. einen solchen, der in Ggw. einer wss. Suspension von Kieselgur gefällt u. unmittelbar in der Reaktionszone red. wird. (**Schwed. P. 136 099** vom 16/8. 1949, ausg. 10/6. 1952. F. Prior. 20/8. 1948.) JÜRGEN SCHMIDT. H 670

Usines de Melle, Saint-Leger-les-Melle, Frankreich, *Butyraldehyd* entsteht in kontinuierlichem Verf. beim Überleiten von Crotonaldehyd mit Butylalkohol, Wasserdampf u. H_2 über einen Cu-Katalysator bei 150—200°. (**Schwz. P. 282 084** vom 12/7. 1949, ausg. 16/7. 1952. F. Prior. 20/8. 1948.) LANGER. H 670

Badische Anilin- & Soda-Fabrik (Erfinder: **Hans Nienburg, Werner Hagen, Lothar Lorenz** und **Fritz Nicolai**), Ludwigshafen/Rh., *Gewinnung von Isobutyraldehyd* aus Gemischen von n- u. Isobutyraldehyd, dad. gek., daß man das Gemisch unter solchen Bedingungen mit bas. Mitteln behandelt, daß der n-Butyraldehyd in α-Äthyl-β-propylacrolein übergeführt wird, der Isoaldehyd jedoch unverändert bleibt, u. daß man aus dem Reaktionsgemisch diesen abdestilliert. (**D. B. P. 870 841** Kl. 12o vom 19/5. 1951, ausg. 16/3. 1953.) G. KÖNIG. H 670

Eastman Kodak Co., Rochester, N. J., übert. von: **Hugh J. Hagemeyer jr.,** Kingsport, Tenn., V. St. A., *Oxosynthese.* Man setzt der Katalysatorlsg., bestehend aus in W. lösl. Salzen des Co oder Fe Pufferstoffe, wie Alkalisalze von aliphat. Carbonsäuren, von Aminocarbonsäuren, Alkalialkoholate, tert. N-Basen u. andere puffernd wirkende Stoffe u. Mischungen, z. B. Natriumacetat, Pyridin, Diäthylaminoäthanol, $Ba(OH)_2$, zu. Beschleuniger, wie Salze von aliphat. Carbonsäuren mit Cr, Ce, Mn, Th, A. u. Mg, können zugegeben werden. Die Ggw. von Alkoholen ist vorteilhaft. Die Reaktionstemp. richtet sich nach dem Katalysator, z. B. bei **Co-Carbonylhydrid** bilden sich zwischen 80 u. 140° Aldehyde oder Ketone, bis 250° entstehen Alkohole. — Es werden hergestellt: *Propionaldehyd, n-* u. *Isobutyraldehyd, 3-Äthylheptaldehyd, 2-Butyl-2-methylbutyraldehyd, Cyclohexaldehyd, Acetoxypropionaldehyd,* sowie *α-Acetoxybutyr-* u. *-isobutyraldehyd.* (**A. P. 2 576 113** vom 22/4. 1948, ausg. 27/11. 1951.) G. KÖNIG. H 670

Giulio Natta und **Enrico Beati,** Mailand, Italien, *Oxosynthese.* Olefine, Cycloolefine u. Olefincarbonsäuren oder deren Ester, wobei die Doppelbindung nicht in Nachbarschaft zur COOH-Gruppe liegen soll, werden mit CO u. H_2 bei 80—100° u. Drucken <50 at in Ggw. Co-haltiger Katalysatoren umgesetzt. Man erhält z. B. aus 1-Octadecen *α-Methyloctadecyl-* u. *Nonandecylaldehyd.* Als Katalysator eignet sich teilweise red. CoO, aktiviert durch andere Metalloxyde, wie Fe_3O_4, gegebenenfalls auf feinverteilten Trägern. (**E. P. 646 424** vom 7/8. 1946, ausg. 22/11. 1950. It. Prior. 8/1. 1945.) G. KÖNIG. H 670

Badische Anilin- & Soda-Fabrik, Ludwigshafen/Rh., *Crotonaldehyd* (**I**) gewinnt man aus Acetaldehyd (**II**) durch unvollständige Aldolisierung in Ggw. eines alkal. Stoffes u. von W., das in kleinerer Menge als **II** angewandt wird, mit anschließender Wasserabspaltung bei p_H 2—7 u. einer Temp. oberhalb des Kp. von **II** unter gleichzeitiger Zugabe einer wss. Elektrolytlsg., während man gleichzeitig eine nichtflüchtige Mineralsäure einleitet, um das von der Aldolisierung vorhandene Alkali zu neutralisieren. **I** gewinnt man als Bodenprod. einer Destillationskolonne, während **II** mit geringen Mengen **I** als Kopfdestillat übergeht. — Zeichnung. (**E. P. 660 972** vom 20/10. 1949, ausg. 14/11. 1951.) G. KÖNIG. H 670

Phillips Petroleum Co., Del., übert. von: **Harold W. Fleming,** Bartlesville, und **John S. Cromeans,** Dewey, Okla., V. St. A., *Aufarbeitung der Kohlenoxydhydrierungsprodukte.* Man trennt die KW-stoffphase ab u. dest. azeotrop aus der wss. Phase oberhalb 77° ein tern. Gemisch von Methyl-n-propylketon (**I**), A. u. W. ab. Im Destillat wird durch Zusatz von HCOOH oder Essigsäure ein Ameisensäure- oder Essigsäurealkoholester gebildet u. abdest., worauf ein an **I** angereicherter Anteil zurückbleibt. — Schema. (**A. P. 2 586 929** vom 18/4. 1949, ausg. 26/2. 1952.) MÖLLERING. H 710

Distillers Co. Ltd., übert. von: **Herbert M. Stanley, Karl H. W. Turck, Denis Ch. Quin, Thomas Bewley** und **Godfrey P. Armstrong**, Edinburgh, Schottland, *Oxydation von Kohlenwasserstoffen* in fl. Phase mit mol. O_2 bei erhöhter Temp., wobei das O_2-haltige Gas in dem fl. KW-stoff dispergiert u. in dieser Form in die Reaktionszone eingeleitet wird. — Zeichnung. (**Can. P. 485 434** vom 24/4. 1948, ausg. 5/8. 1952. E. Prior. 1/5. 1947.) M. F. MÜLLER. H 810

M. W. Kellogg Co., Jersey City, N. J., übert. von: **William P. Burton**, Orange, und **Ernest Solomon**, Nutley, N. J., V. St. A., *Gewinnung von Carbonsäuren* (I) *aus dampfförmigen Produkten der CO-Hydrierung.* Man wäscht diese ohne vorherige Kondensation mit starkem Alkali bei einer Temp. > Kp. der Bestandteile der Mischung (300—700° F) u. erhält einen Extrakt aus wasserfreien I-Salzen u. ein I-freies Gas, das den Rest der I-Salze enthält. Diese werden aus dem Gas abgetrennt u. mit H_2SO_4 oder HCl in eine Säurephase, welche die in W. unlösl. I u. eine wss. Phase, welche anorgan. Salze (II) u. wasserlösl. I enthält, zerlegt, worauf man die wasserlösl. I von den II trennt. — Vorr., Zeichnung. (**A. P. 2 595 223** vom 28/5. 1947, ausg. 6/5. 1952.) MÜLLER-MEININGEN. H 800

British Celanese Ltd., London, England, *Wiedergewinnung niedermolekularer aliphatischer Carbonsäuren* C_1—C_5 aus ihren wss. 30—35 Gew.-%ig., Acetylcellulose enthaltenden Lsgg. erfolgt durch 5—20 Min. langes Erhitzen auf 215—250° bei z. B. 275 bis 300 lbs./sq.in. (**E. P. 650 413** vom 7/7. 1948, ausg. 21/2. 1951. A. Prior. 12/6. 1947.) MÜLLER-MEININGEN. H 800

B. F. Goodrich Co., New York, N. Y., V. St. A., *β-Substituierte Carbonsäuren* erhält man durch Rk. von β-Lactonen mit wasserlösl., dissoziierbaren anorgan. Salzen, z. B. Halogeniden, Thiocyanaten u. dergleichen. — Man gibt zur Lsg. von 176 (Teilen) NaCl in 400 W. innerhalb 1 Std. 72 β-Propiolacton (I), wobei die Temp. von 30 auf 45 % steigt, säuert dann mit konz. HCl an, extrahiert mit Ae. u. erhält durch Dest. 80 (74 %) β-Chlorpropionsäure, $Kp._1$ 88—90°, F. 41—42°. — I + NaCN → β-Cyanpropionsäure, $Kp._3$ 113 bis 115°. — I + Na-Thiocyanat → β-Thiocyanpropionsäure. — I + Na-Thiosulfat → β-Dithiodipropionsäure, $HOOC-CH_2-CH_2-S-S-CH_2-CH_2-COOH$, F. 152 bis 155°, u. Thiohydracrylsäure, $Kp._2$ 122°. — I + $(NH_4)_2SO_3$ → β-Sulfopropionsäure. (**E. P. 635 348** vom 4/9. 1946, ausg. 5/4. 1950. A. Prior. 5/10. 1945.) MÜLLER-MEININGEN. H 800

M. W. Kellogg Co., Jersey City, übert. von: **William P. Burton**, Orange, **Henry G. McGrath**, Elizabeth, und **Louis C. Rubin**, West Caldwell, N. J., V. St. A., *Trennung von wasserunlöslichen Carbonsäuren* (I) *und wasserunlöslichen Alkoholen* (II) aus CO-Hydrierungsgemischen. Man führt ein in W. unlösl. Lösungsm. (III), z. B. $CH_3COO \cdot C_2H_5$ oder Pentan u. dgl., das mit II keinen azeotrop. Minimum-Kp. besitzt, im unteren, eine wss. Alkalilsg. im oberen u. das zu trennende Gemisch im Mittelteil einer Kolonne ein, wobei die II in III die sogenannte „Extraktphase" bilden, während die I als Salze in die wss. „Raffinatphase" gehen. Nach Trennung dieser Phasen geht III in den Prozeß zurück. — Vorr., Zeichnung. (**A. P. 2 580 403** vom 30/4. 1947, ausg. 1/1. 1952.) MÜLLER-MEININGEN. H 800

Swift & Co., übert. von: **Harland H. Young** und **Howard C. Black**, Chicago, Ill., V. St. A., *Fraktionieren von Fettsäureestern.* Gemische von Estern von verschied. Fettsäuren oder von Partialestern werden in der ½—15fachen Menge eines Esters aus niederen Alkoholen u. Carbonsäuren durch Erwärmen gelöst u. stufenweise abgekühlt, wobei jedesmal der ausgeschiedene Ester abgetrennt wird. Das Verf. ist allg. anwendbar. (**A. P. 2 608 564** vom 7/12. 1944, ausg. 26/8. 1952.) LÜTTGEN. H 800

Norsk Hydro-Elektrisk Kvaelstofaktieselskab, Oslo, Norwegen, *Konzentrierte Ameisensäure* (I) erhält man durch Rk., bes. von Ca-Formiat (II) mit mindestens 65 % ig. HNO_3 in Ggw. von mindestens 1, bes. 2—3 Mol I je Mol II als Lösungsm. u. z. B. $CO(NH_2)_2$(III). Zu 3250 (g) II u. 82 III in 9710 I (70,9 %ig) läßt man 3317 HNO_3 (98 %ig) schließen, wobei man durch Dest. bei einer Fraktion, $Kp._{20-30}$ 31—35°, erhält, aus der 2121 I (88,5 %ig) erhältlich sind. Durch weitere Dest. der Hauptmengen gewinnt man ein Destillat, $Kp._{20-30}$ 113°, bestehend aus I, HNO_3 u. W., das man zu einem neuen Ansatz verwenden kann. Der Rückstand besteht aus $Ca(NO_3)_2$ u. NH_4NO_3. (**E. P. 674 793** vom 21/8. 1950, ausg. 21/7. 1952. N. Prior. 31/8. 1949.) MÜLLER-MEININGEN. H 810

Aschaffenburger Zellstoffwerke Akt.-Ges., Aschaffenburg (Erfinder: **Alfred Ogait**, Pirna), *Gewinnung von Essigsäure aus Buchenzellstoffsulfitablauge.* 50 Liter Ablauge u. 1,5 Essigsäure (I) werden mit $CH_3COOC_2H_5$ (III) kontinuierlich extrahiert, daß die ablaufende Ablauge noch ca. 0,1 u. III 2,0 I enthält, usw. (**D. R. P. 767 277** Kl. 12o vom 2/3. 1939, ausg. 29/9. 1952.) MÜLLER-MEININGEN. H 810

Monsanto Chemical Co., St. Louis, übert. von: **Charles M. Eaker**, Affton, Mo., V. St. A., *Trichloressigsäure* erhält man durch Chlorieren einer Mischung aus 15 bis

75(%) wasserfreier CH_3COOH u. 85—25 $(CH_3CO)_2O$ bei 70—170°, wobei man stufenweise zuerst bei 70—120° mono- u. dann bei 120—170° weiterchlorieren kann. Nebenprodd. mit einem F. >51° nach Abtreiben des HCl, z. B. $CCl_3 \cdot COCl$, werden durch Erhitzen mit W. hydrolysiert. (**A. P. 2 613 220** vom 14/10. 1950, ausg. 7/10. 1952.) MÜLLER-MEININGEN. H 810

I. G. Farbenindustrie Akt.-Ges., Frankfurt/M. (Erfinder: **Alfred Rieche**, Wolfen, und **Hermann Stetter**, Bitterfeld), *Di- bzw. Trichloracetylchlorid* erhält man durch O.-Oxydation von fl. Di- bzw. Trichloräthylen in Ggw. von Cl_2 u. unter UV-Bestrahlung bei 30—70, bes. 40—50°. Man verwendet bes. 1 (Vol.) Cl_2 auf 2—3 O_2. (**D. R. P. 759 963** Kl. 12o vom 18/4. 1941, ausg. 1/12. 1952.) MÜLLER-MEININGEN. H 810

Monsanto Chemical Co., St. Louis, Mo., übert. von: **Rudolph L. Heider**, Dayton, O., V. St. A., *Reinigung von Dimethylacetamid* in wss. Lsg. durch Extraktion mit 2-Äthylhexanonsäure. In gleicher Weise können z. B. rohes N.N-Diäthylformamid, N-Methylformamid, N-Monomethylacetamid auch mit n-Decylalkohol oder Octaldehyd extraktiv rein erhalten werden. — Beispiele, Zeichnung. (**A. P. 2 606 207** vom 30/12. 1949, ausg. 5/8. 1952.) SCHINDLER. H 810

Monsanto Chemical Co., St. Louis, Mo., übert. von: **Rudolph L. Heider**, Dayton, O., V. St. A , *Dimethylacetamid* extrahiert man aus seinen wss. Lsg. mit Chlor-KW-stoffen $C_1—C_5$, z. B. Chlf., Äthylendichlorid, 1.1.2-Trichloräthylen u. dgl., u isoliert es anschließend durch Dest. aus dem Extrakt. — Vorr., Zeichnung (**A. P. 2 602 817** vom 24/6. 1949, ausg. 8/7. 1952.) MÜLLER-MEININGEN H 810

Badische Anilin- & Soda-Fabrik, Ludwigshafen/Rh. (Erfinder: **Helmut Dierichs** und **Ernst Braun,** Leverkusen), *Kontinuierliche Herstellung von Carbonsäureestern durch Umesterung.* Man läßt z. B. 174,1 (Gewichtsteile) Adipinsäuredimethylester + 632,7 Decylalkohol im Oberteil einer Kolonne von 2 m Länge u. 30 mm Durchmesser eintropfen, wobei die Kolonne mit einem aus Phenol, CH_2O u. Na_2SO_3 erhaltenen, mit konz. HNO_3 gehärteten u. mit W. ausgewaschenen Kondensationsprod., das vor Gebrauch mit verd. HCl behandelt, mit dest. W. gewaschen u. getrocknet wurde, gefüllt ist. Temp. am Oberteil: 130—135°, Mitte: 150°, Fuß: 170—175°. CH_3OH dest. oben ab, am Fuß wird reiner Adipinsäuredecylester abgezogen. — Weiter wird beschrieben die Umsetzung von Phthalsäuredimethylester mit Hexamethylenglykol in Ggw. von Borphosphat. (**D. B. P. 869 947** Kl. 12o vom 24/1. 1943, ausg. 9/3. 1953.) MÜLLER-MEININGEN. H 810

Badische Anilin- & Soda-Fabrik (Erfinder: **Walter Reppe**), Ludwigshafen/Rh. *Acrylsäure*, deren Ester u. Substitutionsprodukte. Acetylen (I) oder einseitig substituiertes I wird in fl. oder gasförmiger Phase mit Metallcarbonylen in Ggw. von W. u. organ. Säuren, notfalls in Mischung mit anorgan. Säuren, bei niedriger oder erhöhter Temp , gewöhnlichem oder erhöhtem Druck behandelt. Nach einem weiteren Verf. wird I, ein- oder zweiseitig substituiertes I mit CO. W. oder Alkoholen oder Phenolen in Ggw. von carbonylbildenden Metallen, deren Oxyden oder Salzen, in gleicher Weise umgesetzt. — Wasserfreier A. wird in Ggw. von Ni-Acetat unter Aufpressen von I u. CO bei 20 at im Edelstahldruckgefäß auf 160—170° erhitzt, wodurch man *Acrylsäureäthylester* u. dessen *Dimeres* erhält. — *Polyacrylsäuredekahydronaphthylester.* — Hexyl I → *n-Octen-(7)-carbonsäure-(7)*, $CH_3(CH_2)_5C(COOH)=CH_2$, $Kp._{0,5}$ 98—100°. — *α-Phenylacrylsäure* (*Atropasäure*). *α-Isoatropasäure*, F. 237°. — Butin-1-ol-3 → *2-Oxybuten-(3)-carbonsäure-(3)*, $CH_3CH(OH)C(COOH)=CH_2$, $Kp._{1-2}$ 113—115°. (**D. B. PP. 854 948** Kl. 12o vom 8/10. 1939 u. **855 110** Kl. 12o vom 2/8. 1939, beide ausg. 10/11. 1952.) KRAUSS. H 810

Badische Anilin- & Soda-Fabrik (Erfinder: **Hans Krzikalla,** Heidelberg, und **Erich Flickinger**), Ludwigshafen/Rh., *α.β-Dichloracrylsäureester.* Das durch Chlorieren von Acrylsäurenitril erhaltene Trichlorpropionsäurenitril (I) (vermutlich α.β.β-I) wird unter Verseifung der —CN-Gruppe mit einem Alkohol verestert u. dann aus dem Ester HCl abgespalten, oder dieser wird zuerst aus dem I abgespalten u. dann das Dichloracrylsäurenitril unter Verseifung verestert. — I wird mit H_2SO_4 auf 160° erhitzt, wobei man Butanol zusetzt. Der erhaltene *Trichlorpropionsäurebutylester*, $Kp._{17}$ 108—110° (*Methylester*, $Kp._{13}$ 74—75°. *Äthylester*, $Kp._{18}$ 85—88°) wird mit N_2 im Verhältnis 1:4 bei 320° über CuCl auf Kieselgel geleitet, wodurch man in 75%ig. Ausbeute *α.β-Dichloracrylsäurebutylester*, $Kp._{13}$ 69—71°, erhält (*Methylester*, Kp. 125—126°, *Äthylester*, $Kp._{30}$ 54 bis 56°). (**D. B. P. 855 553** Kl. 12o vom 2/12. 1941, ausg. 13/11. 1952.) KRAUSS. H 810

Farbenfabriken Bayer (Erfinder: **Hermann Wolz**), Leverkusen, *Reinigung von divinylacetylenhaltigem Acrylsäurenitril* (I). Das z. B. nach D. R. P. 728 767 (C. **1943.** I. 2758) erhaltene trockene Gemisch wird unter Vermeidung höherer Tempp. mit Cl_2, notfalls in Ggw. eines alkal. reagierenden Mittels, behandelt, wobei sich das Cl_2 an Divinylacetylen anlagert u. das unverändert gebliebene **I** durch Dest. abgetrennt werden kann. (**D. B. P. 851 341** Kl. 12o vom 8/1. 1943, ausg. 2/10. 1952.) KRAUSS. H 810

Distillers Co. Ltd., Edinburgh (Erfinder: **Godfrey Paul Armstrong**, Epsom, Surrey), England, *α.β-Ungesättigte Carbonsäurenitrile* erhält man durch Abspaltung von A. bzw. A. u. W. aus Alkoxynitrilen bzw. Alkoxysäureamiden der nebenst. Formel (R_1, R_2, R_3 = H, Alkyl, Cycloalkyl, Aralkyl, Aryl, R_4 = Alkyl, Z = CN oder $CONH_2$) bei 250—500°, bes. 350—400°, zweckmäßig in Ggw. von Katalysatoren (Aktiverden, Al_2O_3, Bauxit, Gemische aus Oxyden des Fe, Zn u. Ca). Die Abspaltung kann in der Dampfphase unter N_2 oder CO_2 oder in Ggw. eines Verdünnungsmittels erfolgen. — 3-Methoxypropionitril → *Acrylnitril* (**I**); Ausbeute 87%. — 3-Methoxypropionsäureamid → **I**; Ausbeute 47,2%. (**D. B. PP. 877 454** u. **877 609**, beide Kl. 12o vom 8/4. 1951, ausg. 26/5. 1953. Beide E. Prior. 15/4. 1950.) KRAUSS. H 810

$$R_3-\underset{OR_4}{\overset{R_2}{C}}-\overset{R_1}{C}H-Z$$

E. I. du Pont de Nemours & Co., übert. von: **Archibald M. Hyson**, Wilmington, Del., V. St. A., *trans-3-Pentensäure* erhält man durch Erhitzen von Butadien mit CO u. W. in Ggw. von Dimethylformamid oder Dimethylacetamid u. Co-Carbonylkatalysator bei 100—250° u. 700—5000 at nach dem Schema: $CH_2{=}CHCH{=}CH_2 + CO + H_2O \rightarrow CH_3CH{=}CHCH_2COOH$, $Kp._{1,5-1}$ 53—50°. (**A. P. 2 586 341** vom 14/10. 1950, ausg. 19/2. 1952.) KRAUSS. H 810

Dynamit-Akt.-Ges. vormals Alfred Nobel & Co., Troisdorf (Erfinder: **Heinz Ratz**, Bonn), *Penten-(1)-carbonsäure-(5)-nitril*, Kp. 164—165°, erhält man in 90%ig. Ausbeute durch Aufspaltung von ε-Caprolactam in Ggw. von H_2O-Dampf, NH_3 u. Katalysatoren (mit H_3PO_4 getränktes Kieselsäuregel) bei 350—400°. (**D. B. P. 875 510** Kl. 12o vom 11/12. 1951, ausg. 4/5. 1953.) KRAUSS. H 810

B. F. Goodrich Co., New York, N. Y., übert. von: **John McCool**, Akron, O., V. St. A., *Thiolcarbonsäuren* erhält man durch Rk. von Diacyloxyden oder -sulfiden mit H_2S in Ggw. von Katalysatoren, wie CH_3COCl, $ZnCl_2$, HCl, H_2SO_4, u. bes. Alkyl- oder Arylsulfonsäuren C_1—C_{12} bei 25—50°/760 mm oder bei 50—100° unter höherem Druck. — In 400 (Teile) $(CH_3 \cdot CO)_2O$ (95%ig) u. 8 p-Toluolsulfonsäure·H_2O werden 363 H_2S eingepreßt (250 lbs./sq.in.), das Gemisch wird 3½ Std. unter Rühren auf 98° erhitzt, Überschuß an H_2S entfernt u. die Lsg. dest., wobei die Fraktion 88—115° abgetrennt wird. Man erhält so 226,4 *Thiolessigsäure*, F. 85,5—88°. (**A. P. 2 587 580** vom 3/6. 1949, ausg. 4/3. 1952.) MÜLLER-MEININGEN. H 810

Badische Anilin- & Soda-Fabrik, Ludwigshafen/Rh. (Erfinder: **Hans Krzikalla**, Heidelberg, und **Ernst Woldan**, Burgkirchen/Alz), *Herstellung von Dicarbonsäuredimethylolamiden* durch Rk. von Dipropyläther- oder Dipropylthioätherdicarbonsäureamiden mit CH_2O, bes. in Ggw. alkal. wirkender Kondensationsmittel. Nach dem Beispiel trägt man bei 70° Di-n-propyläther-ω.ω'-dicarbonsäureamid in wss. CH_2O, dem K_2CO_3 zugesetzt ist, ein. Nach dem Eindampfen erhält man die wachsartige Dimethylolverb., die sich in Ggw. von Säuren oder säureabspaltenden Mitteln bei erhöhter Temp. zu wasserunlösl. Harzen weiterkondensieren lassen. *Kunstharze, Textilhilfsmittel.* (**D. B. P. 858 697** Kl. 12o vom 24/12. 1942, ausg. 8/12. 1952.) SCHINDLER. H 820

American Cyanamid Co., New York, N. Y., V. St. A., *Malonsäurenitrile* erhält man durch Rk. von CH_3CN oder dessen Homologen mit Halogencyan auf mindestens 600, bes. 650—700°, wobei der Aufenthalt in der Reaktionszone mindestens 0,5, bes. 5 bis 15 Sek., beträgt. — Beispiel: $CH_3CN + ClCN \rightarrow CH_2(CN)_2 + HCl$. (**E. P. 679 605** vom 27/3. 1951, ausg. 17/9. 1952. A. Prior. 8/4. 1950.) MÜLLER-MEININGEN. H 820

Distillers Co. Ltd., Edinburgh, England, *Pimelinsäure* erhält man durch Rk. von Δ^3-Tetrahydrobenzaldehyd, dessen Trimeren oder Kondensationsprod. mit wss. Alkali, mit 10—80% wss. 30—40%ig. Alkalihydroxydlsg. bei 250—400°. (**E. P. 679 854** vom 19/11. 1949 u. 17/2. 1950, ausg. 24/9. 1952.) MÜLLER-MEININGEN. H 820

E. I. du Pont de Nemours & Co., übert. von: **Charles J. Albisetti jr.** und **Norman G. Fisher**, Wilmington, Del., V. St. A., *Ungesättigte Dicarbonsäuren und deren Ester* erhält man durch Erhitzen von Acrylsäure oder α-Alkylacrylsäuren oder deren Ester der Formel $CH_2{=}C(R){-}COOX$ (**R** = H oder Alkyl mit 1—3 C-Atomen, X = H oder gesätt. KW-stoffrest mit 1—10 C-Atomen) mit einer 5-Alkencarbonsäure auf ca. 200 bis 400° u. 25—1000 at Eigendruck, bes. in Ggw. eines Polymerisationsverhinderungsmittels. — Eine Mischung aus 5-Methyl-5-hexensäuremethylester u. Methylacrylat in Bzl. u. einer Spur Hydrochinon wird 4 Std. auf 260° im Druckgefäß erhitzt. Durch Dest. erhält man *5-Methylennonandicarbonsäuredimethylester*, $Kp._1$ 100—150°, die bei der Verseifung mit alkoh. KOH *5-Methylennonandicarbonsäure*, $Kp._{0,5}$ 180°, bzw. durch

Hydrierung in Ggw. von Pd-Kohle bei 50° u. 1000 lbs./sq.in. mit H_2 *5-Methylnonandicarbonsäuredimethylester*, Kp.$_3$ 127,5—128,5°, n_D^{25} 1,4370, u. nach Verseifung *5-Methylnonandicarbonsäure*, Kp.$_{0,5}$ 180°, F. 69—71°, aus Acetonitril, liefert. — 5-Hexensäuremethylester + Methylacrylat → *4-Nonendicarbonsäuredimethylester*, Kp. 265 bis 280°, → *4-Nonendicarbonsäure* → *Azelainsäuredimethylester*, Kp.$_{2,5}$ 95—104°, → *Azelainsäure*, F. 105—106,5°. — 2.5-Dimethyl-5-hexensäuremethylester + Methylmethacrylat → *2.8-Dimethyl-5-methylennonandicarbonsäuredimethylester*, Kp.$_2$ 119—121°; n_D^{25} 1,4481, → *2.8-Dimethyl-5-methylennonandicarbonsäure* → *2.5.8-Trimethylnonandicarbonsäuredimethylester*, Kp.$_{1,5}$ 116—118°; n_D^{25} 1,4372, → *2.5.8-Trimethylnonandicarbonsäure*, Kp.$_{0,5}$ 180—181°. — 5-Methyl-5-hexensäure + Acrylsäure → *5-Methylennonandicarbonsäure*, Kp.$_1$ 188—196, → *5-Methylnonandicarbonsäure*, F. 69—71°. Ferner können hergestellt werden: *4-Nonendicarbonsäurediisobutylester*; *4-Methyl-4-nonendi-n-decylester*; *5-(2.2-Dimethylpropyliden)-2.8-di-n-propylnonandicarbonsäure*; *4-Nonendicarbonsäurediphenylester*; *2.8-Diäthyl-4-nonendicarbonsäuredicyclohexylester*; *2-Äthyl-5-methylennonandicarbonsäure*; *5-(2.2-Dimethylpropyliden)-nonandicarbonsäure*. Verwendung als Zwischenprod. u. zur Herst. elast. *Polyester* oder *Polyamide*. (**A. P. 2 584 527** vom 2/11. 1949, ausg. 5/2. 1952.) KRAUSS. H 820

Distillers Co. Ltd., Edinburgh (Erfinder: **David James Hadley, Robert Heap** und **David Jan Hutchinson Jacobs,** Epsom, Surrey), England, *Maleinsäure* (I) u./oder *Maleinsäureanhydrid* erhält man durch Oxydation von ungesätt., aliphat. oder aromat. Verbb. mit 4—8 C-Atomen bzw. Olefinen oder O-haltigen KW-stoffderivv. mit 2—3 C-Atomen in der Dampfphase mit mol. O_2-enthaltenden Gasen in Ggw. eines Oxydationskatalysators, bes. Oxyden des P u. Mo, bei 150—400°. — Mischung aus 1- u. 2-n-Butylen → 26(%) I, 8 Essigsäure, 9 Crotonaldehyd u. 4 Acetaldehyd (Tabelle). — Butadien → I. — Propylen → I (Tabelle). — A. → I. (**D. B. P. 875 509** Kl. 12o vom 8/12. 1950, ausg. 4/5. 1953. E. Prior. 9/12. 1949. **E. P. 677 624** vom 24/1. 1950, ausg. 20/8. 1952.) KRAUSS H 820

Röhm & Haas G. m. b. H. (Erfinder: **Karl T. Kautter, Ernst Trommsdorff** und **Gerhard Abel**), Darmstadt, *Niedrigpolymere Vinylverbindungen* erhält man aus den entsprechenden Monomeren, indem man diese unter Aufrechterhaltung der fl. Phase unter Druck kontinuierlich in einem Reaktionsraum rasch auf 200—500° erhitzt u. an dessen Austrittsende das Reaktionsgemisch über ein Entspannungsventil abführt. — Aus Methacrylsäuremethylester erhält man bei 40 atü H_2 u. 260° *α.α'-Dimethyldihydromuconsäuredimethylester*, trimere u. höherpolymere Produkte. — Vorr., Zeichnung. (**D. B. P. 855 554** Kl. 12o vom 21/9. 1944, ausg. 13/11. 1952.) KRAUSS. H 820

Badische Anilin- & Soda-Fabrik (Erfinder: **Erwin Bauer**), Ludwigshafen/Rh., *Herstellung von Äthern des α-Oxypropionsäurenitrils*, dad. gek., daß man Vinyläther bei zweckmäßig 100—300° mit HCN behandelt. Entsprechend dem eingesetzten Alkylvinyläther erhält man das α-Methyl-, α-Äthyl- u. α-Butyloxypropionsäurenitril. Der Cyclohexylvinyläther ergibt das *Cyclohexyloxypropionsäurenitril*, Kp.$_{0,5}$ 85°, entsprechend wird das *Dekahydronaphthyloxypropionsäurenitril*, Kp.$_{0,5}$ 102—103°, erhalten. Als Katalysatoren können KOH, NaOH, KCN, NaCN, Pyridin, Pyrrolidin, Tetrahydrofuran u. Dioxan, letztere gleichzeitig als Lösungsm., dienen. (**D. B. P. 854 504** Kl. 12o vom 18/9. 1941, ausg. 4/11. 1952.) SCHINDLER. H 850

Farbwerke Hoechst, vormals Meister Lucius & Brüning (Erfinder: **Heinrich Lange** und **Otto Horn**), Frankfurt/M., *Acylderivate des Isooxybernsteinsäuredinitrils* erhält man durch Rk. von α-Acyloxyacrylsäurenitrilen mit HCN in Ggw. von alkal. Verbb. nach der Gleichung $CH_2{=}C(O\text{-}Acyl){-}CN + HCN \rightarrow CH_3{-}C(O\text{-}Acyl)(CN)_2$, indem man z. B. in 1,25 Mol fl. HCN, dem 0,2—0,5 g KCN zugesetzt wurde, unter Rühren u. gutem Kühlen 1 Mol α-Acetoxyacrylnitril (I) eintropft, einige Std. weiterrührt, wobei die Temp. allmählich auf 90° steigt, I u. HCN im Vakuum abtreibt u. bei 82°/5 mm 70% *Acetylisooxybernsteinsäuredinitril*, F. 71°, erhält. Durch Verseifen erhält man *Isooxybernsteinsäure*, $CH_3C(OH)(COOH)_2$. (**D. B. P. 860 486** Kl. 12o vom 13/11. 1938, ausg. 22/11. 1952.) MÜLLER-MEININGEN. H 850

Prumyslová Akciová Spolecnost Kaznejov-Brasy, Prag, Tschechoslowakei, *Citronensäure* (I) erhält man durch Oberflächengärung zuckerhaltiger Lsgg., z. B. von Melasse, mit Ausbeuten bis zu 69,2 g I je 100 g Zucker. (**E. P. 650 301** vom 14/3. 1940, ausg. 21/2. 1951. Tschech. Prior. 22/12. 1938.) MÜLLER-MEININGEN. H 850

Emulsol Corp., Chicago, Ill., V. St. A., *Herstellung aliphatischer Acyloxypolycarbonsäureanhydride.* Man gibt z. B. zu 2950 (Teilen) $(CH_3CO)_2O$ u. 0,5—0,8 H_3PO_4 (85% ig) 1375 Weinsäure (I), erhitzt nach Erreichen der Höchsttemp. von ca. 210—230° F langsam auf 240—250° F, wobei CH_3COOH, bes. im Vakuum, abdest. wird. Man erhitzt schließlich auf 245—280° F u. erhält geschmolzenes Diacetylweinsäureanhydrid. — Weiter wird beschrieben die Herst. von Dipropionyl-I-Anhydrid u. Acetylcitronensäureanhydrid. (**E. P. 674 710** vom 28/8. 1950, ausg. 25/6. 1952.) MÜLLER-MEININGEN. H 850

Chemische Werke Hüls G. m. b. H. (Erfinder: **Wilhelm Dietrich** und **Heinrich Weber**), Marl, *Schwefelhaltige Carbonsäureester* erhält man durch Kondensation α.β-ungesätt. Carbonsäureester mit H_2S in Ggw. geringer Mengen wasserfreier Alkalisulfide oder solcher Alkaliverbb., die unter den Reaktionsbedingungen ohne Bldg. von W. in Alkalisulfide übergehen. — Crotonsäure-n-butylester gibt mit H_2S in Ggw. von wasserfreiem Na_2S bei 145° neben wenig *β-Mercaptobuttersäurebutylester*, $Kp._{10}$ 110°, *β.β'-Thiodibuttersäuredibutylester*, $Kp._3$ 141°. — Crotonsäure-β-n-butoxyäthylester → *β.β'-Thiodibuttersäuredi-β-n-butoxyäthylester*, $Kp._{0,01}$ 168—173°. — α-Äthyl-β-n-propylacrylsäure-n-butylester → *β.β'-Thiodi-(α-äthylcapronsäure-n-butylester)*, $Kp._{0,01}$ 199—207°, neben wenig *β-Mercapto-α-äthylcapronsäure-n-butylester*. (**D. B. P. 859 457** Kl. 12o vom 20/10. 1942, ausg. 15/12. 1952.) KRAUSS. H 850

Badische Anilin- & Soda-Fabrik, Ludwigshafen/Rh. (Erfinder: **Kurt Heintz**, Heidelberg), *Thiolactone* (mit ringförmig gebundenem S) erhält man durch Erhitzen aliphat. γ- oder δ-Lactone mit H_2S in Ggw. geringer Mengen (z. B. 0,1—2%) alkal. wirkender Mittel (Alkali-, Erdalkalihydroxyde, -carbonate, -acetate, -sulfide), zweckmäßig auf 150—250°. — γ-Butyrolacton gibt mit fl. H_2S nach 10 std. Erhitzen auf 200° im Druckrührgefäß in Ggw. von krist. Na_2S *γ-Mercaptobuttersäurelacton*, $Kp._{20}$ 90—92°. — **δ-Valerolacton** → *δ-Mercaptovalerolacton*, $Kp._{25}$ 150—152°. (**D. B. P. 859 456** Kl. 12o vom 13/11. 1942, ausg. 15/12. 1952.) KRAUSS. H 850

Corn Products Refining Co., New York, N. Y., V. St. A., *Uronsäurederivate* erhält man durch Oxydation von Glucosiden mit 65—100, bes. 65—75%ig. HNO_3 bei 20 bis 100, bes. 30—45° in Ggw. von HNO_2, deren Salzen oder N_2O_3. (**E. P. 670 929** vom 24/4. 1950, ausg. 30/4. 1952. A. Prior. 17/12. 1949.) MÜLLER-MEININGEN. H 860

Corn Products Refining Co., New York, N. Y., übert. von: **Jean H. Couch**, China Lake, Calif., und **Elonza A. Cleveland**, Mailand, Italien, *Glucuronsäure* (**I**) u. ihre Derivv. erhält man durch Oxydation von Methylglucosiden in mindestens 1,5 Gewichtsteilen fl. NO_2 bei —10 bis 25°, bes. 0—20°, zu den entsprechenden Methylglucuronosiden, die an einem Ionenaustauschharz adsorbiert, aus diesem herausgelöst u. dann hydrolysiert werden. (**A. P. 2 592 249** vom 17/12. 1949, ausg. 8/4. 1952.) MÜLLER-MEININGEN. H 860

Corn Products Refining Co., New York, N. Y., V. St. A., *Glucuronsäurederivate* erhält man durch Oxydation von Glucosederivv., die eine endständige prim. Alkoholgruppe u. eine geschützte Aldehydgruppe enthalten, in wss.-alkal. 5—15%ig. Lsg. mit $KMnO_4$ (**I**) bei 10—25°. — Man gibt z. B. 4,5 (Liter) einer 0,3 mol. wss. I-Lsg. innerhalb 1 Std zu 2 einer 10%ig. wss. Lsg. von α-d-Methylglucosid, wobei man durch KOH-Zusatz das p_H auf 11—12 hält, bei 15—25°, u. erhält nach Filtrieren eine klare K-Methylglucuronosidlsg. (150 g = 61%). (**E. P. 670 928** vom 24/4. 1950, ausg. 30/4. 1952. A. Prior. 8/12. 1949.) MÜLLER-MEININGEN. H 860

American Cyanamid Co., New York, N. Y., übert. von: **Erwin Kuh**, New Brunswick, N. J., V. St. A., *β-Brom-α-chlor-β-formylacrylsäure* (*Mucobromchlorsäure*; **I**), F. 122,6—123°, lösl. nur in heißem Wasser. In eine Lsg. von Br_2 in 48%ig. HBr gibt man langsam Furfurol, wobei die Temp. auf 70° ansteigt, dann leitet man bei 75—80° Cl_2 ein, wobei das Verhältnis vor Furfurol:Cl = 1:3 beträgt. Die Rk. erfolgt bei 80—85% unter Entw. von HCl u. CO_2 in einer Ausbeute von 90—94% nach dem Reaktionsschema:

$$\text{(Furanring)}\text{—CHO} + Br + 9\,Cl + 3\,H_2O \longrightarrow OHC\text{—}CBr\text{=}CCl\text{—}COOH + 8\,HCl + CO_2$$

I gibt mit $NaNO_2$ Nitromalonaldehyd, der mit Guanidin 2-Amino-5-nitropyrimidin liefert. (**A. P. 2 588 852** vom 27/5. 1950, ausg. 11/3. 1952.) KRAUSS. H 860

Badische Anilin- & Soda-Fabrik, Ludwigshafen/Rh., *Herstellung von Harnstoff* aus CO_2 (**I**) u. NH_3, dad. gek., daß man I von anorgan. S-Verbb. befreit. (**Schwz. P. 284 406** vom 1/10. 1949, ausg. 17/11. 1952.) MÜLLER-MEININGEN. H 880

Monsanto Chemical Co. (Erfinder: **James M. Graham jr.**), St. Louis, Mo., V. St. A., *Herstellung von Phosgen*. Bei der Rk. zwischen CO u. Cl_2 in Ggw. von A-Kohle als Katalysator (**I**) bei Tempp. zwischen 90° u. der Zersetzungstemp. von $COCl_2$ wird zur Temperaturhaltung ein Teil der gasförmigen Reaktionsprodd. nach Kühlung in die Reaktionszone zurückgeführt. Man verhindert dadurch die Zers. des gebildeten $COCl_2$ u. verlängert die Lebensdauer von Reaktionsgefäß u. I. (**D. B. P. 853 587** Kl. 12i vom 26/9. 1950, ausg. 27/10. 1952. A. Prior. 5/1. 1946.) ZÜRN. H 880

Farbenfabriken Bayer (Erfinder: **Ernst Tietze** und **Siegfried Petersen**), Leverkusen, *Herstellung von Thiosphosgen.* Man läßt Perchlormethylmercaptan bei 180—220° auf solche KW-stoffe (I) einwirken, die entweder leicht H abgeben oder deren H-Atome mindestens teilweise durch Cl-Atome ersetzbar sind, z. B. auf teilhydrierte aromat. I, wie Tetralin oder Tetrahydroacenaphthen oder Cyclohexylxylol, oder auf aromat. I, wie Naphthalin oder Anthracen, oder auf perhydrierte I, wie Dodekahydroacenaphthen. Man kann die Rk. auch mit einer gewünschten Dehydrierungs-Rk. koppeln. (**D. B. P. 853 162** Kl. 12i vom 31/10. 1950, ausg. 23/10. 1952.) ZÜRN. H 880

Farbwerke Hoechst, vormals Meister Lucius & Brüning (Erfinder: **Georg Wagner** und **Hermann Wagner**), Frankfurt/M., *Herstellung von Dichlorkohlensäureestern* erfolgt dadurch, daß in überschüssiges $COCl_2$ (I) Diole der allg. Zus. HO—X—OH (X = mindestens 4 C, kann auch durch Heteroatome oder Heteroatomgruppen unterbrochen sein) bei Tempp. unterhalb des Kp. von I eingetragen werden. — Man läßt z. B. zu 880 (Gewichtsteilen) fl. I bei —5 bis 0° unter Rühren 360 1.4-Butandiol tropfen, rührt unter Temperatursteigerung auf Raumtemp. noch 2 Std., bläst dann mit Luft HCl u. I ab u. erhält 845 (98,3%) gegen W. ziemlich beständigen *1.4-Butandioldichlorkohlensäureester.* — Zwischenprodd. für Kunststoffe u. Textilhilfsmittel. (**D. B. P. 860 205** Kl. 12o vom 23/1. 1941, ausg. 18/12. 1952.) MÜLLER-MEININGEN. H 880

Badische Anilin- & Soda-Fabrik (Erfinder: **Gottwald Bäth**), Ludwigshafen/Rh., *Herstellung von Verbindungen aus CO_2 und NH_3* in einem senkrechten länglichen Reaktionsraum mit erwärmten Wänden. Außer den beiden Reaktionskomponenten wird Wasserdampf eingeleitet. Es entsteht ein Gemisch aus *Ammoniumcarbonat* u. *-carbamat.* — Zeichnung. (**D. B. P. 827 943** Kl. 12o vom 30/3. 1950, ausg. 14/1. 1952. **Zusatz zu D. B. P. 815 039; C. 1952. 927.**) K. HEINZE. H 880

American Cyanamid Co., New York, N. Y., übert. von: **William J. Klapproth jr.**, Stamford, Conn., V. St. A., *Guanidin und Melamin* erhält man gleichzeitig, wenn man HCN, NH_3 u. H_3PO_4 in Ggw. von Fullererde, Kieselgur, Al_2O_3 oder Kaolin bei einem Druck von mindestens 500 lbs/sq.in. in einem geschlossenen Reaktionsbehälter auf 275—450°, bes. 350°, erhitzt. Das Guanidin fällt als phosphorsaures Salz an. (**A. P. 2 615 019** vom 25/10. 1950, ausg. 21/10. 1952.) BRÖSAMLE. H 880

American Cyanamid Co., New York, N. Y., V. St. A., *Guanidinsulfat* erhält man durch Rk. von Harnstoff mit Diammoniumiminodisulfat, $NH(SO_2ONH_4)_2$, bei 220 bis 240°, in Ggw. oder Abwesenheit von zusätzlichem NH_3. (**E. P. 675 798** vom 10/2. 1950, ausg. 16/7. 1952. A. Prior. 15/3. 1949.) BRÖSAMLE. H 880

Farbenfabriken Bayer, Leverkusen, *Guanidinsalze*, außer Guanidinnitrat, erhält man durch Erhitzen von Dicyandiamid (I) mit NH_4-Salzen (ausgenommen NH_4NO_3) in wss. Lsg. bei p_H 8—11. Aus NH_4-Sulfat bzw. -Carbonat u. I werden *Guanidinsulfat* bzw. -carbonat dargestellt. (**E. P. 682 047** vom 10/1. 1951, ausg. 5/11. 1952. D. Prior. 16/1. 1950.) BRÖSAMLE. H 880

American Cyanamid Co., New York, N. Y., V. St. A., *Monoguanidinsulfat* erhält man durch Rk. von Harnstoff mit Sulfaminsäure bei 210—250°. (**Schwz. P. 283 988** vom 20/11. 1947, ausg. 16/10. 1952. A. Prior. 3/1. 1947. **Zusatz zu Schwz. P. 278 932; C. 1952. 8047.**) BRÖSAMLE. H 880

American Cyanamid Co., New York, N. Y., V. St. A., *Guanidinrhodanid* erhält man durch Erhitzen von NH_3 u. CS_2 im geschlossenen Gefäß auf 185—450°, bes. 350°. (**E. P. 681 617** vom 14/2. 1950, ausg. 29/10. 1952. A. Prior. 31/3. 1949.) BRÖSAMLE. H 880

Deutsches Hydrierwerk Rodleben VEB (Erfinder: **Winfried Hentrich** und **Hans Lautermann**), *Herstellung von Kohlensäureestern von Cyanhydrinen* durch Umsetzung eines Gemisches von Oxoverbb. u. Säurehalogeniden in Ggw. wss. Cyanidsalzlsgg., dad. gek., daß man als Säurehalogenid Chlorkohlensäureester verwendet. Nebenst. allg. Reaktionsschema:

$$R{-}C{\overset{H}{\underset{O}{\lessgtr}}} + MeCN + HalCOOR' \longrightarrow R{-}C{\overset{O\cdot CO\cdot OR'}{\underset{CN}{\lessgtr}}}{-}H$$

Als Ausgangsstoffe geeignete Oxoverbb. sind z. B. Acetaldehyd, Butyraldehyd, Crotonaldehyd, Benzaldehyd, Zimtaldehyd, Furfurol, Chloral, Butylchloral, Aceton, Methyläthylketon, Diacetyl, Cyclohexanon, Acetophenon, Benzophenon. Zur Umsetzung geeignete Chlorkohlensäureester sind z. B. der Methyl-, Trichlormethyl-, -Äthylester, Dichlorkohlensäureäthylenglykolester, Chlorkohlensäuredodecylester, -cyclohexylester, -benzylester. — Aus Furfurol, Chlorkohlensäureoctylester u. Na-Cyanid entsteht der *Furfurolcyanhydrinkohlensäureoctylester,* $Kp._{0,6}$ 158 bis 159°, farblos. — Aus Crotonaldehyd, Chlorkohlensäurebenzylester u. Na-Cyanid entsteht *Crotonaldehydcyanhydrinkohlensäurebenzylester,* $Kp._{0,8}$ 155—156°, farbloses Öl. — Aus Zimtaldehyd, Chlorkohlensäureoctylester u. Na-Cyanid entsteht *Zimtaldehydcyan-*

hydrinkohlensäureoctylester, Kp.$_{0,4}$ 198—200°, farbloses Öl. — *Insekticide* Wrkg., z. B. zur Fliegenbekämpfung, u. als *Weichmachungsmittel* für die Lack- u. Kunststoffindustrie. (**D. P. [DDR] 590** Kl. 12o vom 26/1. 1945, ausg. 5/5. 1952 [Wirtschaftspatent].) M. F. MÜLLER. H 880

B. F. Goodrich Co., New York, N. Y., V. St. A., *β-Thiocarbamylcarbonsäuren.* Bei der Rk. von NH_4-Thiocarbamat mit β-Propiolacton (I) in wss. Lsg. erhält man nach dem Ansäuern in 85%ig. Ausbeute *β-Thiocarbamylpropionsäure,* F. 148—149°, aus I u. dem NH_4-Salz der N-Butylthiocarbaminsäure analog: *β-(N-Butylthiocarbamyl)-propionsäure,* $C_4H_9NHCO-S-CH_2-CH_2COOH$, F. 104—105°. — Zwischenprodukte. (**E. P. 676 729** vom 12/6. 1950, ausg. 30/7. 1952. A. Prior. 2/7. 1949.) BRÖSAMLE. H 880

American Cyanamid Co., übert. von: **Russell L. Sperry,** New York, N. Y., V. St. A., *Herstellung von 1.5-Di-oxymethyl)-dithiobiuret* durch Rk. von Dithiobiuret (I) mit Formaldehydlsg. bei 100°, wobei wenigstens 2 Mol Aldehyd auf 1 Mol I verwendet werden. (**Can. P. 485 235** vom 11/9. 1947, ausg. 29/7. 1952. A. Prior. 6/12. 1946.) M. F. MÜLLER. H 880

Allied Chemical & Dye Corp., New York, übert. von: **Herman A. Beekhuis,** Middletown, Township, Pa., V. St. A., *Blausäuregewinnung* durch katalyt. Zers. von Formamid bei 400—700°. Anschließend erhitzt man den Katalysator zwecks Regenerierung auf noch 200° höhere Tempp. im O_2-freien Gasstrom. — Vorrichtung. (**A. P. 2 604 380** vom 1/10. 1946, ausg. 22/7. 1952.) NEBELSIEK. H 890

Foster Wheeler Ltd., London, England, *Extraktion* zur Beseitigung von Verunreinigungen. Eine aus mehreren Bestandteilen bestehende Fl., die *HCN* enthält, wird in einem Extrakteur mit wss. NaOH-Lsg. behandelt. Man zieht die HCN-haltige wss. Phase ab, setzt ein Lösungsm. (I), z. B. einen aliphat. KW-stoff, zu u. leitet Luft oder CO_2 ein, wodurch HCN von I absorbiert wird. (**E. P. 669 091** vom 27/9. 1948, ausg. 26/3. 1952. A. Prior. 29/9. 1947.) NEBELSIEK. H 890

Deutsche Gold- u. Silberscheideanstalt vormals Roessler, Frankfurt/M., *Gewinnung von Chlorcyan.* Man läßt Cl_2 mit einer konz. HCN-Lsg. kontinuierlich in einer Kolonne reagieren. — Vorrichtung. (**E. P. 674 813** vom 16/11. 1950, ausg. 2/7. 1952. D. Prior. 12/12. 1949.) NEBELSIEK. H 890

American Cyanamid Co., New York, N. Y., V. St. A., *Herstellung von Alkalicyanaten.* Man schm. organ. N-Verbb. u. Alkalicarbonat, u. zwar in einem Al-Behälter. Das Verhältnis von K_2CO_3 u. Na_2CO_3 in dem verwendeten Gemisch von Alkalicarbonaten soll vorteilhaft 1:3 betragen. Die Rk. wird bei 340—550° durchgeführt. Als organ. N-Verbb. kommen bes. *Dicyandiamid* u. *Carbamid* in Betracht. (**N. P. 80 167** vom 27/4. 1950, ausg. 5/5. 1952. A. Priorr. 27/4. 1949 u. 25/1. 1950.) JÜRGEN SCHMIDT. H 890

Monsanto Chemical Co., übert. von: **Robert J. Slocombe, Edgar E. Hardy** und **James H. Saunders,** St. Louis, Mo., V. St. A., *Herstellung von Isocyanaten* durch Rk. eines prim. Amins mit $COCl_2$ in der Dampfphase bei einer Temp., welche oberhalb der Zersetzungstemp. von Carbamylchlorid, aber unterhalb der Zersetzungstemp. des Isocyanats liegt. Dabei entsteht der entsprechende *Isocyansäureester,* welcher aus dem dampfförmigen Reaktionsprod. abgetrennt wird. (**Can. P. 484 357** vom 19/10. 1948, ausg. 24/6. 1952. A. Prior. 24/3. 1948.) M. F. MÜLLER. H 890

Minnesota Mining & Mfg. Co., St. Paul, übert. von: **Arthur H. Ahlbrecht,** White Bear Township, Ramsey County, und **Donald R. Husted,** St. Paul, Minn., V. St. A., *Perfluoralkylisocyanate* der Formel $C_nF_{2n+1}NCO$, wobei n = 2—11, erhält man gemäß folgender Umsetzung: $C_nF_{2n+1}COCl + NaN_3 \rightarrow C_nF_{2n+1}CON_3 + NaCl$ in trockenem Toluol oder Xylol u. durch anschließende therm. Zers. des Azids, wobei Vorsicht geboten ist. — Beispiel: $CF_3CF_2COCl \rightarrow$ *CF_3CF_2NCO*, Kp. —9°. — *$CF_3(CF_2)_2NCO$*, Kp. 25°. — *$CF_3(CF_2)_4NCO$*, Kp. 77°. — *$CF_3(CF_2)_6NCO$*, Kp. 119°. — *$CF_3(CF_2)_8NCO$*, Kp. 160°. — *$CF_3(CF_2)_{10}NCO$*, Kp. 200°. — Zwischenprodukte. (**A. P. 2 617 817** vom 5/5. 1951, ausg. 11/11. 1952.) BRÖSAMLE. H 890

Directie van de Staatsmijnen in Limburg, Heerlen, Holland, *Gewinnung von Ammonnitrilosulfonat* (I) als Nebenprod. bei der Herst. von Ammonhydroxylamindisulfonat (**II**). Man läßt auf eine wss. Lsg. von NH_4NO_2 u. NH_4HSO_3 bei p_H 5—7 SO_2 einwirken u. zieht das ausgefällte I vom Boden ab. Die Lsg. verarbeitet man weiter auf **II**. (**E. P. 676 956** vom 28/2. 1951, ausg. 6/8. 1952. Holl. Prior. 4/3. 1950.) NEBELSIEK. H 890

Badische Anilin- & Soda-Fabrik, Ludwigshafen/Rh., *Gewinnung von Trimethylamin* aus NH_3-freien Gemischen der 3 Methylamine, indem man aus dem Gemisch zunächst bei niedrigem Druck, z. B. 3 at, in bekannter Weise ein azeotrop. Gemisch von Mono- u. Trimethylamin abdest. u. dieses dann in einer 2. Dest. unter höherem Druck, z. B. bei 25 at, in Monomethylamin u. Trimethylamin zerlegt. (**D. B. P. 860 056** Kl. 12q vom 30/1. 1944, ausg. 18/12. 1952.) GRÄGER. H 910

Imperial Chemical Industries Ltd., London, **Phineas Davies, Peter William Reynolds, Robert Reid Coats** und **Arthur William Charles Taylor,** Norton-on-Tees, England, *Amine* entstehen beim Leiten von gesätt. aliphat. prim. Alkoholen mit 2—9 C-Atomen oder den entsprechenden Aldehyden oder von gesätt. aliphat. sek. Alkoholen mit 2—9 C-Atomen oder den entsprechenden Ketonen oder Cyclohexanol u. Homologen oder den entsprechenden Ketonen mit bis zu 9 C-Atomen oder Tetrahydrofurfurylalkohol oder Tetrahydrofurfural mit NH_3 u. H_2 bei 240—300° über porige Cu-Katalysatoren, die mit lösl. Erdalkalihydroxyden, bes. $Ba(OH)_2$ imprägniert wurden. — Herst. von *Äthyl-, n-Propyl-, n-Butylamingemischen.* (**E. P. 679 713** vom 7/1. 1949, ausg. 24/9. 1952.) LANGER. H 910

Minnesota Mining & Mfg. Co., St. Paul, Minn., übert. von: **Edward A. Kauck,** St. Paul, Minn., und **Joseph H. Simons,** State College, Pa., V. St. A., *Fluorierte tert.-Amine* entstehen beim Elektrolysieren von tert.-Aminen in fl. HF. — *Tris-(trifluormethyl)-amin* durch Elektrolyse von Trimethylamin in fl. HF, $Kp._{735}$ —11°. — Analog: *Perfluortriäthylamin,* Kp. 68—69°; *-tri-n-propylamin,* $Kp._{760}$ 130°; *-tri-n-butylamin,* $Kp._{755,4}$ 177,2°; *-triamylamin,* $Kp._{726}$ 215—216,5°; *-tri-n-hexylamin,* $Kp._{760}$ 258°; *-äthyl-di-n-propylamin,* $Kp._{732}$ 111°; *-äthyldiisopropylamin,* $Kp._{736}$ 108°; *-diäthyl-n-propylamin,* $Kp._{760}$ 93°; *-diäthyl-n-butylamin,* $Kp._{743}$ 113°; *-dimethylcyclohexylamin,* Kp. 110 bis 111°; *-diäthylcyclohexylamin,* $Kp._{738}$ 145—149°; *-diäthylcyclohexylmethylamin,* $Kp._{742}$ 163—165°; *-N.N.N'.N'-tetraäthyläthylendiamin,* $Kp._{736}$ 153—157°; *-N.N.N'.N'-tetrabutyläthylendiamin,* $Kp._{751}$ 242—248°; *-1.3.5-tris-(dimethylaminomethyl)-cyclohexan* aus 2.4.6-Tris-(dimethylaminomethyl)-phenol, $Kp._{740}$ 221—245° (!); *-N-methylpiperidin,* $Kp._{730}$ 65,0—65,5°. — Die Verbb. sind unlösl. in W., nicht entflammbar, inert gegen Na u. K bei n. Temp., sie sind farblos u. prakt. geruchlos. — Sie dienen z. B. als Kühlmittel, inerte Verdünnungsmittel. Dielektrica, Schmiermittel. (**A. P. 2 616 927** vom 12/5. 1950, ausg. 4/11. 1952.) LANGER. H 910

Badische Anilin- & Soda-Fabrik, Ludwigshafen/Rh. (Erfinder: **Walter Reppe,** Ludwigshafen/Rh., und **August Magin,** Mutterstadt), *Herstellung von quaternären Ammoniumverbindungen,* indem man tert. Amine oder deren Salze, mit Ausnahme solcher, die an dem die Aminogruppe tragenden C-Atom zugleich eine freie Oxygruppe enthalten, z. B. Trimethylamin, N-Methylpyrrolidin, N.N'-Dipyrrolidylmethan u. Dicyclohexylmethylamin, mit Verbb. der Acetylenreihe, wie Phenyl-, Vinyl-, Isopropenylacetylen oder Diacetylen, gegebenenfalls in Ggw. von Katalysatoren, wie Zn, Cd, Co, Ni, Cu, Ag, Au, Hg, Bi oder deren Verbb., umsetzt. (**D. B. P. 860 058** Kl. 12q vom 23/8. 1942, ausg. 18/12. 1952.) GRÄGER. H 910

N. V. de Bataafsche Petroleum Mij., Den Haag, Holland (Erfinder: **Harry de Veuve Finch** und **Elbert Axel Peterson,** Emeryville, Calif., V. St. A.), *Sekundäre 1.3-Alkendiamine* der Formel $R-NH-C(R_1)-C(R_1)=CH-NH-R$ (I) entstehen durch Rk. von Verbb. der Formel $(R_1)_2-C=C(R_1)-CHO$ (II) mit 2 Mol einer Verb. $R-NH_2$, wobei R = Alkyl mit mindestens 3 C oder Cycloalkyl, R_1 = H oder Alkyl bedeuten. Sie dienen als *Zwischenprodukte.* — *N.N'-Diisopropyl-1.3-propylendiamin.* Aus Isopropylamin, Acrolein u. K_2CO_3 bei 5—10°, $Kp._4$ 46°. — Analog: *N.N'-Diisopropyl-2-methyl-1.3-propylendiamin,* $Kp._{20}$ 80,3°. — *N.N'-Bis-(1.3-dimethylbutyl)-1.3-propylenpiamin,* $Kp._{0,5}$ 95°. — *N-(1.3-Dimethylbutyl)-N'-isopropyl-1.3-propylendiamin,* $Kp._4$ 84°. **D. B. P. 866 647** Kl. 12q vom 23/9. 1950, ausg. 12/2. 1953. A. Prior. 7/7. 1947.) LANGER. H 910

Badische Anilin- & Soda-Fabrik, Ludwigshafen/Rh. (Erfinder: **Ernst Gassenmeier,** Mannheim, und **Adolf Hrubesch,** Ludwigshafen/Rh.), *Am N-Atom mono- oder asymmetrisch disubstituierte Pentamethylendiamine* entstehen, wenn man 1.4-Dihalogenbutane mit 1 Mol Metallcyanid in indifferenten Lösungsmitteln bei $>50°$ zu Halogenvaleronitrilen umsetzt, mit prim. oder sek. Aminen erhitzt u. dann die Nitrilgruppe zur Aminogruppe reduziert. — Man behandelt 1.4-Dichlorbutan mit KCN in Adipinsäuredinitril bei 100—120°, isoliert das *5-Chlorvaleronitril* ($Kp._2$ 118—125°), erhitzt mit Diäthylamin im Autoklaven unter N_2 auf 100—120°, isoliert das *5-Diäthylaminovaleronitril* ($Kp._{45}$ 130—135°) u. red. mit H_2 u. RANEY-Co bei 80—100° u. 200 at zu *asymm.-N-Diäthylpentamethylendiamin,* $Kp._{27}$ 103—105°. — Analog: *N-n-Butylpentamethylendiamin,* $Kp._{20}$ 163—168°. — *N-Phenylpentamethylendiamin,* $Kp._1$ 130—135°. — Zwischenprodukte. (**D. B. P. 875 523** Kl. 12q vom 9/12. 1943, ausg. 4/5. 1953.) LANGER. H 910

Dynamit Akt.-Ges. vormals Alfred Nobel & Co., Troisdorf (Erfinder: **Heinz Ratz,** Bonn, und **Horst Elsner,** Troisdorf), *Herstellung von Aziden bzw. Aminen aus Carbonsäuren.* Man läßt das Reaktionsprod. aus anorgan. Aziden u. $ClSO_3H$ auf organ. Carbonsäuren, gegebenenfalls unter Zusatz einer anorgan. Säure, wie H_2SO_4, einwirken, zweckmäßig in Ggw. eines Lösungsm., das mit den Reaktionskomponenten nicht reagiert, wie CH_2Cl_2, $CHCl_3$ oder CCl_4. Bei Verwendung von Na-Azid u. C_6H_5COOH wird *Phenylurethan*, bei Verwendung von Stearinsäure u. *Heptadecylamin* erhalten. (**D. B. P. 860 053** Kl. 12q vom 27/10. 1950, ausg. 18/12. 1952.) GRÄGER. H 910

Ajinomoto Kabustriki Kaisha, Tokio, übert. von: **Tetsuro Ozawa,** Kawasaki, Kanagawa Prefecture, Japan, *l-Glutaminsäuremononatriumsalzmonohydrat* (I) entsteht in lockerer Form, wenn man Mono-Na-l-glutamat (II) in wss. Lsg. erhitzt, filtriert u. schnell auf $-8,5^0$ kühlt. Man dampft bei dieser Temp. bis auf eine Konz. von 46,7% ein, wobei II mit $5H_2O$ auskristallisiert. Man filtriert, wäscht u. dehydratisiert mit heißer Luft bei 50—60°, wobei I entsteht. (**A. P. 2 584 731** vom 25/5. 1950, ausg. 5/2. 1952.) LANGER. H 950

Badische Anilin- & Soda-Fabrik, Ludwigshafen/Rh. (Erfinder: **Wolfgang Schmidt,** Neustadt/Weinstraße, und **Konrad Jost,** Lützelsachsen/Bergstraße), *Alkylchlorsilane*. Man läßt Alkylchloride (I) oder Gemische aus Olefinen u. HCl-Gas bei 200—350° auf Si-Pulver (II) einwirken, das in indifferenten, unter den Reaktionsbedingungen fl. Verdünnungsmitteln (Paraffinöl) suspendiert ist. Aus C_2H_5Cl als I erhält man, bei Zumischung von 10 (%) Cu-Pulver zu II: 20 $C_2H_5SiHCl_2$, 35 $C_2H_5SiCl_3$ u. 35 $(C_2H_5)_2SiCl_2$. Verwendet man CH_3Cl als I, so erhält man z. B. 10 CH_3SiHCl_2, 30 CH_3SiCl_3 u. 50 $(CH_3)_2 \cdot SiCl_2$. — Zwischenprodukte. (**D. B. P. 887 343** Kl. 12o vom 19/12. 1951, ausg. 24/8. 1953.) BRÖSAMLE. H 980

Distillers Co. Ltd., Edinburgh, übert. von: **Eugen Gottfried Galitzenstein,** Wallington und **Cyril Woolf,** London, England, *Chlorierte α-Chloräthylbenzole* erhält man bei der Einw. von Cl_2 auf α-Chloräthylbenzol (I) oder dessen im Ring substituierte Cl-Derivv., in der fl. Phase bei —10 bis 130° in Ggw. von J_2, vorteilhaft in Mengen zwischen 0,12—0,5%, bezogen auf I. J_2 kann auch in situ während der Rk. gebildet werden. Bei 90—130° tritt Cl ausschließlich in die Seitenkette u. bei —10 bis 90° entstehen Mischungen von Verbb., die Cl in der Seitenkette u. im Ring enthalten. Inerte Lösungsmittel können zugegen sein. Polare Lösungsmittel, z. B. Nitrobenzol, vermindern Additionsreaktionen. Es werden hergestellt: *α-Chloräthylmonochloräthyl-*, ($Kp._9$) 74 bis 94°; *α-Chloräthyldichlor-*, 94—120°; *Dichloräthyl-*, ($Kp._7$) 85—90°; *Trichloräthylbenzole*, 90—110°, bestehend aus einer Mischung aus α.α.β- u. α.β.β-*Trichloräthylbenzol*. (**A. P. 2 573 394** vom 3/12. 1946, ausg. 30/10. 1951. E. Prior. 18/12. 1945.) G. KÖNIG. H 1010

Monsanto Chemical Co., St. Louis, Mo., V. St. A., *Benzolmonosulfonsäure* (I) bzw. *Phenol* erhält man durch Rk. von Bzl. mit 60—100%ig. Oleum in Ggw. von 0,01 bis 3 Mol eines Alkali- oder Erdalkalisulfats oder -benzolsulfonats je Mol Bzl. bei $<100^0$, bes. 50—85°. Die erhaltene I wird neutralisiert, von anorgan. Salzen getrennt, mit Alkali geschmolzen u. die wss. Phenolatlsg. angesäuert. (**E. P. 679 826** vom 19/1. 1949, ausg. 24/9. 1952. A. Prior. 30/1. 1948.) MÜLLER-MEININGEN. H 1060

Low Temperature Carbonisation Ltd., Gawber, Yorkshire, und **Gerald Stephen Pound,** Hanford, Chesterfield, England, *Gewinnung von Phenolen* (I). Die bei der Kohledest. u. Carbonisierung anfallenden, wss. I-haltigen Fll. werden in einem mit bestimmt geformten Verteilerplatten ausgestatteten Extraktionsturm im Gegenstrom von unten nach oben mit Butylacetatdampf behandelt. Aus dem Extrakt werden die I durch fraktionierte Dest. gewonnen. — Schemat. App., Zeichnung. (**E. P. 648 752** vom 22/1. 1947, ausg. 10/1. 1951.) KRAUSS. H 1060

A. P. V. Co. Ltd., London, England, *Neutralisation von alkalischem Rohphenol vor der Destillation*. Hierzu wird verd. H_2SO_4 in geringem Überschuß verwendet, wonach eine Entmischung in eine wss. Säure- u. Phenolschicht erfolgt. Die Konz. der H_2SO_4 ist so zu wählen, daß das Volumenverhältnis von wss. Schicht zu Phenolschicht nicht $<1:10$ u. nicht $<1:1$ ist. Die zur Neutralisation zu verwendende H_2SO_4 kann Na_2SO_4 enthalten. Die beiden Schichten werden getrennt; zur Neutralisation der Phenolschicht kann alkal. Rohphenol herangezogen werden, während die saure wss. Schicht zur Neutralisation einer weiteren Menge des alkal. Rohphenols verwendet werden kann. (**E. P. 651 770** vom 13/9. 1948, ausg. 11/4. 1951.) HERBST. H 1060

General Aniline & Film Corp., New York, N. Y., V. St. A., *2-Chlor-4-alkoxy-5-nitrotoluol* (I) u. *2-Chlor-4-alkoxy-5-aminotoluol* entstehen durch Rk. von 5-Nitro-2.4-dichlortoluol (II) mit Alkalialkoholat u. Red. des entstandenen I. — *5-Nitro-4-methoxy-2-chlortoluol*. Beim Kochen von II mit $Na \cdot O \cdot CH_3$-Lösung. Gibt mit Zn u. Essigsäure *5-Amino-4-methoxy-2-chlortoluol*. — Analog: *5-Nitro-* u. *5-Amino-4-äthoxy-2-chlortoluol*. (**E. P. 660 082** vom 15/12. 1949, ausg. 31/10. 1951. A. Prior. 22/12. 1948.) LANGER. H 1060

Marathon Corp., Rothschild, Wis., V. St. A., *Vanillin* gewinnt man durch Oxydation einer wss. Lsg. der Ligninsulfonsäure mit O_2 (Luft) in Ggw. von Alkalien oder Erdalkalien bei 140—170° unter autogenem Druck, bis 25—35 g O_2 auf 100 g Lignin verbraucht sind. — Zeichnung. (**E. P. 645 430** vom 20/1. 1948, ausg. 1/11. 1950. A. Prior. 22/1. 1945.) G. König. H 1140

Dow Chemical Co., übert. von: **Edgar C. Britton** und **James D. Head,** Midland, Mich., V. St. A., *3-Fluorsalicylaldehyd* (I). Man diazotiert 5-Chlor-o-anisidin u. führt das Reaktionsprod. durch therm. Zers. in 4-Chlor-2-fluoranisol (II) über. Durch Hydrolyse erhält man aus II 4-Chlor-2-fluorphenol, aus dem man mittels CH_2O u. Dimethylamin 4-Chlor-6-fluor-α-dimethylamino-o-kresol gewinnt. Durch Einw. von Essigsäure erhält man daraus 5-Chlor-3-fluorsaligenindiacetat (III), das unter Einw. von H_2 in Ggw. von Pd in 3-Fluor-o-kresylacetat übergeht. Aus dieser Verb. erhält man mittels NaOH u. $COCl_2$ das Di-(6-fluor-o-tolyl)-carbonat, das chloriert in das Di-(6-fluor-α.α-dichlor-o-tolyl)-carbonat übergeht. Durch Hydrolyse erhält man aus diesem I. Man kann auch von III ausgehen, dieses in Ggw. von Methanol u. Benzolsulfonsäure zu 5-Chlor-3-fluorsaligenin umsetzen, das bei der Dechlorierung mittels H_2 u. Pd 3-Fluorsaligenin ergibt. Daraus erhält man bei der Einw. eines aromat. Aldehyds u. eines Al-Alkoholats I. (**A. PP. 2 576 064** vom 23/12. 1949 u. **2 576 065** vom 19/1. 1951, beide ausg. 20/11. 1951.) G. König. H 1140

Ruhrchemie Akt.-Ges. (Erfinder: **Hans Feichtinger,** Oberhausen-Holten, und **Kurt Wilhelm Schneider,** Hamburg), *Carbonsäureamide und Carbonsäuren* entstehen beim Erhitzen von Verbb. der Formel R—CHX—R′ (X = Rhodan, NO_2, NH_2, R = Alkyl, Aryl, Aralkyl, Cycloalkyl, Heterocyclus, R′ = H, Alkyl bis höchstens 6 C-Atome) unter Druck mit NH_4HS-Lsgg. nach Willgerodt, zweckmäßig in Ggw. eines Lösungsmittels. — n-Butylrhodanid gibt mit NH_4HS, in dem S gelöst ist, in Pyridin bei 175 bis 185° im Druckrohr nach 6 Std. in ca. 50%ig. Ausbeute *n-Butyramid,* F. 113—115°. — Benzylrhodanid → *Benzamid,* F. 126—127,5°. — 1-Nitrohexan → *Hexanamid,* F. 98 bis 100°. — Benzylamin → *Benzamid.* — β-Phenyläthylamin → *Phenylacetamid,* F. 155—156°. (**D. B. P. 871 755** Kl. 12o vom 3/9. 1950, ausg. 26/3. 1953.) Krauss. H 1210

Texas Co., New York, übert. von: **Robert J. Agnew,** Pawling, und **Robert E. Conany,** Beacon, N. Y., V. St. A., *Trennen von Isophthalsäure und Terephthalsäure* durch nichtkatalyt. Veresterung mit einwertigen Alkoholen bei 110—225° u. Abscheiden der nichtveresterten Terephthalsäure, z. B. durch Kristallisation beim Abkühlen; anwendbar auf die homologen Säuren. (**A. P. 2 569 440** vom 11/8. 1949, ausg. 2/10. 1951.) Herold. H 1220

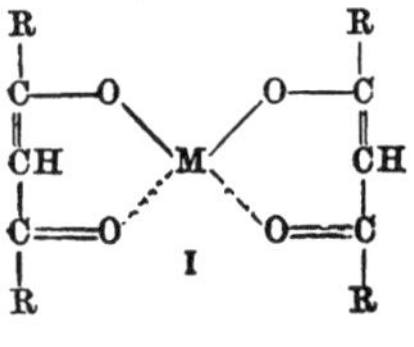

Monsanto Chemical Co., St. Louis, Mo., V. St. A., *Reaktionsbeschleuniger für die Oxydation von Alkylaromaten zu Benzoldicarbonsäuren* in fl. Phase mit O_2-haltigen Gasen sind Verbb. der allg. Zus. I (R = Phenyl, Cyclohexyl oder Alkyl C_1—C_4, M = 2wertiges Metall mit verschied. Valenzstufen), z. B. Co- oder Mn-Salze von Acetylaceton oder -acetophenon. Man arbeitet z. B. mit 0,05—2,0 Gew.-% I bei 140—200°. — Beispiele: p-Xylol → Terephthalsäure; m-Xylol → Isophthalsäure. (**E. P. 677 363** vom 2/3. 1950, ausg. 13/8. 1952. A. Prior. 22/3. 1949.) Müller-Meiningen. H 1220

Monsanto Chemical Co., St. Louis, Mo., V. St. A., *Oxydation von Alkylbenzolen.* Sie erfolgt in fl. Phase in Ggw. von 0,01—5, bes. 0,02—0,5%, eines Co-haltigen Katalysators bei einer Anfangstemp. von 140—170° u. einer Endtemp. von 180—200°. — Durch 500 (g) p-Xylol, 1,5 Co-Hydroxyd, 2,5 Toluylsäure u. 1,0 p-Tolylaldehyd wird z. B. in einem Rührautoklaven 1½ Std. bei 160—170° u. dann 2½ Std. bei 180—190° Luft geleitet u. dabei ein Umsatz zu 63,8 (%) *p-Toluylsäure* u. 24,4 *Terephthalsäure* erhalten. — m-Xylol → 52,3 *m-Toluylsäure* u. 7,3 *Isophthalsäure.* (**E. P. 680 571** vom 2/3. 1950, ausg. 8/10. 1952. A. Prior. 22/3. 1949.) Müller-Meiningen. H 1220

N. V. de Bataafsche Petroleum Mij., Den Haag, Holland, *Herstellung aromatischer Dicarbonsäuren,* wie *Iso-* oder *Terephthalsäure,* erfolgt durch Oxydation von Gemischen aus 5—50 (Teilen) eines m- oder p-Dialkylbenzols (Alkyl: C_1—C_7). z. B. m- oder p-Xylol, 15—95 einer Monoalkylbenzoesäure (C_8—C_{20}) u. 0—80 eines inerten Lösungsm., z. B. C_6H_5Cl, o-$C_6H_4Cl_2$, tert.-Butylbenzol, Diphenyl, C_6H_5COOH oder 1.2.3-Trichlorpropan, bei 100—300° in Ggw. von Co-Acetat oder -Toluylat. (**E. P. 681 453** vom 5/4. 1950, ausg. 22/10. 1952. A. Prior. 5/4. 1949.) Müller-Meiningen. H 1220

California Research Corp., San Francisco, Calif., V. St. A., *Ester aromatischer Carbonsäuren* erhält man, wenn man eine Suspension einer hochschm. Carbonsäure in einer hochsd. organ. Fl. mit dem Dampf eines aliphat. Alkohols C_1—C_4 bes. bei 120 bis 200° umsetzt. Man suspendiert z. B. 166,6 (g) Terephthalsäure in 666,6 Phthalsäuredimethylester, erhitzt das zylindr. Reaktionsgefäß mit Rückflußkühler im Ölbad auf 149°, gibt dann 26 H_2SO_4 (96%ig.) zu u. leitet am Boden des Reaktionsgefäßes je Min. 5 cm^3 CH_3OH als Dampf ein, wobei man den Fortgang der Rk., die nach ca. 6 Std. beendet ist, mittels der NZ. bestimmt. — (**E. P. 675 009** vom 30/11. 1949, ausg. 2/7. 1952. A. Prior. 31/1. 1949.) MÜLLER-MEININGEN. H 1220

Standard Oil Development Co., Linden, N. J., V. St. A., *Katalytische Dampfphasenoxydation.* Es wird z. B. die Oxydation von Dialkylbenzolen zu *Phthalsäureanhydrid* in Ggw. eines V_2O_5-Fließbettkatalysators an Hand einer **Zeichnung** beschrieben. (**E. P. 634 102** vom 19/11. 1946, ausg. 15/3. 1950.) MÜLLER-MEININGEN. H 1220

Badische Anilin- & Soda-Fabrik, Ludwigshafen/Rh., *Salicylsäurederivate* erhält man durch Kondensation von Phenolen in wss.-alkal. Lsg. mit CO_2 bei erhöhtem Druck u. erhöhter Temp., wobei man das Reaktionsgemisch kontinuierlich durch Druckgefäße pumpt. Zweckmäßig setzt man geringe Mengen oxydationsverhindernder Stoffe zu. — 40%ig. m-Aminophenol in 35%ig. wss. KOH wird unter Zusatz von 0,5% $NaHSO_3$ in einem senkrechten, 8 m hohen Druckrohr mit 50 cm Durchmesser auf 100° erhitzt u. mit 100 at CO_2 gesättigt. Die am Kopf entnommene Menge wird am andern Ende durch Nachpressen frischer Ausgangsstoffe ersetzt. Die erhaltene *p-Aminosalicylsäure* hat F. 142—144°; Ausbeute >90%. — *2-Oxy-4-amino-5-methylbenzoesäure,* F. 156°. — *Gentisinsäure,* F. 195—196°. — Zwischenprod. zur Herst. von Farbstoffen u. Heilmitteln. (**Schwz. P. 281 131** vom 2/2. 1950, ausg. 3/6. 1952. D. Prior. 10/1. 1950.) KRAUSS. H 1250

Dow Chemical Co., übert. von: **Robert C. Dosser** und **Amerst E. Colby,** Midland, Mich., V. St. A., *Reinigung von technischen Phenoxy- bzw. Polychlorphenoxyalkylcarbonsäuren* der allg. Formel I-(R = Br, Cl, Alkyl, Aryl, H; n = ganze Zahl). Die wss. Lsg. oder Suspension dieser Säuren wird bei wenigstens p_H 11 mit Alkalihypochloriten behandelt; anschließend werden die Säuren durch Ansäuern ausgefällt. — *Phenoxyessigsäure,* F. 98—100,2°, mit starkem Phenolgeruch wird in NaOH bei p_H 12 u. 37° mit NaOCl behandelt. Das überschüssige NaOCl wird mit 30%ig. H_2O_2 zerstört. Nach dem Ansäuern der Lsg. bis p_H >0,5 mit HCl erhält man eine geruchfreie Säure vom F. 98,6 bis 101°. Ferner werden gereinigt: *2-Chlor-* (F. 145—146,6°); *4-Chlor-* (F. 156,4—158,1°); *2-Methyl-* (F. 153—154,6°); *4-Brom-*; *2-Phenyl-*; *2.4-Dichlor-* (F. 137,6—139,6°); *2.4.5-Trichlorphenoxyessigsäure* (F. 150,5—154°), *α-Phenoxypropionsäure*; *β-2.4-Dichlor-α-* u. *β-2.4.5-Trichlorphenoxypropionsäure*; *2.3.4.6-Tetrachlor-* u. *Pentachlorphenoxyessigsäure.* (**A. PP. 2 602 090** vom 5/7. 1951 u. **2 602 091** vom 2/1. 1951, beide ausg. 1/7. 1952.) KRAUSS. H 1250

R-C_6H_4—O—(C_nH_{2n})—COOH I

Monsanto Chemical Co., St. Louis, Mo., V. St. A., *Herstellung der Alkalisalze der 2.5-Dioxybenzoesäure* (*Gentisinsäure*) durch Rk. eines Alkali- oder NH_4-Salzes von Hydrochinon mit CO_2 in Ggw. von W. bei 175—200° u. erhöhtem Druck. Z. B. verwendet man die Carbonate oder Bicarbonate, bes. in fl. Medium, z. B. o-Dichlorbenzol oder Butanol u. W. (wenigstens 10%). Durch Ansäuern wird die freie Säure gewonnen. (**E. P. 679 878** vom 3/5. 1950, ausg. 24/9. 1952. A. Prior. 20/5. 1949.) FABEL. H 1250

N. V. de Bataafsche Petroleum Mij., Den Haag, Holland (Erfinder: **Thomas Jay Deahl, Fred Helmut Stross** und **Marion Arthur Downey Taylor,** Emeryville, Calif., V. St. A.), *Sekundäre cyclische Amine* erhält man beim Leiten von prim. cycl. Aminen mit Carbinolen über Katalysatoren, die Cu, Al_2O_3 u. ein oder mehrere schwer reduzierbare Metalloxyde, wie CaO u. ZnO, enthalten. — *Methylanilin.* Neben wenig Dimethylanilin beim Leiten von Anilin + CH_3OH + H_2 über Cu + ZnO auf Al_2O_3 bei 250° u. 1 at. — Analog: *N-Isopropylanilin, N-n-Propylanilin.* (**D. B. P. 866 041** Kl. 12q vom 6/4. 1950, ausg. 5/2. 1953. A. Prior. 11/4. 1949.) LANGER. H 1310

Temmler-Werke Vereinigte Chemische Fabriken Hermann Temmler (Erfinder: **Theodor H. Temmler**), Hamburg, *Primäre fettaromatische Amine* entstehen durch Red. der Hydrazone von fettaromat. Carbonylverbindungen. — *β-Phenylisopropylamin.* Aus Phenylacetonhydrazon, H_2 u. Pt. — Analog: *β-(p-Oxyphenyl)-äthylamin,* F. 160°. — *β-(p-Methoxyphenyl)-isopropylamin,* Kp.$_{15}$ 143—145°. (**D. B. P. 870 265** Kl. 12q vom 17/5. 1941, ausg. 12/3. 1953.) LANGER. H 1320

Parke, Davis & Co., Detroit, Mich., V. St. A., *Darstellung von 2-Dichloracetamido-1-p-nitrophenylpropan-1.3-diol* durch Behandlung eines Oxazolins der Formel I mit einer verd. Säure u. Neutralisation des Reaktionsgemisches mit einer Base. R ist eine p-Nitrophenylgruppe u. R_1 eine Oxymethylgruppe — oder R ist H u. R_1 eine p-Nitrophenyloxymethylgruppe. — Als Ausgangsstoffe sind z. B. genannt DL- oder D-threo-2-Dichlormethyl-4-p-nitrophenyl-5-oxymethyl-Δ^2-oxazolin (II) oder das entsprechende -5-p-nitrophenyl-4-oxymethyl-Δ^2-oxazolin (III). —

R—CH—CH—R_1 / O N / C / $CHCl_2$ I

DL-threo-2-Amino-1-p-nitrophenylpropan-1.3-diol wird in Pyridin gelöst u. mit Dichloracetiminoäthylätherhydrochlorid umgesetzt. Es entsteht DL-threo-Verb. von **II**, F. 163—164°. — In einem weiteren Beispiel wird die DL-Erythroverb. von **II**, F. 167 bis 168°, erhalten. — Das Oxazolin wird in warmer verd. HCl gelöst u. danach mit wss. NH_3 neutralisiert. — Die DL-threo-Oxalinverb. vom F. 163—164° geht dabei über in *DL-threo-2-Dichloracetamido-1-p-nitrophenylpropan-1.3-diol*, F. 153—154°. — Die DL Erythroverb. vom F. 167—168° liefert das *DL-erythro-2-Dichloracetamido-1-p-nitrophenylpropan-1.3-diol*, F. 170—172°. — Die D-Threoverb. von **III**, F. 132—133°, liefert bei der Behandlung mit verd. HCl u. Neutralisation mit NH_3 das *D-threo-2-Dichloracetamido-1-p-nitrophenylpropan-1.3-diol*, F. 151°. — Ebenso erhält man *DL-threo-2-Dichloracetamido-1-p-nitrophenylpropan-1.3-diol*, F. 150°. (**Oe. P. 174 902** vom 14/12. 1950, ausg. 26/5. 1953. E. Priorr. 14/12. 1949 u. 12/4. 1950.) M. F. Müller. H 1320

National Cash Register Co., Dayton, O., V. St. A., *Dialkylaminophthalsäureanhydride* dienen als Zwischenprodukte. — *4-Nitrophthalimid* (**I**) aus Phthalimid u. HNO_3–H_2SO_4. — *4-Nitrophthalsäure* (**II**) aus **I** u. NaOH. — **II**-*Dimethylester* aus **I**, Methanol u. H_2SO_4. Gibt bei Red. mit Zn u. H_2SO_4 *4-Aminophthalsäuredimethylester* (**III**). — *4-Diäthylaminophthalsäuredimethylester* (**IV**). Aus **III** u. Diäthylsulfat. — *Dinatrium-4-diäthylaminophthalat* (**V**). Aus **IV** u. Na-Alkoholat-Lösung. — *4-Diäthylaminophthalsäureanhydrid.* Beim Erhitzen von **V** mit Acetanhydrid auf 120°. — Analog *Dimethyl-*, *Dipropyl-*, *Di-n-butylaminophthalsäureanhydrid.* (**D. B. P. 871 156** vom 22/4. 1950, ausg. 19/3. 1953. A. Prior. 29/4. 1950.) Langer. H 1350

General Electric Co., New York (Erfinder: **Robert O. Sauer,** Schenectady), N. Y., V. St. A., *Organohalogensilane.* Man setzt einen KW-stoff, Thiophen oder Pyridin mit einem Halogensilan, das mindestens 1 H-Atom an Si gebunden enthält, in Ggw. eines Zn-Halogenids bei ca. 350—450° um. — $HSiCl_3$ u. Bzl. liefern in Ggw. von $ZnCl_2$ bei 400° hauptsächlich $C_6H_5SiCl_3$. SiH_2Cl_2 kann analog zu $C_6H_5SiHCl_2$ u. $(C_6H_5)_2SiCl_2$ umgesetzt werden. — Zwischenprodukte. (**D. B. P. 886 308** Kl. 12o vom 30/8. 1950, ausg. 13/8. 1953. A. Prior. 21/9. 1949.) Brösamle. H 1380

Interchemical Corp., New York, übert. von: **Samuel A. Moore,** Cincinnati, O., und **Peter Kass,** Wilmington, Del., V. St. A., *Stabilisierung von Vinylmonomeren* (Styrol, Methylmethacrylat, Vinylacetat, Diallylphthalat) auch in Mischung mit anderen polymerisierbaren Verbb. gegen Verfärbungen durch Schwermetalle u. deren Verbb., bes. Cu, erfolgt durch Zusatz von 0,05—ca. G Gew.-% einer Oxypolycarbonsäure, wie Äpfel-, Wein-, Citronensäure. *Styrol* zeigt nach Zusatz von 0,5% Weinsäure nach 6 Monaten noch keine Verfärbung. Auch die daraus hergestellten Polymeren verfärben sich nicht. (**A. P. 2 566 739** vom 25/11. 1947, ausg. 4/9. 1951.) Krauss. H 1410

International Standard Electric Corp., New York, N. Y., übert. von: **Arthur J. Warner,** North Caldwell, N. J., V. St. A., *Chlorierte 1.3.3.6-Tetramethyl-1-(4'-methylphenyl)-indane* erhält man bei der Einw. von Cl_2 auf 1.3.3.6-Tetramethyl-1-(4'-methyl)-indan (**I**) in Ggw. eines organ. Lösungsm. u. eines Chlorierungskatalysators im Dunkeln, bes. bei 15—25°. Es werden hergestellt: *Monochlor-***I**, Kp.$_{1-2}$ 164—171°, n_D^{20} 1,5683; *Dichlor-***I**, n_D^{20} 1,5760; *Trichlor-***I**, $n_D^{87,8}$ 1, 5793; *Tetrachlor-***I**, n_D^{20} 1,5625; *Pentachlor-***I**, n_D^{100} 1,5780; *Hexachlor-***I**, n_D^{100} 1,5804; *Heptachlor-***I**, n_D^{100} 1,5875. Verwendung als Wärmeübertragungsmittel, als Plastifizierungsmittel für synthet. Harze, z. B. Celluloseester u. Äther polymerisierter ungesätt. KW-stoffe, u. deren Substitutionsprodd., für Polystyrol, zur Herst. von temperatur- u./oder druckbeständigen Schmiermitteln, für elektr. Zwecke (Transformatoren). (**A. P. 2 552 608** vom 27/3. 1947, ausg. 15/5. 1951.) G. König. H 1410

Farbenfabriken Bayer, Krefeld-Uerdingen (Erfinder: **Robert Mittag,** Krefeld), *Oxydationsprodukte gesättigter, cyclischer Kohlenwasserstoffe.* Die KW-stoffe werden mit O_2 oder O_2-haltigen Gasen bei >100° unter erhöhtem Druck in Ggw. von wss. Alkalien in An- oder Abwesenheit von Oxydationsbeschleunigern oxydiert u. die bei der Oxydation gebildeten Neutralteile durch Dest. abgetrennt. — Aus Cyclohexan entsteht in Ggw. von wss. NaOH bei 155° u. 35 at bei der Oxydation mit Luft 48(%) *Cyclohexanol* u. 51 *Cyclohexanon,* die bei der Oxydation mit HNO_3 *Adipinsäure* liefern. Aus der alkal. Schicht erhält man Säuren, die mit Butanol *Butylester,* Kp.$_3$ 70—240°, geben. (**D. B. P. 878 350** Kl. 12o vom 11/12. 1941, ausg. 1/6. 1953.) Krauss. H 1870

Badische Anilin- & Soda-Fabrik, Ludwigshafen/Rh., *Carbonsäureamide* erhält man durch Kondensation von Cyclohexen u. seinen Homologen mit CO u. NH_3 in Ggw. von H_2 u. Metallen der 8. Gruppe des Period. Systems. — Aus Cyclohexen entsteht in Ggw. von 33(%) Co, 2 MgO, 2 Th-Oxyd u. 63 Kieselgur bei 180° u. 150 at mit CO + H_2 (1 : 1) u. fl. NH_3 ein *N-cycloalkyliertes* (vermutlich *Methylcyclopentyl-*) *Hexahydro-*

benzoesäureamid, $C_{13}H_{23}ON$, F. 124—126°. Zwischenprodd., bes. für Weichmacher oder Kunststoffe. (**D. B. P. 877 756** Kl. 12o vom 4/11. 1942, ausg. 26/5. 1953. **Zusatz zu D. B. P. 863 799; C. 1953. 2674.**) Krauss. H 2010

Schering Akt.-Ges., Berlin (Erfinder: **Karl Ziegler**, Mülheim/Ruhr), *Diensynthesen*. Diolefine werden mit zur Addition an Diene geeigneten reaktionsträgeren Verbb. (als Diene) erhitzt, wobei die Diolefinkonz. im Reaktionsgemisch während der Anlagerung möglichst niedrig gehalten wird. — Durch Einleiten von Butadien (I) in sd. (Temp. 131°), in Toluol gelöstes Fumarsäuredinitril entsteht in über 80%ig. Ausbeute *Dicyancyclohexen*, $Kp._{15}$ 165°. — Dimethylmaleinsäureanhydrid + I → *1.2-Dimethyl-1.2.3.6-tetrahydrophthalsäureanhydrid*; + Br_2 → *Dibromanlagerungsprod. des Anhydrids*, F. 181°. — Zwischenprodukte. (**D. B. P. 882 397** Kl. 12o vom 17/8. 1941, ausg. 9/7. 1953.) Krauss. H 2020

B. F. Goodrich Co., New York, N. Y. (Erfinder: **Jacob Eden Jansen**, Akron, O.), V.St. A., *Herstellung von Phenolkondensationsprodukten*. Phenole u. Carbonylverbb. werden in saurem Medium in Ggw. einer mercaptosubstituierten aliphat. Carbonsäure, z. B. $HS\cdot CH_2\cdot CH_2\cdot COOH$, oder deren Mercaptol oder Mercaptal kondensiert. Hergestellt wird aus Phenol u. Aceton *2.2-Bis-(4'-oxyphenyl)-propan*, F. 150—155°. Analog: *2.2-Bis-(4'-oxy-3'-methylphenyl)-propan*, F. ca. 120°; *2.2-Bis-(4'-oxyphenyl)-butan*, F. 120°; *p.p'-Dioxydiphenylmethan*. — Zwischenprodukte. (**D. B. P. 890 798** Kl. 12q vom 30/9. 1950, ausg. 21/9. 1953. A. Prior. 19/10. 1946.) Fabel. H 2260

N. V. Amsterdamsche Chininefabriek, Amsterdam, Holland, *β-Dimethylaminoäthylbenzhydrylätherhydrochlorid* entsteht beim Schmelzen von β-Dimethylaminoäthanolhydrochlorid mit Benzhydrol bei 180—185°. — Analog *Hydrobromid*. (**E. P. 679 803** vom 28/12. 1950, ausg. 24/9. 1952. Holl.Prior. 17/11. 1950.) Langer. H 2270

Deutsche Hydrierwerke Akt.-Ges., Düsseldorf, *Aminogruppen enthaltende Diaryldisulfonimide*. — *3-Amino-4-benzolsulfonyldibenzoldisulfimid*. Man setzt 3-Nitro-4-chlorbenzolbenzoldisulfimid-Na (I) mit $C_6H_5\cdot SO_2\cdot Na$-Lsg. in Ggw. von Cu-Bronze um, oxydiert überschüssige Sulfinsäure mit Cl_2 oder Br_2 u. red. das entstandene 3-Nitro-4-benzolsulfonyldibenzoldisulfimid-Na mit Fe u. Essigsäure. *Na-Salz*, F. 268—271°. — *3-Amino-4-(4'-chlorphenoxy)-benzolbenzoldisulfimid*. Man kocht I mit p-Chlorphenol, NaOH u. Cu-Bronze u. red. das entstandene 3-Nitro-4-(4'-chlorphenoxy)-benzolbenzoldisulfimid-Na. Rötliches Kristallpulver, F. 238°. — *3.3'-Diamino-4.4'-diphenoxydibenzoldisulfimid*. Man behandelt 3.3'-Dinitro-4.4'-dichlordibenzolsulfimid-Na mit Phenol u. Na-Butylat-Lsg. u. red. das entstandene 3.3'-Dinitro-4.4'-diphenoxydibenzoldisulfimid. — Die Verbb. sind oberflächenaktiv u. dienen als Zwischenprodukte. (**D. B. P. 867 856** Kl. 12q vom 28/3. 1943, ausg. 19/2. 1953.) Langer. H 2290

Badische Anilin- & Soda-Fabrik (Erfinder: **Werner Rohland** und **Gerd Kochendoerfer**), Ludwigshafen/Rh., *4.4'-Di-ω-aminomethyldiphenylmethanderivate* dienen als *Zwischenprodukte*, bes. für Herst. von Polyamide u. Textilhilfsmittel. — *4.4'-Di-ω-aminomethyldiphenylmethan*. Aus 4.4'-Di-ω-chlormethyldiphenylmethan durch Rk. mit fl. NH_3 unter Druck oder mit p-Toluolsulfonsäure bzw. Phthalimid-K bei nachfolgender Verseifung. Kp.(Hochvak.) 200—210°; *Hydrochlorid*, F. 89°. — Analog: *4.4'-Di-ω-dioxäthylaminomethyldiphenylmethan* ($Kp._4$ 280—300°). (**D. B. P. 865 308** vom 18/7. 1943, ausg. 2/2. 1953.) Langer. H 2510

General Aniline & Film Corp., New York (Erfinder: **Leslie Millard Schenck**, Westfield), N. Y., V. St. A., *Aminoaroylacetonitrile* der Formel I entstehen durch Rk. einer Verb. der Formel II, worin R = Aryl u. X = Alkyl, Alkoxy, Phenyl, Phenoxy oder Halogen bedeuten, mit Äthylcyanacetat in Ggw. eines Enolisierungsmittels, wie Na-Methylat, u. nachfolgende Hydrolyse. — *2-Chlor-4-carbäthoxyaminobenzoyläthylcyanacetat* (III). Man behandelt 2-Chlor-4-carbäthoxyaminobenzoesäure mit $SOCl_2$, dann mit Äthylcyanacetat + Na-Methylat in Aceton. — *2-Chlor-4-aminobenzoylacetonitril*. Beim Kochen von III mit verd. NaOH. — Analog: *2.5-Dimethoxy-4-aminobenzoylacetonitril*, F. 168—171°. — *3-Amino-4-chlorbenzoylacetonitril*, F. 143—144°. — *3-Amino-5-chlorbenzoylacetonitril*, F. 110—112°. — *4-Phenoxy-3-aminobenzoylacetonitril*, F. 160°. — *2-Methyl-4-aminobenzoylacetonitril*, F. 154—160°. (**D. B. P. 865 311** Kl. 12q vom 31/1. 1951, ausg. 2/2. 1953.) Langer. H 2550

$H_2N-R(-X)-CO\cdot CH_2\cdot CN$ I $C_2H_5\cdot O\cdot CO\cdot NH\cdot R(-X)\cdot CO\cdot Cl$ II

Gesellschaft für Teerverwertung m. b. H. (Erfinder: **Otto Kruber** und **Rudolf Oberkobusch**), Duisburg-Meiderich, *Gewinnung von 1.2-Dimethylnaphthalin aus Steinkohlenteer*, dad. gek., daß aus einer neutralen Schwerölfraktion mit Hilfe von hochwirksamen Kolonnen eine Fraktion mit Siedegrenzen im Bereich von ca. 266,5—270,8° herausgeschnitten, einer Tiefkühlung u. Abtrennung der ausgeschiedenen festen Abscheidungen unterworfen u. danach sulfoniert wird, wonach die gebildete Sulfonsäure, zweckmäßig nach dem Reinigen, z. B. durch Umkristallisieren, zu 1.2-Dimethylnaphthalin, vorzugsweise durch Behandeln mit überhitzten Wasserdampf, zerlegt wird. Die Sulfonierung kann stufenweise erfolgen. (**D. B. P. 862 882** Kl. 12o vom 25/7. 1951, ausg. 15/1. 1953.) G. KÖNIG. H 2700

Deutsche Hydrierwerke Akt.-Ges., Düsseldorf (Erfinder: **Erik Schirm**, Cubatao, São Paulo, Brasilien), *Tetralindisulfochlorid*, F. 100°, erhält man durch Erhitzen von Tetralinsulfonsäuren (1.2.3.4-Tetralin-5- oder -6-sulfonsäure oder -disulfonsäuren), deren Alkali- oder Erdalkalisalzen mit überschüssiger $ClSO_3H$. (**D. B. P. 877 144** Kl. 12o vom 16/2. 1941, ausg. 21/5. 1953. **Zusatz zu D. R. P. 748 003; C. 1945. II. 421.**) KRAUSS. H 2700

Ernst Bergmann, London, England, *Fluoranthen und seine Substitutionsprodukte* erhält man aus Acenaphthylen (**I**) oder einem Substitutionsprod. durch Kondensation mit einem Dien u. Dehydrieren des Reaktionsprod. in Ggw. von Edelmetall, S, Se oder Halogen. Reaktionstempp. 100—200°. Bei flüchtigen Dienen erfolgt die Rk. im geschlossenem Gefäß. Die Zugabe von Polymerisationsverhinderern ist vorteilhaft. Substituierte Diene, z. B. Isopren, Chloropren, 1-Phenylbutadien sind brauchbar, ferner können eine oder beide Doppelbindungen Bestandteile eines Ringsyst. sein, z. B. Dicyclopentenyl-**I** u. fl. Butadien ergeben, auf 160° mit Hydrochinon im Drehautoklaven erhitzt, *Fluoranthen* (nach Hydrierung bei 280° mittels Selen). — **I** u. 1-Phenylbutadien → *10-Phenyl-9.10.13.14-tetrahydrofluoranthen*, F. 156° (aus A.), ($C_{22}H_{18}$). — **I** u. 1.4-Diphenylbutadien → *10.13-Diphenyl-9.10.13.14-tetrahydrofluoranthen*, F. 202° (aus Chlorbenzol), ($C_{28}H_{22}$). — **I** u. Dicyclohexenyl → *10.11-Benzo-12.13-tetramethylenfluoranthen* (**II**), F. 280° (aus Chlorbenzol u. Butylacetat), weißes krystallin. Pulver, ($C_{24}H_{18}$). (**E. P. 646 214** vom 18/11. 1947, ausg. 15/11. 1950.) G. KÖNIG. H 2750

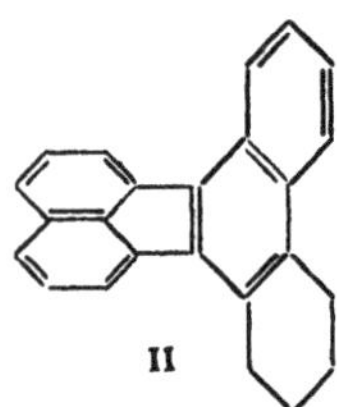
II

Soc. des Établissements Barbet, Paris, Frankreich, *Abtrennung von Thiophen* aus einem Gemisch mit Benzolverbb. durch **Destillation.** Man trennt zunächst CS_2 u. andere S-haltige Verbb., deren Kp. <80° liegt, ab, dann ein Bzl.-Thiophen-Gemisch vom Kp. ca. 80—85° u. zerlegt schließlich dieses Gemisch durch fraktionierte Dest. in seine Komponenten. — Vorrichtung. (**E. P. 637 720** vom 28/6. 1946, ausg. 24/5. 1950. F. Prior. 11/1. 1945.) BRÖSAMLE. H 3071

International General Electric Co., Inc., New York, N. Y., V. St. A. (Erfinder: **P. A. Di Giorgio**), *Herstellung von hydrolysierbaren Silanen.* Man setzt Si-Verbb., die mindestens eine hydrolysierbare Gruppe am Si-Atom enthalten, mit Thienyl-GRIGNARD-Verbb., bes. 2-Thienylmagnesiumbromid (**I**), um. Z. B. erhitzt man **I** mit $SiCl_4$ in wasserfreiem Äther. Nach Abtrennen des Mg-Salzes erhält man beim Fraktionieren *2-Thienyltrichlorsilan*, $Kp._{760}$ 196—197°. Als Nebenprodd. erhält man *Di-[2-thienyl]-dichlorsilan*, $Kp._{760}$ 305—308°. Weiter wird die Herst. von *Tri-[2-thienyl]-chlorsilan*, $Kp._1$ 190—205°, beschrieben. Aus Äthylorthosilicat u. **I** erhält man analog *2-Thienyltriäthoxysilan*, $Kp._{50}$ 150° u. *Di-[2-thienyl]-diäthoxysilan*, $Kp._{50}$ 209°, als Nebenprodukt. (**Schwed. P. 134 106** vom 25/5. 1950, ausg. 8/1. 1952. A. Prior. 25/6. 1949.) JÜRGEN SCHMIDT. H 3071

Farbenfabriken Bayer, Leverkusen-Bayerwerk (Erfinder: **Robert Behnisch** und **Hans Henecka**, Wuppertal-Elberfeld), *2-Aminopyrimidin*, F. 128°, erhält man in ca. 90%ig. Ausbeute durch katalyt. Entchlorung von 2-Amino-4.6-dichlorpyrimidin in einem Lösungsm. (Alkanole, Aceton, Tetrahydrofuran) in Ggw. von Na_2, CO_3 oder K_2CO_3 (mindestens 4 Äquivalente) u. Metallkatalysatoren, auch auf Trägern (Pd-, $PtCaCO_3$) mit H_2. — Zwischenprodukt. (**D. B. P. 870 558** Kl. 12p vom 6/9. 1942, ausg. 16/3. 1953.) KRAUSS. H 3272

American Cyanamid Co., New York, N. Y., V. St. A., *Melamin* erhält man, wenn man Dicyandiamid oder $CO(NH_2)_2$ mit NH_3 bei 5000, bes. 750—2000 lbs./sq.in. bei 300—600°, umsetzt, wobei die Wände des Reaktionsraumes aus Graphit bestehen. — Vorr., Zeichnung. (**E. P. 677 471** vom 14/2. 1950, ausg. 13/8. 1952. A. Prior. 15/3. 1949.) MÜLLER-MEININGEN. H 3313

Siemens-Schuckertwerke Akt.-Ges., Berlin und Erlangen (Erfinder: **Fritz Weigel**, Schwabach), *Heterocyclisch substituierte Siliciumverbindungen.* Si-Verbb., die außer Halogen noch hydrolysierbare Gruppen an Si gebunden enthalten, werden mit aliphat. Diaminen zur Rk. gebracht. — $ClSi(OC_6H_5)_3$ gibt mit überschüssigem $H_2N-(CH_2)_6-NH_2$ in CH_2Cl_2 *Triphenoxycyclohexamethylensilazan*, F. 54°, u. als Nebenprod. *Triphenoxysiliciumamid.* — Zwischenprodukte. (**D. B. P. 886 456** Kl. 12o vom 2/10. 1951, ausg. 13/8. 1953.) BRÖSAMLE. H 3370

X. Färberei. Organische Farbstoffe.

—, *Neue Farbstoffe und Hilfsmittel.* Prodd. der DURAND & HUGUENIN Akt.-Ges., Basel: *Indigosolgelb 2 GB* (Zirkular Sol 105d u. 106d). Der Farbstoff kann sowohl kalt als auch heiß entwickelt werden. Er eignet sich vor allem zum Färben auf dem Jigger u. Foulard. Dient zum Färben von Wolle u. Seide. Die Färbungen besitzen gute Echtheitseigenschaften. Indigosolgelb 2 GB kann auf naphtholiertem Gewebe neben diazotierten Basen gedruckt werden. — Prodd. der IMPERIAL CHEMICAL INDUSTRIES LTD.: *Brenthol BC* dient zur Herst. von Rot- u. Bordeaux-Tönen in Kombination mit verschied. Brenthaminechtsalzen u. Basen. Der Farbstoff besitzt gute Löslichkeit, hohe Substantivität, gute Stabilität gegenüber CH_2O u. gute Allgemeinechtheiten. — *FD Caledongrün M Plv. fein,* dispergierter Küpenfarbstoff. — *FD Caledonrot 4 B Plv. fein.* — *Caledondruckbraun 4 R* ist ein Küpenfarbstoff für den Druck. Die Drucke sind sehr gut wasch- u. lichtecht. — Prodd. der FARBWERKE HOECHST, Frankfurt/M.: *Indanthrendruckblau HFG.* Für den Textildruck werden erwähnt: *Indanthrenbrillantgrün H 3 G, -brillantorange RR, -druckgrau HGL* sämtliche Suprafix Teig. *Anthrasoldruckgelb 13 G* u. *-schwarz IGR.* — Für die Färberei werden angeführt: *Indanthrenblau HCGK, Anthrasolgrau IT, Patentbraun GR, Wollechtgrau BL, Remalanbrillantblau B* u. *Remalangelb GG.* — Für die Textilveredlung werden genannt: *Hostapal CV*-Marken, nichtionogene Netz-, Wasch- u. Färbereihilfsmittel. ***Hostapal BV*, anionakt. Hilfsmittel** für das Bleichen u. Abkochen. *Leonil AR*-Marken, anionakt. Netz-, Wasch- u. Reinigungsmittel. *Asorpon SB* hochwirksames Reinigungsmittel für die chem. Reinigung. *Asorpon SC* für die chem. Reinigung mit Perchloräthylen usw. (Textil-Rdsch. [St. Gallen] **8.** 252—54. Mai 1953.) P. ECKERT. 7018

F. O. Stone, *Verbesserung der Verfahren zum gleichmäßigen Färben.* **(Vgl. auch C. 1953. 6573.)** Besprechung der Verff. zum Färben u. Drucken von Küpenfarbstoffen. Unegale Färbungen können verursacht werden durch Unter- oder Überred. der Küpe sowie durch Farbstoffaggregation. Sie können vermieden werden durch Egalisierungs- u. Antischaummittel. (Textile Bull. **79.** Nr. 5. 91—92. Mai 1953.) A. v. KÖNIG. 7020

F. O. Stone, *Verbesserung der Verfahren zum gleichmäßigen Anfärben.* (Vgl. vorst. Ref.) Betrachtung über die Anwendung u. Wrkg. der verschied. anion. u. nichtionogenen Färbereihilfsmittel. (Textile Bull. **79. Nr. 6.** 91—92. Juni 1953.) A. v. KÖNIG. 7020

Herbert Girard, *Packfärben der neuen Fasern.* Die Entw. der Packfärbeverff. u. ihre Bedeutung für die Färbung der neuen synth. Fasern werden beschrieben. (Textile J. Australia **27.** 920—22. 20/10. 1952.) A. v. KÖNIG. 7020

W. Ender, *Das „Streifigfärben" von Geweben aus vollsynthetischen Fasern.* Die Affinitätsunterschiede vieler Farbstoffe, bes. solche mit hoher Wasserechtheit, gegenüber Geweben aus vollsynth. Fasern beruhen zumeist auf der unterschiedlichen Verstreckung der synthet. Fasern, die im Verlaufe ihrer Verarbeitung eintritt. Bei Geweben, die aus Stapelfasern hergestellt werden, tritt das Streifigfärben meistens weitgehend in den Hintergrund, da die Unterschiede durch das Mischen der Stapelfaser weitgehend ausgeglichen werden können, im Gegensatz zum endlosen Faden. Liegen nur geringe Affinitätsunterschiede vor, so genügt ein Vordämpfen im offenen Dämpfer (15 bis 30 Min.), in vielen Fällen genügt auch ein längeres Kochen in breiter Form (30—60 Min.) oder ein Fixieren in heißer Luft von 190—215°. Bei großen Affinitätsunterschieden helfen z. B. das Pad-Steam-Verf., das Standfastverf. sowie alle Druckfärbeverfahren. (Textil-Praxis **8.** 487—88. Juni 1953.) H. G. FRÖHLICH. 7020

Herbert Barth, *Die Chemie des Chrombeizendruckes.* (Textile J. Australia **27.** 1122. 1124—25. 1191. 1193—96 u. 1198. 20/12. 1952.) H. G. FRÖHLICH. 7022

Soc. An. de Matières Colorantes et Produits Chimiques Francolor (Erfinder: **André Durr** und **René Wendling**), Frankreich, *Herstellung von stabilen Pigmentemulsionen für Färberei und Zeugdruck,* dad. gek., daß man sikkative Kunstharze, die die Reste von einer oder von mehreren mehrbas. Säuren (Phthal-, Malein-, Bernstein-, Citronensäure), von einem oder von mehreren Polyalkoholen (Glycerin, Glykol, Pentaerythrit, Hexantriol, Thiodiglykol usw.) u. von Fettsäuren oder ihren Mono-, Di- oder Triglyceriden (Derivv. des Soja- oder Ricinusöls) enthalten, mit einem in W. lösl. Dispersionsmittel (Reaktionsprodd. von Äthylenoxyd mit Alkoholen u. Phenolen) u. einem oder mehreren Verdickungsmitteln (Bentonit, Polyvinylalkohol, Methylcellulose usw.) in Emulsoren oder Kolloidmühlen auf 2 μ Korngröße vermahlt, in W. emulgiert u. die farblose Emulsion mit einer wss. Paste von durchschnittlich gleicher Teilchengröße, bestehend aus einem in W. unlösl. organ. oder anorgan. Farbstoff (z. B. braunes Fe-Oxyd, Cu-phthalocyanin) u. den gleichen Kunstharzen, Dispersions- u. Verdickungsmitteln wie oben, vermischt. (**F. P. 1 011 780** vom 18/3. 1949, ausg. 26/6. 1952.) OPPERMANN. 7007

Ciba Akt.-Ges., Basel (Erfinder: **Hermann Hauser**, Binningen), Schweiz, *Farbstoffpräparat*, das zum *Drucken* geeignet ist, enthält einen Küpenfarbstoff der **nebenst.** Formel, worin R u. R_1 von lösl. machenden Gruppen freie Reste der Benzolreihe darstellen, u. mindestens ein Druckhilfsmittel, z. B. Sulfitablauge. (**D. B. P. 858 240** Kl. 8n vom 1/1. 1949, ausg. 4/12. 1952. Schwz. Priorr. 15/8. 1947 u. 30/7. 1948. **Zusatz zu D. B. P. 850 137; C. 1953. 3153.**) v. SCHILLER. 7009

Heberlein & Co. Akt.-Ges., Wattwil, Schweiz, *Erzeugung von Musterungen auf textilen Flächengebilden.* Die vorgängig mit einem Fällmittel, z. B. einem Salz eines mehrwertigen Metalles, versehenen Gebilde werden mit einer wss. Dispersion behandelt, die wenigstens eine Verb., welche eine lange, teilweise substituierte C-Kette trägt, sowie einen Emulgator enthält, z. B. ein filmbildendes Kunstharz, wie ein Polyvinyl-, Acryl-, Methacrylharz oder synth. bzw. Naturkautschuk. Sie kann auch Füllmittel, Pigmente, Flockfasern, Metallpulver u. einen Weichmacher umfassen. (**Schwz. P. 281 727** vom 30/7. 1949, ausg. 1/7. 1952.) v. SCHILLER. 7021

Kurt Elias und **Soc. à r. l. A. Dawant**, Frankreich, *Färben und Appretieren von Textilien*, dad. gek., daß man diese mit großer Geschwindigkeit durch die betreffenden Bäder hindurchführt. — Man färbt z. B. einen 7,5—8 cm starken Jutefilz 1 Min. bei 90° in einem wss. 1% Farbstoff u. 0,2% sulfonierten Fettalkohol enthaltenden Farbbade, appretiert ihn ebenso lange bei 32° in einem wss. Bade aus 2,5% hochpolymerem Vinylalkohol u. 7,5% 60%ig. H_3PO_4 u. fixiert Farbstoff u. Appretur 1—5 Min. lang in einer wss. 5%ig. Boraxlösung. (**F. P. 1 016 842** vom 26/4. 1950, ausg. 24/11. 1952.) OPPERMANN. 7021

Sun Chemical Corp., Long Island City, übert. von: **Merrill R. May**, Brooklyn, N. Y., V. St. A., *Druckfarbe für Polyäthylen-Filme*, bestehend aus einer W.-in-Lack-Emulsion, in der das Pigment in einem Bindemittel folgender Zus. dispergiert ist: 6—14 (Gewichtsteile) Polyäthylen, 3—7 Paraffinwachs, 4—10 Kautschuk oder Poly-2-chlorbutadien-(1.3) oder Mischpolymere aus Butadien u. Isobutylen oder Styrol oder Acrylonitril u. Rest Lösungsm., wie z. B. Xylol oder Toluol, gegebenenfalls noch bis 7 Harz. Die Druckfarbe enthält 80—90 Bindemittel u. 10—20 W. u. wird nach dem Verdrucken auf ca. 80—100° erwärmt. (**A. P. 2 612 480** vom 6/9. 1950, ausg. 30/9. 1952.) LAASS. 7023

Ciba Akt.-Ges., Basel, Schweiz, *Lederfarbstoff.* Der durch Kupplung von diazotierter 6-Nitro-2-amino-1-oxybenzol-4-sulfonsäure mit 1.3-Diaminobenzol erhaltene Aminoazofarbstoff wird mit 4.4'-Dinitrostilben-2.2'-disulfonsäure in NaOH-Lsg. 16 Std. unter Rückflußkühlung gekocht u. das Kondensationsprod. abgeschieden. Anschließend wird dieses mit Na-Acetat, $FeCl_3$ u. HCl 2 Std. unter Rückflußkühlung gekocht. Schwarzes Pulver, das Chromleder violettstichig dunkelbraun färbt. (**Schwz. P. 282 255** vom 23/12. 1949, ausg. 16/7. 1952. **Zusatz zu Schwz. P. 279 911; C. 1953. 4121.**) KALIX. 7025

Camille Dreyfus, New York, N. Y., V. St. A., übert. von: **George W. Seymour** und **Victor S. Salvin**, *Herstellung von Azofarbstoffen.* Diazotiertes 6-Nitro-2-aminobenzothiazol wird mit Verbb. der **nebenst.** Zus. gekuppelt. R bedeutet eine Oxyalkyl-, R' eine Acylgruppe u. X eine Alkoxy-, Alkyl-, OH-Gruppe, H **oder** Halogen. Derartige Verbb. sind z. B. 1-Dioxyäthylamino-3-acetanilid u. 1-Dioxyäthylamino-6-methoxy-3-acetanilid. (**Can. P. 479 802** vom 3/8. 1944, ausg. 25/12. 1951. A. Prior. 16/9. 1943.) OPPERMANN. 7053

Soc. An. de Matières Colorantes et Produits Chimiques Francolor, Frankreich (Erfinder: **Robert Lantz**), *Diazoaminoverbindungen und Azofarbstoffe.* Man bringt ein prim. oder sek. Amin in Rk. mit einer aromat. Diazoverb., die eine sek. Aminogruppe u. **an** deren N eine SO_3H-Gruppe enthält. Zur Herst. von Azofarbstoffen bringt man die so erhaltene Diazoaminoverb. (vgl. F. P. 994 825; C. **1952**. 7576) auf die Faser oder einen anderen Träger zusammen mit einer Kupplungskomponente auf u. erniedrigt den p_H-Wert, z. B. durch Behandlung mit Säuren in Dampf- oder fl. Form oder durch Dämpfen nach Zusatz einer flüchtigen Base. — Man versetzt z. B. eine Lsg. von 44 (Teilen) Diäthylamin (I), 11 Na_2CO_3 in 300 W. bei 0° mit 30,5-N-[4'-Methoxyphenyl]-amino-4-diazobenzol-N-sulfonsäure u. salzt aus. *Diazoaminverb.* (II), aus alkal. Salzlsg. farblose Nadeln. Analog: Diazoverbb. aus N-Phenylamino-4-diazobenzol-N-sulfonsäure mit Piperidin, Morpholin, I, Dibutylamin oder Monoäthylamin; aus N-Methylamino-4-diazobenzol-N-sulfonsäure mit I. — Man druckt ein Baumwollgewebe z. B. mit einer Farbe aus 8 g II, 5,8 g 2.3-Oxynaphthoesäureanilid, 27 g NaOH (400 g/Liter) u. 959,2 g Verdickung, dämpft 5 Min. mit HCOOH enthaltendem Dampf u. seift. Blauer Druck. — Weitere Druckbeispiele. (**F. P. 1 015 062** vom 25/3. 1950, ausg. 27/8. 1952.) HOPPE. 7053

J. R. Geigy Akt.-Ges. (Erfinder: **Adolf Krebser, Werner Bossard** und **Peter Hindermann**), Basel, Schweiz, *Kupferbare Azofarbstoffe.* Tetrazotierte 4.4'-Diamino-3.3'-dialkoxydiphenylverbb., deren Alkoxygruppen auch substituiert sein können, werden in beliebiger Reihenfolge mit 1 (Mol) einer beliebigen, für die Herst. metallisierbarer Azofarbstoffe üblichen, OH-haltigen Komponente u. mit 1 eines Aminoazofarbstoffs gekuppelt, der durch saure Kupplung einer beliebig substituierten o-Carboxydiazoniumverb. mit 2-Amino-5-oxynaphthalin-7-sulfonsäure erhältlich ist. Die Prodd. färben Baumwolle u. regenerierte Cellulose marineblau, violettbraun u. schwarz, Nachkupfern verändert die Töne nicht, verbessert aber die Waschechtheit. Beispiel: 24,4 (Teile) 4.4'-Diamino-3.3'-dimethoxydiphenyl werden tetrazotiert u. zuerst mit 37.5 2-(4'-Oxy-3'-carboxyphenyl)-amino-5-oxynaphthalin-7-sulfonsäure, dann mit 43.2 des Monoazofarbstoffs 5-Nitro-2-aminobenzol-1-carbonsäure → 2-Amino-5-oxynaphthalin-7-sulfonsäure gekuppelt. Dunkles, wasserlösl. Pulver, das Cellulose nachgekupfert rotstichig **marine**blau färbt. (**D. B. P. 853 322** Kl. 22a vom 20/11. 1943, ausg. 23/10. 1952. Schwz. Priorr. 22/12. 1942, 9/3. u. 14/10. 1943.) KALIX. 7055

Farbenfabriken Bayer, Leverkusen (Erfinder: **Helmut Kleiner,** Köln, und **Karl Taube,** Leverkusen), *Herstellung von asymmetrischen Dis- und Polyazofarbstoffen,* indem man 1 (Mol) tetrazotiertes 1-Amino-4-(4'-aminobenzoylamino)-benzol, das noch substituiert sein kann, in mineralsaurer Lsg. mit 1 1.3-Dioxybenzol u. in alkal. Lsg. mit 1 einer Aminooxynaphthalinsulfonsäure vereinigt u. die erhaltenen Diazofarbstoffe, sofern sie noch eine diazotierbare Aminogruppe enthalten, gegebenenfalls diazotiert u. mit Azokomponenten kuppelt. Vermutliche Zus. z. B. **wie nebenst. Formel.** Rote u. braune Farbtöne, wasserlösl., mit guter Affinität zur pflanzlichen Faser. (**D. B. P. 864 139** Kl. 22a vom 11/10. 1940, ausg. 22/1. 1953.) GRÄGER. 7055

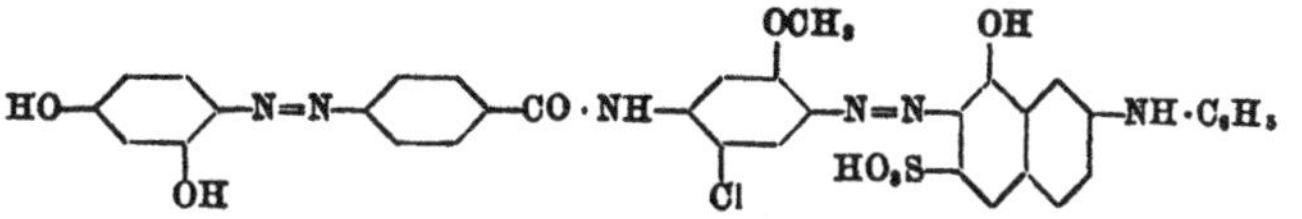

Soc. An. de Matières Colorantes et Produits Chimiques Francolor, Frankreich (Erfinder: **Andre Butignot**), *Chromierbare Triphenylmethanfarbstoffe,* die dadurch ausgezeichnet sind, daß sie auf chromiertem Gewebe kräftige, sehr gleichmäßige u. lebhafte Drucke geben, werden erhalten durch Rk. eines p-Dialkylaminobenzaldehyds, der in mindestens einer Alkylgruppe eine SO_3H-Gruppe enthält, mit einer aromat. Oxycarbonsäure. — Man erhitzt z. B. 39,5 (Teile) p-(Methylchloräthyl)-aminobenzaldehyd mit 240 A., 300 W. u. 30,2 Na_2SO_3 20 Std. zum Sieden, dampft zur Trockne, erhitzt das *4-Methyläthylaminobenzaldehyd-2'-sulfonsäure*-Na-Salz mit o-Kresotinsäure (I) in H_2SO_4 (65—70%ig.) auf 90—95° u. oxydiert die Leukoverb. mit Nitrosylschwefelsäure. Der Farbstoff färbt chromierte Wolle kräftig violett. Analog ähnliche Farbstoffe aus p-Diäthylaminobenzaldehyd-ω.ω'-disulfonsäure oder 4-Diäthylamino-2-methylbenzaldehyd-2'-sulfonsäure u. I. (**F. P. 1 001 943** vom 4/7. 1946, ausg. 29/2. 1952.) HOPPE. 7057

American Cyanamid Co., New York, N. Y., V. St. A., *Chlorierung von Oxytriazinen.* Man chloriert mit $SOCl_2$ in Ggw. eines organ. Lösungsm., zweckmäßig unter Zugabe von PCl_5. 2-Oxy-4.6-diphenyl-1.3.5-triazin geht dabei (in o-Dichlorbenzol) in *2-Chlor-4.6-diphenyl-1.3.5-triazin* über. Analog werden hergestellt: *o-Methoxyphenyldichlortriazin* u. *o-Tolyldichlortriazin.* — Die Verfahrensprodd. können mit Aminoanthrachinonen zu *Farbstoffen* umgesetzt werden. (**E. P. 693 540** vom 28/8. 1951, ausg. 1/7. 1953. A. Prior. 10/7. 1951.) BRÖSAMLE. 7059

E. I. du Pont de Nemours & Co., übert. von: **Gordon Bradbury Robbins,** Claymont, Del., V. St. A., *Schwefelfarbstoffe der Dioxazinreihe.* Triphendioxazindicarbonsäurechloride der Formel **I** (X = H, Halogen oder CH_3) werden durch Rk. mit Aminen der Formel **II** (Z = H, CH_3 oder C_2H_5; Y^1 u. Y^2 = H, Cl, CH_3 oder OCH_3) oder mit aromat. oder heterocycl. prim. oder sek. Aminen, die wenigstens eine durch Na_2S verküpbare Gruppe (—SCN oder —S—S—) enthalten, in Ggw. von Pyridin in Diamide übergeführt, die auf Baumwolle aus der Na_2S-Küpe orange bis rote Farbtöne liefern. — Die Herst. folgender

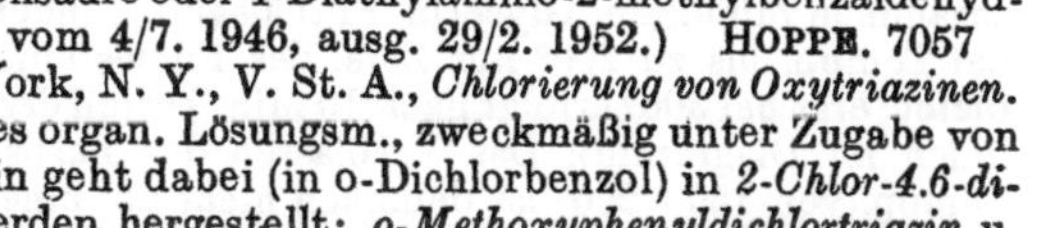

Diamide ist beschrieben: Aus den Dichloriden der 6.13-Dichlortriphendioxazin-2.9- oder -3.10-dicarbonsäure u. 4-Thiocyanoanilin, 2-Methoxy-4-thiocyano-5-chloranilin, 2.5-Dichlor-4-thiocyanoanilin, 4.4'-Diaminodiphenyldisulfid, 2-Amino-6-thiocyanobenzthiazol (III) oder 6.6'-Di-(2-aminobenzthiazyl)-disulfid (aus III durch alkal. Hydrolyse). (**A. P. 2 564 381** vom 22/6. 1949, ausg. 14/8. 1951.) HOPPE. 7063

Ciba Akt.-Ges., Basel (Erfinder: **Walter Wettstein,** Aigle les Tormes), Schweiz, *Farbstarkes metallfreies Phthalocyanin der β-Form,* das bedeutend reiner u. grüner als die bekannten α- u. γ-Modifikationen ist u. sich zum Färben von Zacken auf Celluloseester- oder anderer Basis, natürlichen oder künstlichen Harzen, für den Textildruck sowie zur Herst. von Tapeten- u. Lithographiefarben eignet, erhält man durch Vermahlen von metallfreiem Rohphthalocyanin (I) der β-Form mit geeigneten Mahlsubstraten (II), die sich durch Lösungsmittel wieder entfernen lassen in der Weise, daß man das Vermahlen in Ggw. von organ., unterhalb 200° u. oberhalb 0°, vorteilhaft unter 150° u. über 20°, sd. Fll., z. B. Alkoholen, wie Methyl-, Äthyl-, Propyl- oder Butylalkohol, Furfurol, Aceton, KW-stoffen, wie Bzl. oder Hexan oder dgl., vornimmt, bis die Farbstärke des Pigments nicht mehr wesentlich zunimmt, wobei man die Menge der organ. Fl. derart bemißt, daß die Mischung noch den Charakter eines Pulvers beibehält, worauf man die II durch Behandeln mit Lösungsmitteln entfernt u. das Pigment gegebenenfalls trocknet. Geeignete II sind z. B.: wasserfreies $CaCl_2$, $Na_4Fe(CN)_6$, Na_2CO_3, $NaBO_2 \cdot 2 H_2O$, $(NH_4)_2 \cdot SO_4$, $BaCl_2$ usw. II, die mit organ. Lösungsmitteln entfernt werden können sind z. B. Phthalsäureanhydrid u. p-Toluolsulfamid. — 25 (Gewichtsteile) I werden mit 75 $Na_4Fe \cdot (CN_6)$ u. 6 Vol. Propanol 24 Std. in einer geschlossenen Stabmühle vermahlen, dann mit 1000 Vol. 20%ig. NaCl-Lsg. aufgeschlämmt, auf 70° erwärmt, filtriert, gewaschen u. getrocknet. Die Farbnuance des erhaltenen leicht dispergierbaren Pigments ist gegenüber der α-Form stark nach Grün verschoben. — Beispiele. (**D. B. P. 861 301** Kl. 22c vom 24/2. 1951, ausg. 29/12. 1952. Schwz. Priorr. 1/3. u. 14/12. 1950.) ROICK. 7073

Hermann Flachsmann, Der Filmdruck. Thal (St. Gallen) Schweiz: Schweiz. Seidengazefabrik Akt.-Ges. 1950. (68 S. m. Abb.) 8°. Sfr. 5.—.

XIa. Farben. Anstriche. Lacke. Naturharze.

J. J. Trillat und **S. Barbezat,** *Untersuchung der thermischen Zersetzung von Preußischblau mittels Röntgenstrahlen.* Wurde Preußischblau unter Luftabschluß in einem gläsernen LINDEMANN-Rohr jeweils 4 Std. auf Tempp. zwischen 20 u. 250° erhitzt, so konnte bis 200° keinerlei Veränderung festgestellt werden (DEBYE-SCHERRER-Diagramme). Erst bei 250° trat eine Schwächung der Strukturlinien auf, was auf beginnende Zers. des Pigments schließen läßt. Wurde das Pigment an der Luft in der Vertiefung eines Blechstreifens auf Tempp. zwischen 20 u. 190° erhitzt, so erfolgte noch keine Zersetzung. Wurde das Pigment hingegen in einem elektr. Ofen, in dem Luft eingeblasen wurde, erhitzt, so stellten Vff. bis 160° keine Veränderung, bei 200° unter 8 Std. Reaktionszeit einen Übergang erheblicher Teile des Pigments in einen braunen, amorphen, nicht magnet. Körper fest, der bei 280° entsteht u. nach 3 Std. in ein braunes, krist., magnet. Pulver, bestehend aus Fe_3O_4 u. kub. Fe_2O_3, übergeht. Wird das Pigment zusammen mit einem Glycerin–Phthalsäure-Binder als Film unter Luft erhitzt, so tritt bei Tempp. bis zu 200° nur Zers. des Filmes ein, während das Pigment unverändert bleibt; erst bei 300° erfolgt nach 10 Min. Zerfall des Pigments (Verblassen der Strukturlinien im Diagramm). Das Verblassen des Farbstoffs in der prakt. Anwendung bei Tempp. von 150—200° ist demnach nicht auf einen Zerfall des Pigments, sondern auf beginnende Zers. des Filmbildners zurückzuführen. (Peintures, Pigments, Vernis **28.** 604—06. Sept. 1952. Bellevue, Labor. de Rayons X du C.N.R.S.) DALL'ASTA. 7092

W. H. Madson, *Das Verhalten von Weißpigmenten in Anstrichmitteln.* Allg. Besprechung der für Anstrichmittel gebräuchlichen Weißpigmente. Näher behandelt wird der Anwendungsbereich von Titandioxyd, bes. die unterschiedliche Eignung von Rutil u. Anatas für Außenanstriche. Mit Hilfe von Schaubildern wird der Verlauf der Deckkraft von TiO_2–Harnstoff–Alkyd-Einbrennemaillelacken in Abhängigkeit von der TiO_2-Konz. dargestellt. Ferner wird gezeigt, daß die Ölaufnahme durch Pigmentgemische nicht auf der Ölaufnahme der Einzelpigmente berechnet werden kann. — Pb-Silicat gilt als ein interessantes neues Weißpigment, welches für Außenanstriche Verwendung findet, Zirkondioxyd hat hingegen als Weißpigment keine Bedeutung erlangt. — Schrifttumsangaben. (Amer. Paint J. **37.** Nr. 35. 68. 70—71. 74. 76. 78. 80. 82—83. 18/5. 1953.) WAHRENHOLZ. 7092

Ja. M. Gurewitsch, *Einfluß von verdickten Ölen und Alkydharzen auf die Prozesse der Aggregierung und Dispergierung von Pigmentsuspensionen in organischen Lösungs-*

mitteln. Vf. stellte fest, daß durch verdickte Öle, z. B. geblasenes Leinöl, u. Alkydharze die Suspensionen von Pigmenten in organ. Lösungsmitteln aggregiert werden, falls das Medium ein geringes Lösungsvermögen besitzt, bei gutem Lösungsvermögen entsteht eine Dispersion. Die gleichen Eigg. müssen alle oberflächenaktiven Stoffe haben, bei denen die polaren u. nichtpolaren Gruppen sich symm. abwechseln. Die Natur der Pigmente hat hierbei nur einen sehr geringen Einfluß. (Коллоидный Журнал [Kolloid-J.] **14**. 93 bis 97. März/April 1952.) R. RICHTER. 7096

L. C. Rubin und **W. O. Teeters**, *Die Verwendung von Kel-F in korrodierenden Systemen*. Infolge der hohen Widerstandsfähigkeit gegenüber Chemikalien kann Kel-F als thermoplast. Überzug auf Metallen verwendet werden. Kel-F hat sich bes. als Diaphragmen- u. Dichtungsmaterial bewährt. Als Film auf Metallen übertrifft es die meisten anderen plast. Filme. Die gute Wirksamkeit ist abhängig von dem Mol.-Gew. des Polymeren. Beim Aufbringen auf Metall tritt oft ein erheblicher Abbau auf, ebenso bei längerem Erhitzen. (Corrosion [Houston] **9**. 100—02. März 1953.) J. FISCHER. 7106

Harshaw Chemical Co., Cleveland, O., V. St. A., übert. von: **Carl J. Harbert**, *Herstellung von keramischen Farbstoffen*. Ein wasserlösl. anorgan. Fe^{III}-Salz (I), eine Säure, die das gleiche Anion wie I besitzt, u. ein Alkalisilicat werden in solchen Mengen in Rk. gebracht, daß sich ein Gel bildet u. die Rk. bei einem über dem Hydrolysationspunkt des I liegenden p_H beendet wird. Das Gel wird bis auf $^1/_{10}$ seines ursprünglichen Vol. getrocknet, gewaschen u. bei 800—1400° geglüht. (**Can. P. 479 735** vom 4/4. 1944, ausg. 25/12. 1951.) OPPERMANN. 7093

Henkel & Cie. G. m. b. H. (Erfinder: **Rudolf Köhler**), Düsseldorf, *Herstellung von trocknenden Ölen*, indem man an lösl. u. schmelzbare Prodd. der Kondensation von Phenolen mit Aldehyden, wie Novolake oder Resole, H_2, z. B. durch Hydrierung unter ca. 100 at bei 80—220° in Ggw. eines Cu–Ni-Katalysators anlagert u. die erhaltenen Prodd. darauf mit wasserabspaltenden Mitteln, wie Bleicherden, Phosphorsäuren, P_2O_5, $SnCl_4$, bei 100—300°, **gegebenenfalls** in Ggw. von Lösungsmitteln mit genügend hohen Kpp., wie Dichlordiäthyläther oder Tetrahydronaphthalin, behandelt. Zweckmäßig ist eine Nachbehandlung durch Erhitzen mit oder ohne Durchleiten von Luft. (**D. B. P. 864 300** Kl. 22h vom 18/1. 1945, ausg. 22/1. 1953.) GRÄGER. 7097

Bakelite Corp., New York, N. Y., V. St. A., *Mischester* erhält man durch Rk. einer ungesätt. aliphat. oder carbocycl. Monocarbonsäure mit 2—4 konjugierten Doppelbindungen u. einer gesätt. Dicarbonsäure mit mindestens stöchiometr. Mengen eines mehrwertigen Alkohols bei nicht > 170°, bes. 120—150°, in Ggw. eines stark sauren Katalysators von 5—75% eines mit W. nicht mischbaren organ. Lösungsm., das als Schleppmittel für das Reaktions-W. dient. Man kann S, Se oder Hydrochinon als Polymerisationsinhibitor zusetzen. — Beispiel eines Reaktionsansatzes: 140 (g) Sorbinsäure, 45,6 Adipinsäure, 64,7 Glycerin, 83,0 Toluol, 3,7 H_2SO_4 (95,5% ig.) in 18 CH_3OH. — Verwendung zur *Lackherst.* u. dgl. (**E. P. 644 597 vom** 29/7. 1947, ausg. 11/10. 1950. A. Prior. 17/8. 1946.) MÜLLER-MEININGEN. 7097

Max-Planck-Gesellschaft zur Förderung der Wissenschaften e. V., Göttingen, vertreten durch **Max-Planck-Institut für Silikatforschung** (Erfinder: **Luise Holzapfel** und **Theodor Kayser**), Berlin, *Herstellung organischer Fluorsiliciumverbindungen*, die gegebenenfalls neben F auch andere Halogenatome enthalten, dad. gek., daß man die beim Erhitzen einer aus SiO_2, CaF_2 u. Kohle bestehenden, gegebenenfalls auch andere Zusätze, bes. Alkalihalogenide, enthaltenden Mischung sich bildenden gasförmigen Reaktionsprodd., gegebenenfalls unter Zuführung eines inerten Gases, unmittelbar auf eine organ. Komponente, z. B. organ. Halogenverb., ohne zusätzliche Wärmezufuhr, bes. bei n. Temp., zur Einw. bringt u. das Reaktionsgemisch aufarbeitet. Nach dem Beispiel wird ein Gemisch aus CaF_2, SiO_2, NaCl u. Steinkohle auf 800—850° erhitzt u. die Reaktionsgase in Benzylchlorid geleitet. Neben Si–F-haltigen fl. Fraktionen wird ein Si–F-haltiges Harz erhalten, das direkt als *Lack* verwendet werden kann. (**D. B. P. 889 695** Kl. 39c vom 25/4. 1951, ausg. 14/9. 1953.) SCHINDLER. 7107

E. I. du Pont de Nemours & Co., Wilmington, Del., übert. von: **John Wesley Iliff**, Springfield, Pa., V. St. A., *Anstrichemulsionsfarbe vom Öl-in-Wasser-Typ*, die mit Glanz auftrocknet u. deren innere Phase TiO_2-Pigment in Verbindung mit ölmodifizierten trocknenden, halbtrocknenden Alkydharzen u. Ölharzlacken enthält, wobei die Pigmentteilchen mit einer amphoteren Metallverb. umhüllt sind, z. B. mit Hydroxyden von Al, Si, Ti, Sn; mit Silicaten von Ti, Sn, Zr, Pb u. Ce. Die Emulsion wird hergestellt mittels einer wss. Caseindispersion unter Verwendung eines Emulgators. (**Can. P. 477 829** vom 10/4. 1945, ausg. 16/10. 1951.) HEYNE. 7107

Kurt Thinius, Magdeburg, *Herstellung von Lacken aus Cellulosetriacetat,* dad. gek., daß man die durch Kondensation aus aromat. Methylverbb., z. B. Benzyl-, Xylylalkohol, Tetrahydromenaphthylalkohol (I), mit konz. Mineralsäuren bei 120—170° oder die durch HCl-Abspaltung aus den entsprechenden Chlormethylverbb. bei 70—100° erhältlichen Prodd. unpolarer Natur als Harze zusammen mit Ketonen, bes. Aceton (II) oder Cyclohexanon (III) u. Chloralkoholen vom Kp. über 120° als Verschnittmittel verwendet. Ein solcher Lack hat z. B. die Zus.: 5 (%) Cellulosetriacetat, 2,5 Harz, 1,25 Weichmacher. (Phthalsäureester aliphat. Alkohole bis C_9 oder Ester des I mit Vorlauffettsäure C_4 bis C_{10}). 49 Methylenchlorid, 16 II, 12,5 III, 7,8 Trichlorisobutanol, 4,9 Methanol, 1,2 Tetrahydronaphthalin. (**D.P.** [**DDR**] **117** Kl. 22h vom 23/6. 1949, ausg. 8/9. 1952 [Wirtschaftspatent].) OPPERMANN. 7107

Badische Anilin- & Soda-Fabrik, Ludwigshafen/Rh. (Erfinder: **Ludwig Cantzler,** Ludwigshafen/Rh., und **Adolf Freytag,** Krefeld-Uerdingen), *Lacke,* bestehend aus einer Lsg. von Nitrocellulose (I) u. Kondensationsprodd. aus mehrwertigen cycloaliphat. Alkoholen u. Dicarbonsäuren in aliphat. 1-wertigen Alkoholen mit 2—5 C-Atomen oder in einer Mischung dieser Alkohole mit anderen, I nicht, die genannten Kondensationsprodd. jedoch lösenden Lösungsmitteln, wie Toluol oder Xylol. Die Lsg. kann noch eine für die vollständige Lsg. der I ungenügende Menge von diese lösenden Lösungsmitteln, wie Ester, Ketone Glykoläther oder deren Ester, enthalten. (**D. B. P. 863 978** Kl. 22h vom 23/2. 1943, ausg. 22/1. 1953.) GRÄGER. 7107

N. V. Zilvervisch, Rotterdam-Noord, Holland, *Fraktionieren von Perlessenz.* Die M. aus *Guaninkristallen* u. einem Suspensionsmittel (I) wird in einem Separator in Fraktionen von verschied. Glanz zerlegt u. jede Fraktion für sich aufgearbeitet. Man verwendet als I: Gemische aus Trichloräthylen u. Schwerbzn., Schwerbzn. u. Bromoform, Trichloräthylen u. Bromoform sowie auch Amylacetat. (**N. P. 80 022** vom 11/10. 1950, ausg. 7/4. 1952. Holl. Prior. 15/10. 1949.) JÜRGEN SCHMIDT. 7107

Amal, Seine, und **Roger Triplet,** Seine-et-Marne, Frankreich, *Herstellung von Lacken und plastischen Massen aus Naturharzen,* wie Kolophonium oder Kopal. Man erhitzt die Harze unter Rückfluß oder im geschlossenen Gefäß, so daß die entstehenden Prodd. miteinander oder mit dem Harz reagieren können. Man kann dabei in neutraler, reduzierender oder leicht oxydierender Atmosphäre arbeiten, Katalysatoren, wie $ZnCl_2$, Mn-Acetat, Zn-Acetat, Oxyde, Alkohole, wie Benzylalkohol oder Äthylenglykol, Öle oder andere Harze, wie Phenolharz, zusetzen. — Man erhitzt z. B. Kolophonium unter Rückfluß 8 Std. bei 320° u. erhält eine leicht pastöse Harzmasse, die sich z. B. mit Solventnaphtha auf *Firnis* verarbeiten läßt. (**F. P. 983 987** vom 16/9. 1943, ausg. 29/6. 1951.) PANKOW. 7107

VVB Sapotex, VEB-Cirine-Werk (Erfinder: **Johannes Pfanner**), Chemnitz, *Herstellung von Anstrichfarben.* Man setzt dem Farbenbindemittel pulverförmige Thioplaste oder Thioplastkuchen von Polyäthylenpolysulfid mit geringem Wassergeh. hinzu, oder man verwendet Farblacke aus organ. Farbstoffen auf Thioplast als Substrat. Als Farbenbindemittel eignen sich bes. Auflösungen von Kautschuk oder Chlorkautschuk in organ. Lösungsmitteln, von Natur- oder Kunstharzen in wassermischbaren organ. Lösungsmitteln. 1 (Teil) Chlorkautschuk, 9 Lösungsbzl., 10 Thioplastpulver, 2 Fe_2O_3. — Man erhält elast., benzin- u. säurefeste Anstriche. (**D. P.** [**DDR**] **1085** Kl. 22g vom 6/7. 1943, ausg. 21/6. 1952 [Wirtschaftspatent]. **Zusatz zu D. R. P. 747 739; C. 1945. I. 1306.**) HEYNE. 7107

Wilhelm Wache, Deutschland, *Schutzanstriche für Metallgegenstände,* bestehend aus Lsgg. oder wss. Emulsionen ungesätt. oder nur teilweise gesätt., natürlicher oder künstlicher, aliphat. oder aromat. KW-stoffe. Zur Oxydations- u. Polymerisationsbeschleunigung kann man ihnen Metalle, Metalloxyde, Metallseifen, zur Erhöhung der Haftfestigkeit Latex, synthet. oder Naturharze zusetzen, ferner fette oder trocknende Öle, Fettsäuren, Lösungsmittel u./oder Weichmacher. Das Trocknen der Anstriche erfolgt bei 120—200°. — Man mischt z. B. 70 (kg) Kogasin, 22,5 Mineralölextrakt, 4 Co-Naphthenat, 1,5 Phenol u. 1 Ruß. (**F. P. 1 002 295** vom 4/9. 1946, ausg. 4/3. 1952.) OPPERMANN. 7107

Stavsborgs Aktiebolag, übert. von: **Gunnar Thiman,** Schweden, *Rostschutzfarbe,* bestehend aus dem Bindemittel u. einem feinverteilten Pigment, das Si, Cr u. F in metall. Form, z. B. als Legierung oder als Gemisch bin. Legierungen dieser Metalle, enthält. Ein solches Pigment kann 50—90 (%) Si u. 2—25 Cr enthalten. (**Can. P. 478 375** vom 20/4. 1944, ausg. 6/11. 1951. Schwed. Priorr. 30/4. u. 29/11. 1943 u. 15/12. 1944.) HEYNE. 7107

Centre d'Études et de Recherches Techniques du Pétrole, des Carburants et des Lubrifiants, Frankreich, *Inhibitoren zur Verhütung von Säureeinwirkung auf Metalle,* *besonders Eisen und Stahl.* Sie bestehen aus chem. Verbb. mit der Gruppierung —CH =CH—CH_2—X (X = O, S, C, P, Halogen usw.), die sich infolge Labilität der C—X-Bindung unter Entw. eines Schutzhäutchens mit dem Fe verbinden. Solche Substanzen sind z. B. Benzyl-, Hexyl-, Laurylmercaptan, tert. Hexadecylmercaptan, Hexyldisulfid, Dimethoxybenzylchlorid, Thiophenol, Glykoldianisylxanthat. (**F. P. 1 003 369** vom 19/12. 1949, ausg. 17/3. 1952.) OPPERMANN. 7107

Soc. An. André Citroën, Seine, Frankreich, *Lärmdämpfung* bei Blechen (wie sie etwa in Fahrzeugen verarbeitet sind). Man überzieht Blech mit einem stark plastizierten Harz, das einen leichten organ. Füllstoff enthält. Man nimmt z. B. eine Polyvinylacetatdispersion, die Trikresyl-, Triphenylphosphat u. Butylphthalat u. Holzmehl enthält. (**F. P. 1 006 490** vom 22/1. 1948, ausg. 23/4. 1952.) PANKOW. 7107

Otto Gamper, Innsbruck, Österreich, *Anstrichmittel für Putz und dergleichen.* Das Anstrichmittel besteht aus einer Mischung von gelöschtem Fettkalk, W., gegebenenfalls Pigment, u. Mineralöl, das durch Zusatz von 2—4% A. emulgierbar gemacht wurde. Für Innenanstriche genügen 5%, für Außenanstriche nicht unter 10% des Mineralöles, berechnet auf Kalk, W., Pigment. (**Oe. P. 172 326** vom 3/6. 1949, ausg. 25/8. 1952.) HEYNE. 7107

Franz Gobitschnig, Klagenfurt, Österreich, *Anstrichmittel für Feuerschutzzwecke,* bestehend aus 23—25 (%) Na-Wasserglas (30—35° Bé), ca. 26 Talk, 7—11 Lithopone, 15—21 W. u. 15—19 eines organ. Bindemittels, das sich zusammensetzt aus ca. 14 (%) Stärke (bes. Kartoffelstärke), ca. 1—2 Staubmehl, 1—1,5 Formaldehyd (40% ig), 2 bis 3 Natronlauge (40% ig), 2—3 Harzseife, 0,5—1 HCl, Rest Wasser. (**Oe. P. 172 330** vom 7/7. 1949, ausg. 25/8. 1952.) HEYNE. 7107

XIb. Plaste (Kunstharze. Plastische Massen).

R. Powell, *Die Vorplastizierung.* Überblick über die zur Vorplastizierung von Kunststoffen entwickelten Maschinen. — 26 Abbildungen u. Skizzen. (Canad. Plastics **1953.** 79—80. 83. 85. 87—88. 90—91. Juli/Aug. Mount Gilead, Hydraulic Press. Mfg. Co.) WINIKER. 7170

Arthur N. Skeels, *Das Mustern und Markieren von Kunststoffartikeln.* Kurzer Überblick über die zur Zeit üblichen Methoden. (India Rubber Wld. **127.** 803—05. März 1953. North Bergen, N. J., Art Roll Leaf Stamping Co.) WINIKER. 7170

J. J. Millane, *Die elektrischen Eigenschaften von Polystyrol.* Behandelt werden: spezif. Widerstand, Oberflächenwiderstand, DK. u. Verlustwinkel, dielektr. Festigkeit. — 15 Literaturhinweise. (Brit. Plastics **26.** 220—24. Juni 1953.) WINIKER. 7172

W. Smolin und **H. Mark,** *Acrylnitrilpolymere und -mischpolymere.* Überblick über Herst., Eigg. u. Anwendungen. — 27 Literaturhinweise. (Euclides [Madrid] **11.** 159—68. April 1951. Brooklyn 2, N. Y., Polytechn. Instit. of Brooklyn, Instit. of Polymer Research.) V. DECHEND. 7172

H. G. Manfield, *Messung exothermer Vorgänge bei Gieß- und Schichtharzen.* Beschreibung einer einfachen Versuchsanordnung zur Messung der beim Gelieren u. bei der Härtung von Gieß- u. Schichtharzen entstehenden Wärme. (Brit. Plastics **26.** 230—31. Juni 1953. Malvern, Telecommunications Res. Establishment.) WINIKER. 7210

Kalle & Co. Akt.-Ges. (Erfinder: **Otto Herrmann**), Wiesbaden, *Heißkleben von Packungen, Beuteln usw.* Beim Zusammenpressen der *Polymerisationsfolien* mittels heißer Metallbacken in Ggw. von Trennschichten, die ein Ankleben des Metalls an den Folien verhindern, werden Folie u. Metall durch eine dünne Bahn, bes. ein Gewebe, voneinander getrennt, die gegenüber der erweichten Folie eine geringere Haftfähigkeit aufweist als das heiße Metall, so daß sie nach dem Zusammenpressen nicht an der Folie haftenbleibt. Das Gewebe ist vorteilhaft mit Äthylenoxydwachs, Wollfett, Vaseline, Glycerin imprägniert. (**D. B. P. 863 256** Kl. 39a vom 11/4. 1942, ausg. 15/1. 1953.) SCHLITT. 7171

N. S. F. Nürnberger Schraubenfabrik und Elektrowerk G. m. b. H., Nürnberg (Erfinder: **Georg Lutz,** Nürnberg, und **Ludwig Siegert,** Zirndorf/Fürth), *Schweißen von thermoplastischen Kunststoffen.* Die zum Schweißen notwendige Wärme wird von einer Strahlungsquelle (Bogenlampe, Leuchtquelle höherer Temp.) mittels opt. Systeme, z. B. Hohlspiegel, Linsen, auf die Schweißstelle übertragen. (**D. B. P. 863 257** Kl. 39a vom 11/9. 1943, ausg. 15/1. 1953.) SCHLITT. 7171

Dynamit-Akt.-Ges. vormals Alfred Nobel & Co. (Erfinder: **Adolf Ristau** und **Ernst Barthelemy**), Troisdorf, *Glätten, Kühlen und Kalibrieren von Kunststoffriemen.* Der Riemen erhält in noch warmem, bildsamem Zustande durch Kühlung unter geringem

Druck eine mechan. Nachbehandlung; hierbei wird sowohl eine Glättung der Oberfläche als auch eine Kalibrierung der Stärke des Materials erreicht. (**D. B. P. 862 669** Kl. 39a vom 16/6. 1944, ausg. 12/1. 1953.) SCHLITT. 7171

Soc. à Responsabilité Limitée: Soc. Française de Recherches et d'Expansion, Rhône, Frankreich (Erfinder: **Gabriel-Dominique-Georges Simonin**), *Folien aus plastischen Massen,* wie Polyvinylacetalen, Polyvinylchlorid, Polyamiden erhöhter Festigkeit. Sie werden unter leichtem Druck kurze Zeit erwärmt. Man hält z. B. eine Folie aus einer Mischung aus 60 (Teilen) Polyvinylchlorid, 40 Plastizierungsmittel u. 10 Füllstoff 15 Min. unter leichtem Druck bei 130—145° u. läßt unter Druck abkühlen. (**F. P. 1 003 767** vom 24/2. 1947, ausg. 21/3. 1952.) PANKOW. 7171

Rottweiler Kunstseidefabrik Akt.-Ges. (Erfinder: **Hans Binder**), Rottweil/Neckar, *Herstellen von nahtlosen röhrenförmigen Gebilden aus hochpolymeren Kunststoffen.* Der Kunststoff wird am Boden einer über seinem Schmelzpunkt erhitzten u. evakuierten Form geschmolzen u. die Schmelze über die Innenwand der Form verteilt u. dann durch Abkühlung zum Erstarren gebracht. Als Kunststoffe sind benannt: Polyamide, Polyurethane, Polyester, Hochpolymere mit engem Erweichungsbereich. (**D. B. P. 864 450** Kl. 39a vom 22/7. 1951, ausg. 26/1. 1953.) SCHLITT. 7171

Metallgesellschaft Akt.-Ges., Frankfurt/M. (Erfinder: **Hermann Haakh,** Bad Soden/Taunus), *Vorübergehende Aufhebung der Klebrigkeit von Oberflächen.* Die klebrigen Oberflächen von wärmeempfindlichen Natur- oder Kunstharzen werden mit solchen festen molekularlösl. Substanzen, wie NaCl, Harnstoff, Salzen von ein- oder mehrwertigen aliphat. oder aromat. Carbonsäuren, in fester oder gelöster Form, behandelt, die weder auf den Untergrund einwirken, noch auf demselben schwer entfernbare Reste bilden u. danach durch Lösungsm. wieder entfernt werden. (**D. B. P. 862 362** Kl. 39a vom 28/11. 1949, ausg. 8/1. 1953.) SCHLITT. 7171

E. I. du Pont de Nemours & Co., Wilmington, Del., V. St. A. (Erfinder: **C. Le Verne Agre, R. E. Christ, B. W. Howk** und **R. A. Jacobson**), *Polymerisieren von organischen Verbindungen mit Äthylenbindungen mittels Licht.* Man polymerisiert diese Stoffe in Ggw. von α-Carbonylalkoholen der Formel R—CO—CHOH—R_1, in der R u. R_1 aus H oder einwertigen KW-stoffresten bestehen. Geeignet sind Acyloine, z. B. Benzoin, 3-Oxy-4-methylpentanon-2, Butyroin, tert.-Butylbenzoin, Toluoin, tert.-Butyltoluoin, 11-Oxy-12-ketotetrakosan, Glykolaldehyd u. Acetoin. Bes. werden Acrylsäure oder Methacrylsäure in Form ihrer niederen Alkylester polymerisiert. Man kann außer den genannten Stoffen auch noch Peroxyde, bes. Benzoylperoxyd, zufügen. (**Schwed. P. 134 768** vom 31/12. 1942, ausg. 4/3. 1952. A. Priorr. 31/12. 1941 u. 21/10. 1942.) JÜRGEN SCHMIDT. 7173

Imperial Chemical Industries Ltd., London, übert. von: **John William Coates** und **John William Croon Crawford,** Welwyn Garden City, County of Hartford, England, *Herstellung gefärbter Kunstharzmischungen.* Man löst in einem Monomeren einer polymerisierbaren Verb. mit wenigstens einer CH_2:C< Gruppe eine gefärbte Chelatverb. eines Metalles der Gruppe 6 A, 7 A oder 8 des Period. Syst. u. wenigstens eine Verb. mit der Gruppe —CO·CHR·CO— (R = H oder KW-stoffrest). Man polymerisiert z. B. Methylmethacrylat (I) oder Methyl-α-chloracrylat mit Cr- oder Fe-Acetylaceton. — Man kann statt dessen auch eine gefärbte Chelat-Cu-Verb. eines Diketons verwenden, also z. B. I oder Styrol mit Cu-Acetylaceton polymerisieren. (**Can. PP. 483 226** u. **483 227** vom 16/6. 1945, ausg. 13/5. 1952.) PANKOW. 7173

Socony-Vacuum Oil Co., Inc., New York, N. Y. (Erfinder: **Dominic Joseph Oriolo,** Woodbury, N. J.), V. St. A., *Entfernung des Katalysators und des Beschleunigers vom polymeren Produkt bei der Olefinpolymerisation,* wobei die Rk. mit einem Metallhalogenkatalysator, z. B. Al-Halogenid, der durch einen HCl-Beschleuniger aktiviert ist, ausgeführt wird, dad. gek., daß ein Alkohol mit dem polymeren Prod. gemischt wird, worauf W. hinzugefügt, letzteres u. der Alkohol vom Prod. entfernt werden u. dann das Polymere mit W. ausgewaschen wird. Als Katalysator ist $AlBr_3$ u. als Alkohol sind Isopropyl-, Propyl- u. Butylalkohol genannt. — Beispiele. Zeichnung. (**D. B. P. 888 618** Kl. 39c vom 28/9. 1950, ausg. 3/9. 1953. A. Prior. 22/5. 1948.) SCHINDLER. 7173

Badische Anilin- & Soda-Fabrik (Erfinder: **Walter Reppe** und **Tim Töpel**), Ludwigshafen/Rh., *Dimeres Cyclooctatetraen* (I) erhält man durch Erhitzen von **I**, gegebenenfalls in Anwesenheit von Lösungs- oder Verdünnungsmitteln u./oder polymerisationsbeschleunigenden Stoffen (H_2O_2, organ. Peroxyde, $ZnCl_2$, $CdCl_2$), zweckmäßig bei 80 bis 300°, notfalls unter Druck. — **I** wird ca. 20 Std. auf 180—190° erhitzt; durch Dest. erhält man einen viscosen, *ungesätt. KW-stoff* $C_{16}H_{16}$, $Kp._{0,8}$ 130—132°, u. eine geringe Menge eines bernsteinfarbigen Harzes. Verwendung zur Herst. von *Kunstharzen.* (**D. B. P. 851 190** Kl. 12o vom 30/11. 1941, ausg. 2/10. 1952.) KRAUSS. 7173

Imperial Chemical Industries Ltd., London, England (Erfinder: **A. Burnes** und **E. G. Williams**), *Herstellung von Polymerisaten in Form von Folien mit mindestens einer glatten Oberfläche.* Man leitet eine Paste oder Fl., die eine oder mehrere polymerisierbare Verbb. mit Gruppen CH_2=C< enthält, über eine umlaufende Fläche, auf der sie sich verteilt u. eine gewisse Schichtdicke bildet. Darüber befindet sich eine geheizte Fläche, die so ausreichend erhitzt ist, daß Kondensation von abdunstenden Fll. aus der Paste verhindert wird. Die Temp. der Heizfläche soll ca. 20° über dem Kp. der am höchstsd. Fl. liegen. Z. B. bei der Polymerisation von Methylmethacrylat 100—120° betragen. Man gelangt kontinuierlich zu gleichmäßigen, glatten Filmen. (**Schwed. P. 136 053** vom 20/1. 1949, ausg. 10/6. 1952. E. Prior. 21/1. 1948.) JÜRGEN SCHMIDT. 7173

Farbwerke Hoechst, vormals Meister Lucius & Brüning, Frankfurt/M. (Erfinder: **Kurt Billig**, Chemnitz), *Herstellung von Polymerisaten*, dad. gek., daß man Vinylester für sich oder in Mischung untereinander oder in Mischung mit anderen ungesätt. Verbb., in Ggw. oder Abwesenheit von Verdünnungs- oder Lösungsmitteln mit Crotonaldehyd, seinen Homologen oder Analogen bei n. Druck polymerisiert. Die gebildeten, Aldehydgruppen enthaltenden Harze sind zu weiteren Rkk. fähig. — Beispiele. (**D. B. P. 888 928** Kl. 39c vom 1/1. 1943, ausg. 7/9. 1953.) SCHINDLER. 7173

Farbwerke Hoechst, vormals Meister Lucius & Brüning (Erfinder: **Gerhard Bier**), Frankfurt/M., *Herstellung sich absetzender Polymerisate von Vinyl- oder Vinylidenverbindungen.* Durch Polymerisation der Monomeren in wss. Medien u. in Ggw. von Dispergiermitteln, dad. gek., daß man als letztere solche Ester von Di- oder Polycarbonsäuren verwendet, die ein Mol.-Gew. von ca. 150—500 besitzen u. mindestens eine nicht veresterte Carboxylgruppe in freier Form oder als wasserlösl. Salz enthalten. Als Carbonsäuren sind genannt: Oxal-, Bernstein-, Citronen-, Phthalsäure, als Alkoholkomponenten aliphat., alicycl., aromat.-aliphat. Alkohole u. Phenole. — Beispiele. (**D. B. P. 888 172** Kl. 39c vom 10/2. 1951, ausg. 31/8. 1953.) SCHINDLER. 7173

Farbenfabriken Bayer (Erfinder: **Heino Logemann**), Leverkusen, *Polymerisation von Vinylverbindungen bzw. 1.3-Dienkohlenwasserstoffen* oder deren Mischungen in Ggw. von W., Emulgier- u. O abgebenden Mitteln, dad. gek., daß in Ggw. von Reduktionsmitteln gearbeitet wird, wobei die Bedingungen so gewählt werden müssen, daß die den O liefernden Verbb. nicht völlig zerstört werden u. mol. O_2 zumindest weitgehend ausgeschlossen wird u. aus dem Reduktionsmittel keine hemmenden Stoffe, bes. Chinone, entstehen. Herabsetzung der Polymerisationstemp. u. -dauer. — Beispiele. (**D. B. P. 891 025** Kl. 39c vom 18/3. 1939, ausg. 24/9. 1953.) SCHINDLER. 7173

Wacker-Chemie G. m. b. H., München (Erfinder: **Josef Heckmaier** und **Hugo Zoebelein**, Burghausen), *Herstellung von acetylgruppenhaltigen Formacetalen des Polyvinylalkohols* (I) durch Einw. von CH_2O oder solches abgebenden Substanzen auf acetylgruppenhaltige I in Ggw. von Säuren. dad. gek., daß als lösend wirkendes Gemisch wss. HCl u. Eisessig (II) verwendet wird, das zur Erhöhung des Acetylgruppengeh. der Acetate mehr II u. zur Verminderung mehr HCl enthält. Die Verhältnisse liegen zwischen 1—19% HCl u. 5—60% II. Feinkörnige Produkte. (**D. B. P. 891 144** Kl. 39c vom 14/10. 1951, ausg. 24/9. 1953.) SCHINDLER. 7173

Röhm & Haas G. m. b. H. (Erfinder: **Walter Bauer**), Darmstadt, *Polymerisationsprodukte* erhält man durch Polymerisation von Thiovinyläthern (I), die 2 Vinylgruppen an einem S-Atom tragen, für sich allein oder in Ggw. anderer polymerisierbarer oder polymerisierter Verbb. in An- oder Abwesenheit von O in loser Bindung enthaltenden oder sauer reagierenden Stoffen, gegebenenfalls bei Belichtung. Nach den Beispielen werden Divinylsulfid mit Acrylsäurenitril, -methylester, -äthylester, -n-butylester, Methacrylsäurenitril, Vinylacetat oder Styrol polymerisiert. Plast. Massen, Filme, Lacke, Kitte. (**D. B. P. 888 768** Kl. 39c vom 27/7. 1943, ausg. 3/9. 1953.) SCHINDLER. 7173

I. G. Farbenindustrie Akt.-Ges., Frankfurt/M. (Erfinder: **Heinz Sönke**, Bad Soden, und **Werner Starck**, Hofheim), *Kondensationsprodukte aus Aldehyden mit polymeren Vinylestern.* Die Rk. der Aldehyde oder cycl. Ketone erfolgt mit wss. Dispersionen von Polyvinylestern oder ihren Mischpolymerisaten u. in Ggw. von starken Säuren (HCl, H_2SO_4) solcher Konz., daß Lsgg. der Kondensationsprodd. in den Säuren entstehen. Verarbeitung zu Filmen, Zwischenschichten für Sicherheitsglas, elektrotechn. Geräten, als Spritzgießmassen u. dergleichen. (**D. R. P. 754 492** Kl. 39b vom 14/10. 1936, ausg. 10/11. 1952.) SALZMANN. 7173

Rudolf Decker und Hellmuth Holz, München (Erfinder: **Herbert Berg**, Burghausen), *Rohlinge aus Polyvinylformaldehydacetal* (I). Durch Verseifen von Polyvinylacetat mit einer zwischen 50 u. 150 Sek. liegenden, in 20%ig. Essigesterlsg. gemessenen Viscosität u. anschließende Acetalisierung gewonnenes hochviscoses säurefreies u. sehr feinkörniges I mit einem Geh. an Estergruppen von 6—8 (%) u. einem OH-Geh. von 10—15 wird mit je ca. 10 Dichloräthylphosphat u. Englischrot bei 150—160° u. 30—50 at verpreßt. In die Preßmasse können 8—10 Lagen Nesseltuch auf 5 mm Plattenstärke eingelegt werden. Verwendung für die Herst. von allerlei Haushaltungsgegenständen, Auskleidungen, Möbel- u. Bauteilen, Maschinenelementen, Dichtungen, Luftschrauben, Rohren, Krümmern, Muffeln, Verschlußkapseln, Isolierhüllen u. dergleichen. (**D. B. P. 879 014** Kl. 39b vom 11/4. 1941, ausg. 8/6. 1953.) SALZMANN. 7173

Vinyltrame (Soc. à Responsabilité Limitée), Seine, Frankreich, *Mustern plastischer Massen, wie Vinylharze.* Um ein Verkleben beim Aufbringen der Harzpasten auf die als Muster dienende Vorlage (Gewebe, Fell, Papier) zu verhindern, verwendet man eine Zwischenschicht aus einem Schmiermittel, wie Stearat, Stearin, Talkum, Paraffin, Fettsäuren, oder eine sehr dünne Folie, etwa aus Cellophan. (**F. P. 998 019** vom 24/9. 1949, ausg. 14/1. 1952.) PANKOW. 7173

Union Carbide & Carbon Corp., New York, N. Y., übert. von: **Jerry W. Kay**, North Plainfield, N. J., V. St. A., *Verminderung von schwachen Stellen in kalandrierten Folien.* Den teilweise kalandrierten *Polyvinylfilm* setzt man einem hohen elektr. Potential aus, um Fremdkörper im Film zu verbrennen oder zu zerteilen, worauf weiterkalandriert wird u. die bei dem elektr. Durchschlag entstandenen Löcher verschlossen werden. (**A. P. 2 608 717** vom 20/11. 1950, ausg. 2/9. 1952.) SCHLITT. 7173

E. I. du Pont de Nemours & Co., Wilmington, Del., übert. von: **Paul Matthew Hauser**, Kenmore, N. Y., V. St. A., *Vinylidenchlorid–Acrylnitrilmischpolymerisatlösungen.* Die Lsg. besteht aus dem Mischpolymerisat mit einem Gewichtsverhältnis von Vinylidenchlorid zu Acrylnitril (I) von wenigstens 4 : 1, wobei der Rest der Mischpolymeren aus I besteht, mit Methyläthylketon als Lösungsm., das 2—20, bes. 10—20 Gew.-% eines aromat. KW-stoffs (II), wie Toluol, als Gelverzögerer enthält. — Statt II kann man auch einen Halogen-KW-stoff mit einem Dipolmoment von 0—0,8 DEBYE-Einheiten verwenden, z. B. CCl_4. Verwendung der Lsg. für Filme u. Überzüge. (**Can. PP. 477 834** u. **477 835** vom 26/2. 1947, ausg. 16/10. 1951.) PANKOW. 7173

C. D. Patents Ltd., London, England, *Herstellung von thermoplastischen Harzen.* *Acenaphthylen* (I) wird, gegebenenfalls im Gemisch mit anderen äthylen. ungesätt. Verbb., in wss. Emulsion unter Zusatz eines Schutzkoll., wie Bentonit (II), u. gegebenenfalls eines Katalysators, wie Benzoylperoxyd (III), durch Erhitzen polymerisiert. — 9 (g) II werden in 100 W. mittels eines hochtourigen Rührwerks verteilt, worauf man 3 I, 30 *Styrol* u. 0,3 III zumischt. Der Ansatz wird 96 Std. im Bombenrohr auf 100° erwärmt. Der Nd. wird von II frei gewaschen u. dient getrocknet als Preßpulver. (**E. P. 682 967** vom 15/12. 1949, ausg. 19/11. 1952.) MÖLLERING. 7173

United States Rubber Co., V. St. A. (Erfinder: **Pliny Otto Tawney**), *Herstellung von Mischpolymerisaten.* Man polymerisiert eine Mischung aus einem α-Äthylencarbonsäureester, wie Acryl-, Methacryl-, Fumar-, Itacon-, Malein-, Citracon-, Aconitsäureester, mit einem 2-Alkenylmonoenäther, wie Allylmethyl-, Methallyläthyl-, Chlorallyläthyl-, Methallylmethyl- oder -benzyl-, Allylbutyläther. Die erhaltenen lösl. Polymeren eignen sich für Lacke, Überzüge, Imprägnierungen, Formkörper. Man kann sie in Ggw. von 2-Alkenylalkoholen, wie Allyl-, Methallyl-, 2-Chlorallyl-, Äthallyl- oder Crotylalkohol, umestern, wonach sie durch Erhitzen auch zusammen mit anderen polymerisierbaren Verbb., wie Vinyl-, Acryl- oder Allylverbb., bes. mit Polymerisationskatalysatoren, in eine harte unlösl. u. unschmelzbare M. übergehen. — Man erhitzt z. B. 100 (Gewichtsteile) Methallyläthyläther, 86 Methylacrylat u. 1,84 Benzoylperoxyd 5½ Std. unter Rückfluß, löst 57 des Polymeren in 285 Methallylalkohol u. kocht 11½ Std. mit 0,3 NaOH, dest. Methallylalkohol ab u. fällt mit n-Hexan. Das Prod. (I) wird bei mehrstd. Erhitzen auf 100° unlösl. u. unschmelzbar. 11 I, 4,7 Tetrahydrofurfurylacrylat u. 0,3 Benzoylperoxyd werden 50 Min. auf 60° erhitzt, wobei ein festes, beinahe unlösl. Harz entsteht. (**F. P. 997 141** vom 12/10. 1949, ausg. 2/1. 1952. A. Prior. 12/11. 1948.) PANKOW. 7173

International General Electric Co., Inc., New York, N. Y., V. St. A. (Erfinder: **E. F. Fiedler** und **G. R. Lucas**), *Emulsionspolymerisation von Styrol in wässeriger Phase, die ein Fettsäureemulgierungsmittel und einen Peroxydpolymerisationskatalysator enthält.* Man verwendet als Katalysator *1-Oxycyclohexylhydroperoxyd-1* u. als Emulgierungsmittel eine mindestens teilweise neutralisierte Myristinsäure oder Stearinsäure oder Mischungen von gesätt. aliphat. Monocarbonsäuren mit 12—18 C-Atomen u. einem mittleren Mol.-Gew. von 210—284. Die Menge des Neutralisierungsmittels soll mindestens 85%, bes. 95—105%, der Fettsäuremenge betragen. (**Schwed. P. 134 769** vom 6/4. 1949, ausg. 4/3. 1952. A. Prior. 24/4. 1948.) JÜRGEN SCHMIDT. 7173

Mathieson Chemical Corp., New York, übert. von: **Walter William Northgraves**, Kenmore, N. Y., V. St. A., *Polymerisation von Dichlorstyrol.* Man polymerisiert in wss. Emulsion bei 100°, bis eine unvollständige Polymerisation stattgefunden hat, u. erwärmt dann unter Überdruck auf 110—160°. — 112 (Teile) Dichlorstyrol mit einem Geh. von 0,35% Laurylperoxyd u. 0,1% Butylstearat werden mit 754 W. u. 5 $Ca_3(PO_4)_2$ 17 Std. bei 85° u. dann 3 Std. bei 135° im Autoklaven polymerisiert, mit verd. HCl gewaschen, getrocknet u. als Preßmasse verwendet. (**E. P. 673 967** vom 22/4. 1949, ausg. 18/6. 1952. A. Prior. 22/6. 1948.) MÖLLERING. 7173

Dow Chemical Co., V. St. A. (Erfinder: **Elmer L. McMaster, Robert M. Wheaton** und **James Russell Skidmore**), *Herstellung von Anionenaustauschharzen.* Man halogeniert die festen in Bzl. unlösl. Mischpolymerisate aus aromat. Monovinylarylalkylverbb. u. einer aromat. Verb. mit mehreren Vinylgruppen u. läßt die Halogenverb. mit einem tert. Amin reagieren. Man dispergiert in 150 (Teilen) CCl_4, 0,3 PCl_3, 30 (Gewichtsteile) Mischpolymerisat aus 90 Dimethylstyrol, 6 Äthylvinylbenzol u. 4 Divinylbenzol, leitet bei 60° unter Uviolbestrahlung Cl_2 ein (100 g in 160 Min.). Man erhitzt 1 Volumenteil des chlorierten Harzes mit 5 Volumenteilen einer wss. 25%ig. Trimethylaminlsg. 16 Std. auf 70° im Druckgefäß, wäscht u. behandelt mit wss. $NaHCO_3$-Lösung. Die Austauschkapazität dieser Harze schwankt in weiten Grenzen, so daß sie vorzugsweise bestimmte Anionen aus einem Gemisch solcher absorbieren können. (**F. P. 1 001 106** vom 8/12. 1949, ausg. 20/2. 1952. A. Prior. 29/12. 1948.) PANKOW. 7173

Rohm & Haas Co., übert. von: **Charles H. McBurney**, Philadelphia, Pa., V. St. A., *Stickstoffhaltige Anionenaustauschharze.* Es wird zunächst ein halogenalkyliertes Mischpolymerisat (I) aus einem größeren Anteil eines monovinylaromat. KW-stoffes, z. B. Divinylbenzol, hergestellt, I enthält im aromat. Kern Substitutionsgruppen der Formel $C_nH_{2n}\cdot X$ (**II**), worin n = 1—4 u. X = Cl oder Br ist. In I sind ca. 0,2—1,2 **II** pro aromat. Kern enthalten. Durch Rk. von **I** mit einem tert. Amin wird ein quaternäres NH_4-Salz (**III**) gebildet. Durch Rk. von **I** mit einem prim., sek. oder Polyäthylenpolyamin wird ein polymeres Aminsalz (**IV**) gebildet. **III** u. **IV** sind in wss. Lsgg. von Säuren, Basen u. Salzen unlösl. Anionenaustauscher. (**A. PP. 2 591 573** u. **2 591 574** vom 5/7. 1947, ausg. 1/4. 1952.) REICHELT. 7173

Canadian Industries Ltd., Montreal, Quebec, übert. von: **Gordon Hart Segall** und **John Francis Clemow Dixon**, McMasterville, Quebec, Can., *Herstellung wärmehärtender, unlöslicher, unschmelzbarer Styrolmischpolymerisate.* Man erhitzt ein thermoplast. schmelzbares, lösl. Mischpolymerisat aus mehr als 50 (Teilen) Styrol u. wenigstens 12,5 Acryl- oder Methacrylsäure u. wenigstens 5 einer anderen polymerisierbaren ungesätt. Verb. wie Methylacrylat (Summe der Teile 100) mit linear polymerem 4-Vinylcyclohexendiepoxyd bei einer Temp. von ca. 150° in Ggw. von wenigstens 0,5 Gew.-% des Mischpolymerisats eines Aminbeschleunigers, wobei pro freier Carbonsäure des Mischpolymerisats eine Epoxygruppe vorhanden ist. (**Can. P. 488 154** vom 28/6. 1951, ausg. 18/11. 1952.) PANKOW. 7173

Dow Chemical Co., Midland, übert. von: **James L. Amos**, Midland, und **Chancey E. De Long**, Freeland, Mich., V. St. A., *Thermoplastische Zellkörper* aus benzollösl. Vinylharzen, bes. *Polystyrol*, erhält man durch Vermischen mit einem bei Raumtemp. gasförmigen Alkylhalogenid, z. B. 10—25 (%) CH_3Cl (I) u. 0,3—25 NH_3 in einem geschlossenen Rohr während 48 Std. bei 35°. Nach dem Öffnen des Rohres tritt das schaumige Harz heraus. — Als geeigneter weiterer, die Ausdehnung verzögernder Zusatz hat sich 0,04—1 (%) Ba-, Ca-, Pb- oder Zn-Stearat, zugleich mit 0,6 $CaSiO_3$, erwiesen. In die 180° warme M. wird I gedrückt, die M. auf 100° gekühlt u. in einem Vorratskessel 3—8 Std. bei 27 at aufbewahrt. Herst. von Platten, Brettern, Balken. (**A. PP. 2 576 911** vom 17/1. 1950, ausg. 4/12. 1951 u. **2 577 743** vom 22/10. 1948, ausg. 11/12. 1951.) SALZMANN. 7173

Enfield Cables Ltd. und **Reginald Conrad Milner**, Enfield, England, *Isoliermittel.* Zum Isolieren von Kabelverbindungen usw. wird eine Mischung von nach A. PP. 2 403 112; C. **1947.** 131, u. 2 403 113; C. **1947.** 130, hergestellten fl. Polyestern, Styrol u. gegebenenfalls Füllmitteln (Glimmer) verwendet, die nach Zusatz organ. Peroxyde bei Raumtemp. polymerisiert. — Zeichnung. (**E. P. 665 202** vom 5/8. 1948, ausg. 16/1. 1952.) LÜTTGEN. 7173

Soc. An. l'Équipement Ménager et Industriel „E. M. I.", Seine, Frankreich, *Herstellung poröser plastischer Massen.* Als Treibmittel verwendet man 2 Mischungen, deren jede aus einem indifferenten Träger (Stärke, Polyvinylchlorid, Polystyrol, Weichmachern, Lösungsmitteln) u. einem Stoff besteht, der sich mit dem anderen zu einem Gas umsetzt. Man löst 50 g $NaNO_2$ in 90 g einer Mischung aus 60 g W. u. 20 g A. u. mischt mit 200 g Polyvinylchloridpulver, walzt aus u. pulvert. Ferner löst man 40 NH_4

NO_3 in 20 g W. u. 8 g Methanol, mischt mit 60 g Polystyrolpulver, gibt beide Mischungen zusammen u. zu Kautschuk oder Polyvinylchlorid. Salpetersäureester, Ammondoppelsalze, NH_4HCO_3, Hirschhornsalz, Isocyanate können ebenfalls verwendet werden. (**F. P. 1 009 505** vom 28/1. 1950, ausg. 30/5. 1952.) PANKOW. 7173

Bakélite, Seine-et-Oise, Frankreich, *Herstellung von Phenol–Aldehyd-Harzen.* Man mischt Novolak vom p_H ca. 0,5—1 mit Resol etwa vom p_H 7. — Man erwärmt 100 (Teile) Resorcin, 60 40 % ig. Formol u. 1,5 Oxalsäure 30 Min. auf 100°, entfernt 30 W. bei Unterdruck u. ersetzt durch 30 Alkohol u. erhitzt getrennt 100 Phenol, 160 40 % ig. Formol u. 3 Alkali 10 Min. auf 100° u. stellt mit Essigsäure das p_H auf 7—8, mischt beide Prodd. im Verhältnis 60 : 40, worauf es in 2 Std. bei p_H 0,5—2 bei Raumtemp. härtet. Die M. dient als *Bindemittel* für wärmehärtende Harze, Papier, Gewebe u. als *Gießharz.* (**F. P. 1 010 041** vom 23/7. 1948, ausg. 6/6. 1952.) PANKOW. 7177

N. V. Philips' Gloeilampenfabrieken, Eindhoven, Holland (Erfinder: **H. Bloem** und **M. Stel**), *Herstellung von Novolaken aus Phenol und Formaldehyd mit Katalysatoren.* Die Kondensation erfolgt stufenweise in mehreren hintereinandergeschalteten Kesseln, wobei in jedem Kessel die Rk. durch Einstellung der Reaktionszeit, Temp. u. Katalysator konz., Dimensionierung des Kessels, oder Kombination dieser Maßnahmen so festgelegt wird, daß die Kondensation das gewünschte Ausmaß erreicht. Man kann die Rk. gleichmäßig u. kontinuierlich zu Novolaken führen. (**Schwed. P. 135 975** vom 12/3. 1951, ausg. 3/6. 1952. Holl. Prior. 14/3. 1950.) JÜRGEN SCHMIDT. 7177

Vitex Soc. An. (Anciens Établissements J. Canouet), Gironde, Frankreich, *Herstellung von harzartigen Kondensationsprodukten.* Man kondensiert Glycerin oder andere Alkohole oder Polyole u. Terpentin in Ggw. von Säuren, bes. 2- u. mehrbas., oder deren Anhydriden, wie Phthal-, Malein-, Citronen-, Oxynaphthoesäure. Man kann alle 3 Komponenten zugleich kondensieren oder die Säure mit einer der andern Komponenten u. dann mit der dritten. Die mehrwertigen Alkohole geben mehr oder weniger unlösl. Prodd., die einwertigen Alkohole neutrale Stoffe. Zweckmäßig kondensiert man zuerst das Terpentin mit kleineren als der theoret. Menge Säure, setzt dann eine einbas. höhermol. Säure, wie Kolophonium, zu u. endlich überschüssigen Polyalkohol. Bei der Kondensation können Katalysatoren, wie $B(OH)_3$, MgO, ZnO, $ZnCl_2$, ferner Lein-, Holz-, Ricinusöl oder Leinöl-, Stearin-, Crotonsäure mitverwendet werden. — Man erhitzt 146 (Teile) Phthalsäure, 100 Glycerin auf 150°, mischt heiß mit 500 Terpentin u. steigert in 3 Std. auf 230°, wobei W. u. Terpentinöl abdest., heizt 2 Std. bei 250° u. ½ Std. bei 20—30 mm. Das Harz ist in Bzl. u. Terpentinöl lösl., in kaltem A. unlöslich. (**F. P. 1 010 770** vom 22/10. 1948, ausg. 16/6. 1952.) PANKOW. 7177

Deutsche Gold- & Silberscheideanstalt vormals Roessler, Frankfurt/M. (Erfinder: **Hans Wagner,** Konstanz), *Kunstharze für Preßmassen, Lacke und dergleichen.* Aldehyde des Dihydropyrans werden in Gemisch mit mehrwertigen Alkoholen in Ggw. saurer Katalysatoren kondensiert. — 380 (g) 2-Formyl-2.3-dihydropyran, 5 Oxalsäure u. 360 Pentaerythrit werden bei 120° kondensiert. — Auch Glykol, Glycerin oder Zucker sind geeignet. (**D. B. P. 875 569** Kl. 39c vom 12/7. 1942, ausg. 4/5. 1953.) MÖLLERING. 7177

Westinghouse Electric Corp. (Erfinder: **Charles Brown Leape**), Pittsburgh, Pa., V. St. A., *Kunstharze* erhält man, indem man z. B. 5—5,75 (Mol) *Maleinsäureanhydrid,* 1,2—1,5 *Bernsteinsäure,* 1,2—1,5 *Adipinsäure,* 2,1—2,65 *Äthylendiamin* u. 5—6,75 *Äthylenglykol* miteinander umsetzt. — Zahlreiche Beispiele u. Zeichnungen. — Herst. bes. von Drahtisolationen, ferner von Schutz- u. Dekorationsüberzügen auf Metallen, von Kohlekörpern, keram. Massen, Glas, Plastiken u. dgl., Imprägnierung von Textilien u. anderem porösen u. imprägnierbaren Material. (**D. B. P. 815 542** Kl. 39c vom 3/5. 1950, ausg. 1/10. 1951. A. Prior. 27/3. 1946.) MÜLLER-MEININGEN. 7181

Badische Anilin- & Soda-Fabrik (Erfinder: **Heinrich Hopff** und **Hanns Ufer**), Ludwigshafen/Rh., *Herstellung von Kondensationsprodukten von der Art der linearen Polyamide* durch Kondensation von Aminocarbonsäuren oder deren Lactamen für sich oder im Gemisch mit anderen polyamidbildenden Verbb. unter Zusatz von Carbonsäuren, dad. gek., daß letztere außer der Carboxylgruppe mindestens eine aromat. Oxygruppe enthalten. Geeignet sind z. B. Salicyl-, p-Oxybenzoe-, p-Oxyphenylpropion-, Protocatechin- oder Gallussäure. — Beispiele. Bei den Prodd. tritt kein Ausschwitzen oder Abreiben von niedrigmol. Kondensationsprodd. auf. (**D. B. P. 888 168** Kl. 39c vom 26/6. 1942, ausg. 31/8. 1953.) SCHINDLER. 7181

Badische Anilin- & Soda-Fabrik, Ludwigshafen/Rh., *Kontinuierliche Herstellung von Polyamiden* durch Polymerisation von Lactamen mit mehr als 6 Ringgliedern im Fallrohr, dad. gek., daß zwecks Verhinderung des Luftzutritts auf die Oberfläche der auf Reaktionstemp. gehaltenen Lactamschmelze W. aufgetropft wird. Das Dampfkondensat mit ca. 35% monomerem Lactam wird in den Prozeß zurückgeführt. (**D. B. P. 889 226** Kl. 39c vom 20/1. 1944, ausg. 7/9. 1953.) SCHINDLER. 7181

Badische Anilin- & Soda-Fabrik (Erfinder: **Hanns Ufer** und **August Weickmann**), Ludwigshafen/Rh., *Herstellung von Superpolyamiden*, dad. gek., daß man ein Gemisch aus 93—50% adipinsaurem u. 7—50% azelain- oder sebacinsaurem Hexamethylendiamin oder Gemische der diese Salze bildenden Stoffe durch längeres Erhitzen über 100 bis ca. 300° kondensiert. Durchsichtige Filme, Formkörper, Zwischenschicht für Sicherheitsglas. (**D. B. P. 887 866** Kl. 39c vom 24/12. 1938, ausg. 27/8. 1953.) SCHINDLER. 7181

Petrocarbon Ltd., London (Erfinder: **Michael Mojzesz Szwarc**, Prestwich), England, *Herstellung fester Polymerer*, dad. gek., daß der Dampf einer aromat. heterocycl. Verb., welche aus 1—2 sechsgliedrigen Ringen mit nur C- u. N-Atomen innerhalb des oder der Ringe besteht, in den p-Stellungen eines Ringes durch 2 Methylgruppen substituiert u. aus o-kondensierten Ringen gebildet ist, wenn sie aus 2 Ringen besteht, pyrolysiert wird, indem er höchstens 10 Sek. auf 700—1000° erhitzt wird u. die Dämpfe bis zum Abscheiden des festen Polymeren gekühlt werden. Nach den Beispielen werden 2.5-Lutidin, 2.5-Dimethylpyrazin oder 5.8-Dimethylchinolin 0,1—1 Sek. bei 700—900° pyrolysiert. (**D. B. P. 888 616** Kl. 39c vom 10/2. 1950, ausg. 3/9. 1953. E. Prior. 10/2. 1949.) SCHINDLER. 7181

Deutsche Hydrierwerke Akt.-Ges., Düsseldorf (Erfinder: **Else Schildknecht**, Mainz), *Gelatinierungs-, Quellungs- und Weichmachungsmittel für Polyamide, Polyurethane und Polyharnstoffe.* Hierfür werden 5.6.7.8-Tetrahydronaphthole, die in 5- u. in 8-Stellung disubstituiert sind, verwendet, so 5.5.8.8-Tetramethyl-5.6.7.8-tetrahydro-2-naphthol, 5.5.8.8-Tetraäthyl-5.6.7.8-tetrahydro-2-naphthol, 5.8-Dimethyl-5.8-diisobutyl-5.6.7.8-tetrahydro-2-naphthol, 5.5.8.8-Tetraphenyl-5.6.7.8-tetrahydro-3-methylnaphthol-(2). (**D. B. P. 871 644** Kl. 39b vom 22/4. 1944, ausg. 26/3. 1953.) HERBST. 7181

Deutsche Hydrierwerke Akt.-Ges., Düsseldorf (Erfinder: **Winfried Hentrich**, Riehen, Basel, Schweiz, **Alfred Kirstahler**, Düsseldorf, und **Rudolf Endres**, Frankfurt/M.-Höchst), *Lösungs-, Gelatinierungs- und Weichmachungsmittel für Superpolyamide, Superpolyurethane und Superpolyharnstoffe.* Hierfür werden aromat. Oxyverbb., die durch 2 oder mehr perhydrierte 5- oder 6 gliedrige cycl. KW-stoffe, die auch anelliert sein können, substituiert sind, verwendet, so Dekahydronaphthylphenole, Dekahydronaphthylchlorphenole, Dekahydronaphthylkresole, Dekahydronaphthylresorcin, 2.4-Dicyclohexylphenol, Tetradekahydrophenanthrylphenol. (**D. B. P. 871 643** Kl. 39b vom 18/7. 1944, ausg. 26/3. 1953.) HERBST. 7181

Soc. An. des Manufactures des Glaces et Produits Chimiques de Saint-Gobain, Chauny & Cirey, Seine, Frankreich (Erfinder: **Pierre Cor**), *Glasfaserhaltige Folien oder Bänder aus plastischen Massen.* Die im wesentlichen parallelliegenden Glas- oder Mineralfasern werden über eine Trommel geführt u. mit einer Emulsion (*Vinylchloridpolymere* oder -mischpolymere) imprägniert, die vor oder nach Anwendung mit Verdickungsmitteln, wie Elektrolyten oder lösl. Kolloiden, wie Gummi arabicum, Alginat oder Polyvinylalkoholen, vermischt wird. Die Fasern können vor der Imprägnierung mit der Emulsion mit einer Lsg. der plast. M. imprägniert werden. Die imprägnierte Fasermasse kann auf 120—160° erhitzt werden. Man sprüht z. B. auf die Fasermasse eine Polyvinylchloridemulsion zugleich mit einer 25%ig. $MgCl_2$-Lsg., so daß der $MgCl_2$-Geh. des Trockenprod. 2—5% beträgt. (**F. P. 1 011 849** vom 5/4. 1949, ausg. 27/6. 1952.) PANKOW. 7205

Emil Hene, England, *Preßpulver.* Man behandelt Cellulosematerial mit wss. Alkalilsg., CH_2O, einem oder mehreren KW-stoffen, wie Petroleum, Asphalt, Teer, Bitumen, paraffin., aromat. oder Naphthen-KW-stoffen, auch unter Zusatz von Phenolen, trocknet die Mischung kurz u. preßt. — Man mischt z. B. 120 g Holzmehl, 100 cm³ CH_2O, 80 cm³ W., 65 g rohe Paraffinölfraktion, Kp. 385—395°, 20 cm³ 30%ig. NaOH-Lsg., trocknet in dünner Schicht bei 65—68° 2 Std. u. behandelt 3 Min. bei 160—170° u. 157 kg/cm² Druck. Die erhaltenen Körner sind 3 mm groß. Verwendung für Platten u. Überzüge. (**F. P. 982 100** vom 2/1. 1948, ausg. 4/6. 1951. E. Priorr. 3/1., 31/1. u. 16/8. 1947.) PANKOW. 7205

XII. Kautschuk. Guttapercha. Balata.

—, *Verbesserter Überzug für Rohkautschukballen.* Angabe einer Rezeptur der I. N. I. R. O. für die Herst. eines mit dem Pinsel auftragbaren Überzuges für Naturkautschukballen. (India Rubber J. **124.** Nr. 5. 3. 31/1. 1953.) SCHÄFF. 7222

M. Feldon, R. F. McCann und **R. W. Laundrie**, *Kontinuierliche Emulsionspolymerisation in einem röhrenförmigen Reaktionsgefäß.* Die Verwendung röhrenförmiger Reaktionsgefäße zur Herst. von GR-S (**I**) bietet gewisse Vorteile: bessere Wärmeübertragung, bessere Qualitätskontrolle u. geringere Kosten. In einer Versuchsanlage wurde ein dem üblichen **I** vergleichbarer Kunstkautschuk hergestellt, der etwas schwieriger verarbeitbar war als **I**, dafür aber eine etwas bessere Kältebeständigkeit aufwies. Die Herst. von Tieftemperatur-**I** in röhrenförmigen Reaktionsgefäßen ist ebenfalls möglich, allerdings wird hierbei mehr W. u. Seife benötigt als sonst. (India Rubber Wld. **128.** 51—53. 53. April 1953. Akron, O., Univ., Government Labor.) WINIKER. 7224

Yvan Landler, *Der Tieftemperaturkautschuk.* (Vortrag.) Behandelt werden: Einfl. der Polymerisationstemp. auf die mechan. Eigg. u. die Molekülstruktur des GR-S, das Syst. Tieftemperatur-GRS (**I**)–Ruß sowie die Verarbeitung von **I**. — 44 Literaturhinweise. (Rev. gén. Caoutchouc **30.** 647—54. Sept. 1953.) WINIKER. 7224

R. E. Brooks, D. E. Strain und **A. McAlevy,** *Das chlorsulfonierte Polyäthylen.* 1. Mitt. *Ein neues Elastomer.* Überblick über Entw., Eigg. u. Anwendungen von *Hypalon S-2,* welches durch Einw. von Chlor u. SO_2 auf Polyäthylen hergestellt wird. (India Rubber Wld. **127.** 791—93. März 1953. Wilmington, Del., E. I. du Pont de Nemours & Co., Inc.) WINIKER. 7224

M. A. Smook, I. D. Roche, W. B. Clark und **O. G. Youngquist,** *Das chlorsulfonierte Polyäthylen.* 2. Mitt. *Vulkanisationssysteme auf Basis Metalloxyde.* (1. vgl. vorst. Ref.) Zur Vulkanisation von chlorsulfoniertem Polyäthylen ist ein mehrbas. Metalloxyd (z. B. MgO, PbO) oder ein mehrbas. Salz einer schwachen Säure (z. B. $CaCO_3$, Al-Stearat), eine organ. Säure (z. B. Abietinsäure) u. ein organ. Beschleuniger (z. B. Diphenylguanidin) erforderlich. Vff. diskutieren den Vulkanisationsmechanismus u. geben einen Überblick über den Einfl. der zahlreichen bisher untersuchten Vulkanisationsmittel auf die Vulkanisation u. die Eigg. der Vulkanisate. (India Rubber Wld. **128.** 54—58. April 1953.) WINIKER. 7228

Adrien Haehl, *Beschleunigung und Alterung.* Die Alterung des vulkanisierten Kautschuks wird auch bei Verwendung von Alterungsschutzmitteln wesentlich vom verwendeten Beschleuniger beeinflußt. So sind mit Mercaptobenzothiazol (**I**) hergestellte Vulkanisate alterungsbeständiger als mit Diphenylguanidin (**II**) hergestellte. Wird **I** als Beschleuniger verwendet, so bewirkt ein Zusatz einer Kombination eines „echten“ Antioxydationsmittels mit dem Zn-Salz des Mercaptobenzimidazols (**III**) eine Verbesserung der Alterungsbeständigkeit der Vulkanisate. Bei Verwendung von **II** konnte durch Zusatz von Bis-(2-oxy-3-tert.-butyl-5-methylphenyl)-methan die Alterungsbeständigkeit verbessert werden, die synerget. Wrkg. von **III** war jedoch äußerst schwach bzw. nicht vorhanden. (Rev. gén. Caoutchouc **30.** 654—59. Sept. 1953.) WINIKER. 7230

M. van Overbeke, G. Mazingue und **P. Outreman,** *Der positiv geladene Latex in der Wollwarenindustrie.* Behandelt werden Eigg. u. Anwendungen von *Xétal* (positiv geladener Latex). (Rev. gén. Caoutchouc **30.** 642—47. Sept. 1953.) WINIKER. 7230

J. M. Buist und **E. F. Powell,** *Verbesserung der Einstichprüfmethode.* Das Problem, das relative Verh. von GR-S-Mischungen beim Einstichtest (cut growth test) mit einer Nadel mit kreisförmigem Querschnitt auszuwerten, hängt mit der großen Streuung der Versuchsergebnisse zusammen. Die Ursache für diesen Befund wurde untersucht. Mit einer Nadel mit ellipt. Querschnitt werden besser reproduzierbare Ergebnisse erhalten. (Trans. Instn. Rubber Ind. **27.** 49—54. Febr. 1951. Manchester, Imp. Chem. Ind., Rubber Serv. Dep., u. Birmingham, Dunlop Rubber Co.) SCHÄFF. 7248

B. B. Chemical Co. Ltd., Alan Montague Hall und **Ronald Woolman,** Leicester, England, *Stabilisieren von natürlicher Kautschukmilch* durch den Zusatz eines Harnstoff–Casein-Reaktionsprod. u. CH_2O oder Paraformaldehyd. (**E. P. 674 885** vom 16/4. 1949, ausg. 2/7. 1952. **A. P. 2 610 216** vom 11/4. 1950, ausg. 9/9. 1952. E. Prior. 16/4. 1949.) OVERBECK. 7227

Shell Development Co., San Francisco, übert. von: **Daniel B. Luten jr., Billee O. Blackburn** und **Frank M. McMillan,** Berkeley, Calif., V. St. A., *Plastikator für synthetischen Kautschuk,* bestehend aus einem Lactam, dessen —NH—CO-Gruppe durch ein unsubstituiertes KW-stoffradikal verbunden ist. Genannt sind: α-Piperidon, 2-Pyrrolidon, 6-Methyl-2-piperidon, Oxindol, 2-Oxohexamethylenimin u. das Lactam der o-Aminocinnamylsäure. Gewinnung aus lactamhaltigen Phenolextrakten von Erdölcrackprodukten. — 4 Diagramme. (**A. P. 2 550 363** vom 4/10. 1946, ausg. 24/4. 1951.) OVERBECK. 7227

E. I. du Pont de Nemours & Co., Wilmington, Del., übert. von: **John J. Verbane,** Wilmington, Del., bzw. **Maynard F. Torrence,** Woodstown, N. J., V. St. A., *Plastizieren von Kautschuk* durch den Zusatz von 0,03—0,5% eines Plastikators aus aromat. Mercaptanen u. aromat. Mercaptiden 2wertiger Metalle, bes. Zn, u. von 0,0004—0,05% eines neutralen Ni-Dithiocarbamats oder dessen aliphat. Xanthats. — Beispiele für aromat. Mercaptane: Xylylmercaptan, p-Thiokresol, 2-Mercaptobenzoesäuremethylester, -terephthalsäuredimethylester, 1.5-Dimercaptonaphthalin, Thiophenol; Chlorphenole, Mono- u. Dithioresorcin; o-Aminothiophenol; 3- oder 4-Mercaptobenzoesäure; Thio-α- oder -β-naphthol; Mercaptoanthracen u. Mercaptoanthrachinon. — Beispiele für Mercaptide: Zn-, Cd-, Ni- oder Pb-Xylylmercaptid, Sn-Naphthylmercaptid, Zn-2-Mercaptobenzoesäuremethylester; Zn-Trichlorphenyl, Zn-Phenyl-, Zn-o-Nitrophenyl-, Zn-o-Oxyphenyl-, Zn-o-Carboxyphenyl-, Zn-Thio-α-naphthyl-, Zn-Anthryl- u. Zn-Anthrachinonylmercaptid. — Beispiele für Ni-Dithiocarbamate: Ni-Dimethyl-, -Diäthyl-, -Diisopropyl-, -Dipropyl-, -Dibutyl-, -Di-(2-äthylhexyl)-, -Phenyläthyl-, -Diallyl-, -Äthylen-bis- u. -sek.-Butyl-(p-sek.-butylaminophenyl)-dithiocarbamat; Ni-Salze der 4-Morpholin-, 2-Pipecolin- oder 2-Piperidincarbodithiosäure; Ni- Dithiocarbanilat, Ni-Cyclohexyl-, -Dicyclohexyl-, -Hexamethylen-bis-, -sek.-Butyl-, -Phenyl-methyl-, -1- oder -2-Naphthyl-, -(2-Oxyäthyl)-, -Bis-(2-oxyäthyl)- u. Äthyldithiocarbamat. — Beispiele für neutrale aliphat. Ni-Xanthate: Ni-Äthyl-, -Isoamyl-, -Propyl-, -Butyl-, -Isobutyl-, -n-Amyl-, -Decyl-, -Methyl-, -Isopropyl-, -Benzyl-, -(2-Dimethylaminoäthyl)-, -(2-Chloräthyl)- u. -(2-Äthylhexyl)-xanthat. (**A. PP. 2 609 404** u. **2 609 405** vom 3/12. 1949, ausg. 2/9. 1952. **E. P. 677 408** vom 27/11. 1950, ausg. 13/8. 1952. A. Prior. 3/12. 1949.) OVERBECK. 7227

Soc. Française de Recherches Techniques, Seine, Frankreich, *Plastiziermittel für Kautschuk,* bestehend aus Schieferölextrakten oder -destillationsprodukten. (**F. P. 1 006 246** vom 10/12. 1947, ausg. 21/4. 1952.) PANKOW. 7227

Soc. Civile d'Étude des Brevets Hycar, Seine, Frankreich (Erfinder: **Charles Pierre**), *Mischverfahren für Kautschuk und Kunstkautschuk.* Außer den Füll- u. Zusatzstoffen verwendet man noch Dispersionsmittel aus Salzen, Seifen, Estern oder anderen Verbb., die einen in KW-stoffen lösl. u. einen darin unlösl. Anteil enthalten, wobei der unlösl. Anteil nach der Salz-, Seifen- oder Esterbldg. noch wenigstens eine freie polare Funktion besitzen soll, die aber keinen nennenswerten Anteil eines völlig neutralen Netzmittels enthalten. Genannt sind die Diglyceride: Distearin, Diolein, Dipalmitin, Diarachidin, Dimyristin, Dicarnaubin, die Dioleyl-, Dicetyl-, Dilaurylcitrate, -phosphate, Monocetyl- oder -oleylphthalat. Man mischt in 100 (Gewichtsteilen) 20%ig. benzol. Kautschuklsg. 100 Talkum u. 5 Diolein zu einer homogenen Masse. Auch Zusatz der Dispergiermittel zu Monomeren, die zu Kunstkautschuk polymerisiert werden. (**F. P. 1 000 576** vom 5/3. 1946, ausg. 13/2. 1952.) PANKOW. 7227

Accumulatoren-Fabrik Akt.-Ges. (Erfinder: **Heinrich Ziegner**), Hagen, *Mikroporöse Kautschukvulkanisate.* Man setzt dem Rohkautschuk vor dem Walzen ein Kieselsäuregel (I) zu, bei dessen Herst. aus Wasserglas eine den Verdampfungspunkt des W. heraufsetzende Verb., z. B. Glycerin oder Äthylenglykol, ferner S u. Beschleunigungs- u. Füllmittel, wie Kaolin, zugesetzt wurde. Das im I enthaltene W. bleibt zur Porositätsbldg. voll erhalten. (**D. B. P. 878 711** Kl. 39b vom 13/3. 1951, ausg. 5/6. 1953.) MÖLLERING. 7227

Montclair Research Corp. und **Ellis-Foster Co.,** übert. von: **Leonard Spialter,** Newark, N. J., und **Charles A. Mackenzie,** New Orleans, La., V. St. A., *Herstellung von feinteiligem SiO_2.* Si oder Silicide von Cu, Fe, Mg, Ca werden bei 200—450° mit HCl u./oder $H_2 + Cl_2$ umgesetzt. Die entstehenden Cl_2–Si–H-Verbb. werden mit Luft oder O_2 zu SiO_2 verbrannt. SiO_2 schlägt sich z. B. auf den Wänden des Reaktionsraumes nieder; aus den Gasen wird HCl mit W. ausgewaschen. Vor der Verbrennung kann man brennbare Gase oder Dämpfe, z. B. Ae. oder Petroleumdestillate, beimischen sowie $SiCl_4$ u. $SiHCl_3$ durch Kondensation entfernen. SiO_2 ist bes. als *Füllmittel für Kautschuk* geeignet. — Abbildung. (**A. P. 2 614 906** vom 27/3. 1947, ausg. 21/10. 1952.) ZÜRN. 7227

Rhein-Chemie G. m. b. H., Heidelberg (Erfinder: **Rudolf Kern,** Neustadt/Weinstraße), *Zusatzstoffe für natürlichen und künstlichen Kautschuk,* bes. für solchen, der helle Füllstoffe enthält, bestehend aus Lactamen u. deren Mischprodd., z. B. γ-, δ- oder ε-Aminocaprolactam. (**D. B. P. 873 744** Kl. 39b vom 29/10. 1949, ausg. 16/4. 1953.) OVERBECK. 7227

Paul H. Müller, Hannover, *Vulkanisieren von Kautschukmetallteilen.* Um die Haftung von Kautschuk mit einer umgebenden Metallwand zu steigern, wird während des Abkühlens nach der Vulkanisation auf die Kautschukmischung von den Stirnseiten des Verbundes her ständig ein Druck durch Druckkolben oder ein gasförmiges oder fl. Druckmittel ausgeübt. (**D. R. P. 761 385** Kl. 39a vom 10/7. 1941, ausg. 9/2. 1953.) SCHLITT. 7229

Badische Anilin- & Soda-Fabrik, Ludwigshafen/Rh. (Erfinder: **Fritz Stastny**, Weinheim/Bergstraße), *Verbinden von Kautschuk mit Polyamiden oder Polyurethanen.* Auf die durch Anquellen oder Erhitzen klebrig gemachte Oberfläche des Polyamids bzw. -urethans wird pulverförmiger vulkanisierter oder unvulkanisierter natürlicher oder synthet. Kautschuk aufgestreut. Nach dem Trocknen bzw. Erkalten wird eine Kautschukmischung aufvulkanisiert oder eine vulkanisierte Kautschukplatte in üblicher Weise aufgeklebt. (**D. B. P. 851 844** Kl. 39b vom 5/8. 1950, ausg. 9/10. 1952. **Zusatz zu D. B. P. 847 490; C. 1953. 5424.**) Overbeck. 7231

—, Methods of testing rubber latex. Part. I: Sampling and basic tests. (British Standard 1672.) London: British Standards Institution. 1950. 2 sh.

XIII. Ätherische Öle. Parfümerie. Kosmetik.

W. Gleisberg und **M. Hartrott**, *Der Gehalt an ätherischem Öl in den Früchten von Foeniculum vulgare Mill. nach der Lösung von der Pflanze.* Bei zum n. Reifetermin geernteten Fenchelfrüchten war bei Lagerung keine Gehaltssteigerung an äther. Öl feststellbar, die den Schluß auf weitere Ölbldg. nach Lösen der Früchte vom Fruchtstand zuließ. Ölgehaltsunterschiede, die sich nach verschied. Humusbehandlung des Bodens zeigten, dürften auf den durch die Bodenvorbehandlung modifizierten Ausreifungszustand zurückzuführen sein. (Ber. dtsch. bot. Ges. **66.** 19—30. 12/3. 1953.) Borsutzki. 7262

Hans Freytag, *Über das Verhalten von Keratinfasern in thioglykolathaltigen Systemen. Eine neue Untersuchungsmethodik.* Nach Darst. der bei Einw. von ammoniakal. *Thioglykolat* (I)-Lsg. auf Haare ablaufenden physikal. u. chem. Vorgänge wird eine App. (sogenannte „Haarmeßuhr") beschrieben, mit der die Zeit gemessen werden kann, die zwischen dem Eintauchen eines Haares in I-Lsg. u. dem Beginn der Dehnung abläuft. Ausgewertet werden die an Gruppen von je 100 Haaren beobachteten Reaktionszeiten durch Ermittlung der relativen Häufigkeiten (r. H.) in bestimmten Zeitabschnitten (je 1 Min.). Die von einer Person entnommenen 500 Haare begannen in einer Lsg. von 7,55 g NH_4-I u. 1,70 g NH_3 in 100 ml W. (p_H 9,4) die Dehnung alle innerhalb von 5 Minuten. Die r. H.-Werte sind abhängig vom I-Geh. u. p_H-Wert der Lsgg., die Wrkg. von I ist im isoelektr. Bereich (p_H 5—6) am geringsten. Im alkal. Bereich tritt bei Na-I ein weiteres Minimum bei p_H 9—10 ein, während NH_4-I dort maximale Wrkg. ausübt. Zusätze von verschied. Salzen vermindern mit steigenden Konzz. die r. H.-Werte, wobei die Wrkg. von *NaCl* u. *Na_2SO_4* am stärksten, von *KSCN* am geringsten ist. Durch H_2O_2 geschädigtes Haar wird durch I innerhalb von 1 Min. zum Dehnungsbeginn gebracht, zeigt also eine stark erhöhte Quellungsbereitschaft, die durch Zusatz von NaCl zu I vermindert werden kann. 3malige Wiederholung der I-Behandlung in kurzen Abständen bringt 99% der Haare zum Reißen. (Z. Naturforsch. **7b.** 645—55. Dez. 1952. Darmstadt, Wella Akt.-Ges.) Krusen. 7284

H. de Miranda und **J. F. Lemmens**, *Potentiometrische Titration von Aldehyden.* Vff. untersuchten die von Reclaire u. Frank (Perfum. essent. Oil Rec. **19.** [1938.] 212) angegebene Meth. der Aldehydbest., wie *Vanillin* u. *Octanal*, mit Hydroxylaminhydrochlorid u. Rücktitrierung mit alkohol. NaOH mit Bromphenolblau als Indicator auf die Möglichkeit, den Endpunkt potentiometr. mit der Glaselektrode zu ermitteln. In Diagrammen u. Tabellen zeigen sie die Beziehungen zwischen p_H-Werten u. Verlauf der Rk. u. die Berechnung der Analysen, z. B. von *Citronellöl. Citronellal* u. a. machen Schwierigkeiten wegen Kondensation u. Bldg. von Acetalen, für diese geben sie besondere Verff. an. (Perfum. essent. Oil Rec. **43.** 226—30. Juli 1952. Naarden, Holland, N. V. Chem. Fabr.) Mühlmeister. 7292

Hans Freytag, *Über die p_H-Messung bei sogenannten Kaltwellflüssigkeiten.* Es wird auf die Unzulänglichkeit der *Lyphanpapiere* zur p_H-Messung, bes. bei *Thioglykolat-Ammoniak*-Systemen (*Kaltwellpräpp.*), hingewiesen. Grundsätzlich sollten nur geeichte Glaselektroden benutzt werden. (Z. Lebensmittel-Unters. u. -Forsch. **92.** 30—33. Jan. 1951.) Freytag. 7294

Fosco Provvedi und **Silvio Camozzo**, *Über die Bestimmung der Thioglykolsäure in kosmetischen Präparaten.* Die rotviolette Farb-Rk. der *Thioglykolsäure* (I) mit *Na-Nitroprussiat* (II) ist stark vom p_H, der Zeit u. Temp. abhängig, da ihre Stärke bei 15° schon nach 2 Min. schwächer wird u. sie mit steigender Temp. schneller verblaßt. **Eichlsgg.: Zu 1—8 ml wss. I-Lsg.** (1:1000) **gibt man 70 ml W. von 150°, 5 ml n-NaOH,** 10 ml 1%ig. II-Lsg. u. füllt mit W. von 15° auf 100 ml auf. Sofort **wird die Extinktion** dieser Proben im Vgl. zu dest. W. im Pulfrich-Photometer mit Filter S 53 gemessen u. ergibt gegen die Konz. lineare Abhängigkeit. Das Verf. liefert mit dem jodometr. übereinstimmende Werte. — Best. in Kaltwellenpräpp.: 10 ml Probe werden mit W.

auf 1 Liter aufgefüllt u. 10 ml von dieser Lsg. wie die Eichlsgg. behandelt. Der so gefundene I-Wert bezieht sich auf den Geh. in 100 ml des Präparats. — Best. in Haarentfernungsmitteln: Durch qualitative Unters. ist zu prüfen, auf welchem Wege die I abgetrennt werden kann. Meist genügt kräftiges Schütteln von 10 g Paste mit 1 Liter warmem W., so daß die filtrierte Lsg. wie zuvor analysiert werden kann. — Bei Benutzung eines einfachen Colorimeters dient eine Lsg. von 41 ml 0,1 n$KMnO_4$ u. 20 ml 0,1 n$K_2Cr_2O_7$-Lsg., aufgefüllt zu 1 Liter, als Vergleichs-Fl., die der Intensität der mit 6%ig. I-Lsg. entstehenden Farbe entspricht (behördlich zugelassene Grenze). (Chim. e Ind. [Milano] **34**. 517—19. Sept. 1952. Bergamo, Labor. Chim. Provinc.)
Metzener. 7294

René Colson, *Schnelltitration von Glycerin mit Kaliumperjodat.* Inhaltlich ident. mit der C. **1951**. II. 2534 referierten Arbeit. (Ind. Parfumerie **6**. 115—17. April 1951.)
Freytag. 7294

J. M. Danner und **W. Zerweck**, Deutschland, *Verwendung des 2.4.6-Triisopropylbenzylalkohols* als Parfüm oder als Trägermaterial in Gemischen von Geruchsstoffen. (**F. P. 985 820** vom 9/5. 1949, ausg. 24/7. 1951. D. Prior. 1/10. 1948.)
M. F. Müller. 7277

Ruhrchemie Akt.-Ges., Deutschland, *Herstellung von Wasser-in-Öl-Emulsionen*, bes. für *kosmet.* Zwecke, z. B. für Pomaden oder Creme, unter Verwendung von Gemischen von höhermol. Alkoholen u. höhermol. Paraffin-KW-stoffen als Emulgierungsmittel. Diese Gemische werden aus den höhermol. KW-stoffen von der katalyt. Hydrierung von CO hergestellt. Diese werden partiell halogeniert, bes. chloriert, u. durch Halogenwasserstoffabspaltung werden Olefine erhalten, die mit Wasserglas behandelt u. danach über die Aldehyde durch Red. Alkohole liefern, welche mehr als 20 C-Atome enthalten. (**F. P. 1 011 143** vom 14/12. 1948, ausg. 19/6. 1952.) M. F. Müller. 7285

Paul Baudecroux, Paris, Frankreich, *Mittel zur Schönheitspflege*, bes. *Lippenschminke.* Man schlägt den Farbstoff in der Grundmasse (I) auf einem unlösl., anorgan. farblosen oder nur ganz schwach gefärbten Trägermaterial (II) als Adsorbat oder als Farblack nieder. Als II verwendet man bes. unlösl. Verbb. von Ba, Al, Zn, Ca, Mg oder Fe, die in I gebildet werden, oder man verleibt I Kaolin, TiO_2, Talkum, Bentonite oder Kieselgur als II ein. (**D. B. P. 862 045** Kl. 30h vom 12/8. 1944, ausg. 8/1. 1953. F. Prior. 22/4. 1944.) E. Petersen. 7285

XIV. Zucker. Kohlenhydrate. Stärke.

Ss. F. Shigalow, *Die Anwendung künstlicher Kälte zur Verringerung des Zuckerverlustes bei Lagerung der Rüben.* Die Aufbewahrung der Rüben in 5—7 m hohen Mieten ergibt nach 200 Tagen bis zu 2,77% Zuckerverlust. Am besten hält sich die Rübe bei —2°, bei welcher Temp. die Atmung sehr gering ist. Vf. prüft nun die Frage der Anwendung von künstlicher Kälte u. beweist deren Wirtschaftlichkeit. Eine Anlage zur Kühllagerung der Rüben wird beschrieben. Die Kühllagerung erhöht die Zuckerausbringung um 14—20%. (Сахарная Промышленность [Zucker-Ind.] **27**. Nr. 6. 10—15. Juni 1953. Moskau, Technol. Inst. der Nahrungsmittelind.) Ecke. 7406

Richard Delisle-Zaporowski, *Beitrag zur Untersuchung über den Gebrauch von Ionenaustauschern in der Zuckerindustrie.* Kationenaustauschharze wurden laboratoriumsmäßig auf ihre Verwendbarkeit zur Reinigung von Dünnsäften, die nach der Kalkscheidung anfallen, untersucht. Es wurden Filtersäulen benutzt, die 120 cm^3 Harz faßten u. 25 cm^3 Saft/Min. filtrierten. Die Salze wurden weitgehend entfernt, u. die successive Regeneration der Austauscher hatte auf die Austauschkapazität keinen merklichen Einfluß. (Ind. agric. aliment. **69**. 771—73. Nov. 1952. Rue, Sucrerie.)
Rutkowski. 7412

G. P. Meade, *Klärung vor der Kohlefiltration. Verwendung von Williamson-Reiniger.* Die in Amerika gebräuchlichen Methoden der Zuckersaftreinigung mit P_2O_5 u. Kalk vor der Kohlefiltration werden besprochen. (Int. Sugar J. **55**. 68—70. März 1953. Gramercy, La., Colonial Sugar Co.) Rutkowski. 7412

R. F. Black, *Mechanische Filtration in der Crockett-Raffinerie.* Die Reinigung des Zuckerrohsaftes mit Phosphorsäure u. Kieselgur als Filtrierhilfe u. der Vorteil metall. Filterplatten sowie der Regenerationsbetrieb für Kieselgur werden beschrieben. (Int. Sugar J. **55**. 71—72. März 1953. Crockett, Calif., California & Hawaiian Sugar Refining Corp., Inc.) Rutkowski. 7412

O. J. Banasik, **Russell Wischow** und **R. H. Harris**, *Beobachtungen über Stärkeumwandlung durch α-Amylase mit Hilfe eines Belichtungsverfahrens.* Vff. beschreiben eine App. zur Stärkeverzuckerung durch α-Amylase unter Lichteinwirkung. Die Verkleisterung der Stärkelsg. soll schnell (5 Min.) ohne viel Licht erfolgen. Die diastat. Spaltung erfolgt in einem U-Rohr, wobei der Spaltungsverlauf quantitativ durch die Lichtdurchlässigkeit der Lsg. verfolgt wird. Die Meth. ist sehr empfindlich gegen die Zus. der Pufferlösungen. Es werden besprochen: Einfl. der Substratkonz., der Verkleisterungstemp., Beziehung zwischen WOHLGEMUTH-Zeiteinheiten u. Lichttransmissionswerten, Wrkg. von β-Amylase. (Brewers Digest **28.** Nr. 1. 51—54. Jan. 1953. Fargo, N. D., Agric. Exp. Stat.) HAEVECKER. 7448

N. V. Algemeene Norit Mij., Amsterdam (Erfinder: **Willem Cornelius Bokhoven,** Naarden), Holland, *Reinigen von Flüssigkeiten, besonders Zuckerlösungen* durch Leiten der Fl. über Aktivkohle in Kornform, die in trockenem Zustand ein Litergewicht von höchstens 250 g, eine Benetzungswärme für Bzl. von wenigstens 23 Calorien/g Trockenkohle u. eine Benzoladsorption bei 20° aus einem bei dieser Temp. um 92,7 % mit Bzl. gesätt. Luftstrom von wenigstens 60 g/100 g Trockenkohle aufweist. Regenerieren erfolgt in situ mit Alkalien. Die Filtration kann auch über gekörnter Knochenkohle erfolgen, der 2—6 Gew.-% akt. Pflanzenkohle zugesetzt sind. (**D. B. P. 893 180** Kl. 89c vom 30/6. 1944, ausg. 15/10. 1953. Holl. Prior. 30/4. 1943. **E. P. 694 617** vom 13/8. 1951, ausg. 22/7. 1953. **Belg. P. 505 062** vom 3/8. 1951, ausg. 19/12. 1952.) SCHINDLER. 7413

N. V. W. A. Scholten's Chemische Fabrieken, Groningen, übert. von: **Jan Lolkema,** Hoogerand, und **Willem Albertus van der Meer,** Haren, Holland, *Kalt quellende Stärke.* Eine Suspension von Stärke in W., gegebenenfalls in Mischung mit einem Cellulosederiv., wird mit einem Gemisch von Phenol, Melamin oder einem Prokondensat von Phenol u. Formaldehyd versetzt u. nach Einstellung auf $p_H > 5$ auf Heißwalzen verkleistert. Der vermahlene Trockenfilm gibt nach Zugabe eines Katalysators beim Aufstrich unlösl. Überzüge. (**A. P. 2 583 268** vom 19/3. 1948, ausg. 22/1. 1952. Holl. Prior. 25/3. 1947.) KRANZ. 7449

XV. Gärungsindustrie.

Galzy, *Die industrielle Erzeugung von Reinzuchthefen.* Die Reinzuchthefenerzeugung auf Traubenmost wird beschrieben. In Versuchsreihen wird der Most verschieden stark mit W. verd. u. der Phosphatzusatz variiert. Am besten sind die Ergebnisse bei einer Mostdichte von 1,025—1,030 (70—75 g Zucker/Liter) u. einem Zusatz von 2 g Ammoniumphosphat/Liter. Kontinuierliche Mostzugabe ist möglich. Es wird angeregt, die Belüftung zur Erzielung feiner Verteilung mittels eines porösen Körpers durchzuführen. (Progr. agric. viticole **139** (**70**). 97—103. 15/2. 1953. Montpellier, École Nat. d'Agric.) FRESENIUS 7506

Alena Vavruchová und **Anna Kocková,** *Movidyn. Movidyn* ist ein oligodynam. wirkendes koll. Ag-Salz, das in einer Konz. von 1:50000 die Hefe zu erhöhter Vermehrung auf Kosten der Gärung reizt, bei einer Konz. von 1:10000 jedoch auf Vermehrung u. Gärung ungünstig einwirkt. (Pivovarský Sladařský Časopis Kvas **78.** 301. 20/10. 1950. Bráník, Versuchslabor. der Brauerei.) STEINER. 7510

W. M. Ssautin, *Tonhaltige Carbonatböden für die Weinklärung.* Bei der Reinigung von Weinen verwendet man gelbes Blutlaugensalz (I), jedoch klären manche Weine dann recht schlecht. Anschließend an die Weinbehandlung mit **I** wird mit einer Suspension von tonhaltigem Carbonatboden geklärt, wobei sehr gute Erfolge ohne Verschlechterung der Güte des Weines erzielt werden. Die dadurch verursachte Senkung der titrierbaren Acidität von 0,2—0,3‰ beseitigt man durch eine vorangehende Behandlung des Weines mit Säure. (Виноделие и Виноградарство СССР [Weinbereit. Weinbau UdSSR] **13.** Nr. 5. 12—13. Mai 1953.) ECKE. 7516

Louis Roger, *Die Behandlung der Weine mit Kaliumferrocyanid.* Vf. lehnt das Verf. ab. (Agric. prat. **116.** 399. Aug. 1952.) FRIEDEMANN. 7516

Ch. Mariller, Méjane, Maurice Martraire und **Simon Tourlière,** *Kontinuierliche Vergärung von Rübensäften.* Übersicht über die gebräuchlichen Methoden der Vergärung von Zuckerrübensäften. (Ind. agric. aliment. **69.** 775—81. Nov. 1952. École Nat. des Ind. Agric. u. Syndicat de la Distillerie Agric.) RUTKOWSKI. 7536

Jaroslav Kastner, *Betriebswässer tschechoslowakischer Mälzereien.* Ausführlicher chem. Vgl. von Betriebswässern aus Mälzereien im Hinblick auf die Herst. von bes. hellem Malz. (Pivovarský Sladařský Časopis Kvas **78.** Nr. 5. 1—3. 3/3. 1950. Brno.) FREYTAG. 7540

Albert C. Smith jr., *Behandlung von Brauereiwasser. — Kontrolliertes Aufhärten.* Beschreibung einer Anlage, um dem Brauereiwasser eine geeignete Menge Gipslsg. zuzuführen. (Brewers J. **108.** Nr. 2. 24—26. 72. Febr. 1953.) HAEVECKER. 7540

Jaroslav Kastner, *Über die Bedeutung organischer Stoffe und ihrer Zersetzungsprodukte im Brauwasser.* Organ. Stoffe pflanzlicher Abkunft beeinflussen nur den Geschmack, solche tier. Abkunft sind als Nährboden für Mikroorganismen stets schädlich. Freies NH_3 ist unschädlich. Nitrate sind in Mengen bis 150 mg/Liter in hartem W. wahrscheinlich unschädlich, nicht aber in weichem Wasser. Nitrite sind in größerer Menge schädlich. Chloride sind nur in Mengen über 60 mg/Liter zu beanstanden. H_2S macht das W. für Brauzwecke ungeeignet. (Pivovarský Sladařský Časopis Kvas **78.** 284—87. 6/10. 1950.) STEINER. 7540

Bedrich Mayer, *Kupfer in der Bierbrauerei.* Trotz der Giftwrkg. von Cu-Salzen, von denen die kupferne App. der Brauereien ständig durch Reinigung befreit werden muß, ist Cu als Baustoff dem nichtrostenden Stahl wegen seiner Billigkeit u. leichteren Bearbeitbarkeit vorzuziehen. (Pivovarský Sladařský Časopis Kvas **78.** 219—20. 21/7. 1950.) STEINER. 7544

Elsie Singruen, *Brauereihefe, ihre Wiedergewinnung und Anwendung.* Vf. erläutert die Methoden zur Wiedergewinnung der Brauereihefe, die App., Kosten, Trocknung u. Verwendung der Trockenhefe als Futtermittel. (Brewers J. **108.** Nr. 2. 66—70. Febr. 1953.) HAEVECKER. 7544

M. Gilissen, J. Van Gheluwe und **P. Fraeys,** *Über das Kohlensäuregas in der Brauerei.* Vf. gibt eine Übersicht über die Anwendung von CO_2 in der Brauerei. (Fermentatio [Gand] **1952.** 69—94. Gent, Brouwerij A. Meiresome.) WESLY. 7544

E. Cowman, J. B. Cronyn und **R. F. Lewarne,** *Die Anwendung der Zentrifuge zur Klärung heißer Würze.* Vf. erläutert die Vorteile der Klärung heißer Würze durch eine Zentrifuge. Der Nachteil des zu kleinen Fassungsvermögens der Zentrifuge kann durch Beschränkung auf eine nur teilweise Klärung wettgemacht werden. (Brewers Digest **28.** 51—54. 60. Febr.; Brewers J. **108.** Nr. 2. 21—24. Febr. 1953.) HAEVECKER. 7550

H. Müller, *Eine Stimme aus Südamerika zum Gerstenflockenproblem.* Vf. bespricht die Möglichkeit der Verwendung von Gerstenflocken zur Bierherst., der die Reinheitsvorschriften entgegenstehen, Es wird der Verwendung von Reis bzgl. Verdaulichkeit, Schaumhaltigkeit u. Haltbarkeit der Vorzug gegeben. (Brauwelt, Ausg. B **93.** 530—31. 22/5. 1953.) HAEVECKER. 7550

M. A. Malzewa, A. Je. Krawetz und **I. M. Roshdesstwenski,** *Feststellung der Umfüllreife des Weines.* Vff. haben eine einfache Meth. ausgearbeitet, wobei der Wein der Einw. des elektr. Stromes unterworfen wird. Der Wein wird in ein Becherglas eingefüllt, ein Gerät mit 2 Kohleelektroden eingeführt u. auf 60—75° erwärmt, wobei bei unreifen Weinen die koagulierenden koll. Eiweißstoffe eine Trübung verursachen. (Виноделие и Виноградарство СССР [Weinbereit. Weinbau UdSSR] **13.** Nr. 5. 10—11. Mai 1953. Moskau, Hauptverwaltung für Weine.) ECKE. 7554

Je. M. Kosenko, *Kontinuierliches Verfahren der Sektbereitung.* Vf. baute ein Gerät zur kontinuierlichen Gewinnung von Schaumweinen unter erhöhtem Druck, das Schaumweine von guten Eigg. liefert. (Виноделие и Виноградарство СССР (Weinbereit. Weinbau UdSSR] **13.** Nr. 5. 14—19. Mai 1953. Krasnodar, Inst. für Nahrungsmittelind.) ECKE. 7554

Carl W. Neubauer, *Praktische Deutung von Rohmaterialanalysen.* Besprochen werden: Feuchtigkeit, Bushelgewicht, Keimlingswachstum, Extrakt, Farbe, diastat. Kraft, lösl. Gesamtstickstoff u. Würzeviscosität. (Brewers J. **108.** Nr. 2. 28—30. Febr. 1953.) HAEVECKER. 7598

Alberto J. Llacer, *Kjeldahl-Methode für die Halbmikrobestimmung des Stickstoffs in Bier.* Für die Serienbest. des N in Bier (2 ml Proben) eignet sich bes. gut die Modifikation der KJELDAHL-Best. von MARCALI u. RIEMANN (C. **1948.** II. **640**): Der Aufschluß wird neutralisiert. In Ggw. von Formaldehyd, der das frei werdende NH_3 sofort als Hexamethylentetramin bindet, kann man dann die als Ammoniumsalz gebundenen Säuren direkt mit NaOH bis zum Phenolphthaleinendpunkt titrieren. (Mikrochem. verein. Mikrochim. Acta **40.** 173—78. 1952. Rosario, Argentinien, Direct. Nacional de Quim.) FRETZDORFF. 7600

Carl W. Naumann, Leipzig, *Regulierung des p_H-Wertes der Bierwürze.* Ein Teil der beim Abläutern gewonnenen Würze wird über einem H-Austauscher (H-Wofatit oder H-Permutit) entbast, der nach Vereinigung mit der Gesamtwürze diese auf den gewünschten p_H-Wert einstellt. — Vorrichtung. (**D. B. P. 878 786** Kl 6b vom 27/10. 1951, ausg. 5/6. 1953.) KETTNER. 7551

Heinrich Landgräber, Hamburg, *Kontinuierliche Abläuterung heißer Bierwürzen.* Die dickfl. Maische wird kontinuierlich in einem an sich bekannten Syst., bestehend aus 3 oder mehr hintereinandergeschalteten, kon. zulaufenden Auspreßzylindern mit rotierenden Transportschnecken, mit flach ovalen Schlitzöffnungen im unteren Teil, stramm umschließenden Filtertüchern sowie darunter mit den Zylindern fest verbundenen Auffangschalen, gesondert in klare Stammwürze, klare erste, zweite oder mehr Nachgüsse, jede Fl. für sich allein prüfbar, u. feste Treberbestandteile getrennt, wobei die feuchten Treberbestandteile mehrmals zwischen den einzelnen Zylindern in einem an sich bekannten Verbindungsstück mit Doppelschlagwerk u. Heißwassersprühverteiler aufgelockert u. vollständig durchfeuchtet werden. (**D. B. P. 879 532** Kl. 6b vom 25/12. 1951, ausg. 15/6. 1953.) KETTNER. 7551

Deglutan (Beer Products) Ltd., London, England, *Behandlung von Aluminiumsilicaten von der Art der Montmorillonite zur Entfernung von Arsen aus Würze und Bier.* Das Al-Silicat wird mit wenigstens 5%ig. HCl extrahiert u. anschließend mit einer eine geringe Menge Alkali oder NH_3 enthaltenden Lsg. eines neutralen Alkalisalzes, z. B. NaCl, von solcher Konz. ausgewaschen, daß eine Quellung verhindert wird. (**E. P. 688 815** vom 19/9. 1951, ausg. 11/3. 1953. D. Prior. 23/9. 1950.) KETTNER. 7551

XVI. Nahrungs-, Genuß- und Futtermittel.

Dorothy L. Hussemann, *Wirkung des Kochens auf die Bakterienflora ausgewählter gefrorener, vorgekochter Nahrungsmittel.* (J. Amer. dietet. Assoc. **27.** 855—58. Okt. 1951. Madison, Wis., Univ. of Wisconsin.) BROSEMANN. 7634

E. Timm, *Die Qualität der Brotgetreideernte 1951.* Analysentabellen über Weizen u. Roggen. (Jber. Versuchsanst. Getreideverwert. **1950/1951.** 11—16.) HAEVECKER. 7664

G. Brückner, *Ermittlung der Wasseraufnahmefähigkeit von Getreide.* 9 verschied. Weizenproben wurden 17 Tage über 50%ig. H_2SO_4 bei Zimmertemp. aufbewahrt, wobei die Feuchtigkeit von 12,5 auf 15,66% stieg. (Jber. Versuchsanst. Getreideverwert. **1950/1951.** 40—42.) HAEVECKER. 7664

M. Rohrlich und **H. Benischke,** *Untersuchungen über die Regeneration der inaktivierten Haferfermente.* (Vgl. C. **1953.** 1574.) Bericht über Regeneration der Haferfermente, Katalase, Peroxydase, Lipase, nach einstd. feuchter Erhitzung sowie der Änderungen der SZ., des Säuregrads nach SCHULERUD u. des Fettgehalts. (Jber. Versuchsanst. Getreideverwert. **1950/1951.** 79—80.) HAEVECKER. 7664

M. Rohrlich und **H. Benischke,** *Einfluß der thermischen Inaktivierung der Haferfermente auf die Verdaulichkeit des Eiweißes.* Haferprodd., bei deren Herst. eine weitestgehende Inaktivierung der Fermente stattgefunden hatte, zeigten, daß der Geh. an unverdaulichem N nach der Dämpfung um 12% angestiegen war, d. h. gegenüber dem Rohhafer um rund 80%. Wird in vorsichtiger Arbeitsweise die Fermentaktivität relativ geringfügig gehemmt, so tritt auch nur eine geringe Erhöhung des unverdaulichen Anteils des Eiweiß auf. (Jber. Versuchsanst. Getreideverwert. **1950/1951.** 81—84.) HAEVECKER. 7670

Ch. Nernst, *Untersuchung der Handelsmehle 1951.* Analysentabellen über Wassergeh., Aschegeh., Rohfasergeh., Säuregrad, Maltosezahl, Feuchtkleber, Kleberquellzahl. (Jber. Versuchsanst. Getreideverwert. **1950/1951.** 26—35.) HAEVECKER. 7670

M. Rohrlich und **Ch. Nernst,** *Stärkeabbau in Mehlen durch verschiedene Fermentzusätze.* Vff. untersuchten den Einfl. amylasehaltiger Präpp., Diastase, Malzmehl, Pilzamylasen u. Backhilfsmitteln, auf den %-Geh. der Maltose bei Autolysentempp. von 27, 50 u. 62° sowie den Einfl. von Hefe, NaCl, Hefe + NaCl bei den gleichen Temperaturen. (Jber. Versuchsanst. Getreideverwert. **1950/1951.** 76—78.) HAEVECKER. 7670

M. Rohrlich, *Herstellung von trocknem Kleber.* Kleber mit möglichst geringem Denaturierungsgrad wird durch Wasserentzug des Feuchtklebers mit absol. A. in 24 Std. u. nachfolgender Trocknung in absol. Ae. in 24 Std. erhalten. Der Rest des Ae. wird im Vakuumexsiccator verdampft. Quellzahl u. Gliadingeh. entsprechen dem Feuchtkleber. (Jber. Versuchsanst. Getreideverwert. **1950/1951.** 84—85.) HAEVECKER. 7670

G. Brückner und **Ch. Nernst,** *Einfluß staubförmiger Schädlingsbekämpfungsmittel auf die Getreide- und Gebäckqualität.* Mit Aluminiumoxyd behandelte Weizenproben zeigten keine Beeinflussung des bäckereitechn. Arbeitsprozesses u. der Ausbildung der Gebäcke. Dagegen lassen sich Mehle, die Magnesit enthalten, nicht einwandfrei verarbeiten. (Jber. Versuchsanst. Getreideverwert. **1950/1951.** 90—93.) HAEVECKER. 7670

Bernadine Meyer, Ruth Moore und **Ruth Buckley,** *Aromaverschlechterung in gefrorenem Gebäck und Teig.* Fertiges Gebäck (Biskuit; I) u. Teig (II) wurden zwischen —18 u. —23°, eingewickelt in Cellophan, eingefroren u. 6—9 Monate gelagert. II wurde nach der Lagerung verbacken (III). Geschmacksprüfung erfolgte nach einer Lagerung von 14 Tagen u. dann einmal monatlich. I u. III mit Weißei behielten über 6 Monate

n. Aroma. I mit Vollei mit 4,9% Lipoidgeh. blieb ebenso unverändert. III mit Vollei zeigte nach 4 Wochen Aromaänderung u. war nach 6 Monaten ungenießbar (IV). Eigelb-I begann sich nach 2 Monaten zu verändern. Eigelb-III mit 8,3% Lipoiden zeigte bereits nach 2 Wochen Änderungen u. war nach 2 Monaten ungenießbar (V). IV u. V wiesen eine dem Eigelbgeh. proportionale Peroxydbldg. (VI) auf. Zugabe von Antioxydantien oder Citronensaft zum Vollei-II verzögert Aromaänderung u. Peroxydbldg. bei der Kaltlagerung. Mürbegebäck zeigte nach 9 Monaten Kaltlagerung des II Veränderungen, wenn hydrierte Pflanzenfette verwendet worden waren, jedoch nicht bei Gebrauch von Butter. Bei Lagerung des fertigen Gebäcks trat keine Aromaänderung u. keine Peroxydbldg. auf. (Food Res. **18** 70—75. Jan./Febr. 1953. Knoxville, Tenn., Univ., Agric. Exp. Stat. and Coll. of Home Economics.) FRESENIUS. 7674

J. C. Underwood und **Louis B. Rockland,** *Stickstoffhaltige Bestandteile in Citrusfrüchten.* 1. Mitt. *Papierchromatographische Bestimmung einiger freier Aminosäuren in Citrussäften.* Als neu wurden in Citrussäften gefunden: Alanin, Serin, Glutaminsäure, Prolin, γ-Aminobuttersäure. Die Menge ist unabhängig vom geograph. Ursprung der Früchte u. charakterist. für die Pflanzenvarietät. Die Identifizierung der Stoffe erfolgte nach zweidimensionaler Papierchromatographie durch Ninhydrin-Rk. u. R_F-Werte sowie andere spezif. Reaktionen. (Food Res. **18.** 17—29. Jan./Febr. 1953. Pasadena, Calif., Fruit and Vegetable Chem. Labor.) FRESENIUS. 7688

J. Peltzer, *Rhodan als Inhaltsstoff von Weißkohl und Sauerkraut.* (Dtsch. Lebensmittel-Rdsch. **49.** 14—15. Jan. 1953. — C. **1953.** 6380.) WINIKER. 7690

M. L. Rakieten, B. Newman, K. B. Falk und **I. Miller,** *Vergleich einiger Bestandteile in frisch gefrorenem und frisch gepreßtem Orangensaft.* Bei frisch gefrorenem Orangensaft (I) lagen die Ascorbinsäurewerte im Durchschnitt höher, die Konz. des Schalenöls etwas niedriger als bei frisch gepreßtem I. Die Kohlenhydratwerte waren bei beiden gleich. Frisch gepreßter I wies weit mehr Bakterien auf, bes. coliforme, als frisch gefrorener. Hämolyt. Formen fehlten bei beiden. (J. Amer. dietet. Assoc. **27.** 864—68. Okt. 1951. New York, N. Y., South Shore Labor., Labor. of Ind. Hyg., W. M. Grosvenor Labor.) BROSEMANN. 7706

T. I. Makarowa und **T. W. Ssergejewa,** *Die Gewinnung von schwachgesalzenem Weißfischkaviar.* Es wurde festgestellt, daß es zweckmäßig ist, Weißfischkaviar mit schwacher Salzlake zu behandeln u. anschließend zu pasteurisieren. Das so behandelte Prod. ist bei 17—26° 4—5 Monate, bei 0—4° ca. 12 Monate haltbar. (Рыбное Хозяйство [Fischerei-Wirtsch.] **29.** Nr. 2. 49—53. Febr. 1953. Allunions Wiss. Forschungsinst. für Seefischerei u. Ozeanographie.) SCHMEISS. 7752

M. H. Alexander, W. O. Nelson und **E. E. Ormiston,** *Untersuchungen über die Verwendung fest installierter Milchrohrleitungen in Molkereien.* 1. Mitt. *Wirkung verschiedener Arten von Anlagen auf die Qualität von Milch.* Vgl. von 4 Arten der Milchbehandlung unmittelbar nach dem Melken hinsichtlich ihres Einfl. auf die bakteriolog. Qualität der Milch. Es wurden keine wesentlichen Unterschiede festgestellt, solange die Milch innerhalb von 30 Min. in Kühlgefäße gelangte. (J. Dairy Sci. **35.** 874—80. Okt. 1952. Urbana, Ill., Univ. of Illinois, Dep. of Dairy Sci.) KRUSEN. 7756

J. A. Nelson, *Zur Vermeidung von unangenehmem Geschmack in Milch.* Allg. Hinweise. (Milk Plant Monthly **42.** Nr. 4. 42. 46—48. April 1953. Bozeman, Montana State Coll.) KRUSEN. 7756

N. P. Tarassuk und **M. S. Nury,** *Die Wirkung von beginnender enzymatischer Proteolyse auf Viscosität und Hitzestabilität von evaporierter Milch.* Dosenkonservierte evaporierte Milch wurde mit verschied. proteolyt. Fermenten in geringen Mengen versetzt u. vor der Sterilisation inkubiert. Optimale Viscosität wurde bei Verwendung von 0,7—0,9 (p.p.m.) Pepsin, 10—15 Protease, 15—20 Trypsin u. 50—75 Pankreatin bei einer 1 std. Inkubation bei 38—40° F erreicht. Die durch Fermentzusatz verminderte Hitzestabilität kann durch Zugabe von 13 oz. $Na_2HPO_4 \cdot 12H_2O$ auf 1000 pounds Milch verhindert werden. Der Zusatz von proteolyt. Fermenten kann bei n. u. auch bei Kurzzeiterhitzung erfolgen u. hat keine nachteiligen Wirkungen auf Geschmack u. Farbe der Milch. Darüber hinaus wird die Entw. von „oxydiertem" Geschmack u. Gerinnungsneigung verzögert. Die Erhöhung der Viscosität durch Fermentbehandlung hat die gleiche Wrkg. wie Hitzebehandlung, nämlich Aufspaltung einiger Peptidbindungen, ohne jedoch deren Nachteile zu besitzen. (J. Dairy Sci. **35.** 857—67. Okt. 1952. Davis, Calif., Univ. of California, Div. of Dairy Ind.) KRUSEN. 7756

M. I. Kutschmi und **Ss. K. Ssagdijewa,** *Die hygienische Bewertung von „Kurt" und die rationelle Technologie seiner Herstellung. Kurt* ist ein Sauermilchprod. in festen hellgrauen Kugeln von 1,5—3 cm Durchmesser, hergestellt aus abgekochter Kuh- oder Ziegenmilch durch Zusatz eines Pilzes bzw. des Fertigprod. („*Katyk*"), Abpressen des

Fetts am 2. Tag, 2maliges Auspressen durch Wollsäcke, dazwischen Kochen mit Salzsatz, Formen u. Trocknen an der Sonne. Das erhaltene Milchkonzentrat enthält bis 64% Eiweiß u. bis 13% Milchsäure u. läßt sich längere Zeit aufbewahren. Es werden verschied. Verbesserungen des Gerinnungsverf. vorgeschlagen. (Гигиена и Санитария [Hyg. u. Sanitätswes.] **1953.** Nr. 1. 52—53. Jan. Usbek. Wiss. Forschungsinst. für Sanitätswesen.) R. K. MÜLLER. 7756

T. A. Morris, *Aciditäts- und Wassergehaltskontrolle während der Herstellung von Cheddarkäse.* Vf. gibt Ratschläge zur Herst. von gutem Cheddarkäse u. weist bes. auf die große Bedeutung der genauen Steuerung von Säurebldg. u. Wassergeh. im Verlauf der Herst. hin. (Queensland agric. J. **75.** 363—69. Dez. 1952.) KRUSEN. 7760

A. Ss. Ssobolew, *Salznahrung des Milchviehes.* Der individuelle Bedarf der Milchkühe an *NaCl* ist oft weit größer als die Durchschnittsnormen angeben. Wichtig ist, daß I den Tieren in feinzerkleinerter Form verabreicht wird. Es wurden auch dann Vergiftungserscheinungen beobachtet, wenn den Kühen unbegrenzte I-Mengen zur Verfügung gestellt wurden. (Социалистическое Животноводство [Sozialist. Tierzucht] **15.** Nr. 2. 85—86. Febr. 1953. Inst. für Tierzucht u. Veterinärmed. der Akad. der Wiss. der EstSSR.) M. GORDIENKO. 7780

W. I. Newsorowa, *Wacholderlaub als Zusatzfutter für Vieh.* Wacholderlaub, in Form von Mehl als Zusatzfutter gegeben, bewirkte gegenüber der Kontrolle eine 12,8%ig. Gewichtszunahme bei jungen Kälbern, Schweinen u. Schafen. Bei Milchkühen wurde durch zusätzliche Fütterung mit 4 kg Wacholderlaub pro Kopf u. Tag eine monatliche Steigerung der Milchleistungen um 30,7 Liter erzielt. 3—5 g Wacholderlaub je Kopf u. Tag erhöhen die Legefreudigkeit der Hühner u. reichern die Eier an Vitamin A u. B an. (Социалистическое Животноводство [Sozialist. Tierzucht] **15.** Nr. 2. 86—87. Febr. 1953.) M. GORDIENKO. 7782

W. F. Lemesch, L. Ss. Kuleschowa und **Ss. I. Kogotko,** *Die Verwendung von Seetuff als Mineralzusatzfutter bei Schweinen.* Verss. mit Jungschweinen zeigten, daß das *Ca* des Seetuffes als Zusatzfutter ebenso gut verwertet wird wie das der Kreide. (Социалистическое Животноводство [Sozialist. Tierzucht] **15.** Nr. 2. 87—88. Febr. 1953.) M. GORDIENKO. 7786

I. L. Korotkow, *Das Milchbutyrometer bei den Analysen des Caloriengehaltes der Nahrung.* Die Fettbest. in Nahrungsmitteln mit dem des Butyrometers von GERBER führt sowohl im sauren Verf. (H_2SO_4, D. 1,5) als auch mit Soda (10%ig. u. gesätt. Lsg.) zu Werten, die von den im SOXHLET-App. mit Ae. erhaltenen erheblich abweichen. (Гигиена и Санитария [Hyg. u. Sanitätswes.] **1953.** Nr. 1. 42. Jan.) R. K. MÜLLER. 7788

G. Brückner und **F. Schulz,** *Versuche über die chemisch-botanische Zusammensetzung des Kornes.* Beschreibung einer App. zur Gewinnung eines reinen Mehlkörpers, die nach Abschleifen der Kornspitzen Teile des Mehlkörpers ausbohrt. (Jber. Versuchsanst. Getreideverwert. **1950/1951.** 36—40.) HAEVECKER. 7796

G. Brückner und **Ch. Nernst,** *Über den Einfluß des Feinheitsgrades auf die Analyse.* Der Geh. des Korns an Rohfett, lösl. Stoffen, Maltose u. Säuregrad nimmt mit steigendem Feinheitsgrad zu; der Rohfasergeh. fällt ab. (Jber. Versuchsanst. Getreideverwert. **1950/1951.** 50—51.) HAEVECKER. 7796

G. Brückner, *Schalenanteil im Mehl.* Das von BAUER entwickelte Gerät mißt die Höhe der Absorption des Lichtes bei einer Durchleuchtung des Mehles auf photoelektr. Wege mittels Selenzellen. Die Verss. ergaben, daß der Schalenanteil des Mehles mit den photoelektr. Meßwerten in Beziehung steht. (Jber. Versuchsanst. Getreideverwert. **1950/1951.** 46—50.) HAEVECKER. 7798

Ch. Nernst, *Vergleich der nach verschiedenen Bestimmungsmethoden ermittelten Säuregradwerte.* Die 4 untersuchten Methoden zur Best. des Säuregrades von Weizen- u. Roggenmehlen (nach SCHULERUD, im wss. Filtrat, in der Wasseraufschwemmung ohne Abstehzeit u. nach 1 Std. Abstehzeit) lassen keine Beziehung untereinander erkennen, so daß es notwendig ist, bei Säuregradbestimmungen die Meth. anzugeben. (Jber. Versuchsanst. Getreideverwert. **1950/1951.** 52—59.) HAEVECKER. 7798

M. Rohrlich und **Ch. Nernst,** *Erfahrungen mit der colorimetrischen Maltosebestimmung mit dem WK-Photozellencolorimeter nach Havemann.* Vf. ermittelte bei einer Autolysentemp. von 27° eine gute Übereinstimmung verschied. Einzelwerte mit dem Mittelwert bei den Messungen am WK-Colorimeter u. gibt eine entsprechende Arbeitsvorschrift. Der Rohrzuckergeh. im Mehl besitzt keinen Einfl. auf den Maltosewert. (Jber. Versuchsanst. Getreideverwert. **1950/1951.** 60—70.) HAEVECKER. 7798

M. Rohrlich und **W. Essner,** *Die Bestimmung der Milch- und Essigsäure in Sauerteig und Brot.* (Vgl. C. **1952.** 5989.) Zur Best. der flüchtigen Säuren wird die übliche Wasserdampfdest. angewendet, der eine Vordest. des neutralen bzw. schwach alkalisierten Extraktes vorangeht. (Jber. Versuchsanst. Getreideverwert. **1950/1951.** 71–75.) HAEVECKER. 7800

G. Gorbach und **P. Schäfer,** *Mikromethoden auf dem Lebensmittelgebiet.* 3. Mitt. *Bestimmung von Lactose in der Milch.* (2. vgl. C. **1953.** 8231.) Vff. übertragen das mikrotitrimetr. Verf. zur Aldosenbest. auf die Best. von Milchzucker. Dasselbe liefert bei Frischmilch gute Werte, nicht aber bei saurer Milch u. gesäuerten Milchprodukten. Zur Klärung der Milch eignet sich das Fällungsmittel nach CARREZ. (Z. Lebensmittel-Unters. u. -Forsch. **95.** 168–70. Sept. 1952. Graz, TH, Inst. für biochem. Technol. u. Lebensmittelchemie.) LIEBNER. 7856

John I. Mechan, Chicago, Ill., V. St. A., *Konservierung von Lebensmitteln durch selektive Sterilisation,* indem man die Lebensmittel durch eine Röhre leitet u. dabei mindestens 30000 V u. höchstens 30 mA aussetzt. (**A. P. 2 614 938** vom 19/8. 1949, ausg. 21/10. 1952.) MAASS. 7635

Siemens-Schuckertwerke Akt.-Ges., Berlin und Erlangen (Erfinder: **Walter Hänlein,** Erlangen), *Ultraviolettbehandlung von festem, flüssigem oder gasförmigem Gut, besonders Lebensmitteln* durch Verwendung einer die UV-Strahlungsquelle u. den das zu behandelnde Gut enthaltenden Bestrahlungsraum trennenden Wand, die ganz oder teilweise aus einem strahlungsdurchlässigen Stoff, bes. aus n. Quarzglas, besteht, der seinerseits den Träger eines solchen luminescierenden Stoffes bildet, dessen Anregungsbereich im Gebiet kurzwelliger, eine Ozonbldg. begünstigender Wellenlängen, bes. unterhalb von 200 mμ, u. dessen Emissionsbereich oberhalb dieser Wellenlängen, bes. im Gebiet biol. wichtiger, z. B. keimtötender Strahlen liegt. – Vorrichtung. (**D. B. P. 879 645** Kl. 53c vom 15/4. 1951, ausg. 15/6. 1953.) MAASS. 7635

Adrianus Kleijin, Rotterdam, Holland, *Mehlbehandlung mit ClO_2.* Eine wss. Lsg. mit bestimmtem ClO_2-Geh. wird entgast, wobei ein inerter Gasstrom das frei gemachte ClO_2 mitführt. Der eine genau dosierbare ClO_2-Menge enthaltende Gasstrom wird in das zu behandelnde Mehl eingeleitet. Zur Gruppenbehandlung verschied. Mehlsorten werden wss. Lsgg. mit jeweils verschied. ClO_2-Konz. angesetzt u. getrennt entgast. (**E. P. 679 781** vom 23/8. 1950, ausg. 24/9. 1952. Holl. Priorr. 31/8. 1949 u. 23/1. 1950.) KRANZ. 7671

Karl Popp, Offenbach/M., *Konservieren von Lebensmitteln,* bes. *Backwaren,* durch Zugabe von 0,1% des Gew. an Kohlenhydraten nicht übersteigenden Mengen von Würzpflanzen (Umbelliferen), bes. *Levisticum,* gegebenenfalls in Verbindung mit Na-Benzoat. Die Zusatzmittel können auch als Überzugsmasse oder in Rauchform verwendet werden. (**D. B. P. 881 784** Kl. 2c vom 13/11. 1951, ausg. 2/7. 1953.) KRANZ. 7675

van Hees G. m. b. H., Wiesbaden, *Aufschließen von Kakao.* Die Kakaobohnen werden nach dem Vorrösten mit Lsgg. von Salzen der anhydr. Phosphorsäuren, wie Pyro-, Meta- u. Polyphosphorsäuren, einzeln oder im Gemisch untereinander behandelt u. anschließend fertig geröstet. (**D. B. P. 879 352** Kl. 53f vom 28/3. 1951, ausg. 11/6. 1953.) KRANZ. 7727

Reemtsma Cigarettenfabriken G. m. b. H., Hamburg-Wandsbeck (Erfinder: **Joseph Bauer,** Trier, und **Hellmuth Baya,** Borstel), *Schimmelverhütung bei Tabak* durch UV-Bestrahlung der Tabakblätter, des fertigen Gutes oder der Lagerräume. Zur Behandlung kann auch bestrahlte Luft dienen. (**D. B. P. 857 624** Kl. 79c vom 2/10. 1948, ausg. 1/12. 1952.) KRANZ. 7735

Algemeene Kunstzijde Unie N. V., Arnheim, Holland, *Konservierung von Lebensmitteln, wie Fisch und Fleisch, durch Erhitzen in einem geschlossenen Gefäß bei über 100°,* indem man die Lebensmittel vor der Konservierung mit einem Alkalisalz der Carboxymethylcellulose behandelt. (**E. P. 681 052** vom 24/8. 1950, ausg. 15/10. 1952. Holl. Prior. 5/9. 1949.) MAASS. 7753

XVII. Fette. Seifen. Wasch- u. Reinigungsmittel. Wachse. Bohnermassen usw.

Paul I. Smith, *Neues Verfahren zur Fettextraktion.* Kurzer Bericht über ein Extraktionsverf. der BRITISH GLUES AND CHEMICALS. Das Verf. beruht auf der Beschallung des in kaltem W. suspendierten pflanzlichen oder tier. Rohmaterials. (Amer. Perfumer essent. Oil Rev. **60.** 464. Dez. 1952.) V. PILINSZKY. 7872

Lars-Olov Spetsig, *Der Einfluß des p_H-Wertes auf primäre Antioxydationsmittel in Fett–Wasser-Systemen.* Die Sauerstoffaufnahme eines Fett–W.-Syst. wurde mit einer BARCROFT-App. bei 40° untersucht. Verwendet wurde *Methyllinoleat* (I) in Verbindung mit einer Pufferlsg., welche auf die Autoxydationsgeschwindigkeit des Fettes mit oder ohne Antioxydationsmittel ohne Einfl. ist. Als letztere wurden *Hydrochinon* (II) sowie ein Präp. NDGA, welches öllösl. ist, benutzt. Die Konz. betrug nur 0,0025%, bezogen auf I. Die Autoxydationsprodd. des **II** stabilisieren das I. Bei Anwesenheit von W. nimmt die Wirksamkeit von **II** u. **III** von p_H 5 ständig ab u. ist bei p_H 9,2 prakt. Null. (Svensk kem. Tidskr. **64.** 191—95. 1952.) v. SCHIESZL. 7878

E. L. D'Aquin, H. L. E. Vix, J. J. Spadaro, A. V. Graci jr., P. H. Eaves, C. G. Reuther jr., L. J. Molaison, E. J. McCourtney, A. J. Crovetto, E. A. Gastrock und **N. B. Knoepfler,** *Filtrationsextraktion von Baumwollsaat.* Es wird eingehend über eine Anlage u. über die Produktionsergebnisse berichtet. (Ind. Engng. Chem. **45.** 247—54. Jan. 1953. New Orleans, La., Southern Reg. Res. Labor., u. Dallas, Tex., Nation. Cottonseed Prod. Assoc.) BOYE. 7894

Th. Hinko, *Die Wirkung des Lichtes der Leuchtstoffröhren auf carotinhaltige Fette.* Es wurden zunächst die Strahlungen von 3 Leuchstoffröhren P 29 (Warmton), P 33 (Tageslicht) u. P 35 (blauweiß) spektroskop. geprüft u. dabei wurde festgestellt, daß in einem kontinuierlichen Spektr. starke Spektrallinien im blauvioletten Bereich auftraten, u. zwar bei 4375, 5475 u. 5775 Å. Da die Fettfarbstoffe hauptsächlich Carotinoide sind, die im grün-gelb-roten Spektralbereich liegen, ist eine Absorption der komplementären Farben, nämlich des blauvioletten Bereiches von 4300—5700 Å mit Maximum bei 4500 Å, zu erwarten. Es konnte gezeigt werden, daß durch eine 30 mm starke Schicht von „premier jus" der blauviolette Bereich von Leuchtstoffröhrenlicht bis auf eine schwach erscheinende Linie bei 4375 Å herausgefiltert wird. Bestrahlungsverss. mit den genannten Leuchtstoffröhren an „premier jus" ergaben, daß schon nach 20—25 Std. sichtbare Bleichung u. Talgigwerden eintreten. Nach 105 Std. war eine Totalbleichung bis zu einer Tiefe von 2,5 mm festzustellen. Bei anschließender Dunkellagerung setzte sich der Vorgang des Ausbleichens u. Talgigwerdens weiter fort, während von vornherein dunkelgelagerte Proben lange Zeit ihre Qualität behielten. Einige Verss. mit Rohtalg ergaben, daß der bei n. Lagerung im Licht oder im Dunkeln bald auftretende faulige Charakter bei Leuchtstoffröhrenbestrahlung ausbleibt, was auf eine baktericide Wrkg. der Röhren infolge O_3-Bldg. zurückgeführt wird. Das Vorschalten eines Lichtfilters (Hinkolux), das den Bereich von 4000—5000 Å absorbiert, verhindert die schädliche Wrkg. der Leuchtstoffröhren. Die chem. Wrkg. der Lichtstrahlen wird in einer photochem. induzierten Bldg. von Carotinperoxyden u. H_2O_2 gesehen, woraus zunächst die Ausbleichung u. sek. das Talgigwerden sich entwickeln. (Fette u. Seifen, Anstrichmittel **55.** 113—18. Febr. 1953. Wien.) KRUSEN. 7896

Ss. I. Jeltschenko, *Das Auffangen der Seife in den Unterlaugen.* Beschreibung eines Verf., nach dem die in den Unterlaugen enthaltene Fettsäure durch Kochen mit Kalkmilch in Ca-Seife übergeführt, mittels Separatoren abgeschieden u. zugleich fast restlos von unverseifbaren Bestandteilen befreit wird. Die Ca-Seifen werden mit calcinierter Soda zu Na-Seifen umgesetzt u. wie üblich ausgesalzen. (**Маслобойно Жировая Промышленность** [Öl- u. Fett-Ind.] **17.** Nr. 10. 32. Okt. 1952. Zentr. Wiss. Forschungslabor. der Ukr. Hauptverwaltung für Fette u. Öle.) SCHMEISS. 7910

Kurt Lindner, *Waschpulver oder Bleichwaschmittel?* Vf. betrachtet die rechner. u. gebrauchstechn. Unterschiede in der Wirksamkeit zwischen den neuen Bleichwaschmitteln u. den selbsttätigen Waschpulvern auf Basis von Seife oder synthet. Waschgrundstoffen. Beim Normalwaschverf. liegen die Konzz. der wirksamen Bestandteile bei: akt. O_2 0,7—1 (g/Liter), Seife 3 u. weniger, anhydr. Phosphate 0,5—1; beim Waschbleichverf. bei 1,5 u. mehr, 6,7 u. 1,8—2. Beim letzteren wird der faserschädigende erhöhte O_2-Einsatz kompensiert durch die faserschonenden Momente, die höheren Gehh. von Seife u. anhydr. Phosphaten sowie durch die Vermeidung des Kochprozesses. (Seifen-Oele-Fette-Wachse **78.** 273—74. 21/5. 1952. Berlin-Lichterfelde.) SEIFERT. 7912

Henri L. Rosano und **Marianne Weill,** *Die physikalische Wirkung oberflächenaktiver Mittel beim Waschvorgang.* Grenzflächenbenetzung u. -entnetzung wurden in einem Tensiometer im Syst. Feste Platte—W.—Nujol—Netzmittel—Salz gemessen. Ein reines Na-Laurylsulfonat erwies sich als weniger wirksam als in Verbindung mit Mineralsalzen, da diese den dünnen Restfilm von Öl angreifen. (Amer. Dyestuff Reporter **42.** 227—29. 13/4. 1953.) ZAHN. 7912

Junichi Kawai und **Harue Ukiya,** *Extraktion von Reiskleiewachs mit Lösungsmitteln.* Bei Extraktion von rohem *Reiskleiewachs* (VZ. 156—170) mit CH_3OH oder A. wird ein hellfarbiges Öl gewonnen, der unlösl. Rest ist klar, hat aber noch eine ziemlich hohe VZ. (147—153). Mit Trichloräthylen (I) Bzl. Ae. hinterbleibt ein weniger klares Wachs mit der VZ. ca. 110. Mischungen, wie Methanol—Bzl. oder Methanol—I, ergeben klare Rückstände mit einer VZ. unter 110 (z. B. 94,2). Ungelöst bleiben dabei 29%. (J. chem. Soc. Japan., ind. Chem. Sect. [Kōgyō Kagaku Zassi] **54.** 735—37. Nov. 1951. Yasube Öl Co.) SCHULER. 7924

J. P. Riley, *Die Bestimmung der Acetylzahlen zur Ermittlung der Fettsäuren in Ricinusölen.* Ein Vgl. der amtlichen engl. mit der amerikan. Meth. zur Best. der AZ. zeigte fast gleiche Ergebnisse. Bei Anwendung auf Ricinusöl (I) stört Ggw. von 9.10-Dioxystearinsäure (II; ca. 0,6%), die durch Auskristallisieren in Äthylacetat bei 0° abgetrennt wird. Kenntnis der Menge u. AZ. von II erlaubt Best. der Ricinolsäure (III) aus der Acetylzahl. Linolsäure, die in I als 9.12-Linolsäure vorkommt, kann im Säuregemisch nach Entfernung des Unverseifbaren nach Alkaliisomerisation bei 180° für 60 Min. spektrophotometr. bestimmt werden (4—6%). III gibt unter diesen Bedingungen keine nennenswerte Absorption. In I vorkommende Ölsäure u. gesätt. Säuren werden durch die JZ. bestimmt. Das Verf. ist an Gemischen aus reinem Methylricinolat, Oleat u. Linoleat geprüft worden. Einzelheiten der Herst. reiner Substanzen, der Analyse u. der Berechnung werden angegeben. (Analyst **76.** 40—44. Jan. 1951. Liverpool, Univ.) GRAU. 7932

Metallgesellschaft Akt.-Ges., Frankfurt/M. (Erfinder: **Wilhelm Depmer,** Hamburg) *Entfernung von festen Stoffen aus Lösungen, besonders von Farbstoffen aus Miscellen.* Die Lsgg., z. B. *Extrakte von Ölsaaten,* werden in der Weise filtriert, daß ein Teil der Lsg. in gereinigtem Zustand das Filter verläßt u. ein anderer Teil, indem die festen Teilchen angereichert sind, in die Herst. der Lsg., z. B. den Korbextrakteur, zweckmäßig kontinuierlich, zurückgeführt wird, um das Extraktionsgut selber in den Extraktionskörben als sich ständig erneuerndes Filtermaterial zur Reinigung zu benutzen. — Zeichnung. (**D. B. P. 825 989** Kl. 12c vom 13/4. 1949, ausg. 27/12. 1951.) NEBELSIEK. 7873

M. W. Kellogg Co., Jersey City (Erfinder: **Herbert J. Passino,** Englewood, **James M. Meyers,** Atlantic Highlands, N. J., und **Oliver Morfit,** Searsdale, N. Y., V. St. A.), *Raffination von Fetten, Ölen usw.* Fette oder Öle werden innerhalb eines nahe der krit. Temp. gelegenen Bereichs, in dem das Lösungsvermögen mit ansteigender Temp. abnimmt, zwischen einigen wenigen Graden über der krit. Temp. u. ca. 55° unter der krit. Temp. mit einem Lösungsm., bes. C_3H_8, in einer sich vertikal erstreckenden Kontaktzone kontinuierlich im Gegenstrom behandelt. Die Tempp. werden so eingestellt, daß das Öl in eine aufwärtssteigende Extraktphase mit weniger gesätt. u. ein abwärtsfließendes Raffinat mit mehr gesätt. Anteilen zerlegt wird. — Zeichnung. (**D. B. P. 878 690** Kl. 23a vom 1/4. 1951, ausg. 5/6. 1953. A. Priorr. 27/8., 25/9. 1946 u. 16/5. 1947. LÜTTGEN. 7875

Lever Brothers & Unilever Ltd., England (Erfinder: **William John Patterson),** V. St. A., *Katalytische Hydrierung von Ölen* unter gleichzeitiger Entfärbung der Öle bei Verwendung eines $Ni–Al_2O_3–SiO_2$-Katalysators, welcher 15—50 (Gew.-%) Ni enthält, bei 100—200° u. bei einem Druck von 1—3 at. — Zur Herst. des nichtkoll. Katalysators wird in eine wss. Lsg. eines Ni- u. Al-Salzes eine wss. Lsg. eines Alkalisilicats bei mindestens 75° verrührt, u. danach wird eine wss. Alkalicarbonatlsg. bei wenigstens 75° zugegeben. Der entstandene Nd. wird abgetrennt, gewaschen u. getrocknet. — Der Katalysator enthält 4—16 Mol Al_2O_3 auf 45 Mol SiO_2 u. insgesamt 15—50 Gew.-% Ni. — Man verwendet zu seiner Herst. z. B. $NiCl_2$, $AlCl_3$, Na_2SiO_3 u. $NaHCO_3$. — Als Beispiel enthält der Katalysator 46,5% Ni, 8,1 Al_2O_3 u. 45,4 SiO_2. — Für die Hydrierung sind z. B. Cocosöl, Sojaöl u. Palmkernöl genannt. (**F. P. 973 886** vom 21/10. 1948, ausg. 15/2. 1951. A. Prior. 1/11. 1947.) M. F. MÜLLER. 7818

René Joseph Drouin und **André Pierre Paul Badreau,** Frankreich, *Extraktion von Fischleberölen* (I). Die Fischlebern werden durch ein weitmaschiges Sieb gerührt u. mit einer entwässernden, schleimbildenden Substanz (z. B. trockenem Fucus crispus, Fucus vesiculosus) vermischt. Nach einer Maceration von 45—60 Min. bei 25—30° wird das I aus dem Leber–Fucus-Gemisch ausgequetscht oder warm oder kalt abgepreßt. (**F. P. 977 132** vom 30/6. 1942, ausg. 28/3. 1951.) OPPERMANN. 7899

Centre National de la Recherche Scientifique, Seine, Frankreich (Erfinder: **R. Quelet** und **N. Duffau**), *Hydrolyse von Fettstoffen.* Die Verseifung von Fetten (Palmöl, Erdnußöl, Rindertalg) erfolgt durch mehrstd. Erhitzen mit koll. SiO_2 auf ca. 180°. Man braucht nicht im Autoklaven zu arbeiten u. kann den Katalysator leicht vom Verseifungsgemisch abtrennen. (**F. P. 1 010 729** vom 13/10. 1948, ausg. 16/6. 1952.) NOUVEL. 7907

August Luhn & Co. G. m. b. H., *Affinage von Seifen.* Um die Reizung der Haut durch alkal. Rk. der Seife oder anderer Reinigungsmittel zu verhindern, gibt man der M. 0,1—0,7% Stoffe mit Aldehydgruppen zu. — Z. B. versetzt man 100 g Seife (80% Fettsäuren, 8% W. u. 12% NaOH) mit 0,5 g Form- oder Acetaldehyd oder 6 g Traubenzucker, zerkleinert in einem Mörser u. formt die Stücke in üblicher Weise. (**F. P. 1 010 846** vom 10/11. 1948, ausg. 16/6. 1952.) NOUVEL. 7911

Paul Fournier, Frankreich, *Hochwertiges Reinigungsmittel,* welches stark schäumt u. in kalkhaltigem W. u. in Salzlsgg. beständig ist. Es besteht aus den Alkalisalzen von Abietinsäure, Harzsäuren, Kolophoniumsäuren u. Derivv. davon im Gemisch mit Schaum- u. Dispergiermitteln, wie Na-Salze der Schwefelsäureester von Wollfettalkoholen oder Na-Salz der Chloräthylsulfonsäure, u. gegebenenfalls Carbonaten, Phosphaten oder Alkalisilicaten. Das Prod. wird in Form einer Lsg., als Paste u. als Pulver verwendet. (**F. P. 979 040** vom 2/4. 1942, ausg. 20/4. 1951.) M. F. MÜLLER. 7913

Soc. Civile Fiorillo, Frankreich, *Reinigungsmittel,* bestehend aus einer Emulsion eines Polyvinylesters, z. B. von Polyvinylacetat (gelöst oder angequollen in einem organ. Lösungsm.), in einer wss. Lsg. eines Vinylmischpolymeren oder von Vinylalkohol. Als organ. Lösungsmittel werden für sich oder im Gemisch gebraucht: Anisaldehyd, Benzaldehyd, Acetophenon, Eugenol, Benzylacetat, Methylacetophenon u. alle Lösungsmittel aus Vinylestern mit angenehmem Geruch. (**F. P. 976 243** vom 6/10. 1948, ausg. 15/3. 1951.) OPPERMANN. 7917

Soc. de Produits Chimiques et de Synthese, Frankreich, *Herstellung von synthetischen Wachsen* durch Rk. eines mit einem aromat. Rest substituierten Fettsäureamids der allg. Formel $CH_3(CH_2)_n \cdot CONHAr$, worin Ar der aromat. Rest ist u. der Fettsäurerest mindestens 12 C-Atome enthält, mit einem aromat. substituierten Monoamid der allg. Formel $HOOC \cdot (CH_2)_n \cdot CONHAr$. — Aus Adipinsäure u. Anilin wird das Adipinsäuremonoanilid hergestellt, welches mit Stearinsäureanilid eine harte wachsartige M. vom F. 82° bildet. — Sebacinsäuremonoanilid wird mit Lauryl-p-toluidid umgesetzt. Das erhaltene Wachs (F. 90°) wird in Terpentinöl gelöst u. liefert eine *Holzpolitur.* (**F. P. 1 011 800** vom 23/3. 1949, ausg. 26/6. 1952.) M. F. MÜLLER. 7925

Deutsche Hydrierwerke Akt.-Ges., Düsseldorf (Erfinder: **Kurt Stickdorn,** Dessau), *Bohnermassen, Putz- und Poliermittel.* Verwendet werden wss., zweckmäßig 3—20%ig. Lsgg., bzw. Dispersionen von mit wasserlösl. anorgan. oder organ. Säuren, wie HCl, H_2SO_4, H_3PO_4, H_3BO_3, Ameisen-, Essig-, Butter-, Oxal-, Adipin-, Wein- oder Phthalsäure, ganz oder teilweise neutralisierten Kondensationsprodd. aus höhermol. Carbonsäuren, bes. der Fett- u. Wachssäurereihe, wie Palmitin-, Stearin-, Arachin-, Behen-, Carotin-, Melissin-, Montan- oder gehärteten Ricinusölfettsäuren, durch höhere mol. Alkylreste substituierten Benzoe- oder Naphthensäuren, die auch ganz oder teilweise mit H_2 abgesätt. sein können, oder Wachssäuren aus Bienen- oder Carnaubawachs, u. prim. oder sek. nicht aromat. Di- oder Polyaminen, wie Äthylen- oder Propylendiamin, Diäthylentriamin, Triäthylen- oder Hexamethylentetramin, Tetramethylen-, N.N'-Dimethyltetramethylen- oder Pentamethylendiamin oder Piperazin, für sich allein oder nach Zusatz weiterer Wachse oder Wachsersatzstoffe sowie gegebenenfalls von Lösungsmitteln. (**D. R. P. 756 264** Kl. 22g vom 16/10. 1938, ausg. 5/1. 1953.) GRÄGER. 7927

Karl Braun, Die Fette und Öle. 5., vollst. neubearb. u. verb. Aufl. von Theodor Klug. Berlin: de Gruyter 1950. (145 S.) 8° = Sammlung Göschen. Bd. 335. DM 2,40.

XVIIIa. Holz. Cellulose. Zellstoff. Papier. Papierdruck. Celluloid. Linoleum.

J.-M. Engelhard, *Das Penicillin des Holzes.* Engl. Chemiker erhielten durch Dest. von Anthracitkohle aus Galles ein Öl, das bei Ungiftigkeit für Tier u. Mensch das Holz konserviert u. Pilze sowie Insekten vernichtet. Das Öl wurde „*Solignum*" genannt. Vf. nimmt an, daß „*Solignum*" aus den Stoffen wie das entsprechende Holz aufgebaut ist. Durch Zusätze kann *Solignum LXB* bunt getönt, mit Lacken versehen u. durch Zusatz von Al metall. gemacht werden. „*Norusto*" ist mit Bitumen schwarz gefärbtes Solignum. *Solignum AWP* dient zur Metallisierung, *Solignum diaphane 5* zur Lackierung. (Agric. prat. **116.** 217—18. April. 275—77. Mai. 325—26. Juni. 374—75. Juli. 410—11. Aug. 1952.) FRIEDEMANN. 7952

Antonio Teran y Galindo, *Stand der Erkenntnisse in der Holzkonservierung, besonders von Eisenbahnschwellen.* Geschichtlicher Überblick; holzzerstörende Pilze, Beständigkeit verschied. Holzarten gegen Pilzbefall. Schutz des Holzes durch Außenanstrich, Ankohlen, durch Tränken (RÜPING-Verf.). Moderne Holzschutzmittel. Anforderungen an imprägnierungskreosot. Untersuchungsmethoden mit künstlichen Kulturen. Prüfung der Haltbarkeit verlegter Schwellen. (Farmac. nueva **17.** 395—400. Aug. 1952.) ALTPETER. 7952

Hermann Mark, *Einige Fortschritte in der Chemie der Cellulose.* Besprochen werden Einzelheiten der mol. Struktur sowie des kristallin-amorphen Syst. der Cellulose. Ferner wird über neue Ergebnisse hinsichtlich des fibrillären Aufbaus verschiedenartiger Cellulosen berichtet. — 22 Schrifttumsnachweise. (Holz Roh- u. Werkstoff **11.** 257—68. Juli 1953. Brooklyn, Polytechnic Inst. of Brooklyn, Inst. of Polymer Res.) P. ECKERT. 7954

Morgan M. Hoover, *Konstruktionsmaterialien in der Papierindustrie*. 3. Mitt. *Saure Zellstoffherstellung*. (2. vgl. C. **1953**. 7686). Das Angriffsmittel ist eine Lsg. von Calciumbisulfit mit freier SO_2. Es wird untersucht, wieweit die üblichen Baustoffe geeignet sind. Viele kommen nicht in Betracht, z. B. Ni u. Ni-Legierungen, Chlorimet, hochsilioiertes Eisen. (Chem. Engng. **57**. 223—36. Dez. 1950.) J. FISCHER. 7956

F. P. Komarow, *Über die Pufferung von Bleichlaugen*. Zu der von FLISS u. PERLSTEIN. (Vgl. C. **1952**. 7914.) vorgeschlagenen Pufferung von Bleichlaugen für Zellstoffe mit *Kalk* oder *Magnesia* bemerkt Vf., daß vorerst der Einfl. einer Pufferung auf die mechan. Eigg. der Cellulose eingehend zu untersuchen wäre, bevor Pufferungsverff. in die Praxis eingeführt werden. (Бумажная Промышленность [Papier-Ind.] **28**. Nr. 2. 20. Febr. 1953.) ULMANN. 7956

Georg Jayme, Marianne Harders-Steinhäuser und **Wilhelm Mohrberg**, *Über die Eignung verschiedener Weidenhölzer für die Gewinnung von Papierzellstoffen*. Nach einleitenden Ausführungen u. einer einschlägigen Literaturübersicht (19 Zitate), werden holzanatom. Unterss. an Hand von Mikrophotographien besprochen, auf die Zugholzanteile u. stärkeführende Zonen wird hingewiesen u. die Darrgewichte werden angeführt. Faserlängenmessungen werden durchgeführt u. die Identifizierung der Weidenzellstoffe durch die Morphologie der Gewebe wird beschrieben. Festigkeitsprüfungen werden durchgeführt u. Angaben über Zugholzanteil sowie Zellstoffausbeute gemacht. Andere, die Ausbeute beeinflussende, Faktoren werden erwähnt. Der Aufschluß erfolgte nach dem Sulfitverfahren. Die Eignung entrindeten Weidenholzes für die Herst. geeigneter Papierzellstoffe wird bejaht. (Holz Roh- u. Werkstoff **11**. 276—83. Juli 1953. Darmstadt, TH, Inst. für Cellulosechem. einschl. Holzforschungsstelle.) P. ECKERT. 7960

Erik Hägglund, *Über die chemischen Vorgänge beim Sulfatzellstoffprozeß*. Nach einem histor. Überblick über die Entw. der Herst. des Papierzellstoffs, geht Vf. auf die Chemie des Sulfatverf. ein. Er berichtet über Verss. über Schwefellignine, die Bindung des S in den Ligninmoll. sowie über Verss. hinsichtlich des Mechanismus der Herauslösung der Kohlenhydrate u. über Verss. die Zellstoffausbeute betreffend. Festigkeitsfragen über Sulfitzellstoffe, werden erörtert u. der Einfl. der Zerspanung auf die Güte des Zellstoffs wird behandelt. Auf die Nebenprodd. beim Sulfatprozeß wird hingewiesen. Die Ergebnisse der Verss. sind durch Diagramme u. Zahlentafeln dargestellt. — 14 Schrifttumsnachweise. (Holz Roh- u. Werkstoff **11**. 251—57. Juli 1953. Stockholm, Schwed. Holzforschungsanst.) P. ECKERT. 7960

S. R. P. Annett, *Verwertung von Abfällen der Sulfitzellstoffabriken*. Aus Sulfitablauge wird A., Hefe u. Vanillin hergestellt. Die konz. Ablauge u. die daraus gewonnenen Lignosulfonate (I) (Lignosole) werden zu den verschiedensten Zwecken, die im einzelnen beschrieben werden, verwendet. (Canad. Chem. Processing **36**. Nr. 11. 84—86. Okt. 1952. Quebec, P. Q., Lignosols Chemicals Ltd.) H. BECKER. 7962

Hermann Richtzenhain und **Elisabeth Dryselius**, *Zur Frage der Existenz von säurelöslichem Lignin*. Um festzustellen, ob im Holzhydrolysat Lignin (I)-Fraktionen zurückbleiben, wurden I-Bestimmungen mit H_2SO_4 an Fichten-, Buchen- u. Aspenholz durchgeführt. Spektrophotometr. Unterss. zeigen, daß das Filtrat des Säurelignins nur sehr wenig I enthält. Die für die spektrophotometr. Best. verwendete Lsg. darf, um keine Änderung der Kohlenhydrate zu verursachen, nicht erhitzt werden. Diese Kohlenhydratprodd. absorbieren sehr stark, was zu sehr ungenauen Werten Veranlassung gibt. Die Änderung der Absorption durch Erhitzen wurde an Lsgg. von Glucose u. Xylose in 3%ig. H_2SO_4 mit Holzhydrolysaten verglichen. (Svensk Papperstidn. **56**. 324—27. 15/5. 1953. Stockholm, Holzchem. Abt. der schwed. Holzforschungsanst. [Orig.: deutsch.]) P. ECKERT. 7966

T. E. Timell, *Die Fraktionierung, eine Methode zur Untersuchung der Einheitlichkeit der Carboxymethylcellulosen. Untersuchungen über Carboxymethylcellusen*. 4. **Mitt.** (3. **vgl.** Svensk Papperstidn. **56**. [1953.] 245.) Untersucht wurde die chem. Einheitlichkeit mehrerer Carboxymethylcellulosen (I) durch Fraktionierung. Die Nachteile der üblichen Fraktionierungsmethoden werden geschildert. Verwendet wurden 3 techn. u. 10 aus Linters hergestellte I. Die Fraktionierung wurde durch Auflösen mit Methanol–W. durchgeführt. Die untersuchten Prodd. waren hauptsächlich aus 3 Teilen zusammengesetzt, aus einer kleineren Fraktion von hohem Substitutionsgrad u. niedrigem Mol.-Gew., aus einem größeren Teil mit beträchtlicher chem. Einheitlichkeit u. aus einer dritten Fraktion mit Prodd. von niedrigem Substitutionsgrad. In diesem Zusammenhang wird auf die große Bedeutung der Verteilung der Substituenten für die Löslichkeitseigg. der I hingewiesen. Die Uneinheitlichkeit der Präpp. wird diskutiert u. angenommen, daß wahrscheinlich längere oder kürzere, unsubstituierte Teile der Cellulosekette von H-Bindungen zusammengehalten werden. (Svensk Papperstidn. **56**. 311—24. 15/5. 1953.

Montreal, Can., McGill Univ., u. Pulp and Paper Res., Inst. of Canada, Div. of Ind. and Cellulose Chem.) P. ECKERT. 7970

F. Madsen, *Neuzeitliche Verfahren zur Vorbehandlung, Reinigung und Behandlung von Abfallpapier für die Papier- und Pappeherstellung.* Besprochen werden neuzeitliche Verff. zur Behandlung von Altpapier für die Papier- u. Pappeherstellung. An Hand von Abbildungen u. schemat. Darstellungen werden die verschied. Arbeitsgänge beschrieben. (Svensk Papperstidn. **56.** 338—50. 15/5. 1953. [Orig.: engl.]) P. ECKERT. 7974

H. J. Lawler, *Mersize, ein synthetischer Leim.* Im Gegensatz zu dem bisher üblichen Leim Kolophonium in der Papierindustrie mit nur einer wirksamen —COOH-Gruppe, verfügen die neuen synthet. Leime über mehrere. Sie vermögen daher schneller u. wirksamer eine Bindung zur Faser herzustellen. Verschied. Typen gestatten die Anwendung in verschied. Arbeitsgängen. (Paper Mills News **75.** Nr. 20. 95—100. 17/5. 1952.) H.-J. HEINRICHS. 7978

C. C. Mill, *Druckfarben.* Vf. diskutiert die Typen der Druckfarben u. die Anforderungen hinsichtlich ihrer Eigg. sowie die Arbeiten der letzten 15 Jahre bes. auf rheolog. Gebiete. Die bisherigen Apparate u. Messungen entsprechen leider nicht genau genug den Verhältnissen beim Druckvorgang. Der Inkometer der Lithographic Technical Foundation gibt zwar bei Druckfarben die richtige Reihenfolge der Farben bei Drucken nacheinander, doch sind die Messungen ungenau. Trotzdem ist er als empir. Meth. prakt. anwendbar. Viele wesentliche Faktoren, wie Viscosität, koll. Beschaffenheit, Emulsions- u. Suspensionsbldg., Oberflächenspannung, elektr. Aufladung, Temp. u. a., gestalten den Druckvorgang sehr komplex. (Chem. and Ind. **1952.** 156—59. 23/2. Leatherhead, Printing, Packing and Allied Traders Res. Assoc.) DU MONT. 7988

R. P. Sondermann, *Einsatz und Verarbeitung von Celluloid.* (Plastverarbeiter **4.** 25—29. Jan. 1953. Mannheim-Neckarau, Rhein. Gummi- u. Celluloid-Fabrik.) WINIKER. 7996

L. N. Natkina, *Analyse von titanhaltiger Papierasche.* Das aus der TiO_2-Füllmasse stammende Ti wird in der Asche am sichersten mit H_2O_2, gegebenenfalls unter Zusatz von 5 ml H_2SO_4 (1,84) je 100 ml Lsg., nachgewiesen. — Zur quantitativen Best. werden 0,5 g Asche mit 5 Teilen $KNaCO_3$ geschmolzen. Der weitere Gang gabelt sich: 1. Bei viel $BaSO_4$ in der Papierasche wird die Schmelze mit 5%ig. Na_2CO_3-Lsg. gewaschen, das Filtrat mit HCl angesäuert, von SiO_2 abfiltriert u. SO_3 durch Ausfällen mit $BaCl_2$ bestimmt. Der Schmelzrückstand wird in 20—30 ml konz. H_2SO_4 u. 10 g Na_2SO_4 oder $(NH_4)_2SO_4$ gelöst u. (durch Verdünnen auf 150 ml) $BaSO_4$ umgefällt. 2. Bei viel SiO_2, $CaSO_4$, Mg-Verbb. in der Asche wird die Schmelze durch HCl zers., SiO_2 durch Abrauchen mit HCl abgeschieden. im unlösbaren Rückstand SiO_2 durch Abrauchen mit 5—10 ml HF u. 3—4 Tropfen konz. H_2SO_4 aus dem Glühverlust bestimmt. Der Rückstand wird mit 13 Teilen $K_2S_2O_7$ geschmolzen, mit 15%ig. H_2SO_4 nachbehandelt, $TiO_2 + Al_2O_3$ 2mal mit NH_3 gefällt u. nochmals mit $K_2S_2O_7$–H_2SO_4 in Lsg. gebracht. Im HCl-Filtrat der $KNaCO_3$-Schmelze werden CaC_2O_4 u. $MgNH_4PO_4$ nacheinander gefällt u. bestimmt. 3. Best. des Ti aus dem Filtrat 1 (umgefälltes $BaSO_4$) oder 2 (K_2S_2·O_7-Schmelze): Zusatz von 50 ml HCl (1,19) u. 15—20 g granuliertes Zn (Abschluß vor O_2 durch gesätt. $NaHCO_3$-Lsg.; Titration des red. Ti mit 0,05n $FeCl_3$ unter Zusatz von 10 ml 10%ig. KCNS bis zur Rotfärbung. (Бумажная Промышленность [Papier-Ind.] **25.** Nr. 4. 18—22. Juli/Aug. 1950.) v. WILPERT. 8010

Hans Olav Brynhildsen, Ingemar Olsson und **Lennart Pihl,** *Untersuchungen über die Biegbarkeit von Pappe.* Nach einem kurzen Überblick über die entsprechende Literatur werden die Faktoren aufgezeigt, durch die die Biegsamkeit beeinflußt wird. Ferner wird ein Biegeprüfgerät beschrieben. (Svensk Papperstidn. **56.** 328—37. 15/5. 1953.) P. ECKERT. 8016

Office National d'Études et de Recherches Aéronautiques, Frankreich, *Imprägnieren von Fasermaterial,* bes. *Holz,* mit thermoplast., in der Wärme härtbaren Kunstharzen oder ihren Monomeren, wie „Ciba 286“, Polystyrol F, oder Melamin-Formaldehydharze. Die Imprägnierung kann bei Raumtemp., Wasserbadtemp. oder bei Kochtemp. erfolgen, nur muß eine Polymerisation vermieden werden. (**F. P. 1 009 741** vom 22/6. 1948, ausg. 3/6. 1952.)] WITTHOLZ. 7953

Michael Erlenbach und **Adolf Sieglitz,** *Holzschutzmittel.* Das Holz wird mit wss. Lsgg. von Alkali-β-naphtholaten in 1—20%ig., zweckmäßig in 5%ig. Lsg., gegebenenfalls unter Druck in der Hitze behandelt, um eine gute Tiefenwrkg zu erzielen. Durch den Einfl. der Luft u. der darin enthaltenen CO_2 wird das Prod.

an der Oberfläche durch Bldg. von freiem β-Naphthol, β-Dinaphthol oder β.β-Dinaphthylenoxyd unlöslich. Schutz vor Pilzbefall u. tier. Schädlingen. (**F. P. 1 013 354** vom 28/2. 1950, ausg. 28/7. 1952. D. Prior. 15/3. 1949.) WITTHOLZ. 7953

British Celanese Ltd., London (Erfinder: **Stanley Charles Bate, Walter Alan Rogerson** und **Francis George Peach**), England, *Gewinnung von Zellstoff*, bes. aus *Holz*. Der Rohstoff wird mit einer ziemlich wasserfreien, homogenen fl. Mischung einer niedrigmol. Chlorfettsäure mit einem damit nicht reagierenden organ. Verdünnungsmittel (fl. KW-stoffe, deren Mischungen oder Nitro- oder Halogenderivv., Fettsäuren mit 2 bis 4 C-Atomen, Chlorcarbonsäureester, Xylol, Äthylbenzol, Äthylchloracetat) erhitzt. — Beispiel: 1 (Teil) Hackschnitzel wird mit 6 einer Mischung von 75 Chloressigsäure u. 25 Eisessig gemischt u. 90 Min. unter Rückfluß gekocht. Nach dem Filtrieren wird der Stoff erst mit Essigsäure, dann mit W. säurefrei gewaschen, in 2 Stufen mit Hypochlorit gebleicht u. mit Alkali behandelt. Das Prod. hat 98(%) α-Cellulose u. 1,29 Pentosan u. ist für die *Herst.* von *Celluloseacetat* geeignet. (**E. P. 679 833** vom 27/5. 1949, ausg. 24/9. 1952.) G. VOGEL. 7971

Joseph Bancroft & Sons Co., übert. von: **William P. Hall**, Wilmington, und **Albert C. Nuessle**, Lyndalia, Del., V. St. A., *Wiederauflösen von festgepacktem Zellstoff*, bes. für *Papier*. Die Schichten werden mit einer wss. Lsg. imprägniert, die mindestens eine Säure (Ortho-, Meta-, Pyro-, Polyphosphorsäure, Ortho-, Pyrophosphorige Säure, Phosphaminsäure, Diamido-, Phenylphosphorsäure, prim. Na-Phosphat, Schwefel-, Chlorsulfon-, Fluorsulfonsäure, SO_3, P_2O_5) u. mindestens eine bas. organ. N-Verb. (Harnstoff, Biuret, Form-, Acetamid, Äthyl-, Dibutyl-, Oxäthyl-, Guanylharnstoff, Dicyanamid, Cyanacetamid, Guanidin) enthält. Auf 100 (Teile) Zellstoff treffen 8 bis 110 Imprägniermittel (trocken), auf 0,5—6 P treffen 0,25—4 N. Der imprägnierte Stoff wird 180 Min. bei 121° oder 1 Min. bei 205° gehärtet. Das Prod. ist in heißem W. sofort dispergierbar, flammfest u. gegen Pilze resistent. — Beispiel: Holzzellstoff wird mit einer Lsg. von 200 Harnstoff, 100 H_3PO_4 (75%ig) u. 100 W. 2 Min. imprägniert, abgepreßt, getrocknet u. 3 Min. auf 177° erhitzt. Das Prod. läßt sich in W. von 82° sofort verteilen. (**A. P. 2 606 115** vom 23/3. 1946, ausg. 5/8. 1952.) G. VOGEL. 7975

R. T. Vanderbilt Co., Inc., New York, N. Y., übert. von: **William Lutton Craig**, Westport, Conn., V. St. A., *Herstellung einer Füllmasse für Papier*. Zellstoffasern, auch Holzschliff, werden mit einer starken, z. B. 15—20%ig., wss. Lsg. von $CaCl_2$ aufgeschlagen, bis die Fasern gelatinisieren. Ca wird mit einem lösl. Salz, z. B. Na_2CO_3, auf u. in den Fasern als Pigment gefällt u. z. B. NaCl ausgewaschen. Es wird ein n. Ganzstoff bereitet, der Holzschliff enthalten kann u. 5—25% Füllmasse mit 1 (Teil) Fasern auf mindestens 1—2 Ca-Verbb. enthält. Nach A. P. 2 599 092 wird das nach vorst. Verf. erhaltene gefüllte Papier bei der Herst. von mehrlagigen Papieren als äußere Lage verwendet. Nach A. P. 2 599 093 wird die Füllmasse mit 1 Fasern auf weniger als 16 Ca-Verbb. nach dem Auswaschen des NaCl stückförmig oder als Bahn für spätere Verwendung getrocknet. $CaCl_2$ kann in fester Form eingerührt werden. Statt Ca- können Ba- oder Zn-Verbb. verwendet werden. Nach A. P. 2 599 094 wird $CaCl_2$ mit Na-Silicatlsg. (z. B. 13—20%ig) so gefällt, daß im Prod. auf 1 Zellstoffasern 3—9 Ca-Verbb. treffen. Unter Zusatz des Prod. zu n. Ganzstoff werden Papiere bereitet, die 5—25% des Prod. enthalten; vgl. auch A. P. 2 583 548; C. **1953.** 5275. (**A. PP. 2 599 091** vom 23/4. 1946, **2 599 092** vom 30/4. 1946, **2 599 093** vom 17/3. 1948 u. **2 599 094** vom 10/12. 1949, alle ausg. 3/6. 1952.) G. VOGEL. 7979

Sulphite Products Corp., übert. von: **Irwin A. Pearl**, Appleton, Wis., V. St. A., *Für UV-Strahlung undurchlässiges Verpackungsmaterial*. Dem aus Harz oder Cellulose bestehenden Grundstoff wird in ausreichender Menge ein *Alkylester* der *3-Methoxy-4-oxybenzoesäure* zugesetzt. (**Can. P. 488 446** vom 26/6. 1948, ausg. 25/11. 1952. A. Prior. 27/8. 1947.) WITTHOLZ. 7983

Ecusta Paper Corp., übert. von: **Milton O. Schur** und **Robert M. Levy**, Pisgah Forest, N. C., V. St. A., *Zigarettenpapier*. Eine an der Tabakasche festhaftende, feinflockige Papierasche wird erhalten, wenn dem Papierstoff neben Carbonatfüllstoffen ca. 0,05—0,6% eines quaternären NH_4-Phosphats oder -Phosphits zugesetzt wird. Genannt sind: *Tetraäthanolammoniumphosphat* u. *Lauryldimethylammoniumphosphat*. (**Can. P. 488 379** vom 1/9. 1950, ausg. 25/11. 1952.) WITTHOLZ. 7985

L. & C. Steinmüller G. m. b. H., Gummersbach/Rhld., *Herstellung von durchgetränkten Papieren*. Zwei Papierbahnen werden durch eine Tränkmassezwischenschicht (Teer, Bitumen) verbunden, die erhaltene Bahn wird, zweckmäßig nach Anfeuchten, erwärmt, bes. durch Infrarot- oder Hochfrequenzstrahlen in einem Kanal. Die Tränkmasse dringt in das Papier ein, u. die Bahnen lassen sich leicht trennen u. getrennt aufrollen. Das Verf. eignet sich bes. für Kreppapiere, wobei die Kreppung der verbundenen feuchten Bahnen vor der Erwärmung erfolgt. — Vorr., Zeichnung. (**D. B. P. 882 357** Kl. 55f vom 30/1. 1951, ausg. 9/7. 1953.) G. VOGEL. 7987

S. D. Warren Co., Boston, Mass., V. St. A., *Überzugsmasse für Papier.* Zur Verbesserung seiner Arbeitseigg., wie Glätte, Glanz, Bedruckbarkeit, wird das Papier mit einer M. überzogen, die ein Pigment enthält, das in der wss. Dispersion eines synthet. kautschukähnlichen Polymerisates, z. B. eines Mischpolymerisates aus Styrol u. Isopren, dispergiert ist. (**E. P. 637 583** vom 28/11. 1946, ausg. 24/5. 1950. A. Prior. 16/1. 1946.) ZIERHOLD. 7987

Plywoods Plastics Corp., Hampton, S. C., V. St. A., *Harzimprägniertes Papier* als Bindemittel für Sperrholz. Natronpapier wird zunächst mit einer wss. Lsg. eines Phenol (I) im Überschuß enthaltenden Kondensationsprod. getränkt u. bei 29° getrocknet, alsdann mit einer wss. Lsg. eines weniger I als CH_2O enthaltenden Harzes getränkt u. bei 76° getrocknet. Das imprägnierte Papier wird bei seiner Verwendung einer Wärmehärtung ausgesetzt. (**E. P. 643 782** vom 24/4. 1947, ausg. 27/9. 1950. A. Prior. 18/11. 1946.) SALZMANN. 7987

J. P. Lewis Co., übert. von: **Henry J. Perry**, Beaver Falls, N. Y., V. St. A., *Herstellung von Faserhartplatten, Rohren usw.* Holzschliff (I) aus unter Druck gedämpftem, möglichst ligninreichem Holz (bes. Birke, Buche, Ahorn) wird mit dem als „Vinsolharz" (II) bekannten Rückstand bei der Gewinnung von Kolophonium (III) aufgeschlagen u. aus der M. Papier (IV) erzeugt. Mehrere, mindestens einseitig mit einem in W. lösl. Vorkondensat (V) eines wärmehärtbaren Harzes (bes. aus Phenol u. CH_2O) oberflächlich überzogene Lagen des IV werden aufeinandergelegt, das V durch Hitze zum Fließen gebracht u. unter Zusammenpressen des Stapels ausgehärtet. — Beispiel: Der Stoff besteht aus 45 (Teilen) I, 15 Kraftzellstoff, 40 II u. gegebenenfalls 6 Weichmacher u. 0,6—1,8 III. Mit Alaun wird auf p_H 4—5 eingestellt. Auf 100 IV werden einseitig 5—7 V aufgetragen. (**A. P. 2 503 407** vom 19/4. 1945, ausg. 11/4. 1950.) G. VOGEL. 7987

Omnium Marocain de Brevets d'Invention (O. M. B. I.), Marokko, *Platische Masse zur Herstellung von Druckwalzen,* bestehend aus einem Gemisch von Kunstharz, Mineralsubstanz, Plastifizierungs- u. Stabilisierungsmittel, z. B. 50(%) Polyvinylharz, 40 o-Nitrodiphenyl, 8 Kaolin u. 2 Bleiglätte. (**F. P. 1 016 719** vom 26/4. 1950, ausg. 20/11. 1952.) OPPERMANN. 7989

British Cellophane Ltd., Bridgwater, England, *Wasserdichte, durch Hitze verschweißbare Cellulosefilme.* Ein Film aus regenerierter Cellulose wird mit einer wss. Lsg. eines Keton–CH_2O-Harzes u. eines partiell kondensierten Melamin–CH_2O-Harzes behandelt, getrocknet u. zur Aushärtung des Verankerungsüberzuges z. B. 1 Min. auf 100° erhitzt. Anschließend bringt man einen durch Wärmeeinw. verschweißbaren Überzug aus z. B. 50 (Teilen) Nitrocellulose, 30 Dicyclohexylphthalat, 10 Dibutylphthalat, 7,5 Dammarharz u. 2,6 asiat. Paraffinwachs, auf. (**E. P. 647 593** vom 29/12. 1947, ausg. 20/12. 1950. A. Prior. 3/1. 1947.) MÖLLERING. 7995

E. I. du Pont de Nemours & Co., Wilmington, Del., übert. von: **Aurelius Franklin Chapman**, Kenmore, N. Y., V. St. A., *Verpackungsmaterial.* Ein ca. 0,0009 mm starker Cellulosehydratfilm wird in einem Bad (bestehend aus W., Glycerin, einem wasserlösl. Guanidin–Harnstoff–CH_2O-Harz [Molverhältnis 0,02—0,25:1:1—4] u. Maleinsäure [p-Toluolsulfonsäure, Oxal-, Essig-, Itacon-, Pikrinsäure als Beschleuniger]) beiderseitig mit einer Schicht (3 g/m²) überzogen. (**A. P. 2 533 557** vom 15/4. 1949, ausg. 12/12. 1950.) SALZMANN. 7995

Geigy Co. Ltd., Manchester, **Harry Jones**, Rochdale, und **John Kempton Aiken**, Chester, England, *Folien, Filme und Überzüge aus Cellulosederivaten oder Vinylharzen,* bes. aus *Triacetylcellulose,* erhält man unter Verwendung von 25—60% eines cycl. Acetals mit folgender Gruppe: Cl_3—C—CH(—O—C<)$_2$, z. B. von 4-Oxymethyl-2-trichlormethyldioxolan-(1.3), Trichlormethyldioxolan, Trichloräthylidenglycerin bzw. -glycerylacetat oder -benzoat, Bis-(trichloräthylidenglyceryl)-formal als Weichmacher. (**E. P. 646 918** vom 24/2. 1947, ausg. 29/11. 1950.) SALZMANN. 7995

Soc. de la Viscose Française, Paris, Frankreich, *Schrumpfkapseln, Rohre, Ringe und Filme.* 12,5 (Teile) Cellulosetriacetat werden in 75/40—50° warmem Glykolformal (I) u. 5 W. gelöst u. mit 3 Methylglykolphthalat u. 3 Glykoldiacetat (II) versetzt. Die Lsg. wird auf Tauchformen während 10—15 Min. in einer 14%ig. wss. I-Lsg. zur Koagulation gebracht u. kurz in eine 12%ig. II-Lsg. getaucht. Die Gebilde können um 60—75% gedehnt werden. (**E. P. 635 620** vom 6/3. 1947, ausg. 12/4. 1950. F. Prior. 8/11. 1944.) SALZMANN. 7995

Armstrong Cork Co., übert. von: **John Warren Wiley**, Lancaster, Pa., V. St. A., *Korkmasse.* 100 (Teile) Korkklein werden vermischt mit 25 Leimlsg. (7,5 Leim, 7,5 Glycerin, 10 W.), 0,75 konz. NH_4OH, 3 einer Emulsion eines dimeren Cumaronindens in der wss. Lsg. des Na-Salzes des H_2SO_4-Monoesters eines Lauryl/Myristylalkohol-Gemisches (I), 1,25 einer Dispersion von Cumaron–Inden-Harz in Toluol u. der wss. Lsg. von Polyoxyalkylensorbitanmonolaurat, 1,25% ig. I-Lsg., 2 einer Vulkanisierungsdispersion u. 17,30 Butadien–Acrylnitril-Mischpolymerisat. Nach Entfernung des W. im Vakuum werden 15 Polyäthylenglykol, 5 W. u. 0,5 CH_2O (fest) zugegeben u. die auf 121° erwärmte M. wird zu Röhren gezogen. (**E. P. 646 955** vom 7/1. 1948, ausg. 29/11. 1950. A. Prior. 28/3. 1947.) SALZMANN. 7999

Sponcel Ltd., Bromley, England, *Kunstschwamm.* Die Fasern, z. B. Hanf von 65 mm Länge, die der Viscose (I) beigemischt werden, werden zuvor mit verd. I (Cellulosegeh. 1,8%, NaOH 2,5%) mit einer Viscosität von 10—40 poisen imprägniert. Als Porenbildner dient $Na_2SO_4 \cdot 10\ H_2O$. (**E. P. 638 530** vom 14/10. 1947, ausg. 7/6. 1950. F. Prior. 14/10. 1946.) SALZMANN. 8001

XVIIIb. Textilfasern.

A. I. Read, *Ausrüstung von Velour und Florgeweben.* Betrachtung über die Ausrüstung von Velour u. Florgeweben. (Textile J. Australia **27.** 860—65. 20/10. 1952.) A. v. KÖNIG. 8032

Leo Walter, *Überwachung der Wasch- und Reinigungsverfahren.* Zusammenfassender Überblick über die zur Überwachung der Wollwäsche geeigneten Kontrollgeräte sowie über die prakt. Durchführung der Wollwäsche. (Canad. Textile J. **68.** Nr. 18. 63—67. 31/8. 1952.) A. v. KÖNIG. 8060

N. van Kuyeren, *Methoden zum Nachweis von durch Sengen geschädigter Wolle.* Die Unterss. des Vf. haben ergeben, daß das Auftreten bzw. die Bldg. von Blasen in der Wollfaser bei der mkr. Prüfung als eindeutiges Zeichen einer durch Sengen hervorgerufenen Schädigung anzusehen ist. (Textile J. Australia **27.** 1148—57. 20/12. 1952. Delft, Holland, Vezelinst. T. N. O.) H. G. FRÖHLICH. 8060

Vittorio Satta, *Behandlung der Wolle mit β-Propiolacton.* Überblick auf Grund der Zeitschriften- u. Patentliteratur. (Laniera **66.** 833. 835. 837. 839. Okt. 1952.) R. K. MÜLLER. 8060

Erwin von Gizycki, *Anwendung von Mikroskopie und Mikrophotographie in der Textilindustrie.* Die Anwendung von Mikroskopie u. Mikrophotographie zur Unters. vor allem der Wolle werden beschrieben. (Textile J. Australia **27.** 910—28. 20/10. 1952.) A. v. KÖNIG. **8060.**

U. A. Salchow und **E. Effenberger**, *Experimentelle Untersuchungen über die Schädigung von Textilien bei der Sterilisation durch gespannten Dampf.* Die Schädigung von Baumwolle, Zellwolle, Leinen, Wolle u. Perlongeweben durch gespannten Dampf wurde untersucht mit dem Ergebnis, daß die modernen Hochdruckapparate mit einer Temp. von 143° u. einer Gesamtbetriebszeit von ca. 15 Min. (4—5 Min. Sterilisationszeit) die Wäsche mehr schonen als der Autoklav von 120° mit einer entsprechend längeren Gesamtbetriebszeit. Die Verminderung der Reißfestigkeit ist bei den Cellulosefasern bei der gleichen Zahl von Sterilisationen bei 120° (Sterilisationszeit 40°) größer als bei 143° (Sterilisationszeit 4 Min.). Wolle u. Wollmischgewebe werden bei 143° mehr geschädigt als bei 120°. Perlon wird bei 143° erheblich geschädigt, während bei 120° eine Festigkeitserhöhung eintritt, die erst bei mehr als 5 Sterilisationen allmählich wieder abnimmt. (Arch. Hyg. Bakteriol. **137.** 281—91. **1953.** Hamburg,, Hygiene-Inst., Medizinaluntersuchungsanstalt.) A. v. KÖNIG. 8070

O. Kratky, *Form und Größe der Micelle regenerierter Cellulose.* Hingewiesen wird auf die frühere Vorstellung über den Bau der Micelle, nämlich das Backsteingefüge u. die Fadenmoleküle. Es wird dann auf die elektronenmkr. Unterss. eingegangen, die Anklänge an das ältere Backsteinmodell feststellten. Es wird der Vers. unternommen, Methoden zu finden, durch welche die Existenz individueller Teilchen geprüft werden kann. Ein Röntgendiagramm eines regenerierten Cellulosefadens oder -films, den man dehnt u. walzt, weist eine besondere Ordnung aus, die als „höhere Orientierung“ bezeichnet wird. Bei Durchleuchtung höherorientierter Präpp. in Richtung der Faserachse stellt man eine deutliche Anisotropie fest. Die Vorstellung individueller bändchenförmiger Micelle wird durch die Unters. der Deformationsvorgänge von zylindr. isotropen Fäden gestützt. Die sich hieraus ergebenden Folgerungen werden besprochen. Anlaß zu der Vorstellung individueller Teilchen bietet auch die Konstanz der integralen Interferenzintensität verschieden stark gequollener regenerierter Cellulose sowie die Abhängigkeit der Intensität der Röntgen-Kleinwinkelstreuung von der Art des Quellungsmittels. Zur quantitativen Erfassung der Micelldimensionen kommen drei Verff. in Betracht: 1. Die Betrachtung der Linienbreite der Röntgeninterferenzen; 2. die Röntgen-Kleinwinkelmeth.; 3. die elektronenmkr. Untersuchungen. Letztere haben den Nachteil, daß man nicht die Faser als Ganzes untersuchen kann, sondern eine Zerteilung des Präp. vornehmen muß. (Holz Roh- u. Werkstoff **11**. 263—67. Juli 1953. Graz, Univ., Inst. für theoret. u. physikal. Chemie.) P. ECKERT. 8074

Winfield W. Heckert, *Synthetische Fasern.* Nach einem kurzen Überblick über die geschichtliche Entw. der Chemiefasern behandelt Vf. eingehend die Herst., die physikal., chem. u. technolog. Eigg. der synthet. Fasern sowie deren Verwendung. — Schemat. Darstellungen u. Diagramme. (J. chem. Educat. **30**. 166—78. April 1953.) P. ECKERT. 8080

J. R. Whinfield, *Textilfasern. Abhandlungen über einige bekannte Themen.* Allg. Ausführungen über *Nylon, Terylene* sowie über die Fasern auf Polyvinylbasis. Kurze Wiedergabe der verschied. Herstellungsverff. sowie der physikal., chem. u. technolog. Eigg. der Fasern. (Rubber Age Synthetics **34**. 115 u. 119—20. Mai 1953.) P. ECKERT. 8080

Th. Lieser, *Über Nylon und Nylonide.* Nach der Erfindung des Nylons wurden zahlreiche Verss. gemacht, die sogenannten Nylonide, Stoffe ähnlichen Aufbaus mit ähnlich überragenden textilen u. chem. Eigg. zu gewinnen. Eingegangen wird hier auf das Poly-ε-caprolactam, die Polyurethane, die Polyharnstoffe, letztere gewonnen durch Verkochen der Kork- oder Sebacinsäurediazide, sowie auf den polymeren Tetramethylenharnstoff u. die Additionsprodd. von Hydrazin an Diisocyanate. Besondere Würdigung finden die aus Diiminodicarbonsäuren oder den entsprechenden Dinitrilen durch Einw. von Hydrazin gewonnenen Nylonide, die heterocycl. Natur sind. Eingehende Konstitutionsbetrachtungen u. Modellunterss. führen zur Annahme eines Aminotriazolringes als Verknüpfungsglied. Diese Nylonide drängen eine neue ster.-chem. Deutung der durch Kaltverstreckung hervorgerufenen Eigenschaftsänderungen auf. (Chemiker-Ztg. **76**. 673—77. 5/10. 1952. Darmstadt.) DALL'ASTA. 8080

I. Marshall und **A. B. Thompson,** *Das Strecken von synthetischen Fasern.* Kurze Hinweise auf 2 Faktoren beim Strecken von synthet. Fasern, wie das Verh. der Fasern beim kontinuierlichen Strecken auf der Maschine, im Gegensatz zum Strecken auf einem Dehnungsapp., u. die Bldg. eines Halses („neck"), deren Beachtung eine wichtige Rolle spielen. (Nature [London] **171**. 38—39. 3/1. 1953.) H. G. FRÖHLICH. 8080

—, *Nylon — Textilstoff für die Industrie.* Zusammenfassender Überblick über die physikal., chem. u. technolog. Eigg. der Nylonfaser sowie über die Widerstandsfähigkeit gegenüber bakterieiden Einflüssen. Besprochen wird ferner die Verwertbarkeit von Nylon, bes. in der Nahrungsmittel- u. gummiverarbeitenden Industrie. (Rubber Age Synthetics **34**. 116—18. Mai 1953.) P. ECKERT. 8080

Heinrich Keller, *Die Herstellung von Grilon und seine Eigenschaften. Grilon* ist eine Polyamidfaser (ε-Aminocaprolactam) u. wird von der FIBRON SA (Schweiz), einer Tochtergesellschaft der HOLZVERZUCKERUNGS-AKT.-GES., hergestellt. (Textil-Rdsch. [St. Gallen] **8**. 410—14. Aug. 1953. Domat/Ems, Fibron SA, Textillabor.) P. ECKERT. 8080

Armstrong Cork Co., Lancaster, Pa., V. St. A., *Überzug für Walzen von Textilmaschinen* aus synthet. Kautschuk (I), der ölbeständig, elast. u. nicht thermoplast. ist u. auf welchen sich die Textilfasern nicht aufwickeln. Er enthält einen der dispersen Phase zugesetzten, in W. leicht ionisierbaren Elektrolyten (II), z. B. $Ca(NO_3)_2$, $Al_2 \cdot (SO_4)_3$, Na_2CO_3 oder H_3PO_4, u. zwar 5—40 (Teile) auf 100 I. II kann auch aus einer Mischung von Eiweiß (Leim) mit den verschied. anorgan. II bestehen. Außerdem kann I auch noch granulierter Kork zugesetzt werden. — Abbildungen. (**E. P. 637 574** vom 28/8. 1946, ausg. 24/5. 1950. A. Priorr. 14/3. u. 30/6. 1944.) v. SCHILLER. 8025

General Aniline & Film Corp., New York (Erfinder: **David B. Andrews,** East Greenbush), N. Y., V. St. A., *Fluorescenzmittel der Stilbenreihe* der allg. Formel I (Z = —COOH, —SO_3H, X u. Y = niedermol. Alkoxy, X u. Y zusammen auch = —ORO—, R = Methylen oder Äthylen) erhält man durch Kondensation von 4.4'-Diaminostilbensulfon- oder Carbonsäuren mit Dikalyläthern bzw. Alkylendiäthern von Dioxybenzoylhalogeniden mit 1—4 C-Atomen enthaltenden Alkylresten bzw. 1—2 C-Atome enthaltenden Alkylenresten. — 4.4'-Diaminostilben-2.2'-disulfonsäure gibt mit Piperonylsäurechlorid in NaOH u. Na-Acetat bei 20—25° *4.4'-Bis-(3''.4''-methylendioxybenz-*

$$\left(Y,X\text{-}C_6H_3\text{—CONH—}C_6H_3(Z)\text{—CH}\right)_2 \quad \text{I}$$

amido)-stilben-2.2'-disulfonsäure. — Ferner (II = stilben-2.2'-disulfonsäure): *4.4'-Bis-(3''.4''-äthylendioxybenzamido)*-II. — *4.4'-Bis-(2''.4''-dimethoxybenzamido)*-II. — *4.4'-Bis-(2''.5''-dimethoxybenzamido)*-II. *Opt. Aufhellungsmittel* für *Textilien* u. *Papier*. (**D. B. P. 877 755** Kl. 12o vom 25/6. 1949, ausg. 26/5. 1953. A. Prior. 26/6. 1948.) KRAUSS. 8027

J. R. Geigy Akt.-Ges., Basel, Schweiz, *Optische Bleichmittel für Textilien* u. anderes organ. Fasermaterial der allg. Formel **I**, in welcher Ar ein aromat. Radikal u. **Y** den Rest eines 1.3.5-Triazinringes bedeuten, welcher in der 3.5-Stellung durch prim., sek. oder tert. NH_2-Gruppen (**II**) substituiert sein kann.

$$\text{Ar—O—Alkylen—CO—NH—}C_6H_3(SO_3H)\text{—CH=CH—}C_6H_3(SO_3H)\text{—NH—Y} \quad \text{I}$$

Man läßt 4.4'-Diaminostilbendisulfonsäureverbb., die die Ar—O—Alkylen—CO-Gruppe enthalten, mit 1 Mol eines Halogen-1.3.5-triazins (**III**) reagieren u. ersetzt gegebenenfalls weitere Halogenatome des **III** durch **II**. — Beispiele u. Tabelle. (**E. P. 654 028** vom 23/10. 1948, ausg. 30/5. 1951. Schwz. Prior. 24/10. 1947.) V. SCHILLER. 8027

Herbert Schou, Juelsminde, Dänemark, *Mineralölemulsion*, bes. für die Behandlung von Textilmaterial. Sie enthält W. oder eine wss. Fl. als disperse Phase, Mineralöl oder eine zur Hauptsache aus Mineralöl bestehende Ölmischung als kontinuierliche Phase u. einen partiellen Ester mit einem polymerisierten Fettsäureradikal als Dispergator u. Stabilisator. — Ein Gemisch aus 2 (Gewichtsteilen) eines partiellen Polyglycerinesters von polymerisiertem Sojabohnenöl, 58 Spindelöl u. 40 W. gibt eine Emulsion, die sich bes. als *Faserschmiermittel* in der Jute u. Hanf verarbeitenden Industrie, z. B. in der Seilerei, bei der Herst. von Tauen eignet. (**Oe. P. 174 888** vom 11/7. 1947, ausg. 11/5. 1953. Schwed. Prior. 28/12. 1946.) M. F. MÜLLER. 8029

Soc. An. d'Innovations Chimiques „Sinnova ou Sadic", Frankreich, *Emulgier-, Schaum- und Netzmittel.* Bestimmte sulfonierte Phenoläther u. Arylsulfide der nachst. Formeln $R-Ar-O-Ar'-R'-SO_3H$, $SO_3H-R-Ar-O-Ar'-R'-SO_3H$, $R-Ar-S-Ar'-R'-SO_3H$ oder $SO_3H-R-Ar-S-Ar'-R'-SO_3H$ u. bes. die Verbb. der Formeln $RR_1R_2-Ar-O-Ar'R'R_1'R_2'$ oder $RR_1R_2-Ar-S-Ar'-R'R_1'R_2'$, in welche eine oder mehrere SO_3H-Gruppen eingeführt sind, stellen ausgezeichnete oberflächenakt. Hilfsmittel für die Industrie dar. Die Sulfonierung kann mit H_2SO_4, Oleum, Chlorsulfonsäure u. jedem anderen Sulfonierungsmittel vorgenommen werden. (**F. P. 981 449** vom 10/4. 1943, ausg. 25/5. 1951.) WITTHOLZ. 8029

Soc. An. de Matières Colorantes et Produits Chimiques Francolor, Frankreich, *Schaum-, Dispergier-, Emulgier- und Netzmittel.* Als solche werden die Sulfonate der Nitrile aliphat. gesätt. Säuren höheren Mol.-Gew. mit mindestens 6—20 C-Atomen im Mol. vorgeschlagen, wobei das H-Atom der SO_3H-Gruppe durch Metall oder einen organ. Rest ersetzt sein kann. — Stearinsäurenitril wird in Ggw. von S als Katalysator bromiert, die Rk. ist stürm. exotherm, dann erfolgt Umsetzung mit Na_2SO_3. Man erhält das *Na*-Salz der *Nitrilostearinsulfonsäure,* das getrocknet ein stabiles Pulver darstellt. Seine wss. Lsgg. sind stabil gegen Kalk, Säuren u. Laugen. Hohe Schaumkraft u. gutes Peptisationsvermögen. (**F. P. 983 965** vom 13/9. 1943, ausg. 29/6. 1951.) WITTHOLZ. 8029

Metallgesellschaft Akt.-Ges., Frankfurt/M., *Schlichtemittel für Garne,* bestehend aus steifenden bzw. glättenden Mitteln, z. B. Stärke, Leim oder Dextrin, u. einem Phosphorsäureester (**I**), z. B. dem Na-Salz des sek. **I** aus Mono-(dibutylphenyl)-pentaäthylenglykoläther oder aus Monoacetyltriäthylenglykoläther bzw. Octadecylalkohol oder derartiger Gemische. Infolge der Netzwrkg. der Ester können auch Spulen oder Kettbäume geschlichtet werden. (**Schwz. P. 284 778** vom 27/5. 1950, ausg. 1/12. 1951. D. Priorr. 30/5. 1949 u. 23/2. 1950.) MÖLLERING. 8031

J. Archibald & Co. Ltd. und **Charles Kenneth Brown,** London, England, *Mit Metall überzogene Folie zum Herstellen von Garnierungen für Kleider.* Eine Glasplatte wird in bekannter Weise mit einer Ag-Spiegelschicht überzogen, dann in eine Gelatinelsg. getaucht u. die überschüssige Lsg. entfernt. Eine oder mehrere Cellophanfolien, die mit W., dem Äthylenglykol oder Glycerin zugefügt wird, behandelt werden, bringt man auf die Platte auf; dann wird das Ganze getrocknet. Nach dem Ablösen der Folien haftet an diesen die glänzende, helle Ag-Schicht. Aus den Folien werden die gewünschten Muster ausgestanzt. (**E. P. 643 022** vom 8/4. 1947, ausg. 15/9. 1950.) LAASS. 8033

Bozel-Maletra, Soc. Industrielle de Produits Chimiques, Paris, Frankreich, *Verminderung der Quellfähigkeit und Wasserfestmachen von Cellulosefasern.* Amide von zwei- oder mehrbas. Carbonsäuren, wie Melamin oder Harnstoff, werden mit so viel Glyoxal kondensiert, daß mindestens die Hälfte der reaktionsfähigen H-Atome verfügbar bleibt.

Anschließend kondensiert man im alkal. Medium mit HCHO u. gegebenenfalls weiterhin im sauren Medium mit mindestens 1 Mol Fettalkohol (mit 10 u. mehr C-Atomen). — Die wss. Lsgg. der Prodd. dienen zum Imprägnieren von Textilgut aus Cellulose. Durch Erhitzen des imprägnierten Gutes über 15 Min. auf 120° erfolgt die Fixierung des Harzes auf den Fasern. (**E. PP. 655 912** u. **655 913** vom 30/9. 1948, ausg. 8/8. 1951. F. Prior. 26/4. 1948.) MÖLLERING. 8037

Monsanto Chemical Co., St. Louis, übert. von: **Jay C. Harris**, Dayton, O., V. St. A., *Wasserabstoßendmachen von Fasermaterial* erfolgt durch Behandeln mit einer wss. Dispersion, in welcher die disperse Phase Teile in der Größe von 0,5—10,0 μ enthält u. die wss. Phase ein p_H von 9,0—10,0 hat. Sie besteht z. B. aus: 3,5—15 (Gew.-%) N.N'-Distearoyldiaminomethan, 8,0—24 in KW-stoffen lösl. Harz, Dibutyläther von Tetramethylolmelamin, 3,5—8 Ölsäure, 4,0—8 NH_4OH (28%ig) u. Wasser. (**A. P. 2 537 667** vom 24/8. 1944, ausg. 9/1. 1951.) V. SCHILLER. 8037

Chemische Fabrik Stockhausen & Cie. (Erfinder: **Hans Stockhausen, Kurt Götze** und **Wilhelm Brasseler**), Krefeld, *Nachbehandlung von veredelten Textilwaren*, die durch Tränken mit CH_2O (I) oder I abspaltenden Stoffen oder Vorkondensaten von I-Kunstharze enthaltenden Flotten knitter- u. krumpfecht gemacht wurden, erfolgt durch Einw. solcher Stoffe, die mit dem auf der Ware nach der Heißbehandlung noch vorhandenen Überschuß an freiem I u. mit dem Katalysator geruchlose neutrale Verbb. bilden. — Z. B. wird ein Zellwollgewebe, welches noch 0,85% freien I u. 0,35% freie HCl enthält, sofort nach der Heißbehandlung mit Hilfe entsprechend profilierter Walzen mit je 10% einer Lsg. benetzt, die je Liter 65 g $(NH_4)_2CO_3$, 31 g K_2CO_3 u. als Netzmittel u. Weichmacher 5 g des Na-Salzes einer hochmol. Alkylsulfonsäure enthält, anschließend im verpackten Zustand gelagert u. kurze Zeit bei mäßig erhöhter Temp. gelüftet. Die Ware ist geruchlos. Geh. an freiem I 0,05%; ein wss. Auszug reagiert neutral. (**D. B. P. 812 907** Kl. 8k vom 2/10. 1948, ausg. 6/9. 1951. F. Prior. 21/5. 1946.) V. SCHILLER. 8037

Imperial Chemical Industries Ltd., England, *Textilgewebe*. Das Gewebe besteht aus Baumwollfäden oder solchen aus regenerierter Cellulose ohne Zwirnung. Als Trägerfaden (I) für diese wird ein Polymerisat, z. B. Polyacetyle- oder Polyäthylenterephthalat, verwendet. Durch Behandlung mit NaOH (Baumwolle- oder Cellulosefäden müssen alkaliresistent sein) wird I wenigstens teilweise entfernt, wodurch gegebenenfalls dekorative Effekte im Gewebe erzielt werden. (**F. P. 983 235** vom 16/3. 1949, ausg. 20/6. 1951. E. Prior. 17/3. 1948.) WITTHOLZ. 8039

Farbwerke Hoechst, vormals Meister Lucius & Brüning, Frankfurt/M. (Erfinder: **Hermann Haakh**, Bad Soden), *Fäulnisschutz für Cellulose* erreicht man durch eine Imprägnierung mit wss. Lsgg. von Hg- oder Sb-Verbb., die nicht ionogen sind u. farbstoffähnlich aufziehen. — Baumwollgarn wird mit einer wss. 1%ig. Dimercurifluoresceinlsg. oder mit einer 10%ig. Lsg. von 2-Methyl-4-acetylaminobenzolstibinsäure bei p_H 8—9 behandelt. — Beispiele für *Behandlung von Baumwollgarn*. (**D. B. P. 878 934** Kl. 8k vom 14/11. 1944, ausg. 8/6. 1953.) MÖLLERING. 8045

Otto Bayer und **Ernst Cauer**, Deutschland, *Schützen von Wolle gegen Textilschädlinge*. Den Wasch- oder Walkbädern wird eine organ. Verb. mit einer $-SO_2-NH$-Gruppe in Mengen von 1—2 g je Liter zugesetzt. Als solche kommen in Betracht: Na-Salz des Chlormethansulfotrichloranilid, 3.4-Dichlorbenzolsulfodichloranilid, 3.4-Dichlorbenzolsulfotrichloranilid, Chlormethansulfodichloranilid, Chlormethansulfo-4-chlor-2-methoxyanilid oder 3.4-Dichlorbenzolsulfomethylamid. (**F. P. 1 012 973** vom 17/2. 1950, ausg. 21/7. 1952. Belg. Prior. 17/3. 1949.) WITTHOLZ. 8061

Badische Anilin- & Soda-Fabrik (Erfinder: **Otto Eisenhut**, Heidelberg, **Erich Schwartz**, Mannheim, und **Friedrich Lieseberg**), Ludwigshafen, *Entgasen von Viscose*. Man setzt hochviscoser, kurz vor der Selbstkoagulation stehender Viscose (nach D. R. P. 738 486; C. **1943**. II. 2333) schaumzerstörende Stoffe, z. B. ein Gemisch von Alkoholen mit 5—9 C-Atomen (aus Hydrierung von Vorlauffettsäuren) oder Triisobutylphosphat, zu. (**D. B. P. 849 590** Kl. 29b vom 7/1. 1941, ausg. 15/9. 1952.) SALZMANN. 7085

Phrix-Werke Akt.-Ges., Hamburg, *Cellulosehydratfäden von erhöhter Anfärbbarkeit für saure Farbstoffe*. Man setzt der Spinnlsg., z. B. einer Viscose- oder Kupferoxydammoniaklsg., sulfidierte phenolartige Verbb. (Phenol, Kresol, Xylenol), bes. sulfidierte Polyphenole, gegebenenfalls gemeinsam mit für Mattierungszwecke geeigneten Emulsionen von fettartigen Verbb. (Petroleum, Öle, Fette) zu. Die Affinität der Faser für saure Farbstoffe wird hierdurch derart erhöht, daß sich eine besondere Animalisierung mit N-haltigen Verbb. oder Kunstharzen erübrigt u. man Fasern erhält, die sich auch im Gemisch mit Wolle ohne Schwierigkeit Ton in Ton färben lassen. (**Oe. P. 173 529** vom 1/2. 1951, ausg. 27/12. 1952. D. Prior. 13/3. 1950.) RAETZ. 8075

Akt.-Ges. Cilander, Herisau, übert. von: **Paul Walter Steinlin,** Basel, Schweiz, *Transparentieren von Cellulose-Kunstseiden.* Vornehmlich Zellwolle enthaltende Gewebe werden 5—10 Sek. bei —5 bis 20° in NaOH von 30° Bé getaucht u. dann ca. 5 Sek. bei 45° mit NaOH von 30° Bé nachbehandelt. Zwischen den beiden Behandlungen kann gespült u. neutralisiert werden. Auch kann durch Aufdrucken von (gefärbten) Reserven gemustert werden. (**A. P. 2 506 040** vom 31/7. 1946, ausg. 2/5. 1950. Schwz. Prior. 22/4. 1943.) MÖLLERING. 8075

Celanese Corp. of America, Del., V. St. A., übert. von: **John Bamber Speakman** und **Alan Crummett,** Leeds, England, *Tuchherstellung aus Wolle und Zellwolle enthaltenden Geweben.* Man netzt das Tuch mit einem Weichmachungsmittel (I) für die Zellwolle, das gleichzeitig eine schrumpfende Wrkg. ausübt, entfernt I u. walkt in üblicher Weise. Geeignet sind wss. Lsgg. von Aceton, Diacetonalkohol, Dioxan u. anderen Äthern, sowie — nach A. P. 2 586 106 — 30—50%ig., wss. Lsg. von gesätt. Fettsäuren bis 4 C-Atomen, bes. Essigsäure. (**A. PP. 2 586 105** u. **2 586 106** vom 24/4. 1946, ausg. 19/2. 1952. E. Prior. 10/5. 1945.) MÖLLERING. 8075

Deutsche Rhodiaceta Akt.-Ges. (Erfinder: **Arnulf Sippel**), Freiburg/Breisgau, *Acetatstreckkunstseide erhöhter Dehnbarkeit* erhält man durch Verwendung azeotroper Gemische aus Chlf. u. Aceton (I) oder Methylacetat bzw. I u. CH_2Cl_2 als Schrumpfungsbäder, wobei CCl_4 oder C_2Cl_4 zugesetzt werden können. (**D. B. P. 879 085** Kl. 8k vom 14/6. 1941, ausg. 11/6. 1953.) MÖLLERING. 8077

Soc. de la Viscose Suisse, Emmenbrücke, Schweiz, *Fäden aus Polyvinylalkohol* (**I**). Eine 15%ig. Lsg. von I mit 1% Laurylpyridiniumchlorid wird in ein 50° warmes $(NH_4)_2SO_4$-Bad unter Streckung um 410% versponnen u. in einer Zentrifuge aufgespult. Beim Umspulen des bei 60° getrockneten Spinnkuchens wird anhaftendes Salz von den wasserlösl. Fäden zum größten Teil abgeschabt. Verwendung für Stickereiuntergrund. (**Schwz. P. 284 045** vom 17/1. 1950, ausg. 1/11. 1952. F. Prior. 1/2. 1949.) SALZMANN. 8081

Badische Anilin- & Soda-Fabrik, Ludwigshafen/Rh. (Erfinder: **Paul Schlack,** Bobingen), *Geformte Gebilde aus Polyamiden,* bes. Fäden u. Fasern, erhält man aus Lsgg. oder Schmelzen mit gegebenenfalls bei der Herst. des Polyamids zugesetzten 5—15% mehrwertigen Lactamen, die zwei oder mehrere durch Alkylenreste verbundene Lactamringe im Mol. aufweisen; solche Verbb. sind z. B. N.N'-Trimethylen-bis-α-pyrrolidon, N.N'-Pentamethylen-bis-α-piperidon. (**D. B. P. 860 391** Kl. 29b vom 21/11. 1943, ausg. 22/12. 1952.) SALZMANN. 8081

Imperial Chemical Industries Ltd., London, England, *Formfestmachen von Wirkwaren aus vollsynthetischen Kunstfäden.* Man unterwirft eine Ware, die Garne oder endlose Fäden aus einem oder mehreren hochpolymeren linearen Estern enthält, welche durch Erhitzen von einem oder mehreren Glykolen von der allg. Formel $HO \cdot (CH_2)_n \cdot OH$ (in der n eine ganze Zahl >1, aber nicht über 10 bedeutet) mit Terephthalsäure oder einem ihrer funktionellen Derivv. — bes. als Polyäthylenterephthalat — erhalten u. durch Recken des Garnes bzw. Fadens im festen Zustande orientiert worden sind, nach dem Wirkvorgang einer Temp., die zwischen einer um 5° über der Recktemp. der Garne oder Fäden bzw. der Entspannungstemp. (falls eine Entspannung erfolgte) liegenden Temp. einerseits u. einer unter dem F., bes. um mindestens 30° unterhalb desselben liegenden Temp. andererseits, gehalten wird, wobei man die Ware, z. B. einen Strumpf, ca. 5—15 Min. lang wie üblich auf eine glatte, starre Form aufzieht. (**Oe. P. 173 426** vom 24/6. 1948, ausg. 27/12. 1952. E. Prior. 22/3. 1946.) RAETZ. 8081

Calico Printers' Association Ltd., Manchester, England, *Kunstfasern* von großer Festigkeit u. Dehnbarkeit erhält man durch Spinnen von hochpolymeren Polymethylenphthalaten aus der Schmelze u. anschließendes Kaltrecken, bis die Röntgenstrahlanalyse eine Orientierung der Moll. parallel zur Faserachse zeigt. (**Schwz. P. 276 999** vom 24/10. 1946, ausg. 1/11. 1951. A. Prior. 24/9. 1945.) MÜLLER-MEININGEN. 8081

Imperial Chemical Industries Ltd., übert. von: **John d'Acry H. Hall, Bertram P. Ridge** und **John R. Whinfield,** England, *Textilstoff.* Einen Textilstoff von verbessertem seidenartigen Griff, der sich für die Herst. von leichten, sehr dünnen Geweben für die *Isolierung elektr. Vorr.* eignet, erhält man durch Behandeln eines Gewebes aus hochpolymerisiertem *Methylenterephthalat* mit 2—10 C-Atomen in der Polymethylenkette mit 4—20%ig. wss. NaOH- oder KOH-Lsg. bei über 60° u. gewöhnlichem Luftdruck oder in einem Dampfkessel unter Druck. — Beispiele, Tabellen, Zeichnungen. (**F. P. 992 022** vom 8/8. 1949, ausg. 12/10. 1951. E. Prior. 13/8. 1948.) RAETZ. 8081

Soc. An. des Manufactures des Glaces et Produits Chimiques de Saint-Gobain, Chauny & Cirey, Seine, Frankreich, *Herstellung von Schlackenfasern aus schwefelhaltigen Industrieschlacken.* Man nimmt z. B. vor der Herst. der Fasern eine Entschwefelung der fl. Schlacke vor, indem man in die Schmelze eine reichliche Menge O_2 oder O_2-reiche Gase einleitet. Die Schmelze wird dabei auf einer Temp. gehalten, wie sie zur Herst. von Fasern erforderlich ist. Zur Verbesserung der Fasern können in die Schmelze noch Stoffe eingeführt werden, die SiO_2 oder Al_2O_3 enthalten. (**F. P. 1 009 946** vom 13/7. 1948, ausg. 5/6. 1952.) BEWERSDORF 8083

XIX. Brennstoffe. Erdöl. Mineralöle.

T. A. Kucharenko, *Einige optische Eigenschaften der Huminsäuren fossiler Kohlen.* 0,02%ig. Lsgg. von *Huminsäuren* (I) verschied. Herkunft in 0,1 nNaOH wurden vom Vf. spektralphotometr. bei Wellenlängen von 726, 665, 619, 574, 533, 496 u. 465 mμ untersucht. Die Koeffizienten der Lichtabsorption sind im roten Teil des Spektr. viel niedriger als im blauen. Aus einem jüngeren Ausgangsmaterial, wie huminifiziertem Holz, erhaltene I zeigen eine geringere Lichtabsorption als aus älterem Material (Braunkohle oder Steinkohle) gewonnene I. Ein höherer Kondensationsgrad der aromat. Kerne der I bedingt höhere Absorptionskoeffizienten. In gleichem Sinne wirken auch vorliegende akt. saure Gruppen. Unters. der Lichtabsorption von I läßt Rückschlüsse auf das Alter der fossilen Materialien zu, aus denen die I gewonnen wurden. (Доклады Академии Наук СССР [Ber. Akad. Wiss. UdSSR] [N. S.] **89.** 133—36. 1/3. 1953. Inst. für fossile Brennstoffe der Akad. der Wiss. der UdSSR.) ULMANN. 8126

H. R. Hoy und **G. Whittingham,** *Grundlegende Arbeit über die Verbrennung kleiner Kohleteilchen.* Wenngleich Laboratoriumsarbeiten über die Verbrennung von Kohleeinzelteilchen zu einem klaren Verständnis der Verbrennungsvorgänge geführt haben, ergeben experimentelle Verss. beträchtliche Abweichungen der Verbrennungsbedingungen in der Industriepraxis. Arbeiten von SHERMAN u. Mitarbeitern haben auf diesem Gebiet Erkenntnisse von prakt. Wert gebracht, entbehren jedoch befriedigender theoret. Grundlagen. Der Einfl. des Kohlentyps u. das Verh. nichtorgan. Verunreinigungen wurden bei diesen Arbeiten zu wenig beachtet. Dies ist aber von Wichtigkeit im Hinblick auf die starke Zunahme der Verwendung von pulverisierter Kohle in Wasserrohrkesseln u. die Möglichkeit von Störungen auf den Heizflächen der Kesselanlagen u. in kohlebefeuerten Gasturbinen. Ein aussichtsreiches Arbeitsfeld bildet für die Zukunft das Studium von kurzflammigen, fein gemahlenen Kohlen. (Brit. Coal Utilisat. Res. Assoc., monthly Bull. **15.** 69—78. März 1951.) v. MICKWITZ. 8128

D. Anson, *Einfluß des Versprühungsgrades auf die Stabilität der Verbrennung flüssiger Brennstoffstrahlen.* In einer kleinen Verbrennungsanlage wurden Verss. mit durch Druckluftsprüher fein verteiltem Bzn. ausgeführt. Durch Anwendung verschied. Einspritzdrucke wurde eine Kurvenschar erhalten für die unteren Grenzen stabiler Verbrennung. Es gelang die Stabilitätsgrenze bei gegebener Luftgeschwindigkeit mit der mittleren Partikelgröße der versprühten Fl. in Beziehung zu bringen. Es zeigte sich, daß das Gebiet der stabilen Verbrennung mit der Feinheit der Versprühung stieg, doch es dürfte eine optimale Partikelgröße für jedes Maß an Turbulenz in der Verbrennungskammer existieren. (Fuel **32.** 39—51. Jan. 1953. Wellington, New Zealand, Dep. of Sci. and Ind. Res.) CRAMER. 8128

E. H. Coleman, *Die Wirkung der mit Fluor versetzten Kohlenwasserstoffe auf die Zündgrenzen von brennbaren Dämpfen.* Bei der Best. der Zündgrenzen von n-Hexan zeigte es sich, daß bei den Verbb., die sowohl F als auch Br enthalten, eine Zündung am stärksten gehemmt wird. Bei verschied. Brennstoffen scheint eine Beziehung zwischen der Verbrennungswärme u. der Menge des erforderlichen Auslöschungsagens zu bestehen, um den Zündbereich einzuengen. (Fuel **31.** 445—47. Okt. 1952.) H. SCHÖBERL. 8128

P. C. Newman und **P. F. Whelan,** *Die Trennung von Glanz- und Mattkohlen eines Flözes durch photoelektrischen Vergleich der Differenzen zwischen spiegelnder und diffuser Reflexion jedes Stückes.* Es wurde eine opt. Sortiermaschine, verbunden mit einem Elektronengerät — vornehmlich zur Trennung von Glanz- u. Mattkohlen — entwickelt u. auf einer Versuchsanlage erprobt. Mit ihr ist es möglich, bei sehr geringen Kosten eine Trennschärfe von ca. 80% zu erzielen. Eine größere Wirksamkeit der Trennung kann bei etwas höheren Kosten durch Wiederbehandlung eines der prim. Prodd. erreicht werden. (Fuel **31.** 481—93. Okt. 1952.) H. SCHÖBERL. 8134

Erich Rammler und **Georg Bilkenroth,** *Grundlagen der Herstellung von Braunkohlenhochtemperaturkoks.* Zur Herst. eines brauchbaren Braunkohlenhochtemperaturkokses muß sowohl beim ein- als auch beim zweistufigen Verf. eine Brikettierung, die mit u. ohne Bindemittel erfolgen kann, vorgenommen werden. Beim einstufigen Verf. wird nur einmal brikettiert; Trocknung, Schwelung u. Hochtemperaturentgasung verlaufen in einem Arbeitsgang. Eine nach dieser Meth. arbeitende Anlage geht von aschen- u.

S-armer Kohle mit einer Körnung von 0—1 mm u. 12% H_2O-Geh. aus u. liefert Koks mit folgenden Eigg.: Druckfestigkeit ca. 160 kg/cm², Abriebfestigkeit in der Micum-Trommel 40—50% (Steinkohlenkoks ca. 70%), Restgeh. an flüchtigen Bestandteilen 1—2%, unterer Heizwert des H_2O-freien Kokses 7100—7200 kcal/kg. Die Verwendung des Braunkohlenhochtemperaturkokses bleibt heute noch auf den Einsatz in Niederschachtöfen, Kalkschachtöfen u. für die Carbidherst. beschränkt. (Freiberger Forschungsh. Reihe A **1953.** Nr. 13. 6—13. Febr.) H. SCHÖBERL. 8142

C. Abramski, *Neuere Arbeiten zur Herstellung eines verbesserten Hüttenkokses.* Zusammenfassender Bericht über neuere französ. Arbeiten zur Erzielung eines guten Hochofenkokses durch Mischen von Saarkohle u. Ruhrkohle. (Brennstoff-Chem. **34.** 51—55. 18/2. 1953. Essen.) ROSENDAHL. 8144

Adolphe Pacault und **Georges Sauret,** *Über ein neues Spaltverfahren.* Kurze Mitt. über ein neues Verf. zum Spalten von Moll., bei dem das ganze Syst. eine Temp. von 100° nicht übersteigt. Die zu spaltende Substanz, Cellulose oder Holz, wird period. der Einw. kleiner Funkenstrecken unterworfen, die am Berührungspunkt eine genügend hohe Temp. während einer sehr kurzen Zeit erzeugen. Die Abkühlung der Spaltprodd. ist sehr schnell, da diese sofort abgeführt werden, so daß das ganze Syst. kaum 100° heiß wird. Das zu spaltende Material wird zwischen zwei Elektroden angebracht, von denen die untere fest angeordnet u. die obere beweglich ist. Bei einer angelegten Spannung zwischen 0—250 V springen kleine Funken auf das zu untersuchende Material über, wobei die gebildeten Gase sofort in einem Kühler abgezogen u. in einem Gasometer gesammelt werden. Die atmosphär. Luft wird vor Beginn des Vers. durch N_2 ersetzt; durch den angeschalteten Gasometer herrscht im Syst. ein geringer Unterdruck. Die erhaltenen Ergebnisse sind sehr verschieden gegenüber der Verschwelung; die gebildeten Gasmengen sind 4—5fach größer; W. u. Teer werden nicht gebildet. Diese Ergebnisse stehen in Übereinstimmung mit den Befunden von KLASON u. DUPONT, die gefunden haben, daß der %-Geh. an C, CO, W. u. Teer sich verringert, wenn die Geschwindigkeit der Spaltung erhöht wird. Vff. glauben, mit dieser Meth. die Anfangsstadien der Spaltung erfassen zu können. (C. R. hebd. Séances Acad. Sci. **236.** 1659—61. 27/4. 1953.) K. O. MÜLLER. 8146

T. J. Brzozowski, S. A. Burke und **G. A. Sparham,** *Der Einfluß der Veränderung der Brennstoffbett-Tiefe in Gaserzeugern.* Die Verss. zeigen, daß mit steigender Betttiefe die Gasausgangstemp. sinkt, während der Heizwert des erzeugten Gases steigt, da sowohl ein höherer H_2- als auch CO-Geh. zu finden ist. (Glass **30.** 113—16. März 1953.) H. SCHÖBERL. 8148

W. L. Nelson, *Wirkung der Viscosität von Heizölen auf die Spaltausbeute.* Entgegen der Auffassung, daß das spezif. Gewicht die Ausbeute an Spaltprodd. beeinflußt, erläutert Vf. an Hand von Tabellen, daß die Viscosität in stärkerem Maße dafür von Bedeutung ist. (Oil Gas J. **51.** Nr. 49. 143. 13/4. 1953.) K. O. MÜLLER. 8160

F. E. Miller und **A. L. Kohl,** *Ein neues Verfahren zur selektiven Absorption von Schwefelwasserstoff.* In einer Arbeitszeit von 20 Wochen hat sich ***Methyldiäthanolamin*** **(I)** als ein gutes selektives Absorptionsmittel für H_2S neben CO_2 erwiesen. Unter n. Bedingungen kann ein Gas mit einem geringeren Geh. an H_2S als 0,02 g je 2800 Liter von diesem befreit werden, selbst bei geringen Drucken. Fließdiagramm einer geeigneten Anlage zur Durchführung des Verfahrens. An Hand von Schaubildern wird die gute Wrkg. von I bei verschied. Gaszus. dargelegt. I kann durch Abtreiben vom H_2S wieder vollkommen befreit werden, so daß ein Kreislauf des I möglich ist. In der Anlage konnten keine besonderen Korrosionen durch I festgestellt werden. Etwas stärkere Korrosionen traten im Abtreiber u. im Wärmeaustauscher auf der Seite der gesätt, I-Lsg. auf. Bei Vergleichsverss. mit anderen Lösungsmitteln wurde festgestellt, daß I gegenüber Triäthanolamin u. Diäthanolamin so gut wie gar kein CO_2 aufnimmt. ersteres absorbierte 64% u. letzteres 36% CO_2 des eingesetzten Gases. Verluste an I traten in der Hauptsache durch Komplexbildungen mit HCN u. anderen organ. Säuren, die im Gas enthalten sind, ein. (Oil Gas J. **51.** Nr. 51. 175. 176. 178. 180. 183. 27/4. 1953.) ROSENDAHL. 8172

H. Lüpke, *Ein neuer Weg zur Teerentwässerung.* Aufbau u. Wirkungsweise eines neuen Teerentwässerers werden beschrieben. Im Dauerbetrieb sind bei niedrigem Dampfverbrauch Wassergehh. unter 0,4% im Rohteer eingehalten worden. Das neue Verf. gestattet gegenüber den älteren, bekannten Methoden die Rückgewinnung von Leichtöl. (Brennstoff-Chem. **34.** 1—4. 21/1. 1953. Rheinhausen.) F. C. MÜLLER. 8176

M. Karšulin und **T. Marković,** *Die Korrosion des Bleis in der Erdölindustrie.* 3. Mitt. (2. vgl. Nafta [Zagreb] **3.** [1952.] Nr. 11.) An 2 Pb-Elektroden verschied. Oberflächenbeschaffenheit, die über ein Milliamperemeter kurzgeschlossen sind, treten in 2nNaOH

Polaritätsänderungen ein. Die rauhe Elektrode nimmt stets höhere Potentialwerte an als die glatte; nach einer Änderung der Polarität ist das Umgekehrte der Fall. An den Elementen Pt–Pb (rauh) u. Pt–Pb (glatt) in NaOH u. NaCl wurden für den Depolarisationsstrom abhängig von der Elektrodenoberfläche verschieden hohe Stromstärken beobachtet. Bei der quantitativen Korrosionsbest. nach TÖDT muß daher die Beschaffenheit der Anodenoberfläche berücksichtigt werden. — Bei Ggw. von H_2S u. Na_2S wird die Korrosion des Pb in NaCl, NaOH u. H_2SO_4 infolge Bldg. von PbS gehemmt. Die Stärken der Korrosionsströme sind dabei abhängig von der NaCl-, NaOH- u. H_2SO_4-Konz., da diese die Löslichkeit der auf der Pb-Oberfläche gebildeten Sulfidschicht beeinflussen. (Nafta [Zagreb] **3.** 393—98. Dez. 1952. Zagreb, Techn. Fak., Inst. za fiz. Kemiju.) BECKMANN. 8186

Jean-Paul Hilfiger, *Physikochemische Untersuchungen der Pechelbronner Rohöle.* Als für den Geologen u. den Verarbeiter brauchbarste Meth. zur Klassifizierung der Rohöle sieht Vf. den an anderer Stelle beschriebenen Korrelationsindex (I) an. Die I werden als Ordinaten u. die Fraktionsnummern als Abszisse aufgetragen. Die Form der Kurve gibt Aufschluß über den Charakter des Öls bzw. von Fraktionen daraus. Für Pechelbronn ergibt sich daraus die Existenz von zwei Typen, dem paraffinbas. u. dem gemischtbasischen. Durch künstliche Alterung bei 6 atü mit Cu u. Cu- u. Mo-Oxyd als Katalysator wird wahrscheinlich gemacht, daß das in geringeren Teufen liegende gemischtbas. Öl durch Wanderung u. chem. Veränderung aus den paraffinbas. entstanden ist. — Beispiele u. Zahlenmaterial. (Rev. Inst. franç. Pétrole Ann. Combustibles liquides **7.** 407—24. Nov. 1952.) SYDOW. 8188

J. Bennett Hill, *Was ist Erdöl?* Trotz langjähriger Forschung auf dem Erdölgebiet sind noch viele Fragen, bes. hinsichtlich des strukturellen Aufbaues, unbeantwortet, z. B. Verschwinden die Isoparaffine in dem Maß, wie das Mol.-Gew. ansteigt? Wie sehen die typ. Moll. in Schmierölen aus? Auf dem Gebiet der S- u. N-Verbb. in Erdölen sind die bisherigen Kenntnisse noch geringer, über O-Verbb. ist fast nichts bekannt. Diese Fragen erläutert u. spezialisiert Vf. an Hand zahlreicher Literaturhinweise. (Ind. Engng. Chem. **45.** 1398—1401. Juli 1953. Marcus Hook, Pa., Sun Oil Co.) K. O. MÜLLER. 8188

Hisashi Matsumura, *Isolierung aromatischer Kohlenwasserstoffe aus Erdöl durch den Distex- und Azeodistexprozeß.* Das vom Vf. eingeführte sogenannte „*Azeodistex*"-Verf. verbindet das „Distex"-Verf. nach GRISWOLD u. VAN BERG (C. **1947.** 157) mit dem Verf. der azeotropen Dest. unter Benutzung von *Furfurol* in halbkontinuierlichem Fraktionierbetrieb. Die verwendeten Mineralöle aus China u. Formosa enthielten 44—81% aromat. KW-stoffe. Nach erneuter Reindest. waren die nach der Trennung erhaltenen Prodd. von Bzl., Toluol, Xylol u. Mesitylen über 98%ig. (J. chem. Soc. Japan, ind. Chem. Sect. [Kôgyô Kagaku Zassi] **54.** 730—32. Nov. 1951. Kumamoto Univ. [Orig.: japan.]) SCHULER. 8194

Nikola Plavšić, *Synthetische Aluminiumsilicatkatalysatoren für Spaltung.* Übersicht über die Bedeutung synthet. Al-Silicatkatalysatoren für die Erdölindustrie, ihre Herst., ihre chem. u. physikal. Eigenschaften. — 32 Literaturangaben. (Nafta [Zagreb] **3.** 274—81. Sept. 1952. Zagreb, Inst. za naftu.) BECKMANN. 8196

Heinrich Merkel und **Ferdinand Weinrotter,** *Thermomagnetische Untersuchungen und Eisenkatalysatoren für die Kohlenwasserstoffsynthese.* Werden Eisenfällungskontakte mit techn. H_2 red., so genügen bereits die geringen Partialdrucke von CO, CO_2 u. CH_4, um weitgehende Carbidierung zu bewirken. So vorbehandelte Kontakte sind bei der Synth. — im Gegensatz zu den mit Elektrolytwasserstoff red. — nach wenigen Min. voll aktiv. Neben Fe_2C vom CURIE-Punkt 265° wurden noch Fe_3O_4 u. Fe gefunden. Letzteres dürfte die Ursache der im Anfangsstadium beobachteten Methanspitze sein. Da Eisenfällungskontakte bei Tempp. oberhalb 400° durch techn. H_2 in Fe_3C übergeführt werden, ohne daß dabei freier C entsteht, ergibt sich somit die Möglichkeit, bei Verwendung zusatzfreier Eisenpräpp. auf einfache Weise reinen Zementit herzustellen. Bei der Vorbehandlung von Eisenschmelzkontakten mit techn. H_2 entsteht im allg. metall. Fe. Nur in Anwesenheit von Zusätzen, die eine Carbidbldg. erleichtern, tritt hierbei auch Carbid auf. Der höheren Vorbehandlungstemp. entsprechend wurde Fe_3C gefunden. — 22 Literaturhinweise. (Brennstoff-Chem. **32.** 289—97. 17/10. 1951. Mühlheim/Ruhr, Max-Planck-Inst. für Kohlenforsch.) K. O. MÜLLER. 8200

D. Gall, E. J. Gibson und **C. C. Hall,** *Die Verteilung der Alkohole in den Produkten der Fischer-Tropsch-Synthese.* Wegen des hohen Geh. an Alkoholen in den FISCHER-TROPSCH-Syntheseprodd. wurden mit Co-Kontakt bei niederen Tempp. erzeugte FISCHER-TROPSCH-Prodd., u. zwar aus der wss. u. nichtwss. Phase, auf Geh. an Alkoholen u. ihre C-Zahl untersucht. Bei starkem Überwiegen von Alkohol zeigt sich eine charakterist. Verteilung bei wachsender C-Atomzahl mit deutlicher Minimumstelle für Propanol. Alle gefundenen Alkohole waren von n. Bauart. Untersucht man nun die Stabilität der Alkohole bei Überleiten mit Synthesegas über Co-Kontakte bei gleicher Temp., so findet man die gleiche Verteilung über die C-Atomzahlen. Daher wird aus dem Fehlen von akt. Alkoholen der bereits von anderer Seite gezogene Schluß nahegelegt daß die Alkohole die prim. Prodd. der Synth. sind, aus deren Zerfall zu W. u. Olefin die Zus. der FISCHER-TROPSCH-Prodd. resultiert. Fe-Katalysatoren katalysieren den Zerfall weniger, weshalb die Alkohole im Endprod. dieser Synth. überwiegen. (J. appl. Chem. **2**. 371—80. Juli 1952. London, Fuel Res. Stat., East Greenwich.) SCHMELING. 8200

D. H. Stormont, *Neuer Aromatisierungskatalysator.* Kurzer Bericht über die Aromatisierung von Destillatbenzinen über aktivierter Kohle, die mit oder ohne alkal. Promotoren (Na_2SiO_3, Na_3PO_4, Na_2CO_3 usw.) versehen sein kann. Die Katalysatorenaktivität wird aufrecht gehalten, wenn die Kohlenschicht period. mit überhitztem Wasserdampf durchgeblasen wird. Kontinuierliche Arbeitsweise ist nicht möglich, wenn ein mit Wasserdampf verd. KW-stoff durch eine keine Promotoren enthaltende Katalysatorenschicht geleitet wird. (Oil Gas J. **51**. Nr. 46. 168—69. 23/3. 1953.) K. O. MÜLLER. 8200

H. L. Bingham und **J. G. Withers**, *Bestimmung der Verunreinigung von Getriebeölen bei Fahr- und Laboratoriumsversuchen.* Das Ausmaß der Verunreinigungen wurde durch Best. des Fe-Geh. nach 10000 Meilen festgestellt; bei gleichem Getriebeöl waren die Ergebnisse bei verschied. Wagen unterschiedlich, stimmten jedoch mit den am Vierkugelapp. festgestellten Ergebnissen gut überein. Die sich bei Verss. an verschied. Wagen ergebenden Unterschiede können durch Verwendung verschied. Öle u. Vgl. mit einem Standardöl, aber am gleichen Wagen, ausgeschaltet werden. (J. Inst. Petroleum **38**. 718—28. Sept. 1952.) STEINER. 8220

Chemische Werke Hüls G. m. b. H., Marl, und **Harold Newby**, Lincolns Inn Fields V. St. A., *Kohlenstaubbindung im Bergbau.* Als Staubbindemittel verwendet man eine wss Lsg. von Alkylbenzolsulfonaten, die eine Alkylkette mit mindestens 10 C-Atomen besitzen Diese Lsgg. können auf die Oberfläche der Kohle aufgespritzt oder in die Kohle hinein gepreßt werden. Die Lsg. kann noch hygroskop. Alkohole, wie Glykol, Propylenglykol, Glycerin, oder wasserlösl. Äther dieser Verbb. enthalten. Die Mengen an Sulfonaten u. mehrwertigen Alkoholen in der Lsg. beträgt nur 0,02%. (**E. P. 677 279** vom 8/12. 1949, ausg. 13/8. 1952.) W. HAUSWALD. 8127

Eric Cross, Castletown, Berehaven, Irland, *Brennstoffbriketts aus Torf.* Der Rohtorf wird mit etwa der Hälfte an Alkali (Soda) versetzt, die zur Neutralisation erforderlich wäre, durchgeknetet, geformt u. getrocknet. Dem Ausgangsstoff können Torf-, Kohlenstaub oder Sägemehl zugefügt werden. (**E. P. 638 653** vom 24/10. 1947, ausg. 14/6. 1950.) W. HAUSWALD. 8137

Antoine Vloeberghs, Antwerpen, Belgien, *Harte, wasserbeständige Kohlebriketts.* Man vermischt Anthrazit oder Magerkohle, auch halbfette Kohle oder Holzkohle, mit klebender Fettkohle, preßt dieses Gemisch u. erwärmt unter dauernder Aufrechterhaltung des Preßdruckes auf Erweichungstemperatur. Zur Erhöhung der D. des Briketts kann vor dem Zusammenpressen eine Vorbehandlung durch Rütteln erfolgen. (**E. P. 641 166** vom 12/4. 1947, ausg. 9/8. 1950. Belg. Prior. 23/1. 1941.) W. HAUSWALD. 8137

Antoine Vloeberghs, Antwerpen, Belgien, *Rauchlose Briketts.* Als Bindemittel für die Herst. von Briketts aus feinzerkleinerten festen Brennstoffen wird Melasse u. mindestens ein Rückstandsprod. der Celluloseherst. verwendet. Die im wesentlichen trockene Paste wird brikettiert, die Briketts erhitzt (auf 200—300°) u. dann abgekühlt. (**E. P. 673 659** vom 10/3. 1949, ausg. 11/6. 1952. Belg. Prior. 14/5. 1948.) W. HAUSWALD. 8137

Badische Anilin- & Soda-Fabrik, Ludwigshafen/Rh. (Erfinder: **Hans Bähr**, Herne-Solingen), *Schwelen von Preßlingen aus backenden Steinkohlen.* Die Preßlinge, die bes. nach dem Spülgasverf. geschwelt werden sollen, werden vor dem Schwelen mit Staub nichtbackender Kohle oder mit Torfstaub bei wenig erhöhten Tempp., z. B. bei ca. 70°, bestäubt, wodurch das Zusammenbacken der Preßlinge beim Schwelen vermieden wird. (**D. B. P. 870 995** Kl. 10a vom 29/7. 1939, ausg. 19/3. 1953.) W. HAUSWALD. 8141

Standard Oil Development Co., übert. von: **Walter A. Rex**, Westfield, N. J., V. St. A., *Verkokung kohlenstoffhaltiger Brennstoffe.* Verkokbares Material wird zwecks Gewinnung flüchtiger Brennstoffe bei Verkokungstemp. zusammen mit fein verteilten festen Körpern mittels eines aufwärtsströmenden heißen Gases durch ein langes enges Rohr gedrückt u. auf Verkokungstemp. erhitzt. Die Zeit von 0,5—15 Sek. genügt zwar, um eine vollständige Verkohlung des Materials, nicht aber, um eine Spaltung der dabei gebildeten flüchtigen Prodd. herbeizuführen. Man hält die Strömungsgeschwindigkeit zwischen 2 u. 30 Fuß/Sek., um eine hohe Turbulenz im Querschnitt des Rohres zu sichern. Material u. Gas bewegen sich in der gleichen Richtung durch das Rohr aufwärts u. ein Zurückfallen fester Teilchen gegen die Strömungsrichtung wird vermieden. Die festen u. flüchtigen Prodd. gelangen in eine Trennzone, aus der man fein verteilten Koks u. flüchtige Verkokungsprodd. abzieht. Das verkokbare Material kann bei der Arbeitstemp. fl. oder fest sein. Die festen Teilchen bestehen aus Koks. — Zeichnung. (**A. P. 2 608 526** vom 14/12. 1946, ausg. 26/8. 1952.) UNGER. 8145

Badische Anilin- & Soda-Fabrik, Ludwigshafen/Rh. (Erfinder: **Franz Sabel,** Trier), *Aufarbeitung der entölten, C-haltigen Rückstände der Kohleverflüssigung durch Druckhydrierung,* dad. gek., daß der Geh. an C entweder schon bei ihrer Bldg. oder durch nachträgliche Zumischung C-haltiger Stoffe auf mindestens 40% C erhöht wird u. die Rückstände ohne weitere Bindemittel brikettiert u. im Abstichgaserzeuger mit O_2 u. Wasserdampf zu *Wassergas* verarbeitet werden. (**D. B. P. 882 283** Kl. 24e vom 26/2. 1944, ausg. 6/7. 1953.) DEMMLER. 8153

Koppers Co., Inc., Pittsburgh, Pa., V. St. A., *Herstellung von Kohlenoxyd und Wasserstoff enthaltenden Gasen aus feinzerkleinerten festen Brennstoffen.* Man führt den Brennstoff in Mischung mit O_2 von oben unter erhöhtem Druck bei einer unterhalb des Zündpunktes liegenden Temp. in den Reaktionsraum ein. Nach exotherm. Rk. wird in den Raum zwischen exotherm. Zone u. Wand der Reaktionskammer auf ca. 450—500° erhitzter Wasserdampf eingeführt u. die aus der Reaktionszone kommenden Gase rasch auf eine Temp. unter 500° durch Zumischen von kalten Gasen abgekühlt. (**E. P. 673 164** vom 7/12. 1949, ausg. 4/6. 1952. Schwz. Prior. 7/12. 1948.) W. HAUSWALD. 8155

Koppers Co., Inc., Pittsburgh, Pa., V. St. A., *Gaserzeugung.* Suspendierte feste Brennstoffe mit mehr als 50 Gew.-% von einer Korngröße unter 0,05 mm werden in einem O_2- oder in einem mit O_2 angereicherten Luftstrom teilweise oxydiert, worauf man auf die über den Zündpunkt erhitzte Kohle CO_2 u. Dampf einwirken läßt. (**E. P. 673 162** vom 24/12. 1948, ausg. 4/6. 1952. Schwz. Prior. 29/7. 1947.) W. HAUSWALD. 8157

Ruhrchemie Akt.-Ges., Oberhausen-Holten, *Methanisieren von Kohlenstoffoxyden und Wasserstoff enthaltenden Gasgemischen.* Für die Methanisierung benutzt man Katalysatorschichten von mehr als 5 m Höhe. Der Prozeß wird bei oberhalb 6 kg/cm² liegenden Gasdrucken (z. B. bei 10—50 kg/cm²) u. mit in Gasströmungsrichtung ansteigenden Katalysatortempp. durchgeführt. (**Schwz. P. 283 697** vom 25/2. 1950, ausg. 16/10. 1952. D. Prior. 6/4. 1949.) W. HAUSWALD. 8157

Heinrich Koppers G. m. b. H., Essen, *Reinigung von Leucht- oder Koksofengas.* Man wäscht das Gas in üblichen Gaswäschern mit Ammoniakwasser, das dann dem Abtreiber in der Weise zugeführt wird, daß man einen Teil am Kopf u. einen anderen Teil etwa in der Mitte des oberen Teiles des Abtreibers einführt. Die abgetriebenen Bestandteile (NH_3, H_2S u. andere sauren Gase) werden nach Bindung des NH_3 im Sättiger der weiteren Verwendung zugeführt. Die im mittleren Teil des Abtreibers anfallende schwache Ammoniakfl., die arm an sauren Bestandteilen ist, gelangt nach einem Wärmeaustausch zum Gaswäscher zurück. Um die NH_3-Konzentration des zurückkehrenden Flüssigkeitsstromes zu erhöhen, werden NH_3-Dämpfe unterhalb des Punktes, an dem die schwachammoniakal. Fl. abgezogen wird, abgezogen u. der letzteren zugeführt. (**E. P. 676 396** vom 17/7. 1950, ausg. 23/7. 1952. D. Prior. 16/7. 1949.) W. HAUSWALD. 8165

Metallgesellschaft Akt.-Ges. (Erfinder: **Oskar Dorschner**), Frankfurt/M., *Gasentgiftung.* Die bei der katalyt. CO-Hydrierung zu fl. u. festen KW-stoffen u. O_2-haltigen KW-stoffverbb. verwendeten Katalysatoren, die als Nebenprodd. der Rk. außer W. wesentlich CO_2 bilden, werden auf die Entgiftung von Kokereigas, Wassergas, Leuchtgas oder dgl. unter Erhaltung bzw. Erzielung der wesentlichen Leistungseigg. eines Stadtgases angewendet. (**D. B. P. 868 207** Kl. 26d vom 14/9. 1938, ausg. 23/2. 1953.) DEMMLER. 8165

Francis George Audas, Eaglescliffe, Durham, England, *Entfernung von H_2S aus Industriegasen.* Man setzt die Gase in einem Behälter (I) mit SO_2 in Ggw. einer festen, H_2S u. SO_2 adsorbierenden M. (z. B. granulierte akt. Tonerde) um. Verbrauchtes Adsorptionsmittel (II) wird kontinuierlich an einem Ende des I abgezogen; am anderen Ende wird kontinuierlich unter Erhitzen u. Durchleiten eines oxydierenden Gases regeneriertes II zugeführt. (**Schwz. P. 277 231** vom 14/10. 1948, ausg. 16/11. 1951. E. Priorr. 14/10. 1947, 2/4. u. 20/9. 1948.) HEINSEN. 8173

F. J. Collin Akt.-Ges., Dortmund, *Mehrstufige kontinuierliche Destillation von Teer, besonders Steinkohlenteer,* dad. gek., daß in einer oder zwei Stufen bei n. Druck

u. bei 270—300° die bis zu diesen Tempp. sd. Fraktionen einschließlich der zu Polymerisationen u. Polykondensationen neigenden Stoffe abgeschieden u. in einer oder mehreren weiteren Stufen im Vakuum gegebenenfalls unter Zusatz von Stoffen, die mit den abzutreibenden Stoffen azeotrop destillieren, die höhersd. Fraktionen bei Tempp. bis ca. 450° abgeschieden werden. Die Darst. erfolgt in allen Stufen in Röhrenöfen. Dabei werden die während des Destillationsvorganges möglichen Pechbildungen verhindert. — Bei einer zweistufigen Dest. wird der entwässerte Teer der ersten Stufe eines Röhrenofens zugeführt, in der er auf 270—300° erhitzt wird. Mit dieser Temp. tritt er in den Unterteil der ersten Fraktionskolonne ein, aus der in verschied. Höhenlagen die niedriger sd. Fraktionen bis zum Acenaphthen getrennt abgeschieden werden. Der aus dem Sumpf der 1. Kolonne abfließende Rückstand wird in einer zweiten Stufe des Röhrenofens auf ca. 450° erhitzt u. tritt dann in eine 2. Fraktionierkolonne, gegebenenfalls unter Zusatz von azeotropen Lösungsmitteln, ein. Aus der 2. Kolonne werden die Fraktionen der hochmol. Bestandteile, z. B. *Anthracen, Pyren, Chrysen, Picen,* unter Vakuum dest. u. getrennt voneinander gewonnen. (**Oe. P. 173 705** vom 1/2. 1950, ausg. 26/1. 1953. D. Prior. 10/12. 1949.) M. F. MÜLLER. 8177

Standard Oil Development Co., übert. von: **Charles E. Jahnig,** Red Bank, N. J., V. St. A., *Schieferdestillation.* Ölhaltige Mineralien zerfallen bei Dest. zu einer dichten M. feiner Teilchen, die durch einen aufwärts fließenden Gasstrom fluidisiert werden u. in der Destillationszone bei Destillationstemp. eine definierte Oberfläche bilden. Man führt die ölhaltigen Mineralien in diese M. ein, hemmt den Aufwärtsstrom der fluidisierten Teilchen in der Destillationszone durch ein oberhalb dieser Fläche angebrachtes Hindernis, das den Gasstrom durch die ganze Höhe der Destillationszone aufströmen läßt, wobei sich eine 2. fluidisierte M. oberhalb des Hindernisses bildet. Man führt die Mineralteilchen aus der Retorte zwischen der ersten fluidisierten M. u. einer bes. Verbrennungszone fortlaufend im Kreise. In der Verbrennungszone erhält man mindestens 2 übereinanderliegende fluidisierte Betten aufrecht, verbrennt die Mineralien aus der Retorte im unteren Bett der Verbrennungszone, leitet die heißen Verbrennungsgase vom unteren Bett durch das obere, führt frische Mineralien zu dem oberen Bett zu, um es durch die Verbrennungsgase zu trocknen u. vorzuwärmen, u. leitet die vorgewärmten Mineralien in die zuerstgenannte fluidisierte Masse. Die flüchtigen Destillationsprodd. werden in der 2. M. gespalten. Die Gase aus der Verbrennungszone fördern die frischen Mineralien zu einem höhergelegenen Punkt. Die Verbrennungsrückstände gelangen in die 2. fluidisierte M. zurück. — Zeichnung. (**A. P. 2 618 588** vom 21/6. 1949, ausg. 18/11. 1952.) UNGER. 8181

Oil & Gas Co., übert. von: **Riley F. Farris,** Tulsa, Okla., V. St. A., *Zementieren von Bohrlöchern.* Man führt zuerst einen hydraul. Zementschlamm ein, der 1—4 Gew.-% stärkehaltiges Material u./oder Polyvinylalkohol enthält u. dessen Filtratverhältnis weniger als 100 cm^3 je 30 Min. (gemessen mit dem in API Code Nr. 29, 2. Ausg. Juli 1942, beschriebenen Instrument) beträgt. Darauf wird ein 2. Schlamm von körnigem, gemahlenen, hydraul. Klinkerzement unter Druck eingeführt, dessen Entwässerungszeit $2^1/_2$ Min. oder weniger bei Benutzung des obengenannten Meßinstrumentes beträgt. Der letztgenannte Schlamm muß physikal. entwässert sein, wenn er in Kontakt mit einer durchlässigen Formation des Bohrloches kommt. (**A. P. 2 585 378** vom 1/3. 1946, ausg. 12/2. 1952.) W. HAUSWALD. 8191

Aluminum Co. of America, übert. von: **G. F. Russell jr.,** Pittsburgh, Pa., V. St. A., *Gewinnung von Naturgasen aus Erdölbohrlöchern.* Das aus dem Bohrloch gewonnene Gemisch von Erdöl u. gasförmigen KW-stoffen wird durch Erhitzen von den gasförmigen Anteilen befreit u. der erhitzte fl. Anteil wird in das Bohrloch zurückgegeben, um sich mit dem in dem Bohrloch befindlichen Naturgas vor dessen Austritt zu mischen. Das Öl-Gas-Gemisch wird im Bohrloch bei solcher Temp. gehalten, daß der anwesende Wasserdampf nicht kondensiert. — Zeichnung. (**Can. P. 480 626** vom 7/12. 1946, ausg. 29/1. 1952. A. Prior. 15/2. 1946.) M. F. MÜLLER. 8187

Shell Development Co., übert. von: **Raymond A. Malott,** San Francisco, Calif., V. St. A., *Spülflüssigkeit für die Erdölbohrung,* bestehend aus einer wss. Tonsuspension, einem Mineralöl, welches eine wasserlösl. Tallölseife enthält, u. 1—5% gelatinierter Stärke. (**Can. P. 480 120** vom 3/2. 1948, ausg. 8/1. 1952. A. Prior. 10/2. 1947.) M. F. MÜLLER. 8191

California Research Corp., San Francisco, übert. von: **Joseph F. Chittum,** Whittier, Calif., V. St. A., *Verhinderung der Krustenbildung in Pumpen, Ventilen, Rohren bei Ölbohrungen.* Zur Verhinderung der Bldg. harter, festhaftender $CaCO_3$-Ndd., die sich bes. an den Stellen höchster Turbulenz bilden, führt man in die Bohrung während der n. Förderung von Öl u. W. bei Abwesenheit von Säure eine Mischung von 5—80 (%)

oberflächenakt. Sulfonaten mit 20—95% wasserlösl. Polyphosphaten, wie Na-Tetraphosphat, Na-Hexametaphosphat, u. einer zur Lsg. ausreichenden Wassermenge ein. Ein in Betracht kommendes Sulfonat ist z. B. „Oronite Sulfonat No. 4", ein Na-Sulfonat mit einem Mol.-Gew. von ca. 380, das man aus aromat. Extrakten von Petroleumdestillaten gewinnt. (**A. P. 2 592 511** vom 7/1. 1950, ausg. 8/4. 1952.) W. HAUSWALD. 8191

Petrolite Corp. Ltd., Wilmington, Del., übert. von: **Melvin De Groote,** University City, und **Bernhard Kaiser,** Webster Groves, Mo., V. St. A., *Demulgiermittel für Erdölemulsionen.* Um Erdölemulsionen (W. in Öl) zu brechen, verwendet man als Demulgatoren hydrophile Syntheseprodd., u. zwar Oxyalkylacylverbb., die man aus einem niedrigen Phenolaldehydharz (**I**) u. einem acylierbaren Reagens (**II**) aus C, H u. O (N, S u. Cl) mit einem Mol.-Gew. von höchstens 25000 gewinnt. **I** erhält man durch Einw. eines Gemisches von substituiertem Phenol mit Salicylsäure auf einen Aldehyd mit höchstens 8 C-Atomen, z. B. Formaldehyd. **II** besteht aus hydroxylierten, wasserunlösl. Estern von Monocarbonsäuren, acylierten Derivv. von bas. Polyaminoalkoholen oder nicht acylierten Polyaminen. In der fertigen Oxyalkylacylverb. finden sich zweiwertige Radikale der allg. Formel $(R_1O)n$, wobei R_1 = Äthylen-, Propylen-, Butylen-, Oxypropylen- u. Oxybutylenradikale u. n eine Zahl von 1—20 bedeutet. (**A. P. 2 571 119** vom 21/2. 1950, ausg. 16/10. 1951.) UNGER. 8191

Petrolite Corp. Ltd., Wilmington, Del., übert. von: **Melvin De Groote,** University City, **Arthur F. Wirtel** und **Owen H. Pettingill,** Kirkwood, Mo., V. St. A., *Zur Demulgierung von Mineralölemulsionen geeignete Terpinolglykoläther* erhält man durch Rk. von Glycid (I) u. Propylen- u. Äthylenoxyd mit α-Terpineol in Mengen, die im Bereich von abgebildeten trapezoiden Pyramiden mit der Maßgabe liegen, daß 2—25% **I** zugegen ist bei ca. 150° in Ggw. von gemahlenem NaOH als Katalysator. — Tabellen. (**A. P. 2 572 886** vom 28/9. 1949, ausg. 30/10. 1951.) MÖLLERING. 8191

Salt Water Control, Inc., Fort Worth, übert. von: **Ransome W. Erwin,** Dallas, Tex., V. St. A., *Zerstörung von Rohölemulsionen aus Ölquellen.* Ein röhrenförmiges, längliches, waagerechtes Gefäß enthält mehrere getrennte Kammern in waagerechter Richtung, an einem Ende eine kombinierte Kammer zum Erhitzen u. Niederschlagen des freien W., am anderen Ende eine Filter- u. Absetzkammer, dazwischen eine Wasch- u. Prallzone; senkrechte Wände trennen die nebeneinander angeordneten Kammern, eine waagerechte Scheidewand die kombinierte Kammer zum Erhitzen u. Niederschlagen des W. in eine obere u. untere Erhitzungszone u. besondere Zonen, um freies W. niederzuschlagen. Es sind Einrichtungen vorgesehen, um die Behandlungsfl. unter Druck in die Niederschlagszone einzuführen, sie durch die einzelnen Kammern zu leiten u. — getrennt in Öl u. W. — aus dem Gefäß abzuziehen. — Zeichnungen. (**A. P. 2 601 903** vom 24/2. 1948, ausg. 1/7. 1952.) UNGER. 8191

Jean Loumiet, Itabo, Cuba, *Fraktionierte Destillation von Erdöl und Teer.* Das in einem von zwei Wärmerekuperatoren umgebenen Tank vorerhitzte Ausgangsmaterial tritt in das erste einer Reihe von sieben hintereinandergeschalteten vertikalen Verdampferrohren, die successive abnehmenden Durchmesser aufweisen u. in die gleichzeitig mit dem Ausgangsmaterial aus dem Prozeß stammende Destillationsgase von unten eingeleitet werden. Erhitzt werden die beiden ersten Verdampferrohre durch den Abdampf der Vakuumpumpe, die beiden nächsten durch in einem der Wärmerekuperatoren durch die Prodd. der folgenden Destillationsstufen erzeugten Dampf u. die drei letzten durch hochgespannten Wasserdampf. Die Verdampferrohre münden oben in Tanks, die einen Rektifizieraufsatz tragen. Die aus den Tanks abfließenden fl. KW-stoffe werden in das jeweils nächste Verdampferrohr von unten eingeführt u. unterliegen dort einer erneuten Destillation. Die dampfförmigen Anteile aus den drei ersten Verdampferrohren treten über einen Kühler in die Separatoren ein, in welchen eine Trennung in gasförmige u. fl. Anteile stattfindet; die letzteren werden in einem Tank gesammelt u. von dort in den unteren Teil der Verdampferrohre eingeführt. Die dampfförmigen Anteile aus den vier letzten Verdampferrohren gehen zu den Wärmerekuperatoren, wo sie gekühlt u. kondensiert werden. Der Destillationsrückstand wird über einen einen Schwimmer enthaltenden Tank aus dem Syst. abgeführt. Der Schwimmer ist mit einem hinter der Förderpumpe in der Zufuhrleitung für das Ausgangsmaterial vorgesehenen Ventil verbunden. Bei Änderung der D. des Rückstandes, die dem n. Betrieb entspricht, wird das Ventil automat. gesteuert, so daß es mehr oder weniger Ausgangsmaterial in die Zufuhrleitung treten läßt. (**A. P. 2 574 116** vom 10/5. 1945, ausg. 6/11. 1951. Cuban. Prior. 10/5. 1944.) BEIERSDORF. 8193

Standard Oil Co., Chicago, übert. von: **William F. Wolff,** Park Forest, Ill., und **Carl E. Johnson,** Griffith, Ind., V. St. A., *Extraktion von aromatischen Kohlenwasserstoffen mit Estern von Thiolsulfonsäure.* Man extrahiert aromat. KW-stoffe aus KW-stoffgemischen mit einem Ester einer Thiolsulfonsäure mit 2—20 C-Atomen im Mol. u.

trennt die Raffinatphase von der Extraktphase, die den Ester u. die aromat. KW-stoffe enthält. Letztere können mehrkernig sein, z. B. in einem gecrackten Gasöl. Arbeitstemp.: —20°—150°. Allg. Formel der Ester: $R_1S'O_2 — SR_2$, worin R_1 u. R_2Alkyl-, Cycloalkyl-, Arylkyl-, Aryl-, Alkaryl- oder Cycloalkylarylreste sein können. — Zeichnung. (**A. P. 2 615 057** vom 30/8. 1951, ausg. 21/10. 1952.) UNGER. 8193

N. V. de Bataafsche Petroleum Mij., Den Haag, Holland, übert. von: **Albert H. Garrison** und **Francis B. Rolfson**, Edwardsville, Ill., V. St. A., *Destillation von Flüssigkeiten*, bes. von *Gasolin, Naphtha, Kerosin, trocknenden Ölen* u. *Petroleumderivaten*. Die Dest. erfolgt vollkommen automat., wobei die Temp. u. das Destillat photoelektr. gemessen u. aufgezeichnet werden. App., Zeichnungen. (**E. P. 653 472** vom 21/7. 1948, ausg. 16/5. 1951. A. Prior. 8/9. 1947.) KRAUSS. 8193

Texaco Development Corp., übert. von: **James A. Davies**, V. St. A., *Raffination von Mineralölen durch selektive Extraktion* mit einem Lösungsm., wie *Furfurol*, wobei bes. die aromat. Anteile extrahiert werden. — Als Ausgangsmaterial sind genannt Leuchtpetroleum, Gasöl mit niedrigem Kp. (**F. P. 972 970** vom 2/10. 1948, ausg. 6/2. 1951. A. Prior. 7/10. 1947.) M. F. MÜLLER. 8195

Victor Weinberg, Woodford Green, England, *Raffinierung von Kohlenwasserstoffölen*. Die KW-stoffe werden zuerst mit verd. H_2SO_4 behandelt, so daß nur die stark ungesätt. u. asphaltartigen Verbb. entfernt werden. Die im Öl verbleibenden ungesätt. Verbb. werden dann halogeniert, die Halogenverbb. von dem gesätt. Öl durch fraktionierte Dest. abgetrennt u. mit sulfonierenden Mitteln behandelt. um sie in oberflächenakt. Prodd. überzuführen. Die halogenhaltigen Verbb. können auch als Zwischenprodd. zur Herst. von Alkoholen, Äthern u. Estern verwendet werden. (**E. P. 643 287** vom 5/9. 1947, ausg. 15/9. 1950.) KRAUSS. 8195

Fluor Corp. Ltd., Los Angeles, übert. von: **Edward R. McCartney**, Altadena, Calif., V. St. A., *Entfernung von sauren Verunreinigungen und Feuchtigkeit aus Gasen*, z. B. *aus natürlichen oder aus Raffinerien stammenden KW-stoffen*. Das Gas wird zuerst mit der Lsg. eines fl. Amins zur Absorption der sauren Bestandteile in Berührung gebracht, wobei eine teilweise Verdampfung des Amins stattfindet; sodann mit einer Lsg. eines Glykols zur Absorption der Feuchtigkeit u. des verdampften Amins. Die verbrauchte Amin-Lsg. wird in einer 1. Erhitzungszone durch Verdampfung der sauren Teile regeneriert u. die verbrauchte Glykollsg. in einer 2. Zone durch Verdampfung von Feuchtigkeit u. Amin. Das bei der Regeneration verdampfte u. kondensierte Amin bzw. Glykol wird in die entsprechenden Lsgg. zurückgeführt. (**A. P. 2 547 278** vom 12/6. 1948, ausg. 3/4. 1951.) REICHELT. 8195

Ashland Oil & Refining Co., übert. von: **Paul G. Blazer, Arnold M. Leas**, und **William H. Humphreys**, Ashland, Ky., V. St. A., *Entparaffinieren von Mineralölen durch Lösungsmittelextraktion*. Man mischt das Öl mit einem verflüssigten, normalerweise gasförmigen Verdünnungsmittel (fl. Propan, Butan, Pentan) u. mit 2—10 Vol.-% Furfurol (I), kühlt die Mischung auf niedrige Temp., die unterhalb des Gefrierpunktes des Paraffins u. des I liegt; dadurch wird eine Anfangskristallisation des Paraffins in der Umgebung der sich bildenden Kristallherde von I eingeleitet. Man läßt die Mischung in 3 trennbare Schichten absitzen. Die oberste besteht aus der Lsg. des entparaffinierten Öles in dem Lösungsm., die Bodenschicht hauptsächlich aus I u. die Mittelschicht bildet eine Suspension von kristallisiertem Paraffin u. I in dem verflüssigten Lösungsmittel. Man entfernt die oberste Schicht von den beiden anderen durch Dekantation. (**A. P. 2 557 406** vom 12/11. 1947, ausg. 19/6. 1951.) UNGER. 8195

Anglo-Iranian Oil Co. Ltd., London, übert. von: **Patrick Docksey** und **Frederick William Bertram Porter**, Sunbury-on-Thames, England, *Katalytische Entschwefelung von Gasöl*. Schwefel- u. naphthenhaltiges Erdöl (vom Gasölsiedebereich) wird in der Damphphase in einer Reaktionszone bei hoher Temp. unter Druck mit einem schwefelfesten Dehydrierungs-Hydrierungskatalysator (Co-Mo-Oxyde auf Al) behandelt. Dabei werden die Naphthene zu Aromaten dehydriert u. frei werdender H_2 setzt sich mit S um, während die KW-stoffe kaum verändert werden. Arbeitstemp. 750—820° F, Druck: 50—200 lbs./sq.in. Man trennt von dem behandelten Gasöl eine wasserstoffreiche Gasmischung ab, die in den Kreislauf zurückgeführt wird. (**A. P. 2 574 448** vom 21/6. 1949, ausg. 6/11. 1951. **F. P. 989 481 vom 23/6. 1949, ausg. 10/9. 1951.** Beide E. Prior. 24/6. 1948.) UNGER. 8195

Universal Oil Products Co., Chicago, übert. von: **James P. West**, Westmont, Ill., V. St. A., *Katalysator für die Spaltung von hochsiedenden Erdölfraktionen*. Ein Alkylorthosilicat, ein Borsäureester u. ein Al- oder Mg-Salz, in dem das Metall durch ein O-Atom mit einem organ. Rest verbunden ist, werden bei einer Temp. zwischen 150° u. dem Zersetzungspunkt des Salzes zur Rk. gebracht. (**A. P. 2 584 405** vom 27/12. 1949, ausg. 5/2. 1952.) v. HUHN. 8197

Anglo-Iranian Oil Co. Ltd., übert. von: **L. Ch. Strang**, London, England, *Hydrokatalytische Entschwefelung von schwefelhaltigen Kohlenwasserstoffen* in einer Entschwefelungszone in Ggw. von H_2 unter Verwendung eines Entschwefelungskatalysators unter erhöhtem Druck, bei erhöhter Temp. u. unter Vermeidung einer wesentlichen Spaltung. Das die Entschwefelungszone verlassende Gemisch wird abgekühlt unter Aufrechterhaltung des in der Reaktionszone befindlichen Druckes u. ein fl. KW-stoffprod., welches H_2S gelöst enthält, u. daneben eine gasförmiee H_2-haltige KW-stoff-Fraktion erhalten. Letztere enthält nicht mehr als 2% H_2S. Die gasförmige Fraktion wird in die Reaktionszone zurückgeleitet u. nach Herabsetzung des Druckes unter red. Druck erhitzt u. dabei der gelöste H_2S u. H_2 entfernt. (**Can. P. 484052** vom 30/8. 1945, ausg. 17/6. 1952. E. Prior. 18/8. 1944.) M. F. MÜLLER. 8195

Pure Oil Co., übert. von: **Donald C. Bond**, Northbrook, und **Michael Savoy**, Chicago, Ill., V. St. A., *Entfernen von Mercaptanen aus diese enthaltenden KW-stoffen*, wie Bzn. oder Vaseline. Die mercaptanhaltigen KW-stoffe werden in alkal. Lsg. in Ggw. einer geringen Menge, z. B. 1%, eines Chinons, wie Thymochinon, 2.5-Di-tert.-butylchinon oder 1.2-Naphthochinon, mit Luft oxydiert, wobei sich die entsprechenden Disulfide bilden, die abgetrennt werden können. (**A. P. 2 571 666** vom 25/10. 1947, ausg. 16/10. 1951.) KRAUSS. 8195

Pierre Marie Edmond Schmitz, Belgien, *Reinigung von Altölen und Extrakten der Mineralölraffination*, dad. gek., daß man die Altöle bzw. die Propan-(**I**), Duosol-(**II**) oder **I**–**II**-Extrakte der Mineralölraffination in der Wärme oder in der Kälte mit Furfurylalkohol oder Tetrahydrofurfurylalkohol oder einem Phenol–Äthylenoxyd-Kondensationsprod. (**III**) oder **III** u. konz. H_2SO_4 behandelt. Man versetzt z. B. die Altöle bzw. Extrakte mit 2—10 Vol.-% **III** unter Rühren bei n. Temp. oder bei 60—80° u. läßt das Gemisch mehrere Std. in der Wärme stehen oder zentrifugiert es. (**F. P. 976 657** vom 14/8. 1948, ausg. 21/3. 1951.) OPPERMANN. 8195

Dimitri Balachowsky, Frankreich, *Katalytisches Cracken von mineralölhaltigen Ölen* zwecks Gewinnung von *Motortreibmitteln*, welche einen hohen Verbrennungswert infolge einer raschen u. vollständigen Verbrennung besitzen. Vor der Spaltung werden die Öle unter Durchleiten durch Rohre, welche mit Schnitzeln von katalyt. wirksamen Metallen oder Legierungen gefüllt sind, entschwefelt u. bei nicht zu hohen Tempp. entasphaltiert. Die zu behandelnde Fl. wird in kaltem oder nur schwach erhitztem Zustande mit dem auf Reaktionstemp. erhitzten Katalysator zusammengebracht. Bei dem Cracken erhält man ein Leichtdestillat u. einen entschwefelten u. entasphaltierten Rückstand. Letzterer wird einer erneuten Crackung unterworfen, wobei ein *Dieselöl* gewonnen wird, dem noch weitere Brennstoffe mit hoher Cetenzahl zugesetzt werden, um den Flammpunkt herabzusetzen. — Zeichnung. (**F. P. 974 114** vom 18/12. 1941, ausg. 19/2. 1951.) M. F. MÜLLER. 8197

Standard Oil Development Co., übert. von: **William J. Sweeney** und **Philetus H. Holt**, Linden, N. J., V. St. A., *Katalytische Spaltung von höhersiedenden Mineralölkohlenwasserstoffen* im Rieselfließverf., wobei die feinverteilten Katalysatorteilchen mit den Dämpfen der höhermol. KW-stoffe von unten her in eine Reaktionskammer von weitem Durchmesser geleitet werden. Die dampfförmigen Umwandlungsprodd. u. die festen Katalysatorteilchen werden aus dem Reaktionsbehälter gleichzeitig abgeleitet u. in ein Trenngefäß gebracht. — Zeichnung. (**Can. P. 477 711** vom 22/9. 1942, ausg. 9/10. 1951. A. Prior. 12/9. 1941.) M. F. MÜLLER. 8197

Houdry Process Corp., Wilmington, übert. von: **John R. Bates**, Swarthmore, Pa., V. St. A., *Katalytische Spaltung von höheren Kohlenwasserstoffen* in Ggw. eines akt. SiO_2-haltigen Crackkatalysators. Man verwendet einen SiO_2–Gel-Katalysator, welcher mit Wasserdampf bei einem Partialdruck von 0,3—10 lbs./squ. in. u. bei Tempp. über 1400° F vorbehandelt u. aktiviert worden ist. Vgl. A. P. 2 454 369; C. **1950**. I. 146. — Dampfbehandlungsdiagramm. (**Can. P. 472 658** vom 12/5. 1943, ausg. 3/4. 1951. A. Prior. 12/8. 1939.) M. F. MÜLLER. 8197

South Eastern Gas Board, England, *Vergasen von Kohlenwasserstoffen*. Ein auf 500° erhitztes Öl–Wasserdampf-Gemisch wird auf einem auf 750—1200° erhitzten Katalysator vergast. Der dabei niedergeschlagene C wird unter Erhitzung des Katalysators verbrannt. Das Öl–Dampf-Gemisch wird im Wärmeaustausch vorgewärmt. (**F. P. 1 000 402** vom 29/11. 1949, ausg. 12/2. 1952.) HOLM. 8197

American Cyanamid Co., New York, N. Y., V. St. A., *Sprühtrocknung*. Beim Trocknen von Fll., die feste Teilchen enthalten (Silicatschlämme für *Spaltkatalysatoren*), verbrennt man Heizöl neben der Oberseite einer nicht durchbohrten metall. Scheidewand, welche den oberen Abschluß eines Sprühtrockenraumes bildet, so daß von der Unterseite der Scheidewand Hitze in den Raum strahlt. Man leitet die heißen Verbrennungsgase in den Raum u. sprüht die Fl. ein. Die Tröpfchen trocknen unter der Einw. der strahlenden Wärme u. der Wärme der Verbrennungsgase. — Zeichnung. (**E. P. 675 883** vom 7/11. 1949, ausg. 16/7. 1952.) UNGER. 8197

Universal Oil Products Co., übert. von: **Charles L. Thomas** und **Jacque C. Morrell**, Chicago, Ill., V. St. A., *Katalysator für die Umwandlung von Kohlenwasserstoffen*, bestehend aus 50—90 (%) Al_2O_3, 5—30 Kaolin oder Montmorillonit u. 4—20 MoO_3 oder dem Oxyd eines anderen Metalles aus der linken Reihe der 5. u. 6. Gruppe des Period. Systems. (**Can. P. 474 457** vom 1/8. 1942, ausg. 12/6. 1951. A. Prior. 28/7. 1941.) M. F. MÜLLER. 8197

Badische Anilin- & Soda-Fabrik, Ludwigshafen/Rh., *Herstellung eines Katalysators für die Spaltung von Kohlenwasserstoffölen*. Lsgg. eines oder mehrerer Salze der Erdmetalle, des Ti, Sn, Zn, Mg, der Metalle der 5., 6. oder Eisengruppe, werden mit einem aus einer Wasserglas-Lsg. erzeugten, noch feuchten Gel vermischt u. das Mischprod. erhitzt. (**D. B. P. 849 157** Kl. 23b vom 13/8. 1937, ausg. 11/9. 1952. **Zusatz zu D. R. P. 739 510; C. 1943. II. 2333.**) v. HUHN. 8197

Standard Oil Development Co., V. St. A. (Erfinder: **Charles N. Kimberlin jr.**), *Herstellung von Katalysatoren zum Aromatisieren und Spalten von Kohlenwasserstoffen*. Die Aromatisierung von naphthen. Benzinen bei 455—593° u. Drucken bis 28,1 kg/cm^2 in Ggw. von H_2, sowie die Gewinnung von Benzinen durch Spaltung von Gasöl bei gleichen Tempp. u. Drucken bis 7 kg/cm^2 erfolgt mit Katalysatoren, die aus Gemischen der Oxyde von Al, Si, B, K, Ca, Ce, Cr, V, Mo, W bestehen. Sie werden durch Hydrolyse von Al-Alkoholat (I) mit einer wss. Lsg. eines Salzes obiger Elemente oder durch Imprägnieren des durch Hydrolyse des I erhaltenen feuchten oder getrockneten Al_2O_3-Gels mit diesen Salzen erhalten. — Man löst z. B. 432 g Al-Metall in 16 Litern eines Gemisches aus gleichen Vol.-Teilen wasserfreiem n-Amylalkohol u. einer zwischen 149 u. 205° sd. Petroleumfraktion in Ggw. einer Spur $HgCl_2$ u. hydrolysiert das Al-Amylat mit 16 Litern H_2O. Das ausgefallene feuchte Al_2O_3-Gel versetzt man mit 100 cm^3 NH_4OH u. 1 Liter NH_4-Molybdatlsg., entwässert das Prod. bei 121° u. aktiviert es durch Erhitzen auf 455°. — Vorrichtung. (**F. P. 993 690** vom 23/8. 1949, ausg. 5/11. 1951. A. Prior. 19/11. 1948.) OPPERMANN. 8197

Standard Oil Co., übert. von: **Edward A. Hunter**, Baton Rouge, La., V. St. A., *Herstellung von MgO-Gelen*, die als Katalysatoren bei der *Spaltung von KW-stoffen* verwendet werden können. Mg wird unter Anwendung von 0,01—0,1 Gew.-%, bezogen auf das Mg, $HgCl_2$, u. 1—20 Vol.-%, bezogen auf den Alkohol, CCl_4 oder $CHCl_3$, in einem mit W. nicht oder nur wenig mischbaren Alkohol oder Gemischen davon (z. B. n-Butyl-, sek. Butyl-, Isobutyl-Alkohol, 1-Pentanol, 2-Pentanol, 2-Methylbutanol-4, 2-Methylbutanol-3, 3-Pentanol, 1-Hexanol, 2-Hexanol, 3-Hexanol, Methylpentanole, Dimethylbutanole, Heptyl- u. Octylalkohol), die mit KW-stoffen, die zwischen 200 u. 500° F sd., verd. sein können, unter Alkoholat-Bldg. aufgelöst. Das Alkoholat wird (mit W.) hydrolysiert, die wss. von der alkoh. Phase getrennt u. der Alkohol wiederverwendet. — Zeichnung. (**A. P. 2 570 058** vom 23/7. 1949, ausg. 2/10. 1951.) STEIL. 8197

Houdry Process Corp., Wilmington, Del., übert. von: **Albert Wesley Hoge**, Ridley Park, Pa., V. St. A., *Erhaltung der Katalysatoraktivität bei Kohlenwasserstoffumwandlungen, besonders Spalten*, wobei die mit Koks beladenen Teilchen von der Umwandlungszone (I) in eine Regenerierungszone (II) als abwärts bewegtes, nicht turbulentes Bett gelangen; hier werden sie mit einem O_2-haltigen Gas abgebrannt. Man zieht die regenerierten Teilchen aus II ab u. leitet sie zu einem Punkt, der höher als I liegt. Man teilt sie in eine katalyt. weniger akt. Fraktion u. eine gekühlte, katalytisch aktivere Fraktion. Durch die heißen, regenerierten Teilchen leitet man erhitztes Gas, ohne es zu kühlen, in II. Die gekühlte, verhältnismäßig akt. Fraktion mischt man mit heißen regenerierten Teilchen, um die heißen regenerierten Teilchen auf die Temp. der I abzukühlen. Die Mischung der verhältnismäßig akt. Fraktion mit Teilchen aus II leitet man zur weiteren Verwendung in I. — Zeichnung. (**A. P. 2 567 207** vom 21/1. 1947, ausg. 11/9. 1951.) UNGER. 8197

Standard Oil Development Co. (Erfinder: **Julius P. Bilisoly**), V. St. A., *Reaktivierung von Katalysatoren*, dad. gek., daß man die zur *Spaltung von KW-stoffen* bei 427—593° gebrauchten SiO_2–Al_2O_3-, SiO_2–MgO-, SiO_2–MgO–Al_2O_3-Katalysatoren nach Beseitigung der C-haltigen Ndd. durch Oxydation mit einer wss. Lsg. von HF oder HF u. HCl oder HF u. CH_3COOH oder HF u. AlF_3 oder H_2SiF_6 u. $Al(NO_3)_3$ regeneriert. — Man beläßt z. B. einen SiO_2–Al_2O_3-Katalysator bei n. Temp. $1^1/_2$ Std. in einer wss. 2%ig. HF-Lsg. u. trocknet ihn ohne vorheriges Auswaschen. (**F. P. 994 626** vom 2/9. 1949, ausg. 20/11. 1951. A. Prior. 27/10. 1948.) OPPERMANN. 8197

Sinclair Refining Co., New York, N. Y., übert. von: **Kenneth M. Watson,** Madison, Wis., und **Robert Lormer Smith,** Western Springs, Ill., V. St. A., *Regenerierung von Katalysatoren.* Bei der Behandlung von Ölen konstanter Zus. mit feinverteilten festen Katalysatoren (I) werden Umwandlungsprodd. konstanter Zus. erhalten, wobei die I fortlaufend regeneriert werden, indem man die kohligen Ablagerungen abbrennt, ohne dabei den Grad der Entfernung des kohligen Materials wesentlich zu verändern. Durch period. Zusatz von frischem I zur Ergänzung wird der Bestand des I in dem Syst. aufrechterhalten. An Hand der Kontrolle des I-Bestandes setzt man dem Syst. frischen Ergänzungs-I in verhältnismäßig kurzen Abständen — verglichen mit der Dauer einer n. Arbeitsperiode — zu u. leitet alle I-Spuren, die über Kopf der Regenerationszone gegangen sind, während dieser Ergänzungsperiode in das Syst. zurück, desgleichen während der n. Arbeitsperiode, bis unmittelbar nachher der I-Bestand u. seine durchschnittliche Aktivität soweit gefallen sind, daß dem Syst. frischer I zugeführt werden muß. Anschließend leitet man die über Kopf gegangenen I-Teilchen für eine verhältnismäßig kurze Zeit zurück, u. zwar unmittelbar vor dem period. Zusatz des Ergänzungs-I. Während der n. Arbeitsperiode u. der Rückführung der feinen I-Teilchen setzt man keinen Ergänzungs-I zu. Die zurückgeführten feinen I-Teilchen werden konz. u. direkt in das Standrohr des Regenerators eingeführt, während man regenerierten I in die Reaktionszone zurückleitet. — Zeichnung. (**A. P. 2 596 748** vom 10/7. 1948, ausg. 13/5. 1952.) UNGER. 8197

Phillips Petroleum Co., übert. von: **Luke B. Goodson** und **Jesse A. Guyer,** Bartlesville, Okla., V. St. A., *Reaktionskammer für Wirbelstromkontakte und ihre Handhabung.* Das Reaktionsgefäß besteht aus einem äußeren Mantel u. hat im Inneren ein konzentr., an beiden Enden offenes Rohr. Eine am Boden der Reaktionskammer angeordnete Düse mündet in das Rohr. Das obere Ende der Röhre reicht in einen Raum, der durch ein trichterförmiges Gebilde, dessen oberer Rand mit der Peripherie des Mantels gasdicht verbunden ist u. dessen untere Öffnung mit der Röhre einen ringförmigen Raum offen läßt. Gasentbindungsrohre münden unterhalb des oberen Randes des trichterförmigen Gebildes in den Reaktionsraum. Zwischenräume sind auch zwischen der Düse u. dem inneren Rohr gelassen, um die Reaktionskammer mit dem inneren Rohr zu verbinden. Man düst heißes dampfförmiges Behandlungsgut aufwärts durch die Injektionszone zusammen mit dem aufgewirbelten Katalysator, der sich in einer 1. Absetzzone sammelt, welche sich oberhalb des trichterförmigen Gebildes befindet u. von da aus in die 2. Absetzzone gelangt, während die umgesetzten Dämpfe durch die Gasentbindungsrohre entweichen. — Zeichnung. (**A. P. 2 606 097** vom 25/8. 1947, ausg. 5/8. 1952.) UNGER. 8197

Didier-Kogag-Hinselmann Koksofenbau und Gasverwertung Akt.-Ges., Essen (Erfinder: **Wilhelm Gras,** Essen, und **Arthur Steding,** Bochum), *Thermisches Spalten von Methan und ähnliche Kohlenwasserstoffe enthaltenden Gasen* in Ggw. von Wasserdampf, jedoch in Abwesenheit von Katalysatoren. Die therm. Behandlung wird mit rekuperativer Beheizung in der Weise durchgeführt, daß das CH_4 bzw. Spaltgas einerseits u. die Beheizungsmedien andererseits in benachbarten Rekuperatorkanälen im Gegenstrom zueinandergeführt werden. Durch die fühlbare Wärme wird hierbei das CH_4 vorgewärmt u. in der Zone höchster Temperaturentw., in der im Heizkanal die Verbrennung von Heizgas u. Luft erfolgt, gespalten. Das so gebildete Spaltgas wärmt dann die Verbrennungsluft vor. (**D. B. P. 865 504** Kl. 26a vom 25/2. 1950, ausg. 2/2. 1953.) W. HAUSWALD. 8197

Standard Oil Development Co., übert. von: **Charles W. Tyson,** Linden, N. J., V. St. A., *Katalytische Spaltung der Rückstandsöle von der Roherdöldestillation.* Diese Rückstandsöle enthalten unter n. Druck verdampfbare u. nicht verdampfbare Anteile. Sie werden mit einem festen Pulver in solcher Menge vermischt, daß die nicht verdampfbaren Anteile davon vollständig adsorbiert werden. Dieses Gemisch wird durch eine Erhitzungszone geleitet, dabei ein dampfförmiges Prod. u. Koks gebildet u. beide Prodd. in einer Crackzone in Ggw. eines Crackkatalysators behandelt. Das dampfförmige Prod. wird dabei gespalten u. liefert beim Fraktionieren ein KW-stoff-Motortreibmittel. — Zeichnung. (**A. P. 2 382 755** vom 24/5. 1941, ausg. 14/8. 1945. **Can. P. 474 447** vom 11/5. 1942, ausg. 12/6. 1951. A. Prior. 24/5. 1941.) M. F. MÜLLER. 8197

Procter & Gamble Co., Ivorydale, übert. von: **Harold Kenneth Hawley,** Cincinnati, O., V. St. A., *Nickel–Zirkonium-Katalysator, besonders für Kohlehydrierung.* Eine wss. Lsg. von $NiSO_4$ u. $ZrSO_4$ (oder Chlorid) wird unter Erwärmung mit so viel Alkalicarbonatlsg. versetzt, daß die Lsg. zum Schluß einen p_H-Wert von mindestens 8,2 besitzt. Die gefällten Carbonate werden sulfatfrei ausgewaschen u. bei 260—350° mit H_2 red., bis die charakterist. schwarze Farbe des Ni auftritt. (**A. P. 2 564 331** vom 7/7. 1947, ausg. 14/8. 1951.) GÖTZE. 8199

Standard Oil Development Co., übert. von: **Raymond L. Heinrich**, Baytown, und **Henry G. Schultze**, Goose Creek, Tex., V. St. A., *Schmieröle.* Eine KW-stofffraktion (I), z. B. durch Synth. von CO mit H_2 hergestellt, mit Kp. 85—400° F, die O-haltige u. andere organ. Verbb. enthält, wird mit einem Halogenwasserstoff im Überschuß unter gewöhnlichem Druck behandelt. Der gebildete Schlamm wird entfernt, die I wird gewaschen, neutralisiert u. dann destilliert. Die Fraktion mit dem Ausgangs-Kp. wird dann nach Friedel-Crafts mit $AlCl_3$ polymerisiert. — Vorr., Zeichnung. (**A. P. 2 507 103** vom 28/11. 1947, ausg. 9/5. 1950.) Krauss. 8221

Monsanto Chemical Co., St. Louis, Mo., übert. von: **Edward S. Blake**, Nitro, W. Va., V. St. A., *Schmierölgemische.* Mineralöle (I) erhalten einen Zusatz von 0,1—10% (bezogen auf I) eines in Öl lösl. Partialesters aus einer Fettsäure mit 6—22 C-Atomen u. einem Polyalkohol, der weiter mit einer gesätt., aliphat. Oxypolycarbonsäure verestert ist, die höchstens 3 COOH-Gruppen u. mindestens 1 OH-Gruppe enthält, die höchstens 2 C-Atome von einer COOH-Gruppe entfernt steht. — Schneidöl. (**A. P. 2 531 801** vom 21/6. 1946, ausg. 28/11. 1950.) Lank. 8221

Sinclair Refining Co., New York, N. Y., übert. von: **William S. Hoock**, Michigan, City, und **Milton P. Kleinholz**, East Chicago, Ind., V. St. A., *Schmierölzusatzmittel.* Das aus 3—8 (Mol.) Pinen mit 1 P-Sulfid bei 275° F erhaltene Reaktionsprod. wird mit $1^1/_2$—25 S je Mol. P-Sulfid auf 300—340° F erhitzt. — 8 α-Pinen werden mit 2 P_2S_5 auf 275° F erhitzt. Nach $1^3/_4$ Std. fügt man 3 S-Pulver zu u. erhitzt $5^3/_4$ Std. auf 325—340° F. Das Prod. enthält 11,13% S, 2,98% P, ist öllösl. u. hat die SZ. 3,8 u. VZ. 59. — Weitere Beispiele. (**A. P. 2 515 222** vom 18/7. 1947, ausg. 18/7. 1950.) Krauss. 8221

Sinclair Refining Co., New York, N. Y., übert. von: **Franklin M. Watkins**, Flossmoor, Ill., V. St. A., *Öllösliche P- und S-haltige Schmierölzusatzmittel* erhält man durch Erhitzen von Terpentinöl (I) oder dessen Fraktionen mit P-Sulfiden auf ca. 275° F, wobei I vor der Rk. über Na erhitzt u. dest. wird. Hierdurch werden die O-haltigen Verunreinigungen entfernt u. fast geruchlose Prodd. erhalten, während die unbehandelten Ausgangsstoffe Prodd. mit zwiebel- oder mercaptanähnlichem Geruch ergeben. — Pinen wird 5 Std. über Na erhitzt u. die Fraktion mit Kp. 156—157° mit P_2S_5 u. p-Cyclohexylphenol 12 Std. bzw. 22 Std. auf 275° F erhitzt; das erhaltene Prod. ist nahezu geruchlos. (**A. P. 2 515 281** vom 6/6. 1946, ausg. 18/7. 1950.) Krauss. 8221

Gulf Research & Development Co., Pittsburgh, Pa., V. St. A., *Herabsetzung der Neigung zur Schaumbildung bei Kohlenwasserstoffölen.* Um bei KW-stoffölen, bes. *Schmierölen* für Otto- oder Dieselmotoren, die mit Gasen oder Dämpfen in Berührung kommen, die Neigung zur Schaumbldg. herabzudrücken, dispergiert man in ihnen auf 1 Million (Teile) Öl 0,5 bis 100 eines Kondensationsprod. eines in dem Öl unlösl. Organosilandiols der allg. Formel I, in der R ein Alkyl-, Aryl-, Aralkyl-, Alkaryl- oder heterocycl. Radikal, z. B. CH_3, u. n ≧ 1 ist. Geeignet als Zusätze sind auch Verbb. der allg. Formel II, in der R u. n die obige Bedeutung haben u. die als partiell hydrolysierte Polymerisationsprodd. von Estern der Orthokieselsäure aufgefaßt werden können. Man kann auch zunächst eine konz. Dispersion [100 bis 2000 (Teile) der organ. Si-Verb. auf 1 Million Öl] herstellen u. von dieser dem Schmieröl so viel zusetzen, daß das oben angegebene Mengenverhältnis erreicht ist. Auch kann der Zusatz erst während des Schmierens vorgenommen werden. Die in dem Öl dispergierten Teilchen sollen einen Durchmesser von 2 oder mehr μ haben. (**Schwz. P. 270 545** vom 24/2. 1947, ausg. 16/12. 1950. A. Prior. 5/3. 1943.) Beiersdorf. 8221

$$HO-\left[Si(R)_2-O\right]_n-Si(R)_2-OH \quad \text{I} \qquad RO-\left[Si(OR)_2-O\right]_n-Si(OR)_3 \quad \text{II}$$

Sven Christian Johansson, Göteburg, Schweden, *Korrosionverhinderndes Mittel.* Schmiermittel, Farben, Lacke u. dgl. erhalten einen Zusatz eines Alkali-, bes. des Li-Salzes von Nitromethan, -äthan oder Nitrophenylnitromethan. Man löst z. B. 10% Nitromethan–Li in Methanol, verd. die Lsg. mit dem gleichen Vol. Amylalkohol u. setzt dies dem Öl zu. (**A. P. 2 532 407** vom 29/8. 1946, ausg. 5/12. 1950. Schwed. Prior. vom 5/9. 1945.) Lank. 8221

Harvel Corp., New Jersey, N. J., V. St. A., bzw. **British Resin Products Ltd.**, London, England, *Erdöle und seine Fraktionen oder Schmierfette* werden durch den Zusatz von 0,1—10 Gew.-% an schmelzbaren u. harzartigen Kondensationsprodd. aus Aldehyden u. Phenolen mit mindestens 1 Alkylgruppe als Substituent in der Beständigkeit gegen Alterung verbessert. Die C-Anzahl der Substituenten soll zwischen 10 u. 20 liegen. Es können auch aliphat. oder aromat. Äther des Dihydrocardanol oder Metallverbb. der Kondensationsprodd. angewendet werden. (**E. P. 643 489** vom 7/8. 1947, ausg. 20/9. 1950. A. Priorr. 5/12. 1945 u. 8/2. 1946.) G. König. 8221

California Research Corp., San Francisco, übert. von: **Bruce B. Farrington,** Berkeley, und **Frank A. Leyda,** La Crescenta, Calif., V. St. A., *Schmierfett*, bestehend aus mit Li-Stearat verdicktem Mineralöl, dem noch 0,1—1% Zn-, Cd- oder Pb-Salze von Dialkyl- oder Diaryldithiocarbaminsäuren, z. B. der Dibutyldithiocarbaminsäure, zugesetzt sind. (**A. P. 2 504 672** vom 1/11. 1948, ausg. 18/4. 1950.) DERSIN. 8223

Texas Co., New York, N. Y., übert. von: **Theodore W. Langer** und **Oney P. Puryear,** Fishkill, N. Y., V. St. A., *Schmierfett.* Oxyfettsäuren, z. B. 12-Oxystearinsäure oder durch katalyt. Oxydation von KW-stoffen erhaltene Fettsäuregemische, werden mit $Ba(OH)_2$ in Ggw. von Mineralöl verseift. Die mit weiteren Mengen von Mineralöl versetzte Mischung wird auf 260—300° F zwecks Entwässerung erhitzt u. schnell unter Rühren auf $<$200° F bis zur Erstarrung abgekühlt. (**A. P. 2 503 749** vom 28/2. 1945, ausg. 11/4. 1950.) DERSIN. 8223

Standard Oil Development Co., Elizabeth, N. J., V. St. A., *Schmierfett*, bestehend aus mit 10—40 (%) Li-Stearat verdicktem Mineral- oder fettem Öl, dem bis zu 6 eines polymeren Acrylsäure-, Methacrylsäureesters oder eines Vinylesters mit mehr als 6 C-Atomen, z. B. Cetylmethacrylat, zugesetzt sind. (**E. P. 643 536** vom **9/1.** 1948, ausg. 20/9. 1950. A. Prior. 5/4. 1940.) DERSIN. 8223

Standard Oil Development Co., Elizabeth, N. J., V. St. A., *Fettschmiere*, bestehend aus mit Al- oder Li-Seifen von gesätt. höheren Fettsäuren verdicktem Mineralöl, dem zur Erzielung einer feinen Struktur 0,1—5% Pentaerythrit oder seine äther. polymeren Derivv. (Mol.-Gew. nicht mehr als 4000) zugesetzt sind. (**E. P. 636 631** vom 25/9. 1947, ausg. 3/5. 1950. A. Prior. 27/12. 1946.) DERSIN. 8223

Pasquale Jannaccone, Petrolio e metano. Regime legislativo in Italia e nel mondo, a cura dell'Ise. Milano: Istituto per gli studi di economia. 1950. (252 S. m. Zeichn. u. Tab.) Lire 800,—.

—, Benzole and Toluene from Coal Gas. London: H. M. Stationery Office. 5 s. 6 d.

—, The German Coal-tar and Benzole Industries during the Period 1939—1945. London: H. M. Stationery Office. 1950. (181 S.) 5 s. 6 d.

XXI. Leder. Gerbstoffe.

F. N. Howes, *Untersuchung vegetabilischer Gerbmaterialien.* Besprechung einer Reihe von gerbstoffhaltigen Schoten, wie „*Tara*"-Schoten (Gerbstoff ähnlich Sumach u. Gambier), die hauptsächlich aus Peru kommen, aber auch in Nordafrika in Pflanzungen gebaut werden, und den südamerikan. *Caesalpinies*-Arten, deren Schoten ebenfalls reich an Gerbstoff sind. (Leather Trades' Rev. **108.** 387—88. 20/5. 1953.) H. G. FRÖHLICH. 8336

D. H. Tuck, *Die Herstellung von Handschuhleder.* Beschreibung der einzelnen Arbeitsvorgänge (wie Auswahl der Häute, Weichen, Kälken, Enthaaren, Beizen, Gerben, Färben u. Fetten) zur Herst. von Handschuhleder. Bei dieser Gelegenheit wird auch auf die wünschenswerten Eigg. von gutem Handschuhleder, wie schöner Narben, egale Färbung, hohe Weichheit, gute elast. Dehnung u. gute Stichausreißfestigkeit, hingewiesen. (Leather Trades' Rev. **108.** 396—97. 20/5. 1953.) H. G. FRÖHLICH. 8340

E. F. Nattrass, *Die Pigmentzurichtung von Leder.* Allg. gehaltene Darst. über die Zurichtung von Leder mit wss. Pigmentlsg. u. Nitrocelluloselacken. Hierbei wird betont, daß man bei diesen Ausrüstungen die dreidimensionale Struktur der Haut, die Gerbart, den natürlichen Fettgeh. sowie die oberflächlichen Fettablagerungen (unsachgemäßes Lickern) beachten muß. (Leather Trades' Rev. **108.** 385—86. 20/5. 457—58 u. 460. 27/5. 1953.) H. G. FRÖHLICH. 8340

Badische Anilin-& Soda-Fabrik (Erfinder: **Eugen Immendörfer** und **Hans Krzikalla**), Ludwigshafen/Rh., *Gerbverfahren.* Man verwendet Ester von organ. Sulfonsäuren, z. B. Benzolsulfonsäuremethylester, p-Toluolsulfonsäurebutandiolester oder das Gemisch, das durch Rk. des durch Behandlung von höhermol. aliphat. KW.-stoffen mit Cl_2 u. SO_2 erhaltenen Säurechloridgemisches mit Amylalkohol erhalten wird. (**D. B. P. 865 934** Kl. 28a vom 10/6. 1944, ausg. 5/2. 1953.) V. SCHILLER. 8337

J. R. Geigy Akt.-Ges., Basel, Schweiz, *Herstellung eines gerbend wirkenden Kondensationsproduktes.* Man erhitzt p-Phenolmonosulfonsäure im Vakuum auf 145—190° u. kondensiert das erhaltene Polysulfon in saurem Medium mit Harnstoff u. CH_2O, bes. bei p_H 2,5,—3,5. Der Gerbstoff liefert weiche, sehr weiße u. lichtechte Leder. (**Schwz. P. 280 482** vom 20/6. 1949, ausg. 1/5. 1952.) V. SCHILLER. 8337

Joseph Seraphim, Asnières, Frankreich, *Herstellung von Kunstleder.* Man bringt auf eine Faserunterlage die übliche Emulsion eines Xanthogenates u./oder eines Polymerisationsharzes u./oder Kautschukmilch zusammen mit einer wss. Lsg. von Harnstoff u. Leim oder Casein oder einem stärkehaltigen Material u. erhält so ein in bezug auf Elastizität, Glätte u. Dauerhaftigkeit dem Naturleder gleiches Material, geeignet für Schuhsohlen. (**E. P. 644 856** von 28/8. 1946, ausg. 18/10. 1950. F. Prior. 28/10. 1944.) V. SCHILLER. 8353

Alkor-Werk Karl Lissmann (Erfinder: **Karl Lissmann** und **Ludwig Wolf**), München-Sölln, *Lederaustauschstoff aus* Faservliesen, die aus synthet. linearen Superpolymeren, wie Superpolyamiden oder Superpolyurethanen, auf mechan. Weg oder durch Verspinnen im elektr. Feld hergestellt sind. Das Vlies wird unter Druck u. in der Wärme verdichtet u. mit faserquellenden Mitteln, wie HCl, Ameisensäure, Aceton, Phenolen oder $ZnCl_2$ behandelt u. anschließend mit vulkanisierbaren Bindemitteln, z. B. Kautschukmilch, imprägniert u. vulkanisiert. — Statt der quellenden Mittel können, gegebenenfalls auch gleichzeitig, Stoffe verwendet werden, die eine Vernetzung der Molekülketten verursachen, bes. Diisocyanate. (**D. B. P. 880 585** Kl. 81 vom 10/12. 1944, ausg. 22/6. 1953.) MÖLLERING. 8353

XXIV. Photographie.

A. L. Kartushanski, *Über die Beziehung zwischen der Empfindlichkeit der photographischen Schicht gegenüber kurzzeitiger Belichtung und der Empfindlichkeit gegenüber Elektronen.* Bei dem Vgl. der Empfindlichkeit photograph. Schichten gegen kurze Belichtungen u. gegen die Einw. von Elektronen findet Vf. volle Übereinstimmung mit den theoret. Anschauungen. Bei kurzen Belichtungszeiten wird die Empfindlichkeit nicht nur durch die Eigg. der Emulsionskristalle bestimmt, sondern durch die effektive Ausnutzung der durch das Licht frei gewordenen Elektronen. Bei kurzen Belichtungszeiten kann die effektive Ausnutzung der frei werdenden Elektronen durch die Abweichungen vom Wirkungsgesetz ausgedrückt durch die Isoopake lg H = f (lg t), bestimmt werden, wobei H die zur Erzeugung einer bestimmten Schwärzung D notwendige Expositionszeit ist. Die Elektronensensitogramme wurden durch ein Elektronenmikroskop mit dem Beschleunigungspotential 50 kV die verschied. Belichtungsfelder bei gleicher Strahlungsintensität durch Änderung der Zeiten u. die Lichtsensitogramme mit einem früher beschriebenen Gerät (Журнал Экспериментальной и Теоретической Физики [J. exp. theoret. Physik] **21.** [1951.] 532) erhalten. Der Vgl. beider Sensitogramme zeigte, wieweit das Wirkungsgesetz bestätigt wird. Zum Vgl. wurde stets ein Streifen „Printon" mit belichtet u. entwickelt. Bei Belichtungszeiten von 1 Sek. u. 10^{-5} Sek. zeigten beide Kurven ähnlichen Verlauf. Auch bei verschied. Entwicklungszeiten findet sich gute Übereinstimmung. Es wurden auch sensibilisierte Emulsionen geprüft, die entweder bei der Emulsionierung oder nachträglich durch Baden sensibilisiert wurden. Die Lichtsensitometer wurden im Bereich von 365 μ durch Filterung geprüft. Die Änderung durch die Sensibilisierung ist für Elektronen- u. Lichtsensitogramme beim Übergang zu kurzen Belichtungen die gleiche. Durch die Sensibilisierung werden für kurze Belichtungen große Abweichungen, vom Wirkungsgesetz festgestellt, bei langen Belichtungen ist eine Abweichung kaum zu beobachten. Die Gründe für die effektive Nichtausnutzung der frei gewordenen Elektronen sind für die verschied. Belichtungen nicht die gleichen. Bei Änderung des AgJ-Geh. der Emulsionen sind qualitativ die gleichen Änderungen zu beobachten, sie unterscheiden sich nur in quantitativer Hinsicht. Durch Einführung von Au-Salzen in die Emulsion wird die Abweichung vom Wirkungsgesetz fast prakt. aufgehoben (JAMES, VANSELOW u. QUIRK PSA J. **14.** [1948.] 349), wobei die Allgemeinempfindlichkeit abfallen kann, die Röntgenempfindlichkeit wird jedoch wesentlich gesteigert, auch im Gebiet der Hartstrahlen. Es ist anzunehmen, daß auch die Elektronenempfindlichkeit hierbei zunimmt. (Журнал Экспериментальной и Теоретической Физики [J. exp. theoret. Physik] **22.** 768—73. Juni 1952.) OEHRN. 8598

N. I. Kirrillow und **A. S. Kheynman**, *Photographische Reproduktionen auf anodisch oxydiertem Aluminium.* Geeignete Oxydfilme werden in Lsgg. von 10%ig. H_2SO_4 bei 30°, einer Stromdichte von 1,5 A/dm² in 45—60 Min. erhalten. Die Lichtsensitivierung wird durch kurz aufeinanderfolgende wiederholte Behandlungen in 10%ig. KBr u. $AgNO_3$-Lsgg. erhalten. Während des Tauchens müssen die Oberflächen gemischt werden. Dicke der Oxydschichten u. ihr Porenvol. bestimmt die Verwendbarkeit. Die Färbung der entwickelten Bilder hängt von der Stärke der Oxydschicht, der Art ihrer Erzeugung u. von den Entwicklern ab. (Metal Ind. [London] **80.** 31—33. 11/1. 1952; Metalloberfläche, Ausg. A **7.** 14—15. Jan. 1953.) MARKHOFF. 8646

W. W. Happ, T. E. Hull und **A. H. Morrish**, *Eine statistische Analyse der Kornzählung in photographischen Emulsionen.* Die Arbeit enthält einen Beitrag zur Weiterentwicklung der Kornzähltechnik in Kernspuremulsionen. Es wird eine Formel abgeleitet, die mit Hilfe dreier Parameter, der Korndichte, der kleinsten Kornlänge u.

der maximalen Kornlängenänderung die Verteilung der zu zählenden Körner charakterisiert. An einem Beispiel wird gezeigt, daß Theorie u. Praxis gut übereinstimmen. Ergänzend werden weitere statist. Probleme der Kornzählung erörtert. — 24 Literaturangaben. (Canad. J. Physics **30.** 699—714. Nov. 1952. Vancouver, Univ. of British Columbia, Dep. of Phys., Dep. of Math., u. Ottawa, Defence Res. Board.)
W. GÜNTHER. 8660

General Aniline & Film Corp., New York, übert. von: **Alfred W. Anish,** Vestal, N. Y., V. St. A., *Kondensationsmittel für die Herstellung von Carbocyaninen* stellen Verbb. der allg. Formeln $RCOR_1$ u. $R_2COCH_2COR_1$ dar. Hierin bedeuten: R einen aromat. Rest, bes. Phenyl, Vinylphenyl oder Benzyliden, R_1 eine Alkyl- oder Alkoxygruppe mit nicht mehr als 4 C-Atomen u. R_2 eine Phenyl- oder R_1-Gruppe. Bes. geeignet sind: Acetessigsäuremethyl- u. -äthylester, Benzoylessigsäureäthylester, Benzoesäureäthyl- u. -n-butylester, Benzoin, Benzoyl- u. Benzylidenaceton, Benzylidenacetophenon, Phenyläthyl- u. Phenylpropylketon, Acetophenon u. Benzophenon. (**A. P. 2 508 325** vom 25/2. 1948, ausg. 16/5. 1950.) KALIX. 8605

Ilford Ltd., übert. von: **John David Kendall** und **Frank Peter Doyle,** Ilford, England, *Cyaninfarbstoffe und Aldehydzwischenprodukte.* Die Rk. besteht in einer Hydrolyse oder Alkoholyse nach folgendem Schema, in dem D_1 u. D_2 gleich sind oder verschied.

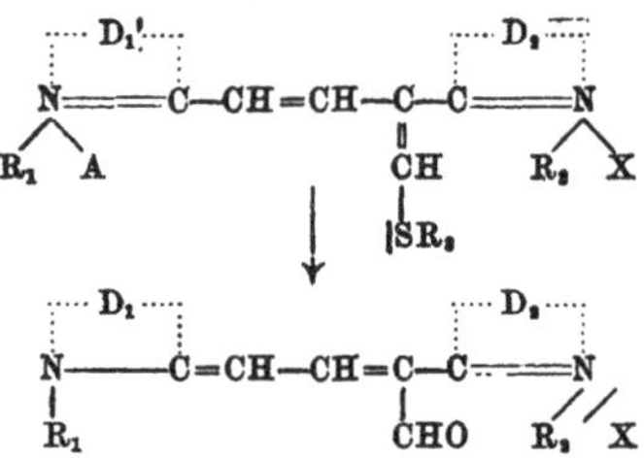

Reste 5gliedriger N-haltiger Heterocyclen, R_1 u. R_2 Alkyl, Oxyalkyl, Aralkyl u. Oxyaralkyl, R_3 Alkyl oder Aralkyl, A u. X Säurereste bedeuten. — 1-Äthylmercapto-2,4-di-(5'-chlor-2'-benzthiazolyl)-1.3-butadiendiäthojodid wird mit Methanol 30 Min. erhitzt u. gibt ein braunes Pulver: *3.3'-Diäthyl-5.5'-dichlor-8-formylthiacarbocyaninjodid,* F. 298°. — *3.3'-Diäthyl-4.5; 4'.5'-dibenzo-8-formylthiacarbocyaninjodid,* F. 302°. — *3.3'-Diäthyl-5.5'-dimethyl-8-formylthiacarbocyaninjodid,* F. 265°. — *3.3'-Diäthyl-8-formylselenocarbocyaninjodid,* F. 256°. — *3.3'-Diäthyl-8-formyl-4.5; 4'.5'-dibenzooxacarbocyanin,* F. 273° (Zers.). — *3.3'-Diäthyl-8-formylthiacarbocyaninjodid,* F. 253° (Zers.). — (**A. P. 2 534 913** vom 3/6. 1948, ausg. 19/12. 1950. E. Prior. 4/6. 1947.) LANK. 8605

General Aniline & Film Corp., New York, N. Y., übert. von: **Donald E. Sargent,** Easton, Pa., V. St. A., *Farbstoff-Metallkomplexbilder.* Entwickelte Ag-Bilder werden mit einer wss. alkal. Lsg. einer Verb. behandelt, die eine in eine Isothioamidgruppe isomerisierbare Thioamidgruppe enthält, z. B. mit 2-Thiobarbitursäure oder einem 1-Alkyl-, 1-Aryl-, 1-Aralkyl- oder Alkylenderiv. davon, oder auch mit einem Thioharnstoffderiv., das am N durch eine Naphtholgruppe substituiert ist, z. B. mit 5-Thioureido-, 6-Thioureido- oder 8-Thioureido-1-naphthol oder 7-Thioureido-2-naphthol. Hierbei tritt Ag-Salzbldg. u. Isomerisierung ein. Die entstandene Verb. wird mit wss. HNO_2 nitrosiert u. dann mit einer 1%ig. wss. Lsg. eines Ferro- oder Cobaltosalzes behandelt, wodurch ein blaugrüner *α-Oximinoketon-Metallkomplex* entsteht. Bes. geeignet für das Verf. sind 2-Thiobarbitursäure u. 1-(α-Naphthyl)-2-thiobarbitursäure. (**A. PP. 2 533 181** u. **2 533 182** vom 8/7. 1949, ausg. 5/12. 1950.) KALIX. 8635

Bernhard Ostersetzer und **Wilhelm Mauss,** Wiesbaden-Biebrich, *Herstellung von Druckformen mittels Diazoverbindungen,* dad. gek., daß man eine Metallplatte oder -folie oder Steinplatte mit einer lichtempfindlichen Schicht von wasserunlösl. Diazoverbb., die durch Veresterung oder Amidierung von Sulfo- oder Carbonsäuren des 2-Diazonaphthol-(1) bzw. 1-Diazonaphthol-(2) entstanden sind, versieht in Kombination mit oder ohne Azokomponenten. — Man beschichtet z. B. eine oberflächlich oxydierte Al-Folie mit einer Lsg. von 1 Gew.-Teil 2-Diazonaphthol-(1)-5-sulfon-p-xylidid u. 0,1 Gewichtsteil 1-Phenyl-3-methyl-5-pyrazolon in 100 Teilen Dioxan u. trocknet. Nach Belichten unter einem Positiv wird die Folie mit NH_3-Dämpfen entwickelt, wobei ein orangefarbenes positives Bild entsteht. (**Oe. P. 173 402** vom 21/7. 1950, ausg. 27/2. 1952. D. Prior. 30/7. 1949.) OPPERMANN. 8645

Herausgeber u. verantwortlich für den Inhalt: Prof. Dr. Maximilian Pflücke, Berlin W 8, Jägerstraße 22/23, Fernsprecher: 200481, 201464. Redaktion: Chefredakteure Dr. Eugen Klever und Prof. Dr. Maximilian Pflücke. Verlag: Akademie-Verlag GmbH, Berlin W 8, Mohrenstraße 39 (Fernsprecher 200386, Postscheckkonto Berlin 35021) u. Verlag Chemie, GmbH, Weinheim/Bergstraße (Postscheckkonto Frankfurt/M. 145314 u. Berlin [West] 7430, Fernsprecher: Weinheim 2017). Bestell- u. Verlags-Nr. dieses Heftes: 1007/124/51. Das Chemische Zentralblatt erscheint wöchentlich. Satz u. Druck: VEB Leipziger Druckhaus, Leipzig, III/18/203. XII. 53.
Veröffentlicht unter der Lizenznummer 1212 des Amtes für Literatur und Verlagswesen der Deutschen Demokratischen Republik.
Printed in Germany.

Bei Fragen zur Produktsicherheit wenden Sie sich bitte an:
If you have any questions regarding product safety,
please contact:

Walter de Gruyter GmbH
Genthiner Straße 13
10785 Berlin
productsafety@degruyterbrill.com